计算机科学丛书

原书第2版

推荐系统
技术、评估及高效算法

弗朗西斯科·里奇（Francesco Ricci）

[美]   利奥·罗卡奇（Lior Rokach）   著

布拉哈·夏皮拉（Bracha Shapira）

李艳民 吴宾 潘微科 刘淇 蒋凡 等译

Recommender Systems Handbook
Second Edition

Francesco Ricci · Lior Rokach
Bracha Shapira   *Editors*

Recommender
Systems
Handbook

Second Edition

❀ Springer

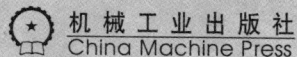

机械工业出版社
China Machine Press

图书在版编目（CIP）数据

推荐系统：技术、评估及高效算法（原书第2版）/（美）弗朗西斯科·里奇（Francesco Ricci）等著；李艳民等译.—北京：机械工业出版社，2018.6
（计算机科学丛书）
书名原文：Recommender Systems Handbook, Second Edition

ISBN 978-7-111-60075-6

I. 推… II.①弗… ②李… III. 计算机网络 IV. TP393

中国版本图书馆CIP数据核字（2018）第115533号

本书版权登记号：图字 01-2016-4522

本书汇聚不同领域专家学者的理论成果和实践经验，全面介绍推荐系统的主要概念、理论、趋势、挑战和应用，详细阐释如何支持用户决策、计划和购买过程。书中既详细讲解了经典方法，又介绍了一些新的研究成果，内容涵盖人工智能、人机交互、信息技术、数据挖掘、统计学、自适应用户界面、决策支持系统、市场和客户行为等。无论是从事技术开发的读者，还是从事产品营销的读者，都能从中受益。

全书分五部分，共28章。第1章是概述，系统介绍推荐系统的概念、功能、应用领域以及当前应用过程中遇到的问题与挑战。第一部分（第2～7章）展示如今构建推荐系统最流行和最基础的技术，如协同过滤、基于语义的方法、数据挖掘方法和基于情境感知的方法。第二部分（第8～10章）主要关注离线和真实用户环境下用于评估推荐质量的技术及方法。第三部分（第11～17章）包括一些推荐技术多样性的应用，首先简述与工业实现和推荐系统开发相关的一般性问题，随后详细介绍推荐系统在各领域中的应用：音乐、学习、移动、社交网络及它们之间的交互。第四部分（第18～21章）包含探讨一系列问题的文章，这些问题包括推荐的展示、浏览、解释和视觉化以及人工决策与推荐系统相关的重要问题。第五部分（第22～28章）收集了一些关于高级话题的文章，例如，利用主动学习技术来引导新知识的学习，构建能够抵挡恶意用户攻击的健壮推荐系统的合适技术，以及结合多种用户反馈和偏好来生成更加可靠的推荐系统。

出版发行：机械工业出版社（北京市西城区百万庄大街22号　邮政编码：100037）
责任编辑：缪 杰　　　　　　　　　　　　责任校对：殷 虹
印　刷：中国电影出版社印刷厂　　　　　版　次：2018年7月第1版第1次印刷
开　本：185mm×260mm 1/16　　　　　印　张：41
书　号：ISBN 978-7-111-60075-6　　　　定　价：139.00元

凡购本书，如有缺页、倒页、脱页，由本社发行部调换
客服热线：（010）88378991　88361066　　　投稿热线：（010）88379604
购书热线：（010）68326294　88379649　68995259　　读者信箱：hzjsj@hzbook.com

版权所有·侵权必究
封底无防伪标均为盗版
本书法律顾问：北京大成律师事务所　韩光/邹晓东

文艺复兴以来，源远流长的科学精神和逐步形成的学术规范，使西方国家在自然科学的各个领域取得了垄断性的优势；也正是这样的优势，使美国在信息技术发展的六十多年间名家辈出、独领风骚。在商业化的进程中，美国的产业界与教育界越来越紧密地结合，计算机学科中的许多泰山北斗同时身处科研和教学的最前线，由此而产生的经典科学著作，不仅擘划了研究的范畴，还揭示了学术的源变，既遵循学术规范，又自有学者个性，其价值并不会因年月的流逝而减退。

近年，在全球信息化大潮的推动下，我国的计算机产业发展迅猛，对专业人才的需求日益迫切。这对计算机教育界和出版界都既是机遇，也是挑战；而专业教材的建设在教育战略上显得举足轻重。在我国信息技术发展时间较短的现状下，美国等发达国家在其计算机科学发展的几十年间积淀和发展的经典教材仍有许多值得借鉴之处。因此，引进一批国外优秀计算机教材将对我国计算机教育事业的发展起到积极的推动作用，也是与世界接轨、建设真正的世界一流大学的必由之路。

机械工业出版社华章公司较早意识到"出版要为教育服务"。自1998年开始，我们就将工作重点放在了遴选、移译国外优秀教材上。经过多年的不懈努力，我们与Pearson, McGraw-Hill, Elsevier, MIT, John Wiley & Sons, Cengage等世界著名出版公司建立了良好的合作关系，从他们现有的数百种教材中甄选出Andrew S. Tanenbaum, Bjarne Stroustrup, Brian W. Kernighan, Dennis Ritchie, Jim Gray, Afred V. Aho, John E. Hopcroft, Jeffrey D. Ullman, Abraham Silberschatz, William Stallings, Donald E. Knuth, John L. Hennessy, Larry L. Peterson等大师名家的一批经典作品，以"计算机科学丛书"为总称出版，供读者学习、研究及珍藏。大理石纹理的封面，也正体现了这套丛书的品位和格调。

"计算机科学丛书"的出版工作得到了国内外学者的鼎力相助，国内的专家不仅提供了中肯的选题指导，还不辞劳苦地担任了翻译和审校的工作；而原书的作者也相当关注其作品在中国的传播，有的还专门为其书的中译本作序。迄今，"计算机科学丛书"已经出版了近两百个品种，这些书籍在读者中树立了良好的口碑，并被许多高校采用为正式教材和参考书籍。其影印版"经典原版书库"作为姊妹篇也被越来越多实施双语教学的学校所采用。

权威的作者、经典的教材、一流的译者、严格的审校、精细的编辑，这些因素使我们的图书有了质量的保证。随着计算机科学与技术专业学科建设的不断完善和教材改革的逐渐深化，教育界对国外计算机教材的需求和应用都将步入一个新的阶段，我们的目标是尽善尽美，而反馈的意见正是我们达到这一终极目标的重要帮助。华章公司欢迎老师和读者对我们的工作提出建议或给予指正，我们的联系方法如下：

华章网站：www.hzbook.com
电子邮件：hzjsj@ hzbook.com
联系电话：(010) 88379604
联系地址：北京市西城区百万庄南街1号
邮政编码：100037

华章科技图书出版中心

在大数据和人工智能时代，基于海量用户行为数据、机器学习技术和智能推荐算法的个性化服务已经实实在在地给老百姓的日常生活带来了便利。也许你曾有过或听过类似下面的感慨：

"京东商城居然把我的购物喜好猜得那么准！"

"网易云音乐今天的推荐歌单实在是太走心了，必须给五星好评！"

"百度主页上的新闻总能引起我的兴趣。"

……

这些贴心得令人惊叹的个性化服务无一不是应用人工智能、机器学习和智能推荐等系统和技术的结果。显然，高质量的个性化服务是非常重要的，不仅能使用户更加满意，也能为商家带来更多利润。如今，国内互联网领域的领先企业（如京东、淘宝、网易、百度、豆瓣和今日头条等），都在自家的应用场景上使用了前沿的推荐系统和技术，并将自身的实践经验反哺学术界，进一步推动该领域的科学研究。随着用户行为数据的爆发式增长和人工智能、机器学习等技术和算法的不断创新，智能推荐系统和技术可望在自动驾驶、机器人等更多领域大展拳脚。在这样的背景下，社会对智能推荐系统和技术从业者的需求也急剧增加，而本译著的出版正好顺应了这个需求。

不论是从科学研究还是从工业实践的角度出发，我都很欣慰能够看到《Recommender Systems Handbook》这样包含大量人工智能和机器学习等技术与算法的大部头著作被翻译成中文。一方面，它在推荐系统领域的重要地位在全世界是得到公认的；另一方面，原著的语言多少给国内有志于从事该领域的人员造成了一定的困难，译著的出版有利于降低这些非技术性因素造成的门槛。

这本书在内容上兼顾了广度和深度，包含了该领域多年的理论成果和实践经验，特别是对应用人工智能和机器学习等技术与算法的总结，较为全面地介绍了智能推荐系统和技术的核心概念、原理、前沿技术、未来趋势和应用等。我相信广大智能推荐系统和技术的从业者、科研人员、高年级本科生和研究生都能从中得到启发并获益。

杨强

香港科技大学计算机科学及工程学系讲座教授

作为一个推荐系统相关领域的科研工作者，本人一直在关注推荐系统的研究进展，近来欣然获悉《推荐系统：技术、评估及高效算法（原书第 2 版）》译稿已经完成。第 2 版相较于第 1 版有较大范围的修改与梳理，新增了 12 章内容，同时对剩余章节也进行了内容更新。感谢李艳民、吴宾、潘微科、刘淇和蒋凡老师等译者细致而浩繁的翻译工作，大大降低了从业者全面了解推荐系统最新研究进展的门槛。同时，也从另一个角度说明当下中国研究者和从业者在推荐系统领域的前瞻性关注，博采众长以自强。

自 1995 年 Marko Balabanovic 等人在美国人工智能协会上推出个性化推荐系统 LIRA 以来，推荐系统的发展日新月异，由早期单一、简单的推荐系统，发展成为融合了大数据、云计算和深度学习等多领域知识的精准、高效的推荐服务。在与工业界的广泛接触和深入合作中，我发现不仅是学术界对推荐系统保持着关注与投入，工业界在发展推荐系统技术、构建自己的推荐系统方面更是不惜余力。如阿里的商品推荐、腾讯的好友推荐、百度的搜索关联推荐、科大讯飞的个性化学习推荐等，为千千万万的互联网用户提供了贴心和省心的信息过滤服务。尤其是看到我培养的学生将实验室多年来在推荐系统方面的积累与前瞻性思考应用于各大公司的推荐系统，做到了学以致用，并得到业界的广泛认可，很是欣慰。

近年来，随着移动互联网的大范围普及和应用、用户生活理念的转变和升级，在丰富推荐系统使用场景、提升推荐系统重要性的同时，也为推荐系统研究者和从业者带来了新的挑战，如数据规模的增大、更新频率的加快以及用户对隐私关注度的提高等。如何把握这些新机遇，应对这些新挑战，需要每一个推荐系统相关人员进行深入思考与研究。就我们实验室而言，虽然在推荐系统领域深耕多年，与业界也开展了广泛的合作与成果转化，但信息推荐技术的发展日新月异，断不敢停止学习。而《推荐系统：技术、评估及高效算法》这本书能够为从业人员提供一个非常好的研究基础和思考视角。本书在内容构成上不仅做到了脚踏实地，而且做到了仰望星空。既介绍了推荐系统的基本概念、理论、方法和案例，又展示了推荐系统的趋势与挑战。可以帮助从业者很好地夯实推荐系统的技术基础，同时也会拓宽从业者的思考维度。

相信这本书的出版将有助于推荐系统研究者以及从业者为用户提供更知心的推荐服务，真正做到"心有灵犀一点通"。

陈恩红

2018 年 2 月于中国科学技术大学

当今我们身处一个数据爆炸的时代。2017 年全球数据总存储量估计是 16～20ZB，再过 8 年，这个量还会增长 10 倍，接近甚至超过 200ZB。拥有海量数据，并不等于我们就能够掌握和利用它们。实际上，大数据带来的最直接挑战就是如何让普通消费者在数据汪洋中找到自己需要的内容。

目前来看，搜索引擎和推荐系统是解决上述"信息过载"问题最好的两种手段。推荐系统在两个方面和搜索引擎有重大差异。首先，推荐系统给出的推荐结果都是个性化的，不同的消费者看到的结果一般而言差异很大。其次，用户在搜索的时候对于自己的需求大致是清楚的，但是推荐系统可以通过分析消费者以往点击或购买的记录，以及其他用户点击或购买的记录，给出一些让消费者意想不到甚至以前从未了解的推荐，而这些推荐往往却是消费者喜欢的。

我自己和推荐系统很有缘分。在瑞士读博士的时候，导师给出的第一个任务就是去参加推荐系统领域迄今为止最具影响力的全球赛事——Netflix 推荐算法大赛。后来做图挖掘方面的研究，最早也是从推荐系统开始的。我后来作为联合创始人第一次创业的企业——北京百分点科技——也是从做推荐系统开始的。

不管你是对推荐系统感兴趣的学生、业界技术同行、研究人员，还是企业相关管理人员，了解推荐系统都最好是从阅读系统性的综述和评论开始。我针对这个问题写过两篇综述：一是 2009 年在《自然科学进展》上写过一篇短综述《个性化推荐系统的研究进展》，主要针对中文读者；二是 2012 年在《Physics Reports》写过一篇长综述《Recommender Systems》，主要针对物理领域对这个问题感兴趣的读者。在计算机领域，我认为最好的入门读物是 Adomavicius 和 Tuzhilin 2005 年在 IEEE TKDE 发表的题为《Towards the next generation recommender systems》的综述。

在当前，说起对整个推荐系统研究领域影响最大、起到承上启下作用的出版物，毫无疑问要算 2011 年 Springer 出版社出版的《Recommender Systems Handbook》。该书实际上是当时全球很多著名研究团队在其擅长方向上综述论文的汇编，里面很多章节的引用都超过 1000 次，甚至数千次。我记得这本书很多章节的预印本 2010 年就可以下载了，我当时就打印出来装订出了缺几个章节的 Handbook，其中基于文本的推荐、社会化推荐和推荐系统的评价等几个章节对我后续的研究工作提供了重要的借鉴和参考，我的很多同事和学生也受益匪浅。最近得知本书第 2 版中译本即将出版，我非常高兴，很多以前苦读的回忆又历历在目。

我觉得今天中国的学生和学者是幸运的，可以用自己熟悉亲切的语言，花很少的钱，读到具有超高质量的学术专著。特别感谢出版社愿意引进这本专业性很强的著作，也要特别感谢翻译团队愿意翻译这本书，它在知识传播方面的价值非常大。希望未来出版社还能在第一时间引进更多如本书一般世界公认的重要著作。

周涛教授

电子科技大学大数据研究中心主任

推荐系统最初只是计算机学术领域的一个研究方向，在人工智能时代则越来越成为影响每个人日常生活的重要因素。几乎所有涉及需要解决信息过载和个性化问题的商业应用都会出现推荐系统的身影，凡是有志于进入数据智能领域的工程师和产品经理，也都将学习推荐系统算法和思想作为理解这一领域的必经之路。然而在学习推荐系统方面，最全面最权威的著作则是这本《Recommender Systems Handbook》。

《Recommender Systems Handbook》自 2010 年第 1 版面世以来就成为推荐系统爱好者最为推崇的一本大师级著作。这不光是因为其内容覆盖了推荐系统知识体系的方方面面，而且全书 25 章都是由每个子领域内最富有权威的多名专家合力而作，体现了在这些方面的最高科研技术成果。这一版的中文版也由我们在机械工业出版社的支持下在 2015 年翻译成书，首次将这一经典著作引入中文科技社区，让更多希望探究推荐系统领域原汁原味算法和思想的爱好者们有了可以细细研读的资料。

然而科研成果的突飞猛进和应用产品的高速发展超出了所有人的想象，推荐系统越来越成为人工智能领域的一门显学。尤其是在国内 2012 年以来随着移动互联网经济的高速发展，新闻资讯、知识图谱、在线视频音乐、网上购物、O2O、共享经济一波接一波的技术革新和商业创新，极大丰富了可以推荐的物品，极大降低了计算推荐的成本，极大拓宽了适合推荐的场景，让推荐系统技术进一步在人工智能时代变得更加重要，也让人们更加迫切需要深入地理解推荐系统算法和思想，改变原先因为时代局限而对推荐系统技术形成的还不够成熟的见解。

有鉴于此，《Recommender Systems Handbook》在 2015 年及时更新出版了第 2 版。新版在旧版 25 章的基础上扩展到了 28 章，其中有 12 章是新增内容，反映了这 5 年来推荐系统领域研究成果的最新变化；其余 16 章也都对内容进行了大幅度的重新梳理，并增加了最新的案例说明和领域进展。当然这也给我们译者带来了更大挑战，几乎是又要重新翻译一本新的书籍。这既是一座高耸的山峰横亘在面前，催促我们去攀登、去学习专家学者们最新的研究成果；这也是一枚闪亮的奖章佩戴在胸前，奖励我们所专注的是时变时新的领域、探索未有穷期。

在这里还是要感谢所有参与本书翻译、校订和审核的同学：李艳民、吴宾等。

感谢机械工业出版社几年如一日的支持和帮助，让我们能为技术社区奉上经典大作。

我又想起了曾经在第 1 版译者序中写下的话：很幸运能和这一批不计辛劳、只求学问的小伙伴们一起完成了这个心愿。翻过高山，收入眼帘的就是一马平川的美景；架起云梯，就能帮助更多的小伙伴攻城拔寨无往不利。

《Recommender Systems Handbook》第 2 版中文版终于可以面世了，我们用专注和坚韧将它唤醒，是预感它的魔力能够召唤来更多有志于此的攻城狮，让技术的力量改变世界。

蒋凡

百度外卖技术委员会主席、首席架构师

拉扎斯集团高级科学家

一个偶然的机会，我收到了来自国内同行的邮件，问我是否有兴趣参与翻译一本关于推荐系统的英文书籍。在看到这封邮件的时候，我突然有了种如果我接受这份邀请就是在一定程度上为祖国的科研事业做贡献的自豪感。既然如此，那还有什么好犹豫的呢？事实上，翻译这本书也让我对推荐系统这一领域，尤其是其中的隐私保护问题有了更深层次的认识，这是对我自身的一种升华。很高兴能够和大家一起完成这一艰巨而又伟大的工作，也很感谢在此过程中为我们所有翻译人员提供帮助与支持的李艳民和蒋凡老师。这本书的最终出版离不开任何一位为之付出努力的参与者，希望本书能对推荐系统的爱好者和研究人员有所启发。

王喜玮

美国东北伊利诺伊大学计算机科学系助理教授

经过近十几年的发展，推荐系统已经成了一个相对独立并且成熟的领域，而《Recommender Systems Handbook》一书对此领域的研究工作与应用场景进行了非常系统与全面的总结。鉴于此，本着能够使更多中文社区的同伴们从此书中受益的想法，此书的翻译工作应运而生。

很荣幸有机会与多位专家学者共同参与本书第 2 版的翻译工作。多位参与者在用词习惯上难免存在差异，也感谢李艳民、吴宾等人对全书用词统一方面的审核与校订。

姚远

南京大学计算机科学与技术系助理研究员

推荐系统是为用户推荐所需物品的软件工具和技术。提供的推荐旨在通过各种决策过程来支持用户，例如，买什么物品、听什么歌曲或读什么新闻。推荐系统的价值在于帮助用户解决信息过载和做出更好的选择，也是现在互联网领域最强大和最流行的信息发现工具之一。因此，人们提出了各式各样的推荐技术，并在过去的 10 年中将其中很多方法成功地运用在商业环境。

推荐系统的发展需要多学科的支持，涉及来自各个领域的专家知识，如人工智能、人机交互、数据挖掘、统计学、决策支持系统、市场营销和消费者行为学等。

本书第 1 版在四年前出版，并受到了推荐系统社区的一致好评。伴随着推荐系统研究的日新月异，这些好评激励我们来更新本书。本书第 2 版重新整理了第 1 版中各章节的内容并在相应章节融入了该领域的新进展。本书基于第 1 版做了较大修订；大约有一半的章节是新增的，并且保留的章节相比第 1 版也做了相应更新。

尽管第 2 版发生了较大修订，但本书的目标始终不渝。本书呈现了基础知识和更高级的话题两方面，通过展示推荐系统的主要概念、理论、方法论、趋势、挑战和应用等连贯而又统一的知识体系，帮助读者从差异中梳理出头绪。这是目前唯一一本全面阐述推荐系统的书，完全涵盖推荐系统主要技术的多个方面。本书中的丰富信息和实践内容为研究人员、学生和行业中的实践者提供了一个有关推荐系统的全面且简洁方便的参考源。

本书不仅详细地介绍了推荐系统研究的经典方法，同时也介绍了最近发表的新方法及其扩展。本书由五部分组成：推荐系统的技术、评估、应用、人机交互及高级话题。第一部分展示了如今构建推荐系统的最流行和最基础的技术，如协同过滤、基于语义的方法、数据挖掘方法和基于情境感知的方法。第二部分主要关注离线和真实用户环境下用于评估推荐质量的技术及方法。第三部分包括一些推荐技术多样性的应用，首先简述与工业实现和推荐系统开发相关的一般性问题，随后详细介绍推荐系统在各领域中的应用：音乐、学习、移动、社交网络及它们之间的交互。第四部分包含探讨一系列问题的文章，这些问题包括推荐的展示、浏览、解释和视觉化以及人工决策与推荐系统相关的重要问题。第五部分收集了一些关于高级话题的文章，例如，利用主动学习技术来引导新知识的学习，构建能够抵挡恶意用户攻击的健壮推荐系统的合适技术，以及结合多种用户反馈和偏好来生成更加可靠的推荐系统。

我们要感谢所有为本书做出贡献的作者。感谢所有审阅人员提出的慷慨意见及建议。特别感谢 Susan Lagerstrom-Fife 和 Springer 的成员，感谢他们在写这本书过程中的合作。最后我们希望这本书有助于这一学科的发展，为新手提供一个卓有成效的学习方案，能够激起更多专业人士有兴趣参与本书所讨论的主题，使这个具有挑战性的领域能够硕果累累，长足发展。

Francesco Ricci

Lior Rokach

Bracha Shapira

李艳民 电商推荐和搜索行业资深从业人员,在推荐系统和电商搜索方向有着丰富经验,曾就职于京东和百度,负责搜索和推荐相关产品业务,《推荐系统:技术、评估及高效算法》第 1 版译者。

吴 宾 郑州大学产业技术研究院在读博士。研究方向为机器学习和模式识别,具体包括社交网络、推荐系统、深度学习等。参与国家自然科学基金项目三个,曾参与软件学报、计算机研究与发展、TKDE、TSC、WWWJ 等多个国内外著名学术期刊的审稿工作。著名推荐系统开源库 LibRec 的前核心成员,《推荐系统:技术、评估及高效算法》第 1 版译者。

刘 淇 中国科学技术大学计算机学院副教授,中国计算机学会(CCF)大数据专家委员会委员、中国人工智能学会机器学习专委会委员。主要研究数据挖掘与知识发现、机器学习方法及其应用,着重于针对用户行为数据(如消费数据、社交数据、教育数据等)的建模和应用研究。在重要国际学术会议和期刊共发表论文 60 余篇,2011 年获得数据挖掘领域顶级国际会议之一 IEEE ICDM 的最佳研究论文奖,还获得过中科院院长特别奖、KSEM 2013 最佳论文奖以及 SDM 2015 最佳论文候选奖、中科院优博等重要学术奖励,入选中科院青年创新促进会。主持了多项国家、省部级以及与知名公司(如微软、腾讯、科大讯飞)的合作研究项目。担任了 CCF 大数据学术会议(BigData)2015 ~ 2017 的宣传主席,还是包括 IJCAI、KDD、WWW、AAAI、IC-DM、CIKM 等国际会议的程序委员会委员以及国际期刊 TKDE、TKDD、TC、TSMC-C、TIST 等的审稿人、FCS 青年 AE。

潘微科 深圳大学计算机与软件学院副教授,深圳市海外高层次人才,"深圳大学腾讯益友奖"优秀班主任。2005 年毕业于浙江大学,获学士学位;2012 年毕业于香港科技大学,获博士学位。研究方向为数据挖掘和人工智能,具体包括迁移学习、智能推荐和机器学习等。已在相关领域发表 30 余篇科研论文,主持国家自然科学基金等多个科研项目。(曾)担任国际著名学术杂志《IEEE Intelligent Systems》的客座编委、国际著名学术期刊《ACM Transactions on Intelligent Systems and Technology》的信息官和多个国际顶级学术会议的程序委员会委员。曾在 2015 年龙星计划开放课程中担任讲师。

蒋 凡 现任百度外卖技术委员会主席、首席架构师,拉扎斯集团高级科学家。主要研究方向为物流调度、个性化推荐、智能营销和画像建模。2006 年硕士毕业于中国科学技术大学,后加入百度网页搜索团队,设计开发相关性核心算法和跨语言搜索基础架构。2012 年加入百度知心团队,设计开发新一代的知识图谱推荐引擎,改变百度搜索右侧的展现形态。2014 年加入百度外卖团队,负责物流调度、个性化推荐、智能营销和画像建模等多个技术方向。著有《智能增长》(人民邮电出版社),译有《推荐系统》(人民邮电出版社)和《推荐系统:技术、评估及高效算法》(机械工业出版社)。荣获 2017 年吴文俊人工智能科学技术创新一等奖。

参与本书翻译的所有译者名单如下(排名不分先后):李艳民,吴宾,刘淇,潘微科,蒋凡,刘梦思,郭贵冰,姚远,蔡婉铃,胡聪,高全力,曹瑞,李鑫,孙明明,刘金木,郑勇,朱郁筱,刘俊涛,陈义,温颖,史艳翠,徐斌,吴金龙,阴红志(Hongzhi Yin),王雪丽,赖博先,谢妍,Li. Chen,吴雯(Carrie Wu),王喜玮,曾子杰,梁华东,黄山山,何爱龙,李喆,张朋飞,蔡凯伟,朱亚东,娄铮铮,李斌,李聪。

推荐系统：简介和挑战

Francesco Ricci、Lior Rokach 和 Bracha Shapira

1.1 简介

推荐系统(RS)是一种向目标用户建议可能感兴趣物品的软件工具和技术[17,41,42]。推荐系统的建议可用于多种决策过程，如购买什么物品、听什么音乐以及在网上浏览什么新闻等。

推荐系统中的"物品"指系统向用户所推荐内容的总称。某个推荐系统通常专注于一个特定类型的物品(如 CD 或新闻)，因此它的设计、图形用户界面以及用于生成推荐结果的核心技术都是为特定类型的物品提供有用且有效的建议而定制的。

推荐系统主要服务于缺乏经验和能力的用户，他们通常无法从大量可供选择的物品中选取感兴趣的物品，如无法从某网站中选取感兴趣的商品[42]。推荐系统中一个典型的例子是图书推荐，系统可以帮助用户挑选一本可能感兴趣的书来读。知名网站亚马逊中，系统采用个性化推荐技术为每个客户进行推荐[32]。通常所说的推荐具有个性化，即不同的用户或用户组所接收的建议是不同的。当然也存在非个性化推荐，但它们大都非常简单，通常出现在报纸或杂志上。典型的例子包括书籍和 CD 的 top 10 推荐(最畅销的前 10 名)。虽然这种非个性化推荐在某些情况下是有用且有效的，但这类非个性化技术通常不是推荐系统研究要解决的核心问题。

最简单的个性化推荐是提供一个排序好的物品列表。通过该排序列表，系统试图根据用户的偏好和某些约束条件来预测最合适的产品或服务。为了完成上述计算任务，推荐系统通常需要收集用户的喜好信息，这种喜好信息或是显式的，如物品的评分信息，或通过解释用户的行为做出推断所得，如推荐系统可能会把访问某个特定商品详情页的行为作为该用户喜欢这个主页上商品的隐式信息。

推荐系统最初起源于一个相当简单的现象：人们在做日常工作和决策时总是依赖于他人提供的建议[41,51]。例如，要选择读一本书时，通常依靠朋友的推荐；雇主依靠推荐信做招募的决定；当选择观看影片时，人们倾向于阅读并且依赖影评家在报纸上所写的影评。

为了模拟上述行为，首个推荐系统通过算法将社区用户的建议(即用户正在寻求的建议)推荐给一个活跃用户。系统向用户所推荐的物品是相似用户(那些品味相似的用户)喜欢的。这种方法称为协同过滤，它的理论依据是：如果活跃用户的历史评分信息与某些用户有相似之处，那么由这些相似用户所得出的推荐结果应与该活跃用户相关，且这些推荐结果也是该活跃用户所感兴趣的。

随着电子商务网站的发展，迫切需要一种系统能够从所有可供选择的物品中提供推荐结果。对于用户而言，从纷繁复杂的物品(产品和服务)中做出最恰当的选择通常是件非常困难的事情。互联网信息爆炸式增长、种类的纷繁复杂以及新兴电子商务服务(购买产品、比较产

F. Ricci, Faculty of Computer Science, Free University of Bozen-Bolzano, Italy. e-mail: fricci@ unibz. it.

L. Rokach · B. Shapira, Department of Information Systems Engineering, Ben-Gurion University of the Negev, Beer-Sheva, Israel. e-mail: liorrk@ bgu. ac. il; bshapira@ bgu. ac. il.

翻译：吴　宾　审核：娄铮铮

品、拍卖等)的出现经常导致用户无所适从。选择的多样性不但不能产生经济效益，反而降低了用户的满意度。众所周知，有选择是好的，但太多的选择就适得其反了。事实上，随着选择的自由、自主和自我决定带来的影响变得过度，这使得人们觉得过度自由的选择或许是件痛苦的事情[49]。

近年来，推荐系统已被证实是一种能够解决信息过载问题的重要工具。从根本上来讲，推荐系统通过为用户提供未接触过的新物品来解决信息过载问题，这些新物品或许与该用户当前的需求相关。对于用户每一个清晰表达的请求(即计算推荐结果时推荐方法所依赖的用户所处环境和需求)，推荐系统使用有关用户的各类知识和数据、可用的物品以及存储在定制数据库的先前交易数据来生成推荐结果，与此同时用户可以浏览推荐的结果。用户可能接受也可能不接受系统的推荐，可能立即或过一段时间提供隐式或显式的反馈信息。所有这些用户的行为和反馈信息可以存储在系统数据库，并可用于下一次用户与系统相互作用时产生新的推荐结果。

如上所述，相比于其他经典的信息系统的工具和技术(例如，数据库或搜索引擎)，推荐系统的研究是相对较新的。在 20 世纪 90 年代中期，推荐系统成为一个独立的研究领域[7,24,41,51]。近年来，以下事件说明人们对推荐系统的兴趣大大提升。

1. 对于一些有很高评价的网站，例如 Amazon. com、YouTube、Netflix、Spotify、LinkedIn、Facebook、TripAdvisor、Last. fm 和 IMDb，推荐系统扮演了重要的角色。此外，许多媒体公司正在开发和部署推荐系统，并将它作为提供给用户服务的一部分。例如，一家提供在线电影租赁服务的网站 Netflix，向第一个能够成功显著提高推荐系统性能的团队奖励了 100 万美元[31]。

2. 本领域有专门的正式会议和相关的专题研讨会，即 ACM 推荐系统会议(RecSys)，该会议成立于 2007 年，现在是推荐技术研究和应用的顶级年度盛会。此外，像数据库、信息系统和自适应系统领域等更传统的大会也会经常包括以推荐系统为主题的会议。在这些会议中，值得一提的是 ACM SIGIR(Special Interest Group on Information Retrieval)、UMAP(User Modeling, Adaptation and Personalization)、IUI(Intelligent User Interfaces)、WWW(Word Wide Web)和 ACM 的 SIGMOD(Special Interest Group on Management Of Data)。

3. 在世界各地的高等教育机构，本科生和研究生课程中已经有专门研究推荐系统的课程；在计算机科学会议中，关于推荐系统的专题报告也引起了人们的极大关注；最近一本介绍推荐系统技术的书也已经出版[27]。Springer 已经在 Springer Briefs in Electrical and Computer Engineering 出版了推荐系统中特定主题的一些书籍。最近大量专注于软件工程中推荐系统应用的文章也已出版[46]。

4. 在学术期刊中，已经有一些特刊专题涵盖推荐系统领域的研究和发展。期刊中，有推荐系统专刊的有：《AI Communications》(2008)、《IEEE Intelligent Systems》(2007)、《International Journal of Electronic Commerce》(2006)、《International Journal of Computer Science and Applications》(2006)、《ACM Transactions on Computer-Human Interaction》(2005)、ACM Transactions on Information Systems (2004)、User Modeling and User-Adapted Interaction (2014，2012)、《ACM Transactions on Interactive Intelligent Systems》(2013)和《ACM Transactions on Intelligent Systems and Technology》(2015)。

在本章中，简要介绍推荐系统的基本思想和概念。本章的主要目标并不是要对推荐系统给出完备的综合介绍，而是用一种连贯且结构化的方式描述本书各章节的内容，帮助读者理解本书提供的极其丰富且详细的内容。读者可以从文献[13，30，34，40，44]查阅推荐系统的最新概述。本章最后给出了推荐系统领域未来可能面临的挑战。

本书主要包括五部分：推荐技术、推荐系统评估、推荐系统应用、推荐系统与人机交互和高级算法。

第一部分介绍当前构建推荐系统最普遍使用的技术，例如，协同过滤、基于内容的数据挖掘方法、情境相关的方法。

第二部分概述已经用于评估推荐质量的技术和方法。该部分还考虑了可能影响推荐系统设计的方面(域、设备、界面、用户等)。最后讨论了使用用户体验评估开发的推荐系统所用的方法、挑战和评价指标。

第三部分包括一些涉及推荐系统如何呈现、浏览、解释和可视化等若干问题的论文。在上述几方面之间，这部分主要关注推荐系统中用户的隐私和决策过程。

第四部分专注于推荐系统的应用，该部分详细介绍了推荐系统的广泛应用，包括音乐、移动计算、约会系统、社交网络、教育和电影。

第五部分展示关于各类高级话题的一些论文，如探索使用主动学习技术来指导新知识的获取；推荐系统中的新颖性和多样性；防止推荐系统受恶意用户攻击的合适技术；如何整合多种类型的用户反馈和偏好信息来构造更加可靠的推荐系统。

1.2　推荐系统的功能

在上节中，本书将推荐系统定义为软件工具和技术，这些工具和技术可用于给用户提供可能感兴趣的物品或服务等信息，而这些推荐信息用户可能会使用。现在我们进一步完善该定义，以此表明推荐系统可以扮演的一系列可能角色。首先，必须区分推荐系统在服务提供商和用户这两者分别起到的作用。例如，旅游中介(如 Expedia. com)或目的地管理机构(如 Visitfin-land. com)通常会采用旅游推荐系统来增加营业额，销售更多的房间或者增加目的地的游客数量[14,43]。用户访问这两个系统的主要动机是在去某个目的地旅游之前，找到合适的酒店、有趣的事件或景点。

事实上，服务提供商使用推荐技术的原因是多样的：

- 增加物品销售数量。这可能是商用推荐系统最重要的目的，即与不使用任何一种推荐系统相比，能售出一些额外的物品。能达到上述目标是因为系统所推荐的物品可能满足了用户的需求和愿望。或许用户在尝试过几个推荐后，会认识到这一点⊖。非商业应用也有类似的目标，虽然用户在选择物品的时候无须任何费用。例如，一个基于内容的网络系统的目的是提高网站上新闻类物品的阅读量。一般来说，从服务提供商的角度来看，引入推荐系统的主要目标是提高转化率，即相比于仅仅浏览了这些信息的普通访客数量，接受推荐并消费物品的用户数量。

- 销售更多种类的物品。推荐系统的另一个主要功能是帮助用户选择自己可能很难找到的物品。例如，对于 Netflix 这样的电影推荐系统，服务提供商最感兴趣的是如何能租出去库存里的所有 DVD，而不仅仅是最热门的。如果没有推荐系统，这或许很难办到。因为服务提供商无法保证推销的电影一定能适合特定用户的口味。相反，推荐系统可以向合适的用户建议或推销并不那么热门的电影。

- 增加用户满意度。一个设计良好的推荐系统还可以提高网站或应用程序的用户体验。用户会发现推荐结果既有趣又相关，而且如果人机交互设计合理，他仍会乐于使用该系统。高效精确的推荐，加上易用的界面，会增加用户对系统的积极评价。这反过来也会增加系统的易用性和推荐结果被接受的可能性。

- 增加用户忠诚度。用户应该忠实于一个网站，当用户访问该网站时，该网站能够识别出老客户并把他作为一个有价值的访问者。这是推荐系统的固有特性，因为大多推荐系统

⊖　在解释预测用户对某一物品的兴趣与用户挑选推荐物品的可能性之间差异时，说服用户接受推荐结果这一问题会被再次讨论。

基于用户以往与网站的交互信息来产生推荐结果，这些交互信息包括该用户对物品的评分记录等。因此，用户与网站的交互时间越久，用户建模会越精确，即用户的喜好系统表示就越准确；与此同时，将有更多的推荐结果有效匹配用户的喜好。

- 更好地理解用户需求。推荐系统另一个重要的功能被用于对用户喜好的描述（这一功能能够在许多应用中使用），这些喜好或是收集到的显式反馈，或是由系统预测到的（隐式反馈）。服务提供商可以将收集到的知识重新用于其他用途，如提高物品的库存或生产管理。例如，在旅游领域，目的地管理机构可以通过分析推荐系统收集的数据（用户交易）为一个特定区域的新客户部门做宣传，或为特定类型的促销信息做广告。

上述内容介绍了电子服务提供商引入推荐系统的几个重要动机。但用户或许想知道推荐系统是否能有效支持他们的任务或目标。相应地，推荐系统必须平衡这两者的需求，并为两者都提供有价值的服务。

Herlocker 等人[26]的一篇论文已经成为这一领域的经典参考文献，文中定义了推荐系统能够实现的 11 个常见的功能。有些通常被视为与推荐系统相关的主要（核心）任务，即可能对用户提供有用的物品列表。其他可能更多地被视为以"机会主义"的方式来探索推荐系统。事实上，这种任务的分化与使用搜索引擎所发生的事情很相似，搜索引擎的主要功能是找到与用户需求信息相关的文件，但它也可被用于检查一个网页的重要性（在查询结果列表中该页的位置）或发现一个词在文档中的不同用法。

- 发现一些好的物品：根据系统预测用户对物品的喜欢程度（例如，1 到 5 星的评分），系统可以以列表的形式推荐给用户一些物品。对于许多商业系统来说，这是推荐系统的主要任务（详见第 11 章举例）。有些系统不显示具体的预测评分。
- 发现所有好的物品：推荐所有能满足用户需求的物品。在这种情况下，仅仅找到一些合适的物品是不够的。当相关物品的数量很少或推荐系统扮演关键角色时，系统所推荐的结果要格外的精确。例如，推荐系统在医疗或金融领域的应用。在这些应用中，除了仔细评估所有可能性带来的好处之外，用户还可以从推荐系统的物品排名或者推荐系统额外产生的解释（推荐理由）中受益。
- 情景中的注解：在给定的情景（比如一个物品列表）中，我们需要根据用户的长期偏好来确定这些物品的重要性。例如，一个电视推荐系统会标示出在电子节目菜单中出现的哪些电视节目是值得观看的（本书第 15 章提供了有关这个任务的一个有趣实例）。
- 推荐系列产品：这个思路是将物品的序列作为一个令用户满意的整体推荐出去，而不是关注于产生单一的推荐。典型的例子包括推荐一个电视节目系列；推荐一本数据挖掘相关的书籍之后，还推荐一本关于推荐系统的书；或者推荐一个音乐曲目的专集[28]。
- 搭配推荐：提供一组完美搭配的物品。例如，一个旅行计划可能由某个特定区域的不同的景点、目的地和住宿服务组成。从用户的角度来看，用户可以考虑这些不同的替代方案，并选择唯一的一个旅游目的地[45]。
- 闲逛：在这项任务中，用户只是简单地浏览目录而并不带有强烈的购买意图。推荐系统的任务是帮助用户浏览一些他在特定浏览时期可能会感兴趣范围内的物品。自适应超媒体技术[16]也已经支持该服务。
- 发现可信的推荐系统：有些用户不信任推荐系统，于是他们抱着试试看的态度去尝试系统的推荐结果究竟如何。因此，除了服务于那些仅仅想要获得推荐的用户之外，一些系统还提供特定的功能让用户测试系统的行为。
- 完善用户画像：这涉及用户向推荐系统提供自己喜好信息的能力。为了提供个性化推荐，这是一个基本任务，也是绝对必要的。如果系统不了解活跃用户（即寻求推荐帮助的用户）的明确信息，那系统只能提供给该活跃用户与一般用户一样的推荐结果。

- 自我表达：有些用户可能毫不关心系统提供的推荐结果。说得更恰当一些，对这些用户更重要的是，他们被允许贡献他们的评分，并表达他们的观点和信念。这种行为产生的用户满意度仍会有助于保持用户和应用程序之间的紧密关系（正如本章前面讨论的关于服务提供商的动机）。
- 帮助他人：有些用户乐于贡献信息，比如他们对物品的评价（评分），因为他们相信社区能从他们的贡献中获得益处。这或许是用户将自己的信息输入推荐系统的主要动机，即使他们不经常使用这个推荐系统。例如，在汽车推荐系统中，一个已经买了新车的用户将评价信息输入到推荐系统时，他考虑更多的是这些信息对于其他用户有用，而不是为了下次买一辆车。
- 影响他人：在基于 Web 的推荐系统中，有些用户的主要目的是显式地影响其他用户购买特定的产品。事实上，也有一些恶意用户可能利用系统来促进或抑制某些物品的销售（见第 28 章）。

正如上述观点所表明的那样，信息系统中推荐系统的角色是相当多样的。这种多样性需要使用一系列不同的知识源和技术。在接下来的两节中，本书将讨论一个推荐系统运行需要的数据和常用的核心技术。

1.3　数据和知识来源

推荐系统是一种信息处理系统。为了实现推荐，该系统会积极收集各种数据。数据主要是关于要推荐的物品和被推荐的用户。但是由于推荐系统获得的数据和知识来源是相当多样的，它们最终是否被使用取决于推荐技术（见 1.4 节）。本书的不同章节将对推荐技术有更加清晰的阐述。

通常，一些推荐技术所使用的知识（领域）较少，例如，仅使用用户评分或者对物品的评价等一些简单且基础的数据（见第 2 章和第 3 章）。其他的推荐技术则依赖于更多的知识，比如使用用户或物品的本体性描述（见第 4 章），或者约束性条件（见第 5 章），或者用户的社会关系和行为活动（见第 15 章和第 17 章）。在任何情况下，推荐系统所使用的数据一般指三种对象：物品、用户和事务（用户和物品的关系）。

物品。物品是被推荐的对象集。物品可以通过复杂性和有价值或效用的特点来描述。如果物品对于用户是有用的，那么物品的作用就是积极的；如果物品对于用户不适合，那么物品的作用就是消极的，从而导致用户在选择时做出错误决定。值得注意的是，当一个用户需要获得某个物品时，他总会付出代价，其中包括搜索该物品的认知代价和最终对物品支付的费用。

例如，一个新闻推荐系统的设计者必须考虑到新闻的复杂性，即新闻的结构、文本表述和新闻的时变重要性。与此同时，推荐系统的设计者必须意识到，即便用户没有花钱阅读新闻，他们仍为搜索并阅读这些新闻付出了认知上的代价。如果选择的物品与用户相关，这个代价就被用户所得到的受益信息覆盖了，可一旦不相关，推荐物品对用户的净值就是负面的。在其他领域，比如汽车或金融投资，当选择最合适的推荐方法时，物品真正的货币成本成为一个需要考虑的重要因素。

复杂度低且价值小的物品是：新闻、网页、书籍、音乐、电影。复杂度高和价值大的物品是：数码相机、手机、个人电脑，等等。通常认为最复杂的物品是保险政策、金融投资、旅游、工作[39]。

根据其核心技术，推荐系统可以使用物品集的一系列属性和特征。例如在电影推荐系统中，我们可以使用电影种类（如喜剧、悲剧等）信息、导演信息以及演员信息来描述电影，并用于学习一个物品的效用是如何依赖其特征的。物品可以使用各种信息和表述方法来表示，比如可以简约到单一的 ID 码，或者丰富为一组属性，甚至是该领域本体表示中的一个概念(见第 4 章)。

用户。正如本书先前所述，推荐系统的用户可能有非常多样的目的和特点。为了使推荐结果和人机交互个性化，推荐系统需要使用一系列的用户信息。这种信息可以通过不同的方式组织，而且选择何种信息建模取决于推荐技术。

例如，在协同过滤推荐技术中，所有用户被建模为一个简单的列表，该列表包含每个用户对若干个物品的评分记录。在基于人口统计学的推荐系统中，像年龄、性别、职业和受教育程度等社会统计学特征都会被用到。用户数据用来构建用户模型[12,22]。用户模型简明扼要地描述了用户的特征，即对用户偏好和需求进行编码。不同的用户建模方法已经在推荐系统中得到应用，在一定意义上，推荐系统可以被看作一个建立并使用用户模型来产生推荐的工具[10,11]。如果没有一个实用的用户模型，个性化推荐是不可能的(除非推荐系统本身就是像 top 10 选择那样是非个性化的)，因此用户模型总是起到非常重要的作用。例如，再次考虑协同过滤方法时，用户要么通过他对物品的评价记录来刻画，要么系统根据该用户的评分记录来构建一个因子向量，不同用户之间的区别是这些权重因子在他们模型中的差别(见第 2 章和第 3 章)。

用户也可通过他们的行为模式数据被描述，比如网站浏览模式(在基于 Web 的推荐系统中)[54]，或旅游搜索模式(在旅游推荐系统中)[35]。此外，用户数据包括用户之间的关系，比如用户间的信任级别(见第 16 章)。推荐系统可以使用这些信息给用户推荐物品集，而这些物品集也是相似用户或可信任用户所喜欢的。

事务。我们通常将一个事务看作用户和推荐系统进行交互的一条记录。人机交互过程中产生的这种类似日志的数据存储着重要的信息，并且这些数据对于推荐算法来说是非常有用的。比如，事务日志可能会涉及用户选择物品以及特定推荐所处的上下文描述信息(比如用户的目的和查询词)。如果可能，事务也会包括用户提供的显式反馈，比如对选择物品的评分信息。

实际上，评分是推荐系统收集事务数据最流行的方式。这些评分可能是通过显式或者隐式的方式来收集。收集显式评分时，用户需要在某个评级尺度内给出自己对物品的看法。根据文献[47]，评级可以采用各种方式：

- 数字评分，就像亚马逊的书籍推荐系统中的 1 到 5 星的评价。
- 序数评价，例如"强烈同意，同意，一般，不同意，强烈反对"，用户在其中选择最能代表自己观点的术语(一般是通过问卷)。
- 二元制评价，用户仅仅被要求确定一个物品的好或者不好。
- 一元制评价，用来表示用户已经看到或买了的物品，或由此对物品进行明确的评价。在这种情况下，评价值的缺失意味着用户对物品是否感兴趣是未知的(也许用户在其他地方买了这个物品)。

另一种评价的形式就是关联用户和物品的标签。例如，在 MovieLens(http://movielens. umn. edu)推荐系统中，标签表示 MovieLens 用户对电影的感觉，例如"太长"或"表演不错"。

从事务中隐式地收集用户评级，系统的目标是根据用户的行为推断出用户的意图。例如，如果一个用户在亚马逊网站输入"瑜伽"进行搜索，那么他将得到一列很长的书的列表作为反馈，用户为了获得更多信息会点击列表中的某一本书。从这点来看，系统可以推断用户对那本书有一定的兴趣。

在会话系统中，即支持交互过程的系统中，事务建模更加精确。在这些系统中，用户请求和系统行为交替出现（见第 10 章和第 18 章）。更准确地说，用户请求一个推荐，系统就产生一个推荐列表。但是系统仍然需要额外的用户偏好信息，以期望产生更好的结果。在该事务建模中，系统收集各种请求—响应信息，并最终通过观察推荐过程的结果来修改系统的交互策略[35]。

1.4　推荐技术

为了实现推荐系统的核心功能，即帮助用户发现有用的物品，推荐系统有必要预测出有推荐价值的物品。为了达到上述目标，系统必须能预测一些物品的效用性，或者至少能对物品之间的效用性做对比，然后根据对比结果决定应该推荐的物品。虽然推荐算法中对预测这一步描述不是很明确，但仍然可以使用统一的模型来描述推荐系统的一般作用。本书的目的是提供给读者一个统一的视角，而不是所有不同推荐方法的总和，相关的推荐方法也会在本书逐步讲解。

为了说明推荐系统中预测的功能，先考虑一个简单的非个性化推荐算法，该算法仅推荐最流行的歌曲。这个算法的理论依据是在不清楚有关用户偏好的更精确信息的前提下，有理由认为一首流行度高的歌曲会被许多用户喜欢，所以很可能也会被一个普通用户喜欢，因此选择一首流行度高的歌曲的效果肯定会比随机选取的歌曲好。由此，可以认为这些流行度高的音乐推荐给普通用户具有较高的合理性。

文献[2]中提到推荐系统的核心计算是预测一个用户对某物品的感兴趣程度，文献[44]给出了最新进展。这些文献把用户 u 对物品 i 的感兴趣程度建模为实数值函数 $R(u, i)$，在协同过滤中通常指用户对物品的评分。因此，协同过滤推荐系统的主要任务是通过用户与物品来预测 R 的值，即计算 $\hat{R}(u, i)$，这里把 $\hat{R}$ 作为估计值，并由此得到真实函数 R 的值。在物品集上计算活跃用户 u 的预测值（即 $\hat{R}(u, i_1)$，…，$\hat{R}(u, i_N)$）之后，系统将会选择最大效用的物品 i_{j1}，…，$i_{jk}(k \leqslant N)$ 作为推荐结果。k 选取比较小的数字，通常要远小于候选物品集的数目或者推荐系统"过滤"后将推荐给用户的物品数目。

如上所述，一些推荐系统在做出推荐之前并不是计算全部效用，但是系统可以应用很多启发式的方法猜测一个物品对用户是否有用，其中典型的案例是专家系统。这些效用预测是通过特殊算法（见下方）计算的，并使用了许多关于用户、物品和效用函数自身的知识（见 1.3 节）[17]。例如，系统假定效用函数是布尔型的，只需要确定用户对某个物品是否感兴趣即可。因此，对于一个请求推荐的用户而言，如果系统能够获得该用户的一些相关知识（也有可能获取不到）、物品相关的知识以及曾经收到推荐结果的其他用户的知识，那么系统就可以使用合适的算法来利用上述信息产生各种效用预测并生成推荐结果[17]。

需注意的是，有些时候用户对物品的感兴趣程度是依赖于一些可变因素的，本书把这些可变因素统称为"情境"[44]。例如，用户对一个物品的效用（感兴趣程度）会被用户的领域信息所影响（例如，使用数码相机的高手与新手），或者随着请求推荐发生的时间而变化，或者用户可能对距离当前位置较近的物品（如一家饭店）更感兴趣。因此，推荐结果的生成必须与这些特殊的附加信息相适应，结果使得系统计算出正确的推荐变得越来越困难。

本书介绍了许多不同种类的推荐系统，这些系统根据使用的信息和用户领域知识的不同而变化，但正如本章开始所述，系统主要是随着推荐算法而变化，即对于推荐内容的效用的预测。系统之间其他不同之处在于最终如何组合推荐结果，并把它们展示给用户以响应用户的请求。这些方面在本章之后会详细讨论。

为了给出不同类型推荐系统的基本概述，本书引用了文献[17]提出的分类法，此分类法是区分推荐系统的一种经典方法。文献[17]对 6 种不同的推荐方法做了划分：

基于内容（content-based）。系统向用户推荐与他们过去兴趣类似的物品。物品之间的相似性是基于被比较的物品的特征来计算的。例如，如果某个用户对一部喜剧电影给出了积极的评价，那么系统就会从喜剧类型中为该用户推荐其他同类型电影[33]。

传统的基于内容的推荐技术是将用户画像的属性信息与物品属性信息相匹配。在大多数情况下，物品的属性信息是从物品描述中提取的一些简单的关键词。第4章提供了一个克服传统的基于关键词系统的语义索引技术的综述。作者给出了两组语义索引技术：自上而下和自下而上。前者主要基于额外知识源的集成，如本体、百科全书知识（Wikipedia）及来自领英云数据的数据，后者主要基于轻量级语义表示，该语义表示前提是词汇意思依赖于词汇在大量语料库中的使用这一假设。本书第4章阐述了如何应用语义方法实现新一代基于语义内容的推荐系统，并对该系统的潜力和局限给出了详细描述。

协同过滤（collaborative filtering）。这种方法是找到与用户有相同品味的用户，然后将相似用户过去喜欢的物品推荐给该用户，文献[24]对这种方法有最简单和最原始的实现。两用户间的品位相似性是通过计算用户历史评分记录的相似性所得。这也是文献[48]将协同过滤比作"人人相关"的原因。协同过滤被认为是推荐系统中最流行和最广泛实现的技术。

第2章详细介绍了基于邻域的协同过滤方法。这种方法关注物品之间的关系或用户之间的关系。基于物品的方法依据同一用户对某个特定物品的相似物品集的评分，来预测用户对特定物品的喜好。由于基于邻域的方法具有简单、高效以及精确预测和个性化推荐的能力，使得它享有相当高的知名度。第2章详细描述了基于邻域方法的优势和主要特性。

第2章还介绍了实现一个基于邻域的推荐系统时需要的至关重要的决策，并给出一些在做出决策时所需要的实际经验。在选择基于用户还是物品的方法时，需要权衡评分预测和推荐系统性能之后才能做出决策。在典型的商业推荐系统中，用户的数量要远超于物品的数量，选择基于物品的方法会更加合适，这不仅可以提供更加准确的推荐，同时计算效率更高且很少需要频繁的更新。另一方面，基于用户的方法通常会提供更加独到的推荐，这种方法或许使得用户体验更加满意[21]。

最后，在大型电子商务推荐系统中经常出现数据稀疏和覆盖受限问题，在第2章中将会讨论用于解决这些问题的两种方法：降维方法和基于图的技术。降维方法可以提供用户和物品的一个压缩表示，这样就可以获取它们最重要的特征。这类方法的一个重要优点在于，即使用户对不同物品进行了评分或物品被不同的用户所评分，仍可以获取用户之间或物品之间的有效关联。另一方面，基于图的技术是挖掘数据之间的传递关系。这种技术可以通过计算用户或者物品之间非直接的链接来有效避免数据稀疏和覆盖受限问题。同时，与降维方法不同的是，基于图的技术可以保留数据之间的一些"局部"关联。

第3章介绍了构建协同过滤推荐系统的最新进展。作者特别介绍了隐语义模型（LFM），也称为潜在因素模型，例如，矩阵分解（奇异值分解（SVD））。这些方法把用户和物品映射到同一个隐语义空间。由此可以通过潜在特征因子同时表示产品和用户，利用隐语义空间解释用户反馈自动推断出的评分。作者解释了SVD是如何处理评分数据的额外特征，包括隐式反馈和时间信息。此外，该章还描述了基于邻域的推荐技术存在的缺点，为此作者认为基于邻域的技术应使用具有全局优化技术的更加严格的形式化来描述。基于这些技术可以放宽邻域大小的限制，还能把隐式反馈和动态时序信息增加到模型中。预测结果的准确性与矩阵分解模型的准确性很接近，同时又具有一些实用的优势。

基于人口统计学（demographic）。这种类型的系统在推荐物品时基于人口统计学信息[13]。我们假设不同的人群应该产生不同的推荐。许多网站采用基于人口统计学且简单而有效的个性化解决方案。例如，根据他们的语言或国籍，用户被划分到特定的网站，或根据用户的年龄定制推荐。虽然这种方法在营销的文献中相当流行，但是在推荐系统方面对此研究一直很少。

基于知识(knowledge-based)。基于知识的系统根据特定的领域知识推荐物品，这些知识是关于如何确定物品的哪些特征能够满足用户需求和偏好，以及最终如何确定物品对用户是否有用。著名的基于知识的推荐系统是基于案例的系统[15,19,45]。在这些系统中，相似性函数用来估算用户需求（问题描述）与推荐结果（解决问题）的匹配度。这里的相似性得分，可以理解为用户推荐的可用性。在最初部署系统时，基于知识的系统往往比其他方法推荐效果更好。但是如果这些系统不具备自动学习的组件，那么其他利用用户日志信息或人机交互（比如在协同过滤中的交互）信息的系统在未来有可能超越它。

基于约束的系统是另一种基于知识的推荐系统（见第5章）。从使用的知识方面来说，这两个系统是相似的：用户的需求被收集，当找不到解决方法时，系统自动提供不一致需求的修改方案，并且能对推荐结果做出解释。这两者主要的不同之处在于解决方案的计算方法。基于案例的系统是基于相似性的方法，然而基于约束的系统主要利用预定义的知识库，这些知识库包括了如何把消费者需求和物品特征相关联的明确规则。

第5章介绍了基于约束的推荐方法并提供了基于约束推荐系统中知识库发展的技术概述，这是因为在现实环境中合适的工具支持是必需的。作者展示了基于约束的方法尤其适合于推荐复杂的产品（如金融服务或电子消费品）。

第5章还提供了基于约束的推荐应用中用户交互的可能形式、基于约束推荐的成功案例并回顾了不同的技术解决方法。

基于社区(community-based)。这种推荐系统依赖用户朋友的偏好。这种技术在业界有种流行的表述"告诉我你的朋友是谁，我将知道你是谁"[4,9]。有数据表明，人们在做出选择时往往会更依赖朋友的建议而不是陌生人的建议[52]。该现象的出现加上日益普及的社交网络，基于社区的推荐系统应运而生，并得到越来越多的关注。这种系统通常称为社会化推荐系统[23]。这种推荐系统获取用户的社会关系和用户朋友的偏好信息，并对两者进行建模。推荐结果基于用户朋友提供的评分。事实上，这类推荐系统是随着社交网络出现的，可以简单而又全面地采集与用户社交关系相关的数据。

混合推荐系统(hybrid recommender system)。这类推荐系统综合了上述提到的几种技术。混合推荐就是综合A和B方法，利用A的优势弥补B的不足。例如，协同过滤方法面临的新物品问题，即不能推荐尚未被评分的物品。基于内容的方法无该限制，因为新物品的预测是基于物品的描述（特征），而这些特征都是容易获得的。给出两个（或多个）基本的推荐技术，可以采用一些方法将这些技术综合起来产生一个混合的系统（见文献[17]有详细描述）。

正如先前所述，当用户需要推荐的时候，基于用户情境的方法能使系统的推荐结果更加个性化。例如，考虑时间这个因素时，冬天和夏天的假期推荐应该有很大的不同[8]。或者例如饭店推荐系统，工作日与同事一起吃饭的推荐应该和周六晚上与朋友吃饭的推荐有很大区别。

第6章介绍了基于情境的推荐系统（CARS），该章介绍了有关情境的一般概念，还介绍了推荐系统是如何对情境信息建模的。此外，作者还提供了一个案例用于研究几种情境感知的推荐技术整合为一个单一方法的可能性。

这里讨论了把情境信息整合到推荐过程的三种不同的算法范式：化简（预过滤）、情境后过滤以及情境建模。在基于化简（预过滤）方法中，仅当信息与当前使用的情境相匹配时（比如在同一情境的物品评分），才能用于计算推荐结果。在情境后处理方法中，推荐算法会忽略情境信息。该方法的推荐结果会被过滤或调整，以达到只包含与目标情境相关的推荐结果。情境建模方法是三种方法中最复杂的方法，情境信息在预测模型中被显式地使用。

随着数据挖掘领域技术的发展，推荐系统任务会被很好地解决。第7章呈现了主要的数据挖掘技术被用于情境推荐系统，并呈现了这些技术被成功应用的案例。尤其讨论了如下技术：

预处理技术(如抽样或降维)、分类技术(如贝叶斯网络、决策树和支持向量机)、聚类技术(如k-means)以及关联规则。

1.5 推荐系统评估

推荐系统的研究重点在实践和商业应用上。一个与实际推荐系统相关，且非常重要的问题是评估系统的质量和价值。出于各式各样的目的，在推荐系统生命周期的不同阶段都要进行测评[1,26]。在设计时，需要用测评去选择推荐算法。在设计阶段，测评过程是离线完成的，并且推荐算法需要拿来和用户交互做比较。离线测评包括在同一个用户互动(如评分)数据集上运行多个算法同时比较各自的性能。如果能够获得合适的数据，这种测评通常都是在一些公开的基准数据上进行的。否则，就要在自己收集的数据集上进行。为了确保结果的可靠性，离线实验的设计需要与已知的实验设计方法保持一致[6]。离线实验可以测评可实现推荐任务中选择的算法质量。然而，离线测评不能够提供用户满意度、接受率以及用户体验方面的见解。在处理某些核心推荐问题(如预测用户评分)时，算法可能需要非常精确，但是有些情况下系统可能不会被用户接受，例如，当系统的表现和用户期望的不一致时。

因此，一个以用户为中心的评估也是必需的。系统上线运行以后依然需要在线评测，或进行一个集中的用户研究。在线测评期间，真实的用户与系统的交互需要在完全无意识的背景下进行。通过运行不同的算法在不同的用户组上进行对比，并且分析系统日志以增强系统性能就显得很有必要了。另外，大多数算法都包含参数，如阈值权重、近邻的数量等，都需要不断地调整和校准。

另一种测评方法是线上测评不可行或太冒险的时候，可以进行一个集中的用户研究。在这类测评中，需要实施一种可控制的实验，即一小群用户被要求执行随着系统变化的不同任务。然后才有可能分析用户喜好，以及分发调查问卷以便用户报告各自体验。在这样的实验中，我们一般能够收集到关于系统的定量与定性信息。

近些年，推荐系统的研究中已经出现以用户为中心的评估和指标。研究者已经意识到推荐系统的目标已不单纯是算法的精确性，而是作为一种提供有益的、有趣的以及增强用户个性化体验的工具。这种方法拓宽了推荐系统中评估方面的范围到偏好提取方面和推荐结果的呈现(如top 1物品、top N物品或评分预测)，以及最终提供给用户推荐解释的评估等方面。推荐解释可能是为了达到一些目标：最流行的是结果正当的理由，例如，向用户解释为什么系统会推荐一个特定的物品。推荐解释的其他目标可能是为了增加系统的信任度，说服用户去购买推荐的物品，同时帮助用户做出决策。当设计推荐解释的评估时，识别出解释的目标并给出一个合适的指标去度量它是非常重要的。

第8章详细阐述了用于评估推荐系统的三种实验，分别为离线实验、在线实验以及用户调查，并阐述了它们各自的优缺点，最后制定了一些原则用于指导评估方法的选择。不像大多文献中有关评估的讨论仅关注算法预测的精确度和相关的度量方法，该章独树一帜专门讨论定向特性的评估。除了精准度，还提供了大量的特性。每个特性都有相应的实验验证和度量方法，这些特性包括：覆盖率、冷启动、置信度、可信度、新颖性、风险度和惊喜度。该章详细描述了对于一个特定的推荐系统选择一个合适评估指标的难点以及存在的缺陷。

第9章主要强调了以用户为中心来进行评估的重要性。为满足评估系统中的用户体验，该章提供了关于如何构建以用户为中心进行实验的详细且实际的指导方针。该章首先介绍了一个理论上以用户为中心的评估框架，这将推荐系统的各方面与需要评估的用户(与系统进行交互的)之间进行映射。然后，该章对学生和研究者进行构建用户实验提供实际的指导方针。该章还提供了关于假设陈述、招募参与者、实验设计者以及结果统计分析的建议。最后，该章从相关研究中提供了实际系统评估的许多例子。

第 10 章解决了以用户为中心进行推荐方法评估的另一问题，并强调了推荐系统的一个重要方面：向用户解释推荐结果。该章研究了提供一个不错的评估和解释对推荐结果产生影响的原因。该章首先探讨了推荐系统、偏好提取方法的解释、推荐结果呈现以及推荐算法之间的关系。然后，描述了现实推荐系统中各类推荐解释的方式。最后总结了与推荐解释相关的一些挑战，包括推荐解释在展示时应该考虑相应的情境、评估推荐结果的接受率与推荐解释之间关系的重大挑战，以及如何确保推荐解释是有益的且不导致用户做出错误的决定。

1.6　推荐系统应用

推荐系统，除了注重理论研究以外，通常的目标是改善工业界的推荐系统，以及涉及各类应用于系统实现的实践方面的研究。事实上，推荐系统是大规模地将机器学习和数据挖掘算法应用在商业实践上的例子[3]。在推荐系统领域，研究社区和工业界共同的兴趣点一方面是使用大量可用的数据用于研究，另一方面是促进已有推荐算法的演变。实践性的相关研究检验了在推荐系统生命周期不同阶段的各个方面，即系统的设计、系统的实现、系统评估、系统维护以及系统运行期间的改进。Netflix 在 2006 年宣布的推荐系统大赛（第 11 章将详细描述）是推荐系统研究社区和工业界的重大事件。该事件强调了向用户推荐物品的重要性，并促进了许多新的数据挖掘推荐技术的发展。尽管 Netflix 大赛引起一系列研究活动的出现，但该大赛仅仅反映了全部推荐问题中简单的评分预测任务，即优化预测评分与真实评分之间的均方根误差（RMSE）。第 11 章描述了从 2009 年比赛获胜中获得的经验，并以 Netflix 系统作为真实推荐系统的案例研究，提供了有关推荐系统实际构建的一些见解。此外，在实现一个真实的推荐系统时，该章还提供了有关推荐系统实现问题的各个方面。为了向用户提供较好的个性化体验，该章描述了以数据为中心来选择适合 Netflix 系统的最好模型。除此之外，还强调了构建一个合适且可扩展的系统架构是十分有必要的，即系统可以支持推荐算法的发展与变革，并能够适应大规模数据。

推荐系统设计阶段需综合考虑各方面因素的影响，这或许会影响到算法的选择。其中，推荐系统的应用领域是选择算法时首要考虑的因素。文献[39]提供了推荐系统的分类并对特定应用领域下推荐系统的应用做了分类。基于这些特定的应用领域，本书对最常见的推荐系统应用做了更普遍的领域分类：

- 娱乐——电影、音乐、游戏和 IPTV 的推荐。
- 内容——个性化新闻、文档推荐、网页推荐、网络教育应用和电子邮件过滤。
- 电子商务——为消费者推荐要购买的产品，例如，书籍、照相机、电脑等。
- 服务——旅游服务推荐、专家咨询推荐、房屋租赁推荐、中介服务。
- 社交——社交网络中朋友的推荐和社会媒体网站中内容的推荐，如 tweets、Facebook feeds、领英的 updates 等。

随着推荐系统的日益流行，在一些新应用上的潜在优势也激发了人们的兴趣。例如，推荐保险或问答系统中的问题推荐。因此，上述列表并不能覆盖推荐技术所涉及的所有应用领域，这些列表仅给出了不同类型应用领域下的初步描述。

特定应用领域的推荐系统开发商应该了解该领域的特殊方面、具体的要求、应用程序面临的挑战和局限性。只有分析这些因素之后，才能选择最佳推荐算法，并设计出更高效的人机交互。本书部分章节将介绍一些推荐系统在特定领域下的应用。这些章节每一部分描述了特定领域下推荐系统的需求、系统的精度挑战、合适的技术以及系统中的算法。

第 12 章详细描述了一个需要根据领域知识来调整推荐方法的示例，这个示例是推荐系统用于技术增强型学习(TEL)的例子。TEL基本覆盖了支持各种形式的教学活动的技术，其目的是设计、发展和测试新方法及技术来增强个人和组织双方的学习实践能力。随着数字化的教育和学习日趋流行，将个性化的内容整合进学习工程变得日趋重要，用于评估算法质量的可用数据为增加TEL推荐系统的流行度创造了更多的机会。由于TEL的主要收益来源于将推荐系统技术整合到个性化学习过程中，并根据用户先前的知识、能力和偏好逐步调整[55]，因此推荐系统用于TEL有明显上升趋势。该章呈现了推荐系统用于TEL的一个扩展的综述，覆盖了来源于35个国家的82个系统，并根据包括三方面的分类框架将这些系统进行分类，即支持的任务、方法以及操作。按照分类框架对82个系统进行了分析并分成了7个聚类，其中每个聚类表示一个贡献于相应领域的独特形式。为了更好地标准化评估设置和度量，该章旨在提供一个关于TEL推荐系统的完整概述，并提供推荐系统技术应用于TEL的准则。

推荐系统中另外一个流行的领域是音乐推荐，第13章给出了详细陈述。在设计和评估音乐推荐系统时，由于音乐自身具有独有的特征，使得音乐推荐系统面临着各类挑战。例如，与推荐电影或书籍相比，用户只需花费较短的时间即可对音乐给出评价，或同一音乐可被推荐多次。此外，音乐可以作为一个单独的物品或一个播放列表被推荐，并可以通过类别、演唱者或乐团进行抽象。与其他许多领域相反，音乐推荐系统严重依赖基于内容的推荐同时意味着将面临相应的挑战[37]。

伴随着新技术的出现，推荐系统在新领域的应用已经变得非常流行。第14章描述了一个例子，即移动技术的变革加速了特定领域推荐系统的发展，这得益于移动设备具有特殊的能力(如GPS)。第14章回顾了一个基于位置的移动推荐系统的主要组成部分。为了丰富用户的画像，移动感知器被用于获取移动情境信息，移动情境感知推荐系统(正如第6章所述)已经被用于各类应用领域，第14章着重介绍了基于移动地理位置的推荐系统。一些推荐应用基于用户的地理位置和历史行为信息来推荐去处和活动地点。该章描述了用于推荐地点的推荐算法，并评估了推荐的质量。着眼未来，作者介绍了其他基于地理位置的应用，例如，在乘车地点为出租车司机提供推荐，或者向用户推荐附近的零售店。

伴随着新技术出现，推荐系统的另一个应用例子是与社交网站相关的系统，尤其是社会媒体领域的系统。随着社交网络(如Facebook、领英、Tweeter、Flickr等)的出现，用户时刻面临着信息、活动和交互的过载。社会化推荐系统应运而生，它主要为了帮助用户识别相关的内容(如tweets、feeds或者图片)，并仅提供相关的活动和交互(如讨论或评论)。除了已经被用于或专注于社会媒体的推荐系统之外，其他领域的推荐系统也会从新型社交数据中受益，与用户相关的社会媒体融入系统将有助于提高标准推荐系统的质量[23]。社会化推荐包括许多类型的推荐系统，这些系统都与社会媒体平台相关，第15章详细描述了这些系统的两种主要类型：社会媒体内容的推荐和社会媒体用户的推荐。针对社会媒体内容的推荐，该章回顾了各类社交媒体内容领域，并提供了一个详细的案例分析。该章列出了三种不同类型的用户推荐，即在网络中无直接联系的相似人(如同学或家庭成员)的推荐；推荐可能感兴趣的人(向用户推荐链接或关注)；推荐陌生人(用于约会、雇佣或其他目的)。该章解释了推荐人的复杂性，并列出了应该被考虑且进一步被研究的核心点，这包括推荐解释的必要性、隐私问题、社会关系、信任和名誉，也包括需要定义特殊的评估指标。

第16章强调了社会化推荐的一个特殊形式，人与人之间的相互推荐，这需要两者都要参与进一个令人满意的推荐。一些例子是：约会推荐、人力资源推荐(推荐雇主与雇员)以及向学习组推荐学生。除了双方需要独特的相互满意的方式外，该章还强调了传统推荐与互惠推荐之间的区别，这包括用户提供显式反馈的意愿、用户长期接触系统的事实和是否向过载用户提供推荐。

在第 16 章，作者提供了当前互惠推荐系统的概述，并说明了在推荐系统设计之初如何考虑有关互惠的特殊需求。该章提供了一个详细的案例分析，尤其是在线约会推荐系统，并介绍了推荐相关的混合内容与协同过滤算法和系统的评估过程。该章还得出一个有趣的结论，即在这些类型的系统中，隐式反馈信息比显式反馈信息更有效。

社交网站也通过现代化搜索工程被利用，即依靠推荐技术来解决网站搜索面临的挑战，并实现了高级搜索特性。特别地，各类搜索引擎试图运用一些个性化和协同的形式向用户生成查询结果，这使得返回的结果不仅与查询内容相关，而且根据用户的查询历史、名誉以及社交网站由用户自身的先前活动所推断的偏好进行了量身定做。

第 17 章讨论了信息检索研究和推荐系统方面个性化网站搜索的目标。作者阐述了如何运用近期推荐系统研究的技术来解决搜索引擎面临的挑战。该章主要关注提升搜索引擎的两个有潜力的想法：个性化和协同。作者探讨了影响搜索结果的用户偏好和情境信息，并描述了大量用于个性化网站搜索的方法。此外，还讨论了协同信息检索的最新进展，作者试图将朋友之间、同事之间或有相似需求的用户之间的潜在合作的优势用于实现一系列信息搜寻任务。这是当前研究的新热点，即所谓的社会化搜索，它得益于网站中社会媒体特性的影响，在向目标用户返回搜索结果时，往往受相似用户的经历和喜好的影响。作者预料推荐系统和搜索引擎将趋于相同的目标，一个搜索引擎将会为现代推荐技术提供一个独特的平台。作者认为，伴随着努力理解用户需求的搜索体验方式，上述资源整合进搜索引擎将会使得用户在合适的时间接受正确的信息，从而变得更加满意。影响搜索引擎的另一个趋势是移动设备提升了搜索活动的次数，这将对搜索和发现入口带来新的限制，但同时也为使用移动感知器提升个性化体验带来更多的机遇。

1.7   推荐系统与人机交互

正如本章先前部分所描述的一样，研究人员主要关注一系列技术解决方案的设计，以及使用各种知识库更好地预测目标用户喜欢什么物品和喜欢的程度。这种研究活动的潜在假设是，仅正确展示推荐结果（或最好的选项）是不够的。换句话说，系统给用户生成推荐，如果结果是正确的，用户应该完全接受推荐。很显然，这是把推荐问题极度简化了，其实把推荐结果传递给用户并非如此简单。

事实上，由于用户缺乏足够的知识来做出明确的选择，所以才需要推荐。相应地，让用户来评价系统所提供的推荐结果并非是件易事。因此，许多研究员已经试图去了解导致目标用户接受推荐结果的因素[5,20,25,38,50,53]。

文献[53]首先指出推荐系统的有效性依赖于许多因素，而不仅仅依赖预测算法的质量。事实上，推荐系统必须说服用户去尝试（听、购买、阅读、看等）所推荐的物品。当然，这取决于被选择物品的个体特征，也取决于推荐算法。然而，当物品在被展示、比较、解释（解释为什么被推荐）的时候，该过程也取决于系统所支持的特定的人机交互。文献[53]认为，从用户角度来看，一个有效的推荐系统必须能激发用户对系统的信任，并且必须有一个显而易见的系统逻辑。此外，作者指出系统必须指引用户接触新的、用户不熟悉的物品，并提供推荐物品的详细信息，包括图片和社区评分，最终应该提供改进推荐的方式。

文献[53]的作者和具有相似方向的研究者并不是认为推荐算法不重要，而是声称推荐算法的有效性不应该仅仅依据预测结果的精度（即标准且流行的 IR 指标，如 MAE、Precision 或 NDCG，详见第 8 章）来衡量。他们认为涉及用户接受推荐系统及推荐结果的其他维度也应该被测量。这些看法在文献[38]中也已经被相当好地陈述和讨论。在文献[38]工作中，作者提出以用户为中心来评价推荐系统，包括推荐列表的相似性、推荐的惊喜度以及推荐系统中用户需求和期望的重要性。

推荐系统通过收集海量的用户数据来满足推荐用途的需要。然而，这些可用的数据或许会导致数据以侵犯终端用户隐私的方式被使用，尤其可能被不信任方获取或被恶意代理滥用。第19章介绍了提升推荐系统隐私的最新进展。作者分析了由推荐系统所造成的用户隐私方面的风险，概述了现有的解决方式，并讨论了隐私对于推荐系统中用户的影响。作者尤其介绍了有关使用各种分散化的方式来保护用户隐私方面的一些研究，这些方式取消了用户建模数据的唯一存储库，否则会存在对推荐系统的恶意攻击。此外，作者还介绍了一些扰动原有用户建模数据或加密数据的算法。这确保了数据即使被不信任者获取时，相比于原有的数据更加安全。最后，作者介绍了政策驱动的数据保护方案。这些基于政策和法令的举措限制用户数据的存储、迁移和使用。

推荐系统的一个重要目标是帮助用户做出更好的决策[18]。因此，理解用户如何做出决策以及人类决策过程是如何被支持的显得非常重要。第18章首先基于大量心理学研究文献简要回顾了日常选择和决策过程中的用户心理活动，并对它们进行了形式化，使其与推荐系统的研究看起来更加相关和便于理解。作者解释了推荐系统为何可以被当作帮助用户决策的工具之一。然后，作者提供了一个有关帮助人们做出更好决策和指示推荐系统如何更好拟合决策方面的高层次概述。此外，推荐系统的主要功能被呈现：提取构造偏好模型的信息，缩小选择的范围，从一个小的推荐选项集合中帮助用户做出抉择以及帮助用户探索更大的选择空间。作者介绍了如何理解人类的决策可以启发对于这些过程的研究和实践。

正如前几节讨论的，推荐系统经常使用高级的算法做出推荐。然而，推荐系统并不能保证由系统所提供的建议总是被用户所接受。推荐结果是否可以被认为是可信任的建议，实际上不仅依靠用户对推荐结果的感知，而且需要用户把系统看作一个建议者。

在第20章，作者强调了一条推荐被看作可信任的建议，实际上不仅由于用户对推荐结果的感知，而且由于推荐作为一个建议者成为推荐的核心角色。事实上，有关劝说的研究认为人们更可能接受来自可靠信息源的推荐，所以我们可得出推荐系统的可信度对于推荐结果接受可能性的增加是非常重要的。因此，作者讨论了如何提高推荐系统的可信度，并提供了有关可信度研究的概述。

第20章回顾了当前在人与人、人与技术以及人与推荐系统交互的背景下关于信息源的研究。该章也讨论了在社会技术日益普及的背景下对系统可信度的评估。在人与技术交互的场景里已经被研究的源特征在该章也进行了讨论，尤其讨论了推荐系统领域的源特征。最后，总结了在其他情景下被确定为有很大影响力的社交线索也已经在推荐系统中被实现和测试。

对于每个用户而言，性格特征的不同会引起我们在情绪、人际、体验、态度和动机方面的个体差异。有研究已经表明，性格在克服冷启动问题和多样性推荐方面显得尤其有用。

第21章讨论了用户偏好是如何与性格相关的，以及在推荐系统里如何运用性格。作者描述了性格的五因素模型（FFM）。由于FFM很容易被量化为与主要因子相关的特征，因此它适合应用在推荐系统里。对于一个目标用户而言，性格因素可以通过问卷调查的方式被显式获取，或在社会媒体流（或移动手机通话记录）上运用机器学习的方法隐式获取。

1.8 高级话题

从先前讨论可以明显看出，推荐系统的研究正在向众多不同的方向发展，同时新的主题不断涌现，有的正成为重要的研究课题。读者也可以参考最近的 ACM RecSys 会议资料，以及其他优秀的论文，将其作为额外的研究资料[13,30,34,40,44]。本书涵盖许多这种话题。事实上，很多已经介绍过，例如，情境感知推荐（第6章）、社会化推荐（第15章）、互惠推荐（第16章）。

其他一些重要的话题在本书最后部分将会详细陈述，这里仅简短地介绍一下这些章节。

第 22 章介绍了系统向一组用户而不是单个用户推荐信息或物品的情形。例如，推荐系统可以帮助一个群组用户选择电视节目观看，或推荐歌单去听，其推荐模型是基于整体群组成员的。向群组推荐很明显要比个体推荐更加复杂。假设我们能精确地知道单个用户喜好，那么群组推荐问题就是如何组合单个用户模型。在该章中，作者讨论了群组推荐如何工作、面临的问题以及当前的进展。

第 23 章讨论了聚合偏好、准则和相似度这一普遍关心的问题。通常这类聚合通过算术平均值或最大/最小值函数来完成。但是许多其他具有灵活性和适应性并最终能产生更相关推荐结果的聚合函数经常被忽略。作者回顾了聚合函数的基本知识和特性，并介绍了一些最重要的成员，包括平均值、Choquet 与 Sugeno 积分、有序加权平均、三角形准则以及双极聚合函数。类似的方法可以为输入、连接、取消连接和混合行为之间的各种交互提供一种建模方法。

第 24 章着重介绍了推荐系统的另一个重要问题，即推荐系统生命周期过程中需要积极寻找新数据的问题。这个问题经常被忽略，因为用户访问系统时，系统假设无足够大的空间管理收集的数据（如评分）。事实上，推荐系统可以激发用户兴趣，许多系统在推荐过程中明确地询问用户偏好。因此，通过调整推荐过程，用户可以提供一系列不同的信息。特别是系统可以要求用户评价特定商品，用户对这些物品的评价对于系统的性能是非常有益的，比如基于这些额外的信息，系统可以提供更加多样化的推荐结果，或提升系统的预测精度。基于这点，主动学习出现了，它可以增强推荐系统，帮助用户更了解自己的喜好，并产生更有意义和更有用的问题。同时，主动学习可以向系统提供新信息，为随后的推荐做分析。因此，推荐系统运用主动学习技术能使推荐过程更加个性化[36]。这可以通过允许系统主动影响用户遇到的物品（例如，在用户注册或用户定期使用时给用户展示的物品）来完成，同样也可以通过用户自由探索自己的兴趣来完成。

第 25 章介绍了另一个新兴话题，即多准则推荐系统。多数推荐系统通常考虑单一准则值或一个用户对一个物品的整体评价（评分）来决定物品的效用。但是目前这个假设被认为具有局限性。因为用户在做选择时，系统对一个特定用户推荐的物品是否合适要根据用户的多方面因素来判断。多准则的组合可以影响用户的观点，从而产生更有效且更精确的推荐。

第 25 章提供了多准则推荐系统的完整概述。首先，该章把推荐问题定义为一个多准则决策问题，并且回顾了支持多准则推荐实现的方法和技术。然后，集中讨论了多准则评分推荐技术的分类，这种技术主要根据物品在不同准则上的评分向量对用户的效用建模来产生推荐。该章给出了有关利用多准则评分计算评分预测值并生成推荐结果的当前算法的概述。最后总结了多准则推荐系统的开放性问题和未来面临的挑战。

精准地预测用户确实喜欢的一小部分物品，并且重复地推荐，这并不是一项很好的服务。同样，如果推荐的物品之间非常相似，那么系统的建议将被认为重复乏味且不能帮助用户发现奇特的物品。尽管一些奇特的物品并不是用户喜好的那类，但这些物品却是用户意想不到的，因此用户将会获得更多的信息或更高的期望。

第 26 章讨论了推荐系统中新颖性和多样性相关的话题。确定系统需要新颖性和多样性推荐之后，该章精确定义了这两个概念和它们之间的关系。新颖性是个人推荐的一个特性，而多样性是由单个用户的推荐结果得出或由所有用户的推荐结果得出。这两个评价指标的定量度量方法占据了该章大部分内容，这在提高推荐系统的性能方面是最首要的一步。然后通过提出一系列的技术优化推荐列表来讨论这个问题，最终增加推荐的多样性和新颖性。最后，该章提出了一个统一的模型，可以描述迄今为止提出的一系列的度量。这个统一的模型中最关键的一点是新颖性与经验有关，显示了研究和情境感知推荐系统之间意想不到的关系（见第 6 章）。

正如我们已经在简介中提到的，推荐系统的应用通常局限于某一特殊的物品（如电影、CD和书等）。尽管如此，电子商务网站销售不同类型的产品（如亚马逊），亚马逊的推荐系统不同类别的产品相互独立。这意味着，如果用户对某类产品（如书籍）表现出喜爱，如以评分的形式，但是系统推荐其他类型产品（如电影）时会忽略这种信息。但是人们会很自然地认为在一个领域中的偏爱和另一个领域中的偏爱在某些方面是相互关联的。因此，如果两个用户购买了相似种类的书，其中一个人看的电影对另一个人来说可能是一个很好的推荐。

根据不同领域相关推荐的思想，在一个领域中收集用户数据，为其他领域做推荐，这是基于跨领域推荐系统的研究。该系统及其底层技术在第 27 章阐述。这里说明了利用所有用户的偏好，在几个特定领域中收集信息，可能有益于更全面地理解用户模型和更好的推荐。在没有收集到太多的用户数据情况下，跨领域推荐系统可以缓解目标领域的冷启动和稀疏问题。此外，这也使交叉销售推荐成为可能，如构建更复杂的推荐，来自多个领域的物品一起推荐（如电影和关于被推荐歌手的书籍）。作者在该章中形式化定义了跨领域推荐问题，并且尝试通过不同学科中出现的概念和方法来提供一个统一的观点。本章提供了先前工作的解析分类，并且确定了未来研究的开放问题。

本书最后一章（第 28 章）概述了安全方面的话题。这个话题在过去几年是推荐系统中的一个重要问题。该章分析了能产生更具鲁棒性的推荐算法设计，即推荐不易受到恶意用户影响。实际上，协同过滤推荐系统依赖用户信誉，即默认假设用户与系统相互作用的目的是为自己得到好的推荐，从而给邻居提供有用的数据。然而，在某些情况下用户与推荐系统的交互有一系列的目的，这些目的可能是与系统所有者或系统多数使用者背道而驰的。也就是说，这些用户想去破坏推荐系统网站或者干预提供给访客的推荐，例如，给一些物品过高或过低的评分，而不是进行公正的评价。

在该章，作者提出一个有效的攻击模型，这种攻击的成本很低，但是对系统输出产生的影响很大。由于这些攻击可以针对某个网站运行，因此很有必要检测它们并尽快制定对策。同时，研究人员已经研究出许多能经受攻击的鲁棒性算法，而且与有效攻击相比，这些算法具有较低的影响曲线。这些方法在该章中也涉及了。利用这些技术的结合，研究人员考虑的不再是避免攻击而是去控制攻击的影响，让他们付出高昂的代价。

1.9 挑战

新兴的具有挑战性的推荐系统话题，并不限于上面提到章节中描述的部分。此外，本章并未覆盖所有的话题。读者可以参考本书最后的讨论部分，这部分包括了其他值得关注的问题。

以下简短介绍其他具有挑战性的话题，我们认为这些话题对于推荐系统的研究与发展至关重要。

1.9.1 偏好获取与分析

大量开放性问题都与获取用户偏好信息和生成用户画像这一关键阶段相关。

很显然，在许多真实的场景中，隐式反馈信息更易获取且无须额外努力。例如，在一个网页上很容易记录用户访问一个 URL，或点击一个链接等。对于展示物品的系统可以把这些操作看成一个正反馈形式。先前操作所包含的信息与预测的未来操作所包含的信息高度相关这似乎是合情合理的。鉴于此，最近许多方法注重使用更可靠和更易获取的隐式反馈信息（第 11 章详细介绍了与该问题相关的内容）。在我们拥有隐式反馈信息的情况下，推荐问题变成了用户将与某个给定物品接触的可能性预测。但是，标准的推荐公式在该情形是不适合的，因为这里没有负反馈信息，所有可获得数据要么是正反馈，要么是缺失的。缺失数据包括用户明显选择忽略的物品和从未向用户推荐的物品。这些问题将在第 11 章详细讨论并给出一些克服该类问题的有效方法。

　　尽管隐式反馈信息存在一些优点，但对于某些物品，这些数据并不能完全作为替代品用于显式的用户评估过程。为了使得获取信息更加有效，正如第 24 章描述的一样，目前有大量主动收集用户偏好数据的技术，这些技术尤其在冷启动阶段显得非常重要，在系统的整个生命周期亦是如此。然而，当系统的目标（如精度与覆盖度）确定后，在一个给定的系统评估阶段处理特定用户时，如何从大量的主动学习技术中选择适合系统的技术并非易事。融合、运行多个基础方法的方案具有较强的适应能力，该方案应该被研究，其实际应用能力依赖于各方法的计算开销。当多策略被要求必须实时估计并找出特定场景中最优者时，融合和运行多个基础方法的计算开销令人望而却步。

　　因此，除了更好的主动学习技术外，简化偏好获取的成本也显得十分重要。对于一个推荐系统而言，为了获得好的推荐性能，用户通常需要向系统提供一定数量的偏好反馈（例如，以物品评分的形式）。在仅有评分的推荐系统甚至多准则评分系统，需要较多的用户参与，每个用户需要基于多准则评论一个物品，这将成为一个问题。因此，权衡开销、从可选择评分方法所得受益和规模三者之间的关系并寻求一个同时满足用户和系统设计者的方案显得十分重要。例如，偏好分解方法可以支持一个偏好多准则推荐模型的隐式制定（详见第 25 章）。

　　另一个解决偏好获取过程的研究是对性格、情绪和情感的利用。该研究已经成为一个主流话题，主要是因为越来越多的技术可以用于获取这些信息。在第 21 章，作者强调了在一个非侵入式方法下获取性格信息时面临的挑战。当今，只有最长调查表（包括 100 个左右的问题）可以对用户的性格给出一个精确评估。因此，非侵入式方法是必需的，对该领域的研究仍在起步阶段。挖掘用户活动对于提取性格信息是一种选择，但也可以通过便携式设备记录生活日志的方式快速获取，这里生活日志用于记录用户的活动，这对于分析用户的行为提供了一个有前途的且值得探索的平台。

　　另外一项研究主要是为了解决跨域推荐系统中冷启动问题和降低用户建模的工作量。第 27 章介绍的技术可以作为用户偏好获取的一种可供选择的方案，这是因为该章介绍的技术可以构建详细的用户画像，且无须收集目标域中用户对物品的显式评价。最后，本书谈及将长期和短期用户偏好整合进构建用户画像过程中并提供一个推荐列表的问题。推荐系统可分成两部分：一部分是通过集成由系统收集的所有用户的交易数据来构建长期画像（如协同过滤）；一部分是更关注于捕获用户的短期偏好（如基于知识的方法），例如基于案例的推荐方法。很明显，这两部分都是非常重要的，并且在解决偏好整合问题时需要考虑精确的用户任务或物品的可用性。事实上，有足够的证据表明，在用户的短期偏好不同于用户的长期偏好时，需要新研究来构建混合模型，使得正确决定多大程度上趋向于临时的用户偏好。

1.9.2　交互

　　第 9 章清晰地讨论了推荐系统当前面临的主要挑战，我们依然需要拓宽推荐系统在系统方面的研究范围。这意味着除了用于计算推荐结果的算法之外，用于获取用户输入的方法和用户接收系统输出的方式也起着重要作用，甚至对于推荐系统的成功与否起着更大的作用。我们也需要更好地理解用于偏好提取的可选择方案（正如先前所述）、推荐个性化以及与系统交互阶段发展的个性化方案的综合质量。

　　必须指出的是，在与推荐系统交互时，用户需要做出各类决策。其中最重要的是可以从推荐列表中选择一个物品。但在做出最终决定之前，用户通常必须决定如何探索信息空间且他们应该向系统提供哪些信息。例如，用户必须选择一个特定的特征（如一个照相机的大小或放大系数)作为搜索或评判准则，或者在与基于知识的推荐系统交互时针对非持续的用户偏好提供一个修改建议。此外，用户经常并不知道如何做或事先并不清楚他们的偏好。在一个特定的推荐场景中，系统支持的交互和可视化有助于用户偏好的构造。正如第18章所阐述的，在一个推荐系统中用户决策支持也面临着许多挑战。我们对于由系统所产生的情境语境的理解和它对于物品选择过程的影响仍然是不够完整的，这就需要我们更好地将推荐系统的研究与心理学和决策学科联系起来。很明显，尽管推荐系统有助于做出决策，但当在一个情景推荐系统中解释用户偏好构造和决策过程时，仍然需要较多地考虑有关决策心理学和认知心理学的研究。

在考虑用户与推荐系统的交互时，有关系统推荐结果解释的话题仍然存在许多有趣的且开放性的问题(详见第10章)。例如，还不完全清楚推荐解释带来的收益是否比风险多。第10章认为推荐解释是如下循环过程的一部分：解释影响了用户对特定推荐结果的接受情况以及系统中用户心理的模型，然后这又反过来影响了用户与推荐解释接触的方式。但用户的决策是否得到了改进还不清楚，并且推荐解释甚至会加重推荐系统要解决的信息过载问题。此外，在研究推荐解释对于用户个人的影响时，针对群组用户的解释会是一个更加新颖的主题。例如，有人可能会认为精确预测个人的满意度也可以用于提升推荐系统的透明度：展示如何满足其他组成员可以提高用户对于推荐过程的理解，或许更容易使用户接受他们本不喜欢的物品。然而，用户的隐私很可能与系统的透明度相冲突，并且展示其他用户的偏好可能会使群组用户的讨论转向偏好而不是对于推荐物品的讨论。我们完全需要在这些话题上进行更多的研究。

在讨论有关推荐系统的交互时，我们不得不提到对于推荐系统价值评估的问题，这不仅与用户多大程度上喜欢推荐的物品相关。例如，推荐的时间价值(尤其在第6章讨论的情境推荐系统中)与如下事实相关：一个给定的推荐集合也许永远是不合适的，这些物品被推荐时与当前存在一个时间间隔。很明显，当推荐的物品是新闻时，人们想知道最近的事件和新闻，即使所推荐的新闻距离首次发布相差仅一天的时间也会被认为是无意义的推荐。推荐的时间价值很明显依靠于被推荐物品的新颖性和多样性。在这些方面仍然需要更多理论的、方法论的以及算法的发展。例如，为了统一发现和熟悉两模型，从概率的角度模型化基于特征的新颖性在未来将是一个有趣的研究点。物品恢复部分新颖性价值的时间区间，或者用户对于新奇寻求程度的波动等方面的问题将在第26章进一步研究和讨论。

一些新颖性和多样性话题相关的问题可以在探索和利用之间获得有效的权衡，这在本书的主动学习技术章节将会被提及(第24章)。这其实是一个进退两难的挑战，设计者必须合理应对或者决定是否持续推荐系统认为比较好的推荐结果。为了在将来构建更新且更好的推荐结果，向系统提供当前可用的数据，或者进一步探索用户的偏好(例如，要求用户对额外特定的物品进行评分)是有必要的。

1.9.3   新的推荐任务

推荐系统当前主要用于推荐相对简单且廉价的产品，例如电影、音乐、新闻和书籍。当系统中存在一些更加复杂的物品类型时，如金融投资或旅行，这些类型的物品被认为是非典型的案例。不可避免的是，复杂的领域需要更加精致的解决方案，如基于知识的推荐系统，该部分内容将在第5章详细讨论。复杂的产品中的一些变量通常是可配置的。虽然可以在设计时反过来考虑不同的配置来实现对不同物品提供推荐，但这对于推荐系统而言依然是一个不小的挑战。识别更合适的配置需要在替代配置(分类和分组物品)的交互之间进行推理，并且要求解决由配置的选择而产生的人类决策任务的特异性。一般来说，推荐系统用于新的领域时将会带来许多新的且有趣的研究方向。例如，第16章清楚地展示了在约会应用中，互惠推荐所需的推荐技术与其他领域的推荐技术是多么的不同。

正如本书第 1 版中所述，在优化一个推荐结果的序列时，推荐系统无须频繁更新，如每周向用户推荐一本书，我们认为这依然是一个开放性的问题。在推荐周期内和推荐周期间研究用户决策的序列行为是十分重要的。因此，我们想进一步指出该话题在组推荐中的重要性（详见第 22 章）。在这些系统里，当稳定的组员（如朋友之间或家庭成员）决定去何处度假或在家里吃什么时，他们通常重复选择相同类型的物品，此时序列性的推荐是一个很自然的设置。对提供连续推荐结果的算法和用户界面进行大量的研究是有必要的。尤其应该对用户的一些情境条件所产生的影响进行建模，如已经展示的物品可以影响用户对下一个推荐结果的评估，或者来自社会角色和组成员之间的关系的影响。

正如第 14 章所讨论的，大多数流行的推荐系统通过移动系统变得易于接近，这里移动系统通常伴随着拥有者的日常生活且触手可得。在这种情况下，如在 Google Now 应用中，推荐系统可以根据用户当前所处的情境主动向用户发送可能感兴趣的物品的通知。在该情形下，面临的挑战是帮助用户找到与当前情境真正相关的物品，且不会对用户产生一系列不相关的干扰。为了达到该目标，我们必须从用户对推荐系统的使用更好地探索隐式反馈，但在生成推荐结果时也需要更好地识别出情境信息。我们认为达到上述目标依赖于对情境改变的检测，这对于用户而言显得十分重要，并且由此可以对一个推荐结果进行评判。例如，在写论文的间隙，这时情境信息从工作状态转换至休闲状态，此时向用户推荐相关的或者个性化的体育新闻将是合适的。理解情境的改变以及用户想接受一个推荐结果的时机，这在未来的研究中是个极具挑战的问题。正如第 6 章所述，为了开发一些新颖且令人信服的情境感知系统，我们需要探索用于情境感知推荐系统（CARS）的新奇的工程解决方案，这包括新奇的数据结构、存储系统、用户界面组件以及面向服务的架构。

未来的研究还应该探索的任务是引导导航，它将传统的推荐列表（推荐结果）与能够让用户在选项中更加自主浏览的工具相结合。用户行为解释是指，除了显式评分外，还可以通过探测、分析用户对推荐系统的操作产生更多的行为，并将其用于构建更好的预测模型。其思想是，每个用户的行为都应该被利用在推荐过程中。但是解读用户行为（即一个行为的背后意图）是个挑战，有些行为需要被舍弃，因为这些行为不是由原来真正的用户所产生，例如在同一个浏览器中不同用户所产生的行为，或是虚假和恶意注册，或是由机器人和爬虫引起的数据或日志。

最后，请再次注意，为了向用户提供一些相关的推荐结果，正确预测用户的评分仅是其中的一个选择。另一个选择是预测用户如何比较或排序可用的选项。这是当今推荐系统研究中非常重要的一点。第 11 章讨论了 Netflix 情境推荐系统中的该问题。

最终，我们希望本书能成为实践工作者和研究人员的有用工具，有助于在这个令人激动且有用的研究领域进一步发展知识，并为进一步探索以上所述的问题提供一个基准。目前推荐系统领域的发展极大得益于工业界和学术界的兴趣和努力。因此，当他们两组人阅读本书时，我们都会奉上最美好的祝愿。希望能吸引更多的研究者，为这个非常有趣又充满挑战的领域而奋斗！

参考文献

1. Adomavicius, G., Tuzhilin, A.: Personalization technologies: a process-oriented perspective. Commun. ACM **48**(10), 83–90 (2005)
2. Adomavicius, G., Tuzhilin, A.: Toward the next generation of recommender systems: A survey of the state-of-the-art and possible extensions. IEEE Transactions on Knowledge and Data Engineering **17**(6), 734–749 (2005)
3. Amatriain, X.: Mining large streams of user data for personalized recommendations. SIGKDD Explor. Newsl. **14**(2), 37–48 (2013)

4. Arazy, O., Kumar, N., Shapira, B.: Improving social recommender systems. IT Professional **11**(4), 38–44 (2009)
5. Asoh, H., Ono, C., Habu, Y., Takasaki, H., Takenaka, T., Motomura, Y.: An acceptance model of recommender systems based on a large-scale internet survey. In: Advances in User Modeling - UMAP 2011 Workshops, Girona, Spain, July 11–15, 2011, Revised Selected Papers, pp. 410–414 (2011)
6. Bailey, R.A.: Design of comparative experiments. Cambridge University Press Cambridge (2008)
7. Balabanovic, M., Shoham, Y.: Content-based, collaborative recommendation. Communication of ACM **40**(3), 66–72 (1997)
8. Baltrunas, L., Ricci, F.: Experimental evaluation of context-dependent collaborative filtering using item splitting. User Model. User-Adapt. Interact. **24**(1–2), 7–34 (2014)
9. Ben-Shimon, D., Tsikinovsky, A., Rokach, L., Meisels, A., Shani, G., Naamani, L.: Recommender system from personal social networks. In: K. Wegrzyn-Wolska, P.S. Szczepaniak (eds.) AWIC, *Advances in Soft Computing*, vol. 43, pp. 47–55. Springer (2007)
10. Berkovsky, S., Kuflik, T., Ricci, F.: Mediation of user models for enhanced personalization in recommender systems. User Modeling and User-Adapted Interaction **18**(3), 245–286 (2008)
11. Berkovsky, S., Kuflik, T., Ricci, F.: Cross-representation mediation of user models. User Modeling and User-Adapted Interaction **19**(1–2), 35–63 (2009)
12. Billsus, D., Pazzani, M.: Learning probabilistic user models. In: UM97 Workshop on Machine Learning for User Modeling (1997). URL http://www.dfki.de/~bauer/um-ws/
13. Bobadilla, J., Ortega, F., Hernando, A., Gutierrez, A.: Recommender systems survey. Knowledge-Based Systems **46**(0), 109–132 (2013)
14. Borràs, J., Moreno, A., Valls, A.: Intelligent tourism recommender systems: A survey. Expert Systems with Applications **41**(16), 7370–7389 (2014)
15. Bridge, D., Göker, M., McGinty, L., Smyth, B.: Case-based recommender systems. The Knowledge Engineering review **20**(3), 315–320 (2006)
16. Brusilovsky, P.: Methods and techniques of adaptive hypermedia. User Modeling and User-Adapted Interaction **6**(2–3), 87–129 (1996)
17. Burke, R.: Hybrid web recommender systems. In: The Adaptive Web, pp. 377–408. Springer Berlin / Heidelberg (2007)
18. Chen, L., de Gemmis, M., Felfernig, A., Lops, P., Ricci, F., Semeraro, G.: Human decision making and recommender systems. TiiS **3**(3), 17 (2013)
19. Chen, L., Pu, P.: Critiquing-based recommenders: survey and emerging trends. User Model. User-Adapt. Interact. **22**(1–2), 125–150 (2012)
20. Cosley, D., Lam, S.K., Albert, I., Konstant, J.A., Riedl, J.: Is seeing believing? how recommender system interfaces affect users' opinions. In: In Proceedings of the CHI 2003 Conference on Human factors in Computing Systems, pp. 585–592. Fort Lauderdale, FL (2003)
21. Ekstrand, M.D., Harper, F.M., Willemsen, M.C., Konstan, J.A.: User perception of differences in recommender algorithms. In: Eighth ACM Conference on Recommender Systems, RecSys '14, Foster City, Silicon Valley, CA, USA - October 06 - 10, 2014, pp. 161–168 (2014)
22. Fisher, G.: User modeling in human-computer interaction. User Modeling and User-Adapted Interaction **11**, 65–86 (2001)
23. Golbeck, J.: Generating predictive movie recommendations from trust in social networks. In: Trust Management, 4th International Conference, iTrust 2006, Pisa, Italy, May 16–19, 2006, Proceedings, pp. 93–104 (2006)
24. Goldberg, D., Nichols, D., Oki, B.M., Terry, D.: Using collaborative filtering to weave an information tapestry. Commun. ACM **35**(12), 61–70 (1992)
25. Herlocker, J., Konstan, J., Riedl, J.: Explaining collaborative filtering recommendations. In: In proceedings of ACM 2000 Conference on Computer Supported Cooperative Work, pp. 241–250 (2000)
26. Herlocker, J.L., Konstan, J.A., Terveen, L.G., Riedl, J.T.: Evaluating collaborative filtering recommender systems. ACM Transaction on Information Systems **22**(1), 5–53 (2004)
27. Jannach, D., Zanker, M., Felfernig, A., Friedrich, G.: Recommender Systems: An Introduction. Cambridge University Press (2010)
28. Kaminskas, M., Ricci, F.: Contextual music information retrieval and recommendation: State of the art and challenges. Computer Science Review **6**(2–3), 89–119 (2012)
29. Knijnenburg, B.P., Willemsen, M.C., Gantner, Z., Soncu, H., Newell, C.: Explaining the user experience of recommender systems. User Modeling and User-Adapted Interaction **22**(4–5), 441–504 (2012). DOI 10.1007/s11257-011-9118-4
30. Konstan, J.A., Riedl, J.: Recommender systems: from algorithms to user experience. User

Modeling and User-Adapted Interaction **22**(1–2), 101–123 (2012)

31. Koren, Y., Bell, R.M., Volinsky, C.: Matrix factorization techniques for recommender systems. IEEE Computer **42**(8), 30–37 (2009)

32. Linden, G., Smith, B., York, J.: Amazon.com recommendations: Item-to-item collaborative filtering. IEEE Internet Computing **7**(1), 76–80 (2003)

33. Lops, P., de Gemmis, M., Semeraro, G.: Content-based recommender systems: State of the art and trends. In: F. Ricci, L. Rokach, B. Shapira, P.B. Kantor (eds.) Recommender Systems Handbook, pp. 73–105. Springer Verlag (2011)

34. Lu, L., Medo, M., Yeung, C.H., Zhang, Y.C., Zhang, Z.K., Zhou, T.: Recommender systems. Physics Reports **519**(1), 1–49 (2012)

35. Mahmood, T., Ricci, F.: Improving recommender systems with adaptive conversational strategies. In: C. Cattuto, G. Ruffo, F. Menczer (eds.) Hypertext, pp. 73–82. ACM (2009)

36. Mahmood, T., Ricci, F., Venturini, A.: Improving recommendation effectiveness by adapting the dialogue strategy in online travel planning. International Journal of Information Technology and Tourism **11**(4), 285–302 (2009)

37. McFee, B., Bertin-Mahieux, T., Ellis, D.P., Lanckriet, G.R.: The million song dataset challenge. In: Proceedings of the 21st International Conference Companion on World Wide Web, WWW '12 Companion, pp. 909–916. ACM, New York, NY, USA (2012)

38. McNee, S.M., Riedl, J., Konstan, J.A.: Being accurate is not enough: how accuracy metrics have hurt recommender systems. In: CHI '06: CHI '06 extended abstracts on Human factors in computing systems, pp. 1097–1101. ACM Press, New York, NY, USA (2006)

39. Montaner, M., López, B., de la Rosa, J.L.: A taxonomy of recommender agents on the internet. Artificial Intelligence Review **19**(4), 285–330 (2003)

40. Park, D.H., Kim, H.K., Choi, I.Y., Kim, J.K.: A literature review and classification of recommender systems research. Expert Systems with Applications **39**(11), 10,059–10,072 (2012)

41. Resnick, P., Iacovou, N., Suchak, M., Bergstrom, P., Riedl, J.: Grouplens: An open architecture for collaborative filtering of netnews. In: Proceedings ACM Conference on Computer-Supported Cooperative Work, pp. 175–186 (1994)

42. Resnick, P., Varian, H.R.: Recommender systems. Communications of the ACM **40**(3), 56–58 (1997)

43. Ricci, F.: Travel recommender systems. IEEE Intelligent Systems **17**(6), 55–57 (2002)

44. Ricci, F.: Recommender systems: Models and techniques. In: Encyclopedia of Social Network Analysis and Mining, pp. 1511–1522. Springer (2014)

45. Ricci, F., Cavada, D., Mirzadeh, N., Venturini, A.: Case-based travel recommendations. In: D.R. Fesenmaier, K. Woeber, H. Werthner (eds.) Destination Recommendation Systems: Behavioural Foundations and Applications, pp. 67–93. CABI (2006)

46. Robillard, M.P., Maalej, W., Walker, R.J., Zimmermann, T. (eds.): Recommendation Systems in Software Engineering. Springer (2014)

47. Schafer, J.B., Frankowski, D., Herlocker, J., Sen, S.: Collaborative filtering recommender systems. In: The Adaptive Web, pp. 291–324. Springer Berlin / Heidelberg (2007)

48. Schafer, J.B., Konstan, J.A., Riedl, J.: E-commerce recommendation applications. Data Mining and Knowledge Discovery **5**(1/2), 115–153 (2001)

49. Schwartz, B.: The Paradox of Choice. ECCO, New York (2004)

50. van Setten, M., McNee, S.M., Konstan, J.A.: Beyond personalization: the next stage of recommender systems research. In: R.S. Amant, J. Riedl, A. Jameson (eds.) IUI, p. 8. ACM (2005)

51. Shardanand, U., Maes, P.: Social information filtering: algorithms for automating "word of mouth". In: Proceedings of the Conference on Human Factors in Computing Systems (CHI'95), pp. 210–217 (1995)

52. Sinha, R.R., Swearingen, K.: Comparing recommendations made by online systems and friends. In: DELOS Workshop: Personalisation and Recommender Systems in Digital Libraries (2001)

53. Swearingen, K., Sinha, R.: Beyond algorithms: An HCI perspective on recommender systems. In: J.L. Herlocker (ed.) Recommender Systems, papers from the 2001 ACM SIGIR Workshop. New Orleans, LA - USA (2001)

54. Taghipour, N., Kardan, A., Ghidary, S.S.: Usage-based web recommendations: a reinforcement learning approach. In: Proceedings of the 2007 ACM Conference on Recommender Systems, RecSys 2007, Minneapolis, MN, USA, October 19–20, 2007, pp. 113–120 (2007)

55. Verbert, K., Drachsler, H., Manouselis, N., Wolpers, M., Vuorikari, R., Duval, E.: Dataset-driven research for improving recommender systems for learning. In: Proceedings of the 1st International Conference on Learning Analytics and Knowledge, LAK '11, pp. 44–53. ACM, New York, NY, USA (2011)

推荐系统技术

基于邻域的推荐方法综述

Xia Ning、Christian Desrosiers 和 George Karypis

2.1　简介

在线购物商城的出现和发展对用户的购物方式产生了重要影响，这种购物方式能让用户接触到大量的商品和相关的商品信息。虽然购物方式的解放使得在线商城成为亿万美元的行业，但也使得用户在商品选择中越来越难找到自己合适的商品。推荐系统是解决信息过载问题的一种重要手段，可以给用户提供自动且个性化的商品建议。

推荐问题可以被定义为评估某个用户对新物品的反馈，这种评估是基于该系统中的历史数据信息，同时推荐那些预测反馈兴趣高、新颖和独到原创的物品给用户。用户–物品反馈可以是熟悉的评分制，例如用评分数值（1~5 星），比较标准（强烈同意、同意、一般、反对、强烈反对）来表示这些用户对物品的反馈程度，或是二元反馈（例如，喜欢/厌恶或者感兴趣/不感兴趣）。因此，用户反馈可以通过用户在系统中给予的评分/评论信息显式地获取，也可以通过购买历史或访问模式隐式地获取[39,70]。为了简洁起见，本书后面的章节将使用评分来比较种类型的用户反馈。

物品推荐方法可以分为两个大类：个性化和非个性化。个性化方法主要包括基于内容的推荐方法和协同过滤方法，以及组合两种方法的混合技术。基于内容的推荐方法[4,8,42,54]（基于认知）的基本原则是，对某个用户已经评分过的物品分析其共同特点，然后将含有这些特点的新物品推荐给该用户。基于内容的推荐方法由于只依赖内容信息通常会受到受限内容分析（limited content analysis）和过度专业化（over-specialization）问题困扰[63]。有限内容分析主要是系统中只包含有限的用户信息或物品信息。有许多原因造成这种信息的匮乏，例如一些隐私问题影响用户提供个人信息，或难以用准确的信息描述物品的内容，或者获取某些物品类型需要昂贵的代价，如音乐、图片。另一个问题是物品的内容信息通常难以有效地决定其质量。其次，过度专业化的副作用是，即在基于内容的推荐系统中推荐新物品时，只推荐与用户已评分物品高度相似的物品。例如，在一个电影推荐系统中，系统给用户推荐的电影，其风格或演员与该用户已经看过的电影一样。正因如此，系统也许不能为用户提供具有差异性且依然感兴趣的电影。

与仅依靠物品内容信息的方法不同，协同（社会化）过滤方法使用的是系统中其他用户对物品的评分信息。其核心思想是如果目标用户和某一用户在某些物品评分上很相似，那么目标用户对新物品的评分与该用户对新物品的评分也是相似的。协同方法可以解决基于内容的推荐方法存在的一些局限。例如，当物品的内容信息不完全或难以得到时，依然可以通过其他用户

X. Ning, Computer Science Department, Purdue University, West Lafayette, IN, USA, e-mail: xning@ iupui. edu.

C. Desrosiers, Software Engineering and IT Department, École de Technologie Supérieure, Montreal, QC, Canada, e-mail: christian. desrosiers@ etsmtl. ca.

G. Karypis, Computer Science and Engineering Department, University of Minnesota, Minneapolis, MN, USA, e-mail: karypis@ cs. umn. edu.
翻译：吴　宾，娄铮铮　审核：潘微科，刘梦思

的反馈来给用户推荐。同时，协同过滤是通过利用其他用户的评分信息，而不单纯依赖可能会干扰推荐质量的内容信息。另外，与基于内容方法不同的是，只要其他用户已经显示出对不同物品的兴趣，那么协同过滤推荐方法可以推荐内容差异很大的物品。

协同过滤方法可以大致分为两类：基于邻域的方法和基于模型的方法。在基于邻域的（基于内存[10]或基于启发式[2]）的协同过滤方法中[14,15,27,39,44,48,57,59,63]，系统中用户对物品的历史评分数据可以用来预测用户对新物品的评分。基于邻域的方法包括两种著名的推荐方法：基于用户的推荐和基于物品的推荐。在基于用户的推荐系统中，如 GroupLens[39]、Bellcore video[27] 和 Ringo[63]，目标用户对某一物品的感兴趣程度是利用对该物品已评过分，并且和目标用户有相似评分模式的其他用户（也叫近邻）来估计的。这里目标用户的近邻是指与目标用户评分模式很一致的用户。基于物品的推荐系统[15,44,59]，是根据某一用户对相似于目标物品的评分来预测该用户对目标物品的评分。在这种方法中，相似物品是指那些被同一组用户评分且评分值相近的物品。

与基于邻域的推荐方法不同的是，基于模型的方法使用评分信息来学习预测模型。主要思想是使用属性构建用户和物品之间的联系，其属性代表在系统中用户和物品的潜在特征，如用户喜爱类别和物品所属的类别。这种模型通过训练数据，预测用户对新物品的评分。用于解决推荐任务的基于模型的推荐方法有很多，其中包括贝叶斯聚类（Bayesian Clustering）[10]，潜在语义分析（Latent Semantic Analysis）[28]，潜在狄利克雷分布（Latent Dirichlet Allocation）[9]，最大熵（Maximum Entropy）[72]，玻尔兹曼机（Boltzmann Machines）[58]，支持向量机（Support Vector Machines）[23] 和奇异值分解（Singular Value Decomposition）[6,40,53,68,69]。基于模型方法最新进展的详细描述可以参考本书的第 3 章。

最后，为了克服基于内容的推荐方法和协同过滤方法存在的局限性，混合推荐方法联合了这两种方法的优势。基于内容的推荐方法和协同过滤方法有多种组合方式，如通过将多个单一预测结果融合成一个综合的预测结果，能够得到更具有鲁棒性的结果[8,55]，或者将内容信息加入一个协同过滤模型[1,3,51,65,71]。一些研究已经表明，混合推荐方法相比于单一的基于内容的方法和协同过滤方法能够提供更加准确的推荐结果，尤其在评分数量较少时[2]。

2.1.1　基于邻域方法的优势

尽管一些最新研究显示基于模型的方法在预测分数方面要好于基于邻域的方法[40,67]，但是仅预测精度高并不能保证用户得到高效和满意的体验[26]。另一个在推荐系统中影响被推荐用户体验的因素是惊喜度（serendipity）[26,59]，即通过帮助用户找到感兴趣但是本不可能发现的物品，它是新颖性概念的拓展。例如，推荐给用户一部他喜欢的导演执导的电影，如果用户不知道这部电影，那么这是一个具有新颖性的推荐。但这不是一个惊喜度的推荐，因为用户很有可能自己会发现这部电影。

基于模型的方法在刻画用户爱好的潜在因素方面有突出优势。例如，在一个电影推荐系统中，基于模型的方法断定用户是喜剧和浪漫电影的影迷，而无须准确区分喜剧和浪漫两个维度。这种方法能够推荐给用户一部他不知道的浪漫喜剧。但是，这种方法难以推荐题材没有那么高度一致的电影，例如，恐怖恶搞喜剧。另一方面，基于邻域的方法能够捉住这些数据的一些关联，使用了这种方法的电影推荐系统很有可能推荐给用户与他平常品味不一样或者不知名的电影，只要他的近邻用户给了这部电影很高的评分。基于邻域的方法也许不能保证用户对推荐结果的认可度，例如，推荐出来的电影可能不是浪漫喜剧，但是它可以帮助用户发现一些新的题材或者一些新的演员和导演。

基于邻域的方法的主要优势有：

- **简单性**：基于邻域推荐方法直接而且容易实现，在其简单形式里面，仅仅有一个参数（用于选取的近邻数目）需要调整。
- **合理性**：这种方法对于预测（推荐）结果也提供了简洁并且直观的解释性理由。例如，在基于物品的推荐系统中，近邻物品列表以及被推荐用户给予这些物品的评分，都可以提供给用户作为推荐结果的理由。这能够帮助用户理解推荐结果和其关联性，并且作为交互系统的基础；让被推荐用户手动挑选（标注）出来对其更重要的近邻[6]。
- **高效性**：选择基于邻域系统的一个强烈原因在于它的效率。大多数基于模型的系统需要大量时间消耗在训练阶段。由于邻域方法在推荐阶段需要比基于模型方法有更大的消耗，邻域方法可以在离线预先计算近邻，提供近乎即时的推荐结果。同时，存储近邻只需要很小量的内存，使得这种方法很适合拥有大量用户或者物品的应用。
- **稳定性**：基于这种方法的推荐系统拥有另外一个有用的性质就是，系统在用户、物品、评分增加时受到影响很小，尤其是在大型商业应用中。例如，一旦物品相似计算完成，基于物品的推荐系统就可以为用户作推荐，而不需要再重新训练系统。同时，一旦新的物品的评分加入的时候，仅仅需要计算该新物品和系统已有物品之间的相似度。

基于邻域的方法由于具有这些优势，已经获得了很大的流行度，同时它也存在着覆盖度受限的问题，这将造成部分物品一直得不到推荐。其次，基于邻域的传统方法对评分的稀疏性和冷启动问题（即系统中仅有很少评分或没有任何评分的新用户和新物品）也是比较敏感的。2.5节提供了更加高级的基于邻域的技术来克服这些问题。

2.1.2 目标和概要

本章有两个主要目标。首先本章可以作为基于邻域推荐系统的指南，描述了如何实现推荐系统的实用信息。特别是这里会描述基于邻域推荐方法的主要组成部分和选择使用这些部分的益处。其次，本章描述推荐系统中一些存在问题的具体解决方法，如数据稀疏。尽管对于一些简单推荐系统来说，这些方法不是必需的，但是对于各种问题和解决方法有一个广阔的视角，有利于在实现推荐系统时做出合适的决策。

本章其余内容结构如下：在2.2节中，首次给出物品推荐任务的形式化定义，提供了整个章节所使用的符号。在2.3节中，将介绍基于邻域方法对于预测用户对新物品评分的两种方法：回归和分类，以及它们之间的主要优缺点。本章也介绍两种实现，分别是基于用户相似和物品相似的推荐方法，并且将从推荐系统的准确性、高效性、稳定性、可解释性和惊喜度等方面对这两种实现进行分析。2.4节将描述实现基于邻域推荐系统的三个主要组成部分：评分标准化、相似度权重计算，以及邻域选择。描述这三部分的最常用方法以及对应优势比较。在2.5节中，将会介绍覆盖率受限和数据稀疏等问题，以及解决这些问题的方法，尤其是基于降维和图的几种技术。最后，将会总结基于邻域推荐的一些特点和方法，在实现这类方法上给予更多的指示。

2.2 问题定义和符号

为了给物品的推荐任务公式化定义，我们需要介绍一些基本概念。在系统中我们定义用户集合为 $\mathcal{U}$，物品集合 $\mathcal{T}$。因此，我们定义 $\mathcal{R}$ 为系统评分集合，$\mathcal{S}$ 为用于评分可选的分数集合（如 $\mathcal{S} = \{1, 5\}$ 或者 $\mathcal{S} = \{喜欢, 不喜欢\}$）。同时，我们将 r_{ui} 表示为用户 $u \in \mathcal{U}$ 对于特定物品 $i \in \mathcal{T}$ 的评分，同时假定 r_{ui} 的取值个数不能多于一个（r_{ui} 要么有一个取值要么没有取值）。我们用 $\mathcal{U}_i$ 表示集合中已经对物品 i 进行了评分的用户集合。同样，$\mathcal{T}_u$ 表示被用户 $\mathcal{U}$ 所评分物品集合。同时被用户 u 和 v 所评分的物品集合（$\mathcal{T}_u \cap \mathcal{T}_v$）可以表示成 $\mathcal{T}_{uv}$。$\mathcal{U}_{ij}$ 则用于表示同时对物品 i 和物品 j

都进行了评分的用户集合。

评分预测(rating prediction)和最优 N 项(top- N)是推荐系统中最重要的两个问题。第一个问题是为了预测某个用户对他未评价过的物品 i 的评分。当评分值存在时，这个任务通常可以定义为一个回归或者(多类)分类问题，其目标是用学习函数 $f: \mathcal{U} \times \mathcal{T} \rightarrow \mathcal{S}$ 来预测用户 u 对于新物品(用户未评过分的物品)i 的评分 $f(u, i)$。准确性常被用于评估推荐方法的性能。一般来说，评分集合 $\mathcal{R}$ 可以分为用于训练函数 f 的训练集 $\mathcal{R}_{\text{train}}$ 和用来测试预测效果的测试集 $\mathcal{R}_{\text{test}}$。两种常用的评估预测准确性的标准分别为平均绝对误差(MAE)：

$$\text{MAE}(f) = \frac{1}{|\mathcal{R}_{\text{test}}|} \sum_{r_{ui} \in \mathcal{R}_{\text{test}}} |f(u,i) - r_{ui}| \tag{2.1}$$

和均方根误差(RMAE)：

$$\text{RMSE}(f) = \sqrt{\frac{1}{|\mathcal{R}_{\text{test}}|} \sum_{r_{ui} \in \mathcal{R}_{\text{test}}} (f(u,i) - r_{ui})^2} \tag{2.2}$$

当没有可用评分信息的时候，例如，仅拥有用户购买商品的列表，那么评估预测分数的准确性是不可能的。在这种情况下，对于寻找最优项问题通常就转换为向用户推荐感兴趣的列表：列表 $L(u_a)$ 包含用户 u_a 最感兴趣的 N 项物品[15,59]。评估这种方法的质量也是将物品列表分为用于训练函数 L 的训练集合 $\mathcal{T}_{\text{train}}$ 和用于测试的测试集合 $\mathcal{T}_{\text{test}}$。令 $T(u) \subset \mathcal{T}_u \cap \mathcal{T}_{\text{test}}$ 表示测试物品中用户 u 认为相关的物品子集，如果用户的反馈是二元反馈的，那么这些物品项就是指用户 u 所给评分为正的。如果列表中仅给出用户购买或者浏览了的物品项，那么这些物品项就可以直接用于表示 $T(u)$。这类方法的效果可通过准确率(precision)和召回率(recall)进行评估：

$$\text{Precision}(L) = \frac{1}{|\mathcal{U}|} \sum_{u \in \mathcal{U}} |L(u) \cap T(u)| / |L(u)| \tag{2.3}$$

$$\text{Recall}(L) = \frac{1}{|\mathcal{U}|} \sum_{u \in \mathcal{U}} |L(u) \cap T(u)| / |T(u)| \tag{2.4}$$

这种任务的缺点是用户对 $L(u)$ 中所有物品的感兴趣程度(权重)都被认为是等同的。文献[15]提供了一种解决方法，构造函数 L 可以使得用户 u 所对应的列表 $L(u)$ 所包含的物品是根据用户感兴趣程度排列好的。如果测试集是随机划分的，对每个用户 u，其对应物品集合 $\mathcal{T}_u$ 中一个项可以表示为 i_u。那么评估函数 L 的效果可以通过平均逆命中率(Average Reciprocal Hit-Rank，ARHR)衡量：

$$\text{ARHR}(L) = \frac{1}{|\mathcal{U}|} \sum_{u \in \mathcal{U}} \frac{1}{\text{rank}(i_u, L(u))} \tag{2.5}$$

其中 $\text{rank}(i_u, L(u))$ 表示 i_u 在 $L(u)$ 中的排名，如果 $i_u \notin L(u)$，那么其值为 ∞。更多关于评估推荐系统效果标准的内容可以阅读本书第 8 章。

2.3 基于邻域的推荐

基于邻域的推荐系统是根据相同"口碑"的准则，即根据和用户兴趣相同的人或者根据其他可信源来评价一个物品(电影、书籍、文章、相册等)。为了说明这种方法，我们举一个评分的例子，如图 2-1 所示。

	The Matrix	Titanic	Die Hard	Forrest Gump	Wall-E
John	5	1		2	2
Lucy	1	5	2	5	5
Eric	2	?	3	5	4
Diane	4	3	5	3	

图 2-1　显示 4 个用户对 5 部电影评分的小例子

例 2.1 用户 Eric 需要决定是否租用他没有看过的电影《Titanic》。他知道 Lucy 在电影上和他有相同的品味，他们都不喜欢《The Matrix》而都喜欢《Forrest Gump》，所以他询问她对于这部电影的观点。另一方面，Eric 发现 Diane 和自己有不同的品味，Diane 喜欢他不喜欢的动作类电

影，所以他忽视她的观点，或者考虑和她相反的观点来做出选择。 ◄

2.3.1 基于用户的评分预测

基于邻域用户推荐方法预测用户 u 对新物品 i 的评分 r_{ui}，是利用和用户 u 兴趣相近且对物品 i 做了评分的用户，这些和用户 u 兴趣相近的用户称为近邻。假设我们用 $w_{uv}(v \neq u)$ 表示用户 u 和 v 的兴趣相近程度（如何计算这种相近程度会在 2.4.2 节讨论）。用户 u 的 k 近邻，即 k 个与用户 u 相似度最高的用户 v 可以表示为 $\mathcal{N}(u)$。同时在这些用户中只有对物品 i 做了评分的用户才能够用于预测评分 r_{ui}，所以我们考虑使用 k 个和用户 u 兴趣相近且对物品 i 已做评分的用户代替原来的 k 近邻定义，并写作 $\mathcal{N}_i(u)$。因此预测评分 r_{ui} 可以利用这些近邻对物品 i 的平均评分策略获得：

$$\hat{r}_{ui} = \frac{1}{|\mathcal{N}_i(u)|} \sum_{v \in \mathcal{N}_i(u)} r_{vi} \tag{2.6}$$

式(2.6)存在着没有考虑用户 u 和每个近邻用户对物品评分相近程度不一的问题。再次回到图 2-1 的例子：假设 Eric 有两个近邻，分别是 Lucy 和 Diane，如果对电影《Titanic》评分平均地依靠她们的评分是不合理的，因为 Lucy 的品位和 Eric 更相近。对于此类问题一个通用的解决方法就是根据与用户 u 的兴趣相近程度进行加权。但是这些权重总和不为 1，这样预测的评分可能会超出评分标准的范围。因此，我们可以标准化这些权重，这样预测评分的准则就变成如下表示：

$$\hat{r}_{ui} = \frac{\sum\limits_{v \in \mathcal{N}_i(u)} w_{uv} r_{vi}}{\sum\limits_{v \in \mathcal{N}_i(u)} |w_{uv}|} \tag{2.7}$$

式(2.7)中的分母，用 $|w_{uv}|$ 代替 w_{uv} 是因为使用负的权重值会导致预测评分超出允许范围。同样，我们可以用 w_{uv}^{α} 代替 w_{uv}，其中 $\alpha > 0$ 是放大因子[10]。就像经常采用的那样，当 $\alpha > 1$，与用户 u 最接近的用户（评分）就越重要。

例 2.2 假设我们使用式(2.7)来预测 Eric 对电影《Titanic》的评分，这里会用到 Lucy 和 Diane 这两个近邻用户对于这部电影的评分。进一步我们假设这些近邻与 Eric 相似权重分别是 0.75 和 0.15。那么这个预测评分为：

$$\hat{r} = \frac{0.75 \times 5 + 0.15 \times 3}{0.75 + 0.15} \simeq 4.67$$

这个评分更接近 Lucy 而不是 Diane。 ◄

式(2.7)同样有个严重的缺陷：这种方法没有考虑到用户会使用不同的评分尺度来衡量他们对于相同喜欢程度的物品。例如，一个用户也许只会给很少一些突出的物品最高分，而另一些用户则会给自己喜欢的都给予最高分。解决这个问题可以将近邻评分 r_{vi} 进行标准化转换 $h(r_{vi})$[10,57]，可以得到以下预测式子：

$$\hat{r}_{ui} = h^{-1}\left(\frac{\sum\limits_{v \in \mathcal{N}_i(u)} w_{uv} h(r_{vi})}{\sum\limits_{v \in \mathcal{N}_i(u)} |w_{uv}|} \right) \tag{2.8}$$

需要注意的是，这样的预测评分需要转换原始测度，因此式子中会用到 h^{-1}。最常用的标准化评分方法将在 2.4.1 节讲述。

2.3.2 基于用户的分类预测方法

前面所描述的预测方法是通过对近邻用户评分进行加权平均的计算方法，本质上是在解决回归问题。另一方面，基于邻域的分类则是通过用户 u 的最近邻对于评分的投票，找出用户 u 对物品 i 最有可能的评分。用户 u 的 k 个最近邻对评分 $r(r \in \mathcal{S})$ 的投票 v_{ir} 可以计为对物品 i 评分的所有近邻的相似度权重的总和：

$$v_{ir} = \sum_{v \in \mathcal{N}_i(u)} \delta(r_{vi} = r)w_{uv} \tag{2.9}$$

如果 $r_{vi} = r$，则 $\delta(r_{vi} = r)$ 为 1，否则为 0。如果每个可能的评分值都计算过了，则只要找出 v_{ir} 最大的那个 r 就是预测出的评分值。

例2.3 再次假设 Eric 的两个近邻 Lucy 和 Diane 的相似权重分别为 0.75 和 0.15。在这个例子中，评分 5 和评分 3 都有一次投票。因为 Lucy 的投票相对于 Diane 的投票有着更大权重，所以预测评分是 $\hat{r} = 5$。 ◀

同样可以对考虑了标准化评分的分类方法进行定义：令 $\mathcal{S}'$ 表示为可能的已经标准化的值（可能需要经过离散化处理），预测分数可以定义为：

$$\hat{r}_{ui} = h^{-1}\left(\arg\max_{r \in \mathcal{S}'} \sum_{v \in \mathcal{N}_i(u)} \delta(h(r_{vi}) = r)w_{uv}\right) \tag{2.10}$$

2.3.3　回归与分类

选择基于邻域的回归或分类方法很大程度取决于系统的评分刻度类型。因此，如果一个评分刻度是连续的，如 Jester 笑话推荐系统[20]中的评分可以在 -10 到 10 之间取任意值，那么回归方法更加适合。相反，如果评分刻度仅仅是一些离散的值，如"好""差"，或者是数值，没有明显排序，那么分类方法应该会更加适合。另外，因为标准化方法会使评分映射到连续类型，这就导致分类方法很难处理这类问题。

还有一种办法可以比较这两种方法，就是假设所有近邻的相似度权重都相同。当用于预测的近邻数增加时，回归方法预测的分数 r_{ui} 将趋向于物品 i 的评分的平均数。假设物品 i 的评分仅在评分范围的极端，如喜欢或者厌恶，那么回归方法将会是一个保险的决策，使得物品的分值较为平均。从统计观点出发，这也是合理的，因为期望评分（预测评分）能最小化 RMSE 的分值。另一方面，分类方法会将对物品 i 最频繁的评分作为预测评分，这也是最冒险方法，因为物品要么标示为"好"，要么标示为"坏"。但是，正如前面所提到的，选择冒险的方法也是非常有吸引力的，因为这样会产生具有惊喜度的推荐。

2.3.4　基于物品的推荐

相比于基于用户的推荐方法是依赖于和自己兴趣相同的用户来预测一个评分，基于物品的推荐方法[15,44,59]是通过用户评分相近的物品来进行预测。让我们通过例子来说明这种方法。

例2.4 与咨询同伴不同，Eric 通过他已经看过的电影来决定电影《Titanic》是否适合他。他发现对这部电影评分的人也给予电影《Forrest Gump》和《Wall-E》相近的评分。因为 Eric 也喜欢这两部电影，所以他认为他也会喜欢《Titanic》。 ◀

这种方法描述如下：定义 $\mathcal{N}_u(i)$ 为用户 u 已经评分且和物品 i 评分相近的物品。用户 u 对物品 i 的预测评分可以通过对用户 $\mathcal{N}_u(i)$ 中物品的评分进行加权平均运算：

$$\hat{r}_{ui} = \frac{\sum_{j \in \mathcal{N}_u(i)} w_{ij} r_{uj}}{\sum_{j \in \mathcal{N}_u(i)} |w_{ij}|} \tag{2.11}$$

例2.5 假设我们的预测还是用两个近邻，《Titanic》的相似项《Forrest Gump》和《Wall-E》的相似权重分别为 0.85 和 0.75。因为 Eric 对这两部电影评分分别是 5 和 4，因此预测评分可以

计算为

$$\hat{r} = \frac{0.85 \times 5 + 0.75 \times 4}{0.85 + 0.75} \simeq 4.53$$　◀

不同用户有自己独立评分尺度，所以考虑使用 h 对评分标准化：

$$\hat{r}_{ui} = h^{-1}\left(\frac{\sum\limits_{j \in N_u(i)} w_{ij} h(r_{uj})}{\sum\limits_{j \in N_u(i)} |w_{ij}|}\right) \tag{2.12}$$

此外，我们也可以定义基于物品分类的方法。在这种情况下，用户 u 评分的物品 j 会决定另一个物品 i 的评分，而且这种决定权会根据 i 和 j 之间的相似度加权。这个方法的标准化版本如下：

$$\hat{r}_{ui} = h^{-1}\left(\arg\max_{r \in S'} \sum_{j \in N_u(i)} \delta(h(r_{uj}) = r) w_{ij}\right) \tag{2.13}$$

2.3.5　基于用户和基于物品的推荐方法的比较

当需要选择是基于用户还是基于物品的推荐方法来实现推荐系统的时候，有 5 个准则需要考虑：

- **准确性**：推荐系统的准确度很大程度依赖于系统中用户数与物品数之间的比例。如 2.4.2 节描述，在基于用户方法中，用户与用户之间的相似度决定了近邻数，其计算是通过比较这些用户对相同物品的评分。假设一个系统有 1000 个用户对 100 个物品的 100 000 个评分，为了便于分析，假设这些评分符合正态分布$^{\ominus}$。从表 2-1 得出，在基于用户的推荐方法中，平均 650 个用户可以成为目标用户的潜在近邻，然而用于计算用户之间相似度的共同评分数量却仅为 1。在基于物品的推荐方法中，平均 99 个物品可以成为目标物品的潜在近邻，用于计算物品之间相似度的共同评分数量平均为 10。

表 2-1　基于用户和基于物品的推荐方法中，分别用于计算相似性的近邻平均数量和评分平均数量。假设评分是正态分布的，每个用户的平均评分数是 $p = |R| / |U|$，每个物品的平均评分数是 $q = |R| / |I|$

	近邻平均数量	评分平均数量
基于用户	$(|U|-1)\left(1 - \left(\frac{|I|-p}{|I|}\right)^p\right)$	$\frac{p^2}{|I|}$
基于物品	$(|I|-1)\left(1 - \left(\frac{|U|-q}{|U|}\right)^q\right)$	$\frac{q^2}{|U|}$

通常，一小部分高可信度的用户要比一大部分相似度不是那么可信的近邻要适合得多。对于用户数量远远大于物品数量的大型商业系统，如 Amazon. com，基于物品的推荐方法更加准确[16,59]。同样，对于用户数少于物品数的系统，比如科研论文推荐系统只有几千名用户，但却有成千上万的论文要推荐，可能采用基于用户的邻域方法会更有益[26]。

- **效率**：如表 2-2 所示，推荐系统的内存和计算效率也依赖于用户数量和物品数量的比例。因此当用户数量远远大于物品数量时，基于物品推荐方法在(训练阶段)计算相似度权重方面所需的内存和时间要远远小于基于用户的方法。但是，在线推荐阶段的时间

$\ominus$　真实数据中评分分布通常是偏态的，也就是说，大多数评分都落在一小部分物品上。

复杂度因为只依赖于有效的物品数和近邻数的最大值,所以对于基于用户和基于物品方法来说是相同的。

在实际中,计算相似权重要远远小于表 2-2 所描述最坏情况的计算复杂度,原因在于用户仅仅有效评价少量的物品。根据这种情况,仅那些非零的相似权重需要存储下来,这样就远远小于用户之间成对的数量。这些存储数量可以进一步通过存储最大 N 权重(N 为参数)来减少[59]。同样,不用测试每对用户或物品就可以有效地计算非零权重,这使得基于邻域的推荐方法对大型推荐系统具有很强的可扩展性。

表2-2　基于用户和基于物品邻域方法的空间复杂度及时间复杂度,其函数包括三个变量,分别是为每个用户的评分数最大值 $p = \max_u |\mathcal{J}_u|$、每个物品的评分数最大值 $q = \max_i |\mathcal{U}_i|$ 和评分预测中用到的近邻个数最大值 k

	空间	时间	
		训练	在线
基于用户	$O(|\mathcal{U}|^2)$	$O(|\mathcal{U}|^2 p)$	$O(|\mathcal{J}|k)$
基于物品	$O(|\mathcal{J}|^2)$	$O(|\mathcal{J}|^2 q)$	$O(|\mathcal{J}|k)$

- **稳定性**:选择基于用户或者基于物品的推荐方法也依赖于用户或者物品的改变频率和数量。如果系统中有效物品的列表相对用户来说相对稳定,那么基于物品的推荐方法可能更适用,因为物品相似度依然能够用于推荐物品给新的用户。相反,当应用里的物品列表经常改变,如在线文章推荐系统,基于用户的推荐方法会更加稳定。
- **合理性**:基于物品的推荐方法优点是易于用来证明推荐的合理性。因此,预测中用到的邻近物品列表,以及它们的相似度权重,都可以作为推荐结果的解释提供给用户。通过修改近邻列表及其权重,使用户在推荐过程中参与交互成为可能。但是,基于用户的推荐方法就很难做到这点,因为活跃用户不认识在推荐结果中起到近邻作用的其他用户。
- **惊喜度**:对于基于物品的推荐方法来说,物品评分预测是基于评分相似的物品。推荐系统推荐一个物品给用户,这个物品通常已经是用户喜欢的类型。例如,在电影推荐应用中,具有相同题材、演员或者导演的电影会有非常大的可能被推荐给用户。这样,这种方法就可以产生稳妥或有把握的推荐,但是这种方法难以帮助用户发现他也可能非常喜欢的其他不同类型的物品。

因为基于用户的推荐方法是根据用户的相似度来进行的,因此更有可能生成较为新颖的推荐结果。当推荐是基于很小部分近邻数的时候尤为有效。例如,用户 A 仅仅因为几部喜剧电影和用户 B 相似,但是用户 B 又喜欢不同题材的电影,这样也有可能因为 A 和 B 相似而把这类电影推荐给 A。

2.4　基于邻域方法的要素

在前面几节已经看到,选择回归或者分类,以及选择基于用户还是基于物品的推荐方法,都会对推荐系统的准确性、效率和整体质量产生重要影响。除了这些重要的属性以外,在推荐系统的实现中还有三个非常重要的因素需要考虑:1)标准化评分;2)相似权重的计算;3)近邻的选择。下面介绍一些关于这三类问题的通用方法,描述主要的优缺点,以及如何去实现它们。

2.4.1　评分标准化

当一个用户对一个物品给予评分的时候,每个用户都有自己的评价准则。即使显式地定义每个评分的意义(如1表示强烈不同意,2表示不同意,3表示中立等),有些用户依然会不情愿给他们喜欢的物品评高分或给他们不喜欢的物品评低分。均值中心化(mean-centering)和 Z-score 这两种通用的标准化机制可以将个人评分标准转换到更一般的整体评分标准。

2.4.1.1　均值中心化

均值中心化方法[10,57]的思想就是通过与平均分的比较来决定一个评分为正或者为负。在基于用户的推荐方法中，假设 r_{ui} 为用户对物品 i 的原始评分，可以通过减去他评价的物品集$\mathcal{I}_u$ 的平均评分 $\bar{r}_u$，转化为均值中心化评分：

$$h(r_{ui}) = r_{ui} - \bar{r}_u$$

可以用下式来预测用户评分 r_{ui}：

$$\hat{r}_{ui} = \bar{r}_u + \frac{\sum_{v \in N_i(u)} w_{uv}(r_{vi} - \bar{r}_v)}{\sum_{v \in N_i(u)} |w_{uv}|} \tag{2.14}$$

同样，对于基于物品的推荐方法来说，r_{ui} 的均值中心化评分也可以这样得到：

$$h(r_{ui}) = r_{ui} - \bar{r}_i$$

其中，$\bar{r}_i$ 表示用户集合$\mathcal{U}_i$ 对物品 i 的平均评分。这种标准化技术通常用在基于物品的推荐中，其中 r_{ui} 可以预测为：

$$\hat{r}_{ui} = \bar{r}_i + \frac{\sum_{j \in N_u(i)} w_{ij}(r_{uj} - \bar{r}_j)}{\sum_{j \in N_u(i)} |w_{ij}|} \tag{2.15}$$

均值中心化方法有个有趣的性质就是：用户对物品喜好倾向可以直接观察标准化后的评分值的正负情况。同时评分可以表示用户对该物品喜好或厌恶的程度。

例2.6　如图2-2所示，尽管 Diane 给予电影《Titanic》和《Forrest Gump》的评分为 3 分，但是用户的均值中心化评分结果却显示其对于这些电影的偏好是负值。这是因为她对这些电影的评分低于她的评分数据的均值，所以整体的平均分这个分数对她来说表示不感兴趣。两种均值中心化方法的区别也可以对比出来。例如，Diane 对《Titanic》的物品均值中心化评分是中立而非否定的，原因在于大多数用户对这部电影的评分都较低。同样，在物品均值中心化评分中，Diane 对于电影《The Matrix》的喜爱程度以及 John 对于《Forrest Gump》的不喜欢程度要更加强烈。　◀

用户均值中心化

	The Matrix	Titanic	Die Hard	Forrest Gump	Wall-E
John	2.50	−1.50		−0.50	−0.50
Lucy	−2.60	1.40	−1.60	1.40	1.40
Eric	−1.50		−0.50	1.50	0.50
Diane	0.25	−0.75	1.25	−0.75	

物品均值中心化

	The Matrix	Titanic	Die Hard	Forrest Gump	Wall-E
John	2.00	−2.00		−1.75	−1.67
Lucy	−2.00	2.00	−1.33	1.25	1.33
Eric	−1.00		−0.33	1.25	0.33
Diane	1.00	0.00	1.67	−0.75	

图2-2　用户和物品的均值中心化评分

2.4.1.2　Z-score 标准化

考虑这种情况：用户 A 和用户 B 平均评分都是 3，但是假设用户 A 的评分在 1 到 5 之间轮流选择，而用户 B 则都是 3。如果用户 B 给物品评 5 分，这会比用户 A 给物品评 5 分更加意外，因此反映了用户 B 更加喜爱这个物品。均值中心化方法移除了针对平均评分的不同感受而导致的偏差，而 Z-score 标准化[25]方法还考虑到了个人评分范围不同带来的差异性。同样这种方法在基于用户的推荐方法和基于物品的推荐方法之间也有差异。在基于用户的推荐方法中，标准化评分 r_{ui} 等于用户均值中心化评分除以用户评分标准差 σ_u：

$$h(r_{ui}) = \frac{r_{ui} - \bar{r}_u}{\sigma_u}$$

因此，基于用户的推荐方法预测评分 r_{ui} 可以通过下式计算：

$$\hat{r}_{ui} = \bar{r}_u + \sigma_u \frac{\sum_{v \in \mathcal{N}_i(u)} w_{uv}(r_{vi} - \bar{r}_v)/\sigma_v}{\sum_{v \in \mathcal{N}_i(u)} |w_{uv}|} \qquad (2.16)$$

同样，基于物品的推荐方法使用 Z-score 标准化 r_{ui} 是通过物品均值中心化评分除以物品评分的标准差得到：

$$h(r_{ui}) = \frac{r_{ui} - \bar{r}_i}{\sigma_i}$$

因此，基于物品的推荐方法预测评分 r_{ui} 可以通过下式计算：

$$\hat{r}_{ui} = \bar{r}_i + \sigma_i \frac{\sum_{j \in \mathcal{N}_u(i)} w_{ij}(r_{ui} - \bar{r}_j)/\sigma_j}{\sum_{j \in \mathcal{N}_u(i)} |w_{ij}|} \qquad (2.17)$$

2.4.1.3　选择一个标准化方法

在一些例子中，评分标准化可能会产生意料之外的效果。例如，假设一个用户只给他买过的物品打最高分，那么均值中心化方法会认为这个用户"容易满足"，那么所有低于最高评分的(不管是正的还是负的评分)都会被考虑为负分。但是这个用户事实上可能是"难以伺候"并谨慎地选择一些他确定喜欢的物品。所以，对少量评分进行标准化可能会产生不可预测的结果。例如，如果一个用户只是给予一个评分或者几个相同的评分，那么他的评分的标准差将会是 0，这就导致一个不可定义的预测值。尽管如此，只要评分数据不是极度稀疏的，标准化评分的方法还是可以改进预测的[25,29]。

对比均值中心化和 Z-score 方法，如前面描述，后者因为考虑了基于用户或物品评分的方差而具有额外优势。特别是在处理范围很大的离散评分或者连续值评分时，Z-score 方法尤为有用。另一方面，因为 Z-score 方法除以了评分的标准差值，所以它比均值中心化方法更加敏感，用它预测的评分经常会超过评分范围。最后，尽管早先研究[25]中的结论是均值中心化和 Z-score 方法的结果相似，更新的研究[29]显示 Z-score 方法还是具有额外优势的。

如果标准化方法不太可能或者不能改进结果，另一种可行的解决方法就是基于偏好的过滤(preference-based filtering)。相对于关注评分绝对值，这种方法更关注预测用户的相对偏好，因为评分的范围不改变对物品的偏好次序，所以对相对偏好的预测并不需要标准化评分。以下文献介绍了这种方法[12,18,32,33]。

2.4.2　相似度权重的计算

相似度权重在基于邻域的推荐方法中扮演着双重角色：1)可以选择可信的近邻用于预测评分；2)给予不同近邻在预测中的权重。计算相似度权重是基于邻域推荐系统中最重要一个方面，它可以直接影响准确性和性能。

2.4.2.1　基于关联的相似度

在信息检索中，经常这样计算对象 a 和 b 之间的相似度：首先将 a 和 b 表示成向量形式 $(\boldsymbol{x}_a, \boldsymbol{x}_b)$，然后计算两向量间的余弦向量(或向量空间)相似度[4,8,42]：

$$\cos(\boldsymbol{x}_a, \boldsymbol{x}_b) = \frac{\boldsymbol{x}_a^\top \boldsymbol{x}_b}{\|\boldsymbol{x}_a\| \|\boldsymbol{x}_b\|}$$

在基于物品的推荐方法中，这种方法改为计算用户的相似度，将用户 u 表示为一个向量 $\boldsymbol{x}_u \in \mathbb{R}^{|I|}$，其中 $x_{ui} = r_{ui}$ 为用户 u 对物品 i 的评分，0 表示没有评分。那么用户 u 和 v 之间的相似度可以这样计算：

$$CV(u,v) = \cos(\pmb{x}_u, \pmb{x}_v) = \frac{\sum_{i \in \mathcal{I}_{uv}} r_{ui} r_{vi}}{\sqrt{\sum_{i \in \mathcal{I}_u} r_{ui}^2 \sum_{i \in \mathcal{I}_v} r_{vj}^2}} \qquad (2.18)$$

其中 I_{uv} 表示同时被用户 $\pmb{u}$ 和 v 都评分的物品。这种方法存在一个问题，它没考虑到用户 $\pmb{u}$ 和 $\pmb{v}$ 的评分均值以及方差间的差异。

一个常用的可以除去均值和方差间差异影响的方法是皮尔逊相关系数（Pearson Correlation，PC）：

$$PC(u,v) = \frac{\sum_{i \in \mathcal{I}_{uv}} (r_{ui} - \bar{r}_u)(r_{vi} - \bar{r}_v)}{\sqrt{\sum_{i \in \mathcal{I}_{uv}} (r_{ui} - \bar{r}_u)^2 \sum_{i \in \mathcal{I}_{uv}} (r_{vi} - \bar{r}_v)^2}} \qquad (2.19)$$

注意这和先进行 Z-score 标准化评分，然后计算余弦相似度是不同的：皮尔逊相关系数仅仅考虑了用户评分交集的标准差，而不是全部。同样的方法可以用于计算物品 i 和 j 的相似度[15,59]，基于评分用户的交集：

$$PC(i,j) = \frac{\sum_{u \in \mathcal{U}_{ij}} (r_{ui} - \bar{r}_i)(r_{ui} - \bar{r}_j)}{\sqrt{\sum_{u \in \mathcal{U}_{ij}} (r_{ui} - \bar{r}_i)^2 \sum_{u \in \mathcal{U}_{ij}} (r_{uj} - \bar{r}_j)^2}} \qquad (2.20)$$

其中正负号表示关联的同向或相反，其值表示关联的强度。

例 2.7 图 2-3 给出了用户和物品间皮尔逊相关系数的计算：我们可以看到 Lucy 的电影品味和 Eric 很接近（相似度为 0.922），但与 John 则非常不同（相似度为 -0.938）。这就意味着 Eric 的评分可以用来预测 Lucy 的评分，但是 Lucy 与 John 的评分不相关或者干脆相反。我们也同时可以发现喜欢电影《The Matrix》的人同时喜欢《Die Hard》但是厌恶《Wall-E》。值得注意的是，这些关联的发现并没依赖任何关于电影题材、导演和演员的信息。◀

基于用户的皮尔逊相关系数

	John	Lucy	Eric	Diane
John	1.000	-0.938	-0.839	0.659
Lucy	-0.938	1.000	0.922	-0.787
Eric	-0.839	0.922	1.000	-0.659
Diane	0.659	-0.787	-0.659	1.000

基于物品的皮尔逊相关系数

	The Matrix	Titanic	Die Hard	Forrest Gump	Wall-E
Matrix	1.000	-0.943	0.882	-0.974	-0.977
Titanic	-0.943	1.000	-0.625	0.931	0.994
Die Hard	0.882	-0.625	1.000	-0.804	-1.000
ForrestGump	-0.974	0.931	-0.804	1.000	0.930
Wall-E	-0.977	0.994	-1.000	0.930	1.000

图 2-3 用户和物品皮尔逊相似度评分

用户间评分的方差要明显大于物品间的评分，因此计算物品间相似度时，相比于物品均值中心化，用户均值中心化更加适合。调整的余弦相似度（Adjusted Cosine，AC）如下：

$$AC(i,j) = \frac{\sum_{u \in \mathcal{U}_{ij}} (r_{ui} - \bar{r}_u)(r_{uj} - \bar{r}_u)}{\sqrt{\sum_{u \in \mathcal{U}_{ij}} (r_{ui} - \bar{r}_u)^2 \sum_{u \in \mathcal{U}_{ij}} (r_{uj} - \bar{r}_u)^2}}$$

在一些基于物品的例子中，用调整的余弦相似度算法所做的预测要好于皮尔逊相关系数算法[59]。

2.4.2.2 其他相似度计算方法

下面是一些其他的相似度算法：均方差（Mean Squared Difference，MSD）[63] 是使用用户 u 和 v 对相同物品评分差的平方总和均值的倒数表示两个人的相似度：

$$\text{MSD}(u,v) = \frac{|\mathcal{T}_{uv}|}{\sum\limits_{i \in \mathcal{T}_{uv}} (r_{ui} - r_{vi})^2} \tag{2.21}$$

尽管这种方法经过修改可用来计算两组标准化评分的差异，但与皮尔逊相关系数相比，MSD 算法不能表示用户偏好的负关联，或是对不同物品的喜好程度。而包含这种负关联可能有助于提高预测的准确度[24]。

另一种有名的相似度算法是斯皮尔曼等级关联（Spearman Rank Correlation，SRC）[36]。和皮尔逊相关系数算法直接运用评分值不同，斯皮尔曼等级关联考虑运用这些评分的排名。定义 k_{ui} 为物品 i 在用户 u 所评分物品中的排位（并列评分用它们的平均排名），则用户 u 和 v 的相似度可通过下式计算：

$$\text{SRC}(u,v) = \frac{\sum\limits_{i \in \mathcal{T}_{uv}} (k_{ui} - \bar{k}_u)(k_{vi} - \bar{k}_v)}{\sqrt{\sum\limits_{i \in \mathcal{T}_{uv}} (k_{ui} - \bar{k}_u)^2 \sum\limits_{i \in \mathcal{T}_{uv}} (k_{vi} - \bar{k}_v)^2}} \tag{2.22}$$

其中 $\bar{k}_u$ 是用户所评价物品的平均排名。

斯皮尔曼等级关联算法的主要优势在于排名可以绕开标准化评分的问题。而当用户评分只有少量可选值的时候，这种方法不是最好的，因为它会产生大量的并列排名。同时由于需要排序，它的消耗要明显大于皮尔逊相关系数算法。

表 2-3 显示了 MSD、SRC 和 PC 方法在 MovieLens 数据集[24]上基于用户预测的准确度（MAE），给出了不同 k 值的结果（k 表示预测时取的最大近邻数）。我们发现可能是由于没有考虑到负关联的原因，MSD 得到的预测准确度是最低的。同时发现 PC 方法比 SRC 方法准确度要高一点。尽管 PC 方法通常被认为是最优的相似度计算方法[24]，但是最近一些研究表明，这些算法的效果很大程度依赖于数据本身[29]。

表 2-3　随着近邻 k 数目的预测结果

k	MSD	SRC	PC
5	0.789 8	0.785 5	0.782 9
10	0.771 8	0.763 6	0.761 8
20	0.763 4	0.755 8	0.754 5
60	0.760 2	0.752 9	0.751 8
80	0.760 5	0.753 1	0.752 3
100	0.761 0	0.753 3	0.752 8

2.4.2.3　关于权重的重要性

在系统中，由于评分数据相对于用户数或物品数通常是稀疏的，相似度也仅是通过很少一部分对相同物品的评分或者同一用户所做的评分来计算获得。例如，系统中有 1000 个用户对 100 个物品的 100 000 个评分（假设满足均匀分布）。表 2-1 是通过比较他们共同评价的一个物品而计算出的两个用户的相似度。如果这几个评分都是相等的，那么这些用户则被视为"完全相似"，并且在互相推荐中起非常重要的作用。但是如果这些用户的喜好事实上是不同的，就会导致一个差的推荐。

人们提出了一些考虑加入相似度权重重要性（significance）的策略，这些策略的本质是一样的：当只有少量评分用于计算时，就会降低相似度重要性的权重。例如，在重要性权重（significance weighting）里[25,46]，当两人共同评分的物品数 I_{uv} 小于给定的参数 $\gamma > 0$ 时，他们的相似度 w_{uv} 会受到与 I_{uv} 成比例的惩罚，公式如下：

$$w'_{uv} = \frac{\min\{|\mathcal{T}_{uv}|, \gamma\}}{\gamma} \times w_{uv} \tag{2.23}$$

同样对于共同评分用户过少的物品间相似度 w_{ij}，也可以调整为：

$$w'_{ij} = \frac{\min\{|\mathcal{U}_{ij}|, \gamma\}}{\gamma} \times w_{ij} \tag{2.24}$$

在文献[24,25]中发现 $\gamma \geq 25$ 可以显著地提高预测评分的准确性，其中 γ 为 50 的时候可以获得最好的结果。由于最优参数值是依赖于数据本身的，应该使用交叉验证方法来决定。

重要性权重方法的一个特点就是，当一个权重需要调整的时候需要使用阈值 γ 来决定。文献[6]描述了一个更加连续的方法，这种方法是基于收缩概念。这种方法使用贝叶斯观点来解释，一个参数的最优估计是后验均值、对应参数的先验均值（空值）和完全基于数据的经验估计量的线性组合。在这种情况下，要预估的参数就是相似度权重，空值为零。因此一个在少量评分情况下的用户的相似度权重估计可以这样表示：

$$w'_{uv} = \frac{|\mathcal{T}_{uv}|}{|\mathcal{T}_{uv}| + \beta} \times w_{uv} \tag{2.25}$$

其中，$\beta > 0$ 是一个需要交叉验证选择的参数。在这种方法中，w_{uv} 按比例收缩为 $\beta / |I_{uv}|$，因此当 $|\mathcal{T}_{uv}| \gg \beta$ 的时候，调整几乎是没有改变。同样物品的相似度收缩为：

$$w'_{ij} = \frac{|\mathcal{U}_{ij}|}{|\mathcal{U}_{ij}| + \beta} \times w_{ij} \tag{2.26}$$

如文献[6]所说，β 的值通常为 100。

2.4.2.4　关于评分的差异性

两个用户对物品给出一致的喜欢或不喜欢评分，可能会不如他们给出差异较大的评分时提供更多的信息量。例如，多数人都喜欢经典电影《The Godfather》，所以这部电影的权重通常会是一个很高的值。同样，一个用户对于物品以同样方式给予评分所提供的信息，要远远低于他对不同物品体现出不同偏好的变化所显示的信息。

推荐方法解决这类问题是使用反用户频率（Inverse User Frequency）[10]。基于信息检索领域反文档频率（Inverse Document Frequency，IDF）概念，每个物品 i 都会赋以权重 λ_i，对应评论了物品 i 的用户比例的 log 值：

$$\lambda_i = \log \frac{|\mathcal{U}|}{|\mathcal{U}_i|}$$

当计算用户 u 和 v 的频率加权皮尔逊相关系数（Frequency-Weighted Pearson Correlation，FWPC），对于物品 i 的评分间关联性需要给予权重 λ_i：

$$\mathrm{FWPC}(u,v) \frac{\sum\limits_{i \in \mathcal{T}_{uv}} \lambda_i (r_{ui} - \bar{r}_u)(r_{vi} - \bar{r}_v)}{\sqrt{\sum\limits_{i \in \mathcal{T}_{uv}} \lambda_i (r_{ui} - \bar{r}_u)^2 \sum\limits_{i \in \mathcal{T}_{uv}} \lambda_i (r_{vi} - \bar{r}_v)^2}} \tag{2.27}$$

这种方法可以改进基于用户推荐方法的预测准确性[10]，也可以适用于物品相似度计算。研究人员还提出了更多考虑到了评分差异的高级策略。文献[31]描述的其中一种方法是通过最大化用户之间平均相似度来计算因子 λ_i。

2.4.2.5　考虑目标物品

基于用户的推荐方法在解决评分预测任务时，如果目标物品在计算关联系数时被考虑，可以获得更加可靠的值。在文献[5]中，通过考虑物品 i 和目标物品 j 之间的相似度以加权求和项的形式来扩展基于用户的皮尔逊相关系数：

$$\mathrm{WPC}_j(u,v) = \frac{\sum\limits_{i \in \mathcal{T}_{uv}} w_{ij} (r_{ui} - \bar{r}_u)(r_{vi} - \bar{r}_v)}{\sqrt{\sum\limits_{i \in \mathcal{T}_{uv}} w_{ij} (r_{ui} - \bar{r}_u)^2 \sum\limits_{i \in \mathcal{T}_{uv}} w_{ij} (r_{vi} - \bar{r}_v)^2}} \tag{2.28}$$

物品权重 w_{ij} 可以通过皮尔逊相关系数获得，或通过考虑物品内容信息（如电影的共同类别）来获得。在文献[5]中，详细描述了相似度计算的其他改进以及对预测精确度的影响。然而，此模型对每个预测评分需要重复计算相似度权重，对于在线推荐系统是不太合适的。

2.4.3　邻域的选择

邻域数量的选择和选择邻域规则对于推荐系统质量会产生重要影响。选择用于推荐系统的邻域方法通常可以分为两步：1）用全局过滤步骤保持最有可能的近邻；2）在预测每一步中选择最合适的近邻做预测。

2.4.3.1　过滤预选近邻数

在大型的推荐系统中，可能会包含几百万条用户和物品信息，由于内存限制，它不太可能存储所有用户间和物品间的非零相似度。这样做也是极大浪费，因为只有一小部分有重要影响的值是用来预测的。预选近邻数是一项基本步骤，它通过减少存储相似度权重数量，并且限制用于预测的近邻数目，使得基于领域的推荐方法可行。这里有几种方法可以实现：

- top-N 过滤：对于每一个用户或者物品来说，列表中仅仅有 N 个近邻和对应的相似度权重需要保留。为了防止带来的效率和准确性问题，N 的选择需要比较谨慎。因为，当 N 选择太大的时候，则需要大量的内存用来存储近邻列表，同时预测速度也会变得很慢。另一方面，N 太小则会减小推荐方法的覆盖，这样会使得一些物品永远不被推荐出来。
- 阈值过滤：与选择固定数量的近邻数目不同，这种方法保留所有相似度权重数大于一个给定的阈值 w_{min} 的近邻。对比前面方法，尽管这种方法更加灵活（因为仅仅最重要的近邻会被保留），但同时阈值 w_{min} 的选择也是比较困难的。
- 负值过滤：通常负评分关联比正关联可靠性要差。显而易见，这是因为两个用户间很强的正关联性预示他们是属于同一团体的（如青少年、科幻迷等）。然而，尽管负关联性可能显示其属于不同团体，但它不能显示这些团体差异程度，或者这些团体是否可以兼容其他类型的物品。一些实验性的研究[25,26]发现负关联性对预测准确性没有显著的提高，根据数据可以决定是否需要丢弃这些关联关系。

值得注意的是，这三种过滤方法并不是互斥的，并且可以为了推荐系统的需要结合在一起。例如可以在丢弃所有负向相似度的同时，也丢弃那些相似度比给定阈值小的关联关系。

2.4.3.2　用于预测的近邻

一旦计算出每个用户或者物品的候选近邻列表，对一个新的评分预测可以通过 k 近邻方法得到，k 近邻也就是相似度权重最大的 k 个近邻。现在最重要的问题在于如何选择 k 的值。

表 2-3 显示预测准确度随着 k 值的增加通常呈现为一个凹的函数。因此当近邻数目限制在一个很小的数的时候（如 $k < 20$），预测精度通常会很低。当 k 增加时，越来越多的近邻参与到预测中来，那么那些由单独近邻所造成的偏差就会被平均掉。这样的结果则使预测精度得到提高。最后，由于很多近邻加入进来进行预测，准确度通常会下降（如 $k > 50$），因为一些重要的关联被一些不重要的关联所削弱。尽管在一些文献中，近邻数目大概在 $20 \sim 50$ 之间[24,26]，但最优的 k 值依然需要通过交叉验证来选择。

最后请注意，基于少量非常相似的用户可能得到更加新颖的推荐结果，但代价是降低准确度。例如，推荐系统可以找到该用户最相似的用户，推荐的新物品则是这个最相似用户的最高评分物品。

2.5　高级进阶技术

基于邻域方法是基于评分之间关联性的，如前面所提及的一些方法，这类方法有两个重要的缺陷：

- 覆盖受限：由于计算两个用户间的相似度是基于他们对相同物品的评分，而且只有对相同物品进行了评分的用户可以作为近邻。这些假设是非常受限制的，例如，有些用户有很少或者没有共同评分但依然有相似的喜好。而且，仅仅被近邻用户评价过的物品才会被推荐，推荐方法的覆盖将受到限制。

- **对稀疏数据的敏感**：2.3.5 节简单提到的另一个评分之间的关联性问题是，基于邻域推荐方法的准确性会因评分数目的缺少而受到影响。由于用户通常只是对一小部分物品进行了评分[7,21,60,61]，稀疏性是大多数推荐系统面临的共同问题。在新加入系统的用户或物品没有任何评分的情形下，即冷启动问题[62]，稀疏性更为严重。当数据稀疏时，两个用户或物品之间很难有共同的评分，这将导致基于邻域方法在预测评分时仅使用了非常有限的近邻。另外，相似度权重的计算也许只依赖少量的评分，从而导致偏差的推荐（此类问题可以查看 2.4.2.3 节）。

解决这类问题的一个常用方法就是用默认值去填补缺失的评分[10,15]，如评分范围的中值，或是用户、物品的平均评分。更加可靠的方法是用内容信息去填补缺失的评分[13,21,39,47]。例如，缺失评分可以由一个叫 filterbots 的自动代理提供，它可以被看作系统中普通的用户，会根据物品内容信息的特定特点进行自动评分。缺失的评分也可以通过基于内容方法预测的评分来填补[47]。此外，内容相似度也可以被用于系统预测时代替或补充评分关联相似度，以便得到预测时用到的近邻[4,43,55,66]。最后，数据稀疏性可以使用主动学习技术询问新评分来克服。在主动学习技术中，为了更好地理解目标用户的偏好，系统将会交互式地询问用户。第 24 章对主动学习技术提供了详细的描述。

上述提到的方法自身同样存在一些缺陷。例如，用默认值去填补缺失数据会导致推荐出现偏差。物品内容在计算评分或相似度时也可能是不合适的。本节将提供两种解决覆盖受限或数据稀疏性问题的方法：基于图（graph-based）和基于学习（learning-based）的方法。

2.5.1　基于图的方法

在基于图方法中，数据可以以图的形式表示出来。在图中用户、物品或者两者都可以用点的形式表示，边表示用户和物品之间的交互或者相似度。例如，在图 2-4 中，数据可以建模为一个二分图，其中节点的两个集合分别表示用户集和物品集，连接用户 u 到物品 i 的边表示用户 u 对物品 i 进行了评分，且边权重表示相应的评分值。在其他一些模型中，节点集合表示用户集或物品集，且连接两节点的边表示两节点的关联程度，边上面的权重表示相应的关联值。

在这些模型中，传统的方法在为用户 u 对物品 i 的评分进行预测时，仅使用与用户 u 或者物品 i 有直接连接的节点。与以上方法不同的是，基于图方法通过信息传递可以考虑间接连接的节点间的影

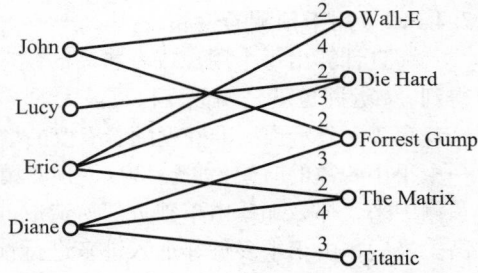

图 2-4　用一个二分图表示图 2-1 中的评分（仅仅列出集合{2，3，4}中的评分）

响。边的权重越大，越多信息被允许从该边传递。如果两节点在图中距离较远，那么一个节点到另一个节点的影响将会很小。这两个性质就是我们熟知的传播（propagation）和衰减（attenuation）[22,30]，经常出现在基于图的相似度计算当中。

基于图方法得到的传递关联可以通过两种方式被用于物品推荐。在第一种方式中，图中用户 u 对物品 i 的接近度可以直接被用于评估用户 u 与物品 i 的相关性[16,22,30]。基于这种思想，系统可以将与用户 u 在图中最相近的物品直接推荐给用户 u。与第一种方式不同的是，第二种方式首先将用户间或物品间的相近距离看作他们之间的相似度权重 w_{uv} 或者 w_{ij}，然后将其用于基于邻域的推荐方法[16,45]。

2.5.1.1　基于路径的相似度

在基于路径的相似度计算中，图中两个节点间的距离可以通过连接两个节点的路径数目和这些路径的长度所构造的函数来获得。

令 R 表示一个大小为 $|U| \times |I|$ 的评分矩阵，其中如果用户 u 对物品 i 进行了评分，则 r_{ui} 等于 1，否则等于 0。二分图的邻接矩阵可以通过 R 来定义：

$$A = \begin{pmatrix} 0 & R^{\mathsf{T}} \\ R & 0 \end{pmatrix}$$

用户 u 与物品 i 之间的关联度可以定义为用户 u 到物品 i 的所有不同路径的权重之和（允许每个节点在图中出现超过一次），但长度不能超过给出的最大长度 K。由于图是二分图，所以 K 的值是一个奇数。为了减弱较长距离路径的贡献度，可以设置一个关于长度 K 的权重 α^k，其中 $\alpha \in [0, 1]$。A^k 给出了节点对之间长度为 k 的路径数量，因此用户 - 物品的关联矩阵 S_K 可以表示为：

$$S_K = \sum_{k=1}^{K} \alpha^k A^k = (I - \alpha A)^{-1}(\alpha A - a^K A^K) \tag{2.29}$$

这种计算图中节点之间距离的方法是著名的卡茨测量[35]。这种方法与冯·诺依曼扩散核（Von Neumann Diffusion kernel）[17,38,41]：

$$K_{\mathrm{VND}=} \sum_{k=0}^{\infty} \alpha^k A^k = (I - \alpha A)^{-1} \tag{2.30}$$

及指数扩散核（Exponential Diffusion）：

$$K_{\mathrm{ED}} = \sum_{k=0}^{\infty} \frac{1}{k!} \alpha^k A^k = \exp(\alpha A) \tag{2.31}$$

紧密关联，其中 $A^0 = I$。

推荐系统中包含了大量的用户和物品，计算他们之间的关联值需要强大的计算资源。为了解决这种限制，文献[30]使用了扩散激活技术。本质上，这类技术首先激活一部分节点子集作为开始节点，然后迭代地激活那些和已经激活节点直接连接的节点，直到达到收敛的标准为止。

与本章描述的其他基于图的方法一样，基于路径的方法主要是为了发掘用户集和物品集之间相关的联系而不是精确预测评分。由于显式的评分经常不易获取及 top-N 推荐问题的目标是为了获得较短的相关物品列表，因此这些方法更适合于物品检索任务。

2.5.1.2　基于随机游走的相似度

在基于图方法里的传递关联也可以通过概率框架来定义。在这个框架里，用户或物品之间的相似度可以估算为到达这些点的一次随机漫步概率。公式化的描述为一个一阶的马尔可夫随机过程，其定义会用到一组 n 个状态，以及一个 $n \times n$ 的转移概率矩阵 P，其中在任意时段 t 从状态 i 跳转到状态 j 的概率是：

$$p_{ij} = \Pr(s(t+1) = j \mid s(t) = i)$$

定义向量 $\boldsymbol{\pi}(t)$ 为包含了步骤 t 的状态概率分布，因此 $\pi_i(t) = \Pr(s(t) = i)$。马尔可夫链过程可以表示为：

$$\boldsymbol{\pi}(t+1) = P^{\mathsf{T}} \boldsymbol{\pi}(t)$$

因此，如果 P 的行是随机的（即对于所有 i，$\sum_j p_{ij} = 1$），这个过程收敛于一个稳定的分布向量 $\boldsymbol{\pi}(\infty)$，这个向量对应于 P^{T} 中特征值为 1 的特征向量。这个过程通常可以用每个节点对应一个状态的有权图来描述，其中一个节点到另一个节点的跳转概率则是由连接两点的边的权重给出的。

ItemRank 算法

ItemRank[22]方法是基于 PageRank 算法[11]（对 Web 网页进行排行的算法）的一种推荐方法。这种方法基于用户在图中随机游走访问到物品 i 的概率，将用户 u 对新物品 i 的喜爱程度进行排序，其中图的节点表示评分物品，有相同用户评分的节点间用边相连。边的权重通过一个 $|\mathcal{T}| \times |\mathcal{T}|$ 的转移概率矩阵 P 给出，其中 $p_{ij} = |\mathcal{U}_{ij}| / |\mathcal{U}_i|$ 表示当用户已经对物品 i 评分后还会对物品 j 评分的预估条件概率。

在 PageRank 算法中，对于任意一步 t 的随机游走，既可以通过 P 以固定的概率 α 跳转到邻近节点，也可以以 $(1 - \alpha)$ 的概率"瞬移"到任意节点。令 r_u 表示评分矩阵 R 的第 u 行，用户 u 瞬移到其他节点的概率分布函数可以通过向量 $d_u = r_u / \| r_u \|$ 给出。通过上面的定义，用户 u 在第 $t + 1$ 步状态概率分布向量可以这样表示：

$$\boldsymbol{\pi}_u(t + 1) = \alpha P^\top \boldsymbol{\pi}_u(t) + (1 - \alpha) \boldsymbol{d}_u \tag{2.32}$$

在实际应用中，通常如下计算 $\boldsymbol{\pi}_u(\infty)$：首先使用均匀分布初始化，如 $\boldsymbol{\pi}_u(0) = \frac{1}{n}\mathbf{1}_n$，然后使用式（2.32）更新 $\boldsymbol{\pi}_u$，直到其收敛。一旦计算获得 $\boldsymbol{\pi}_u(\infty)$，那么系统就会向用户 u 推荐 $\boldsymbol{\pi}_{ui}$ 值最大的物品 i。

平均首次通过/往返的次数

还有其他基于随机游走的距离测量方法可以用于解决推荐问题。其中包括平均首次通过次数和平均往返次数[16,17]。平均首次通过次数 $m(j \mid i)$[52] 是指当开始节点 $i \neq j$ 时，第一次到达节点 j 所需要的平均随机游走步数。令 P 表示为一个 $n \times n$ 的概率转换矩阵，那么 $m(j \mid i)$ 可以这样计算获得：

$$m(j \mid i) = \begin{cases} 0, & \text{若 } i = j \\ 1 + \sum_{k=1}^{n} p_{ik} m(j \mid k), & \text{其他} \end{cases}$$

平均首次通过次数方法的一个问题是它不对称，一个相关的解决方法是平均往返次数，$n(i, j) = m(j \mid i) + m(i \mid j)$[19]，表示从开始节点 $i \neq j$ 第一次到达节点 j 并且返回到 i 的平均随机游走步数。这种计算方法有几个不错的性质：这是某种欧几里得空间中的真实距离[19]，这个性质和电力网络中电阻性质以及拉普拉斯矩阵图中的伪逆性质接近[16]。

在文献[16]中，平均往返次数用来计算推荐系统中代表了用户和物品间相互作用的二分图中节点之间的距离。对于每一个用户 u 到任意一个物品 $i \in \mathcal{T}_u$ 的有向边的权重，可以简单表示为 $1/|\mathcal{T}_u|$。同样，对于每一个物品 i 到任意一个用户 $u \in \mathcal{U}_i$ 的有向边，其权重为 $1/|\mathcal{U}_i|$。平均往返次数可以用在两个不同地方：1）依据 $n(u, i)$ 的极小值为用户 u 推荐物品 i；2）根据往返次数的距离，寻找用户 u 的近邻用户，然后为用户 u 推荐临近用户喜欢的物品。

2.5.2 基于学习的方法

在基于图的方法中，用户集和物品集之间的相似度或近邻可以从网络中直接估算得到。与基于图方法不同的是，基于学习的方法通过定义一个参数模型来描述用户与用户之间、物品与物品之间或用户与物品之间的关系，然后通过优化过程得到模型的参数。

基于学习的方法有一些明显的优势。首先，这类方法不仅可以捕获数据中高层的模式和趋势，对于异常值具有更强的鲁棒性，而且这类方法相比于单纯依赖于局部关系的方法具有更好的泛化性。因此，这将有助于生成更精确更稳定的推荐结果[40]。其次，由于用户和物品之间的关系可以被编码为一系列受限的参数集，因此该方法相比于其他方法需要更少的内存空间。最后，由于参数通常是离线学习的，在线的推荐过程将会更快。

应用近邻或相似度信息的基于学习的方法可以分成两类：分解方法和自适应近邻学习方法，接下来将给出两种方法的详细介绍。

2.5.2.1 基于分解的方法

基于分解的方法[6,7,20,40,60,68,69]通过将用户或者物品映射到潜在变量空间以获取它们之间最突出的特征来解决覆盖受限和数据稀疏性问题。由于用户或者物品之间的比对是在高层特征的密集子空间内，而不是评分空间，这样更多有意义的关联将能够被发掘。尤其在用户所评分的物品不相同时，用户之间的关联也能够被发掘。因此这类方法对稀疏数据不敏感[6,7,60]。

主要有两种分解方法可以用来改善推荐系统：1) 对稀疏的相似度矩阵进行分解；2) 对用户评分矩阵进行分解。

分解相似度矩阵

由于每个用户的评分数目远少于物品的总数目，近邻的相似度测量（如相关性相似度）通常是非常稀疏的。使稀疏的相似度矩阵变得稠密的一个简单做法是通过一个分解方法计算这个矩阵的一个低秩近似。

秩为 n 的对称矩阵 W 用来表示用户之间或物品之间的相似度。为了简化描述，这里选择后者做详细介绍。通过最小化下面的目标函数，用更低的秩 $k(k < n)$ 通过 $\hat{W} = QQ^\mathsf{T}$ 来近似 W：

$$E(Q) = \| W - QQ^\mathsf{T} \|_F^2 = \sum_{i,j} (w_{ij} - \boldsymbol{q}_i \boldsymbol{q}_j^\mathsf{T})^2 \qquad (2.33)$$

其中 $\| M \|_F = \sqrt{\sum_{i,j} m_{ij}^2}$ 表示矩阵的 Frobenius 范数（弗罗贝尼乌斯范数）。矩阵 $\hat{W}$ 可以看作矩阵 W 的一个压缩且低稀疏的版本。求解因子矩阵 Q 等同于计算矩阵 W 的特征值分解：

$$W = VDV^\mathsf{T}$$

其中 D 是包含了 W 的 $|\mathcal{T}|$ 个特征值的对角矩阵，V 是包含了对应特征向量的 $|\mathcal{T}| \times |\mathcal{T}|$ 的正交矩阵。设 V_k 为 W 的 k 个主特征向量（标准化特征向量）组成的矩阵，对应着 k 维的潜在子空间的轴。矩阵 $Q = V_k D_k^{1/2}$ 的第 i 行表示物品 i 在这个子空间中的坐标 $\boldsymbol{q}_i \in \mathbb{R}^k$。因此，用户在潜在子空间中的相似度可以通过以下矩阵获得：

$$\hat{W} = QQ^\mathsf{T} = V_k D_k V_k^\mathsf{T} \qquad (2.34)$$

这种方法被用于 Eigentaste 系统中推荐笑话任务[20]。在 Eigentaste 系统中，矩阵 W 包含了物品对之间皮尔逊相关系数，通过对 W 进行分解，可以得到由 W 的 k 维主特征向量所定义的潜在子空间。用户 u（评分矩阵 R 的第 u 行 r_u 所代表的用户 u）投影到 V_k 所定义的平面上可得到：

$$\boldsymbol{r}_u' = \boldsymbol{r}_u V_k$$

在离线阶段中，可以通过递归细分的技术将系统中的用户在平面中进行聚类。然后，用户 u 对物品 i 的评分可以通过计算与用户 u 在同一个聚类中的所有用户对物品 i 的平均评分来获得。这种策略与著名的谱聚类方法相关。

分解评分矩阵

通过分解用户–物品的评分矩阵，同样可以解决冷启动和受限覆盖的问题。在这种方法中，一个 $|\mathcal{U}| \times |\mathcal{T}|$ 用户–物品评分矩阵 R（秩为 n）可以近似表示为矩阵 $\hat{R} = PQ^\mathsf{T}$（秩为 $k < n$），其中 P 是一个 $|\mathcal{U}| \times k$ 用户因子的矩阵，Q 是一个 $|\mathcal{T}| \times k$ 物品因子矩阵。直观地，矩阵 P 的第 u 行（$p_u \in \mathbb{R}^k$）表示用户 u 映射到 k 维潜在向量空间。同样，矩阵 Q 的第 j 行（$\boldsymbol{q}_j \in \mathbb{R}^k$）表示物品 j 映射到 k 维潜在向量空间。矩阵 P 和 Q 可以通过最小化以下函数来获取：

$$E(P,Q) = \| R - PQ^\mathsf{T} \|_F^2 = \sum_{u,i} (r_{ui} - \boldsymbol{p}_u \boldsymbol{q}_i^\mathsf{T})^2 \qquad (2.35)$$

这种优化的方法可以通过求解 R 的奇异值分解（SVD）：$R = U \sum V^\mathsf{T}$ 来获得：$P = U_k D_k^{1/2}$，$Q = V_k D_k^{1/2}$，其中 D_k 是包含矩阵 R 的 k 个最大奇异值的对角矩阵，矩阵 U_k、V_k 表示左奇异向量

和右奇异向量。

然而使用 SVD 方法分解矩阵 R 会存在一个重要的问题：矩阵 R 中多数的 r_{ui} 的值是缺失的，由于用户 u 可能没有对物品 i 评分。尽管像之前所提到的可以赋予 r_{ui} 默认值，但这会导致数据的偏差。更加重要的是，这样做会使得大矩阵 R 变得稠密，导致 SVD 分解失效。解决这类问题一种常用的做法是在学习模型参数时仅使用已知的评分[6,40,67,69]。例如，假设用户 u 对物品 i 的评分估计如下：

$$\hat{r}_{ui} = b_u + b_i + \boldsymbol{p}_u \boldsymbol{q}_i^{\mathsf{T}} \tag{2.36}$$

其中参数 b_u 和 b_i 分别表示用户和物品的评分偏置。模型中的参数可以通过最小化下面的目标函数来获得：

$$E(P, Q, \boldsymbol{b}) = \sum_{r_{ui} \in \mathcal{R}} (r_{ui} - \hat{r}_{ui})^2 + \lambda (\| \boldsymbol{p}_u \|^2 + \| \boldsymbol{q}_i \|^2 + b_u^2 + b_i^2) \tag{2.37}$$

函数的第二项是为了避免过拟合的正则化项，λ 是控制正则化程度的参数。在第 3 章可以找到有关这种推荐方法更详细的描述。

式（2.36）的 SVD 模型可以转换为一个基于相似度的方法，该方法认为用户 u 的画像由他评分过的物品隐式地决定，因此用户 u 的因子向量可以通过评分后的物品 j 的因子向量权重组合得到：

$$\boldsymbol{p}_u = | \mathcal{T}_u |^{-\alpha} \sum_{j \in \mathcal{T}_u} c_{uj} \boldsymbol{s}_j \tag{2.38}$$

在式（2.38）中，α 是一个标准化常量，通常设置为 $\alpha = 1/2$，c_{uj} 是物品 j 对用户 u 画像贡献的权重表示。例如，在 SVD++ 模型[40]中，该权重定义为：$c_{uj} = r_{ui} - b_u - b_j$。在其他方法中，如 FISM[34] 和 NSVD[53] 模型中，权重用常量替代：$c_{uj} = 1$。

基于式（2.38），评分预测公式可以表示为：

$$\hat{r}_{ui} = b_u + b_i + | \mathcal{T}_u |^{-\alpha} \sum_{j \in \mathcal{T}_u} c_{uj} \boldsymbol{s}_j \boldsymbol{q}_i^{\mathsf{T}} \tag{2.39}$$

与标准的 SVD 模型类似，通过最小化式（2.37）的目标函数，该模型的参数同样可以使用梯度下降学习得到。

注意，式（2.39）中同时使用了两个不同的物品因子集 $\boldsymbol{q}_i$ 和 $\boldsymbol{s}_j$，而并非用户因子和物品因子（式（2.36））。这些物品因子向量可以解释为一个非对称物品—物品相似度矩阵中的元素：

$$w_{ij} = \boldsymbol{s}_i \boldsymbol{q}_i^{\mathsf{T}} \tag{2.40}$$

正如文献[40]中提到的，基于相似度的分解方法与传统的 SVD 模型相比存在一些优势。首先，在一个推荐系统中，由于用户的数量远多于物品的数量，通过物品因子向量的组合取代用户因子向量可以减少模型中的参数数量，并且学习过程更快，结果更具鲁棒性。其次，通过使用物品之间的相似度来代替用户因子向量，系统无须重新训练模型即可解决新用户问题。最后，在基于物品相似度的邻域模型中，该模型在预测目标用户对特定物品的评分时，能够给出合理的解释。也就是说，可以向用户解释该评分主要是通过哪几个物品来预测得到。

在 FISM 模型中，不考虑物品 i 因子向量的情况下，评分预测公式为：

$$\hat{r}_{ui} = b_u + b_i + (| \mathcal{T}_u | - 1)^{-\alpha} \sum_{j \in \mathcal{T}_u \setminus \{i\}} \boldsymbol{s}_j \boldsymbol{q}_i^{\mathsf{T}} \tag{2.41}$$

这次修正忽略了物品相似度矩阵的对角线上的元素，这样不仅避免了物品自我推荐的问题，而且当因子数目较高时，可以得到更好的性能。

2.5.2.2　基于邻域的学习方法

标准的基于邻域的推荐算法通过预定义相似度计算（如 PC）从数据中直接获得用户与用户之间或物品与物品之间的邻域。然而，在物品推荐领域的最近研究表明，从数据中自动学习邻域相比于预定义相似度计算存在一些优势[37,49,56]。

稀疏线性邻域模型

一个典型的邻域—学习推荐模型是 SLIM 算法，该算法由 Ning 等人[50]提出。在 SLIM 算法中，一个新的评分可以被预测为用户画像中已有评分的稀疏集合：

$$\hat{r}_{ui} = r_u + w_i^\mathsf{T} \tag{2.42}$$

这里 r_u 是评分矩阵 R 的第 u 行，w_j 是一个包含集成系数 $|\mathcal{T}|$ 的稀疏行向量。实质上，向量 w_i 中的非零元素对应物品 i 的近邻集合。

领域模型的参数可以通过最小化平方预测误差学习得到。通过使用参数 ℓ_2 范数和 ℓ_1 范数的惩罚达到标准正则化和稀疏性。在回归问题中，弹性网正则化组合使用了这两种类型的正则化[73]。学习过程可以表示为如下优化问题：

$$\underset{W}{\text{minimize}} \quad \frac{1}{2} \| R - RW \|_F^2 + \frac{\beta}{2} \| W \|_F^2 + \lambda \| W \|_1$$
$$\text{subject to} \quad W \geq 0 \tag{2.43}$$
$$\text{diag}(W) = 0$$

参数 β 和 λ 控制着每种类型的正则化程度。对矩阵 W 的非负约束使得近邻物品之间的关系是正向的。$\text{diag}(W) = 0$ 约束不仅避免了模型的平凡解（如 W 为单位矩阵），同时确保了 r_{ui} 不被用于计算 $\hat{r}_{ui}$ 的过程。

融入边信息的稀疏邻域模型

在电子商务应用中，用户画像的属性信息（如年龄、性别、地理位置等）或物品的描述/标签等边信息变得越来越容易获得，合理的利用这些丰富的源信息可以明显地提高传统推荐系统的性能[1,3,65,71]。

两个物品的评分画像与它们的属性信息是相互关联的[51]，因此物品的边信息可以被融入进 SLIM 模型。为了求解模型中的相关系数，一个额外的条件是用户 - 物品评分矩阵 R 和物品边信息矩阵 F 通过相同的稀疏线性集成可以被重复使用，即系数矩阵 W 不仅应满足 $R \sim RW$，而且应该满足 $F \sim FW$。矩阵 W 可以通过以下优化问题获得：

$$\underset{W}{\text{minimize}} \quad \frac{1}{2} \| R - RW \|_F^2 + \frac{\alpha}{2} \| F - FW \|_F^2 + \frac{\beta}{2} \| W \|_F^2 + \lambda \| W \|_1$$
$$\text{subject to} \quad W \geq 0 \tag{2.44}$$
$$\text{diag}(W) = 0$$

参数 α 用于控制用户 - 物品评分矩阵 R 和物品边信息矩阵 F 在学习矩阵 W 时所占的相对重要性。

在一些实际场景中，将矩阵 R 和 F 的聚集系数矩阵强制为同一个矩阵（W）的要求可能过于严苛。一种替代的方法是通过使用两个相似的聚集系数矩阵来放松这个约束。特别地，可以使用一个聚集系数矩阵 Q，用 $F \sim FQ$ 和 $W \sim Q$ 进行替代。矩阵 W 和 Q 可以通过最小化以下目标函数学习：

$$\underset{W,Q}{\text{minimize}} \quad \frac{1}{2} \| R - RW \|_F^2 + \frac{\alpha}{2} \| F - FQ \|_F^2 + \frac{\beta_1}{2} \| W - Q \|_F^2$$
$$+ \frac{\beta_2}{2} (\| W \|_F^2 + \| Q \|_F^2) + \lambda (\| W \|_1 + \| Q \|_1) \tag{2.45}$$
$$\text{subject to} \quad W, Q \geq 0$$
$$\text{diag}(W) = 0, \text{diag}(Q) = 0$$

参数 β_1 控制着矩阵 W 和 Q 之间的差异程度。

在文献[51]中，物品的评论信息以短文本的形式被用于上述描述的基于边信息的模型中。

实验表明，在解决 top-N 推荐任务时，这些模型远胜于无边信息的 SLIM 模型，同时远胜于其他使用边信息的方法。

2.6　总结

基于邻域的推荐方法作为在物品推荐任务中最早使用的方法之一，现在依然有着相当广泛的应用。尽管这种方法可以被简单地描述和实现，但它有几个重要的优势：它可以解释一个推荐任务为什么使用列表中的这些近邻，其计算和空间的高效使其可扩展到大型推荐系统中，线上加入新的用户或物品能够保持稳定性。这种方法另外一个重要优势是，推荐的结果具有新颖性，可以帮助用户发现从未期望但却非常感兴趣的物品。

在实现基于邻域的推荐方法时，需要做出一些重要决策。选择基于用户或选择基于物品的推荐方法会很大程度上影响推荐系统的准确性和效率。在典型的商业推荐系统中，用户的数量要远远大于物品的数量，选择基于物品的方法会更加适合，它不仅可以提供更加准确的推荐，同时计算效率很高且很少需要频繁更新。另一方面，基于用户的推荐方法通常可以给出使用户更加满意和新颖的推荐。另外，基于邻域的推荐方法中的不同部分，如评分标准化、相似度权重的计算、邻域的选择，都会对推荐系统的质量产生重要的影响。对于每一个部分，都有几种不同的方法可供选择，尽管每种方法的优点在本书中已经给出了详细描述，但是仍需要注意的是，在不同的系统中，最适合的方法也是不相同的，因此从实际的系统和应用的需要出发，才能对这些算法做出最有效的评价。

最后，当基于邻域的推荐方法受到覆盖受限和数据稀疏性等问题影响时，可以尝试基于降维和基于图的方法。降维方法提供了用户和物品的一个压缩表示，这样可以获取他们最重要的特征。这类方法的一个重要优点在于，即使用户对不同物品进行了评分或物品被不同的用户所评分，仍可以获取用户间或者物品间有意义的关联。另一方面，基于图的技术可以挖掘数据之间的传递关系。这种技术也可以通过计算用户之间或物品之间非直接的关联来有效避免数据稀疏性和覆盖受限等问题。然而与降维方法不同的是，基于图的技术可以保留数据之间的一些"局部"关联，从而提供具有新颖性的推荐。

参考文献

1. Adams, R.P., Dahl, G.E., Murray, I.: Incorporating side information into probabilistic matrix factorization using Gaussian processes. In: P. Grünwald, P. Spirtes (eds.) Proceedings of the 26th Conference on Uncertainty in Artificial Intelligence, pp. 1–9 (2010)
2. Adomavicius, G., Tuzhilin, A.: Toward the next generation of recommender systems: A survey of the state-of-the-art and possible extensions. IEEE Transactions on Knowledge and Data Engineering **17**(6), 734–749 (2005)
3. Agarwal, D., Chen, B.C., Long, B.: Localized factor models for multi-context recommendation. In: Proceedings of the 17th ACM SIGKDD international conference on Knowledge discovery and data mining, KDD '11, pp. 609–617. ACM, New York, NY, USA (2011). DOI http://doi.acm.org/10.1145/2020408.2020504. URL http://doi.acm.org/10.1145/2020408.2020504
4. Balabanović, M., Shoham, Y.: Fab: Content-based, collaborative recommendation. Communications of the ACM **40**(3), 66–72 (1997)
5. Baltrunas, L., Ricci, F.: Item weighting techniques for collaborative filtering. In: Knowledge Discovery Enhanced with Semantic and Social Information, pp. 109–126. Springer (2009)
6. Bell, R., Koren, Y., Volinsky, C.: Modeling relationships at multiple scales to improve accuracy of large recommender systems. In: KDD '07: Proc. of the 13th ACM SIGKDD Int. Conf. on Knowledge Discovery and Data Mining, pp. 95–104. ACM, New York, NY, USA (2007)
7. Billsus, D., Pazzani, M.J.: Learning collaborative information filters. In: ICML '98: Proc. of the 15th Int. Conf. on Machine Learning, pp. 46–54. Morgan Kaufmann Publishers Inc., San Francisco, CA, USA (1998)
8. Billsus, D., Pazzani, M.J.: User modeling for adaptive news access. User Modeling and User-Adapted Interaction **10**(2–3), 147–180 (2000)

9. Blei, D.M., Ng, A.Y., Jordan, M.I.: Latent dirichlet allocation. Journal of Machine Learning Research **3**, 993–1022 (2003)

10. Breese, J.S., Heckerman, D., Kadie, C.: Empirical analysis of predictive algorithms for collaborative filtering. In: Proc. of the 14th Annual Conf. on Uncertainty in Artificial Intelligence, pp. 43–52. Morgan Kaufmann (1998)

11. Brin, S., Page, L.: The anatomy of a large-scale hypertextual Web search engine. Computer Networks and ISDN Systems **30**(1–7), 107–117 (1998)

12. Cohen, W.W., Schapire, R.E., Singer, Y.: Learning to order things. In: NIPS '97: Proc. of the 1997 Conf. on Advances in Neural Information Processing Systems, pp. 451–457. MIT Press, Cambridge, MA, USA (1998)

13. Degemmis, M., Lops, P., Semeraro, G.: A content-collaborative recommender that exploits wordnet-based user profiles for neighborhood formation. User Modeling and User-Adapted Interaction **17**(3), 217–255 (2007)

14. Delgado, J., Ishii, N.: Memory-based weighted majority prediction for recommender systems. In: Proc. of the ACM SIGIR'99 Workshop on Recommender Systems (1999)

15. Deshpande, M., Karypis, G.: Item-based top-N recommendation algorithms. ACM Transaction on Information Systems **22**(1), 143–177 (2004)

16. Fouss, F., Renders, J.M., Pirotte, A., Saerens, M.: Random-walk computation of similarities between nodes of a graph with application to collaborative recommendation. IEEE Transactions on Knowledge and Data Engineering **19**(3), 355–369 (2007)

17. Fouss, F., Yen, L., Pirotte, A., Saerens, M.: An experimental investigation of graph kernels on a collaborative recommendation task. In: ICDM '06: Proc. of the 6th Int. Conf. on Data Mining, pp. 863–868. IEEE Computer Society, Washington, DC, USA (2006)

18. Freund, Y., Iyer, R.D., Schapire, R.E., Singer, Y.: An efficient boosting algorithm for combining preferences. In: ICML '98: Proc. of the 15th Int. Conf. on Machine Learning, pp. 170–178. Morgan Kaufmann Publishers Inc., San Francisco, CA, USA (1998)

19. Gobel, F., Jagers, A.: Random walks on graphs. Stochastic Processes and Their Applications **2**, 311–336 (1974)

20. Goldberg, K., Roeder, T., Gupta, D., Perkins, C.: Eigentaste: A constant time collaborative filtering algorithm. Information Retrieval **4**(2), 133–151 (2001)

21. Good, N., Schafer, J.B., Konstan, J.A., Borchers, A., Sarwar, B., Herlocker, J., Riedl, J.: Combining collaborative filtering with personal agents for better recommendations. In: AAAI '99/IAAI '99: Proc. of the 16th National Conf. on Artificial Intelligence, pp. 439–446. American Association for Artificial Intelligence, Menlo Park, CA, USA (1999)

22. Gori, M., Pucci, A.: Itemrank: a random-walk based scoring algorithm for recommender engines. In: Proc. of the 2007 IJCAI Conf., pp. 2766–2771 (2007)

23. Grcar, M., Fortuna, B., Mladenic, D., Grobelnik, M.: k-NN versus SVM in the collaborative filtering framework. Data Science and Classification pp. 251–260 (2006). URL http://db.cs.ualberta.ca/webkdd05/proc/paper25-mladenic.pdf

24. Herlocker, J., Konstan, J.A., Riedl, J.: An empirical analysis of design choices in neighborhood-based collaborative filtering algorithms. Inf. Retr. **5**(4), 287–310 (2002)

25. Herlocker, J.L., Konstan, J.A., Borchers, A., Riedl, J.: An algorithmic framework for performing collaborative filtering. In: SIGIR '99: Proc. of the 22nd Annual Int. ACM SIGIR Conf. on Research and Development in Information Retrieval, pp. 230–237. ACM, New York, NY, USA (1999)

26. Herlocker, J.L., Konstan, J.A., Terveen, L.G., Riedl, J.T.: Evaluating collaborative filtering recommender systems. ACM Trans. Inf. Syst. **22**(1), 5–53 (2004)

27. Hill, W., Stead, L., Rosenstein, M., Furnas, G.: Recommending and evaluating choices in a virtual community of use. In: CHI '95: Proc. of the SIGCHI Conf. on Human Factors in Computing Systems, pp. 194–201. ACM Press/Addison-Wesley Publishing Co., New York, NY, USA (1995)

28. Hofmann, T.: Collaborative filtering via Gaussian probabilistic latent semantic analysis. In: SIGIR '03: Proc. of the 26th Annual Int. ACM SIGIR Conf. on Research and Development in Information Retrieval, pp. 259–266. ACM, New York, NY, USA (2003)

29. Howe, A.E., Forbes, R.D.: Re-considering neighborhood-based collaborative filtering parameters in the context of new data. In: CIKM '08: Proceeding of the 17th ACM conference on Information and knowledge management, pp. 1481–1482. ACM, New York, NY, USA (2008)

30. Huang, Z., Chen, H., Zeng, D.: Applying associative retrieval techniques to alleviate the sparsity problem in collaborative filtering. ACM Transactions on Information Systems **22**(1), 116–142 (2004)

31. Jin, R., Chai, J.Y., Si, L.: An automatic weighting scheme for collaborative filtering. In: SIGIR '04: Proc. of the 27th Annual Int. ACM SIGIR Conf. on Research and Development

in Information Retrieval, pp. 337–344. ACM, New York, NY, USA (2004)

32. Jin, R., Si, L., Zhai, C.: Preference-based graphic models for collaborative filtering. In: Proc. of the 19th Annual Conf. on Uncertainty in Artificial Intelligence (UAI-03), pp. 329–33. Morgan Kaufmann, San Francisco, CA (2003)

33. Jin, R., Si, L., Zhai, C., Callan, J.: Collaborative filtering with decoupled models for preferences and ratings. In: CIKM '03: Proc. of the 12th Int. Conf. on Information and Knowledge Management, pp. 309–316. ACM, New York, NY, USA (2003)

34. Kabbur, S., Ning, X., Karypis, G.: Fism: factored item similarity models for top-n recommender systems. In: Proceedings of the 19th ACM SIGKDD international conference on Knowledge discovery and data mining, KDD '13, pp. 659–667. ACM, New York, NY, USA (2013). DOI 10.1145/2487575.2487589. URL http://doi.acm.org/10.1145/2487575.2487589

35. Katz, L.: A new status index derived from sociometric analysis. Psychometrika **18**(1), 39–43 (1953)

36. Kendall, M., Gibbons, J.D.: Rank Correlation Methods, 5 edn. Charles Griffin (1990)

37. Koenigstein, N., Koren, Y.: Towards scalable and accurate item-oriented recommendations. In: Proceedings of the 7th ACM conference on Recommender systems, RecSys '13, pp. 419–422. ACM, New York, NY, USA (2013). DOI 10.1145/2507157.2507208. URL http://doi.acm.org/10.1145/2507157.2507208

38. Kondor, R.I., Lafferty, J.D.: Diffusion kernels on graphs and other discrete input spaces. In: ICML '02: Proc. of the Nineteenth Int. Conf. on Machine Learning, pp. 315–322. Morgan Kaufmann Publishers Inc., San Francisco, CA, USA (2002)

39. Konstan, J.A., Miller, B.N., Maltz, D., Herlocker, J.L., Gordon, L.R., Riedl, J.: GroupLens: applying collaborative filtering to usenet news. Communications of the ACM **40**(3), 77–87 (1997)

40. Koren, Y.: Factorization meets the neighborhood: a multifaceted collaborative filtering model. In: KDD'08: Proceeding of the 14th ACM SIGKDD Int. Conf. on Knowledge Discovery and Data Mining, pp. 426–434. ACM, New York, NY, USA (2008)

41. Kunegis, J., Lommatzsch, A., Bauckhage, C.: Alternative similarity functions for graph kernels. In: Proc. of the Int. Conf. on Pattern Recognition (2008)

42. Lang, K.: News Weeder: Learning to filter netnews. In: Proc. of the 12th Int. Conf. on Machine Learning, pp. 331–339. Morgan Kaufmann publishers Inc.: San Mateo, CA, USA (1995)

43. Li, J., Zaiane, O.R.: Combining usage, content, and structure data to improve Web site recommendation. In: Proc. of the 5th Int. Conf. on Electronic Commerce and Web Technologies (EC-Web) (2004)

44. Linden, G., Smith, B., York, J.: Amazon.com recommendations: Item-to-item collaborative filtering. IEEE Internet Computing **7**(1), 76–80 (2003)

45. Luo, H., Niu, C., Shen, R., Ullrich, C.: A collaborative filtering framework based on both local user similarity and global user similarity. Machine Learning **72**(3), 231–245 (2008)

46. Ma, H., King, I., Lyu, M.R.: Effective missing data prediction for collaborative filtering. In: SIGIR '07: Proc. of the 30th Annual Int. ACM SIGIR Conf. on Research and Development in Information Retrieval, pp. 39–46. ACM, New York, NY, USA (2007)

47. Melville, P., Mooney, R.J., Nagarajan, R.: Content-boosted collaborative filtering for improved recommendations. In: 18th National Conf. on Artificial intelligence, pp. 187–192. American Association for Artificial Intelligence, Menlo Park, CA, USA (2002)

48. Nakamura, A., Abe, N.: Collaborative filtering using weighted majority prediction algorithms. In: ICML '98: Proc. of the 15th Int. Conf. on Machine Learning, pp. 395–403. Morgan Kaufmann Publishers Inc., San Francisco, CA, USA (1998)

49. Natarajan, N., Shin, D., Dhillon, I.S.: Which app will you use next?: collaborative filtering with interactional context. In: Proceedings of the 7th ACM conference on Recommender systems, RecSys '13, pp. 201–208. ACM, New York, NY, USA (2013). DOI 10.1145/2507157.2507186. URL http://doi.acm.org/10.1145/2507157.2507186

50. Ning, X., Karypis, G.: Slim: Sparse linear methods for top-n recommender systems. In: Proceedings of 11th IEEE International Conference on Data Mining, pp. 497–506 (2011)

51. Ning, X., Karypis, G.: Sparse linear methods with side information for top-n recommendations. In: Proceedings of the sixth ACM conference on Recommender systems, RecSys '12, pp. 155–162. ACM, New York, NY, USA (2012). DOI 10.1145/2365952.2365983. URL http://doi.acm.org/10.1145/2365952.2365983

52. Norris, J.R.: Markov Chains, 1 edn. Cambridge University Press, Cambridge (1999)

53. Paterek, A.: Improving regularized singular value decomposition for collaborative filtering. In: Proceedings of the KDD Cup and Workshop (2007)

54. Pazzani, M., Billsus, D.: Learning and revising user profiles: The identification of interesting Web sites. Machine Learning **27**(3), 313–331 (1997)

55. Pazzani, M.J.: A framework for collaborative, content-based and demographic filtering. Artificial Intelligence Review **13**(5–6), 393–408 (1999)

56. Rendle, S., Freudenthaler, C., Gantner, Z., Lars, S.T.: Bpr: Bayesian personalized ranking from implicit feedback. In: Proceedings of the Twenty-Fifth Conference on Uncertainty in Artificial Intelligence, UAI '09, pp. 452–461. AUAI Press, Arlington, Virginia, United States (2009)

57. Resnick, P., Iacovou, N., Suchak, M., Bergstrom, P., Riedl, J.: GroupLens: An open architecture for collaborative filtering of netnews. In: CSCW '94: Proc. of the 1994 ACM Conf. on Computer Supported Cooperative Work, pp. 175–186. ACM, New York, NY, USA (1994)

58. Salakhutdinov, R., Mnih, A., Hinton, G.: Restricted Boltzmann machines for collaborative filtering. In: ICML '07: Proceedings of the 24th international conference on Machine learning, pp. 791–798. ACM, New York, NY, USA (2007)

59. Sarwar, B., Karypis, G., Konstan, J., Reidl, J.: Item-based collaborative filtering recommendation algorithms. In: WWW '01: Proc. of the 10th Int. Conf. on World Wide Web, pp. 285–295. ACM, New York, NY, USA (2001)

60. Sarwar, B.M., Karypis, G., Konstan, J.A., Riedl, J.T.: Application of dimensionality reduction in recommender systems – A case study. In: ACM WebKDD Workshop (2000)

61. Sarwar, B.M., Konstan, J.A., Borchers, A., Herlocker, J., Miller, B., Riedl, J.: Using filtering agents to improve prediction quality in the grouplens research collaborative filtering system. In: CSCW '98: Proc. of the 1998 ACM Conf. on Computer Supported Cooperative Work, pp. 345–354. ACM, New York, NY, USA (1998)

62. Schein, A.I., Popescul, A., Ungar, L.H., Pennock, D.M.: Methods and metrics for cold-start recommendations. In: SIGIR '02: Proc. of the 25th Annual Int. ACM SIGIR Conf. on Research and Development in Information Retrieval, pp. 253–260. ACM, New York, NY, USA (2002)

63. Shardanand, U., Maes, P.: Social information filtering: Algorithms for automating "word of mouth". In: CHI '95: Proc. of the SIGCHI Conf. on Human factors in Computing Systems, pp. 210–217. ACM Press/Addison-Wesley Publishing Co., New York, NY, USA (1995)

64. Shi, J., Malik, J.: Normalized cuts and image segmentation. Pattern Analysis and Machine Intelligence, IEEE Transactions on **22**(8), 888–905 (2000)

65. Singh, A.P., Gordon, G.J.: Relational learning via collective matrix factorization. In: Proceeding of the 14th ACM International Conference on Knowledge Discovery and Data Mining, pp. 650–658 (2008). DOI http://doi.acm.org/10.1145/1401890.1401969. URL http://doi.acm.org/10.1145/1401890.1401969

66. Soboroff, I.M., Nicholas, C.K.: Combining content and collaboration in text filtering. In: Proc. of the IJCAI'99 Workshop on Machine Learning for Information Filtering, pp. 86–91 (1999)

67. Takács, G., Pilászy, I., Németh, B., Tikk, D.: Major components of the gravity recommendation system. SIGKDD Exploration Newsletter **9**(2), 80–83 (2007)

68. Takács, G., Pilászy, I., Németh, B., Tikk, D.: Investigation of various matrix factorization methods for large recommender systems. In: Proc. of the 2nd KDD Workshop on Large Scale Recommender Systems and the Netflix Prize Competition (2008)

69. Takács, G., Pilászy, I., Németh, B., Tikk, D.: Scalable collaborative filtering approaches for large recommender systems. Journal of Machine Learning Research (Special Topic on Mining and Learning with Graphs and Relations) **10**, 623–656 (2009)

70. Terveen, L., Hill, W., Amento, B., McDonald, D., Creter, J.: PHOAKS: a system for sharing recommendations. Communications of the ACM **40**(3), 59–62 (1997)

71. Yoo, J., Choi, S.: Weighted nonnegative matrix co-tri-factorization for collaborative prediction. In: Z.H. Zhou, T. Washio (eds.) Advances in Machine Learning, *Lecture Notes in Computer Science*, vol. 5828, pp. 396–411. Springer Berlin / Heidelberg (2009)

72. Zitnick, C.L., Kanade, T.: Maximum entropy for collaborative filtering. In: AUAI '04: Proc. of the 20th Conf. on Uncertainty in Artificial Intelligence, pp. 636–643. AUAI Press, Arlington, Virginia, United States (2004)

73. Zou, H., Hastie, T.: Regularization and variable selection via the elastic net. Journal Of The Royal Statistical Society Series B **67**(2), 301–320 (2005)

协同过滤方法进阶

Yehuda Koren 和 Robert Bell

3.1 简介

协同过滤(CF)算法基于用户对商品的评分或其他行为(如购买)模式为用户提供个性化的推荐，而不需要了解用户或者商品的大量信息。虽然目前已有成形的方法在很多应用上都表现得很好，本章还是希望通过分析最近提出的一些扩展方法给正在寻找推荐优化方案的研究人员提供一些建议和帮助。

Netflix Prize 比赛于 2006 年 10 月开始举办，该比赛对协同过滤领域的发展起到了重要的推动作用。科研界第一次获得了大规模的工业界数据(数以亿计的电影评分)，这吸引了数以千计的科学家、学生、工程师以及推荐系统的狂热者进入协同过滤研究领域。该比赛推动了推荐系统领域的迅速发展，新技术层出不穷，而且每一次技术的变革都旨在提高预测的准确度。由于所有的方法都在相同的数据上经过同样的严格标准来评判，随之演化而来的是更加强大更加显著的模型效果。

推荐系统的输入有多种类型。最高效的输入是用户高质量的显式反馈，即用户显式地表明其所感兴趣的产品集合。例如，Netflix 通过让用户点击"跷拇指"或"下拇指"来搜集电影的星级评价。同样，TiVo 用户也用这一方式来表明他们对电视节目的喜好。

由于显式反馈并不是经常可用，一些推荐系统从比较丰富的隐式反馈中来推断用户的爱好，也就是通过收集整理用户的行为来间接得到用户的喜好[20]。隐式反馈的类型包括用户的购买记录、浏览历史记录、搜索模式，甚至是鼠标的移动。例如，如果一个人购买了同一个作者的许多书，则可以说明这个人很喜欢该作者。本章重点关注与显式反馈相匹配的模型。尽管如此，我们也意识到隐式反馈的重要性。当用户没有提供显式反馈的时候，隐式反馈就显得弥足珍贵了。因此，我们也会展示怎样在模型中把隐式反馈当作辅助信息来处理。

为了生成推荐结果，CF 系统需要关联两种有本质区别的实体，即物品和用户。目前有两种主要的方法关联这两种实体，它们构成了 CF 的主要技术：基于邻域的方法和隐语义模型。基于邻域的方法重点关注物品之间的关系或者用户之间的关系。基于物品的方法根据目标用户评价过的相似物品的评分，对该用户在特定物品的偏好进行建模。隐语义模型，例如矩阵分解模型(也称为 SVD)是把物品与用户映射到相同的隐语义空间的方法。隐语义空间试图通过描述物品和用户两种实体在因子上的特征来解释评分，而这些因子是根据用户的反馈自动推断出来的。

产生具有更精确预测结果的方法需要深化基础和减少对任意决策的依赖。在本章，我们阐述了一系列近期提出的对基本 CF 建模技术的改进方法。然而，要想追求更加精确的模型，我们不能仅仅满足和局限于这些改进。同样重要的是对数据中所有可用的信号或者特征的识别。

Y. Koren, Google Research, Mountain View, CA, USA, e-mail: yehudako@gmail.com.
R. Bell, AT&TLabs-Research, Middletown, NJ, USA, e-mail: rbell@research.att.com.

翻译：吴　宾，娄铮铮　审核：郭贵冰

传统的技术解决了用户-物品评分数据中的稀疏问题。利用其他信息源我们可以显著提高推荐的精度。一个典型的案例是考虑各种时间效应，它们反映了用户-物品交互性的动态的时间漂移特性。相比之下，不那么重要的是监听用户的隐式反馈，比如用户对哪些产品进行了评分（不管评分分数）。被评分的物品不是随机选择的，而是揭示了用户感兴趣的方面，这些信息比评分的数值更加重要。

3.3 节讨论了矩阵分解模型的相关技术，综合考虑了算法实现的便利性和相对高的预测准确度，进而使得这类技术成了解决最大的公开数据集（Netflix 数据）推荐问题的首选算法。该节描述了这些技术背后的理论和使用细节。除此之外，矩阵分解模型的主要优势在于它们处理数据的额外特征的能力，这些额外特征包括隐式反馈和时序信息。该节描述了怎样增强矩阵分解模型来处理这些额外特征。

3.4 节讨论了基于邻域的方法。这个流派中的基本方法是众所周知的，而且在很大程度上是基于启发式的。近期提出的一些技术提议使用更加严格的公式来克服邻域技术的缺点，因此提高了预测准确度。3.5 节阐述了一种更高级的方法，这个方法基于普通邻域方法的原理，并使用了因式分解模型的典型技术——全局优化技术。这个方法允许放宽对邻域大小的限制，同时考虑了隐式反馈和时间效应信息。该方法预测结果的精度接近矩阵分解模型，同时具有一些实用的优势（与矩阵分解模型相比）。

从根本上考虑这些模型时，我们就会发现那些看似无关的技术之间竟然存在着惊人的联系。3.6 节详细说明基于用户的邻域方法和基于物品的邻域方法在极限时将收敛于同一模型。而且那时，这两种模型都等价于一个简单的矩阵分解模型。这些关联削弱了之前分类方法的相关性。[注] 比如传统上把矩阵分解模型归类为"基于模型的方法"，而把基于邻域的模型归类为"基于内存的方法"。

3.2　预备知识

现在有 m 个用户（消费者）对 n 个物品（产品）进行了评分。为了区别用户和物品，我们用特殊的索引字母来具体指代两者：用 u、v 代表用户，i、j、l 代表物品。评分 r_{ui} 代表用户 u 对物品 i 的偏好，值越大代表用户对物品越感兴趣。例如，评分值是范围为 1（表示不感兴趣）~ 5（表示很感兴趣）的整数。我们用 $\hat{r}_{ui}$ 来表示预测的偏好程度，用以和真实值 r_{ui} 区别。

标量值 t_{ui} 表示评分 r_{ui} 的时间。该时间的时间单位随着当前应用的情况而变化。例如，若时间以天为单位，t_{ui} 记录了从早期某一时间点到现在的天数。通常绝大部分的评分是未知的。例如，在 Netflix 数据中 99% 的评分是缺失的，因为用户一般只会对一小部分电影给予评分。评分值 r_{ui} 已知的 (u, i) 对存放在集合 $\mathcal{K} = \{(u, v) : r_{ui}$ 已知$\}$ 中。每一个用户 u 与表示为 R(u) 的一个物品集合相关联，该集合包含了用户 u 评价过的所有物品。类似地，R(i) 代表评价过物品 i 的所有用户的集合。有时，集合 N(u) 包含了用户 u 提供过的隐式偏好信息的所有物品（如用户租用过、购买过或浏览过的物品）集合。

用于评分数据的模型通过拟合已经观测到的评分来进行学习。然而，我们的目标是以一种能预测未来未知评分的方式一般化这些模型。因此，应当谨防模型过拟合，我们通过正则化学习参数来实现，即对这些参数的取值进行惩罚。正则化由 λ_1、λ_2 等常量参数来控制，这些常量通过交叉验证来确定。随着参数量的增加，确定正则化参数的任务变得越来越繁重。

3.2.1　基准预测

CF 模型试图捕捉用户和物品之间的交互作用，正是这些交互作用产生了不同的评分值。

㊀　这两种模型的分类界限没有那么明确。——译者注

然而，大部分观察到的评分值要么与用户相关，要么与物品相关，而与用户和物品之间的交互作用无关。比如，典型的 CF 数据显示了用户和物品中存在的偏置，即某些用户给出更高的评分和某些物品比其他物品得到更高评分的总体趋势。

我们将把这些与用户 – 物品交互作用无关的因子（这些因子也叫偏置）封装到基准预测中。由于这些基准预测值在观察到的评分中占很大比例，因此对它们进行准确的建模就显得至关重要。这样的建模方法把真正代表用户 – 物品之间交互作用的那部分数据隔离开来，而把这部分数据放到更合适的用户偏好模型中。

设 μ 为总体平均评分。未知评分 r_{ui} 的基准预测 b_{ui} 综合考虑了用户和物品两个因子。

$$b_{ui} = \mu + b_u + b_i \tag{3.1}$$

参数 b_u 和 b_i 分别表示用户 u 和物品 i 的与评分平均值的偏差。例如，假设我们想建立一个用户 Joe 对《Titanic》电影的评分的基准预测。假设所有电影的平均评分 μ 为 3.7 星。另外，《Titanic》比一般的电影要好，因此其得到的评分要比平均评分高 0.5 星。而 Joe 是一个爱挑剔的用户，他的评分一般比平均评分要低 0.3 星。因此，Joe 对《Titanic》的基准预测评分为 3.7 – 0.3 + 0.5 = 3.9。我们可以通过解决最小二乘法问题来估计 b_u 和 b_i 的值，如下面的公式所示：

$$\min_{b_*} \sum_{(u,i) \in \mathcal{K}} (r_{ui} - \mu - b_u - b_i)^2 + \lambda_1 \left(\sum_u b_u^2 + \sum_i b_i^2 \right)$$

在这个公式中，第一项 $\sum_{(u,i) \in \mathcal{K}} (r_{ui} - \mu + b_u + b_i)^2$ 用来寻找与已知评分数据拟合得最好的 b_u 和 b_i。正则化项 $\lambda_1 \left(\sum_u b_u^2 + \sum_i b_i^2 \right)$ 通过对参数的复杂性增加惩罚因子来避免过拟合现象。我们可以通过在 3.3.1 节描述的随机梯度下降来解决这个问题。

Netflix 电影评分数据的平均评分（μ）为 3.6。已知评分数据中用户偏置（b_u）的均值为 0.044，标准差为 0.41。用户偏置的绝对值（$|b_u|$）的均值为 0.32。学习数据中物品偏置（b_i）的均值为 -0.26，标准差为 0.48。物品偏置的绝对值（$|b_i|$）的均值为 0.43。

一种简单但准确度不高的估计参数的方法是，把 b_i 的计算和 b_u 的计算分离开来。首先，对每一个物品 i，令

$$b_i = \frac{\sum_{u \in \mathrm{R}(i)} (r_{ui} - \mu)}{\lambda_2 + |\mathrm{R}(i)|}$$

接着，对每一个用户 u，令

$$b_u = \frac{\sum_{i \in \mathrm{R}(u)} (r_{ui} - \mu - b_i)}{\lambda_3 + |\mathrm{R}(u)|}$$

通过使用正则化参数 λ_2、λ_3，我们可以把上述这些均值缩小至 0，参数 λ_2、λ_3 由交叉验证决定。Netflix 数据集上通常取 $\lambda_2 = 25$，$\lambda_3 = 10$。

在 3.3.3.1 节，我们将会证明怎样通过考虑数据内部的时间效应信息来提高基准预测的准确度。

3.2.2 Netflix 数据

为了比较本章中描述的算法的相对准确性，我们在 Netflix 数据上对这些算法进行了评估，Netflix 数据是由匿名 Netflix 用户从 1999 年 11 月到 2005 年 12 月期间做出的具有时间戳的上亿条电影评分[5]。评分数据的范围是从 1~5 的整数。数据由超过 480 000 用户对 17 770 部电影的评分构成。因此，平均下来一部电影会得到 5600 个评分，而一个用户会对 208 部电影进行评分，当然这些均值会有很大的方差。考虑到与其他公布的结果的兼容性，我们采用由 Netflix 设

定的标准。首先，结果的质量通常由均方根误差（RMSE）来度量：

$$\sqrt{\sum_{(u,i)\in TestSet}(r_{ui}-\hat{r}_{ui})^2/\,|\,TestSet\,|}$$

跟另一种度量方法（平均绝对误差）相比，这个度量更关注大误差。（参见第 8 章推荐系统评价标准的综述。）

我们在 Netflix 提供的测试集（也叫问答集）上报告预测结果，这个测试集包含了近期 140 万条评分记录。与训练集数据相比，测试集数据包含了更多的不经常对电影进行评分的用户的评分记录，因此这些用户的评分行为也就更难预测。在某种程度上，这种情况代表了 CF 系统的真实需求，即需要从旧的评分中得到新的评分以及需要均衡地覆盖到所有用户，而不只是经常做评分的那些用户。

Netflix 数据是 Netflix Prize 比赛的一部分，这个比赛的基准平台是 Netflix 的私有系统——Cinematch，该系统在测试集上得到的 RMSE 为 0.9514。大奖将会颁给经过三年努力把 RMSE 降低到 0.8563（在原有的基础上把 RMSE 降低 10%）以下的团队。测试集上得到的 RMSE 值提升空间非常小，因此很明显要想得到这个大奖非常困难。但是，证据显示 RMSE 值的小幅度提升将会对 top-K 推荐的质量产生很大的影响[16,17]。

3.2.3　隐式反馈

本章我们集中讨论显式的用户反馈。但是，如果有额外的隐式反馈信息可用，这些信息可用来更好地探索用户的行为。这在解决数据的稀疏问题以及当用户的显式反馈很少时显得非常有用。我们将阐述之前讨论的模型的一些扩展，这些扩展利用了隐式反馈信息。

对于像 Netflix 这样的数据集来说，得到隐式反馈信息的最自然的方式是通过电影的租借历史记录。这个历史记录告诉我们用户的爱好而不需要让他们显式地提供他们的评分。对于其他的数据集，浏览历史记录或购买历史记录可以作为隐式反馈信息。但是这些数据并不提供给我们来做实验。尽管如此，在 Netflix 数据集中还存在着一种比较隐晦的用户隐式信息。这个数据集不仅告诉我们评分值，还包括用户对哪些电影进行了评分，不论他们如何进行评分。也就是说，如果一个用户选择一部电影并投票，那么他就隐式地告知了我们他的兴趣。于是我们就建立了一个二元矩阵，其中 1 代表已评分，0 代表未评分。尽管这些二元数据并没有包含像其他表示隐式反馈的独立信息源那样多的信息，但是整合这些隐式的二元数据也会大大提高预测的准确度。使用这些二元数据能使预测模型受益，与一个事实密不可分，这个事实就是用户的评分记录并不是随机缺失的，用户会小心谨慎地选择他们要进行评分的物品（参见 Marlin 等人[19]）。

3.3　矩阵分解模型

用隐语义模型来进行协同过滤的目标是揭示隐藏的特征，这些隐藏的特征能够解释观测到的评分。该模型的一些实例包括 pLSA 模型[14]、神经网络模型[22]、隐式 Dirichlet 分配模型[7]，以及由用户－物品评分矩阵的因子分解推导出的模型（也叫作基于 SVD 的模型）。最近，矩阵分解模型由于其准确性和可扩展性得到越来越多人的青睐。

在信息检索领域，SVD 是为了识别隐语义因子[9]而发展起来。然而，由于大部分评分值的缺失，把 SVD 应用到 CF 领域的显式评分中变得相对困难。当矩阵的信息不完整时，传统的 SVD 是不能被定义的。而且，简单地仅仅使用很少的已知信息将很容易导致过拟合现象。早期的研究依赖于填充方法[15,24]，即填充用户－物品评分矩阵的缺失值以使该矩阵变得稠密。然而，由于填充方法极大地增大了数据量，因此代价非常大。除此之外，不准确的填充也会使数据变得倾斜。因此，最近的研究[4,6,10,16,21,22,26]根据观察到的评分直接建模，并通过充分的正则化模型来避免过拟合。

在这一节中，我们阐述了几种矩阵分解技术，它们的准确性随其复杂度增加而增加。我们首先讲述基本模型（SVD），然后讲述 SVD++ 模型，该模型整合了用户反馈的其他信息源来提高预测准确性。最后我们考虑了这样的一个事实：用户的爱好或许会随着时间变化。同时，由于用户的爱好是不断变化的，他们甚至会重新选择他们的爱好。这导致了一个因子模型的产生，该模型考虑了时间效应信息以便更好地描述用户的行为。

3.3.1 SVD [⊖]

矩阵分解模型把用户和物品两方面的信息映射到一个维度为 f 的联合隐语义空间中，因此，用户-物品的交互可由该空间中的内积来建模。隐语义空间试图通过描述物品和用户在各个因子上的特征来解释评分值，而这些因子是从用户反馈自动推断出的。例如，如果物品是电影，因子将会用来度量诸如喜剧或者悲剧、情节的数量或者面向儿童的等级等这些明显的维度，以及诸如性格发展的深度或者"突变"等隐式维度，甚至是完全无法解释的维度。

相应地，每一个物品 i 都与一个 f 维向量 q_i 相关联，每一个用户都与一个 f 维向量 p_u 相关联。给定一个物品 i，q_i 向量的每维度值的大小代表了该物品具备这些因子的程度（例如，某部电影的搞笑因子程度为 5，而恐怖因子程度为 1）。给定一个用户 u，向量 p_u 的每维度值代表了用户对这些因子的偏好程度（例如，某用户对搞笑因子的偏好程度为 1，而对恐怖因子的偏好程度为 0.1），这些值的大小反映了用户对这些因子的积极或者消极的评价。点积 [⊖] $q_i^T p_u$ 记录了用户和物品之间的交互，也就是用户对物品的总体兴趣度。加上之前提到的只依赖于用户或者物品的基准预测，可以得到最终的评分。因此，评分通过下面的规则预测得到：

$$\hat{r}_{ui} = \mu + b_i + b_u + q_i^T p_u \tag{3.2}$$

为了学习模型中的参数，也就是 b_u、b_i、p_u、q_i，我们可以最小化下面正则化的平方误差：

$$\min_{b_*,q_*,p_*} \sum_{(u,i)\in\mathcal{K}} (r_{ui} - \mu - b_i - b_u - q_i^T p_u)^2 + \lambda_4(b_i^2 + b_u^2 + \|q_i\|^2 + \|p_u\|^2)$$

正则化参数 λ_4 控制了正则化程度，一般通过交叉验证获得。最小化过程一般是通过随机梯度下降算法或者交替最小二乘法来实现的。

交替最小二乘法就是交替固定 p_u 来计算 q_i 和固定 q_i 来计算 p_u。注意当其中一个是常量时，最优化问题变成了一元的，就可以优化求解[2,4]。

一种简单的优化算法是由 Funk[10] 推广的，并在其他研究者[16,21,22,26] 中得到成功实践的随机梯度下降算法。该算法对训练数据中的所有评分做循环。对于给定的评分 r_{ui}，其预测评分记为 $\hat{r}_{ui}$，相关的预测误差记为 $e_{ui} \stackrel{\text{def}}{=} r_{ui} - \hat{r}_{ui}$。对于给定的训练样例 r_{ui}，我们通过朝着与梯度相反的方向移动来修正参数，如下所示：

- $b_u \leftarrow b_u + \gamma \cdot (e_{ui} - \lambda_4 \cdot b_u)$
- $b_i \leftarrow b_i + \gamma \cdot (e_{ui} - \lambda_4 \cdot b_i)$
- $q_i \leftarrow q_i + \gamma \cdot (e_{ui} \cdot p_u - \lambda_4 \cdot q_i)$
- $p_u \leftarrow p_u + \gamma \cdot (e_{ui} \cdot q_i - \lambda_4 \cdot p_u)$

当在 Netflix 数据上评估方法的时候，我们使用下面的参数值：$\gamma = 0.005$，$\lambda_4 = 0.02$。自此以后，我们把这种方法叫作 SVD。

下面可以对该算法做些分析。通过为每类待学习参数精心选择学习率 γ 和正则化因子 λ 来

⊖ SVD（Singular Value Decomposition）模型是根据已有的评分情况，分析出评分者对各个因子的喜好程度以及产品包含各个因子的程度，最后再反过来根据分析结果预测评分。——译者注

⊜ 记得两个向量 x，$y \in \mathbb{R}^f$ 之间的点积定义为 $X^T y = \sum_{k=1}^{f} x_k \cdot y_k$。

提高准确度。例如，可以对用户偏置、物品偏置和因子本身使用不同的学习率。该策略的集中使用在参考文献[27]中有详细描述。在本章中，当需要产生示范性的结果时，我们没有一直使用这个策略，尤其是许多给定的常量并未调整到最优。

3.3.2 SVD++

考虑隐式反馈信息可以增加预测准确度，这些隐式反馈信息提供了用户爱好的额外指示。这对于那些提供了大量隐式反馈且仅仅提供少量显式反馈的用户尤为重要。正如之前解释的那样，即使在独立的隐式反馈缺失的时候，我们也可以通过考虑用户评分的物品来得到用户感兴趣的信息，而无须考虑这些物品的评分值。这样就出现了几种根据用户评分的物品来对用户的某个因子(用户对某个因子的喜好程度，比如电影评分记录中用户对喜剧电影的喜爱程度因子)建模的方法[16,21,23]。这里我们重点关注 SVD++ 方法[16]，可以证明这种方法能够提供比 SVD 方法更好的准确度。

为了达到这个目的，我们增加了第二个物品因子集合，即为每一个物品 i 关联一个因子向量 y_i。这些新的物品因子向量根据用户评分的物品集合来描述用户的特征⊖。模型如下：

$$\hat{r}_{ui} = \mu + b_i + b_u + q_i^T \left(p_u + |R(u)|^{-\frac{1}{2}} \sum_{j \in R(u)} y_j \right) \tag{3.3}$$

其中，集合 $R(u)$ 包含用户 u 评分的所有物品。

现在，用户 u 的因子爱好程度被建模为 $p_u + |R(u)|^{-\frac{1}{2}} \sum_{j \in R(u)} y_j$。正如式(3.2)一样，我们使用用户 u 的因子爱好程度 p_u，这个向量从已知的显式评分记录学习得到。这个向量由 $|R(u)|^{-\frac{1}{2}} \sum_{j \in R(u)} y_j$ 这一项做补充，这一项是从隐式反馈的角度出发的。由于 y_j 在 0 的附近取值(根据正则化)，为了在观察值 $|R(u)|$ 的整个范围内稳定其方差，我们用 $|R(u)|^{-\frac{1}{2}}$ 对其和做规范化。

模型的参数是通过采用随机梯度下降方法来最小化相关联的正则化平方误差函数取得的。我们在所有评分值已知的集合 $\mathcal{K}$ 上做循环，计算：

- $b_u \leftarrow b_u + \gamma \cdot (e_{ui} - \lambda_5 \cdot b_u)$
- $b_i \leftarrow b_i + \gamma \cdot (e_{ui} - \lambda_5 \cdot b_i)$
- $q_i \leftarrow q_i + \gamma \cdot \left(e_{ui} \cdot \left(p_u + |R(u)|^{-\frac{1}{2}} \sum_{j \in R(u)} y_j \right) - \lambda_6 \cdot q_i \right)$
- $p_u \leftarrow p_u + \gamma \cdot (e_{ui} \cdot q_i - \lambda_6 \cdot p_u)$
- $\forall j \in R(u): y_j \leftarrow y_j + \gamma \cdot (e_{ui} \cdot |R(u)|^{-\frac{1}{2}} \cdot q_i - \lambda_6 \cdot y_j)$

在 Netflix 数据上评估方法时，我们使用下面的参数值：$\gamma = 0.007$，$\lambda_5 = 0.005$，$\lambda_6 = 0.015$。而且最好是每一次迭代后减少步长(也就是 γ)至原来的 0.9 倍。迭代过程会持续 30 次迭代直至收敛。

通过使用额外的物品因子集合，可以把几种类型的隐式反馈同时引入到模型中。例如，如果一个用户 u 对 $N^1(u)$ 中的一些物品有某种类型的隐式偏好(如他租借了它们)，对 $N^2(u)$ 中的物品有另一种不同类型的偏好(如她检索过它们)，我们可以使用下面的模型：

$$\hat{r}_{ui} = \mu + b_i + b_u + q_i^T \left(p_u + |N^1(u)|^{-\frac{1}{2}} \sum_{j \in N^1(u)} y_j^{(1)} + |N^2(u)|^{-\frac{1}{2}} \sum_{j \in N^2(u)} y_j^{(2)} \right) \tag{3.4}$$

⊖ 前面提到的 LFM 模型，即加入偏置项的 SVD 模型，并没有显式地考虑用户的历史行为对用户评分预测的影响，SVD++ 模型将用户历史评分的物品信息加入到 LFM 模型中。——译者注

每种隐式反馈信息的相对重要性将通过对模型参数各自值的设定由算法自动学习得到。

3.3.3　时间敏感的因子模型

矩阵分解方法能很好地对时间效应建模，这样可以提高预测结果的准确度。通过把评分分解为不同的项，我们可以分别处理不同方面的时序影响。特别地，我们可以定义下面随时间变化的因子：1）用户偏置 $b_u(t)$；2）物品偏置 $b_i(t)$；3）用户爱好 $p_u(t)$。另一方面，由于物品与用户不同，它在本质上是不变的，因此我们也明确定义了物品的静态特征 q_i，因为我们并不希望物品有很大的时序变化。这里首先讨论基准预测内部的时序影响。

3.3.3.1　随时间变化的基准预测

基准预测的时序变化性主要体现在两个时间效应上。第一个时间效应体现在物品的流行度或许会随时间变化。例如，在一部新电影里某位演员的出现或许就会导致该电影的流行或过时。我们的模型中把物品偏置 b_i 看作时间的函数就能说明这一点。第二个时间效应体现在随着时间的变化，用户或许会改变他们的基准评分的。例如，一个过去倾向于对电影评分平均为 4 星的用户可能现在给出的平均评分为 3 星。这可能是由于用户评分标准的自然变化，也可能是用户对某件物品的评分跟最近他对其他物品的评分有关联，也可能是一个家庭里面的评分人会改变，也就是说并不都是由同一个人来评分的。因此，在我们的模型中，把用户偏置 b_u 也看作时间的函数。对于一个时间敏感的基准预测来说，在 t_{ui} 天，用户 u 对物品 i 的评分可用下面的公式来计算：

$$b_{ui} = \mu + b_u(t_{ui}) + b_i(t_{ui}) \tag{3.5}$$

其中 $b_u(\cdot)$ 和 $b_i(\cdot)$ 是随时间变化的实数函数，构造这些函数的确切方法是提出一种能反映参数化时间特性的方法。在电影评分数据集中，构造这些函数的选择向大家说明了一些典型的注意事项。

周期性变化的时间效应和相对瞬息万变的时间效应是有很大区别的。在电影评分案例中，我们不希望用户对电影的偏好程度每天都上下波动，而是在较长的一段时间后才发生变化。另一方面，我们注意到用户的影响每天都会变，这也反映了消费者行为不是持续不变的这一本质特性。对用户偏置的建模需要一个较细的时间粒度，而对与物品相关的偏置建模选择一个相对较粗的时间粒度就可以了。

首先确定如何选择随时间变化的物品偏置 $b_i(t)$。我们发现完全可以把物品偏置分割为不同的时间段来计算，而每一个时间段都用一个常数表示物品偏置。把时间轴划分为不同的时间段时，既希望时间粒度较细（时间段较短），又需要每个时间段包含足够的评分记录（时间段较长），这就需要权衡一下。对于电影评分数据来说，在相同准确度条件下，可选择的时间段大小的范围非常宽泛。在我们的具体实现中，每一个时间段对应着大约连续 10 周的评分数据，需要 30 个时间段来划分数据集中的所有天数。天数 t 关联一个整数 $\mathrm{Bin}(t)$（在我们的数据集中，取值为 $1 \sim 30$），于是电影偏置就被分为一个固定部分和一个随时间变化的部分。

$$b_i(t) = b_i + b_{i,\mathrm{Bin}(t)} \tag{3.6}$$

尽管把参数分时间段取值在物品偏置上做得很好，但是很难推广到用户偏置的计算上。一方面，我们希望对用户采用精细的时间粒度，用以发现非常短时间的时间效应。另一方面，我们又不能期望每个用户都会有足够的评分数据，用以对独立的时间段做出可靠的估计。不同的函数形式可以用于参数化时序的用户行为，并伴随着不同的复杂度和准确性。

一个简单的建模选择是使用线性函数来模拟用户偏置可能的渐变过程。对每个用户 u，我们定义该用户评分日期的均值为 t_u。现在，若用户 u 在 t 天的时候评价了一部电影，则与该评分相关的时间偏置定义为：

$$\mathrm{dev}_u(t) = \mathrm{sign}(t - t_u) \cdot |t - t_u|^\beta$$

其中 $|t - t_u|$ 是日期 t 与 t_u 间隔的天数。通过交叉验证来设置 β 的值，这里 $\beta = 0.4$。我们为每

个用户引入一个单独的新参数 α_u，这样便得到了第一个与时间相关的用户偏置：

$$b_u^{(1)}(t) = b_u + \alpha_u \cdot \mathrm{dev}_u(t) \tag{3.7}$$

这个用来近似随时间变化的用户行为的简单线性模型需要为每一个用户 u 学习两个参数：b_u 和 α_u。

我们也可以采用曲线来进行更灵活的参数化。假设用户 u 有 n_u 条评分记录。我们指定 k_u 个时间点 $\{t_1^u, \cdots, t_{k_u}^u\}$，这些时间点对用户评分记录日期进行了均匀的划分，并且作为核控制着下面的函数：

$$b_u^{(2)}(t) = b_u + \frac{\sum_{l=1}^{k_u} e^{-\sigma|t-t_l^u|} b_{t_l}^u}{\sum_{l=1}^{k_u} e^{-\sigma|t-t_l^u|}} \tag{3.8}$$

参数 $b_{t_l}^u$ 与控制点（也叫核）相关，它们从数据中自动学习得到。这样用户偏置就由这些参数的时间加权组合组成。控制点的个数 k_u 用于调节算法灵活性和计算效率。在这里我们设 $k_u = n_u^{0.25}$，使其随着可用的评分记录增加而增加。常量 σ 决定了曲线的平滑度，通过交叉验证将其值设为 $\sigma = 0.3$。

目前为止，我们讨论了用于用户偏置建模且与观念渐变非常契合的平滑函数。然而，在很多应用中，有很多在某一天或某段时间会发生瞬间变化的突变情形。例如，在电影评分数据集中，我们发现在某一天某个用户给出的众多评分值往往集中在一个单一的值。这样的结果跨度只在某一天之内。这个结果或许反映了用户当天的心情，或许是受到每个其他用户评分的影响，或许是用户评分标准的真实变化。为了处理这样短时间内存在的影响，我们给每个用户每天指定一个参数用以反映特定天的变化。这个参数记为 $b_{u,t}$。注意在一些应用中，真正采用的基本时间单位可以比一天短或比一天长。

在 Netflix 电影评分数据中，一个用户平均在 40 个不同的日子对电影评分。因此，获得参数 $b_{u,t}$ 时，平均需要 40 个参数来描述每个用户偏置。由于 $b_{u,t}$ 缺失了所有跨度超过一天的信息，所以我们认为将 $b_{u,t}$ 作为单独的一个变量并不能充分地处理用户偏置。因此，把它作为前面描述过的模式中的一个附加部分。于是，时间线性模型（3.7）变成（3.9）：

$$b_u^{(3)}(t) = b_u + \alpha_u \cdot \mathrm{dev}_u(t) + b_{u,t} \tag{3.9}$$

相似地，基于曲线的模型（3.8）变成下面的模型：

$$b_u^{(4)}(t) = b_u + \frac{\sum_{l=1}^{k_u} e^{-\sigma|t-t_l^u|} b_{t_l}^u}{\sum_{l=1}^{k_u} e^{-\sigma|t-t_l^u|}} + b_{u,t} \tag{3.10}$$

仅靠基准预测并不能产生个性化推荐，因为它忽略了用户和物品之间的所有交互。在某种意义上来说，它只是抓住了与建立推荐不是很相关的那部分数据。然而，为了比较与时间相关的、不同类别的用户偏置的优缺点，我们在单个预测器上比较它们的准确度。为了学习模型中涉及的参数，用随机梯度下降算法来最小化相关的正则化平方误差。例如，在真实的实现中，采用规则（3.9）对随时间变化的用户偏置建模，这样得到下面的基准预测器：

$$b_{ui} = \mu + b_u + \alpha_u \cdot \mathrm{dev}_u(t_{ui}) + b_{u,t_{ui}} + b_i + b_{i,\mathrm{Bin}(t_u)} \tag{3.11}$$

为了学习涉及的参数 b_u、α_u、$b_{u,t}$、b_i 和 $b_{u,\mathrm{Bin}(t)}$，我们等价于解决下面的最小化问题：

$$\min \sum_{(u,i)\in\mathcal{K}} (r_{ui} - \mu - b_u - \alpha_u \mathrm{dev}_u(t_{ui}) - b_{u,t_{ui}} - b_i - b_{i,\mathrm{Bin}(t_{ui})})^2$$
$$+ \lambda_7(b_u^2 + \alpha_u^2 + b_{u,t_{ui}}^2 + b_i^2 + b_{i,\mathrm{Bin}(t_{ui})}^2)$$

这里，第一项试图构造与已知评分拟合得最好的参数。正则化项 $\lambda_7(b_u^2+\cdots)$ 通过对参数的大小进行惩罚来避免过拟合现象，这些参数的初始值设为 0。学习过程是通过随机梯度下降算法在 20~30 次迭代之后完成的，其中 $\lambda_7=0.01$。

表 3-1 比较了之前提出的几种基准预测器解读数据中的信息的能力。与往常一样，捕获到的信息是由根均方差(RMSE)来度量的。在此提醒一下，由于测试案例在时间上比训练样例出现得晚，所以预测经常涉及关于时间的外推法。我们可以这样表示这些基准预测器：

- 静态模型，不考虑时间效应：
$$b_{ui}=\mu+b_u+b_i$$

- mov 模型，只考虑与电影相关的时间效应：
$$b_{ui}=\mu+b_u+b_i+b_{i,\mathrm{Bin}(t_{ui})}$$

- 线性模型，考虑用户偏置的线性模型：
$$b_{ui}=\mu+b_u+\alpha_u\cdot\mathrm{dev}_u(t_{ui})+b_i+b_{i,\mathrm{Bin}(t_{ui})}$$

- 样条曲线模型，考虑用户偏置的样条曲线模型：
$$b_{ui}=\mu+b_u+\frac{\sum_{l=1}^{k_u}e^{-\sigma\left|t_{ui}-t_l^u\right|}b_{t_l}^u}{\sum_{l=1}^{k_u}e^{-\sigma\left|t_{ui}-t_l^u\right|}}+b_i+b_{i,\mathrm{Bin}(t_{ui})}$$

- 线性 + 模型，考虑用户偏置和单天效应的线性模型：
$$b_{ui}=\mu+b_u+\alpha_u\cdot\mathrm{dev}_u(t_{ui})+b_{u,t_{ui}}+b_i+b_{i,\mathrm{Bin}(t_{ui})}$$

- 样条曲线 + 模型，考虑用户偏置和单天效应的样条曲线模型：
$$b_{ui}=\mu+b_u+\frac{\sum_{l=1}^{k_u}e^{-\sigma\left|t_{ui}-d_l\right|}b_{t_l}^u}{\sum_{l=1}^{k_u}e^{-\sigma\left|t_{ui}-t_l^u\right|}}+b_{u,t_{ui}}+b_i+b_{i,\mathrm{Bin}(t_{ui})}$$

表 3-1 电影和用户主要影响的基准预测器之间的比较。随着时序建模越来越准确，预测准确性也得到了提高(RMSE 变小)

模型	静态	mov	线性	样条曲线	线性 +	样条曲线 +
RMSE	0.979 9	0.977 1	0.973 1	0.971 4	0.960 5	0.960 3

表 3-1 显示，尽管考虑电影评分数据中电影的时间效应提高了预测准确度(把 RMSE 从 0.9799 降低到 0.9771)，但相比之下，用户偏置的变化影响更大。与线性模型相比，建模时使用样条曲线增加了额外的灵活性，因此提高了预测准确度。然而，由每天参数捕获的用户偏置的突变才是最重要的。事实上，当考虑这些突变时，线性模型(linear +)和样条曲线模型(spline +)的区别几乎消失了。

除了捕捉目前描述的时间效应，我们可以通过相同的方法捕获更多的其他效应。一个主要的案例是捕获季节效应。例如，一些产品或许在特定季节或者临近某些假期时才会流行。相似地，电视或者电台节目在一天的不同时间段内(也就是"分时段")才会流行。季节效应也可以在用户端出现。例如，用户或许在周六日和工作日有不同的心态或者购买模式。对这样的效应进行建模的一种方式是用一个参数把时间周期和用户或物品结合起来。这样的话，式(3.6)所示的物品偏置如下所示：
$$b_i(t)=b_i+b_{i,\mathrm{Bin}(t)}+b_{i,\mathrm{period}(t)}$$
例如，如果我们试图捕获物品偏置在一年中不同季节内的变化，则 $\mathrm{period}(t)\in\{$秋天，冬天，春天，夏天 $\}$。相似地，我们或许可以通过把式(3.9)修改为下面的公式对周期性的用户影响建模：

$$b_u(t) = b_u + \alpha_u \cdot \mathrm{dev}_u(t) + b_{u,t} + b_{u,\mathrm{period}(t)}$$

到目前为止，我们尚未发现季节效应在电影评分数据集中有重要的预测能力，因此报告的结果并没有包含这些季节效应。

另一种基准预测器范围内的时间效应是与用户评分标准的变化相关的。尽管 $b_i(t)$ 是一个与用户无关的、在时刻 t 关于物品 i 价值的度量，用户却倾向于对这样的一个度量做出不同的回应。例如，不同的用户有不同的评分标准，并且同一个用户的评分标准也会随着时间改变。于是，电影偏置的原始数值就不是完全与用户无关。为解决这个问题，我们为基准预测器增加一个与时间相关的扩展特征，记为：$c_u(t)$。因此，基准预测器(3.11)变成如下所示：

$$b_{ui} = \mu + b_u + \alpha_u \cdot \mathrm{dev}_u(t_{ui}) + b_{u,t_{ui}} + (b_i + b_{i,\mathrm{Bin}(t_{ui})}) \cdot c_u(t_{ui}) \qquad (3.12)$$

上面讨论的用于实现 $b_u(t)$ 的方法都可以用来实现 $c_u(t)$。我们设定一个随天数变化的单独参数，得到：$c_u(t) = c_u + c_{u,t}$。按照惯例，c_u 是 $c_u(t)$ 的稳定部分，而 $c_{u,t}$ 代表了特定天的变化。把 $c_u(t)$ 当作一个乘法因子增加到基准预测器，可以把 RMSE 降低到 0.9555。有趣的是，只捕获主要影响而完全忽略用户－物品交互作用的基本模型，与商业化 Netflix 的 Cinematch 推荐系统一样，都可以用来解释大部分的数据变化。在相同的测试集上，Netflix 的 Cinematch 推荐系统报告的 RMSE 为 0.9514[5]。

3.3.3.2 随时间变化的因子模型

在上节中，我们讨论了时间因子对基准预测器的影响。然而，正如之前提到的那样，时间效应不仅对基准预测器有影响，它们也影响了用户的偏好，从而影响了用户和物品之间的交互作用。用户的偏好随着时间变化。例如，"心理惊悚片"类型的电影迷或许一年后会变成"罪案片"的电影迷。相似地，人们会改变他们对特定导演和演员的看法。这种演进通过把用户因子(向量 p_u)作为时间的函数来建模。再一次，我们需要在面临用户评分的内置稀疏性的困境下，以每天这样的精细时间粒度对这些变化建模。事实上，这些时间效应是最难捕获到的，因为用户偏好并不像主要影响(用户偏置)那样明显，而是被分割成了许多因素。

与处理用户偏置的方式相同，我们对用户偏好的每一个组成部分进行建模，即 $p_u(t)^T = (p_{u1}(t), \cdots, p_{uf}(t))$。在电影评分数据集中，我们发现用式(3.9)来建模是很有效的，如下所示：

$$p_{uk}(t) = p_{uk} + \alpha_{uk} \cdot \mathrm{dev}_u(t) + p_{uk,t} \quad k = 1, \cdots, f \qquad (3.13)$$

这里 p_{uk} 代表因子的不变部分，$\alpha_{uk} \cdot \mathrm{dev}_u(t)$ 是对可能随时间线性变化的那部分的近似，$p_{uk,t}$ 代表了局部的特定天的变化。

这时，我们可以把所有的碎片拼凑起来，并通过整合这些随时间变化的参数来扩展 SVD++ 因子模型。得到的扩展模型记为 timeSVD++，且预测规则如下所示：

$$\hat{r}_{ui} = \mu + b_{i(t_{ui})} + b_{u(t_{ui})} + q_i^T \left(p_{u(t_{ui})} + |\mathrm{R}(u)|^{-\frac{1}{2}} \sum_{j \in \mathrm{R}(u)} y_j \right) \qquad (3.14)$$

式(3.6)、式(3.9)和式(3.13)中给出了随时间变化的参数 $b_i(t)$、$b_u(t)$ 和 $p_u(t)$ 的准确的定义。学习过程通过使用随机梯度下降算法来最小化数据集上相关的平方误差函数来完成。整个过程与原始的 SVD++ 算法类似。每一次迭代的时间复杂度仍然与输入大小呈线性关系，而运行时间大概是 SVD++ 算法的两倍，原因是更新时序参数需要额外的花费。重要的是，收敛速度并没有受时序参数化的影响，大概经历 30 次迭代后该算法就会收敛。

3.3.4 比较

表 3-2 比较了三种算法的性能。首先是 SVD 方法，最原始的矩阵分解算法。其次是 SVD++

方法，该方法在 SVD 的基础上整合了一种隐式反馈，因此提高了预测准确度。最后是 timeSVD + + ，该模型考虑了时间效应。这三种方法在一系列分解维度(f)进行了比较。三种方法的预测准确度都随着因子维度数目的增加而提高，原因是因子维度个数越高，它们表达电影—用户的复杂交互的能力就越强。注意 SVD + + 模型中参数的数量跟 SVD 是相当的。这是因为 SVD + + 模型只是加入了物品方面的影响，而我们数据集的复杂度是由更大的用户集来决定的。另一方面，timeS-VD + + 模型需要更多的参数，因为它精确表示了每一个用户因子。在 SVD + + 模型中，增加隐式反馈也可以提高在电影评分数据集上的预测准确度。但是，与 SVD + + 模型相比，timeSVD + + 模型带来的预测准确度的提高一直都很明显。我们尚未发现文献中哪个单独的算法能够有如此高的准确度。捕获时间效应的重要性进一步体现在这样的一个事实：因子维度为 10 的 timeSVD + + 模型已经比因子维度为 200 的 SVD 模型性能更好。相似地，因子维度为 20 的timeSVD + + 模型已经比因子维度为 200 的 SVD + + 模型性能好。

表3-2 三种因子模型的比较：预测准确性是在不同因子维度(f)下由 RMSE 度量的（RMSE 越小越好）。对于所有模型，准确度随因子维度数量的增加而提高。SVD + + 模型在 SVD 模型的基础上整合了隐式反馈，因此提高了准确度。timeSVD + + 在 SVD + + 的基础上增加了数据中时间效应的影响，因此进一步提高了准确度

模型	$f = 10$	$f = 20$	$f = 50$	$f = 100$	$f = 200$
SVD	0.914 0	0.907 4	0.904 6	0.902 5	0.900 9
SVD + +	0.913 1	0.903 2	0.895 2	0.892 4	0.891 1
timeSVD + +	0.897 1	0.889 1	0.882 4	0.880 5	0.879 9

预测未来

我们的模型包含了特定天的参数。一个明显的问题就是怎样使用这些模型来预测未来的评分，即对我们还不能训练特定天的参数的这些日期进行评分。一个简单的答案是对于这些未来（未训练）的日期，特定日期的参数应该取默认值。也就是对于式(3.12)，$c_u(t_{ui})$ 设为 c_u，$b_{u,t_{ui}}$ 设为 0。然而，有人会问，如果我们不能使用这些特定天的参数来预测未来，那它们又有什么用呢？毕竟，预测只有关乎未来才是有用的。为了使这个问题更加清晰，我们需要提到这样的一个事实：在 Netflix 数据集中包括了很多用户在某些日期只有一条评分记录的评分数据，因此，特定日期的参数不能使用。

为了回答这个问题，需要注意我们的时序化建模并没有试图捕获未来的变化。我们的时序化建模试图做的是捕获瞬息万变的动态时序，这些动态时序对用户过去的反馈有很大的影响。当我们识别出这些时间效应时，应该对它们进行向下调整，以便能够对更加持久化的信号建模。这样的话，模型就可以更好地捕获数据的长期特征，而使用精心设计的参数来表示短期的波动。例如，如果一个用户某天给出了很多比平时评分更高的评分，模型会对这些评分给予一定的折扣，因为考虑到这可能是由于用户在特定天的好心情带来的，而这并不能反映该用户长期的行为。这样的话，特定天的参数就完成了一种数据清理工作，而这种数据清理提高了对未来日期的预测准确度。

3.3.5 小结

矩阵分解模型的基本形式描述了物品和用户两方面的特征，而这是通过由物品的评分模式推导出的向量因子实现的。物品和用户因子间的高度一致性才会导致一个物品被推荐给一个用户。这些方法的预测准确度要优于已经发表的其他协同过滤技术。同时，这些方法提供了一个内存有效的压缩模型，该模型训练起来相对容易。这些优点，加上基于梯度下降算法的矩阵分解模型(SVD)实现起来很容易，使得该方法成为 Netflix 有奖比赛中使用的方法之一。

　　这些技术在处理数据多个关键方面的能力使得它们在实际应用中更加方便。首先是整合多种形式的用户反馈的能力。我们可以观察用户其他相关的行为来更好地预测该用户的评分，比如用户的购买或者浏览历史记录。提出的 SVD + + 模型利用了多种形式的用户反馈来改进用户画像。

　　另一个重要方面是时间效应，这些时间效应反映了用户随时间变化的爱好。每一个用户和产品在其特征上都会潜在地经历一系列不同的变化。在随时间变化的数据中，仅仅靠旧实例的衰减不能充分地识别出公共的行为模式。我们采用的解决方法是在整个时期对时间效应建模，这样的话我们就可以智能地把瞬态因子和持续性的因子分离开来。包含时间效应的模型被证明在提高预测质量上比多种算法增强更有效。

3.4　基于邻域的模型

　　协同过滤领域最常见的方法是基于邻域的模型。第 2 章对该方法做了广义的讨论。其最原始形式是基于用户的，该形式是早期所有 CF 系统采用的共同方法，参见文献[13]来得到更好的分析。基于用户的方法是基于一群志趣相投的用户的评分记录来估计未知的评分。

　　随后，一种类似的基于物品的方法[18,25]流行起来。在这些方法中，我们使用同一个用户在相似物品上的评分来估计未知的评分。由于基于物品的方法具有更好的可扩展性，并提高了准确度，因此该方法在很多种场景中都适用[2,25,26]。除此之外，基于物品的方法能更好地解释预测背后的原因。这是因为用户对他们之前喜爱过的物品比较熟悉，但是他们却不认识这些所谓的志趣相投的人。我们主要关注基于物品的方法，但是同样的技术可以在基于用户的方法中直接使用，可以参考 3.5.2.2 节。

　　一般来说，隐语义模型在描述数据的各种方面具有很强的表达能力，因此它们的预测结果比基于邻域的模型要好。然而，大多数文献和商业系统（例如 Amazon[18] 和 Tivo[1] 的推荐系统）都是以基于邻域的模型为基础的。基于邻域的模型之所以如此普遍，部分原因是它们相对简单。然而，现实生活中坚持采用这种模型有更重要的原因。首先基于邻域的模型提供了推荐背后原因的直观解释，这种解释不仅提高了准确性，同时增强了用户体验。其次，基于邻域的模型能够根据一个新进入系统的用户反馈立即提供推荐。

　　本节的结构如下。首先，我们描述了怎样估计两个物品之间的相似度，这是大多数基于邻域模型的基础。其次，我们转到广泛使用的基于相似度的邻域方法，该方法构成了相似度权重的一个直接应用。我们指出这种基于相似度的方法的一些特定限制。最后，在 3.4.3 节中，我们给出解决这些问题的建议方法，通过这种方法，我们可以以计算时间上微小的增加为代价来提高预测准确度。

3.4.1　相似度度量

　　相似性度量是基于物品的方法的核心。一般情况下，相似度的度量是基于 Pearson 相关系数 ρ_{ij}，该相关系数度量用户对物品 i 和物品 j 进行评分的相似性趋势。由于许多评分未知，一些物品或许只有几个公共的评分用户。经验相关系数 $\hat{\rho}_{ij}$ 仅仅是基于共同的用户支持。我们建议用基准预测器的残差来补偿特定用户和特定物品的偏差。因此，近似的相关系数如下所示：

$$\hat{\rho}_{ij} = \frac{\sum_{u \in U(i,j)} (r_{ui} - b_{ui})(r_{uj} - b_{uj})}{\sqrt{\sum_{u \in U(i,j)} (r_{ui} - b_{ui})^2 \cdot \sum_{u \in U(i,j)} (r_{uj} - b_{uj})^2}} \qquad (3.15)$$

集合 $U(i, j)$ 包含了同时对物品 i 和 j 评分的用户。

　　由于基于更大的用户支持的相关系数估计值更加可靠，因此我们可以使用一种近似的相似度度量，记为 s_{ij}，这是一个相关系数的收缩值，其形式如下：

$$s_{ij} \stackrel{\text{def}}{=\!=} \frac{n_{ij} - 1}{n_{ij} - 1 + \lambda_8} \rho_{ij} \tag{3.16}$$

变量 $n_{ij} = |U(i, j)|$ 记为同时对物品 i 和 j 评分的用户的数量。λ_8 的典型值可取 100。

这样收缩的原因是从贝叶斯角度出发的，参考 2.6 节中 Gelman 的文献[11]。假设真实的 ρ_{ij} 是服从正态分布的独立随机变量，即给定 τ^2：

$$\rho_{ij} \sim N(0, \tau^2)$$

如果 b_{ui} 考虑到用户和物品对各自均值的偏离，均值被调整为 0。同时，给定 σ_{ij}^2，假设：

$$\hat{\rho}_{ij} \,|\, \rho_{ij} \sim N(\rho_{ij}, \sigma_{ij}^2)$$

我们通过其后验均值来估计 ρ_{ij}：

$$E(\rho_{ij} \,|\, \hat{\rho}_{ij}) = \frac{\tau^2 \, \hat{\rho}_{ij}}{\tau^2 + \sigma_{ij}^2}$$

经验估计值 $\hat{\rho}_{ij}$ 在趋于 0 时缩小了一个比例 $\sigma_{ij}^2 / (\tau^2 + \sigma_{ij}^2)$。

式(3.16)通过等式 $\sigma_{ij}^2 = 1/(n_{ij} - 1)$ 来逼近相关系数的方差，此时 ρ_{ij} 的值接近于 0。

注意文献[25，26]提出了相似度度量的其他方法。

3.4.2 基于相似度的插值

这里我们描述基于邻域建模的最流行方法，显然该方法一般也适用于 CF。我们的目标是预测 r_{ui}——尚未观察到的用户 u 对物品 i 的评分。使用这种相似度度量，可以识别用户 u 评价过的、与物品 i 最相似的 k 个物品。这 k 个近邻物品的集合记为 $S^k(i; u)$。r_{ui} 的预测值取用户对这些紧邻物品评分的加权平均，同时根据用户和物品在基准预测器的影响做调整，得到的预测规则如下：

$$\hat{r}_{ui} = b_{ui} + \frac{\sum\limits_{j \in S^k(i;u)} s_{ij}(r_{uj} - b_{uj})}{\sum\limits_{j \in S^k(i;u)} s_{ij}} \tag{3.17}$$

注意相似度的双重用途：一是识别出最近的近邻物品；二是作为式(3.17)中的插值权重。

有时，除了直接把相似度权重作为插值系数之外，我们也可以转换这些权重来得到更好的结果。例如，我们已经在一些数据集中发现取基于关联的相似度的平方值很有用。这样得到的规则如下：

$$\hat{r}_{ui} = b_{ui} + \frac{\sum\limits_{j \in S^k(i;u)} s_{ij}^2(r_{uj} - b_{uj})}{\sum\limits_{j \in S^k(i;u)} s_{ij}^2}$$

Toscher 等人在文献[29]中讨论了这些权重更复杂的转换形式。

基于相似度的方法之所以变得这么流行是因为它们很直观，并且实现起来相对简单。它们还具有下面两个很有用的特性：

1. 可解释性。解释自动推荐系统的重要性在文献[12，28]中得到广泛认可。用户希望系统给出预测的原因，而不是像"黑盒"一样仅仅展示推荐列表。解释不仅可以丰富用户体验，而且可以鼓励用户与系统交互，修正与主观印象违背的内容来提高长期的准确性。基于邻域的框架可以识别出用户过去的哪个行为对计算出来的预测影响最大。

2. 新评分。基于物品的邻域模型能够在用户输入新的评分后立即给出更新过的推荐结果。这包括一旦用户对系统提供反馈就立即处理新的用户，而不需要重新训练模型以及估计新的参数。这里假设物品之间的关系(s_{ij} 的值)是稳定的，并不是每天都变。注意对于新进入系统的物品，我们确实需要学习新的参数。有趣的是，用户和物品间的这种非对称性在常见的应用中配合得很好：系统需要对新进入系统的用户(或者老用户的新评分)立即做出推荐，因为这些用户期望有质量的服务。另一方面，物品进入系统后，等待特定时间再把它们推荐给用户也是合情合理的。

然而，基于邻域的标准模型也面临下面的问题：

1. 直接定义了插值权重的相似度函数(s_{ij})可以是任意的。不同的 CF 算法使用多少有点不同的相似度度量，用以量化用户相似度或者物品相似度这一难以捉摸的概念。假设一个特定的物品的评分可由其近邻物品的一个子集完美地预测出来。这种情形下，我们想让这个预测子集能得到所有的权重，但是这对于像使用 Pearson 相关系数这样的有界相似度得分是不可能的。

2. 之前基于邻域的方法没有考虑近邻物品之间的相互作用。物品 i 和其近邻物品 $j \in S^k(i; u)$ 的每一个相似度在计算时是完全独立于集合 $S^k(i; u)$ 的内容和其他相似度 s_{il} 的，其中 $l \in S^k(i; u) - \{j\}$。例如假设物品是电影，邻域集合包含了相互之间高度相关的三部电影(例如《指环王 1~3》系列)。在决定插值权重时，如果一个算法忽略了这三部电影的相似性，则最终或许会把该组物品提供信息实际计算三次。

3. 根据定义，插值权重的和为 1，这或许会导致过拟合。假设一个物品没有被某个特定用户评价过的有用的近邻，这种情况下，最好是忽略掉邻域信息，直接根据更具鲁棒性的基准预测器进行预测即可。然而，标准邻域公式使用了这些不提供有用信息的近邻物品评分的加权平均。

4. 如果近邻间物品的评分变化太大，那基于邻域的方法工作得不好。

这些问题中有些可以在一定程度上得到解决，而其他问题在基本框架内很难解决。例如第三项，我们可以使用下面的预测规则来降低权重和为 1 带来的影响：

$$\hat{r}_{ui} = b_{ui} + \frac{\sum\limits_{j \in S^k(i;u)} s_{ij}(r_{uj} - b_{uj})}{\lambda_9 + \sum\limits_{j \in S^k(i;u)} s_{ij}} \tag{3.18}$$

常量 λ_9 代表了当近邻信息很少时对基于邻域的部分的惩罚，例如当 $\sum\limits_{j \in S^k(i;u)} s_{ij} \ll \lambda_9$ 时。确实，我们已经发现，为 λ_9 设定一个合适的值能够在式(3.17)的基础上提高准确性。但这整个框架并没有被一种正式的模型所证明。因此，我们试图用一种更加基础的方法来得到更好的结果，下面讨论这种方法。

3.4.3 联合派生插值权重

在本节中，我们描述一种更加准确的邻域模型，该模型克服了上面讨论的所有困难，同时又保持了基于物品的模型的已知优点。与上面一样，每一个预测都使用相似度度量来定义近邻。然而，我们寻找最优插值时并没有考虑相似度度量的值。

给定一个近邻集合 $S^k(i; u)$，我们需要计算插值权重 $\{\theta_{ij}^u | j \in S^k(i; u)\}$，通过这些权重我们可以得到以下形式的最好预测规则：

$$\hat{r}_{ui} = b_{ui} + \sum\limits_{j \in S^k(i;u)} \theta_{ij}^u (r_{uj} - b_{uj}) \tag{3.19}$$

k(近邻的个数)的典型取值范围为 20~50，见参考文献[2]。在本节中，我们假设基准预测器已经被移除。因此，我们为残差引入一个符号，$z_{ui} \stackrel{\text{def}}{=} r_{ui} - b_{ui}$。为了方便表示，我们假设集合 $S^k(i; u)$ 中物品的索引为 1，$\cdots$，k。

我们寻找直接在预测规则(3.19)使用的插值权重的正式的计算方法。正如之前解释过的那样，推导所有插值权重时同时考虑近邻物品之间的相互依赖是很重要的。我们通过定义一个相应的最优化问题来达到这样的目的。

3.4.3.1　形式化模型

首先，我们考虑一种假设密集的情形，在这种情形里，除了 u 之外的所有用户都同时对物品 i 和它在集合 $S^k(i; u)$ 中的所有近邻物品进行了评分。这种情形下，我们可以通过对物品 i 和它的近邻物品之间的关联进行建模来学习这些插值权重，建模是通过解决下面的最小二乘法问题完成的：

$$\min_{\theta^u} \sum_{v \neq u} \left(z_{vi} - \sum_{j \in S^k(i; u)} \theta^u_{ij} z_{vj} \right)^2 \tag{3.20}$$

注意这里唯一的未知量是 θ^u_{ij}。该最小二乘法问题的最优解（3.20）是通过分化为求解一个线性方程组而得到的。从统计学的角度看，这等价于在 $z_{vi}(j)$ 上对 z_{vi} 进行无截距回归的结果。特别地，最优权重由下面的等式给出：

$$Aw = b \tag{3.21}$$

这里，$w \in \mathbb{R}^k$，是一个未知向量，其中 w_j 代表要寻找的系数 θ^u_{ij}。A 是一个 $k \times k$ 矩阵，其中：

$$A_{jl} = \sum_{v \neq u} z_{vj} z_{vl} \tag{3.22}$$

类似地，向量 $b \in \mathbb{R}^k$ 定义如下：

$$b_j = \sum_{v \neq u} z_{vj} z_{vi} \tag{3.23}$$

对于一个稀疏的评分矩阵，有可能同时对物品 i 和其邻域内的物品进行评分的用户很少。因此，仅仅基于有完整数据的用户去计算式（3.22）和式（3.23）的 A 和 b 是不明智的。即使有足够多的有完整数据的用户来保证矩阵 A 是非奇异的，那样的估计也会忽略同一个用户评分之间的成对关系的大部分信息。然而，通过在给定的成对关系的支持上求平均，我们仍然能够估计 A 和 b，但这取决于上面相似的常量。这样得到下面的改进公式：

$$\overline{A}_{jl} = \frac{\sum_{v \in U(j,l)} z_{vj} z_{vl}}{|U(j,l)|} \tag{3.24}$$

$$\overline{b}_j = \frac{\sum_{v \in U(i,j)} z_{vj} z_{vi}}{|U(i,j)|} \tag{3.25}$$

在此提醒一下，$U(j, l)$ 是同时对物品 j 和 l 评分的用户的集合。

这仍然不能够克服稀疏问题。$\overline{A}_{jl}$ 或 $\overline{b}_j$ 的元素可能会因为被用于计算平均值的用户组的排序而改变[⊖]。正如之前讨论的那样，基于相对低支持度（$|U(j, l)|$ 的值较小）的均值可以通过收缩到一个共同值来改进。特别地，我们计算一个基准值，该基准值是通过所有可能的 $\overline{A}_{jl}$ 的值的平均值来定义的。我们定义这个基准值为 avg，它的精确定义在下一节中描述。于是，我们定义相应的 $k \times k$ 矩阵 $\hat{A}$ 和向量 $\hat{b} \in \mathbb{R}^k$：

$$\hat{A}_{jl} = \frac{|U(j,l)| \cdot \hat{A}_{jl} + \beta \cdot avg}{|U(j,l)| + \beta} \tag{3.26}$$

$$\hat{b}_j = \frac{|U(j,l)| \cdot \hat{b}_j + \beta \cdot avg}{|U(j,j)| + \beta} \tag{3.27}$$

参数 β 控制了收缩的程度。一个典型的取值为 $\beta = 500$。

假设 A 和 b 的最佳估计值分别为 $\hat{A}$ 和 $\hat{b}$。因此，我们修改式（3.21）以便将插值权重定义为以下线性方程组的解：

⊖　根据前面所述的 top k 可知。——译者注

$$\hat{A}w = \hat{b} \qquad (3.28)$$

得到的插值权重在式(3.19)中使用以预测 r_{ui}。

这个方法解决了 3.4.2 节提出的四个问题。第一，插值权重直接从评分中推导得到，而不是基于任何相似度度量。第二，插值权重公式显式地考虑了近邻之间的联系。第三，权重的和并没有被约束为 1。如果一个用户(或物品)的近邻信息很少，则估计权重会很小。第四，该方法随着物品的均值或方差的变化自动地调整。

3.4.3.2　计算时的问题

基于物品的邻域方法的有效计算需要提前计算与每个物品 – 物品对相关的特定值，这样的话可以达到快速检索的目的。首先，我们需要通过 3.4.1 节解释的那样提前计算所有的 s_{ij} 值，从而快速访问到所有的基于物品的相似度。

其次，我们提前计算 $\hat{A}$ 和 $\hat{b}$ 的所有项。为了达到这个目的，对于每两个物品 i 和 j，我们计算：

$$\overline{A}_{ij} = \frac{\sum_{v \in U(i,j)} z_{vi} z_{vj}}{|U(i,j)|}$$

然后，前面提到的式(3.26)和式(3.27)中的基准值 avg，取值为提前计算的 $n \times n$ 矩阵 $\hat{A}$ 的所有项的平均值。事实上，我们推荐使用两种不同的基准值：一种是取矩阵 $\hat{A}$ 的非对角项的平均值，另一种是取矩阵 $\hat{A}$ 相对较大的对角项的平均值，这些对角值的均值之所以较大是因为它们只对非负项求和。最后，使用 avg 的近似值，我们从式(3.26)所示的矩阵 $\hat{A}$ 推导出一个完全 $n \times n$ 矩阵 $\hat{A}$。这里，当推导 $\hat{A}$ 的非对角项时，我们使用非对角项的均值，而推导 $\hat{A}$ 的对角项时，我们使用对角项的均值。

由于对称性，我们只存储满足 $i \geqslant j$ 的 s_{ij} 和 $\hat{A}_{ij}$ 就足够了。经验表明，为每一个单独的值申请一个字节就已经足够。因此，n 个物品所需要的总空间大小为 $n(n+1)$ 个字节。

提前计算矩阵 $\hat{A}$ 的所有可能项节省了构建 $\hat{A}$ 不确定项所需要的冗长时间。快速检索 $\hat{A}$ 中的相关项后，我们可以通过解式(3.28)所示的 $k \times k$ 方程组系统得到插值权重。然而，通过二次规划[2]把 w 限制为非负值时，预测准确度可以得到适度提高。解这个方程组是在 3.4.2 节描述的基于邻域的基本方法基础上增加的额外花费。对于 k 的典型值(20 ~ 50)，额外的时间花费与计算 k 个最近的近邻所需要的时间相当。因此，尽管与之前的方法相比，该方法依赖于对插值权重进行更加详细的计算，但是并没有显著增加运行时间，参见文献[2]。

3.4.4　小结

基于邻域的插值的协同过滤算法或许是创建一个推荐系统最流行的方式。三个主要的组成部分描述了这个基于邻域的算法的特征：1)数据规范化；2)近邻的选择；3)插值权重的决定。

规范化对于一般意义上的协同过滤算法至关重要，尤其是对于相对局部性的基于邻域的方法。否则的话，即使再复杂的方法也注定会失败，因为它们混合了不兼容的评分，而这些评分是与不同规范化的用户或者物品相关的。我们基于基准预测器描述一种合适的方法来进行数据规范化。

邻域的选择是另一个重要的组件。它与采用的相似度度量直接相关。这里，我们强调收缩不可靠相似度的重要性，目的是避免发现有低评分支持度的近邻。

最后，邻域方法的成功依赖于插值权重的选择，这些插值权重用来从已知评分的物品的近邻物品中估计未知的评分。然而，大多数已知的方法缺少权重推导的严谨方法。我们证明了怎样把这些权重转化为最优化问题的全局解来求得，这个最优化问题恰恰反映了它们的角色。

3.5　增强的基于邻域的模型

大多数基于邻域的模型在本质上是局部性的，因为它们只关注相关评分记录的一个小的子集。这与矩阵分解技术是相反的，矩阵分解技术尽量从全局的角度来描述物品和用户的特征。看起来使用这种全局的观点可以提高准确性，这正是提出本节中的方法的动机。我们提出一个新的基于邻域的模型，该模型借鉴了传统基于邻域的方法和矩阵分解模型等两方面的原理。与其他基于邻域的模型一样，该模型的基础也是基于物品的关系（作为另一种选择，或者是基于用户的关系），这些关系为系统提供了一些之前讨论过的实际优势。同时，与矩阵分解技术相似，该模型是以一个全局优化框架为中心，通过考虑数据中存在的许多弱信号来提高准确度。

在 3.5.1 节中描述的主要方法允许我们用隐式反馈数据来丰富这个模型。除此之外，这个主要方法提供了两种新的可能性。首先是 3.5.2 节讨论的因子分解邻域模型，在计算效率上带来了很大的改进。其次是对时间效应的处理，正如在 3.5.3 节所描述的那样，这样做提高了预测准确度。

3.5.1　全局化的邻域模型

在本节中，我们引入基于全局最优化的邻域模型。该模型提供了前面 3.4.3 节中描述的模型优点，进而获得更高的预测准确度。除此之外，该模型还具有额外的优点，概括如下：

1. 不依赖于任意的或者启发式的基于物品的相似度。这个新模型表现的是一个全局最优化问题的解。

2. 固有的防止过拟合和"风险控制"的能力：该模型变成了具有鲁棒性的基准预测器，除非用户输入了足够多的相关评分。

3. 该模型可以捕获包含在某个用户所有评分记录中弱信号的总量，而不需要只关注最相似物品的几条评分记录。

4. 该模型天生允许整合不同形式的用户输入，比如显式反馈和隐式反馈。

5. 高度可扩展性允许以线性时间和空间复杂度实现该模型（见 3.5.2 节），因此使得基于物品的和基于用户的两种实现在大规模数据集上有很好的可扩展性。

6. 数据随时间漂移的特点能够整合进该模型中，进而提高模型的预测准确性，参见 3.5.3 节。

3.5.1.1　建立模型

我们通过不断修正公式来逐步构建模型的各个组成部分。之前的模型是以特定用户的插值权重为中心的，也就是式（3.19）中的 θ_{ij}^u 或者式（3.17）中的 $s_{ij} \Big/ \sum_{j \in S^k(i;u)} s_{ij}$，即在一个用户特定的邻域 $S^k(i;u)$ 中与物品 i 相关的物品集。为了方便实现全局最优化，我们放弃使用这样特定用户的权重，而是使用与特定用户无关的基于物品的权重。物品 j 到物品 i 的权重定义为 w_{ij}，该权重从数据中通过最优化学习得到。模型的初始框架通过下面的等式来描述评分 r_{ui}：

$$\hat{r}_{ui} = b_{ui} + \sum_{j \in R(u)} (r_{uj} - b_{uj}) w_{ij} \tag{3.29}$$

这个规则以原始但是稳健的基准预测器（b_{ui}）开始。然后，估计值通过对用户 u 的所有评分求和来调整。

我们现在考虑插值权重。通常基于邻域的模型中的权重代表插值系数，这些系数把未知的评分和已知的评分联系起来。这里，我们采用一个不同的观点，该观点允许使用更灵活的权重。我们不再把权重当作插值系数。相反，我们把权重当作调整或者补偿的一部分，并把它们添加到基准预测器中。这样的话，权重 w_{ij} 代表基于观察到的 r_{uj} 值来提高 r_{ui} 的预测值的程度。对于两个相关的物品 i 和 j，我们希望 w_{ij} 的值较大。因此，任何时候如果一个用户对物品 j 的评分超过预期值（$r_{uj} - b_{uj}$ 很高），我们将通过把（$r_{uj} - b_{uj}$）w_{ij} 增加到基准预测来增加用户对物品 i 的估计值。相似地，通过用户 u 正好按照期望（$r_{uj} - b_{uj}$ 接近于 0）评分的物品 j，或者通过对物品 i

没有预测价值(w_{ij}接近于 0)的物品 j，使估计值不会与基准值偏离太多。

这种观点提出了对式(3.29)的几种增强。首先，我们可以采用二元的用户输入形式，这种形式对矩阵分解模型很有益。也就是说，我们分析哪些物品被评分，而不关注具体的评分值。为此，我们增加另一组权重，重写(3.29)式如下所示：

$$\hat{r}_{ui} = b_{ui} + \sum_{j \in \mathrm{R}(u)} \left[(r_{uj} - b_{uj}) w_{ij} + c_{ij} \right] \tag{3.30}$$

相似地，这里可以使用另一组隐式反馈 $\mathrm{N}(u)$ (例如，用户租借或购买的物品的集合)，得到下面的预测规则：

$$\hat{r}_{ui} = b_{ui} + \sum_{j \in \mathrm{R}(u)} (r_{uj} - b_{uj}) w_{ij} + \sum_{j \in \mathrm{N}(u)} c_{ij} \tag{3.31}$$

与 w_{ij} 很相似，c_{ij} 也是添加到基准预测器的补偿量。对于两个物品 i 和 j，用户 u 对物品 j 的隐式偏好使我们用 c_{ij} 来调整对 r_{ui} 的估计值。当由物品 i 可以预测物品 j 时，c_{ij} 应该很大。

使用全局权重，而不是特定用户的插值系数，我们是为了强调缺失值的影响。也就是说，一个用户的观点不仅体现在他评分的物品上，而且还体现在他没有评分的物品上。例如，假设一个电影评分数据集显示，对《怪物史莱克 3》评分高的用户也会对《怪物史莱克 1~2》评分较高。这将会建立从《怪物史莱克 1~2》到《怪物史莱克 3》的高的权重。现在，如果一个用户根本就没对《怪物史莱克 1~2》评分，那他对《怪物史莱克 3》的评分将会被惩罚，因为一些必需的权重没能增加到总和中。

对于之前的模型(3.17)和(3.19)，由于它们从集合 $\{ r_{uj} - b_{uj} \mid j \in \mathrm{S}^k(i; u) \}$ 中取值 $r_{ui} - b_{ui}$ 来进行插值，因此保持 b_{ui} 值和 b_{uj} 值的兼容性就很有必要了。然而，这里不使用插值，因此可以把 b_{ui} 和 b_{uj} 的定义解耦。相应地，一个更加一般化的预测规则是：

$$\hat{r}_{ui} = \widetilde{b}_{ui} + \sum_{j \in \mathrm{R}(u)} (r_{uj} - b_{uj}) w_{ij} + c_{ij}$$

常量 $\widetilde{b}_{ui}$ 代表了其他方法对 r_{ui} 进行的预测，比如隐语义模型。这里，我们建议使用下面的预测规则，该规则工作得很好：

$$\hat{r}_{ui} = \mu + b_u + b_i + \sum_{j \in \mathrm{R}(u)} \left[(r_{uj} - b_{uj}) w_{ij} + c_{ij} \right] \tag{3.32}$$

重要的是，b_{uj} 是常量，其推导过程如 3.2.1 节中解释的那样。然而，b_u 和 b_i 变成了像 w_{ij} 和 c_{ij} 那样来优化的参数。

我们已经发现规范化模型中的和是很有益的，于是得到下面的形式：

$$\hat{r}_{ui} = \mu + b_u + b_i + \mid \mathrm{R}(u) \mid^{-\alpha} \sum_{j \in \mathrm{R}(u)} \left[(r_{uj} - b_{uj}) w_{ij} + c_{ij} \right] \tag{3.33}$$

常量 α 控制着规范化的程度。一种非规范化的规则($\alpha = 0$)会使提供很多评分记录($\mid \mathrm{R}(u) \mid$ 很高)的用户的预测值跟基准预测有较大的偏置。另一方面，一个完全规范化的规则消除了评分记录的个数在预测值与基准预测的偏置方面的影响。在许多情况下，对于评分记录很多的用户，让他们的预测值与基准预测的偏置较大对于推荐系统来说是一个很好的做法。这种情形下，我们对于那些与模型吻合得很好且提供了很多输入的用户进行预测时，就会有更大的风险。对于这样的用户，我们宁愿给出诡异且不常见的推荐。同时，我们不太确定怎样对那些只提供很少输入的用户建模，这种情形下，我们将会使用接近基准值的保险估计值。我们在 Netflix 数据集上的经验表明，当 $\alpha = 0.5$ 时，模型取得最好的结果，也就是下面的预测规则：

$$\hat{r}_{ui} = \mu + b_u + b_i + \mid \mathrm{R}(u) \mid^{-\frac{1}{2}} \sum_{j \in \mathrm{R}(u)} \left[(r_{uj} - b_{uj}) w_{ij} + c_{ij} \right] \tag{3.34}$$

作为一种可选的改进，我们可以通过减掉那些与不太可能的基于物品的关联相对应的参数来降低模型的复杂度。我们把 $\mathrm{S}^k(i)$ 定义为与和物品 i 最相似的 k 个物品的集合，该集合是由

比如相似度度量 s_{ij} 或者与物品集相关联的自然层次决定的。除此之外，我们定义 $R^k(i;u) \stackrel{\text{def}}{=} R(u) \cap S^k(i)$。$^{\ominus}$ 现在，当根据式(3.34)来预测 r_{ui} 时，我们期望影响最大的权重能够与和物品 i 相似的物品关联起来。因此，我们用下面的预测规则来替代式(3.34)：

$$\hat{r}_{ui} = \mu + b_u + b_i + |R^k(i;u)|^{-\frac{1}{2}} \sum_{j \in R^k(i;u)} [(r_{uj} - b_{uj})w_{ij} + c_{ij}] \tag{3.35}$$

当 $k = \infty$ 时，规则(3.34)与(3.35)是一致的。然而，对于 k 的其他值，模型(3.35)提供了显著减少涉及的变量数目的可能性。

3.5.1.2　参数估计

预测规则(3.35)允许我们快速地在线预测。在需要进行参数估计的预处理阶段，我们需要更多的计算工作。这个新的基于邻域的模型的一个主要设计目标是使高效的全局最优化过程成为可能，而这正是之前基于邻域的模型所缺少的。因此，模型的参数是通过解决与规则(3.35)相关的正则化最小二乘法问题学习得到的：

$$\min_{b_*,w_*,c_*} \sum_{(u,i) \in \mathcal{K}} \left(r_{ui} - \mu - b_u - b_i - |R^k(i;u)|^{-\frac{1}{2}} \sum_{j \in R^k(i;u)} ((r_{uj} - b_{uj})w_{ij} + c_{ij}) \right)^2$$
$$+ \lambda_{10} \left(b_u^2 + b_i^2 + \sum_{j \in R^k(i;u)} w_{ij}^2 + c_{ij}^2 \right) \tag{3.36}$$

这个凸问题的最优解可以通过最小二乘解算器得到，最小二乘解算器是标准线性代数包的一部分。然而，我们发现通过下面的随机梯度下降算法可以更快地得到答案。我们定义准确性误差 e_{ui}，其中 $e_{ui} = r_{ui} - \hat{r}_{ui}$。我们对集合 $\mathcal{K}$ 中所有已知的评分记录做循环。对于一个给定的训练案例 r_{ui}，通过朝着与梯度相反的方向移动来修正参数，如下所示：

- $b_u \leftarrow b_u + \gamma \cdot (e_{ui} - \lambda_{10} \cdot b_u)$
- $b_i \leftarrow b_i + \gamma \cdot (e_{ui} - \lambda_{10} \cdot b_i)$
- $\forall j \in R^k(i;u)$:

$$w_{ij} \leftarrow w_{ij} + \gamma \cdot (|R^k(i;u)|^{-\frac{1}{2}} \cdot e_{ui} \cdot (r_{uj} - b_{uj}) - \lambda_{10} \cdot w_{ij})$$

$$c_{ij} \leftarrow c_{ij} + \gamma \cdot (|R^k(i;u)|^{-\frac{1}{2}} \cdot e_{ui} - \lambda_{10} \cdot c_{ij})$$

元参数 γ（步长）和 λ_{10} 由交叉验证决定。在 Netflix 数据中，我们使用 $\gamma = 0.005$，$\gamma = 0.002$，另一个重要参数是 k，该参数控制了邻域的大小。经验表明随着 k 的增大，我们在测试集上得到的结果的准确性也随之提高。因此，k 的选择反映了预测准确性和计算代价之间的一种权衡。在 3.5.2 节中，我们会介绍该模型的因子化版本，该版本允许我们在 $k = \infty$ 条件下工作，因此我们能得到最准确的结果，同时又减少了运行时间。

在训练数据上的循环次数的典型值是 15 ~ 20。至于说每次迭代的时间复杂度，我们分析 $k = \infty$ 的最准确情形，也就是使用预测规则(3.34)的情形。对于每一个用户 u 和物品 $i \in R(u)$，我们需要修改 $\{w_{ij}, c_{ij} | j \in R(u)\}$。因此训练阶段的总体时间复杂度为 $O\left(\sum_u |R(u)|^2 \right)$。

3.5.1.3　准确性比较

图 3-1 展示了 Netflix 数据中使用全局最优化邻域模型（以后记为 GlobalNgbr）得到的实验结果。我们在参数 k 取不同值的条件下研究了该模型。带正方形标记的实黑线显示准确性随 k 的增加单调增加，由于根均方差（RMSE）从 $k = 250$ 时的 0.9139 降低到 $k = \infty$ 的 0.9002。（注意

$\ominus$　标记说明：在其他邻域模型最好采用 $S^k(i;u)$，表示用户 u 评分的物品中，与 i 最相似的 k 个物品。因此不管那些物品与 i 有多相似，只要用户 u 至少评分了 k 个物品，我们总会有 $|S^k(i;u)| = k$。不过，$|R^k(i;u)|$ 通常都会比 k 小，因为有些和 i 最相似的物品没有被用户 u 评分。

Netflix 数据包含 17 770 部电影,$k = \infty$ 等价于 $k = 17\,769$。)我们使用隐式反馈来重复进行该实验,也就是说,从模型中去掉 c_{ij} 参数。带 X 标记的实黑曲线描述的结果显示:随着 k 增加,估计准确性会显著地下降。这验证了把隐式反馈整合到模型的价值。

为了对比,我们提供两种之前描述的基于邻域的模型的结果。第一个是基于相似度的邻域模型(在3.4.2节中有描述),该模型是文献中最流行的方法。我们把这种模型记为 CorNgbr。第二个是在3.4.3节中描述的一个更加准确的模型,我们记为 JointNgbr。对于这两种模型,我们试图选择最优的参数和邻域大小。模型 CorNgbr 的邻域大小取 20;模型 JointNgbr 的邻域大小取50。这两种模型的结果分别由点线和虚线描述。显然流行的 CorNgbr 方法的准确度比其他基于邻域的模型的准确度更低。相反,与 JointNgbr 方法相比,GlobalNgbr 方法的结果更加准确,只要 k 的值不小于 500。注意参数 k 的值(x 坐标轴)与之前的模型是不相关的,因为这些模型的邻域的概念不同使得邻域大小是不兼容的。然而,我们观察到尽管 GlobalNgbr 模型的性能随着更多近邻的加入而不断提高,但这对于另外两种模型并不适用。对于 CorNgbr 模型和 JointNgbr 模型,它们的性能在邻域的大小相对较小时取得最佳值,随后随着邻域的大小的增大而下降。这或许可以通过这样的一个事实来解释,即在 GlobalNgbr 模型中,参数是通过一个正式的优化过程直接从数据中学习得到的,在该优化过程中,参数越多,推荐结果越有效。

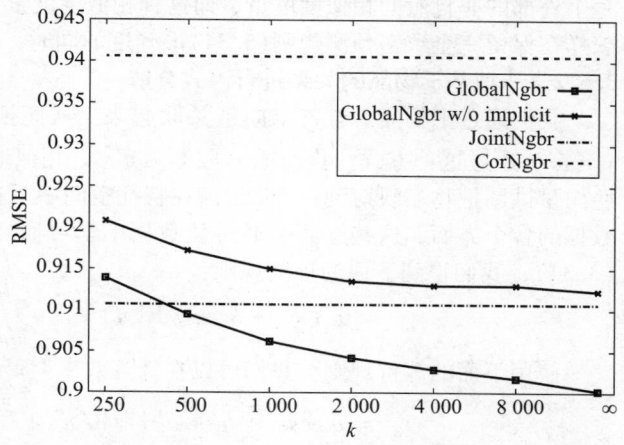

图 3-1 基于邻域的模型的比较。准确度由 Netflix 测试集上的 RMSE 来度量,因此 RMSE 越小,准确度越高。我们在考虑隐式反馈和不考虑隐式反馈两种条件下度量全局化的优化模型(GlobalNgbr)的准确度。RMSE 表现为变量 k 的函数,变量 k 代表邻域大小。另两种模型的准确度显示为两条平行线,我们为每一种模型选择一个最优的邻域大小

最后,我们考虑运行时间。尽管之前基于邻域的模型需要非常细微的预处理,但是 JointNgbr 模型[2] 需要为每一个预测解一个小方程组问题。当估计参数时,这个新模型确实涉及预处理。然而,在线预测可以通过规则(3.35)立即得到。预处理的时间随着 k 的增加而增大。图 3-2 显示了该模型在 Netflix 数据上迭代一次所需要的典型运行时间,该

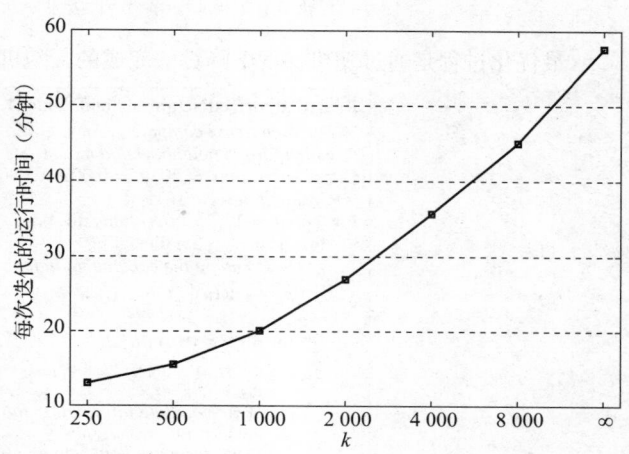

图 3-2 全局优化的邻域模型每次迭代的运行时间是参数 k 的函数

时间是在主频为 3.4GHz、CPU 为奔腾 4 的单处理器上测量得到的。

3.5.2 因式分解的邻域模型

在上节中,我们展示了一个更加准确的基于邻域的模型,该模型基于预测规则(3.34),并

且其训练复杂度为 $O\left(\sum_u |\mathrm{R}(u)|^2\right)$，空间复杂度为 $O(m+n^2)$（m 是用户的个数，n 是物品的个数）。我们可以通过剪掉不可能的基于物品的关联来简化该模型，进而改善时间和空间复杂度。简化程度是由参数 $k\leqslant n$ 控制的，模型的简化降低了运行时间，而且允许空间复杂度为 $O(m+nk)$。然而，随着 k 变小，模型的准确性也随之下降。除此之外，模型的简化需要依赖一个外部的非自然的相似度度量，而这种相似度度量正是我们想避免的。因此，我们将会展示怎样在保留完全致密预测规则(3.34)准确度的同时，还能显著降低时间和空间复杂度。

3.5.2.1 把基于物品的关系进行因式分解

我们通过把物品 i 与三个向量关联起来，从而把基于物品的关系包含到模型中：q_i，x_i，$y_i\in\mathbb{R}^f$。通过这种方式，我们把 w_{ij} 限制为 $q_i^T x_i$。相似地，我们强制 $c_{ij}=q_i^T y_j$。从根本上来讲，这些向量试图把物品映射到一个 f 维潜在特征空间中。在这个潜在特征空间中，这些向量衡量了数据的各个方面，这些方面是通过从数据中学习而自动揭示的。通过把上面的等式带入规则(3.34)，我们得到下面的预测规则：

$$\hat{r}_{ui} = \mu + b_u + b_i + |\mathrm{R}(u)|^{-\frac{1}{2}}\sum_{j\in\mathrm{R}(u)}\left[(r_{uj}-b_{uj})q_i^T x_i + q_i^T y_j\right] \tag{3.37}$$

使用下面的等价规则，我们可以在计算效率上得到明显提升：

$$\hat{r}_{ui} = \mu + b_u + b_i + q_i^T\left(|\mathrm{R}(u)|^{-\frac{1}{2}}\sum_{j\in\mathrm{R}(u)}(r_{uj}-b_{uj})x_j + y_j\right) \tag{3.38}$$

注意，预测规则(3.38)的大部分（$|\mathrm{R}(u)|^{-\frac{1}{2}}\sum_{j\in\mathrm{R}(u)}(r_{uj}-b_{uj})x_j + y_j$）只依赖于用户 u，而与物品 i 无关。因此可以通过一个高效的方式来学习模型的参数。与往常一样，最小化下面与(3.38)相关的平方误差函数：

$$\min_{q*,x*,y*,b*}\sum_{(u,i)\in\mathcal{K}}\left(r_{ui}-\mu-b_u-b_i-q_i^T\left(|\mathrm{R}(u)|^{-\frac{1}{2}}\sum_{j\in\mathrm{R}(u)}(r_{uj}-b_{uj})x_j + y_j\right)\right)^2$$
$$+\lambda_{11}\left(b_u^2+b_i^2+\|q_i\|^2+\sum_{j\in\mathrm{R}(u)}\|x_j\|^2+\|y_j\|^2\right) \tag{3.39}$$

最优化过程是通过随机梯度下降算法完成的，随机梯度下降算法可以用以下的伪代码描述：

```
LearnFactorizedNeighborhoodModel(Known ratings: r_ui, rank: f)
% For each item i compute q_i, x_i, y_i ∈ ℝ^f
% which form a neighborhood model
Const #Iterations = 20, γ = 0.002, λ = 0.04
% Gradient descent sweeps:
for count = 1,...,#Iterations do
    for u = 1,...,m do
        % Compute the component independent of i:
        p_u ← |R(u)|^(-½) Σ_{j∈R(u)} (r_uj − b_uj)x_j + y_j
        sum ← 0
        for all i ∈ R(u) do
            r̂_ui ← μ + b_u + b_i + q_i^T p_u
            e_ui ← r_ui − r̂_ui
            % Accumulate information for gradient steps on x_i, y_i:
            sum ← sum + e_ui · q_i
            % Perform gradient step on q_i, b_u, b_i:
            q_i ← q_i + γ · (e_ui · p_u − λ · q_i)
            b_u ← b_u + γ · (e_ui − λ · b_u)
            b_i ← b_i + γ · (e_ui − λ · b_i)
        for all i ∈ R(u) do
            % Perform gradient step on x_i:
            x_i ← x_i + γ · (|R(u)|^(-½) · (r_ui − b_ui) · sum − λ · x_i)
            % Perform gradient step on y_i:
            y_i ← y_i + γ · (|R(u)|^(-½) · sum − λ · y_i)
return {q_i, x_i, y_i | i = 1,...,n}
```

该模型的时间复杂度与输入呈线性关系，为 $O\left(f \cdot \sum_u \mid R(u) \mid\right)$。该模型的时间复杂度显著优于非因子分解的模型，后者的时间复杂度为 $O\left(\sum_u \mid R(u) \mid^2\right)$。在 Netflix 数据上度量该模型的性能见表 3-3。我们可以使用更多的因子（增大 f）来提高准确度。然而，如果因子的个数超过 200，准确度几乎不会再提高，却增加了运行时间。有趣的是，我们发现如果该模型的因子个数超过 200（$f \geqslant 200$），与非因子分解的模型（$k = \infty$）相比，该模型提高的准确度几乎可以忽略。此外，增加的时间复杂度通过在运行时间上的区别可以体现出来。例如，非因子分解模型（$k = \infty$）每次迭代的时间接近 58 分钟。另一方面，因子个数为 200 的因子分解模型可在 14 分钟内完成迭代而不降低精度。

表 3-3 基于物品的邻域分解模型的性能。因子个数超过 200 时，该模型的性能略优于非因子分解模型，运行时间更短

因子个数	50	100	200	500
RMSE	0.903 7	0.901 3	0.900 0	0.899 8
时间/迭代（min）	4.5	8	14	34

因子分解模型的最有利的地方在于它降低了空间复杂度，该模型的空间复杂度为 $O(m + nf)$，与输入呈线性关系。之前基于邻域的模型需要存储物品之间所有的成对关系，因此其空间复杂度为 $O(m + n^2)$。例如，对于包含了 17 770 部电影的 Netflix 数据集，这样的平方数量级空间仍能够放到主存中。一些商用推荐系统会处理更多的物品。例如，像 Netflix 这样提供在线租赁业务的服务目前拥有超过 100 000 个主题。音乐下载商铺甚至会有更多的主题。这样拥有 100 000 个物品的更加综合性的系统最终会需要借助于外排序来处理所有成对关系的集合。然而，随着物品的数量增长到百万级别，比如 Amazon 基于物品的推荐系统，需要存储几百万物品之间相似信息[18]，设计者必须设计一个稀疏版的成对关系。为了实现这个目的，只存储某件物品的 top-k 近邻的评分，这样就把空间复杂度降低到 $O(m + nk)$。然而，这样的简化技术将不可避免地降低准确度，原因是该技术缺失了重要的关系，这一点在上一节中说明过。除此之外，在一个高维空间中找到 top-k 最近邻并非易事，它需要相当大的计算代价。所有的这些问题在因子分解邻域模型中都没有出现，该模型在不损失准确度的条件下提供了一个线性的时间和空间复杂度。

因子分解邻域模型与某些隐语义模型很像。这里重要的区别是我们是对物品—物品关系进行了因式分解，而不是评分本身。表 3-3 报告的结果与广泛使用的 SVD 模型旗鼓相当，但却不如 SVD++ 模型的结果，参见 3.3 节。然而，该因子分解的邻域模型保留了之前讨论的传统邻域模型的实用优点：解释推荐结果和立即反映新评分的能力。

另外我们想说明一下，使用三个独立的因子集合的目的是增加灵活性。确实，在 Netflix 数据集中，这样做让我们得到了最准确的结果。然而，另一种合理的选择是使用小规模的向量集合，例如，我们可以令 $q_i = x_i$（表示权重是对称的：$w_{ij} = w_{ji}$）。

3.5.2.2 基于用户的模型

基于用户的邻域模型通过考虑志趣相同的人怎样对某件物品评分来预测该物品的评分。这样的模型可以通过在基于物品的模型的推导过程中变换用户和物品的角色来实现。这里，我们集中讨论基于用户的模型，该模型是（3.34）所示的基于物品的模型的对偶形式。主要的区别是我们用关联用户对的权重来代替关联物品对的权重 w_{ij}：

$$\hat{r}_{ui} = \mu + b_u + b_i + \mid R(i) \mid^{-\frac{1}{2}} \sum_{v \in R(i)} (r_{vi} - b_{vi}) w_{uv} \qquad (3.40)$$

集合 $R(i)$ 包含了对物品 i 评分的所有用户。注意这里我们决定不考虑隐式反馈，因为增加这样的反馈对于工作在 Netflix 数据上的基于用户的模型不是很有利。

基于用户的模型在多种场景中都很有用。例如，一些推荐系统或许会处理被迅速替换的物品，因此基于物品的关联变得很不稳定。另一方面，一个稳定的用户群会建立物品之间的长期关系。这种场景的一个例子是对 Web 文章和新物品的推荐系统，这些 Web 文章和新物品在本质上是不断变化的，参见文献[8]。在这些场景中，以基于用户的关系为中心的系统更具吸引力。

除此之外，基于用户的方法能够辨别出基于物品的方法不能识别的多种关系，因此该方法在特定场合中很有用。例如，假设我们想要预测 r_{ui}，但是用户 u 评分的物品没有一个是真正与物品 i 相关的。这种情形下，基于物品的方法将会遇到明显的困难。然而，当使用基于用户的观点时，我们也许能找到与对物品 i 评分的用户 u 相似的用户的集合。这些用户对物品 i 的评分将有助于提高 r_{ui} 的预测准确度。

基于用户的模型的最大缺点体现在计算效率上。由于一般情况下用户的数量比物品的数量多，因此提前计算并存储所有基于用户的关系，甚至是一个合理的简化版本，都需要很昂贵的代价，甚至是完全不切实际的。除了高达 $O(m^2)$ 的空间复杂度之外，优化模型(3.40)的时间复杂度也比基于物品的模型的时间复杂度要高，达到了 $O\left(\sum_i |R(i)|^2\right)$（注意 $|R(i)|$ 一般情况下比 $|R(u)|$ 大）。这些问题使得基于用户的模型在实际中并不实用。

因子分解模型。当沿着与基于物品的模型相同的路线因子分解基于用户的模型时，所有这些计算时的区别都不复存在了。现在，我们把每一个用户与两个向量 p_u、$z_u \in \mathbb{R}^f$ 关联起来。我们假设基于用户的关系结构化为：$w_{uv} = p_u^T z_v$。把上面的等式加入式(3.40)中，得到：

$$\hat{r}_{ui} = \mu + b_u + b_i + |R(i)|^{-\frac{1}{2}} \sum_{v \in R(i)} (r_{vi} - b_{vi}) p_u^T z_v \tag{3.41}$$

我们再次通过在独立的总值中引入一个依赖于物品 i 而与用户 u 无关的项来提高计算效率。因此预测规则如下面的等价形式所示：

$$\hat{r}_{ui} = \mu + b_u + b_i + p_u^T |R(i)|^{-\frac{1}{2}} \sum_{v \in R(i)} (r_{vi} - b_{vi}) z_v \tag{3.42}$$

在基于物品的模型的并行方式中，所有参数都可以在线性时间 $O\left(f \cdot \sum_i |R(i)|\right)$ 内学习得到。空间复杂度也与输入呈线性增长，为 $O(n + mf)$。与之前已知的结果相比，该并行方式显著降低了基于用户的模型的复杂度，参见表 3-4。我们应该说明，不像基于物品的模型，在实现基于用户的模型时没有考虑隐式反馈，这样的话或许会降低运行时间。基于用户的模型的准确度显著优于广泛使用的基于关联物品模型，正如图 3-1 报告的那样，该模型的 RMSE = 0.9406。此外，准确度略优于基于物品的模型的变种，这个变种没有考虑隐式反馈（见图 3-1）。考虑到基于物品的方法比基于用户的方法更加准确这个常识，这个结果很令人吃惊。看起来如果一个基于用户的模型实现得很好，其速度和准确度能够比得上基于物品的模型。然而，如果考虑隐式反馈，基于物品的模型的性能可以显著提高。

表 3-4 基于用户的邻域分解模型的性能

因子个数	50	100	200	500
RMSE	0.911 9	0.911 0	0.910 1	0.909 3
时间/迭代(min)	3	5	8.5	18

基于物品模型与基于用户模型的融合。由于基于物品的模型和基于用户的模型解决了数据不同方面的问题，总体准确度可以通过组合两种模型的预测结果来提高。这样的方法之前就提到过，并且证明可以提高准确度，参见文献[4，30]。然而，过去的工作是基于在后处理阶段混合基于物品的和基于用户的模型的预测结果，而每个单独的模型在训练时是独立于其他模型的。一种更合理的方法是同时训练两种单独的模型，使它们在学习参数时就能相互了解。因此，在整个训练阶段每个模型都能知道另一种模型的性能并尽力来补充。我们的方法把邻域模型看作一个形式化的优化问题，可以自然地处理。我们设计一个模型，该模型对基于物品的模型(3.37)和基于用户的模型(3.41)求和，如下所示：

$$\hat{r}_{ui} = \mu + b_u + b_i + |R(u)|^{-\frac{1}{2}} \sum_{j \in R(u)} \left[(r_{uj} - b_{uj}) q_i^T x_j + q_i^T y_j \right]$$

$$+ |R(i)|^{-\frac{1}{2}} \sum_{v \in R(i)} (r_{vi} - b_{vi}) p_u^T z_v \tag{3.43}$$

模型参数通过对相关的平方误差函数进行随机化梯度下降来学习得到。我们在 Netflix 数据上的实验显示预测准确度确实比每一个单独的模型要好。例如，当因子个数为 100 时，该模型的 RMSE 为 0.8996；当因子个数为 200 时，得到的 RMSE 为 0.8953。

这里需要说明一下，我们的方法可以以同样的方式把基于邻域的模型和完全不同的模型集成起来。例如，在文献[16]中，我们展示了一种集成的模型，该模型把基于物品的模型和隐语义模型(SVD++)结合起来，因此提高了预测准确度，并把 RMSE 降低到 0.887 以下。在考虑整合基于物品的模型和基于用户的模型时，我们应该考虑具有潜在的更好准确度的可能性。

3.5.3　基于邻域模型的动态时序

基于全局优化(见 3.5.1 节)的基于物品的模型的优点之一就是它使我们能够以一种合理的方式捕获时间效应。正如之前说明的那样，用户偏好随着时间而变化，因此在 CF 模型中引入时序方面就很重要了。

当应用规则(3.34)处理时间效应时，两个组成部分应该分开来考虑。第一部分 $\mu + b_i + b_u$ 与基准预测部分相对应。典型意义上，这个部分解释了观察到的信息中的变化。第二个部分，$|R(u)|^{-\frac{1}{2}} \sum_{j \in R(u)} (r_{uj} - b_{uj}) w_{ij} + c_{ij}$ 捕获的信息量更多，因为该信息涉及了用户 – 物品交互。至于说基准部分，由于与因子模型相比并没有变化，因此根据(3.6)和(3.9)，我们可以用 $\mu + b_i(t_{ui}) + b_u(t_{ui})$ 代替。然而，捕获交互部分内的时间效应需要使用不同的策略。

基于物品的权重(w_{ij} 和 c_{ij})反映了物品的固有特点，因此不会随时间变化。学习过程应该捕获无偏的长期值，而不应该过多地受随时间变化方面的影响。实际上，如果处理不当的话，数据随时间变化的本性将掩盖大部分长期基于物品的关系。例如，一个用户在一个时间周期内同时对物品 i 和 j 给予了很高的评分，这将是这两个物品有关联的一个很好的指示，因此 w_{ij} 的值就较高。另一方面，尽管用户的兴趣(如果其身份不变)会随着时间改变，如果那两个评分给出的时间相隔了 5 年，这并不能表明这两个物品间有关系。此外，我们认为这些考虑几乎是依赖用户的；一些用户的兴趣比其他用户更加一致，并允许把他们的长期行为关联起来。

尽管有时间效应的影响，这里我们的目标是为基于物品的权重提取准确值。首先需要把用户 u 评分的两个物品之间的不断衰弱的关联参数化。我们采用函数 $e^{-\beta_u \cdot \Delta t}$ 形式的指数衰减，其中 $\beta_u > 0$，该参数控制特定用户的衰减速度并从数据中学习得到。我们也以其他衰减形式进行试验，比如更加容易计算的 $(1 + \beta_u \Delta t)^{-1}$，使用该衰减形式的结果具有相同的准确度，同时又降低了运行时间。

这样得到下面的预测规则:

$$\hat{r}_{ui} = \mu + b_i(t_{ui}) + b_u(t_{ui}) + |\mathrm{R}(u)|^{-\frac{1}{2}} \sum_{j \in \mathrm{R}(u)} e^{-\beta_u \cdot |t_{ui}-t_{uj}|} ((r_{uj} - b_{uj})w_{ij} + c_{ij}) \qquad (3.44)$$

涉及的参数——$b_i(t_{ui}) = b_i + b_{i,\mathrm{Bin}(t_{ui})}$，$b_u(t_{ui}) = b_u + \alpha_u \cdot \mathrm{dev}_u(t_{ui}) + b_{u,t_{ui}}$，$\beta_u$，$w_{ij}$ 和 c_{ij}——都可以通过最小化相关的正则化平方误差学习得到:

$$\sum_{(u,i) \in \mathcal{K}} \left(r_{ui} - \mu - b_i - b_{i,\mathrm{Bin}(t_{ui})} - b_u - \alpha_u \mathrm{dev}_u(t_{ui}) - b_{u,t_{ui}} \right.$$
$$\left. - |\mathrm{R}(u)|^{-\frac{1}{2}} \sum_{j \in \mathrm{R}(u)} e^{-\beta_u \cdot |t_{ui}-t_{uj}|} ((r_{uj} - b_{uj})w_{ij} + c_{ij}) \right)^2 \qquad (3.45)$$
$$+ \lambda_{12}(b_i^2 + b_{i,\mathrm{Bin}(t_{ui})}^2 + b_u^2 + \alpha_u^2 + b_{u,t}^2 + w_{ij}^2 + c_{ij}^2)$$

最小化过程是通过随机梯度下降完成的。我们取 $\lambda_{12} = 0.002$，步长(学习速率)取 0.005，并迭代该过程 25 次。一个例外的情况是在更新 β_u 时，我们使用一个很小的步长 10^{-7}。训练时间复杂度与原始算法一样，为 $O\left(\sum_u |\mathrm{R}(u)|^2 \right)$。我们可以通过简化 3.5.1 节所解释的基于物品的关联的集合在复杂度和准确度间做出权衡。

与因子模型相同，在基于邻域的模型中，适当地考虑时间效应提高了在电影评分数据中的准确度。RMSE 从 0.9002 降低到 0.8885[16]。据我们所知，这显著优于之前已知的基于邻域的方法提供的结果。从某种角度看，这个结果甚至比使用混合方法(比如把一个基于邻域的方法应用到方法[2,21,29]的残差上面)报告的结果更准确。我们得到的一个经验是:与设计更复杂的学习算法相比，考虑数据中的时间效应能够对预测准确度有更大的影响。

我们想强调一个有趣的观点。假设 u 是一个用户，其偏好变化得很快(β_u 很大)。因此，用户 u 的旧评分不应该对 u 在当前时刻 t 的状态有很大的影响。我们可以衰减用户 u 旧评分的权重，通过下面的代价函数得到"实例加权":

$$\sum_{(u,i) \in \mathcal{K}} e^{-\beta_u \cdot |t-t_{ui}|} \left(r_{ui} - \mu - b_i - b_{i,\mathrm{Bin}(t_{ui})} - b_u - \alpha_u \mathrm{dev}(t_{ui}) \right.$$
$$\left. - b_{u,t_{ui}} - |\mathrm{R}(u)|^{-\frac{1}{2}} \sum_{j \in \mathrm{R}(u)} ((r_{uj} - b_{uj})w_{ij} + c_{ij}) \right)^2 + \lambda_{12}(\cdots)$$

这样的函数关注的是用户在时刻 t 的现状，而不是强调用户过去的行为。我们或许会反对这个选择，而是选择为所有过去的，如(3.45)所示的评分的预测误差赋予同等的权重，这样的话就对之前用户所有的行为进行了建模。因此，同等权重使得我们可以使用用户过去的每一个评分信息，该信息被提炼成基于物品的权重。学习这些权重将会同等受益于某用户的所有评分。也就是说，如果用户在短时期内同时对两个物品给予了相似的评分，即使这是很久之前发生的，我们仍然可以推断出这两个物品是有关联的。

3.5.4   小结

本节讲述了一个非传统的基于邻域的模型。不像之前基于邻域的模型，该模型是基于形式化地优化一个全局代价函数。得到的模型不再是局部化的，该模型考虑了一个由强关联的近邻组成的小集合之间的关联，而没有考虑所有成对关系。这样可以提高准确度，同时又保留了基于邻域的模型的一些优点，比如预测结果的可解释性和在不用重新训练模型的情况下处理新评分(或新用户)的能力。

形式化的优化框架提供了几个新的可能性。首先是基于邻域的模型的因子分解版本，该版本改善了计算复杂度，同时保留了预测准确性。特别地，限制之前基于邻域的模型的平方级别的存储要求在该模型中也消失了。

第二个是把时间效应整合到该模型中。为了揭示物品之间的准确关联，我们提出了一个模型，该模型能够学习某一用户评分的两个物品之间的影响是怎样随着时间衰减的。与矩阵分解模型很类似，考虑时间效应可以显著提高预测的准确度。

3.6 基于邻域的模型和因子分解模型的比较

本章是围绕协同过滤领域两种不同的方法组织的：矩阵分解方法和基于邻域的方法。每一种方法都是从不同的基本原理演进而来的，因此得到了不同的预测规则。我们也认为因子分解模型能够得到更准确的结果，而邻域模型有一些实用的优点。在这一节中，我们将会证明，尽管存在这些区别，这两种方法还是有许多共同之处。毕竟，它们都是线性模型。

考虑 3.3.1 节中的 SVD 模型，如下所示：

$$\hat{r}_{ui} = q_i^T p_u \tag{3.46}$$

为了简便，我们在这里忽略了基准预测器，但是可以很容易地把它们重新引入该模型，或仅假设它们在早期阶段从所有评分中被减掉了。

我们把所有的物品因子放到 $n \times f$ 矩阵 Q 中，其中 $Q = [q_1 q_2 \cdots q]^T$。同样地，我们把所有的用户因子放到 $m \times f$ 矩阵 P 中，其中 $P = [p_1 p_2 \cdots p_m]^T$。我们用 $n_u \times f$ 矩阵 $Q[u]$ 来定义矩阵 Q 中与用户 u 评分相关的那部分，其中 $n_u = |R(u)|$。假设向量 $r_u \in \mathbb{R}^{nu}$ 包含了用户 u 的评分，该评分顺序和矩阵 $Q[u]$ 中的评分顺序一致。现在，对用户 u 的所有评分使用（3.46）式，我们可以以矩阵的形式重新定义该公式：

$$\hat{r}_u = Q[u] p_u \tag{3.47}$$

给定 $Q[u]$，$\| r_u - Q[u] p_u \|_2$ 在如下条件下取得最小值：

$$p_u = (Q[u]^T Q[u])^{-1} Q[u]^T r_u$$

实际上，我们可以用一个非负的参数 λ 来正则化上面的等式：

$$p_u = (Q[u]^T Q[u] + \lambda I)^{-1} Q[u]^T r_u$$

把上面的 p_u 带入式（3.47），得到：

$$\hat{r}_u = Q[u] (Q[u]^T Q[u] + \lambda I)^{-1} Q[u]^T r_u \tag{3.48}$$

可以引入一些新的符号来简化这个表达式。我们把 $f \times f$ 矩阵 $(Q[u]^T Q[u] + \lambda I)^{-1}$ 定义为 W^u，该矩阵是与用户 u 相关联的权重矩阵。相应地，从用户 u 的角度看，物品 i 和 j 之间加权的相似度定义为 $S_{ij}^u = q_i^T W^u q_j$。使用这种符号以及式（3.48），用户 u 对物品 i 的预测偏好在 SVD 模型上的估计值如下：

$$\hat{r}_{ui} = \sum_{j \in R(u)} s_{ij}^u r_{uj} \tag{3.49}$$

我们可以把 SVD 模型简化为一个线性模型，该线性模型把用户的偏好预测为过去行为的函数，并由基于物品的相似度加权。每一个过去的行为都会有一个独立的项，这些项共同形成了预测值 $\hat{r}_{ui}$。这与基于邻域的基于物品的模型是等价的。令人惊讶的是，我们把矩阵因子分解模型转换成一个基于物品的模型，该模型具有下面的特征：

- 插值是从用户过去的所有评分中得到的，而不仅是与当前物品最相似的物品相关的评分。

- 关联物品 i 和 j 的权重被分解为两个向量的内积：一个向量与用户 i 相关，另一个向量与物品 j 相关。
- 基于物品的权重与特定用户的规范化有关，这是通过矩阵 W^u 实现的。

这些特性支持着关于如何最好地构造一个邻域模型的研究发现。首先，我们在 3.5.1 节中证明了当邻域大小（由参数 k 控制）取最大值时，基于邻域的模型取得最好的结果。因为当邻域大小取最大值时，考虑了过去用户所有的评分。其次，在 3.5.2 节中，我们尝试了因子分解物品 - 物品权重矩阵。至于特定用户的规范化，我们使用一个简单的规范化器：$n_u^{-0.5}$。SVD 模型可能会使用 W^u 进行更加基础的规范化，这种规范化工作做得很好。然而，实际中计算 W^u 的代价很昂贵。我们提出的基于物品的模型和由 SVD 模型隐式推导出的模型间的另一个区别是，我们在基于用户的模型中采用非对称的权重（$w_{ij} \neq W_{ji}$），而 SVD 模型推导的模型中 $s_{ij}^u = s_{ji}^u$。

在上面的推导过程中，我们展示了怎样由 SVD 模型推导出等价的基于物品的技术。通过把 q_i 作为评分和用户因子的函数，我们可以以一种完全类似的方法推导出等价的基于用户的技术。这样可以得到三种等价的模型：SVD、基于物品的模型和基于用户的模型。除了可以把 SVD 模型和基于邻域的模型链接在一起，我们可以证明，只要设计得好，基于用户的方法和基于物品的方法是等价的。

最后一组关系（基于用户和基于物品之间的关系）也可以直观地得到。基于邻域的模型试图通过遵循用户 - 物品邻接链把用户和新物品关联起来。这样的邻接代表了各自用户和物品之间的偏好或者评分关系。基于用户的和基于物品的两种模型恰好是遵循相同的邻接链而工作的。它们的区别仅仅是应该使用哪一种"快捷方式"来加速计算。例如，把物品 B 推荐给用户 1 时会参照邻接链用户 1 - 物品 A - 用户 2 - 物品 B（用户 1 对物品 A 评分，物品 A 又被用户 2 评分，用户 2 又对物品 B 评分）。基于用户的模型遵循了这样的邻接链，并提前计算了基于用户的相似度。通过这种方式，该模型创建了一个"快捷方式"，这个快捷方式绕过了子链用户 1 - 物品 B - 用户 2，而是把这个子链替代成用户 1 和用户 2 之间的相似度。同样地，基于物品的方法恰好也遵循了相同的邻接链，但是创建了另外的"快捷方式"，它把物品 A - 用户 2 - 物品 B 替换成物品 A - 物品 B 之间的相似度。

我们在这里得到的另一个经验是，把基于邻域的模型当作"基于记忆的"，而把采用矩阵因子分解技术的模型以及爱好当作"基于模型的"并不总是恰当的，至少在使用准确的基于邻域的模型时是不恰当的，因为这些模型差不多与 SVD 一样都是基于模型的。事实上，另一个方向也是如此。更好的矩阵分解模型（如 SVD++ 模型）也是基于记忆的，因为在进行在线预测时，它们对内存中存放的所有评分求和，参见规则（3.3）。因此，"基于内存"的技术和"基于模型"的技术这样的传统划分并不适用于本章的描述。

到目前为止，我们集中讨论了基于邻域的模型和矩阵分解模型之间的关系。然而，实际上打破这些关联，并用区别足够大的基于邻域的模型来增强因子分解模型是很有利的，因为这些基于邻域的模型能对因子分解模型进行很好的补充。这样的组合能够提高预测准确度[3,16]。达到这个目的的关键是使用更加本地化的基于邻域的模型（使用 3.4 节中的模型，而不是 3.5 节中的模型），在这些模型中，近邻的个数是有限制的。对近邻的个数进行限制或许不是构造单独的基于邻域的模型的最好方式，但是该方法能使基于邻域的模型和因子分解模型有足够大的区别，这样做的目的是增加一种局部性的观点，而这种观点正是全局化的因子分解模型所欠缺的。

参考文献

1. Ali, K., and van Stam, W., "TiVo: Making Show Recommendations Using a Distributed Collaborative Filtering Architecture", *Proc. 10th ACM SIGKDD Int. Conference on Knowledge Discovery and Data Mining*, pp. 394–401, 2004.

2. Bell, R., and Koren, Y., "Scalable Collaborative Filtering with Jointly Derived Neighborhood Interpolation Weights", *IEEE International Conference on Data Mining (ICDM'07)*, pp. 43–52, 2007.

3. Bell, R., and Koren, Y., "Lessons from the Netflix Prize Challenge", *SIGKDD Explorations* **9** (2007), 75–79.

4. Bell, R.M., Koren, Y., and Volinsky, C., "Modeling Relationships at Multiple Scales to Improve Accuracy of Large Recommender Systems", *Proc. 13th ACM SIGKDD International Conference on Knowledge Discovery and Data Mining*, 2007.

5. Bennet, J., and Lanning, S., "The Netflix Prize", *KDD Cup and Workshop*, 2007. www.netflixprize.com.

6. Canny, J., "Collaborative Filtering with Privacy via Factor Analysis", *Proc. 25th ACM SIGIR Conf. on Research and Development in Information Retrieval (SIGIR'02)*, pp. 238–245, 2002.

7. Blei, D., Ng, A., and Jordan, M., "Latent Dirichlet Allocation", *Journal of Machine Learning Research* **3** (2003), 993–1022.

8. Das, A., Datar, M., Garg, A., and Rajaram, S., "Google News Personalization: Scalable Online Collaborative Filtering", *WWW'07*, pp. 271–280, 2007.

9. Deerwester, S., Dumais, S., Furnas, G.W., Landauer, T.K. and Harshman, R., "Indexing by Latent Semantic Analysis", *Journal of the Society for Information Science* **41** (1990), 391–407.

10. Funk, S., "Netflix Update: Try This At Home", http://sifter.org/~simon/journal/20061211.html, 2006.

11. Gelman, A., Carlin, J.B., Stern, H.S., and Rubin, D.B., *Bayesian Data Analysis*, Chapman and Hall, 1995.

12. Herlocker, J.L., Konstan, J.A., and Riedl, J., "Explaining Collaborative Filtering Recommendations", *Proc. ACM Conference on Computer Supported Cooperative Work*, pp. 241–250, 2000.

13. Herlocker, J.L., Konstan, J.A., Borchers, A., and Riedl, J., "An Algorithmic Framework for Performing Collaborative Filtering", *Proc. 22nd ACM SIGIR Conference on Information Retrieval*, pp. 230–237, 1999.

14. Hofmann, T., "Latent Semantic Models for Collaborative Filtering", *ACM Transactions on Information Systems* **22** (2004), 89–115.

15. Kim, D., and Yum, B., "Collaborative Filtering Based on Iterative Principal Component Analysis", *Expert Systems with Applications* **28** (2005), 823–830.

16. Koren, Y., "Factorization Meets the Neighborhood: a Multifaceted Collaborative Filtering Model", *Proc. 14th ACM SIGKDD International Conference on Knowledge Discovery and Data Mining*, 2008.

17. Koren, Y., "Factor in the Neighbors: Scalable and Accurate Collaborative Filtering ", *ACM Transactions on Knowledge Discovery from Data (TKDD)*,4(2010):1–24.

18. Linden, G., Smith, B., and York, J., "Amazon.com Recommendations: Item-to-Item Collaborative Filtering", *IEEE Internet Computing* **7** (2003), 76–80.

19. Marlin, B.M., Zemel, R.S., Roweis, S., and Slaney, M., "Collaborative Filtering and the Missing at Random Assumption", *Proc. 23rd Conference on Uncertainty in Artificial Intelligence*, 2007.

20. Oard, D.W., and Kim, J., "Implicit Feedback for Recommender Systems", *Proc. 5th DELOS Workshop on Filtering and Collaborative Filtering*, pp. 31–36, 1998.

21. Paterek, A., "Improving Regularized Singular Value Decomposition for Collaborative Filtering", *Proc. KDD Cup and Workshop*, 2007.

22. Salakhutdinov, R., Mnih, A., and Hinton, G., "Restricted Boltzmann Machines for Collaborative Filtering", *Proc. 24th Annual International Conference on Machine Learning*, pp. 791–798, 2007.

23. Salakhutdinov, R., and Mnih, A., "Probabilistic Matrix Factorization", *Advances in Neural Information Processing Systems 20 (NIPS'07)*, pp. 1257–1264, 2008.

24. Sarwar, B.M., Karypis, G., Konstan, J.A., and Riedl, J., "Application of Dimensionality Reduction in Recommender System – A Case Study", *WEBKDD'2000*.

25. Sarwar, B., Karypis, G., Konstan, J., and Riedl, J., "Item-based Collaborative Filtering Recommendation Algorithms", *Proc. 10th International Conference on the World Wide Web*,

pp. 285–295, 2001.

26. Takács G., Pilászy I., Németh B. and Tikk, D., "Major Components of the Gravity Recommendation System", *SIGKDD Explorations* **9** (2007), 80–84.

27. Takács G., Pilászy I., Németh B. and Tikk, D., "Matrix Factorization and Neighbor based Algorithms for the Netflix Prize Problem", *Proc. 2nd ACM conference on Recommender Systems (RecSys'08)*, pp. 267–274, 2008.

28. Tintarev, N., and Masthoff, J., "A Survey of Explanations in Recommender Systems", *ICDE'07 Workshop on Recommender Systems and Intelligent User Interfaces*, 2007.

29. Toscher, A., Jahrer, M., and Legenstein, R., "Improved Neighborhood-Based Algorithms for Large-Scale Recommender Systems", *KDD'08 Workshop on Large Scale Recommenders Systems and the Netflix Prize*, 2008.

30. Wang, J., de Vries, A.P., and Reinders, M.J.T, "Unifying User-based and Item-based Collaborative Filtering Approaches by Similarity Fusion", *Proc. 29th ACM SIGIR Conference on Information Retrieval*, pp. 501–508, 2006.

基于内容的语义感知推荐系统

Marco de Gemmis、Pasquale Lops、Cataldo Musto、Fedelucio Narducci 和
Giovanni Semeraro

4.1 简介

基于内容的推荐系统(content-based recommender system,CBRS)依赖物品和用户的描述内容来构建其特征表示,然后基于这些特征表示来推荐与目标用户曾明确表达过喜好的物品相类似的物品。该类推荐系统的基本过程是对目标用户属性(偏好和兴趣)与物品属性进行匹配,并返回目标用户在物品上的喜好程度。通常,物品属性使用物品的元数据(metadata)或从描述信息中获取特征。对于用户属性,用户的元数据通常太短,不足以准确表达用户兴趣,而描述信息涉及由于自然语言歧义性而引起的许多问题。受限于多义词、同义词、多词表达、命名实体识别和歧义消除等固有问题,目前传统的基于关键词的用户特征构建只能限定在词法/句法结构的层面来推断用户兴趣。

近年来,语义技术的快速发展和维基百科、DBpedia、Freebase、BabelNet 等开放知识源的普及,极大地推动了 CBRS 领域的研究进展。新的采用语义技术的研究工作已经将用户和物品的特征表示从基于关键词的级别提升到基于概念的级别。这些工作将自然语言处理(NLP)和语义技术等深度内容分析技术整合进推荐系统中,从而形成了新的研究方向:语义推荐系统(semantic recommender system)[61]。

我们大致将语义技术分为自上而下和自下而上两类。其中,自上而下的方法依赖于外部知识的集成来表示用户和物品特征,外部信息包括机器可读词典、分类(或 IS-A 层次)、叙词表或本体(有或没有价值限制和逻辑约束)等。自上而下的方法的主要动机是向推荐系统提供语言知识、常识知识,以及人类能够理解和推理的自然语言文档的文化背景。

另一方面,自下而上的方法利用所谓的意义的几何隐喻来表示高维向量空间中单词之间复杂的语法和范式关系。根据这个几何隐喻,每个单词(或文档)可以表示为向量空间中的一个点。这类模型的特点是通过分析上下文表示,并限制彼此相似的词语(或文档)在向量空间中的位置也较为接近。因此,自下而上的方法也称为分布模型。这类方法的优点在于它们能够通过无监督机制从大量文本文档中学习语义,这也被机器翻译技术的最新进展所证实[52,83]。

本章将介绍多种语义方法,包括自上而下和自下而上两个类别,并展示如何利用它们构建新一代语义 CBRS,即基于内容的语义感知推荐系统(semantics-aware content-based recommender system)。

4.2 基于内容的推荐系统概述

本节概述构建 CBRS 的基本准则,以及表示物品和用户特征并提供推荐的关键技术。本节

M. de Gemmis · P. Lops · C. Musto · F. Narducci · G. Semeraro Department of Computer Science, University of Bari "Aldo Moro", Bari, Italy, e-mail: marco. degemmis@ uniba. it; pasquale. lops@ uniba. it; cataldo. musto@ uniba. it; fedelucio. narducci@ uniba. it; giovanni. semeraro@ uniba. it.

翻译:姚远 审核:蔡婉铃,潘微科

还将讨论 CBRS 的局限性，而下一节将展示语义技术如何应对此局限性。

　　CBRS 的高层次结构如图 4-1 所示。推荐的过程有三个阶段，每一阶段都由独立的部件控制。

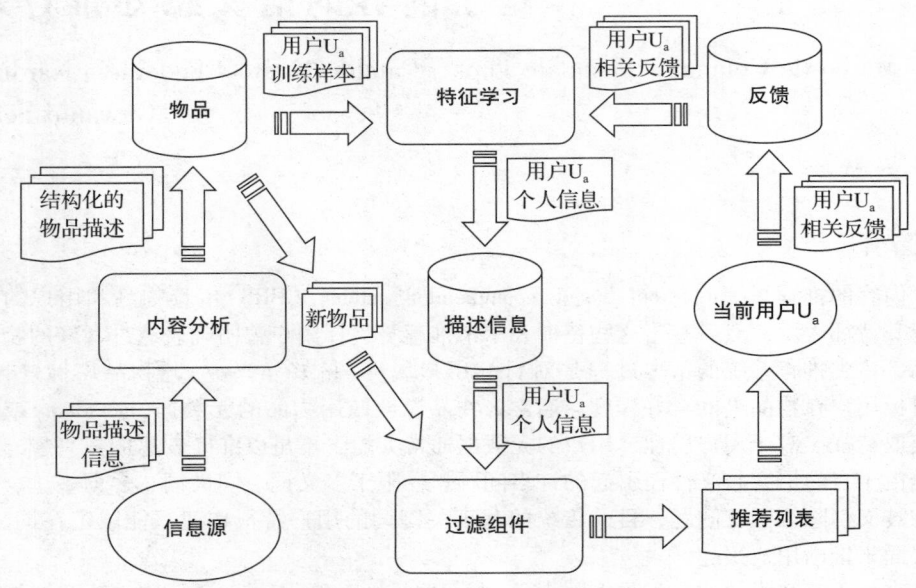

图 4-1　基于内容的推荐系统的高层次结构

- **内容分析器**。对于无结构信息（如文本），需要进行预处理来抽取相关的结构化信息。内容分析器的主要功能就是将物品的内容（如文档、网页、新闻、产品描述等）表示成恰当的格式，以便于下一阶段的处理。通过特征抽取技术，可以将物品的内容表示从原始信息空间转换到目标空间中（如将网页表示成关键词向量）。这种目标空间内的物品内容表示将作为信息学习器和过滤组件的输入。
- **信息学习器**。这个模块收集用户的偏好数据，并试图去泛化这些数据，从而构建用户特征。泛化策略通常通过机器学习技术实现[86]，它可以从用户过去喜欢的或不喜欢的物品中推断出一个用户的兴趣模型。例如，网页推荐的信息学习器可以实现一个相关反馈方法[113]，通过学习技术将用户过往的正负样例的向量组合到一个表示用户特征的原型向量中。这里的正负样例指的是用户提供的具有正负反馈的网页。
- **过滤组件**。这个模块通过匹配用户特征和待推荐的物品特征完成推荐。这个组件的结果是一个二元的或者连续的相关性判断（使用某种相似度来计算[57]），其中连续的情况下能够生成一个潜在的感兴趣物品的排名清单。在上面提过的例子中，这种匹配基于用户的原型向量和物品向量的余弦相似度。

　　推荐的第一个阶段由内容分析器完成，它通常借鉴了信息检索系统的相关技术[6,118]。如图 4-1 所示，来自信息源的物品描述经过内容分析器，从非结构化的文本中抽取特征（如关键词、n-grams、概念等），从而得到结构化的物品描述，并保存在表示物品库中。

　　为了构建和更新活跃用户 u_a（必须为其提供推荐的用户）的特征，该用户对物品的反应通过某些渠道收集并记录在反馈库中。这些被称作注释[51]或反馈的用户反应与物品的相关描述一起被用来预测新物品的相关性。除了提供反馈，用户也可以显式地定义他们自己感兴趣的领域作为初始的个人信息。通常情况下，我们能够区分这两种类型的相关性反馈：正面的信息（用户喜欢的特征）和负面的信息（用户不感兴趣的特征[58]）。记录用户的反馈也存在两种不同的技术：当系统要求用户明确评价物品时，这项技术通常称作"显式反馈"；反之，不需要用户主动参与，通过监控和分析用户行为得到反馈的技术则称作"隐式反馈"。显式的评价能够表明用户对一个物品相关性或感兴趣的程度[111]。显式反馈的优点在于其简单性，缺点则是数值/符号刻度增加了用户的认知负荷，并且可能无法完全得到用户对物品的准确评价。隐式反馈基于对用户在某样物品上的特定行为(如保存、删除、印刷、收藏等)进行相关性评分赋值，这个方法的主要优点是不需要用户直接参与，缺点则是可能发生偏差(例如在阅读的时候被电话打断)。

为了建立活跃用户 u_a 的个人特征，必须定义用户 u_a 的训练集 TR_a。TR_a 是成对的 $<I_k, r_k>$ 所构成的集合，其中 r_k 代表用户对物品特征 I_k 的评分。给定一组有评分的物品特征，信息学习器通过监督学习算法生成一个预测模型(用户特征)，并保存在信息资源库里供后续的过滤组件使用。给定一个新的物品描述，通过比较存储在用户信息资源库里的用户特征和新物品的特征，过滤组件将会预测当前活跃用户是否对它感兴趣。

用户偏好随着时间会产生变化，因此需要维护和提供最新的信息给过滤组件来更新用户特征。通过让用户表明对 L_a 中的物品满意与否，可以收集到更多的反馈。在收集了这些反馈后，学习过程将在新的训练数据集上再次执行，并将学习的结果应用于生成用户的最新兴趣。随着时间的推移，"反馈 – 学习"的循环迭代使得该系统可以考虑到用户偏好的动态变化。

4.2.1 基于关键词的向量空间模型

大多数基于内容的推荐系统使用相对简单的检索模型，例如关键词匹配或者基于 TF-IDF 权重的向量空间模型(Vector Space Model，VSM)。向量空间模型是一个文本文档的空间表示方法。在该模型中，每个文档被表示成一个 n 维空间中的向量，每一维对应给定文档集合词汇表中的一个词。

形式上，每篇文档被表示成词权重的向量，其中权重表示这篇文档和该词的关联度。让 $D = \{d_1, d_2, \cdots, d_N\}$ 表示一个文档集合或语料库，$T = \{t_1, t_2, \cdots, t_N\}$ 表示词典，即语料库中词的集合。词典 T 从某些标准的自然语言处理操作中获取，如分词、停用词移除、变形[6]。每篇文档 d_j 表示 n 维向量空间上的一个向量，从而 $\vec{d_j} = \{w_{1j}, w_{2j}, \cdots, w_{nj}\}$，其中 w_{kj} 是文档 d_j 中词 t_k 的权重。

在向量空间模型中，文档表示有两个问题：为单词赋予权重和度量特征向量的相似度。常用的加权模式有基于文本实验观察结果的 TF-IDF(词频 – 逆文档频率)[117]：

- 稀有词相关性不小于频繁词相关性(逆文档频率假设)；
- 一篇文档中多处出现的词的相关性不小于只出现一次词的相关性；
- 长文档不一定好于短文档(归一化假设)。

换句话说，在一篇文档中频繁出现(TF = 词频)，但很少出现在语料库中其他的文档里(IDF = 逆文档频率)的单词，与该文档主题的相关性可能很大。另外，结果权重向量的归一化防止了长文档有更好的检索机会的问题。TF-IDF 函数很好地解释了这些假设：

$$\mathrm{TF} - \mathrm{IDF}(t_k, d_j) = \underbrace{\mathrm{TF}(t_k, d_j)}_{\mathrm{TF}} \cdot \underbrace{\log \frac{N}{n_k}}_{\mathrm{IDF}} \tag{4.1}$$

其中，N 表示语料库中文档的个数，n_k 表示含有词单词 t_k 出现至少一次的文档集合的数量。

$$\mathrm{TF}(t_k, d_j) = \frac{f_{k,j}}{\max_z f_{z,j}} \tag{4.2}$$

其中，最大值是出现在文档 d_j 中所有单词 t_z 的词频 $f_{z,j}$ 上计算的。为了使权重落在 $[0, 1]$ 的区间且文档能够用等长向量表示，利用式(4.1)获取权重通常用余弦归一化方式来归一化：

$$w_{k,j} = \frac{\text{TF} - \text{IDF}(t_k, d_j)}{\sqrt{\sum_{s=1}^{|T|} \text{TF} - \text{IDF}(t_s, d_j)^2}} \tag{4.3}$$

从而实现了归一化的假设。

如前所述,一个相似度的度量需要先确定两个文档的接近程度。许多相似度的度量都衍生于对两个向量的接近程度的度量;在这些度量中,余弦相似度被广泛应用:

$$sim(d_i, d_j) = \frac{\sum_k w_{ki} \cdot w_{kj}}{\sqrt{\sum_k w_{ki}^2} \cdot \sqrt{\sum_k w_{kj}^2}} \tag{4.4}$$

在依赖于向量空间模型的基于内容的推荐系统中,用户个人信息和物品都表示成带权重的词向量。预测用户对一个特定物品的兴趣可以通过计算余弦相似度得到。

4.2.2 用户特征学习的方法

通常用于推导基于内容的用户画像的机器学习技术非常适合用于文本分类[119]。在用于文本分类的机器学习方法中,推导过程通过从一个训练文档集合(文档已经被标记为它们所属的分类)中学习类别的特征,自动地建立一个文本分类器。

学习用户特征的问题可以转换为一个二元文本分类任务:每一个文档都根据用户的偏好被分类成感兴趣或不感兴趣。因此,类别集合为 $C = \{c_+, c_-\}$,其中 c_+ 是正类(用户喜欢的),c_- 是负类(用户不喜欢的)。另外,也可以采用多类别分类器。除了使用分类器之外,还可以采用其他机器学习算法(如线性回归)来预测具体数值。基于内容的推荐系统中最常用的学习算法是基于概率的方法、相关性反馈和 k-最近邻[6]。

4.2.2.1 基于概率的方法

朴素贝叶斯是一个归纳式学习的概率方法,属于一般的贝叶斯分类器。这类方法基于之前的观察数据产生一个概率模型。该模型估计文档 d 属于类别 c 的后验概率 $P(c|d)$。这个估计基于先验概率 $P(c)$(观测到一个文档属于类别 c 的概率)、$P(d|c)$(在给定类别 c 的情况下,观测到文档 d 的概率),以及 $P(d)$(观测到文档 d 的概率)。使用这些概率,应用贝叶斯定理来计算 $P(c|d)$:

$$P(c|d) = \frac{P(c)P(d|c)}{P(d)} \tag{4.5}$$

为了对文档 d 分类,选择概率最高的作为类别:

$$c = \underset{c_j}{\text{argmax}} \frac{P(c_j)P(d|c_j)}{P(d)}$$

$P(d)$ 与所有类别 c_j 相等时,一般将其去掉。当我们不知道 $P(d|c)$ 和 $P(c)$ 的值时,利用观测到的训练数据对它们进行估计。然而,这样估计 $P(d|c)$ 是有问题的,因为相同的文档不太可能再次出现:观测数据普遍不足以产生好的概率。朴素贝叶斯分类器通过独立假设简化了该模型,从而克服了这个问题,该独立假设为:在观测文档 d 中,在给定类别下,所有的词或记号之间是条件独立的。文档中,这些词的个体概率是分别估计的,而不是将整个文档作为一个整体。条件独立的假设明显地违反了现实世界的数据,然而尽管如此,朴素贝叶斯分类器在实际文本分类经验上确实效果不错[12,70]。

有两个普遍使用且可行的朴素贝叶斯分类模型:多元伯努利事件模型和多项式事件模型[77]。两个模型都将文档看作一个在语料库词汇表 V 上的向量值,向量中的每个实体表示它在这个文档中是否出现,因此模型都损失了关于词顺序的信息。多元伯努利事件模型将每个词编码为一个二元属性，即一个词出现或没出现，而多项式事件模型计算一个词在一个文档中出现了多少次。经验结果显示，多项式朴素贝叶斯公式的表现胜过多元伯努利模型。尤其在巨大的词汇表下，这个效果比较明显[77]。多项式事件模型计算 $P(c_j \mid d_i)$ 的方式如下：

$$P(c_j \mid d_i) = P(c_j) \prod_{t_k \in V_{d_i}} P(t_k \mid c_j)^{N_{(d_i, t_k)}} \tag{4.6}$$

其中，$N_{(d_i, t_k)}$ 表示词或记号 t_k 在文档 d_i 出现的次数。这里要注意，仅是文档 d_i 中包含的词汇表子集 V_{d_i} 的概率相乘，而不是整个语料库中词汇表 V 中所有词的概率相乘。实现朴素贝叶斯的一个关键步骤是估计词的概率 $P(t_k \mid c_j)$。为了使概率估计对于很少出现的词更有鲁棒性，需要采用一个简单的事件计数的平滑方法去修正这个概率。一个很重要的平滑作用就是它避免了在训练数据的某一类中，一个没有出现过的词概率为 0 的情况。一个相当简单的平滑方法是基于常用拉普拉斯估计（如一个类中，所有的词计数都加 1）。Witten- Bell[129] 是另一个更有趣的方法。

尽管朴素贝叶斯的表现不如其他的统计学习方法，如基于近邻的分类器或者支持向量机，但它在那些对计算概率要求不那么高的分类任务上表现得非常好[40]。朴素贝叶斯方法的另一个好处是它的实现相比于其他学习方法更简单且高效。

4.2.2.2　相关反馈

相关反馈是一个信息检索中应用的技术，它帮助用户逐步完善基于之前搜索结果的查询。它是由用户根据所需信息检索到的相关文档给出的进一步用户反馈组成的。

相关反馈及其在文本分类中的融合，和著名的 Rocchio 公式[113]，都普遍被基于内容的推荐系统所采用。基本的原则是允许用户给推荐系统根据用户的信息需求推荐的文本打分。这种形式的反馈随后被用来逐步改善用户特征，或者为训练将用户个人信息作为分类器的学习算法所使用。一些线性分类器由类别的显式描述（或原始文档）组成[119]。Rocchio 算法是一个可用于推导出这种线性且带有描述风格的分类器。该算法将文档表示成向量，因此有相似内容的文档有相似的向量。向量的每个成分对应着文档中的一个词条（通常是一个词语），而每个成分的权重使用 TF-IDF 计算得到。在类别集合 C 中，对每个类，通过合并文档向量（正例和负例样本）得到每个类的原型向量来完成学习过程。对新文档 d 分类，计算文档 d 表示的向量与每个类的原型向量的相似度，然后把 d 分配给与原型相似度最高的类。

更正式地，Rocchio 算法计算一个分类 c_i 的向量 $\vec{c_i} = <\omega_{1i}, \cdots, \omega_{|T|i}>$（$T$ 是词汇表，训练集里不同词的集合），公式如下：

$$\omega_{ki} = \beta \cdot \sum_{|d_j \in POS_i|} \frac{w_{kj}}{|POS_i|} - \gamma \cdot \sum_{|d_j \in NEG_i|} \frac{w_{kj}}{|NEG_i|} \tag{4.7}$$

其中，ω_{kj} 是文档 d_j 中词 t_k 的 TF-IDF 权重，POS_i 和 NEG_i 是指定类别 c_j 中的正例和负例样本集合。β 和 γ 是控制参数，可以用来设置所有正例和负例样本的相关程度。计算文档向量 d_j 与每个类别的原型向量 $\vec{c_i}$ 的相似度，和 c_i 相似度最高的类别为 $\tilde{c}$，则将 $\tilde{c}$ 作为文档 d_j 的类别。基于 Rocchio 的分类算法没有任何理论基础，也不保证有效或收敛[108]。

4.2.2.3　最近邻

最近邻算法，也称为懒惰学习器，将训练数据简单地存储在内存里，对于一个新的样本，通过一个相似函数比较它与存储的所有样本的相似度，从而对它进行分类。确定"最近邻"或"k-最近邻"物品，未分类的类标签来源于最近邻的类标签。这时就需要相似度函数，例如当样本用 VSM 表示的时候，采用余弦相似度。最近邻算法非常有效，但其最大的缺点是在分类时效率低下，因为缺少一个真正的训练阶段，因此拖延了分类时间。

4.2.3　基于内容过滤的优缺点

采取基于内容的推荐理论相比于基于协同过滤的推荐有以下优点：

- **用户独立性**。基于内容的推荐仅使用当前用户提供的评分来构建自己的个人信息。而协同过滤的方法需要其他用户的评分来发现该用户最近的近邻，例如，由于对相同的物品评分相似而品味相似的用户。这时，只有当前用户最近邻很喜欢的物品才有可能推荐给当前用户。
- **透明度**。通过显式地列出使得物品出现在推荐列表中的内容特征或描述，可以解释推荐系统是如何工作的。这些物品特征决定是否信任该推荐的指标。相反地，协同系统是一个黑盒子，对一个推荐物品的唯一解释是相似品味的未知用户喜欢过该物品。
- **新物品**。基于内容的推荐系统在没有任何用户评分的情况下也可以进行推荐。因此，对于新物品没有第一次评分的问题，这会影响协同过滤推荐系统，因为协同过滤推荐系统仅依赖于用户的偏好产生推荐。所以只有当一个新物品被一系列用户评分之后，系统才可能推荐它。

尽管如此，基于内容的系统也有以下一些缺点：

- **可分析的内容有限**。基于内容的推荐技术有一个天然的限制，即与推荐对象相关的特征数量和类型上的限制，不管是自动还是手动的。领域知识一般是必需的，例如，对于电影推荐，系统需要知道电影的演员、导演，有时候领域本体也是需要的。当分析的物品内容信息不足以区分哪些物品是用户喜欢的，哪些物品是用户不喜欢的时候，没有任何基于内容的推荐系统可以给出合适的推荐。有些解释只能获取物品内容的某些方面，但是还有很多别的方面也能影响用户体验。举个例子，在玩笑或者诗词里，没有足够的词频信息为用户兴趣建模，这时，情感计算的技术就会更适用。此外，对于网页来说，文本特征抽取技术完全忽略其美学特征和附加的多媒体信息。最后，基于字符串匹配的CBRS 面临以下问题：
  - **多义词**：一词多义；
  - **同义词**：多个词有相同的意思；
  - **多次表达**：两个及以上单词构成的序列，难以通过单个词的意思预测序列的意思；
  - **命名实体识别**：难以将文本的元素分类进预先定义的类别，包括人名、组织、地点、时间表达式、数量、货币价值等；
  - **命名实体歧义消除**：难以确定文本中的实体身份。
- **过度专业化**。基于内容的推荐在本质上无法发现一些出人意料的物品。系统建议的物品和用户的个人信息高度匹配的时候，给用户的推荐也会是与已有的评分物品相似的物品。这个缺点主要是由于基于内容的系统产生的推荐物品在新颖性上的缺陷，称作惊喜度问题。举例来说，当一个用户只评价了 Stanley Kubrick 导演的电影，那么她得到的推荐就只有这种类型的电影。一个"完美"的基于内容的技术可能很少发现任何新颖的东西，这限制了使用它的应用程序的范围。
- **新用户**。在一个基于内容的推荐系统可以真正理解用户偏好且给出准确的推荐之前，需要收集足够的评分。因此，当只有很少的评分可用的时候，对于新用户来说，系统不能提供可靠的推荐。

4.3 自上而下的语义方法

为了应对 CBRS 存在的主要问题(有限的内容分析和过于专门化)并生成更精准的推荐，人们越来越多地使用深度的领域知识作为推荐过程的一部分。为此，一些 CBRS：

- 结合本体论知识，从简单的语言本体到更复杂的领域特定本体[81]；
- 利用非结构化或半结构化的百科知识资源，例如维基百科[120]；
- 尝试利用所谓的关联开放数据云(Linked Open Data cloud)[39]。

本节以下内容从知识来源的多样性以及表示物品和用户画像的技术方面概述 CBRS。其中，4.3.1 节描述在定义高级 CBRS 中本体的作用，重点关注其主要的优缺点；4.3.2 节描述使用百科知识的推荐方法，并提出一个能够有效地提升 CBRS 的新本体资源；最后，4.3.3 节讨论一些近期基于关联开放数据云的方法。

4.3.1 基于本体资源的方法

语言知识的主导作用受益于 WordNet[84] 的广泛使用，其主要通过使用词义消歧（Word Sense Disambiguation，WSD）算法对内容进行语义解释。文献[36，37]使用 WordNet 和 WSD 算法将语言知识整合到学习用户个人特征的过程中。WordNet 的基本模块是 SYNSET（同义词集合），它代表一个单词的具体含义。于是，物品被表示成一个基于 SYNSET 的向量模型，用户特征则表示最能表现用户喜好的 SYNNET。基于 SYNSET 的表示除了具有很好的性能之外，它的另一个优点在于其本质上的多语言性。事实上，不同语言的概念（词义）保持不变，只是用于描述它们的词语在每种特定语言中会发生变化。使用诸如 MultiWordNet（能够将一个词语的出现对应到某个特定的含义）[9] 的词汇资源，可以在无视原始语言的情况下定义不同语言之间的桥梁。文献[71]提出了一个基于 MultiWordNet 的 WSD 算法，该算法被集成到一个跨语言的推荐系统 MARS（Multil-Anguage Recommender System）的设计中，MARS 的有效性与经典的单语言的基于内容的推荐系统相当。类似地，文献[75]提供了一个多语言新闻网站的个人代理，采用一个使用 MultiWordNet 的词域消歧（Word Domain Disambiguation）算法[74] 来获得基于 SYNSET 的文档表示。

最近很多工作仍然使用 WordNet 来构建语义推荐系统。文献[25]考察了一个使用 WordNet 的新闻推荐方法。在这项工作里，WordNet 的 SYNSET 用于计算未读新闻和存储在用户画像中的新闻的相似性，相似性度量算法来自 Wu 和 Palmer[130]。为了处理缺乏对命名实体的支持的问题，作者根据一个基于 Web 搜索引擎的命名实体的页面计数扩展了基于 WordNet 的推荐方法。文献[27]中也采用了 WordNet 和 WSD，通过计算短微博间的语义相似性来推荐与用户喜欢的或有喜欢趋势的推文。

尽管 WordNet 存在优势，但也有一些局限性，包括对于命名实体、事件、当代术语和一般特定知识的有限覆盖。随着 Semantic Web[10] 的出现，本体成为许多领域表达知识的强大手段，并且许多方法将本体知识引入到推荐系统中。本体用于描述领域特定知识，通常作为具有属性和关系的概念层次结构来处理，它建立了一个相互关联的概念和实例的语义网络。通常，当领域模型表示为本体时，物品和用户模型由来自领域本体的概念子集组成，以及衡量它们重要性的数值。文献[82]使用基于计算机科学分类的研究方向本体来表示物品和用户画像，从而做到在线的学术研究论文推荐。匹配是基于用户画像中的主题与论文主题之间的相关性。相同的方法在文献[22，23]中用来推荐新闻。其中，物品描述是本体概念空间中 TF-IDF 的得分向量，用户特征在相同的空间下，并且物品 – 用户的匹配采用的是余弦相似度比较方法；与此不同，文献[21，24]通过对用户和物品空间进行聚类来构建隐含的用户兴趣，并根据兴趣相似性做推荐。文献[121]根据三层本体里概念的位置来计算物品和用户特征之间的相似性，文献[16]则提出了一个更先进的推荐方法，这个方法在本体上采用扩展激活算法（spreading activation algorithm）来向用户提供感兴趣且新颖的物品。文献[26]也使用了扩展激活算法，它从少量的初始概念（从用户反馈中获取）出发，传播到其他相关领域概念中，从而提供了更好的推荐，并且缓解了冷启动问题。这种方法的新颖性在于定义了一组上下文传播策略，包括兄弟间的水平传播和祖先后代间的垂直传播，从而使用户的兴趣向上和向下传播。

在物品和用户特征上采用本体知识来增加它们的语义维度有利于限制 CBRS 的一些缺陷，

并提供更好的推荐结果。基于本体的用户特征会更加清晰，并且可以采用本体知识的结构来定义两个概念间的语义相关性。文献中提供了多种方法，包括基于边的（例如 Wu and Palmer，Leacock and Chodorow）和基于点的（例如 Resnik，Jiang and Conrath，Lin）。关于这些方法的更多细节参见文献[19]。

另一方面，在推荐系统中使用本体知识依旧存在很多阻碍。为了构建丰富且具表达力的领域特定本体知识，需要人类专家花费大量的时间，而且还存在繁重的维护任务[63]。因此，许多研究人员越来越重视整合在线协作资源中提取的世界知识，并将这些丰富的资源用于语义感知的推荐系统。

4.3.2　基于非结构化或半结构化百科知识的方法

人工智能（AI）研究领域已经认识到知识对于解决问题的重要性。早在 AI 研究的早期，Buchanan 和 Feigenbaum[18]就制定了知识就是力量（Knowledge-as-Power）假设，即"智能程序执行任务的能力主要取决于针对这个任务的知识的数量和质量"。

许多知识源在过去的几年中成了可获取资源，包括结构化和非结构化的知识（例如 Open Directory Project（ODP）、Yahoo! Web Directory 和维基百科）。使用外部知识可以更好地了解信息（文档、新闻、产品描述）并提取更有意义的特征，以便能够设计出更好的基于内容的高级过滤方法。在非结构化知识源中，维基百科成为最常用的信息源[8,42,59,96]。使用维基百科而不是常规文档作为知识源的主要优点有：

- 它是网络上免费提供的资源；
- 它知识覆盖广泛并不断更新；
- 它具有多种语言，可以看作多语言语料库；
- 它非常准确[50]。

另一方面，维基百科的知识可以由人类编写且以易于理解的文本形式存在，并且需要足够的常识知识才能正确地去理解。因此，维基百科页面的解释需要使得机器可处理的自然语言理解能力。

多位研究人员[33,46,49]已经进行了从维基百科中提取和使用知识的研究。他们定义了几种不同的技术来利用维基百科中包含的百科知识，以选择最准确的语义特征来表示物品或用于生成新的语义特征来丰富物品表示。

其中特征选取工作最突出的当属 Wikify![33]和 Tagme[46]。Wikify! 使用关键词提取来识别文本中的重要概念，然后通过 WSD 技术将这些概念关联到相应的维基百科页面。更具体地说，Wikify! 是一个自动交叉引用维基百科文献的系统[85]。该系统针对维基百科的文章进行训练，因此会像维基百科的编辑一样学会消除歧视和检测关联[45]。

Tagme[46]通过一个利用维基百科页面之间的相互关系等启发式方法的锚消歧（anchor disambiguation）算法，增强具有维基百科页面超链接的文本表示。Tagme 的主要优点在于它能够对短小而不合理的文本写注释，例如来自搜索引擎的结果页面、推文、新闻等的小片段。

显式语义分析（ESA）[49]是一种为了丰富物品表示方法而利用维基百科知识生成新特征的工作。ESA 将文本文档的语义标示为一个细粒度的维基百科概念的加权向量。其中概念对应于维基百科的文章（例如 WOODY ALLEN、APPLE INC.、MACHINE LEARNING）。类似于众所周知的潜在语义分析（LSI）技术[35]，ESA 的表示方式是基于潜在的（而不是可理解的）特征，而不是从维基百科（由人类明确定义和编辑的概念）派生的显式的（和可理解的）概念。

文献[48，49]使用 ESA 计算自然语言文本的语义相关性，取得了比基于关键词的方法更好的表现。文献[43]使用 ESA 来丰富文件和查询，以增强传统的基于词袋（bag-of-words）的检索模型。文献[8]使用 ESA 来丰富词袋用来在聚类之前表达新闻或博客。ESA 也被有效地运用在文本分类任务中，增强基于维基百科知识的词袋表示[49]。

最后，多种语言的维基百科知识以及维基百科文章的多语言对齐可以提供跨语言和多语言的服务。Potthast 等人[109]提出了一种基于维基百科的多语言检索模型来分析跨语言相似性。他们的结果表明：给定特定语言的查询时，来自其他语言的语料库中最相似的文档将被正确排序。他们使用的是扩展自 ESA 的跨语言显式语义分析（CL-ESA）。最近，ESA 还被用来开发跨语言服务搜索工具（CroSeR），以支持电子政务服务与关联开放数据云间的跨语言关联[98]。

4.3.2.1 显式语义分析

ESA 背后的想法是将百科全书知识视为一系列的概念，每个概念都附有大量文本（文章内容）。ESA 的厉害之处在于其以机器可以直接使用的方式表示维基百科知识库的能力，而不需要手动编码的常识知识。该技术的要点是使用由这些概念定义的高维空间来表示自然语言文本的含义。ESA 允许通过定义词条和维基百科文章之间的关系来利用维基百科知识。

正式地说，给定一个概念的集合 $C = \{c_1, c_2, \cdots, c_n\}$，权重向量 $<w_1, w_2, \cdots, w_n>$ 表示词语 t，其中 w_i 表示 t 和 c_i 之间的关联强度。概念集合 C 和文档集合 $D = \{d_1, d_2, \cdots, d_n\}$（维基文章）是一一对应的关系。因此，可以构建一个称为 ESA 矩阵的稀疏矩阵 T，其中每一列对应一个概念（维基百科文章标题），每一行对应出现在 $\bigcup_{i=1\cdots n} d_i$ 的词条（单词）。矩阵中的元素 $T_{i,j}$ 表示文档 d_j 中词语 t_i 的 TF-IDF。最后，对矩阵每一列进行归一化，以消除文档长度的差异。于是，可以将词条 t_i 的语义定义为维基百科概念的 n 维语义空间中的一个点。对应于词条 t_i 的权重向量称为语义解释向量。文本片段 $<t_1, t_2, \cdots, t_k>$（一个句子、一个段落、一整个文档）的语义通过计算片段中出现的各个词条的语义解释向量的中心（平均向量）来获得。这个定义允许执行部分的 WSD[49]。

考虑新闻标题"Apple patents a Tablet Mac"这样一个例子。如果没有对高科技行业和相关工具的深入了解，人们很难预测新闻的内容。使用维基百科知识则可以识别以下概念：APPLE COMPUTER（代表计算机公司而不是水果的概念的正确识别）、Mac OS、LAPTOP、AQUA（Mac OS X 的 GUI）、IPOD 和 APPLE NEWTON（苹果早期个人数字助理的名字）。

4.3.2.2 利用百科知识的 CBRS

尽管上述索引方法已经应用到了多项任务上，但是在学习用户特征和提供推荐方面尚未广泛使用。CBRS 也可能从基于维基百科的表示中受益。事实上，ESA 采用的特征生成过程可以形成更丰富的物品表示，能够改善物品和用户特征之间的重叠：新特征允许对没有共享任何关键词的物品进行匹配。ESA 还能够引入新的相关概念，以产生不太明显和更加偶然（意外）的推荐。

文献[91]提出了一个用于个性化电子节目指南（Personalized Electronic Program Guides）的增强型语义电视节目表示方法。这份工作使用 ESA 从维基百科抽取额外特征来丰富电视节目的文字描述，以提高每个节目类型最相关的节目排名。ESA 在词袋表示基础上提供了额外的 20、40 或 60 个新特征，并被用来丰富德国电视节目的描述。为了获得相应的德语 ESA 矩阵，这份工作处理了德国维基百科转储数据（2010 年 10 月 13 日发布，大小约 7.5GB）。结果显示，增强的词袋表示在精度方面优于传统的词袋表示。

除了准确性的提升以外，文献[97]的工作表明：利用百科知识表示用户兴趣可以引入偶然性话题，并获取更容易理解和更加透明的用户特征。这里，透明度被定义为用户特征中关键词反映用户实际兴趣的程度。该工作通过从 Facebook 个人信息中提取的自己声明的兴趣和从已发布的帖子中隐含推断的兴趣。ESA 实现的特征生成过程有助于引入偶然性兴趣，而 Tagme 实现的特征选择过程有助于获得更容易理解的、更能代表用户兴趣的用户特征。

文献[96]同样证实了这些结果，即 ESA 和 Tagme 均可以有效地用于提高新闻推荐的表现。新闻标题从一组 RSS feed 中提取出来，而兴趣特征是从 Facebook 和 Twitter 的用户账户中提取出来。提取的信息(新闻、帖子、推文)分别用关键词、ESA 概念或 Tagme 概念表示，其中 Tagme 获得的特征表达在透明度和准确性方面优于其他两者。这可能是因为 Tagme 能够有效地注释短文本(如新闻标题)。

文献[105]中显示了 ESA 技术应对冷启动问题的能力，介绍了 TED 讲座(非小说多媒体环境)推荐的 CBRS。使用 ESA 作为演讲标题和描述的检索方法，可以获得比其他语义表示更好的性能，这表明基于外部知识的物品特征表示方法比通过其他语义方法从内部领域知识获取的物品特征表示更加有效。

4.3.2.3   BabelNet：百科全书词典

像维基百科这样的资源缺乏对词汇词义的全面解释，而只能由其他像 WordNet 这样的计算词典提供。在本节中，我们简要介绍一种名为 BabelNet[100]的新资源，它集成了最大的多语言网络百科全书(维基百科)和最流行的计算词典(WordNet)，以获得大规模的多语言语义网络。BabelNet 集成了 WordNet 中包含的语言知识和维基百科中包含的百科全书知识，以提供百科全书词典。它将知识编码为有标记的有向图：节点是从 WordNet 和维基百科中提取的概念(WordNet 中提供的单词含义 synset，以及从维基百科中提取的百科全书条目 Wikipage)，边标记来自 WordNet 的语义关系，以及来自维基百科上未指定语义关系的超链接文字。每个节点还包含一组不同语言概念的词法(比如英语 APPLE，西班牙语 MANZANA，意大利语 MELA，法语 POMME……)。这些词汇化概念被称为 Babel synset。BabelNet 的当前版本(2.0)涵盖了 50 种语言、超过 900 万的 Babel 同义词和 2.62 亿个词汇关系。

图 4-2 给出了一个在 BabelNet⊖查询 "apple" 获得的两个结果的摘录。该系统返回 11 种 "apple" 的含义，如水果、英国摇滚乐队、跨国公司等。点击其中一个含义会超链接到相应语言的 WordNet synset 或 Wikipedia 页面。该系统还报告了从不同资源提取的注释以及从相应的维基百科页面提取的类别。对于每一种含义，也可以浏览其语义相关的概念。例如，与 "apple" 跨国公司(Apple Inc.)这个含义相关的概念有计算机体系结构、Power Mac G4、Apple ProDOS 等。有关 BabelNet 的更多信息，请参见文献[100]。

BabelNet 语义库可以有效地用于各种各样的任务，从多语言语义相关性[101]到(多语言)WSD[99,102]。BabelNet 也可以推动 CBRS 的研究进展，以更丰富的知识来表示物品和用户特征。

4.3.3   基于关联开放数据的方法

来自不同开放知识源的新的、更易于获取的信息造成了快速增长的大数据难题。这些新的开放数据源是价值巨大而未开发的宝藏，为新一代推荐系统铺平了道路。使用多来源的开放或汇集数据(通常与专用大数据相结合与连接)，可以帮助发现那些只使用内部数据难以发现的洞察。关联数据社区主张通过以下最佳规则来处理 Web 上的结构化数据的协同发布和互联⊖：

- 使用 URI(Uniform Resource Identifier，统一资源标识符)作为事物(任意现实世界的实体)的名称；
- 使用 HTTP URI 以便用户通过名称查找；
- 使用诸如 RDF 和 SPARQL 之类的标准通过查找 URI 传递有用信息；
- 引入链接以便能够连接到其他 URI 来发现更多的事物。

⊖ http://babelnet.org/.

⊖ http://www.w3.org/DesignIssues/LinkedData.html.

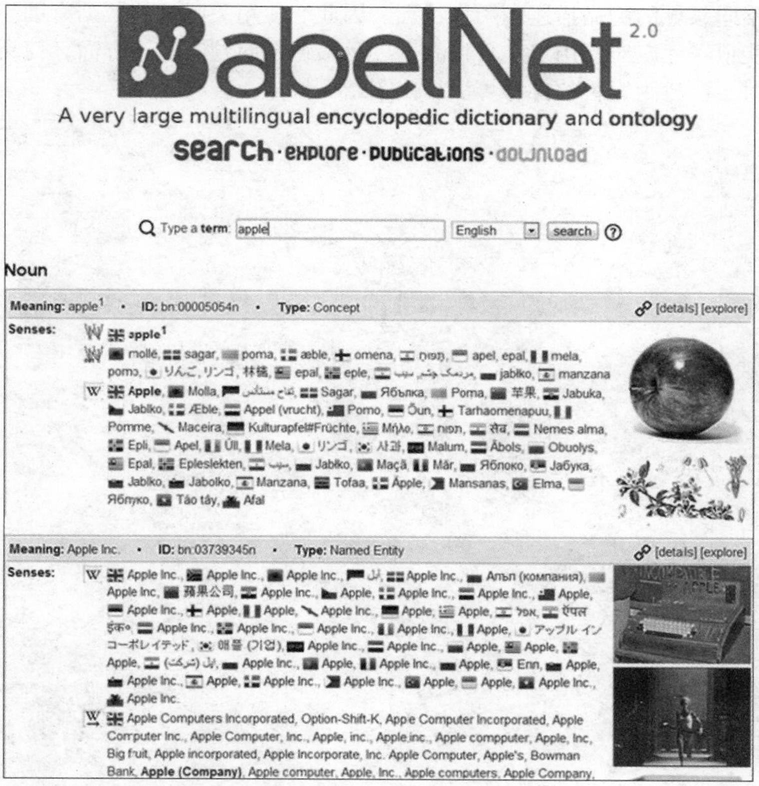

图 4-2 在 BableNet 中查询 "apple" 的返回结果

这些规则允许使用语义 Web 标准[14]以可以互操作的方式在 Web 上传播结构化数据。

在过去的几年中，越来越多的语义数据按照上述关联数据原则发布，这些数据连接了涉及地理位置、人物、公司、书、科学出版物、电影、音乐、电视和广播节目、基因、蛋白质、药物、在线社区、统计数据、评论在内的全球数据空间，我们称之为数据 Web（Web of data）[13]。这些彼此相互连接的数据集形成了一个称为关联开放数据云的全局图。在撰写本章内容的时候，已经有超过 2100 多个数据集组成了接近 620 亿的 RDF 三元组⊖。图 4-3 显示了关联开放数据云的一个片段，其核心为 DBpedia。

资源描述框架（RDF）是描述数据中的事物之间关联的存在和含义的标准机制，它明确说明关联的性质（关联的类型）。例如，可以在两个人之间设置类型为 "friend_of" 的超链接。RDF 语句采用主谓宾表达式，也称为三元组，其中主语表示资源，谓语表示资源的一个方面，并表示主语与宾语之间的关系，关系也称为属性。SPARQL ⊖是 RDF 图上的类 SQL 语言，可用于检索和操作以 RDF 格式存储的数据。

在推荐系统的背景下，这有助于将用户、物品及其关系的各种信息相互联系起来，并实现可支持和改进推荐过程的推理机制[34]。挑战在于研究这种大量的、广泛覆盖和关联的语义知识能否以及如何显著地改善复杂的过滤任务。

4.3.3.1 使用关联开放数据的 CBRS

最近才有些工作开始使用关联开放数据来实现推荐系统。一方面，这种数据的丰富性和本

⊖ http://stats.lod2.eu/.

⊖ http://www.w3.org/TR/rdf-sparql-query/，于 2014 年 9 月 12 日访问。

体性可以充实不同领域的物品描述和用户特征。因此，使用关联开放数据有助于填补背景数据中的鸿沟，并能很好地应对新用户、新物品，以及稀疏性问题。另一方面，使用这么大量的相互联系的数据对于已较为完善的推荐算法提出了新的挑战。

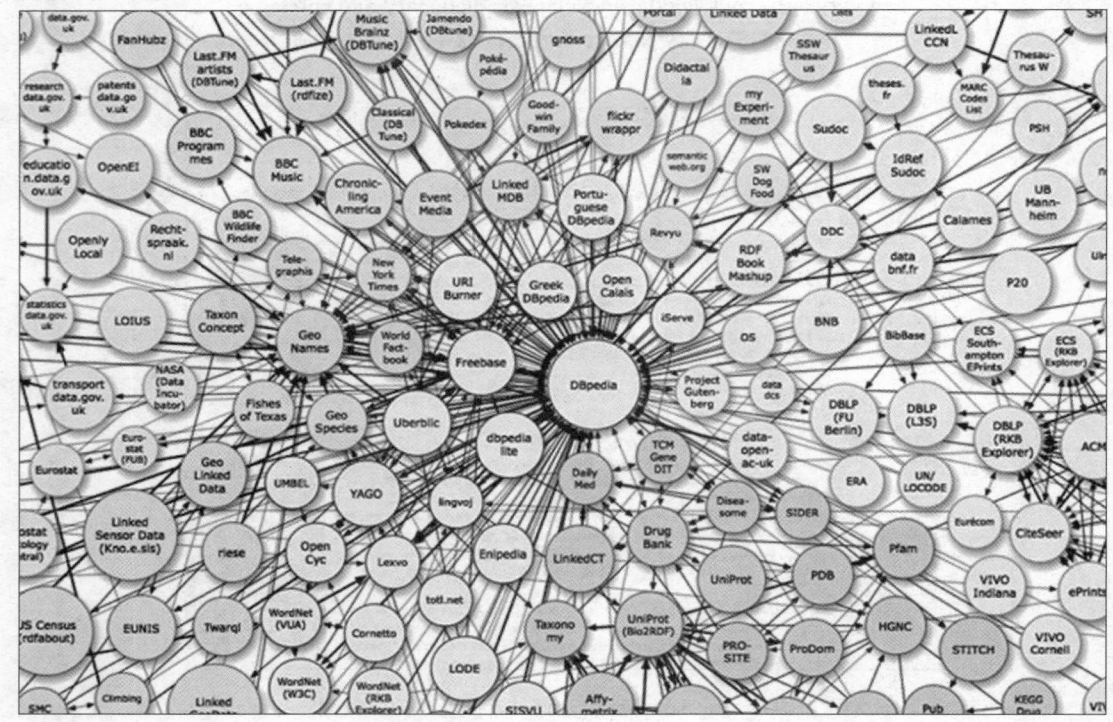

图 4-3   关联开放数据云的片段(2011 年 9 月)

利用关联开放数据来构建推荐系统的第一个尝试是 dbrec[106]，它使用 DBpedia 实现了一个乐队和独奏艺术家的音乐推荐系统。该系统基于关联数据语义距离(Linked Data Semantic Distance，LDSD)算法[107]，此算法通过计算 DBpedia 中所有艺术家的语义距离来提供推荐。LDSD 是一种基于边的度量方法，它没有考虑语义间的关系、边的层次性，或其他 DBpedia 属性。它能够以关联开放数据的正向副作用来解释推荐计算。关联开放数据也被用来缓和基于协同和基于内容的推荐算法的数据采集问题。文献[56]通过利用来自 DBTune[110] 的用户 - 物品关联来扩展协同推荐系统的架构，所得到的用户 - 物品关系的 RDF 图被转换成推荐算法可使用的用户 - 物品矩阵。文献[95]使用 DBpedia 数据来丰富从 Facebook 的个人播放列表中的新的相关艺术家。原始播放列表中的每个艺术家被映射到 DBpedia 中的一个节点，然后通过考虑共享属性(如艺术家的类型和音乐的类别)选择其他相似的艺术家。

文献[44，46]描述了一种利用关联开放数据来计算跨领域推荐的方法。通过识别当前领域的类型以及这些类的实例之间的关系，源领域和目标领域被分别映射到 DBpedia 中。然后，通过查询 DBpedia 可以定义一个语义网络，以便将源领域的某个实例与目标中的相关实例进行关联；推荐机制则依赖于语义网络上的基于图的排序算法。文章作者发现将音乐艺术家推荐和音乐曲目推荐应用到景点推荐中，可以取得较好的结果。与 dbrec 相似，此方法能够基于语义网络中的景点和音乐艺术家之间的语义关联来提供推荐的可解释性。

文献[38]提出了一种更简单的只使用关联开放数据来定义 CRBS 的物品和用户特征的方法。从 DBpedia 和 LinkedMDB[54] 中提取的特定属性的本体信息，被用于物品描述的语义扩展，以获取无法仅从节点间的关联中发现的隐式的关系和隐藏的信息。对于不同属性组合的实验评估显示，更多的属性将会得到更准确的推荐，原因是更多的属性在某种程度上减轻了 CBRS 的有限内容分析问题。

和前述工作类似，文献[39]提出了只使用关联开放数据的 CBRS。文章使用来自 DBpedia[15]、LinkedMDB[54] 和 Freebase[17] 的数据修正向量空间模型（Vector Space Model，VSM）来做电影推荐。根据电影的一些属性来构造的 RDF 图被表示为一个三维矩阵，其中每个分片代表了电影的一个本体属性（例如导演、演员、类型等）的邻接矩阵。矩阵元素非空代表对应的行与对应的列相关。权重方案基于 TF-IDF，可以用余弦相似性来测量两部电影间的相关性。推荐过程通过计算用户特征（用户喜欢和不喜欢的电影）和用户未知的电影间的相似性来执行。多个属性的相似度以线性方式组合，并通过遗传算法学习每个属性权重的最佳配置。如文献[38]所述，使用更多的本体论信息可以获得更好的结果，并能更好理解推荐的结果（例如推荐的某个属性在用户特征和电影特征上是一致的）。

文献[39]中设计的方法也被有效地应用于 Cinemappy[104] 和事件推荐系统[67] 中。前者是一个通过使用本地化 DBpedia 数据来做电影推荐和电影院推荐的上下文感知 CBRS，其结果通过利用用户的上下文信息来增强推荐结果。后者推荐的是一个事件，这个问题还有很多需要改进的地方（比如在社交方面，你需要为你的朋友推荐需要参加的一个活动）。

以上所有方法都依赖于关联开放数据来获取可以增加物品之间共同特征数量的隐式关系，或是在语义图上实现更复杂的推理机制。最终，通过使用关联开放数据提供的更丰富的特征表达，我们可以学习基于内容的用户特征推理机制[89]。文献[103]提出了一个更进一步而有趣的工作：它利用 DBpedia 提取的基于语义路径的特征和一个学习排序（learning to rank）算法来做推荐。从普通的基于图的内容特征表达和协同数据模型开始，这个方法把所有关联用户和物品的路径都考虑进去计算相关性。用户与物品之间的路径越多，该用户和该物品的关联性就越大。

4.3.3.2　其他实体关联算法

文献[1，2]提出了一个基于 Twitter 帖子分析的语义增强的用户模型。实体关联算法通过识别推文中提到的最相关的实体来丰富和扩展用户模型。类似地，在文献[94]中采用了实体关联算法来增强基于内容的上下文感知推荐框架。实验结果显示，基于实体的算法能在上下文感知和非上下文感知推荐中提高推荐系统的预测准确性。

本节将介绍一些其他已知的实体关联系统，这些系统可以有效地用于实现语义 CBRS。

Babelfy ⊖[88] 是一种用于实体关联和词义消歧的综合方法。给定一个词汇化语义网络（如 BabelNet），该方法基于以下三个步骤：1）语义网络的每个节点的语义签名（相关概念和命名实体）的自动创建；2）从给定文本中提取所有可关联的片段，列出根据语义网络可知的所有可能的含义；3）基于高内聚最稠密子图算法（high-coherence densest subgraph algorithm）完成关联。

DBpedia Spotlight[80] 旨在通过使用 DBpedia 作为中心将非结构化的文本关联到关联开放数据云。输出是与遵循 DBpedia 实例 URI 的文本相关的一组维基百科文章。注释过程分为四个阶段进行。首先，分析文本以便选择可能表示 DBpedia 资源的短语。在这一步中，仅由动词、形容词、副词和介词组成的短语会被忽略。其次，通过将所发现的短语映射到作为无歧义的候选资源来构建一组候选 DBpedia 资源。消歧过程根据短语的上下文环境来决定最佳候选。

还有些其他工具支持自然语言文本的语义注释，但这些应用于执行分析的技术没有足够的细节描述。

Alchemy ⊖ 提供了一个 NLP 处理服务，这个服务能够分析网页、文档、推文以识别实体、

⊖　http://babelfy.org.

⊖　http://www.alchemyapi.com/.

关键词、概念等。它提供了关联开放数据云的连接（DBpedia、Yago、Crunchbase 等）。它还通过向输入文本附加一个情感极性对输入做情感分析。

Open Calais ⊖利用 NLP 和机器学习技术来查找文档中的实体。与其他实体识别工具的主要区别在于，Open Calais 返回了文章中隐藏的事实和事件。Open Calais 由三个主要部分组成：1）能够识别人类、公司、组织的命名实体识别工具；2）将文本与位置信息、联盟、个人政治联系起来的事实识别器；3）识别运动、管理、事件变更和劳动行为等的事件识别器。Open Calais 支持英语、法语和西班牙语，其资源目前与 DBpedia、Wikipedia、Freebase、GeoNames 相关联。

NERD（命名实体识别和消歧）⊜[112]是一个统一了不同命名实体提取器（如 Alchemy、DBpedia Spotlight、Open Calais 等）的框架，并提供了这些工具的一组丰富的公理分类法。在 NERD 本体中，建立了来自不同模式的分类法之间的手工映射，只要至少有 3 个使用某个概念的提取器，NERD 本体就包含此概念。

4.4 自下而上的语义方法

本节关注能够产生物品和用户的隐式语义表示的方法，与 4.3 节的方法相比，可以看作轻量级方法。本节技术主要基于分布假说，即单词的含义取决于它的上下文。这类方法最显著的特点在于，语义表示可以直接通过词语在大规模语料数据中的使用方式习得。因此，相对于需要开发外部资源或维护本体的方法，此类方法不需要任何人为干预。自下而上的语义方法只需要尽可能多的数据来学习和表示词语的含义。

本节介绍判别式模型的背景知识（4.4.1 节），以及一个新的基于内容的推荐框架定义的基本知识；此框架能够利用 VSM 的长处，也能同时解决其缺陷。其中，4.4.1.1 节讨论一种能够避免因式分解的新颖降维技术，4.4.1.2 节给出了一个更为复杂的否定运算符来建模负面偏好。4.4.1.3 节综述基于前述方法的 CBRS。

4.4.1 基于判别式模型的方法

判别式模型（Discriminative Model，DM）依赖于一个简单的洞察：人们通过理解通常使用该词的上下文来推断词的含义，判别式算法通过分析一个单词在大规模语料文档中的用法来提取关于该词词义的信息。这意味着可以通过分析与某个单词（如皮带）共同出现的其他单词（如狗、动物等）来推断其含义[114]。类似地，可以通过分析使用不同词语（如皮带和口套）的上下文之间的相似性来推断词语之间的相关性。这类方法依赖于分布假设[53]，即"相同上下文中出现的词倾向于具有相似的意义"。这意味着词在语义上类似程度取决于它们上下文的相似程度。

DM 将词语的使用信息表示成一个上下文矩阵（见图 4-4），而不是经典 VSM 中采用的词语 – 文档矩阵。其优点在于上下文是一种非常灵活的概念，可以适应应用所要求的特定表示粒度。例如，给定一个单词，其上下文可以是与

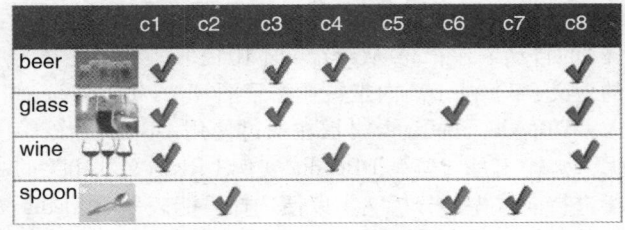

图 4-4　一个词语 – 上下文矩阵。对词语使用模式的分析可以得出：由于经常共同使用，啤酒（beer）和葡萄酒（wine）或者啤酒（beer）与玻璃杯（glass）是相似的

⊖ http://www.opencalais.com/.

⊜ http://www.wikimeta.com/portfolio_nerd.html.

它共同出现的单个单词、围绕它的滑动窗口内的词语、一个句子，或者整个文档。文献[125]中综述一个关于 VSM 表达语义的三大类方法，根据不同类型的矩阵可分为：1）通常用于测量文档的相似度的词语 - 文档矩阵；2）通常用于测量词语的相似度词语 - 上下文矩阵；3）通常用于测量关系（即 X、Y 共同出现的文本模式，例如 X 切割 Y 或 X 与 Y 合作）的相似度的成对模式矩阵（pair-pattern matrix）。

经典 VSM 是文献中提出的最简单的 DM，其单词的共同出现使用整个文档作为上下文。这种方法使用词之间的语法关系来评估其语义相似性。事实上，具有相似意义的词语往往会出现在同一个文档中，因为它们适合于描述该文档的特定主题。相对地，另一类计算单词的共同出现的方法是基于范式关系。因为在一个小的上下文窗口中，我们没有预期相似单词（如同义词）的共同出现，但是我们可以预期相似单词周围的词语会或多或少相同。

DM 也称为几何模型，因为每个单词可以表示成一个单词 - 上下文矩阵中的行向量。为了计算词语之间的相关性，可以利用依赖于分布假设的分布度量，包括空间度量（如余弦相似度、曼哈顿和欧几里得距离）、基于互信息的度量（如 Lin），或基于相对熵的度量（如 Kullback-Leibler 分歧）[87]。

一方面，这种表征的优点是能够构建一种通常称为 WordSpace[72] 的语言模型，并以完全无监督的方式学习相似性和连接；另一方面，在采用更细粒度的表征时，向量的维度是一个明显的问题（维度诅咒，curse of dimensionality）。例如，将句子作为上下文粒度使用会导致向量空间维度爆炸：假设平均每个文档有 10 ~ 20 个句子，向量空间的维度将是使用经典的词语—文档矩阵的 10 ~ 20 倍。为此，需要采用特征选择或降维技术。

4.4.1.1　降维技术

降维技术能够将一个高维空间转换到一个低维空间。

隐式语义索引（Latent Semantic Indexing，LSI）[35] 是一种基于对单词—文档矩阵应用奇异值分解（SVD）[68] 构建语义向量空间表示的技术。这项技术通过在大规模文本语料库上进行统计计算获得词语语义的表示，可以分为两个步骤：首先，语料库被表示成一个矩阵，其中每行代表一个单词，每列代表一个文本段落（文档）；其次，在得到的矩阵上应用 SVD 得到两个降维后（通过选取最大的数个特征值）的矩阵，降维后的矩阵以隐式正交因子的方式表示原来矩阵的行（词语）和列。

文献[11]指出，由 SVD 产生的降维后的正交矩阵比原始数据噪声更小，并且捕获了词语和文档之间的潜在关联。

在 CBRS 领域使用 LSI 已经有数项研究工作[47,78]，并且这些工作已经证实它在多个应用领域里都能够胜过其他技术。文献[122]使用协同和内容特征构建用户的特征，并且利用 LSI 来检测用户的主要特征。这样得到的降维后的特征性能要优于协同过滤、基于内容以及混合算法的性能。最近，LSI 已经被有效地用于电视节目混合推荐中基于内容的组件[7,32]，以及根据用户要求推荐源代码示例的任务[79]。然而，Terzi 等人[124]表明，当可用数据集较小且文本内容太短时，LSI 与其他方法相比，可能会表现不佳。这一结果证实了 DM 的有效性往往依赖于大量有关词语使用的数据，无论采用何种降维技术。

无论其有效性如何，LSI 降维都会遇到由于使用 SVD 而引起的可扩展性问题。因此，研究工作已经关注更具可扩展性和增量式的技术，如基于随机投影（Random Projection，RP）的技术[126]。文献[55]中关于 Hecht-Nielsen 近正交性（near-orthogonality）的研究给出了该技术的理论基础。这类技术最初在文本文档聚类中提出[69]，它们不需要分解，而是基于如下洞察：在不影响距离度量的前提下，将高维向量空间随机地投影到较低维度的空间中。遵循该类方法，一个 $n * m$ 的高维矩阵 M 可以变换成一个降维后的 k 维矩阵 M^*：

$$M_{n,m} \times R_{m,k} = M^*_{n,k} \tag{4.8}$$

其中，R 的行向量以伪随机方式（后面将有更详细的描述）构建。根据 Johnson-Lindenstrauss 引理[62]，当随机矩阵 R 遵循特定约束进行构建，其降维后空间中的点之间的距离几乎保持不变，即与原始空间中的点之间的距离成比例（见图 4-5）。因此，仍然可以在降维后的向量空间中进行点之间的相似度计算，而且此计算具有最小的显著性损失，具有较大的效率提升。

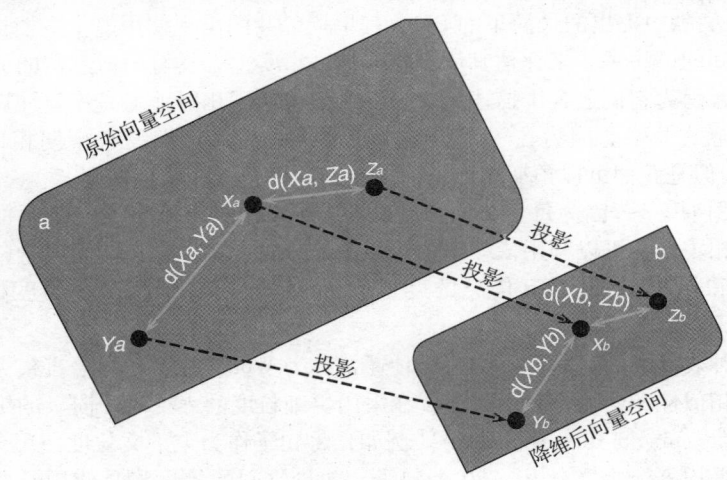

图 4-5　Johnson-Lindenstrauss 引理的视觉解释。Z 在降维后向量空间以及原始向量空间中都是与 X 最接近的点，即使它们之间相似性的数值不同

这一重要成果已经在几项工作中得到实验证实[66,73]。尽管有其优点，但与 SVD 相比，RP 的使用仍然不是很广泛。在文献[29，123]中，RP 被应用于协同过滤，而在文献[105]中，RP 被用来在降维后的向量空间中构建物品之间的相似性矩阵。

RP 用于称为随机索引（Random Index，RI）的判别式模型的降维技术中[115,116]。基于 Kanerva 关于稀疏分布表示的工作[65]，RI 通过创建小规模 WordSpaces 的增量技术，将判别式模型的优点与基于 RP 的降维效率结合起来。与 LSI 类似，RI 也将词语和文档表示为基于分布假设构建的语义向量空间中的点。然而，与 LSI 不同的是，RI 使用 RP 代替 SVD 作为降维技术。因此，由 SVD 执行的重量级分解在这里被 RP 的增量（但有效的）算法代替，其以较少的计算成本执行相同的处理。由于 RI 的存在，可以使用比 $n*m$ 的词语—文档矩阵更稠密的 $n*k$ 的词语—上下文矩阵来表示术语（和文档），因为 k 通常设置为小于 m。RI 的最大优点之一是其灵活性，因为维度 k 是一个可以适应可用的计算资源以及特定应用领域需求的简单参数。大体上来讲，向量空间越大，表示单词相似度的精度越高，表示和更新模型所需的计算资源越高。

通过使用以下增量式策略来获得 k 维表示：

1. 为每个上下文随机生成一个 k 维向量。这个向量是稀疏的、高维的、三元的（它的元素在 $\{-1, 0, 1\}$ 中取值）。向量的值以随机方式分布，但是非零元素的数量必须要小得多。具体来说，一个很常见的选择是对上下文向量的元素使用高斯分布，也可以使用更简单的分布（零均值单位方差分布）[3]；

2. 一个词语的向量表示通过对包含该词语的所有上下文的上下文向量求和来获得；

3. 一个文档的向量表示通过对文档中出现的所有词语（在步骤 2 中创建）的向量空间表示求和来获得。

步骤 2 允许构建 WordSpace，而步骤 3 允许构建 DocSpace。两个空间都具有相同的维度。在 WordSpace 中，可以计算不同词语之间的相似度，而在 DocSpace 中，这是计算不同文档之间的相似度。该方法是完全增量式的：当一个新文档到达时，该算法会为其随机生成一个新的上下文向量（步骤1）并更新WordSpace。该技术是可扩展的，因为该新文档的向量空间表示的计算不需要再次生成整个向量空间，而是简单地通过对其中出现的词语的上下文向量求和来获得。

4.4.1.2 否定运算符建模

上文提到的特征建模存在一个由VSM引起的经典问题：无法考虑来自负面证据的信息（用户不喜欢某个物品）。负面信息是推荐系统的一个重要方面，用户个人特征是通过正面和负面偏好共同建模的。一些工作依赖于Rocchio算法[113]的改编，通过利用用户提供的正面和负面反馈来增量式地改进用户特征。Rocchio算法的问题在于需要大量的参数调整来获取有效性，以及缺乏坚实的理论基础。在文献[41]中也讨论了负面反馈，其通过从查询中减去不需要的向量来表示负面信息，但并没有说明具体减去多少。这是我们试图澄清的问题，我们使用受Widdows[127]启发的以下示例来澄清。

假设有一个WordSpace建立在与音乐相关的文件语料库上（为了避免这个讨论中涉及歧义消除问题）。考虑摇滚（rock）和流行（pop）这两个词的词语向量。查询（rock NOT pop）应该将其建模成与rock相关而又与pop不相关的向量。如果我们从rock向量中直接减去pop向量，可能会删除我们想要保留的rock的特征。相反，我们应该减去合适的量，使得结果中不存在与pop相关的特征。这种去除操作称为向量否定，它与正交性的概念有关，在文献[127]中根据量子逻辑的原理提出。当向量是正交的时候，两个单词没有任何共同特征，它们的意义毫无关联。因此，我们需要使最终查询向量（rock NOT pop）与pop正交。在几何上，这对应于向量rock到向量pop的正交投影，即向量λpop（λ为实数）：

$$\lambda = \frac{rock \cdot pop}{pop \cdot pop} \tag{4.9}$$

从这个定义，（rock NOT pop）被表示为与向量pop正交的向量（rock − λpop）。为了简单起见，我们在这里不讨论模糊问题（例如，rock也可以指地质学）。更多细节可以参见文献[127]。

4.4.1.3 利用判别式模型的CBRS

文献[120]中较早提出了使用判别式模型定义CBRS，其中学习用户特征的过程受益于来自维基百科的外在知识的注入。维基百科中包含的知识使用语义向量包[128]进行处理，以便构建一个相关的单词在该空间中彼此靠近的WordSpace模型。

文献[92]描述了一种使用基于RI和上述否定运算符的判别式模型，并提出了一种新颖的称为增强矢量空间模型（enhanced Vector Space Model，eVSM）的基于内容的推荐框架。在eVSM中，RI用于以增量式的方式构建用户特征，即对该用户表达喜好的所有文档的向量求和。文章通过引入否定运算符来表示用户特征中的正面偏好和负面偏好，来定义更复杂的模型。为此，用户特征不再使用单个向量，而是定义了两个向量：一个用于正面偏好（p_{+u}），一个用于负面偏好（p_{-u}）。

同样的方法也被用于构建语言无关的用户特征[90]，该方法假设在每种语言中，每个词语通常与其他相同的词语（当然以不同的语言表达）共同出现。因此，根据其词语的共同出现构建基于内容的用户特征，用户偏好便可以独立于语言，这便可以为用户提供跨语言的推荐。因而，用英文电影学习的特征可以用来推荐意大利文电影，反之亦然。实验结果是准确的，并与经典的单种语言的推荐方法相当。这突出了该方法的优势，它能够解决复杂的多语言推荐任务，而不需要使用任何复杂的操作（如基于WSD的翻译或语义索引[71]）。

最近，eVSM框架被用来管理上下文信息。在文献[93]中，上下文相关eVSM在eVSM的基础上加上一个后置的上下文感知过滤算法[5]。具体地说，文章构建了一个上下文的语义表示，并用于影响无上下文的推荐。上下文表示背后的直觉是存在一组可能比其他词语更具描述性的词语来建模与某个上下文中相关的物品。例如，如果用户正在寻找适合浪漫晚餐的餐厅，那么包含如烛光或海景等词语的餐厅描述可能更为相关。实验表明，在大多数实验设置中，上下文相关 eVSM 能够胜过不考虑上下文的基准方法，以及文献[4]中提出的上下文感知协同推荐的最新算法。

DM 也面临着上下文感知推荐系统的稀疏性问题，需要大量的有上下文标记的打分数据集（不同上下文中提供的物品的打分）。文献[30]描述了一种方法，其直觉是当在特定情境中提出推荐时，不仅可以使用用户在此情境中的过往打分，还可以使用用户在类似情境中的打分。情境（上下文）的相似性可以通过使用其隐含语义来识别情境的"含义"，隐含语义由概念的使用所捕获。实验表明该方法的性能较好，并在文献[31]中进一步改善。

4.5   方法比较与小结

在前面的小节中，我们分析了自上而下和自下而上的语义方法，用于处理 CBRS 存在的众所周知的问题（有限的内容分析和过于专门化）。

表 4-1 总结了每个方法在如下标准中的优缺点：模型的透明度、主题的覆盖率、所需的 NLP 技术的复杂性、发现物品和用户的关系的推理机制的易用性、是否支持多语言。

表 4-1   CBRS 语义方法概述

方法	描述	参考文献	优点	缺点
自上而下的方法	使用外部知识来改善物品和用户的特征表示	本体资源[16, 21-27, 36, 37, 71, 75, 82, 121]	– 高透明度 – 需要标准 NLP 技术，最多 WSD – 由于概念的层次组织，容易推理	– 命名实体、事件等的有限覆盖 – 没有多语言支持，除非采用特定的资源
		百科知识[91, 96, 97, 105]	– 高透明度 – 广泛的主题覆盖 – 通常支持多语言 – 允许推理	– 由于非结构化信息，需要更多的 NLP 工作量才能使用特定的本体
		关联开放数据云和实体链接[1, 2, 38, 39, 44, 56, 64, 67, 94, 95, 103, 104, 106]	– 透明度非常高 – 广泛的主题覆盖 – 允许深度推理，特别是跨领域推荐	– 需要强大的 NLP 工作将数据链接到关联开放数据云
自下而上的方法	使用物品和用户特征的隐式语义表示。通过分析词语的用法来推断其含义	隐式语义索引[7, 32, 47, 78, 79, 122]	– 允许推理来捕获词语和文档之间的潜在关联 – 通常支持多语言	– 透明度低 – 需要大量的关于词语的用法数据来构建语言模型 – 标准的 NLP 工作量，但是由于需要降低维数而导致可扩展性差
		随机索引[29 – 31, 90, 92, 93, 105, 120, 123]	– 标准的 NLP 工作量和良好的可扩展性，因为不需要因子分解 – 允许推理 – 支持多语言，基于词语的共同出现	– 透明度低 – 需要大量的关于词语的用法数据来构建语言模型

为了捕获用户信息需求的语义，基于自上而下方法的推荐系统可以利用不同类型的外部知识来获得内容的概念表示：本体资源、百科知识以及关联开放数据云。相反，基于自下而上语义方法的推荐系统依赖于能够通过分析词语在大型文档中的使用来获取语义的方法，此类方法

依赖于所谓的分布假设：在相同上下文中出现的词趋向于具有相似的含义。

这两类方法的一个重要区别与透明度有关：显式的基于概念的表示能够定义较为清晰的用户特征，并且对于估计用户特征和物品特征之间的语义相似性特别有用。此外，高级内容表示对推荐的准确性有影响，能够减轻有限的内容分析问题，并且还有助于在匹配的概念方面提供结构良好的推荐解释。

自下而上的方法没有明确的概念表示，其通过分析词语与上下文特征（其他词、较大的文本单位、文档）的共现来推断词的含义。语义被隐含地编码为从大量文档中获取的高维向量。这也是此类方法的主要缺点，没有对推荐结果进行可理解的解释。

另一个问题是高维度向量需要新颖的降维技术，以便提高可扩展性。文献[92]描述了随机索引（Random Indexing），这是一种避免因子分解的降维技术，此技术能够通过区分正面和负面用户偏好来有效地增量式地构建用户特征。使用随机索引的基于内容的推荐框架能够优于当下的其他技术，并且可以轻松实现与语言无关的上下文感知推荐系统[90]。这是自下而上方法的一个优势，不需要执行复杂的 NLP 任务（如翻译或 WSD）便可以提供跨语言推荐。

此外，除了简单的相似之外，还要考虑到这两类方法在发现物品和用户之间新关系的能力上的重要差别。实际上，这两种方法都有可能推断出新信息（例如物品描述中未明确包含的新词或概念），这些信息可能被用来发现物品和用户之间的新关系，但推理过程以不同的方式执行，具体取决于它所依据的知识类型。例如，由于本体的结构化表示，它能以更正式的方式表示领域知识，并且通过浏览概念的层次结构，本体甚至能够在抽象层次上容易地进行推理。显然，由于建立和维护本体的人力成本较大，推理会受到主题受限的影响。因此，研究工作正在开发利用可免费获得的知识来源，如维基百科。百科全书知识涵盖与本体相比具有更广泛的主题，且通常是多语言的，但是也需要更多的 NLP 工作量来分析非结构化信息，以便选择甚至生成语义特征来有效地表示物品和用户。除了在物品描述中可以找到的特征之外，还可以利用这种产生新语义特征的功能来发现物品之间以及物品和用户之间的意外、非平凡的关系。然而，由于没有明确的概念组织，与使用本体相比，NLP 执行此任务的工作量更高。类似地，自下而上的方法由于缺乏对概念的结构化表示，其推理能力的实现也无法像基于本体的方法那样简单。无论如何，判别式模型能够捕捉词语之间的潜在关联，这有助于找到物品之间不寻常的相关性[120]。另一方面，关联开放数据云的基于图形的组织有助于采用较为复杂的推理机制，如文献[103]中所描述的那样，它允许更深入的推理连接不同领域中的数据并提升跨领域推荐。这里需要显著工作量的一个原因是需要将数据链接到关联开放数据云。

4.6 总结与未来挑战

本章围绕两种能够在 CBRS 引入语义的方法：自上而下和自下而上的方法。这两种方法都有优缺点，对 CBRS 的发展构成了新的挑战。许多其他推荐场景可能受益于基于语义的方法。在情感分析中，基于概念的方法被证明优于纯粹的语法技术[20]，因此依赖于用自然语言编写的意见分析来提取用户偏好和情感状态的推荐系统，可以有效地采用所有本章介绍的技术，进而提供更好的推荐。

总而言之，基于内容的推荐系统的研究产生了许多有效的方法，其中一些方法源于 NLP 方面的基础，但仍然存在一些有趣的挑战：

- 定义能够在关联开放数据云的图形结构上进行推理，从而可以发现物品和用户之间的潜在关联的推荐方法（如文献[39]所建议）。这些新关系可以被用于进行跨领域或多样化的推荐。例如，第 11 届欧洲语义网会议的关联开放数据支持的推荐系统挑战显示了如何使用关联开放数据和语义技术来促进创建一个新的基于知识和基于内容的推荐系统。

特别地，挑战的任务之一是专门设计启用关联开放数据的推荐系统，其有效性通过推荐结果的准确性和多样性的组合来进行评估。基于内容的推荐系统中由于面临过于专门化的问题，多样性是一个非常受欢迎的话题；

- 定义基于内容的微博数据挖掘方法和深度文本评论分析方法。特别是基于元素（aspect-based）的意见挖掘和情感分析技术可以支持考虑物品文本评论中不同元素评估的推荐方法的设计。例如，SemEval 2014 的其中一个任务是"基于元素的情感分析"，此任务致力于自动检测笔记本电脑和餐馆的文本评论中的不同元素，以及自动检测这些元素上的情感。这些方法可用于元素的隐含评估，并支持多准则推荐技术的发展；

- 定义能够自动识别性格的基于性格的推荐方法。基于内容的方法可以通过提取与性格相关的语言特征来检测语言中的性格标记[76]。文本自动建模性格有助于将性格方面的信息纳入推荐方法，进而提高推荐质量和用户体验[60]。最近与 UMAP 会议（Conference on User Modelling，Adaptation and Personalization）一起举办 EMPIRE 研讨会显示，基于性格和情绪感知的个性化服务的设计是一个新兴的研究课题。

我们希望本章可以激励学界采纳并有效整合本章几个推荐场景中所讨论的技术，以促进 CBRS 领域的未来创新。

致谢

至此我们由衷地感谢 Michael J. Pazzani 教授和 Daniel Billsus 博士，他们在机器学习用于用户建模和基于内容的推荐系统做出了开创性的工作，本章的许多想法都受其启发。

参考文献

1. Abel, F., Gao, Q., Houben, G.J., Tao, K.: Analyzing User Modeling on Twitter for Personalized News Recommendations. In: J.A. Konstan, R. Conejo, J. Marzo, N. Oliver (eds.) Proc. of the 19th International Conference on User Modeling, Adaption and Personalization, *Lecture Notes in Computer Science*, vol. 6787, pp. 1–12. Springer (2011)
2. Abel, F., Gao, Q., Houben, G.J., Tao, K.: Semantic Enrichment of Twitter Posts for User Profile Construction on the Social Web. In: G. Antoniou, M. Grobelnik, E.P.B. Simperl, B. Parsia, D. Plexousakis, P.D. Leenheer, J.Z. Pan (eds.) Proc. of the 8th Extended Semantic Web Conference, ESWC 2011, Part II, *Lecture Notes in Computer Science*, vol. 6644, pp. 375–389. Springer (2011)
3. Achlioptas, D.: Database-friendly random projections. In: P. Buneman (ed.) PODS. ACM (2001)
4. Adomavicius, G., Sankaranarayanan, R., Sen, S., Tuzhilin, A.: Incorporating contextual information in recommender systems using a multidimensional approach. ACM Trans. Inf. Syst. **23**(1), 103–145 (2005). DOI 10.1145/1055709.1055714. URL http://doi.acm.org/10.1145/1055709.1055714
5. Adomavicius, G., Tuzhilin, A.: Context-Aware Recommender Systems. In: F. Ricci, L. Rokach, B. Shapira, P.B. Kantor (eds.) Recommender Systems Handbook, pp. 217–253. Springer (2011)
6. Baeza-Yates, R., Ribeiro-Neto, B.: Modern Information Retrieval. Addison-Wesley (1999)
7. Bambini, R., Cremonesi, P., Turrin, R.: A Recommender System for an IPTV Service Provider: a Real Large-Scale Production Environment. In: F. Ricci, L. Rokach, B. Shapira, P.B. Kantor (eds.) Recommender Systems Handbook, pp. 299–331. Springer (2011)
8. Banerjee, S., Ramanathan, K., Gupta, A.: Clustering Short Texts Using Wikipedia. In: Proc. of the 30th Annual International ACM SIGIR Conference on Research and Development in Information Retrieval, SIGIR '07, pp. 787–788. ACM, New York, NY, USA (2007). DOI 10.1145/1277741.1277909. URL http://doi.acm.org/10.1145/1277741.1277909
9. Bentivogli, L., Pianta, E., Girardi, C.: MultiWordNet: Developing an Aligned Multilingual Database. In: First International Conference on Global WordNet, Mysore, India (2002)
10. Berners-Lee, T., Hendler, J., Lassila, O.: The Semantic Web. Scientific American **284**(5), 28–37 (2001)

11. Berry, M.W.: Large-scale Sparse Singular Value Computations. International Journal of Supercomputer Applications **6**(1), 13–49 (1992)
12. Billsus, D., Pazzani, M.: Learning Probabilistic User Models. In: Proc. of the Workshop on Machine Learning for User Modeling. Chia Laguna, IT (1997). URL citeseer.nj.nec.com/billsus96learning.html
13. Bizer, C.: The Emerging Web of Linked Data. IEEE Intelligent Systems **24**(5), 87–92 (2009)
14. Bizer, C., Heath, T., Berners-Lee, T.: Linked Data - The Story So Far. Int. J. Semantic Web Inf. Syst. **5**(3), 1–22 (2009)
15. Bizer, C., Lehmann, J., Kobilarov, G., Auer, S., Becker, C., Cyganiak, R., Hellmann, S.: DBpedia - A crystallization point for the Web of Data. Web Semant. **7**(3), 154–165 (2009). DOI 10.1016/j.websem.2009.07.002. URL http://dx.doi.org/10.1016/j.websem.2009.07.002
16. Blanco-Fernandez, Y., Pazos-Arias, J.J., Gil-Solla, A., Ramos-Cabrer, M., Lopez-Nores, M.: Providing Entertainment by Content-based Filtering and Semantic Reasoning in Intelligent Recommender Systems. IEEE Transactions on Consumer Electronics **54**(2), 727–735 (2008)
17. Bollacker, K.D., Evans, C., Paritosh, P., Sturge, T., Taylor, J.: Freebase: a Collaboratively Created Graph Database for Structuring Human Knowledge. In: J.T.L. Wang (ed.) Proc. of the ACM SIGMOD International Conference on Management of Data, SIGMOD 2008, pp. 1247–1250. ACM (2008)
18. Buchanan, B.G., Feigenbaum, E.: Forward. In: R. Davis, D. Lenat (eds.) Knowledge-Based Systems in Artificial Intelligence. McGraw-Hill (1982)
19. Budanitsky, A., Hirst, G.: Evaluating WordNet-based Measures of Lexical Semantic Relatedness. Computational Linguistics **32**(1), 13–47 (2006)
20. Cambria, E., Schuller, B., Liu, B., Wang, H., Havasi, C.: Knowledge-Based Approaches to Concept-Level Sentiment Analysis. IEEE Intelligent Systems **28**(2), 12–14 (2013)
21. Cantador, I., Bellogín, A., Castells, P.: A Multilayer Ontology-based Hybrid Recommendation Model. AI Communications **21**(2), 203–210 (2008)
22. Cantador, I., Bellogín, A., Castells, P.: News@hand: A Semantic Web Approach to Recommending News. In: W. Nejdl, J. Kay, P. Pu, E. Herder (eds.) Adaptive Hypermedia and Adaptive Web-Based Systems, *Lecture Notes in Computer Science*, vol. 5149, pp. 279–283. Springer (2008)
23. Cantador, I., Bellogín, A., Castells, P.: Ontology-based Personalised and Context-aware Recommendations of News Items. In: Proc. of the 2008 IEEE/WIC/ACM International Conference on Web Intelligence and Intelligent Agent Technology-Volume 01, pp. 562–565. IEEE Computer Society (2008)
24. Cantador, I., Szomszor, M., Alani, H., Fernández, M., Castells, P.: Enriching Ontological User Profiles with Tagging History for Multi-domain Recommendations. In: Proc. of the 1st International Workshop on Collective Semantics: Collective Intelligence & the Semantic Web (2008)
25. Capelle, M., Hogenboom, F., Hogenboom, A., Frasincar, F.: Semantic News Recommendation Using Wordnet and Bing Similarities. In: S.Y. Shin, J.C. Maldonado (eds.) Proc. of the 28th Annual ACM Symposium on Applied Computing, SAC '13, pp. 296–302. ACM (2013)
26. Cena, F., Likavec, S., Osborne, F.: Anisotropic Propagation of User Interests in Ontology-based User Models. Inf. Sci. **250**, 40–60 (2013)
27. Chen, X., Li, L., Xu, G., Yang, Z., Kitsuregawa, M.: Recommending Related Microblogs: A Comparison Between Topic and WordNet based Approaches. In: J. Hoffmann, B. Selman (eds.) Proc. of the Twenty-Sixth AAAI Conference on Artificial Intelligence. AAAI Press (2012)
28. Chui, M., Manyika, J., Kuiken, S.V.: What executives should know about open data. McKinsey Quarterly, January 2014 (2014)
29. Ciesielczyk, M., Szwabe, A., Prus-Zajaczkowski, B.: Interactive Collaborative Filtering with RI-based Approximation of SVD. In: Proc. of the 3rd International Conference on Computational Intelligence and Industrial Application (PACIIA), pp. 243–246. IEEE Press (2010)
30. Codina, V., Ricci, F., Ceccaroni, L.: Exploiting the Semantic Similarity of Contextual Situations for Pre-filtering Recommendation. In: S. Carberry, S. Weibelzahl, A. Micarelli, G. Semeraro (eds.) Proc. of the 21st International Conference on User Modeling, Adaptation, and Personalization, UMAP 2013, *Lecture Notes in Computer Science*, vol. 7899, pp. 165–177. Springer (2013)
31. Codina, V., Ricci, F., Ceccaroni, L.: Local Context Modeling with Semantic Pre-filtering. In: Q. Yang, I. King, Q. Li, P. Pu, G. Karypis (eds.) Seventh ACM Conference on Recommender Systems, RecSys '13, pp. 363–366. ACM (2013)

32. Cremonesi, P., Turrin, R., Airoldi, F.: Hybrid Algorithms for Recommending New Items. In: Proc. of the 2nd International Workshop on Information Heterogeneity and Fusion in Recommender Systems, pp. 33–40. ACM (2011)

33. Csomai, A., Mihalcea, R.: Linking Documents to Encyclopedic Knowledge. IEEE Intelligent Systems **23**(5), 34–41 (2008). DOI 10.1109/MIS.2008.86. URL http://dx.doi.org/10.1109/MIS.2008.86

34. de Gemmis, M., Di Noia, T., Lops, P., T.Lukasiewicz, Semeraro, G. (eds.): Proc. of the International Workshop on Semantic Technologies meet Recommender Systems & Big Data, Boston, USA, November 11, 2012, *CEUR Workshop Proceedings*, vol. 919. CEUR-WS.org (2012)

35. Deerwester, S., Dumais, S.T., Furnas, G.W., Landauer, T.K., Harshman, R.: Indexing by Latent Semantic Analysis. Journal of the American Society for Information Science **41**(6), 391–407 (1990)

36. Degemmis, M., Lops, P., Semeraro, G.: A Content-collaborative Recommender that Exploits WordNet-based User Profiles for Neighborhood Formation. User Modeling and User-Adapted Interaction: The Journal of Personalization Research (UMUAI) **17**(3), 217–255 (2007). Springer Science + Business Media B.V.

37. Degemmis, M., Lops, P., Semeraro, G., Basile, P.: Integrating Tags in a Semantic Content-based Recommender. In: P. Pu, D.G. Bridge, B. Mobasher, F. Ricci (eds.) Proc. of the 2008 ACM Conference on Recommender Systems, RecSys 2008, pp. 163–170. ACM (2008)

38. Di Noia, T., Mirizzi, R., Ostuni, V.C., Romito, D.: Exploiting the Web of Data in Model-based Recommender Systems. In: P. Cunningham, N.J. Hurley, I. Guy, S.S. Anand (eds.) Proc. of the Sixth ACM Conference on Recommender Systems, RecSys '12, pp. 253–256. ACM (2012)

39. Di Noia, T., Mirizzi, R., Ostuni, V.C., Romito, D., Zanker, M.: Linked Open Data to Support Content-based Recommender Systems. In: V. Presutti, H.S. Pinto (eds.) I-SEMANTICS 2012 - 8th International Conference on Semantic Systems, pp. 1–8. ACM (2012)

40. Domingos, P., Pazzani, M.J.: On the Optimality of the Simple Bayesian Classifier under Zero-One Loss. Machine Learning **29**(2–3), 103–130 (1997)

41. Dunlop, M.D.: The Effect of Accessing Nonmatching Documents on Relevance Feedback. ACM Trans. Inf. Syst. **15**, 137–153 (1997)

42. Egozi, O., Gabrilovich, E., Markovitch, S.: Concept-based Feature Generation and Selection for Information Retrieval. In: Proc. of the 23rd National Conference on Artificial Intelligence - Volume 2, AAAI'08, pp. 1132–1137. AAAI Press (2008). URL http://dl.acm.org/citation.cfm?id=1620163.1620248

43. Egozi, O., Markovitch, S., Gabrilovich, E.: Concept-Based Information Retrieval using Explicit Semantic Analysis. ACM Transactions on Information Systems **29**(2), 8:1–8:34 (2011).

44. Fernández-Tobías, I., Kaminskas, M., Cantador, I., Ricci, F.: A Generic Semantic-based Framework for Cross-domain Recommendation. In: I. Cantador, P. Brusilovsky, T. Kuflik (eds.) HetRec '11 Proc. of the 2nd International Workshop on Information Heterogeneity and Fusion in Recommender Systems, pp. 25–32. ACM New York (2011)

45. Fernando, S., Hall, M., Agirre, E., Soroa, A., Clough, P., Stevenson, M.: Comparing Taxonomies for Organising Collections of Documents. In: M. Kay, C. Boitet (eds.) Proc. of the 24th International Conference on Computational Linguistics, COLING 2012, pp. 879–894. Indian Institute of Technology Bombay (2012). URL http://www.aclweb.org/anthology/C12-1054

46. Ferragina, P., Scaiella, U.: Fast and Accurate Annotation of Short Texts with Wikipedia Pages. IEEE Software **29**(1), 70–75 (2012)

47. Foltz, P.W., Dumais, S.T.: Personalized Information Delivery: an Analysis of Information Filtering Methods. Communications of the ACM **35**(12), 51–60 (1992)

48. Gabrilovich, E., Markovitch, S.: Computing Semantic Relatedness Using Wikipedia-based Explicit Semantic Analysis. In: M.M. Veloso (ed.) Proc. of the 20th International Joint Conference on Artificial Intelligence, pp. 1606–1611 (2007)

49. Gabrilovich, E., Markovitch, S.: Wikipedia-based Semantic Interpretation for Natural Language Processing. Journal of Artificial Intelligence Research (JAIR) **34**, 443–498 (2009)

50. Giles, J.: Internet Encyclopaedias Go Head to Head. Nature **438**(7070), 900–901 (2005). URL http://dx.doi.org/10.1038/438900a

51. Goldberg, D., Nichols, D., Oki, B., Terry, D.: Using Collaborative Filtering to Weave an Information Tapestry. Communications of the ACM **35**(12), 61–70 (1992). URL http://www.xerox.com/PARC/dlbx/tapestry-papers/TN44.ps. Special Issue on Information Filtering

52. Halevy, A.Y., Norvig, P., Pereira, F.: The Unreasonable Effectiveness of Data. IEEE Intelligent Systems **24**(2), 8–12 (2009)
53. Harris, Z.S.: Mathematical Structures of Language. Interscience, New York, (1968)
54. Hassanzadeh, O., Consens, M.P.: Linked Movie Data Base. In: C.Bizer, T. Heath, T. Berners-Lee, K. Idehen (eds.) Proc. of the WWW2009 Workshop on Linked Data on the Web, LDOW 2009, *CEUR Workshop Proceedings*, vol. 538. CEUR-WS.org (2009)
55. Hecht-Nielsen, R.: Context Vectors: General Purpose Approximate Meaning Representations Self-organized from Raw Data. Computational Intelligence: Imitating Life, IEEE Press pp. 43–56 (1994)
56. Heitmann, B., Hayes, C.: Using Linked Data to Build Open, Collaborative Recommender Systems. In: AAAI Spring Symposium: Linked Data Meets Artificial Intelligence, pp. 76–81. AAAI (2010)
57. Herlocker, L., Konstan, J.A., Terveen, L.G., Riedl, J.T.: Evaluating Collaborative Filtering Recommender Systems. ACM Transactions on Information Systems **22**(1), 5–53 (2004)
58. Holte, R.C., Yan, J.N.Y.: Inferring What a User Is Not Interested in. In: G.I. McCalla (ed.) Advances in Artificial Intelligence, *Lecture Notes in Computer Science*, vol. 1081, pp. 159–171 (1996)
59. Hu, J., Fang, L., Cao, Y., Zeng, H., Li, H., Yang, Q., Chen, Z.: Enhancing Text Clustering by Leveraging Wikipedia Semantics. In: S. Myaeng, D.W. Oard, F. Sebastiani, T. Chua, M. Leong (eds.) Proc. of the 31st Annual International ACM SIGIR Conference on Research and Development in Information Retrieval, SIGIR '08, pp. 179–186. ACM (2008)
60. Hu, R., Pu, P.: A study on user perception of personality-based recommender systems. In: User Modeling, Adaptation, and Personalization, 18th International Conference, UMAP 2010, Big Island, HI, USA, June 20–24, 2010. Proceedings, pp. 291–302 (2010).
61. Jannach, D., Zanker, M., Felfernig, A., Friedrich, G.: Recommender systems: An introduction. Cambridge University Press (2010)
62. Johnson, W., Lindenstrauss, J.: Extensions of Lipschitz Maps into a Hilbert Space. Contemporary Mathematics (1984)
63. Jones, D., Bench-Capon, T., Visser, P.: Methodologies for Ontology Development (1998)
64. Kaminskas, M., Fernández-Tobías, I., Ricci, F., Cantador, I.: Knowledge-based Music Retrieval for Places of Interest. In: C.C.S. Liem, M. Müller, S.K. Tjoa, G. Tzanetakis (eds.) Proc. of the 2nd International ACM workshop on Music information retrieval with user-centered and multimodal strategies, MIRUM '12, pp. 19–24 (2012)
65. Kanerva, P.: Hyperdimensional Computing: An Introduction to Computing in Distributed Representation with High-Dimensional Random Vectors. Cognitive Computation **1**(2), 139–159 (2009)
66. Kaski, S.: Dimensionality Reduction by Random Mapping: Fast Similarity Computation for Clustering. In: Proc. of the International Joint Conference on Neural Networks, vol. 1, pp. 413–418. IEEE (1998)
67. Khrouf, H., Troncy, R.: Hybrid Event Recommendation using Linked Data and User Diversity. In: Q. Yang, I. King, Q. Li, P. Pu, G. Karypis (eds.) Seventh ACM Conference on Recommender Systems, RecSys '13, pp. 185–192. ACM (2013)
68. Klema, V., Laub, A.: The Singular Value Decomposition: its Computation and Some Applications. IEEE Transactions on Automatic Control **25**(2), 164–176 (1980)
69. Kohonen, T., Kaski, S., Lagus, K., Salojarvi, J., Honkela, J., Paatero, V., Saarela, A.: Self Organization of a Massive Document Collection. IEEE Transactions on Neural Networks **11**(3), 574–585 (2000)
70. Lewis, D.D., Ringuette, M.: A Comparison of Two Learning Algorithms for Text Categorization. In: Proc. of the Annual Symposium on Document Analysis and Information Retrieval, pp. 81–93. Las Vegas, US (1994)
71. Lops, P., Musto, C., Narducci, F., de Gemmis, M., Basile, P., Semeraro, G.: MARS: a MultilAnguage Recommender System. In: P. Brusilovsky, I. Cantador, Y. Koren, T. Kuflik, M. Weimer (eds.) HetRec '10 Proc. of the 1st International Workshop on Information Heterogeneity and Fusion in Recommender Systems, pp. 24–31. ACM New York (2010)
72. Lowe, W.: Towards a Theory of Semantic Space. In: Proc. of the Twenty-Third Annual Conference of the Cognitive Science Society, pp. 576–581. Lawrence Erlbaum Associates (2001)
73. Magen, A.: Dimensionality Reductions that Preserve Volumes and Distance to Affine Spaces, and their Algorithmic Applications. In: Randomization and approximation techniques in computer science, pp. 239–253. Springer (2002)
74. Magnini, B., Strapparava, C.: Experiments in Word Domain Disambiguation for Parallel

Texts. In: Proc. of SIGLEX Workshop on Word Senses and Multi-linguality, Hong-Kong, October 2000. ACL (2000)

75. Magnini, B., Strapparava, C.: Improving User Modelling with Content-based Techniques. In: M. Bauer, P.J. Gmytrasiewicz, J. Vassileva (eds.) Proc. of the 8th International Conference of User Modeling, *Lecture Notes in Computer Science*, vol. 2109, pp. 74–83. Springer (2001)

76. Mairesse, F., Walker, M.A., Mehl, M.R., Moore, R.K.: Using linguistic cues for the automatic recognition of personality in conversation and text. J. Artif. Intell. Res. (JAIR) **30**, 457–500 (2007). DOI 10.1613/jair.2349. URL http://dx.doi.org/10.1613/jair.2349

77. McCallum, A., Nigam, K.: A Comparison of Event Models for Naïve Bayes Text Classification. In: Proc. of the AAAI/ICML-98 Workshop on Learning for Text Categorization, pp. 41–48. AAAI Press (1998)

78. McCarey, F., Cinnéide, M., Kushmerick, N.: Recommending Library Methods: An Evaluation of the Vector Space Model (VSM) and Latent Semantic Indexing (LSI). In: M. Morisio (ed.) Proc. of the 9th International Conference on Software Reuse, ICSR 2006, *Lecture Notes in Computer Science*, vol. 4039, pp. 217–230. Springer (2006)

79. McMillan, C., Poshyvanyk, D., Grechanik, M.: Recommending Source Code Examples via API Call Usages and Documentation. In: Proc. of the 2nd International Workshop on Recommendation Systems for Software Engineering, pp. 21–25. ACM (2010)

80. Mendes, P.N., Jakob, M., García-Silva, A., Bizer, C.: DBpedia Spotlight: Shedding Light on the Web of Documents. In: C. Ghidini, A.N. Ngomo, S.N. Lindstaedt, T. Pellegrini (eds.) Proceedings the 7th International Conference on Semantic Systems, I-SEMANTICS 2011, pp. 1–8. ACM (2011)

81. Middleton, S.E., De Roure, D., Shadbolt, N.R.: Ontology-based Recommender Systems. In: S. Staab, R. Studer (eds.) Handbook on ontologies, pp. 477–498. Springer (2004)

82. Middleton, S.E., Shadbolt, N.R., De Roure, D.C.: Ontological User Profiling in Recommender Systems. ACM Transactions on Information Systems **22**(1), 54–88 (2004)

83. Mikolov, T., Le, Q.V., Sutskever, I.: Exploiting Similarities among Languages for Machine Translation. CoRR **abs/1309.4168** (2013)

84. Miller, G.: WordNet: An On-Line Lexical Database. International Journal of Lexicography **3**(4) (1990). (Special Issue)

85. Milne, D., Witten, I.H.: Learning to Link with Wikipedia. In: J.G. Shanahan, S. Amer-Yahia, I. Manolescu, Y. Zhang, D.A. Evans, A. Kolcz, K. Choi, A. Chowdhury (eds.) Proc. of the 17th ACM Conference on Information and Knowledge Management, CIKM 2008, pp. 509–518. ACM (2008)

86. Mitchell, T.: Machine Learning. McGraw-Hill, New York (1997)

87. Mohammad, S., Hirst, G.: Distributional Measures of Semantic Distance: A Survey. CoRR **abs/1203.1858** (2012)

88. Moro, A., Raganato, A., Navigli, R.: Entity Linking meets Word Sense Disambiguation: a Unified Approach. Transactions of the Association for Computational Linguistics **2**, 231–244 (2014)

89. Musto, C., Basile, P., Lops, P., de Gemmis, M., Semeraro, G.: Linked Open Data-enabled Strategies for Top-N Recommendations. In: T. Bogers, M. Koolen, I. Cantador (eds.) Proc. of the 1st Workshop on New Trends in Content-based Recommender Systems, ACM RecSys 2014, *CEUR Workshop Proceedings*, vol. 1245, pp. 49–56. CEUR-WS.org (2014)

90. Musto, C., Narducci, F., Basile, P., Lops, P., de Gemmis, M., Semeraro, G.: Cross-Language Information Filtering: Word Sense Disambiguation vs. Distributional Models. In: R. Pirrone, F. Sorbello (eds.) AI*IA, *Lecture Notes in Computer Science*, vol. 6934, pp. 250–261. Springer (2011)

91. Musto, C., Narducci, F., Lops, P., Semeraro, G., de Gemmis, M., Barbieri, M., Korst, J.H.M., Pronk, V., Clout, R.: Enhanced Semantic TV-Show Representation for Personalized Electronic Program Guides. In: Judith.Masthoff, B. Mobasher, M.C. Desmarais, R. Nkambou (eds.) Proc. of the 20th International Conference on User Modeling, Adaptation, and Personalization, UMAP 2012, *Lecture Notes in Computer Science*, vol. 7379, pp. 188–199. Springer (2012)

92. Musto, C., Semeraro, G., Lops, P., de Gemmis, M.: Random Indexing and Negative User Preferences for Enhancing Content-Based Recommender Systems. In: C. Huemer, T. Setzer (eds.) Proc. of the 12th International Conference on Electronic Commerce and Web Technologies, EC-Web 2011, *Lecture Notes in Business Information Processing*, vol. 85, pp. 270–281. Springer (2011)

93. Musto, C., Semeraro, G., Lops, P., de Gemmis, M.: Contextual eVSM: a Content-Based Context-Aware Recommendation Framework Based on Distributional Semantics. In: C. Hue-

mer, P. Lops (eds.) Proc. of the 14th International Conference on E-Commerce and Web Technologies, EC-Web 2013, *Lecture Notes in Business Information Processing*, vol. 152, pp. 125–136. Springer (2013)

94. Musto, C., Semeraro, G., Lops, P., de Gemmis, M.: Combining Distributional Semantics and Entity Linking for Context-Aware Content-Based Recommendation. In: Proc. of the 22nd International Conference on User Modeling, Adaptation, and Personalization, UMAP 2014, *Lecture Notes in Computer Science*, vol. 8538, pp. 381–392. Springer (2014)

95. Musto, C., Semeraro, G., Lops, P., de Gemmis, M., Narducci, F.: Leveraging Social Media Sources to Generate Personalized Music Playlists. In: C. Huemer, P. Lops (eds.) Proc. of the 13th International Conference on E-Commerce and Web Technologies, EC-Web 2012, *Lecture Notes in Business Information Processing*, vol. 123, pp. 112–123. Springer (2012)

96. Narducci, F., Musto, C., Semeraro, G., Lops, P., de Gemmis, M.: Exploiting Big Data for Enhanced Representations in Content-Based Recommender Systems. In: C. Huemer, P. Lops (eds.) Proc. of the 14th International Conference on E-Commerce and Web Technologies, EC-Web 2013, *Lecture Notes in Business Information Processing*, vol. 152, pp. 182–193. Springer (2013)

97. Narducci, F., Musto, C., Semeraro, G., Lops, P., de Gemmis, M.: Leveraging Encyclopedic Knowledge for Transparent and Serendipitous User Profiles. In: S. Carberry, S. Weibelzahl, A. Micarelli, G. Semeraro (eds.) Proc. of the 21st International Conference on User Modeling, Adaptation, and Personalization, UMAP 2013, *Lecture Notes in Computer Science*, vol. 7899, pp. 350–352. Springer (2013)

98. Narducci, F., Palmonari, M., Semeraro, G.: Cross-Language Semantic Retrieval and Linking of e-Gov Services. In: H. Alani, L. Kagal, A. Fokoue, P. Groth, C. Biemann, J. Parreira, L. Aroyo, N. Noy, C. Welty, K. Janowicz (eds.) The Semantic Web - ISWC 2013, *Lecture Notes in Computer Science*, vol. 8219, pp. 130–145. Springer Berlin Heidelberg (2013).

99. Navigli, R., Jurgens, D., Vannella, D.: SemEval-2013 Task 12: Multilingual Word Sense Disambiguation. In: Proc. of the 7th International Workshop on Semantic Evaluation (SemEval 2013), in conjunction with the 2nd Joint Conference on Lexical and Computational Semantics (*SEM 2013), pp. 222–231. Atlanta, USA (2013)

100. Navigli, R., Ponzetto, S.P.: BabelNet: The automatic Construction, Evaluation and Application of a Wide-coverage Multilingual Semantic Network. Artif. Intell. **193**, 217–250 (2012)

101. Navigli, R., Ponzetto, S.P.: BabelRelate! A Joint Multilingual Approach to Computing Semantic Relatedness. In: J. Hoffmann, B. Selman (eds.) Proc. of the Twenty-Sixth AAAI Conference on Artificial Intelligence, AAAI-12. AAAI Press (2012)

102. Navigli, R., Ponzetto, S.P.: Joining Forces Pays Off: Multilingual Joint Word Sense Disambiguation. In: Proc. of the 2012 Joint Conference on Empirical Methods in Natural Language Processing and Computational Natural Language Learning, pp. 1399–1410. Jeju, Korea (2012)

103. Ostuni, V.C., Di, T., Sciascio, E.D., Mirizzi, R.: Top-N Recommendations from Implicit Feedback Leveraging Linked Open Data. In: Q. Yang, I. King, Q. Li, P. Pu, G. Karypis (eds.) Seventh ACM Conference on Recommender Systems, RecSys '13, pp. 85–92. ACM (2013)

104. Ostuni, V.C., Di Noia, T., Mirizzi, R., Romito, D., Sciascio, E.D.: Cinemappy: a Context-aware Mobile App for Movie Recommendations boosted by DBpedia. In: M. de Gemmis, T. Di Noia, P. Lops, T. Lukasiewicz, G. Semeraro (eds.) Proc. of the International Workshop on Semantic Technologies meet Recommender Systems & Big Data, ACM RecSys, *CEUR Workshop Proceedings*, vol. 919, pp. 37–48. CEUR-WS.org (2012)

105. Pappas, N., Popescu-Belis, A.: Combining Content with User Preferences for Non-Fiction Multimedia Recommendation: A Study on TED Lectures. Multimedia Tools and Applications (2014)

106. Passant, A.: dbrec - Music Recommendations Using DBpedia. In: P.F. Patel-Schneider, Y. Pan, P. Hitzler, P. Mika, L. Zhang, J.Z. Pan, I. Horrocks, B. Glimm (eds.) The Semantic Web - ISWC 2010 - 9th International Semantic Web Conference, Revised Selected Papers, Part II, *Lecture Notes in Computer Science*, vol. 6497, pp. 209–224. Springer (2010)

107. Passant, A.: Measuring Semantic Distance on Linking Data and Using it for Resources Recommendations. In: AAAI Spring Symposium: Linked Data Meets Artificial Intelligence, pp. 93–98. AAAI (2010)

108. Pazzani, M.J., Billsus, D.: Content-Based Recommendation Systems. In: P. Brusilovsky, A. Kobsa, W. Nejdl (eds.) The Adaptive Web, *Lecture Notes in Computer Science*, vol. 4321, pp. 325–341 (2007). ISBN 978-3-540-72078-2

109. Potthast, M., Stein, B., Anderka, M.: A Wikipedia-based Multilingual Retrieval Model. In:

C. Macdonald, I. Ounis, V. Plachouras, I. Ruthven, R.W. White (eds.) Proc. of the 30th European conference on Advances in information retrieval, ECIR 2008, *Lecture Notes in Computer Science*, vol. 4956, pp. 522–530. Springer (2008)

110. Raimond, Y., Sandler, M.B.: A Web of Musical Information. In: J.P. Bello, E. Chew, D. Turnbull (eds.) International Conference on Music Information Retrieval, pp. 263–268 (2008)

111. Rich, E.: User Modeling via Stereotypes. Cognitive Science **3**, 329–354 (1979)

112. Rizzo, G., Troncy, R.: NERD: a Framework for Unifying Named Entity Recognition and Disambiguation Extraction Tools. In: W. Daelemans, M. Lapata, L. Màrquez (eds.) Proc. of the 13th Conference of the European Chapter of the Association for Computational Linguistics, pp. 73–76. Association for Computational Linguistics (2012)

113. Rocchio, J.: Relevance Feedback Information Retrieval. In: G. Salton (ed.) The SMART retrieval system - experiments in automated document processing, pp. 313–323. Prentice-Hall, Englewood Cliffs, NJ (1971)

114. Rubenstein, H., Goodenough, J.B.: Contextual Correlates of Synonymy. Commun. ACM **8**(10), 627–633 (1965).

115. Sahlgren, M.: An Introduction to Random Indexing. In: Proc. of the Methods and Applications of Semantic Indexing Workshop at the 7th International Conference on Terminology and Knowledge Engineering, TKE (2005)

116. Sahlgren, M.: The Word-Space Model: Using Distributional Analysis to Represent Syntagmatic and Paradigmatic Relations between Words in High-dimensional Vector Spaces. Ph.D. thesis, Stockholm University (2006)

117. Salton, G.: Automatic Text Processing. Addison-Wesley (1989)

118. Salton, G., McGill, M.: Introduction to Modern Information Retrieval. McGraw-Hill, New York (1983)

119. Sebastiani, F.: Machine Learning in Automated Text Categorization. ACM Computing Surveys **34**(1) (2002)

120. Semeraro, G., Lops, P., Basile, P., Gemmis, M.d.: Knowledge Infusion into Content-based Recommender Systems. In: L.D. Bergman, A. Tuzhilin, R.D. Burke, A. Felfernig, L. Schmidt-Thieme (eds.) Proc. of the 2009 ACM Conference on Recommender Systems, RecSys 2009, New York, NY, USA, October 23–25, 2009, pp. 301–304. ACM (2009)

121. Shoval, P., Maidel, V., Shapira, B.: An Ontology-Content-based Filtering Method. International Journal of Information Theories and Applications **15**, 303–314 (2008)

122. Symeonidis, P.: Content-based Dimensionality Reduction for Recommender Systems. In: Data Analysis, Machine Learning and Applications, pp. 619–626. Springer (2008)

123. Szwabe, A., Ciesielczyk, M., Janasiewicz, T.: Semantically Enhanced Collaborative Filtering Based on RSVD. In: P. Jedrzejowicz, N.T. Nguyen, K. Hoang (eds.) Proc. of Computational Collective Intelligence. Technologies and Applications - Third International Conference, ICCCI 2011, Part II, *Lecture Notes in Computer Science*, vol. 6923, pp. 10–19. Springer (2011)

124. Terzi, M., Ferrario, M., Whittle, J.: Free Text In User Reviews: Their Role In Recommender Systems. In: Proc. of the Workshop on Recommender Systems and the Social Web, 3rd ACM Conf. on Recommender Systems, pp. 45–48 (2011)

125. Turney, P.D., Pantel, P.: From Frequency to Meaning: Vector Space Models of Semantics. J. Artif. Intell. Res. (JAIR) **37**, 141–188 (2010)

126. Vempala, S.S.: The Random Projection Method, vol. 65. American Mathematical Society (2004)

127. Widdows, D.: Orthogonal Negation in Vector Spaces for Modelling Word-Meanings and Document Retrieval. In: E.W. Hinrichs, D. Roth (eds.) Proceedings of the 41st Annual Meeting of the Association for Computational Linguistics, pp. 136–143 (2003)

128. Widdows, D., Cohen, T.: The Semantic Vectors Package: New Algorithms and Public Tools for Distributional Semantics. In: Proc. of the 4th IEEE International Conference on Semantic Computing, ICSC 2010, pp. 9–15. IEEE (2010)

129. Witten, I.H., Bell, T.: The Zero-frequency Problem: Estimating the Probabilities of Novel Events in Adaptive Text Compression. IEEE Transactions on Information Theory **37**(4) (1991)

130. Wu, Z., Palmer, M.S.: Verb Semantics and Lexical Selection. In: J. Pustejovsky (ed.) 32nd Annual Meeting of the Association for Computational Linguistics, pp. 133–138. Morgan Kaufmann Publishers / ACL (1994)

基于约束的推荐系统

Alexander Felfernig、Gerhard Friedrich、Dietmar Jannach 和 Markus Zanker

5.1 简介

　　传统的推荐方法，包括基于内容的方法[59]（见第 4 章）和协同过滤方法[47]（见第 2 章），适用于推荐特性或者口味相似的产品，例如书籍、电影或者新闻。但是，在推荐一些如汽车、电脑、不动产或者理财服务的产品时，它们就不一定是最佳的推荐方法了。例如，金融服务中的用户交互频率较低，这让我们很难在一个产品上收集到大量的评分信息，而协同推荐算法正是需要利用这些评分信息。同时，在基于内容（用户偏好挖掘）的推荐系统中，用户也很有可能不会满意那些根据已经过时的偏好所产生的推荐结果。

　　基于知识的推荐技术通过建模用户的显式需求，以及产品领域的深度知识来生成推荐，从而解决上述问题[16]。这种系统高度重视协同过滤和基于内容的方法所不能利用到的一些知识源（例如，将知识表示成某类约束）。与协同过滤和基于内容的方法相比，基于知识的方法可以很好地应对冷启动问题，因为在每一次推荐的会话里面，推荐的需求都是被直接引出的。但是，凡事都有两面性。基于知识的推荐的缺点是所谓的知识获取障碍，即，知识整理工程师需要花费很大的努力将领域专家提供的知识转化为规范的、可用的表达形式。

　　基于知识的推荐方法可以分为两种：基于样例的推荐[4,5,49]和基于约束的推荐[16,81] ⊖。在利用已有知识和功能方面，这两种方法是很相似的：先收集用户需求，然后基于物品和用户需求的匹配程度生成推荐结果，在找不到最佳推荐方案的情况下[18,19,55,81]，还能自动应对用户需求的不一致性，并给出对推荐结果的解释。这两种方法的区别在于得出的推荐方案的计算方式[16]。基于样例的方法通过相似度评判来决定推荐结果，而基于约束的方法主要利用预先定义好的推荐知识库，即一些描述用户需求以及与这些需求相关的产品信息特征的显式关联规则。在本章，我们只关注基于约束的推荐方法的大概内容。至于详细的基于样例的推荐方法，请读者参考[4,5,49]。

　　从技术上来说，一个基于约束的推荐系统（见[22]）的推荐知识库通常被定义为两个变量的集合（V_C，V_{PROD}）和三个不同的约束的集合（C_R，C_F，C_{PROD}）。这些变量和约束是约束满足问题的主要组成部分[72]。一个约束满足问题的解，包括了具体变量的实例化，这样，所有特定的约束都能得到满足（见 5.4 节）。

　　客户特性。V_C描述了客户可能的需求，即客户特性的实例化。例如，在理财服务领域，是否愿意冒风险可以被视为客户的一个特性，而冒风险意愿一项为"低"（low）就表示了客户

⊖　基于效用的推荐系统也经常补归为基于知识的推荐系统[5]。基于效用的推荐详细讨论可以参考文献[5，19]。

A. Felfernig, Graz University of Technology, Graz, Austria, e-mail: alexander. felfernig@ ist. tugraz. at.

G. Friedrich · M. Zanker, Alpen-Adria- Universitaet Klagenfurt, Klagenfurt, Austria, e-mail: gerhard. friedrich@ aau. at; markus. zanker@ aau. at.

D. Jannach,TU Dortmund, Dortmund, Germany, e-mail: dietmar. jannach@ tu-dortmund. de.

翻译：胡　聪　审核：吴　宾

的一个具体需求。

产品特性。V_{PROD}描述了一类给定产品的特性。例如，推荐的投资周期、产品类型、产品名称、期望收益等都是投资产品的特征。

约束。C_R是对客户需求可能的实例化的系统约束。例如，短期投资就和高风险投资不相容。

过滤条件。C_F定义潜在客户需求和特定产品种类的关系。例如，一个缺乏理财经验的客户就不应该接受高风险的投资产品。

产品。最后，C_{PROD}表示产品特性在可允许范围内的实例。C_{PROD}代表了析取范式的一个约束，该范式定义了V_{PROD}中变量的可能实例上的基本限制条件。

一个简单的理财领域的推荐知识库可用如下的例子表示（见例5.1）：

例5.1 推荐知识库（V_C，V_{PROD}，C_R，C_F，C_{PROD}）

$$V_C = \{ kl_c: [专家，普通，新手] \quad\quad /* 专业等级 */$$
$$wr_c: [低，中，高] \quad\quad /* 风险承担意愿 */$$
$$id_c: [短期，中期，长期] \quad\quad /* 投资时长 */$$
$$aw_c: [是，否] \quad\quad /* 是否需要顾问 */$$
$$ds_c: [储蓄，债券，股票，基金，单股] \quad\quad /* 直接搜索的产品 */$$
$$sl_c: [储蓄，债券] \quad\quad /* 低风险投资类型 */$$
$$av_c: [是，否] \quad\quad /* 基金是否可用 */$$
$$sh_c: [股票基金，单股] \quad\quad /* 高风险投资类型 */\}$$

$$V_{PROD} = \{ name_p: [文本] \quad\quad /* 产品名 */$$
$$er_p: [1..40] \quad\quad /* 回报率期望 */$$
$$ri_p: [低，中，高] \quad\quad /* 风险等级 */$$
$$mniv_p: [1..14] \quad\quad /* 产品最短投资时长（年）*/$$
$$inst_p: [文本] \quad\quad /* 财务机构 */\}$$

$$C_R = \{ CR_1: wr_c = 高 \rightarrow id_c \neq 短期，CR_2: kl_c = 新手 \rightarrow wr_c \neq 高\}$$

$$C_F = \{ CF_1: id_c = 短期 \rightarrow mniv_p < 3，CF_2: id_c = 中期 \rightarrow mniv_p \geq 3 \wedge mniv_p < 6,$$
$$CF_3: id_c = 长期 \rightarrow mniv_p \geq 6，CF_4: wr_c = 低 \rightarrow ri_p = 低,$$
$$CF_5: wr_c = 中 \rightarrow ri_p = 低 \vee ri_p = 中，CF_6: wr_c = 高 \rightarrow ri_p = 低 \vee ri_p = 中 \vee ri_p = 高,$$
$$CF_7: kl_c = 新手 \rightarrow ri_p \neq 高，CF_8: sl_c = 储蓄 \rightarrow name_p = 储蓄,$$
$$CF_9: sl_c = 债券 \rightarrow name_p = 债券\}$$

$$C_{PROD} = \{ CPROD_1: name_p = 储蓄 \wedge er_p = 3 \wedge ri_p = 低 \wedge mniv_p = 1 \quad \wedge inst_p = A;$$
$$CPROD_2: name_p = 债券 \wedge er_p = 5 \wedge ri_p = 中 \wedge mniv_p = 5 \wedge inst_p = B;$$
$$CPROD_3: name_p = 普通股 \wedge er_p = 9 \wedge ri_p = 高 \wedge mniv_p = 10 \wedge inst_p = B\}$$

在这样的推荐知识库上，给定一个客户需求的集合，我们就可以计算推荐结果。鉴别出一个满足客户需求和意愿的产品集合的任务，我们定义为推荐任务（见定义5.1）。 ◄

定义5.1 一个推荐任务可以定义为一个约束满足问题（V_C，V_{PROD}，$C_C \cup C_F \cup C_R \cup C_{PROP}$），其中$V_C$是一个表示用户潜在需求变量的集合，$V_{PROD}$是描述产品特性变量的集合，$C_{PROD}$是描述产品实体约束的集合，$C_R$是一个表示客户需求组合的集合，$C_F$（又叫作过滤条件）是描述用户需求和产品特性关系的约束集合，最后C_C是表示客户具体需求的一元约束的集合。

例5.2 基于例5.1中的推荐知识库，一个推荐任务可以表示为$C_C = \{ wr_c = 低，kl_c = 新手，id_c = 短期，sl_c = 储蓄\}$。 ◄

基于推荐任务的定义，现在我们可以介绍一个推荐系统任务的解（一致的推荐）的表示。

定义 5.2 对于一个推荐任务 $(V_C, V_{PROD}, C_C \cup C_F \cup C_R \cup C_{PROP})$，当且仅当 $C_C \cup C_F \cup C_R \cup C_{PROP}$ 无任何冲突时，我们定义 V_C 和 V_{PROD} 中的变量组合为一致性推荐。

例 5.3 对于例 5.1 中的知识库和例 5.2 中定义的客户需求，一个一致的推荐是：kl_c = 新手，wr_c = 低，id_c = 短期，sl_c = 储蓄，$name_p$ = 储蓄，er_p = 3，ri_p = 低，$mniv_p$ = 1，$inst_p$ = A。 ◀

一旦定义好推荐策略，接下来的问题就是如何理解和构造用户需求。简单地使用同一种形式通用的构造方法可能会存在很多限制[42]。因为，不同用户的专业知识不同，询问用户偏好必须用不同的交互形式，这意味着系统需要支持可调节（自适应）的会话形态（见 5.3 节）。此外，在一些应用中，只有当其他选项已经被选择时，用户的某些需求才需要被关注。在已有研究中，许多不同的工作都提出了用户交互界面的显式构造方法，包括对用户行为的记录和应对等。交互界面中的会话形式可以依据有限状态机[17]来构造，或者使用其他更灵活的方法构造，其中用户可以自己来选择所填入的用户信息类型。

在本章中我们关注第一种：直接用有限状态机的模型对推荐交互界面建模[17]。状态之间的传递表示在用户输入上的接受标准。例如，一个专家（kl_c = 专家）对一个理财服务（aw_c = 否）的推荐结果不感兴趣，则自动跳转到 q_4（支持特定技术产品特征的搜索界面）。图 5-1 的有限状态机模型描述了一个理财服务推荐应用的用户可能行为。

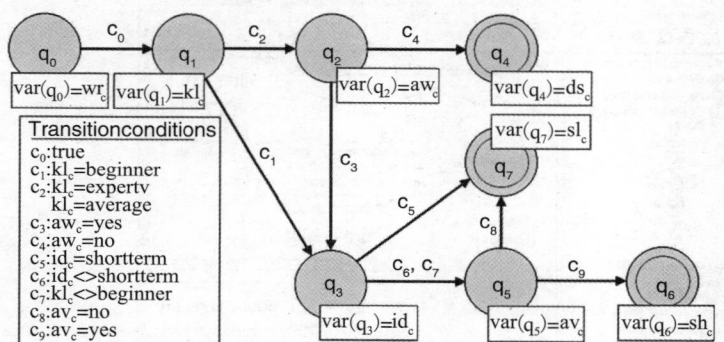

图 5-1 推荐用户界面的描述：一个简单的理财服务的推荐流程。流程从状态 q_0 开始，然后，根据用户的知识等级，跳转到状态 q_2 或者状态 q_3。待推荐的物品呈现在最终状态（q_4，q_6，q_7 中的一个），每个状态 q_i 都有一个用户特性变量（q_i）来表示在这个状态下需要提的问题

这一章的剩余部分由以下组成：5.2 节概括基于知识的推荐系统的知识获取概念、推荐过程的定义，5.3 节介绍在一个推荐对话里，引导和积极支持用户的主要技术，5.4 节简要介绍解决推荐任务的方法，5.5 节讨论基于约束的推荐技术的成功应用，5.6 节介绍基于约束的推荐技术的未来研究方向。

5.2 推荐知识库的开发

在商业应用中，能够对知识工程师和领域专家在开发和维护推荐应用时提供支持，因而有利于尽可能地减小知识获取的瓶颈困难的技术，是成功应用基于约束的推荐技术的主要前提。因为领域专家编程技能有限，通常在开发和维护知识库的问题上，知识工程师和领域专家之间存在着差异[19]。这样一来，领域专家只需负责提供知识规则，而不需要将其形式化，并将其转为成一种可执行的表达方式（推荐知识库）。

下面的讨论基于 CWAdvisor 推荐系统环境。CWAdvisor 首次在文献[36]中被提出，主要是用来解决上文提到的知识需求瓶颈。它的目标是让其他人以一种专业的方法尽可能有逻辑地定义和控制推荐系统。在以下的章节我们会回顾 CWAdvisor 环境[19]的主要功能和设计原理[9]。如果想进

一步了解基于约束的推荐技术，可以查阅文献[16，19，23，36，44，57，58，63，81]。

- 第一，在快速的原型开发(以实现对具体性原则的支持)，原则下，用户可以快速检查对文本解释、产品特性、图片、推荐过程定义和推荐规则的修改带来的效果。这样的功能通过模块化的形式来实现，在这种形式下，我们可以将图形定义的模型特性直接转换为可执行的推荐应用[42]。

- 第二，所有的信息单元的改变都可以通过图形表达出来。这样的功能允许领域专家在缺乏技术背景的情况下，能更轻松地接受和使用知识获取环境。从而将领域专家从编程细节的技术困境中解放出来，这样的方法遵循了把应用逻辑和实现细节严格分离的原则。

- 第三，集成的测试和调试环境遵循了立即响应的原则：推荐知识库和推荐过程中的错误定义都能自动地检测和报告(支持终端用户调试)。这样，知识库就被结构化地组织起来，直到所有满足知识库的测试样例都得到满足的情况下，它才会在生产环境下发生作用。这带来的一个直接好处是，领域专家可以进一步提升结果的置信度，因为错误的推荐被去除了。

建模环境。图 5-2 提供了一些 CWAdvisor 推荐开发环境的主要建模概念的实例[19]。

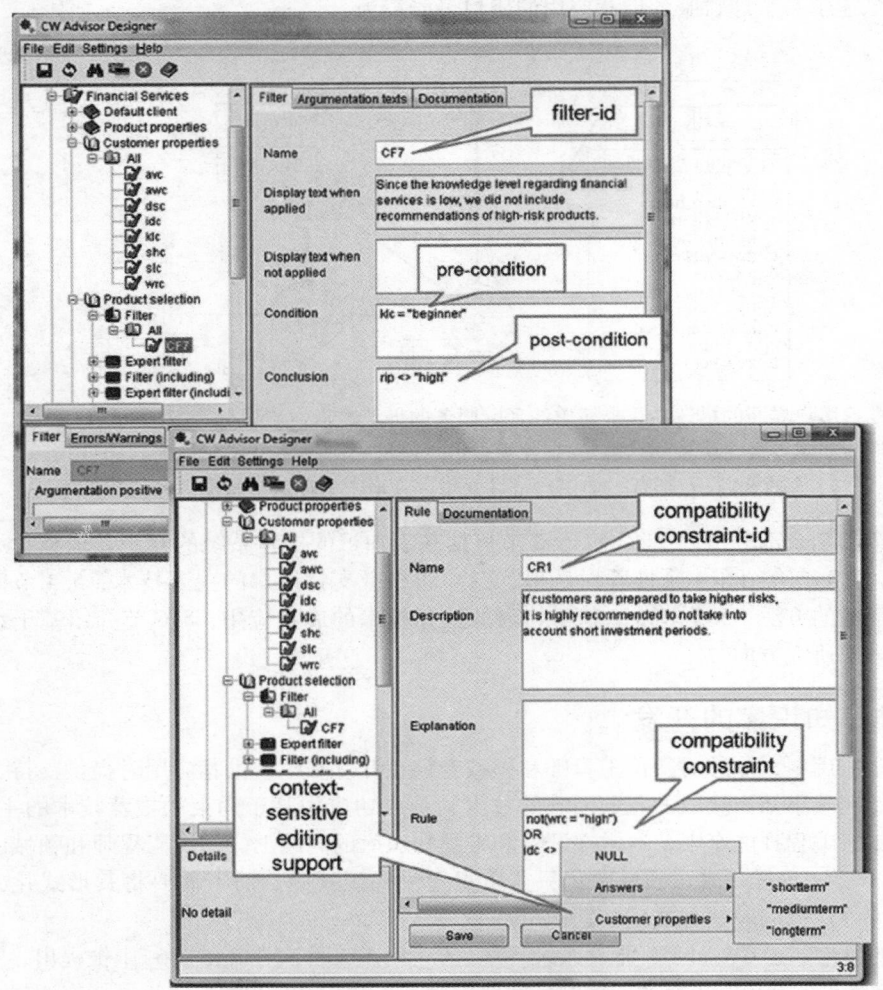

图 5-2　CWAdvisor 设计环境。过滤条件和完整性约束都能在上下文敏感的编辑环境中定义

这个环境可以用来设计推荐的知识库（参考例5.2），即客户特性（V_C）、产品特性（V_{PROD}）、约束（C_R）、过滤条件（C_F）、产品种类目录（C_{Prod}）可以具化到图形层面上。图5-2 的上面部分展示了过滤条件（C_F）的设计界面，下面部分展示了面向上下文的通用性约束的界面。图5-3 展示了 CWAdvisor Process Designer 的用户界面。这些组件使得推荐流程的图形化设计变为可能。给定了这样的流程定义，推荐结果就能自动化地生成，这个推荐应用由推荐服务器和客户端 HTML 页面构成（见图5-4）。

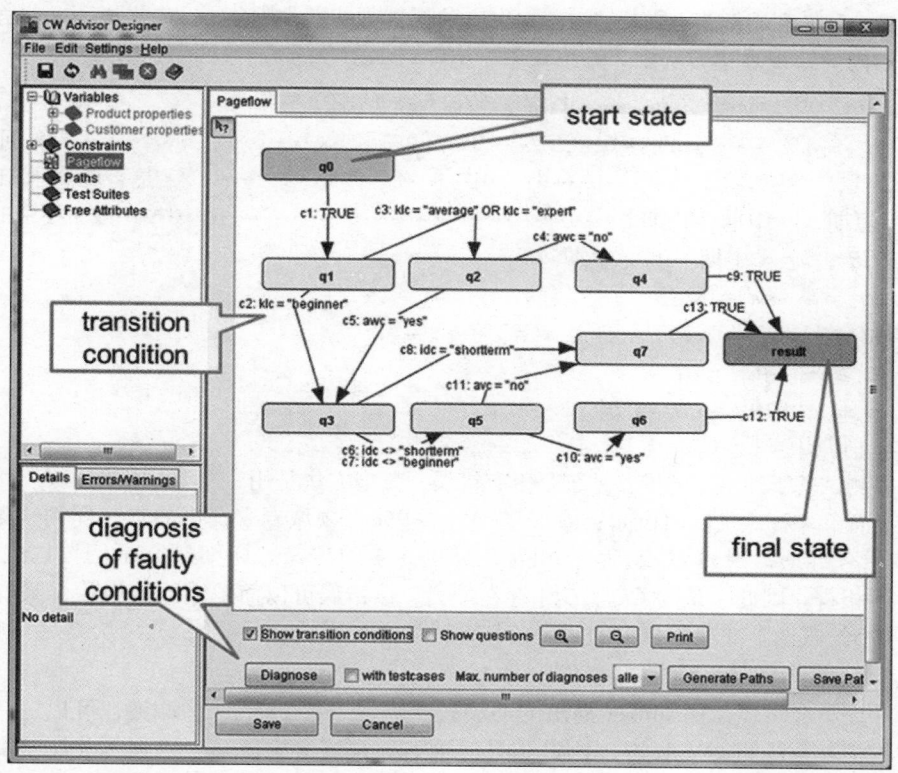

图5-3 CWAdvisor 设计环境。推荐流程可以在图形化的层面详细说明，并且能够自动转换到相应的可执行的表达形式。利用基于模型的识别器[20]，能够自动识别出错误的转换条件

支持调试。有些情况下，领域专家也会在定义推荐流程的时候犯错。例如，状态之间的转移可能出错，导致不是所有的路径可达。参考图5-1。我们假设设计者犯错，进入了转移条件 c_1'：$kl_c = $ 专家，而不是 c_1：$kl_c = $ 新手。这种情况下，被分类为新人的用户则没有对应的转移过程。在更复杂的流程定义下，人工识别和修复这样的错误是单调乏味的工作，并且容易出错。文献[17]介绍了一种方法，能够帮助我们自动地识别和修复这些错误状态。这个方法的概念基础是基于

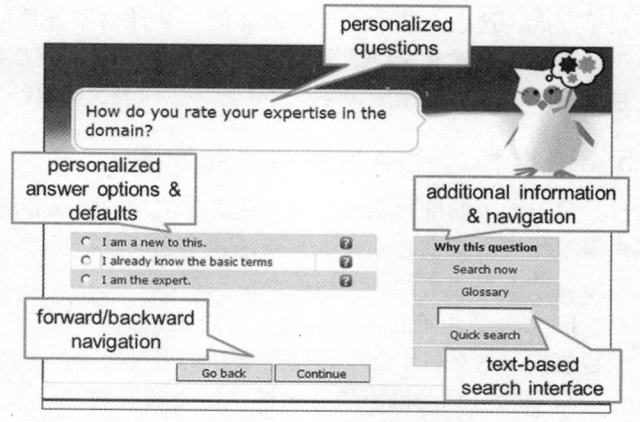

图5-4 交互式的个性化偏好诱导示例。用户通过回答问题来指定他们的偏好

模型的诊断方法[62]，它有利于找出引发错误转移的条件因素的最小集合。

　　除了图形化的流程定义外，CWAdvisor 设计器还支持测试样例的自动化生成（输入包含推荐产品的序列）[22]。这样的测试样例可以理解为额外的约束条件，这些条件能够将客户属性和商品属性在同一个知识库里进行合并。一方面，测试样例能用于回归测试，例如，可以在推荐应用投入生产环境前使用这些测试样例进行测试。另一方面，测试样例能用于推荐知识库的错误调试和错误流程定义。

　　接下来，我们利用例 5.4 来总结推荐知识库的调试方法[15,18,19,22]。一般来说，这些方法可以被应用在不同的知识表达方法中，并不仅限于 CWAdvisor 中的基于约束的推荐技术。

例 5.4　错误的知识推荐库（V_C，V_{PROD}，C_R，C_F，C_{PROD}）

$V_C = \{ rr_c:$ [1% ~ 3%，4% ~ 6%，7% ~ 9%，9%] ························· /* 回报率 */

$wr_c:$ [低，　中，高] ······································ /* 是否愿意承担风险 */

$id_c:$ [短期，　中期，长期] ····································· /* 投资时长 */}

$C_R = \{ CR_1: wr_c = $ 中期 $\rightarrow id_c \neq$ 短期

$CR_2: wr_c = $ 高 $\rightarrow id_c = $ 长

$CR_3: id_c = $ 长期 $\rightarrow rr_c = 4\% ~ 6\% \vee rr_c = 7\% ~ 9\%$

$CR_4: rr_c \geq 9\% \rightarrow wr_c = $ 高

$CR_5: rr_c = 7\% ~ 9\% \rightarrow wr_c \neq $ 低}

$V_{PROD} = \{\}$　$CF = \{\}$　$C_{PROD} = \{\}$

　　如果要测试基于知识库的推荐系统是否有错误，典型方法是用一个测试样例集合 $e_i \in E$ 来测试知识库。简单来看，我们假设 $e_1: wr_c = $ 高 $\wedge rr_c \geq 9\%$ 是领域专家提供的唯一样例。测试 $e_1 \cup C_R$ 会导致没有解集，因为 e_1 与 C_R 不相符，见例 5.4 的定义。详细研究示例可以发现 CR_2、CR_3 与 e_1 不相符。因此，认为 CR_2，CR_3 存在冲突，该错误可以简单删除其中一个来解决[45,62]（做一个最小的假设，冲突集合中的每个条件都对冲突有影响）。例如，如果从 C_R 中删除 CR_3，则 $e_1 \cup C_R$ 的一致性恢复了（删除 CR_2 也一样）。　◀

　　计算冲突集合可以使用 Junker 提出的冲突检测算法[45]。基于这些冲突，可以进一步应用基于模型的推荐系统测试技术[62]。测试结果便可引导领域专家或知识工程师关注于那些报错的知识库，并解释它们出现不一致性或测试失败的原因。

　　从商业项目中得到的经验来看，以上提到的原则对于知识获取和环境维护的设计起到了至关重要的作用。文献[15]对用户研究发现，因为开发、测试、调试等工作都可以在图形化的界面里完成，这大大节约了用户的时间。从理财服务领域[24]的经验来看，最初的知识库必须由领域专家和技术专家（知识工程师）的合作配合来完成。此后，大多数开发和维护工作都可以直接由领域专家来完成（例如，更新产品列表，修改约束，定义推荐过程等）。

5.3　推荐过程中的用户导向作用

　　基于约束的推荐系统的运行建立在用户的需求和愿望能明确表述的前提下，因此这些与用户需求相关的知识必须在推荐系统建立之前就得提前准备好。对于这样的需求获取过程，它的实施复杂度是递增的。通用的办法包括以下几点：

　　1. 与会话无关的顾客信息：用户确认他们的偏好以及兴趣设置，例如，指定他们的一般兴趣范围。这是一个在门户网站和社交平台通用的办法。

　　2. 每个会话的静态填写表格：每当顾客使用一次推荐系统时，他们便会填写一个静态的网络表单。这样的界面很容易实现，而且互联网用户也非常熟悉这样的界面，因此它们经常用在网络购物的搜索中。

3. 会话式的推荐对话框：在一个交互式的对话中，如基于"评判"的[8]（见第 13 章）、"向导式的"和基于表单的偏好诱导的对话[42]、自然语言交互[34,71]或这些技术的整合，推荐系统不断地收集着用户的偏好信息。

在基于约束的推荐系统的上下文中，尤其是最后一类的偏好诱导扮演着非常重要的角色，也是本章讨论的重点。因为在类似理财服务[24]、电子生活消费品[36]等综合领域中，推荐建议往往会给与推荐系统相互作用的终端用户带来显著的认知负担。因此，为了确保这套系统能为广大的在线用户社区所使用，充足的用户交互是必不可少的。

当然，用户自己填写的个人资料中的静态信息也可以被当作是基于约束的推荐系统的输入源。将这些笼统的信息（包括详细的人口统计信息）整合到推荐系统的步骤中也是简单明确的。然而在很多情况下，这样的信息很容易是不明确的或空泛的，因此，对一个基于详细知识的推荐过程而言，这些信息碎片的实用性是很有限的。

基于上述提到的原因，静态填充表格在某些应用上的表现很好。但是，在知识密集型领域，经常会生成基于约束的推荐系统，这样的方法可能会过于简单，尤其是因为在线用户群可能因他们的技术背景不同而不同。因此，对所有用户都问同一套问题或者同一类技术细节是不合适的[42]。

最后，在本章中我们依然不会聚焦于自然语言交互。因为只有非常少的例子，比如[34,71]中的，运用了（作为补充的）自然语言推荐系统用户界面。尽管随着自然语言处理领域的发展和虚拟拟人顾问在不同的网站以扩展组件的形式出现，但由于各种原因，它们至今几乎没有被用来向用户推荐物品。首先，这类的对话往往是用户主导的，即用户会积极主动地提出问题。但在复杂场景中，新用户可能无法系统地提出这样的问题，例如正确的中期投资策略。其次，由于这类系统能够进行随意的会话，它们的知识习得代价相当高。最后，终端用户在交互后常常把更多的智能归功于这样的拟人替身，而不是归功于伴随有使他们失望的风险的系统[42]。

评论。对基于知识的推荐系统，评论是一个普遍的交互方式。它第一次提出是在[7]中类似会话推荐的基于案例推理（CBR）的上下文场景下。这样的理念是为了展现每件商品（实例），例如，数码相机或理财产品，依照各个产品的评价，对产生交互的用户提供反馈。例如，一个用户可能需要一个"短期投资"或"低风险"的理财产品。这个推荐—核实—修正的闭环不断地重复，直到期望得到的物品被找到为止。需要注意的是，尽管这样的模式是为 CBR 推荐方式[⊖]开发的，它仍然能被运用于基于约束的推荐系统，因为评价能够直接被转化成附加约束，从而在某些特征上反映出用户的方向性偏好。

与在很多在线商城都能找到的详细搜索表单相比，评论的交互方式有它的优势，因为它能够支持用户交互式地搜索商品库。此外，这种通常称为微调整的方法，对于新用户而言也很容易理解。可是，开发一个评论程序，需要一些领域知识，比如用户反馈的特征集、适当的量化属性增量，或者枚举域内符合逻辑的属性顺序。此外，当需要将用户需求映射到产品特征上时，额外的工作量也是不可避免的。

基本的评价交互后来也被扩展为支持复合评论[61,69]，即在一个交互周期内，用户能对多个特征给出反馈。在理财服务领域，用户也因此只需一步就能找到一个更低风险、更长投资期限的产品，这样也就减少了所需的交互周期次数。尽管文献[7]中已经展现了一些复合评论的预先设计雏形，在文献[61]中仍然提出另一种意见：合理的评论集合应该是动态生成的，且应取决于当前用户的类目空间中剩余的物品情况，尤其是这些剩余物品的多样性。实验评测结

　　㊀　用评论后续实例的方法探索数据，这种想法在 20 世纪 80 年代的信息检索领域[55]已经提出过了。

果表明，这样的复合评价能帮助我们显著地降低所需的交互周期次数，从而使整个交互过程更加有效。此外，实验还表明，复合评论（即使被限制大小，用户仍然能理解）也能帮助用户理解系统产生推荐的逻辑。

关于评论研究的最新进展，包含了精致的可视化界面的作用[82]、手机推荐系统中的应用推荐方法[66]、关于决策精度和认知效果评论样式的评估[11]、基于评论方法的语音识别[34]，以及在用户交互日志中发掘信息来减少评论周期数的方法[51,52,75]。

个性化偏好诱导对话。在基于约束的推荐系统中，另一种获取用户愿望和需求的形式依赖于明确模式化并自适应的偏好诱导对话。这样的对话模型，可以直接用对话框形式[3]表示，或者与CWAdvisor系统中一样用有限状态自动机表示[17,19]。

CWAdvisor系统中，在展示推荐结果之前，终端用户由"虚拟顾问"通过一系列关于特定需求的问题来引导，如图5-4所示的会话样例。与静态填充表格对比，这套问题集是个性化的。也就是根据当前的场景和以前的用户回答，系统会提出一套不同的问题集（或许也用了一种不同的专业术语或非专业术语[41]）。

在CWAdvisor系统中，用户界面的变化是通过有限状态自动机建立在手动设计的个性化规则和明确的对话模型之上的，如图5-1所示。因此系统设计者选择了一种方法，作为网站用户熟知的填充表单和基于自然语言处理方法的充分自由的会话之间的折中。

从技术上讲，图5-1中的有限状态机的顶点以约束变量上的逻辑表达式来表示，而这些约束变量则被用来捕获用户需求。通过面向终端用户的图形流程建模编辑器（见图5-3），处理会话和个性化模型的过程由CWAdvisor系统支持。在运行时，这个架构的交互处理组件收集了用户的输入并评估转移条件，以便决定如何继续对话，更多信息请参考[19]。除了个性化对话，其他在内容、交互、呈现等方面的不同自适应形式也被运用在系统中[30]，目的是为了尽可能好地支持终端用户的偏好抽取和对话解释的功能设计。

虽然高度动态的和自适应的网络应用程序在易用性和用户体验上有价值，但在技术实现上是有挑战性的，尤其是在基于约束的推荐下维护有这种弹性的用户界面。在这个背景下的主要问题是在"模型""界面"和自控逻辑之间的强连接。例如，想象这样的情形：对话模型需要加入一个新的问题（变量）、一个新的回答建议（新的变量值域），或整个对话页面（新的对话状态机）。在所有情况下，用来呈现来自推荐应用"界面"的网页，都必须做出相应的改变。因此，个性化偏好抽取工作的工具包，必须提供至少部分自动化更新用户界面的机制，在CWAdvisor中基于模板的方法的详细信息请参考[42]。

处理无法实现的或太宽泛的用户需求。在基于约束的推荐系统中，在个性化偏好抽取的场景下开发这样的用户接口不是唯一的挑战性难题。在下文中，我们将简述这项技术在实际应用中遇到的其他难题（见第10章）。

在基于约束的推荐系统中，常常遇到目录中没有找到满足用户所有约束条件的物品的场景。在一次交互式推荐系统的通信中，像"没找到匹配的商品"这样的信息无论如何都是不受欢迎的。因此产生的问题是，如何处理这样的情况，即在许多情况下至少最初依赖一些查询机制从产品目录（范例库）中检索出一套初始案例集，它同样发生在基于CBR的推荐系统中。一个在基于CBR推荐系统的场景下提出的可行处理方法是基于宽松查询[33,54,55,64]。在CBR推荐系统的场景下，可推荐物品集合是被概念化地存储在一个数据库表单里；实例检索包含了发送一个（源于用户需求的）联合查询Q到这个实例检索中的过程。然后宽松查询指向寻找一个原始查询Q的（最大）子查询Q′，最终返回至少一个物品。

一般的查询放宽技术也能应用到基于约束的推荐系统中。考虑例5.5（改编自[39]），4个物品C_{PROD}的目录在图5-5中以表格的形式展示。

$name_p$	sl_p （低风险投资类型）	ri_p （相应风险等级）	$minv_p$ （最短投资周期）	er_p （期望收益）	$inst_p$ （理财机构）
p1	股份基金	中	4	5%	ABank
p2	单股	高	3	5%	ABank
p3	股份基金	中	2	4%	BInvest
p4	单股	高	4	5%	CMutual

图 5-5 物品目录示例（金融服务）

例 5.5 宽松查询

为了样例的清晰度和简洁度，在一个咨询应用的"专家栏目"上，我们假设顾客能直接指定想要投资的产品特征。因此，相应的客户资产集 V_C 包含 sl_c（投资类型）、ri_c（风险等级）、$minimun\_return_c$（保底收益值）和 $investment\_duration_c$（预期投资时间）。在这个样例中，过滤约束（条件）简单地把顾客需求从 C_c 映射到物品特征，也就是 $C_F = \{ CF_1: sl_c = sl_p,\ CF_2: ri_c = ri_p,\ CF_3: investment\ duration_c \geq minv_p,\ CF_4: er_p \geq minimum\_return_c \}$。让具体的顾客需求 C_c 变换如下：$\{ sl_c = 单股,\ ri_c = 中,\ investment\_duration_c = 3,\ minimun\_return_c = 5 \}$。 ◀

显而易见，在给定的任务中，目录里没有任何物品（见图5-5）满足所有的相关约束条件。当遵循"约束放宽"原则时，当前的目标包含了寻找一个推荐系统能找到的符合约束条件 C_F 的最大子集。最大化的标准则是选取有代表性的，因为约束条件直接涉及顾客需求，也就是说，更多的约束条件被保留时，就会有更好的补偿物品来匹配这些需求。

当第一次发现寻找 C_F 确立一致性子集的问题看起来并不是那么复杂时，在实际操作中，计算效率却变成了瓶颈。给定一个包含 n 个约束条件的基本约束，所有可能的子集数是 2^n。由于现实可用的推荐系统不得不并行服务许多用户，并且一般情况下可接受的响应时间大约是 1秒，因此朴素的子集搜索是不可取的。

为了解决这个问题，人们提出了各种不同的技术。例如，针对 CBR 推荐系统，文献[54]提出一种从失败查询中恢复的增量混合法。在[64]中，提出了基于手动定义特征分类放宽的方法，尽管它具有不完备性，在旅游业推荐系统中已被证明是一个有效的解决方案。最后，在基于约束的推荐系统中，已经开发了查询放宽问题的完整算法集[38,39]。这些算法不仅仅支持线性时间（以预处理过程和少量增量内存需求为代价）的最小放宽计算，还支持导致"至少 n"件剩余商品的放宽计算。此外，交互式的、增量查询放宽的冲突导向算法也被提了出来，它使用了最新的冲突检测技术[45]。

线性时间约束放宽技术的主要思想简单描述如下。与测试约束组合不同，它单独评估每个相关约束，并给每一个约束条件分配数据结构，该数据结构里存储了满足该约束条件的商品目录，见图5-6。

表格可以理解如下。投资型（单股）约束条件 CF_1 在表格第一行将过滤掉物品 p1 和 p3。

ID	物品 p1	物品 p2	物品 p3	物品 p4
CF_1	0	1	0	1
CF_2	1	0	1	0
CF_3	0	1	1	0
CF_4	1	1	0	1

图 5-6 单独评估子查询。比如，在假设 $sl_c =$ 单股的情况下，过滤条件 CF_1 将物品 p1 过滤

给出这个表格后我们能轻松地断定，给定 C_F 集的约束条件必定是不严格地会有某一物品出现在结果集中，也就是说，与约束条件和用户需求一致。例如，为了让 p1 出现在结果集中，约束条件 CF_1 和 CF_3 必须要被放宽。让我们称之为 p1 的"特定商品放宽"。来自文献[39]中的方法的主要思想是，对于给定的商品 C_{PROD} 的所有"最佳"放宽，过滤条件 C_F 和给定的具体需求集 C_c 必须在特定商品放宽列表之中。因此，扫描特定商品放宽的集合就足够了，也就是说，在这个阶段中并不需要更深层次的约束解决步骤。

在这个样例中，因为只有用户的一个需求被忽略，所以当放宽的约束条件数量决定最佳选择时，约束 CF_2 的放宽是最优的。其他所有的放宽要求至少忽略两个约束条件，这样才能通过统计每一列中零的个数简单地决定。请注意，相关约束条件的数量只是可行的最优化准则之一。考虑每个用户的附加"妥协成本"的最优化准则，也能在这个技术基础上应用，只要满足损失函数值是根据放宽程度而单调递增的。

从技术上讲，特定商品放宽的计算能够通过位运算非常高效地完成[39]。此外，在推荐系统的初始化阶段，也能先预处理部分计算过程。

对于无法实现的需求提供备选方案。在一些应用领域，自动化的或交互式的个别约束放宽或许不能帮用户摆脱他的需求无法满足时的情景。考虑这样的情景，比如在交互式放宽方案中，推荐算法提出一系列约束备选方案集。假设用户接受其中的一个建议，也就是说，同意放宽与 V_c 的两个变量 A 和 B 有关的约束条件。然而，如果 A 和 B 的值对用户而言是重要的（或强制性的），他之后将会把不同的约束条件加在这些变量上。但是，这些新值会再次导致与该用户其他需求的不一致性。最终这可能导致一个不合理的情况，即用户终止尝试不同的取值但也得不到明确的建议，而这些取值本来是用来挑选一致性推荐建议的。

总的来说，如果系统能马上根据 A 和 B 的新值给出相应的推荐结果（当这个用户的其他需求也被考虑到时，仍然有足够的物品出现在推荐结果集合中），它会因此而变得更让用户满意。

让我们先考虑运用在[54, 55, 64]中的基础 CBR 式样案例检索问题，在这里约束条件被直接强加于物品特征之上。这个案例中的约束条件应该是 $\{sl_p = 单股, ri_p = 中, minv_p < 3, er_p \geqslant 5\}$。同样，依然没有物品满足这些需求。

在这类情况下，有关物品类目的详细信息常常被用来生成一组针对个体特征的、可供替代的约束条件（"恢复"）建议。基于该信息，系统能够（替代只建议用户放宽投资类型和投资持续时间的需求）告知用户"即使单股需求被抛弃，并且最小投资持续时间设定为4"，也能找到一个或多个符合需求的物品。因此，用户就不需要去修改最低投资持续时间（例如"3"。事实上，该修改也是不成功的）。

在这个案例中，此类替代值的计算可由系统通过选择一个放宽的替代物和搜索满足剩余约束条件的商品类目来完成。投资持续时间和投资类型的取值（比如图5-5中物品1的值）也能直接被选取为对终端用户的建议[20,25,28,37]。

虽然这种方法看起来既直观又简单，但在实际应用中需要处理如下问题。

- 可用备选方案的数量。在实际情况下，可用的备选方案替代量往往是非常大的，因为每一种可能的放宽（这里可能已经有很多）都存在着各式各样的解决方案。然而在实践中，终端用户无法接受过多的备选方案。因此，问题转换成了如何选择并排序这些修正过的备选方案。
- 修正建议的大小/长度。修正对包含超过3个特征替代值的建议，也不容易为终端用户所理解。
- 非平凡约束的计算复杂度。当只允许简单的物品特征约束条件时，类目信息有利于制定上述可行的修正方案。然而，在像 CWAdvisor 这样的基于约束的推荐系统中，经常涉及将用户需求与产品特征定性地关联到一起。因此，修正的建议也必须与用户需求相关，这意味着可行修正备选方案的搜索域是由用户相关的变量域所决定的。此外，决定是否是用户需求（一个修正替换品）的特定组合导致的非空解集，可能需要高代价的类目查询来实现。

为了至少在一定程度上解决这些问题，在理财服务应用中，针对修正建议的计算，CWAdvisor 系统使用了查询放宽组合、不同的启发式搜索以及额外的特定领域知识相结合的方法[23]。

运用在系统中的这类方法最初在文献[37]中被提出，并通过临界查询作为修正备选方案来交叉放宽查询。合适的放宽是由它们的技术递增顺序决定的。对于每一个放宽，通过改变那些包含放宽的约束变量值来修正备选方案。备选方案取值的选择，可以以"近似"启发式搜索为导向，它是以外部的或内在的确切顺序为基础的。因此，例如一个用户的需求为"至少希望收益5%"，则邻域值"4%"会被评估，假设这样的一个备选方案对终端用户而言比一个更强的放宽更容易接受。为了避免太多的相似修正建议，算法以几个临界值为参数，比如，决定一个放宽的修正次数，一次放宽的最大上限等。总的来说，在理财服务领域的证据表明，这样的一个修正特征，即使它是基于启发式的、作为缩短所需对话长度的一种方法，也得到了终端用户的高度认可。如果要了解更多基于约束的推荐系统里面关于诊断和修复的技术，请参考文献[20，29]。

查询紧缩。在一个交互式推荐系统中，除了推荐结果集合中没有任何物品，结果集中有太多的物品也不是令人满意的。在一些实际的应用中，用户被告知"找到了太多物品"并需要指定更精确的搜索约束条件。结果往往是只有前面的少数结果得到展示（比如，为了避免过长的页面加载时间）。不管怎样，这样的选择对当前用户而言不是最理想的，因为它们往往只是基于类目词条字典序的简单排序。

为了在这种情况下也能更好地服务用户，在[65]中，一个基于CBR推荐系统的交互查询管理方法被提了出来，它也包含了"查询紧缩"的技术。被提出的紧缩算法把一次输入当作一次查询 Q 及其大型结果集，并挑选出（根据信息理论的约束条件和熵方法）3个特征展现给用户，并建议用户尽可能地精炼查询条件。

总的来说，对于在旅游推荐系统中同时使用了查询放宽和查询紧缩[67]的交互查询管理的评测结果，放宽特征得到了终端用户的高度认可。评测还表明，通过考虑紧缩功能，对于有能力自行精炼查询条件的终端用户，查询紧缩并不是那么重要。因此，在[56]中提出了一个不同的特征选取方法，它同样把特征流行度的概率模型纳入考虑范围。评估表明，在特定环境下[56]中的方法表现更优秀，因为它更容易被终端用户接受，并作为进一步精炼查询条件的方法。

5.4 计算推荐结果

在5.1节，我们把推荐任务定义为CSP（见定义5.1）。我们现在讨论两个问题的解决方案：一个是基于约束的满足度算法[72]，另一个是联合数据库的检索条件[12]。

约束满足。约束满足问题的解决方案寄希望于使用结合回溯法和约束传播法的搜索算法。所有概念的基本原理会在下文中解释。

回溯法。回溯法的每一步选择一个变量，并把所有可能的值分配给这个变量。它用已分配的和已定义的约束集合来检查分配的相容性。如果当前变量的所有可能的值与当前的分配和约束条件都不一致，约束求解器由原路返回，这意味着之前遍历的变量又被选中了一次。当这次分配的相容性得到保证时，回溯算法的递归过程开始执行，同时下一个变量被选中[72]。

约束传播法。纯粹的基于回溯法搜索的主要缺点是：即使不存在解，部分"无效"的搜索域也会被多次搜索。为了使约束解决过程更加高效，约束传播技术被引入。这些技术尝试着修改一些当前的约束满足问题，以便使搜索域能显著缩小。这种方法尝试着创建一个局部相容的状态，以保证多组变量值间也能始终相容。上述改进步骤将一个当前的约束满足问题转变成等价的问题。一种众所周知的本地相容类型是弧相容[72]，即对于两个变量 X 和 Y，当 Y 在 X 中没有对应的相容值时，Y 的定义域为空。因此，弧相容直接被定义为：如果 X 与 Y 是一致的，反转后未必是一致的。

当使用约束求解器时,约束被典型地描述为对应编程语言的表达形式。目前许多的约束求解器是在 Java 的基础上实现的。

联合数据库查询。联合查询的解决方案是在数据库查询的基础上计算的,它设法检索出满足顾客所有需求的物品。有关数据库技术和数据库表单查询执行的详细信息,请参考[12]。

排序物品。给定一个推荐任务,约束求解器和数据库引擎都设法确定满足顾客给定需求的物品集。一般情况下,我们需要处理推荐结果不止一个物品的情况。在这样的情况下,物品(商品)需要在结果集中排序。在两个案例(约束求解器和数据库引擎)中,我们应用多属性效用理论(MAUT[74])的概念来辅助确定结果集中每个物品的排名。MAUT 的应用样例可参考[19,27]。

作为 MAUT 应用的备选,而且结合了联合查询的是概率数据库[48],它允许在查询中直接指定排序标准。例 5.6 展示了这样的一个查询,它通过 WHERE 子句挑选出那些满足标准的商品,并按照相似性(在 ORDER BY 子句中定义)排序⊖。最终,取代了用 MAUT 结合上述标准的约束求解器,我们以软约束的形式表述一个推荐任务,变量的每一种组合的重要性(优先级)是在相应通用操作(细节请见[2])的基础上决定的。

例 5.6 概率数据库的查询

Result = SELECT*   /* 计算一个结果 */
FROM Products   /* 从 "Products" 中选出物品 */
WHERE $x_1 = a_1$ and $x_2 = a_2$ /* "必须" 条件 */
ORDER BY score(abs($x_3 - a_3$), $\cdots$, abs($x_m - a_m$))   /* 基于相似性的通用函数 */
STOP AFTER N;   /* 答案(结果集)中最多 N 个商品 */

5.5 实际应用的经验

CWAdvisor 系统在 2002 年实现了商业化,自此被超过 35 个不同的应用所使用。它们已经覆盖了从理财服务[23]到电子消费品或旅游应用[44]等商业领域。在认为推荐系统不擅长的应用领域,如提供商业计划咨询服务[40],或者支持软件工程师筛选合适软件评价方法,也得到了很好的发展[60]。

在这样的基础上,不同形式的经验主义研究已经兴起,他们尝试着评估基于推荐系统的知识的影响力和商业价值,也找到了改进他们最先进技术的机会。接下来,在他们的研究设计深入到用户研究、历史数据评估和生产系统的案例研究的基础上,我们将对其进行分析。

实验用户研究。Felfernig 和 Gula[21]引出了一项研究来评估会话式的、基于知识的推荐算法特定函数的影响,如推荐解释、推荐的修正方案或商品比较。这项实验随机地把用户分配到不同版本的推荐系统中,它改变功能函数,并应用前置或后置交互调查来确定用户的专业知识等级、他们的信任度或推荐系统的胜任感。非常有趣的是,这项实验表明参与者肯定了这些特定功能函数,因为这增加他们的专业知识感知水平和对推荐结果的信任度。

COHAVE 项目发起了一系列的调查,研究心理学理论如何能解释用户在线选择情况下的行为。例如,他们在以下情景中观察到了非对称支配效应:若所推荐的物品集包含诱饵商品,则这些商品由于有较低的全局效用,会被其他相似商品所支配[13,30,70]。在诸如电子消费品、旅游和理财服务等领域,一些用户研究显示:一个考虑了这些效应的推荐系统,不仅能够提升一些特定物品的转换率,还能增加用户在购买决策时的信心。

基于历史数据集的算法评价[35]。一份包含用户过往交易的数据集被分成训练集和测试集。

⊖ 相似性矩阵可参考文献[53]。

训练集用来学习一个模型或调整算法的参数(例如,基于 MAUT 的兴趣维度的重要性度量[74]),目的是使推荐系统能在测试集上预测用户的历史行为。这样的评价方案使算法性能的对比研究成为可能。当协同和基于内容的推荐范例在文献中广泛地被评价时,基于知识的推荐算法和其他的推荐范例的对比在以前却很少引起关注。原因之一是它们确实难以比较,因为它们需要不同类型的算法输入:协同过滤典型地利用用户评分,而基于约束的推荐系统需要明确的用户需求、类目数据和领域知识。所以,包含所有类型的输入数据集(像由 Burke[6] 提供的 Entree 数据集)允许这样的比较,尽管它们是非常稀疏的。文献[80]描述了符合该条件的一个数据集上的比较结果。这个数据集来自一个提供优质雪茄的零售商,它包含了代表用户购买行为、输入到会话式推荐的用户需求和带有商品详细描述的商品类目的隐式评分。然后,通过离线实验将利用用户需求的基于知识的算法变种与利用评分的基于内容的协同过滤做比较。其中一个很有趣的结果是,在以类目覆盖率衡量的惊喜度上,基于知识的推荐系统的表现并不比协同过滤差。如果基于约束的推荐系统与像 CWAdvisor 系统这样的基于效用的物品评分机制相关联,这是格外有效的。但是,如果有 10 个或给更多的来自用户的评分,协同过滤在准确度上做得更好。虽然如此,基于知识的推荐系统的评估常常只能衡量编码知识库的质量和它本身的推论。

另一项研究[79]则聚焦于有明确的用户需求作为唯一的个性化输入机制的情况。它对比了基于知识和协同过滤的不同杂交变种,协同过滤认为明确的需求是评分的另一种形式。如果用户明确地表达了一些特殊需求,基于知识的推荐系统的结果集被证明是非常精确的。但是,当只有少量约束请求而且结果集很大时,排序函数不总能确定最佳匹配的物品。与此相反的是,协同过滤学习了用户需求和实际购买物品之间的关系。因此,这项研究表明,使用基于知识的推荐系统移除了不符合硬性条件的物品以后,再利用协同过滤算法进行结果排序,所得到的串联策略表现最好。

因此,在文献[76]中,介于知识和协同过滤之间的分层混合方法被提了出来并得到了验证。在该方法中,协同过滤学习把用户需求映射到已购物品类目属性的约束条件,并把它们作为输入传给以基于知识为主的推荐系统。在历史数据上的离线实验提供的初步证据表明,在算法的准确率上,这样的一个方法能胜过来自领域专家的知识库。在这些基本满意的结果的基础之上,从历史交易数据中自动提取约束条件的研究将会进一步展开。

生产系统中的案例研究。这是最实际的评价形式,因为用户在真实环境下产生行为并控制内在动机来使用这个系统。在文献[19]中报道了两个来自理财服务领域和电子消费品领域的商业项目经验。在后一领域,针对数码相机的会话式推荐系统已经得到了应用,它在一家奥地利的大型比价平台上被超过 20 万网上购物者使用。一个在线问卷的回复支持了这个假设,即导购应用帮助用户在面对大量选择时,能更好地给自己定位。在使用这个会话式推荐系统时,相比没有使用该系统的用户,明显更高比例的用户成功地完成了他们的购物。在理财服务领域,基于知识的推荐系统根据不同的商业模式去支持销售代理商,并与潜在用户进行交互。销售代表的经验主义调查指出,当与客户端交互时,所节省的时间是非常大的优势,它反过来允许销售人员来鉴定销售机会[19,23]。

文献[77]中的一个案例分析研究了一个基于知识的会话式销售推荐系统如何影响网上购物者的行为。他们分析了在引进推荐系统之前和之后两段时期的销售记录。这项研究的一个有趣发现是,在这两段时期内排名最高的物品列表非常不同。实际上,那些在前一阶段销量很少但是由系统推荐后却很高的物品,折射出了非常高的需求。因此物品的相对销量能够明确地展现出与推荐系统推荐这些物品的频率的一一对应关系。由推荐应用给出的建议被用户采用并导致了在线转化。最后,另一个基于知识的旅游推荐系统的评估旨在对比转化率,也就是说,在交互式销售导购的用户与非交互式销售导购的用户之间[78],下单用户的比例。这项研究有力地证明了，那些与交互式旅游向导发生交互的用户，发起一笔订单请求的概率是其他用户的两倍甚至更高。

5.6 未来的研究方法

基于约束的推荐系统的效用已经在很多领域的应用中得到了证明。但对它的研究和应用仍然存在很多挑战和改进的空间。这些改进能帮助我们提升对用户的推荐质量，拓宽应用领域，并开发推荐软件。

产品数据抽取自动化。一个基于约束的推荐系统的好坏程度取决于它的知识库。所以，知识库一定是正确的、完整的、最新的，以确保高的推荐质量。这些要求意味着巨大的维护工作，尤其在那些数据和推荐知识频繁改变的领域，例如电子消费产品领域。现在，这些工作都是由人类专家来完成的，例如收集产品数据或者更新基础规则。但是，在很多领域，至少那些产品数据能通过机器从互联网获取到的领域，通过互联网资源，很多推荐应用需要的数据都可以获取收集得到。在这种情境下，主要的研究课题就是如何从不同的信息源获取产品数据，并且自动检测和调整过时的数据。这些包含了识别相关数据源，抽取产品数据，解决矛盾数据问题等。一个最近的相关挑战来自如何从书籍、CD、DVD 和电视节目等数字多媒体中抽取产品数据。但是，机器的基本问题在于如何表达互联网的数据，互联网的数据一般表示为人类易于获取和理解的信息的形式。遗憾的是，现在的机器很难解释这些视觉信息。因此，一个基础性的研究课题就在于我们如何使得机器能够像人类一样能读懂这些信息。其实，这个问题已经超越推荐系统的研究范畴，它是语义网的一个核心问题，并且也是人工智能层面的一个需要解决的关键问题。尽管从现在来看，这个问题短期内还很难解决，但是我们仍然可以利用一些能应用到推荐中的数据。例如，在从网页中抽取产品数据的时候，我们可以以表格的形式来存储数据，并且去搜查数据，查找这些产品的描述，存储到产品数据库中[43]。当然，这种方式成功与否还需要看特定的领域。例如，在像数码相机这样的消费电子产品中，对相机的描述都遵循一个特定的结构(比如不同品牌的相机的芯片都是相似的)；而在另外一些领域，例如度假产品，对产品的描述大多数都是通过自然语言文本来描述的。需要提到的是，相对于将人类可读的语言翻译到机器可执行的数据，另一种方式就是将机器可执行的数据加到后面，或者直接替代人类才可读的内容。的确，在提供了机器可执行的数据的情况下，一些较强的市场力量(例如搜索引擎)的服务会得到提升。例如，如果产品提供商提供了一些产品的特定格式的数据，那么他们的产品将会在搜索结果中获得更好的排序。但是在这种情境下，将这些用于搜索的描述应用到推荐意图中来，仍然需要依赖于单一的授权问题。因此，让机器像人类一样读懂网页的工作仍然是一个重要的研究议题。

基于社会化的知识获取。基于约束的推荐的重要基础在于有效的知识获取和维护[26]。过去，这个问题就在多个维度上被阐释，主要的关注点在于知识表达和问题的概念化，以及通过处理模型来获取和组织领域专家的知识。从历史上来看，这些方法的一个重要假设就是存在一个知识的形式化方式，并且能导出一个面向用户的概念化和知识获取工具。在现实生活中的很多案例中，领域知识排在众多相关因素的前头，典型的例子在于跨部门跨组织的商业规则或者新型的应用中，在这里面，用户群体在开放创新的网络环境下共享知识。最近，随着 Web 2.0 和语义网络技术的发展，协同获取知识的机会和问题又一次成为新的兴趣点[63]。至于获取到的知识的类型，最近发展的关注重点在于获取结构化的知识，例如在知识项的层面、知识概念层面，以及彼此之间的关系等。现在新的方向是更远一步地尝试去协同地获取知识、提炼领域的约束、关注商业规则，因为在很多基于知识的应用中，它们是最重要的、最频繁变更的，因此也是最耗费人力物力的。我们主要需要回到以下几个问题：当知识是由不同的贡献者提供，我们如何检测和修复冲突的问题？我们应该如何正确地提问，以让我们更好地从贡献者那里获取知识？我们应该如何提出好的提议，用以在不同的、可能只是部分定义的知识库中变更知识？术语知识获取通常涉及支持使用特定语言的用户形式化规则、约束或者逻辑描述。这个任务在推荐系统中通常很复杂，因为推荐的输出包含了用户对推荐物品的喜好。结果就是知识获取必须要支持形式化、调试、测试这些喜好的描述[31]。

更进一步，高质量的可解释的需求使得满足搜寻知识库的任务更复杂。在基于约束的推荐系统中，推荐理由的解释是利用知识库的内容生成的。事实上，不同的知识库可能会在相同输入的情况下，产生相同的推荐结果输出，但是推荐的解释却是不同的。因此，一个更长远的重要的目标就在于让知识获取能够支持形式化可理解的知识库。

推荐系统的知识库是动态的。遗憾的是，这些动态不仅仅来自产品分类的改变，同时也来自用户喜好的改变。例如，在以前，将像素的数码照片打印在A4纸上就能使得用户满意，但是随着时间的推移，用户对质量的要求也变高了。因此，自动的检测这种变化并且随之调整的知识库也是一个有趣的研究课题。

验证。成功开发和维护一个推荐知识库需要一个智能的测试环境，以确保推荐的正确性。特别是在一些对推荐质量有高要求的应用中（比如理财产品），一个公司使用一个推荐系统，需要确保它的推荐过程和结果的质量。于是，未来的研究需要关注如何开发一种机制，能够自动配置测试环境，使得我们可以用最小的测试样例来尽可能地识别错误。最小化测试集是很重要的，因为领域专家们需要人工来验证它们。这种验证输出与知识获取恰巧匹配，因为任何知识工程师的反馈都能为推荐知识库所用。特别地，一个有趣的研究问题在于如何利用用户喜欢或者讨厌的反馈来提升知识库。文献[68]中介绍了一种算法来告诉我们如何研究知识库来回答为什么一个产品该推荐，或者不推荐。

结构化产品和服务的推荐。100多年前，随着Model T的生产，Henry Ford用大规模制造（许多同一商品的高效量产）颠覆了制造业。然而今天，大规模制造已是一个过时的商业模型，公司必须提供能够满足用户个性化需求的产品和服务。在这种环境下，大规模定制（在大规模制造的成本下，高度多样性产品和服务的量产）已成为新的商业典范。伴随着大规模定制，大规模的混乱也随之而来，面对海量的商品，用户难以选择。开发应用于结构化产品和服务的推荐技术有利于解决这种大规模混乱的难题[14]。例如，推荐技术能够帮助不知情用户在一个几乎有无限产品的领域中发觉他的愿望、需求和对产品的要求。但是，结构化产品的推荐仍然受到现在技术手段的限制。当前的技术假设待推荐的物品能够具体地展示。然而，结构化领域常常提供这样的一个高度产品差异，即一系列可能的组合集只能以结构化描述为内在特征。例如，结构化的系统或许包含了数以千计的部件和连接器。在这些领域，找到满足用户需求的最好组合是一个很有挑战性的问题。

可解释性和可接受性。为了具有说服力，推荐系统必须给出推荐理由（见第10章）。当用户可以质疑一次推荐，并且探究为什么系统推荐一个特定的物品，用户就会开始相信这个系统。一般来说，推荐的理由（或解释）往往在给出推荐结果的时候一并给出，用以达到增加用户传递和信任，说服用户，提升用户满意度等目的。这些解释依赖于推荐过程中的状态和用户的属性，例如用户的目标、需求、先验知识等。未来推荐系统的愿景是对于推荐的解释也能够得到优化。例如，如果推荐系统识别到一个用户不理解推荐出来的不同产品的区别，那么这些区别就可以在推荐理由中得到说明。相反地，如果一个用户对产品完全了解，并且清晰地知道自己需要什么，那么推荐的解释则可以为他提供一个详细的技术判别。所以，未来的研究挑战在于如何创建一个人工推荐的机制，用来灵活地满足不同用户的需求。在这些努力中，推荐理由和解释将是一个重要的基础。

用户购买行为理论。一个真正智能的推荐系统能够适应用户。这意味着，推荐系统能对用户建模，并且能预测用户在接受一些信息之后的反应。特别地，如果我们有一个对用户购买行为影响因素建模的模型，能够对推荐系统的下一步动作做出指导，那么对推荐系统的研究将很大程度上受益于认知和决策的理论[10]。有人也许会从伦理道德的角度对这种推荐系统提出质疑，但是用户提供的所有信息都会影响他的购买行为。因为，为了更好地规划好推荐系统的开发，和用户进行沟通交流是一个很重要的工作。

情景和环境智能感知。推荐系统不仅仅是一个简单的 PC 工具软件，而是在很多情况下能做出推荐动作的智能系统。例如，在未来的辅助驾驶技术中，系统能够对各种动作提供建议，例如超车、转弯、停车等。为了在这种情况下能提供推荐，推荐系统必须能够感知当时的情况，并且了解用户的目标。其他典型的情景包括假期度假的推荐。在这种情况下，推荐系统不仅需要知道用户的喜好，也要知道时间、季节、天气状况、票务信息等。注意，上文提到的情境的需求叫作环境智能。传统的电脑只是一个单一的和用户交互的界面接口，而语音、手势等都在用户和推荐系统的交互中扮演重要的角色。

语义网。W3C 称，"语义网提供了一个通用的平台，在这个平台上，数据能够跨越应用、企业和社区的界限，并被共享和复用。"在特定的语义网里，技术能将数据联系起来，这可以用于实现一个分散的网络，人与人之间的信任关系、用户与商品的关系都可以在这个网络中表示。基于这种用户和商品的关系，很多应用都能得到提升。我们已经提到，可以从机器可读的信息中抽取产品信息和获取知识，其实我们可以更进一步，利用语义网的信息来帮助提升推荐的质量[32,83]。特别地，可以开发一种机制来识别有用的评分，从而避开一些人为的对系统的误导。语义网也允许我们在推理阶段整合更多的数据。一方面，由于知识是由分散网络社区中的很多人一起贡献和维护的，知识获取的任务也由大家一起完成，这有利于基于知识的推荐系统的提升。另一方面，很多的研究问题随之而来：如何保证推荐的质量？如何获取有用的和高质量的知识源？如何确保用到的产品和服务的描述在概念和价值层面达到大家的共识？如何同时保证推荐的正确性和完整性？

5.7 总结

本章我们回顾了几种不同的基于约束的推荐系统方法。这些方法特别适用于存在大型复杂的商品品种以及冷启动用户的场景，此时，协同过滤和基于内容的过滤方法则会表现出较大的局限性。基于约束的推荐技术的效果已经在本章多个实例中得到验证。未来还有一些研究方向有待探索，包括知识获取和更复杂的用户交互等。

参考文献

1. Adomavicius, G., Mobasher, B., Ricci, F., Tuzhilin, A.: Context-aware recommender systems. AI Magazine **32**(3), 67–80 (2011)
2. Bistarelli, S., Montanary, U., Rossi, F.: Semiring-based Constraint Satisfaction and Optimization. Journal of the ACM **44**, 201–236 (1997)
3. Bridge, D.: Towards Conversational Recommender Systems: a Dialogue Grammar Approach. In: D.W. Aha (ed.) EWCBR-02 Workshop on Mixed Initiative CBR, pp. 9–22 (2002)
4. Bridge, D., Goeker, M., McGinty, L., Smyth, B.: Case-based recommender systems. Knowledge Engineering Review **20**(3), 315–320 (2005)
5. Burke, R.: Knowledge-Based Recommender Systems. Encyclopedia of Library and Information Science **69**(32), 180–200 (2000)
6. Burke, R.: Hybrid Recommender Systems: Survey and Experiments. User Modeling and User-Adapted Interaction **12(4)**, 331–370 (2002)
7. Burke, R., Hammond, K., Young, B.: Knowledge-based navigation of complex information spaces. In: 13th National Conference on Artificial Intelligence, AAAI'96, pp. 462–468. AAAI Press (1996)

8. Burke, R., Hammond, K., Young, B.: The FindMe Approach to Assisted Browsing. IEEE Intelligent Systems **12**(4), 32–40 (1997)
9. Burnett, M.: HCI research regarding end-user requirement specification: a tutorial. Knowledge-based Systems **16**, 341–349 (2003)
10. Chen, L., deGemmis, M., Felfernig, A., Lops, P., Ricci, F., Semeraro, G.: Human Decision Making and Recommender Systems. ACM Transactions on Interactive Intelligent Systems **3**(3), article no. 17 (2013)
11. Chen, L., Pu, P.: Evaluating Critiquing-based Recommender Agents. In: 21st National Conference on Artificial Intelligence, AAAI/IAAI'06, pp. 157–162. AAAI Press, Boston, Massachusetts, USA (2006)
12. Elmasri, R., Navathe, S.: Fundamentals of Database Systems. Addison Wesley (2006)
13. Erich C.T., Markus Z.: Decision Biases in Recommender Systems. Journal of Internet Commerce **14**(2), 255–275 (2015). doi:10.1080/15332861.2015.1018703
14. Falkner, A., Felfernig, A., Haag, A.: Recommendation Technologies for Configurable Products. AI Magazine **32**(3), 99–108 (2011)
15. Felfernig, A.: Reducing Development and Maintenance Efforts for Web-based Recommender Applications. Web Engineering and Technology **3**(3), 329–351 (2007)
16. Felfernig, A., Burke, R.: Constraint-based recommender systems: technologies and research issues. In: 10th International Conference on Electronic Commerce, ICEC'08, pp. 1–10. ACM, New York, NY, USA (2008)
17. Felfernig, A., Friedrich, G., Isak, K., Shchekotykhin, K.M., Teppan, E., Jannach, D.: Automated debugging of recommender user interface descriptions. Applied Intelligence **31**(1), 1–14 (2009)
18. Felfernig, A., Friedrich, G., Jannach, D., Stumptner, M.: Consistency-based diagnosis of configuration knowledge bases. AI Journal **152**(2), 213–234 (2004)
19. Felfernig, A., Friedrich, G., Jannach, D., Zanker, M.: An integrated environment for the development of knowledge-based recommender applications. International Journal of Electronic Commerce **11**(2), 11–34 (2007)
20. Felfernig, A., Friedrich, G., Schubert, M., Mandl, M., Mairitsch, M., Teppan, E.: Plausible Repairs for Inconsistent Requirements. In: 21st International Joint Conference on Artificial Intelligence, IJCAI'09, pp. 791–796. Pasadena, CA, USA (2009)
21. Felfernig, A., Gula, B.: An Empirical Study on Consumer Behavior in the Interaction with Knowledge-based Recommender Applications. In: 8th IEEE International Conference on E-Commerce Technology (CEC 2006) / Third IEEE International Conference on Enterprise Computing, E-Commerce and E-Services (EEE 2006), p. 37 (2006)
22. Felfernig, A., Isak, K., Kruggel, T.: Testing Knowledge-based Recommender Systems. OEGAI Journal **4**, 12–18 (2007)
23. Felfernig, A., Isak, K., Szabo, K., Zachar, P.: The VITA Financial Services Sales Support Environment. In: 22nd AAAI Conference on Artificial Intelligence and the 19th Conference on Innovative Applications of Artificial Intelligence, AAAI/IAAI'07, pp. 1692–1699. Vancouver, Canada (2007)
24. Felfernig, A., Kiener, A.: Knowledge-based Interactive Selling of Financial Services using FSAdvisor. In: 20th National Conference on Artificial Intelligence, AAAI/IAAI'05, pp. 1475–1482. AAAI Press, Pittsburgh, PA (2005)
25. Felfernig, A., Mairitsch, M., Mandl, M., Schubert, M., Teppan, E.: Utility-based Repair of Inconsistent Requirements. In: 22nd International Conference on Industrial, Engineering and Other Applications of Applied Intelligence Systems, IEAAIE 2009, Springer Lecture Notes on Artificial Intelligence, pp. 162–171. Springer, Taiwan (2009)
26. Felfernig, A., Reiterer, S., Stettinger, M., Reinfrank, F., Jeran, M., Ninaus, G.: Recommender Systems for Configuration Knowledge Engineering. In: Workshop on Configuration, pp. 51–54 (2013)
27. Felfernig, A., Schippel, S., Leitner, G., Reinfrank, F., Isak, K., Mandl, M., Blazek, P., Ninaus, G.: Automated Repair of Scoring Rules in Constraint-based Recommender Systems. AI Communications **26**(2), 15–27 (2013)
28. Felfernig, A., Schubert, M., Reiterer, S.: Personalized diagnosis for over-constrained problems. In: Proceedings of the 23rd International Joint Conference on Artificial Intelligence. Beijing, China (2013)
29. Felfernig, A., Schubert, M., Zehentner, C.: An efficient diagnosis algorithm for inconsistent constraint sets. Artificial Intelligence for Engineering Design, Analysis, and Manufacturing (AIEDAM) **26**(1), 53–62 (2012)
30. Felfernig, A., Teppan, E.: Decoy Effects in Financial Service E-Sales Systems. In: RecSys11 Workshop on Human Decision Making in Recommender Systems, pp. 1–8 (2011)

31. Felfernig, A., Teppan, E., Friedrich, G., Isak, K.: Intelligent debugging and repair of utility constraint sets in knowledge-based recommender applications. In: ACM International Conference on Intelligent User Interfaces, IUI 2008, pp. 217–226 (2008)

32. Gil, Y., Motta, E., Benjamins, V., Musen, M. (eds.): The Semantic Web - ISWC 2005, 4th International Semantic Web Conference, ISWC 2005, Galway, Ireland, November 6–10, 2005, *Lecture Notes in Computer Science*, vol. 3729. Springer (2005)

33. Godfrey, P.: Minimization in Cooperative Response to Failing Database Queries. International Journal of Cooperative Information Systems **6**(2), 95–149 (1997)

34. Grasch, P., Felfernig, A., Reinfrank, F.: Recomment: towards critiquing-based recommendation with speech interaction. In: Seventh ACM Conference on Recommender Systems, RecSys '13, pp. 157–164. Hong Kong, China (2013)

35. Herlocker, J., Konstan, J., Terveen, L., Riedl, J.: Evaluating Collaborative Filtering Recommender Systems. ACM Transactions on Information Systems **22(1)**, 5–53 (2004)

36. Jannach, D.: Advisor Suite - A knowledge-based sales advisory system. In: R.L. de Mantaras, L. Saitta (eds.) European Conference on Artificial Intelligence, ECAI 2004, pp. 720–724. IOS Press, Valencia, Spain (2004)

37. Jannach, D.: Preference-based treatment of empty result sets in product finders and knowledge-based recommenders. In: 27th Annual Conference on Artificial Intelligence, KI 2004, pp. 145–159. Ulm, Germany (2004)

38. Jannach, D.: Techniques for Fast Query Relaxation in Content-based Recommender Systems. In: C. Freksa, M. Kohlhase, K. Schill (eds.) 29th German Conference on AI, KI 2006, pp. 49–63. Springer LNAI 4314, Bremen, Germany (2006)

39. Jannach, D.: Fast computation of query relaxations for knowledge-based recommenders. AI Communications **22**(4), 235–248 (2009)

40. Jannach, D., Bundgaard-Joergensen, U.: SAT: A Web-Based Interactive Advisor For Investor-Ready Business Plans. In: International Conference on e-Business, pp. 99–106 (2007)

41. Jannach, D., Kreutler, G.: Personalized User Preference Elicitation for e-Services. In: IEEE International Conference on e-Technology, e-Commerce, and e-Services, EEE 2005, pp. 604–611. IEEE Computer Society, Hong Kong (2005)

42. Jannach, D., Kreutler, G.: Rapid Development Of Knowledge-Based Conversational Recommender Applications With Advisor Suite. Journal of Web Engineering **6**, 165–192 (2007)

43. Jannach, D., Shchekotykhin, K.M., Friedrich, G.: Automated ontology instantiation from tabular web sources - the allright system. Journal of Web Semantics **7**(3), 136–153 (2009)

44. Jannach, D., Zanker, M., Fuchs, M.: Constraint-based recommendation in tourism: A multi-perspective case study. Journal of Information Technology and Tourism **11**(2), 139–155 (2009)

45. Junker, U.: QUICKXPLAIN: Preferred Explanations and Relaxations for Over-Constrained Problems. In: National Conference on Artificial Intelligence, AAAI'04, pp. 167–172. AAAI Press, San Jose (2004)

46. Kaminskas, M., Ricci, F., Schedl, M.: Location-aware music recommendation using auto-tagging and hybrid matching. In: 7th ACM Conference on Recommender Systems, RecSys '13, Hong Kong, China, October 12–16, 2013, pp. 17–24 (2013)

47. Konstan, J., Miller, N., Maltz, D., Herlocker, J., Gordon, R., Riedl, J.: GroupLens: applying collaborative filtering to Usenet news. Communications of the ACM **40**(3), 77–87 (1997)

48. Lakshmanan, L., Leone, N., Ross, R., Subrahmanian, V.: ProbView: A Flexible Probabilistic Database System. ACM Transactions on Database Systems **22**(3), 419–469 (1997)

49. Lorenzi, F., Ricci, F., Tostes, R., Brasil, R.: Case-based recommender systems: A unifying view. In: Intelligent Techniques in Web Personalisation, no. 3169 in Lecture Notes in Computer Science, pp. 89–113. Springer (2005)

50. Mahmood, T., Ricci, F.: Learning and adaptivity in interactive recommender systems. In: 9th International Conference on Electronic Commerce, ICEC'07, pp. 75–84. ACM Press, New York, NY, USA (2007)

51. Mandl, M., Felfernig, A.: Improving the performance of unit critiquing. In: 20th International Conference on User Modeling, Adaptation, and Personalization (UMAP 2012), pp. 176–187. Montreal, Canada (2012)

52. McCarthy, K., Y.Salem, Smyth, B.: Experience-based critiquing: Reusing critiquing experiences to improve conversational recommendation. In: ICCBR'10, pp. 480–494 (2010)

53. McSherry., D.: Similarity and compromise. In: ICCBR'03, pp. 291–305. Trondheim, Norway (2003)

54. McSherry, D.: Incremental Relaxation of Unsuccessful Queries. In: P. Funk, P.G. Calero (eds.) European Conference on Case-based Reasoning, ECCBR 2004, no. 3155 in Lecture Notes in Artificial Intelligence, pp. 331–345. Springer (2004)

55. McSherry, D.: Retrieval Failure and Recovery in Recommender Systems. Artificial Intelligence

Review **24**(3–4), 319–338 (2005)

56. Mirzadeh, N., Ricci, F., Bansal, M.: Feature Selection Methods for Conversational Recommender Systems. In: IEEE International Conference on e-Technology, e-Commerce and e-Service on e-Technology, e-Commerce and e-Service, EEE 2005, pp. 772–777. IEEE Computer Society, Washington, DC, USA (2005)

57. Paakko, J., Raatikainen, M., Myllarniemi, V., Mannisto, T.: Applying recommendation systems for composing dynamic services for mobile devices. In: 19th Asia-Pacific Software Engineering Conference (APSEC), pp. 40–51 (2012)

58. Parameswaran, A., Venetis, P., Garcia-Molina, H.: Recommendation systems with complex constraints: A course recommendation perspective. ACM Transactions on Information Systems **29**(4), 20:1–20:33 (2011)

59. Pazzani, M.: A Framework for Collaborative, Content-Based and Demographic Filtering. Artificial Intelligence Review **13**(5–6), 393–408 (1999)

60. Peischl, B., Nica, M., Zanker, M., Schmid, W.: Recommending effort estimation methods for software project management. In: International Conference on Web Intelligence and Intelligent Agent Technology - WPRRS Workshop, vol. 3, pp. 77–80. Milano, Italy (2009)

61. Reilly, J., McCarthy, K., McGinty, L., Smyth, B.: Dynamic Critiquing. In: 7th European Conference on Case-based Reasoning, ECCBR 2004, pp. 763–777. Madrid, Spain (2004)

62. Reiter, R.: A theory of diagnosis from first principles. AI Journal **32**(1), 57–95 (1987)

63. Reiterer, S., Felfernig, A., Blazek, P., Leitner, G., Reinfrank, F., Ninaus, G.: WeeVis. In: A. Felfernig, L. Hotz, C. Bagley, J. Tiihonen (eds.) Knowledge-based Configuration – From Research to Business Cases, chap. 25, pp. 365–376. Morgan Kaufmann Publishers (2013)

64. Ricci, F., Mirzadeh, N., Bansal, M.: Supporting User Query Relaxation in a Recommender System. In: 5th International Conference in E-Commerce and Web-Technologies, EC-Web 2004, pp. 31–40. Zaragoza, Spain (2004)

65. Ricci, F., Mirzadeh, N., Venturini, A.: Intelligent query management in a mediator architecture. In: 1st International IEEE Symposium on Intelligent Systems, vol. 1, pp. 221–226. Varna, Bulgaria (2002)

66. Ricci, F., Nguyen, Q.: Acquiring and Revising Preferences in a Critique-Based Mobile Recommender System. IEEE Intelligent Systems **22**(3), 22–29 (2007)

67. Ricci, F., Venturini, A., Cavada, D., Mirzadeh, N., Blaas, D., Nones, M.: Product Recommendation with Interactive Query Management and Twofold Similarity. In: 5th International Conference on Case-Based Reasoning, pp. 479–493. Trondheim, Norway (2003)

68. Shchekotykhin, K., Friedrich, G.: Argumentation based constraint acquisition. In: IEEE International Conference on Data Mining (2009)

69. Smyth, B., McGinty, L., Reilly, J., McCarthy, K.: Compound Critiques for Conversational Recommender Systems. In: IEEE/WIC/ACM International Conference on Web Intelligence, WI'04, pp. 145–151. Maebashi, Japan (2004)

70. Teppan, E., Felfernig, A.: Minimization of Product Utility Estimation Errors in Recommender Result Set Evaluations. Web Intelligence and Agent Systems **10**(4), 385–395 (2012)

71. Thompson, C., Goeker, M., Langley, P.: A Personalized System for Conversational Recommendations. Journal of Artificial Intelligence Research **21**, 393–428 (2004)

72. Tsang, E.: Foundations of Constraint Satisfaction. Academic Press, London (1993)

73. Williams, M., Tou, F.: RABBIT: An interface for database access. In: AAAI'82, pp. 83–87. ACM, New York, NY, USA (1982)

74. Winterfeldt, D., Edwards, W.: Decision Analysis and Behavioral Research. Cambridge University Press (1986)

75. Xie, H., L.Chen, Wang, F.: Collaborative compound critiquing. In: 22nd International Conference on User Modeling, Adaptation, and Personalization (UMAP 2014), pp. 254–265. Aalborg, Denmark (2014)

76. Zanker, M.: A Collaborative Constraint-Based Meta-Level Recommender. In: 2nd ACM International Conference on Recommender Systems, RecSys 2008, pp. 139–146. ACM Press, Lausanne, Switzerland (2008)

77. Zanker, M., Bricman, M., Gordea, S., Jannach, D., Jessenitschnig, M.: Persuasive online-selling in quality & taste domains. In: 7th International Conference on Electronic Commerce and Web Technologies, EC-Web 2006, pp. 51–60. Springer, Krakow, Poland (2006)

78. Zanker, M., Fuchs, M., Höpken, W., Tuta, M., Müller, N.: Evaluating Recommender Systems in Tourism - A Case Study from Austria. In: International Conference on Information and Communication Technologies in Tourism, ENTER 2008, pp. 24–34 (2008)

79. Zanker, M., Jessenitschnig, M.: Case-studies on exploiting explicit customer requirements in recommender systems. User Modeling and User-Adapted Interaction: The Journal of Personalization Research, A. Tuzhilin and B. Mobasher (Eds.): Special issue on Data Mining

for Personalization **19**(1–2), 133–166 (2009)

80. Zanker, M., Jessenitschnig, M., Jannach, D., Gordea, S.: Comparing recommendation strategies in a commercial context. IEEE Intelligent Systems **22**(May/Jun), 69–73 (2007)

81. Zanker, M., Jessenitschnig, M., Schmid, W.: Preference reasoning with soft constraints in constraint-based recommender systems. Constraints **15**(4), 574–595 (2010)

82. Zhang, J., Jones, N., Pu, P.: A visual interface for critiquing-based recommender systems. In: ACM EC'08, pp. 230–239. ACM, New York, NY, USA (2008)

83. Ziegler, C.: Semantic Web Recommender Systems. In: EDBT Workshop, EDBT'04, pp. 78–89 (2004)

情境感知推荐系统

Gediminas Adomavicius 和 Alexander Tuzhilin

6.1 简介和动机

当前大多数推荐系统的实现方法都注重把最相关的物品推荐给用户，而不考虑任何的情境信息，如时间、地点或是否有人陪同（例如看电影或外出就餐时）。换言之，传统的推荐系统能够处理只含有两类实体（用户和物品）的应用，而在产生推荐时并未将它们放入某种情境中进行考虑。

然而，在许多推荐系统的应用中，比如推荐一个旅行套餐、个性化的网站内容，或某部电影时，仅考虑用户和物品可能是不够的——在某些特定场景下向用户推荐物品时，把情境信息融合到推荐流程里是很有必要的。例如，在考虑了温度因素后，旅游推荐系统在冬季推荐的度假地可能和夏天推荐的度假地大不相同。同理，在 Web 站点上提供个性化内容时，也需要确定把什么内容在何时推荐给访客。比如在工作日，用户上午访问网站时可能会倾向于浏览世界新闻，晚上则会浏览股市报告，而在周末则会去浏览影评和购物信息。

研究表明，这些现象与消费者的决策行为是一致的：消费者所做的决策并非不变的，而是会随当时所处情境的变化而改变。因此，在推荐系统里，情境信息整合到推荐方法中的广度和深度，毫无疑问会影响到对消费者偏好预测的准确度。

在过去的 10~15 年，情境感知推荐系统的能力已经被许多学术研究者改进，并被用于不同的应用场景，具体包括：电影推荐[6]、餐馆推荐[68]、旅游推荐和导游[19,35,65,73,78,90]、一般的音乐推荐[51,72,76]，以及特定情境下的音乐推荐（如在感兴趣的地方[27]、车内音乐[18]，或阅读时听的音乐[32]）、移动信息搜索[39]、新闻推荐[60]、购物助手[80]、手机广告[29]、移动门户[85]、手机 App 推荐[53]等。尤其移动推荐系统是情境感知推荐系统的重要组成部分，这里的情境信息经常被定义为地理和时间，并且已经存在大量的研究团体专注于移动推荐系统（文献[19，49，88]给出了一些典型的例子）。本章主要关注通用领域的情境感知推荐系统，因此不详细深入地介绍有关移动推荐系统的内容，感兴趣的读者可以在第 14 章详细学习有关移动推荐系统的最新进展[54,77]。

近年来，很多公司已经开始把一些情境信息融入推荐引擎里。例如，音乐推荐公司（www. last. fm、musicovery. com 和 www. sourcetone. com）和电影推荐公司（www. moviepilot. de 和 www. filmtipset. se）。例如，在帮助目标用户挑选歌曲时，一些交互电台通过一个被定义的情绪列表（如积极、活力、平静、忧郁）获取用户的情绪状态，系统将被选择的情绪视为情境信息，仅向用户推荐符合他此时情绪的歌曲。

G. Adomavicius, Department of Information and Decision Sciences, University of Minnesota, 321 19th Avenue South, Minneapolis, MN 55455, USA, e-mail: gedas@ umn. edu.

A. Tuzhilin, Department of Information, Operations and Management Sciences, Stern School of Business, New York University, 44 West 4th Street, Rm 8-85, New York, NY 10012, USA, e-mail: atuzhili@ stern. nyu. edu.

翻译：高全力，曹 瑞 审核：吴 宾

在另一个有关电影推荐的例子中，在线电影租赁公司 Netflix 根据与用户地理位置相关的情境信息（如时间、城市或邮编）向顾客推荐特定情境的电影。相似地，移动推荐系统（如手机端推荐系统）在考虑一些重要的情境信息（如基于 GPS 的地理信息和时间信息）后可以向用户提供更加相关的推荐结果。正如 Netflix 的 CEO Reed Hastings 在 YouTube 视频（在视频的 44 分 40 秒处）中指出的一样[1]，Netflix 在推荐时考虑一天中的时间段或用户的地理位置等情境信息，推荐算法的性能提高了 3%。Hastings 在 2012 年推荐系统大会的情境感知推荐系统研讨会上重述了该结果（http://cars-workshop.org/cars-12/program），同时来自领英、Netflix、EchoNest、Telefonica 公司的管理者也表达了情境信息的重要性，并描述了在他们的商业系统中推荐引擎是如何使用情境信息的。

本章主要围绕情境感知推荐系统（CARS）这个主题展开讨论。首先讨论了情境的概念以及如何将情境信息融入推荐系统；其次讨论了将情境信息融入推荐系统的主要方法，并讨论了将情境信息融入基于评分的推荐系统的三种方式：情境预过滤、情境后过滤和情境建模；最后本章介绍了有关情境推荐系统的最新进展，并讨论了未来研究中最重要和最有前景的方向。

本章其余部分安排如下：6.2 节讨论推荐系统中情境的通用基本概念以及如何对情境进行建模；6.3 节介绍了对情境信息进行建模的代表性架构，展示了将情境信息融入基于评分的推荐系统的三种主要方式；最后在第 6.4 节给出了一些额外的讨论以及在该领域未来的一些研究方向。

6.2 推荐系统中的情境

在讨论情境信息对推荐系统的作用和带来的机遇前，6.2.1 节首先介绍了情境信息的基本概念。然后，6.2.2 节开始重点关注推荐系统，并阐述情境是如何被定义和建模的。

6.2.1 什么是情境

情境是一个多方面的概念，在不同的学科，包括计算机科学（主要是人工智能和普适计算）、认知科学、语言学、哲学、心理学、组织科学等都进行了相关研究。实际上，已经有学术会议（CONTEXT ⊖）在专门研究这个主题，并把它与医学、法律、商学等其他学科相结合。由于情境是一个多学科的概念，每个学科都有自己独特的观点，该观点不同于其他学科，并且相对于情境的标准定义"能够对某些事情产生影响的条件和环境"来说要更明确一些[87]。因此，在不同的学科，甚至在这些学科的特定子领域，都存在着对情境的不同定义。Bazire 和 Brézillon[25] 介绍并分析了不同领域的共计 150 种情境的定义。考虑到情境概念的复杂性和多面性，150 种并不算夸张。正如 Bazire 和 Brézillon[25] 提到的：

"……很难找到一个能适用于任何学科的情境的定义。情境是给定对象的一个框架吗？它是能够对对象产生影响的所有因素的集合吗？是否可以把情境信息定义为影响对象的先验因素，还是仅仅将其理解为导致事件出现偏差的后验因素？它是静态的还是动态的？在人工智能领域出现了一些新的方法……。在心理学中，通常在一个既定情况下研究一个人的行为。哪些情境跟我们的研究有关？跟人有关的情境？还是跟任务有关的？或者是跟交互有关的？跟当时处境有关的？情境是何时开始，何时停止的？情境和认知之间的真实关系又是什么？"

为了使这些多样性的观点变得"有序"，Dourish[42] 介绍了情境的分类，根据情境的定义主

⊖ 可以通过 http://www.polytech.univ-savoie.fr/index.php?id=context-13-home，http://context-11.teco.edu，或者 http://context-07.ruc.dk 等网站查看最新实例。

要分为"表征性"和"交互性"两种观点。表征性观点认为情境是一组预定义可观察的属性，其结构(或模式(schema)，数据库术语)不会随时间的推移发生显著改变。换言之，表征性的观点认为情境属性是可识别的，并且是先验已知的，因此可以被捕获并使用在情境感知的应用中。与此相反，交互性的观点认为用户行为是在潜在的情境下发生的，情境本身是不需要观察的。此外，Dourish[42]认为不同类型的行为会产生和需要不同类型的情境信息，基于此可以得到行为和相关情境之间的双向关系：情境影响行为，而不同的行为也导致了不同的情境。

本章主要关注推荐系统中的情境是什么，以及针对推荐系统特定领域给出情境的合适含义。而且，本章也将修订和改进之前在[5,10]等文献中对推荐系统所用情境的定义。本章将在6.2.2节给出模型化情境信息的标准，以及主流的表征性方法；在6.2.3将探讨和描述可替代的方法。

6.2.2　推荐系统中模型化情境信息的表征性方法

在20世纪90年代中期，推荐系统成为一个独立的研究领域，与此同时，研究者和从业者开始关注推荐系统中依赖显式评分获取用户对不同物品喜好的问题。以电影推荐为例，张三可能对电影"角斗士"评7分(满分10分)，即设R_{movie}(张三，角斗士)= 7。基于评分的推荐系统通常是从特定的初始评分集开始，这些评分是由用户显式提供或由系统隐式推断获得。当得到这些初始评分集后，推荐系统尝试估计对未被用户评分的(用户，物品)对的评分函数R：

$$R: User \times Item \rightarrow Rating$$

这里的评分是一个完全有序集(例如，在一定范围内的非负整数或实数)，$User$ 和 $Item$ 分别是用户集和物品集。一旦从整个 $User \times Item$ 空间估计出 R 函数，推荐系统就可以向每个用户推荐评分最高的物品，也可能考虑物品的新颖性、多样性或其他值得考虑的影响推荐质量的指标[84]。由于这些系统在推荐过程中仅考虑了用户和物品两个维度，因此被称为传统的或二维推荐系统。

换言之，在其最常见的形式中，传统的基于评分的推荐问题可以归纳为预测目标用户对未接触过物品的评分。该预测通常是基于目标用户对其他物品的评分，也可能是一些其他可以利用的信息(如用户的人口统计资料、物品特征)。值得注意的是，推荐系统中传统的方法不考虑时间、位置和同伴等情境信息。

在基于评分的表征性方法中，情境感知推荐系统假设情境是已知的，并且影响评分的情境属性集是预定义的。也就是说，情境感知推荐系统中的基于评分的代表性方法对评分进行建模时，不仅使用物品和用户属性，还使用情境属性：

$$R: User \times Item \times Context \rightarrow Rating$$

其中 $User$ 和 $Item$ 分别表示用户集和物品集，$Rating$ 是评分的取值域，$Context$ 表示与应用相关的情境信息。为了详细阐述上述概念，下面给出一个示例作为解释。

例 6.1　在电影推荐的应用中，用户和电影可以采用拥有以下属性的关系来描述：

- 电影：所有可以被推荐的电影的集合；它被定义为电影(电影 ID，标题，长度，发行年份，导演，类型)。
- 用户：接受电影推荐的用户；它被定义为用户(用户 ID，姓名，住址，年龄，性别，职业)。

进一步，情境信息主要包括以下三种类型的属性信息。

- 剧院：放映电影的剧院，它被定义为剧院(剧院 ID，名称，地址，容量，城市，州，国家)。
- 时间：电影放映的时间，它被定义为时间(日期，一周中的某天，一周中的某段时间，月，季度，年)。在这里，属性一周中的某天，取值有周一，周二，周三，周四，周五，周六，周日，属性一周中的某段时间，取值有"工作日"和"周末"。

● 同伴：表示陪同用户一起去看电影的一个人或一群人。它被定义为同伴（同伴类型的情境），其取值有"独自""朋友""男朋友/女朋友""家人""同事"和"其他"。◀

用户对一部电影的评分也与看电影时的位置、观看的方式、陪同的伙伴，以及何时观看等因素相关。例如，向大学生 John Doe 推荐哪部电影，取决于她打算星期六晚上跟男朋友去看，还是工作日跟父母去看。

从上面的例子以及其他的案例可以得出，情境信息中的情境可以有不同类型，每种类型定义了情境的某一方面，如时间、地点（如剧院）、同伴（陪同去看电影的人）或购买目的等。并且每种类型的情境都可以有一个反映情境信息复杂特性的完整结构。尽管复杂的情境信息可以表示成不同的形式，但一种比较流行的是树状的层次结构，这种形式在情境感知推荐和用户分析系统中比较常见[6,69]。例如，例6.1中的三种情境信息可以表示为以下的层次关系：剧院：剧院 ID→城市→州→国家；时间：日期→一周中的某天→一周中的某段时间；日期→月→季度→年。⊖

情境推荐系统中，具有代表性的观点认为情境可以被定义为可观察到属性的预定义集，即其结构并不会随着时间变化而发生重大改变，并且这被认为将情境信息融入推荐系统的最流行的方法。更具体地说，许多情境推荐方法某种程度上不仅遵循 Palmisano 等人[69]和 Adomavicius 等人[6]的做法，而且用情境维度集合 K 定义情境信息，每个 K 中的情境维度 K 都包含 q 个属性 $K=(K^1,\cdots,K^q)$，且每个属性都代表一类情境特征，并有层级结构，比如时间和通信设备。底层属性 K^q 的值反映了细粒度的情境特征，而顶层属性 K^1 的值反映了粗粒度的情境特征。例如，图 6-1a 给出了一个具有四层结构的情境属性 K 的例子，用以说明电商零售业务中购买交易的意图。顶层（粗粒度）结构定义了 K 在所有可能情境下的购买情况，下一级属性 $K^1=\{Personal,Gift\}$，表示客户的购买意图：作为个人用途购买还是作为礼物购买，进而到更精细的层次。"个人"属性 K^1 的"Personal"值可以进一步划分成更详细的个人背景：自用、工作用还是其他。同样，礼品的值 K^1 可细分为送给合作伙伴或朋友，还是送给父母或其他人。因此，K^2 层级可以定义为 $K^2=\{PersonalWork,PersonalOther,GiftPartner/Friend,Gift\ Parent/Other\}$。最后，$K^2$ 属性还可以进一步划分为更精细的层级，如图 6-1a 所示⊜。

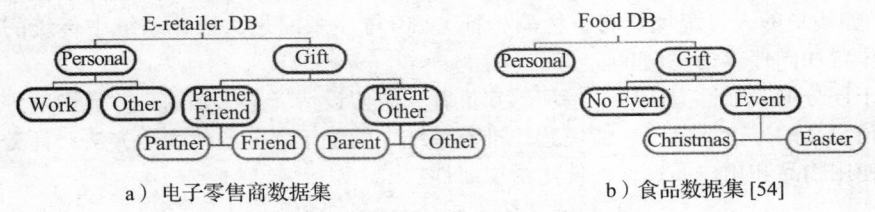

a）电子零售商数据集　　　　　b）食品数据集[54]

图 6-1　情境信息的层级结构

本节介绍在文献[6]中给出的情境信息的定义：对传统的用户和物品的维度增加情境信息，如时间、地理位置等，也可以通过基于 OLAP ⊜的多维数据模型（MD）引入，该模型在数据仓库应用中被广泛使用[37,55]。在数学上，该模型可以用 n 维张量来定义。形式上，D_1，D_2，$\cdots$，D_n 代表维度，其中的两个维度是用户和物品，其余维度代表情境信息。每个维度 D_i

---

⊖　为了完整起见，我们想指出，不仅是情境维度，传统的用户和物品维度都可以使其属性形成层次关系。比如，例6.1中的两个主要维度可以构成如下的层次结构，电影：电影 ID→类型；用户：用户 ID→年龄，用户 ID→性别，用户 ID→职业。

⊜　出于简洁和示意的目的，这个图只做了两路划分。很明显，三路、四路乃至多路划分都是允许的。

⊜　OLAP 表示联机分析处理，这是一种操作和分析存储在多维立方结构中数据的常用方法，并被广泛运用于决策支持系统。

是某些属性 $A_{ij}(j=1, \cdots, k_i)$（或称域）笛卡儿积的子集，即 $D_i \subseteq A_{i1} \times A_{i2} \times \cdots \times A_{ik_i}$，其中每个属性定义一个域（或一组域）的值（即有自己的取值空间）。此外，一个或多个属性可以形成一个键，即它们唯一定义了属性的其余部分[75]。在某些情况下，一个维度可以由一个单一的属性定义，这种情况下 $k_i = 1$。例如，设想一下三维的推荐空间，$User \times Item \times Time$，用户维度可以定义为 $User \subseteq UName \times Address \times Income \times Age$，即包含了具有姓名、地址、收入、年龄的属性集合。同样，物品维度可以定义为 $Item \subseteq IName \times Type \times Price$，即包含了具有物品名、类型和价格的属性集合。最后，时间维度可以定义 $Time \subseteq Year \times Month \times Day$，即包含了从开始到结束时间的日期列表（例如，从 2003 年 1 月 1 日 2003 年 12 月 31 日）。

给定维度 $D_1, D_2, \cdots, D_n$，我们定义这些维度的空间笛卡儿积 $S = D_1 \times D_2 \times \cdots \times D_n$。此外，令 Rating 表示所有可能评分值的有序集合，那么，评分函数可被定义为空间 $D_1 \times \cdots \times D_n$ 上的函数：

$$R : D_1 \times \cdots \times D_n \rightarrow Rating$$

继续上面 $User \times Item \times Time$ 的例子，我们定义一个推荐空间 $User \times Item \times Time$ 上的评分函数 R，用以说明用户 $u \in User$ 在时间点 $t \in Time$ 对物品 $i \in Item$ 的喜好程度。

直观上看，定义在推荐空间 $S = D_1 \times D_2 \times \cdots \times D_n$ 上的评分集合 $R(d_1, \cdots, d_n)$ 可以表示为一个多维数据立方体，如图 6-2 所示，每个立方体块保存了推荐空间 $User \times Item \times Time$ 的某个评分 $R(u, i, t)$，图中的三个表格分别定义了与 $User$、$Item$ 和 $Time$ 维度关联的用户、物品、时间集合。例如，图 6-2 中的评分 $R(101, 7, 1) = 6$ 中代表为 User ID 101 的用户在工作日期间对 Item ID 为 7 的物品评分为 6。

上述的评分函数 R 通常是局部函数（即不是所有推荐空间中的点都有定义），且已预先知道某些初始点上的评分值。和一般推荐系统类似，R 的目标是估计剩下未知点的评分值，并将评分函数 R 推广到全局。

前面描述的基于传统 OLAP 的多维情境模型（以下简称 MD 模型）和之前一

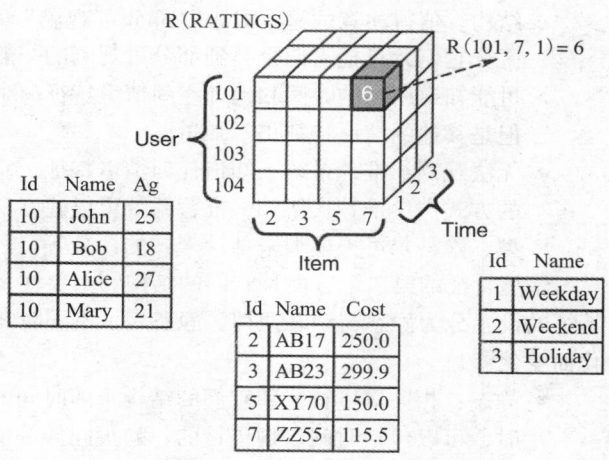

图 6-2　$User \times Item \times Time$ 推荐空间的多维模型

般的情境层级模型之间的主要差别在于，之前案例里的情境信息都是以一些更普遍的层级分类保存，比如树（平衡和非平衡）、有向无环图（DAG）或者各种其他类型的分类法。另外，MD 模型的评分保存在多维立方体中，而一般情境模型的评分则保存在更一般的层次结构中。

本节我们给出了在情境感知推荐系统中有代表性的情境信息的建模方法，并且大量的情境感知推荐系统的相关研究都是采用这种方法。我们在 6.3 节将讨论不同的推荐技术如何基于代表性的方法利用情境信息，进而取得更好的推荐质量。而在 6.2.3 节，我们先讨论情境感知推荐系统中其他的情境建模方法（除上述方法外）。

6.2.3　推荐系统中主要的情境信息建模方法

在前几节的论述中，很多现有的情境感知推荐系统假定存在特定的情境因素（也称作情境维度、情境变量、情境属性等），例如，时间、位置、购买目的等，用来鉴别上下文信息进而生成推荐结果。在 6.2.2 节的讨论中，每种情境特征都可由(a)它的自身结构（例如采用树形结构和 OLAP 层级结构）和(b)情境变量的属性值来表示。例如时间因素可以由年、月、日、时来定义。进一步，在这种结构里的每个变量：年、月、日、时都有标准的取值空间，例如一年中有 12 个月，每个月中有特定数量的天数，每天有 24 个小时等。

针对情境信息进行建模的更宽泛的分类方法（例如，分类超出了标准的具有明确可用的假设，且具有稳定结构的预定义情境特征），主要基于情境特征的以下两个方面[5]：1）关于上述情境特征，推荐系统应该知道些什么信息；2）情境特征是如何随时间改变的。

第一个方面假定对于情境特征，推荐系统可以拥有不同的知识类型。这可能包括相关特征的列表、上述情境的结构、情境值等知识信息。基于已知的特征信息（什么是可观测的，而什么不能），可以把推荐系统的情境特征所具有的知识信息分为以下三类：完全可观测、部分可观测、无法观测[5]。

- **完全可观测**：情境特征是明确知道的，且在生成推荐时，情境的特征、结构、具体的取值等都与具体的应用相关。例如，在购买一件 T 恤时，推荐系统可能知道时间、购买目的、购买同伴等。进一步，推荐系统可能知道上述三个情境特征的相关结构，例如时间特征包括工作日、周末、假期等。并且，推荐系统在进行推荐时，还可能知道上述情境特征的具体取值（例如，此次购买是何时发生的，为谁而买等）。

- **部分可观测**：参考上述定义，即只有部分情境特征是明确知道的。例如，推荐系统可能知道所有的情境特征，例如时间、购买目的、购买同伴等，但并不知道上述特征的具体结构。值得注意的是，对于"部分可观测"可能具有不同的等级。在本节中，我们不区分它们，只把它们分类到部分可观测的一般类别中。另一个示例，移动端的推荐系统可能知道用户的时间和地理空间情境特征（例如，通过手机的系统时钟和 GPS 传感器），但是其他的情境特征仍不知道。

- **无法观测**：推荐系统不知道任何情境特征，它只能利用情境信息的潜在知识，通过隐式的方式产生推荐。例如，推荐系统可以建立一个隐式的偏好模型，包括采用多层线性模型、隐马尔可夫模型来估计未知的评分等，其中隐藏的情境特征采用隐式变量建模。

情境特征的第二个方面是它们的结构和重要性是否以及如何随着时间的变化而变化，情境特征的设置分为静态与动态两种，静态表示不随时间的变化而变化，动态表示会随着时间的变化而变化[5]。

- **静态**：相关情境特征和它们的结构不随时间的变化而变化。例如，为用户推荐购买 T 恤时，可以包括时间、购买目的、购买同伴等情境特征，并且上述情境特征只限定于购买推荐应用的整个生命周期。进一步，我们假设用户的购买目的不会随着时间的变化而变化：那么在整个应用的生命周期中，购买目的的设置应一直保持不变。同样，购买同伴在上述过程中也一直保持不变。

- **动态**：相关的情境特征会以某种形式变化。例如，推荐系统（或系统设计者）可能会意识到随着时间的推移，购物时的同伴不再与推荐的商品相关，进而会弃用这个情境信息。并且，某些情境特征的结构也会随着时间的变化而变化（例如，在购买目的中可能会增加新的类别信息）。

直接结合两种情境信息（例如，推荐系统关于情境信息与它们随着时间变化信息的了解程度）可以提供 6 种（如 3×2）情境特征的建模方法。然而，对动态情境特征的建模表示了一个已经很复杂的任务，原因在于完全可观测与无法观测的情境间的差异难以被归一化。因此，我们采用动态的方式把情境作为一个统一的类别，以此来处理上述方法的设置问题。相反地，对于情境特征的已知信息三个实例，建模方法对于静态情境要进行进一步的分类。这产生了对于情境信息进行建模的四个主要的、独特的方法，具体如图 6-3 所示，本章后面会对此进行详细介绍。

代表性方法（情境信息：静态、完全可观测）。 如之前所述，这种方法对应于情境信息的表示性视图[42]，假设在给定应用中的情境信息预定义属性的有限集合，每个属性都有被定义好的结构，并且这种结构不随时间发生显著变化。现有的绝大部分情境感知推荐系统聚焦于这种方法的研究，因此在本节之后部分会对此进行展开描述。

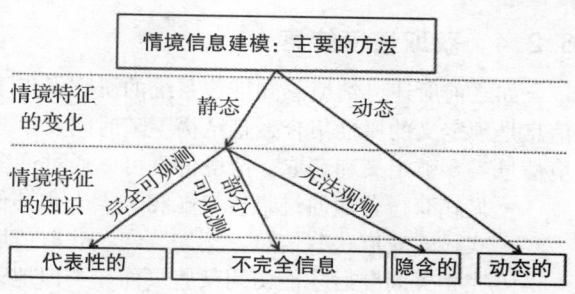

图6-3　推荐系统中情境信息建模的主要方法

不完全信息方法（情境信息：静态、部分可观测）。 这种方法假设关于情境特征的部分信息是已知的，且这些信息的结构是静态的。如之前所提及的，后一种情况的一个例子可能在移动应用中出现，即当时间和地理情境信息对于移动设备是已知的，但其他的情境信息（例如，用户旅游的目的、同伴、情绪）仍是未知的。关于上述方法的另一个例子是由Palmisano等人[69]给出的，情境信息由贝叶斯网络（BN）来定义，在这个BN中，可观测的情境信息与外层网络对应，不可观测的情境信息与中间层对应。进一步，BN网络中不可观测的变量通过机器学习中的通用方法来获取。

潜在方法（情境信息：静态、不可观测）。 这种方法表示稳定（即静态）但是不可直接观测的推荐设置。例如，这些情境特征可能包含用户的情绪（开心、难过等）或者购买意图（为了自己、用于工作、作为礼物等），对上述信息进行建模可以提高推荐性能。因为情境特征的结构是稳定的，它可以使用潜在变量进行建模，并且不可观测的情境信息可以采用机器学习的方法进行学习，例如矩阵分解[58]、概率隐语义分析（PLSA）、层次线性模型（HLM）等。然而，正是因为潜在的信息无法被直接观测到，在推荐系统中很难区分潜在情境建模方法与通用的潜在建模方法（例如，各种矩阵分解方法在推荐系统中都很受欢迎）。这种区分可能由于所有可能的潜在变量都可能与物品、用户、情境特征相关联。因此，潜在的情境变量是与用户或物品无关的潜在特征。虽然这在概念上是一个比较直观的区别，但是在实践中很难实现，并且这种区分方法的发展是未来研究的一个有趣话题，并且可以形成更加精细的推荐模型，这将具有潜在的性能优势。

动态方法（情境：动态、变量可观测）。 这种方法表示情境信息的结构会随时间发生变化，例如，基于被动观测或用户的主动反馈。这种方法与情境的交互视图相关[42]，有一些方法采用直接的交互方法对情境推荐进行建模，例如文献[14]通过借鉴心理学方法采用短期记忆（STM）交互的方法对情境建模。再比如，Mahmood等人[65]提出了一种将对话应用于交互情境中的推荐系统。这是由一组有代表性的动态情境特征来建模，例如，用户是否对于推荐结果提供特定的信息或者动态（例如，是否把项目加入购物车）。以动态的方式，一步步地基于交互状态系统交互的考虑上述特征的选取。进一步地，Moling等人[66]提出了一种基于连续决策的推荐方法，使得上述过程可以可视化，在为用户提供无线电频道推荐时，将隐含的短期/情境偏好与更稳定的长期用户偏好相结合。还有另一个例子，Hariri等人[45]采用主题建模的方法将用户的交互序列映射到隐含主题序列（表示不同的情境），能够获取用户的偏好趋势。这些方法允许推荐系统监控用户兴趣的变化，并动态地调整推荐策略。如另外一个例子，考虑对话的推荐系统。在标准的用户对话系统中，用户的反馈被用于迭代的优化用户记录（或初始用户查询），从而产生更合适的推荐。在情境感知的对话系统中，用户的反馈可能会被用于修正情境特征，而不仅仅是优化用户记录。例如，在与用户对话的过程中，旅馆推荐系统可以获得用户所订的时间是一个浪漫的日子，这种判定可以过滤掉嘈杂或者红酒种类不充足的餐馆。这种对情境感知对话系统的迭代优化将会导致一系列需要进一步研究的问题。

6.2.4 获取情境信息

如之前所述，情境感知推荐系统的研究聚焦于一些代表性的方法，这些方法大多假设情境信息是预定义的属性集合，且结构不随时间发生改变。这种假设暗示了在产生推荐结果之前情境信息需要被定义和获取。情境信息可以通过许多方法获得，包括：

- 显式获得，即通过直接接触相关人士和其他情境信息源，通过直接提问或者引导性的方式显式获取这些信息。例如，网站获取情境信息会让用户填写某些调查表，等用户回答完相关问题后才能访问某些页面。类似地，智能手机应用可以通过手机的时钟、GPS 传感器和加速度计获得时间、位置和运动数据。

- 隐式获得，隐式地从数据或环境中获得，例如从移动电话公司获得用户的位置变动信息。又如可以从一个事务的时间戳隐式地获得时间相关的情境信息。我们不需要与用户或其他情境信息源进行直接的交互，就可以直接从隐式的情境信息源中直接访问并提取我们需要的情境信息。

- 推断获得，通过统计和数据挖掘方法去推断出情境信息。情境信息可能通过潜在的格式"隐藏"在数据中，但是可以隐式地使用这些信息以获得对未知情形更精确的评分。例如，有线电视公司可能很难显式获得电视观众的家庭角色（丈夫、妻子、儿子、女儿等），但可以通过所观看的电视节目相对合理和准确地推断出来。这些信息还可以用于评估某个家庭角色对于电视节目的喜爱程度。文献[69]也表明潜在的变量的引入，如购买产品的意向（例如，给自己还是送礼的，与工作相关的还是休闲用的等），虽然其真实值是未知的，但可以显式地将其建模在贝叶斯网络（BN）中，并能够提高 BN 分类器的预测性能。在文献[14]中提出了另一个使用潜在变量的相似方法。作为推测情境信息的另一个例子，考虑在线评论，例如在 Yelp、Amazon 等受欢迎的网站上。这些评论包含了大量的情境信息来描述购买或消费体验。例如，用户可能在评论中暗示她想去餐馆和她的男朋友共进晚餐来庆祝他的生日。Bauman 和 Tuzhilin[24] 提出了一种分析上述评论的方法，并能从中提取出情境信息。这个方法还可用于评估 Yelp 例子中的评论，并且多数与上述应用相关的情境信息都是通过这种方法提取出的。此外还有另外的推测情境信息的方法被提出[56]，尽管是非 RS 相关的问题，在 Web 会话中，通过将上述会话分解为不重叠的部分来发现短暂的情境信息，每个分割都与特定的情境相关联，这些情境信息可以采用优化和聚类方法来识别。

有一点值得注意，如果获取情境信息的过程被明确地甚至隐含地完成，它应该作为整体数据收集过程的一部分。这进一步地暗示了情境信息应与具体的应用相关，且是为了这个应用而收集，收集过程应在程序设计阶段完成，并为推荐结果的产生提供建议。

还需注意的是，并非所有的情境信息都有助于推荐，比如书的推荐系统。系统可以采集买书者的各种情境数据，包括：(a)买书的目的（选项是：为了工作，为了休闲等）；(b)计划的阅读时间（工作日，周末等）；(c)计划阅读的地点（在家，在学校，在飞机上等）；(d)买书时股市的指数。显然某些类型的情境信息在特定的场景中可能比其他类型的信息更重要。例如，该例子中，股票指数跟买书的意图比起来，相关性就显得不那么重要。

由于不同应用之间情境特征的相关性会有很大的差异（例如，位置在一个情境感知推荐系统中可能很重要，而在另一个中可能没有任何影响），领域专业知识在给定应用中鉴别候选情境特征集合时会起到重要作用。例如，在移动推荐应用中，需要考虑以下四种通用类型的情境特征[5,43]：物理情境，例如，时间、位置、用户行为、天气、光照、温度等；社会情境，用户是独自一人还是群组，用户周围其他人的存在和作用；交互媒体情境，例如，设备属性(手机/平板电脑/笔记本等)、媒体内容类型(文本/音频/视频等)；情绪情境，例如，用户的心态(认知能力、心情、目前的目标等)。

除了使用手工的方法外，例如，在给定应用中的推荐系统设计者或领域专家利用领域知识，还有几种计算方法来确定给定类型情境特征的相关性。特别地，众多的现有机器学习方法中的特征选择方法[57]、数据挖掘[63]、统计方法[36]，基于已有评分数据，可以应用于数据处理流程。文献[6]给出了情境属性与具体应用间的关联关系。特别地，Adomavicius 等人[6]提出一种宽泛的方法：情境属性可以通过领域专家被初始地选择为具体应用中情境属性可能的候选值。例如，在例 6.1 中描述的电影推荐系统中，最初我们可以将上述情境属性作为时间、剧院、陪伴、天气等，同时还包括其他很多的情境属性，可能会影响电影的观看体验，而这些情境属性最初由领域专家判定。然后，在收集数据后，包括评分数据与情境信息，我们可以申请使用不同类型的静态测试来鉴别哪个选中的情境属性在真正意义上影响用户的观看体验，通过对同一个情境属性评分的巨大偏差来验证。例如，我们可以采用结对 T 测试来看看好的天气与坏的天气、独自观看电影与有陪同的观看电影等情况对于电影观看体验的影响(通过统计评分分布的显著变化)。这个过程提供了筛选初始情境属性与过滤不重要的情境属性的示例。例如，在电影推荐应用中，我们可以得出时间、剧场、陪同等情境信息很重要，而天气情境没那么重要。使用统计测试鉴别情境信息的相关性将在后续的研究中进一步探讨[67]。

Baltrunas 等人[20]提出了评估情境信息相关性的另一种方法，该方法开发出了一种基于调查的工具，通过要求使用者判断他们在多种假设的(想象的)情境条件下的喜好。方法能够在短时间内收集更加丰富的情境偏好特征，基于所收集的数据评估情境信息对于用户偏好的影响，并将有重要影响的情境用于所生成的情境感知推荐系统。即使所收集的数据仅包含假设的情境偏好(例如，在特定的情境下，用户想象消费的偏好项目)，作者验证了所生成的情境感知推荐系统相比于非情境感知推荐系统，能够更加有效地被用户感知。

具体的情境特征选择过程超出了本章的范围，在本章的其余部分仍假设数据中只存储了相关的情境信息。

本节中我们回顾了情境信息建模的主要方法，并且重点关注了一些有代表性/最受欢迎的方法。既然它们在之前被广泛研究，在下节中，将主要关注将情境信息融入有代表性方法中的主要范式。

6.3 结合具有代表性情境的推荐系统范式

当相关情境信息通过情境感知推荐系统(CARS)中具有代表性的方法识别并获取后，下一步就需要智能地使用情境信息来获得更好的推荐结果。在推荐系统里面利用情境信息有多种方法，其大致可以分为两类：1)通过情境驱动的查询和搜索产生的推荐；2)通过情境偏好暗示和估计的推荐。情境驱动的查询和搜索方法已被各种移动和旅游推荐系统采用[3,35,86]。使用这种方法的系统通常使用情境信息(可能是直接询问并获得用户当前的情绪或兴趣，或从环境中获得当地的时间及天气或地理位置)去查询或搜索某些资源库(如餐馆)，同时给用户提供匹配度最好的资源(如附近正在营业的餐馆)。早期运用这种方法的是 Cyberguide 项目[3]，对不同的手机平台开发了几种导游原型程序。Abowd 等人[3]讨论了为给手机用户提供可靠的导游服务所需提取的特征，比如用户当前和过去的地理位置等情境信息就可以在推荐和指引过程产生作用。其他研究文献中的情境感知导游系统实例还有 GUIDE[38]、INTRIGUE[16]、COMPASS[86] 和 MyMap[41]。

另一个在推荐流程中使用情境信息的方法是通过情境偏好的暗示和估计进行推荐，这也是当前情境感知推荐系统的一个研究趋势，在文献[6，7，68，71，89]中有详细介绍。与前面所讨论的情境驱动的查询和搜索方法(推荐系统通常利用当前的情境信息以及当前用户给定的兴趣作为查询条件去搜索最为合适的内容)不同的是，使用这种方法的技术试图通过学习，例如通过观察系统中用户和其他用户的交互行为，或通过获取用户对以前推荐的不同物品的偏好反馈，对用户的偏好进行建模。为了对用户的情境敏感属性建模并产生推荐，这些技术通常采用协同过滤推荐算法，或者使用基于内容的推荐算法，或者综合各种情境感知的推荐方法，或者引入数据挖掘和机器学习领域的各种智能数据分析技术(如贝叶斯分类器和支持向量机)。

两种方法都有不少研究上的挑战性，但在接下来本章将重点聚焦第二种方法，即近期在推荐系统中流行的结合情境偏好的暗示和估计的研究方法。这里需说明的是，结合两种方法中的技术来设计单一的业务系统是可行的(即内容驱动的查询和搜索，以及情境偏好暗示和估计)。例如，UbiquiTO 系统[27]实现了一个移动导游服务，它不仅可以智能地适应特定的情境信息，也可以使用各种规则和模糊集技术去调整应用内容以适应用户的偏好和兴趣。类似的还有News@ hand 系统[26]使用语义技术提供的个性化新闻推荐，这些推荐是通过分析用户基于概念的查询语句或者根据特定用户(或用户组)的属性计算得到的。

在开始具体探究情境感知推荐系统中的具有代表性的情境偏好暗示和估计技术前，需要说明的是，一般认为的传统二维($User \times Item$)推荐系统可以描述为一个函数，把用户部分偏好数据作为其输入，产生的每个用户的推荐列表作为输出。这样就得到了图 6-4 中的传统二维推荐过程的示意图，它包括三个组成部分：数据(输入)、二维推荐系统(函数)、推荐列表(输出)。值得注意的是，如图 6-4 中所示，当基于可用数据的推荐函数被定义(或构造)后，将构造好的推荐函数应用在任意给定用户 u 以及所有候选物品上，以得到该用户对每个物品的预测评分，再根据预测评分对物品进行排序，就能获得 u 的推荐列表。在本节的后面部分，将讨论分别在这三个组成部分中如何使用情境信息来产生三种不同的情境感知推荐系统。

图 6-4　传统推荐流程的一般组成部分

在 6.2.2 节中提到，传统的推荐系统建立在用户部分偏好知识的基础上，即部分物品(通常设限)的用户偏好。传统推荐系统的输入数据，通常有诸如 <用户，物品，评分> 的格式。相比之下，情境感知推荐系统建立在用户的部分情境偏好知识的基础上，数据格式通常是 <用户、物品、情境、评分>，每条记录中不仅包括给定用户对特定物品的喜好程度，同时也包括这个用户使用该物品的情境信息(例如，情境 = 星期六)。

此外，除了用户的描述信息(例如人口统计学信息)、物品的描述信息(例如物品的特征)和评分信息(例如多标准评分信息)，情境感知推荐系统还可以利用附加的如 6.2.2 节中提到的情境属性，如情境层次结构(如星期六→周末)。由于这些附加的情境数据的存在，带来了几个重要的问题：在对用户偏好建模时如何体现情境信息？可否重用在传统(非情境)推荐系统中的知识积累去生成情境感知的推荐？我们将在本节详细探讨这些问题。

在提供的已有的情境信息后，如图 6-5 所示，我们先从具备形式 $U \times I \times C \times R$($User \times Item \times Context \times Rating$)的数据开始，其中 C 是附加的情境维度，并最终为每个用户生成情境推荐列表 i_1，i_2，i_3…。然而，与未考虑情境信息的图 6-4 不同，可以把当前(或期望)的情境 c 应用在推荐过程的不同阶段。更具体地说，基于情境偏好暗示和估计的情境感知的推荐流程可以有三种形式，这取决于在哪个部分应用了情境信息，如图 6-5 所示：

- 情境预过滤(或基于情境的推荐输入)。在该推荐方式中(见图 6-5a)，情境信息决定了数据选择或数据构建。换句话说，当前的情境信息 c 被用于选择或构建相关的数据记录集（评分）。然后可以使用筛选后的数据通过任何传统的二维推荐系统对评分进行预测。

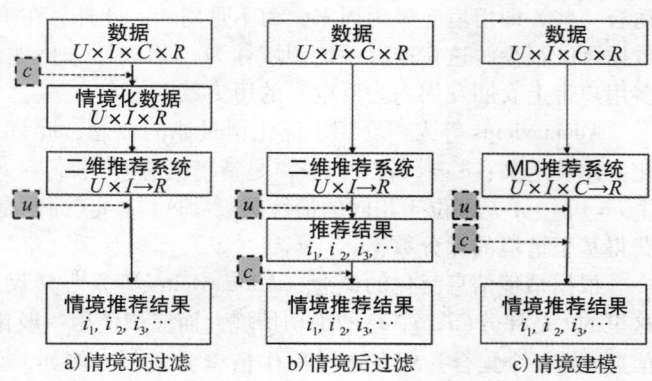

图 6-5 推荐系统中整合情境的方式

- 情境后过滤（或基于情境的推荐输出）。在该推荐方式中（见图 6-5b），情境信息一开始被忽略，全部数据都使用传统的二维推荐系统去预测评分。然后，推荐的结果会针对每个用户的情境信息进行修正（情境化）。

- 情境建模（或基于情境的推荐函数）。在该推荐方式中（见图 6-5c），情境信息直接用于建模，直接影响评分。

在本章节其余部分我们会详细讨论这三种方式。

6.3.1 情境预过滤

如图 6-5a 所示，情境预过滤的方法是使用情境信息来选择或构建相关性最强的二维（$User \times Item$）数据以用于推荐。这种方法的一个主要优点是，它允许调用任何先前文献[9]中提出的各种传统推荐技术。值得一提的是，这种方法的一个可能的用途是情境 c 自身可以作为一个查询去挑选（或过滤）有关的评分数据。电影推荐系统的情境数据过滤的一个例子是：如果一个人想在周六看电影，推荐电影时仅仅使用周六电影的评分数据即可。注意，这个例子展示的是一个精确的预过滤器。换句话说，数据筛选查询由具体的情境信息构成。

例如，根据情境预过滤的范式，Adomavicius 等人[6] 提出了一种基于降维的方法，把情境推荐问题从多维（MD）下降为标准的二维 $User \times Item$ 空间。因此，对任何情境预过滤方法来说，降维的一个重要好处是，完成降维后，以前所有的二维推荐系统的研究方法可以直接应用在多维场景中。具体而言，令 $R^D_{User \times Item}: U \times I \to Rating$ 为任意二维评分估算函数，给定现有的评分 D（即 D 包含所有已知的用户定义的评分记录 $<user, item, rating>$），我们也能预测任意物品的评分，如 $R^D_{User \times Item}(John, StarWars)$。类似地，一个支持时间情境的三维评分预测函数类似的定义如下：

$$R^D_{User \times Item \times Time}: U \times I \times T \to Rating$$

其中，D 包含用户定义的评分记录 $<user, item, time, rating>$。这样就可以用一些方法将三维预测函数表达成二维预测函数了，例如：

$$\forall (u,i,t) \in U \times I \times T, R^D_{User \times Item \times Time}(u,i,t) = R^{D[Time=t](User,Item,Rating)}_{User \times Item}(u,i)$$

这里 $[Time=t]$ 表示一个简单的情境预过滤器，而 $D[Time=t](User, Item, Rating)$ 表示从 D 里面选择 $Time$ 维度值为 t 的数据，且只保留 $User$ 和 $Item$ 两个维度，以及评分本身的值。换言之，如果把一个三维评分数据集 D 当成一种关系，那么 $D[Time=t](User, Item, Rating)$ 是从 D 执行了选择和投影两个关系运算后得到另一个关系。

但是，确切的情境有时会过于狭隘。举个例子，跟女朋友在周六去影院观看电影的情境，即 $c =$（女友，剧院，周六）。使用如此确切的情境作为数据过滤条件可能是有问题的，这里有几个原因。首先，某些方面过于具体的情境可能并不是很重要。例如，用户带着女朋友在周六去剧院看电影的偏好，可能和周日完全一样，但是跟周三不同。因此，宽泛一点的情境可能更适合一些，即情境应该为周末，而不是周六。此外，在确切的情境下可以被用来做评分预测的数据可能很少，这在推荐系统领域称为"稀疏性"问题。换言之，推荐系统中可能并没有很多用户带上女朋友周六去看电影的历史数据。

Adomavicius 等人[6]介绍了泛化预过滤的概念，允许把具体的情境数据在预过滤查询中泛化。此处定义：$c' = (c'_1, \cdots, c'_k)$ 是情境信息 $c = (c_1, \cdots, c_k)$ 的泛化，当且仅当 $c_i \rightarrow c'_i$ 对于每个 $i = 1, \cdots, k$ 都位于相同的情境层级。这样，c'（而不是 c）就可以被用作数据检索条件，从而获得基于情境的评分数据。

根据情境信息泛化的概念，Adomavicius 等人[6]建议不要使用简单的预过滤器 $[Time = t]$，这里的 t 是评分 (u, i, t) 的确切情境，而应该使用一般化的预过滤器 $[Time \in S_t]$，S_t 代表情境信息 t 的一个集合。S_t 在这里称作情境分块[6]。例如，如果想预测 John Doe 在周一有多想看"角斗士"电影，即计算 $R^D_{User \times Item \times Time}(JohnDoe, Gladiator, Monday)$，我们可以不用用户给出的 Monday 评分去做预测，而是可以使用 Weekday 这种泛化的评分。换言之，对于每个 (u, i, t) 中的 $t \in Weekday$，可以通过

$$R^D_{User \times Item \times Time}(u,i,t) = R^{D(Time \in Weekday)(User,Item,AGGR(Rating))}_{User \times Item}(u,i)$$

预测评分。更一般地说，为了预测某些评分 $R(u, i, t)$，可以使用某些特定的情境信息分块 S_t：

$$R^D_{User \times Item \times Time}(u,i,t) = R^{D(Time \in S_t)(User,Item,AGGR(Rating))}_{User \times Item}(u,i)$$

注意，我们已经在上面的表达式使用了 $AGGR(Rating)$ 的概念。这是因为，在数据集 D 的同一情境分块 S_t 中，在不同的时间下同一用户对同一物品可能会有不同的评分（例如，同样的用户，同样的电影在 Monday 和 Tuesday 得到的评分不同，但都属于工作日分段）。因此，必须使用聚合函数来聚合值，例如在对推荐空间降维时计算评分的均值。上述三维降维方法可以推广到一般的预过滤方法，将任意 n 维推荐空间降维到 m 维（其中，$m < n$）。在本章中，我们假定 $m = 2$，这是因为传统的推荐算法是针对二维的推荐空间 $User \times Item$ 而设计的。注意，由于情境分类的不同和所需要的情境粒度的不同，通常存在多种可行的情境泛化方案。例如，假设有以下的情境分类（is-a 或 belongs-to 关系）层次：

- 同伴：女朋友→朋友→熟人→任意伙伴；
- 地点：剧院→任意地点；
- 时间：星期六→周末→任意时间。

那么下面给出一些针对情境信息 $c = $（女朋友，影院，星期六）可能被泛化的例子：

- $c' = $（女朋友，任意地点，星期六）；
- $c' = $（朋友，影院，任意时间）；
- $c' = $（熟人，影院，周末）；

因此，选择"合适"的泛化预过滤器成为一个重要的问题。一种方法是基于经验人工选择，例如，每周的某一天可以泛化为工作日或周末。另一种方法更自动化一些，它能够从经验出发评估使用了从每个泛化预过滤器获得的情境输入数据的推荐系统的预测效果，然后自动选择一个评估中预测效果最好的泛化预过滤器。如何处理由于情境粒度导致的计算复杂度是一个有意思的研究课题。换言之，在情境粒度很细的业务场景里，会存在大量可能的情境泛化。这时基于穷举的技术是不太可行的，需要更有效的贪婪算法。相关的工作有 Jiang 和 Tuzhilin[50]研究的最优顾客分群粒度使得预测效果最优的方法。在情境感知推荐系统场景下应用这些技术是今后研究的一个有意义方向。

到目前为止，本书已经讨论了一次仅使用一个预过滤器的情况。然而，正如在大多数推荐

系统文献中所验证的，通常一个由几种方法组合（"混合"方法或者集成方法）起来的方案较单一的方法有更明显的效果提升[30,31,58,74]。同理，在一个模型中同时结合多个情境预过滤器或许会有所帮助。正如前文所述，使用一系列不同预过滤器的原理是对于一个特定的情境可以存在多种不同的（和具有潜在相关性的）情境泛化方案这一特征。顺着这个思路，Adomavicius 等人[6]对每一个评分在一组可能的情境下使用预过滤器，然后通过这些情境预过滤的结果生成推荐列表。图6-6是这种方法的总览。值得注意的是，组合多个预过滤器的方法有很多种，比如，在特定情境下的评分估计不仅可以（a）选择最优的预过滤器，还可以（b）对整个集成的预过滤器组进行聚合预测。

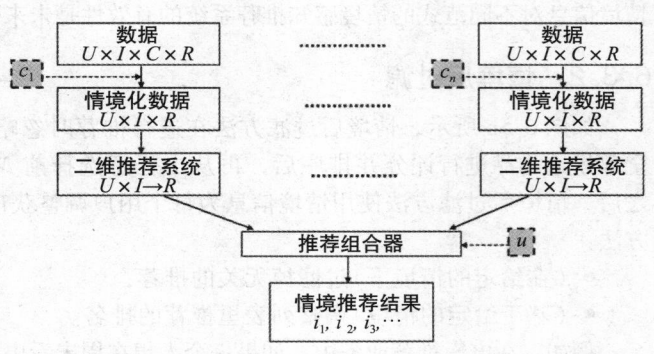

图6-6 组合多个预过滤器的整体示意图

要指出的是，这种情境预过滤方法跟机器学习和数据挖掘中建立局部模型的问题有关[13]。它建立了一个局部的评分估算模型，只使用用户指定的条件下（例如早晨）的评分进行推荐，而并非建立全局性评分估算模型，并利用所有已有的评分进行推荐。采用预过滤方法很关键的一点是，要弄清楚在忽略所有与情境无关的信息之后，局部模型的推荐效果是否真的优于传统的二维全局模型。例如，使用情境预过滤推荐周末去电影院看电影可能比较合适，但在家里用录像机看电影的推荐还是使用传统的二维技术比较好。这是因为降维方法仅关注了特定的一部分数据，也只利用这部分数据建立局部预测模并进行推荐，从另一个角度看，只利用部分数据建模会限制推荐物品的广度。所以在这里需要进行权衡：在计算未知评分时，是参考较多的同类情境数据，还是只参考某个特定局部的数据（后者会导致稀疏性问题）。这也解释了为什么预过滤推荐方法在某些时候比传统的二维推荐技术好，然而在另一些时候却表现不佳。在实际应用中，如何选择这两个方案取决于业务领域和可用的数据。这一观察提供了上述基于集成的方法的另一方式[6]，将情境预过滤器与传统的二维技术相结合的方法（即将传统的二维技术视为通过了一个默认的，并不执行过滤的过滤器）。这种在其他情况下恢复为传统的二维推荐技术的做法使得充分利用更具针对性的（本地的）和效果更好的情境分类成为可能。

在其他的研究进展中，Ahn 等人[12]使用类似情境预过滤的技术向移动用户推送广告，其参考的因素是用户的位置、兴趣、时间；Lombardi 等人[64]通过分析采用了预过滤方法进行推荐的在线零售商的业务数据来评估情境推荐的效果。此外，Baltrunas 和 Ricci[22,23]提出了一个与情境预过滤稍有不同的方法，该方法引入了一种被称为"物品切分"的技术，这种技术可根据情境的不同将物品切分为若干"虚拟物品"，以找出最适合当前情境的虚拟物品并进行推荐。类似物品切分的思路，Baltrunas 和 Amatriain[17]引入微属性（或用户属性切分）概念，即将用户属性切分成几个子属性（可能有重叠），每个微属性都代表了特定用户在特定情境的特点。预测则通过这些情境下的微属性实现，而不是一个单一的用户模型。这些数据构建技术非常适合情境预过滤这种方式，因为他们遵循相同的基本思路（如前所述）——利用情境信息把多维推荐问题降维到标准的二维 *User* × *Item* 空间，从而允许使用任何传统的推荐评分预测技术。情境预过滤的思想在很多研究中都得到了体现，比如，Zheng 等人[90]使用了一种近似的方法（称作情境"松弛"）生成旅行推荐。此外，Codina 等人[40]提出了一种新颖的预过滤方法，通过利用不同语境条件之间的语义相似性和从单一情境和相似情境获得的评分计算推荐结果。

结合多种过滤器的方法不仅限于预过滤，还可以推广至后过滤和情境建模方法中（这将在接下来进行讨论）。特别是复杂情境信息可以细分为若干部分，每条情境信息的价值有所不同，这取决于它是否用于预过滤、后过滤还是建模阶段。举个例子，时间信息（工作日与周末）可能对预过滤相关数据时最有用，而天气信息（晴天和雨天）可能最适合用作后过滤器。确定不同情境信息对不同范式的情境感知推荐系统的有效性是未来研究的一个有意义和有前景的方向。

6.3.2　情境后过滤

如图 6-5b 所示，情境后过滤方法在进行推荐时忽略了输入数据的情境信息，也就是在对全部候选物品进行评分并排序后，再从中任意选择前 N 个进行推荐，这里 N 是预先设定的。之后，情境后过滤方法使用情境信息为每个用户调整获得的推荐列表。推荐列表的调整有以下方法：

- （在给定的情境下）过滤掉无关的推荐；
- （基于给定的情境）调整列表里推荐的排名。

例如，在电影推荐业务中，如果一个人想在周末看电影，而且在周末她只看喜剧，那么系统可以过滤掉推荐列表中所有非喜剧的电影。更一般地，情境后过滤方法的基本思想是在给定场景下分析给定用户的情境偏好数据，去发现特定物品的使用模式（例如，用户 Jane Doe 在周末只看喜剧），然后用这些模式来调整物品清单，从而产生更"情境相关"的推荐，如图 6-7 所示。

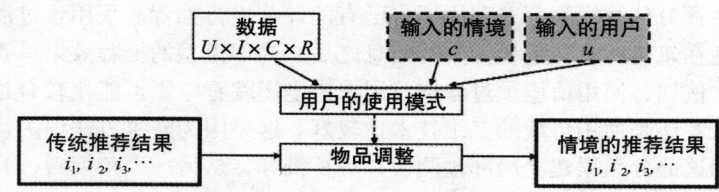

图 6-7　情境后过滤方法的最后阶段：推荐列表的调整

如同其他推荐技术，情境后过滤方法可分为启发式和基于模型的技术。启发式后过滤方法的重点是对给定的用户在特定情境（例如，某些情况下会选择喜欢的演员）发现物品的共同特征（属性），然后使用这些属性来调整推荐。这其中包括：

- 过滤掉那些推荐物品中关键特征不足的推荐（例如，被推荐的电影需在给定的情境下有至少两个用户喜欢的演员）。
- 利用被推荐的物品中包含相关属性的数目给这些物品进行排名（例如，在特定场景下，一部电影包含越多用户喜爱的明星排名越高）。

另一方面，基于模型的后过滤方法可以通过建立预测模型来计算用户在给定情境下选择特定类型物品的概率（例如，在给定情境下选择某种类型电影的可能性），然后用这个概率去调整推荐，包括：

- 过滤掉那些相关性概率小于预定的最小阈值的推荐物品（例如，删除那些被选中机会较小的电影类型）。
- 对预测评分和相关性概率加权之后，给出被推荐物品的排名。

Panniello 等人[71]在真实的电子商务数据集上对预过滤方法（在 6.3.1 节中讨论）和两个不同的后过滤方法（加权和过滤）进行了实验比较。加权后过滤方法将给定情境的相关性概率作为权重计入推荐评分中，并据此对推荐物品重新排序，而过滤后再过滤方法直接过滤掉与给定情境相关性概率较小的推荐结果。实验结果表明，加权后过滤方法优于预过滤方法，而预过滤方法优于过滤后再过滤方法，因此，方法（预过滤或后过滤）的好坏取决于给定的业务。

与情境预过滤方法类似，情境后过滤方法的一个主要优点是它允许使用任何已有的传统推荐技术[9]。此外，跟情境预过滤方法一样，如何将情境泛化技术结合到后过滤方法中是一个值得研究的问题。

6.3.3　情境建模

　　如图 6-5c 所示，情境建模方法直接在推荐函数里面把情境信息作为预测用户对物品评分的显式因素来考虑。与情境预过滤和后过滤都可以使用传统的二维推荐函数不同的是，情境建模的方法生成的是真正的多维推荐函数。它可以直接生成一个预测模型（通过决策树、回归、概率模型等技术），或将情境信息与用户物品数据整合在一起进行启发式计算，即 $Rating = R(User, Item, Context)$。在过去的 15 年中，人们基于启发式或其他预测建模技术研究了大量的推荐算法，其中的一些可以从二维拓展到多维推荐环境。

　　例如，Adomavicius 和 Tuzhilin[8] 提出通过直接计算 n 维距离，而非传统的计算用户－用户或物品—物品相似度的技术将传统的基于邻域的二维方法[28,81] 推广到包含情境信息的多维情形。我们以 $User \times Item \times Time$ 推荐空间为例，来看看这是怎么做到的。在这里，基于相关评分加权的传统最近邻启发式预测给定评分的函数 $r_{u,i,t}$ 可表示为：

$$r_{u,i,t} = k \sum_{(u',i',t') \neq (u,i,t)} W((u,i,t),(u',i',t')) \times r_{u',i',t'}$$

其中，$W((u, i, t), (u', i', t'))$ 描述评分 $r_{u',i',t'}$ 对于预测 $r_{u,i,t}$ 的权重，k 是归一化因子。权重 $W((u, i, t), (u', i', t'))$ 通常都是跟点 (u, i, t) 和点 (u', i', t') 在多维空间的距离（$dist[(u, i, t), (u', i', t')]$）成反比。换言之，两个点越近（距离越小），$r_{u',i',t'}$ 的权重越高。此外，Adomavicius 和 Tuzhilin[8] 还提出了多种距离函数来定义权重 $W((u, i, t), (u', i', t'))$；读者可以通过翻阅文献[8]获得更多信息。

　　文献[70]提出了另一种基于启发式的情境建模（CM）方法，它考虑了相同 CM 方法的四种变体，也就是 Mdl1、Mdl2、Mdl3 和 Mdl4。每一个 CM 方法需要对用户 u 在情境 c 下构建一个情境属性 $prof(u, c)$，然后依据这些情境 c 下所有用户的情境属性寻找用户 u 的 N 最近邻。四种 CM 方式（Mdl1、Mdl2、Mdl3 和 Mdl4）在选择邻居的约束条件中有所不同。Mdl1 中对选择邻居 N 没有任何约束，即邻居选择可以根据任何层次结构级别下的任何情境而选中。在 Mdl2 中，不管情境层次结构如何，从每个情境 c 中选择相等比例的邻居。在 Mdl3 中，从每个情境 c 和情境层次结构的每个级别中选择 N 个邻居。在 Mdl4 中，在相同级别的情境层次结构中，从每个情境 c 中选择相等比例的邻居。

　　除了基于启发式的情境建模技术之外，有的研究文献中还提出了几种基于模型的技术。比如，Adomavicius 和 Tuzhilin[8] 扩展了由 Ansari 等人[15] 提出的估计未知评分的基于回归层次贝叶斯（HB）的协同过滤模型方法，从而将附加的情境维度（如时间和位置）信息纳入 HB 模型。

　　类似的还有 Karatzoglou 等人[52] 的研究，他们提出了基于张量因子分解的矩阵分解方法的扩展版本，其允许将情境信息融入推荐过程里。Baltrunas 等人[21] 提出了一种改进的基于矩阵因子分解的方法，该方法通过引入额外的模型参数来模拟情境因素与评分的相互作用，将传统矩阵分解技术扩展到情境感知场景中。

　　除了将现有的基于模型的二维 $User \times Item$ 协同过滤推荐技术扩展到多维，还出现了一些专门为基于情境模型范式的情境感知推荐系统开发的新技术。例如，遵从一般的情境建模范式，Oku 等人[68] 直接将额外的情境维度（如时间、伴侣和天气）整合到推荐空间，并使用机器学习技术为餐馆推荐系统提供推荐。特别是，他们使用支持向量机（SVM）分类方法，把不同情境下顾客喜欢的物品和不喜欢的物品看作 n 维空间的两个向量集，并在这个空间中构造一个分割超平面，使得两个数据集之间的间距最大。所产生的超平面就是下一步推荐决策的分类器（如果物品落在超平面上"喜欢"的一面，会给出推荐，如果它落在了"不喜欢"的一面，则不会推荐）。此外，Oku 等人[68] 的经验表明，情境感知 SVM 在推荐准确度和用户满意度上明显优于非情境的基于 SVM 的推荐算法。类似地，Yu 等人[89]使用情境建模方法，通过引入情境中作为额外的模型维度，混合利用各种推荐技术(综合了基于内容的方法、贝叶斯分类器和基于规则的方法)为智能手机用户提供内容的推荐。同样，Hariri 等人[46]采用潜在狄利克雷分布(LDA)模型，用于情境感知推荐系统，这允许联合模拟与情境信息相关联的用户、物品和元数据。

最后，文献[2]给出的个性化的访问模型(PAM)同样也是基于模型的，它提供了一套个性化的服务，包括情境信息发现、语境化、结合和匹配服务。除此之外，Abbar 等人[2]还描述了如何组合这些服务以形成情境感知推荐系统(CARS)，并给出了实现，以提供优质的情境感知的推荐。

本节在预过滤、后过滤、情境建模方法的框架内描述了各种将情境信息结合到推荐算法中的方法。由于 CARS 是推荐系统中的一个新兴子领域，本节介绍的这些方法只能给出推荐的初步方法，所有这三种模式的进一步改进都是极具前景的研究方向。在下一节中，本书将讨论如何将这些不同的方法结合在一起。

6.4 讨论和总结

情境感知被认为是很多推荐应用中很重要的问题，在会议和期刊上越来越多地出现关于情境感知推荐系统的学术论文，同时涉及情境感知推荐系统的研讨会也都验证了这一点。通过分析现有情境感知推荐系统的现状，主要的研究领域、挑战、研究方向等可以大致分为以下四个方面[4]：

- 基础，例如，理解推荐系统中情境与情境建模的含义。
- 算法，例如，推荐算法需要采用一种对于推荐系统有利的方式融入情境信息。
- 评估，例如，对于推荐方法和技术的优势和局限性进行深入的性能评估。
- 工程化，例如，设计通用的架构和方法，以促进对于情境感知推荐系统能力的开发、实现、部署和使用。

不出所料，大部分对于情境感知推荐系统的研究都可归类至"算法"的类别中[4]，例如，研究者主要关注如何利用情境信息来提高不同任务与应用环境下的推荐质量。虽然在近年来其他类别里有了更多的研究，但相比于"算法"类别，其研究仍较为欠缺。

Panniello 等人[70]最近给出了"评估"里的一个代表性的例子，评估和比较了在各种条件下，情境的几种预过滤、后过滤以及建模技术，例如，为了不同的推荐任务(获取全部与 top-k)、不同的推荐效用指标(准确性与多样性)、处理情境信息的粒度等。在很多的发现中，通过对比表明，在各种评估维度上没有"普遍"最好的方法。例如，情境建模和预过滤方法在很多应用中都有较好的准确性表现，预过滤方法通常还能取得更好的多样性，而情境建模方法倾向于达到更好的多样性—准确性的平衡。Campos 等人[33]提出关于"评估"的另一个工作，致力于探索将时间作为情境感知推荐系统中，最有价值以及使用最为广泛的情境特征。例如，作者回顾了与时间感知推荐系统的对比评估相关的评估实践与方法性问题，他们验证了评估条件的选择会影响不同推荐策略的排名，并且提出了一个健壮和公平评估过程的方法框架。这些研究代表了情境感知推荐系统中提高、标准化、可再生评估过程的重要步骤。

为评估开发一些大型的公开的情境推荐数据库，将进一步促进对于 CARS 的研究活动，并且在研究领域应具有更高的优先级。

然而，不是纯粹的算法评估方面仍需要额外的研究，在推荐系统中使用情境信息，但是对于用户的研究有助于理解不同的用户行为和经济层面的暗示(例如，用户接受度、满意程度、干扰性、隐私性、信任等)，最好不要仅依赖于离线数据，同时要考虑用户真实的生活经验(例如，所谓的 A/B 测试)，Gorgoglione 等人[44]提出的方法是这个研究的一个例子，作者致力于研究情境推荐对于消费者的购买行为以及他们对于推荐结果的信任关系的影响,与在其他 CARS 中的准确性度量标准不同,Gorgoglione 等人[44]描述了一种可以在线控制实验表现的度量方法,基于消费者对于欧洲零售商的行为记录,分别对比情境感知推荐、基于内容的推荐、随机推荐等方法的准确性、多样性、消费者购买行为以及消费者对于推荐结果的信任程度等。在多数的实验设置上,作者展示出了情境推荐系统相比于传统推荐系统在准确性、信任程度,以及其他经济领域度量标准上,具有更好的表现。Braunhofer 等人[26]给出了使用情境感知推荐系统进行用户研究的另一个有趣的例子,在接受情境感知推荐系统依据兴趣点产生的推荐后,用户被要求回答以下两个问题来评估推荐系统的性能:"这个推荐结果满足我的兴趣吗?",以及"这个推荐结果是针对当前条件精心挑选过的吗?"。在这个研究中,作者展示了他们提出的技术能够提高情境化的基线性能。探索上述性能维度间可能的关系,理解其他情境感知推荐技术在上述维度上的性能表现,将是未来一个有趣的研究方向。总的来说,对于 CARS 而言,继续在[26,44]中所描述的工作很重要,进一步提供有力的证明(例如,通过在线控制的实验),验证情境推荐系统相比于传统推荐系统在经济和可用性上的优势。

情境感知推荐系统大部分的工作都被概念化了,包括所开发的推荐技术、在数据(通常是有限的)上的测试,并且展示出了与基准方法相比具有的良好表现。在过去的研究中,在 CARS 的"工程化"方面的研究工作很少,例如,开发新的数据结构、高效的存储方法、新的系统架构等。Hussein 等人[47,48]最近在系统架构上给出了一个有代表性的研究工作,作者介绍的面向服务的架构,能够为 CARS 定义和实施不同的"积木"。例如,以模块化的方式定义推荐算法、情境传感器、各种滤波器和传感器等。这些"积木"可以被结合和重新使用并产生推荐结果。Abbar 等人[2]提出了关于上述研究的另一个例子,作者提出了一种面向服务的方法,实现了他们以前提出的个性化访问模型(PAM)。上述实现采用了 CARS 全球通用的软件架构[2]。进一步地,最近在一些数据库社区上,出现了可用于构建推荐系统功能中与关系数据库有关(包括情境感知功能)的开发框架和技术等方面的研究进展[61,62,82,83],这在存储、查询处理、查询优化等方面具有重要的促进作用。

另一个重要的"工程化"方面是开发出更丰富交互能力的情境感知推荐系统,使得推荐结果更加灵活。通过与传统的推荐系统相比,情境感知推荐系统有两点重要的差异。第一个是增加了复杂性,由于情境感知推荐系统在推荐流程中不仅包含了用户与项目,还包含了各种维度的情境信息。因此,相比于不考虑情境信息的推荐系统,推荐的类型显然更加复杂。例如,在电影推荐系统中,任意用户(例如 Tom)可能在周末为他自己和他女朋友寻找 3 部最想看的电影,以及确定最佳的观影时间。第二个不同是增加了交互性,这是因为更多的信息(例如情景)通常需要从 CARS 设置里的用户那里获取。例如,利用可用的情境信息,在提供情境感知的推荐之前,系统需要从用户(Tom)那里获取,他想和谁一起看电影(例如女朋友),想什么时候看(例如在周末)等。这两个特征的组合需要更灵活的推荐方法,现有的供应商提供的推荐引擎需要允许用户表达他们想要获取推荐的类型,而不是通过"硬连接"的方式。首先,聚焦于推荐 top-N 物品给用户,其次是交互性的要求,需要开发一个工具允许用户通过交互和迭代的方式在推荐流程中提供输入信息,最好是通过一些定义好的用户界面(UI)。

以下几种方法可以支撑情境感知推荐系统对于灵活性的要求。第一个,Adomavicius 等人[11]开发了一种推荐调查语言 REQUEST,允许用户通过灵活的方式评价基于他们个性化需求的推荐结果,因此能够更加准确地反映他们的兴趣。REQUEST 基于在 6.2.2 节以及文献[6]中描述的多维情境模型。REQUEST 能够支撑各种各样的特征,感兴趣的用户可以在文献[11]中找到上述特征的详细描述,以及正式的语法和语言的属性。此外,Adomavicius 等人[11]提出了关于 REQUEST 表达能力的讨论以及多维推荐代数,这些为这个语言提供了理论基础。

文献[59]中给出了提供灵活推荐的另一个建议，描述了 FlexRecs 系统以及系统结构，FlexRecs 支持灵活的推荐，其基于结构化的数据从推荐系统执行流程的定义进行解耦操作。特别地，推荐结果可以采用高级参数化的工作流进行公告性的表示，这个工作流包括传统关系运算符、新的推荐特定运算符，且上述两个运算符被整合到了推荐流中。

此外，引入任何一种推荐查询语言的主要论据就是其要被终端用户使用，另外一个重要的点是要开发出具有简单、友好、交互等特点的用户接口(UI)来支撑灵活但有时可能复杂的情境推荐。高质量的 UI 应该减少复杂度，简化终端用户与推荐系统间的交互，并且可以对更多的用户可用。例如，对于 FlexRecs 而言，需要构建用于定义和管理推荐工作流的用户接口，而对于 REQUEST 可能需要构建前端用户接口，以允许用户采用视觉和交互的方法表示 REQUEST 的问题。为情境感知推荐系统开发上述以及其他的用户接口将是未来的一个研究主题。

"基本原理"无疑代表了最新的成熟的研究方向。情境是一个复杂的概念，在推荐系统中存在很多的概念化情境的方法，研究者仍然在争论其中的一些方法。虽然推荐系统研究者对于情境的定义趋向于统一，本章也是将不同的方法整合到一个框架中的一种尝试，但对于推荐系统而言，仍需要额外的工作以达到清晰、更加正式的定义情境，并且仍有很多重要的问题需要以原则性的方式进行探索。例如，情境相关性潜在的理论基础是什么？是否有系统的方法来识别相关的情境特征(例如，基于什么来收集数据)？何时显式情境信息不可用？何时需要以隐式的方式进行情境建模或完全忽视情境建模？不同建模假设的权衡是什么(例如，静态的还是动态的情境)？多数的情境感知推荐系统都遵循情境维度是稳定且可观测的假设，但是也应该探索其他建模方法和假设。这些只是推荐系统领域里可以进行研究探索的一些例子。

总之，情境感知推荐系统(CARS)仍然是相对较新且很有前途的研究领域，其中有很多有趣和实际的重要研究问题，需要大量的工作以有原则和全面的态度来研究它。

致谢

A. Tuzhilin 的研究部分得到美国国家科学基金会的支持 IIS-1256036。

参考文献

1. AWS re:Invent 2012, Day 1 Keynote. http://www.youtube.com/watch?v=8FJ5DBLSFe4. YouTube video; Accessed: 2014-06-28
2. Abbar, S., Bouzeghoub, M., Lopez, S.: Context-aware recommender systems: A service-oriented approach. VLDB PersDB Workshop (2009)
3. Abowd, G.D., Atkeson, C.G., Hong, J., Long, S., Kooper, R., Pinkerton, M.: Cyberguide: A mobile context-aware tour guide. Wireless Networks **3**(5), 421–433 (1997)
4. Adomavicius, G., Jannach, D.: Preface to the special issue on context-aware recommender systems. User Model. User-Adapt. Interact. **24**(1–2), 1–5 (2014)
5. Adomavicius, G., Mobasher, B., Ricci, F., Tuzhilin, A.: Context-aware recommender systems. AI Magazine **32**(3), 67–80 (2011)
6. Adomavicius, G., Sankaranarayanan, R., Sen, S., Tuzhilin, A.: Incorporating contextual information in recommender systems using a multidimensional approach. ACM Transactions on Information Systems (TOIS) **23**(1), 103–145 (2005)
7. Adomavicius, G., Tuzhilin, A.: Multidimensional recommender systems: A data warehousing approach. In: L. Fiege, G. Mhl, U. Wilhelm (eds.) Electronic Commerce, *Lecture Notes in Computer Science*, vol. 2232, pp. 180–192. Springer Berlin Heidelberg (2001). DOI 10.1007/3-540-45598-1_17. URL http://dx.doi.org/10.1007/3-540-45598-1_17
8. Adomavicius, G., Tuzhilin, A.: Incorporating context into recommender systems using multi-dimensional rating estimation methods. In: Proceedings of the 1st International Workshop on Web Personalization, Recommender Systems and Intelligent User Interfaces (WPRSIUI 2005) (2005)
9. Adomavicius, G., Tuzhilin, A.: Toward the next generation of recommender systems: A survey of the state-of-the-art and possible extensions. IEEE Transactions on Knowledge and Data

Engineering **17**(6), 734–749 (2005)

10. Adomavicius, G., Tuzhilin, A.: Context-aware recommender systems. In: Ricci et al. [79], pp. 217–253

11. Adomavicius, G., Tuzhilin, A., Zheng, R.: REQUEST: A query language for customizing recommendations. Information System Research **23**(1), 99–117 (2011)

12. Ahn, H., Kim, K., Han, I.: Mobile advertisement recommender system using collaborative filtering: MAR-CF. In: Proceedings of the 2006 Conference of the Korea Society of Management Information Systems,

13. Alpaydin, E.: Introduction to machine learning. The MIT Press (2004)

14. Anand, S.S., Mobasher, B.: Contextual recommendation. WebMine, LNAI **4737**, 142–160 (2007)

15. Ansari, A., Essegaier, S., Kohli, R.: Internet recommendation systems. Journal of Marketing Research **37**(3), 363–375 (2000)

16. Ardissono, L., Goy, A., Petrone, G., Segnan, M., Torasso, P.: Intrigue: personalized recommendation of tourist attractions for desktop and hand held devices. Applied Artificial Intelligence **17**(8), 687–714 (2003)

17. Baltrunas, L., Amatriain, X.: Towards time-dependant recommendation based on implicit feedback. In: Workshop on Context-Aware Recommender Systems (CARS 2009). New York (2009)

18. Baltrunas, L., Kaminskas, M., Ludwig, B., Moling, O., Ricci, F., Aydin, A., Lke, K.H., Schwaiger, R.: Incarmusic: Context-aware music recommendations in a car. In: C. Huemer, T. Setzer (eds.) E-Commerce and Web Technologies, *Lecture Notes in Business Information Processing*, vol. 85, pp. 89–100. Springer Berlin Heidelberg (2011). DOI 10.1007/978-3-642-23014-1_8. URL http://dx.doi.org/10.1007/978-3-642-23014-1_8

19. Baltrunas, L., Ludwig, B., Peer, S., Ricci, F.: Context-aware places of interest recommendations for mobile users. In: A. Marcus (ed.) Design, User Experience, and Usability. Theory, Methods, Tools and Practice, *Lecture Notes in Computer Science*, vol. 6769, pp. 531–540. Springer Berlin Heidelberg (2011). DOI 10.1007/978-3-642-21675-6_61. URL http://dx.doi.org/10.1007/978-3-642-21675-6_61

20. Baltrunas, L., Ludwig, B., Peer, S., Ricci, F.: Context relevance assessment and exploitation in mobile recommender systems. Personal and Ubiquitous Computing **16**(5), 507–526 (2012)

21. Baltrunas, L., Ludwig, B., Ricci, F.: Matrix factorization techniques for context aware recommendation. In: Proceedings of the Fifth ACM Conference on Recommender Systems, RecSys '11, pp. 301–304. ACM, New York, NY, USA (2011). DOI 10.1145/2043932.2043988. URL http://doi.acm.org/10.1145/2043932.2043988

22. Baltrunas, L., Ricci, F.: Context-dependent items generation in collaborative filtering. In: Workshop on Context-Aware Recommender Systems (CARS 2009). New York (2009)

23. Baltrunas, L., Ricci, F.: Experimental evaluation of context-dependent collaborative filtering using item splitting. User Modeling and User-Adapted Interaction **24**(1–2), 7–34 (2014). DOI 10.1007/s11257-012-9137-9. URL http://dx.doi.org/10.1007/s11257-012-9137-9

24. Bauman, K., Tuzhilin, A.: Discovering contextual information from user reviews for recommendation purposes. In: Proceedings of the ACM RecSys Workshop on New Trends in Content Based Recommender Systems (2014)

25. Bazire, M., Brézillon, P.: Understanding context before using it. In: A. Dey, et al. (eds.) Proceedings of the 5th International Conference on Modeling and Using Context. Springer-Verlag (2005)

26. Braunhofer, M., Elahi, M., Ge, M., Ricci, F.: Context dependent preference acquisition with personality-based active learning in mobile recommender systems. In: P. Zaphiris, A. Ioannou (eds.) Learning and Collaboration Technologies. Technology-Rich Environments for Learning and Collaboration - First International Conference, LCT 2014, Held as Part of HCI International 2014, Heraklion, Crete, Greece, June 22–27, 2014, Proceedings, Part II, *Lecture Notes in Computer Science*, vol. 8524, pp. 105–116. Springer (2014). DOI 10.1007/978-3-319-07485-6_11. URL http://dx.doi.org/10.1007/978-3-319-07485-6_11

27. Braunhofer, M., Kaminskas, M., Ricci, F.: Recommending music for places of interest in a mobile travel guide. In: Proceedings of the Fifth ACM Conference on Recommender Systems, RecSys '11, pp. 253–256. ACM, New York, NY, USA (2011). DOI 10.1145/2043932.2043977. URL http://doi.acm.org/10.1145/2043932.2043977

28. Breese, J.S., Heckerman, D., Kadie, C.: Empirical analysis of predictive algorithms for collaborative filtering. In: Proceedings of the Fourteenth Conference on Uncertainty in Artificial Intelligence, vol. 461, pp. 43–52. San Francisco, CA (1998)

29. Bulander, R., Decker, M., Schiefer, G., Kolmel, B.: Comparison of different approaches for

mobile advertising. In: Proceedings of the Second IEEE International Workshop on Mobile Commerce and Services, WMCS '05, pp. 174–182. IEEE Computer Society, Washington, DC, USA (2005). DOI 10.1109/WMCS.2005.8. URL http://dx.doi.org/10.1109/WMCS.2005.8

30. Burke, R.: Hybrid recommender systems: Survey and experiments. User Modeling and User-Adapted Interaction **12**(4), 331–370 (2002)

31. Burke, R.: Hybrid web recommender systems. The Adaptive Web pp. 377–408 (2007)

32. Cai, R., Zhang, C., Wang, C., Zhang, L., Ma, W.Y.: Musicsense: Contextual music recommendation using emotional allocation modeling. In: Proceedings of the 15th International Conference on Multimedia, MULTIMEDIA '07, pp. 553–556. ACM, New York, NY, USA (2007). DOI 10.1145/1291233.1291369. URL http://doi.acm.org/10.1145/1291233.1291369

33. Campos, P.G., Díez, F., Cantador, I.: Time-aware recommender systems: a comprehensive survey and analysis of existing evaluation protocols. User Model. User-Adapt. Interact. **24**(1–2), 67–119 (2014)

34. Cantador, I., Castells, P.: Semantic contextualisation in a news recommender system. In: Workshop on Context-Aware Recommender Systems (CARS 2009). New York (2009)

35. Cena, F., Console, L., Gena, C., Goy, A., Levi, G., Modeo, S., Torre, I.: Integrating heterogeneous adaptation techniques to build a flexible and usable mobile tourist guide. AI Communications **19**(4), 369–384 (2006)

36. Chatterjee, S., Hadi, A.S., Price, B.: Regression analysis by example. John Wiley and Sons (2000)

37. Chaudhuri, S., Dayal, U.: An overview of data warehousing and olap technology. ACM Sigmod record **26**(1), 65–74 (1997)

38. Cheverst, K., Davies, N., Mitchell, K., Friday, A., Efstratiou, C.: Developing a context-aware electronic tourist guide: some issues and experiences. In: Proceedings of the SIGCHI conference on Human factors in computing systems, pp. 17–24. ACM (2000)

39. Church, K., Smyth, B., Cotter, P., Bradley, K.: Mobile information access: A study of emerging search behavior on the mobile internet. ACM Trans. Web **1**(1) (2007). DOI 10.1145/1232722.1232726. URL http://doi.acm.org/10.1145/1232722.1232726

40. Codina, V., Ricci, F., Ceccaroni, L.: Exploiting the semantic similarity of contextual situations for pre-filtering recommendation. In: S. Carberry, S. Weibelzahl, A. Micarelli, G. Semeraro (eds.) User Modeling, Adaptation, and Personalization, *Lecture Notes in Computer Science*, vol. 7899, pp. 165–177. Springer Berlin Heidelberg (2013). DOI 10.1007/978-3-642-38844-6_14. URL http://dx.doi.org/10.1007/978-3-642-38844-6_14

41. De Carolis, B., Mazzotta, I., Novielli, N., Silvestri, V.: Using common sense in providing personalized recommendations in the tourism domain. In: Workshop on Context-Aware Recommender Systems (CARS 2009). New York (2009)

42. Dourish, P.: What we talk about when we talk about context. Personal and ubiquitous computing **8**(1), 19–30 (2004)

43. Fling, B.: Mobile Design and Development: Practical Concepts and Techniques for Creating Mobile Sites and Web Apps, 1st edn. O'Reilly Media, Inc. (2009)

44. Gorgoglione, M., Panniello, U., Tuzhilin, A.: The effect of context-aware recommendations on customer purchasing behavior and trust. In: Proceedings of the Fifth ACM Conference on Recommender Systems, RecSys '11, pp. 85–92. ACM, New York, NY, USA (2011). DOI 10.1145/2043932.2043951. URL http://doi.acm.org/10.1145/2043932.2043951

45. Hariri, N., Mobasher, B., Burke, R.: Context-aware music recommendation based on latent topic sequential patterns. In: Proceedings of the Sixth ACM Conference on Recommender Systems, RecSys '12, pp. 131–138. ACM, New York, NY, USA (2012). DOI 10.1145/2365952.2365979. URL http://doi.acm.org/10.1145/2365952.2365979

46. Hariri, N., Mobasher, B., Burke, R.: Query-driven context aware recommendation. In: Proceedings of the 7th ACM Conference on Recommender Systems, RecSys '13, pp. 9–16. ACM, New York, NY, USA (2013). DOI 10.1145/2507157.2507187. URL http://doi.acm.org/10.1145/2507157.2507187

47. Hussein, T., Linder, T., Gaulke, W., Ziegler, J.: Context-aware recommendations on rails. In: Workshop on Context-Aware Recommender Systems (CARS 2009). New York, NY, USA (2009)

48. Hussein, T., Linder, T., Gaulke, W., Ziegler, J.: Hybreed: A software framework for developing context-aware hybrid recommender systems. User Model. User-Adapt. Interact. **24**(1–2), 121–174 (2014)

49. Jannach, D., Hegelich, K.: A case study on the effectiveness of recommendations in the mobile internet. In: Proceedings of the Third ACM Conference on Recommender Systems, RecSys '09, pp. 205–208. ACM, New York, NY, USA (2009). DOI 10.1145/1639714.1639749. URL http://doi.acm.org/10.1145/1639714.1639749

50. Jiang, T., Tuzhilin, A.: Improving personalization solutions through optimal segmentation of customer bases. IEEE Transactions on Knowledge and Data Engineering **21**(3), 305–320 (2009)

51. Kaminskas, M., Ricci, F.: Contextual music information retrieval and recommendation: State of the art and challenges. Computer Science Review **6**(2-3), 89–119 (2012)

52. Karatzoglou, A., Amatriain, X., Baltrunas, L., Oliver, N.: Multiverse recommendation: N-dimensional tensor factorization for context-aware collaborative filtering. In: Proceedings of the Fourth ACM Conference on Recommender Systems, RecSys '10, pp. 79–86. ACM, New York, NY, USA (2010). DOI 10.1145/1864708.1864727. URL http://doi.acm.org/10.1145/1864708.1864727

53. Karatzoglou, A., Baltrunas, L., Church, K., Böhmer, M.: Climbing the app wall: Enabling mobile app discovery through context-aware recommendations. In: Proceedings of the 21st ACM International Conference on Information and Knowledge Management, CIKM '12, pp. 2527–2530. ACM, New York, NY, USA (2012). DOI 10.1145/2396761.2398683. URL http://doi.acm.org/10.1145/2396761.2398683

54. Kenteris, M., Gavalas, D., Economou, D.: Electronic mobile guides: a survey. Personal and Ubiquitous Computing **15**(1), 97–111 (2011)

55. Kimball, R., Ross, M.: The data warehousing toolkit. John Wiley & Sons, New York (1996)

56. Kiseleva, J., Thanh Lam, H., Pechenizkiy, M., Calders, T.: Discovering temporal hidden contexts in web sessions for user trail prediction. In: Proceedings of the 22nd International Conference on World Wide Web Companion, WWW '13 Companion, pp. 1067–1074. International World Wide Web Conferences Steering Committee, Republic and Canton of Geneva, Switzerland (2013). URL http://dl.acm.org/citation.cfm?id=2487788.2488120

57. Koller, D., Sahami, M.: Toward optimal feature selection. In: Proceedings of the 13th International Conference on Machine Learning, pp. 284–292. Morgan Kaufmann (1996)

58. Koren, Y.: Factorization meets the neighborhood: a multifaceted collaborative filtering model. In: Proceedings of the 14th ACM SIGKDD international conference on Knowledge discovery and data mining, pp. 426–434. ACM, New York, NY (2008)

59. Koutrika, G., Bercovitz, B., Garcia-Molina, H.: Flexrecs: expressing and combining flexible recommendations. In: Proceedings of the 35th SIGMOD international conference on Management of data, pp. 745–758. ACM, Providence, RI (2009)

60. Lee, H., Park, S.J.: Moners: A news recommender for the mobile web. Expert Systems with Applications **32**(1), 143–150 (2007). DOI http://dx.doi.org/10.1016/j.eswa.2005.11.010. URL http://www.sciencedirect.com/science/article/pii/S0957417405003167

61. Levandoski, J.J., Ekstrand, M.D., Ludwig, M., Eldawy, A., Mokbel, M.F., Riedl, J.: Recbench: Benchmarks for evaluating performance of recommender system architectures. PVLDB **4**(11), 911–920 (2011)

62. Levandoski, J.J., Eldawy, A., Mokbel, M.F., Khalefa, M.E.: Flexible and extensible preference evaluation in database systems. ACM Trans. Database Syst. **38**(3), 17 (2013)

63. Liu, H., Motoda, H.: Feature selection for knowledge discovery and data mining. Springer (1998)

64. Lombardi, S., Anand, S.S., Gorgoglione, M.: Context and customer behavior in recommendation. In: Workshop on Context-Aware Recommender Systems (CARS 2009). New York

65. Mahmood, T., Ricci, F., Venturini, A.: Improving recommendation effectiveness: Adapting a dialogue strategy in online travel planning. J. of IT & Tourism **11**(4), 285–302 (2009). DOI 10.3727/109830510X12670455864203. URL http://dx.doi.org/10.3727/109830510X12670455864203

66. Moling, O., Baltrunas, L., Ricci, F.: Optimal radio channel recommendations with explicit and implicit feedback. In: P. Cunningham, N.J. Hurley, I. Guy, S.S. Anand (eds.) Sixth ACM Conference on Recommender Systems, RecSys '12, Dublin, Ireland, September 9–13, 2012, pp. 75–82. ACM (2012). DOI 10.1145/2365952.2365971. URL http://doi.acm.org/10.1145/2365952.2365971

67. Odic, A., Tkalcic, M., Tasic, J.F., Kosir, A.: Predicting and detecting the relevant contextual information in a movie-recommender system. Interacting with Computers **25**(1), 74–90 (2013). DOI 10.1093/iwc/iws003. URL http://dx.doi.org/10.1093/iwc/iws003

68. Oku, K., Nakajima, S., Miyazaki, J., Uemura, S.: Context-aware SVM for context-dependent information recommendation. In: Proceedings of the 7th International Conference on Mobile Data Management, p. 109 (2006)

69. Palmisano, C., Tuzhilin, A., Gorgoglione, M.: Using context to improve predictive modeling of customers in personalization applications. IEEE Transactions on Knowledge and Data Engineering **20**(11), 1535–1549 (2008)

70. Panniello, U., Tuzhilin, A., Gorgoglione, M.: Comparing context-aware recommender systems

in terms of accuracy and diversity. User Model. User-Adapt. Interact. **24**(1-2), 35–65 (2014)

71. Panniello, U., Tuzhilin, A., Gorgoglione, M., Palmisano, C., Pedone, A.: Experimental comparison of pre-vs. post-filtering approaches in context-aware recommender systems. In: Proceedings of the 3rd ACM conference on Recommender systems, pp. 265–268. ACM (2009)

72. Park, H.S., Yoo, J.O., Cho, S.B.: A context-aware music recommendation system using fuzzy bayesian networks with utility theory. In: Proceedings of the Third International Conference on Fuzzy Systems and Knowledge Discovery, FSKD'06, pp. 970–979. Springer-Verlag, Berlin, Heidelberg (2006). DOI 10.1007/11881599_121. URL http://dx.doi.org/10.1007/11881599_121

73. Park, M.H., Hong, J.H., Cho, S.B.: Location-based recommendation system using bayesian user's preference model in mobile devices. In: Proceedings of the 4th International Conference on Ubiquitous Intelligence and Computing, UIC'07, pp. 1130–1139. Springer-Verlag, Berlin, Heidelberg (2007). URL http://dl.acm.org/citation.cfm?id=2391319.2391438

74. Pennock, D.M., Horvitz, E.: Collaborative filtering by personality diagnosis: A hybrid memory-and model-based approach. In: IJCAI'99 Workshop: Machine Learning for Information Filtering (1999)

75. Ramakrishnan, R., Gehrke, J.: Database Management Systems. USA: McGraw Hill Companies (2000)

76. Reddy, S., Mascia, J.: Lifetrak: Music in tune with your life. In: Proceedings of the 1st ACM International Workshop on Human-centered Multimedia, HCM '06, pp. 25–34. ACM, New York, NY, USA (2006). DOI 10.1145/1178745.1178754. URL http://doi.acm.org/10.1145/1178745.1178754

77. Ricci, F.: Mobile recommender systems. J. of IT & Tourism **12**(3), 205–231 (2010)

78. Ricci, F., Nguyen, Q.N.: Mobyrek: A conversational recommender system for on-the-move travelers. Destination Recommendation Systems: Behavioural Foundations and Applications pp. 281–294 (2006)

79. Ricci, F., Rokach, L., Shapira, B., Kantor, P.B. (eds.): Recommender Systems Handbook. Springer (2011)

80. Sae-Ueng, S., Pinyapong, S., Ogino, A., Kato, T.: Personalized shopping assistance service at ubiquitous shop space. In: Proceedings of the 22nd International Conference on Advanced Information Networking and Applications - Workshops, AINAW '08, pp. 838–843. IEEE Computer Society, Washington, DC, USA (2008). DOI 10.1109/WAINA.2008.287. URL http://dx.doi.org/10.1109/WAINA.2008.287

81. Sarwar, B., Karypis, G., Konstan, J., Reidl, J.: Item-based collaborative filtering recommendation algorithms. In: Proceedings of the 10th international conference on World Wide Web, pp. 285–295. ACM (2001)

82. Sarwat, M., Avery, J., Mokbel, M.F.: A recdb in action: Recommendation made easy in relational databases. PVLDB **6**(12), 1242–1245 (2013)

83. Sarwat, M., Levandoski, J.J., Eldawy, A., Mokbel, M.F.: Lars*: An efficient and scalable location-aware recommender system. IEEE Trans. Knowl. Data Eng. **26**(6), 1384–1399 (2014)

84. Shani, G., Gunawardana, A.: Evaluating recommendation systems. In: Ricci et al. [79], pp. 257–297

85. Smyth, B., Cotter, P.: Mp3 mobile portals, profiles and personalization. In: Web Dynamics, pp. 411–433. Springer Berlin Heidelberg (2004). DOI 10.1007/978-3-662-10874-1_17. URL http://dx.doi.org/10.1007/978-3-662-10874-1_17

86. Van Setten, M., Pokraev, S., Koolwaaij, J.: Context-aware recommendations in the mobile tourist application COMPASS. In: W. Nejdl, P. De Bra (eds.) Adaptive Hypermedia, pp. 235–244. Springer Verlag (2004)

87. Webster, N.: Webster's new twentieth century dictionary of the English language. Springfield, MA: Merriam-Webster, Inc. (1980)

88. Woerndl, W., Huebner, J., Bader, R., Gallego-Vico, D.: A model for proactivity in mobile, context-aware recommender systems. In: Proceedings of the Fifth ACM Conference on Recommender Systems, RecSys '11, pp. 273–276. ACM, New York, NY, USA (2011). DOI 10.1145/2043932.2043981. URL http://doi.acm.org/10.1145/2043932.2043981

89. Yu, Z., Zhou, X., Zhang, D., Chin, C.Y., Wang, X., Men, J.: Supporting context-aware media recommendations for smart phones. IEEE Pervasive Computing **5**(3), 68–75 (2006)

90. Zheng, Y., Burke, R., Mobasher, B.: Differential context relaxation for context-aware travel recommendation. In: C. Huemer, P. Lops (eds.) E-Commerce and Web Technologies, *Lecture Notes in Business Information Processing*, vol. 123, pp. 88–99. Springer Berlin Heidelberg (2012). DOI 10.1007/978-3-642-32273-0_8. URL http://dx.doi.org/10.1007/978-3-642-32273-0_8

推荐系统中的数据挖掘方法

Xavier Amatriain 和 Josep M. Pujol

7.1 简介

推荐系统通常会运用其他相邻领域的技术和方法，诸如人机交互和信息检索。但是，大多数系统的核心算法都可以理解成数据挖掘技术的一个特例[5]。

数据挖掘的过程一般由三个连续执行的步骤组成：数据预处理[78]、训练模型、结果解释（见图7-1）。我们将在7.2节中分析一些最重要的数据预处理方法。鉴于数据抽样、数据降维、距离函数在推荐系统中的意义及所扮演的重要角色，我们将特别地关注这些内容。从7.3节到7.4节，我们将总体介绍在推荐系统中最常使用的数据挖掘方法：分类、聚类、关联规则挖掘（图7-1详细地显示了本章中包含的不同主题）。

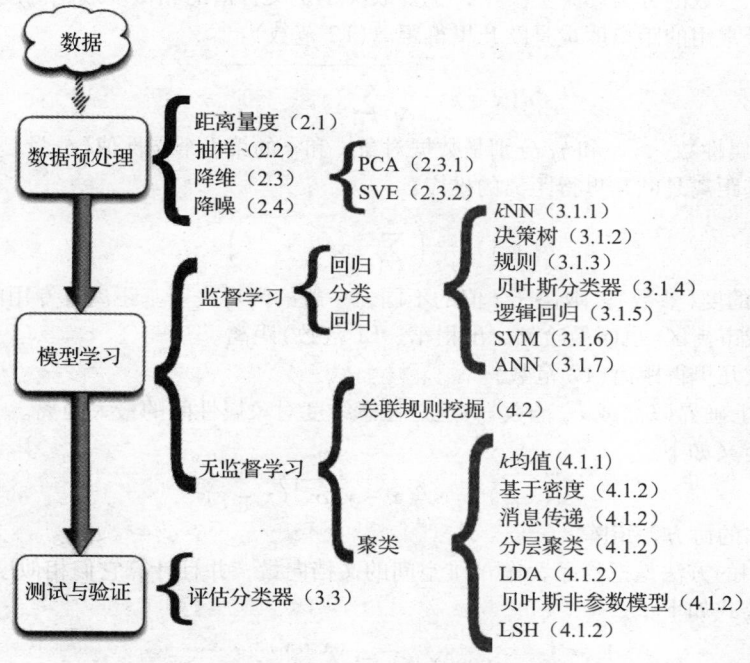

图 7-1 数据挖掘过程中的主要步骤和方法及其对应章节

本章不会完整回顾数据挖掘方法，而是强调数据挖掘算法在推荐系统领域中的影响，并概

X. Amatriain, Netflix, 100 Winchester Cr., Los Gatos, CA 95032, USA, Quora, 150 Castro St., Mountain View, USA, e-mail: xavier@ amatriain. net.

J. M. Pujol, Cliqz, Rosenkavalierplatz 10, 81925 Munich, Germany, e-mail: josep@ cliqz. com.
翻译：胡　聪　审核：李艳民

述已经成功应用的主要数据挖掘技术。感兴趣的读者可以进一步参考数据挖掘和机器学习教材（例如，见[14, 19, 39, 70, 93]），或参考贯穿全章的引文。

7.2   数据预处理

我们把数据定义为一组对象及其属性的集合，其中属性定义为对象的性质或者特征。对象的其他名称包括记录、物品、得分、样本、观察值，或者实例。属性也可以称为变量、字段、特性，或者特征。在协同过滤的场景中，对象的属性可能是用户的评分。其中每个评分包括用户、被评分的物品以及评分的分值。我们也可能增加其他属性，例如评分发生的时间和地点，或者物品和用户的其他属性，如物品流行度、用户年龄，甚至物品被评分在页面中的第几条也可以作为属性[75]。

真实数据通常需要经过预处理，以便于机器学习技术在模型训练阶段所使用。本节紧紧围绕推荐系统设计中尤为重要的三个问题展开。首先，我们回顾不同的相似度，或者距离度量方式。其次，我们需要讨论抽样问题，这一种可以减少大数据集中物品数量并保持其主要特征的方法。最后，我们将阐述降维过程中最常用的技术。

7.2.1   相似度度量方法

协同过滤推荐中备受青睐的一个方法是使用 kNN 分类，我们将在 7.3.1.1 节中讨论。这种分类技术如同大多数的分类和聚类技术，主要取决于定义合适的相似度或距离度量方法[⊖]。

最简单、最常用的距离度量是欧几里得距离（L2 范数）：

$$d(x,y) = \sqrt{\sum_{k=1}^{n}(x_k - y_k)^2} \qquad (7.1)$$

其中 n 是维数（属性数），x_k 和 y_k 分别是数据对象 x 和 y 的第 k 个属性值（分量）。

闵可夫斯基距离是欧几里得距离的推广：

$$d(x,y) = \left(\sum_{k=1}^{n}|x_k - y_k|^r\right)^{\frac{1}{r}} \qquad (7.2)$$

其中，r 是距离的度（参数）。取决于 r 值的不同，一般的闵可夫斯基距离有专用的名称：

- $r=1$，城市街区（也叫曼哈顿、出租车、L1 范数）距离。
- $r=2$，欧几里得距离（L2 范数）。
- $r=\infty$，上确界（L_{max} 或 L_∞ 范数），这是任意维度对象属性间的最大距离。

马氏距离定义如下：

$$d(x,y) = \sqrt{(x-y)\sigma^{-1}(x-y)^T} \qquad (7.3)$$

其中，σ 是数据的协方差矩阵。

另一个常用的方法是把物品看作 N 维空间的文档向量，并且计算它们相似度作为形成夹角的余弦值，其公式如下：

$$\cos(x,y) = \frac{(x \cdot y)}{\|x\|\|y\|} \qquad (7.4)$$

其中·表示向量的点积，$\|x\|$ 是向量 x 的长度。这个相似度称为余弦相似度。

物品之间的相似度还可以用它们的相关度计算，用以度量对象间的线性关系。尽管有几个相关系数可能被应用，但皮尔逊相关性系数是最常用的。给出点 x 和 y 的协方差 Σ 和它们的标准差 σ，我们用以下公式计算皮尔逊相关性：

⊖ 注意相似度量虽然不是一个预处理的步骤，但却是处理其他数据挖掘技术的必要条件。

$$Peason(x,y) = \frac{\sum(x,y)}{\sigma_x \times \sigma_y} \qquad (7.5)$$

特殊地，在一些只有二进制属性的物品案例中，几个相似度度量方法被提出来。首先，计算 $M01$、$M10$、$M11$、和 $M00$ 数量，其中 $M01$ 代表 x 是 0 同时 y 是 1 这个属性的数量，$M10$ 代表 x 是 1 同时 y 是 0 这个属性的数量，以此类推。根据这些数值，我们可以计算得到：简单匹配系数 $SMC = \dfrac{匹配数量}{属性数量} = \dfrac{M_{11} + M_{00}}{M_{01} + M_{10} + M_{00} + M_{11}}$；Jaccard 系数 $JC = \dfrac{M_{11}}{M_{01} + M_{10} + M_{11}}$。广义 Jaccard（Tanimoto）系数是 JC 关于连续值属性或计数属性的一个变型，计算为 $d = \dfrac{x \cdot y}{\|x\|^2 + \|y\|^2 - x \cdot y}$。

推荐系统一般会使用余弦相似度（式（7.4））或者皮尔逊相关系数（式（7.5））（或者它们的许多变种方法中的一种，例如加权方案）。第 2 章详述在协同过滤中不同距离函数的使用。但是，前面提到的大部分其他距离度量方法都可能用到。Spertus 等人[88]在 Orkut 社交网络的环境中做了大规模的研究，评估 6 种不同的相似度度量方法。尽管由于实验的特殊设置，结果会有偏差，但有趣的是，余弦相似度是其中效果最好的度量方法。Lathia 等人[64]也做了一些相似度度量的研究，其总结，在一般的案例中，推荐系统的预测精确性不受相似度度量方法选择的影响。事实上，在他们的工作中，使用随机的相似度度量有时会产生比使用已知任何众所周知的方法更好的结果。

7.2.2　抽样

抽样是数据挖掘从大数据集中选择相关数据子集的主要技术。它在数据预处理和最终解释步骤中都需要用到。使用抽样是因为处理全部的数据集计算开销太大。它也可以被用来创建训练和测试数据集。这个情况下，训练集被用于在分析阶段学习参数或配置算法，而测试集被用来在评估训练阶段获得的模型或者配置，确保模型在将来产生的未知数据上运行良好。事实说明，在许多场景下不仅仅只用训练集和测试集，也需要考虑创建验证数据集。训练集用来训练合适的模型，验证集用来学习超参数，测试集用来验证模型的泛化能力。

抽样的关键是发现具有整个原始数据集代表性的子集，也就是说，其具有与整个数据集大概类似的兴趣属性。最简单的抽样技术是随机抽样，任意物品被选中的概率相同。但也有更复杂的方法。例如，在分层抽样中，数据基于特殊特征被分成几个部分，之后对每个部分独立进行随机抽样。

最常用的抽样方法包含使用无放回抽样：选择物品的时候，物品从整体中取走。但是，执行放回抽样也是可以的，物品即使被选择也不用从整体中去除，允许同样的样本被选择多次。

在分离训练集和测试集时，通常的做法是使用 80/20 的训练集和测试集比例，并使用无放回的标准随机抽样。这意味着我们使用无替代随机抽样方法选择 20% 的实例为测试集，把剩下的 80% 进行训练。80/20 的比例应该作为一个经验规则，一般来说，超过 2/3 的任何值作为训练集是合适的。

抽样可能导致过拟合的训练和测试数据集。因此，训练过程可以重复好几次。从原始数据集中创建训练集和测试集，使用训练数据进行模型训练并且使用测试集中的样例进行测试。接下来，选择不同的训练/测试集进行训练/测试过程，这个过程会重复 K 次。最后，给出 K 次学习模型的平均性能。这个过程是著名的交叉验证。交叉验证技术有很多种。在重复随机样本中，标准的随机抽样过程要执行 K 次。在 n 折交叉校验中，数据集被分成 n 份。其中一份用来测试模型，剩下 $n-1$ 份用来进行训练。交叉验证过程重复 n 次，n 个子样本中每一个子样本都只使用一次作为验证数据。最后，留一法（LOO）可以看作 n 折交叉验证的极端例子，其中 n 被设置为数据集中物品的数量。因此，算法运行许多次而每次只使用数据点中的一个作为测试。

我们需要注意的是，正如 Isaksson 等人[57]讨论的那样，除非数据集足够大，否则交叉验证的结果可能不可信。

在推荐系统中，交叉验证的方法同样也很常见，常用的思路是将用户的反馈（如用户评分）划分成训练集和测试集。尽管在一般的案例中标准随机抽样是可接受的，但是在其他场景中我们需要用不同的方法定向调整抽样出来的测试集。例如，我们可能决定只抽样最近的评分数据，因为这些是现实情况下我们需要预测的。我们可能还有兴趣确保每个用户的评分都按一定的比例被保存在测试集，因此需要对每一个用户使用随机抽样。然而，所有这些问题都超出了本章的范围。

7.2.3　降维

推荐系统中不仅具有高维空间特征的数据集，而且在空间中信息非常稀疏，比如每个数据对象就那么几个有限的特征有值。在高维空间中，原本对聚类和孤立点检测非常重要的密度，以及点之间的距离等测度，也变得意义不大。这就是著名的维度灾难。降维技术通过把原始高维空间转化成低维有助于克服这类问题。

稀疏和维度灾难是推荐系统中反复遇到的问题。即使在最简单的背景下，我们很有可能都会有成千上万行的行和列稀疏矩阵，其中大部分值是零。因此，降低维度就自然而然了。应用降维技术带来的结果，也可以直接适用于计算推荐的预测值。即降维可以作为推荐系统设计的方法，而不仅仅是数据预处理技术。我们称这些方法为矩阵填充方法。

接下来，我们概述两个在推荐系统中最相关的降维算法：主成分分析（PCA）和奇异值分解（SVD）。

7.2.3.1　主成分分析

主成分分析（PCA）[59]是一种经典统计方法，用来发现高维数据集中的模式。主成分分析可以获得一组有序的成分列表，其根据最小平方误差计算出变化最大的值。列表中第一个成分所代表的变化量要比第二个成分所代表的变化量大，以此类推。我们可以通过忽略那些对变化贡献较小的成分来降低维度。

图 7-2 显示了通过高斯合并产生的二维点云中的 PCA 分析结果。数据集中之后，主要成分由 u_1 和 u_2 来表示。需要注意的是，新坐标轴的长度所涉及的能量被包含在它们的特征向量中。因此，对于图 7-2 中列举的特殊例子，第一个成分 u_1 占能量的 83.5%，这意味着移除第二个成分 u_2 暗示将只失去16.5% 的信息。根据经验规则选择 m' 以便于累计能量超过一定的阈值，一般是 90%。PCA 允许我们把数据投影到新的坐标系中重新表示原始数据矩阵：$X'_{n \times m'} = X_{n \times m} W'_{m \times m'}$。新的数据矩阵 X' 降低了 $m - m'$ 维度，并保证包含大部分的原始数据 X 的信息。

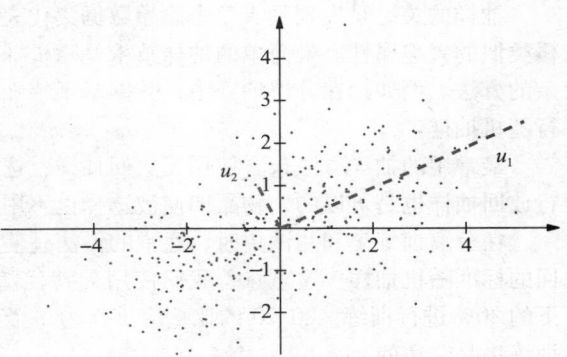

图 7-2　PCA 分析基于高斯合并的二维点云。使用 PCA 得到的主成分是 u_1 和 u_2，其长度与包含在所有成分中的能量相关

PCA 是一种强大的技术，但也有重要的限制。尽管一般的非线性 PCA 方法已经提出，但 PCA 仍依赖于以线性合并为基础的经验数据集。PCA 的另一个重要假设是原始数据集是从高斯分布中抽取出来的。当这个假设不正确时，就无法保证主要成分的有效性。

尽管目前的趋势似乎表明其他的矩阵分解技术更受欢迎，如 SVD 或者非负矩阵分解，但是早期用得最多的还是 PCA。Goldberg 等人在在线笑话推荐系统的场景中提出使用 PCA 方法[50]。他们的系统(著名的 Eigentaste ⊖)开始于标准的用户评分矩阵。然后从所有用户都评分过的项目里选出一个子集作为测试集。这个新矩阵用来计算全局相关矩阵，这些矩阵使用了标准的二维 PCA。

7.2.3.2　矩阵分解和奇异值分解

奇异值分解[51]是一个强大的降维工具。它是矩阵分解方法的特殊实现，因此它也和 PCA 相关。在 SVD 分解中的关键问题是发现低维特征空间，这些新特征代表一个个"概念"，而且每一个"概念"在概念集合中的重要性都是可以量化的。因为 SVD 可以自动获取到低维空间上的语义概念，它可以被用来当作潜在语义分析的基础，潜在语义分析[34]是一种在信息检索中非常受欢迎的文本分类技术。

SVD 的核心算法基于以下的理论：把矩阵 A 分解成 $A = U\lambda V^T$ 是可行的。给出 $n \times m$ 矩阵的数据 A(n 个物品，m 个特征)，可以获得一个 $n \times r$ 的矩阵 U(n 个物品，r 个概念)，一个 $r \times r$ 的对角矩阵 R(概念的长度)，以及 $m \times r$ 的矩阵 V(m 个特征，r 个概念)。图7-3 阐述了这个想法。R 的对角矩阵包含奇异值，其总是为正，并且是降序排列。U 矩阵可以解释成物品概念相似矩阵，矩阵 V 是特征概念相似性矩阵。

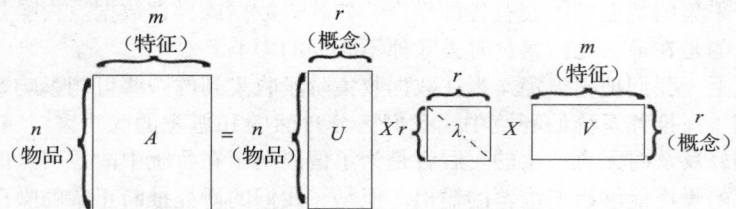

图7-3　阐述了最基本的 SVD：物品×特征矩阵可以分解成三个
不同的部分：物品×概念、概念强度、概念×特征

为了计算矩形矩阵 A 的 SVD，我们考虑如下公式 AA^T 和 A^TA。U 的列是 AA^T 的特征向量，V 的列是 A^TA 的特征向量。矩阵对角线上的奇异值是 AA^T 和 A^TA 非零特征值的平方根。因此，为了计算矩阵 A 的 SVD，我们首先计算 AA^T(T)以及 A^TA(D)，然后计算 T 和 D 的特征向量和特征值。

在 λ 中的特征值 r 是有序递减的。因此，初始矩阵 A 可以通过截取前 k 个特征值来近似构造。截取的 SVD 构造了一个近似矩阵 A 的 k 秩矩阵 $A_k = U_k \lambda_k V_k^T$。$A_k$ 是最近似原始矩阵的 k 秩矩阵。最近似表达的是最小化 A 与 A_k 元素之间的平方差之和。被截取的 SVD 代表降维成 k 维空间后的潜在结构，这一般意味着特征向量中的噪声被降低。

使用 SVD 作为工具来提高协同过滤已经有一段时间了。Sarwar 等人[85]在论文中描述了使用 SVD 的两种不同方法。首先，SVD 可以用来发现用户与产品之间的潜在关系。为了完成这个目的，他们首先用物品平均评分值去填充用户–物品矩阵的 0 值项，然后通过减去用户对所有物品平均评分来正规化这些矩阵。这些矩阵用 SVD 来分解，其分解结果在一些细微的操作之后可以直接用来计算预测值。其他方法是使用从 SVD 中提取出的低维空间中的结果来提高在 kNN 方法的邻居信息。

正如 Sarwar 等人[84]描述的那样，SVD 的一大优势是有增量算法来计算近似的分解。这使得我们在接收到新用户或者评分的时候，没有必要重新计算用先前存在的数据构建的模型。同样的想法后来被 Brand[23]的在线 SVD 模型扩充和正式采纳。在成功应用到 Netflix Prize ⊖之后，增量 SVD 方法的使用最近已经成为常用的方法。Simon Funk 的简单增量 SVD 方法的发表被标

⊖　http://eigentaste.berkeley.edu.

⊖　http：//www.netflixprize.com.

志为竞赛中的转折点[47]。自从发表之后，在该领域已经发表了几篇改进的 SVD(详细信息可以参考 Paterek 的全部 SVD 的算法[74]，或者 Kurucz 等人的 SVD 参数评估[63])。

从这层意义上来说，矩阵分解方法不能仅仅被当作预处理或者降维的方法，因为整个推荐问题都可以被定义为矩阵填充问题。我们可以设计一个稀疏矩阵，用户作为行，物品作为列。矩阵中每个已知元素代表用户对物品的偏好。矩阵中剩下的元素是未知元素。如以上假设，则用户偏好预测问题可以简化为矩阵填充问题(第 2 章会详细介绍)。

最后，应该注意的是矩阵分解(MF)的不同变化方法，诸如非负的矩阵分解(NNMF)已经被使用[94]。本质上来说，这些算法类似于 SVD。最基本的想法是把评分矩阵分解成两个部分：一个部分包含描述用户的特征，另一个部分包含描述物品的特征。矩阵分解能够填充矩阵的未知值是因为引入了一个偏置项到模型。在 SVD 的预处理阶段，将 0 替换为物品平均评分也能解决这个问题。MF 方法存在过拟合的问题。现在也存在一些 MF 的变种算法，可以有效地解决这个问题，例如基于正则核的矩阵分解方法。

7.2.4　去噪

数据挖掘中采集的数据可能会有各种噪声，如缺失数据或异常数据。去噪是非常重要的预处理步骤，其目的是在最大化信息量时去除掉不必要的影响。

在一般意义上，我们把噪声定义为在数据收集阶段收集到的一些可能影响数据分析和解释结果的伪造数据。在推荐系统的环境中，我们区分自然的和恶意的噪声[72]。前者提到的噪声是用户在选择偏好反馈时无意产生的。后者是为了偏离结果在系统中故意引入的。

很显然恶意的噪声能够影响推荐的输出。但是，我们的研究推断正常的噪声对推荐系统性能的影响是不可忽略的[7]。为了解决这个问题，我们设计了一个去噪方法，能够通过要求用户重新评价一些物品来提高精确度[8]。我们推断，通过预处理步骤来提高精确度能够比复杂的算法优化效果要好得多。

7.3　监督学习

7.3.1　分类

分类器是从特征空间到标签空间的映射，其中特征代表需要分类的元素的属性，标签代表类别。例如，餐厅推荐系统能够通过分类器来实现，其分类器基于许多特征描述把餐厅分成两类中的一类(好的，不好的)。

有许多种类型的分类器，但是一般情况下我们分为有监督分类器和无监督分类器。在有监督分类器中，我们预先知道一组标签或类别，并且我们有一组带有标签的数据用来组成训练集。在无监督分类中，类别都是提前未知的，其任务是恰当地组织好我们手中的元素(按照一些规则)。在本节中，我们描述几个算法来学习有监督分类，无监督分类(例如聚类)将在 7.4 节中进行描述。

7.3.1.1　最近邻

基于样本的分类通过存储训练记录并使用它们来预测未知样本的标签类别。一个常见的例子是所谓的死记硬背学习。这种分类器记住了所有的训练集，并且只有在新纪录的属性与训练集中样本完全匹配时才会分类。一个更加精确和通用的基于样本的分类是近邻分类(kNN)[32]。给出一个要分类的点，kNN 分类器能够从训练记录中发现 k 个最近的点。然后按照它最近邻的类标签来确定所属类标签。算法的基本思想是，如果一个样本落入到由一个类标签主导的领域，是因为这个样本可能属于这个类。

假设我们需要确定样本 q 的类别 l，定义训练集 $X = \{\{x_1, l_1\} \cdots \{x_n\}\}$，其中 x_j 是第 j 个元

素，l_j 是它的类标签，k 的最近邻可以找到子集 $Y = \{\{y_1，l_1\}\cdots\{y_k\}\}$，使得 $Y \in X$ 且 $\Sigma_1^k d(q,$
$y_k)$ 是最下限。Y 包含 X 中的 k 个离 q 最近的样本点。那么，q 的类标签是 $l = f(\{l_1\cdots l_k\})$。

　　也许在 kNN 中最具有挑战的问题是如何选择 k 的值。如果 k 太小的话，分类可能对噪声点
太敏感。但是如果 k 太大的话，近邻范围可能会包含其他类中太多的点。图 7-4 右图展示了不
同的 k 值下最终确定不同的类标签。$k = 1$ 时类标签可能是圆形的，而 $k = 7$ 时类标签是正方形。
注意到例子中的查询点正好处于两个类别中的边界上，因此，分类很困难。

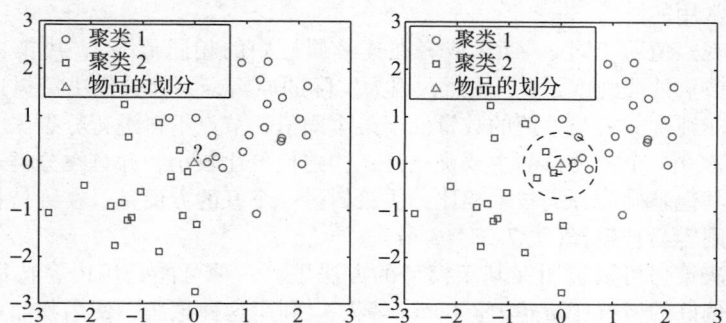

图 7-4　k 近邻的例子。左边的子图显示带有两个类标签的训练点（圆形和正方形）和查询点（三角
　　　　形）。右边的子图阐述 $k = 1$ 和 $k = 7$ 时的最近邻。查询点按照简单多数规则，当 $k = 1$ 时被分
　　　　类为正方形，当 $k = 5$ 时被分类为圆形。注意查询点正好在两个类别之间的边界线上

　　kNN 分类器在所有机器学习算法中是最简单的。因为 kNN 不需要建立一个显式的模型，
因此被认为是一个懒的学习者。不像饥饿学习者，比如决策树或基于规则的系统（分别参见
7.3.1.2 节和 7.3.1.3 节），kNN 分类器把许多的决策留给了分类的步骤。因此，分类未知记录
的花费相当大。

　　最近邻算法是 CF 最常用的一种方法，因而被用来设计推荐系统。事实上，任何的推荐系
统综述（如 Adomavicius 和 Tuzhilin[1]）都会包含本书所提到的最近邻使用的简介。这种分类的优
点是它的概念和 CF 很相关：发现志趣相投的用户（或类似的物品）实质上等价于发现给定用户
或物品的邻居。其他的优势是：作为 kNN 分类器这样一个懒惰学习者，它不需要学习和维持
一个给定的模型。因此，在原则上，系统能够适应用户评分矩阵的急速变化。遗憾的是，这是
以重新计算邻居和相似矩阵为代价的。这也是为什么我们要提出一种用精简后的专家集合来挑
选邻居的邻居模型的原因[6]。

　　尽管 kNN 方法简单直观，但是它结果精确，非常易于提升。事实上，它对于协同推荐的
实际标准的主导地位最近才被基于降维的方法所挑战。也就是说，针对协同过滤方法的传统的
kNN 方法已经在几个方向上得到了提升。例如在 Netflix Prize 的实验环境中，Bell 和 Koren 建议
一种方法来移除全局的影响，比如一些物品可能会吸引用户一致给低分。他们提出邻居建立时
立即计算插入权值的优化算法。

　　更多内容详见第 2 章基于近邻的高阶 CF 技术。

7.3.1.2　决策树

　　决策树[80]是以树结构形式对目标属性（或类）进行分类的分类器。要分类的观察数据（或物
品）是由属性及其目标值组成。树的节点可以是：a）决策节点，在这些节点中，测试一个简单
属性值来决定应用哪一个子树，或者是 b）叶子节点，用来指示目标属性的值。

　　决策树包括许多相关算法，最常提到是 Hunt 算法、CART、ID3、C4.5、SLIQ、SPRINT。
递归搜索算法，这是最早的也是最容易理解的算法，依赖作用于给定属性的测试条件，通过它
们的目标值来区别这些观察值。算法一旦找到测试条件推导出的划分区域，就会反复迭代，直

到划分区域为空，或者观察数据都有相同的目标值。

拆分可以通过最大的信息增益来决定，定义如下：

$$\Delta_i = I(parent) - \sum_{j=1}^{k_i} \frac{N(v_j)I(v_j)}{N} \tag{7.6}$$

其中，k_i 是属性 i 的值，N 是观察数据的数量，V_j 是根据属性 i 的值得到的观察值的第 j 个划分。最后，I 是衡量不纯节点的函数。有各种不同的不纯衡量方法：Gini 指标、熵、非分类错误是在文献中最常用的。

一旦所有的观察值属于同一个类（或者在连续属性中的相同范围），决策树的推导就结束了。这表明叶子节点的非纯度是 0。然而，因为实际的原因，大部分的决策树通过剪枝技术实现，如果节点的非纯度或者观察值的数量低于某个阈值，节点不再进行分裂。

使用决策树建立一个分类器的主要优点是：构建代价比较小，并且在分类未知的对象方面速度比较快。与其他基础的分类技术相比，决策树另一个好的方面是，在维持精度的同时，它产生的一系列规则容易被解释（见 7.3.1.3 节）。

推荐系统中决策树可以被用在基于模型的方法里。一种可能是用内容特征建立决策树模型，对描述用户偏好的所有变量建模。Bouza 等人[21]利用这种想法，使用物品可用的语义信息构建一棵决策树。用户只评价两个物品之后就能构造决策树。每个物品的特征被用来建立一个解释用户评分的模型。他们使用每一个特征的信息增益作为分裂准则。需要注意的是，尽管这种方法从理论视角看很有趣，但是在他们系统上报告的精确性比推荐平均评分的方法要差。

正如可以预料到的那样，建立一个试图解释决策过程中所有参数的决策树是非常困难以及不现实的。但是，决策树可以被用来模拟系统的一个特殊部分。例如 Cho 等人[28]提出一个结合关联规则（见 7.4.2 节）和决策树的在线购物推荐系统。决策树作为一个过滤器用来选择哪些用户可以作为推荐的目标。为了建立这个模型，他们创建了一个候选用户集，用户集是在给定的时间帧内从一个给定的目录下选了商品的这些用户。在他们的案例中，选择作为构造决策树的因变量，是用户是否会在相同的分类下再买新的产品。Nikovski 和 Kulev[71]随后提出一个与之类似的结合决策树和关联规则的方法。在他们的方法中，先是在购买的数据集中发现频繁物品集，然后应用标准的树学习算法来简化推荐规则。

在推荐系统里面，另外一种使用决策树的方法是：在冷启动阶段利用决策树遍历用户的物品空间。计算的基本思路是最大化每个树节点中物品所带来的信息量。Golbandi 等人[49]为以上提到的应用情况构建了一个有效的树学习算法。

在很多研究里面都使用树来排序，在推荐系统里面这种应用也非常直接[11,27]。可以用多个独立的树进行排序，同时也能用多棵树融合的方法排序。有两种树融合的方式：一个是随机森林（RF）[25]，另一个是梯度提升树（GBDT）[45]，这两种方法用在协同过滤中或者个性化排序中[4,12]。

最后要提的是，树和树融合的方法可以用来融合不同算法。Netflix Prize 的一个方法就是用GBDT 融合了 100 种训练完的方法[61]。

7.3.1.3 基于规则的分类

基于规则分类器是通过一组"if…then…"的规则集合划分数据。规则的前提或条件是属性连词的表达式。规则的结论是一个正或者负的分类。

如果对象的属性满足规则的条件，我们可以说规则 r 覆盖对象 x。我们定义规则的覆盖性为满足前提的部分记录。另一方面，我们定义准确性为既满足前提又满足结论的部分记录。如果规则彼此之间是独立的，我们说分类器包含互斥的规则，例如每一个记录最多被一个规则覆盖。最后，如果属性值的所有可能组合都被覆盖的话，例如一个记录至少被一个规则覆盖，我们认为分类器具有详尽规则。

为了建立一个基于规则的分类器，我们可以用从数据中直接抽取规则的直接方法。这种方法的例子是 RIPPER 或 CN2。另一方面，使用间接的方法从其他分类模型中抽取规则很常见，例如决策树模型或神经网络模型。

基于规则分类器的优点是它们表示很明确，因为它们是符号化的，并且可以在没有任何转化的情况下操作数据的属性。基于规则的分类器，由决策树扩充，容易解释，容易生成，并且它们能有效地分类新的对象。

但是与决策树方法类似，建立一个完整基于规则的推荐模型是很难的。事实上，这种方法在推荐的环境中不是很流行，因为得到一个基于规则的系统意味着我们要么具有一些决策过程中的显式的先验知识，要么我们从另一个模型中提取规则，例如决策树。但是基于规则的系统通过注入一些领域知识或者商业规则来提高推荐系统的性能。例如 Anderson 等人[9]实现了一个协同音乐推荐系统，这个系统通过应用一个基于规则的系统在协同过滤的结果中提高性能。如果用户给某个音乐家的专辑评分很高，那么这个音乐家的其他专辑的预测评分也会提高。

Gutta 等人[40]实现了一个关于电视内容的基于规则的推荐系统。为此，他们首先使用 C4.5 决策树，然后分解成规则来分类电视节目。Basu 等人[15]利用归纳的方法使用 Ripper[30]系统从数据中学习规则。在他们的报告中，使用混合内容和协同数据来学习规则的结果明显好于单纯的 CF 方法。

7.3.1.4 贝叶斯分类器

贝叶斯分类器[46]是解决分类问题的一个概率框架。它基于条件概率定义和贝叶斯理论。贝叶斯统计学派使用概率来代表从数据中学习到的关系的不确定性。此外，先验的概念非常重要，因为它们代表了我们的期望值，或者真正关系可能是什么的先验知识。特别是给定数据后，模型的概率(后验概率)是和似然值乘以先验概率的乘积成正比的。似然值部分包含了数据的影响，而先验概率则表明观测数据之前模型的可信度。

贝叶斯分类器把每一个属性和类标签当作随机变量(连续或者离散)。给定一个带有 N 个属性的记录(A_1, A_2, A_N)，目标是预测类 C_k，方法是在给定数据 $P(C_k | A_1, A_2, \cdots, A_N)$ 下，找到能够最大化该类后验概率的 C_k 的值。应用贝叶斯理论 $P(C_k | A_1, A_2, A_N) \propto P(A_1, A_2, \cdots, A_N | C_k)P(C_k)$。

一个特殊但最常用的分类器是朴素贝叶斯分类器。为了估计条件概率 $P(A_1, A_2, \cdots, A_N | C_k)$，假设属性的概率独立，比如一个特殊属性的存在与否和其他任何属性的存在与否没有关系。这种假设导致 $P(A_1, A_2, \cdots, A_N | C_k) = P(A_1 | C_k)P(A_2 | C_k)\cdots P(A_N | C_k)$。

朴素贝叶斯的主要好处是：受孤立噪声点和不相关的属性的影响小，并且在概率估算期间可以通过忽略实例来处理缺失值。但是，独立性假设对一些相互关联的属性来说可能不成立。在这种情况下，通常的方法是使用所谓的贝叶斯信念网络(或简称贝叶斯网络，BBN)。BBN 使用非循环图表示属性之间的依赖性，并使用概率表表示节点与直接父亲之间的联系。与朴素贝叶斯分类器方法类似，BBN 可以很好地处理不完整的数据，对于模型的过拟合有相当的健壮性。

贝叶斯分类器在基于模型的推荐系统中特别受欢迎。它们经常被用来为基于内容的推荐生成模型。当然，它们也被用于协同环境中。例如 Ghani 和 Fano[48]使用朴素贝叶斯实现了一个基于内容的推荐系统。使用这个模型允许在百货商店环境中从不相关的目录中推荐产品。

贝叶斯分类器也可以用在推荐系统的场景下。Miyahara 和 Pazzani[68]实现了一个基于朴素贝叶斯分类器的推荐系统。为了达到这个目的定义了两个类：喜欢和不喜欢。在这种的环境中，他们提出两个方法来使用朴素贝叶斯分类器：数据转化模型假设所有的特征都是完全独立的，特征选择作为一个预处理步骤来实施。另一方面，稀疏数据模型假设只有已知的特征是对分类有益的信息。此外，当估算概率的时候，只使用用户都共同评价的数据。实验显示两种模型性能好于基于相关性的推荐系统。

Pronk 等人[77]用贝叶斯朴素聚类器作为基础来合并用户组件，并且提高性能，特别是冷启动环境。为了做到这一点，他们提出给每个用户维持两个属性文件：一个从历史评分中学习得到，另一个由用户显式地创建。两种分类器的混合可以通过这样的方式来控制，在早期阶段，没有太多历史评分时采用用户定义属性文件，然后在随后的阶段再用学习型分类器取而代之。

在上一节中，我们提到 Gutta 等人[40]在电视内容上实现了一个基于规则方法的推荐系统。此外他们还实验了贝叶斯分类器。首先定义一个两类分类器，类别包括：看过和没看过。用户配置文件是属性的集合，以及他们作为正样本和负样本出现的次数。这会被用来计算节目属于某个特定分类的先验概率，以及当节目是正向或负向时，某个给定特征会出现的条件概率。在这样案例中，必须注意到的是特征涉及内容（类型）和环境（时间）。新节目的后验概率是从这些环境和内容中计算得来。

Breese 等人[24]实现了将每个节点关联到每个物品的贝叶斯网络。状态与每个可能的投票值相关。在网络中，每一个物品将有一组父亲节点作为它最好的预测器。条件概率表被决策树取代。作者报告显示，在几组数据集上这种模型的结果比几种近邻算法的结果要好。

分层的贝叶斯网络也在一些环境下被使用，它用来作为信息过滤添加领域知识的方法。但是分层的贝叶斯网络的问题是：当其中的用户过多时，学习和升级模型的代价非常大。Zhang 和 Koren[99]提出一个标准期望最大化模型的变种，能够在基于内容推荐系统的环境中加速这种过程。

7.3.1.5　逻辑回归

逻辑回归（LR）大概是最基础的概率分类模型。尽管它在推荐系统文献中不常见，但由于它比较简单有效，所以经常用在工业界。

有一点需要重点提一下，尽管逻辑回归包含了回归这个词，但它不是回归模型，反而是一个分类模型。回归这个词是从线性回归继承下来的。

在回归模型中，输出是连续值，例如通过一组特征去预测一个电影的观众量，特征如成本、市场预算、投放情况，以及预演反馈。相反，分类模型的输出是类别的标签。在刚刚的例子中，分类模型的输出应该是这个电影是否能够大热。

线性回归模型的公式如下：

$$h_\theta(x) = \theta^\mathsf{T} x \tag{7.7}$$

一旦我们利用训练集学习出模型参数 θ，则假设函数能够输入任何连续值。逻辑回归和这个相似，但是存在额外的一个逻辑分布函数：

$$h_\theta(x) = g(\theta^\mathsf{T} x) \tag{7.8}$$

$$g(z) = \frac{1}{1 + e^{-z}} \tag{7.9}$$

当 z 为 0 的时候，逻辑分布函数的输出是 1/2。当 z 为正数的时候趋向于 1，相对应的是，当 z 是负值的时候，逻辑分布函数趋向于 0。因为这个函数能保证输出在 $0 \leqslant h_\theta(x) \leqslant 1$ 之间，所以我们能把输出当成属于某个类别的概率。我们可以把概率值大于 1/2 的时候判定为类别 1，相反判定为类别 0。

逻辑回归创建了一个决策边界 $\theta^\mathsf{T} x \geqslant 0$。这个超平面把数据分成了两类。

决策边界的概念在其他分类算法中也存在，比如支持向量机（见 7.3.1.6 节）。与 SVM 不同，LR 的决策边界不用考虑数据边缘，这样带来的结果是算法更容易受异常点影响。从积极的一面来说，LR 更容易实现，并且当大量特征存在的时候也非常有效。

Zhang 等人[81]利用用户评论数据来评估逻辑回归模型以及其他概率模型，评估数据由很少的用户产生。LR 算法也在标签推荐系统中得到验证[36]。在 Parra 等人[73]的研究中,同时应用了线性回归和逻辑回归。这个例子中回归方法把隐式反馈转化成了显式评分。

7.3.1.6 支持向量机

支持向量机[33]分类的目标是发现数据的线性超平面(决策边界),以边界最大化的方式分离数据。例如,如果我们在二维平面上看两类分离的问题,像图 7-5 阐述的那样,很容易观察到分成两个类有许多种可能的边界线。每一个边界线都有一个相关的边缘。SVM 后面的理论支持是,如果选择边缘最大化的那一个,将来对未知的物品分类出错的可能性就越小。

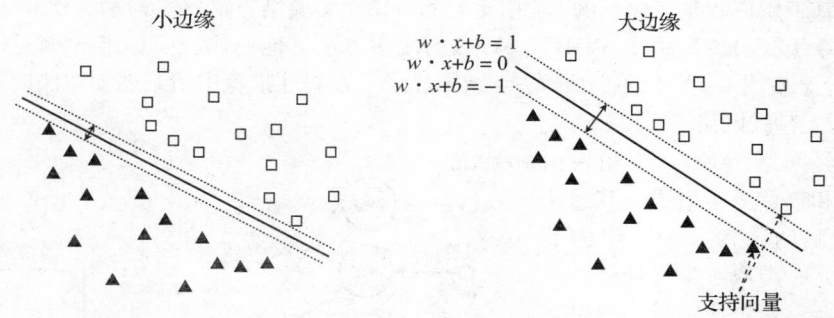

图 7-5 在二维上不同的边界决定可能分成不同的类。每一个边界有一个相关的边缘

两个类中的线性分离是通过函数 $w \cdot x + b = 0$ 来实现的。只要这些物品是被来自类划分函数的某个最小距离分开的,我们就可以定义能够划分物品类 $+1$ 或 -1 的函数。式(7.10)给出了相应的公式。

$$f(x) = \begin{cases} 1, & 若 \ w \cdot x + b \geqslant 1 \\ -1, & 若 \ w \cdot x + b \leqslant -1 \end{cases} \tag{7.10}$$

$$间隔 = \frac{2}{\|w\|^2} \tag{7.11}$$

根据 SVM 的主要原理,我们想要最大化两个类之间的边缘,由式(7.11)给出。事实上这等价于在给定 $f(x)$ 的约束条件下,最小化 $L(w) = \frac{\|w\|^2}{2}$ 的倒数。这其实是带约束最优化的问题,有许多数学方法可以解决它(例如二次规划)。

如果物品不是线性可分的,我们可以通过引入一个松弛变量把 SVM 转变为软边缘分类器。在这种情况下,式(7.12)的最小化受限于式(7.13)新的 $f(x)$ 定义。另一方面,如果决策边界是非线性的,我们需要转换数据到高维的空间。这个转换的完成得益于名为内核技巧的数学变换。最基本的想法是通过内核函数取代在式(7.10)中的点积。对于内核函数有许多不同的可行选择,比如多项式或者多层感知器。但是最常用的内核函数是径向基函数(RBF)系列。

$$L(w) = \frac{\|w\|^2}{2} + C \sum_{i=1}^{N} \varepsilon \tag{7.12}$$

$$f(x) = \begin{cases} 1, & 若 \ w \cdot x + b \geqslant 1 - \varepsilon \\ -1, & 若 \ w \cdot x + b \leqslant -1 + \varepsilon \end{cases} \tag{7.13}$$

支持向量机最近已经在许多的环境中获得较好的性能和效率。在推荐系统中,SVM 最近也显示出了显著效果。比如 Kang 和 Yoo[60]报告了一个实验研究,其目的是为基于 SVM 的推荐系统选择最好的预处理技术预测缺失值。他们特别使用了 SVD 和支持向量回归(SVR)。支持向量机推荐系统首先通过二进制化可用用户偏好数据的 80 个等级来建立。他们设置了几组实验,并且报告了阈值为 32 时的最好结果,例如 32 和更小的值被分为喜欢,较高值被分为不喜欢。用户的 ID 被用来做分类的标签,正负值被表达成偏好值 1 和 2。

Xu 和 Araki[96]用 SVM 建立一个电视节目推荐系统。他们用电子节目向导的信息作为特征。但是为了减少特征，他们移除了最低频次的单词。此外，为了评价不同的方法，他们用布尔值和词频率－逆文档频率(TF-IDF)来衡量特征结构的权重。在前者，0 和 1 用来代表在内容中物品的缺失或出现。在后者则变成词频率－逆文档频率数值。

Xia 等人[95]提出用不同的方法使用 SVM 在 CF 环境中生成推荐。他们探索了平滑 SVM(SS-VM)的使用。而且，也介绍了一个基于 SSVM 的启发式方法，用来迭代估算在用户物品矩阵中的缺失元素。他们通过为每一个用户创建一个分类器来计算预测值。实验结果显示，与 SSVM 以及传统的基于用户和基于物品的 CF 相比，SSVMBH 实验结果最好。最后，Oku 等人[38]为情景感知推荐系统提出情景感知 SVM(C-SVM)的使用方法。他们比较了标准 SVM、C-SVM 和一种既使用 CF 又使用 C-SVM 的扩展算法。结果显示了在餐厅推荐中情景感知方法的有效性。

7.3.1.7 人工神经网络

人工神经网络(ANN)[101]由一组内连接节点和权重链接组成，其想法来自生物大脑的结构。ANN 中的节点称为神经元，类似于生物神经。这些简单的功能单元组成网络，网络在使用有效数据训练之后能够学习分类问题。

ANN 的最简单模型是感知器模型，如图 7-6 所示。如果我们把激活函数 ϕ 特指为简单的阈值函数，则输出就是根据每条链接的权重将输入值累加，然后和某个阈值 θ_k 相比较。输出函数可以由式(7.14)来表达。感知器模型是具有简单和有效学习算法

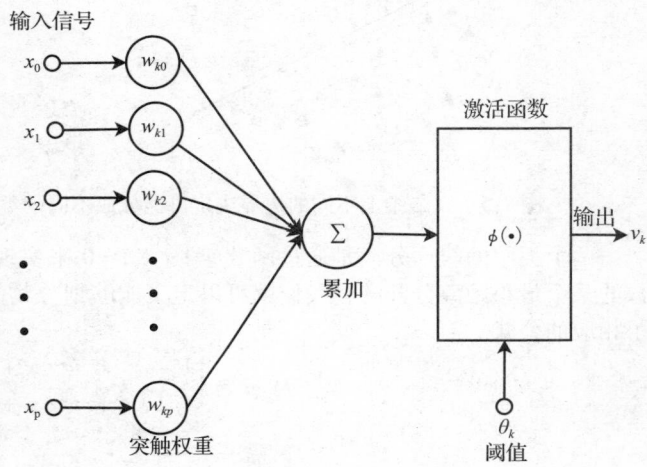

图 7-6　感知器模型

的线性聚类器。但是，除了使用在感知器模型中的阈值函数外，还有几种其他对于激活函数通用的选择，比如多层感知机、正切双曲或者阶梯函数。

$$y_k = \begin{cases} 1, & \text{若} \sum x_i w_{ki} \geqslant \theta_k \\ 0, & \text{若} \sum x_i w_{ki} < \theta_k \end{cases} \tag{7.14}$$

ANN 可以有许多层。在 ANN 中的层被分成三种类型：输入、隐藏、输出。输入层的单元响应进入网络的数据。隐藏层接受从输入单元中的带权输出。输出层响应隐藏层中的带权输出，并且产生最终的网络输出。使用神经元作为原子功能单元，在网络中有许多种可能的架构把它们结合在一起。但是，最常用的方法是使用前馈 ANN。在这个例子中，信号严格在一个方向上传播：从输入到输出。

ANN 最主要的优点是(取决于激活函数)能做非线性的分类任务，并且由于并行属性，它们高效甚至能够在部分网络受损的情况下操作。主要的缺点是，它很难对于给定的问题给出理想的网络拓扑，并且一旦确定拓扑，它的表现水平就会位于分类错误率的下限。ANN 属于一种次符号分类器，也就是说，在推理知识的时候不提供任何语义知识，说白了这是一种黑盒方法。

ANN 能够以类似于贝叶斯网络的方法被用来构建基于模型的推荐系统。但是，没有令人信服的研究表明 ANN 是否会有性能的提升。事实上，Pazzani 和 Billsus[76]做了一个综合的实验，使用几种机器学习算法进行网页推荐。他们的主要目标是比较朴素贝叶斯分类器与计算开

销更大的候选方法，诸如决策树和神经网络。实验结果显示决策树的效果明显不好。他们推断似乎没有必要用非线性分类器，如 ANN。Berka 等人[42]使用 ANN 为网页导航建立 URL 推荐系统。他们实现了专门基于访问路径而与内容无关的系统，比如把域名和访问它们的人数关联起来。为此，他们使用了用后向传播算法训练的前馈多层感知器。

ANN 可以用来结合（或混合）几个推荐模块或者数据源中的输入。例如 Hsu 等人[41]建立了一个电视推荐模型，通过四个不同的源导入数据：用户的配置文件和自身看法、观看社区、节目元数据、观看环境。他们用后向传播算法来训练三层神经网络。Christakou 和 Stafylopatis[29]也建立了一个混合的基于内容的协同过滤推荐系统。基于内容的推荐系统在实现时对每个用户采用了三种神经网络，其中每一个对应如下的一个特征：种类、星级、摘要。他们使用弹性反向传播方法来训练 ANN。

最近，各种神经网络变种用在了不同的协同过滤方法中。Salakhutdinov 等人用 RBM 在 Netflix Prize[83]中预测评分。这个解决方案会在 Netflix 的章节中介绍（见第 11 章）。

7.3.2　分类器的集成

使用分类器集成背后的最基本思想是：从训练数据构造一系列的分类器，并通过聚集预测值来预测类标签。只要我们能假设这些分类器都是独立的，分类器集成就有效。在这种情况下，我们可以确定分类器产生的最糟糕的结果与在集成中的最坏分类是一样的。因此，结合具有相似的分类错误的独立分类器将只会提升结果。

为了产生集成，有几种可能的方法。最常用的两个技术是 Bagging 和 Boosting。在 Bagging 方法中，我们采用带替换的抽样，在每一个自举样本上建立分类。每一个样本被选择的概率是 $\left(1-\frac{1}{N}\right)^{N}$，考虑到如果 N 足够大，那么其值会趋近于 $1-\frac{1}{e}\approx 0.623$。在 Boosting 方法中，我们通过更加关注之前错误分类的记录，使用迭代过程自适应地改变训练数据的分布。一开始，所有的记录都被分配相同的权值。但是，不像 Bagging 方法，在每一轮的提升中权值是可以变化的：被错误分类的记录权值将会增加，同时正确分配的记录的权值将会降低。Boosting 方法的例子是 AdaBoost 算法。

分类器集成使用的例子在推荐领域里面非常实用。事实上，任何一个混合技术[26]都可以理解成以一种方式集成或另外几个分类器的集成。Tiemann 和 Pauws 的音乐推荐系统就是一个明显的实例，他们用集成学习方法来结合基于社交的和基于内容的推荐系统[90]。

实验结果显示，集成器能产生比其他任何孤立的分类器更好的结果。例如 Bell 等人[17]在他们解决 Netflix 挑战赢得大奖的方案中使用结合了 107 种不同的方法。他们的发现显示，本质上不同的方法比提升一种单一特殊技术的回报要好。为了从集合器中混合结果，他们采用线性规划方法。为了给每一个分类器生成权值，他们把测试数据集分成 15 个不同的部分，并且为每一个备份生成唯一的系数。在 Netflix 环境中的不同集成方法可以追溯到其他的方法，如 Schclar 等人[86]或 Toescher 等人[91]。

自举方法也已经用在推荐系统中，例如，Freund 等人提出一个被称为 RankBoost 的算法来结合用户的偏好[43]。他们应用这个算法在 CF 环境中产生电影推荐。赢得 Netflix Prize 的解决方案是用 GBDT 来集成最终的分类器，GBDT 是基于树的 Boosting 集成方法。

7.3.3　评估分类器

推荐系统中被接受最常用的指标是预测兴趣（评分）和测量值的均方差（MAE）或均方根误差（RMSE）。这些指标在计算精度时对推荐系统的目标没有任何假设。但是，正如 McNee 等人指出的那样[67]，除了精确度之外，还有许多指标决定物品是否要被推荐。Herlocker 等人[55]发表了推荐系统算法指标方法的综述。他们建议某些指标对于某些推荐任务可能更加合适。但是，如果在一类推荐算法和单个数据集上要根据经验来评估不同方法，他们不能验证这些指标。

下一步要考虑的是，"现实"中推荐系统的目的是产生一个 top-N 推荐列表，以及依赖于能多好地分辨出值得推荐的物品来评估这个推荐系统。如果把推荐看作分类问题，就可以使用评估分类器的著名指标，如准确率和召回率。如下我们将概述一部分这些指标及其在推荐评价中的应用。但是值得注意的是，学习算法和分类能够被多个准测来评估。这包含执行分类的准确率、训练数据的计算复杂度、分类的复杂度、噪声数据的敏感度、可扩展性等。但是在本章中我们将只关注分类性能。

为了评估一个模型，我们一般考虑以下的指标，真正(TP)：分到类 A 且真的属于类 A 的实例数量；真负(TN)：没有分到类 A 且真的不属于类 A 的实例数量；假正(FP)：分到类 A 但不属于类 A 的实例数量；假负(FN)：没有分到类 A 但属于类 A 的实例数量。

最常用来衡量模型性能是定义正确分类的(属于或不属于给定的类)实例和总的实例数量之间的比率：精确度 = $(TP + TN)/(TP + TN + FP + FN)$。但是，精确度在许多的例子中有误导。想象一个带有 99 900 个类 A 的样本和 100 个类 B 的样本的两类分类问题。如果分类器简单地预测一切属于类 A，计算精度可能是 99.9%，但是模型性能值得怀疑，因为它从没有发现类 B 中的样本。改进这种估值的一种方法是定义代价矩阵，定义将类 B 的样本分给类 A 的代价。在真实的应用环境中，不同类型的错误可能的确有不同的代价。例如，如果 100 个样本对应一个组装线上有缺陷的飞机部分，"不正确地拒绝一个没有缺陷的部分(99 900 分之一的样本)"相比于"错误地把缺陷的部分当作好的"这个代价是微不足道的。

模型性能的其他常用指标(特别是在信息检索中)是准确率和召回率。准确率定义为 $P = TP/(TP + FP)$，这是一种在分样本到类 A 中犯多少错误的指标。另一方面，召回率 $R = TP/(TP + FN)$，衡量没有留下本应该划分到类中的样本的程度。注意在大部分的例子中，当我们单独使用这两种指标时是有误导。通过不分给任何的样本到类 A 可以建立有完美预测准确性的分类器(因此 TP 为零，但 FF 也为零)。相反地，通过分配所有的样本到类 A 中，可以建立完美召回率的分类器。事实上，有一种结合了准确率和召回率到一个单一指标中被称为 F_1 的指标：$F_1 = \dfrac{2RP}{R + P} = \dfrac{2TP}{2TP + FN + FP}$。

有时我们会比较几个相互竞争的模型，而不是单独评估它们的性能。为此，我们使用在 20 世纪 50 年代开发的用来分析噪声信号的技术：受试者工作特征曲线(ROC)。ROC 曲线描述了正确命中和假警告之间的特征。每一个分类的性能用曲线上的点表示(见图 7-7)。

Ziegler 等人[100]表示通过 top-N 列表指标评估推荐算法不能直接映射出用户的效率函数。但是，它的确解决了一些普遍接受的精确指标的限制，如MAE。例如 Basu 等人[16]运用该方法通过分析在评价规模中前四分之一被预测的物品哪些确实被用户评价过。McLaughlin 和 Herlocker[66]提出一种修改后的精确指标，认为没有评价的物品计为不推荐。这个预测指标事实上代表了真实精确性的下限。尽管

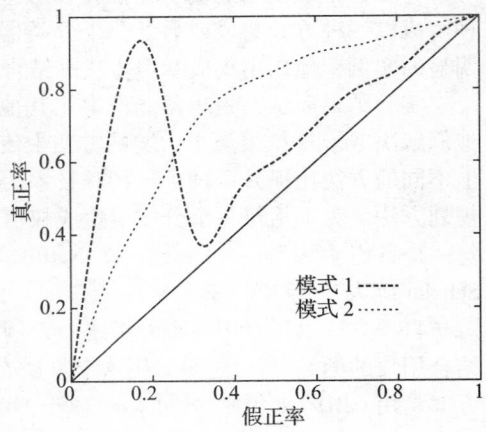

图 7-7 ROC 曲线的例子。模式 1 表现好于低假正率，同时模式 2 是整体相当的一致，并且模式 1 的假正率优于模式 2 的 0.25

能够从准确率和召回率上直接得出 F-测量法，但是在推荐系统评估中很少有人用到。Huang 等人[56]和 Bozzonet 等人[22]，以及 Miyahara 和 Pazzani[68]是使用这些指标的少数几个例子。

ROC 曲线也已经在评估推荐系统时使用。当在受到攻击下比较不同算法的性能时，Zhang 等人[82]使用 ROC 曲线下的面积作为评估的指标。Banerjee 和 Ramanathan[13]也使用 ROC 曲线来比较不同模型的性能。

必须指出的是，好的评估指标的选择，即使是在 top-*N* 推荐系统中，仍是一个研究点。许多作者提出了只用间接相关到这些传统的评估模式的指标。例如 Deshpande 和 Karypis[35]提出了命中率和平均互命中等级的使用。另一方面，Breese 等人[15]将排序列表中推荐结果的效用指标定义成中立投票的函数。通常 top-*N* 的推荐问题也会被当成排序问题，这种情况下，我们使用 MAP、NDCG、FCP、MRR 作为评估指标。

注意，第 8 章会详细描述在推荐系统内容中这些评估指标的使用，因此如果你对这个问题感兴趣的话，可以从那一章继续学习。

7.4　无监督学习

7.4.1　聚类分析

扩展 CF 分类器的最大问题是计算距离时的操作量，例如发现最好的 *k* 近邻。如我们在 7.2.3 节中看到的那样，一种可能的解决方案是降维。但是，即使我们降低了特征维度，仍有许多的对象要计算距离，这就是聚类算法的用武之地。基于内容的推荐系统也是这样，检索相似对象也需要计算距离。由于操作量减少，聚类可以提高效率。但是精确度没有得到保障。

聚类[54]也称作无监督的学习，分配物品到一个组中使得在同一组中的物品比不同组中的物品更加类似：目的是发现存在数据中的自然（或者说是有意义）的组。相似度是由距离衡量来决定，如在 7.2.1 节中叙述的。聚类算法的目标是在最小化簇距离的同时最大化群间距离。

聚类算法有两个主要的类别：分层和划分。划分聚类算法把数据划分成非重合的聚类，使得每一个数据项确切在一个聚类中。分层聚类算法在已知聚类上继续聚合物品，生成聚类的嵌套集合，组成一个层级树。

许多聚类算法试图最小化一个函数来衡量聚类的质量。这样的质量函数一般称为目标函数，因此聚类可以看作最优化的问题：理想聚类算法考虑所有可能数据划分，并且输出最小化质量函数的划分。但相应的最优化问题是 NP 困难问题，因此许多算法采用启发式方法（例如，*k*-means 算法中局部最优化过程最有可能结束于局部最小）。主要问题还是聚类问题太难了，很多情况下要想找到最优解是不可能的。同样的原因，特殊聚类算法的选择和它的参数（比如相似度测量）取决于许多的因素，包括数据的特征。下面我们描述 *k*-means 聚类算法和其他的候选算法。

7.4.1.1　*k*-means

k-means 聚类是一种分块方法。函数划分 *N* 个物品的数据集到 *k* 个不相关的子集 S_j，其中包含 N_j 物品，以便于它们按照给定的距离指标尽可能地靠近。在分块中，每一个聚类通过它的 N_j 个成员和它的中心点 λ_j 来定义。每一个聚类的中心点是聚类中所有其他物品到它的距离之和最小的那个点。因此，我们定义 *k*-means 算法作为迭代来最小化 $E = \sum_{1}^{k} \sum_{n \in S_j} d(x_n, \lambda_j)$，其中 x_n 是向量代表第 *n* 个物品，λ_j 是在 S_j 中物品的中心点，并且 *d* 是距离尺度。*k*-means 算法移动聚类间的物品直到 *E* 不再进一步降低。

算法一开始会随机选择 *k* 个中心点。所有物品都会被分配到它们最靠近中心节点的类中。由于聚类新添加或移出物品，新聚类的中心节点需要更新，聚类的成员关系也需要更新。这个操作会持续下去，直到再没有物品改变它们的聚类成员关系。算法第一次迭代的时候，大部分的聚类的最终位置就会发生，因此，跳出迭代的条件一般改变成"直到相对少的点改变聚类"来提高效率。

基础的 k-means 是极其简单和有效的算法。但是，它有几个缺陷：1）为了选择合适的 k 值，假定有先验的数据知识；2）最终的聚类对于初始的中心点非常敏感；3）它会产生空聚类。k-means 也有几个关于数据的缺陷：当聚类是不同的大小、密度、非球状形状时，就会有问题，并且当数据包含异常值时它也会有问题。

Xue 等人[97]提出一种在推荐环境中典型的聚类用法，通过使用 k-means 算法作为预处理步骤来帮助构造邻居。他们没有将邻居限制在用户所属的聚类内，相反是使用从用户到不同聚类中心点的距离作为预选阶段发现邻居。他们实现了基于聚类平滑技术，其技术是对于用户在聚类中的缺失值被典型聚类取代。他们的方法据称比标准的基于 kNN 的 CF 效果要好。类似地，Sarwar 等人[37]描述了一个方法来实现可扩展的 kNN 分类器。他们通过平分 k-means 算法来划分用户空间，然后用这些聚类作为邻居的形成的基础。据称与标准的 kNN 的 CF 相比，准确率降低了大约 5%。但是，他们的方法显著地提高了效率。

Connor 和 Herlocker[31]提出了不同的方法，他们聚类物品而不是用户。使用 Pearson 相关相似度指标，他们尝试四种不同算法：平均链接分层聚集[52]、对于分类属性的健壮聚类算法（ROCK）[53]、kMetis 和 hMetis ⊖。尽管聚类的确提高了效率，但是所有的聚类技术的确比非分类基线精确度和覆盖度要差。最后，Li 等人[79]与 Ungar 和 Foster[92]提出一种非常类似的方法，使用 k-means 聚类来解决推荐问题的概率模型解释。

7.4.1.2　改进的 k-means

基于密度的聚类算法（如 DBSCAN）通过建立密度定义作为在一定范围内的点的数量。例如，DBSCAN 定义了三种点：核心点是在给定距离内拥有超过一定数量邻居的点；边界点没有超过指定数量的邻居但属于核心点邻居；噪声点既不是核心点也不是边界点。算法迭代移除掉噪声数据，并且在剩下的点上进行聚类。

消息传递聚类算法是最近基于图聚类方法的系列之一。消息传递算法没有一开始就将节点的初始子集作为中心点，然后逐渐调适，而是一开始就将所有节点都看作中心点，一般称为标本。在算法执行时，这些点现在已经是网络中的节点了，会交换消息直到聚类逐渐出现。相似传播是这种系列算法的代表[44]，通过定义节点之间的两种信息来起作用："责任"，反映了在考虑到其他潜在标本的情况下，接收点有多适合作为发送点的标本；"可用性"，从候选标本发送到节点，它反映了在考虑到其他选择相同标本的节点支持的情况下，这个节点选择候选标本作为其标本的合适程度。相似传播已经被应用到 DNA 序列聚类，在图形中人脸聚类，或文本摘要等不同问题，并且效果很好。

分层聚类按照层级树（树枝形结构联系图）的结构产生一系列嵌套聚类。分层聚类不会预先假设聚类的既定数量。同样，任何数量的聚类都能够通过选择合适等级的树来获得。分层聚类有时也与有意义的分类学相关。传统的分层算法使用一个相似度或距离矩阵来合并或分裂一个聚类。有两种主要方法来分层聚类。在聚集分层聚类中，我们以点作为个体聚类，并且每一步合并最近的聚类对，直到只剩一个（或 k 个）聚类。分裂分层聚类从一个包含所有物品的聚类开始，并且每一步分裂每一聚类，直到每一聚类包含一个点（或有 k 个聚类）。

⊖　http://www.cs.umn.edu/~karypis/metis.

就我们所知，前面提到的 k-means 替代方法都没有应用在推荐系统中。相反，像局部敏感哈希或贝叶斯非参数模型却用在了实际应用中。

局部敏感哈希(LSH)[10]是一种在高维空间中解决近邻搜索问题的方法。算法利用哈希函数来保证局部性，或者说，一个桶内的元素相似。LSH 可以被认为是一种无监督聚类方法。然而，因为它是近邻问题的近似解决方法，它可以被用在监督学习中，见 7.3.1.1 节。因为它的性能好且具有可伸缩性，LSH 在工业界推荐系统的预处理阶段被用来分组相似用户。例如 LinkedIn 已经公开说明 LSH 被用在他们的用户推荐系统中[18]。

潜在狄利克雷分布(LDA)[20]可以被认为是一个常见的无监督聚类模型。与以上提到的模型不同的是，LDA 是混合类别模型，其中每个数据可以被分到多个类别。LDA 的一个典型应用是找到文档集合的话题。从这层意义上来说，LDA 非常依赖隐语义分析技术，像 SVD 这样的技术(见 7.2.3 节)。LDA 已经以各种方式用在了基于内容的推荐系统中。例如，Jin 等人利用 LDA 发现网页的话题，并实现了基于内容和协同过滤的混合推荐系统[58]。LDA 也是标签推荐系统的常用方法(见文献[62])。

最后介绍的算法，贝叶斯非参数模型是一个算法族。这种算法融合了像 LDA 这样混合类别模型的优点以及动态类别个数的聚类方法的灵活性。分层狄利克雷过程(HDP)和周期性中餐馆处理流程(RCRP)用来聚类文档和用户[3]。这些初期的研究成果保证并强调了以上方法被灵活用在推荐系统中。

7.4.2　关联规则挖掘

关联规则挖掘关注于规则的发现，其他能够根据事务中出现其他物品来预测出现某个物品。两个物品被发现相关只意味着共同出现，但是没有因果关系。注意不要将这种技术与在 7.3.1.3 节中提到的基于规则的分类混淆。

我们定义物品集为一个或多个物品的集合(例如(牛奶，啤酒，尿布))。k-物品集是包含 k 个物品的集合。给定物品的频繁度称为支持量(比如，(牛奶，啤酒，尿布) = 131)。并且物品集的支持度是包含它的事务的比例(例如，(牛奶，啤酒，尿布) = 0.12)。频繁物品集是支持度大于或等于最小支持度阈值的物品集。关联规则是公式 $X \Rightarrow Y$ 公式的表达式，其中 X 和 Y 是物品集(例如，牛奶，尿布 $\Rightarrow$ 啤酒)。在这个案例中，关联规则的支持度是同时拥有 X 和 Y 的事务的比例。另一方面，规则的置信度是 Y 中的物品有多经常出现在包含 X 的事务中。

给定一组事务集合 T，关联规则挖掘的目标是发现具有支持度≥最小支持度阈值以及置信度≥最小置信度阈值的所有规则。暴力法将会列出所有可能的关联规则，为每一个规则计算支持度和置信度，然后删除不满足两个条件的规则。但是，这样的计算开销太大。因此我们采用两步方法：1) 产生了所有支持度≥最小支持度的物品集(频繁项集生成)；2) 从每一频繁物品集中产生高置信规则(规则产生)。

有几个技术来优化频繁物品集的产生。在一个广泛的意义上，它们可以被分成：尝试最小化候选集数量(M)、降低事务量(N)、降低比较量数量(NM)。但是最常用的方法是使用先验规则降低候选数量。这个原则表明如果物品集是频繁的，那么所有的子集也是频繁的。支持度的衡量标准已经验证了这一点，因为一个物品集的支持度永远不会超过它子集的支持度。Apriori 算法是这个规则实际的实现。

给定一个频繁集 L，产生规则时的目的是发现所有满足最小的置信度需求的非空子集。如果 $|L| = k$，那么有 $2k - 2$ 条候选关联规则。因此，在生成频繁物品集时，需要找到高

效的方法生成规则。对于 Apriori 算法，我们能通过合并规则结果中共用相同前缀的两个规则来产生候选规则。

关联规则在发现模式和推动个性化市场营销方面的显著效果闻名已久了。但是，尽管这些方法和推荐系统的目标之间有明显的关联，但是它们还是没有成为主流。主要原因是这种方法类似于基于物品的 CF，但缺少灵活性，因为它需要事务这个明确的概念——事件共同出现在某个给定的会话中。在下一章中我们将举一些有意义的例子，其中一些表明关联规则仍有潜力。

Mobasher 等人[69]提出一种基于关联规则的个性化网页系统。他们的系统基于用户的导航模式，从共同出现的浏览页面来识别关联规则。他们在精确度和覆盖率指标方面优于基于 kNN 的推荐系统。Smyth 等人[87]提出给推荐系统使用关联规则的两种不同的研究案例。在第一种案例中，为了生成较好的物品—物品相似度指标，他们从用户属性中使用先验算法来抽离物品关联规则。在第二个案例中，他们应用关联规则到会话推荐中。这里的目标是发现共同发生的评论，比如用户通过一个推荐物品的特定特征表明偏好。Lin 等人[65]提出一种新的关联规则挖掘算法，为了获得一个合适的有意义规则数量，在挖掘期间调整规则的最小支持度，因此解决了先前像 Apriori 这样算法的某些缺陷。他们挖掘在用户之间和物品之间的关联规则。测量出的精确度优于基于相关度推荐的报告值，并且接近于更精巧的方法，如 SVD 和 ANN 的结合。

最后，如在 7.3.1.2 节中提到的那样，Cho 等人[28]在一个网页商店推荐系统中结合了决策树和关联规则挖掘。在他们的系统中，关联规则的导入是为了链接相关的物品集。然后通过链接用户偏好和关联规则来计算得出推荐结果。他们在不同的事务集中寻找关联规则，如商品、购物车、点击率。他们用启发式学习给每一个事务集中的规则附加权重。例如，商品关联规则权重大于点击关联规则。

7.5　总结

本章介绍了在设计推荐系统中可能用到的主要的数据挖掘方法和技术。我们也总结了在文献中提到的用法，提供了如何以及在哪用到它们的一些粗略指导。

我们从综述在预处理步骤可能用到的技术开始。首先，7.2.1 节回顾了如何选择合适的距离衡量指标。在后面的步骤中大部分的方法需要它。余弦相似度和皮尔逊相关系数是一般可接受最好的选择。然后，在 7.2.2 节回顾了最基础的抽样，其应用是为了选择原始大数据集的子集，或者划分训练和测试集。最后，我们讨论降维技术的使用，如在 7.2.3 节中主成分分析（PCA）和奇异值分解（SVD）作为一种方法来解决维度灾难问题。

在 7.3 节中，我们回顾了主要的分类方法：近邻、决策树、基于规则分类、贝叶斯网络、人工神经网络、支持向量机。我们看到，尽管 kNN（见 7.3.1.1 节）的 CF 是首选的方法，但是所有这些方法都可以应用在不同的场景中。决策树（见 7.3.1.2 节）可以用来导出基于物品内容的模型或者模拟系统的特殊部分。决策规则（见 7.3.1.3 节）可以从预先存在的决策树中推导出，或者被用来引入商业或领域知识。贝叶斯网络（见 7.3.1.4 节）是基于内容的推荐中一个流行的方法，但它也可以用来生成一个基于模型的协同过滤系统。类似的方法，人工神经网络能够用来导出基于模型的推荐，也可以用来结合/混合其他几种算法。最后，支持向量机（见 7.3.1.6 节）作为一种方法来推断出基于内容的分类或导出 CF 模型而流行。

对于推荐系统来说，选择合适的分类器并不容易，尤其是在一些感知判断任务和数据依赖的情况下。在 CF 的案例中，一些结果似乎表明，基于模型方法，使用诸如 SVM 或者贝叶斯网络，能够稍微提高标准 kNN 分类的性能。但是，这些结果不显著并且很难推广。在基于内容的推荐系统的例子中，有些证据表明，在一些例子中贝叶斯网络执行效果比简单方法(如决策树)要好。但是，更加复杂的非线性分类(如 ANN 或 SVM)执行效果是否更好还不是很清楚。

给特定的推荐任务选择合适分类器在今天仍有许多探索的地方。实际的经验规则是从最简单的方法做起，并且只有在性能的提升值得时才采用复杂方法。性能增益应该平衡不同的维度。在 7.3.3 节中，我们总结了几种评估分类器性能的方法。另外也介绍了如何合并不同的分类器到一个集成器中。我们在 7.3.2 中描述了集成的不同方法。

我们在 7.4.1 节中回顾了聚类算法。聚类在推荐系统中一般被用来提高性能。不管是在用户空间还是物品空间，较早进行聚类步骤都能减少随后要做的计算距离的操作数量。k-means(见 7.4.1.1 节)算法由于简单和相对有效，很难找到实用的替代者。我们在7.4.1.2 节中综述了其中一些算法，如分层聚类或消息传递算法。

最后，在 7.4.2 节中，我们描述了关联规则并总结了它们在推荐系统的使用。只要有一个显式或隐式的事务，关联规则就能为推荐物品提供直观的框架。尽管存在有效的算法来计算关联规则，而且已经被证明比标准 kNN 的 CF 准确率好，但是它们仍不是受青睐的方法。

在设计推荐系统中，选择正确的数据挖掘技术是一个复杂的任务，其一定受许多特殊问题约束。但是，我们希望本章中技术和经验的简短综述能够帮助读者做出更加合理的决定。除此之外，我们也发现了有待进一步提高的领域和令人兴奋的研究点，以及接下来有待研究的相关研究点。

参考文献

1. G. Adomavicius and A. Tuzhilin. Toward the next generation of recommender systems: A survey of the state-of-the-art and possible extensions. *IEEE Transactions on Knowledge and Data Engineering*, 17(6):734–749, 2005.
2. R. Agrawal and R. Srikant. Fast algorithms for mining association rules in large databases. In *Proceedings of the 20th International Conference on Very Large Data Bases*, 1994.
3. A. Ahmed and E. Xing. Scalable dynamic nonparametric bayesian models of content and users. In *Proceedings of the Twenty-Third International Joint Conference on Artificial Intelligence*, IJCAI'13, pages 3111–3115. AAAI Press, 2013.
4. X. Amatriain. Big & personal: data and models behind netflix recommendations. In *Proceedings of the 2nd International Workshop on Big Data, Streams and Heterogeneous Source Mining: Algorithms, Systems, Programming Models and Applications*, pages 1–6. ACM, 2013.
5. X. Amatriain. Mining large streams of user data for personalized recommendations. *ACM SIGKDD Explorations Newsletter*, 14(2):37–48, 2013.
6. X. Amatriain, N. Lathia, J. M. Pujol, H. Kwak, and N. Oliver. The wisdom of the few: A collaborative filtering approach based on expert opinions from the web. In *Proc. of SIGIR '09*, 2009.
7. X. Amatriain, J. M. Pujol, and N. Oliver. I like it. . . i like it not: Evaluating user ratings noise in recommender systems. In *UMAP '09*, 2009.
8. X. Amatriain, J. M. Pujol, N. Tintarev, and N. Oliver. Rate it again: Increasing recommendation accuracy by user re-rating. In *Recys '09*, 2009.
9. M. Anderson, M. Ball, H. Boley, S. Greene, N. Howse, D. Lemire, and S. McGrath. Racofi: A rule-applying collaborative filtering system. In *Proc. IEEE/WIC COLA'03*, 2003.
10. A. Andoni and P. Indyk. Near-optimal hashing algorithms for approximate nearest neighbor in high dimensions. *Commun. ACM*, 51(1):117–122, Jan. 2008.

11. B. D. Baets. Growing decision trees in an ordinal setting. *International Journal of Intelligent Systems*, 2003.

12. S. Balakrishnan and S. Chopra. Collaborative ranking. In *Proceedings of the fifth ACM international conference on Web search and data mining*, pages 143–152. ACM, 2012.

13. S. Banerjee and K. Ramanathan. Collaborative filtering on skewed datasets. In *Proc. of WWW '08*, 2008.

14. D. Barber. Bayesian Reasoning and Machine Learning. Cambridge University Press. 2012.

15. C. Basu, H. Hirsh, and W. Cohen. Recommendation as classification: Using social and content-based information in recommendation. In *In Proceedings of the Fifteenth National Conference on Artificial Intelligence*, pages 714–720. AAAI Press, 1998.

16. C. Basu, H. Hirsh, and W. Cohen. Recommendation as classification: Using social and content-based information in recommendation. In *AAAI Workshop on Recommender Systems*, 1998.

17. R. M. Bell, Y. Koren, and C. Volinsky. The bellkor solution to the netflix prize. Technical report, AT&T Labs – Research, 2007.

18. A. Bhasin. Beyond ratings and followers. In *Proceedings of the 6th ACM Conference on Recommender Systems*, RecSys '12, 2012.

19. C. M. Bishop. *Pattern Recognition and Machine Learning (Information Science and Statistics)*. Springer-Verlag New York, Inc., Secaucus, NJ, USA, 2006.

20. D. M. Blei, A. Y. Ng, and M. I. Jordan. Latent dirichlet allocation. *J. Mach. Learn. Res.*, 3:993–1022, Mar. 2003.

21. A. Bouza, G. Reif, A. Bernstein, and H. Gall. Semtree: ontology-based decision tree algorithm for recommender systems. In *International Semantic Web Conference*, 2008.

22. A. Bozzon, G. Prandi, G. Valenzise, and M. Tagliasacchi. A music recommendation system based on semantic audio segments similarity. In *Proceeding of Internet and Multimedia Systems and Applications - 2008*, 2008.

23. M. Brand. Fast online svd revisions for lightweight recommender systems. In *SIAM International Conference on Data Mining (SDM)*, 2003.

24. J. Breese, D. Heckerman, and C. Kadie. Empirical analysis of predictive algorithms for collaborative filtering. In *Proceedings of the Fourteenth Annual Conference on Uncertainty in Artificial Intelligence*, page 43–52, 1998.

25. L. Breiman. Random forests. *Machine learning*, 45(1):5–32, 2001.

26. R. Burke. Hybrid web recommender systems. pages 377–408. 2007.

27. W. Cheng, J. Hühn, and E. Hüllermeier. Decision tree and instance-based learning for label ranking. In *ICML '09: Proceedings of the 26th Annual International Conference on Machine Learning*, pages 161–168, New York, NY, USA, 2009. ACM.

28. Y. Cho, J. Kim, and S. Kim. A personalized recommender system based on web usage mining and decision tree induction. *Expert Systems with Applications*, 2002.

29. C. Christakou and A. Stafylopatis. A hybrid movie recommender system based on neural networks. In *ISDA '05: Proceedings of the 5th International Conference on Intelligent Systems Design and Applications*, pages 500–505, 2005.

30. W. Cohen. Fast effective rule induction. In *Machine Learning: Proceedings of the 12th International Conference*, 1995.

31. M. Connor and J. Herlocker. Clustering items for collaborative filtering. In *SIGIR Workshop on Recommender Systems*, 2001.

32. T. Cover and P. Hart. Nearest neighbor pattern classification. *Information Theory, IEEE Transactions on*, 13(1):21–27, 1967.

33. N. Cristianini and J. Shawe-Taylor. *An Introduction to Support Vector Machines and Other Kernel-based Learning Methods*. Cambridge University Press, March 2000.

34. S. Deerwester, S. T. Dumais, G. W. Furnas, L. T. K., and R. Harshman. Indexing by latent semantic analysis. *Journal of the American Society for Information Science*, 41, 1990.

35. M. Deshpande and G. Karypis. Item-based top-n recommendation algorithms. *ACM Trans. Inf. Syst.*, 22(1):143–177, 2004.

36. I. D. E. Montanés, J.-R. Quevedo and J. Ranilla. Collaborative tag recommendation system based on logistic regression. In *ECML PKDD Discovery Challenge 09*, 2009.

37. B. S. et al. Recommender systems for large-scale e-commerce: Scalable neighborhood formation using clustering. In *Proceedings of the Fifth International Conference on Computer and Information Technology*, 2002.

38. K. O. et al. Context-aware svm for context-dependent information recommendation. In *International Conference On Mobile Data Management*, 2006.

39. P. T. et al. *Introduction to Data Mining*. Addison Wesley, 2005.

40. S. G. et al. Tv content recommender system. In *AAAI/IAAI 2000*, 2000.

41. S. H. et al. Aimed- a personalized tv recommendation system. In *Interactive TV: a Shared Experience*, 2007.

42. T. B. et al. A trail based internet-domain recommender system using artificial neural networks. In *Proceedings of the Int. Conf. on Adaptive Hypermedia and Adaptive Web Based Systems*, 2002.

43. Y. Freund, R. Iyer, R. E. Schapire, and Y. Singer. An efficient boosting algorithm for combining preferences. *J. Mach. Learn. Res.*, 4:933–969, 2003.

44. B. J. Frey and D. Dueck. Clustering by passing messages between data points. *Science*, 307, 2007.

45. J. H. Friedman. Greedy function approximation: a gradient boosting machine. *Annals of Statistics*, pages 1189–1232, 2001.

46. N. Friedman, D. Geiger, and M. Goldszmidt. Bayesian network classifiers. *Mach. Learn.*, 29(2–3):131–163, 1997.

47. S. Funk. Netflix update: Try this at home, 2006.

48. R. Ghani and A. Fano. Building recommender systems using a knowledge base of product semantics. In *In 2nd International Conference on Adaptive Hypermedia and Adaptive Web Based Systems*, 2002.

49. N. Golbandi, Y. Koren, and R. Lempel. Adaptive bootstrapping of recommender systems using decision trees. In *Proceedings of the fourth ACM international conference on Web search and data mining*, pages 595–604. ACM, 2011.

50. K. Goldberg, T. Roeder, D. Gupta, and C. Perkins. Eigentaste: A constant time collaborative filtering algorithm. *Journal Information Retrieval*, 4(2):133–151, July 2001.

51. G. Golub and C. Reinsch. Singular value decomposition and least squares solutions. *Numerische Mathematik*, 14(5):403–420, April 1970.

52. E. Gose, R. Johnsonbaugh, and S. Jost. *Pattern Recognition and Image Analysis*. Prentice Hall, 1996.

53. S. Guha, R. Rastogi, and K. Shim. Rock: a robust clustering algorithm for categorical attributes. In *Proc. of the 15th Int'l Conf. On Data Eng.*, 1999.

54. J. A. Hartigan. *Clustering Algorithms (Probability & Mathematical Statistics)*. John Wiley & Sons Inc, 1975.

55. J. L. Herlocker, J. A. Konstan, L. G. Terveen, and J. T. Riedl. Evaluating collaborative filtering recommender systems. *ACM Trans. Inf. Syst.*, 22(1):5–53, 2004.

56. Z. Huang, D. Zeng, and H. Chen. A link analysis approach to recommendation under sparse data. In *Proceedings of AMCIS 2004*, 2004.

57. A. Isaksson, M. Wallman, H. Göransson, and M. G. Gustafsson. Cross-validation and bootstrapping are unreliable in small sample classification. *Pattern Recognition Letters*, 29:1960–1965, 2008.

58. X. Jin, Y. Zhou, and B. Mobasher. A maximum entropy web recommendation system: Combining collaborative and content features. In *Proceedings of the Eleventh ACM SIGKDD International Conference on Knowledge Discovery in Data Mining*, KDD '05, pages 612–617, New York, NY, USA, 2005. ACM.

59. I. T. Jolliffe. *Principal Component Analysis*. Springer, 2002.

60. H. Kang and S. Yoo. Svm and collaborative filtering-based prediction of user preference for digital fashion recommendation systems. *IEICE Transactions on Inf & Syst*, 2007.

61. Y. Koren. The bellkor solution to the netflix grand prize. *Netflix prize documentation*, 2009.

62. R. Krestel, P. Fankhauser, and W. Nejdl. Latent dirichlet allocation for tag recommendation. In *Proceedings of the third ACM conference on Recommender systems*, pages 61–68. ACM, 2009.

63. M. Kurucz, A. A. Benczur, and K. Csalogany. Methods for large scale svd with missing values. In *Proceedings of KDD Cup and Workshop 2007*, 2007.

64. N. Lathia, S. Hailes, and L. Capra. The effect of correlation coefficients on communities of recommenders. In *SAC '08: Proceedings of the 2008 ACM symposium on Applied computing*, pages 2000–2005, New York, NY, USA, 2008. ACM.

65. W. Lin and S. Alvarez. Efficient adaptive-support association rule mining for recommender systems. *Data Mining and Knowledge Discovery Journal*, 6(1), 2004.

66. M. R. McLaughlin and J. L. Herlocker. A collaborative filtering algorithm and evaluation metric that accurately model the user experience. In *Proc. of SIGIR '04*, 2004.

67. S. M. McNee, J. Riedl, and J. A. Konstan. Being accurate is not enough: how accuracy metrics have hurt recommender systems. In *CHI '06: CHI '06 extended abstracts on Human factors in computing systems*, pages 1097–1101, New York, NY, USA, 2006. ACM Press.

68. K. Miyahara and M. J. Pazzani. Collaborative filtering with the simple bayesian classifier. In

Pacific Rim International Conference on Artificial Intelligence, 2000.

69. B. Mobasher, H. Dai, T. Luo, and M. Nakagawa. Effective personalization based on association rule discovery from web usage data. In *Workshop On Web Information And Data Management, WIDM '01*, 2001.

70. K. P. Murphy. *Machine Learning: A Probabilistic Perspective*. The MIT Press, 2012.

71. D. Nikovski and V. Kulev. Induction of compact decision trees for personalized recommendation. In *SAC '06: Proceedings of the 2006 ACM symposium on Applied computing*, pages 575–581, New York, NY, USA, 2006. ACM.

72. M. P. O'mahony. Detecting noise in recommender system databases. In *In Proceedings of the International Conference on Intelligent User Interfaces (IUI'06), 29th–1st*, pages 109–115. ACM Press, 2006.

73. D. Parra, A. Karatzoglou, X. Amatriain, and I. Yavuz. Implicit feedback recommendation via implicit-to-explicit ordinal logistic regression mapping. 2011.

74. A. Paterek. Improving regularized singular value decomposition for collaborative filtering. In *Proceedings of KDD Cup and Workshop 2007*, 2007.

75. M. J. Pazzani. A framework for collaborative, content-based and demographic filtering. *Artificial Intelligence Review*, 13:393–408, 1999.

76. M. J. Pazzani and D. Billsus. Learning and revising user profiles: The identification of interesting web sites. *Machine Learning*, 27(3):313–331, 1997.

77. V. Pronk, W. Verhaegh, A. Proidl, and M. Tiemann. Incorporating user control into recommender systems based on naive bayesian classification. In *RecSys '07: Proceedings of the 2007 ACM conference on Recommender systems*, pages 73–80, 2007.

78. D. Pyle. *Data Preparation for Data Mining*. Morgan Kaufmann, second edition, 1999.

79. B. K. Q. Li. Clustering approach for hybrid recommender system. In *Web Intelligence 03*, 2003.

80. J. R. Quinlan. Induction of decision trees. *Machine Learning*, 1(1):81–106, March 1986.

81. T. T. R. Zhang and Y. Mao. Recommender systems from words of few mouths. In *Proceedings of IJCAI 11*, 2011.

82. J. F. S. Zhang, Y. Ouyang and F. Makedon. Analysis of a low-dimensional linear model under recommendation attacks. In *Proc. of SIGIR '06*, 2006.

83. R. Salakhutdinov, A. Mnih, and G. E. Hinton. Restricted Boltzmann machines for collaborative filtering. In *Proc of ICML '07*, New York, NY, USA, 2007. ACM.

84. B. Sarwar, G. Karypis, J. Konstan, and J. Riedl. Incremental svd-based algorithms for highly scalable recommender systems. In *5th International Conference on Computer and Information Technology (ICCIT)*, 2002.

85. B. M. Sarwar, G. Karypis, J. A. Konstan, and J. T. Riedl. Application of dimensionality reduction in recommender systems—a case study. In *ACM WebKDD Workshop*, 2000.

86. A. Schclar, A. Tsikinovsky, L. Rokach, A. Meisels, and L. Antwarg. Ensemble methods for improving the performance of neighborhood-based collaborative filtering. In *RecSys '09: Proceedings of the third ACM conference on Recommender systems*, pages 261–264, New York, NY, USA, 2009. ACM.

87. B. Smyth, K. McCarthy, J. Reilly, D. O'Sullivan, L. McGinty, and D. Wilson. Case studies in association rule mining for recommender systems. In *Proc. of International Conference on Artificial Intelligence (ICAI '05)*, 2005.

88. E. Spertus, M. Sahami, and O. Buyukkokten. Evaluating similarity measures: A large-scale study in the orkut social network. In *Proceedings of the 2005 International Conference on Knowledge Discovery and Data Mining (KDD-05)*, 2005.

89. Y. W. Teh, M. I. Jordan, M. J. Beal, and D. M. Blei. Hierarchical dirichlet processes. *Journal of the American Statistical Association*, 101, 2004.

90. M. Tiemann and S. Pauws. Towards ensemble learning for hybrid music recommendation. In *RecSys '07: Proceedings of the 2007 ACM conference on Recommender systems*, pages 177–178, New York, NY, USA, 2007. ACM.

91. A. Toescher, M. Jahrer, and R. Legenstein. Improved neighborhood-based algorithms for large-scale recommender systems. In *In KDD-Cup and Workshop 08*, 2008.

92. L. H. Ungar and D. P. Foster. Clustering methods for collaborative filtering. In *Proceedings of the Workshop on Recommendation Systems*, 2000.

93. I. H. Witten and E. Frank. *Data Mining: Practical Machine Learning Tools and Techniques*. Morgan Kaufmann, second edition, 2005.

94. M. Wu. Collaborative filtering via ensembles of matrix factorizations. In *Proceedings of KDD Cup and Workshop 2007*, 2007.

95. Z. Xia, Y. Dong, and G. Xing. Support vector machines for collaborative filtering. In *ACM-*

SE 44: Proceedings of the 44th annual Southeast regional conference, pages 169–174, New York, NY, USA, 2006. ACM.

96. J. Xu and K. Araki. A svm-based personal recommendation system for tv programs. In *Multi-Media Modelling Conference Proceedings*, 2006.

97. G.-R. Xue, C. Lin, Q. Yang, W. Xi, H.-J. Zeng, Y. Yu, and Z. Chen. Scalable collaborative filtering using cluster-based smoothing. In *Proceedings of the 2005 SIGIR*, 2005.

98. K. Yu, V. Tresp, and S. Yu. A nonparametric hierarchical bayesian framework for information filtering. In *SIGIR '04*, 2004.

99. Y. Zhang and J. Koren. Efficient bayesian hierarchical user modeling for recommendation system. In *SIGIR 07*, 2007.

100. C.-N. Ziegler, S. M. McNee, J. A. Konstan, and G. Lausen. Improving recommendation lists through topic diversification. In *Proc. of WWW '05*, 2005.

101. J. Zurada. *Introduction to artificial neural systems*. West Publishing Co., St. Paul, MN, USA, 1992.

第二部分

Recommender Systems Handbook，Second Edition

推荐系统评估

第8章

Recommender Systems Handbook, Second Edition

推荐系统的评估

Asela Gunawardana 和 Guy Shani

8.1 简介

当今许多商业应用中都已经使用了推荐系统，这些应用为用户展示大量的物品。推荐系统通常会为用户提供一个他们可能喜欢的物品推荐列表，或者预测用户对某个物品的喜好程度。同时帮助用户决定哪些物品更加适合自己，从而减轻了用户从海量的物品集中查找自己喜欢的物品所花费的时间。

例如，DVD 租赁商 Netflix [⊖] 通过提供在线电影的预测评分来帮助用户决定租赁哪部电影。在线图书零售商亚马逊[⊖]不仅提供了在线图书的平均用户评分，而且向用户提供了购买过某本特定书籍的用户还购买其他书籍的列表。微软公司为用户提供了许多免费下载，例如 bug 修复、产品等。当用户下载某个软件时，系统会提供一个补充软件列表一起下载。尽管这些系统提供的服务不同，但它们通常都被称为推荐系统。

在过去的十多年里，推荐系统领域已经有了大量的研究，大部分研究专注于设计新的推荐算法。一个应用程序设计者若想为应用添加推荐服务，那么他有各式各样的算法可以使用，但必须选择最适合自己应用程序的算法。对算法的选择通常是基于对比多个推荐算法性能的实验来实现的。然后在特定的约束条件下，如类型、实时性、有效数据的可靠性、可用内存以及 CPU 使用率，设计者可选出性能表现最好的算法。此外，大部分提出新算法的研究人员都会将自己的新算法与现有的一系列算法进行对比。现实中，通常使用一些评价指标对候选算法进行排名(通常为数值得分)和评估。

最初，大多数推荐系统基于准确率(准确预测用户选择的能力)进行评估和排名。然而，现在人们普遍认为准确率固然重要，但还不足够部署一个好的推荐系统。在许多应用中，人们使用推荐系统不仅仅是为了预测用户品味的准确率，同时用户可能对发现新物品、迅速发掘多样性物品、隐私保护、系统响应速度以及其他更多推荐引擎的属性感兴趣。所以有必要了解在具体应用中哪些属性可能对推荐系统产生影响，然后才能评估系统在这些相关属性上的运行性能。

本章仔细研究了推荐系统的评估过程，讨论了三种不同类型的实验：离线实验、用户调查、在线实验。

通常离线实验实施起来最为简单，该实验使用现有的数据和通过对用户行为建模来评估推荐系统性能，例如，预测精度。代价较高的选择是用户调查，小组用户被要求使用系统完成一系列任务，通常事后需要回答一些关于用户体验的问题。最后，我们可在已经部署的系统上进

⊖ www. Netflix. com.

⊖ www. amazon. com.

A. Gunawardana, Microsoft Research, One Microsoft Way, Redmond, WA 98052, USA, e-mail: aselag@ microsoft. com.

G. Shani, Information Systems Engineering, Ben Gurion University, Beer Sheva, Israel, e-mail: shanigu@ bgu. ac. il.

翻译：吴 宾 审核：李 鑫

行大规模实验,称为在线实验。在线实验通常选择在一些真实用户上进行推荐系统性能的评估。本章讨论了每种实验中可以评估的部分以及不可以评估的部分。

我们有时可以评估推荐系统完成总体目标的情况。例如,可在电子商务网站使用和没有使用推荐系统的情况下对比其收入,然后估算推荐系统对该网站的价值。在其他情况下,评估推荐系统在某些特定的属性上表现如何也是非常有用的,这使得我们可以专注于改善算法在那些表现欠佳的属性上。首先,必须清楚该属性确实与用户密切相关且影响着用户的体验。然后,才可以设计具体的算法来改善这些属性。在改善某个属性时,有可能会降低其他属性的质量,我们应该在各属性间寻找平衡点。在许多场景中,很难说这些平衡是如何影响系统整体性能的,此时不得不进行额外的实验来验证或者直接考虑领域专家的观点。

本章重点在于研究推荐算法面向属性的评估。本章对可能影响推荐系统成败的属性进行了详细的阐述,并解释了如何使用这些属性对候选推荐进行排序。对每个属性我们进行三种相关实验:离线实验、用户调查、在线实验,并解释在每种场景下是如何进行评估的。同时还解释了在评估每个属性时遇到的困难并强调了各自的缺陷。假设较好地处理某个属性能够改善用户体验,对于所有属性本章专注于该属性上的推荐排名。

本章还回顾了已有评估推荐系统的建议,这些建议描述了许多流行的方法,并把这些方法用在评估属性的上下文中。本章尤其关注被广泛研究的准确性和排序的评估,并描述了与这些属性相关的大量评价指标。对于那些研究较少的属性,本章提供了方法的来源,并在合适的位置提供了这些方法具体实现的例子。

本章接下来的结构如下:8.2 节将讨论可以评估推荐系统的不同实验设置以及对离线实验、用户调查和在线实验的适当使用,同时还概括了基于这些实验做出可靠决定所需考虑的问题,包括泛化能力和结果的统计显著性。8.3 节阐述了可能影响推荐系统性能的一些属性,以及这些属性相关的评价指标。最后,8.4 节对全章进行总结。

8.2 实验设置

本节将介绍对推荐算法进行对比的三个实验阶段。以下的讨论借鉴了相关领域评估方案的信息,比如机器学习、信息检索,并强调了与推荐系统相关的实践。详细内容读者可参阅相关领域的文献[17,61,75]。

本节首先介绍离线实验设置,通常离线实验最容易执行,因为它不需要与真实用户交互。其次介绍用户调查实验,让一组受试对象在受控环境下使用系统,然后做出体验报告。在该实验阶段,我们能得出有关该系统定量和定性的信息,但是在该实验设计阶段一定要综合考虑各式各样的偏差。最终,也许最可靠的实验验证是真实用户在不知情的情况下使用该系统。虽然在该实验过程中只能收集到某几种数据,但该实验设置是最贴近现实世界的。

在所有实验场景中,遵循如下实验研究的基本规则是很重要的:

- **假设**:在执行实验之前,必须先给出一个假设。假设一般要求简洁且有限定条件,并且能够通过实验来验证该假设也是十分重要的。例如,假设算法 A 预测用户评分比算法 B 预测的更好,在该情况下,就应该测试预测精度而不是其他因素。在推荐系统研究中还有一些其他的假设,如在某数据集上算法 A 的扩展性要好于 B,系统 A 比系统 B 能获得更多用户的信任,界面 A 比界面 B 更能获得用户的偏爱。

- **控制变量**:当基于某个假设来对比候选算法时,将所有不被测试的变量设为固定值是有必要的。例如,在一个电影推荐系统中,推荐算法从算法 A 切换到算法 B,与此同时用户观看电影的数目是一直增加的。在这种情形下,我们无法辨别是由于推荐算法的切换使得用户浏览电影数目增加,还是由于其变量的改变使得用户观看电影数目增加。相反，如果我们随机分配一些用户分别使用算法 A 和算法 B，如果使用算法 A 的用户观看电影的数目多于使用算法 B 的用户观看电影的数目，由此我们可以很确信地得出：观看电影数目的增加是由算法 A 导致的。

- **泛化能力**：由实验得出结论时，我们通常希望得出的结论具有超越语境相关的泛化性。在为一个真实应用选择算法时，可能希望我们的结论能继续保留已部署的系统，并且结论的泛化性能超越实验相关的数据集。相似地，在实现新算法时，同样希望结论能继续保持且超越特定应用的范围或实验中所用的数据集。为了提高结论具有泛化性的可能性，通常必须在几个数据集或应用上进行实验。现实应用中，理解实验中所使用的各类数据集的属性是十分重要的。总之，使用的数据越多样化，结果就越具有泛化性。

8.2.1 离线实验

离线实验中，首先收集用户的历史行为信息数据集，然后将其用于模拟用户与推荐系统的交互行为。在这种情况下，假定用户行为在收集数据阶段与部署推荐系统之后保持足够的相似性，以便于我们能够基于模拟做出可靠的决策。离线实验最吸引人之处在于，它不需要真实用户的参与，这样可满足在低成本的情况下比较大量的算法。离线实验的不足之处是能够回答问题的范围较小，其中最具代表性的是关于算法预测能力的问题。特别是我们必须假定与系统交互的用户行为已在系统部署之前的用户行为上进行了合适的模拟，这包括对推荐系统的选择。因此，不能在此阶段直接评估推荐系统对用户行为的影响。

因此，离线实验的目的是为了过滤不合适的算法，同时帮助成本比较大的用户调查或在线实验提供相对较小的算法候选集进行测试。在此过程中一个典型的例子是离线实验阶段推荐算法参数的调优，以使得在接下来的实验阶段，算法提前具有较优的参数。

8.2.1.1 用于离线实验的数据集

由于离线实验的目的是过滤算法，那么离线评估所使用的数据应该与设计者期望推荐系统在线部署后所面临的数据尽可能的相似。在确保所选的用户、物品和评分的分布不存在偏置时必须十分谨慎。例如，当数据由现有的推荐系统（或者一个没有推荐功能的系统）中获得时，实验者为了降低实验成本，通过剔除交互数目较少的物品或用户来对数据进行预过滤。照此操作，实验者应该注意到这涉及一个权衡的问题，因为上述过滤操作导致数据中引入了系统性偏差。如需减少实验所使用的数据量，对用户和物品进行随机采样是减少数据的一个较为理想的方法，但该操作也可能将其他偏差引入实验（例如，这可能对较好处理稀疏数据的算法更有利）。在已知数据偏差时可通过重新加权数据等技术来修正，但修正数据中的偏差往往是件非常困难的事情。

另一个引起偏差的原因可能是数据集本身。例如，有些用户更愿意给自己有强烈观点（如非常喜欢或厌恶）的物品打分，有些用户提供的打分可能远多于其他用户。此外，用户趋向对他们喜欢的物品打分。例如，某人如果不喜欢恐怖电影，那么未来他将不会观看和租赁这类电影，也不会对这类电影给出评分。因此，有显式评分的物品集可能评分数据自身都具有偏差。这通常被称为非随机缺失假设[47]。对测试数据进行重新取样或重新加权[70,71]的技术可在一定程度上修正这些偏差。

8.2.1.2 模拟用户行为

为了离线评估算法，必须模拟系统预测与推荐、用户修正预测和使用推荐的在线过程。该过程通过记录用户的历史交互信息来获得数据，然后隐去某些交互来模拟用户是如何对一个物品打分的，或模拟用户会点击哪些推荐物品。现实中有很多方法可用来隐去被选择的评分或物品。在这些方法中进行选择时比较可取的做法是尽可能地模拟实际目标。但在现实的许多场景中，我们受到评估方法的计算成本限制，而且要求所选择的方法能够在大型数据集上进行实验，因此经常需要做出妥协。

在理想的情况下，假设系统在收集数据时一直是运行的，如果能够收集用户选择物品时的时间戳，那么就可以模拟推荐系统的预测过程[11]。在系统刚开始时，面临着没有可用的先验数据来进行预测，可以通过用户与物品交互的时间顺序和步骤去尝试预测每一个选择，并使得该预测可用于将来的预测中。对于大型数据集，一个简单的做法是随机抽样，对用户操作之前的时间进行抽样，在用户操作之后隐去用户的所有选择，然后尝试推荐物品给该用户。但该设置需要改变每个推荐的信息先验集，且进行这种改变的开销是相当昂贵的。

一个代价较小的做法之一是对测试用户进行抽样，然后抽样某段独立的测试时间，在抽样的测试时间之后对每个测试用户隐去所有物品。推荐系统的构建伴随着测试时间，然后在进行推荐时不考虑测试时间后产生的新数据，这些过程模拟了推荐系统的一个情景。另一个做法是对每个测试用户抽样一个测试时间，测试时间之后隐去测试用户交互的物品，注意上述做法不同的是这里无须每个用户保持测试时间的一致性。这种做法实际上假设用户对物品选择的顺序比较重要，而不是与做出选择时的绝对时间相关。最后一个做法是忽略时间。直接先抽样一组测试用户，然后设定每个用户 a 需要隐去的物品数目为 n_a，最后抽样 n_a 个需要隐去的物品。这种做法假设用户做出选择时的时间因素不重要。如果用户与系统交互的时间戳是未知的，只能强行认为这种假设成立。这三种做法都是将数据分为训练数据和测试数据。在具体的约束下，我们可以为该领域和有兴趣的任务选择一个最合适而不是最简易的做法。

在许多研究文献中常见的做法是使用固定数目的已知物品以及每个测试用户的固定数目的隐去物品（所谓的"给定 n"或者"除去 n"个之外所有的做法）。在实验中，该设置对于分析和鉴别算法在何种情况下表现较好是非常有用的。然而，当决定在应用程序中使用某种推荐算法时，有必要考虑已经恰好评分过 n 个物品的用户或预计将对 n 个物品打分的用户是否真的对当前呈现的推荐结果感兴趣。如果事实并非如此，那么上述设置下推荐算法所生成的结果具有偏差，使得在线算法做出预测时是不可靠的，因此上述设置应该被避免。

8.2.1.3　更复杂的用户建模

上述所讨论的所有做法对用户的行为产生都有一些前提假设，这些行为可看作某些特定应用程序的用户建模。尽管上节已经讨论较为简单的用户建模，但有时需要更复杂的用户行为建模[46]。采用高级的用户模型系统可更准确地模拟用户与系统的交互行为，从而减少昂贵的用户调查和在线实验的开销。然而在设计用户模型时必须谨慎：其一，用户建模是一个十分困难的任务，在这方面业界有大量的研究（如文献[19]）；其二，当用户建模不够准确时，我们可能在优化一个与实际系统性能毫不相关的虚拟系统。尽管设计一个使用复杂用户模型的算法生成推荐结果是合理的，但对使用如此复杂且难以验证的用户模型时需要谨慎地信任验证算法的实验。

8.2.2　用户调查

许多推荐方法依赖于用户与系统的交互（参见第 5、10、18 和 24 章）。模拟一个可靠的用户与系统交互其实很难做到，因此离线测试很难被执行。为了对推荐系统给出合理的评估，那么必须收集真实用户与系统的交互数据。一旦离线测试是可行的，真实用户与系统的交互还可以提供关于推荐系统性能的其他信息。在这种情况下，通常会进行用户调查。

本书提供了推荐系统评估中用户调查原理的详细总结，有兴趣的读者可以在第 9 章进一步学习。

用户调查需要招聘一组受试对象，并要求他们执行一些需要与系统进行交互的任务。在受试对象执行任务时，可以观察并记录他们的行为，收集大量的量化数据。例如，完成了任务的哪些部分，任务结果的准确性，或者执行任务的时间，等等。在任务完成之前、期间、之后的情况下，可以向受试对象提出许多定性问题。这些问题可以帮助收集一些不显而易见的数据，例如，受试对象是否喜欢用户界面，或用户觉得完成任务是否轻松。

一个典型的实验例子是测试推荐算法对新闻故事浏览行为的影响。在该例子中，受试对象阅读一组他们感兴趣的故事，这些故事可能包含相关的推荐也可能不包含。然后确认推荐是否被使用，有推荐和无推荐时用户阅读的故事是否相同。我们还可以收集这些数据，如某个推荐的点击次数，甚至在某些情况下追踪眼球运动来观察受试对象是否看过该推荐。最后，可以提出一些定性问题，如受试对象是否认为这些推荐是相关的[30,32]。

当然，在其他领域用户调查可能是核心工具，因此在用户调查的合理设计方面有很多文献。该章仅概述了通过用户调查评估推荐系统时应该考虑的基本条件，感兴趣的读者可以在其他章节找到更深入的讨论(如文献[7])。

8.2.2.1 优点和缺点

用户调查或许能回答上述研究中的三个实验做法的大部分问题。不同于离线实验，用户调查允许用户与系统交互时测试用户的行为，以及检验推荐对用户行为的影响。在离线情况下的用户调查实验中，通常需假设如"给定相关的推荐，用户很可能会使用"。同样，这是唯一一种允许收集定性数据的做法，这对于解释量化结果是至关重要的。与此同时，由于可以直接监视用户执行任务，通常可以在该设置下收集大量的量化评估结果。

然而，用户调查也有一些缺陷。首先，用户调查执行代价昂贵[39]；不仅需要招募大量的受试对象而且要求他们要执行足够量的任务。若受试对象是志愿者，则需花费大量的时间；若受试对象是付费雇佣的，则费用开销很大。因此，用户调查通常必须限制在一组受试对象和一组相对较小的任务集，而且它不能测试所有可能的情况。此外，为使得结果更具可靠性，每种情况均需重复多次，这更加限制了不同任务的可测试范围。

由于用户调查实验花费较为昂贵，我们应该在尽可能低的粒度下收集尽可能多的用户交互数据。这允许我们未来可以详细地研究实验结果，分析实验之前不明显的条件。该标准可以帮助我们减少因收集忽略的评测而需要进行的连续实验。

此外，为了避免实验失败，如由于某些用户行为导致程序出错，研究人员通常会进行试验性的用户调查。这种试验性的用户调查通常是小型实验，它不是为了收集统计数据，而是为了测试系统漏洞和故障所进行的实验。在某些情况下，这些试验型的研究结果可用来改善推荐的体验，但它的结果将成为"污点"，因此在最终用户调查进行评估算法时不应使用该结果。

另一个重要的考虑是受试对象必须尽可能贴近真实系统的用户群。例如，如果系统是为推荐电影而设计，那么在狂热电影迷上的研究结论或许并不能代表大多数人。当研究的参与者是上述的志愿者时，那么用户调查存在的问题将一直存在。在这种情况下，如果某些用户对应用更感兴趣，那么他们更易成为志愿者。

然而，即使受试对象能够代表真正的用户群，结果依然可能有偏差，因为他们可能被告知在参加一个实验。例如，众所周知付费的受试对象会倾向于尝试迎合执行实验的人或公司[60]。如果受试对象知道要测试的假设，他们可能会下意识地提供支持该假设的证据。为了调节这一点，在收集数据之前最好不要向参与者透露实验的目的。当受试对象的报酬根据他们选择的项目采取完全或部分补贴时，会出现其他微妙的效果。在系统最终用户补贴不同的情况下，数据也可能出现偏差，而且即便参与者被全价支付，他们的选择和偏好可能依然不同。遗憾的是，避免偏差的出现是件非常困难的事情。

8.2.2.2 受试对象间与受试对象内

由于用户调查需对比多个候选方法，每个候选方法必须在相同任务上进行测试。为测试所有候选方法，通常可以在受试对象间比较候选方法，将每个受试对象分配到一个候选方法进行实验，或者在受试对象内比较候选方法，每个受试对象在不同的任务上测试一组候选方法[24]。

通常受试对象内实验具有更多的信息，因为在候选方法之间进行有偏差的用户分割不能说明一个方法的优越性。在该设置中可能会提出关于不同候选方法的对比问题，比如受试对象更喜欢哪个候选方法。然而，这类受试用户更能意识到实验的存在，使得隐去候选方法之间的不同更加困难。

受试对象间实验，也称为 A – B 测试（All Between），提供的设置更贴近真实系统，因为每个用户实验都有一个单独的系统。这样的实验也可以测试系统的长期效果，因为用户无须更换系统。因此我们可以检验用户是如何适应系统的，然后估计一个专业的学习曲线。其缺点在于，当运行受试对象间实验时，通常需要更多的数据以达到显著性结果。同样，受试对象间实验需要更多的用户以及针对每个用户更多的交互时间，随之造成的是受试对象间实验需要花费更多的费用。

8.2.2.3　变量影响的消除

正如上文所述，控制不进行特殊测试的变量是十分重要的。然而，当几个候选方法的输出显示给受试对象时，正如受试对象内实验一样，我们必须抵消几个变量对实验的影响。

为受试对象显示结果时，可以顺序显示，也可以混合显示。两种情况中均有某些偏差需要校正[1]。将结果顺序显示时，之前看到的结果会影响用户对现在结果的看法。例如，如果显示在之前的结果不合适，那么后面显示的结果可能要比实际的好。在展示两组结果时，由于显示位置不同也可能产生某些偏差。例如，来自许多文化背景的用户趋向于从左至右从上到下地查看结果。因此，用户可能优先看到显示在上面的结果。

校正这些未测试变量的一个常用方法是拉丁方[7]过程。该程序每次将各种结果的排序或位置随机化，从而消除了由未测试变量带来的偏差。

8.2.2.4　调查问卷

用户调查允许实验者使用强大的调查问卷工具（如文献[58]）。在受试对象执行任务之前、期间和之后都可向他们提出一些体验问题。这些问题可以提供一些很难评估的属性信息，如受试对象的心理状态，或者受试对象是否喜欢该系统。

这些问题在提供有价值信息的同时也会提供误导信息。提出不需要"正确"答案的中立问题是十分重要的。受试对象的回答也可能不真实，比如他们认为答案是隐私的，或者他们认为真实的答案会让他们处在一个不讨人喜欢的处境。

其实，在其他领域有大量关于调查问卷编写艺术的研究，详细内容读者可以参考相关文献（如[56]）。

8.2.3　在线评估

在许多实际推荐应用程序中，系统设计者希望可以影响用户的行为。因此我们对评测用户与不同推荐系统互动时的行为变化感兴趣。例如，如果一个系统的用户更经常地遵循推荐结果，或者如果在同等条件下从一个系统用户收集到的可用性超过从另一个系统用户收集的可用性，那么可以认为一个系统优于另一个系统。

推荐系统的实际效果取决于诸多因素，例如，用户的意图（如用户需要多么具体的信息）；用户的个性（第 21 章），如新颖性与风险性；用户上下文，如用户已经熟悉哪些物品、他们有多么信任该系统（第 6 章）；以及推荐结果展示的界面。

因此，只有在线评估的实验才能为系统提供强有力证据和真实的价值，评估期间真实用户需使用系统执行真实的任务。为了获取不同算法的排名而非难以解释的绝对数值，对比若干个在线系统是有必要的。

出于上述考虑，许多实际系统采用能够对比多个算法的在线测试系统[40]。通常，这些系统将一小部分任务重定向到不同的推荐工程，然后记录用户与不同系统之间的交互。

进行上述测试时必须考虑几点因素。例如，对用户随机抽样是十分重要的，只有这样做法的对比才公平。选出不同方面的推荐同样重要。例如，如果我们关心的是算法的准确度，那么用户界面保持一致是十分重要的。相反如果把重点放在更友好的用户界面上，那么底层算法应保持一致。

在某些情况下，进行在线实验是有风险的。例如，一个提供不相关推荐的测试系统会使得受试用户不再使用该系统。因此，在线实验对系统可能会有负面影响，这或许是商业应用程序无法接受的。

出于上述原因，在线评估测试需候选方法是合理的，且最好在大量离线研究或评测用户对系统的态度调查之后运行。该循序渐进的过程可以减少引起用户严重不满的风险。

在线评估的独特之处在于允许对系统目标（如长期利润和用户留存），进行直接评测。因此，它可用于推断系统属性是如何影响整体目标的，如推荐准确性、多样性，还可以用来理解属性之间的平衡。然而，将这些不同的属性独立通常很难做到，再加上在线对比算法的性能代价比较昂贵，很难对属性之间的关系给出一个全面完整的解释。

8.2.4 得出可靠结论

在任何类型的实验中，我们有足够信心认为对于所选择的候选推荐在面临系统将来的未知数据时仍是一个好的选择，这是十分重要的。如上节所述，为了较好地模拟在线评估，应该谨慎选择离线实验的数据和用户调查中的受试对象。尽管如此，仍无法避免如下的情况：某个算法在一个测试集表现最好，有可能是因为实验数据恰巧适合该算法。为减少这种统计差错出现的可能性，必须对结果进行显著性检验。

8.2.4.1 置信度和 p 值

显著性检验的结果是一个显著性水平或 p 值——因偶然因素而获得结果的可能性。在实际中，为了评估该可能性通常选择一个显著性检验（详细如下）去匹配当前所处的情境。每个显著性检验都假设一个可能有生成结果的潜在随机机制，这被称为零假设。通常，我们拒绝零假设，即如果 p 值超过某一阈值，那么算法 A 并不比算法 B 好。选择性地测试应该能给出在零假设下生成的结果与我们正在测试的结果同样好的可能性，该可能性称为 p 值。如果 p 值低于某个阈值，可以确信零假设是非真的，并且确信所得到的结果是有意义的。通常选择 $p = 0.05$ 作为阈值，即置信度小于95%。更严格的显著性水平（如0.01或更低）可被用于做出错误选择时需要付出代价较高的情况下。然而显著性检验仅提供了零假设不可能为真，它并不能保证实验结果不是由某些机制随机生成的。因此，为了更加确信所做出的决定有意义，通常需要谨慎选择一个测试，该测试具有适合当前情境且较强的零假设。下文将讨论如何做出决定，更加详细的描述可参考文献[4]。

8.2.4.2 配对结果

为了将显著性实验用于验证算法 A 确实优于算法 B，通常需要使用多个独立实验的结果来对比算法 A 和 B。因此，通常不必得出与系统对比的集成结果，而是需要多个独立的置信度测试实验结果。事实上，本章在8.2.1.2节曾提到的生成测试数据的方案能够得出上述的一组结果。假设测试用户从某部分用户中独立抽取得到，在每个测试用户上执行的算法所得出的性能指标可以为我们提供所需要的独立对比结果。然而，对多物品推荐或预测被用于相同的用户时，每个物品的性能指标结果是不可能独立的。因此，对单用户进行算法比较更为合适。

如果对于算法 A 和 B 需要进行配对的单用户性能测试，有一个简单的显著性检验，即符号测试[17,45]。为了使用符号测试，我们需要在算法 A 和 B 下分别为每个用户计算一个得分（如用于评价系统精度的 RMSE）。符号测试除了需要用户是独立的和考虑算法 A 优于算法 B 的次数之外无须其他任何假设。这里零假设通过抛硬币来表示算法 A 是否优于算法 B 或反之。因此，如果对一个绝对优的算法感兴趣，如在 RMSE 评判指标下 A 严格地好于 B，符号测试可以选择 A 优于 B 的次数 n_A（如 A 比 B 可以获得更低 RMSE 的次数），这时不应该增加计数 n_A；如果对于 A 应该不差于 B 感兴趣，这时应该增加计数 n_A。

令 n 是进行预测的 J 中的用户数。零假设即 A 优胜 B 或反之都是由掷硬币决定的。在两个系统等同的零假设下，我们可以通过式(8.1)计算出观察到系统 A 得分优于系统 B 至少 n_A 次的概率：

$$p = (0.5)^n \sum_{i=n_A}^{n} \frac{n!}{i!(n-i)!} \qquad (8.1)$$

当 p 值低于预定义的值（常用的为 0.05）时，可以认为两个系统具有相同性能的零假设被拒绝。

符号测试因其简单性以及对分布无要求而使得它成为一个极具吸引力的选择。当 $n_A + n_B$ 很大时，我们可以通过正态分布利用大样本理论的优势来近似式(8.1)。然而，在强大的现代计算机条件下这种做法通常是不必要的。一些作者（如文献[61]）使用名词二项比例的检验（McNemar's test）（与 χ^2 检验的使用相类似）来表示双边符号测试。

但需注意的是，有时即使算法 B 的平均性能优于算法 A 的平均性能，符号测试依然可能会显示算法 A 优于算法 B 的概率很高。这种情况一般发生在算法 B 偶尔地会完胜算法 A。由于只测试了一个系统优于另一个系统的概率，而没有考虑幅度的不同，因此造成了结果的不一致。

符号测试还可用于了解一个系统优于另一个系统的概率有多少的情况。例如，假设系统 A 比系统 B 资源更加密集，而且只有在优于系统 B 一定量时才值得部署。可以将符号测试中的"成功"定义为 A 以一定数量上优于 B，发现 A 并不真正以该数量的概率优于 B 作为式(8.1)里的 p 值。

一个常见的用于考虑差异幅度的测试是配对学生 t 检验，该测试着重于算法 A 和算法 B 性能得分的平均差异，对差异得分的标准差进行归一化。使用该测试的前提假设是不同用户在得分上差异具有可比性，因此平均这些差异是合理的。对于少数用户，测试有效性还取决于正态分布的差异。文献[17]指出当样本量很小时该假设很难验证，且 t 检验对异常值是敏感的。文献[17]作者推荐使用威氏符号秩次检验，与 t 检验相似，基于算法 A 和 B 间的差异幅度，但在差异上无分布要求。然而使用威氏符号秩次检验依然需要两个系统的差异在用户间具有可比性。

另一个提高结论显著性的方法是使用大数据集。在离线情况下，使用较小的训练集，可能导致在系统部署后缺乏足够具有代表性的训练数据的实验方案。在用户调查中这意味着额外的开销。在线实验中，增加每个算法的数据收集量需要长期实验或少数算法对比的额外开销。

8.2.4.3　非配对结果

上述测试实验适合观察值是成对的情况，即每个算法在每个测试用例上运行，正如离线实验所做的一样。而在线实验中，用户经常会被分配到一个或其他算法上，因此两个算法不会在相同测试用例上进行评估。在此情况下，曼惠特尼检验是威尔科克森检验的一个扩展。假设算法 A 的结果为 n_A，算法 B 的结果为 n_B。

这两个算法的性能评测被合并和排序，以使得最优的结果排在最前，最差的结果排在最后。相同结果的排序被平均。例如，如果第二至第五名相同，它们排名都为 3.5。曼惠特尼检验计算了零假设成立的概率，即 n_A 从 $n_A + n_B$ 中随机选择结果的平均排名至少与算法 A 得出的

平均排名结果 n_A 一样好。

零假设成立的概率可以通过列举所有 $\dfrac{(n_A + n_B)!}{n_A! \ n_B!}$ 个选择以及计算达到平均排名的选择所需进行的精确计算，或通过从结果中重复取样 n_A 来近似。当 n_A 和 n_B 两者足够大时（通常大于 5），在零假设的前提下从 $n_A + n_B$ 池中随机选择 n_A 的平均排名的分布可使用期望为 $\dfrac{1}{2}(n_A + n_B + 1)$ 以及标准方差为 $\sqrt{\dfrac{1}{12}\dfrac{n_A}{n_B}(n_A + n_B + 1)}$ 的高斯分布进行近似。因此，通过减去 $\sqrt{\dfrac{1}{2}(n_A + n_B + 1)}$ 再除以 $\sqrt{\dfrac{1}{12}\dfrac{n_A}{n_B}(n_A + n_B + 1)}$ 计算来自系统 A 所得出结果的平均排名，在该值上评估标准的高斯累积分布函数并得到该测试的 p 值。

8.2.4.4 多重检验

此外在多数离线的场景下，一个要考虑的重要因素是需要评估算法的多个版本的效果。例如，实验者或许会尝试一个新推荐算法的多个变体，并与基准算法进行对比，直到某个算法通过 $p = 0.05$ 的符号检验，从而可推断出该算法在基准算法上提高了 95% 的置信度。然而，这并非一个有效的推理。假设实验者评估了 10 个变体，而它们全部在统计上与基准相同。如果其中任何一个实验错误地通过符号检验的概率为 $p = 0.05$，那么 10 个实验中至少一个实验错误地通过符号检验的概率为 $1 - (1 - 0.05)^{10} = 0.40$。该风险俗称为"调优测试集"，可以通过将测试用户分为两部分———一个是调优集和一个评估集来避免。基于调优集选择的算法，通过在评估集上进行显著性检验来评测选择的有效性。

对众多算法进行排序时存在类似的担忧，但又无法回避。假设 $N + 1$ 个算法中最佳算法是基于调优集选择的，为了获得选择的算法确实为最好算法的置信度 $1 - p$，那么它必须在评估集中优于其他 N 个算法且显著性为 $1 - (1 - p)^{1/N}$。这就是著名的邦弗朗尼校正，在成对显著性检验被使用多次时，它应该被使用。此外，方差分析或弗里德曼检验等方法是学生 t 检验和威尔科克森检验的泛化。方差分析对于不同算法性能评测的常态及其差异之间的关系做出了强假设。这里推荐读者阅读文献[17]对以上或其他多种算法排序检验进行深入研究。

当使用多种方法对比一对算法时会产生更加细微的担忧。例如，对比两个算法时可能会用到许多准确率评测方法和覆盖率评测方法等。即使两个算法在所有评测下相同，找到一个评测方法使得一个算法以一定显著水平优于另一个算法的概率会随着评测方法的增加而增加。如果不同的评测方法是独立的，上述的邦弗朗尼校正法可以使用。然而，由于评测方法往往是相关的，邦弗朗尼校正法可能过于严格，可以考虑其他方法，如控制错误发生率[3]。

8.2.4.5 置信区间

尽管本章将注意力集中在对比研究上，这其中包括必须在一组候选算法中选择出最合适的一个，这有时需要评测多个评价指标的值。例如，管理员可能想估计系统预测的错误，或者系统赚取的净利润。当度量这些数量时，清楚估算的可靠性十分重要。一种流行的方法是计算置信区间。

例如，也许你估算系统的 RMSE 预期为 1.2，那么落在 1.1 ~ 1.35 的概率应该为 0.95。计算置信区间的最简单方法是假设这些利率量呈高斯分布，然后由多重独立的实验得出观测值并将其用于计算均值和标准差。当实验的观测值较多时，可以通过非参数方法计算利率量的分布，如直方图，并寻找包含具有期望概率的利率量的上下界。

8.3 推荐系统属性

本节将详细讨论推荐系统中的一系列属性，在决定系统选择何种算法进行推荐时通常需要考虑这些属性。由于不同的应用程序有不同的需求，系统设计者必须决定具体应用中基于哪些重要属性进行评测。有时可能需要在一些属性之间进行权衡，最显而易见的一个例子是当其他属性(如多样性)改善时，准确率降低了。了解并评估这些权衡以及它们对整体效果的影响是十分重要的。然而，如何在无须大量在线实验和领域专家知识的情况下以合适的方式获得足够的理解仍然是一个开放性问题。

　　此外，诸多属性对用户体验的影响是未知的，而且常取决于应用程序。当我们确实可以推测出用户会喜欢不同的推荐或被告知置信区间界限时，有必要证实这在实际中确实是很重要的。因此，当你提出一个方法用于提升其中一个属性时，也应该通过用户调查或在线实验评估该属性的改变是如何影响用户体验的。

　　一些实验通常会使用某个单一的推荐方法，该方法拥有一个可调整的参数用于影响被考虑在内的属性。例如，可以设计一个参数用于控制推荐列表的多样性。然后，物品应基于该参数不同取值下的推荐进行显示，并评测参数对用户体验的影响。实验中无须评测用户是否注意到属性的变化，而应该评测属性的变化是否影响了用户与系统的交互。正如在用户调查实验中一样，最好不让参与用户调查的受试对象和在线实验的用户清楚实验目的。因为在实验中我们想了解用户对参数的反应，所以很难设想该过程在离线实验下如何进行。

　　一旦某个特定的系统属性对于应用程序中用户的影响被充分理解时，那么就可以用这些属性的差异来选择一个推荐系统。

8.3.1　用户偏好

　　本节中我们感兴趣的话题是选择问题，需要从一组候选算法中选择一个算法，一个显而易见的做法是进行用户调查(对象内)，即请求参与者选择其中一个系统[29]。该评估做法并不把受试对象限制在特定的属性上，通常用户对系统的好坏做出判断要比给体验打分更容易。最后，可以选择得票数最多的系统。

　　然而，除了之前讨论的用户调查的偏差，我们还应该知道有一些额外的问题。首先，上述方案潜在假设所有用户是平等的，这或许并不总是正确的。比如，一个电子商务网站可能更喜欢购买很多物品的用户观点而不是只购买一个物品的用户观点。因此，如果可行，需要基于用户的重要性进行权重投票。在一个用户调查中分配正确的重要性权重或许并不容易。

　　也有可能出现如下情况，喜欢系统 A 的用户只是稍微喜欢，而喜欢系统 B 的用户可能对 A 的评价很低。在这种情况下，即使有很多用户选择系统 A，但我们仍可能选择系统 B。为了评测该情况，在做用户调查时，对偏好问题我们需要无二义性的答案。相应地，围绕用户之间的校准得分问题也相应出现。

　　最后，当我们希望改善一个系统时，了解人们喜欢这个系统超过另一个系统的原因是很重要的。通常，在比较特定的属性时，比较容易理解。因此，用户满意度的预测是重要的，而将满意度分为较小的因素有助于理解并改善系统。

8.3.2　预测精度

　　预测精度是目前为止在推荐系统研究中讨论最多的属性。在大多数推荐系统底层有一个预测引擎。这个引擎可能预测用户对物品的看法(如对电影的打分)或者使用概率(如购买)。

　　推荐系统的一个基本假设是用户更喜欢推荐精确的系统，因此许多研究人员着手于寻求能够提供精确度更高的预测算法。

　　假定用户对物品的评分是精确且固定不变的，预测精度一般来说独立于用户界面，且可以通过离线实验评测。但事实上，提供用户对物品的反馈和喜好所使用的界面或许会影响收集到的评分[54]。这弱化了从离线实验所得出结论的泛化性。然而，在一个用户调查实验中测量预测精度常可以通过测量向用户展示的给定物品集或物品评分上的精度来获得。这与无推荐能力的用户行为预测的概念有所不同，它更接近于真实系统的真正精度。

以下主要讨论三大类预测精度评价指标：度量评分预测的精度，度量使用预测的精度，度量物品排名预测的精度。

8.3.2.1 度量评分预测的精度

在一些应用中，如现在流行的 Netflix DVD 租赁服务的最新发布页面，我们希望预测用户对某个物品的评分（如 1 星到 5 星）。在这种情况下，一般希望度量评测系统评分预测的精度。

均方根误差（RMSE）大概是评分预测中最流行的评价指标。系统在已知用户 - 物品对 (u, i) 的真实评分 r_{ui} 情况下在测试集 $\mathcal{T}$ 上生成预测评分 $\hat{r}_{ui}$。一般来说，r_{ui} 是已知的，它通常在离线实验中隐去或是通过用户调查、在线实验获得。预测评分与实际评分间的 RMSE 由下式给出：

$$\text{RMSE} = \sqrt{\frac{1}{|\mathcal{T}|} \sum_{(u,i) \in \mathcal{T}} (\hat{r}_{ui} - r_{ui})^2} \tag{8.2}$$

平均绝对误差（MAE）是另一个常用的评价指标，由下式给出：

$$\text{MAE} = \frac{1}{|\mathcal{T}|} \sum_{(u,i) \in \mathcal{T}} |\hat{r}_{ui} - r_{ui}| \tag{8.3}$$

相比于 MAE，RMSE 可以以不同比例惩罚大误差，因此，在给定含有 4 个隐去物品测试集的情况下，RMSE 适用于三个评分误差为 2，第四个评分误差为 0 的系统，而 MAE 更适用于一个评分误差为 3，其他三个误差为 0 的系统。

归一化均方根误差（NMRSE）和归一化平均绝对误差（NMAE）是在一定评分范围内（如 $r_{\max} - r_{\min}$）对 RMSE 和 MAE 进行了归一化的版本。由于它们只是 RMSE 和 MAE 的扩展版本，由其所得出的算法排名结果与未归一化是相同的。

平均 RMSE 和平均 MAE 可适应于非均衡的测试集。例如，如果测试集的物品分布不均衡，在此测试集上计算出的 RMSE 或 MAE 可能受到评分多的物品带来的误差影响更多。倘若需要一个评价指标来表示任意物品的预测误差，那么最好分别计算每个物品的 MAE 或 RMSE，然后再取所有物品的平均值。如果测试集的用户分布不均衡，同样可以计算每个用户的平均 RMSE 和平均 MAE，而且我们希望推断出一个随机抽取的用户所要面临的预测误差。

上述所讨论的 RMSE 和 MAE 仅仅取决于误差产生的幅度大小。而在某些应用中（如文献 [16]），评分的语义可能使得预测误差不仅仅取决于其幅度大小。在这样的情况下，使用一个合适的矢量度量 $d(\hat{r}, r)$ 比使用平方误差或绝对误差度量更适合。例如，在一个有 3 星评价体系的应用系统中，1 表示"不喜欢"，2 表示"中立"，3 表示"喜欢"，这时推荐给用户不喜欢的物品比不向用户推荐物品更糟糕，这时设置为 $d(3, 1) = 5$，$d(2, 1) = 3$，$d(3, 2) = 3$，$d(1, 2) = 1$，$d(2, 3) = 1$ 和 $d(1, 3) = 2$ 的矢量度量可能更合理。

8.3.2.2 度量使用预测的精度

在许多应用（如电影评分）中，推荐系统并不预测用户对物品的偏好，但试图向用户推荐他们可能会使用的物品。例如，当电影被添加到播放列表时，Netflix 会根据加入的电影推荐一组用户可能感兴趣的电影。在此情况下，我们感兴趣的不是系统是否正确地预测这些电影的评分，而是系统能否正确地预测用户是否会将电影放入播放列表（使用物品）。

在对使用预测进行离线评估时，通常可获取一组由每个用户使用过的物品组成的数据集。然后选定一个测试用户，隐去他的部分选择，并要求系统推荐一组用户可能使用的物品集。对于推荐和隐去的物品，通常有 4 种可能的结果，如表 8-1 所示。

表 8-1 为用户推荐物品可能结果的分类

	被推荐	未被推荐
被使用	真阳率（tp）	假阴率（fn）
未被使用	假阳率（fp）	真阴率（tn）

在离线情况下，由于数据并不是经过评估的推荐系统收集的，因此需假设未被使用的物品即使被推荐了也不会被使用，即用户不感兴趣或对用户无用。上述假设也有可能不成立，比如当未被使用的物品包含一些用户没有选择但是感兴趣的物品。例如，用户因为不知道某物品的存在而没有使用该物品，当推荐展示了该物品时，用户就可决定是否选择它。在这种情况下，假阳率被高估。

由数据可以计算落入表中每个单元格的物品的数量，并计算如下数值：

$$\text{准确率} = \frac{\#tp}{\#tp + \#fp} \tag{8.4}$$

$$\text{召回率(真阳率)} = \frac{\#tp}{\#tp + \#fn} \tag{8.5}$$

$$\text{假阳率} = \frac{\#fp}{\#fp + \#tn} \tag{8.6}$$

通常可以选择在这些评价指标之间做一个权衡——如果允许更长的推荐列表，通常会提高召回率，但也可能会减少准确率。如果应用中展示的推荐数量是固定的，或许最有用的评价指标是计算 top-N 准确率(经常写成 Precision@ N)。

在为用户展示的推荐数量未预定的其他应用中，评估算法时最好在一定推荐列表长度范围内，而不是使用固定的长度。因此，我们可以计算准确率和召回率的比较曲线，或者真阳率和假阳率的比率曲线。前者被简化成准确率 – 召回率曲线，后者被简化成为受试者工作特征曲线⊖(Receiver Operating Characteristic)或 ROC 曲线。虽然两种曲线都是为了计算用户所喜欢的物品占真正被推荐物品的百分比，但准确率 – 召回率曲线更着重于用户偏好的物品所占比例，而 ROC 则着重于最终被推荐但用户不喜欢的推荐物品所占比例。

通常可以根据领域的属性和应用的目标来决定使用准确率 – 召回率曲线还是 ROC 曲线。例如，假设有一个在线视频租赁服务向用户推荐 DVD。它的准确率评测是指真正适合用户的推荐比例。无论所展示的不合适的推荐是一小部分还是大部分，曾被推荐过的不合适 DVD 都是与系统向用户推荐的相关物品所占比例无关，因此准确率 – 召回率曲线适用该应用。另一方面，考虑向用户销售某个物品的推荐系统，比如，将物品通过邮件发送给用户，如果用户不购买则不需要成本。在这种需要尽可能多地发掘潜在销售同时又对最小化市场成本感兴趣情况下，ROC 曲线要比准确率 – 召回率曲线更适用。

给定两个算法，可以为每个算法计算出一对这样的曲线。如果一种曲线完全优于另外一种曲线，那么选定优越的算法变得很容易。然而，当两个曲线相交时，选取较优的算法就不会那么容易，最终取决于讨论中的应用。应用的相关知识将会告诉我们最终应基于曲线的哪个区域。

综合准确率 – 召回率或 ROC 曲线的评价指标，如 F-measure[73]——具有等价权重的准确率和召回率的调和平均值：

$$F = \frac{2 \times \text{准确率} \times \text{召回率}}{\text{准确率} + \text{召回率}} \tag{8.7}$$

及 ROC 曲线下方面积(AUC)[2]，它有利于对比独立于应用的算法，但当为一个特定的任务选择算法时，最好选择能够反应现有的特定需求的评价指标，如应用中当前规定的列表长度。

多个用户的准确率 – 召回率和 ROC 曲线

在评估多个测试用户的准确率 – 召回率和 ROC 曲线时，根据当前的应用有很多策略可以用来整合结果。

⊖　其出处来源于信号检测理论。

在为每个用户都制定固定数量推荐结果的应用中(例如，当用户访问一个新闻门户时显示固定数量的新闻头条)，我们可以对每个用户计算出推荐列表长度为 N 时的准确率和召回率(或真阴率和假阴率)，然后在每个 N 上计算准确率和召回率(或真阴率和假阴率)的平均值[63]。由于对每个可达到的准确率和召回率都规定了一个 N 值(或真阴率和假阴率)，因此得到的曲线是十分有价值的。反过来，该曲线还可以用来评估在某一给定 N 值上的性能，以这种方式得到的曲线叫作 Customer ROC 曲线(CROC)[64]。

倘若允许向每个用户展示不同数目的推荐(如向每个用户展示所有被推荐电影的集合)，我们可以通过以下过程计算 ROC 或者准确率－召回率曲线，将测试集中的隐去评分合并到用户－物品对的参考集中，使用推荐系统生成单一的用户－物品对的排序列表，从列表中选择最前面的推荐，在参考集上对推荐进行评测。以这种方法计算得到的 ROC 曲线叫作 Global ROC 曲线(GROC)[64]。在结果曲线上选取一个操作点可能会造成不同数目的推荐给用户。

最后一类应用中，其推荐过程更加具有互动性，用户可以从中得到越来越多的推荐。这是经典的信息检索任务，用户可以一直要求系统给出更多的文档。在这种应用中，我们对每个用户计算准确率－召回率曲线(或 ROC 曲线)，然后计算所有用户结果曲线的均值。这是信息检索社区中计算准确率－召回率曲线的一个常用方法，尤其他被使用在了具有影响力的 TREC 比赛中[74]。这样的一个曲线可用来理解一个典型用户可能面对的准确率与召回率之间的权衡。

8.3.2.3 排序指标

在许多情况下应用向用户展示的推荐设为垂直或水平列表，利用某种天然的浏览秩序。例如，在 Netflix 中，标签"你将会喜欢的电影"显示一组分类，以及每组分类中系统预测用户可能喜欢的电影列表。这些列表可能很长，用户需要继续查看其他的"页面"直到所有的列表被浏览。在这种应用中，我们感兴趣的不是之前章节中所提到的预测具体的评分或选择一组被推荐的物品等，而是根据用户偏好为物品排序。这个任务通常被称为物品排名。有两种方法可以度量这种排序的准确度。我们可以尝试判断推荐给用户的物品集顺序是否正确，评测系统距离正确的顺序有多大。或者可以尝试评测系统向一个用户的排序的效用。以下首先介绍离线评测的方法，然后介绍这些方法在用户调查和在线实验上的可行性。

使用参考排序

在评估一个排序算法相对于参考排序(一个正确的顺序)的性能时，有必要首先获取一个参考排序。

在用户对物品的显性评分可获得的例子中，我们可以按照有的评分降序排列被评分的物品。然而该做法存在两个问题。其一，多数用户通常仅对少数物品打分。其二，在许多应用里，用户的评分是量化的。例如，在 Netflix 中，每个用户仅评分一些电影，并且评分被量化为 5 分制。因此，我们很清楚被打 4 分的电影比被打 3 分的电影更受欢迎，但却不清楚用户对两个同时被打 4 分的电影的实际喜好程度，同时也不清楚用户对于大多数未评分的电影的喜好程度。

从现有的数据构造参考排序时也会遇到上述问题。通常可以假定与用户有交互行为的物品比与用户无交互行为的物品更受欢迎。但无法排序用户未意识到的物品(如物品从未被呈现在用户的面前，或者物品以不合理的方式呈现在用户面前时，用户却很容易错过)。我们也无法排序与用户有过交互行为的物品之间的次序，并且无法排序与用户无交互的物品与用户未意识到的物品之间的次序。

针对物品之间的非完整排序可称为偏序。使用 $\binom{I}{2}$ 表示 I 中所有未排序的物品对。使用 > 表示物品集合 I 上的偏序关系。在一个偏序关系里，对于任意的两个物品 i_1、i_2，一定满足以下三个条件中的一个：

（1）一个物品是其他物品的接替物，如 i_1 是 i_2 的接替物可定义为 $i_1 > i_2$，通常意味着 i_1 比 i_2 更受用户的喜欢。例如，相比于"黑客帝国"，用户更喜欢"星球大战 4"，由喜好可得到排序列表，然后我们写为"星球大战 4 > 黑客帝国"。

（2）如果用户对两个物品的喜好相等可定义为 $i_1 = i_2$。例如，用户也许对是购买品牌 A 笔记本还是购买品牌 B 笔记本漠不关心的，因为这两款笔记本有相同的内存大小或者在 eBay 商城里具有相同的拍卖价钱。

（3）物品之间或许无法排序。例如，由于我们无法获取上述讨论一样的用户对最近的"科恩兄弟"电影与最新的 U2 磁盘两者的喜好信息，因此无法对两者排序。

物品集之间的总序是每个物品对 i_1、i_2 之间的排序，要么 $i_1 > i_2$ 要么 $i_2 > i_1$。在许多的例子中，参考排序由一个偏序给出，尽管不是所有物品之间的排序，但系统以总的排序列表形式输出推荐结果。因此，我们可以定义用于度量偏序和总序之间的一致性或差异性的排序精度指标。为了这么做，本节形式化地定义了一致性、差异性和相容性的概念。

使用 $>_1$ 和 $>_2$ 作为物品集 I 的两个偏序，这里 $>_1$ 是参考排序，$>_2$ 是系统提供的排序（系统排序）。以下定义了有关物品对的排序 $>_1$ 和 $>_2$ 之间的一致性关系：

- 在物品 i_1、i_2 上，如果满足 $i_1 >_1 i_2$ 并且 $i_1 >_2 i_2$，则排序 $>_1$ 和 $>_2$ 具有一致性。
- 在物品 i_1、i_2 上，如果满足 $i_1 >_1 i_2$ 并且 $i_2 >_2 i_1$，则排序 $>_1$ 和 $>_2$ 具有差异性。
- 在物品 i_1、i_2 上，如果满足 $i_1 >_1 i_2$ 并满足 $i_2 >_2 i_1$ 或 $i_1 >_2 i_2$ 两者中的一个，则排序 $>_1$ 和 $>_2$ 具有相容性。

通常用于信息检索的归一化的基于距离的性能评测（NDPM）[76] 可以区分物品对的正确排序、错误排序和约束关系。更加形式化地定义参考排序 $>_1$ 和系统排序 $>_2$ 之间关系的距离函数 $\delta_{>_1, >_2}(i_1, i_2)$ 如下：

$$\delta_{>_1, >_2}(i_1, i_2) = \begin{cases} 0 & \text{如果在 } i_1 \text{ 和 } i_2 \text{ 上，} >_1 \text{ 和 } >_2 \text{ 具有一致性} \\ 1 & \text{如果在 } i_1 \text{ 和 } i_2 \text{ 上，} >_1 \text{ 和 } >_2 \text{ 具有相容性} \\ 2 & \text{如果在 } i_1 \text{ 和 } i_2 \text{ 上，} >_1 \text{ 和 } >_2 \text{ 具有差异性} \end{cases} \tag{8.8}$$

集合 I 里所有物品对上的总距离为：

$$\beta_{>_1, >_2}(I) = \sum_{(i_1, i_2) \in \binom{I}{2}} \delta_{>_1, >_2}(i_1, i_2) \tag{8.9}$$

上式是物品集 I 中所有可能物品对的距离求和（有效的实现可以仅对参考排名确定顺序的项目对进行求和）。

这里使用 $m(>_1) = \text{argmax}_> \beta_{>_1, >}(I)$ 作为归一化因子，它是由任意排序 $>$ 和参考排序 $>_1$ 所得出距离的最大的距离。事实上，$m(>_1)$ 是由参考排序生成排序列表的物品对数量，因为最坏可能是系统输出的物品排序与参考排序都不一致。由系统生成的物品排序 $>_2$ 和参考排序 $>_1$ 可得出 NDPM 值 NDPM$(I, >_1, >_2)$：

$$\text{NDPM}(I, >_1, >_2) = \frac{\beta_{>_1, >_2}(I)}{m(>_1)} \tag{8.10}$$

很直观地可以看出，如果系统提供的排序与参考排序具有完全一致性，那么 NDPM 指标将等于最佳值 0；如果系统提供的排序与参考排序具有完全差异性，那么 NDPM 指标将等于最差值 1。如果系统排序不包含参考排序中的物品对，那么它将受到矛盾偏好的一半惩罚。

对于不包含在参考排序中的偏好关系，系统排序不会受到相应地惩罚。这意味着对于任何在参考排序中未出现的物品对，排序算法对其任何预测都会被接受。这主要因为我们通常在系统中展示一个列表。由于排序算法通常输出一个整体排序而不是偏置排序，因此无须对强制排序的所有物品对进行惩罚。

在某些应用里 NDPM 的一个潜在缺点是它未考虑差异性出现在参考排序中的位置。在某些案例中，合适地排序出现在排序列表顶部的物品比排序出现在排序列表中底部的物品更重要。例如，根据偏好对电影降序排列时，合适地排序用户喜欢的物品相比于排序用户不喜欢的物品更重要。有时根据偏差出现在排序列表中的位置进行相应的惩罚是非常重要的。

为了达到上述目的，通常可以使用平均正确率（AP）关联性指标[77]，该指标对于参考排序中比较靠前的物品出现偏差时将会受到更大的惩罚。通常我们使用 $>_1$ 表示参考排序，$>_2$ 表示系统提供的排序。AP 指标比较了系统排序 $>_1$ 中每个物品的排序相对于参考排序 $>_1$ 中排在它之前的物品（接替物）。

对于物品集 I 中的每个物品 $i_1 \in I$，使用 $Z^{i_1}(I, >)$ 表示物品集 I 中所有的物品对（i_1，i_2），如 $i_1 > i_2$。所有比物品 i_1 更受喜欢的物品（如在其之前的物品）可以被表示如下：

$$Z^i(I, >) = \{(i_1, i_2) \mid \forall i_1, i_2 \in I \text{ s.t. } i_2 > i_1\} \tag{8.11}$$

在物品 i_1 和 i_2 上如果 $>_1$、$>_2$ 具有一致性则指示函数 $\delta(i_1, i_2, >_1 >_2)$ 等于 1，否则等于 0。

对于所有的物品 i_2，本书使用 $A^{i_1}(I, >_1, >_2)$ 表示 $>_2$ 与参考排序 $>_1$ 之间标准化的一致性值，如 $i_2 >_1 i_1$。

$$A^{i_1}(I, >_1, >_2) = \frac{1}{|Z^{i_1}(I, >_2)| - 1} \sum_{(i_1, i_2) \in Z^{i_1}(I, >_2)} \delta(i_1, i_2, >_1, >_2) \tag{8.12}$$

给定偏序 $>_1$，那么物品集 I 上的一个偏序 $>_2$ 的 AP 值可以定义为：

$$AP(I, >_1, >_2) = \frac{1}{|I| - 1} \sum_{i \in I} A^i(I, >_1, >_2) \tag{8.13}$$

当系统排序与参考排序完全一致时，AP 值将获得最佳值 1。当两个排序列表完全不一致时，AP 值将获得最差值 0。

在某些情况下，我们可能完全了解用户对某些物品集的真实喜好。例如，我们可以通过为用户提供二项选择来推导用户的真实顺序。在这种情况下，一个物品对在参考排名中排序相同意味着用户其实对两个物品不关心。因此，一个理想的系统不应将一个物品排在另一个物品之前。排序相关性方法如 Spearman's ρ 或 Kendall's τ [37,38] 可以用在这种情况下。这些方法在实际使用中有更高的相关性[22]。Kendall's τ 由下式给出：

$$\tau = \frac{C^+ - C^-}{\sqrt{C^u}\sqrt{C^s}} \tag{8.14}$$

其中 C^+ 和 C^- 分别表示系统中物品对被正确排序和错误排序的数目。C^u 表示由参考排序所得出的物品对数目，C^s 表示系统排序所提供的物品对数目。

基于效用的排名

当要求参考排名与某些"真实"排名比较相关时，仍需考虑一些额外的指标来决定物品的排序列表。其中一个较为流行的方法是通过减少效用来排序物品。在某些案例中，我们不仅关心 i_1 与 i_2 之间的排序是否正确，而且关心 i_1 和 i_2 之间在效用上的不同。这是因为相比于将拥有不同效用性的物品排序错误的做法，将拥有相似效用的物品排序错误的做法是不值一提的事情。

一个普遍的假设认为一条推荐列表的效用是由单个推荐效用的累加之和所得。每个推荐的效用为该被推荐的物品在推荐列表中的位置打一个折扣所得到的效用。一个关于此效用的例子是用户未来注意推荐列表中处在位置 i 的物品的可能性。通常假设用户是从头到尾浏览推荐列表，而越往后推荐效用折扣越多。该折扣也可被解释为用户注意推荐列表中特定位置物品的概率，这是因为推荐的效用仅取决于推荐的物品。在该解释下，推荐列表中特定的位置被注意的概率被认为仅与位置相关而与被推荐的物品无关。

在许多应用里，用户仅能浏览到单个物品或一个很小的物品集，或推荐引擎还未被用为主要浏览工具。在该情况下，我们可期望用户只会注意到推荐列表顶部的少数物品。我们可以使用一种随着推荐列表中位置的下降而衰减非常迅速的方法来模拟这样的应用。R-Score 度量[10]假设推荐值沿着排序列表以指数形式递减，针对每个用户 u 由下式可得：

$$R_u = \sum_j \frac{\max(r_{u,i_j} - d, 0)}{2^{\frac{j-1}{\alpha-1}}} \tag{8.15}$$

其中 i_j 是位置 j 上的物品，$r_{u,i}$ 是用户 u 对物品 i 的评分，d 是任务相关的中立（"不关心"）评分，α 是半衰期参数，控制着随排序列表的位置的指数衰减程度。在评分预测任务中，$r_{u,i}$ 是用户对每个物品的评分（如 4 星），d 是中立的评分（如 3 星），只有排序物品的得分（如 4 星或 5 星）高于"不关心"的分数 d 时才能得到算法的认可。在预测任务中，如果用户选择物品 i，则 $r_{u,i}$ 值为 1，否则为 0，同时 d 为 0。

$$r_{u,i} = -\log(\text{相对值} - \text{频率值}(i)) \tag{8.16}$$

如果物品 i 被选择，则可从推荐中获取大量的信息，否则为 0[66]。由此每个用户的得分结果由下式可得：

$$R = 100 \frac{\Sigma_u R_u}{\Sigma_u R_u^*} \tag{8.17}$$

其中 R_u^* 是用户 u 最可能的排序分数。

在其他应用中用户可能要阅读较大的推荐列表。在某些类型的搜索中，例如，对法律文件的查找，用户可能会搜索所有相关的文件[28]，愿意阅读较大部分的推荐列表。在这种情况下，位置折扣需要一个较慢的衰减。归一化折扣累计收益（Normalized Discounted Cumulative Gain，NDCG）[33]是一个来自信息检索的方法，其中位置以对数形式衰减。假设用户 u 被推荐物品 i 会得到一个"收益" $g_{u,i}$，物品集合 J 的平均折扣累计收益（Discounted Cumulative Gain，DCG）可定义为：

$$\text{DCG} = \frac{1}{N} \sum_{u=1}^{N} \sum_{j=1}^{J} \frac{g_{u,i_j}}{\log_b(j+1)} \tag{8.18}$$

其中 i_j 是处于推荐列表中位置 j 的物品 i。对数的底 b 是自由参数，通常在 2 和 10 之间选择。对数底为 2 一般用来保证所有位置都是被折扣的。NDCG 是 DCG 的归一化版本，如下式所示：

$$\text{NDCG} = \frac{\text{DCG}}{\text{DCG}^*} \tag{8.19}$$

其中 DCG^* 是理想的 DCG。

我们这里呈现这两种方法正如它们最初被描述的一样，但需注意的是两者中的分子中都包含了一个两种情况下的分子包含一个效用函数，该函数为每个物品进行赋值。我们可以使用一个对于设计的应用更合适的函数来代替原来的效用函数。一个与 R-score 和 NDCG 密切相关的指标是平均倒数命中排名（Average Reciprocal Hit Rank，ARHR）[18]，一个未被归一化的指标，它为位置 k 上一个成功推荐分配一个效用值 $1/k$。因此，ARHR 比 R-score 衰减的更慢但比 NDCG 快。

排序的在线评估

在因评估推荐列表排序而设计的在线实验中，我们可以观察用户与系统的交互。当推荐列表呈现给用户时，用户可能会从列表中选择一定数量的物品。那么可以假设用户至少已经浏览到最后选择的位置。譬如，如果用户选择了处在推荐列表位置 1、3、10 上的物品，我们就可推断出用户查看了位置 1 到 10 的物品。由此还可以得出其他的假设，即用户对 1、3、10 比较感兴趣，而对物品 2、4、5、6、7、8、9 不感兴趣（见文献[35]）。在某些情况下可获得用户是否注意到更多物品的额外信息。例如，如果列表被分散在几个页面，每页只显示 20 个结果，那么在上述的例子中，如果用户翻到第二页，那么还可以假设用户浏览了结果中从 11 到 20 的物品，并发现它们都是不相关的物品。

在上述场景中，交互结果列表被分为三部分——感兴趣的物品（上面例子中的 1、3、10），不感兴趣的物品（1 到 20 中的其他物品），还有一些未被用户探索的物品（21 到列表尾端）。我们现在需要使用一个合适的参考排序指标来为原来的列表打分，有两种不同的方法可以满足。首先，参考列表可以在顶部放置感兴趣的物品，中间放置未知物品和底部放置不感兴趣的物品。这样的参考列表仅体现出了用户可能只选择一小部分感兴趣的物品的情况，而未知的物品中可能包含更多有兴趣的物品。其次，参考列表可以将感兴趣物品置于顶部，紧接着放置不感兴趣物品，而未知物品被完全忽略。这在做出不合理偏好假设时是有用的，比如未知物品在排列中优于不感兴趣物品，可能会产生消极效果。不管在哪种情况下，应始终牢记参考排序的语义与离线评估的情况是有区别的。在离线评估时，一般拥有一个被假设为是正确的参考排序，然后衡量每个推荐有多大程度的偏离"正确"排序。在线情况下，参考排序被假设为由推荐系统所呈现的用户可能会喜欢的排名。离线情况下，我们假设有一个正确的排序，而在线情况下我们允许有多个正确排序的可能。

在基于效用排序的情况下，我们可以基于所选物品的效用之和对列表进行评估。因此，将效用高的感兴趣物品放在靠近列表开头处的列表要优于将感兴趣物品放在列表末尾处的列表，因为对于后者，用户一般根本不会注意那些感兴趣物品，对推荐不会产生任何的效用。

8.3.3　覆盖率

正如上述对推荐系统的预测精度描述，尤其在协同过滤系统中，在许多情况下，随着数据量的增加，一些算法也许能够提供高质量的推荐，但这只针对具有大量数据的一小部分物品而言。这就是我们常提到的长尾或重尾问题，即相比于被选择或者评分多次的流行物品，不流行的物品更值得我们去探索。

覆盖率可以参考下面要讨论的几个不同的系统属性。

8.3.3.1　物品空间覆盖率

最常见关于物品覆盖率的定义是系统可以推荐的物品的比例，它也常被称为目录覆盖率。计算目录覆盖率的最简单方法是计算所有曾经被推荐过的物品占全部物品的百分比。在许多情况下该方法可以根据具体的算法和输入的数据集进行直接计算。

一个更有用的方法是计算离线、在线或用户调查实验中被推荐给用户的物品所占的比例。有时可能要为物品加权重，例如通过流行度或效用。因此，我们可能不认可推荐很少被使用的物品这种做法，但忽略关注度很高的物品是无法容忍的。

另一个计算目录覆盖率的方法是销售多样性[20]，它衡量了在使用特定推荐系统时用户是怎样选择不同物品的。对于每个物品 i 用户的选择概率记为 $p(i)$，基尼系数由下式给出：

$$G = \frac{1}{n-1}\sum_{j=1}^{n}(2j-n-1)p(i_j)\qquad(8.20)$$

其中 $i_1,\cdots,i_n$ 为物品列表，按照概率 $p(i)$ 递增排序。当所有物品被经常相等地选择时，该系数为 0，当某个物品被经常选择时，该系数为 1。每个物品被推荐次数的基尼系数也能使用。此外一个计算不均等分布的方法是香农熵：

$$H = -\sum_{j=1}^{n}p(i)\log p(i)\qquad(8.21)$$

当某个物品总是被选择或推荐时熵为 0，当 n 个物品被均等地选择或推荐时熵为 $\log n$。

Steck[70]进一步讨论了如何修改精度方法以更好地模拟长尾的精度。他建议纠正用户对更受欢迎的项目的偏见。

8.3.3.2 用户空间覆盖率

覆盖率也可以是用户的比例或用户与可推荐物品的系统所交互的比例。在许多应用中推荐系统也许不能为某些用户提供推荐，比如预测精度中具有低置信度的用户。在该情况下，我们比较喜欢可为更广泛用户提供推荐的系统。很明显这样的推荐系统应该在覆盖率与准确率的权衡上得到评估。

覆盖率可以通过需要做出推荐的用户画像的丰富性来计算。例如，在协同过滤实例中，可以通过用户在接受系统的推荐服务之前所评分的物品的数量来计算。这种方法通常在离线实验中评估。

8.3.3.3 冷启动

另一个相关的问题是众所周知的冷启动问题——系统在新物品和新用户上的覆盖率和性能。冷启动问题可被看作覆盖率的子问题，因为它评价的是系统在特定物品集和用户集上的覆盖率。除了计算冷启动的物品和用户数量有多大之外，在这些物品和用户上计算系统的准确度也是十分重要的。

针对物品冷启动，我们可以使用一个阈值来推断冷启动物品集。例如，可以推断冷启动物品是那些没有评分或没有使用记录的物品[64]，或者是在系统中所存在的时间不超过确定值（例如1天）时的物品，又或者是拥有记录的数量不超过预定值的物品（例如评分数量少于10个）。或许更普遍的方法是通过物品在系统中存在的时间或由物品所生成的数据量来判断物品是否为"冷启动"。这样，我们相信系统会更加合适地预测比较冷门的物品，而少预测热门物品。

也许一个系统更好地推荐冷门物品的前提是可能需要付出降低热门物品准确度的代价。由于其他的原因，例如后面要讨论的新颖性和惊喜度，这或许正是我们所期望达到的。然而，当计算系统在冷门物品上的准确度时，考虑在整个系统的精度上是否存在平衡点或许是一种明智的行为。

8.3.4 置信度

推荐系统中的置信度可以定义为系统在推荐和预测上的可信度[26,72]。正如我们之前所述，协同过滤推荐的准确度随着数据量的增加而提升。同样地，被预测属性的置信度一般也随着数据量的增加而增加。

在许多情况下，用户从观察置信度分数[26]中可以受益。当系统对推荐某个物品赋予一个低的置信度时，用户或许在下决定之前查看更多的物品。例如，如果系统推荐一个拥有高置信度的电影以及一个有着相同评分但置信度低的电影，那么用户或许立刻将第一个电影加入播放列表，再进一步阅读第二个电影的剧情，在决定观看第二个电影之前或许会再浏览一些电影。

最常用的置信度度量方法是计算预测值为真实的概率，或者计算落于真实值预定义部分内（例如95%）的区间。例如，一个推荐系统可能以0.85的概率正确地将一个电影评分为4星，或者有95%的真实评分位于预测评分为4星的 -1 到 $+1/2$ 区间内。计算置信度最普遍的方法是为可能的结果提供一个完整的分布[49]。

给定两个在其他相关属性上性能相似的推荐系统，例如，预测精度，一般会选择可以提供有效置信度度量的系统。由此，给定两个准确度相同的推荐系统，而且使用相同方法计算置信区间，我们会倾向于选择可以更好估计置信区间的推荐系统。

标准置信区间如上述置信区间可以在常规的离线实验中直接估计出来，与预测精度的估计方法相同。我们可以为每个特定的置信度类型设计一个分数，用来度量置信度度量方法与真正的错误预测的差距。当算法与置信度度量方法不能达成一致时不能应用该过程，因为有些置信度度量方法比较弱因此比较容易估计。在这种情况下，更加准确地估计一个较弱的置信度度量并不意味着更好的推荐。

例8.1 推荐系统 A 和 B 在电影评分上的置信区间。给定一个范围在95%内的置信阈值来训练 A 和 B。对于每个训练模型，在离线数据上运行 A 和 B，隐去部分用户评分，然后让每个算法去预测缺失的评分。每个算法在预测评分时都有相应的置信区间生成。由此可得出 A_+ 和 A_-，A_+ 表示算法 A 的预测评分落在置信区间之内的次数，A_- 表示算法 A 的预测评分落在置信区间之外的次数，对于算法 B 可做同样的统计。此时通过 $\frac{A_+}{A_-+A_+}=0.97$ 和 $\frac{B_+}{B_-+B_+}=0.94$ 可计算每个算法真正的置信度。计算结果表明算法 A 过于保守，计算出的区间过大，而算法 B 则比较激进，计算出的区间较小。现实中我们并不需要保守的区间，由于算法 B 预测的区间更接近于所要求的95%置信度，因此选择算法 B 更加合适。 ◀

置信区间的另一个应用是通过预测值的置信度低于某个阈值来过滤推荐物品。在这种情况下，我们通常假定推荐系统被允许无须对所有值预测一个得分。在 top-n 推荐的场景中，由于系统在提供 n 个物品集时缺乏足够的置信度，我们有时允许系统提供少于 n 物品的情况。当系统提供较少的推荐结果时，系统的准确度不会受到惩罚，并且仅在低召回率时比较短的推荐列表才是期望的结果。但在某些问题上仅将 precision@N 作为评价指标是不适当的，这是因为算法有能力提供较少推荐或甚至不推荐使得准确度接近1，这是一种毫无意义的做法。

通过上述的过滤过程我们可以设计一个对比两个推荐算法精度的实验，该试验首先从它们各自的推荐结果中过滤掉低置信度的物品，然后对比两者的准确度。在该实验中，可以计算一个曲线用来估计过滤后物品的每个部分的预测精度（常见的有准确率 – 召回率曲线），或估计不同过滤阈值下的预测精度。该评估过程无须两个算法都与置信度方法一致。

虽然用户调查和在线实验都可以研究用户体验中加入置信度的影响[67]，但了解这些测试类型如何为置信度估计的精度提供更多证据是很难的。

8.3.5 信任度

虽然置信度是系统对评分的信任（见第20章），而本节所述的信任度是用户对系统推荐结果的信任程度⊖。例如，向用户推荐已经了解或喜欢的一些物品也许会有益于系统。这种情况下，用户即使没有从推荐系统中得到有价值的东西，但他注意到该系统能够提供合理的推荐，这可能会增加他对系统推荐的未知物品的信任。另一个常用的增加系统信任度的方法是解释系统提供的推荐（可参见第10章）。系统的信任度也可称为系统的信用。

倘若不仅仅限于以上获取信任的方法，有一个显而易见的评估用户信任度的方法是在用户调查中询问用户该推荐系统是否合理[5,14,26,57]。在线实验中，我们可以将推荐的数量与推荐在系统中的信任度相结合，假设信任度越高被使用的推荐机会越多。或者还可以假设系统的信任度与重复用户有关，因为信任系统的用户会返回系统执行其他的任务。然而，这样的方法可能与用户满意度的其他因素相关，因此可能不准确。如何在离线实验中度量信任度还是未知的，因为信任是在用户和系统交互的过程中建立的。

8.3.6 新颖性

新颖的推荐（见第26章）是指为用户推荐他们以前没有听说过的物品[41]。在需要新颖性推荐的应用中，一个最明显简单的做法是过滤掉用户已经评分或使用过的物品。然而，在许多情

⊖ 不要和社交网络研究里的信任度混淆，用于衡量用户有多信任另一个用户。推荐系统的一些文献中用这种信任衡量方法过滤相似用户[48]。

况下用户并不会提供他们过去使用过的所有物品。因此，这个简单的做法并不足够将用户已经了解的物品过滤掉。

我们可以在用户调查中通过询问用户他们是否已经熟悉这个推荐物品来评测新颖性[12,34]，同时也可以通过离线实验得到一些对系统新颖性的理解。在该实验中，可以将数据通过时间进行分割，例如，隐去所有在某个特定时间戳出现的用户评分。此外，还可以隐去在特定时间戳之前的一些评分，来模拟用户熟悉但没有评分的物品。在进行推荐时，每个在时间戳之后评分的被推荐物品将受到奖励，在时间戳之前评分的被推荐物品将受到惩罚。

为了完成上述过程，我们必须仔细地构建隐去过程，这样才可以模拟真实系统中偏好发掘过程。在某些情况下，已购买的物品集并不是从用户熟悉的所有物品集中平均取样得到的，因此应该认识到产生的偏置并尽可能地处理。例如，如果我们认为用户会给某些特殊的物品打更高的分数，给流行物品打较低的分数，那么这个隐去过程应该隐藏更多的流行物品。

用上述方法计算新颖性时，控制精度是很重要的，因为无关的推荐虽对用户来说是新颖的，但是没有任何意义。只有能够从相关的物品中考虑新颖性的方法才可以被使用[79]。

例 8.2 倘若想在离线实验中评估一组电影推荐的新颖性。由于通常认为系统的用户在看过电影以后评分，所以将用户评分以一个连续的方式进行分割。对于每个用户资料，我们沿着电影评分的时间顺序随机选取一个分界点，隐去在这个点之后的所有电影。◀

在虚拟系统上的用户研究表明，人们倾向于不对无强烈感觉的电影打分，但有时也不对他们非常喜欢或者非常不喜欢的电影打分。因此，我们将以 $1 - \frac{|r-3|}{2}$ 的概率隐去在分界点之前的电影评分，其中 $r \in \{1, 2, 3, 4, 5\}$ 是电影的评分，3 是中性评分。值得注意的是，一定要避免用隐去的评分预测这些电影，因为用户已经了解它们。

此时，每个推荐算法向每个用户产生一个拥有 5 个推荐结果的列表，并且仅在分界点之后的物品上计算准确率。也即是，系统推荐出现在分界点之前的具有隐去评分的电影是得不到信用的。在该实验中，具有最高精度的算法将受到青睐。

另一个评估新颖推荐的方法是，使用上述的假设即流行的物品很少是新颖的。因此，可以使用这样的一种精度指标来考虑新颖性，即系统对于流行商品的预测和对非流行商品的预测是不一样的[65]。Ziegler 等人[80]和 Celma 和 Herrera[12]也提出了考虑流行性的精度度量。

最后，可以评估推荐中新信息量与推荐物品之间的相关性。例如，当物品评分可获得时，可以通过推荐物品的一些信息化度量（比如给定用户资料的条件熵）增加隐去评分来生成新颖性得分。

8.3.7 惊喜度

惊喜度也是成功推荐的衡量标准之一（见第 26 章）。比如，一个用户对特定的明星演员的电影给予积极评价，推荐该演员的新电影即是新颖的，尽管用户可能还不知晓，但很难给人带来惊喜。当然，随机推荐也可能会令人惊讶，因此，我们需要在这种惊喜度和准确度中取得平衡。

通常可以认为惊喜度是一系列在推荐中相对于用户的新的相关信息。例如，如果一个成功的电影推荐系统可以向用户推荐他所喜欢的一个新演员，这可认为具有惊喜度的推荐。在信息检索中，新颖性一般被认为与文档所包含的新信息相关（这与本书定义的惊喜度也是相关的），文献[79]建议可以手动的对一些文件标记为冗余文件。然后，通过对比算法是否可以避免推荐冗余的文档。当一些物品具有元数据时，比如内容信息（详见第 4 章介绍），可以将上述信息检索技术用于推荐系统。

为了避免人工标记，可以定义一种物品之间基于内容的距离度量方式，然后可对成功的推荐进行评价，这种评价主要是通过之前的协同过滤系统或从基于内容推荐的用户模型中一系列先前评分物品的距离中计算得出[78]。因此，对于一个成功的推荐的衡量远不只根据用户画像。

例8.3 在一个图书推荐应用中，我们打算从读者并不熟悉的作者中去推荐图书。因此，在图书 b 以及一系列图书 B（用户之前已经阅读过的图书）之间可以定义一个距离度量；定义 $c_{B,\omega}$ 为作者 w 在 B 系列图书中的图书数量。定义 $c_B = \max\limits_{\omega} c_{B,w}$ 是在 B 系列图书中单个作者最大图书量。定义 $d(b, B) = \dfrac{1 + c_B - c_{B,w(b)}}{1 + c_B}$，其中 $w(b)$ 是图书 b 的作者。 ◀

现在开始进行一个离线实验来评估候选算法可以产生更具惊奇度的推荐。我们将每个受试的用户画像——用户已经读过的图书集，分成一系列观测图书集的 B_i^o 和隐去的图书集 B_i^h。实验中使用 B_i^o 作为每个推荐的输入，然后得出包含 5 个图书列表的推荐。对于每个出现在用户 i 中的推荐列表中隐去的书 $b \in B_i^h$，推荐一个分数 $d(b, B_i^o)$。因此对于读得较少的读者来说，来源于作家的图书推荐可使得推荐系统获得更多的信任。在这个实验中，获得更高评价的推荐系统被选择应用于应用程序之中。

有时也可将惊喜度认为是"自然"预测推荐的一个偏离[53]。对于一个有较高准确率的预测引擎来说，推荐结果有些太"明显"。因此，我们会把那些预测引擎中认为不可能的成功推荐给予一个更高的惊喜度得分。

我们通过让用户去标记他们认为非期望的推荐结果来评估推荐的惊喜度，然后可以尝试发掘用户是否关注这些推荐结果，这些推荐使得用户未期望的且成功的推荐被认为是具有惊喜度的。在一个在线实验中，可认为上述距离度量是正确的，并评估用户画像的距离对于用户关注推荐的影响。利用时间来审视惊喜度的影响也是很重要的，因为用户起初可能被未期望的推荐迷惑了从而选择关注它们。如果接下来他们发现推荐并不是合适的，那么未来不会再关注该推荐，或者完全停止使用这种推荐引擎。

8.3.8 多样性

多样性一般被定义为相似性的相反面（见第 26 章）。在某些情况中，提供一系列相似的物品可能对于用户用处不大，因为这样可能需要更长的时间来探索的物品范围。考虑一个度假推荐的例子[68]，系统推荐的是度假行程套餐。系统提供 5 个推荐，所有都是一个地方，不同的仅仅是旅馆的选择或者是景区的选择，所以这 5 个推荐并不是都有用的。用户可以观看不同的推荐地点，然后寻求对于他合适的地方的更详细的信息。

对于度量多样性常用的方法是使用物品——物品相似性，典型的是基于物品的内容，如 8.3.7 节中所述。然后，我们可以度量基于和、平均值、最小值和最大值的物品列表的多样性，或者度量每一个加入推荐列表的新物品与已经存在推荐列表的物品之间的多样性[8,80]。在评估的过程中，物品—物品相似性度量与计算推荐列表的算法采用的相似性度量是不同的。比如，可以使用代价更高的衡量标准评估，得到更精准的结果，而不是采用更适合在线计算的快速近似方法。

在多样性以耗费其他属性作为前提时，如精度[78]，可以计算曲线来评估精度的降低与多样性的增加。

例8.4 在一个图书推荐应用中，我们对向用户提供一组多样性的推荐结果是感兴趣的，并尽量给精度带来最小的影响。本节使用例 8.3 中的 $d(b, B)$ 作为距离度量。给定候选推荐，每个都含有一个可以控制推荐多样性的可调参数，我们训练每个算法在多样性参数值的范围。对于每个训练模型，按照以下方法计算精度得分和多样性得分；我们对每个算法先生成推荐列表，再去计算每个物品和其他列表的距离，计算平均结果以便获得一个多样性得分。在一个图形中绘制推荐的精度—多样性曲线，再根据主导曲线选择算法。◀

在辅助信息搜索的推荐中，我们认为更加多样的推荐将导致更短的搜索交互[68]。我们可以在在线实验中使用上述方法来度量交互序列长度，并作为一个多样性的代表。正如大多数情况需要在线实验，或许由于系统的其他因素导致更短的会话，为了验证该假设，可通过实验来证明。即在对比不同推荐之前，使用同样的预测引擎，利用不同的多样性阈值来对比。

8.3.9　效用

许多电子商务网站使用推荐系统是为了改善它们的销售量，例如提高交叉销售。在这些示例中，推荐引擎可通过网站产生的收益来判定[66]。一般来说，我们可以定义各种推荐系统去优化效用函数。对于上述情况下的推荐，衡量效用或推荐的期望效用可能比衡量推荐的精度更重要。也可以将其他的属性，比如多样性或惊喜度，看作效用函数的不同类型。我们定义效用为系统或用户从一次推荐中获取的价值。

效用可以从推荐引擎或推荐系统本身的角度来衡量。在度量用户受到推荐系统的效用时必须谨慎。首先，用户效用或偏好很难被捕捉和建模，很多研究致力于此[9,25,59]。其次，如何通过整合用户的效用来评价一个推荐系统也是不清晰的。例如，倘若用金钱作为一个效用，那么选择一个最小用户成本的推荐或许很具诱惑力的。然而，在最小回报假设中[69]，对于不同收入水平的用户而言，同样的钱所具有的效用并不相同。因此，诸如每个购买的平均消费并不是所有用户上的合理整合。

在一个用户可以评分物品的应用中，使用评分作为效用度量也是可行的[10]。例如在电影评分系统中，五颗星的评价被认为是优秀的电影，我们可以假定，与向用户推荐四颗星相比，推荐一个五颗星的电影具有一个很高的效用。由于用户对于评分的解释不同，因此在整合用户之前应该进行评分的标准化。

当我们向成功的推荐仅分配积极的效用时，也可以向不成功的推荐分配负效用。比如，如果某个推荐物品冒犯了用户，那么可以对该推荐分配负效用来惩罚该系统。我们可以基于列表中推荐物品的位置对每个推荐给予一定成本，也可从物品的效用中扣除。

对于所有的效用函数，推荐系统的标准评估是计算一个推荐的期望效用。在推荐系统仅预测一个单一物品时，比如基于时间分割来评价系统或试图预测序列中下一个物品时，一个合适的推荐值应该是物品的效用。在推荐系统预测 N 个物品的任务中，可以使用列表中正确推荐的效用之总和。在对于失败的推荐使用一个负效用时，那么总和是在所有推荐之上得到的（无论是成功还是失败的推荐）。正如8.3.2.3节中所讨论的，可以将效用整合到排序度量中。最后，可以基于最优的推荐列表使用最大可能效用来使得结果得分标准化。

说到推荐效用，在用户调查和在线实验情况下评价效用是很容易的。倘若选择网站的收入作为最大的效用，衡量各种推荐系统用户之间的收入变化是很容易的。当我们优化在线评估的用户效用变得困难时，这是因为用户发现结果的效用分配是很难的。然而，在许多情况下，用户可以说出推荐的一个结果比另一个结果更好。因此，为了排名候选方法，可以尝试引出用户偏好[31]。

8.3.10　风险

在一些情况下，一个推荐系统或许被认为是有潜在风险的。例如，在推荐股票时，用户希望规避风险，偏爱以较低期望增长的股票，但是最好也是低风险的。另一方面，用户或许想寻求风险的，喜欢那些有潜在高回报的股票。在这种情况下，可能希望评估不仅仅是从推荐中产生的价值，而且还希望有最小风险。

标准的评估风险敏感度的系统，不仅考虑期望效用，还需考虑效用方差。例如，我们可以使用一个参数 q 对比两个系统 $E[X] + q \cdot Var(X)$。当 q 为正时，该方法优选风险大的(也称为 Bold[50])推荐系统，并且当 q 为负时，系统倾向于规避风险的推荐系统。

8.3.11　健壮性

健壮性(见第28章)[注]是指在出现虚假信息的情况下推荐系统的稳定性[55]，尤其系统被故意插入影响推荐的虚假信息。随着越来越多的用户依赖于推荐系统来引导他们，通过影响系统来更改某一物品的评分对利害关系人可能是有利可图的。例如，酒店业主希望提高他们酒店的评分，他可以向系统注入对本酒店的积极评价或者竞争对手酒店的消极评价来实现。

这种对推荐有影响的意图通常被称为攻击[43,52]。当某个恶意用户有意地查询数据集或注入虚假信息以了解一些用户的私人信息时，协同攻击就会发生。在评估这样的系统时，由于系统的灵敏度因攻击方案的不同而不同，因此提供一个攻击方案的完整描述是十分重要的。

一般来说创建一个能免除任何攻击的系统是不切合实际的。在大多数情况下，能够注入无限量信息的攻击者可以以任意的方式操纵某项推荐。因此，更有用的做法是估计影响推荐的成本，尤其推荐是基于大量的注入信息来决定的。尽管理想的情况是从理论上分析成本来修改评分，但是这并不总是可行的。在某些情况下，我们可通过向系统的数据集中注入虚假信息来模拟一系列攻击，并通过实验度量一次成功攻击的平均成本[13,44]。

与本章讨论的其他评价指标相比，在一个在线实验中对一个真实系统很难预想执行一次攻击所带来的效果。然而，通过分析从在线系统收集的真实数据来识别针对系统执行的实际攻击，可能是富有成效的。

另一种类型的健壮性是指在极端条件下的稳定性，如大量请求发生时。虽然该情况讨论较少，但是这种健壮性对系统管理员来说是非常重要的，他们必须避免系统故障。在许多情况下，系统健壮性和基础设施是相关的，例如数据库软件或硬件配置，同时与可扩展性也是相关的(见8.3.14节)。

8.3.12　隐私

在一个协同过滤系统中，某些用户愿意表达出他对物品的偏好以期望得到有用的推荐(见第19章)。然而，对于大多数用户来说，保持自己的隐私也是很重要的，即没有第三方可以使用推荐系统去了解一些特定用户的偏好。

例如，考虑一个对美丽而又稀有的巴哈马兰花种植艺术感兴趣的用户购买了一本名为"离婚组织者和计划者"的书籍的情况。当该用户的配偶在挑选礼物时，浏览到"巴哈马和加勒比物种(卡特兰紫色及其亲属)"也可能会通过"买了该书的人还买了"的推荐购买离婚者组织的书籍，这样就会暴露个人的一些隐私。

一般来讲，对于一个推荐系统泄露私人信息，甚至是个人隐私，这是非常不恰当的。出于上述考虑，分析隐私一般趋向于聚焦在不好的情景中，在用户隐私信息可能泄露的情况下同时也说明了一些事实。有些研究者[21]通过评估隐私信息被泄露的用户所占比例来对比算法。在这样的研究中，假设完整的隐私是不现实的，因此必须要减少侵犯隐私。

其他的做法是定义不同程度的隐私，比如 k-识别[21]以及在不同程度的隐私下对比算法对隐私的敏感度。

注　原文这里显示第24章，但是第28章才是鲁棒性相关。——译者注

隐私保护需要以推荐的准确率作为代价。因此，谨慎地在它们之间寻求一个平衡是非常重要的。或许大多数信息实验，当隐私修正被增加到算法中去时，评估准确性（或其他平衡属性）可以需要或不需要修正信息[51]。

8.3.13　适应性

现实的推荐系统可以在物品集有很大变化的环境中或兴趣趋势经常改变的环境中运行。或许最显然的例子是新闻推荐系统或在线新闻网站的相关故事推荐[23]。在这种场景中，故事可能仅仅在短时间内是有趣的，随之变得过时。当未预料的新事件发生时，比如台风，人们会对此类事感兴趣，也会对一些相关的旧事物感兴趣，比如过去的关于台风的新闻。尽管这类问题类似于冷启动问题，但不完全一样，因为这些过时的没有作为感兴趣的新闻如今变得让人感兴趣了。

上述类型的适应性可通过分析推荐之前的信息量来离线评价。如果我们使用连续方式对推荐过程建模，即使在离线测设中，我们可以记录推荐一个故事前所需要的算法证据。一个算法在快速适应推荐的物品时，需要牺牲推荐的准确性。我们可以通过评估准确率和趋势改变的速度之间的平衡来比较两种算法。

另外一种适应性类型是适应用户的个人偏好进行评分[46]，或是在用户画像中改变[42]。例如，当用户对某个物品进行评分时，他们也希望一系列的推荐可以发生改变。如果推荐的结果保持不变，用户会认为他们提供的评分是无用的，以至于将不会继续评分。随着这种趋势评估的改变，可以对用户画像增加更多的信息后（如新的评分），在离线实验中可以再次评估推荐列表的改变。我们可以通过度量推荐列表在增加新信息的之前和之后的不同来评估算法。8.3.3 节的基尼系数和香农熵的例子可以用来度量用户画像变化时，对用户推荐的变化。

8.3.14　可扩展性

推荐系统通常希望被设计成能够帮助用户在大量物品集上进行导航的系统，系统设计者的目标之一也期望该系统可扩展到大型数据集上。因此，在要求系统对于由数以百万计的物品组成的庞大数据集可以提供快速的结果时（如文献[15]），通常需要在该属性与算法的其他属性之间做出权衡，比如精度或覆盖率。

随着数据集的增长，大多算法要么变得缓慢，要么需要额外的资源，比如计算能力或内存。计算机科学研究中评估算法复杂度的一个标准方法是对空间和时间的需求（已经完成的如文献[6，36]）。然而，在许多情况下，两个算法的复杂度要么是一样的，要么可通过改变某些参数降低复杂度，诸如模型的复杂度或样本大小。因此，为了理解系统的可扩展性，记录下系统在大型数据集下的系统消耗是有必要的。

可扩展性的度量主要是通过增长数据集的实验来获得，当任务进行扩展时，显示出系统的运行速度和对资源的消耗（参见文献[23]）。度量系统的支配协调能力也是十分重要的，例如，在一个相对小的数据集上，如果算法的准确性低于候选算法，有必要显示出准确率的不同。这种度量可以在诸如特定人物或某个探索方向上的推荐系统的潜力表现中提供重要的有价值的信息。

当推荐系统期望在许多情况下可以提供快速的在线推荐时，度量系统提供推荐的速度是十分重要的[27,62]。一个度量标准是系统的吞吐量，即系统每秒提供的推荐的数量。我们也可以度量延迟时间，即在线推荐所需要的时间。

8.4　结论

本章主要讨论了如何从候选算法集中选择一个最佳推荐算法以及推荐算法是如何被评价的。这对于实验中发掘更好的算法以及在为一个应用选择已存在的算法时是很重要的步骤。因此，许多评价机制在过去都已经被应用于算法选择的过程。

本章同时也考虑了设计在线和离线以及用户研究时需要解决的问题。本章强调了一些重要的评价指标，除了要求提供指标的分值之外，在设计推荐算法时额外的一些因素也需要被考虑。

本章还详细介绍了一些有时对于推荐系统来说至关重要的属性。对于这些属性集中的每一个属性，都给出了基于该属性的相关实验来对各种推荐算法进行排名。对于较少使用的那些属性，我们仅对这些属性的不同表现形式进行了简单的描述。实际应用中，需要实现的特定程序可以基于我们的通用准则为了特定属性上的表现而进行开发。

参考文献

1. Bailey, R.: Design of comparative experiments, vol. 25. Cambridge University Press Cambridge (2008)
2. Bamber, D.: The area above the ordinal dominance graph and the area below the receiver operating characteristic graph. Journal of Mathematical Psychology **12**, 387–415 (1975)
3. Benjamini, Y., Hochberg, Y.: Controlling the false discovery rate: a practical and powerful approach to multiple testing. Journal of the Royal Statistical Society. Series B (Methodological) pp. 289–300 (1995)
4. Bickel, P.J., Ducksum, K.A.: Mathematical Statistics: Ideas and Concepts. Holden-Day (1977)
5. Bonhard, P., Harries, C., McCarthy, J., Sasse, M.A.: Accounting for taste: using profile similarity to improve recommender systems. In: CHI '06: Proceedings of the SIGCHI conference on Human Factors in computing systems, pp. 1057–1066. ACM, New York, NY, USA (2006)
6. Boutilier, C., Zemel, R.S.: Online queries for collaborative filtering. In: In Proceedings of the Ninth International Workshop on Artificial Intelligence and Statistics (2002)
7. Box, G.E.P., Hunter, W.G., Hunter, J.S.: Statistics for Experimenters. Wiley, New York (1978)
8. Bradley, K., Smyth, B.: Improving recommendation diversity. In: Twelfth Irish Conference on Artificial Intelligence and Cognitive Science, pp. 85–94 (2001)
9. Braziunas, D., Boutilier, C.: Local utility elicitation in GAI models. In: Proceedings of the Twenty-first Conference on Uncertainty in Artificial Intelligence, pp. 42–49. Edinburgh (2005)
10. Breese, J.S., Heckerman, D., Kadie, C.M.: Empirical analysis of predictive algorithms for collaborative filtering. In: UAI, pp. 43–52 (1998)
11. Burke, R.: Evaluating the dynamic properties of recommendation algorithms. In: Proceedings of the Fourth ACM Conference on Recommender Systems, RecSys '10, pp. 225–228. ACM, New York, NY, USA (2010)
12. Celma, O., Herrera, P.: A new approach to evaluating novel recommendations. In: RecSys '08: Proceedings of the 2008 ACM conference on Recommender systems, pp. 179–186. ACM, New York, NY, USA (2008)
13. Chirita, P.A., Nejdl, W., Zamfir, C.: Preventing shilling attacks in online recommender systems. In: WIDM '05: Proceedings of the 7th annual ACM international workshop on Web information and data management, pp. 67–74. ACM, New York, NY, USA (2005)
14. Cramer, H., Evers, V., Ramlal, S., Someren, M., Rutledge, L., Stash, N., Aroyo, L., Wielinga, B.: The effects of transparency on trust in and acceptance of a content-based art recommender. User Modeling and User-Adapted Interaction **18**(5), 455–496 (2008)
15. Das, A.S., Datar, M., Garg, A., Rajaram, S.: Google news personalization: scalable online collaborative filtering. In: WWW '07: Proceedings of the 16th international conference on World Wide Web, pp. 271–280. ACM, New York, NY, USA (2007)
16. Dekel, O., Manning, C.D., Singer, Y.: Log-linear models for label ranking. In: NIPS'03, pp.–1–1 (2003)
17. Demšar, J.: Statistical comparisons of classifiers over multiple data sets. J. Mach. Learn. Res. **7**, 1–30 (2006)
18. Deshpande, M., Karypis, G.: Item-based top-N recommendation algorithms. ACM Transactions on Information Systems **22**(1), 143–177 (2004)
19. Fischer, G.: User modeling in human-computer interaction. User Model. User-Adapt. Interact. **11**(1–2), 65–86 (2001)
20. Fleder, D.M., Hosanagar, K.: Recommender systems and their impact on sales diversity. In: EC '07: Proceedings of the 8th ACM conference on Electronic commerce, pp. 192–199. ACM, New York, NY, USA (2007)

21. Frankowski, D., Cosley, D., Sen, S., Terveen, L., Riedl, J.: You are what you say: privacy risks of public mentions. In: SIGIR '06: Proceedings of the 29th annual international ACM SIGIR conference on Research and development in information retrieval, pp. 565–572. ACM, New York, NY, USA (2006)

22. Fredricks, G.A., Nelsen, R.B.: On the relationship between spearman's rho and kendall's tau for pairs of continuous random variables. Journal of Statistical Planning and Inference **137**(7), 2143–2150 (2007)

23. George, T.: A scalable collaborative filtering framework based on co-clustering. In: Fifth IEEE International Conference on Data Mining, pp. 625–628 (2005)

24. Greenwald, A.G.: Within-subjects designs: To use or not to use? Psychological Bulletin **83**, 216–229 (1976)

25. Haddawy, P., Ha, V., Restificar, A., Geisler, B., Miyamoto, J.: Preference elicitation via theory refinement. Journal of Machine Learning Research **4**, 2003 (2002)

26. Herlocker, J.L., Konstan, J.A., Riedl, J.T.: Explaining collaborative filtering recommendations. In: CSCW '00: Proceedings of the 2000 ACM conference on Computer supported cooperative work, pp. 241–250. ACM, New York, NY, USA (2000)

27. Herlocker, J.L., Konstan, J.A., Riedl, J.T.: An empirical analysis of design choices in neighborhood-based collaborative filtering algorithms. Inf. Retr. **5**(4), 287–310 (2002). DOI http://dx.doi.org/10.1023/A:1020443909834

28. Herlocker, J.L., Konstan, J.A., Terveen, L.G., Riedl, J.T.: Evaluating collaborative filtering recommender systems. ACM Trans. Inf. Syst. **22**(1), 5–53 (2004). DOI http://doi.acm.org/10.1145/963770.963772

29. Hijikata, Y., Shimizu, T., Nishida, S.: Discovery-oriented collaborative filtering for improving user satisfaction. In: IUI '09: Proceedings of the 13th international conference on Intelligent user interfaces, pp. 67–76. ACM, New York, NY, USA (2009)

30. Hu, R., Pu, P.: A comparative user study on rating vs. personality quiz based preference elicitation methods. In: IUI, pp. 367–372 (2009)

31. Hu, R., Pu, P.: A comparative user study on rating vs. personality quiz based preference elicitation methods. In: IUI Ó9: Proceedings of the 13th international conference on Intelligent user interfaces, pp. 367–372. ACM, New York, NY, USA (2009)

32. Hu, R., Pu, P.: A study on user perception of personality-based recommender systems. In: UMAP, pp. 291–302 (2010)

33. Järvelin, K., Kekäläinen, J.: Cumulated gain-based evaluation of ir techniques. ACM Trans. Inf. Syst. **20**(4), 422–446 (2002). DOI http://doi.acm.org/10.1145/582415.582418

34. Jones, N., Pu, P.: User technology adoption issues in recommender systems. In: Networking and Electronic Conference (2007)

35. Jung, S., Herlocker, J.L., Webster, J.: Click data as implicit relevance feedback in web search. Inf. Process. Manage. **43**(3), 791–807 (2007)

36. Karypis, G.: Evaluation of item-based top-n recommendation algorithms. In: CIKM '01: Proceedings of the tenth international conference on Information and knowledge management, pp. 247–254. ACM, New York, NY, USA (2001)

37. Kendall, M.G.: A new measure of rank correlation. Biometrika **30**(1–2), 81–93 (1938)

38. Kendall, M.G.: The treatment of ties in ranking problems. Biometrika **33**(3), 239–251 (1945)

39. Kohavi, R., Deng, A., Frasca, B., Walker, T., Xu, Y., Pohlmann, N.: Online controlled experiments at large scale. In: Proceedings of the 19th ACM SIGKDD International Conference on Knowledge Discovery and Data Mining, KDD '13, pp. 1168–1176. ACM, New York, NY, USA (2013)

40. Kohavi, R., Longbotham, R., Sommerfield, D., Henne, R.M.: Controlled experiments on the web: survey and practical guide. Data Min. Knowl. Discov. **18**(1), 140–181 (2009)

41. Konstan, J.A., McNee, S.M., Ziegler, C.N., Torres, R., Kapoor, N., Riedl, J.: Lessons on applying automated recommender systems to information-seeking tasks. In: AAAI (2006)

42. Koychev, I., Schwab, I.: Adaptation to drifting user's interests. In: In Proceedings of ECML2000 Workshop: Machine Learning in New Information Age, pp. 39–46 (2000)

43. Lam, S.K., Frankowski, D., Riedl, J.: Do you trust your recommendations? an exploration of security and privacy issues in recommender systems. In: In Proceedings of the 2006 International Conference on Emerging Trends in Information and Communication Security (ETRICS) (2006)

44. Lam, S.K., Riedl, J.: Shilling recommender systems for fun and profit. In: WWW '04: Proceedings of the 13th international conference on World Wide Web, pp. 393–402. ACM, New York, NY, USA (2004)

45. Lehmann, E.L., Romano, J.P.: Testing statistical hypotheses, third edn. Springer Texts in

Statistics. Springer, New York (2005)

46. Mahmood, T., Ricci, F.: Learning and adaptivity in interactive recommender systems. In: ICEC '07: Proceedings of the ninth international conference on Electronic commerce, pp. 75–84. ACM, New York, NY, USA (2007)

47. Marlin, B.M., Zemel, R.S.: Collaborative prediction and ranking with non-random missing data. In: Proceedings of the 2009 ACM Conference on Recommender Systems, RecSys 2009, New York, NY, USA, October 23–25, 2009, pp. 5–12 (2009)

48. Massa, P., Bhattacharjee, B.: Using trust in recommender systems: An experimental analysis. In: In Proceedings of iTrust2004 International Conference, pp. 221–235 (2004)

49. McLaughlin, M.R., Herlocker, J.L.: A collaborative filtering algorithm and evaluation metric that accurately model the user experience. In: SIGIR '04: Proceedings of the 27th annual international ACM SIGIR conference on Research and development in information retrieval, pp. 329–336. ACM, New York, NY, USA (2004)

50. McNee, S.M., Riedl, J., Konstan, J.A.: Making recommendations better: an analytic model for human-recommender interaction. In: CHI '06: CHI '06 extended abstracts on Human factors in computing systems, pp. 1103–1108. ACM, New York, NY, USA (2006)

51. McSherry, F., Mironov, I.: Differentially private recommender systems: building privacy into the netflix prize contenders. In: KDD '09: Proceedings of the 15th ACM SIGKDD international conference on Knowledge discovery and data mining, pp. 627–636. ACM, New York, NY, USA (2009)

52. Mobasher, B., Burke, R., Bhaumik, R., Williams, C.: Toward trustworthy recommender systems: An analysis of attack models and algorithm robustness. ACM Trans. Internet Technol. **7**(4), 23 (2007)

53. Murakami, T., Mori, K., Orihara, R.: Metrics for evaluating the serendipity of recommendation lists. New Frontiers in Artificial Intelligence **4914**, 40–46 (2008)

54. Nguyen, T.T., Kluver, D., Wang, T.Y., Hui, P.M., Ekstrand, M.D., Willemsen, M.C., Riedl, J.: Rating support interfaces to improve user experience and recommender accuracy. In: Proceedings of the 7th ACM Conference on Recommender Systems, RecSys '13, pp. 149–156. ACM, New York, NY, USA (2013)

55. O'Mahony, M., Hurley, N., Kushmerick, N., Silvestre, G.: Collaborative recommendation: A robustness analysis. ACM Trans. Internet Technol. **4**(4), 344–377 (2004)

56. Pfleeger, S.L., Kitchenham, B.A.: Principles of survey research. SIGSOFT Softw. Eng. Notes **26**(6), 16–18 (2001)

57. Pu, P., Chen, L.: Trust building with explanation interfaces. In: IUI '06: Proceedings of the 11th international conference on Intelligent user interfaces, pp. 93–100. ACM, New York, NY, USA (2006)

58. Pu, P., Chen, L., Hu, R.: A user-centric evaluation framework for recommender systems. In: Proceedings of the Fifth ACM Conference on Recommender Systems, RecSys '11, pp. 157–164. ACM, New York, NY, USA (2011)

59. Queiroz, S.: Adaptive preference elicitation for top-k recommendation tasks using gai-networks. In: AIAP'07: Proceedings of the 25th conference on Proceedings of the 25th IASTED International Multi-Conference, pp. 579–584. ACTA Press, Anaheim, CA, USA (2007)

60. Russell, M.L., Moralejo, D.G., Burgess, E.D.: Paying research subjects: participants' perspectives. Journal of Medical Ethics **26**(2), 126–130 (2000)

61. Salzberg, S.L.: On comparing classifiers: Pitfalls toavoid and a recommended approach. Data Min. Knowl. Discov. **1**(3), 317–328 (1997)

62. Sarwar, B., Karypis, G., Konstan, J., Reidl, J.: Item-based collaborative filtering recommendation algorithms. In: WWW '01: Proceedings of the 10th international conference on World Wide Web, pp. 285–295. ACM, New York, NY, USA (2001)

63. Sarwar, B., Karypis, G., Konstan, J., Riedl, J.: Analysis of recommendation algorithms for e-commerce. In: EC '00: Proceedings of the 2nd ACM conference on Electronic commerce, pp. 158–167. ACM, New York, NY, USA (2000)

64. Schein, A.I., Popescul, A., Ungar, L.H., Pennock, D.M.: Methods and metrics for cold-start recommendations. In: SIGIR '02: Proceedings of the 25th annual international ACM SIGIR conference on Research and development in information retrieval, pp. 253–260. ACM, New York, NY, USA (2002)

65. Shani, G., Chickering, D.M., Meek, C.: Mining recommendations from the web. In: RecSys '08: Proceedings of the 2008 ACM Conference on Recommender Systems, pp. 35–42 (2008)

66. Shani, G., Heckerman, D., Brafman, R.I.: An mdp-based recommender system. Journal of Machine Learning Research **6**, 1265–1295 (2005)

67. Shani, G., Rokach, L., Shapira, B., Hadash, S., Tangi, M.: Investigating confidence displays for top-n recommendations. JASIST **64**(12), 2548–2563 (2013)
68. Smyth, B., McClave, P.: Similarity vs. diversity. In: ICCBR, pp. 347–361 (2001)
69. Spillman, W., Lang, E.: The Law of Diminishing Returns. World Book Company (1924)
70. Steck, H.: Item popularity and recommendation accuracy. In: Proceedings of the Fifth ACM Conference on Recommender Systems, RecSys '11, pp. 125–132. ACM, New York, NY, USA (2011)
71. Steck, H.: Evaluation of recommendations: rating-prediction and ranking. In: Seventh ACM Conference on Recommender Systems, RecSys '13, Hong Kong, China, October 12–16, 2013, pp. 213–220 (2013)
72. Swearingen, K., Sinha, R.: Beyond algorithms: An hci perspective on recommender systems. In: ACM SIGIR 2001 Workshop on Recommender Systems (2001)
73. Van Rijsbergen, C.J.: Information Retrieval. Butterworth-Heinemann, Newton, MA, USA (1979)
74. Voorhees, E.M.: Overview of trec 2002. In: In Proceedings of the 11th Text Retrieval Conference (TREC 2002), NIST Special Publication 500-251, pp. 1–15 (2002)
75. Voorhees, E.M.: The philosophy of information retrieval evaluation. In: CLEF '01: Revised Papers from the Second Workshop of the Cross-Language Evaluation Forum on Evaluation of Cross-Language Information Retrieval Systems, pp. 355–370. Springer-Verlag, London, UK (2002)
76. Yao, Y.Y.: Measuring retrieval effectiveness based on user preference of documents. J. Amer. Soc. Inf. Sys **46**(2), 133–145 (1995)
77. Yilmaz, E., Aslam, J.A., Robertson, S.: A new rank correlation coefficient for information retrieval. In: Proceedings of the 31st Annual International ACM SIGIR Conference on Research and Development in Information Retrieval, SIGIR '08, pp. 587–594. ACM, New York, NY, USA (2008)
78. Zhang, M., Hurley, N.: Avoiding monotony: improving the diversity of recommendation lists. In: RecSys '08: Proceedings of the 2008 ACM conference on Recommender systems, pp. 123–130. ACM, New York, NY, USA (2008)
79. Zhang, Y., Callan, J., Minka, T.: Novelty and redundancy detection in adaptive filtering. In: SIGIR '02: Proceedings of the 25th annual international ACM SIGIR conference on Research and development in information retrieval, pp. 81–88. ACM, New York, NY, USA (2002)
80. Ziegler, C.N., McNee, S.M., Konstan, J.A., Lausen, G.: Improving recommendation lists through topic diversification. In: WWW 05: Proceedings of the 14th international conference on World Wide Web, pp. 22–32. ACM, New York, NY, USA (2005)

使用用户实验评估推荐系统

Bart P. Knijnenburg 和 Martijn C. Willemsen

9.1 简介

传统的推荐系统领域使用算法准确度和查准率指标对其结果进行评估(见第 8 章为推荐系统评价所做的概述)。Netflix 公司组织了百万美元奖金的竞赛,以提高其电影推荐算法[7]的准确性。然而,近年来研究人员已经认识到,一个推荐系统的目标远远超出进行准确的预测;其主要的目的在于通过发现相关的内容或物品从而为用户提供个性化的帮助[72]。

这引起了本领域的两个重要的变化。第一个变化是由 McNee 等人[83]引发的。他们认为"做到准确是不够的",而应该改为"从以用户为中心的角度研究推荐系统,使得系统不仅准确和有用,而且使用户享受使用过程"(文献[83]第 1101 页)。McNee 等人建议从评估指标层面拓宽研究范围,开展在精度指标之外的研究。该建议已经催生了一个研究领域。该领域通过在线用户实验过程中的以用户为中心的评价指标来评估推荐系统。这些指标包括行为(如用户留存和消费)和态度(如可用性,选择满意度和感知有用性;参见文献[67,95])。

第二个变化是从系统层面拓展研究的范围,探索算法之外的部分。在本质上,推荐系统将算法应用于用户的输入,以期得到某种个性化的输出。这意味着,除了算法,任何推荐系统都需要有两个重要的交互组件:用户提供输入的机制以及用户接收系统的输出的方式。McNee 等人[84]意识到这些交互组件的重要性,建议研究者应该把更多精力放在"人—推荐交互学(Human-Recommender Interaction)"上,并研究这些交互组件。此外,Martin 在其 RecSys 2009 的主题演讲中,强调了这项工作的重要性:他认为 50% 左右的商业成功应归功于交互组件;同时,他挑衅似地估计算法只贡献了 5%[81]。实际上,研究已经表明,偏好诱导机制和推荐展示方式,对用户对推荐系统的认可度,评价及其使用行为,都有着实质性影响(参见文献[19,67,96])。

这两个变化使本领域逐渐采取更广泛的视角来看待推荐系统的用户体验[72]。然而,目前大多数推荐系统领域的研究主要还是着重于创造更好的算法,然后进行离线机器学习的评价,而不进行"在线的"用户实验。因此,那些研究的贡献局限于其宣称的算法准确度和查准率优势;由于没有进行任何以用户为中心的评价,难以推断它们在"使用户拥有愉快、有用的个性化体验"这一以用户为中心的目标上也有这些优势。

对推荐系统的用户体验进行适当评价需要进行**用户实验**⊖,·无论是以实验室实验还是随机对照实验的形式(包括但不限于传统的 A/B 测试)。本书这一章旨在作为对有志于对其推荐系统进行用户实验的学生和研究人员的指导,并作为会议与期刊的编辑和审稿人评价稿件的指导。为此,本章将提供理论和实践的指导方针。理论部分以 Knijnenburg 等人[67]所描述的"以

⊖ 我们使用术语"用户实验"来代表用于验证用户与推荐系统交互的理论的实验条件和正式度量。它与"用户研究"不同。"用户研究"往往是小规模的观察研究,常常被用于推荐系统的易用性的迭代改进。

B. P. Knijnenburg, Clemson University, Clemson, SC, USA, e-mail: bartk@ clemson. edu.

M. C. Willemsen, Eindhoven University of Technology, Eindhoven, The Netherlands e-mail: m. c. willemsen@ tue. nl.

翻译:孙明明 审核:吴宾

用户为中心的推荐系统评价框架"为开端。我们随后使用这个框架,突出推荐系统及其用户中可能成为研究对象的要点。我们将说明其中哪些已经经过验证,文献中存在哪些空白。在实践部分,我们提供了关于设置、实施和分析用户实验过程中所涉及的所有步骤的指导方针。其中,理论框架将用于解释这些指导方针,并阐述其动机。

本章基于已发表的大量推荐系统研究案例,旨在对用户实验做出实践的指引,以及简明而全面的介绍。我们鼓励那些以严肃的态度来实施用户实验的读者在读完本章后继续他们的学习过程。为此,我们在本章的结论部分列出了一些优秀的教材。

9.2 理论基础与现有工作

开展良好的实验的要素之一,是有一个关于系统各要件在评估中如何相互作用(见9.3.1节)的良好的研究模型(或描述性理论,参见[53])。这样的模型通常是基于一个成型的理论和现有的研究,然后识别未知参数,并制定有关这些参数的可检验的假设。为了在理论发展过程中添加一些支撑结构,有必要在一个理论框架内部将用户和推荐系统之间的交互概念化。已存在几个这样的框架(参见[84,95]),但我们选择围绕 Knijnenburg 等人[67]所描述的"以用户为中心的推荐系统评价框架"来组织本章结构。

9.2.1 理论基础:Knijnenburg 等人提出的评估框架

Knijnenburg 等人[67]所述的框架包含两个层次(见图9-1)。上层是一个关于用户如何体验交互式信息系统的中层"EP 型"理论○。一个中层理论是一种适用于一个特定的,但可合理通用化的场景(本例中使用交互式信息系统)的人类行为理论。"EP 型"理论是可以用来解释(E)所描述的行为,并预测(P)特定情况下用户行为的理论。构成 Knijnenburg 等人框架的上层理论组合○了许多现有理论,包括态度和行为理论[2~4,37]、技术接受理论[26,116],以及用户体验理论[46,47]。具体而言,它描述了用户对系统中的关键功能(客观系统要件,Objective System Aspects,或 OSA)的主观解释(主观系统要件,Subjective System Aspects,或 SSA)如何影响他们对系统的体验(Experience,EXP)及其与系统的互动(Interaction,INT)。注意,该框架的上层可能可以应用于推荐系统之外的领域。

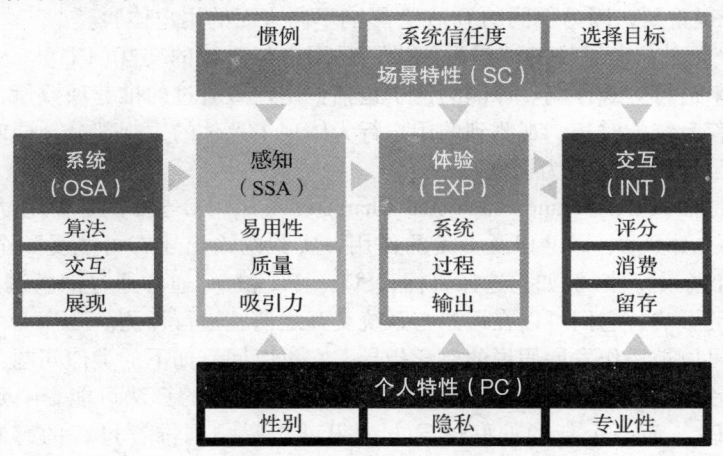

图9-1 以用户为中心的评估框架[67]的升级版本

○ 各种理论类型的分类系统参见文献[45]。
○ 类似 Hassenzahl[46,47],我们的框架描述了在技术使用中,而非技术接受的长期现象中的体验构成。但它使用态度–行为理论[2~4,37](技术接受模型中的著名理论结构[26,116])将此模型扩展到行为因果关系。

Knijnenburg 等人的框架底层是一个将推荐系统相关的构造分类到这些上层概念的分类体系（源于推荐系统要件的相关分析型框架[84,95,122]）。这些构造可以用于将上层理论转化为具体的推荐系统评价研究的模型。上层理论和底层分类相结合，使我们的框架比文献[84]更加可实施（因为 EP 型理论对特定的研究假设提供了具体的建议），并且比文献[95]更通用（因为 EP 型理论是生成式的，这使我们的框架更容易适配推荐系统研究的新领域）。Knijnenburg 等人的框架已在数个发表或未发表的研究中投入实践。这使我们能够使用该框架现有应用中的例子来说明我们的许多实践准则。

图 9-1 显示了 Knijnenburg 等人[67]的评估框架的升级版本⊖。它将用户为中心的推荐系统评估表示为六个相互关联的概念成分：

客观系统要件（Objective System Aspects，OSA）：推荐系统是典型的多方面系统，因此应对其评估进行简化，每次实验仅考虑系统所有要件的一个子集。客观系统要件，是当前正在被评估的系统的要件。算法，输入（交互）机制（例如用于提供推荐反馈的打分范围），输出（展现）机制（例如展现的推荐项数量及其布局）均可被看作一个客观系统要件。

主观系统要件（Subjective System Aspects，SSA）：虽然我们最终感兴趣的是 OSA 对用户体验（EXP）与交互（INT）所施加的作用，我们还是需要将主观系统方面（SSA）看作这些作用的中间变量。SSA 是用户对 OSA 的感知。SSA 通过针对那些已经完成（或正在进行）系统交互的用户（见 9.3.4 节）进行问卷调查来评估。对 SSA 进行评测的必要性在于，推荐系统要件（如算法）的渐进改进通常幅度很小，从而可能被忽略。SSA 有助于确定用户是否感知到一个特定的系统要件，而此感知独立于他们对此要件的评价。例如，如果一个改进系统并未达到预期的用户满意度提升，"感知到的推荐质量"这一 SSA 可以被用于调查究竟是用户没有注意到此改进，还是他们注意到但是不喜欢此改进。SSA 传导了 OSA 对 EXP 的作用，由此解释了 OSA 是怎样以及为何影响 EXP 的，并且增加了这条因果链的鲁棒性。

用户体验（User Experience，EXP）：用户体验要素（EXP）是用户自身对推荐系统质量的评价。用户体验亦可通过问卷调查来评测。体验可以与系统使用的多个方面相关，即对推荐系统本身的评估（例如，感知到的系统有效性；系统 EXP），对使用系统的过程的评估（例如，表达偏好，浏览或选择推荐物品；过程 EXP），或者对选定物品的评价（例如，选择满意度；输出 EXP）。这些区分很重要，因为不同的 OSA 会影响不同方面的用户体验。

交互（INT）：评估推荐系统的"最后一步"是用户与系统的交互（INT）。交互行为可以通过记录用户点击来进行客观评测。评测的例子包括：用户查验过的推荐项数量，他们的评分反馈，他们使用推荐系统的时长。观测到的用户行为体现了评估的主观部分。同时，主观部分为观测到的（有时是反直觉的）行为提供解释。

个人与场景特性（Personal and Situational Characteristics，PC 与 SC）：尽管大多数用户实验的目标是测试 OSA 对 SSA、EXP 以及 INT 的作用，实验的输出还有可能受到个人特性（例如、领域知识；PC）和场景特性（例如，选择目标；SC）。PC 和 SC 通常通过问卷调查来评测⊖。由于它们不受系统的影响，它们可以在用户与系统交互之前就进行评测。

此评估框架可以被用作发展假说的概念指导。它可以回答如下的类似问题：

此 OSA 可能会影响到哪一个 EXP 要件？例如，一个改进的算法可能影响到推荐系统的用户评价（输出 EXP），而一个新的偏好诱导方法很可能影响到推荐过程的感知有效性（过程

⊖ 基于从该框架的各种实验中得到的洞察，我们在原有框架中加入了从"个人与场景特性（Personal and SituationCharacteristics）"到"主观系统要件（Subjective System Aspects）"的路径。

⊖ 某些情况下，PC 与 SC 可以通过用户行为推断出来，例如观察点击流可以告诉我们用户属于哪个细分市场[44]。SC 亦可被操纵，例如，事先指导用户使用具体或抽象的思维方式来对待推荐系统[71,120]。

EXP)。二者均可能影响到系统本身的用户满意度(系统 EXP)。

哪些 SSA 可以用于解释这些作用? 例如,某些算法可能产生更准确的推荐,而别的算法可能会提升推荐的多样性。二者均可提升用户满意度,但是原因不同。

哪些 PC 和 SC 可能会缓和这些影响? 例如,用户对于准确性和多样性的偏好可能取决于其选择目标(SC)。最恰当的偏好诱导方法可能取决于用户的领域知识(PC)。

如同大多数理论[2~4,26,37,116],Knijnenburg 等人[67]的评估框架的上层理论是**生成式**的:实验者应当将 OSA、SSA、EXP 与 INT 之间的联系看作自己的描述模型的蓝图,并根据他们的实验定制自己的可度量的构建和操作。这样,该框架可以帮助回答那些与系统评估明确相关的问题。

9.2.2　现有以用户为中心的研究概览以及有前景的方向

推荐系统中用户实验的主要贡献是针对以下问题的实证评价:在可能被 PC 与 SC 限定的情况下,选定的 OSA 是如何影响用户体验的。为了帮助选择有趣的研究课题,我们提供了在过去已被研究的 OSA 的概览,以及一些今后工作的有希望的方向。当研究人员书写其论文的相关工作部分时,我们建议他们查阅现有的、针对以用户为中心的推荐系统的概览,比如下面的这些:

- Xiao 和 Benbasat[122]为 47 项面向"推荐智能体"的,以用户为中心的经验性研究提供了全面的概览和综述。他们的综述包含一个概念模型,其为 Knijnenburg 等人[67]框架提供了灵感。作者们最近更新了他们的概览[123]。
- Pu 等人[96]提供了对以用户为中心的推荐系统研究发展现状的概览。他们的综述包含许多针对推荐系统开发者的实践设计指导(请参阅第 10 章)。
- Konstan 和 Riedl[72]在历史背景下考察推荐系统的用户为中心的评估。他们聚焦于以用户为中心在推荐系统技术层面的含义。

在这里,我们讨论推荐系统中常被研究的 OSA。将一个推荐系统设想为一个处理输入以产生输出的通用系统,主要的 OSA 类别是输入(偏好诱导)、处理(算法)和输出(推荐和展现它们)。我们的概览的目标读者是希望评估推荐系统中用户体验的研究者。希望以推荐系统为手段来研究人类决策的研究者请参考第 18 章的全面介绍。

9.2.2.1　偏好诱导方法

推荐系统用于诱导用户偏好的四种最常见方法是:评分尺度、属性权重、评论以及隐含的行为。评分尺度是最常用的方法。它们有不同的粒度:可以是二值(点赞/讨厌),常见的星级评级(5 星或 10 个半星)以及滑块(任意数量的步骤)。研究表明,在不同的评分尺度下,用户行为会产生差异[42]。用户似乎更喜欢五星和 10 个半星尺度[15,23,28,42,106]。更为精细的评级方法需要花费更多精力,但也能提供更多的信息[60]。无论评级尺度如何,用户评分通常是不准确的[5,100]。采用评分任务来帮助用户,可以提高评级的精度[87]。

使用属性权重的偏好诱导方法源于决策分析领域,其中多属性效用理论被当作理性决策的标准[9]。此领域的早期工作表明:与静态浏览工具相比,基于属性的推荐系统导致更好的决策和更少的工作。但此收益会受到领域知识的制约:只有专家会对基于属性的推荐系统及其输出更满意;对于新手,使用需求或样例的方式表达喜好可能会工作得更好[65,66,98]。

另一种诱导偏好的方法是样例评论。在这种方法中,用户反复对推荐的样例提供详细的反馈。此领域中大量以用户为中心的工作(总结见文献[19])显示,样例评论系统可以节省认知精力并提高决策的准确性。此外,提供建议评论来辅助用户似乎提高了用户的决策信心[16]。另一方面,Lee 和 Benbasat[77]表明,突出了权衡的偏好诱导方法可能会增加用户取舍困难。

推荐系统需要一定数量的评分才能产生准确的推荐，但不是所有的用户都会对很多物品进行评分。这就是所谓的"冷启动问题"。在这种情况下，隐含的行为反馈，如浏览或购买/消费行为，可以用来计算推荐结果。在文献[67]中，我们比较了在推荐中使用显式和隐式反馈的不同效果。这项研究的结果表明，隐式反馈推荐系统可以提供更高质量的推荐，由此导致较高的感知系统有效性和较高的选择满意度。研究结果还表明，用户希望基于显示反馈的推荐结果更加多样，所以多样性是推荐系统的另一个好性质（参见文献[120，121，126]，并参见第26章）。最佳的解决方案是共同使用显式和隐式反馈创建一个混合的系统。Koren等人[73]表明，这种混合推荐系统通常比单纯的隐式反馈系统以及显式反馈系统都准确（参见第23章）。在文献[65]中，我们表明，对于专家来说，混合推荐系统是特别令人满意和有效的；但对于新手，它们似乎过于复杂了。

解决冷启动问题的另一种方法是鼓励用户多给物品评分。此方面的工作表明，使用户标注更多物品的最佳途径是：在交互中尽早展示好的推荐，以便向用户展示标注的好处[33,39,68]。

未来的工作可以对上面所列的偏好诱导范例进行更全面的评价，或者探讨最合适的偏好诱导方法以怎样的方式依赖于用户的个体属性[65]，并依赖于场景特性（如用户的当前心态或选择目标）。

9.2.2.2　算法

正如在简介中提到的，算法通常是在离线环境下评价。更精确的算法往往被认为导致更高质量的推荐以及更有效的系统，但这并不总是事实。例如，McNee等人[82]发现用户认为他们的最准确的算法是最没用的；Torres等人[112]发现用户最满意的是他们的最不准确的算法。尽管普遍认为，推荐系统的研究应超越离线评估，迈向以用户为中心的研究[72]，但令人惊讶的是，很少有关于算法解决方案的研究论文使用用户满意度来评估他们提出的算法（一些例外是文献[29，25，31，99]）。鉴于McNee等人[82]和Torres等人[112]的结果，我们强烈建议算法开发者验证算法的准确性提升是否导致了用户满意度的提升。

9.2.2.3　推荐与其展示

推荐列表的组成和演示对用户体验有很强的影响。在优秀的推荐物品中进行选择是一项困难的任务，可能会导致一种叫作"选择过载"的现象[12]。克服选择过载是推荐展示方面研究面临的主要挑战之一。较长的推荐列表可以吸引更多的注意力[109]，但一般都难以从中选择[6,12]。多样化的推荐似乎是一种很好的解决选择过载的方法，因为多样化的列表即便在很短的时候也是有吸引力的[121,126,120]。事实上，非个性化的多样化的列表可以与个性化推荐具有同样的吸引力[67]。源源不断的研究已经考虑了多样化推荐的算法解决方案[1,76,115,124,125]。需要更多的研究来探查这些算法解决方案是否确实导致了可感知的更多样化的推荐，以及这些推荐是否降低了选择过载并提高了用户满意度。

屏幕上推荐的布局决定了用户对每个推荐项的关注量。在一个垂直列表中，用户更多关注的是前几个物品，而对列表底部的物品关注较少[12]。但当使用网格布局时，这种衰减会少得多[18]。在一个网格布局中，最相关的物品被选择放在网格左上角[57]。Chen和Tsoi[20]表明，如果推荐分成两页，那么在第二页的物品的点击会非常少。通过比较列表、网格和饼图（圆形）布局的推荐，他们发现用户对饼图布局有着轻微的偏好。但是这个布局在屏幕上占用了更多的空间。

在许多商业推荐系统中，推荐项被组织成不同的类别。Chen和Pu[17]已经开发了一个"基于偏好的组织界面"，其使用类别作为评论的基础。在他们的系统中，主要类别包括了用户的最佳推荐，而其他每个类别进行权衡探索。Hu和Pu[52]表明，这种分类增加了推荐的感知多样性。除此之外，推荐的分类在学术界并没有受到太多关注，但消费者研究的文献[85,103]表明，分类使得用户的选择任务结构化，并有助于克服选择过载。

　　推荐系统的另一个挑战是解释他们的推荐结果（概览参见文献[41，40，110]）。解释可以基于相似用户的喜好（例如"与你类似的用户给这个物品打了高分"），相似的物品（例如"它与你喜欢的其他物品很相似"），或感兴趣的属性/关键词（例如"它有你喜欢的属性"）。解释的呈现方式可以是文本的（例如数字、关键词、文本或标签云），也可以是可视化的（如柱状图或饼图）。研究发现，用户喜欢解释[50]，解释增加了用户对推荐过程的理解[41,117]，提升了用户对推荐质量，以及系统完备性和的友善性的信任[24,36,119]（第 20 章对信用和信任进行了更多讨论）。这反过来又增加了他们的购买意向[118]和他们回头再次使用系统的意向[94]。

　　哪种解释最有效？比较不同类型解释策略的研究发现，基于相似用户的偏好的解释是有说服力的：用户倾向于高估采用此种解释的推荐的质量[10,41,50]。基于物品和关键词的解释产生更准确的预期[10,41]，并最终导致更高的满意度[41,108]。最后，Pu 和 Chen 表明，精心组织的推荐列表，也可以被认为是一个隐含的解释[94]。这种类型的解释几乎不产生认知开销。

　　Tintarev 和 Masthoff[111]探索了为用户提供个性化解释的想法。他们表明，用户倾向于喜欢个性化的解释，但实际效果可能差于普通的解释。社交推荐引擎使用用户的朋友而非匿名的近邻用户，从而获得了额外的解释机会，因为它们可以展示推荐项是如何与用户的好友的偏好关联起来的。文献[62]中，我们证实了展示类似的一张"推荐图谱"提升了推荐的可检验性，从而最终提升了用户对系统的满意度。

　　毫无疑问，对推荐进行解释有利于用户体验，因为他们帮助用户加深了对推荐过程的理解。此外，用户还可以用解释来验证自己的选择。可以认为，这么做可以减少选择过载，并提升他们的决定的信心（参见第 18 章）。我们重申 Konstan 和 Riedl[72]与 Tintarev 和 Masthoff[111]的结论，即今后的工作应在"推荐解释如何有助于减少选择过载并改善用户的决策"方面进行探索。

　　推荐展现方面的工作一般考虑传统的"top-N"列表推荐的变种。但在实践中，其他展现形态变得越来越普遍。例子有："共同推荐"（即"买了这本的用户也买了……"[89,90]）和"智能缺省值"（推荐结果作为是/否或者多选项决策的默认设置[61,105]）。这些类型的推荐展现形式迄今尚未得到详细的研究。

9.3　实践指南

　　我们现在转向本章的实践部分。此部分为推荐系统用户实验的各个步骤提供指南。9.3.1 节（研究模型）负责指导开发实验的研究模型和假设。9.3.2 节（参与者）讨论了测试用户招募。9.3.3 节（操作）涵盖了将假设操作化为系统的不同版本的方法，以及在这些版本中随机指派参与者的过程。9.3.4 节（测量）解释了如何使用问卷来测量和分析满意度等主观概念。最后，9.3.5 节（统计评估）介绍了如何进行统计检验的假设。这些指导原则均尽可能通过推荐系统领域中现有的以用户为中心的工作为例进行阐述。

9.3.1　研究模型

　　用户实验的目的是验证客观系统要件（OSA）施加在用户的体验（EXP）和互动（INT）的作用。Knijnenburg 等人[67]的框架表明，这种影响是通过主观系统方面（SSA）传导的，并可能受到个人和情境特性（PC 与 SC）制约。进行实验之前，具体的构建及其预期的相互关系应当通过一个包含可验证假设集合的研究模型来表达。每个假设由一个自变量和一个因变量组成。假设是关于自变量如何影响因变量的预测（可选的，限定变量如何限定此效果）。

9.3.1.1　确定哪些 OSA 需要被测试

　　开发研究模型的第一步是确定需要对哪些 OSA 进行测试。在典型的实验中，OSA 被自变量操纵(见9.3.3节):在不同的实验条件中,自变量的存在,操作或外观会被改变,但其他部分保持完全相同(类似于A/B测试)。其他条件不变,这一概念非常重要,因为它允许研究人员从各环境的输出差异追溯到被操纵的OSA。如果除了受控的OSA之外,环境之间还有其他方面的差异,那么这些方面被称为与OSA产生混淆:此时已无法判断究竟是OSA还是其他方面导致了结果的差异。

例如,在文献[68]中,我们操控了算法,将同一个系统在分别使用SVD算法,与随机选择物品进行推荐的算法时的效果进行对比。这两种条件下,物品都被标记为"推荐物品"。如果我们给每种条件下的物品打上不同的标记(例如"随机物品"和"推荐物品"),那么标记方式会与算法产生混淆。也就是说,如果用户判断推荐物品有更高的质量,这有可能是因为它们确实有更高的质量,也有可能仅仅因为"推荐物品"标签让用户认为它们有更高的质量。通过将随机物品打上同样的标签,我们排除了后一个解释。

9.3.1.2   选择恰当的输出测度(INT和EXP)

建立研究模型的第二步是选择合适的结果测度(因变量)。这通常是观测行为(INT)和问卷反馈(EXP)的综合。虽然行业高管通常对影响转化率的客观输出(即INT)最感兴趣,但是仍有理由纳入EXP变量,因为这有利于行业从业者和学术研究人员。首先,用户的行为往往受到外部因素的影响(如购买的可能是礼物,因此不反映用户自身的口味;页面停留的时间可能会受到互联网连接速度的影响等),因此OSA对于INT的影响,与它对EXP的影响相比更不可靠。更重要的是,仅测试行为变量的研究(即传统的A/B测试)可以检测行为上的差异,但常常无法解释行为差异是如何以及为什么发生的。对行为影响的解释是驱动科学发现和合理的企业决策的关键。精心挑选的EXP和INT变量的组合可以提供这样的解释。

Knijnenburg等人[68]提供了一个好例子,展示了在试验中包含EXP和INT变量的重要性。单看此研究的行为输出,可以得出结论:与随机推荐算法系统相比,使用SVD算法的系统浏览时间较短,点击也较少。这可能是违反直觉的。但当将感知系统有效性作为一个EXP中间变量加入评估时,人们发现:基于SVD算法的系统被感知到更为有效,这体现为需要较少的翻阅,从而浏览时间较短,点击也较少。只有在结合EXP和INT变量才能够说明SVD推荐系统的确是有效的。

实验测量EXP变量要求研究人员进行问卷调查。相对于传统的A/B测试,问卷调查受到实验规模的限制。A/B测试可以更高效地同时测试一大批OSA的行为影响(这些测试被更恰当地称为"多变量测试")。因此,最佳的测试计划包括:一个A/B测试被用来发现有趣的作用,而基于问卷调查的用户实验可以跟进这些测试来解释这些效果是如何以及为何产生的。

一般来说,一个全面的研究工作应结合使用INT和EXP变量:EXP变量解释参与者之间的行为差异,而INT变量用观测到的行为来验证用户的体验。

9.3.1.3   使用理论与中介变量(SSA)来解释作用

单纯引入EXP变量未必足以解释在不同条件下,用户满意度以及行为差异的表现及其原因。此外,即使能够证明某个OSA让用户更(或不)满意,仍然需要有决定性的证据来指出这些发现究竟是可以推广,或仅仅是一个孤立事件。一个更彻底地解释研究中所猜测的作用的理论,能够提供这种推广性的辨别力[45]。对此,研究人员可以查阅以下的现有理论:用户体验[46,47]、技术接受[26,116],态度和行为[2~4,37],或有关于用户如何体验嵌入在Knijnenburg等人[67]的框架中技术的理论。

仅仅拥有一个关于所猜测的作用的理论是不够的。实验可以(且应该)证实这些理论。用Iivari[53]的话说,这意味着将概念层的理论翻译为描述层。这不仅包括发展那些关于OSA对于INT和EXP变量的预期作用的假设,还包括那些解释这些影响是如何以及为何发生的。

理论也有助于微调实验条件以排除别的解释。例如,选择过载理论表明,选择过载可通过物品集的多样性来节制,而与物品集的质量和大小无关[34,103]。因此,在 Willemsen 等[120,121]中,我们在不缩减质量的同时提升推荐的多样性,且用独立于多样性的方式控制物品集的规模。

另一种测试理论解释的方式是在模型研究引入中介 SSA 变量。这些 SSA 作为因变量(在 OSA 对 SSA 的假设作用中)和自变量(在 SSA 对 EXP 的假设作用中)。例如,文献[67]中的实验 FT4 测试了两种矩阵分解算法,一个使用显式反馈(MF-E)而另一个使用隐式反馈(MF-I)。二者均与一个推荐(非个性化)最流行的物品的系统作对比。结果(文献[67],图 9)表明,两个算法(OSA)均得到比非个性化的版本更有效的系统(EXP),但其原因却有所不同。具体而言,MF-I 的推荐被认为有较高的质量(OSA→SSA),然后这些高质量的推荐最终导致一个更有效的系统(SSA→EXP)。另一方面,MF-E 的推荐被认为是更加多样化(OSA→SSA),而这些多样化的推荐被认为具有较高的质量(SSA→SSA),从而产生一个更有效的系统(SSA→EXP)。这些中介 SSA 变量解释了各算法导致更有效的系统的不同原因。

最后,有可能在各种 OSA 条件下,输出变量均无差异。在某些情况下,理论上的检查可能指出不同的潜在影响可以相互抵消,从而有效地消除了 OSA 的总效应。可以通过测量这些潜在的原因,在研究模型中引入他们作为中介变量,以便论证这个理论现象。

例如,在 Bollen 等人[12]中,我们发现,实验条件对整体选择的满意度没有影响,但我们仍然能够通过引入物品集的吸引力以及选择难度作为中介变量来论证"选择超载"的现象。具体而言,结果表明,更具吸引力的物品集导致更高的选择满意度,但有吸引力的物品集也更难以选择,这反过来又降低了选择的满意度。因此,我们发现,由于选择过载,好的推荐并不总是导致较高的选择满意度。同样地,Nguyen 等人[87]表明,通过提供范例的手段所获得的评分有效性提升是有限的,因为这种方式比基线的评分刻度的难度更大,从而抵消了其有效性。

9.3.1.4 在合适的地方引入 PC 和 SC

建造研究模型的最后一步是决定哪些 PC 和 SC 会影响输出变量。在试验中引入这些方面会增加结果的鲁棒性,因此他们应当被考虑,即便他们一般情况下不受系统的影响。

在某些情况下,可以假设 OSA 对结果变量的影响不是普遍成立的,而是只有对特定用户或特定场景才成立。在这种情况下,我们称该 PC 或 SC 刽约了 OSA 对输出的影响。测量 PC 或 SC 是确定 OSA 的真正效果的关键。

例如,在文献[66]中,我们认为,领域的新手和专家使用不同的策略来做出决定,因此他们理想的推荐系统需要不同的偏好诱导式方法。我们的研究结果表明,新手确实对于基于案例的偏好诱导式方法更满意,而专家对基于属性的偏好诱导式方法更满意。

9.3.1.5 实践窍门:永远不要提出"无作用"假设

值得注意的是,每个假设都伴随着一个空假设,其认为假设中描述的效果不存在。例如:

H_0:算法 A 与算法 B 的感知推荐效果没有差异;

H_1:参与者感知到算法 A 的推荐质量要高于算法 B。

在科学写作实践中,常常仅阐述 H_1,而将空假设视为隐含的。统计评估不能直接"证明" H_1,但他们可以通过拒绝 H_0 来支持 H_1[38]。重要的是,不支持 H_1 并不意味着支持 H_0。换句话说,如果上述 H_1 没有获得支持,不能说算法 A 和 B 之间的感知推荐质量没有区别,而只是目前的研究没有发现这样的效果。事实上,为没有表现出来的作用提供支持,在统计学上是很难处理的[11]。因此,我们建议研究人员不要制定一个"无作用"的假设。实验应该总是设置为合适的方式以便用实验条件的差异(而非同等)来证明潜在理论。

9.3.2   参与者

寻找参加实验的参与者可以说是进行用户实验的最耗时的部分。参与者招聘涉及如下二者的权衡：收集足够大的样本进行统计评估，以及收集能够准确地反映目标人群的特点的样本。这两方面的考虑都在下面讨论。

9.3.2.1   参与者采样

理想情况下，参与者的样本应该是一个对目标人群的无偏见的（随机）采样。制造一个真正的无偏样本在实践中是不可能的，但如果你渴望将研究结果外推到现实世界，那么参与者应尽可能类似于所测试的系统的用户（或潜在用户）。

为避免"抽样偏差"，应避免某些做法。例如，请同事、学生和朋友参与是很有诱惑力的选择，但是这些人按理说会比一般用户在该研究领域有更多的知识。他们甚至可能会知道这个实验的内容，这可能会无意识地导致他们的行为更可预测。你的同事和朋友们可能会对这个实验更为兴奋，他们可能会想要取悦你，这可能会导致社交预期答案[91,107]。参与者最好是"盲目的"，即他们应当没有与研究员、系统以及实验有任何"特殊"联系。

另一种需要避免的做法是发布一个链接到一个 Facebook 或 Twitter 账户，并请求转发。同上，一度参与者会与研究者存在联系，因此应该被丢弃。对转发做出回应的参与者将更接近于"盲目"的用户，但应该对他们进行额外的检查，因为他们是由"滚雪球抽样法"所招募的[32,49,78,101]。

招募信息的措辞应当仔细斟酌，因为他们的表达可能会影响谁会参与研究以及参与者如何对待测试系统。一般情况下，最好给出一个通用的研究描述，以避免偏差。具体而言，描述应集中在任务（"测试这音乐的推荐并回答问卷"），而不是研究的目的（"我们正在研究一个推荐系统的用户隐私感知"）。请避免技术术语，否则非专家用户可能会觉得他们没有足够的知识去参与（注意，甚至"推荐系统"本身可能不是一些潜在用户的常用说法）。还需确保实验在所有主要浏览器（甚至旧版本），以及笔记本电脑和平板电脑上都能正常开展。

在某些情况下，需要将一个特定的用户子集排除在实验之外，特别是当一些用户无法给出有意义的体验的时候。例如，在文献[62]中，我们使用 TasteWeight 系统来测试社交推荐系统的可检查性以及可控性。TasteWeight 是一个音乐推荐系统，它使用 Facebook 用户与其朋友的音乐喜好之间的重合度来计算推荐结果。我们限制那些与其朋友的音乐喜好有足够的重叠度的用户才能参与实验。没有足够重叠度的用户需要添加更多的音乐喜好或离开此项研究。我们认为这是可接受的，因为真正系统的做法与此类似。但同时，这也意味着我们的结论只对符合条件的用户成立，而不能推广到之外的用户。

9.3.2.2   决定样本容量

用户实验需要一个合理的样本量（经常用 N 表示），以便对假设进行鲁棒的统计评估。增加参与者的数量提升了实验的统计强度。统计强度是在给定效应的确存在的前提下，在给定大小的样本中检测到该效应的可能性。要确定所需的样本大小，研究人员应该使用估计的预期有效样本量（基于先前工作）以及适当的强度水平（一般为 85%）来进行强度分析[22,35]。推荐系统中的研究操作通常产生小规模的影响（导致在因变量约 0.2~0.3 标准差的差异）以及偶尔的中等规模的影响（约 0.5 标准差的差异）。为了以 85% 强度在组间试验中检测到小的影响（0.3 个标准差），每个实验条件需要 201 名参与者。为了检测一个中等规模的影响（0.5 个标准差），每个实验条件需要 73 个参与者。组内实验需要少得多的参与者：检测小的影响需要 102 人，检测中等规模的影响需 38 人。然而，请注意，高级的统计程序，如因子分析（见 9.3.4.2 节）和结构方程建模（见 9.3.5.3 节）有额外的样本量的要求。

"强度不足"的研究结果不应当被信任，即使它们是统计上显著的。由于强度低，很可能只是实验者"很幸运"地发现了一个虚假的效果[88]。而且即使报告的影响是真实的，影响的大小也会不可避免地夸大。此外，小的 N 值表明该研究可能不具有足够充分的推断基础来将其发现推广到全部用户，因为小样本很可能有偏差。

例如，首批以用户为中心的推荐系统评价工作之一，由 Sinha 和 Swearingen[104] 开展，仅有 19 位参与者。尽管作者们发现一些显著的结果，该研究是明显强度不足的，因此结论不能推广到这个特殊的样本之外：所报告的较大影响可能在大的群体上要小得多（如果不是不存在）。

9.3.2.3　实践窍门：使用众包平台来进行研究

在过去，参与者常常通过由大学苦心经营的志愿者小组，或通过由营销公司管理的昂贵的消费者研究小组来招募。类似 Craigslist 和亚马逊的 Mechanical Turk 等分类广告和众包网站的崛起改变了这一状况。Craigslist 网站使研究人员能够在 Jobs > Etcetera 上张贴各个城市的用户实验，并且可以非常方便创造一个地域均衡的采样。亚马逊的 Mechanical Turk ⊖常常用于非常小的任务，但 Turk 的工作者更懂得细致的调查研究。Mechanical Turk 的一个好处是，它有匿名支付设施。请求发起者可以对参与者设置一定的标准。经验表明，将参与者限制在具有很高的声誉的美国工作者范围内是很好的做法[58,92]。

根据我们的经验，Craigslist 的与 Mechanical Turk 参与者的人口统计数据反映了普遍的互联网人群，而 Craigslist 的用户是受过更高教育并且更富有。Turk 的工作者不太会抱怨枯燥的学习过程，但是更容易欺骗[30]。足够的重视和质量把关能够阻止作弊影响结果。在研究中标明联系邮件和公开反馈渠道来发现实验的非预期问题，是一个很好的做法。

9.3.3　实验操控

在一个典型的用户的实验中，一个或多个 OSA 遵循其他条件不变原则（参见 9.3.1 节），被操作成为两个或多个实验条件。OSA 可以以各种方式进行操作。可以打开或关闭 OSA（例如显示或不显示预估的评分），测试 OSA 的不同版本（例如隐性与显性偏好诱导），或测试 OSA 的几个层次（例如显示 5、10 或 20 条推荐）。本节将介绍如何创建有意义的实验条件，以及如何给他们随机分配参与者。

9.3.3.1　选择测试条件

许多用户实验的目的是展示一些新发明的优越性：一种新的算法，偏好诱导方法，或推荐展现技术。在这样的实验中，应当将带有新发明的条件（称为解决条件 treatment condition）与一个合理的基线条件进行对比测试。即使存在几个解决条件互相比较，基线条件也应该被包含在内，因为基线条件建立了本次研究条件到推荐系统的研究现状的连接。

选择一个基线可能很困难。例如，可以将一个推荐系统与非个性化的系统进行比较，但是，这种不公平的比较的结果通常并不出人意料[114]。在另一方面，推荐系统也绝对不会总是比非个性化的版本好，所以在一个新的领域测试推荐系统的时候，与非个性化系统的比较很可能是有道理的[21]。另一种选择是，与当前最优方法进行对比（例如，那些已经在以前的工作中被证明是最好的算法、启发诱导方法，或推荐展示技术）。

并非所有操作都包括特定的基线以及解决条件。有时（特别是当实验着眼于用户与推荐系统的交互，而不是一些新发明的时候）没有可接受的基线。可行条件的范围应当按照在可行域中，最大化作用发生可能性的方式来选择。例如，测试推荐列表的最佳长度时，对比 5 与 300 两个选项很可能发现选择过载的作用，但寻找更合理的长度列表（例如 20 个项目）来发现选择

⊖　Mechanical Turk 目前仅对美国研究人员开放。但是对非美国研究人员有其他的替代品。

过载实际上更加有用。若操作太微妙(例如 5 与 6 项测试列表),则可能不会产生选择过载效果,或者效果可能会非常小,需要更多的参与者来检测它。

9.3.3.2 引入多重操控

最简单的用户实验包括单个操纵及其两个实验条件。人们也可以对每个操控创建多种实验条件,例如操纵推荐列表长度时,可以测试的长度有 5、10 和 20。它也可以在一次试验中操纵多个 OSA。当这些 OSA 预期对结果变量有着相互作用效应时,这会变得特别有趣。相互作用效应是指,在一个操纵对另一个操纵的某个(某些)特定条件有作用,但对另一个操纵的其他条件没有作用(或反向作用)。

例如,在文献[120]中,我们发现,高多样性的推荐比低多样性的推荐更有吸引力,比较容易选择,且具有更高的系统满意度。但此现象只在推荐列表较短的情况(5 个推荐结果)下成立。对于较长的列表,高多样性的推荐和低多样性的推荐之间没有差别。我们的结论是,给用户提供短且多样化的推荐列表可以缓解选择过载。

当像上面的例子那样同时考虑多个 OSA 时,应该为每个可能的条件组合创建一个系统实例,以使这些 OSA 被独立地,或者正交地操纵。上面的例子考虑了一个 2×3 试验(2 个多样性水平,3 种列表的长度),这导致了 6 个实验条件。

9.3.3.3 设置组间(Between-Subjects)以及组内(Within-Subjects)随机性

将参与者分配到实验条件有三种基本方式。在组间实验中,参与者被随机分配到一个实验条件。组间实验的一个好处是操纵对参与者是隐藏的,因为每个参与者只看到一个条件。这也使得实验更加逼真,因为真实系统的用户通常也只看到系统的一个版本。通过比较结果变量的平均值可以检查 OSA 对结果是否有影响。通过将参与者随机分配到实验条件,参与者之间的任何差异均被消除了。这些差异仍然会导致结果的随机波动,因此主体之间实验通常需要一个更大的 N 值,以达到足够的统计强度水平。

我们对节能推荐系统[65]的不同界面的研究是组间实验的一个很好的例子。实验对不同的偏好诱导方法进行了测试;实验的一个重要结果变量是用户对所选择的节能措施的满意程度。让参与者经历多次同样的选择节能措施的过程会很奇怪,而且用户可能可以猜到不同的偏好诱导方法的目的,这可能会影响结果。实验有 5 个条件和一些控制 PC,招募了 147 人参加本研究。这个数目已是一个最低限度。

在一个序列组内实验中,参与者依次与两个实验条件进行交互。组内实验的好处是,可以针对每个参与者来比较结果的差异,这有效地消除了参与者之间的变化。因此,只要较少的参与者便可以获得足够的统计强度。其缺点是,参与者可能可以猜到实验的操纵方式,而且多次重复相同的实验可能会让人觉得不自然。此外,对参与者再次进行实验,他们可能会有不同的反应。让参与者以随机的顺序看到各个实验条件,可以防止在整体分析中顺序与条件混淆在一起。

在文献[121]中,我们提供了一个组内实验的很好的例子。在这项研究中,我们测试了推荐多样性的三个层次。三种不同的推荐列表以随机顺序展现。除了含有不同的物品,列表没有展现出明显的差异,所以参与者不可能猜测到研究的目的。此外,所展示的列表有足够的不同,因此从列表中选择一个物品的任务不会让人感到重复。由于设置为组内实验,这项研究能够检测到条件的细微差异。该研究还跨测试组操纵了列表长度,但没有发现长度条件带来的显著差异(或与多样性的相互作用)。

Pu 和 Chen[94]也使用组内操作来测试两个不同的推荐展现技术。每名参与者完成两项任务,每项针对一个演示技术。为了避免重复,任务引入了不同的推荐领域(数码相机和笔记本电脑)。领域的显示顺序和技术在测试组之间形成了 2×2 的操纵;这消除了任何顺序和任务的影响。然后,他们使用组内测试来比较展现技术。

在同时组内实验中,参与者在同一时间体验的所有条件。这允许参与者可以比较不同的条件并选择他们最喜欢哪一个。这再次降低了参与者之间的变化影响,而且也避免了顺序的影响。不过,请注意实验条件的位置应该是随机的,因为我们不想将条件与在屏幕上的位置信息混淆。这种方法的优点是,它可以检测条件之间非常细微的差别。不足之处是同时显示两个条件显然是与现实的使用场景相去甚远。

作为同时组内实验的一个例子,Ghose 等人[43]研究了用于旅店和旅游搜索网站的一个基于众包内容的新排序算法。他们的研究将所提出的算法与几个不同的基线算法成对组合。每对均进行同时组内实验,其中,所提出的算法和基线算法产生两个排名并排排列,用户选择他们更喜欢哪个排名。结果表明,他们的算法在 6 个不同的城市显著优于 13 个不同的基线。平均而言,更喜欢所提出的算法给出的推荐结果的参与者比对手多出了一倍。

Ekstrand 等人[31]也进行了同时组内实验设计。之所以选择这个设计,是因为他们对检测由通用算法(用户 – 用户,物品—物品,以及 SVD)产生的两个推荐列表间的细微差异感兴趣。类似 Ghose 等人[43],用户被询问他们更喜欢哪个列表,并同时标示出用户所感知到的列表在相对满意度,新颖性和多样性方面的差异。重要的是,Ekstrand 等人能够将这些感知到的差异与推荐质量客观度量联系到一起(例如感知新颖度是通过热门度排序来预测)。结果表明,新颖性(用户 – 用户算法最高)对列表的满意度和偏好具有负面影响,而多样性表现出正面的效果。

对于大多数推荐系统研究,组间实验比组内实验更合适的主要原因是其现实性更好。但是请注意,即使是组间实验也不是完全自然的:参与者知道它们是一个实验的一部分,因此可能表现不同。这就是所谓的霍桑效应[75]。在涉及实际系统的实验中,霍桑效应可以通过比较参与者在(基线条件)实验中的行为与参加者在实际系统中的行为(或在一个 A/B 测试)来检测。如果行为是完全不同的,这可能是由于霍桑效应。

9.3.3.4 实践窍门:大处着眼,小处着手

设计实验操作往往难以取舍。对几个正交操作的每个变种,实验条件的数量将成指数倍增长。由于要达到一定统计强度水平,所需参与者的数目与条件的数量呈线性增长,因此最好是保持少的条件数目。

因此,最好的策略是从大处着眼,但从小处着手:写下实验计划相关的 OSA 的所有可能的版本,随后开始调查最有可能造成影响的操作。如果该实验确实检测到了效果,可以进行随后的实验以测试不同层次操作,或引入额外的,可能会制约现有效果的其他操作。

例如,在文献[16]中,Chen 和 Pu 确定了可能会影响基于评论的推荐系统的有效性和可用性几个问题:第一轮偏好诱导展示的推荐项的数量,每一轮评论之后替换者的数量,以及是用户发起评论还是系统提供评论建议(单一评论和混合评论)。他们在一系列的 2 条件实验中系统地探讨了这些参数。通过保持实验设置始终一致,他们甚至能够跨实验进行比较。

正如"大处着眼,小处着手"所说,在某些情况下,完全可以接受简化的系统以增加实验可控性。例如,原来的 TasteWeights 系统[14]可以让你检查喜欢的物品、朋友、以及推荐项之间的连接,并控制物品和朋友的权重。在我们对此系统开展的用户实验[62]中,我们想单独测试这些功能的影响,所以我们将互动分解成两个步骤:控制步骤和检测步骤。这使我们能够独立操作控制和检查的 OSA,这就达到了一个更"简洁"的实验设计。

9.3.4 测量

在本节中,我们将提出采用问卷调查法来测量感知(SSAS)、体验(EXP)以及个人与情境特性

(PC 和 SC)的最佳做法。最重要的是，我们给读者进行验证性因素分析(Confirmatory Factor Analysis，CFA)的实际例子。例子中使用了 Mplus [⊖]———一个最先进的统计软件包，以及 Lavaan [⊜]———一个具有相同功能的 R 软件包。

9.3.4.1　创建测量量表

由于其主观性、度量感知、体验，以及个人和情境特性并不像看起来那么容易。而客观特性通常可以用一个单一的问题(例如年龄、收入)来测量，这对主观概念来说是不可取的。单项测量，如"从 1 分到 5 分，你有多喜欢这个系统"被认为缺乏内容有效性：每个参与者可以从不同的方式解释该项度量。例如，有些人喜欢这个系统可能是因为它的便利性，其他人会喜欢它可能是因为它的易用性，而别的人喜欢它可能是因为推荐的准确性。这些不同的解释降低了测量的精度及其概念清晰性。

更好的方法是创建包含多个项目的测量量表 [⊜]；至少 3 个，但最好为 5 以上。这是一个微妙的过程，通常涉及多次迭代来测试和修改项目。明智的做法是先开发 10 ~ 15 项，然后通过与领域专家进行讨论并与测试对象进行理解预测试将其减少到 5 ~ 7 项。在实际研究结果的分析过程中仍有可能丢弃 1 ~ 2 项。

在大多数用户实验的测试项都以陈述方式表达(如"该系统易于使用")，而参与者被要求对其以 5 分或者 7 分制评分来表达他们的赞同程度(从"强烈不同意"到"强烈同意")。有研究表明，参与者发现这样的项目容易回答。下面是设计好的问卷项目所需的一些额外技巧：

- 花大量的时间以决定待测构建的明确定义，并检查每个测试项是否符合构建定义；
- 引入正面和负面措辞的测试项。这将使问卷不那么具有引导性，并允许人们探索构建的另一面。它还有助于过滤掉哪些不仔细阅读测试项的参与者。然而，请避免使用"不"这个词汇，因为它太容易被忽视。
- 研究参与者可能没有大学文凭，所以他们的阅读水平可能很低。使用简单的单词和短句来帮助理解。与招募信息一样，尽量避免技术术语。
- 避免双重问题。每个项目应该一次只测量一件事。举例来说，如果参与者发现系统有趣，但没什么用，那么他们会觉得很难回答下面这个问题："该系统非常有用且有趣"。正如前面提到的，请专家对问卷测试项进行预先测试是一个好主意；他们可以为下面的问题给出建议：如何准确地定义要测量的概念，以及所提出的问卷测试项是否覆盖概念的所有要件。此外，理解预测试可以测试参与者对问卷测试项理解程度如何。一种理解预测试邀请参与者朗读问卷项目，并解释他们做出回答的理由。他们大声地回答表达了他们的想法，可以突显那些不清楚或被错误地理解的问卷测试项。

9.3.4.2　建立构造有效性

一旦一组测试项被开发出来，且能够准确地反映待测概念(即已经建立了内容的有效性)，下一步是建立构造有效性，即确保测试项构成一个鲁棒且有效的测量量表。为了统计分析的目的，每个多项测量量表都必须变成单个变量。达到此目的的最直接的方法看起来是将测试项分数直接相加。但验证性因素分析(CFA)是一个更复杂的解决方案。它不仅创造了测量变量，还同时测试了构建有效性的一些先决条件。

列表 9-1 和列表 9-2 显示使用 MPlus 和 Lavaan 运行 CFA 的样例输入。这些工具的输出非常相似，所以我们仅展示了 MPlus 的输出(列表 9-3)。样例 CFA 是社交网络上的基于音乐推荐系

⊖　http://www.statmodel.com/
⊜　http://lavaan.ugent.be/
⊜　或者针对不同构建建立多个测量量表(例如系统满意度、易用性、推荐质量)，每个均有多个评估项。

统[62]的实验。该系统采用了一种创新的图形界面来展示用户的 Facebook 上的音乐偏好与其朋友的偏好是如何重叠的，以及这些朋友所喜爱的其他音乐是如何被用于构造推荐集合的。在图中，用户可以从每个推荐项追溯到喜欢它的朋友，以及导致该朋友被纳入到该用户近邻集合的喜好重叠部分。我们认为，该图提供了一个良好的推荐理由，从而提高了感知推荐质量（quality）以及推荐系统的可理解性（underst）。此外，我们允许用户控制他们的"喜好"的权重，或者他们的朋友的权重。我们认为，这将影响他们的感知可控性（control）。最后，我们认为，感知推荐质量、可理解性，以及可控性最终会增加用户对系统的满意度（satisf）。

列表 9-1 CFA 输入，MPLUS

```
1   DATA: FILE IS twc.dat;      !指定数据文件
2   VARIABLE:   !列出变量名（数据文件中的列）
3    names are s1 s2 s3 s4 s5 s6 s7 q1 q2 q3 q4 q5 q6
4     c1 c2 c3 c4 c5 u1 u2 u3 u4 u5 cgraph citem cfriend;
5    usevariables are  s1-u5;   !指定使用哪些变量
6    categorical are s1-u5;     !指定哪些变量是类别型的
7   MODEL:    !指定每个因子，格式为：[因子名]by[变量]
8    satisf  by s1* s2-s7;     !满意度
9    quality by q1* q2-q6;     !感知推荐质量
10   control by c1* c2-c5;     !感知可控性
11   underst by u1* u2-u5;     !可理解性
12   satisf-underst@1;         !将每个因子的标准差归一化为1
```

列表 9-2 CFA 输入，Lavaan（R 软件包）

```
1   model <- '    #指定每个因子，格式为：[因子名]=~[变量]
2    satisf  =~ NA*s1+s2+s3+s4+s5+s6+s7   #满意度
3    quality =~ NA*q1+q2+q3+q4+q5+q6   #感知推荐质量
4    control =~ NA*c1+c2+c3+c4+c5   #感知可控性
5    underst =~ NA*u1+u2+u3+u4+u5   #可理解性
6    satisf  ~~ 1*satisf   #将每个因子的标准差归一化为1
7    quality ~~ 1*quality
8    control ~~ 1*control
9    underst ~~ 1*underst
10   ';
11  fit <- sem(model, data=twc,   #指定数据集
12   ordered=names(twc));   #指定哪些变量是类别型的
13  summary(fit, rsquare=TRUE);   #产出逼近模型和R^2
```

列表 9-3 CFA 输出

```
1   MODEL RESULTS
2                                                  Two-Taile
3                Estimate    S.E.   Est./S.E.   P-Value
4    SATISF   BY
5      S1        0.887      0.018     49.604      0.000
6      S2       -0.885      0.018    -48.935      0.000
7      S3        0.770      0.029     26.982      0.000
8      S4        0.821      0.025     32.450      0.000
9      S5        0.889      0.018     50.685      0.000
10     S6        0.788      0.031     25.496      0.000
11     S7       -0.845      0.022    -38.426      0.000
12   QUALITY  BY
13     Q1        0.950      0.013     72.837      0.000
14     Q2        0.949      0.013     73.153      0.000
15     Q3        0.942      0.012     77.784      0.000
16     Q4        0.805      0.033     24.332      0.000
17     Q5       -0.699      0.042    -16.700      0.000
18     Q6       -0.774      0.040    -19.428      0.000
```

（续）

19	CONTROL	BY				
20	C1		0.711	0.038	18.653	0.000
21	C2		0.855	0.024	35.667	0.000
22	C3		0.906	0.022	41.704	0.000
23	C4		0.722	0.037	19.276	0.000
24	C5		-0.425	0.056	-7.598	0.000
25	UNDERST	BY				
26	U1		-0.568	0.048	-11.745	0.000
27	U2		0.879	0.019	46.539	0.000
28	U3		0.748	0.031	24.023	0.000
29	U4		-0.911	0.020	-46.581	0.000
30	U5		0.995	0.014	70.251	0.000
31	QUALITY	WITH				
32	SATISF		0.686	0.033	20.541	0.000
33	CONTROL	WITH				
34	SATISF		-0.760	0.028	-26.962	0.000
35	QUALITY		-0.648	0.040	-16.073	0.000
36	UNDERST	WITH				
37	SATISF		0.373	0.049	7.581	0.000
38	QUALITY		0.292	0.059	4.932	0.000
39	CONTROL		-0.396	0.051	-7.736	0.000
40						
41	R-SQUARE					

42	Observed			Residual	
43	Variable	Estimate		Variance	
44	S1	0.788		0.212	
45	S2	0.783		0.217	
46	S3	0.593		0.407	
47	S4	0.674		0.326	
48	S5	0.790		0.210	
49	S6	0.622		0.378	
50	S7	0.714		0.286	
51	Q1	0.903		0.097	
52	Q2	0.901		0.099	
53	Q3	0.888		0.112	
54	Q4	0.648		0.352	
55	Q5	0.488		0.512	
56	Q6	0.599		0.401	
57	C1	0.506		0.494	
58	C2	0.731		0.269	
59	C3	0.820		0.180	
60	C4	0.521		0.479	
61	C5	0.180		0.820	
62	U1	0.322		0.678	
63	U2	0.772		0.228	
64	U3	0.560		0.440	
65	U4	0.831		0.169	
66	U5	0.990		0.010	

　　CFA 验证了试验的四个主观测量量表。每个量表由一个潜因子表示，由测试项加权计算所得（MPlus：8~11 行，Lavaan：2~5 行）。输出显示了测试项在因子上的权重（1~30 行），其与所提取的方差成正比（42~67 行）。因子之间可以彼此相关联（32~40 行）。该解法没有标准化，因此，我们引入代码（MPlus：12 行，Lavaan：6~9 行）将因子归一化为方差 1 均值 0 $^{\ominus}$。我们还声明所有的项是有序分类型的（MPlus：6 行，Lavaan：12 行），因为他们是通过 5 分制

　$\ominus$　MPlus 和 Lavaan 默认使用不同的参数将第一项的权重固定为 1。我们通过在每个因子的第一项之后（MPlus）引入星号或之前引入 NA *（Lavaan）来去除这些权重。这种替代方案便于标准化因子得分。

来度量的。否则，该项将被处理为间隔尺度，这将假定"完全不同意"（1）和"有点不同意"（2）之间的差异与"中立"（3）和"有点同意"（4）之间的差异是相同。MPlus 和 Lavaan 对有序分类变量的建模方式不做这样的假设。

正如前面提到的，与将每项得分简单相加的方法相比，使用 CFA 的一个优点是，它可以帮助确立测量标准的构建有效性。具体来说，CFA 可以用于确立收敛有效性和判别有效性。收敛有效性决定了标准的测试项是否测量单一构建（即量表并不是多个构建的组合，或者只是一个没有共性的测试项集合），而判别有效性决定了两个量表是否确实测量两个不同的构建（即两个量表没有相似到它们实际上测量的是同一构建的地步）。

收敛有效性在当从因子的测量项中所提取的平均方差（average variance extracted，AVE）大于 0.50 时成立。此外，更高的 AVE 表示更精确的测量。该 AVE 可以由一个因素的所有项的平均 R^2 的值来计算（例如，54~60 行计算 satisf，61~66 行计算 quality）。该 AVE 可以通过删除重复的低权重的测试项来得到改善。对于当前的数据，这么做会从模型中删除项 C5、U1 和 U3。请记住，每因素至少保留三个项，因为只有两个测试项的因素没有可供估计的自由参数。一般来说，更多的项目为构建提供一个更好的定义。在实践中，对每个构建达到 4~5 项目是很好的做法。

在某些情况下，收敛有效性不成立，因为一个因子实际测量了多个构建。例如，在文献[63]中，我们发现，应用推荐系统的信息泄露实际上包括两个相关因素：人口统计信息泄露和上下文数据泄露。如果不确定因子结构，可以使用探索性因子分析（Exploratory Factor Analysis，EFA）来发现正确的因子结构⊖。EFA 最初不做任何有关哪些测试项与那些因子有关的假设，而只是试图找到一个"干净"的，最匹配数据的因子结构（将每个项仅与一个因子相关）。在文献[64]中，我们在三个不同的数据集中使用这种技术来发现信息泄露的不同维度。我们首先逐步增加因子的个数，运行多个 EFA，并决定最优的维度数目（根据拟合统计和模型的简洁性）。然后我们检查模型，确定最佳的因素结构，并实施 CFA 生成最终的测量模型。

当两个量表过于高度相关（即当相关性比这两个因子的 AVE 的平方根更高）时，判别有效性会遭到质疑。在这种情况下，两个量表基本上测量的是同样的事情，这意味着它们可被合成，或者其中之一可以被丢弃。例如，在文献[67]的 FT2 中，我们最初试图将感知有用性和有趣性作为独立的因素来衡量。但是这些因素高度相关，我们最终将它们集成到了单个因素。

CFA 所需的样本量方面尚未达成共识，但 100 名参与者看上去是最低限度。当测试未验证的因子时，至少需要 200 名[79]。大型的 CFA 需要更多的参与者：一个经验法则是每个问卷测试项至少五人参加。

9.3.4.3 实践窍门：使用已有指标

从无到有开发测量量表是一个耗费时间的活动。研究新现象往往就需要专门的测量量表，所以这项工作在很多情况下是不可避免的。一个好的技巧是寻找相关的测量量表，并将它们与当前实验进行适配。例如，在文献[70]中，我们以作为现有量表的系统特制版与供应商特制版的方式开发了隐私问题量表与保护量表。令人惊讶的是，人机交互领域几乎还没有量表开发完成；管理信息系统领域是相关量表的一个更好来源。

大多数的实验还包括一些更一般的构建，可以逐字拷贝现有的工作（这是良好的练习，不

⊖ 此外，即使你或多或少都确定了一个 CFA 模型的因子结构，它提供了模型的修正指标。使用修正指标和 CFA 的超越当前章节，但在 Kline[59] 的结构方程模型实践入门中有详细解释。

是抄袭)。与推荐系统相关的现有量表的两个来源是 Knijnenburg 等人[67]论文的框架和 Pu 等人[95]开发的 ResQue 框架。在 Knijnenburg 等人[67]中,我们包括以下概念的指标:

- 感知推荐质量(SSA);
- 感知推荐准确性(SSA);
- 感知推荐多样性(SSA);
- 感知系统有效性(与有趣性)(EXP);
- 选择难度(EXP);
- 选择满意度(EXP);
- 使用系统的意愿(EXP);
- 提供反馈的意愿(INT);
- 对技术的普遍信赖度(PC);
- 系统特定的隐私顾虑(SC)。

Pu 等人[95]包含了下面概念的指标(分类体系是我们添加的,仅包含具有两个测试项以上的量表):

- 界面胜任度(SSA);
- 交互胜任度(SSA);
- 可控性(SSA);
- 感知有用性(EXP);
- 信心与信任(EXP);
- 用户意图(INT)。

尽管这些指标的度量属性均经过测试,在新的数据上进行因子分析仍然是明智的。这可以帮助确认在新的实验环境下,这些构建仍可以被鲁棒地度量。

9.3.5　统计评估

一旦建立起度量的有效性及其指标,下一步就是从统计上验证所提出的假设。需要注意的是统计评估的做法是不断进化的,正在发展出比以往任何时候都更强大并更鲁棒的检验方法。其中最显著的改变是从分段统计测试向综合方法的过渡。综合方法评估整个研究模型,并同时为所有假设的作用提供检验。

由于大多数学者都受过分段统计检验(主要是 t 检验、方差分析和回归)的训练,我们将先简要讨论这种方法,并假设读者已经熟悉了进行这种检验的机制。我们将关注在此类检验对数据的假设,以及当这些假设被违反时的后果。随后,我们将通过使用 MPlus 和 Lavaan 来检验结构方程模型(Structural Equation Model,SEM)的一个实际例子来更详细地讨论综合方法。

9.3.5.1　分段统计检验:t 检验,ANOVA 与回归

大多数研究人员对他们的假设实施分段检验,这意味着他们对每个因变量执行一个单独的检验。因变量是一个典型的连续变量,它要么是一个观察到的行为(INT)或被测量的构建(SSA 或 EXP)。对于被测量的构建,多个单项分数被转换为一个指标得分。该得分要么是来自 CFA 的因子得分,要么是简单的项目分数的总和(在使用 CFA 建立构建效度之后)。独立变量可以是被操纵的 OSA(即实验条件),也可以是连续变量(SSA、EXP 或 INT),或两者都有。

两个实验条件之间的差异(例如被操作的 OSA 对连续输出的作用)可以使用 t 检验来检验。对于组间操作(参见 9.3.3 节),应采用独立(双样本)t 检验。对于组内操作,应该使用配对(1

样本)t 检验。

　　t 检验的主要结果是 t 统计量及其 p 值;较小的 p 值表示反对零假设的更强证据。我们通常在 $p < 0.05$ 时拒绝零假设。同时检查实验条件之间因变量的实际差异也是重要的:这些差异是否导致显著的本质影响? 例如,在电子商务推荐系统中,花费 \$150 和 \$151 之间的差异可能没有足够的价值,因此没有实际意义,特别是当新的推荐算法的计算代价还特别高昂的时候。

　　多于 2 个条件的差异检验可以使用 ANOVA 分析(或在组内试验中使用重复测量 ANOVA 方法)。ANOVA 检验产生一个 F 统计量;其 p 值反映的是反对零假设的证据显著性,即因变量在所有条件下具有相同的值。如果这种"综合性"测试是显著的,通常需要继续进行对特定条件进行两两检验。

　　可以使用因子方差分析同时测试多个操作。可以在组间实验、组内实验,以及混合(既有组内,也有组间)实验中应用因子方差分析。因子方差分析将提供对每个操作的检验统计,以及操作之间相互作用的检验统计量。

　　由于这种相互作用影响的复杂性,将每个实验条件(或其组合)的因变量均值画出来往往会有帮助。以可视化的方式检查该图将使你对这些影响有一个好的理解;然后可以使用方差分析的结果来发现这些影响是真实的,还是由于随机变化导致的。

　　一个或多个连续的自变量对一个连续因变量的影响可以使用线性回归来检验(在组内实验设计中,使用多层次回归)。每个自变量都会被赋予一个权重 β,其代表自变量一个单位的差异对于因变量作用的显著性。t 统计及其 p 值可以用来检验 β 值是否为 0。回归还有一个 R^2 值,它是可由自变量集合所解释的因变量误差的百分比。

　　对于连续变量和实验操作的组合,既可以用线性回归检验,也可以用协方差分析(ANCO-VA)检验;注意,所有提到的检验本质上都是线性回归的特殊情况,所以线性回归可以在原则上可以使用在上述任何情况。

9.3.5.2　统计检验的假设

　　统计评估的真正艺术在于知道何时不要进行某种假设检验。几乎所有的假设检验都对数据有某种特定的假设,如果违反这种假设将会导致检验结果无效。

　　一个非常常见的违规是多重比较。任何统计检验的目的是判断一个观察到的效果是"真实"的还是偶然因素引发的。采用 $p < 0.05$ 时,我们本质上允许5%的误差:每 20 次随机变化中只有 1 次被检测为显著。然而,如果我们有 k 个条件,我们检验所有可能的条件对之间的差异,那么群体错误(即至少有一个随机变化被检验认为显著)会有显著增长。当 $k = 5$ 时,这会引发 10 个测试,而群体错误率是 40%。为了避免这个问题,应该进行综合测试(例如在方差分析中进行 F 检验)来首先确定这些条件之间是有区别的。然后,应当选择一个基线条件,将所有条件与该条件进行对比。或者,也可以进行所有的成对测试,但是需要使用事后检验方法(如 Bonferroni 校正法)来计算一个更严格的 p 值。

　　另一种常见的违规情况在于数据类型和非正态性。t 检验、方差分析和回归分析都假设因变量是服从正态分布的无界区间变量[⊖]。对于因子分值(SSA 和 EXP)来说,这是对的;但绝大多数类似点击数,时间(必须大于 0),评星数(有界且离散),购买决策(是/否)等交互变量(INT)却不满足这一要求。某些非正态问题可以通过公式变换变量使其分布更加正态来解决。例如,大多数以零为下界的变量(如时间)可以采用对数变换变得更加正态:$x_t = \log(x + a)$,

---

　　⊖　"区间"数据类型的一个重要属性是,值之间的差异是可比的。评分数据则不是这样。例如:1 和 2 星之间的差异不一定和 3 和 4 星的区别相同(参见文献[74])。

其中 a 被选定以使得 x_i 的分布更加正态。数据类型的问题可以通过使用广义线性模型（GLM）或鲁棒回归算法来解决。例如，逻辑回归可以检验二值输出，泊松或负二项回归模型可以对计数数据进行建模。许多教科书建议使用非参数检验，但这些都是非正态问题的旧式解决方案，而且通常不能用于非连续数据类型；广义线性模型和鲁棒回归方法通常是处理非正态数据和其他数据类型的更强大的方法。

可以说，最严重的违规的情况是误相关。当把同一参与者的重复测量看作相互独立时便会出现此问题。重复测量不仅发生在组内实验，也会发生在某个变量被测量多次的时候，例如来自同一参与者的几次会话的长度，或每次会话的若干物品的评分。要解决这个问题，可以计算重复测量的平均值，然后使用这些平均值来进行分析，但是这降低了观测值的数量（因此降低了统计强度），而且无法针对个体会话/评分/等进行推断。另一种解决方案是使用一种先进的回归方法，其允许从重复测量中估计误相关（即多级回归）。

先进的回归技术已经被开发出来用于那些非正态和重复的数据，例如广义线性混合模型（generalized linear mixed model，GLMM）和广义估计方程（generalized estimating equation，GEE）。实现这些方法的算法在持续发展。由于这种分析的复杂性，如果你的数据刚好有上述结构，最好还是先去咨询统计学家。

9.3.5.3　综合统计检验：结构方程模型

在本节中，我们介绍目前最先进的统计检验方法：结构方程模型（SEM）。SEM 是一个综合统计过程，因为它同时检验测量模型和所有假设（称为结构模型，或路径模型）。从实践角度说，SEM 是一种 CFA，其中的因子被彼此和实验操作回归。观察到的行为（INT），也可加入到 SEM 中。

列表 9-4 ~ 列表 9-6 展示了使用 MPlus 和 Lavaan 运行的 SEM 的样例输入输出。使用的例子与 CFA 相同（[62]，见 9.3.4.2 节），但加入了两个实验操作。"控制"操作有三个条件：在"物品控制"条件下的参与者可以为每个他们"喜欢"的物品设置权重，从而相应地决定了也喜欢这些项目的朋友的权重。在"朋友控制"条件下，参与者可直接为他们的朋友设置权重。最后，在"无控制"条件下，参与者根本不能设置任何的权重（即，物品都具有同等权重，朋友的权重则基于重叠的物品数）。这种操作是由两个变量代表：citem = 1 表示参与者处于"项目控制"的条件下；cfriend = 1 表明参与者处于"朋友控制"的条件下。这两个变量都为 0 表明的参与者处于"没有控制"条件下，这被作为基线条件。

列表 9-4　SEM 输入，Mplus

```
1   DATA: FILE IS twc.dat;
2   VARIABLE:
3    names are s1 s2 s3 s4 s5 s6 s7 q1 q2 q3 q4 q5 q6
4     c1 c2 c3 c4 c5 u1 u2 u3 u4 u5 cgraph citem cfriend;
5    usevariables are  s1-c4 u2 u4 u5 cgraph citem cfriend;
6    categorical are s1-u5;
7   MODEL:    !指定因子在预测子上的回归,格式为:[因子]on[预测子]
8   satisf by s1* s2-s7;
9   quality by q1* q2-q6;
10  control by c1* c2-c5;
11  underst by u1* u2-u5;
12  satisf-underst@1;
13  satisf on  quality control underst cgraph citem cfriend;
14  quality on control underst cgraph citem cfriend;
15  control on underst cgraph citem cfriend;
16  underst on cgraph citem cfriend (p1-p3);
17  MODEL TEST: p2=0; p3=0;    !conduct the omnibus test
```

列表 9-5　SEM 输入，Lavaan(R 软件包)

```
1  model <- '    #指定回归，格式为：[因子] ~ [预测子]
2    satisf =~ NA*s1+s2+s3+s4+s5+s6+s7
3    quality =~ NA*q1+q2+q3+q4+q5+q6
4    control =~ NA*c1+c2+c3+c4+c5
5    underst =~ NA*u1+u2+u3+u4+u5
6    satisf ~~ 1*satisf
7    quality ~~ 1*quality
8    control ~~ 1*control
9    underst ~~ 1*underst
10   satisf ~ quality+control+underst+cgraph+citem+cfriend
11   quality ~ control+underst+cgraph+citem+cfriend
12   control ~ underst+cgraph+citem+cfriend
13   underst ~ cgraph+p2*citem+p3*cfriend
14   ';
15 fit <- sem(model, data=twc, ordered=names(twc[1:23]));
16 summary(fit, fit.measures=TRUE);
17 wald(fit, "p2;p3");    #conduct the omnibus test
```

列表 9-6　SEM 输出

```
1  MODEL FIT INFORMATION
2  Chi-Square Test of Model Fit
3         Value                           341.770*
4         Degrees of Freedom                  212
5         P-Value                          0.0000
6  Wald Test of Parameter Constraints
7         Value                             9.333
8         Degrees of Freedom                    2
9         P-Value                          0.0094
10 RMSEA (Root Mean Square Error Of Approximation)
11        Estimate                          0.048
12        90 Percent C.I.                   0.038    0.057
13        Probability RMSEA <= .05          0.637
14 CFI/TLI
15        CFI                               0.990
16        TLI                               0.988
17
18 MODEL RESULTS
19                                                   Two-Tailed
20            Estimate      S.E.   Est./S.E.    P-Value
21               <CFA output excluded>
22 SATISF   ON
23    QUALITY     0.434     0.077      5.600      0.000
24    CONTROL    -0.833     0.111     -7.492      0.000
25    UNDERST     0.109     0.079      1.374      0.169
26 QUALITY  ON
27    CONTROL    -0.761     0.086     -8.827      0.000
28    UNDERST     0.055     0.077      0.710      0.478
29 CONTROL  ON
30    UNDERST    -0.320     0.070     -4.579      0.000
31 SATISF   ON
32    CGRAPH      0.036     0.145      0.249      0.803
33    CITEM       0.104     0.180      0.577      0.564
34    CFRIEND    -0.205     0.183     -1.122      0.262
35 QUALITY  ON
36    CGRAPH      0.105     0.147      0.716      0.474
37    CITEM       0.093     0.158      0.586      0.558
38    CFRIEND     0.240     0.190      1.262      0.207
39 CONTROL  ON
```

（续）

40	CGRAPH	-0.155	0.141	-1.099	0.272
41	CITEM	-0.010	0.171	-0.058	0.954
42	CFRIEND	-0.116	0.165	-0.701	0.483
43	UNDERST ON				
44	CGRAPH	0.524	0.137	3.834	0.000
45	CITEM	0.342	0.166	2.060	0.039
46	CFRIEND	0.484	0.163	2.977	0.003

"检查"操作有两个条件：在"全图"条件下的参与者能看到图形界面；在"列表"状态下，他们只能看到推荐列表。该操作由变量 cgraph 表达。cgraph = 1 表明参与者处于"全图"条件下，cgraph = 0 则代表"列表"基线模式。⊖

在模型的 CFA 部分，我们指定了去除 C5、U1 和 U3 后得到的优化 CFA（MPlus：8～12 行，Lavaan：2～9 行；简洁起见，CFA 输出被排除了）。现在，输入包括一个结构，其指定了因变量在自变量上的回归（MPlus：13～16 行，Lavaan：10～13 行）。这些回归的输出（18～46 行）可以被解释为带有 β-权重，标准误差，检验统计量以及 p 值的传统的回归结果。cgraph 的 β-权重检验了"全图"和"列表"条件之间的差别，而 citem 和 cfriend 的 β-权重检验了它们和"无控制"条件的差异。我们为衡量可控性和可理解性的影响进行了一个综合性的测试（MPlus：16～17 行，Lavaan：13 和 17 行）。输出显示，该操作的整体效果显著（第 6～9 行）。

SEM 的结构部分应根据该研究的假设来指定。但是，如果我们只包括假设的作用，人们可能忽略了重要的其他作用。例如，我们的假设可能表明，可检验性和可控性操作增加用户的可理解性和控制感，可理解性和可控性提升了感知推荐质量，而这相应地又提高了系统的满意度。这些假设断言可理解性和感知可控性对系统的满意度起到了传导（间接）的作用，但存在直接的作用也是完全合理的。同样地，假设断言可理解性对感知推荐质量有直接效果，但也有可能这种效应实际上是由感知可控性传导的。因此，指定一个 SEM 的结构部分的审慎做法，是从研究的核心变量（即 OSA、SSA 和 EXP）的"饱和"路径模型开始，然后从这个模型修剪掉任何非显著的影响。

要建立饱和路径模型，首先按照原因和结果的顺序列出核心变量。Knijnenburg 等人[67]框架建议的一般顺序是：OSA→SSA→EXP。如果有多个 SSA 或 EXP，应尽量找理论或经验论据来找到它们之间的确定因果方向。在这个例子中，我们认为顺序是 cgraph，citem 和 cfriend⊖→underst→control→quality→satisf。其次，沿着正确的因果方向建立所有可能的回归；这正是运行我们的例子的模式。这个例子的输出显示，在这个饱和模型中有若干作用是不显著。下一步骤是反复修剪模型除去非显著的效应，直到所有的效果都以 $p < 0.05$ 显著（或对于具有非常大的样本的实验，$p < 0.01$）。在我们的例子中，我们可以在 25，28 和 31～42 行反复地去除非显著的影响。这种"修剪"的 SEM 在图 9-2 中以图形方式呈现。这是展示 SEM 分析的结果的标准方法。最后，我们加入 SC、PC 和的 INT 对模型的假设作用。我们的例子最终的 SEM 在文献[62]的图 3 中以图形的方式呈现。

SEM 优于其他统计方法的主要好处是，它在单个模型中估计测量因子以及所有的假设路径。相对于分段分析，这有几个优点。首先，SEM 明确地建模了因果效应传导的结构。例如，图 9-2 表明可理解性对感知推荐质量的作用完全是由感知可控性传导的。通俗的说，可理解带

⊖ 在这里，我们不讨论检查和控制之间的互动效应。这种相互作用可以通过对变量做乘积，制造 cgraphitem 和 cgraphfriend 变量来进行测试。这些新变量代表在 graph 条件下，物品控制和朋友控制的附加作用（并且同样地，图形分别在物品控制和朋友控制条件下的附加效应）。

⊖ 按照设计，实验操作只能是自变量（即它们没有进入的箭头），所以它们总是因果链的开端。

来更好的推荐，是因为（且仅因为）可理解性增加了用户对推荐的感知可控性。又如：感知可控性对满意度的影响部分地被感知的推荐质量传导。通俗的说：可控性增加用户的满意度，部分是因为它会导致更好的推荐，部分是因为其他未观察到的原因。这些其他的原因可以在后续研究进行探讨。可以对模型的因果结构进行讨论的能力是 SEM 相对于分段统计分析的主要科学优势。传导作用可以使用分段模型来检验，但方式非常烦琐，而且只能事后处理。

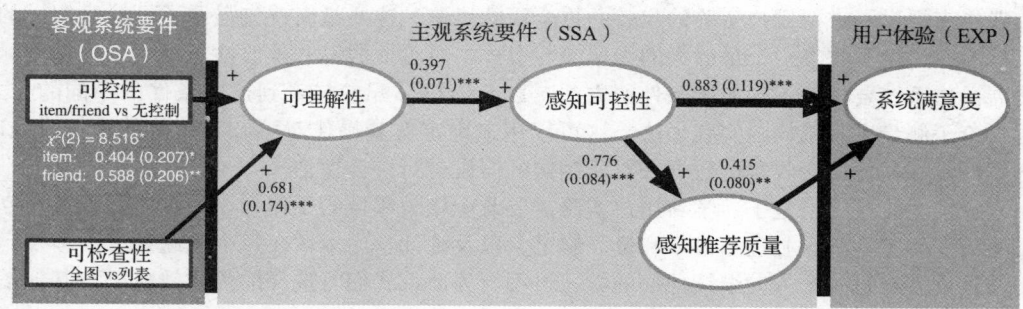

图 9-2　修剪后的 SEM 样例的结构方程模型。显著性水平：＊＊＊$p < 0.001$、＊＊$p < 0.01$，"NS" $p > 0.05$。箭头上的数字（和它们的粗细）表示作用的 β – 系数（和标准误差）。因子被归一化为标准差为 1

　　其次，SEM 中整个模型的质量，可以用许多拟合统计量来评估（1～5 行和 10～16 行）。模型拟合的卡方检验对所预测到和所观察到的协方差矩阵之间的差异进行检验。若检验结果表明差异显著，那么说明模型和现实显著失配。模型是对现实的抽象，因此一定量的失配是符合预期的，这往往会累计达到显著失配[8]。另一些拟合指数（CFI、TLI 和 RMSEA）会给出模型有多少失配的指示。Hu 和 Bentler[51] 提出了这些指标临界值是：对一个好的模型，应有 CFI > 0.96，TLI > 0.95，RMSEA < 0.05。RMSEA 的 90% 置信区间表示对失配量的预测的精度。这个区间在小样本情况下会变大，但应保持低于 0.10。这些模型拟合统计量帮助研究人员去找到合适的模型。⊖

　　最后，同时拟合测量模型和结构模型是一个技术上的优点。心理构建不会得到 100% 的测量精度，即便它们被多个项目测定。这种精密性的缺乏导致测量误差，其削弱了结构的效果。然而，在 SEM 中，可以估计因子的精度，然后通过测量误差来矫正结构的作用，从而得到更强大的统计检验，以及更鲁棒的统计分析。需要注意的是，尽管有这个额外的能力，SEM 不是分析小样本数据的合适方法；估计具有合理复杂度的 SEM 模式需要从至少 200 参与者那里收集数据[55,59]。

9.3.5.4　实践窍门：学习更多关于结构方程模型的知识

　　R 软件包 MPlus 和 Lavaan 只是用来分析结构方程模型的工具的例子。其他工具还有 AMOS 和 Lisrel 等几个不同的 R 软件包。我们建议使用 MPlus，因为它简单易学，具有强大先进的建模功能套件，而且它默认使用非正态鲁棒估计。它还具有良好的在线支持和全面的高质量视频讲座集合，涵盖了从简单到高级建模技术的广泛内容。我们建议任何想认真学习 SEM 的读者访问 http://www.statmodel.com/ 并观看这些视频。除了这些视频，Kline 的文献[59] 提供了 SEM 的更一般性介绍，而 Bollen 的文献[13] 是最全面的技术参考。

9.4　结论

　　在文献[69]中，当第一次试图解释实施用户实验的过程时，我们提出了以下四个步骤：

⊖　类似 CFA，探索性建模可以借助修正指标的帮助。请参考文献[59]的例子。

（1）为条件分配参与者；

（2）记录交互行为；

（3）测量主观体验；

（4）分析收集的数据。

紧接着对以用户为中心的评价框架的概览，以及对需评估的有趣的推荐系统要件的讨论，本章的实践指南提供了进行用户实验的步骤的更全面的讨论。这些指南首先强调了可检验假设的制定。然后，讨论了收集一个足够大的无偏参与者样本对验证假设的重要性。接下来，指南涵盖了发展操作系统要件的不同实验条件的方法，以及随机分配参与者到这些条件的不同的方式。然后讨论了测量主观结构的实践做法，这可以用来确定实验操作对感知和评价的影响。最后，详细解释了如何使用所收集的数据来对所制定的假设进行统计评估。

到目前为止应该清楚了，学习用户实验需要几个相关领域的工作知识。它涉及人机交互与人类决策、研究方法、心理测量学和量表制定，以及统计学。本章在每个主题都有所涉及，但我们鼓励读者在每一个方向继续他们的学习过程。为此，我们将选择的优质教材以及其他信息来源列在下面：

人机交互与人类决策方面

- Jacko，《The Human-Computer Interaction Handbook：Fundamentals，Evolving Technologies，and Emerging Applications》[54]：人机交互的详尽入门指导。这本书涵盖了人类认知的原则，建立互动的模式，以及人机交互设计和评估实践。

- Kahneman，《Thinking，Fast and Slow》[56]：对 Kahneman 的人类决策的开创性研究的一个十分易于理解的总结。

- Smith，Goldstein，and Johnson，《Choice Without Awareness：Ethical and Policy Implications of Defaults》[105]：一篇近期讨论决策违约的道德问题的论文。该论文对如何通过提供"自适应默认值"（一种推荐）的方式来解决这个问题给出了建议。

研究方法方面

- MacKenzie，《Human-Computer Interaction：An Empirical Research Perspec-tive》[80]：人机交互实验设计、评价和报告的全面入门。

- Purchase，《Experimental Human-Computer Interaction：A Practical Guide with Visual Examples》[97]：另一本实验入门，这本书包含了更多评估的细节。

心理测量学和量表制定方面

- DeVellis，《Scale Development，Theory and Applications》[27]：关于如何发展测量量表，评估他们的质量的综合性论述。

- Schaeffer and Presser，《The Science of Asking Questions》[102]：如何撰写调查问题的深入论述。

- Podsakoff，MacKenzie，Lee，and Podsakoff，《Common Method Biases in Behavioral Research》[93]：该论文描述了调查研究中的"普通方法偏差"问题，以及如何解决或缓解这一问题。

统计学方面

- Utts，《Seeing Through Statistics》[113]：实验结果统计评价的全面入门。

- Neter，Kutner，Nachtsheim，and Wasserman，《Applied Linear Statistical Mod-els》[86]：线性统计分析的深入论述。

- Kline，《Principles and Practice of Structural Equation Modeling》[59]：结构方程模型的深入论述。

　　我们希望，本章将推动在推荐系统领域更多地采用用户实验方法。我们相信，如果推荐系统领域的发展趋势确实是"从算法到用户体验"（参见文献[72]），那么用户实验是一个不可或缺的必要条件。

参考文献

1. Adomavicius, G., Kwon, Y.: Improving aggregate recommendation diversity using ranking-based techniques. IEEE Transactions on Knowledge and Data Engineering **24**(5), 896–911 (2012). DOI 10.1109/TKDE.2011.15
2. Ajzen, I.: From intentions to actions: A theory of planned behavior. In: P.D.J. Kuhl, D.J. Beckmann (eds.) Action Control, SSSP Springer Series in Social Psychology, pp. 11–39. Springer Berlin Heidelberg (1985).
3. Ajzen, I.: The theory of planned behavior. Organizational Behavior and Human Decision Processes **50**(2), 179–211 (1991).
4. Ajzen, I., Fishbein, M.: Understanding attitudes and predicting social behaviour. Prentice-Hall, Englewood Cliffs, NJ (1980)
5. Amatriain, X., Pujol, J.M., Tintarev, N., Oliver, N.: Rate it again: Increasing recommendation accuracy by user re-rating. In: Proceedings of the Third ACM Conference on Recommender Systems, RecSys '09, pp. 173–180. ACM, New York, NY, USA (2009). DOI 10.1145/1639714.1639744
6. Basartan, Y.: Amazon versus the shopbot: An experiment about how to improve the shopbots (2001)
7. Bennett, J., Lanning, S.: The netflix prize. In: In KDD Cup and Workshop in conjunction with KDD. San Jose, CA, USA (2007).
   URL http://www.cs.uic.edu/~liub/KDD-cup-2007/proceedings/The-Netflix-Prize-Bennett.pdf
8. Bentler, P.M., Bonett, D.G.: Significance tests and goodness of fit in the analysis of covariance structures. Psychological Bulletin **88**(3), 588–606 (1980). DOI 10.1037/0033-2909.88.3.588
9. Bettman, J.R., Luce, M.F., Payne, J.W.: Constructive consumer choice processes. Journal of consumer research **25**(3), 187–217 (1998). DOI 10.1086/209535
10. Bilgic, M., Mooney, R.J.: Explaining recommendations: Satisfaction vs. promotion. In: IUI Workshop: Beyond Personalization. San Diego, CA (2005)
11. Blackwelder, W.C.: "Proving the null hypothesis" in clinical trials. Controlled Clinical Trials **3**(4), 345–353 (1982). DOI 10.1016/0197-2456(82)90024-1
12. Bollen, D., Knijnenburg, B.P., Willemsen, M.C., Graus, M.: Understanding choice overload in recommender systems. In: Proceedings of the fourth ACM conference on Recommender systems, pp. 63–70. Barcelona, Spain (2010). DOI 10.1145/1864708.1864724
13. Bollen, K.A.: Structural equation models. In: Encyclopedia of Biostatistics. John Wiley & Sons, Ltd (2005)
14. Bostandjiev, S., O'Donovan, J., Höllerer, T.: TasteWeights: a visual interactive hybrid recommender system. In: Proceedings of the Sixth ACM Conference on Recommender Systems, RecSys '12, pp. 35–42. ACM, Dublin, Ireland (2012). DOI 10.1145/2365952.2365964
15. Cena, F., Vernero, F., Gena, C.: Towards a customization of rating scales in adaptive systems. In: P.D. Bra, A. Kobsa, D. Chin (eds.) User Modeling, Adaptation, and Personalization, no. 6075 in Lecture Notes in Computer Science, pp. 369–374. Springer Berlin Heidelberg (2010). DOI 10.1007/978-3-642-13470-8_34
16. Chen, L., Pu, P.: Interaction design guidelines on critiquing-based recommender systems. User Modeling and User-Adapted Interaction **19**(3), 167–206 (2009). DOI 10.1007/s11257-008-9057-x
17. Chen, L., Pu, P.: Experiments on the preference-based organization interface in recommender systems. ACM Transactions on Computer-Human Interaction **17**(1), 5:1–5:33 (2010). DOI 10.1145/1721831.1721836
18. Chen, L., Pu, P.: Eye-tracking study of user behavior in recommender interfaces. In: P.D. Bra, A. Kobsa, D. Chin (eds.) User Modeling, Adaptation, and Personalization, no. 6075 in Lecture Notes in Computer Science, pp. 375–380. Springer Berlin Heidelberg (2010). DOI 10.1007/978-3-642-13470-8_35
19. Chen, L., Pu, P.: Critiquing-based recommenders: survey and emerging trends. User Modeling and User-Adapted Interaction **22**(1–2), 125–150 (2012). DOI 10.1007/s11257-011-9108-6
20. Chen, L., Tsoi, H.K.: Users' decision behavior in recommender interfaces: Impact of layout design. In: RecSys' 11 Workshop on Human Decision Making in Recommender Systems, pp. 21–26. Chicago, IL, USA (2011). URL http://ceur-ws.org/Vol-811/paper4.pdf

21. Chin, D.N.: Empirical evaluation of user models and user-adapted systems. User Modeling and User-Adapted Interaction 11(1–2), 181–194 (2001). DOI 10.1023/A:1011127315884

22. Cohen, J.: Statistical power analysis for the behavioral sciences. Psychology Press (1988)

23. Cosley, D., Lam, S.K., Albert, I., Konstan, J.A., Riedl, J.: Is seeing believing?: How recommender system interfaces affect users' opinions. In: Proceedings of the SIGCHI Conference on Human Factors in Computing Systems, CHI '03, pp. 585–592. ACM, Ft. Lauderdale, Florida, USA (2003). DOI 10.1145/642611.642713

24. Cramer, H., Evers, V., Ramlal, S., Someren, M., Rutledge, L., Stash, N., Aroyo, L., Wielinga, B.: The effects of transparency on trust in and acceptance of a content-based art recommender. User Modeling and User-Adapted Interaction 18(5), 455–496 (2008). DOI 10.1007/s11257-008-9051-3

25. Cremonesi, P., Garzotto, F., Negro, S., Papadopoulos, A.V., Turrin, R.: Looking for "Good" recommendations: A comparative evaluation of recommender systems. In: P. Campos, N. Graham, J. Jorge, N. Nunes, P. Palanque, M. Winckler (eds.) Human-Computer Interaction – INTERACT 2011, no. 6948 in Lecture Notes in Computer Science, pp. 152–168. Springer Berlin Heidelberg (2011). DOI 10.1007/978-3-642-23765-2_11

26. Davis, F.D.: Perceived usefulness, perceived ease of use, and user acceptance of information technology. MIS Quarterly 13(3), 319–340 (1989). DOI 10.2307/249008

27. DeVellis, R.F.: Scale development: theory and applications. SAGE, Thousand Oaks, Calif. (2011)

28. Dooms, S., De Pessemier, T., Martens, L.: An online evaluation of explicit feedback mechanisms for recommender systems. In: 7th International Conference on Web Information Systems and Technologies (WEBIST-2011), pp. 391–394. Noordwijkerhout, The Netherlands (2011).
URL https://biblio.ugent.be/publication/2039743/file/2039745.pdf

29. Dooms, S., De Pessemier, T., Martens, L.: A user-centric evaluation of recommender algorithms for an event recommendation system. In: RecSys 2011 Workshop on Human Decision Making in Recommender Systems (Decisions@ RecSys' 11) and User-Centric Evaluation of Recommender Systems and Their Interfaces-2 (UCERSTI 2) affiliated with the 5th ACM Conference on Recommender Systems (RecSys 2011), pp. 67–73. Chicago, IL, USA (2011). URL http://ceur-ws.org/Vol-811/paper10.pdf

30. Downs, J.S., Holbrook, M.B., Sheng, S., Cranor, L.F.: Are your participants gaming the system?: screening mechanical turk workers. In: Proceedings of the 28th SIGCHI conference on Human factors in computing systems, pp. 2399–2402. Atlanta, Georgia, USA (2010). DOI 10.1145/1753326.1753688

31. Ekstrand, M.D., Harper, F.M., Willemsen, M.C., Konstan, J.A.: User perception of differences in recommender algorithms. In: Proceedings of the eighth ACM conference on Recommender systems. Foster City, CA (2014). DOI 10.1145/2645710.2645737

32. Erickson, B.H.: Some problems of inference from chain data. Sociological methodology 10(1), 276–302 (1979)

33. Farzan, R., Brusilovsky, P.: Encouraging user participation in a course recommender system: An impact on user behavior. Computers in Human Behavior 27(1), 276–284 (2011). DOI 10.1016/j.chb.2010.08.005

34. Fasolo, B., Hertwig, R., Huber, M., Ludwig, M.: Size, entropy, and density: What is the difference that makes the difference between small and large real-world assortments? Psychology and Marketing 26(3), 254–279 (2009). DOI 10.1002/mar.20272

35. Faul, F., Erdfelder, E., Lang, A.G., Buchner, A.: G*Power 3: A flexible statistical power analysis program for the social, behavioral, and biomedical sciences. Behavior Research Methods 39(2), 175–191 (2007). DOI 10.3758/BF03193146

36. Felfernig, A.: Knowledge-based recommender technologies for marketing and sales. Intl. J. of Pattern Recognition and Artificial Intelligence 21(2), 333–354 (2007). DOI 10.1142/S0218001407005417

37. Fishbein, M., Ajzen, I.: Belief, attitude, intention, and behavior: an introduction to theory and research. Addison-Wesley Pub. Co., Reading, MA (1975)

38. Fisher, R.A.: The design of experiments, vol. xi. Oliver & Boyd, Oxford, England (1935)

39. Freyne, J., Jacovi, M., Guy, I., Geyer, W.: Increasing engagement through early recommender intervention. In: Proceedings of the Third ACM Conference on Recommender Systems, RecSys '09, pp. 85–92. ACM, New York, NY, USA (2009). DOI 10.1145/1639714.1639730

40. Friedrich, G., Zanker, M.: A taxonomy for generating explanations in recommender systems. AI Magazine 32(3), 90–98 (2011). DOI 10.1609/aimag.v32i3.2365

41. Gedikli, F., Jannach, D., Ge, M.: How should i explain? a comparison of different explanation types for recommender systems. International Journal of Human-Computer Studies 72(4), 367–382 (2014). DOI 10.1016/j.ijhcs.2013.12.007

42. Gena, C., Brogi, R., Cena, F., Vernero, F.: The impact of rating scales on user's rating behavior. In: D. Hutchison, T. Kanade, J. Kittler, J.M. Kleinberg, F. Mattern, J.C. Mitchell, M. Naor, O. Nierstrasz, C. Pandu Rangan, B. Steffen, M. Sudan, D. Terzopoulos, D. Tygar, M.Y. Vardi, G. Weikum, J.A. Konstan, R. Conejo, J.L. Marzo, N. Oliver (eds.) User Modeling, Adaption and Personalization, vol. 6787, pp. 123–134. Springer, Berlin, Heidelberg (2011). DOI 10.1007/978-3-642-22362-4_11

43. Ghose, A., Ipeirotis, P.G., Li, B.: Designing ranking systems for hotels on travel search engines by mining user-generated and crowdsourced content. Marketing Science **31**(3), 493–520 (2012). DOI 10.1287/mksc.1110.0700

44. Graus, M.P., Willemsen, M.C., Swelsen, K.: Understanding real-life website adaptations by investigating the relations between user behavior and user experience. In: F. Ricci, K. Bontcheva, O. Conlan, S. Lawless (eds.) User Modeling, Adaptation and Personalization, **9146**, 350–356. Springer, Berlin, Heidelberg (2015)

45. Gregor, S.: The nature of theory in information systems. MIS Quarterly **30**(3), 611–642 (2006). URL http://www.jstor.org/stable/25148742

46. Hassenzahl, M.: The thing and i: understanding the relationship between user and product. In: M. Blythe, K. Overbeeke, A. Monk, P. Wright (eds.) Funology, From Usability to Enjoyment, pp. 31–42. Kluwer Academic Publishers, Dordrecht, The Netherlands (2005). DOI 10.1007/1-4020-2967-5_4

47. Hassenzahl, M.: User experience (UX). In: Proceedings of the 20th International Conference of the Association Francophone d'Interaction Homme-Machine on - IHM '08, pp. 11–15. Metz, France (2008). DOI 10.1145/1512714.1512717

48. Häubl, G., Trifts, V.: Consumer decision making in online shopping environments: The effects of interactive decision aids. Marketing Science **19**(1), 4–21 (2000). URL http://www.jstor.org/stable/193256

49. Heckathorn, D.D.: Respondent-driven sampling II: deriving valid population estimates from chain-referral samples of hidden populations. Social problems **49**(1), 11–34 (2002). DOI 10.1525/sp.2002.49.1.11

50. Herlocker, J.L., Konstan, J.A., Riedl, J.: Explaining collaborative filtering recommendations. In: Proc. of the 2000 ACM conference on Computer supported cooperative work, pp. 241–250. ACM Press, Philadelphia, PA (2000). DOI 10.1145/358916.358995

51. Hu, L., Bentler, P.M.: Cutoff criteria for fit indexes in covariance structure analysis: Conventional criteria versus new alternatives. Structural Equation Modeling: A Multidisciplinary Journal **6**(1), 1–55 (1999). DOI 10.1080/10705519909540118

52. Hu, R., Pu, P.: Enhancing recommendation diversity with organization interfaces. In: Proceedings of the 16th International Conference on Intelligent User Interfaces, IUI '11, pp. 347–350. ACM, Palo Alto, CA, USA (2011). DOI 10.1145/1943403.1943462

53. Iivari, J.: Contributions to the theoretical foundations of systemeering research and the PIOCO model. Ph.D. thesis, University of Oulu, Finland (1983)

54. Jacko, J.A.: The human-computer interaction handbook: fundamentals, evolving technologies, and emerging applications. CRC Press, Boca Raton, FL (2012)

55. Jackson, D.L.: Revisiting sample size and number of parameter estimates: Some support for the n:q hypothesis. Structural Equation Modeling: A Multidisciplinary Journal **10**(1), 128–141 (2003). DOI 10.1207/S15328007SEM1001_6

56. Kahneman, D.: Thinking, fast and slow. Macmillan (2011)

57. Kammerer, Y., Gerjets, P.: How the interface design influences users' spontaneous trustworthiness evaluations of web search results: Comparing a list and a grid interface. In: Proceedings of the 2010 Symposium on Eye-Tracking Research & Applications, ETRA '10, pp. 299–306. ACM, Austin, TX, USA (2010). DOI 10.1145/1743666.1743736

58. Kittur, A., Chi, E.H., Suh, B.: Crowdsourcing user studies with mechanical turk. In: Proceedings of the SIGCHI Conference on Human Factors in Computing Systems, pp. 453–456. ACM Press, Florence, Italy (2008). DOI 10.1145/1357054.1357127

59. Kline, R.B.: Principles and practice of structural equation modeling. Guilford Press, New York (2011)

60. Kluver, D., Nguyen, T.T., Ekstrand, M., Sen, S., Riedl, J.: How many bits per rating? In: Proceedings of the Sixth ACM Conference on Recommender Systems, RecSys '12, pp. 99–106. ACM, Dublin, Ireland (2012). DOI 10.1145/2365952.2365974

61. Knijnenburg, B.P.: Simplifying privacy decisions: Towards interactive and adaptive solutions. In: Proceedings of the Recsys 2013 Workshop on Human Decision Making in Recommender Systems (Decisions@ RecSys'13), pp. 40–41. Hong Kong, China (2013). URL http://ceur-ws.org/Vol-1050/paper7.pdf

62. Knijnenburg, B.P., Bostandjiev, S., O'Donovan, J., Kobsa, A.: Inspectability and control in social recommenders. In: Proceedings of the sixth ACM conference on Recommender systems, RecSys '12, pp. 43–50. ACM, Dublin, Ireland (2012). DOI 10.1145/2365952.2365966

63. Knijnenburg, B.P., Kobsa, A.: Making decisions about privacy: Information disclosure in context-aware recommender systems. ACM Transactions on Interactive Intelligent Systems 3(3), 20:1–20:23 (2013). DOI 10.1145/2499670

64. Knijnenburg, B.P., Kobsa, A., Jin, H.: Dimensionality of information disclosure behavior. International Journal of Human-Computer Studies 71(12), 1144–1162 (2013). DOI 10.1016/j.ijhcs.2013.06.003

65. Knijnenburg, B.P., Reijmer, N.J., Willemsen, M.C.: Each to his own: how different users call for different interaction methods in recommender systems. In: Proceedings of the fifth ACM conference on Recommender systems, pp. 141–148. ACM Press, Chicago, IL, USA (2011). DOI 10.1145/2043932.2043960

66. Knijnenburg, B.P., Willemsen, M.C.: Understanding the effect of adaptive preference elicitation methods on user satisfaction of a recommender system. In: Proceedings of the third ACM conference on Recommender systems, pp. 381–384. New York, NY (2009). DOI 10.1145/1639714.1639793

67. Knijnenburg, B.P., Willemsen, M.C., Gantner, Z., Soncu, H., Newell, C.: Explaining the user experience of recommender systems. User Modeling and User-Adapted Interaction 22(4–5), 441–504 (2012). DOI 10.1007/s11257-011-9118-4

68. Knijnenburg, B.P., Willemsen, M.C., Hirtbach, S.: Receiving recommendations and providing feedback: The user-experience of a recommender system. In: F. Buccafurri, G. Semeraro (eds.) E-Commerce and Web Technologies, vol. 61, pp. 207–216. Springer, Berlin, Heidelberg (2010). DOI 10.1007/978-3-642-15208-5_19

69. Knijnenburg, B.P., Willemsen, M.C., Kobsa, A.: A pragmatic procedure to support the user-centric evaluation of recommender systems. In: Proceedings of the fifth ACM conference on Recommender systems, RecSys '11, pp. 321–324. ACM, Chicago, IL, USA (2011). DOI 10.1145/2043932.2043993

70. Kobsa, A., Cho, H., Knijnenburg, B.P.: An attitudinal and behavioral model of personalization at different providers. Journal of the Association for Information Science and Technology. http://onlinelibrary.wiley.com/journal/10.1002/(ISSN)2330-1643/earlyview (In press)

71. Köhler, C.F., Breugelmans, E., Dellaert, B.G.C.: Consumer acceptance of recommendations by interactive decision aids: The joint role of temporal distance and concrete versus abstract communications. Journal of Management Information Systems 27(4), 231–260 (2011). DOI 10.2753/MIS0742-1222270408

72. Konstan, J., Riedl, J.: Recommender systems: from algorithms to user experience. User Modeling and User-Adapted Interaction 22(1), 101–123 (2012). DOI 10.1007/s11257-011-9112-x

73. Koren, Y., Bell, R., Volinsky, C.: Matrix factorization techniques for recommender systems. Computer 42(8), 30–37 (2009). DOI 10.1109/MC.2009.263

74. Koren, Y., Sill, J.: OrdRec: An ordinal model for predicting personalized item rating distributions. In: Proceedings of the Fifth ACM Conference on Recommender Systems, RecSys '11, pp. 117–124. ACM, New York, NY, USA (2011). DOI 10.1145/2043932.2043956

75. Landsberger, H.A.: Hawthorne revisited: Management and the worker: its critics, and developments in human relations in industry. Cornell University (1958)

76. Lathia, N., Hailes, S., Capra, L., Amatriain, X.: Temporal diversity in recommender systems. In: Proceedings of the 33rd International ACM SIGIR Conference on Research and Development in Information Retrieval, SIGIR '10, pp. 210–217. ACM, Geneva, Switzerland (2010). DOI 10.1145/1835449.1835486

77. Lee, Y.E., Benbasat, I.: The influence of trade-off difficulty caused by preference elicitation methods on user acceptance of recommendation agents across loss and gain conditions. Information Systems Research 22(4), 867–884 (2011). DOI 10.1287/isre.1100.0334

78. Lopes, C.S., Rodrigues, L.C., Sichieri, R.: The lack of selection bias in a snowball sampled case-control study on drug abuse. International journal of epidemiology 25(6), 1267–1270 (1996). DOI 10.1093/ije/25.6.1267

79. MacCallum, R.C., Widaman, K.F., Zhang, S., Hong, S.: Sample size in factor analysis. Psychological Methods 4(1), 84–99 (1999). DOI 10.1037/1082-989X.4.1.84

80. MacKenzie, I.S.: Human-Computer Interaction: An Empirical Research Perspective, 1st edn. Morgan Kaufmann Publishers Inc., San Francisco, CA, USA (2013)

81. Martin, F.J.: Recsys'09 industrial keynote: Top 10 lessons learned developing deploying and operating real-world recommender systems. In: Proceedings of the Third ACM Conference on Recommender Systems, RecSys '09, pp. 1–2. ACM, New York, NY, USA (2009). DOI 10.1145/1639714.1639715

82. McNee, S.M., Albert, I., Cosley, D., Gopalkrishnan, P., Lam, S.K., Rashid, A.M., Konstan, J.A., Riedl, J.: On the recommending of citations for research papers. In: Proceedings of the 2002 ACM conference on Computer supported cooperative work, pp. 116–125. New Orleans, LA (2002). DOI 10.1145/587078.587096

83. McNee, S.M., Riedl, J., Konstan, J.A.: Being accurate is not enough: how accuracy metrics have hurt recommender systems. In: Extended abstracts on Human factors in computing systems, pp. 1097–1101. Montréal, Québec, Canada (2006). DOI 10.1145/1125451.1125659

84. McNee, S.M., Riedl, J., Konstan, J.A.: Making recommendations better: An analytic model for human-recommender interaction. In: Extended Abstracts on Human Factors in Computing Systems, CHI EA '06, pp. 1103–1108. ACM, Montréal, Québec, Canada (2006). DOI 10.1145/1125451.1125660

85. Mogilner, C., Rudnick, T., Iyengar, S.S.: The mere categorization effect: How the presence of categories increases choosers' perceptions of assortment variety and outcome satisfaction. Journal of Consumer Research 35(2), 202–215 (2008). DOI 10.1086/586908

86. Neter, J., Kutner, M.H., Nachtsheim, C.J., Wasserman, W.: Applied linear statistical models, vol. 4. Irwin Chicago (1996)

87. Nguyen, T.T., Kluver, D., Wang, T.Y., Hui, P.M., Ekstrand, M.D., Willemsen, M.C., Riedl, J.: Rating support interfaces to improve user experience and recommender accuracy. In: Proceedings of the 7th ACM Conference on Recommender Systems, RecSys '13, pp. 149–156. ACM, Hong Kong, China (2013). DOI 10.1145/2507157.2507188

88. Nuzzo, R.: Scientific method: Statistical errors. Nature 506(7487), 150–152 (2014). DOI 10.1038/506150a

89. Oestreicher-Singer, G., Sundararajan, A.: Recommendation networks and the long tail of electronic commerce. Management Information Systems Quarterly 36(1), 65–83 (2012). URL http://aisel.aisnet.org/misq/vol36/iss1/7

90. Oestreicher-Singer, G., Sundararajan, A.: The visible hand? demand effects of recommendation networks in electronic markets. Management Science 58(11), 1963–1981 (2012). DOI 10.1287/mnsc.1120.1536

91. Orne, M.T.: On the social psychology of the psychological experiment: With particular reference to demand characteristics and their implications. American Psychologist 17(11), 776–783 (1962). DOI 10.1037/h0043424

92. Paolacci, G., Chandler, J., Ipeirotis, P.: Running experiments on amazon mechanical turk. Judgment and Decision Making 5(5), 411–419 (2010). URL http://www.sjdm.org/journal/10/10630a/jdm10630a.pdf

93. Podsakoff, P.M., MacKenzie, S.B., Lee, J.Y., Podsakoff, N.P.: Common method biases in behavioral research: A critical review of the literature and recommended remedies. Journal of Applied Psychology 88(5), 879–903 (2003). DOI 10.1037/0021-9010.88.5.879

94. Pu, P., Chen, L.: Trust-inspiring explanation interfaces for recommender systems. Knowledge-Based Systems 20(6), 542–556 (2007). DOI 10.1016/j.knosys.2007.04.004

95. Pu, P., Chen, L., Hu, R.: A user-centric evaluation framework for recommender systems. In: Proceedings of the Fifth ACM Conference on Recommender Systems, RecSys '11, pp. 157–164. ACM, Chicago, IL, USA (2011). DOI 10.1145/2043932.2043962

96. Pu, P., Chen, L., Hu, R.: Evaluating recommender systems from the user's perspective: survey of the state of the art. User Modeling and User-Adapted Interaction 22(4), 317–355 (2012). DOI 10.1007/s11257-011-9115-7

97. Purchase, H.C.: Experimental Human-Computer Interaction: A Practical Guide with Visual Examples, 1st edn. Cambridge University Press, New York, NY, USA (2012)

98. Randall, T., Terwiesch, C., Ulrich, K.T.: User design of customized products. Marketing Science 26(2), 268–280 (2007). DOI 10.1287/mksc.1050.0116

99. Said, A., Fields, B., Jain, B.J., Albayrak, S.: User-centric evaluation of a k-furthest neighbor collaborative filtering recommender algorithm. In: Proceedings of the 2013 Conference on Computer Supported Cooperative Work, CSCW '13, pp. 1399–1408. ACM, New York, NY, USA (2013). DOI 10.1145/2441776.2441933

100. Said, A., Jain, B.J., Narr, S., Plumbaum, T., Albayrak, S., Scheel, C.: Estimating the magic barrier of recommender systems: A user study. In: Proceedings of the 35th International ACM SIGIR Conference on Research and Development in Information Retrieval, SIGIR '12, pp. 1061–1062. ACM, Portland, Oregon (2012). DOI 10.1145/2348283.2348469

101. Salganik, M.J., Heckathorn, D.D.: Sampling and estimation in hidden populations using respondent-driven sampling. Sociological Methodology 34(1), 193–240 (2004). DOI 10.1111/j.0081-1750.2004.00152.x

102. Schaeffer, N.C., Presser, S.: The science of asking questions. Annual Review of Sociology 29(1), 65–88 (2003). DOI 10.1146/annurev.soc.29.110702.110112

103. Scheibehenne, B., Greifeneder, R., Todd, P.M.: Can there ever be too many options? a Meta-Analytic review of choice overload. Journal of Consumer Research **37**(3), 409–425 (2010). DOI 10.1086/651235

104. Sinha, R., Swearingen, K.: Comparing recommendations made by online systems and friends. In: In Proceedings of the DELOS-NSF Workshop on Personalization and Recommender Systems in Digital Libraries (2001)

105. Smith, N.C., Goldstein, D.G., Johnson, E.J.: Choice without awareness: Ethical and policy implications of defaults. Journal of Public Policy & Marketing **32**(2), 159–172 (2013). DOI 10.1509/jppm.10.114

106. Sparling, E.I., Sen, S.: Rating: How difficult is it? In: Proceedings of the Fifth ACM Conference on Recommender Systems, RecSys '11, pp. 149–156. ACM, Chicago, IL, USA (2011). DOI 10.1145/2043932.2043961

107. Steele-Johnson, D., Beauregard, R.S., Hoover, P.B., Schmidt, A.M.: Goal orientation and task demand effects on motivation, affect, and performance. Journal of Applied Psychology **85**(5), 724–738 (2000). DOI 10.1037/0021-9010.85.5.724

108. Symeonidis, P., Nanopoulos, A., Manolopoulos, Y.: Providing justifications in recommender systems. IEEE Transactions on Systems, Man and Cybernetics, Part A: Systems and Humans **38**(6), 1262–1272 (2008). DOI 10.1109/TSMCA.2008.2003969

109. Tam, K.Y., Ho, S.Y.: Web personalization: is it effective? IT Professional **5**(5), 53–57 (2003). DOI 10.1109/MITP.2003.1235611

110. Tintarev, N., Masthoff, J.: A survey of explanations in recommender systems. In: Data Engineering Workshop, pp. 801–810. IEEE, Istanbul, Turkey (2007). DOI 10.1109/ICDEW.2007.4401070

111. Tintarev, N., Masthoff, J.: Evaluating the effectiveness of explanations for recommender systems. User Modeling and User-Adapted Interaction **22**(4–5), 399–439 (2012). DOI 10.1007/s11257-011-9117-5

112. Torres, R., McNee, S.M., Abel, M., Konstan, J.A., Riedl, J.: Enhancing digital libraries with TechLens+. In: Proceedings of the 2004 joint ACM/IEEE conference on Digital libraries - JCDL '04, pp. 228–236. Tuscon, AZ, USA (2004). DOI 10.1145/996350.996402

113. Utts, J.: Seeing Through Statistics. Cengage Learning (2004)

114. Van Velsen, L., Van Der Geest, T., Klaassen, R., Steehouder, M.: User-centered evaluation of adaptive and adaptable systems: a literature review. The Knowledge Engineering Review **23**(03), 261–281 (2008). DOI 10.1017/S0269888908001379

115. Vargas, S., Castells, P.: Rank and relevance in novelty and diversity metrics for recommender systems. In: Proceedings of the Fifth ACM Conference on Recommender Systems, RecSys '11, pp. 109–116. ACM, Chicago, IL, USA (2011). DOI 10.1145/2043932.2043955

116. Venkatesh, V., Morris, M.G., Davis, G.B., Davis, F.D.: User acceptance of information technology: Toward a unified view. MIS Quarterly **27**(3), 425–478 (2003). URL http://www.jstor.org/stable/30036540

117. Vig, J., Sen, S., Riedl, J.: Tagsplanations: Explaining recommendations using tags. In: Proceedings of the 14th International Conference on Intelligent User Interfaces, IUI '09, pp. 47–56. ACM, Sanibel Island, Florida, USA (2009). DOI 10.1145/1502650.1502661

118. Wang, H.C., Doong, H.S.: Argument form and spokesperson type: The recommendation strategy of virtual salespersons. International Journal of Information Management **30**(6), 493–501 (2010). DOI 10.1016/j.ijinfomgt.2010.03.006

119. Wang, W., Benbasat, I.: Recommendation agents for electronic commerce: Effects of explanation facilities on trusting beliefs. Journal of Management Information Systems **23**(4), 217–246 (2007). DOI 10.2753/MIS0742-1222230410

120. Willemsen, M.C., Graus, M.P., Knijnenburg, B.P.: Understanding the role of latent feature diversification on choice difficulty and satisfaction (manuscript, under review)

121. Willemsen, M.C., Knijnenburg, B.P., Graus, M.P., Velter-Bremmers, L.C., Fu, K.: Using latent features diversification to reduce choice difficulty in recommendation lists. In: RecSys'11 Workshop on Human Decision Making in Recommender Systems, CEUR-WS, vol. 811, pp. 14–20. Chicago, IL (2011). URL http://ceur-ws.org/Vol-811/paper3.pdf

122. Xiao, B., Benbasat, I.: E-commerce product recommendation agents: Use, characteristics, and impact. Mis Quarterly **31**(1), 137–209 (2007). URL http://www.jstor.org/stable/25148784

123. Xiao, B., Benbasat, I.: Research on the use, characteristics, and impact of e-commerce product recommendation agents: A review and update for 2007–2012. In: F.J. Martínez-López (ed.) Handbook of Strategic e-Business Management, Progress in IS, pp. 403–431. Springer Berlin Heidelberg (2014). DOI 10.1007/978-3-642-39747-9_18

124. Zhang, M., Hurley, N.: Avoiding monotony: Improving the diversity of recommendation lists. In: Proceedings of the 2008 ACM Conference on Recommender Systems, RecSys '08, pp. 123–130. ACM, Lausanne, Switzerland (2008). DOI 10.1145/1454008.1454030
125. Zhou, T., Kuscsik, Z., Liu, J.G., Medo, M., Wakeling, J.R., Zhang, Y.C.: Solving the apparent diversity-accuracy dilemma of recommender systems. Proceedings of the National Academy of Sciences **107**(10), 4511–4515 (2010). DOI 10.1073/pnas.1000488107
126. Ziegler, C.N., McNee, S.M., Konstan, J.A., Lausen, G.: Improving recommendation lists through topic diversification. In: Proceedings of the 14th international conference on World Wide Web - WWW '05, pp. 22–32. Chiba, Japan (2005). DOI 10.1145/1060745.1060754

对推荐结果的解释：设计和评估

Nava Tintarevand 和 Judith Masthoff

10.1　简介

　　近年来的研究中，对推荐系统以用户为中心的评价研究的趋势在不断增长，正如文献[49]中所提到的。同时人们也发现，很多推荐系统的功能如同黑盒子，不能透明地展现出推荐的工作过程，除了推荐系统本身，也不能提供更多的额外信息[35]。

　　本章考察了对推荐结果进行解释的任务，图 10-1 中所描述即为一例，有时候我们也会错误地假定推荐解释应该总能够证明所给推荐的合理性。对推荐解释的一个流行的定义是和辩护同义。但是，解释也意味着"给出详细的信息使其清晰化"（牛津简明字典）。因此，一个推荐解释可能是一个物品描述，用来帮助用户足够了解物品质量从而确定此物品是否和他们相关。

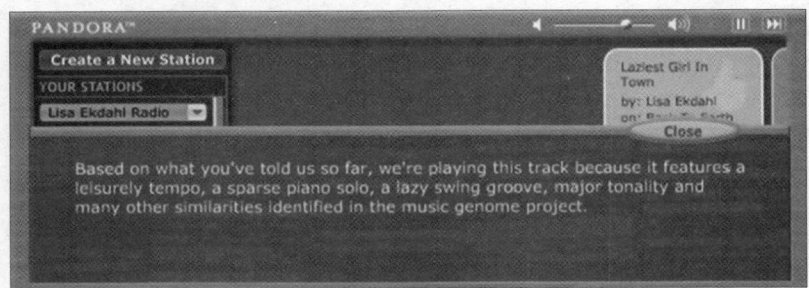

图 10-1　潘多拉系统中的推荐解释，"基于你目前告诉我的信息，我们播放这
　　　　　首音乐，因为它有休闲音乐的节奏……"

　　推荐解释可服务于多重目的，其中一个目标就是透明化：目的是揭示做出推荐的数据和论证。在亚马逊主页上有关推荐解释的事例，例如"购买了该物品的用户也购买了……"。解释能够达到其他的目标有：增加用户的信任度和忠诚度，提高用户满意度，使用户可以更快、更容易找到他们想要的东西，说服用户尝试或者购买推荐的产品。本章将区别不同的推荐解释：比如解释推荐引擎如何工作（透明度），或解释用户喜欢或不喜欢某个物品的理由（有效性）。有效的推荐解释可以用这种方式给出："你可能喜欢（不喜欢）物品 A，因为……"。与上面提到的亚马逊的例子相比，这个解释没有描述物品是如何被推荐出的，因此不是一个透明的解释。

　　在顾问专家系统上运用解释并不是一个新的想法：解释通常被认为是专家系统领域研究的一部分[6,33,38,44,86]。这个研究主要聚焦于能够给出什么样解释以及如何在实际中实现这个功能[6,38,44,86]。能够直接生成什么类型的解释和推理方法相关，其中最常见的 3 种方法是：基于

　　　N. Tintarev；J. Masthoff，University of Aberdeen，AB24 3UE Aberdeen，UK，e-mail：n. tintarev @ abdn. ac. uk；
　　　j. masthoff@ abdn. ac. uk.

翻译：刘金木　审核：李艳民

规则的方法[42]，贝叶斯网络[41]和基于案例推理[23]。

总体来说，在这些系统里面几乎没有对解释的评估。过去对解释的评估主要是看用户对系统[14]（比如其给出的结论[87]）的认可度。MYCIN 的评估是个例外，它将系统的决策支持作为一个整体考虑[33]。

在 20 世纪 90 年代对专家系统的研究热度下降后，推荐系统的发展重新促进了对解释的研究，其中一个发展是由网络带来的数据的大量增加，现在有数以千计的用户使用推荐系统而不是仅仅只有一小撮专家使用。另外，新的算法特别是协同过滤领域这块已经被广泛使用和发展（参见第 2 章基于邻域的方法和第 7 章数据挖掘的进步）。这些方法减弱了领域依赖，具有更大的普遍性，尤其适用于大的稀疏数据集。

相对于以前的专家系统，如今的推荐系统中对于解释的研究已经在更广泛的领域（从电影[73]到金融建议[26]，到文化文物[20]）得到了大量评价。通过研究现存的解释工具的各种属性，我们提供了一个现有系统的概览。

解释不能完全与推荐自身、偏好提取的方式或者推荐的呈现方式脱离：这些因素相互影响并且可以产生解释。因此，在下节我们将讨论设计选择的类型。

这使我们能够讨论这些选择如何与不同的解释风格交互，包括在商业和学术系统（10.3 节）中的解释列表。观察这些不同解释方式，我们能感受到，底层推荐算法可能影响可生成的解释的类型。

在 10.4 节，我们讨论了是什么定义了一个好的推荐解释。我们列出 7 个解释标准，同时描述了他们在以前的系统中是如何被评估的。这些标准也能够被理解为解释给推荐系统带来的好处，回答为什么要解释的问题。最后，我们在 10.5 节以未来的发展方向结束。

10.2 推荐设计的呈现和交互

推荐过程中的每一个阶段，包括偏好提取和推荐呈现或可视化效果，都需要一个交互模式。所有这些因素能够影响生成的推荐的解释类型。反之，一些能够被生成的解释可能更符合特殊的解释标准（10.4 节讨论）。Pu 等人[61]为基于偏好（例如文献[46]）的推荐系统和关注推荐呈现与推荐交互模式的设计提供了补充的评估框架。例如其中一个指导原则写道："显示一个搜索结果或者推荐一个产品使我们能够启用一个简单的显示策略，这个策略能够很容易地用于小型显示设备，但是它很有可能使用户陷入更长的交互操作中或者仅仅获得相对低的决策精度。"（文献[61]导则9）

10.2.1 推荐呈现

我们总结一下在本书中出现过的推荐展现方式。用户图形界面的外观有很多种方式，提供推荐的实际结果也各不相同。我们定义以下几种结构化推荐结果呈现的形式：

- **最优物品。** 或许展示推荐的最简单的方式就是为用户提供最优物品。例如"您曾经看过很多运动相关物品，尤其是足球类的。这个是世界杯期间最流行且最新的物品。"
- **最优 N 个物品。** 系统也可能一次展示多个物品。"你看了很多足球类和科技类物品。你可能会喜欢看当地的足球结果和当天的科技新产品。"注意这个系统能解释物品之间的关系，它也可以解释每个单项背后的理由。
- **最优项相似物品。** 一旦用户表现出了一个或多个偏好，推荐系统能够提供类似的物品，如"你可能还喜欢……查尔斯·狄更斯的《雾都孤儿》"。
- **为所有的物品预测并评级。** 系统允许用户浏览所有可用的物品，而不是强迫用户做出选择。推荐是通过为每一项预测评分后被推出的（分值从 0 到 5）。用户可以查询如当地曲棍球这样的物品为什么被预测了一个很低的分值。推荐系统最后生成如下的解释:"这虽然是一项运动类文章,但和曲棍球相关,你可能并不喜欢它"。

- **结构概览**。推荐系统能提供一种结构,实现在物品之间进行对比权衡的功能[59,88]。结构概览的好处是用户可以看到物品之间的比较,如果当前推荐结果不能满足需求,其他结果仍然可用。图 10-2 结构概览的一个例子。

最流行的物品								
	厂商	价格	处理器频率	电池耐久度	安装内存	硬盘大小	显示器大小	重量
⊙	——	$2 095.00	1.67 GHz	4.5 hour(s)	512 MB	80 GB	38.6 cm	2.54 kg
我们也推荐下面的商品								
它们既便宜又轻巧,但是处理器速度会稍慢								
	厂商	价格	处理器频率	电池耐久度	安装内存	硬盘大小	显示器大小	重量
○	——	$1 499.00	1.5 GHz	5 hour(s)	512 MB	80 GB	33.8 cm	1.91 kg
○	——	$1 739.99	1.5 GHz	4.5 hour(s)	512 MB	80 GB	38.6 cm	2.49 kg
○	——	$1 625.99	1.5 GHz	5 hour(s)	512 MB	80 GB	30.7 cm	2.09 kg
○	——	$1 426.99	1.5 GHz	5 hour(s)	512 MB	60 GB	30.7 cm	2.09 kg
○	——	$1 929.00	1.2 GHz	4 hour(s)	512 MB	60 GB	26.9 cm	1.41 kg
○	——	$1 595.00	1 GHz	5.5 hour(s)	512 MB	40 GB	26.9 cm	1.41 kg

图 10-2　组织结构,该表格实现物品之间进行换一换功能的结构概览[59]

10.2.2　偏好提取

用户可以通过不同的方法向推荐系统提供信息。这种交互可以使会话式系统和单向推荐系统相区分。他们允许用户通过一个扩展对话框提交复杂的需求[62],而不是不顾以前历史记录地对待每次用户交互。我们提供当前应用的例子⊖,用于拓展由 McGinty 和 Smyth 推荐的四个方法[47]。注意尽管有更多的方法来获取用户偏好,如通过使用数据[55]或者人口分布[4],本节的重点在于用户的显式反馈。

- **用户指定他们的需求**。用户能够用简单的英语通过对话来指定他们对偏好的需求[50,83]。这样的一个对话没有利用用户以前兴趣,也没有直接的解释。也就是说,没有词句可以生成推荐理由。然而,它通过重申(和满足)间接地满足用户的要求。
- **用户请求替换**。一个更直接的办法是允许用户显式地评价推荐系统[46],例如使用结构化概览(见 10.2.1 节)。一个这样的系统可以解释物品和剩余物品之间的区别[45]。
- **用户给物品评分**。为了改变他们得到的推荐结果的类型,用户可能想纠正预测评分,或者改变过去的一个评分。表 10-1 中基于影响的解释表明,评分标题是影响推荐书籍的最重要因素[9]。
- **用户提供他们的意见**。一个常见的有用原则是,相比于回忆是否对这个物品有印象,用户直接通过推荐结果进行物品认知会更加容易。例如,当一个用户想了解更多类似的物品或者他们曾经已经看过该物品,则可以指定这个物品在他们看来是否有趣[10,69]。Amazon. com 有支持这类交互的推荐解释:"推荐给你(商品名)是因为你购买了(这些商品)"。对于这类交互,商品本身就是解释的一部分。系统通过解释怎么样和为什么这些商品被选择用来推荐能增强推荐效果。

⊖　混合交互界面的第五部分附加到原始列表的末尾。

表10-1　基于解释的影响表明评分标题对推荐数据影响力最大。尽管这个系统不允许用户修改以前的评级或者影响程度，但是可以直接在解释界面更改评分。然而注意一点，修改影响程度会比较困难，因为该值是通过计算得来的：任何修改都会干扰到常规的推荐算法的功能[9]

书　　名	您的评分（总分5分）	影响力（总分100分）
Of Mice and Men	4	54
1984	4	50
Till We Have Faces: A Myth Retold	5	50
Crime and Punishment	4	46
The Gambler	5	11

图10-5给出另一个例子来解释这些，用来和前面已评价的商品推荐做比较。

- **混合交互界面**。推荐系统也可以结合不同类型的交互[16,48]。Chen和Pu[16]使用了系统生成和用户驱动的组合评价方式。McNee等人[48]允许用户和系统自身选择物品来评价，发现要求用户评价会增加用户对系统的忠诚度。这或许可以表明，伴随这些交互的解释，应该提示这些评价或者物品是由用户或者系统选择的。

10.3　解释风格

通过在推荐系统中运用一个特殊算法，更容易生成特定类型的解释，因为算法能生成为解释风格所使用的类型信息。这节我们描述被特殊的底层算法或者不同的"解释风格"最佳支持的推荐解释。注意一点，无论推荐结果是如何被检索或者计算得来的，解释风格可能与特定算法无关。换句话说，解释风格可能会，也可能不会反映出计算推荐结果的底层算法。推荐是如何被检索出来的与解释风格是如何生成的两者之间经常有分歧。因此，这种类型的解释与透明度的目标可能不一致，但是或许会支持其他的一些解释性目标。

在考虑确定解释风格的时候，透明不是唯一的解释目标（见10.4节关于不同的解释目标和评估他们的方法）。例如，对于一个特定系统，你可能发现用户对基于内容的风格解释更加满意，尽管基于批判的风格解释能够更有效率。解释风格和解释目标之间最密切的联系来源于一个算法，可以在文献[36]查看，易懂性和可了解性解释风格被不同的算法所影响。更通俗地讲，有一小部分研究，这个研究考虑了不同的解释风格在实现解释目标[20,35,56,77]上的效果。这种工作没有将解释风格紧密地关联到任何具体的算法。例如Papadimitriou等人[56]考虑了一种解释风格的分类算法，独立于包括人的风格解释，物品的风格解释和属性的风格解释算法。

尽管推荐引擎的底层算法在一定程度上会影响解释风格的生成。表10-2总结了最常用的解释风格（基于案例，基于内容，基于协同，基于会话，基于人口统计学，基于知识和基于效用）并附有例子，在这部分我们描述每一种风格，包括他们的输入，处理过程及生成的解释。在商业系统中这些信息都不是公开的，我们提供一些学术上的猜测。虽然会话式系统也包含在这个表10-2中，但是我们认为会话系统比某个特定算法具有更多的交互样式。

表10-2　商业和学术系统的解释实例，按照解释风格排序（基于案例、基于内容、基于协同、基于会话、基于人口统计学、基于知识/基于效用）

系统	解释实例	解释样式
iSuggest-Usability[36]	见图10-5	基于案例
LoveFilm.com	"因为你选择过电影A或者给A打过高的评分"	基于案例
LibraryThing.com	"有用户X推荐数据A"	基于案例
Netflix.com	用户历史上有个高评分电影的相似电影集合	基于案例

（续）

系统	解释实例	解释样式
Amazon. com	"买了该物品的用户还买了……"	基于协同
LIBRA[9]	关键词风格（见表10-6和10.7）；邻居风格（见表10-7）；影响力风格（见表10-1）	基于协同
MovieLens[35]	邻近者（见图10-3）直方图	基于协同
Amazon. com	"因为您告诉我们您有书籍A"	基于内容
CHIP[20]	"为什么为您推荐了The Tailor's Workshop？因为它与您喜欢的以下艺术作品在主题上相似：＊Everyday Life ＊ Clothes……"	基于内容
Moviexplain[70]	见表10-3	基于内容
MovieLens："Tagsplanations"[81]	标签按照相关性或者偏好排序（见图10-4）	基于内容
News Dude[10]	"这个故事相关性分值很高/低，因为它包含以下关键词：f1、f2和f3"	基于内容
OkCupid. com	图表从"更内向"等维度比较两个用户；从如何回答不同问题的方式比较用户	基于内容
Pandora. com	"根据您以前告诉我们的信息，我们推荐该物品因为它有悠闲的节奏这个特征……"	基于内容
Adaptive place Advisor[72]	"你想去哪里吃饭？""或许去一个便宜点的印度餐馆"	基于会话
ACORN[84]	"你喜欢什么类型的电影？""我喜欢惊悚片。"	基于会话
INTRIGUE[4]	"它比较适合小孩，要求知识背景低，需要认真和迅速地浏览。适合您自己因为它有很高的历史价值。"	基于人口统计
Qwikshop[45]	"低内存，低分辨率，便宜"	基于知识/基于效用
SASY[21]	"……因为您资料显示：您是单身，有较高的预算"（见图10-6）	基于知识/基于效用
Top Case[50]	"574号物品与您的请求仅价格不同，并且无论从交通，持续时间还是住宿都是您喜欢的最优情况"	基于知识/基于效用
(Internet Provider)[25]	"该解决方案被选中的原因如下：对该类型的连接网络空间是可用的"（见图10-8）	基于知识/基于效用
"Organizational Structure"[59]	结构化概览："我们推荐以下产品是因为：他们更便宜且轻便，但是速度比较慢。"（见图10-2）	基于知识/基于效用
myCameraAdvisor[82]	例如"……相机拍摄距离越远，价钱越贵……"	基于知识/基于效用

　　在以下部分中，我们将给出进一步的例子，说明如何通过Burke分类的常见算法启发解释风格。对每一个例子，我们还会提及如何展示推荐结果和选择交互模型。

　　为了清晰地描述推荐系统和解释组件之间的接口，我们使用文献[12]中提到的部分符号：U代表一组用户的偏好，$u \in U$代表需要被生成推荐结果的用户。I代表被推荐的物品，$i \in I$代表我们要预测用户对该物品的喜好值。

10.3.1　基于协作的解释风格

　　对于基于协同的解释风格，推荐引擎的输入假定为用户u对在I中的物品的评分。在基于用户的协同过滤中，这些评分被用来识别那些和你有相似评分的用户。这些相似用户通常被称为"邻居"，因为通常是用近邻方法来计算要推荐的物品。待推荐物品的预测就可以从邻居对物品 i 的评分推导出来（例如，用一个加权平均对邻居的预测）。

　　商业上，基于协同解释样式的最著名的应用是 Amazon. com："买了此商品的用户也购买了……"这个解释假设用户正在查看一个已经产生兴趣的物品，而且解释和一些推荐会显示在这个物品下面。Amazon 上用的方法是基于物品协作的方法，它通过物品（评分）相似性推荐物品。这个方法和上面描述的方法不同在于它使用物品的（而不是用户）相似性，来计算一个推荐。推荐将以类似最优物品的呈现形式呈现。此外，该解释表明一种偏好提取模型，凭此模型评分将从购买行为推断而出而非通过明确地提出评分要求获得。（请注意，亚马逊还在网站的不同方面提供推荐，其中一些使用启发推断式评分。）

　　Herlocker 等人提出了 21 种使用文本和图形的解释界面[35]。这些界面的内容和风格均不相同，但是大部分解释都直接来自邻居的信息。以图 10-3 为例，它显示了邻居如何给推荐的物品进行评分，以"很好"，"可以"和"不好"的条状图聚成不同的列。我们看到这个解释是为特定的推荐物品和特定的交互模型提供的：这是单个推荐结果（或者是最优项，或者是最优 N 项中的一个），并且假设用户提供了对物品的评分。

　　在文献[56]分类中，基于协作的解释风格是一种人类解释方式，因为他们基于类似的用户。

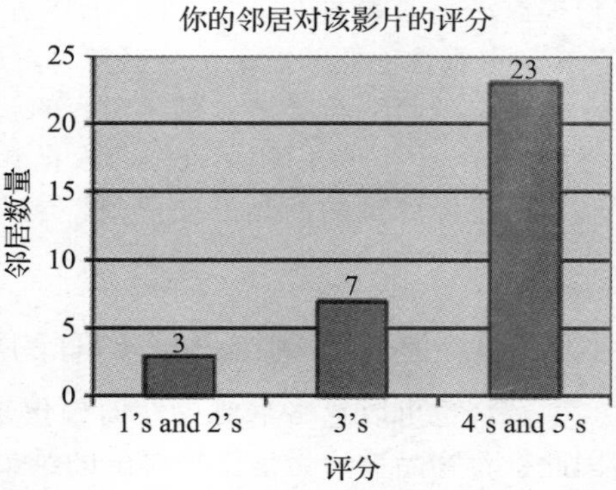

图 10-3　用于评估说服力的 21 个界面中的 1 个 - 直方图总结相似用户（相邻的）的评分的推荐物品，从 1～5 按好（5，4），中性（3），差（2，1）分级[35]

10.3.2　基于内容的解释风格

　　基于内容风格的解释认为推荐引擎的输入是用户 U（子集）对物品 I 的评分。这些评分用来生成一个适合用户 U 评分行为的分类器，再通过这个分类器发现推荐物品 I。所给出的推荐是分类器预测的具有最高评分的物品。

　　简单点说，基于内容的算法是基于物品的属性而不是用户的评分来计算物品之间的相似度。同样，基于内容风格的解释也是基于物品的属性产生的。例如，文献[70]证明电影推荐结果是根据所提供的用户最喜欢的演员得到的（见表 10-3）。当底层算法是一个基于协同与基于内容混合的方法时，解释风格建议根据高评分电影出现的特征计算电影之间的相似度。他们为当前用户选择一些可能更合适的推荐结果和解释（最优 N 项），如果用户愿意根据解释信息进行选择（例如感觉喜欢是看 Harrison Ford 主演的电影而不是 Bruce Willis 主演的）。交互模型基于对物品的评分生成。

表 10-3　Moviexplain 解释的例子，使用演员等特征（这些特征在该部电影出来前被用户打了高分）来说明推荐结果[70]

推荐电影名称	理由参与者	谁出现在
Indiana Jones and the Last Crusade(1989)	Ford，Harrison	Five movies you have rated
Die Hard 2 (1990)	Willis，Bruce	Two movies youhave rated

　　Vig 等人[81]提出的一个与领域无关的方法是基于用户指定的关键词及标签，计算物品之间的相似度。在该项研究中用到的解释采用关键词与物品之间的关系（标签相关性）和标签与用户之间的关系（标签偏好）进行推荐（见图 10-4）。为一个用户定义的标签属性或者相关的标签，可以作为基于内容解释的形式，因为它是通过该用户给出评分的电影集合包含的标签进行加权

平均计算得来的。标签相关性或相关的关键词用于推荐物品，换句话说是用户标签属性和他们对电影喜好的相关性，这些电影也存在相关的标签属性。在这个例子中，为用户推荐一个最优项可以允许用户看到很多相关标签结果。交互模型也是基于数值评分。

Pandora 商业系统的推荐结果是根据音乐的节奏和音调等属性计算得来的。这些特征通过用户对歌曲的评分推断生成。图 10-1 展示了这样一个例子[1]。这里为用户提供了一首歌曲（最优项），用户可以通过"顶"和"踩"来表达他们的意见，这些意见可以看作数值评分。

在文献[56]分类中，基于内容的解释是一种基于特性的解释，因为他们解释该推荐根据物品特性的相似性和前面已经评价的商品的"满意"或"不满意"，同样也可以被视作数字评分。

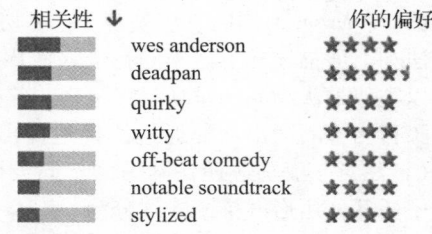

您的预测基于MovieLens认为您喜欢这部电影的以下方面：

相关性 ↓		你的偏好
	wes anderson	★★★★
	deadpan	★★★★✬
	quirky	★★★★
	witty	★★★★
	off-beat comedy	★★★★
	notable soundtrack	★★★★
	stylized	★★★★

图 10-4　通过标签属性和相关性计算标签作用，但是通过标签相关性进行排序[81]

10.3.3　基于案例推理（CBR）的解释风格

解释也可以忽略重要属性而聚焦于相似度进行推荐（例如音乐流派，电影中的演员等）。因此推荐物品被认为是比较得出的结果，所以解释是基于案例风格的。CBR（Case-Based Reasoning）系统与其他系统对推荐算法的重视程度是非常不一样的。例如，推荐结果 FINDME[13] 是基于评价得到的，在文献[2]中对物品的排序是依据相似用户对他们旅行计划的描述。

虽然 CBR 系统也使用了不同的方法来展示他们的解释，但是回想本节其他部分，该节描述的其他解释风格重点在于样式而不是底层算法。因此，这些系统理论上可以有一个基于案例解释样式。

在文献[9]中，基于影响力的风格解释在表 10-1 中就是一个基于案例的风格解释。这里，通过查看与有影响的物品计算的推荐物品的得分差异以及在没有影响物品的情况下计算推荐者物品的分数来计算物品对推荐的影响。在这种情况下，推荐被列为首要物品，假设基于评级的互动。另一个研究计算了推荐的物品之间的相似性⊖和用这些相似的物品作为最优推荐物品在"通过例子学习"的解释（见图 10-5）[36]的证明。最近的研究把基于案例的解释和基于特征的解释作了比较。在评分过程中显示参与者以前的物品（基于案例的解释）可以提高准确度（RMSE），被参与者认为是最有用的[52]。

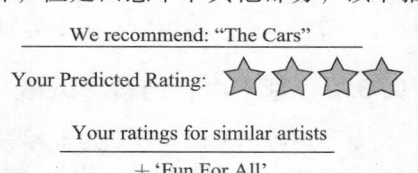

We recommend: "The Cars"

Your Predicted Rating: ★★★★

Your ratings for similar artists

+ 'Fun For All'
+ 'Atari Teenage Riot'
+ 'Racers'
+ 'Death Cab'
+ 'Rise Against'
+ 'Funny Boys'

− 'The Big Band'

+ Liked this artist　　− Didn't like this artist

图 10-5　通过例子学习，或者通过案例的推理[36]

在文献[56]的分类中，基于案例的推理风格解释是一种物品风格解释，因为他们使用样例来证明推荐结果的合理性。

10.3.4　基于知识和基于效用的解释风格

基于知识的系统超越了知识库，在一个推理引擎中通过规则去解决问题。基于知识的系统的一个常见类别是基于案例的系统，其使用先前类似情况的例子或案例来预测结果或解决方案。因此，可以论证的是，基于知识的、基于内容的（10.3.2 节）和基于案例的风格解

⊖　作者并没有指定采用了哪种相似度标准，尽管可能是一种基于评分的相似度衡量方法，比如余弦相似度。

释(10.3.3 节)之间存在一定程度的重叠，这些解释可以从任何一种算法导出，取决于实施细节。

对于所有基于知识和效用风格的解释，假定推荐引擎的输入是用户 u 的需求或者兴趣的描述信息。推荐引擎推断物品 i 与用户 u 的需求之间的匹配程度。一个基于知识的推荐系统考虑如何用相机的属性(如内存，分辨率和价格)来表达可用选项及用户偏好[45]。他们的系统可能用以下方式解释相机的推荐："更少的内存，更低的分辨率，更便宜"。这里的推荐结果通过结构化描述展示它的有竞争力选项，并且交互模型假设用户请求在推荐物品中进行替换。

同样的，在文献[50]描述的系统中，用户渐进地指定(或修改)他们的偏好直到推荐出最满意的结果。这个系统可以为诸如推荐标题为假日 "Case 574" 推荐结果生成如下的解释："最优选项：Case 574 与您的查询条件仅在价格上不同，并且无论是交通工具、时间还是你喜欢的住宿都是最好的结果"。

文献[56]的分类里没有提到这种解释样式。

10.3.5　基于人口统计的解释方式

基于人口统计学的解释，认为推荐引擎的输入是对用户 u 的人口统计信息。基于此，推荐算法会识别在人口分布上与 u 相似的用户集合。对推荐物品 i 的预测值可以从以下几个方面推断：相似用户集合对 i 的评分和这些用户与 u 的相似程度，同时考虑到他们的人口统计属性。

通过调研大量的基于人口统计过滤的系统如文献[4，39，57]，我们只发现存在一个解释群："对孩子是有吸引力的，它对知识背景要求低，它需要认真且快速地浏览。对您来说它是有吸引力的并且它有很高的历史价值。对残障人士来说更有吸引力和历史价值。"[4]在这个推荐系统中提供了结构化的概览，根据它们的适用性向不同的旅游者分类展示(如小孩、残障人士)。用户可以将这些推荐结果加入他们的旅行日程，但是没有交互模型来修改以后的推荐结果。

据我们所知，没有其他系统用人口统计风格的解释。可能是因为人口信息的敏感性；有趣的是，我们可以想象很多用户不希望根据他们的性别、年龄或者种族来进行推荐(如 "我们为您推荐电影《Sex in the City》是因为您是一个 20～40 岁的女性")。

文献[56]的分类里没有包括这个解释样式。

10.4　目标和度量

参照有关推荐系统解释的文献，我们看到推荐系统所拥有的解释能力会根据不同的标准进行评估，并在为一个物品作推荐时确定 7 个不同的目标。在这里提到的目标，适用于单个物品的推荐，即在提供一个单一建议时给出。当作多物品推荐时，比如推荐列表，需要考虑其他因素(比如多样性)。

表 10-4 明确这些目标，类似于专家系统的需求(不是评估)，参见 MYCIN[8]。在表 10-5 中，我们总结以前对推荐系统解释的评估，以及评估的目标。这些没有明确目标的工作从这个表中省略。

表 10-4　解释目标及其定义

目标	定义
透明度	解释系统如何工作
可辨认	允许用户投诉系统错误
信任	增加用户的信任
有效性	帮助用户更好地做决定
说服力	说服用户试用或购买
效率	帮助用户更快地做决定
满意度	增加用户的使用愉悦性

表10-5　推荐系统的解释目标已经被评估出来。这些推荐系统的名称如果有的话都提到了，否则我们只标出了被推荐物品的类型。没有明确的目标规定的工作，或者没有用他们所规定解释目标评估过推荐系统的工作，都从这个表中略去了。请注意，尽管系统在几个目标方面都做了评估，但它可能不会实现所有的目标。所以，为了完整性，我们已经区分了使用相同的系统的多个研究

System(type of items)	Tra	Scr	Trust	Efk.	Per	Efc.	Sat.
(Advice, intrusion detection system)[24]			X				
(Internet providers)[25]			X		X		X
(Financial advice, internet providers)[26]						X	X
(Digital cameras, notebooks computers)[59]			X				
(Digital cameras, notebooks computers)[60]	X			X		X	
(Image tags and movies)[66]	X			X		X	
(Music)[68]			X				
(Music)[40]	X		X				
(Music)[67]				X	X		
(Movies)[29]	X			X	X	X	X
(Movies)[77,78]				X	X		X
(Social network news)[51]	X	X	X				
Adaptive place advisor (restaurants)[72]				X		X	
ACORN (movies)[84]							X
CHIP (cultural heritage artifacts)[19]	X		X	X			
CHIP (cultural heritage artifacts)[20]	X		X				X
iSuggest-Usability (music)[36]	X		X				
LIBRA (books)[9]				X			
MovieLens (movies)[35]					X		X
Moviexplain (movies)[70]				X			X
myCameraAdvisor[82]			X				
Qwikshop (digital cameras)[45]				X		X	
SASY (e. g. holidays)[21]	X	X					X
Tagsplanations (movies)[81]	X			X			

　　在本章简介中，我们提到对专家系统常见评估是根据用户认可度和整体的决策支持。用户的认可度可被定义为满意度和被说服度。如果评估对整个系统的认可度，其结果就反映了用户满意度，比如问"你喜欢这个节目吗?"[14]；如果评估指标更能衡量用户对建议或解释的接受程度，那么指标就是说服度，如[87]。

　　明确目标的区别是很重要的，即使它们会相互作用，或需要一定的权衡。但事实上，很难给出一个满足所有目标的解释，这实际上是一个取舍。例如，研究发现个性化的解释可能会增加用户的满意度，却不一定是提高有效性[29,77,78]。而且，看似有内在联系的目标实际上却不一定，例如，已经发现透明度不一定能够增加解释的信任度[20]。由于这些原因，表10-5中的解释可能没有通过所有目标的评估。

　　解释的类型依赖于某个推荐系统设计的目标。例如，当建立一个售书系统时，用户的信任是最重要的一个标准，因为它会增加用户的忠诚度和销售额。对于视频系统，用户满意度比有效性更加重要。即在一个专注于娱乐的系统中，用户喜欢某个服务比呈现给他们最多可用的展示结果要重要。

　　此外，解释的一些属性可能有助于实现多个目标。例如解释的明白程度有助于提高用户的

信任以及满意度。

在本章中我们描述了有关解释的 7 个潜在的目标（表 10-4），并且建议了基于解释器以前评估的评估方法，或者说是对已有方法如何适应评估推荐系统中的解释功能给出了建议。

10.4.1 系统如何工作：透明性

在《华尔街》杂志上有篇题为《如果 TiVo 认为你是同性恋，本文来解释它的原理》的有趣文章，描述了视频记录仪根据观众过去录制的节目[⊖]，假设它的主人会喜欢而由视频记录仪做出不相关的录制节目的选择，因而给用户带来的困扰。例如，有位 Iwanyk 先生怀疑他的 TiVo 认为他是同性恋，因为 TiVo 不断播放同性恋相关题材的节目。该用户肯定需要合理的解释。

一个解释可以说清楚推荐是如何被选择的。在专家系统中，例如在医疗决策领域，透明度同样重要[8]。透明性或系统状态的可视性是一个确定的可用性原则[53]，同时也是用户推荐系统研究的一个重点[68]。

Vig 等人在文献[81]中区分了透明度和理由。虽然说透明度要求对于如何选择推荐结果以及推荐系统如何工作应该给出诚实的解释，但理由可以是描述性的，并且与推荐算法解耦。作者引用了几个选择理由，而不是真实透明度的原因。例如一些算法难以解释（例如隐语义分析中的因子是潜在的，没有清晰的解释），系统设计师需要保护商业秘密，并且渴望在解释的设计里获取更大发挥空间。

Cramer 等人研究艺术品推荐系统里透明度在其他评估目标上的作用，如信任度、说服度和满意度[19,20]。透明度的评估准则是：感知并理解系统如何工作。而实际的感知和理解是基于采访和调查问卷的用户反馈的正确性上，例如"你能告诉我系统是如何工作的吗……"。感知理解提取自自我报告性质问卷中和采访中，检测类似以下的回答："我理解系统是基于什么来做推荐的"。

尽管透明度和被理解（10.4.2 节）、信任度（10.4.3 节）是耦合在一起的，但我们将会看到，它们的目标还是不同的。

10.4.2 允许用户告诉系统它是错误的：被理解

解释可能有助于隔离和纠正被误导的假设或步骤。当系统收集和解释背景的信息时，如同在 TiVo 的案例中，对于用户来说允许用户修改这些假设或者步骤变得更加重要。解释还可以帮助用户纠正推论，或是让系统能够被理解[21]。可理解性与用户控制[53]的确定的有用性原则相关联。图 10-6 为一个可理解的假日推荐的例子。这里，用户能够问为什么这样的假设（像一个低的预算）被提出来了。选择这个选项将会带他们到一个有进一步的解释和在用户模式下能够修改这个解释的选项的页面。

虽然可理解与透明度的目标密切相关，但应该被唯一地标识出来。透明本身不允许用户修改系统推理方式，一些系统可能在提供可理解度的时候仅仅提供部分透明度。解释在图 10-1 中（基于目前你所告之的，我们播放这首音乐是因为它具有休闲音乐的特征）是透明的但是不好理解。这里用户不能够修改那些能够影响推荐的评分。但是，在表 10-7 中，评分是可修改的，我们能说这里解释是可理解的。但是，它不是（全部）透明的，即使他们提供了一些证明。在该表中，没有东西表明潜在底层的推荐是基于贝叶斯分类器的。在这种情况下，我们可以想象一个用户试图理解一个推荐系统，并设法成功地改变了推荐结果，但他们仍然不明白到底在系统中发生了什么。作为对照，文献[30]做了一个初步的尝试，使解释既透明又容易理解。

⊖ http://online. wsj. com/article_email/SB1038261936872356908. html，2009 年 2 月 12 日检索。

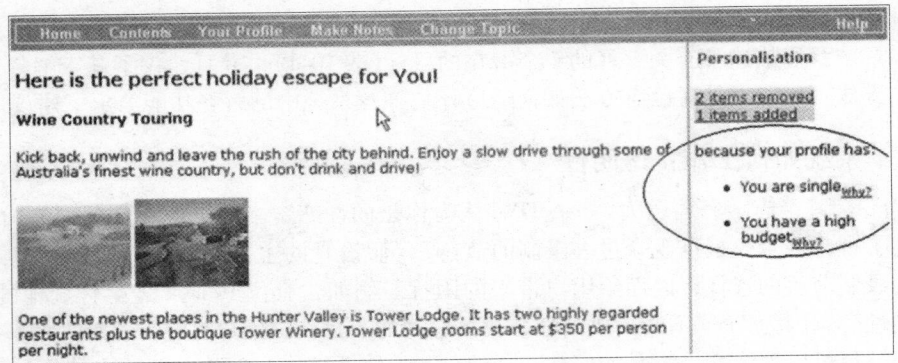

图 10-6　可理解的假期推荐[21]。该解释位于画圈的区域，用户的属性可以通过"原因"链接来访问

Czarkowski 发现用户本身不容易理解这些，所以需要额外的努力来使得理解更加的可视化[21]。此外，让用户通过改变个性化结果来理解系统会更容易（如"改变个性化结果：使你 4：30—5：30 的日程表中只包含实时节目"）。他们的评估包括像任务正确性这样的衡量标准，以及是否用户可以表达对为他们做出推荐的信息的理解。他们明白，推荐结果是基于他们的个人属性，这些个性存储在个人资料中，这些个人资料包含他们自愿提供的个人信息，并且可以通过改变它们来控制个性化[21]。

10.4.3　增加用户对系统的信任：信任度

对用户的信任（被定义为对推荐系统能力的感知信心）研究表明用户打算对值得信赖的推荐系统做出反馈[15]。信任也依赖于推荐算法的精确性[48]。信任有时候是和透明度相关联的，以往的研究表明，透明度和用户与推荐系统的交互会增加用户对系统的信任[25,68]。

然而，我们注意到有些情况下，透明度和信任是不相关的[20]。Kulesza 等人[40]发现不良的解释可能影响用户信任度，导致糟糕的心智模式。

因此，我们并不认为解释完全可以弥补不良推荐，但是可以增加用户的信任度。用户可能更加宽容，对推荐更加信任，如果用户了解为什么会出现一个坏的推荐（或者基于低的自信度），能够防止不好的推荐内容再次出现。用户可能比较欣赏当一个对一些特殊的推荐没有信心时的"坦诚"并且承认它的系统。

此外，一个推荐系统的 UI 界面设计可能会影响其信任度。在网页的可信度因素的研究里，用户评论占比最大（46.1%）的是网络的整体视觉设计，包括布局、字体、字体大小和颜色方案[28]。同样作者照片的呈现也显著影响网站的可信度[27]。因此，推荐的准确性和透明性关系到评估的可信度，同时设计也是评估中需要考虑的一个重要因素。

问卷调查可用于确定用户对系统的信任度。关于信任问卷的概述可以在文献[54]中找到，其中也建议并验证了五维的信任级别。请注意，这个验证的目的是为了利用名人的信誉来支持产品，而不是针对某个特定领域进行的。可能需要更多的验证将这种信任级别应用到某个特定的推荐领域。

推荐系统的信任模型于文献[16，50]被提出，这些调研的问卷调查中考虑的因素包括，诸如是否愿意对系统反馈，是否提升了效率。同样，文献[82]提出用户信任，但是关注与信任相关的信念，诸如一个虚拟顾问的感知力、仁慈、正直。他们发现不同信任的信念会根据不同的解释发生改变。虽然问卷调查内容可以非常集中，但有用户言行不一的顾虑。在这些情况下，隐含的测试（虽然不太注重）可能揭示一些因素，这些因素都是显性测试目的所不能获得的。

忠诚，一种令人满意的信任的副产品，可能是这样的一种隐式测试方法。一个研究比较了提取用户偏好的各种不同界面，根据他们怎样被影响的因素（例如忠诚）[48]。它使用用户登录或交互的次数来衡量其忠诚度。在其他方面，研究发现是否允许用户评估物品会影响其忠诚度。亚马逊使用一种保守的推荐，主要通过推荐用户熟悉的物品，增加了用户的信任和销售额[69]。我们鼓励那些想要了解更多有关信任度的读者去阅读前面相关的手册章节[80]，那里专门讨论该话题。

10.4.4　说服用户尝试或购买：说服力

解释可能增加用户对系统或特定推荐的接受度[35]。之所以定义为说服力，是因为他们都尝试影响用户。

Cramer 等人[20]按照在最终六个最喜爱的选项中被选中的推荐数量评估推荐物品的接受性。在协同过滤和基于评分的电影推荐系统研究中，参与者被赋予不同的解释界面（见图 10-3）[35]。该研究直接调查用户面对 21 种不同的解释界面时会有多大可能看一部电影（识别出像遗漏标题这样的特征）。因此，7 点 Likert 级别上的数值评分就代表了说服力。

此外，测量一个物品的评价是否发生了改变是可能的，即在接受一个推荐解释后，用户是否做了不一样的评分。事实已经表明，用户可以被操纵给出接近系统的预测的评分[18]。研究发现，可信信息或者系统对于推荐结果的相关性或无关性的"确定"程度，能够影响用户的评分。Shani 等人[66]发现如果在系统自身比较自信的情况下，参与者更有可能评价一个与实际上本不相关的物品为相关的。对于（真正）相关的物品，参与者也不太可能对物品的相关性保持不确定性（对于真正无关的物品没有找到类似的模式）。

这两个研究都是在主观并且是低成本投入的领域（电影和图片），但在高（相对高）成本投入领域，比如摄影机，用户就可能不那么容易受到不正确预测的影响○。研究同时也发现可信信息能够影响用户的评分。此外还要考虑到，一旦用户发现他们已经尝试或购买过一些他们不想要的，太多的说服力可能会适得其反。

衡量说服力有几种不同的方法。例如，可以测量在两种评分间的区别：一个是以前的评分，另一个是带有解释后的，对相同物品的重新评分。另一个可能性是对比另一个没有解释的系统，有多少用户尝试或购买物品。这些指标也可以用常用的电子商务的"转化率"概念。操作上定义为参观者采取行动的百分比。想更深入地讨论推荐系统说服力的读者可以继续查看第 20 章。

10.4.5　帮助用户充分地决策：有效性

不是简单地劝说用户试用或购买一个物品，解释也可以帮助用户做出更好的决策：接受相关产品放弃不相关的产品[66,77,78]。根据定义来看，有效性高度依赖推荐算法的准确性。一个有效的分析能帮助用户根据自己的喜好评估推荐物品的质量。这将帮助用户识别有用物品，丢弃无关选项。例如，一个有效的图书推荐系统可以帮助用户购买他们最终喜欢的书籍。Bilgic 和 Mooney 强调测量系统基于解释的推荐协助用户做出准确的决定能力重要性，解释的例子如图 10-7 和表 10-6 和表 10-7[9]。有效的解释也适合于用作介绍新领域或者产品系列给一个新用户，因而帮助他们理解全部选项[25,59]。

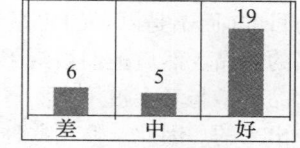

图 10-7　邻居风格解释。直方图总结类似用户的评级（相邻的）的推荐物品，从 1～5 按好（5，4）、中（3）、差（2，1）[29]。与图 10-3 类似，该研究也是有意强调并且突出劝说性和解释之间的区别[9]

○ 文献[76]中记录了他们发现，相对低成本领域，在高成本领域不正确的过高估计的用处更少。

表 10-6   Bilgic and Mooney[9] 给出的物品（书籍）关键词样式解释。通过诸如 "HEART" 和 "MOTHER" 的关键词的个数来给出推荐物品。解释列出那些已经用在物品的描述中的关键词，以及与先前和高评分物品有关联的关键词

Word	Count	Strength	Explain
HEART	2	96.14	*Explain*
BEAUTIFUL	1	17.07	*Explain*
MOTHER	3	11.55	*Explain*
READ	14	10.63	*Explain*
STORY	16	9.12	*Explain*

表 10-7   在点击表 10-6 中 "解释" 之后将会展现关键词（例如 "HEART"）"优点" 更多的解释。这些行代表了所有的影响关键词强度的以前物品[9]

Title	Author	Rating	Count
Hunchback of Notre Dame	Victor Hugo, Walter J. Cobb	10	11
Till We Have Faces: A Myth Retold	C. S. Lewis, Fritz Eichenberg	10	10
The picture of Dorian Gray	Oscar Wilde, Isobel Murray	8	5

Vig 等人衡量了已感知的有效性："解释帮助明确了我会喜欢这部电影的程度"[81]。解释的有效性也可以通过用户在消费推荐物品之前和之后喜爱程度的差异来计算。例如，在以前的研究中，用户两次评估一本书，一次是在得到解释时，另一次是在读它时[9]。如果他们对这本书的意见没有多大变化，该系统被认为是有效的。这项研究探讨了整个推荐过程，包括解释，对于有效性的影响。相同的衡量方法也被用于评估个性化解释（独立于推荐系统）是否能在电影领域提高有效性[76]。在文献[67]这里有个区别，找出更多关于一个被推荐的艺术家的信息的可能性以及在听了几首歌曲之后，给艺术家实际的评分。

虽然这种衡量方法考虑了评分前后的差异，它没有讨论过低估计会产生的后续效应○。如果公开一个物品后，用户的评估减少，那么他们的初始评分是一个高估的信息。在我们的工作中发现，用户认为高估的有效性比低估的有效性低，在各种不同领域之间这种差别不同。特别是过高估计在高投入领域比低投入领域更为严重。此外，对感知效果影响的强度取决于预测误差发生的规模大小[76]。

另一种衡量解释有效性的方法是，评测同样的系统在有或没有解释机制下，评估收到解释的受试者是否能最终找到更符合他们个人品位的物品[19]。这种方法在感知有效性（有用性）和性能精度（实际的有效性）工作中已经使用过[24]。

其他评估解释有效性的工作采用了来自营销领域的衡量方法[34]，以找到一个可能最好的物品为目的的（而不是以上的 "足够好的物品"）[16]。参与者与系统相互作用，直到他们找到想要购买的物品。然后他们被给予机会去检查整个目录以及改变他们所选物品的选项。一部分找到好物品的参与者会被用来测量效果，这一部分被选的参与者是通过比较数据库中所有的参与者选择出来的。因此，使用这种度量，低比例分数代表高有效性。

有效性这个标准与精度测量最为相关，比如准确率和召回率[19,70,72]。对于那些快消耗物品的系统来说，这些衡量标准可以转化为识别相关物品和丢弃不相关选项[66]。例如，有一种替代 "准确率" 的衡量标准是，匹配用户兴趣的概念数量，比上用户个人信息中的概念总数[19]。

10.4.6   帮助用户快速制定决策：效率

解释可以使用户更快地决定哪些推荐物品对他们来说是最好的。效率是另一个确立的可用

○ 高估是指预测分比最终或者实际评分高，低估是指当预测分比实际分低的时候。

性原则，即执行任务的速度有多快[53]。如果说推荐系统要做的事情是在大海捞针，那么这个准则是所有推荐系统文献中都要解决的问题（见表10-5）。

帮助用户理解相互矛盾的选项之间的关系有助于提高效率。McCarthy等人[45]、McSherry[50]、Pu和Chen[59]采用所谓的评价算法就能很好地生成解释，该算法是在物品属性之间进行权衡的基于知识算法的一个子集。由算法生成的规则能直观的翻译为类似"低内存，低分辨率，便宜"的规则[45]，这个解释能帮助用户更迅速地找到一个更加便宜的相机——如果他们正好在寻找一款"低内存，低分辨率"的相机。这些解释的效率同查询语言的效率紧密相关，但是也和在以用户为中心的视角，根据作决定的用户所需要交互的次数相比较。

效率经常被用来评估会话式推荐系统，该系统可以使用户与推荐系统进行交互，同时细化他们的偏好（参见10.2.2节）。在这些系统中，可以在对话中看到隐含的解释。效率可以通过用户在交互完成时找到满意物品的情况下所花费的总时间和交互次数来计算[72]。根据效率提升来评估解释的作用并不限于会话式系统。举个例子，Pu和Chen不仅比较了两个解释界面的完成时间，并且将完成时间衡量为参与者在界面中定位到所需产品花费的时间[59]。

当没有合适的物品呈现时，对效率的度量方式包含"检查解释的次数"和"主动修正行为的次数"[25,63]。向用户显示所有可能的推荐结果及相关解释是明智的，这样可以使用户通过解释详细地浏览物品。在更高效的系统中，用户只需要检查少量解释。修正行为来自用户的反馈，用于改变用户看到的推荐物品，如可理解性（10.4.2节）所总结的。用户反馈或者行为修正的实例可以在10.2.2节中找到。

10.4.7　系统满意度

人们发现解释可以提高用户对推荐系统的满意度或接受程度[23,29,55]。Gedikli等人[29]研究了对物品进行详细的描述既利于用户的体验[75]，又使得推荐系统使用方便[68]。另外，很多商业推荐系统来源于娱乐领域，如表10-2所示，在这种情况下所有额外的机制都应致力于提高用户满意度。图10-8给出了在满意度维度上对解释评估的例子。

当衡量满意度的时候，一方面可以直接咨询用户该系统是否是易用的，Tanaka-Ishii和Frank在评估一个描述机器人世界杯的多智能体系统时，询问用户是喜欢系统有解释还是喜欢没有解释[71]。满意度也能间接地通过用户忠诚度衡量（详细部分见10.4.3节）[25,48]，或者通过判断该系统是否能用来完成搜索任务[20]。

该推荐结果的理由如下：
- 这类连接的网络空间是可用的；
- 对你来说，这个包是可以连接到你的任意一个位置；
- 网络连接的月消费超出你的预算。

图10-8　一个互联网服务提供商的解释，描述了提供物品的用户需求："该结果是由以下原因得出……"除了其他的评价目标外，这个推荐已经使用了满意度来评估[25]

在衡量解释的满意度时，区分用户是对推荐过程的满意还是对推荐产品⊖的满意很重要[20,25]。衡量推荐过程满意度的一种定性方法是进行可用性测试，比如用有声思维法记录用户执行某个任务[43]。

在以下这个例子中，参与者在执行一个任务，比如找到一个满意的物品，他们使用系统描述他们的整个经历，包括看了什么、想了什么、做了什么和感觉如何。系统不以任何解释或其他方式影响用户，使其客观地记录一切。视频和语音录音也可以用于再次查看会话或者作为记忆辅助物。在这种情况下，有可能发现可用性问题，甚至采用定量的度量标准，如正面评论和负面评论的比例，评估者感到沮丧的次数，评估者感到高兴的次数，评论者在什么地方遇到了

⊖　这里，我们的意思是整个的推荐过程，也包含推荐解释。我们注意到，在推荐系统中，对解释的评估很少完全独立于潜在的推荐过程。

可能存在的问题及遇到了多少次等。

我们认为用户也会满意将两种标准混合起来的高效解释系统。然而，一个能帮助用户做决策的系统，可能会降低系统整体的满意度（如需要大量对用户的认知工作）。幸运的是，这两个目标可以通过不同的指标进行衡量。

10.5   未来的方向

这节确定了四种有前途的未来方向。首先，似乎未来的解释将会反映推荐的社会本质。第二，解释可以帮助用户找到意想不到的发现和了解哪些选项被过滤掉了。第三，我们讨论出于用户选择或者特定上下文，是否解释应该总是可见。最后，要求更多的研究识别何时解释是有帮助的，在哪种情况下可能是无益的。

10.5.1   推荐的社会性

逐渐地，推荐不仅基于商品间的相似性或者评分模式，而且基于在社会网络中的信息。这个研究领域仍然非常年轻，但在不远的未来，它很有可能会对推荐解释产生较大的影响。除了经典的推荐算法外，不断发展的研究也一直关注在线社会网络中人际关系[51,58,85]或人的地理信息[7,64,89]等对推荐结果的影响。其中一个特别有趣的方向涉及互惠与非互惠关系的对比[32,58]。悬而未决的问题是，不同类型关系如何影响解释的力度，以及如何影响解释的实际（而不是感知）的有效性。请参阅第15章进一步阅读。

10.5.2   解释、偶然性和过滤泡泡

解释可以起到帮助用户接受新的和意想不到的（偶然发现的）物品的作用。文献[51]已经察看了可视化"过滤泡泡"，即推荐的过滤本质属性导致个人用户的有限覆盖度。同时，越来越多的研究正在研究如何计算推荐系统的偶然性[3,37,74]。还有一个关于推荐空间的可视化研究的机构（参见如文献[31，79]），一些研究表明渐增的多样性可以帮助找到目标物品[11]。将视觉或文字解释与偶然性相结合仍然是一个公开的挑战。更为普遍的是，尽管做出了一些尝试性的努力[65]，推荐系统评估与覆盖率，接受度和学习速度等标准的评估之间的联系仍然不足。有关推荐系统中多样性和新颖性的问题也在本书第26章中有讨论。

10.5.3   应该何时展现推荐解释

另一个仍然没有解决的问题是，解释机制是否应该由用户发起，通过一个特定的场景或者是否应该总是呈现给用户。解释在推荐系统中对于有经验的用户可能是最有利的[26]，对解释在其他类型的决策支持系统中的研究，人们已经发现，当一些没有预料到或者不希望发生的事情发生的时候解释是有用的[22]。这里也有对以下这个观点的一些初步的支持：在推荐系统中实际查看解释的人更多地会使用推荐解释这个功能[24]。一般来讲，一个前瞻性方法的出现对于推荐系统是最好的方法[21,22]。但是，在高投入领域（查阅航空领域的工作⊖）应该考虑到认知负荷之外的分析成本，需要同以前关于解释的成本和效益平衡的研究保持一致[17,40]。

10.5.4   推荐解释：有益还是有害

研究者发现解释是一个循环往复的过程：解释会影响特殊推荐的接受度，影响推荐系统使用的用户心智模式算法，反过来，这又影响用户和推荐解释的交互方式。解释可能影响用户使

⊖   http://www.aea.net/AvionicsNews/ANArchives/DesignDisplayOct03.pdf，2013年11月检索。

用系统的行为，因此影响他们对所给推荐的反应[5,82]。然而，总体来说，目前还不清楚用户的心理模型如何受到解释和推荐之间的周期性和长期互动的影响。初步工作表明它们可能是有害的[5,20,24,66]。例如，文献[24]发现，至少对于一个小规模的用户子集，解释不仅能帮助做出好的决定，而且能增加他们对不正确的建议的接受度。对于未来的研究，如何确保解释是有帮助的(长期也是如此)将具有广阔的前景。

参考文献

1. Pandora (2006). http://www.pandora.com
2. Nutking (2010). http://nutking.ectrldev.com/nutking/jsp/language.do?action=english
3. Adamopoulos, P., Tuzhilin, A.: On unexpectedness in recommender systems: Or how to except the unexpected. In: Workshop on Novelty and Diversity in Recommender Systems in conjuction with Recsys (2011)
4. Adrissono, L., Goy, A., Petrone, G., Segnan, M., Torasso, P.: Intrigue: Personalized recommendation of tourist attractions for desktop and handheld devices. Applied Artificial Intelligence **17**, 687–714 (2003)
5. Ahn, J.W., Brusilovsky, P., Grady, J., He, D., Syn, S.Y.: Open user profiles for adaptive news systems: help or harm? In: World Wide Web (WWW), pp. 11–20. ACM Press, New York, NY, USA (2007)
6. Andersen, S.K., Olesen, K.G., Jensen, F.V.: HUGIN—a shell for building Bayesian belief universes for expert systems. Morgan Kaufmann Publishers Inc., San Francisco, CA, USA (1990)
7. Backstrom, L., Sun, E., Marlow, C.: Find me if you can: Improving geographical prediction with social and spatial proximity. In: World Wide Web (WWW) (2010)
8. Bennett, S.W., Scott., A.C.: The Rule-Based Expert Systems: The MYCIN Experiments of the Stanford Heuristic Programming Project, chap. 19 - Specialized Explanations for Dosage Selection, pp. 363–370. Addison-Wesley Publishing Company (1985)
9. Bilgic, M., Mooney, R.J.: Explaining recommendations: Satisfaction vs. promotion. In: Proceedings of the Wokshop Beyond Personalization, in conjunction with the International Conference on Intelligent User Interfaces, pp. 13–18 (2005)
10. Billsus, D., Pazzani, M.J.: A personal news agent that talks, learns, and explains. In: Proceedings of the Third International Conference on Autonomous Agents, pp. 268–275 (1999)
11. Bridge, D., Kelly, J.P.: Ways of computing diverse collaborative recommendations. In: Adaptive Hypermedia and Adaptive Web-based Systems (2006)
12. Burke, R.: Hybrid recommender systems: Survey and experiments. User Modeling and User-Adapted Interaction **12(4)**, 331–370 (2002)
13. Burke, R.D., Hammond, K.J., Young, B.C.: Knowledge-based navigation of complex information spaces. In: AAAI/IAAI, Vol. 1, pp. 462–468 (1996)
14. Carenini, G., Mittal, V., Moore, J.: Generating patient-specific interactive natural language explanations. Proc Annu Symp Comput Appl Med Care pp. 5–9 (1994)
15. Chen, L., Pu, P.: Trust building in recommender agents. In: WPRSIUI in conjunction with Intelligent User Interfaces, pp. 93–100 (2002)
16. Chen, L., Pu, P.: Hybrid critiquing-based recommender systems. In: Intelligent User Interfaces, pp. 22–31 (2007)
17. Chen, L., Pu, P.: Interaction design guidelines on critiquing-based recommender systems. User Modeling and User-Adapted Interaction **3**, 167–206 (2009)
18. Cosley, D., Lam, S.K., Albert, I., Konstan, J.A., Riedl, J.: Is seeing believing?: how recommender system interfaces affect users' opinions. In: CHI, *Recommender systems and social computing*, vol. 1, pp. 585–592 (2003)
19. Cramer, H., Evers, V., Someren, M.V., Ramlal, S., Rutledge, L., Stash, N., Aroyo, L., Wielinga, B.: The effects of transparency on perceived and actual competence of a content-based recommender. In: Semantic Web User Interaction Workshop, CHI (2008)
20. Cramer, H.S.M., Evers, V., Ramlal, S., van Someren, M., Rutledge, L., Stash, N., Aroyo, L., Wielinga, B.J.: The effects of transparency on trust in and acceptance of a content-based art recommender. User Model. User-Adapt. Interact **18**(5), 455–496 (2008)
21. Czarkowski, M.: A scrutable adaptive hypertext. Ph.D. thesis, University of Sydney (2006)
22. Darlington, K.: Aspects of intelligent systems explanation. Universal Journal of Control and Automation **1**, 40–51 (2013)

23. Doyle, D., Tsymbal, A., Cunningham, P.: A review of explanation and explanation in case-based reasoning. Tech. rep., Department of Computer Science, Trinity College, Dublin (2003)

24. Erlich, K., Kirk, S., Patterson, J., Rasmussen, J., Ross, S., Gruen, D.: Taking advice from intelligent systems: The double-edged sword of explanations. In: Intelligent User Interfaces (2011)

25. Felfernig, A., Gula, B.: Consumer behavior in the interaction with knowledge-based recommender applications. In: ECAI 2006 Workshop on Recommender Systems, pp. 37–41 (2006)

26. Felfernig, A., Teppan, E., Gula, B.: Knowledge-based recommender technologies for marketing and sales. Int. J. Patt. Recogn. Artif. Intell. **21**, 333–355 (2007)

27. Fogg, B., Marshall, J., Kameda, T., Solomon, J., Rangnekar, A., Boyd, J., Brown, B.: Web credibility research: A method for online experiments and early study results. In: CHI 2001, pp. 295–296 (2001)

28. Fogg, B.J., Soohoo, C., Danielson, D.R., Marable, L., Stanford, J., Tauber, E.R.: How do users evaluate the credibility of web sites?: a study with over 2,500 participants. In: Designing for User Experiences (DUX), no. 15 in Focusing on user-to-product relationships, pp. 1–15 (2003)

29. Gedikli, F., Jannach, D., Ge, M.: How should I explain? A comparison of different explanation types of recommender systems. International Journal of Human-Computer Studies **72**(4), 367–382 (2014)

30. Green, S., Lamere, P., Alexander, J., Maillet, F.: Generating transparent, steerable recommendations from textual descriptions of items. In: Recommender Systems Conference (2009)

31. Gretarsson, B., O'Donovan, J., Bostandjiev, S., Hall, C., Höllerer, T.: Smallworlds: Visualizing social recommendations. Computer Graphics Forum **29**(3), 833–842 (2010)

32. Guy, I., Ronen, I., Wilcox, E.: Do you know? recommending people to invite into your social network. In: International Conference on Intelligent User Interfaces, pp. 77–86 (2009)

33. Hance, E., Buchanan, B.: Rule-based expert systems: the MYCIN experiments of the Stanford Heuristic Programming Project. Addison-Wesley (1984)

34. Häubl, G., Trifts, V.: Consumer decision making in online shopping environments: The effects of interactive decision aids. Marketing Science **19**, 4–21 (2000)

35. Herlocker, J.L., Konstan, J.A., Riedl, J.: Explaining collaborative filtering recommendations. In: ACM conference on Computer supported cooperative work, pp. 241–250 (2000)

36. Hingston, M.: User friendly recommender systems. Master's thesis, Sydney University (2006)

37. Hu, R., Pu, P.: Helping users perceive recommendation diversity. In: Workshop on Novelty and Diversity in Recommender Systems in conjunction with Recsys (2011)

38. Hunt, J.E., Price, C.J.: Explaining qualitative diagnosis. Engineering Applications of Artificial Intelligence **1**(3), Pages 161–169 (1988)

39. Krulwich, B.: The infofinder agent: Learning user interests through heuristic phrase extraction. IEEE Intelligent Systems **12**, 22–27 (1997)

40. Kulesza, T., Stumpf, S., Burnett, M., Yang, S., Kwan, I., Wong, W.K.: Conference on visual languages and human-centric computing. In: Too Much, Too Little, or Just Right? Ways Explanations Impact End Users Mental Models (2013)

41. Lacave, C., Diéz, F.J.: A review of explanation methods for bayesian networks. The Knowledge Engineering Review **17:2**, 107–127 (2002)

42. Lacave, C., Diéz, F.J.: A review of explanation methods for heuristic expert systems. The Knowledge Engineering Review **17:2**, 107–127 (2004)

43. Lewis, C., Rieman, J.: Task-centered user interface design: a practical introduction. University of Colorado (1994)

44. Lopez-Suarez, A., Kamel, M.: Dykor: a method for generating the content of explanations in knowledge systems. Knowledge-based Systems **7**(3), 177–188 (1994)

45. McCarthy, K., Reilly, J., McGinty, L., Smyth, B.: Thinking positively - explanatory feedback for conversational recommender systems. In: Proceedings of the European Conference on Case-Based Reasoning (ECCBR-04) Explanation Workshop, pp. 115–124 (2004)

46. McGinty, L., Reilly, J.: On the evolution of critiquing recommenders. In: F. Ricci, L. Rokach, B. Shapira, P.B. Kantor (eds.) Recommender Systems Handbook, pp. 547–576. Springer US (2011)

47. McGinty, L., Smyth, B.: Comparison-based recommendation. Lecture Notes in Computer Science **2416**, 575–589 (2002)

48. McNee, S.M., Lam, S.K., Konstan, J.A., Riedl, J.: Interfaces for eliciting new user preferences in recommender systems. User Modeling pp. pp. 178–187 (2003)

49. McNee, S.M., Riedl, J., Konstan, J.A.: Being accurate is not enough: How accuracy metrics have hurt recommender systems. In: Extended Abstracts of the 2006 ACM Conference on Human Factors in Computing Systems (CHI 2006) (2006)

50. McSherry, D.: Explanation in recommender systems. Artificial Intelligence Review **24(2)**, 179–197 (2005)

51. Nagulendra, S., Vassileva, J.: Providing awareness, understanding and control of personalized stream filtering in a p2p social network. In: Conference on Collaboration and Technology (CRIWG) (2013)

52. Nguyen, T.T., Kluver, D., Wang, T.Y., Hui, P.M., Ekstrand, M.D., Willemsen, M.C., Rield, J.: Rating support interfaces to improve user experience and recommender accuracy. In: Recommender Systems Conference (2013)

53. Nielsen, J., Molich, R.: Heuristic evaluation of user interfaces. In: ACM CHI'90, pp. 249–256 (1990)

54. Ohanian, R.: Construction and validation of a scale to measure celebrity endorsers' perceived expertise, trustworthiness, and attractiveness. Journal of Advertising **19:3**, 39–52 (1990)

55. O'Sullivan, D., Smyth, B., Wilson, D.C., McDonald, K., Smeaton, A.: Improving the quality of the personalized electronic program guide. User Modeling and User-Adapted Interaction **14**, pp. 5–36 (2004)

56. Papadimitriou, A., Symeonidis, P., Manolopoulos, Y.: A generalized taxonomy of explanation styles for traditional and social recommender systems. Data Mining and Knowledge Discovery **24**, 555–583 (2012)

57. Pazzani, M.J.: A framework for collaborative, content-based and demographic filtering. Artificial Intelligence Review **13**, 393–408 (1999)

58. Pizzato, L., Rej, T., Akehurst, J., Koprinska, I., Yacef, K., Kay, J.: Recommending people to people: the nature of reciprocal recommenders with a case study in online dating. User Modeling and User-Adapted Interaction **23**, 447–488 (2013)

59. Pu, P., Chen, L.: Trust building with explanation interfaces. In: IUI'06, Recommendations I, pp. 93–100 (2006)

60. Pu, P., Chen, L.: Trust-inspiring explanation interfaces for recommender systems. Knowledge-based Systems **20**, 542–556 (2007)

61. Pu, P., Faltings, B., Chen, L., Zhang, J., Viappiani, P.: Usability guidelines for product recommenders based on example critiquing research. In: F. Ricci, L. Rokach, B. Shapira, P.B. Kantor (eds.) Recommender Systems Handbook, pp. 547–576. Springer US (2011)

62. Rafter, R., Smyth, B.: Conversational collaborative recommendation - an experimental analysis. Artif. Intell. Rev **24**(3–4), 301–318 (2005)

63. Reilly, J., McCarthy, K., McGinty, L., Smyth, B.: Dynamic critiquing. In: P. Funk, P.A. González-Calero (eds.) ECCBR, *Lecture Notes in Computer Science*, vol. 3155, pp. 763–777. Springer (2004)

64. Ricci, F.: Mobile recommender systems. Information Technology & Tourism **12.3**, 205–231 (2010)

65. Said, A., Bellogin Kouki, A., de Vries, A.P., Kille, B.: Information Retrieval And User-Centric Recommender System Evaluation. In: Extended Proceedings of The 21st Conference on User Modeling, Adaptation and Personalization (UMAP'13), http://ceur-ws.org/Vol-997/umap2013_project_3.pdf CEUR (2013). URL http://oai.cwi.nl/oai/asset/21389/21389B.pdf

66. Shani, G., Rokach, L., Shapira, B., Hadash, S., Tangi, M.: Investigating confidence displays for top-n recommendations. Journal of the American Society for Information Science and Technology **64**, 2548–2563 (2013)

67. Sharma, A., Cosley, D.: Do social explanations work? studying and modeling the effects of social explanations in recommender systems. In: World Wide Web (WWW) (2013)

68. Sinha, R., Swearingen, K.: The role of transparency in recommender systems. In: Conference on Human Factors in Computing Systems, pp. 830–831 (2002)

69. Swearingen, K., Sinha, R.: Interaction design for recommender systems. In: Designing Interactive Systems, pp. 25–28 (2002)

70. Symeonidis, P., Nanopoulos, A., Manolopoulos, Y.: Justified recommendations based on content and rating data. In: WebKDD Workshop on Web Mining and Web Usage Analysis (2008)

71. Tanaka-Ishii, K., Frank, I.: Multi-agent explanation strategies in real-time domains. In: 38th Annual Meeting on Association for Computational Linguistics, pp. 158–165 (2000)

72. Thompson, C.A., Göker, M.H., Langley, P.: A personalized system for conversational recommendations. J. Artif. Intell. Res. (JAIR) **21**, 393–428 (2004)

73. Tintarev, N.: Explaining recommendations. In: User Modeling, pp. 470–474 (2007)

74. Tintarev, N., Dennis, M., Masthoff, J.: Adapting recommendation diversity to openness to experience: A study of human behaviour. In: UMAP (2013)

75. Tintarev, N., Masthoff, J.: Effective explanations of recommendations: User-centered design. In: Recommender Systems, pp. 153–156 (2007)

76. Tintarev, N., Masthoff, J.: Over- and underestimation in different product domains. In: Workshop on Recommender Systems associated with ECAI (2008)

77. Tintarev, N., Masthoff, J.: Personalizing movie explanations using commercial meta-data. In: Adaptive Hypermedia (2008)

78. Tintarev, N., Masthoff, J.: Evaluating the effectiveness of explanations for recommender systems: Methodological issues and empirical studies on the impact of personalization. User Modeling and User-Adapted Interaction **22**, 399–439 (2012)

79. Verbert, K., Parra, D., Brusilovsky, P., Duval, E.: Visualizing recommendations to support exploration, transparency and controllability. In: Proceedings of the 2013 International Conference on Intelligent User Interfaces, IUI '13, pp. 351–362. ACM, New York, NY, USA (2013). DOI 10.1145/2449396.2449442

80. Victor, P., Cock, M.D., Cornelis, C.: Trust and recommendations. In: F. Ricci, L. Rokach, B. Shapira, P.B. Kantor (eds.) Recommender Systems Handbook, pp. 547–576. Springer US (2011)

81. Vig, J., Sen, S., Riedl, J.: Tagsplanations: Explaining recommendations using tags. In: Intelligent User Interfaces (2009)

82. Wang, W., Benbasat, I.: Recommendation agents for electronic commerce: Effects of explanation facilities on trusting beliefs. Journal of Management Information Systems **23**, 217–246 (2007)

83. Wärnestål, P.: Modeling a dialogue strategy for personalized movie recommendations. In: Beyond Personalization Workshop, pp. 77–82 (2005)

84. Wärnestål, P.: User evaluation of a conversational recommender system. In: Proceedings of the 4th Workshop on Knowledge and Reasoning in Practical Dialogue Systems, pp. 32–39 (2005)

85. Webster, A., Vassileva, J.: The keeup recommender system. In: Recsys (2007)

86. Wick, M.R., Thompson, W.B.: Reconstructive expert system explanation. Artif. Intell. **54**(1–2), 33–70 (1992)

87. Ye, L., Johnson, P., Ye, L.R., Johnson, P.E.: The impact of explanation facilities on user acceptance of expert systems advice. MIS Quarterly **19**(2), 157–172 (1995)

88. Yee, K.P., Swearingen, K., Li, K., Hearst, M.: Faceted metadata for image search and browsing. In: ACM Conference on Computer-Human Interaction (2003)

89. Zheng, V.W., Zheng, Y., Xie, X., Yang, Q.: Collaborative location and activity recommendations with GPS history data. In: World Wide Web (WWW) (2010)

推荐系统应用

工业界的推荐系统：Netflix 案例分析

Xavier Amatriain 和 Justin Basilico

11.1 简介

推荐系统一直被视为大规模机器学习和数据挖掘技术的主流工业应用的经典范例。诸如电子商务、搜索、网络音乐和视频、游戏，甚至在线约会等各种应用都使用了类似的基于海量数据的挖掘技术以更好地满足用户的个性化需求。这些技术之所以被广泛应用是因为它们可以有效地提升诸如用户满意度、企业收益等各种重要商业指标。本章主要关注如何应用推荐算法，包括问题建模、算法设计以及评价指标。当然，诸如用户交互设计等其他因素也会对推荐系统的有效性产生很大的影响，这些问题将在本书的其他章节进行详细阐述。

对于一个商业应用来说，在推荐系统上的改进可以带来百万美金的价值，有时候甚至可以决定一个企业的成败。在 11.2 节，我们将介绍推荐系统在工业界的一些典型应用。除了推荐算法本身，也有一些其他方面的因素可以给推荐系统带来显著的影响。比如，给当前的系统增加新的数据源或者数据表示（特征）。在 11.4 节，我们将以 Netflix 为例介绍数据、模型以及其他个性化方法的应用。

我们考虑的另外一个重要因素是如何评价一个个性化推荐算法的成效。均方根误差（RMSE）在 Netflix 大奖赛（参考 11.3 节）中被选为线下评测标准。但是也有其他相关的评价标准可以选择，并且以不同的选择为优化目标会产生不同的解决方案。例如，一些在信息检索领域常见的排序指标，如 Normalized Discounted Cumulative Gain（NDCG）、召回率（recall）或者 ROC 曲线下面积（AUC）等，也可以被用来评测推荐系统的性能。事实上，除了优化某个给定的线下评测指标外，我们真正关注的是推荐技术对企业带来的真实影响。因而，我们需要把推荐系统的质量和更多的面向用户的指标联系起来，如用户点击率（click-through rate，CTR）或者用户留存率（retention）。我们将在 11.6 节介绍一种如何把线下和线上评测指标结合起来的方法。

选择一个合适的架构，使得整个系统既可以运行复杂的计算方法，又能够在可接受的延迟内更新推荐结果，是搭建一个成功的大规模推荐系统的关键部分。在 11.7 节，我们将介绍一个可以满足上述要求的三层架构。但是在此之前，有必要先理解推荐系统在工业界中是如何应用的。在下一节，我们将首先简要地介绍一些典型的应用案例。

11.2 推荐系统在工业界中的应用

很多领域的互联网企业都在使用推荐系统，每个领域的推荐系统一般都有它们独特的挑战。本小节主要简单介绍一些工业界中应用推荐系统的知名案例。

现如今，绝大多数电子商务的网站和应用都会使用一些推荐引擎来提升用户体验。第一个

X. Amatriain, Netflix, 100 Winchester Cr., Los Gatos, CA 95032, USA, Quora, 150 Castro St., Mountain View, USA, email: xavier@amatriain.net.

J. Basilico, Netflix, 100 Winchester Cr., Los Gatos, CA 95032, USA, email: jbasilico@netflix.com.

翻译：郑勇　审核：朱郁筱

信赖和使用推荐系统的大企业是亚马逊。起先，亚马逊只是使用了一个简单的物品—物品协同过滤方法[48]，如今亚马逊在不同的层次引入了不同的推荐方法，比如在首页进行商品展示、在商品页面列出其他被购买或者浏览的商品等。其他零售商(如 eBay)开始效仿，尝试将推荐引入自己的平台应用中，比如购买后推荐[88]。

新闻也是工业界使用推荐系统来根据用户的个性化兴趣爱好提供服务的一个领域。比如，谷歌新闻在一开始就使用了某种新闻推荐的方法[19,49]。雅虎对新闻和其他网页内容的个性化也做了投入[1,47]。新鲜性是新闻推荐领域的一个重要挑战，因为新闻文章有非常强的时效性和多样性(很多文章都是关于一个共同的话题的)。不过鉴于新闻中绝大部分内容都是基于文字的，因此我们可以利用自然语言处理的方法来挖掘并提取一些特征作为推荐的基础，这些方法在用户行为数据稀疏的情况下格外有效。

视频推荐一直是个活跃的研究领域，因此我们并不意外它可以在工业界里被用来推荐电影、电视节目，以及自媒体内容(用户自己制作并分享的内容)。比如，在 YouTube 中，推荐是为海量的自媒体视频进行导航的一个重要组成部分[20]。对于视频内容来说，如果没有掌握复杂的计算机视觉技术是很难提取精准的内容信息的。如果我们有一些视频的元数据，就可以以用户行为信息为基础搭建视频推荐引擎。因而在视频推荐领域，如何利用用户评分来学习推荐物品的排序是至关重要的。以谷歌为例，他们使用了一系列的损失函数并且在 YouTube 和谷歌音乐的应用中证实了其应用性[90]。

音乐推荐同样也是推荐系统里很活跃的应用，并且在过去几年有很多有趣的发展。例如，Pandora 以提供个性化音乐台为核心创建了完整的商业模型。他们使用了一种可以把传统的协同过滤方法和自身的音乐基因组工程[72]结合起来的推荐方法。同样，苹果的 iTunes 产品使用用户的音乐库信息来推荐音乐组合和播放列表。最近，Spotify 也开始在他们的产品中使用音乐推荐，目前他们所采用的推荐算法大都是基于传统的矩阵分解[9]。在有名的专注于音乐推荐引擎的初创公司 EchoNest 被 Spotify 收购之后，他们将协同过滤、元数据、音频信号分析不同方法结合起来进行音乐推荐[46]。音乐推荐领域有一些独特的研究方向，可能要在不同的层次做推荐，比如音乐家、唱片、歌曲、播放列表等。这个领域里，歌曲可能比较短并且被反复循环播放，因此这些信息和用户行为常常被用来研发一些有意思的推荐方法。

最近，社交网络也开始引入一些推荐系统的应用。比如，Twitter 引入了 Who to Follow 推荐机制来推荐新的社交连接[29]；LinkedIn 使用了生存分析(Survival Analysis)方法来理解一个用户有多大的可能性会跳槽[89]；谷歌也发表了使用在他们社交网络(如 Orkut)上的推荐系统的相关研究工作[18]；雅虎也在一些方面做了个性化应用，如社交网站的评论，或者 Flickr 上图片集的标签等。推荐算法对在线约会网站来说也非常重要，这类推荐系统有一些特殊的要求，譬如这类系统的成功不仅仅在于某个用户得到一个比较满意的推荐结果，而要求双方用户对推荐结果都满意[61]。

除了专注于一个领域，很多企业把推荐方法应用在不同的领域，甚至使用数据做跨域推荐。微软开发了一个分布式贝叶斯方法用在推荐系统上，叫作 Matchbox[81]。这个解决方案可以被部署在不同的情景下。比如，它现在是 XBox 游戏控制台上做内容推荐(例如游戏、应用程序、视频、音乐等)的主要模块[39]。

除了这些专门研发用于自己产品的推荐系统的企业，还有很多小型企业致力于研发普适的推荐系统或者技术。例如，Commendo[32]和 Gravity R&D[82]就是由在 Netflix 大奖赛中的一些参赛队伍组建的专门致力于推荐系统咨询的公司。

以上的这些例子从算法的角度来说是有趣的，同时，它们也代表了从工业界的角度对于推荐系统的一些不同的或者补充性的需求。例如，与科研领域的论文研究相比，企业界在绝大多数论文里会有独特的研究关注点，诸如可扩展性、商务标准，以及与用户体验的系统融合等。

我们将在剩下的章节里介绍这些问题。

11.3   Netflix 大奖赛

Netflix 于 2006 年举办了一个关于机器学习和数据挖掘的比赛，旨在解决电影评分(1~5分)预测问题。我们举办这个比赛的目的是发现为用户推荐产品的更好方法，这是我们商业模式的核心部分。我们选取了比较容易评测和量化的指标均方根误差(RMSE)作为评测标准。能够将现有的 Cinematch 系统的推荐准确率提升 10% 的获胜团队将获得 100 万美金的奖金。

Netflix 大奖赛把焦点放在推荐系统领域以及如何从用户数据中研发个性化推荐。它通过一个简洁的推荐问题便吸引了几千支队伍来共同专注于提升一个单一的评测指标，尽管这次比赛只是一个大大被简化的推荐问题，但是其中仍有很多宝贵的经验值得我们学习。

Netflix 大奖赛的经验教训

竞赛开始一年之后，Korbell 团队以 8.43% 的提升赢得了第一个半程奖。他们付出了超过 2000 小时的努力，融合了 107 种算法才得到这份奖金。按照比赛的规定，Korbell 团队将他们的解决算法细节提供给了 Netflix。我们分析了其中 2 种最有效的方法：矩阵分解(MF)[44]⊖(参见 5.3 节)和受限玻尔兹曼机(RBM)[71]。单独使用矩阵分解能取得 0.8914 的 RMSE，而单独使用 RBM 是 0.8990，将这两种方法线性融合能达到 0.88。

由于把这两种算法结合起来可以在竞赛的数据集上有很好的运行效果，我们希望可以把这些方法应用到实际中去。为了将这些方法应用到实际系统，我们必须克服一些限制，例如比赛的数据集是一亿个评分，但实际的线上系统是 50 亿个，并且这些方法的设计并没有考虑用户不断产生新评分的情况。但是我们最终克服了这些挑战，并将这两种方法用到实际产品中，而且直到现在还作为系统的一部分在运行。

在大奖赛期间，我们从一个博客文章里发现了有趣的事情。Simon Funk 在他的博客里介绍了一种数据可递增、算法可迭代的使用梯度下降法[27]来计算矩阵分解(即 SVD)。这种方法使得把矩阵分解用于大型数据变得实际可行。另外一种对矩阵分解的扩展方法是 Koren 等人提出的 SVD ++ 算法[42]。这种方法里的非对称变异使得算法可以同时包含显式和隐式回馈，并且不需要对隐式的部分单独学习用户相关的参数。

第二种可以成功应用在大奖赛中的方法是受限玻尔兹曼机(RBM)。RBM 可以被当作是第四代人工神经网络：第一代是 20 世纪 60 年代对感知器的应用；第二代是 20 世纪 80 年代反向传播算法的应用；第三代是 20 世纪 90 年代信念网络的应用。RBM 是一种限制了连通性的信念网络，可以使得学习更加简单。RBM 还可以叠加到深度信念网络(深度学习的一种形式)里。在 Netflix 大奖赛中，Salakhutditnov 等人提出了一种 RBM 结构，这种结构包含二元隐式单元，以及由用户最初评分过的 5 个电影初始化的偏差的 softmax 可见单元[71]。

在竞赛过程中也产生了其他的学习方法。例如，上面介绍的矩阵分解方法可以和传统的基于近邻的算法结合在一起[42]。同时，在竞赛早期，实验发现把用户反馈的时序变化[43]考虑进来也是很重要的。大奖赛的另外一个发现就是，用户评分数据里包含大量的数据噪声。这一点已经在多个文献中提到过；Herlocker 等人[30]使用了"神奇的障碍"这个术语来表示评分数据里的不稳定性限制了推荐的准确性这一情况。这种限制与实际的大奖赛阈值有关[5]，可能是把大奖赛阈值设为将 RMSE 降低 10% 的一个因素。

大约三年后，大奖赛总额 100 万美金对大量的参与来说是实实在在的诱惑，上百个模型被

⊖ 使用矩阵分解算法来进行评分预测很类似于 SVD 算法，比如在信息检索领域用来发现潜在因素的 SVD 方法。所以平常人们把这种矩阵分解算法也称作 SVD。

混合在一起完成最后的大奖赛冲刺[8]。最终的获胜方法是把不同组的独立模型整合在一起。这种方法凸显了把各种不同模型混合在一起取得最大准确性的优越性。

在 Netflix，我们尝试将一些新方法加入到最终方案，并测试了它们的引入对算法预测效果的提升表现，结果显示似乎没有足够的必要将其投入到生产实践中。除此之外，我们对 Netflix 的改进扩展到了评分预测以外的方面。在下一节，我们将介绍可以构造一个完整的个性化推荐的不同方法和元件，包括在 Netflix 中使用的方法。

11.4　评分预测之外的推荐工作

通过 Netflix 数年的实践效果发现，为尽可能多的用户体验提供个性化推荐服务能够带来显著的商业价值。这促使了前面介绍的 Netflix 大奖赛的诞生，随后也激励我们用很多其他的方法把个性化服务推广起来。在 11.2 节我们介绍了推荐系统的不同工业应用场景。在本节，我们将以 Netflix 为例介绍一个完整的个性化工业推荐系统。

在介绍这些细节之前，我们首先简单介绍下 Netflix 服务模式，以帮助读者更清晰地理解个性化服务。在 Netflix 大奖赛刚开始的那些年，Netflix 还只是一个在美国提供 DVD 租赁业务的公司。但是，很快它就转型成为国际互联网流媒体视频订阅服务。它允许用户可以实时地通过目录和各种设备（如笔记本、智能电视、游戏控制台、平板电脑、手机）观看电影和电视节目。它的一个关键特色就是允许用户在任何时间任何设备上都可以通过目录来浏览现有的任何视频。由于我们有海量的视频可以观看，那么我们关心的就是如何帮助用户从目录里找到他们感兴趣的视频，以便于满足用户体验，希望他们成为回头客。我们主要通过推荐系统的帮助来完成这个任务。我们的视频要么是自制的要么是购买过版权的。播放每个视频的成本几乎是一样的，因此在做推荐时我们没有更倾向于推荐某个视频的动机。所以，我们采用了以客户为中心的推荐。这与电子商务、在线广告或者搜索等领域不同，在这些领域，不同的物品可能具备不同的价值。

11.4.1　推荐无处不在

Netlfix 的个性化从用户的首页开始，无论用户从何种终端登录主页，推荐都可以显示在用户的主页上。首页上的个性化包含了以水平形式按行展示的视频，每一行都有一个揭示这一行视频之间内在联系的标题。事实上，我们在考虑如何生成行，选择行，哪些视频放在同一行显示，视频在特定行的排序以及确定一个页面中行的显示顺序时都是基于推荐结果产生的。

以最顶部的 10 行为例（见图 11-1）：这些列出了我们认为你可能会喜欢和观看的视频。当然，我们说"你"的时候也包含了共用你的 Netflix 账号的所有家庭成员。不得不提的是，Netflix 的个性化是针对每一个家庭，而一个家庭的不同成员很有可能兴趣不一致。这也是为什么要选 10 行视频的原因，我们要为"爸爸""妈妈""小孩"或者整个家庭来做推荐。即使这个家庭只有一个用户，我们也想兼顾到这个用户的不同兴趣和情绪。当然，也会有专门为团体推荐开发的技术，例如第 22 章里介绍的技术，这些技术一般来说依赖于每个家庭成员的喜好，

图 11-1　Netflix 里前 10 行范例。我们推广个性化感知并且考虑一个家庭的多样化问题。
注意，这些视频下面的标签只是一个描述，系统并不知道一个家庭的组成

而不是一个团体喜好。正是因为如此，为了迎合不同的人以及情绪等，我们追求的不仅仅是推荐的准确率，还包括结果的多样性[69,87]。

Netflix 个性化系统的另一个重要元素是感知（awareness）。我们想让用户知道我们是怎么把握他们喜好的。这不仅能让用户更信任系统，而且可以鼓励用户提交反馈信息来帮助我们给出更好的推荐服务。另外一个能够提升用户信任度的方法是给出推荐这部电影或者演出的理由（见图 11-2）。我们是否推荐一个视频给用户，不是因为它满足了我们的商业需求，而是基于我们从用户那里获得的信息（用户的评分以及口味倾向、观看记录、用户朋友的推荐等）。如何为推荐系统设计好的解释可以参考第 10 章的内容。

图 11-2　给推荐添加解释和依据可以提高用户满意度，它通常需要专门的算法。这些依据可以来自用户的评分、观看记录，或者用户朋友的推荐

还有基于好友的推荐，我们发布了一个能够通过 Facebook 找到同样是 Netflix 会员的好友的连接组件。通过了解一个用户的朋友们的情况，不仅仅能够为推荐算法的设计提供一些新的数据，我们还可以根据社交圈信息来生成一些推荐结果。可以参考第 15 章的例子来了解如何利用社交网络的信息来提供推荐。

相似度也是个性化的一个重要方面。相似度是一个很宽泛的概念，描述的对象可以是不同的电影、用户，也可以是评分、视频元信息、浏览记录等。相似度本身也可以作为推荐的一个基础，我们在其他的模型里尝试使用各种不同的相似度，或者根据相似度为用户导航（见图 11-3）。例如，我们基于用户最近看过的视频，可以推荐一些相似度大的视频类型，并且标注"因为你看过"作为对推荐的解释。并且，在每个视频的页面，我们还可以推荐一些与此视频相似的、用户感兴趣的其他视频。当然，两个物品之间的相似度可以有很多定义，每种定义都可以作为生成相似视频列表的基础。这些不同的相似度定义可以通过构建独立的相似度模型然后再训练一个混合模型的方式组合起来。其他的合理的图形化方法，比如 SimRank 的文献[34]，可以实现类似的目的。另外，相似度本身也可以通过一些方法来实现个性化，比如个性化页面排序[26]。

在很多类似于 Netflix 的服务里，即使是用户输入的一个明确的搜索需求，也可以被转换成推荐。比如用户输入一个普通词汇（如夏天或者意大利人），或者一个不在现有目录里的物品名称等。在这种情况下，我们需要推送与这些词汇相关的推荐。甚至用户在输入时提供的自动完成建议里，也可以变成个性化推荐。LinkedIn 的 Metaphor 系统就是搜索推荐系统的一个很好的范例[64]。

图 11-3　相似度可以被用于在不同的场合或者用户行为下推送推荐

　　在之前的介绍里，绝大多数情况下推荐系统的目的是为用户提供一些感兴趣的物品以供选择。这些可以转换为根据预期满意度（效用）对物品进行选择和排序。因为推荐的主要推送形式是给终端用户提供一个有序的物品清单，所以我们需要合适的排序模型以便提供最优的物品排序。在下一节，我们将介绍如何设计排序模型。

11.4.2　排序

　　个性化排序系统的目标就是在用户的某些场合下提供一组物品的最优排序。在 Netflix，我们优化的目标就是把视频按照用户感兴趣的程度进行排序。为了达成这个目的，我们学习一个评分函数 f_{rank}：$U \times V \rightarrow \mathbb{R}$，这个函数可以将用户 – 视频映射到一个可以用来排序的数值化评分。

　　直接根据物品的热门程度进行排序是一个很显然的基准方法，因为用户基本上都会喜欢其他很多用户也喜欢看的视频。但是，热门程度可能同时和个性化相左；它为每个用户提供相同的物品排序。因此，我们的目标就是找到一个比物品热门程度更好的、能够满足用户不同兴趣爱好的个性化排序方法。

　　既然我们的目标是推荐用户最可能观看的视频，最自然的方法就是将用户对视频的评分的预测值和视频的热门程度结合起来。但这样也有个问题，用户评分高的很可能是小众的电影。这是因为用户的评分仅仅说明了看过这些电影的人对此视频的评价，而忽略了大部分用户看过视频后不一定会留下评分[80]。同时这种方法可能排除了一些用户想看但是评分并不高的视频。因此，最好的做法是兼顾视频的热门程度和用户的期望评分。其中一个方法就是利用这两个特征构建一个排序预测模型。

　　我们可以设计一个简单的评分排序方法：对视频热门程度和用户期望评分进行线性加权：$f_{rank}(u, v) = w_1 p(v) + w_2 r(u, v)$，其中 u 表示用户，v 表示视频，$p(v)$ 表示视频 v 的热门程度，$r(u, v)$ 表示 u 对 v 的预测评分。在此忽略了线性模型中的评分偏差，因为它是一个常数，不会影响最终的排序。这个公式可以通过一个二维空间表示，如图 11-4 所示。

一旦设计好了评分函数，我们就可以输入一组视频，并对它们基于评分由高到低进行排列。但同时我们需要确定 w_1 和 w_2 的值。我们可以把这个转换为一个机器学习的问题：从历史数据（用户、视频）中选择一些正样本和负样本，然后通过一个机器学习算法来优化目标函数得到最优的 w_1 和 w_2。它把排序问题当作一个分类或者回归问题，也是排序学习（Learning to Rank）里面一种 pointwise 的方法。除了推荐系统外，它现在已经在搜索引擎和精准营销领域得到了广泛应用。个性化是排序推荐中的一个显著的不同点，我们期望的并不是优化一个全局相关性，而是一个个性化的结果。

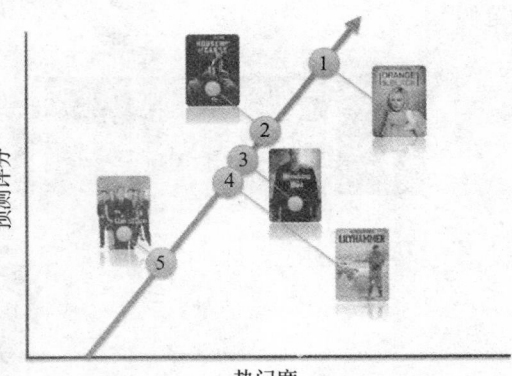

图 11-4   根据物品热门程度和预测评分建立一个简单的个性化排序预测模型

值得一提的是，这样一来，预测评分不再是最终用来进行预测推荐的关键值，而是作为基于其他特征建立的模型的输入。像这种利用其他模型的输出作为输入而最终再进行预测的方法叫作加权混合模型[14]。

之前的二维模型是很基础的排序方法。除了热门度和预测评分，Netflix 还尝试了与视频、用户和他们之间的交互有关的其他特征。有一些可以对推荐有很大的提升，有一些则毫无益处。这些特征可能来自元数据信息，也可以来自其他的推荐算法，比如推荐算法的预测评分。同时，除了简单的线性拟合，许多其他的监督分类方法也可以用来排序。另外，也可以采用一些能够直接优化排序目标的算法。图 11-5 显示了我们通过增加不同的特征和采用机器学习方法（例如 11.8.2 节介绍的其他的排序学习方法）给排序带来的改进情况。

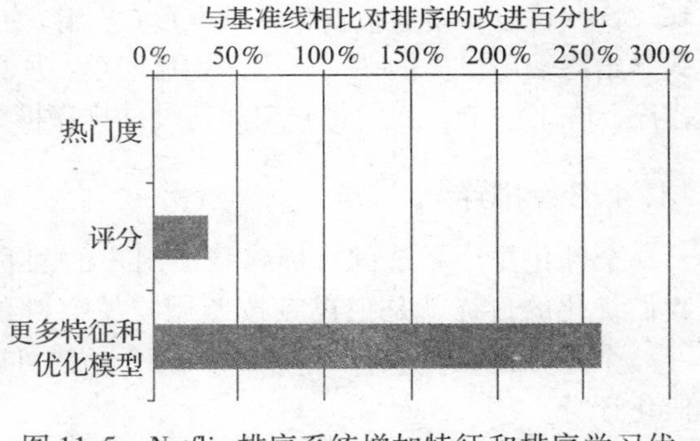

11.4.3   页面优化

在我们的服务里有关个性化的另外一个方面就是电影类型行的选择。这些类型可能是我们耳熟能详的诸如喜剧或者戏剧之类的类型，

图 11-5   Netflix 排序系统增加特征和排序学习优化算法后的性能。我们只显示了在一种排序指标上的性能改进，它在其他的指标上也有相应的改进

也可以是很多定制的类型，比如 20 世纪 80 年代的穿越剧。每一行包含三层的个性化：电影类型、属于这个类型的视频，以及这些视频的排序。潜在的类型行是由标签和视频组合到一起生成的，所以数量是非常庞大的。因此类型行的规模比视频规模要大很多，这也就意味着类型行的选择本身就是一个推荐问题。为了更好地处理这一难题，我们通过用户在电影类型上的隐式反馈（最近播放、评分以及其他交互），或者通过对用户喜好的调查里的显示反馈，来生成候选类型行。这些元素都将作为选择算法的输入，同时也是解释和支持推荐的依据（见图 11-6）。

生成一个个性化的优化页面是一个相当复杂的问题，比如在 Netflix 中，我们要对成千上万的候选行进行筛选和排序。事实上，可选行的数量可能比可选物品的数量还要大，因为相同的物品可以放在不同的行里。另外一个方面，我们在优化页面的时候不仅仅优化相关性，还要同时考虑新鲜性及多样性等其他指标。

图 11-6　通过用户隐式和显式反馈而生成的电影类型行

　　最后，需要注意的是，在优化页面布局时，我们需要加入一个考虑用户浏览或者注意力行为的模型（见图 11-7）[45,53]。例如，我们的模型会考虑用户观看或者点击第二行第三个物品的概率是否大于用户观看或者点击第四行第一个物品的概率。

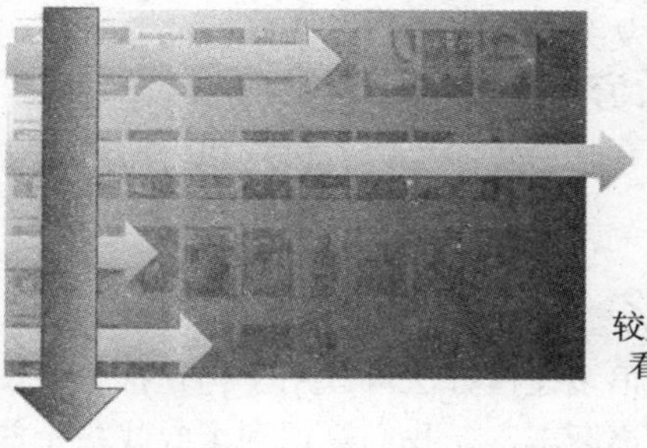

　　在本节的结尾，值得强调的是推荐方法极力地促进了 Netflix 这类企业不断发展。从最初 Netflix 大奖赛里面的一个预测评分问题，逐渐演进到一个一维的排序问题，最后发展到全页面的个性化优化问题，具体的演进过程参见图 11-8。

图 11-7　在优化整个页面的用户体验的时候，需要同时考虑用户浏览或者注意力行为

11.5　数据和模型

11.5.1　数据

　　之前讨论的排序算法强调了数据和模型在创建最优推荐体验方面的重要性。海量高质量用户数据的可获取性使得我们尝试一些之前觉得不可思议的方法成为可

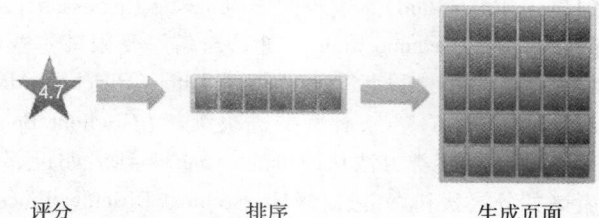

评分　　　　　排序　　　　　生成页面

图 11-8　Netfix 的推荐方法，从专注于评分预测，到物品排序，最终演进到个性化页面的优化问题

能。例如，下面我们就要介绍 Netflix 使用的一些可以用于推荐的数据。

　　我们有大量有关用户播放视频的数据，比如用户观看了哪些视频，什么时候播放，观看多长时间，在什么设备上浏览等。自 2013 年起，我们每天大约可以收集 5000 万条播放记录。鉴于我们的目的就是帮助用户选择观看哪些视频，这些用户相关的历史播放记录数据就显得格外重要。我们还有来自用户的数亿的视频评分，同时我们每天也会收到上百万新的评分记录，在 2013 年平均每天可以收到 500 万评分。每天会有累积上百万的视频被用户加入视频库，并且有大约百万条的搜索请求需要处理，在 2013 年评分每天会有 300 万条。用户还可以通过填写调

查报告的方式来显式地表达自己的兴趣爱好。

在物品方面，我们已经介绍过使用物品热门度来排序。我们有很多方法来计算物品热门度，比如在不同的时间范围内计算，或者以不同的方式综合用户的行为，或者按照区域或其他相似度标准把用户分成不同的组。我们目录下的物品还具备很丰富的元数据信息，如剧情简介、视频类型、演员、导演、字母、电影评级和用户影评。每个物品还有对应的标签，这些标签来自用户对该视频的描述，如情绪(如诙谐的、阴暗的、愚笨的)、质量(如广受好评、视觉大赏、经典的)、故事情节(如婚姻、穿越、会说话的动物)。这样的一个手动添加标签的方法可能在其他更大的或者频繁变动的目录领域里不可行，但是在像我们这样的有成千上万专业化编辑的物品目录的此类应用里是格外有效的。在这种情况下，通过自动化方法可能很难获得高质量的标签。最后，我们还可以利用外在数据(如票房纪录、视频褒贬评论等信息)作为物品的额外特征信息。

我们不仅可以收集用户对推荐页面展示的视频的评价信息，还可以记录用户与推荐的交互行为：滚动、鼠标滑过、点击，或者在一个页面的停留时间。通过收集这些数据，我们可以了解用户对我们的推荐所做出的反应。这些对于考虑页面展示偏差是非常重要的，用户可能因为我们把视频放在他们更容易看到的地方而更有可能去播放这些视频。

我们还可以利用一些用户提供的社交数据来提供个性化服务。这些社交数据包含社交网络上的朋友关系，或者与这些好友的交互行为，还可以为我们提供一些不仅局限于视频范畴的其他物品的兴趣信息。

还有其他与用户或者情景相关的数据可以为预测模型提供一些特征量，诸如人口信息、语言偏好、设备、地理位置或者时间等信息。

11.5.2　模型

有很多建模方法可以用于构建推荐系统。在 Netflix 案例中，随着可获取的数据在数量和种类上的逐渐丰富，我们意识到了寻找一个深思熟虑的方法来进行模型筛选、训练和测试的必要性。我们采用很多机器学习方法：无监督方法(如聚类和降维方法)，以及其他很多在不同场景下有效的监督分类方法。以下是在个性化领域常用的机器学习方法的不完整列表：线性回归(Linear Regression)、逻辑回归(Logistic Regression)、弹性网络(Elastic Nets)、奇异值分解(Singular Value Decomposition)、矩阵分解、受限玻尔兹曼机(Restricted Boltzmann Machines)、马尔可夫链、潜在狄利克雷分配模型(Latent Dirichlet Allocation)[10]、关联规则、分解机器(Factorization Machines)[65]、梯度推进决策树(Gradient Boosted Decision Tree)[25]、随机森林(Random Forest)[12]、聚类方法从简单的 k-means 到诸如近邻传播(Affinity Propagation)[24]的图模型，或者诸如分层狄利克雷过程(Hierarchical Dirichlet Processes)[85]的无参数方法。

很难说对于给定的一个问题哪个方法是最好的。一般来说，特征空间越简单，模型也就越简单。但是也很容易陷入这样一个困境：一个特征没有表现出任何价值其实是因为模型并没有学习它。或者从另外一个方面说，一个模型并不是很有效可能因为没有这个特征空间的信息来供我们探索。于是，找到一个有效的办法可以综合问题定义、特征设计和模型这几个方面就显得格外重要。

本书的其他章节(诸如第 7 章介绍用于推荐系统的数据挖掘方法)将重点介绍这些算法，以及如何把这些方法用在推荐系统。

11.6　消费者数据科学

得益于丰富的数据来源、度量方式和相关的实验，Netflix 可以以数据驱动类组织的形式来运营。从 Netflix 建立伊始，这种方式就成了公司的基因，我们称其为消费者数据科学（Consumer Data Science）。总体来讲，消费者科学的主要目的就是有效地通过数据来引导产品决策。我们的创新文化要求我们能够快速高效地通过实验来检验我们的想法。一旦测试完成，我们想知道其结果并且了解为什么某个方法成功了或者失败了。这些方法不仅指导我们如何提升个性化算法或者改进推荐系统，并且指导服务过程中面向消费者的绝大方面，从用户接口设计到流媒体技术。

实际工作中，我们采用线上分流测试（A/B 测试，bucket testing）[41]中的科学方法进行随机控制实验。一个典型的分流测试把用户随机分成两组：A 组和 B 组。A 组可以被当作控制组给予当前默认的配置。而对 B 组我们改变一些参数试图去验证比 A 组的体验更好。通常我们采用以下流程来实验：

（1）提出假设：某算法/特征/设计 X 能够帮助提升视频播放时长，并且提升用户停留时间。

（2）设计测试：考虑自变量和因变量、控制和显著性检验等方面。

（3）实现测试：建立解决方案或者原型系统，并在实际环境中测试。

（4）执行测试：把用户分配到相应的组并且测试他们的反应。

（5）分析结果：查看在商业标准（如用户留存）上是否有显著性变化，并且通过行为标准（如增加推荐的条目）上的变化来解释这种现象。

当我们做 A/B 测试的时候，会记录多个维度的指标（比如观看的时间段），但最信任的还是视用户停留时间为最终评测标准（OEC）[40]，因为它是与业务成败紧密相关的一个长期指标。因为在 Netflix 这样的按月订阅服务里，用户停留的时间越长，收益越大。当然，如果我们需要测试用户留存率，我们需要用户多个月的信息来计算。每一次测试通常覆盖到几千个用户，并且为了验证想法的方方面面，测试会分成 2 到 20 份进行。我们一般都是平行开展多个 A/B 测试，并在每个组上做独立测试，只要他们之间没有冲突。这使我们能够实验一些激进的想法，并且能同时验证多个想法，最重要的是，我们能够通过数据驱动我们的工作。它同时可以帮助我们只保留那些带来显著性改进的变化，至少达到一定的统计意义上的置信度，这使得我们可以降低产品、系统和算法的复杂性。

随之而来的一个有趣的挑战，就是如何把机器学习算法融入 Netflix 以数据驱动的 A/B 测试文化中。我们的应对方式是既做离线测试，又做线上测试，如图 11-9 所示。离线测试环节是在线上进行 AB 测试之前根据历史数据对算法进行评测和优化的过程。为了度量算法的离线性能，我们采用了机器学习领域的很多种指标：有排序指标，如 NDCG（normalized discounted cumulative gain）以及页面一致性（page level generalizations）；也有分类指标，如准确性、准确率、召回率，还有回归指标，如 RMSE；还有其他不同层面的推荐指标，像离散度（diversity）和覆盖率（coverage）（参考第 8 章介绍的评测推荐系统的多种线下指标）。我们跟踪比较这些离线指标和线上效果的吻合程度，发现它们的趋势并不是完全一致，因此线下指标只能作为最终决定的参考，而不是未经线上测试就直接采用。注意，线下和线上测试结果是否吻合是一个很重要的实际问题，也仅仅是最近才引起学术界的关注[98]。

一旦离线测试验证了一个假设，我们就着手准备设计并发布 A/B 测试来验证从用户行为角度来看，新算法是否也带来了一定的提升。如果这一步也通过了，便将其部署到系统中，为所有的用户提供服务。事实上，这就是我们如何发展前面介绍过的个性化服务：通过一系列的 A/B 测试证明经过改进的个性化体验比非个性化体验或者之前的个性化体验更好。

我们采用这种线下和线上测试整合的方法主要有两个方面的原因：一是，线下测试的设计和配置相比实时地给数百万用户提供服务更加简单。同时线下测试很快，因为它可以只关注一个子问题，譬如排序或者评分预测等，并且能在数小时或者数天内快速得到新改进的评测效果，而对于 AB 测试来说，这个过程则需要几个月的时间。二是，我们看重的是长期的改进而不是短期的，我们用来做 AB 测试的用户群是宝贵的资源。这意味着我们想一直保持 AB 测试的实验线是在使用中的，分配用户来测试那些至少比当前的默认系统配置效果要好的实验。

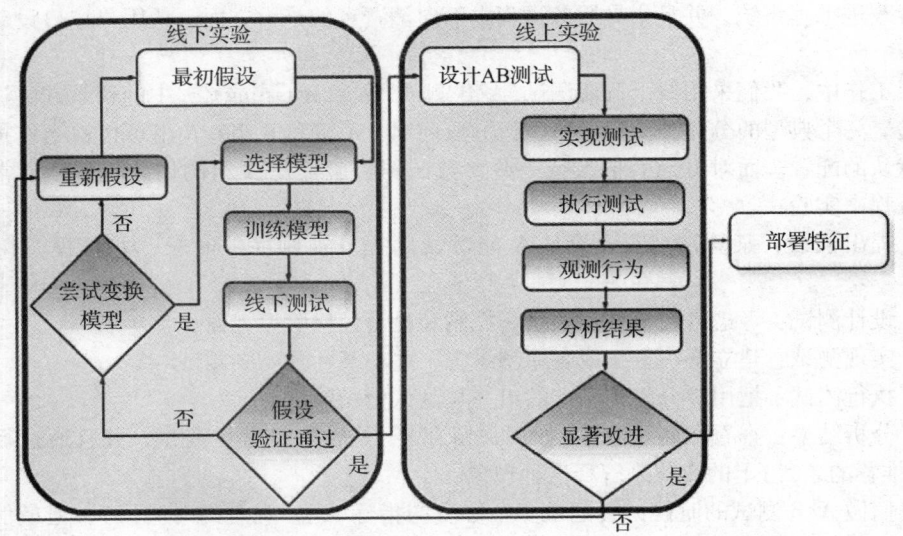

图 11-9　为创新个性化服务采用一个迭代和数据驱动的线下 – 线上测试流程

11.7　架构

　　目前为止，我们强调了数据和算法在提供个性化体验里面的重要性。我们还说过加强用户参与和与推荐系统交互也是重要的。这是另外一个难题：如何设计一个架构使得我们可以支持快速创新和发布推荐体验。设想要求一个处理海量数据的软件架构不仅能够及时响应用户的交互行为，还要能够简单地实验新的推荐方法，显然这不是一个简单的任务。本节我们将介绍一个可以处理以上问题的通用三层架构，以及它是如何在 Netflix 里被实现的。

　　我们将从介绍一般的系统架构开始，如图 11-10 所示。该图描述了包含多个推荐算法的蓝图，包括排序、行选择和评分预测；每个推荐算法包含多层的机器学习过程。用户在使用系统的过程中产生了相应的交互事件以及兴趣爱好数据，然后系统又根据这些信息来为用户提供推荐。我们所能做的最简单的事情就是把数据存下来然后再进行线下处理，作为线下任务的输入。计算可以在线下、近似线上及线上进行。线上计算可以对最近的事件和用户交互做出更好的反应，但它必须对请求做出实时反应⊖才可以。这种方法对所部署的算法的复杂性和可使用的数据都有限制。线下计算的限制比较少，因为它可以在宽松的时间要求下做批处理。但是由于最新的数据往往没有被融合到模型中，所以这类方式得到的结果很容易陈旧。推荐架构里的一个关键问题是如何把线下和线上处理无缝连接起来。近似在线计算是对这两种方法的折中；我们可以做类似于线上的计算，但是不需要实时响应。训练模型是另外一种计算形式，它可以根据现有数据建模并且稍后把该模型用于推荐结果的计算。架构另外需要考虑的就是如何利用事件和数据发布系统处理不同的事件和数据。其中一个相关问题就是如何把线下、近似在线和线上机制所需要的不同信号和模型整合起来。最后我们还需要考虑如何把推荐的中间结果整合

　　⊖　在实际操作用我们把几百毫秒（如 200）之内的反应看作实时响应。

起来发布给用户[⊖]。所有的构造会在亚马逊网络云服务上运行。本节剩下的内容会详细介绍这个架构的组成部分以及它们之间的交互和联系。为此，我们接下来把整个视图分割成不同的子系统，并且逐个介绍。

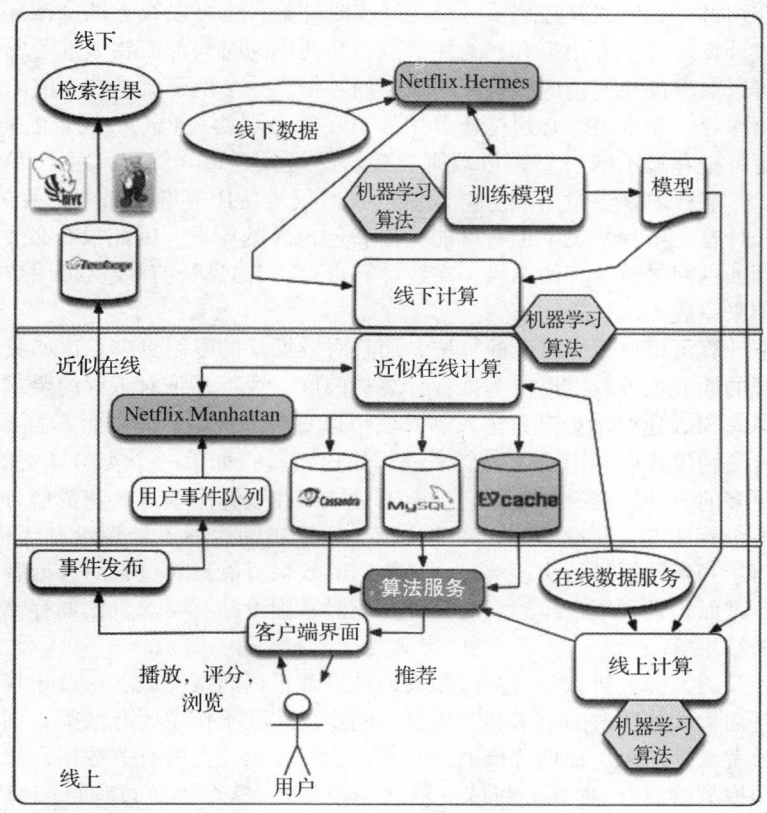

图 11-10 推荐系统的系统级架构图。这个架构的主要部件包含了一个或者多个机器学习算法

11.7.1 事件和数据分布系统

我们系统的目的是利用用户过去交互的数据来提升用户将来的体验。为此我们希望各式各样的用户界面应用（智能电视、平板、游戏控制台等）不仅能提供比较满意的用户体验，并且能尽可能多地搜集用户的行为。这些行为可能是点击、浏览、查看，甚至所查看的内容。这些信息可以整合起来作为我们算法的基础数据。这里我们尽可能地区别事件和数据，即使他们的界限看起来很模糊。我们认为事件是时间敏感的一些小东西，并且需要在低延迟的要求下处理。这些事件可能导致连续的处理，比如更新一个近似在线结果集。另一方面，数据是需要被存储起来以备后面使用的比较紧凑的信息单元。当然，有些用户行为信息可以同时被当作事件和数据看待。

在 Netflix，我们通过一个叫作曼哈顿的内部框架来管理近似在线事件流结构。曼哈顿是一个分布式计算系统，在我们的算法架构中处于中间地位。这与 Twitter 的 Storm 系统类似，但是它用于处理来自系统内的不同请求和响应。系统流结构在刚开始的时候通过日志管理从 Chukua ^{⊖[62]} 到

⊖ 推荐的中间结果可能是我们事先选择好并且排过序的物品，但这些结果在推送给用户之前可能需要进一步的处理，如过滤、重排序等。

⊖ Chukwa 是 Hadoop 的一个子项目，主要用来处理大型日志收集和分析任务。

Hadoop[一]。后来我们使用下一节将要介绍的 Hermes 作为我们的发布 – 订阅机制。

11.7.2 线下、近似在线、线上计算

前面已经介绍过，我们的算法结果可以在线实时计算，也可以线下批量计算，还可以使用近似在线的方式计算。每个方法都有它的优缺点，在使用的时候都需要慎重考虑。

在线计算可以对事件快速响应并且使用最新的数据。一个例子就是在当前的情境下为一个用户排列一组动作片。在线组件必须符合可用性以及服务层协议（SLA）规定的响应时间。SLA定义了用户在等待推荐显示的时候客户端所能接受的最大延迟。例如，对于 99% 的请求，推荐需要在至少 250 毫秒内就要做出响应。这使得我们很难使用复杂和昂贵计算的算法。同时，一个单纯的在线计算在某种情况下也有可能无法满足 SLA 的要求，因此很有必要设计一个快速的回滚机制，例如返回之前计算的结果。在线计算也意味着必须要有线上可用数据，这就需要额外的基础设施来完成。

其次，线下计算可以使用更复杂的算法，而且对数据量的限制更少。比如我们可能需要定期计算百万视频的播放统计数字以便为推荐计算热门度。线下系统对工程的要求并不复杂，比如，它不需要考虑 SLA 定义的处理延迟。新算法可以直接部署用于测试而不需要太关心运行的效率。在消费者法则里我们利用了这一点来进行快速实验：如果一个实验算法确实运行缓慢，我们可以部署更多的云计算资源去运行它，而不是试图在该算法本身上花费精力去优化它的运行效率，可能这个算法本身并没有多少商业价值。但是正因为线下处理没有严格的延迟限制，它也就不能对情景和新数据进行快速响应。最终它的效果可能只对过去的数据有效而降低了推荐本身的价值，进而影响了用户体验。线下计算还对基础设施有要求，比如存储，计算，获取海量已计算好的结果等。

推荐里所涉及的大部分机器学习算法相关的计算都可以离线完成。这意味着我们可以让这些工作定期执行而无须与实时的请求和结果显示同步。此类工作主要有两类：训练模型，以及批量计算中间或者最终结果。在训练模型的时候，我们收集现存的有关数据，然后训练机器学习算法找到最佳模型参数（后面我们将统一称之为模型）。整个训练过程可能通过不断调整参数找到最佳模型。最终的模型将被编码并存储下来以便于将来使用。虽然很多模型可以在线下以批处理的方式训练，但我们还有一些增量学习技术可以在线根据增量的数据进行训练。批量线下计算也就是使用现有的模型和相应的输入数据来计算，被随后的在线处理流程使用，或者直接显示给用户。

这些任务都需要处理特别的数据，而这些输入往往是通过运行一个数据库检索命令得到的。由于数据库的数据量庞大，所以很适合以分布式的方式从输入库存取数据，这样的话 Hadoop 或者 Hive[二]以及 Pig[三]就能派上用场了。一旦检索完成，我们使用一种特殊机制发布结果数据。对此我们有很多需求：第一，这种机制可以在检索完成的时候通知订阅方；第二，它可以支持不同的存储结果（不仅仅是 HDFS[四]，还可以是 S3[五]或者 Cassandar）。最后，它可以透明地处理错误，允许监控和提醒。Netflix 使用一种叫作 Hermes 的内部工具处理以上问题，并且把它们整合到一个耦合的发布 – 订阅框架中。它可以近似实时地把数据发布给订阅者。从某种程度上看，它的功能类似于 Apache Kafka[六]，但它并不是一个信息/事件队列系统。

㊀ Hadoop 是个开源软件框架，用于在商业硬件的簇群上存储和处理大型数据。
㊁ Apache Hive 是建在 Hadoop 之上的数据仓库，可以提供数据总结，检索和分析。
㊂ Pig 是一个使用 Pig Latin 语言用于在 Hadoop 创建高层 MapReduce 程序的平台。
㊃ HDFS 是可以运行在商业设施上的分布式文件系统。
㊄ Amazon S3（简单的存储服务）是 Amazon 网络服务提供的一种在线文件存储服务。
㊅ Apache Kafaka 是一个以分布式交付日志运行的发布 – 订阅信息系统。

近似在线计算是对前两种方式的折中。在这种方式里，计算几乎是在线运行的，但是我们不需要立即发布结果而是可以先存储它们允许将来的进一步处理再同步。它们主要是针对用户事件做出响应，这样系统在各种不同的请求里就具备更强的响应能力。这样的方式允许对每个事件可以做更加复杂的处理。其中一个例子就是在用户开始看视频的时候就可以根据这个播放行为更新后面或者将来的推荐。结果可以存储为中间缓存或者存储后台。近似在线计算还可以适用增量学习算法。

在任何情况下，我们不需要在在线/近似在线/线下处理这些方式里做唯一的选择。所有的这些方法都可以组合起来使用。组合的方法有很多种，我们前面已经介绍过可以把线下计算当作一个回滚后的备选方案。另外一个方法就是使用线下处理事先计算一部分结果，然后把算法里计算成本较低或者与情景相关的部分交付给在线计算。

即使建模的部分可以使用混合的线下/在线的方式，这并不是传统的有监督分类方法的运作方式。有监督分类方法一般需要根据有标签的数据训练模型，然后把模型在线应用来给新的输入做分类。但是，诸如矩阵分解这类方法更适合线下/在线混合方式：一些变量可以通过线下的方式计算，其他的变量可以在线实时计算用来交付更新的结果。其他一些类似聚类的无监督方法也允许线下计算聚类中心，线上进行类分配。

无论我们是打算使用在线还是线下计算，我们都需要考虑算法是如何处理三种输入：模型、数据和信号。模型已经被事先线下训练好，其相应的参数被保存在小文件里，数据是先前处理好的已经被存储在数据库里面的信息，比如电影的元数据或者热门度。信号指的是可以作为算法输入的一些新信息，它可以是来自在线服务的信息，也可以是与用户有关的信息，诸如用户最近观看的视频，或者情景信息，如会话，设备或者时间。

11.7.3　推荐结果

推荐系统的目的是给用户提供个性化推荐。这些推荐可以从线下计算的结果里获取，也可以通过在线算法生成。当然也可以把这两类结合起来：事先在线下计算出推荐，随后通过在线算法处理实时数据后再更新这些推荐。

在 Netflix 我们把线下和中间结果以不同的方式存储下来以便于在用户请求的时候再处理。常用的数据存储方式有 Cassandra ⊖、EVCache ⊜和 MySQL ⊜。每个方案跟其他的相比都有其优缺点。MySQL 能够支持通用查询的结构化关系数据。但是它在分布式环境下处理大型数据的时候成本很高。Cassandra 和 EVCache 都在 Key-value 存储方式里有优势。Cassandra 是一个用在分布式和 NoSQL 存储里的知名解决方案。在一些情况下 Cassandra 运行得很好，但是我们在需要很多集中和频繁的写操作的情况下，EVCache 更适合。关键问题不在于如何存储结果，而是在要优化的任务有冲突的情况时如何更好地处理这些问题，例如，复杂的检索，读写延迟，事务一致性等。

11.8　可扩展的研究方向

Netflix 大奖赛促进了很多研究的进展，但是大奖赛本身仅仅是一个推荐问题的缩影。在11.4 节我们通过介绍 Netflix 里使用的方法阐明了更广范畴的推荐问题。在这一节，我们通过强调一些有前景的研究方向来介绍推荐系统最近的进展。这些绝大多数方向的出现主要得益于大量不同数据的可获得性，诸如隐式用户反馈、情景信息、社交网络交互信息等。

⊖　Apache Cassandra 是力开源分布式数据管理系统，被用于处理大规模商业服务器上的数据，具有高度可用性。
⊜　EVCache 是一个用于云端的分布式内存数据存储系统。
⊜　MySQL 是最流行的开源数据管理软件之一。

11.8.1   隐式反馈

显式评分既不是我们可以从用户得到的唯一信息，又不是最好的反馈方式。前面已经说过，显式反馈一般是杂乱的。另外一个问题是评分都是有序的。但是传统的方法如计算平均值，不恰当地认为评分是线性的。最近提出的 OrdRec[95] 方法把评分预测当作有序回归，借此来解决这样的问题。

在实际情况中，隐式反馈比评分信息更容易获得，而且不需要用户方面的特殊努力。例如，在一个网络页面上，我们可以把用户浏览的 URL 或者点击的广告当作正面反馈。在音乐服务中，用户可以决定是否听一首歌。在 11.5.1 节我们已经说过 Netflix 的推荐系统依赖于很多不同种类的数据，其中最重要的就是有关用户观看了哪些视频这类的隐式反馈。这类推荐应用大都是致力于帮助用户选择下一步行为(点击、听、观看)，因此根据用户过去的这类行为信息来预测其未来行为的方式显然是合乎常理的。这也是为什么除了使用显式的评分信息之外，最近的许多方法都开始利用更可信并且更容易获取的基于隐式反馈的数据。例如贝叶斯个性化排序(BPR)[66] 就使用了隐式反馈来计算个性化排序。

显式和隐式反馈可以通过不同的方法[59]结合起来。甚至 11.3.1 节就介绍过的 SVD++ 方法就可以把显式和隐式反馈结合起来。另外一个方法是使用逻辑有序回归[60]方法来创建映射。诸如 Matchbox[81] 的贝叶斯方法也提供了一个可以把不同的反馈(比如显式的数值评分和喜欢或者不喜欢等隐式反馈)整合起来的框架。

11.8.2   个性化排序学习

在 11.4 节我们强调了排序在在线推荐系统(如 Netlfix)中的重要作用。11.4.2 节所介绍的传统的逐点方法把排序看作一个简单的二态分类问题，正面和负面的案例是唯一的输入信息。在这种情况下可以用的方法有线性规划、SVM、Gradient Boosted Decision Trees 等。

目前已经有越来越多的研究把重心放在排序方法上。比如 pairwise 排序方法直接优化损失函数，其目标就是最小化最终排序结果中喜好不一致的数量。一旦用这种思路来解决问题，我们还可以把它转换成之前的二态分类问题。此类的方法有 RankSVM[17]、RankBoost[23]、Rank-Net[13] 以及 BPR。

我们还可以通过一个 listwise 方法优化整个列表的排序。比如 RankCosine[91] 方法使用排序列表和真实的排序列表的相似度作为损失函数。ListNet[15] 通过定义一个概率分布使用 KL 分歧作为损失函数。RankALS[83] 定义了一个可以优化排序的目标函数，并且使用最小二乘法(ALS)做优化。

通过这些方法，我们可以使用信息检索里的排序评测标准来检验排序模型的性能。这些标准包括 NDCG、MAP、MRR 或者 FCP。最理想的情况是我们希望可以直接使用这些标准来优化排序模型。但是很难直接优化这些基于机器学习的模型，因为这些标准是不可区分的，而且不能简单地用诸如梯度下降或者最小二乘法等标准的优化方法来处理。

为了优化这些标准，我们可以改变目标函数以便于使用梯度下降进行优化。CliMF 可以优化 MRR[76]，TFMAP[75] 可以优化 MAP。AdaRank[93] 使用 boosting 方法优化 NDCG。NDCG-Boost[86] 是另外一个可以优化 NDCG 的方法，它通过尝试所有可能的排列来优化 NDCG。SVM-MAP[94] 通过把 MAP 加入 SVM 作为限制来优化 MAP。我们甚至可以使用诸如坐标下降[84]、基因学习、模拟退火[36]或者粒子群优化[21]等方法来直接优化不可区分的信息检索评测标准。

11.8.3   全页优化

一维排序问题已经超出了评分预测的范畴，但我们最感兴趣的其实是优化整个页面的个性化体验。为此我们需要考虑很多方面，诸如用户的浏览规律，注意力模型和多样性[54]。很少有文献提及这个问题，直到最近有少部分文章开始关注这个问题。例如，Amr 等人提出了一个针对新闻领域的全页面优化方法，他们的方法包括了一个用户的有序点击行为模型和一个通过使用子模块函数提升多样性的关联模型。

11.8.4 情景推荐

大多数针对推荐系统的工作都关注的是二维用户/物品问题。但事实上可能还有其他因素影响用户的喜好。以 Netflix 为例，用户对节目的喜好可能与一周的哪一天、某天的什么时间，以及用什么设备有关系。这些因素都可以归纳为情景。使用情景变量就必须处理更多的数据以及多维问题。但是，合理使用情景确实有潜在的可能为用户体验带来有效改进[28]。

Adomavicius 和 Tuzhilin 在本书的第六章综合和归纳了情景推荐的各种方法。他们把情景推荐系统分为三类：情景推荐前过滤，他们按照情景选择数据；情景推荐后过滤，他们在使用传统推荐算法就算完推荐后使用情景再做过滤；情景建模方法，他们直接把情景用在建模的过程里。虽然很多标准的推荐算法从理论上讲可以接受多维的变量，但其实仅有很少的模型可以做到。Oku 等人扩展了原有的 SVM 方法，引入情景而开发了情景感知 SVM 方法[58]用于推荐。Xiong 等人提出了一个贝叶斯概率张量分解方法，用来适应随着时间变化的在线购物喜好[92]。他们的结果显示相对于原始模型，考虑张量形式的第三维变量后确实能有效提升准确率。多维张量分解是可应用于情景推荐的另外一个有效算法[35]。另外值得一提的一个新颖的办法是在 Sparse Linear Method(SLIM)[55]的基础上构造情景推荐模型。

分解机器(Factorization Machines)[65]是一个新颖的普适的线性回归模型，它可以用来探索目标和每对变量之间的潜在联系。它在多种任务和领域里[67]都被认可为很有用的方法。它也可以被有效地用在模拟情景变量之间的交互关系[68]。

11.8.5 评测及标准

推荐系统中另外一个重要的研究领域是设计能够精确地评测用户对推荐结果满意度的指标。它已经被关注了很多年[30,37,51,80]，但仍没有被解决。本书的第 8 章全面介绍了评测推荐系统的各种方法。

准确度指标里存在的一个问题就是它在多大程度上受热门度的影响。最近的一些研究尝试通过移除热门度偏差的方式来解决这个问题[79]。但是在评测推荐系统的时候准确度并不是我们唯一需要关注的标准[52]。例如，Vargas 等人提出了一个还可以同时评测新颖性和多样性的框架。一般来说，我们希望在推荐系统上同时优化多个标准。为此，很多人尝试采用多目标优化方法[69,70]。这些方法通常使用训练集在线下对推荐系统进行优化。

但是，我们的终极目的是基于真实的用户群体来评测系统的表现，主要采用的方法还是线上 AB 测试。但是 AB 测试本身是成本昂贵的而且也具备很多挑战[40]。因此，可控用户实验可能是值得考虑的一个方案。

11.8.6 类别不平衡及其效应

传统的推荐系统里，我们有用户对物品的评分，但是这些数据很稀疏。推荐问题被形式化为一个通过建模或者效用性函数进行缺失数值估计的问题。但是在我们考虑隐式反馈的情况时，问题就变成了预测用户与给定的一个物品有联系的概率。在这种情况下使用标准的推荐方法就存在一个问题：我们没有负面的反馈。我们所有的数据要么是正面的，要么是缺失的。缺失的这部分数据既包含那些用户选择忽略的商品，又包含一些没有展示给用户但是他们本身会喜欢的商品[78]。

解决这种不平衡的办法之一就是把缺失的案例转换成正面和负面的案例。并且为每种分配一个权值表示一个随机的案例是属于正面的还是负面的[22]。另外一个方法是处理隐式反馈，即如果反馈值大于零说明是正面的，如果等于零就认为是负面的[31]。隐式反馈的价值在于可以评测用户喜欢一个物品的信心。以听音乐为例，播放音乐始终被看作一个正面的反馈，对每个音乐反复聆听（或者听的时间长短）解释为用户非常喜欢这首音乐。

在很多实际应用里，与简单的二态用户隐式反馈相比，我们有更多的信息。特别是我们可能知道用户未选择的物品是否曾经显示过给该用户。这种信息很有价值但是可能使得推荐问题变得稍复杂。现在我们有三种对物品的反馈：正面的，显示过但是没有被选择的，以及从未显示过的。最近提出的协同竞争过滤方法[96]解决了这个问题。这种方法的目的不仅仅是参考相似用户和物品之间的协同意义，而且考虑到物品吸引用户注意力的竞争能力。另外一个与物品显示相关的问题被叫作位置偏见：排在列表第一位的物品比其后面的物品更有可能被看到和选择[63]。

11.8.7　社交推荐

很多诸如 Netflix 的应用授权一些用户连接他们的社交网络。利用这类新数据源进行推荐是目前一个活跃的研究领域，其具体内容将在第 15 章重点介绍。绝大多数社交推荐中的初始方法都依赖于基于信任的模型，其中信任是通过社交网络连接进行传递的[6,57]。但是，用户到底喜欢来自朋友的推荐，还是喜欢来自其他用户的推荐，这一点尚不明朗。例如，有一些研究[11]发现推荐是来自哪些用户似乎影响都不大，除非用户意识到这些不同的来源。但无论如何，使用社交信任可以有效地帮助我们对推荐给出解释和支持。

除此之外，社交信息还有很多其他方面的应用。比如，社交网络数据可以被用来有效地处理用户或者物品的冷启动问题。此外，它们还可以被用来为建模过程选择最有信息量最相关的用户和商品[50]。关于用户选择，最近有些方法显示可以基于社交信息通过类似于协同过滤[4]里面的方法来选择专家[73]。

基于社交信息的推荐还可以与基于内容的或者协同过滤推荐结合起来[33]。社交网络信息甚至可以有效地加入到纯粹的协同过滤配置中，例如，把社交信息加入矩阵分解的目标函数[56,97]。

11.9　结论

Netflix 大奖赛把推荐问题抽象成一个评分预测问题。我们现在清楚的是，精准的评分预测只是一个有效商业化推荐系统中的一个重要部分。我们还要同时考虑其他很多因素，诸如多样性、情景、热门度、兴趣、依据、新鲜性和新颖性。如何试图去平衡一些相互冲突的标准可能是很棘手的问题，不过通过使用一系列不同的方法和多种不同类型的数据可以很好地解决这类问题。

以 Netflix 为例，推荐系统如果不经过合理的部署，就很难达到用户足够喜欢推荐服务这一目的。为此，必须合理地使用所有的可用数据：从用户交互数据到物品的元数据信息。此外，我们还需要优化方法、合适的评测标准、快速实验框架、完备的算法技术以及大规模计算架构整合在一起去发现到底什么方案可以提升用户体验。当把所有这些整合到一起之后，就会发现我们正在朝着改进用户推荐体验的方向一步一步前进。

参考文献

1. Agarwal, D., Chen, B.C., Elango, P., Ramakrishnan, R.: Content recommendation on web portals. Commun. ACM **56**(6), 92–101 (2013). DOI 10.1145/2461256.2461277. URL http://doi.acm.org/10.1145/2461256.2461277

2. Agarwal, D., Chen, B.C., Pang, B.: Personalized recommendation of user comments via factor models. In: Proceedings of the Conference on Empirical Methods in Natural Language Processing, EMNLP '11, pp. 571–582. Association for Computational Linguistics, Stroudsburg, PA, USA (2011). URL http://dl.acm.org/citation.cfm?id=2145432.2145499

3. Ahmed, A., Teo, C.H., Vishwanathan, S., Smola, A.: Fair and balanced: Learning to present news stories. In: Proceedings of the Fifth ACM International Conference on Web Search and Data Mining, WSDM '12, pp. 333–342. ACM, New York, NY, USA (2012). DOI 10.1145/2124295.2124337. URL http://doi.acm.org/10.1145/2124295.2124337

4. Amatriain, X., Lathia, N., Pujol, J.M., Kwak, H., Oliver, N.: The wisdom of the few: a collaborative filtering approach based on expert opinions from the web. In: Proc. of 32nd ACM SIGIR, SIGIR '09, pp. 532–539. ACM, New York, NY, USA (2009). DOI 10.1145/1571941.1572033. URL http://dx.doi.org/10.1145/1571941.1572033

5. Amatriain, X., Pujol, J.M., Oliver, N.: I Like It...I Like It Not: Evaluating User Ratings Noise in Recommender Systems. In: G.J. Houben, G. McCalla, F. Pianesi, M. Zancanaro (eds.) User Modeling, Adaptation, and Personalization, vol. 5535, chap. 24, pp. 247–258. Springer Berlin (2009). DOI 10.1007/978-3-642-02247-0_24. URL http://dx.doi.org/10.1007/978-3-642-02247-0_24

6. Andersen, R., Borgs, C., Chayes, J., Feige, U., Flaxman, A., Kalai, A., Mirrokni, V., Tennenholtz, M.: Trust-based recommendation systems: an axiomatic approach. In: Proc. of the 17th WWW, WWW '08, pp. 199–208. ACM, New York, NY, USA (2008). DOI 10.1145/1367497.1367525. URL http://doi.acm.org/10.1145/1367497.1367525

7. Basu, C., Hirsh, H., Cohen, W.: Recommendation as classification: using social and content-based information in recommendation. In: Proc. of AAAI '98, AAAI '98/IAAI '98, pp. 714–720. American Association for Artificial Intelligence, Menlo Park, CA, USA (1998). URL http://dl.acm.org/citation.cfm?id=295240.295795

8. Bell, R.M., Koren, Y.: Lessons from the Netflix Prize Challenge. SIGKDD Explor. Newsl. **9**(2), 75–79 (2007). DOI 10.1145/1345448.1345465. URL http://dx.doi.org/10.1145/1345448.1345465

9. Berndhardsson, E.: Music recommendations at spotify (2013)

10. Blei, D.M., Ng, A.Y., Jordan, M.I.: Latent dirichlet allocation. J. Mach. Learn. Res. **3**, 993–1022 (2003). URL http://dl.acm.org/citation.cfm?id=944919.944937

11. Bourke, S., McCarthy, K., Smyth, B.: Power to the people: exploring neighbourhood formations in social recommender system. In: Proc. of Recsys '11, RecSys '11, pp. 337–340. ACM, New York, NY, USA (2011). DOI 10.1145/2043932.2043997. URL http://doi.acm.org/10.1145/2043932.2043997

12. Breiman, L.: Random forests. Machine learning **45**(1), 5–32 (2001)

13. Burges, C., Shaked, T., Renshaw, E., Lazier, A., Deeds, M., Hamilton, N., Hullender, G.: Learning to rank using gradient descent. In: Proceedings of the 22nd ICML, ICML '05, pp. 89–96. ACM, New York, NY, USA (2005). DOI 10.1145/1102351.1102363. URL http://dx.doi.org/10.1145/1102351.1102363

14. Burke, R.: The adaptive web. chap. Hybrid Web Recommender Systems, pp. 377–408 (2007). DOI 10.1007/978-3-540-72079-9_12. URL http://dx.doi.org/10.1007/978-3-540-72079-9_12

15. Cao, Z., Liu, T.: Learning to rank: From pairwise approach to listwise approach. In: In Proceedings of the 24th ICML, pp. 129–136 (2007). URL http://citeseerx.ist.psu.edu/viewdoc/summary?doi=10.1.1.64.1518

16. Celma, O.: Music Recommendation and Discovery: The Long Tail, Long Fail, and Long Play in the Digital Music Space. Springer (2010)

17. Chapelle, O., Keerthi, S.S.: Efficient algorithms for ranking with SVMs. Information Retrieval **13**, 201–215 (2010). DOI 10.1007/s10791-009-9109-9. URL http://dx.doi.org/10.1007/s10791-009-9109-9

18. Chen, W.Y., Chu, J.C., Luan, J., Bai, H., Wang, Y., Chang, E.Y.: Collaborative filtering for orkut communities: Discovery of user latent behavior. In: Proceedings of the 18th International Conference on World Wide Web, WWW '09, pp. 681–690. ACM, New York, NY, USA (2009). DOI 10.1145/1526709.1526801. URL http://doi.acm.org/10.1145/1526709.1526801

19. Das, A.S., Datar, M., Garg, A., Rajaram, S.: Google news personalization: Scalable online collaborative filtering. In: Proceedings of the 16th International Conference on World Wide Web, WWW '07, pp. 271–280. ACM, New York, NY, USA (2007). DOI 10.1145/1242572. 1242610. URL http://doi.acm.org/10.1145/1242572.1242610

20. Davidson, J., Liebald, B., Liu, J., Nandy, P., Van Vleet, T., Gargi, U., Gupta, S., He, Y., Lambert, M., Livingston, B., Sampath, D.: The youtube video recommendation system. In: Proceedings of the Fourth ACM Conference on Recommender Systems, RecSys '10, pp. 293–296. ACM, New York, NY, USA (2010). DOI 10.1145/1864708.1864770. URL http://doi.acm.org/10. 1145/1864708.1864770

21. Diaz-Aviles, E., Georgescu, M., Nejdl, W.: Swarming to rank for recommender systems. In: Proc. of Recsys '12, RecSys '12, pp. 229–232. ACM, New York, NY, USA (2012). DOI 10.1145/2365952.2366001. URL http://doi.acm.org/10.1145/2365952.2366001

22. Elkan, C., Noto, K.: Learning classifiers from only positive and unlabeled data. In: Proc. of the 14th ACM SIGKDD, KDD '08, pp. 213–220. ACM, New York, NY, USA (2008). DOI 10.1145/1401890.1401920. URL http://dx.doi.org/10.1145/1401890.1401920

23. Freund, Y., Iyer, R., Schapire, R.E., Singer, Y.: An efficient boosting algorithm for combining preferences. J. Mach. Learn. Res. **4**, 933–969 (2003). URL http://portal.acm.org/citation.cfm? id=964285

24. Frey, B.J., Dueck, D.: Clustering by passing messages between data points. Science **315**, 2007 (2007)

25. Friedman, J.H.: Greedy function approximation: a gradient boosting machine. Annals of Statistics pp. 1189–1232 (2001)

26. Fujiwara, Y., Nakatsuji, M., Yamamuro, T., Shiokawa, H., Onizuka, M.: Efficient personalized pagerank with accuracy assurance. In: Proceedings of the 18th ACM SIGKDD International Conference on Knowledge Discovery and Data Mining, KDD '12, pp. 15–23. ACM, New York, NY, USA (2012). DOI 10.1145/2339530.2339538. URL http://doi.acm.org/10.1145/2339530. 2339538

27. Funk, S.: Netflix update: Try this at home. http://sifter.org/ simon/journal/20061211.html (2006). URL http://sifter.org/~simon/journal/20061211.html

28. Gorgoglione, M., Panniello, U., Tuzhilin, A.: The effect of context-aware recommendations on customer purchasing behavior and trust. In: Proc. of Recsys '11, RecSys '11, pp. 85–92. ACM, New York, NY, USA (2011). DOI 10.1145/2043932.2043951. URL http://doi.acm.org/ 10.1145/2043932.2043951

29. Gupta, P., Goel, A., Lin, J., Sharma, A., Wang, D., Zadeh, R.: Wtf: The who to follow service at twitter. In: Proceedings of the 22Nd International Conference on World Wide Web, WWW '13, pp. 505–514. International World Wide Web Conferences Steering Committee, Republic and Canton of Geneva, Switzerland (2013). URL http://dl.acm.org/citation.cfm?id=2488388. 2488433

30. Herlocker, J.L., Konstan, J.A., Terveen, L.G., Riedl, J.T.: Evaluating collaborative filtering recommender systems. ACM Trans. Inf. Syst. **22**(1), 5–53 (2004). DOI http://doi.acm.org/10. 1145/963770.963772

31. Hu, Y., Koren, Y., Volinsky, C.: Collaborative Filtering for Implicit Feedback Datasets. In: Proc. of the 2008 Eighth ICDM, *ICDM '08*, vol. 0, pp. 263–272. IEEE Computer Society, Washington, DC, USA (2008). DOI 10.1109/ICDM.2008.22. URL http://dx.doi.org/10.1109/ ICDM.2008.22

32. in the Industry, R.S.: Recommendation systems in the industry. Tutorial at Recsys 2009 (2009)

33. Jamali, M., Ester, M.: Trustwalker: a random walk model for combining trust-based and item-based recommendation. In: Proc. of KDD '09, KDD '09, pp. 397–406. ACM, New York, NY, USA (2009). DOI 10.1145/1557019.1557067. URL http://doi.acm.org/10.1145/1557019. 1557067

34. Jeh, G., Widom, J.: Simrank: A measure of structural-context similarity. In: Proceedings of the Eighth ACM SIGKDD International Conference on Knowledge Discovery and Data Mining, KDD '02, pp. 538–543. ACM, New York, NY, USA (2002). DOI 10.1145/775047.775126. URL http://doi.acm.org/10.1145/775047.775126

35. Karatzoglou, A., Amatriain, X., Baltrunas, L., Oliver, N.: Multiverse recommendation: n-dimensional tensor factorization for context-aware collaborative filtering. In: Proc. of the fourth ACM Recsys, RecSys '10, pp. 79–86. ACM, New York, NY, USA (2010). DOI 10.1145/1864708.1864727. URL http://dx.doi.org/10.1145/1864708.1864727

36. Karimzadehgan, M., Li, W., Zhang, R., Mao, J.: A stochastic learning-to-rank algorithm and its application to contextual advertising. In: Proceedings of the 20th WWW, WWW '11, pp. 377–386. ACM, New York, NY, USA (2011). DOI 10.1145/1963405.1963460. URL http://doi.acm.org/10.1145/1963405.1963460

37. Karypis, G.: Evaluation of item-based top-n recommendation algorithms. In: CIKM '01: Proceedings of the tenth international conference on Information and knowledge management, pp. 247–254. ACM, New York, NY, USA (2001). DOI http://doi.acm.org/10.1145/502585. 502627

38. Knijnenburg, B.P.: Conducting user experiments in recommender systems. In: Proceedings of the sixth ACM conference on Recommender systems, RecSys '12, pp. 3–4. ACM, New York, NY, USA (2012). DOI 10.1145/2365952.2365956. URL http://doi.acm.org/10.1145/2365952. 2365956

39. Koenigstein, N., Nice, N., Paquet, U., Schleyen, N.: The xbox recommender system. In: Proceedings of the Sixth ACM Conference on Recommender Systems, RecSys '12, pp. 281–284. ACM, New York, NY, USA (2012). DOI 10.1145/2365952.2366015. URL http://doi.acm.org/ 10.1145/2365952.2366015

40. Kohavi, R., Deng, A., Frasca, B., Longbotham, R., Walker, T., Xu, Y.: Trustworthy online controlled experiments: five puzzling outcomes explained. In: Proceedings of KDD '12, pp. 786–794. ACM, New York, NY, USA (2012). DOI 10.1145/2339530.2339653. URL http://doi.acm.org/10.1145/2339530.2339653

41. Kohavi, R., Henne, R.M., Sommerfield, D.: Practical guide to controlled experiments on the web: Listen to your customers not to the hippo. In: Proceedings of the 13th ACM SIGKDD International Conference on Knowledge Discovery and Data Mining, KDD '07, pp. 959–967. ACM, New York, NY, USA (2007). DOI 10.1145/1281192.1281295. URL http://doi.acm.org/ 10.1145/1281192.1281295

42. Koren, Y.: Factorization meets the neighborhood: a multifaceted collaborative filtering model. In: Proceedings of the 14th ACM SIGKDD, KDD '08, pp. 426–434. ACM, New York, NY, USA (2008). DOI 10.1145/1401890.1401944. URL http://dx.doi.org/10.1145/1401890. 1401944

43. Koren, Y.: Collaborative filtering with temporal dynamics. In: Proceedings of the 15th ACM SIGKDD, KDD '09, pp. 447–456. ACM, New York, NY, USA (2009). DOI 10.1145/1557019. 1557072. URL http://dx.doi.org/10.1145/1557019.1557072

44. Koren, Y., Bell, R., Volinsky, C.: Matrix Factorization Techniques for Recommender Systems. Computer 42(8), 30–37 (2009). DOI 10.1109/MC.2009.263. URL http://dx.doi.org/10.1109/ MC.2009.263

45. Lagun, D., Hsieh, C.H., Webster, D., Navalpakkam, V.: Towards better measurement of attention and satisfaction in mobile search. In: Proceedings of the 37th International ACM SIGIR Conference on Research & Development in Information Retrieval, SIGIR '14, pp. 113–122. ACM, New York, NY, USA (2014). DOI 10.1145/2600428.2609631. URL http://doi.acm.org/10.1145/2600428.2609631

46. Lamere, P.B.: I've got 10 million songs in my pocket: Now what? In: Proceedings of the Sixth ACM Conference on Recommender Systems, RecSys '12, pp. 207–208. ACM, New York, NY, USA (2012). DOI 10.1145/2365952.2365994. URL http://doi.acm.org/10.1145/2365952. 2365994

47. Li, L., Chu, W., Langford, J., Schapire, R.E.: A contextual-bandit approach to personalized news article recommendation. In: Proceedings of the 19th International Conference on World Wide Web, WWW '10, pp. 661–670. ACM, New York, NY, USA (2010). DOI 10.1145/1772690.1772758. URL http://doi.acm.org/10.1145/1772690.1772758

48. Linden, G., Smith, B., York, J.: Amazon.com recommendations: Item-to-item collaborative filtering. IEEE Internet Computing 7(1), 76–80 (2003). DOI 10.1109/MIC.2003.1167344. URL http://dx.doi.org/10.1109/MIC.2003.1167344

49. Liu, J., Pedersen, E., Dolan, P.: Personalized news recommendation based on click behavior. In: 2010 International Conference on Intelligent User Interfaces (2010)

50. Liu, N.N., Meng, X., Liu, C., Yang, Q.: Wisdom of the better few: cold start recommendation via representative based rating elicitation. In: Proc. of RecSys '11, RecSys '11. ACM, New York, NY, USA (2011). DOI 10.1145/2043932.2043943. URL http://doi.acm.org/10.1145/ 2043932.2043943

51. McLaughlin, M.R., Herlocker, J.L.: A collaborative filtering algorithm and evaluation metric that accurately model the user experience. In: Proc. of SIGIR '04 (2004)

52. Mcnee, S.M., Riedl, J., Konstan, J.A.: Being accurate is not enough: how accuracy metrics have hurt recommender systems. In: CHI '06: CHI '06 extended abstracts on Human factors in computing systems, pp. 1097–1101. ACM Press, New York, NY, USA (2006). DOI 10.1145/ 1125451.1125659

53. Navalpakkam, V., Jentzsch, L., Sayres, R., Ravi, S., Ahmed, A., Smola, A.: Measurement and modeling of eye-mouse behavior in the presence of nonlinear page layouts. In: Proceedings

of the 22Nd International Conference on World Wide Web, WWW '13, pp. 953–964. International World Wide Web Conferences Steering Committee, Republic and Canton of Geneva, Switzerland (2013). URL http://dl.acm.org/citation.cfm?id=2488388.2488471

54. Navalpakkam, V., Jentzsch, L., Sayres, R., Ravi, S., Ahmed, A., Smola, A.: Measurement and modeling of eye-mouse behavior in the presence of nonlinear page layouts. In: Proceedings of the 22Nd International Conference on World Wide Web, WWW '13, pp. 953–964. International World Wide Web Conferences Steering Committee, Republic and Canton of Geneva, Switzerland (2013). URL http://dl.acm.org/citation.cfm?id=2488388.2488471

55. Ning, X., Karypis, G.: Sparse linear methods with side information for top-n recommendations. In: Proc. of the 21st WWW, WWW '12 Companion, pp. 581–582. ACM, New York, NY, USA (2012). DOI 10.1145/2187980.2188137. URL http://doi.acm.org/10.1145/2187980.2188137

56. Noel, J., Sanner, S., Tran, K., Christen, P., Xie, L., Bonilla, E.V., Abbasnejad, E., Della Penna, N.: New objective functions for social collaborative filtering. In: Proc. of WWW '12, WWW '12, pp. 859–868. ACM, New York, NY, USA (2012). DOI 10.1145/2187836.2187952. URL http://doi.acm.org/10.1145/2187836.2187952

57. O'Donovan, J., Smyth, B.: Trust in recommender systems. In: Proc. of IUI '05, IUI '05, pp. 167–174. ACM, New York, NY, USA (2005). DOI 10.1145/1040830.1040870. URL http://doi.acm.org/10.1145/1040830.1040870

58. Oku, K., Nakajima, S., Miyazaki, J., Uemura, S.: Context-aware SVM for context-dependent information recommendation. In: Proc. of the 7th Conference on Mobile Data Management (2006)

59. Parra, D., Amatriain, X.: Walk the Talk: Analyzing the relation between implicit and explicit feedback for preference elicitation. In: J.A. Konstan, R. Conejo, J.L. Marzo, N. Oliver (eds.) User Modeling, Adaption and Personalization, *Lecture Notes in Computer Science*, vol. 6787, chap. 22, pp. 255–268. Springer, Berlin, Heidelberg (2011). DOI 10.1007/978-3-642-22362-4_22. URL http://dx.doi.org/10.1007/978-3-642-22362-4_22

60. Parra, D., Karatzoglou, A., Amatriain, X., Yavuz, I.: Implicit feedback recommendation via implicit-to-explicit ordinal logistic regression mapping. In: Proc. of the 2011 CARS Workshop (2011)

61. Pizzato, L., Rej, T., Chung, T., Koprinska, I., Kay, J.: Recon: A reciprocal recommender for online dating. In: Proceedings of the Fourth ACM Conference on Recommender Systems, RecSys '10, pp. 207–214. ACM, New York, NY, USA (2010). DOI 10.1145/1864708.1864747. URL http://doi.acm.org/10.1145/1864708.1864747

62. Rabkin, A., Katz, R.: Chukwa: A system for reliable large-scale log collection. In: Proceedings of the 24th International Conference on Large Installation System Administration, LISA'10, pp. 1–15. USENIX Association, Berkeley, CA, USA (2010). URL http://dl.acm.org/citation.cfm?id=1924976.1924994

63. Radlinski, F., Kurup, M., Joachims, T.: How does clickthrough data reflect retrieval quality? In: Proc. of the 17th CIKM, CIKM '08, pp. 43–52. ACM, New York, NY, USA (2008). DOI 10.1145/1458082.1458092. URL http://dx.doi.org/10.1145/1458082.1458092

64. Reda, A., Park, Y., Tiwari, M., Posse, C., Shah, S.: Metaphor: A system for related search recommendations. In: Proceedings of the 21st ACM International Conference on Information and Knowledge Management, CIKM '12, pp. 664–673. ACM, New York, NY, USA (2012). DOI 10.1145/2396761.2396847. URL http://doi.acm.org/10.1145/2396761.2396847

65. Rendle, S.: Factorization Machines. In: Proc. of 2010 IEEE ICDM, pp. 995–1000. IEEE (2010). DOI 10.1109/ICDM.2010.127. URL http://dx.doi.org/10.1109/ICDM.2010.127

66. Rendle, S., Freudenthaler, C., Gantner, Z., Thieme, L.S.: BPR: Bayesian personalized ranking from implicit feedback. In: Proceedings of the 25th UAI, UAI '09, pp. 452–461. AUAI Press, Arlington, Virginia, United States (2009). URL http://portal.acm.org/citation.cfm?id=1795167

67. Rendle, S., Freudenthaler, C., Thieme, L.S.: Factorizing personalized Markov chains for next-basket recommendation. In: Proc. of the 19th WWW, WWW '10, pp. 811–820. ACM, New York, NY, USA (2010). DOI 10.1145/1772690.1772773. URL http://dx.doi.org/10.1145/1772690.1772773

68. Rendle, S., Gantner, Z., Freudenthaler, C., Schmidt-Thieme, L.: Fast context-aware recommendations with factorization machines. In: Proc. of the 34th ACM SIGIR, SIGIR '11, pp. 635–644. ACM, New York, NY, USA (2011). DOI 10.1145/2009916.2010002. URL http://doi.acm.org/10.1145/2009916.2010002

69. Ribeiro, M.T., Lacerda, A., Veloso, A., Ziviani, N.: Pareto-efficient hybridization for multi-objective recommender systems. In: Proceedings of the sixth ACM conference on Recommender systems, RecSys '12, pp. 19–26. ACM, New York, NY, USA (2012). DOI 10.1145/2365952.2365962. URL http://doi.acm.org/10.1145/2365952.2365962

70. Rodriguez, M., Posse, C., Zhang, E.: Multiple objective optimization in recommender systems. In: Proceedings of the sixth ACM conference on Recommender systems, RecSys '12, pp. 11–18. ACM, New York, NY, USA (2012). DOI 10.1145/2365952.2365961. URL http://doi.acm.org/10.1145/2365952.2365961

71. Salakhutdinov, R., Mnih, A., Hinton, G.E.: Restricted Boltzmann machines for collaborative filtering. In: Proc of ICML '07. ACM, New York, NY, USA (2007)

72. Science: Rockin' to the Music Genome. Science **311**(5765), 1223d– (2006). DOI 10.1126/science.311.5765.1223d. URL http://www.sciencemag.org

73. Sha, X., Quercia, D., Michiardi, P., Dell'Amico, M.: Spotting trends: the wisdom of the few. In: Proc. of the Recsys '12, RecSys '12, pp. 51–58. ACM, New York, NY, USA (2012). DOI 10.1145/2365952.2365967. URL http://doi.acm.org/10.1145/2365952.2365967

74. Shardanand, U., Maes, P.: Social information filtering: algorithms for automating word of mouth. In: Proc. of SIGCHI '95, CHI '95, pp. 210–217. ACM Press/Addison-Wesley Publishing Co., New York, NY, USA (1995). DOI 10.1145/223904.223931. URL http://dx.doi.org/10.1145/223904.223931

75. Shi, Y., Karatzoglou, A., Baltrunas, L., Larson, M., Hanjalic, A., Oliver, N.: TFMAP: optimizing MAP for top-n context-aware recommendation. In: Proc. of the 35th SIGIR, SIGIR '12, pp. 155–164. ACM, New York, NY, USA (2012). DOI 10.1145/2348283.2348308. URL http://doi.acm.org/10.1145/2348283.2348308

76. Shi, Y., Karatzoglou, A., Baltrunas, L., Larson, M., Oliver, N., Hanjalic, A.: CLiMF: learning to maximize reciprocal rank with collaborative less-is-more filtering. In: Proc. of the sixth Recsys, RecSys '12, pp. 139–146. ACM, New York, NY, USA (2012). DOI 10.1145/2365952.2365981. URL http://dx.doi.org/10.1145/2365952.2365981

77. Sigurbjörnsson, B., van Zwol, R.: Flickr tag recommendation based on collective knowledge. In: Proceedings of the 17th International Conference on World Wide Web, WWW '08, pp. 327–336. ACM, New York, NY, USA (2008). DOI 10.1145/1367497.1367542. URL http://doi.acm.org/10.1145/1367497.1367542

78. Steck, H.: Training and testing of recommender systems on data missing not at random. In: Proc. of the 16th ACM SIGKDD, KDD '10, pp. 713–722. ACM, New York, NY, USA (2010). DOI 10.1145/1835804.1835895. URL http://dx.doi.org/10.1145/1835804.1835895

79. Steck, H.: Item popularity and recommendation accuracy. In: Proceedings of the fifth ACM conference on Recommender systems, RecSys '11, pp. 125–132. ACM, New York, NY, USA (2011). DOI 10.1145/2043932.2043957. URL http://doi.acm.org/10.1145/2043932.2043957

80. Steck, H.: Evaluation of recommendations: Rating-prediction and ranking. In: Proceedings of the 7th ACM Conference on Recommender Systems, RecSys '13, pp. 213–220. ACM, New York, NY, USA (2013). DOI 10.1145/2507157.2507160. URL http://doi.acm.org/10.1145/2507157.2507160

81. Stern, D.H., Herbrich, R., Graepel, T.: Matchbox: large scale online bayesian recommendations. In: Proc. of the 18th WWW, WWW '09, pp. 111–120. ACM, New York, NY, USA (2009). DOI 10.1145/1526709.1526725. URL http://dx.doi.org/10.1145/1526709.1526725

82. Takács, G., Pilászy, I., Németh, B., Tikk, D.: Major components of the gravity recommendation system. SIGKDD Explor. Newsl. **9**(2), 80–83 (2007). DOI 10.1145/1345448.1345466. URL http://doi.acm.org/10.1145/1345448.1345466

83. Takács, G., Tikk, D.: Alternating least squares for personalized ranking. In: Proc. of Recsys '12, RecSys '12, pp. 83–90. ACM, New York, NY, USA (2012). DOI 10.1145/2365952.2365972. URL http://doi.acm.org/10.1145/2365952.2365972

84. Tan, M., Xia, T., Guo, L., Wang, S.: Direct optimization of ranking measures for learning to rank models. In: Proceedings of the 19th ACM SIGKDD International Conference on Knowledge Discovery and Data Mining, KDD '13, pp. 856–864. ACM, New York, NY, USA (2013). DOI 10.1145/2487575.2487630. URL http://doi.acm.org/10.1145/2487575.2487630

85. Teh, Y.W., Jordan, M.I., Beal, M.J., Blei, D.M.: Hierarchical dirichlet processes. Journal of the American Statistical Association **101** (2004)

86. Valizadegan, H., Jin, R., Zhang, R., Mao, J.: Learning to Rank by Optimizing NDCG Measure. In: Proc. of SIGIR '00, pp. 41–48 (2000). URL http://citeseerx.ist.psu.edu/viewdoc/summary?doi=10.1.1.154.8402

87. Vargas, S., Castells, P.: Rank and relevance in novelty and diversity metrics for recommender systems. In: Proceedings of the fifth ACM conference on Recommender systems, RecSys '11, pp. 109–116. ACM, New York, NY, USA (2011). DOI 10.1145/2043932.2043955. URL http://doi.acm.org/10.1145/2043932.2043955

88. Wang, J., Sarwar, B., Sundaresan, N.: Utilizing related products for post-purchase recommendation in e-commerce. In: Proceedings of the Fifth ACM Conference on Recommender

Systems, RecSys '11, pp. 329–332. ACM, New York, NY, USA (2011). DOI 10.1145/2043932. 2043995. URL http://doi.acm.org/10.1145/2043932.2043995

89. Wang, J., Zhang, Y., Posse, C., Bhasin, A.: Is it time for a career switch? In: Proceedings of the 22Nd International Conference on World Wide Web, WWW '13, pp. 1377–1388. International World Wide Web Conferences Steering Committee, Republic and Canton of Geneva, Switzerland (2013). URL http://dl.acm.org/citation.cfm?id=2488388.2488509

90. Weston, J., Yee, H., Weiss, R.: Learning to rank recommendations with the k-order statistic loss. In: ACM International Conference on Recommender Systems (RecSys) (2013). URL http://dl.acm.org/citation.cfm?id=2507210

91. Xia, F., Liu, T.Y., Wang J.and Zhang, W., Li, H.: Listwise approach to learning to rank: theory and algorithm. In: Proc. of the 25th ICML, ICML '08, pp. 1192–1199. ACM, New York, NY, USA (2008). DOI 10.1145/1390156.1390306. URL http://dx.doi.org/10.1145/1390156. 1390306

92. Xiong, L., Chen, X., Huang, T., J. Schneider, J.G.C.: Temporal collaborative filtering with bayesian probabilistic tensor factorization. In: Proceedings of SIAM Data Mining (2010)

93. Xu, J., Li, H.: AdaRank: a boosting algorithm for information retrieval. In: Proc. of SIGIR '07, SIGIR '07, pp. 391–398. ACM, New York, NY, USA (2007). DOI 10.1145/1277741.1277809. URL http://dx.doi.org/10.1145/1277741.1277809

94. Xu, J., Liu, T.Y., Lu, M., Li, H., Ma, W.Y.: Directly optimizing evaluation measures in learning to rank. In: Proc. of SIGIR '08, pp. 107–114. ACM, New York, NY, USA (2008). DOI 10.1145/1390334.1390355. URL http://dx.doi.org/10.1145/1390334.1390355

95. Y, K., Sill, J.: OrdRec: an ordinal model for predicting personalized item rating distributions. In: RecSys '11, pp. 117–124 (2011)

96. Yang, S., Long, B., Smola, A., Zha, H., Zheng, Z.: Collaborative competitive filtering: learning recommender using context of user choice. In: Proc. of the 34th ACM SIGIR, SIGIR '11, pp. 295–304. ACM, New York, NY, USA (2011). DOI 10.1145/2009916.2009959. URL http://dx.doi.org/10.1145/2009916.2009959

97. Yang, X., Steck, H., Guo, Y., Liu, Y.: On top-k recommendation using social networks. In: Proc. of RecSys '12, RecSys '12, pp. 67–74. ACM, New York, NY, USA (2012). DOI 10. 1145/2365952.2365969. URL http://doi.acm.org/10.1145/2365952.2365969

98. Yi, J., Chen, Y., Li, J., Sett, S., Yan, T.W.: Predictive model performance: Offline and online evaluations. In: Proceedings of the 19th ACM SIGKDD International Conference on Knowledge Discovery and Data Mining, KDD '13, pp. 1294–1302. ACM, New York, NY, USA (2013). DOI 10.1145/2487575.2488215. URL http://doi.acm.org/10.1145/2487575.2488215

辅助学习的推荐系统综述

Hendrik Drachsler、Katrien Verbert、Olga C. Santos、Nikos Manouselis

12.1 简介

本章是教育领域——更具体地说,技术增强学习(Technonlogy Enhanced Learning,TEL)领域——推荐系统(Recommender Systems,RecSys)的一篇研究现状综述的扩充版本。Manouselis 等人在 2011 年出版的《推荐系统手册》第一版[66]中首次发表了一篇综述,在 2012 年 Springer briefs 系列书籍中 Manouslis 等人对它进行了扩充[67],这两个研究成果是本章内容的基础。

在综述 2011 年的初始版本中,述评的推荐系统仅有 20 个,在 2012 年的版本中则增加到了 42 个。2012 年的版本不仅扩充了之前的述评,而且介绍了一个分类框架。该分类框架提供了关于技术增强学习(Technonlogy Enhanced Learning,TEL)领域中推荐系统研究活动的详细概貌。2012 年这一版就像一张地图,展示了技术增强学习(Technonlogy Enhanced Learning,TEL)领域中研究了哪些推荐方法,并且总结了该领域的主要研究成果。某种意义上,它也是一本参考手册,介绍了到目前为止已被选择研究过的最重要的方法,也指出了目前被忽略了的研究领域,研究者们可以考虑参与探索。通过引入参考数据集、评估方法和流程,2012 版尝试对技术增强学习领域中的推荐系统研究进行标准化。最后,2012 版概述了本研究领域中当前的挑战。

前面这两个版本的研究成果被广泛引用,并在本领域产生了显著的影响。自这些成果发表以来,该领域已成为一个更具持续性和连贯性的研究领域。就像影视推荐研究常采用 Movielens 和 Netflix[110]数据集做参考数据集一样,这个领域的很多研究开始采用来自教育领域的数据集——比如来自 OpenScout(http://learn. openscout. net/)或者 MACE(http://portal. mace-project. eu)的数据集——做参考数据集,这使得研究成果变得更具透明并具有可比性。TEL RecSys 的研究群体在逐步壮大,这体现在新的相关研究项目、会议、Workshop、期刊专辑和图书的持续增加上。比如说:用于技术增强学习的社会信息检索系列 Workshop(SIRTEL 2007—2009)、推荐系统系列 Workshop(RecSysTEL)[65,68]、数据集系列 Workshop(dataTEL)[25,26]、第 14 届国际高级学习技术会议(ICALT2014)推荐系统特别分会、从 2013 年到 2014 年 LinkedUp 项目的数据竞赛[19,21]以及一些期刊的专刊和书籍[86,87,104,109,113]。近年来,种类繁多的各项活动说明这个领域的研究课题和挑战对 TEL 来说是多么重要。在图 12-1 的世界地图上我们标出了

H. Drachsler, Welten Institute Research Centre for Learning, Teaching and Technology, Open University of the Netherlands, Heerlen, The Netherlands, e-mail: Hendrik. Drachsler@ ou. nl.

K. Verbert, Department of Computer Science, KU Leuven, Leuven, Belgium, Department of Computer Science, Vrije Universiteit Brussel, Brussel, Belgium, e-mail: katrien. verbert@ cs. kuleuven. be.

O. C. Santos, aDeNu Research Group, UNED, Madrid, Spain, e-mail: ocsantos@ dia. uned. es.

N. Manouselis, Agro-Know, Vrilissia, Greece, e-mail: nikosm@ ieee. org.

翻译:刘俊涛 审核:陈 义

在技术增强学习领域做出贡献的国家。可以看到，对技术增强学习中的推荐系统的研究兴趣是全球性的。

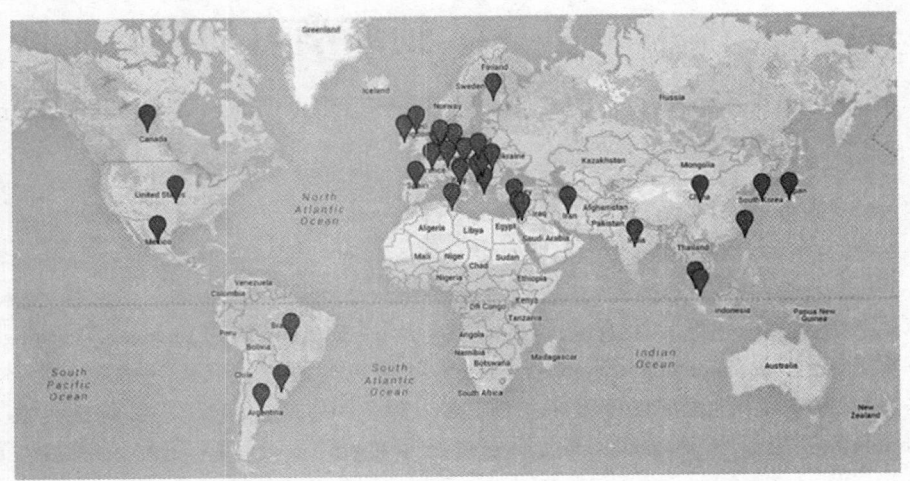

图 12-1   技术增强学习推荐系统研究的世界地图。其上突出显示了在数字化学习领域做出贡献的国家的名称

在本章中，我们更新了分类框架，同时显著增加了述评中分析的推荐系统数量，这使得本章内容远远超越了之前的研究成果。本章中分析的推荐系统数量几乎是之前研究述评（2012）中包含的系统数量的 2 倍，包括来自 35 个国家（见图 12-1）的 82 个推荐系统。由于此领域发表的研究成果不断增加，在筛选合适的研究论文加入述评时，我们需要采取更严格的标准。因此我们着重考虑那些最新发表的、基于实验数据而不是概念构想的研究成果。我们希望提供一个关于技术增强学习领域中推荐系统研究的全面综述，进一步规范化研究与开发，指出新的挑战，并增加在教育领域如何高效应用推荐系统技术的共识。

最后，需要强调的是，本章中涉及的所有参考文献可在 Mendeley 研究平台上的一个开放小组中获得（http://bit. ly/recsystel），并且我们将不断增加新的文献。我们欢迎读者也加入这个小组，并且加入到 RecSysTEL 研究人员的社区中。在获取相关书目的同时，我们期待着那些能够在这个快速发展的新领域中贡献新的研究论文和发现的研究者。

本章的结构如下：首先是技术增强学习研究领域的概述；接下来，给出用于推荐系统分类框架；在这之后，技术增强学习领域中的推荐系统被分成了 7 类，并对每一类单独进行了综述；最后是一些结论和未来面临的挑战。

12.2   技术增强学习

技术增强学习的目的是对各种学习和教育领域的社会技术创新进行设计、开发和评估。这不仅涉及单个学习者，还涉及团体和组织的知识管理过程。因此，这是一个广泛覆盖了所有辅助教学活动技术的应用领域。正如 Kalz 和 Specht[51] 在研究了《Web of Science》上 2002 年到 2011 年发表的 3476 篇论文后所发现的那样，技术增强学习的研究非常多样化。涵盖了从基于 WEB 的信息系统、移动和可穿戴的计算[120]，到用于医药、军事或公共交通教育的大规模的物理仿真[22,119]。

在多样化的研究领域中，个性化技术的研究成为热点，得到了国内和国际的大量资金支撑。随着数字化学习环境(如学习对象知识库、学习管理系统、个人学习环境、考虑学习者需求的移动学习场景)使用的增加,个性化学习变得更加重要[8]。

由于对存储在教育机构中的数据进行解析的需求很多,研究个性化学习方法,特别是推荐系统,变得合理起来。事实上,我们还从来没有像现在这样如此近距离的探讨"大数据"时代的学习。几乎所有的学习行为都被数字化,并保存在教育机构的服务器中。就在不久前,数据还是采集自单个小组或班级的实验结果,由于成本、时间、范围和数据真实性等的限制,使得数据的收集能力十分有限。而学习的数字化方式使得数据采集成为向学生传递教学内容的固有的过程。这意味着对学习行为的分析不再是代表性的试点研究,而是用于整个学生群体。这种趋势随着大规模开放网络课程(MOOC)[72]的出现和学习分析领域的产生[41],发展更加快速。MOOC 提供了大量的学生数据,因此为推荐系统提供个性化学习辅助提供了新的机遇。学习分析属于当前技术增强学习领域的一个分支,该技术以学习者的数据为基础,侧重于理解和辅助学习者的学习过程。

因此,推荐系统已经引起了技术增强学习领域极大的研究兴趣。这些研究结果[67]得出了一些有趣的发现:1)由于学习的数字化和教育数据的增长,应用在技术增强学习领域的推荐系统有了显著的增加;2)技术增强学习领域中,推荐系统的信息检索目标有时不同于其他推荐系统(如产品推荐系统)。例如,很多技术增强学习领域的推荐系统需要依据学习者的知识水平来推荐最适合的学习活动。学习者的知识水平由预先或自测评估方法评估,并以此为据,建立个性化的学习序列;3)有必要标准化技术增强学习领域中的推荐系统的评价过程。推荐系统对学习者的影响是研究者关注的焦点,而不是获得最精确的算法;4)不像数据驱动的研究那样,技术增强学习中推荐系统的研究是关于用户的研究,它试图评估推荐系统对教育参与者的影响。因此,评估标准不再是传统的对推荐系统的评估标准(如精度、召回、F1 度量),而是特定的与学习相关的评估标准,比如学习的效果和效率。

12.3 技术增强学习推荐系统的分类框架

目前,已有一些被用来刻画推荐系统概貌的推荐系统分类方法。Hanani 等人[43]提出了信息过滤系统的通用分类框架,Schafer 等人[94]和 Wei 等人[118]依据推荐所利用的信息、推荐结果的类型以及推荐技术的差别,对电子商务领域的推荐系统进行了分类。Burke[12]更关注于推荐技术,列举了当时占主导地位的基于内容的推荐和协同过滤两种方法的一些非常新的结果。Adomavicius 和 Tuzhilin[2]继续跟进上述技术研究,将各种不同的推荐系统归类为基于内容的方法、协同过滤方法和混合方法,并对它们进行述评。他们对应用于推荐系统中的不同技术做了详细的总结。

此外,还有一些出版物提供了推荐系统分类的适当标准(如文献[42,44,75])。Manouselis 和 Costopoulou[62]在一个总分类框架中,结合所有的评估标准,将推荐系统的分类标准分成 3 类:1)支持的任务;2)方法;3)运行方式。作者应用该分类框架对 37 个多标准推荐系统进行了分析并将它们分类。针对技术增强学习领域,该分类框架在 2012 年进行了调整,增加了一些特殊的支持任务,比如寻找学习同伴和预测学习效率[67]。在本章中,我们使用调整后的分类框架,对 82 个技术增强学习推荐系统进行了述评。由于篇幅的限制,分类框架及其具体类别没有在本章节中进行详细描述。有兴趣的读者可以在 https://sites.google.com/site/recsystel/中找到当前版本的分类框架的总结。图 12-2 中,调整后的分类框架[67]中的新增分类项(支持的任务、方法)被着重标记了出来。

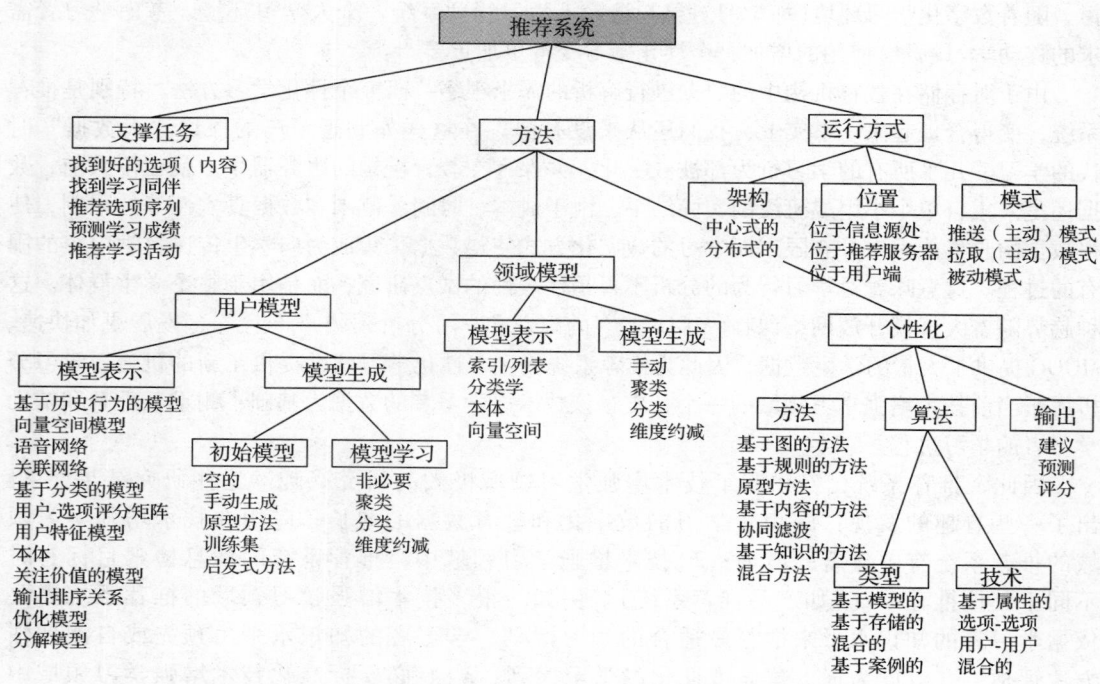

图 12-2　基于文献[67]的技术增强学习推荐系统分类框架

12.4　方法综述

12.4.1　方法和技术增强学习推荐系统综述

本综述对表 12-1 给出的 82 个推荐系统进行研究。这些推荐系统已经在以前汇编的教育推荐系统[66,67,69,86,87,89,91,111]中进行了述评，并已经扩展，分享在 Mendeley 小组，并补充了 Google Scholar 中的关键词搜索。本综述涵盖了从 2000 年到 2014 年，近 15 年来教育推荐系统的研究成果。为技术增强学习推荐系统领域的研究提供了新的见解和发展趋势。

依据对最新方法的综述，按照对本领域的相应贡献，我们把技术增强学习推荐系统分为 7 类。每一类中，为了展示该类方法的发展历程，研究论文均按照时间顺序排序。这 7 类如下：

（1）采用其他领域的协同过滤方法的技术增强学习推荐系统；

（2）考虑技术增强学习领域特殊性，采用改进的协同过滤方法的技术增强学习推荐系统；

（3）在推荐过程中考虑教育约束的技术增强学习推荐系统；

（4）采用协同过滤替代方法的技术增强学习推荐系统；

（5）考虑 TEL 场景中上下文信息的技术增强学习推荐系统；

（6）评估推荐结果对教育的影响的技术增强学习推荐系统；

（7）推荐课程(而不是其中的资源)的技术增强学习推荐系统。

上述分类中的推荐系统，为学习者提供推荐，可有助于他们获得更多的学习资源，指导其学习过程，为其提供课程建议。此外，技术增强学习推荐系统还可以帮助教师去改进他们的课程或监控他们的学习资源[9,32,37,38,59,96]。

表 12-1 中的论文按照 RS + ID + YEAR[RSID – YEAR]的形式给出 ID，以方便本章后面的表述。因为我们分析的很多技术增强学习推荐系统还没有被作者用一个特定的字母缩写命名。

表 12-1　每类概况

分　类	
第一类：采用其他领域的协同过滤方法的技术增强学习推荐系统(7)	［RS1-2000］，［RS3-2003］，［RS5-2004］，［RS7-2005］，［RS8-2005］，［RS9-2005］，［RS10-2005］
第二类：采用针对技术增强学习领域改进的协同过滤方法的技术增强学习推荐系统(13)	［RS11-2006］，［RS14-2008］，［RS18-2009］，［RS29-2010］，［RS30-2010］，［RS47-2011］，［RS49-2012］，［RS63-2013］，［RS64-2013］，［RS71-2014］，［RS72-2014］，［RS73-2014］，［RS78-2007］
第三类：在推荐过程中考虑教育约束的技术增强学习推荐系统(16)	［RS6-2004］，［RS19-2009］，［RS31-2010］，［RS32-2010］，［RS33-2010］，［RS50-2012］，［RS51-2012］，［RS52-2012］，［RS53-2012］，［RS54-2012］，［RS55-2012］，［RS56-2012］，［RS57-2012］，［RS58-2012］，［RS74-2014］，［RS75-2014］
第四类：采用协同过滤替代方法的技术增强学习推荐系统(14)	［RS2-2002］，［RS15-2008］，［RS20-2009］，［RS21-2009］，［RS22-2009］，［RS34-2010］，［RS35-2010］，［RS36-2010］，［RS59-2012］，［RS60-2012］，［RS65-2013］，［RS66-2013］，［RS76-2014］，［RS77-2014］
第五类：考虑 TEL 场景中上下文信息的技术增强学习推荐系统(13)	［RS16-2008］，［RS23-2009］，［RS37-2010］，［RS38-2010］，［RS39-2010］，［RS40-2010］，［RS41-2014］，［RS42-2010］，［RS43-2010］，［RS79-2011］，［RS80-2013］，［RS81-2013］，［RS82-2014］
第六类：评估推荐结果对教育的影响的技术增强学习推荐系统(12)	［RS12-2007］，［RS24-2009］，［RS25-2009］，［RS26-2009］，［RS44-2010］，［RS45-2010］，［RS48-2011］，［RS61-2012］，［RS62-2012］，［RS67-2013］，［RS68-2013］，［RS69-2013］
第七类：推荐课程（而不是其中的资源）的技术增强学习推荐系统(7)	［RS4-2003］，［RS13-2007］，［RS17-2008］，［RS27-2009］，［RS28-2009］，［RS46-2010］，［RS70-2013］

12.4.1.1　第一类：基于协同过滤方法的学习资源推荐

第一类包含 7 篇论文。这类系统采用了用于其他领域（如电子商务）的协同过滤技术。并据此在技术增强学习场景中生成推荐。CoFind［RS1-2000］指导学习者去获取其他学习者发现的有价值的资源。该推荐系统采用了结合 Folksonomies 数据的协同过滤方法[28]。Altered Vista［RS3-2003］考虑到用户对学习资源的评价，并提出依据评价的质量以口口相传的形式将其推荐给有相似偏好的用户[82]。RecoSearch［RS5-2004］提出了一种为学习者创作、搜索、推荐和展示学习对象的协同过滤基础设施[34]。RACOFI［RS7-2005］使用一种协同过滤引擎，该系统依据用户对学习资源的评分，辅以推理规则引擎，以挖掘学习资源之间的组合规则[57]。QSIA［RS8-2005］将传统的协同过滤扩展为控制机制以标记那些被认为需要推荐结果的用户[81]。在 CYCLADES［RS9-2005］中，用户通过开放档案行动（Open Archives Initiative）在存储库中搜索、访问和评估可用的学习资源[4]。这类中最后一篇论文［RS10-2005］，提出了一个混合推荐服务，包括聚类模块（使用数据聚类技术将学习者按照相似兴趣进行分组）和协同过滤模块（使用传统的协同过滤技术识别一类中具有相似兴趣的学习者）[102]。最后一篇论文将研究方向引向对协同过滤方法改进，就像第二类中的方法那样。

12.4.1.2　第二类：应用技术增强学习领域特殊性改进协同过滤算法

这类方法包括 13 篇论文。相当数量的研究者把研究重点放在教育资源多属性准则上，目的是当使用协同过滤技术时，可以克服学习问题的复杂性（先验知识、专业知识、可用的学习时间等）。例如，在［RS11-2006］中，使用 SCORM 学习资源规约来描述教育资源[106]。在［RS78-2007］中，考虑了用户对学习资源的多维评分[63]。［RS29-2010］中，考察了来自 MER-

LOT 学习对象库中多准则评分[99]。[RS47-2011]将用户关系(高级学习者、初级学习者)作为传统协同过滤中除用户和选项外的第三维[114]。[RS63-2013]在隐性和显性属性协同过滤中使用学习者树,考虑了学习资源多种显性属性、学习者的多种时变偏好和学习者的评分矩阵[84]。[RS71-2014]中,对学习对象的多维评分被用来建立一个用户与另一个用户的关联[103]。

学者们还提出了其他改进协同过滤的算法。特别是[RS14-2008]提出了一种带有查询提取机制的协作推荐系统[61]。[RS18-2009]存储了属性相似的学生的评分以及当时的学习目标,以便可以在时间维度上考虑学习者的学习进展[40]。[RS30-2010]利用学习者之间的竞争扩展了协同过滤机制[15]。RSF 系统[RS49-2012]提出的协同过滤算法利用嵌入的网页爬虫更新学习资料[35]。DELPHOS 系统[RS64-2013]包括一种加权混合推荐系统(协同过滤、基于内容是方法和基于用户属性的方法),该系统使用不同的过滤准则对每个的过滤器的相对重要程度进行编码。过滤器的权重值可以由用户自己分配,或由系统自动计算进行分配[124]。[RS72-2014]表明即使用户的行为数据很稀疏,基于图的协同过滤算法也可以提高推荐精度,该系统还提供了一个用户中心度的均衡分布[31]。[RS73-2014]分析了用户对教育资源的评论的情绪,获得的定性信息用于调整用户对资源的评分[52]。

12.4.1.3   第三类:以教育领域约束作为推荐的信息源

这类中的 16 篇论文在推荐过程中把教育知识作为信息源,目的是在技术增强学习场景中使推荐结果更好地符合教育目标。教育知识需按照规则、本体、概念图、语义关系等进行明确的描述。教育知识可以克服在运用协同过滤方法时缺乏大型数据集的问题。但另一方面,可能需要维护和更新用户及偏好,除非使用了语义技术和相关的方法。

在这一类中,[RS6-2004]基于序列规则推荐学习对象,这些规则通过主题的本体概念指导用户[98]。在[RS19-2009]中,教育标准(例如,非 PAPI 和 IEEELOM)被用在本体框架中,以管理以学习风格和信誉元数据为基础学习者属性[53]。在[RS31-2010]中,描述了基于本体的多参与者的学习流程和竞争驱动的使用者模型,该方法可以提供学习任务和资源选择建议[70]。[RS55-2012]也使用了本体推荐资源,该方法推荐的资源是与学习者知识差距相匹配的[7]。[RS54-2012]的推荐结果还支持创造性,其中的推荐系统为用户提供创造性技术[100]。文献[20]采用类似[RS53-2012]中的本体网络对不同的领域及其特点进行概念化,提供了语义推荐。

CLICK[RS56-2012]是另一个基于知识差距的学习资源推荐方法,该方法通过比较自动生成的域和来自分布式学习资料库的学习者模型来给学习者推荐学习资源[79]。[RS33-2010]使用了概念上的关联从语义上将讲义和用户搜索需求排序。基于学习者的先验知识、技能和能力,METIS 系统[RS51-2012]构建了概念图,用于在数学领域推荐学习获得[107]。MetaMender[RS52-2012]支持领域专家撰写的元规则的描述,用来将个性化信息传递给学习者[123]。从这个意义上讲,[RS50-2012]考虑了学习者的需求和偏好,以规则方法为基础,推荐分布式学习资料库中合适的学习资源[14]。

一些论文关注处理学习者学习情况的问题。[RS32-2010]考虑学习时间有限的情况,以概念知识模型为基础,提出了基于效用的推荐方法[73]。就像在[RS57-2012]中讨论的那样,技术增强学习推荐系统能够用来增强元认知,使学习者更清楚地了解他们的学习进程[125]。据此,[RS58-2012]在自主学习环境下,为学习活动推荐小工具[78]。ALEF[RS75-2014]中,在相应的用户和领域模型中存储和维护的信息,可以就如何实现更成功的共同学习给学习者提供建议[6]。最后,SAERS(Semantic Affective Educational Recommender Systems)[RS74-2014]可以提供适当的情感帮助,面向教育的情感推荐由 TORMES(Tutor-Oriented Recommendations Modelling for Educational Systems)提供。该系统是用户为中心的设计的,用以推荐学习活动[93]。

12.4.1.4 第四类：尝试用非协同过滤技术获得更好的教育推荐

以下的14篇文献探索了在TEL领域中进行推荐的一些特殊解决方案。最初的想法由[RS2-2002]提出，该方法应用数据挖掘技术（比如关联规则挖掘），建立了表示学习者行为的模型，并利用这个模型推荐学习活动以帮助学习者更好的浏览数字资源[122]。在此方向上，RPL[RS21-2009]用网络挖掘技术以及可扩展的搜索引擎，推荐教育资源库中的资源[54]。AHA！自适应教育系统也根据[RS22-2009]中的推荐系统进行了扩展，该系统采用网络使用模式挖掘技术和超链接适配技术，学习学习者的网页浏览路径，以完成个性化链接推荐[83]。此外，[RS66-2013]采用数据挖掘技术，辅以用户为中心的设计方法，在教育场景中推荐学习机会，以提高学习者参与度，并加强学习经验的共享[88]。

其他的方法，比如[RS15-2008]中，应用模糊逻辑和物品反馈理论，根据学习者的不确定/模糊的反馈，为学习者推荐难度适中的课件[17]。[RS602012]建立了模糊知识提取模型。该系统利用蚁群优化方法，从过去的学习经验中发现有效的学习路径，实现个性化知识推荐[116]。在[RS65-2013]中，MPRLS也采用模糊逻辑理论，依据学习者的概念错误，构建一个恰当的学习路径，以推荐最合适的资料[46]。在[RS20-2009]中，从Markov链模型派生出的元规则同样被用来计算学习课程序列中可能的学习资源转移概率，用以发现一个或多个推荐的学习路径[48]。在[RS34-2010]中，建立在用户过去行为记录之上的社交导航技术和集体智慧被用来引导用户获得最有用的信息[11]。[RS36-2010]中使用了P2P网络，该系统中依据可信用户的建议实现个性化的和有用的学习路径的搜索[13]。在[RS35-2010]中，考虑到了开放教育资源元数据的语义关联性[97]。在[RS59-2012]中，矩阵分解技术用来精确地预测评分，并据此推荐最合适的物品。由于考虑了短时影响，需要精确的建模和调整来增加关于学习者的知识[105]。[RS76-2014]定义了一个基于图的算法，可跨平台的生成推荐，以使学习者在自主学习的情况下，了解相关的活动、资源和其他学习者[33]。最后，在[RS77-2014]中，推荐空间的几何描述可以带来更好的推荐和动态理解[77]。

12.4.1.5 第五类：考虑上下文信息的推荐

正如在最近的最新方法综述[111]中报告的那样，上下文信息对于丰富技术增强学习推荐很有价值的，在这个方向有很多的研究机会，共包括13篇论文。

与本研究领域相关的技术如下。在A2M[RS16-2008]中，提出了一种混合方法以选择合适的推荐呈现给学习者。该方法依赖来自学习环境的输入，并根据课程上下文和用户特性过滤输出产生一个推荐的有序列表[85]。CoMoLe[RS23-2009]中，根据不同的准则（用户特征、上下文等），以及基于上下文的自适应移动教育环境中的工作区，给学习者推荐活动（多媒体内容以及协作工具）[71]。[RS422010]根据相关访问资源中语义标注（情境化注意元数据）追踪学生当前的活动，并依据当前活动给学生推荐文档[10]。[RS38-2010]中，使用一个上下文驱动的推荐系统，在工作场所推荐资源，这样可以有效地帮助学习者，以满足他们个性化的信息需求[95]。在类似的情况下，[RS39-2010]在一个知识共享环境中，为大型组织的员工生成上下文推荐[5]。[RS37-2010]改进了谷歌PageRank算法用于个性化学习环境中做上下文已知的推荐。这些改进包括把不同类型的关系（包括社会关系，资源之间的关系）结合到标准化的协同过滤技术中[30]。[RS41-2014]考虑到学习资源的质量信息[16]。

在一些其他的研究中，物理传感器用于收集教育环境中的信息[91]。比如，[RS43-2010]根据物理传感器获得的各种的上下文内容，使用语义网络自适应推荐学习内容[121]。同样的，[RS40-2010]使用传感器模块收集学习者数据，并根据预先定义的上下文结构，给学习者推荐教育资源[60]。在[RS792011]中，RFID用来感知在实际环境中学习资源的位置[117]。SCROLL[RS80-2013]中，利用智能电话中的传感器、设备特性以及用户在其上进行的操作来收集上下文信息[58]。[RS81-2013]BISPA 系统采集了学习者的生理指标，用以检测其情绪状态[50]。最后，AICARP[RS82-2014]提出了一种交互推荐，推荐结果通过两个互补的感官驱动器给出，而生理和环境信息则作为输入[92]。

12.4.1.6　第六类：在教育场景中评估推荐对教育的影响

纵观当前的开发周期，已经要求不仅仅根据技术标准对技术增强学习推荐系统进行评估，而且要求应根据技术和教育的组合标准对其进行评估（可以参见文献[89]对 59 篇论文的综述）。这里，针对这个研究方向共包括 12 篇论文。[RS12-2007]在基于自组织原理的终身学习场景下，为导航支持分析了隐式反馈，以观察推荐对效率（完成率和进度）和效果（完成时间）的影响[49]。[RS68-2013]的研究表明推荐可以帮助学习者提高他们的成就，带来学习曲线的提升和更好的成绩[112]。此外，[RS69-2013]度量学习效果、学习效率、课程的参与度和知识的习得度，以评估推荐对 MOOC 的影响[89]。[RS61-2012]报道了学习者的认知情况，结果表明推荐可以显著增强虚拟学习社区的学习效果，并且推荐系统把什么资源具有较高质量的决定权交给了社区成员[56]。

[RS26-2009]在混合环境中评估推荐的适用性，该混合环境结合了来自不同的 Web 2.0 服务的用户[23]。在那种情况下，[RS44-2010]为授权学习者讨论了推荐的适用性，这些用户建立个人学习环境，这样就可以连接到学习者网络并通过使用工具共享学习资源[74]。与此相关的，[RS45-2010]发现了在 e-learning 系统使用论坛的优势，主要表现在可以促进学习者之间的交流[1]。MASSAYO[RS62-2012]发现在学习环境中博客内容的推荐能够支持动态交流，这是由于具有不同的观点的学生们之间进行了更多的讨论[45]。在[RS67-2013]中，与仅阅读非适用性材料的学生相比，阅读了来自移动学习系统推荐的文章的学生具有了更好的阅读理解能力，而这些推荐的材料是根据个人的喜好和阅读熟练水平产生的[47]。

就选择好的推荐方法而言，结合用户的学习效果一起评估也非常有用。[RS24-2009]以非正式学习网络中对学习成果的影响为准则，比较了多种基于本体的成本密集的推荐方法和轻量的协同过滤策略[76]。[RS25-2009]报道了真实学习者参与的实验。该实验采用混合的方法进行学习资源推荐。其推荐方法结合了基于社交网络方法（利用其他的学习者的数据）和基于学习者信息的方法（使用来自学习者基本信息和学习行为元数据）。应用该推荐方法 4 个月之后学习者的学习效率（完成学习目标的时间）有了提高[24]。在 LMRF[RS48-2011]中，与使用协同过滤和基于内容的推荐方法的学生相比，使用基于内容和优秀学习者评分的推荐系统的学习者的学习成绩得到提升[39]。

12.4.1.7　第七类：推荐课程

前面的几类方法将重点放在了某一课程学习过程中的学习资源推荐上。但是，一些技术增强学习推荐系统的研究者已经开始依据课程的信息，为学习者推荐合适的课程。关注课程推荐的论文的数量少于那些在课程学习过程中或在在线环境中进行推荐的论文。这样一来，课程推荐系统就显得比较特殊。这些系统主要由各个大学创建，以帮助大学新生。尽管如此，该领域的研究还是取得了一些进展。当学生遇到选课麻烦时，[RS42003]中的方法为学生提供了课程的建议[18]。几年后，[RS13-2007]为都柏林大学学生开发了课程推荐系统[80]。接下来就是斯坦福大学著名的 CourseRank 系统[RS27-2009]，有超过 70% 的学生使用了该系统[55]。另一个课程推荐系统在部署在匹兹堡大学[RS46-2010]，该系统由长期的学生评估实验进行评价。[RS17-2008]依据行为模式为学习者推荐潜在的课程[101]。[RS28-2009]计算学生注册某一课程的成功率[108]。[RS70-2013]展示了集成到一个 Moodle 实例中的课程推荐系统[3]。

12.4.2　框架分析

本节我们根据图 12-2 中的分类框架将 82 个技术增强学习推荐系统进行分类。为此，我们首先分析它们支持的任务，见表 12-2。然后，对所有系统按照用户模型（表 12-3）、领域模型

（表12-4）、个性化特点（表12-5）和运转方式（表12-6）进行分类。需要指出的是，我们无法为每一个系统确定唯一的类别，以使得最终每个分类中的系统加起来共82个。这主要是因为我们根据论文提供的信息进行分类，有时论文提供的信息不完整。在有些情况下，一个系统可能属于多个类别（例如，有些系统能够支持多个任务）。

从表12-2，根据技术增强学习推荐系统的支持任务，有以下结论。

表12-2 根据支持的任务对技术增强学习推荐系统分类支撑任务

	支撑任务
寻找好的物品(61)	［RS1-2000］，［RS3-2003］，［RS5-2004］，［RS7-2005］，［RS8-2005］，［RS9-2005］，［RS11-2006］，［RS13-2007］，［RS14-2008］，［RS17-2008］，［RS19-2009］，［RS21-2009］，［RS22-2009］，［RS23-2009］，［RS25-2009］，［RS26-2009］，［RS27-2009］，［RS28-2009］，［RS29-2010］，［RS30-2010］，［RS31-2010］，［RS32-2010］，［RS33-2010］，［RS34-2010］，［RS35-2010］，［RS37-2010］，［RS38-2010］，［RS39-2010］，［RS40-2010］，［RS41-2014］，［RS42-2010］，［RS43-2010］，［RS44-2010］，［RS45-2010］，［RS46-2010］，［RS47-2011］，［RS48-2011］，［RS49-2012］，［RS50-2012］，［RS52-2012］，［RS53-2012］，［RS54-2012］，［RS55-2012］，［RS56-2012］，［RS57-2012］，［RS58-2012］，［RS62-2012］，［RS63-2013］，［RS64-2013］，［RS67-2013］，［RS68-2013］，［RS70-2013］，［RS71-2014］，［RS72-2014］，［RS73-2014］，［RS75-2014］，［RS77-2014］，［RS78-2010］，［RS79-2011］，［RS80-2013］，［RS81-2013］
寻找学习同伴(9)	［RS3-2003］，［RS9-2005］，［RS37-2010］，［RS38-2010］，［RS39-2010］，［RS47-2011］，［RS54-2012］，［RS72-2014］，［RS77-2014］
推荐物品序列(13)	［RS6-2004］，［RS12-2007］，［RS15-2008］，［RS20-2009］，［RS34-2010］，［RS36-2010］，［RS51-2012］，［RS57-2012］，［RS60-2012］，［RS65-2013］，［RS71-2014］，［RS75-2014］，［RS77-2014］
预测学习成绩(1)	［RS59-2012］
推荐学习活动(4)	［RS66-2013］，［RS69-2013］，［RS74-2014］，［RS82-2014］

- 多数技术增强学习推荐系统的任务是"找到好的物品（或内容）"，以支撑学习活动。这样的系统共有61个（$n=61$），其目的是通过给当前的学习过程提供新的学习内容来辅助学习者。

- 第二多的推荐任务是"推荐一个物品序列"（$n=13$）。对于技术增强学习推荐系统来说，推荐一个物品序列是非常重要的任务，因为这类似于设计教学方法。教学设计的目的是通过一系列的教学活动，引导学习者达到一定的竞争力。这种目标是可以被推荐系统支持的。推荐系统在浩如烟海的学习资源中推荐最高效的或最有效的学习路径以使学习者达到一定的竞争力。此类推荐系统往往需要考虑学习者的先验知识进行推荐。

- "推荐学习同伴"是远程教育中心任务，也经常应用在技术增强学习推荐系统中（$n=9$）。经过一段时间而没有实际的集会，在线学习者就会经常感到孤立。这样，与正常的课程或混合的学习方案相比，纯在线课程往往有更高的辍学率。为了克服这种情况，推荐系统可以推荐学习同伴，使具有相同目标的学习者组成学习小组在网上学习课程。

- 有趣的是上面提到的推荐任务出现于研究中的所有的年份。没有一个特定的推荐任务是仅在一个特定的时间段内受研究者关注的。在最近的几年出现了一些新的推荐任务，例如，预测学习成绩（$n=1$）和推荐学习活动（$n=4$）。这些任务与推荐学习内容有所不同。这些发展表明，数字化学习环境中的推荐系统越来越多地应用于过滤和获得个性化信息，并且也应用于新的教育目标。根据表12-3中对用户模型的分析有以下发现：

- 关于"表示方法"，大部分的技术增强学习推荐系统采用经典的有多种属性的"向量空间模型"（$n=29$）来表示学习资源特征或用户偏好。此外，很多系统依赖"本体"（$n=$

18)获得各种用户属性和属性之间的关系。紧随其后的是"用户-选项评分模型"($n = 13$),该模型获取用户对选项的评分。"基于历史的方法"和"用户特征方法"已经用得不多了(分别是 $n = 5$ 和 $n = 2$)。虽然这个综述中罗列出的"关联网络"方法很少($n = 3$),但是我们相信,随着教育数据挖掘领域的快速发展,该方法将会得到关注。

- 关于"表示类型",大部分方法基于可清晰度量的物品($n = 17$)。这类方法需要在隐式评分和显式评分之间进行界定。一些系统利用用户对内容的显式评分,比如星级、标签。还有一些系统使用根据用户行为抽取的隐式评分,比如,"用户访问量文件","花费在资源上的时间"等等。这两种类型在技术增强学习推荐系统中应用都很广泛。"排序/特征"和"概率"方法应用不是很广泛(分别是 $n = 4$ 和 $n = 3$)。

- 关于"产生",通常考试系统中初始用户偏好采用"手动"方式($n = 24$)获得。在多数情况下,用户模型最初是"空"的($n = 14$),然后通过用户与系统之间交互逐步建立。"原型方法"也应用于某些系统($n = 3$)。近几年,机器学习方法,如"聚类"方法($n = 10$)、"分类"方法($n = 15$),越来越多地被用于从现有的数据中学习初始用户模型。

表12-3 根据用户模型的分类

		方法:用户模型
方法	向量空间模型(29)	[RS8-2005],[RS9-2005],[RS1-2000],[RS6-2004],[RS11-2006],[RS5-2004],[RS27-2009],[RS56-2012],[RS33-2010],[RS35-2010],[RS59-2012],[RS21-2009],[RS55-2012],[RS46-2010],[RS72-2014],[RS76-2014],[RS73-2014],[RS77-2014],[RS71-2014],[RS67-2013],[RS40-2010],[RS14-2008],[RS23-2009],[RS66-2013],[RS69-2013],[RS60-2012],[RS47-2011],[RS22-2009],[RS74-2014]
	用户-选项评分模型(13)	[RS3-2003],[RS7-2005],[RS25-2009],[RS78-2010],[RS26-2009],[RS34-2010],[RS46-2010],[RS72-2014],[RS76-2014],[RS13-2007],[RS28-2009],[RS49-2012],[RS63-2013]
	关联网络(3)	[RS39-2010],[RS40-2010],[RS64-2013]
	基于历史的模型(5)	[RS25-2009],[RS20-2009],[RS37-2010],[RS15-2008],[RS65-2013]
	本体(18)	[RS25-2009],[RS53-2012],[RS50-2012],[RS52-2012],[RS57-2012],[RS33-2010],[RS32-2010],[RS42-2010],[RS31-2010],[RS54-2012],[RS51-2012],[RS75-2014],[RS58-2012],[RS36-2010],[RS68-2013],[RS62-2012],[RS45-2010],[RS43-2010]
	用户特征(2)	[RS17-2008],[RS19-2009]
表示类型	可度量的(17)	[RS3-2003],[RS8-2005],[RS9-2005],[RS1-2000],[RS6-2004],[RS78-2010],[RS11-2006],[RS5-2004],[RS27-2009],[RS39-2010],[RS21-2009],[RS76-2014],[RS73-2014],[RS71-2014],[RS40-2010],[RS13-2007],[RS63-2013]
	序列/特征(4)	[RS1-2000],[RS77-2014],[RS64-2013],[RS43-2010]
	概率(3)	[RS9-2005],[RS77-2014],[RS70-2013]
初始化	空的(14)	[RS3-2003],[RS7-2005],[RS9-2005],[RS1-2000],[RS27-2009],[RS16-2008],[RS76-2014],[RS73-2014],[RS71-2014],[RS13-2007],[RS64-2013],[RS49-2012],[RS47-2011],[RS79-2011]
	手动(24)	[RS78-2010],[RS29-2010],[RS34-2010],[RS46-2010],[RS37-2010],[RS58-2012],[RS67-2013],[RS36-2010],[RS40-2010],[RS70-2013],[RS68-2013],[RS28-2009],[RS62-2012],[RS66-2013],[RS69-2013],[RS15-2008],[RS43-2010],[RS60-2012],[RS65-2013],[RS22-2009],[RS74-2014],[RS17-2008],[RS19-2009],[RS80-2013]
	原型方法(3)	[RS14-2008],[RS23-2009],[RS45-2010]

（续）

	方法：用户模型	
模型学习	聚类（10）	［RS21-2009］，［RS75-2014］，［RS40-2010］，［RS70-2013］，［RS49-2012］， ［RS66-2013］，［RS69-2013］，［RS22-2009］，［RS74-2014］，［RS79-2011］
	分类（15）	［RS9-2005］，［RS39-2010］，［RS44-2010］，［RS38-2010］，［RS41-2014］，［RS73-2014］，［RS77-2014］，［RS71-2014］，［RS64-2013］，［RS49-2012］，［RS66-2013］，［RS69-2013］，［RS15-2008］，［RS47-2011］，［RS74-2014］

通过分析系统中的领域模型的特点（表 12-4）有以下几个方面的发现：

- 关于"表示"，在技术增强学习推荐系统没有一个占主要地位的领域模型，有 3 种方法应用的数量差不多。最经常使用的方法是"本体方法"（$n=23$），其次是向量空间方法（$n=18$）方法，最后是索引/列表方法（$n=16$）。只有少数系统使用"类别法"（$n=3$），图方法（$n=1$）或者是基于规则的方法（$n=1$）。有趣的是，一些类别的第一个学习推荐系统都是使用索引/列表或者本体表示领域模型，而且到目前为止这些方法似乎处于开发周期中的某种稳定状态。向量空间方法是从 2008 年以后才逐渐发展起来的。
- 关于"生成"，多数的领域模型使用手工的方式创建（$n=26$）。然而，在最近几年，越来越多的系统使用分类方法（$n=17$）、聚类方法（$n=8$）和序列分析方法（$n=1$）产生的元数据自动生成领域模型。

表 12-4　根据领域模型对技术增强学习推荐系统的分类

	方法：领域模型	
模型表示	索引/列表（16）	［RS3-2003］，［RS8-2005］，［RS9-2005］，［RS5-2004］，［RS78-2010］，［RS27-2009］，［RS20-2009］，［RS35-2010］，［RS21-2009］，［RS46-2010］，［RS72-2014］，［RS76-2014］，［RS13-2007］，［RS28-2009］，［RS49-2012］，［RS65-2013］
	分类法（3）	［RS1-2000］，［RS37-2010］，［RS70-2013］
	向量空间模型（18）	［RS33-2010］，［RS59-2012］，［RS72-2014］，［RS76-2014］，［RS73-2014］，［RS77-2014］，［RS71-2014］，［RS67-2013］，［RS48-2011］，［RS40-2010］，［RS14-2008］，［RS23-2009］，［RS66-2013］，［RS69-2013］，［RS15-2008］，［RS47-2011］，［RS74-2014］，［RS17-2008］
	本体（23）	［RS6-2004］，［RS25-2009］，［RS53-2012］，［RS50-2012］，［RS52-2012］，［RS57-2012］，［RS33-2010］，［RS32-2010］，［RS42-2010］，［RS31-2010］，［RS54-2012］，［RS51-2012］，［RS55-2012］，［RS75-2014］，［RS77-2014］，［RS36-2010］，［RS64-2013］，［RS68-2013］，［RS62-2012］，［RS45-2010］，［RS63-2013］，［RS43-2010］，［RS19-2009］
	图（1）	［RS60-2012］
	规则（1）	［RS22-2009］
模型生成	手动（26）	［RS8-2005］，［RS9-2005］，［RS1-2000］，［RS6-2004］，［RS78-2010］，［RS5-2004］，［RS26-2009］，［RS27-2009］，［RS29-2010］，［RS34-2010］，［RS67-2013］，［RS36-2010］，［RS48-2011］，［RS13-2007］，［RS64-2013］，［RS68-2013］，［RS23-2009］，［RS49-2012］，［RS62-2012］，［RS45-2010］，［RS63-2013］，［RS43-2010］，［RS47-2011］，［RS19-2009］，［RS79-2011］，［RS81-2013］
	分类（17）	［RS39-2010］，［RS56-2012］，［RS44-2010］，［RS21-2009］，［RS75-2014］，［RS41-2014］，［RS73-2014］，［RS71-2014］，［RS14-2008］，［RS28-2009］，［RS66-2013］，［RS69-2013］，［RS15-2008］，［RS60-2012］，［RS65-2013］，［RS74-2014］，［RS19-2009］
	聚类（8）	［RS39-2010］，［RS38-2010］，［RS70-2013］，［RS66-2013］，［RS69-2013］，［RS74-2014］，［RS17-2008］，［RS19-2009］
	序列分析（1）	［RS22-2009］

　　表 12-5 对技术增强学习推荐系统的个性化方面进行了分析。正如扩展的评述展示的，最近 15 年来，该领域的学者们尝试了各种各样的个性化方法以及不同种类的算法。

表 12-5　根据个性化特征分类

		方法：个性化
方法	协同过滤(21)	［RS3-2003］，［RS8-2005］，［RS9-2005］，［RS1-2000］，［RS78-2010］，［RS11-2006］，［RS5-2004］，［RS26-2009］，［RS12-2007］，［RS44-2010］，［RS29-2010］，［RS21-2009］，［RS37-2010］，［RS72-2014］，［RS76-2014］，［RS73-2014］，［RS13-2007］，［RS49-2012］，［RS63-2013］，［RS47-2011］，［RS79-2011］
	基于内容的模型(10)	［RS39-2010］，［RS38-2010］，［RS42-2010］，［RS35-2010］，［RS21-2009］，［RS75-2014］，［RS41-2014］，［RS70-2013］，［RS68-2013］，［RS43-2010］
	混合模型(13)	［RS25-2009］，［RS27-2009］，［RS56-2012］，［RS34-2010］，［RS21-2009］，［RS46-2010］，［RS77-2014］，［RS71-2014］，［RS48-2011］，［RS40-2010］，［RS64-2013］，［RS14-2008］，［RS19-2009］
	基于规则的模型(22)	［RS6-2004］，［RS53-2012］，［RS50-2012］，［RS52-2012］，［RS57-2012］，［RS32-2010］，［RS31-2010］，［RS54-2012］，［RS51-2012］，［RS55-2012］，［RS75-2014］，［RS67-2013］，［RS70-2013］，［RS68-2013］，［RS23-2009］，［RS28-2009］，［RS45-2010］，［RS65-2013］，［RS22-2009］，［RS80-2013］，［RS81-2013］，［RS82-2014］
	基于图的模型(4)	［RS72-2014］，［RS76-2014］，［RS36-2010］，［RS60-2012］
	基于知识的模型(3)	［RS66-2013］，［RS69-2013］，［RS74-2014］
	关联挖掘(1)	［RS17-2008］
	原始数据检索(1)	［RS62-2012］
	手动选择(1)	［RS52-2012］
算法类型	基于模型的(24)	［RS56-2012］，［RS53-2012］，［RS50-2012］，［RS52-2012］，［RS32-2010］，［RS38-2010］，［RS42-2010］，［RS35-2010］，［RS59-2012］，［RS54-2012］，［RS51-2012］，［RS55-2012］，［RS75-2014］，［RS41-2014］，［RS67-2013］，［RS36-2010］，［RS48-2011］，［RS70-2013］，［RS68-2013］，［RS28-2009］，［RS15-2008］，［RS43-2010］，［RS65-2013］，［RS22-2009］
	基于存储的(16)	［RS3-2003］，［RS8-2005］，［RS9-2005］，［RS1-2000］，［RS78-2010］，［RS5-2004］，［RS27-2009］，［RS12-2007］，［RS44-2010］，［RS37-2010］，［RS13-2007］，［RS14-2008］，［RS49-2012］，［RS47-2011］，［RS17-2008］，［RS19-2009］
	混合的(13)	［RS11-2006］，［RS57-2012］，［RS34-2010］，［RS21-2009］，［RS46-2010］，［RS76-2014］，［RS73-2014］，［RS77-2014］，［RS71-2014］，［RS40-2010］，［RS64-2013］，［RS23-2009］，［RS63-2013］
算法技术	基于属性的(17)	［RS11-2006］，［RS39-2010］，［RS38-2010］，［RS75-2014］，［RS41-2014］，［RS71-2014］，［RS67-2013］，［RS36-2010］，［RS70-2013］，［RS64-2013］，［RS68-2013］，［RS23-2009］，［RS28-2009］，［RS43-2010］，［RS65-2013］，［RS22-2009］，［RS17-2008］
	选项-选项(4)	［RS44-2010］，［RS37-2010］，［RS48-2011］，［RS15-2008］
	用户-用户(10)	［RS3-2003］，［RS8-2005］，［RS9-2005］，［RS78-2010］，［RS5-2004］，［RS29-2010］，［RS36-2010］，［RS13-2007］，［RS14-2008］，［RS49-2012］
	混合的(13)	［RS26-2009］，［RS27-2009］，［RS56-2012］，［RS34-2010］，［RS51-2012］，［RS21-2009］，［RS76-2014］，［RS73-2014］，［RS77-2014］，［RS40-2010］，［RS63-2013］，［RS47-2011］，［RS19-2009］
	向量空间模型(2)	［RS42-2010］，［RS35-2010］

（续）

		方法：个性化
输出	建议(54)	［RS3-2003］，［RS9-2005］，［RS1-2000］，［RS6-2004］，［RS25-2009］，［RS26-2009］，［RS27-2009］，［RS39-2010］，［RS12-2007］，［RS53-2012］，［RS50-2012］，［RS52-2012］，［RS57-2012］，［RS44-2010］，［RS32-2010］，［RS38-2010］，［RS42-2010］，［RS35-2010］，［RS31-2010］，［RS34-2010］，［RS54-2012］，［RS51-2012］，［RS21-2009］，［RS55-2012］，［RS46-2010］，［RS75-2014］，［RS76-2014］，［RS73-2014］，［RS77-2014］，［RS71-2014］，［RS58-2012］，［RS67-2013］，［RS36-2010］，［RS48-2011］，［RS40-2010］，［RS13-2007］，［RS64-2013］，［RS68-2013］，［RS14-2008］，［RS49-2012］，［RS45-2010］，［RS66-2013］，［RS69-2013］，［RS15-2008］，［RS43-2010］，［RS60-2012］，［RS65-2013］，［RS47-2011］，［RS22-2009］，［RS17-2008］，［RS19-2009］，［RS79-2011］，［RS80-2012］，［RS81-2013］
	预测(12)	［RS7-2005］，［RS78-2010］，［RS29-2010］，［RS59-2012］，［RS37-2010］，［RS41-2014］，［RS77-2014］，［RS48-2011］，［RS70-2013］，［RS23-2009］，［RS28-2009］，［RS63-2013］

- 就个性化推荐中的"方法"而言，"基于规则"的方法（$n=22$）和"协同过滤"方法（$n=21$）是技术增强学习领域最常用的方法。其次是混合方法（$n=13$），"基于内容"的方法（$n=10$）和"基于图"的方法（$n=4$）。其他方法（$n=1$）有"关联挖掘"方法，"原始数据检索"方法和"手动选择"方法。有趣的是，一些方法是不依赖于时间的，应用于技术增强学习领域的所有开发周期。这方面的实例有协同过滤方法（2000—2014），基于规则的方法（2004—2014），其他的方法应用于开发周期的开始阶段，如混合方法（2009—2014）和基于内容的方法（2008—2014）。近来兴起的方法有基于图形的方法（2010—2014）和基于知识的方法（2013—2014）。
- 技术增强学习推荐的"算法类型"和个性化技术一样多种多样。虽然，"基于模型"方法仍处于主导，但是，越来越多的研究集中在"基于内存"系统（$n=16$）和混合方法（$n=13$）。
- 采用的算法方面，应用最多的是基于属性的算法（$n=17$），其次是混合算法（$n=13$）和"用户–用户"算法（$n=10$）。在技术增强学习推荐系统中，很少提出使用"选项–选项"关联方法（$n=4$）和向量空间模型方法（$n=2$）。"用户–用户"过滤方法是整个阶段（2003—2014）最常用的技术。从 2009 年开始直到最近，混合方法得到较多应用。基于属性的系统在 2013 年和 2014 年显著增加。
- 关于"输出"的情况比较清晰。多数情况产出的输出是"建议"（$n=54$）。然而，也有相当一部分系统是预测用户给予选项的评估，即为"预测"（$n=12$）。

关于"运行方式"的类别，表 12-6 说明了如下要点：

- 大多数技术增强学习推荐系统的"架构"属于"集中式"的（$n=60$），这类系统提供对单个推荐资源库的访问。然而，也有一些系统依赖分布式架构，提供了对广泛的资源库的访问（$n=11$）。
- 关于推荐的"位置"，通常是在推荐服务器上进行推荐（$n=65$）。只有少数系统是在信息源上产生推荐（$n=5$）。近来推荐系统的研究越来越多地倾向于在用户一侧产生推荐——例如在开展学习活动的移动设备上产生推荐。文献［111］描述了这方面正在开展的工作。
- 直到现在，技术增强学习推荐系统要么采用主动请求模式（$n=20$）或者被动接受模式（$n=46$）提供推荐。前者是用户请求系统给予相关的推荐。而后者是更常见的模式，其中用户接收推荐结果是他们与系统正常交互的一种方式。

表 12-6　根据方法类别的领域模型对技术增强学习推荐系统分类

运行方式		
架构	中心式(60)	[RS3-2003]，[RS7-2005]，[RS8-2005]，[RS1-2000]，[RS6-2004]，[RS25-2009]，[RS78-2010]，[RS5-2004]，[RS26-2009]，[RS27-2009]，[RS39-2010]，[RS12-2007]，[RS20-2009]，[RS52-2012]，[RS57-2012]，[RS44-2010]，[RS32-2010]，[RS38-2010]，[RS29-2010]，[RS31-2010]，[RS59-2012]，[RS54-2012]，[RS51-2012]，[RS21-2009]，[RS55-2012]，[RS46-2010]，[RS37-2010]，[RS72-2014]，[RS75-2014]，[RS41-2014]，[RS76-2014]，[RS73-2014]，[RS77-2014]，[RS71-2014]，[RS58-2012]，[RS67-2013]，[RS36-2010]，[RS48-2011]，[RS40-2010]，[RS13-2007]，[RS70-2013]，[RS14-2008]，[RS23-2009]，[RS28-2009]，[RS49-2012]，[RS62-2012]，[RS45-2010]，[RS66-2013]，[RS69-2013]，[RS15-2008]，[RS65-2013]，[RS47-2011]，[RS22-2009]，[RS74-2014]，[RS17-2008]，[RS19-2009]，[RS79-2011]，[RS80-2013]，[RS81-2013]，[RS82-2014]
	分布式(11)	[RS9-2005]，[RS56-2012]，[RS53-2012]，[RS50-2012]，[RS42-2010]，[RS35-2010]，[RS34-2010]，[RS64-2013]，[RS68-2013]，[RS63-2013]，[RS43-2010]
产生推荐的位置	在信息源处(5)	[RS7-2005]，[RS78-2010]，[RS29-2010]，[RS59-2012]，[RS17-2008]
	在推荐服务器(65)	[RS8-2005]，[RS9-2005]，[RS1-2000]，[RS6-2004]，[RS25-2009]，[RS26-2009]，[RS27-2009]，[RS39-2010]，[RS12-2007]，[RS20-2009]，[RS56-2012]，[RS53-2012]，[RS50-2012]，[RS52-2012]，[RS44-2010]，[RS32-2010]，[RS38-2010]，[RS42-2010]，[RS29-2010]，[RS35-2010]，[RS31-2010]，[RS34-2010]，[RS59-2012]，[RS54-2012]，[RS51-2012]，[RS21-2009]，[RS55-2012]，[RS46-2010]，[RS37-2010]，[RS72-2014]，[RS75-2014]，[RS41-2014]，[RS76-2014]，[RS73-2014]，[RS77-2014]，[RS71-2014]，[RS58-2012]，[RS67-2013]，[RS36-2010]，[RS48-2011]，[RS40-2010]，[RS13-2007]，[RS70-2013]，[RS64-2013]，[RS68-2013]，[RS14-2008]，[RS23-2009]，[RS28-2009]，[RS49-2012]，[RS62-2012]，[RS45-2010]，[RS66-2013]，[RS69-2013]，[RS15-2008]，[RS63-2013]，[RS43-2010]，[RS65-2013]，[RS47-2011]，[RS22-2009]，[RS74-2014]，[RS19-2009]，[RS79-2011]，[RS80-2013]，[RS81-2013]，[RS82-2014]
模式	主动获取(20)	[RS3-2003]，[RS8-2005]，[RS9-2005]，[RS1-2000]，[RS78-2010]，[RS27-2009]，[RS33-2010]，[RS38-2010]，[RS35-2010]，[RS59-2012]，[RS46-2010]，[RS37-2010]，[RS76-2014]，[RS71-2014]，[RS58-2012]，[RS36-2010]，[RS64-2013]，[RS28-2009]，[RS49-2012]，[RS45-2010]
	被动接受(46)	[RS9-2005]，[RS25-2009]，[RS26-2009]，[RS39-2010]，[RS56-2012]，[RS50-2012]，[RS52-2012]，[RS44-2010]，[RS32-2010]，[RS31-2010]，[RS34-2010]，[RS54-2012]，[RS51-2012]，[RS55-2012]，[RS72-2014]，[RS75-2014]，[RS41-2014]，[RS76-2014]，[RS73-2014]，[RS77-2014]，[RS71-2014]，[RS67-2013]，[RS48-2011]，[RS57-2012]，[RS13-2007]，[RS70-2013]，[RS68-2013]，[RS14-2008]，[RS23-2009]，[RS49-2012]，[RS62-2012]，[RS66-2013]，[RS69-2013]，[RS15-2008]，[RS63-2013]，[RS43-2010]，[RS65-2013]，[RS47-2011]，[RS22-2009]，[RS74-2014]，[RS17-2008]，[RS19-2009]，[RS79-2011]，[RS80-2013]，[RS81-2013]，[RS82-2014]

12.5　结论

本章对 2012 年关于技术增强学习推荐系统技术现状的综述进行了扩展，讨论的系统数量扩大了一倍。尤其是对本领域 15 年来(2000—2014)的 82 个技术增强学习推荐系统进行了评述。研究的系统来自 35 个不同国家。这些系统被汇编和分析，并分成了 7 类：1)采用其他领域的协同过滤方法的技术增强学习推荐系统；2)针对技术增强学习领域特点做了专门改进的协同过滤方法的技术增强学习推荐系统；3)在推荐过程中显式地将教育约束作为信息源的技术增强学习推荐系统；4）采用其他协同过滤方法的技术增强学习推荐系统；5）考虑技术增强学习场景中上下文信息的技术增强学习推荐系统；6）评估了推荐结果对教学效果影响的技术增强学习推荐系统；7）推荐课程（而不是其中的资源）的技术增强学习推荐系统。本章扩充并使用了文献[67]提出的推荐系统的分类框架。此框架可从整体上分析现有的技术增强学习推荐系统，非常有价值。当然，在某些情况下，从发表的论文中抽取相关信息并映射到分类框架中并不容易。

完成本章的技术现状分析之后，能够感觉到这个领域的研究一直在向前推进，新的研究方法不断涌现。比如，在建立一个真实可用的系统之前，最初的技术增强学习推荐系统使用非常小的、主要是内部的数据集，而最近的研究则使用更大的参考数据集。此外，研究者们开始尝试共享他们在研究中所使用数据集，并在研究中附加使用其他可公开得到的参考数据集，以使他们的研究结果更具有可比性。

依据分类框架，下面总结了技术增强学习推荐系统在过去15年来的研究趋势。

- **支持的任务**：在技术增强学习领域，寻找好的物品（内容）是推荐系统最常见的任务。此外，对于技术增强学习社区而言，推荐物品序列以在诸多数字内容中得到一个有效的和高效的学习路径，也是一个重要的任务。在以内容为主导推荐的研究方向上，同伴推荐也是一个核心任务，即向目标用户推荐具有相似学习目标或者兴趣的学习者。近年来又出现了一些新的任务，比如，预测学习表现和推荐学习活动，这些就远远超出了内容推荐的范围。

- **用户模型**：在技术增强学习推荐系统中，很难说用户模型研究的发展明显趋向于哪一类方法。但是，似乎有更多的研究集中在聚类方法和分类方法。还有另外一个迹象，该领域越来越多地采用来自教育数据挖掘和学习分析研究社区的思想和技术。在这个方面，有兴趣的读者可以参考推荐系统的数据挖掘方法（第7章）。

- **领域模型**：与用户模型类似，技术增强学习推荐系统的研究中没有一个占主要地位的领域建模方法。在本领域中，最初的系统几乎都采用索引/列表方法和本体方法。这是由于本领域的研究主要是由两个研究社区推动的：（a）信息检索，（b）自适应超媒体。从1998年到2010年，索引/列表方法被信息检索社区用于技术增强学习领域，而本体方法则被语义网络和自适应超媒体社区广泛使用。这两种方法都一直沿用至今。同时，正如在文献[21]中描述那样，我们也看到了一些研究融合了这两种方法。另一方面，就像对用户模型的研究一样，越来越多的分类和聚类方法被应用于领域模型。这个现象再次提醒我们该领域正在越来越多地使用数据挖掘技术。

- **个性化**：考察个性化方法，我们能够看到一些随着时间变化的趋势。比如混合方法和基于内容的方法出现于2008年，并在近年得到了广泛的应用。还有基于图的方法（2010—2014）和基于知识的方法（2013—2014）。上述方法主要用于解决教育数据集中常见的两个问题：（a）稀疏问题，（b）非结构化数据问题。当评分数据很稀疏时，用户容易收到不相关的推荐。因此，基于图的方法扩展了协同过滤中基准的最近邻方法，代之以图搜索算法，在技术增强学习推荐系统中得到了成功的应用[31]。协同过滤方法和基于规则的方法在整个发展周期（2004—2014）中，仍然是最常用的方法。

- **运行方式**：输出方面，大部分的技术增强学习推荐系统采取被动模式，直接向用户进行推荐。系统结构大多数情况下是集中式的，推荐结果通常在推荐服务器的一侧生成。最近有些论文提到了联合搜索方法，另外，从关联的数据源推荐学习对象是2013年的重要话题。

最后，在本章综述的基础上，我们来重温一下文献[67]中提到的本领域面临的挑战，并略作扩充如下：

（1）**教学对推荐系统的需求和期望**。在教育场景中的推荐不应仅限于对学习资源的推荐，还应该进一步探索其他的推荐机会。对此类问题，以用户为中心的方法[88]会比较有用，例如考虑诸如加强交流[1]和元认知[78,89,125]的学习活动推荐。同时，为了描述教育领域的问题，进一步丰富推荐过程，语义技术的潜力也正在被学者们考察。

（2）**基于上下文的推荐系统**。正如在上下文 TEL 推荐系统的综述[111]中所报道的，上下文信息能够有效地充实推荐过程，在基于上下文的研究方向上有很多研究点值得去深入研究。正如文献[50，58，60，117，121]介绍的那样，在推荐过程中使用适当的物理传感器[91]，基于上下文的推荐系统能够扩充输入和输出信息。例如，可以在推荐过程中利用情绪和情感信息[52,93]，这样使用情感计算（affective computing）技术能使 TEL 推荐系统的推荐结果更有价值，并让它能通过感官驱动器提供交互性的推荐结果[92]。关于基于上下文的推荐系统可以参阅第 6 章。

（3）**推荐的可视化和解释**。这个领域一个重要研究方向是利用可视化技术使用户深入了解推荐过程。可视化还能通过展示内容和人之间的关系来解释推荐结果。例如，El-Bishouty 等人[29]研究利用可视化技术展示推荐的学习同伴之间的关系。可视化技术能够增进对推荐系统输入和输出的理解。这样用户对推荐系统这个黑盒能建立更高的信任。在这种意义上，如何设计和表述被推荐物之间的复杂关系需要考虑在第 10 章中汇编的相关指南。

（4）**需要更丰富的教育数据集**。2011 年，大多 TEL 推荐研究还在使用相对小的数据集，而这些数据集也未公开[64,65]。从那时起，STELLAR[25]的 dataTEL 研究团队就开始收集可用于研究的数据集[110]。我们可以看到很多研究者利用这个数据集开展其研究[31]。但是，dataTEL 收集的数据仅是全面收集 TEL 推荐系统研究领域中数据集的第一步。由于 TEL 是一个非常多样的研究领域，它从初级中学开始，到高等教育领域，直到在职培训，同时包括了非正式的、非正规的和正规的学习，因此，需要一个大型的、多样的数据集合来支撑该领域的研究。

（5）**分布式的数据集**。大数据架构（例如 Lambda，http://lambdaarchitecture.net）和技术（例如 Apache Drill，http://incubator.apache.org/drill/）使得对分布数据的大规模实时分析成为可能，也将改变学习信息的联合和聚合使用方法的研究。在 Linked Open Data 之上开发的应用，例如 LinkedUp 的试行项目（http://linkedup-project.eu），给支撑这种研究场景中的基础设施带来了新的要求。我们看到，教育研究中电子基础设施组件和服务可以在单一主机中、也可以是分布式的或者虚拟化的。这种利用大数据技术的学习推荐系统也需要克服数据孤岛带来的数据稀疏问题。

（6）**同时考虑了技术标准和教育标准的新评估方法**。可以通过度量对学习效益（完成率和进度）和效率（完成时间）的影响[49,89]来分析推荐系统，进而得到一个上升的学习曲线和更好的成绩[112]，这些研究包括综合来自不同 Web 2.0 服务的用户源的混合环境[23]和移动学习方法[47]。对 TEL 推荐系统而言，应按照文献[67]中的建议，新开发的系统要遵循标准化的评估方法。该方法有 4 个步骤：

a）针对推荐问题和任务选择合适的数据集。

b）将不同算法在选定数据集上做离线比较实验，包括利用众所周知的公共数据集（如有可能，采用源自教育领域的数据集，就如在做电影推荐时使用 Movielens 数据集一样），以便深刻了解不同算法的性能。

c）在受控的实验环境中做全面的用户研究，从推荐系统的技术层面和学习者两方面测试教育心理学的效果。

d）在真实的应用环境里部署推荐系统，让它在真实的、正常的运行环境里接受真实用户的检测。

完成上述 4 个步骤同时，应该还提供一个按 12.3 节中的分类框架对推荐系统做的完整描述。文献[32]是一个很好的例子。应详细说明采用的数据集并使其可公开访问。这样就能够让其他研究者重复和修改研究中的任何部分以获得可以比较的结果和新的细节。第9章中有关于如何进行推荐系统中用户研究的说明。

我们希望本章包含了用于辅助学习的推荐系统的全貌，能够帮助研究人员、开发人员和用户获得本领域清晰的概况。

致谢

Hendrik Drachslerh 获得 FP7 EU 项目 LACE（619424）的部分资助。Katrien Verbert 是 FWO（Research Foundation Flanders）的博士后。Olga C. Santos 对本文的贡献是在 Inclusive Personalized Educational scenarios in intelligent Contexts 中的 Multimodal approaches for Affective Modelling 项目完成的。Nikos Manouselis 获得 CIP-PSP Open Discovery Space（297229）部分资助。

参考文献

1. Abel, F., Bittencourt, I.I., de Barros Costa, E., Henze, N., Krause, D., Vassileva, J.: Recommendations in Online Discussion Forums for E-Learning Systems. TLT 3(2), 165–176 (2010)
2. Adomavicius, G., Tuzhilin, A.: Towards the Next Generation of Recommender Systems: A Survey of the State-of-the-Art and Possible Extensions. IEEE Trans. Knowl. Data Engin., 17(6), 734–749 (2005)
3. Aher, S.B., Lobo, L.: Combination of machine learning algorithms for recommendation of courses in E-Learning System based on historical data. Knowl.-Based Syst. 51: 1–14 (2013)
4. Avancini, H., Straccia, U.: User recommendation for collaborative and personalised digital archives. International Journal of Web Based Communities, 1(2), 163–175 (2005)
5. Beham, G., Kump, B., Ley, T., Lindstaedt, S.: Recommending knowledgeable people in a work-integrated learning system. Procedia Computer Science, 1(2), 2783–2792 (2010)
6. Bielikova, M., Simko, M., Barla, M., Tvarozek, J., Labaj, M., Moro, R., Srba, I., & Sevcech, J.: ALEF: from Application to Platform for Adaptive Collaborative Learning. Special issue on Recommender Systems for Technology Enhanced Learning: Research Trends & Applications, Springer Berlin (2014)
7. Bodea, C., Dascalu, M., Lipai, A.: Clustering of the Web Search Results in Educational Recommender Systems. In: Santos O, Boticario J (eds) Educational Recommender Systems and Technologies: Practices and Challenges, pp. 154–181 (2012)
8. Boticario, J. G., Rodriguez-Ascaso, A., Santos, O. C., Raffenne, E., Montandon, L., Roldon, D., Buendia, F.: Accessible Lifelong Learning at Higher Education: Outcomes and Lessons Learned at two Different Pilot Sites in the EU4ALL Project. In Journal of Universal Computer Science 18 (1), 62–85 (2012).
9. Bozo, J., Alarcon, R., Iribarra, S. (2010) Recommending Learning Objects According to a Teachers Context Model. Sustaining TEL: From Innovation to Learning and Practice. Lecture Notes in Computer Science Volume 6383, 2010, pp 470–475
10. Broisin, J., Brut, M., Butoianu, V., Sedes, F., Vidal, P.: A personalised recommendation framework based on CAM and document annotations. Procedia Computer Science, 1(2), 2839–2848 (2010)
11. Brusilovsky, P., Cassel, L.N., Delcambre, L.M.L., Fox, E.A., Furuta, R., Garcia, D.D., Shipman III, F.M., Yudelson, M.: Social navigation for educational digital libraries, Procedia Computer Science, 1(2), 2889–2897 (2010)
12. Burke, R.: Hybrid Recommender Systems: Survey and Experiments. User Model. User Adapt. Inter., 12, 331–370 (2002)
13. Carchiolo, V., Longheu, A., Malgeri, M.: Reliable peers and useful resources: Searching for the best personalised learning path in a trust- and recommendation-aware environment, Information Sciences, Volume 180, Issue 10, pp. 1893–1907 (2010), ISSN 0020–0255, http://dx.doi.org/10.1016/j.ins.2009.12.023.
14. Casali, A., Gerling, V., Deco, C., Bender, C.: A Recommender System for Learning Objects Personalized Retrieval. In: Santos O, Boticario J (eds) Educational Recommender Systems and Technologies: Practices and Challenges, pp. 182–210. (2012) doi:10.4018/978-1-61350-489-5.ch008

15. Cazella, S.C., Reategui, E.B., Behar, P.A.: Recommendation of Learning Objects Applying Collaborative Filtering and Competencies. Key Competencies in the Knowledge Society pp. 35–43 (2010)

16. Cechinel, C., da Silva Camargo, S., Sánchez-Alonso, S., Sicilia, MA.: Towards automated evaluation of learning resources inside repositories. Special issue on Recommender Systems for Technology Enhanced Learning: Research Trends & Applications, Springer Berlin (2014)

17. Chen, C.M., Duh, L.-J.: Personalized web-based tutoring system based on fuzzy item response theory, Expert Systems with Applications, Volume 34, Issue 4, May 2008, pp. 2298–2315, ISSN 0957-4174, http://dx.doi.org/10.1016/j.eswa.2007.03.010 (2008)

18. Chu, K., Chang, M., & Hsia, Y.: Designing a course recommendation system on web based on the students? course selection records. World conference on educational Educational Multimedia, Hypermedia and Telecommunications, EDMEDIA 2003 (pp. 4–21). Retrieved from http://www.editlib.org/p/18882/ (2003)

19. dAquin, M., Dietze, S., Drachsler, H., Taibi, D.: Using linked data in learning analytics. eLearning Papers, No. 36, ISSN: 1887–1542, www.openeducationeuropa.eu/en/elearning_papers (2014)

20. Diaz, A., Motz, R., Rohrer, E., Tansini, L.: An Ontology Network for Educational Recommender Systems. In: Santos, O., Boticario, J. (eds) Educational Recommender Systems and Technologies: Practices and Challenges, pp. 67–93. doi:10.4018/978-1-61350-489-5.ch004 (2012)

21. Dietze, S., Drachsler, H., Giordano, D.: A Survey on Linked Data and the Social Web as facilitators for TEL RecSys. Recommender Systems for Technology Enhanced Learning: Research Trends & Applications, Eds: Manouselis, N., Verbert, K., Drachsler, H., Santos, O.C., Springer, Berlin (2013)

22. Dourado, A. O., and Martin, C. A.: New concept of dynamic flight simulator, Part I. Aerospace Science and Technology, 30(1), 79–82 (2013)

23. Drachsler, H., Pecceu, D., Arts, T., Hutten, E., Rutledge, L., Van Rosmalen, P., Hummel, H.G.K., Koper, R.: ReMashed-An Usability Study of a Recommender System for Mash-Ups for Learning. In: 1st Workshop on Mashups for Learning at the International Conference on Interactive Computer Aided Learning, Villach, Austria (2009)

24. Drachsler, H., Hummel, H.G.K., Van den Berg, B., Eshuis, J., Berlanga, A., Nadolski, R., Waterink, W., Boers, N., Koper, R.: Effects of the ISIS Recommender System for navigation support in self-organized learning networks. Educational Technology and Society, 12, pp. 122–135 (2009)

25. Drachsler, H., Bogers, T., Vuorikari, R., Verbert, K., Duval, E., Manouselis, N., Beham, G., Lindstaedt, S., Stern, H., Friedrich, M.: Issues and considerations regarding sharable data sets for recommender systems in technology enhanced learning. In: Procedia Computer Science, 1(2), pp. 2849–2858. doi:10.1016/j.procs.2010.08.010 (2010)

26. Drachsler, H., K. Verbert, N. Manouselis, R. Vuorikari, M. Wolpers, S. Lindstaedt. Preface [Special Issue on dataTEL - Data Supported Research in Technology-Enhanced Learning]. In: International Journal Technology Enhanced Learning 4 (1/2) (2012)

27. Drachsler, H., Li, Y., Santos, O.C.: Recommender Systems for Learning. In: Sampson, D. G., Spector, J. M., Chen, N.S., Huang, R., Kinshuk, editor, Proceedings of the IEEE 14th International Conference on Advanced Learning Technologies, pp. 513–538. IEEE (2014).

28. Dron, J., Mitchell, R., Siviter, P., Boyne, C.: CoFIND-an experiment in n-dimensional collaborative filtering. Journal of Network and Computer Applications, 23(2), pp. 131–142 (2000)

29. El-Bishouty MM, Ogata H, Yano Y (2007) Perkam: Personalized knowledge awareness map for computer supported ubiquitous learning. Educational Technology and Society, 10(3):122–134

30. El Helou, S., Salzmann, C., Gillet, D.: The 3A personalised, contextual and relation-based recommender system. Journal of Universal Computer Science, 16(16), 2179–2195 (2010)

31. Fazeli, S., Loni, B., Drachsler, D., & Sloep, P. B. (2014). Which Recommender System Can Best Fit Social Learning Platforms?. In Proceedings of the Ninth European Conference on Technology Enhanced Learning, Open Learning and Teaching in Educational Communities (EC-TEL2014), Graz, Austria.

32. Fazeli, S., Drachsler, H., Brouns, F., Sloep, P. (2014) Towards a Social Trust-Aware Recommender for Teachers. Recommender Systems for Technology Enhanced Learning, Springer, 177–194

33. Fernandez, A., Anjorin, M., Dackiewicz, I., and Rensing, C.: Recommendations from Heterogeneous Sources in a Technology Enhanced Learning Ecosystem. Special issue on

Recommender Systems for Technology Enhanced Learning: Research Trends & Applications, Springer Berlin (2014)

34. Fiaidhi, J. RecoSearch: A Model for Collaboratively Filtering Java Learning Objects. International Journal of Instructional Technology and Distance Learning, 1(7), 35–50 (2004)

35. Fraij, F., Al-Dmour, A., Al-Hashemi, R., Musa, A.: An evolving recommender-based framework for virtual learning communities. IJWBC 8(3): 322–332 (2012)

36. Farzan, R., Brusilovsky, P.: Encouraging user participation in a course recommender system: An impact on user behavior. Computers in Human Behavior, 27(1), pp. 276–284 (2011)

37. Gallego, D.; Barra, E.; Gordillo, A; Huecas, G.: Enhanced recommendations for e-Learning authoring tools based on a proactive context-aware recommender. In: IEEE Frontiers in Education Conference, 1393,1395 (2013)

38. Garcia, E., Romero, C., Ventura, S., de Castro, C.: An architecture for making recommendations to courseware authors using association rule mining and collaborative filtering. User Modeling and User-Adapted Interaction, 19(1–2), 99–132 (2009)

39. Ghauth, K. I., & Abdullah, N. A.: The Effect of Incorporating Good Learners' Ratings in e-Learning Content-based Recommender System. Educational Technology & Society, 14 (2), 248–257 (2011)

40. Gomez-Albarran, M., Jimenez-Diaz, G.: Recommendation and Students' Authoring in Repositories of Learning Objects: A Case-Based Reasoning Approach. International Journal of Emerging Technologies in Learning (iJET) 4(1), 35–40 (2009)

41. Greller, W., Drachsler, H.: Translating Learning into Numbers: A Generic Framework for Learning Analytics. In: Educational Technology & Society, 15(3), pp. 42–57 (2012)

42. Han, P., Xie, B., Yang, F., Shen, R.: A scalable P2P recommender system based on distributed collaborative filtering. Expert Systems with Applications, 27, pp. 203–210 (2004)

43. Hanani, U., Shapira, B., Shoval, P.: Information Filtering: Overview of Issues, Research and Systems. User Modeling and User-Adapted Interaction, 11, 203–259 (2001)

44. Herlocker, J.L., Konstan, J.A., Terveen, L.G., Riedl, J.T.: Evaluating Collaborative Filtering Recommender Systems. ACM Transactions on Information Systems, 22, 1, pp. 5–53 (2004)

45. Holanda, O., Ferreira, R., Costa, E., Bittencourt, I.I., Melo, J., Peixoto, M., Tiengo, W.: Educational resources recommendation system based on agents and semantic web for helping students in a virtual learning environment. IJWBC 8(3), pp. 333–353 (2012)

46. Hsieh, T.-C., Lee, M.-C., Su, C.-Y.: Designing and implementing a personalized remedial learning system for enhancing the programming learning. Educational Technology & Society 16(4): 32–46 (2013)

47. Hsu, C.-K., Hwang, G.-J., Chang, C.-K.: A personalized recommendation-based mobile learning approach to improving the reading performance of EFL students, Computers & Education, Volume 63, April 2013, pp. 327–336, ISSN 0360-1315, http://dx.doi.org/10.1016/j.compedu.2012.12.004 (2013)

48. Huang, Y.-M., Huang, T.-C., Wang, K.-T., Hwang, W.-Y.: A Markov-based Recommendation Model for Exploring the Transfer of Learning on the Web. Educational Technology and Society, 12(2),144–162 (2009)

49. Janssen, J., Tattersall, C., Waterink, W., Van den Berg, B., Van Es, R., Bolman, C., et al.: Self-organising navigational support in lifelong learning: how predecessors can lead the way. Computers and Education, 49(3), pp. 781–793 (2007)

50. Kaklauskas, A., Zavadskas, E.K., Seniut, M., Stankevic, V., Raistenskis, J., Simkevioius, C., Stankevic, T., Matuliauskaite, A., Bartkiene, L., Zemeckyte, L., Paliskiene, R., Cerkauskiene, R., Gribniak, V. Recommender System to Analyze Students Academic Performance. Expert Systems with Applications, 40(15), 6150–6165 (2013)

51. Kalz, M., and Specht, M.: Assessing the crossdisciplinarity of technology-enhanced learning with science overlay maps and diversity measures. In: British Journal of Educational Technology, 18 p. (2013)

52. Karampiperis, P., Koukourikos, A., Stoitsis, G.: Collaborative Filtering Recommendation of Educational Content in Social Environments utilizing Sentiment Analysis Techniques. Special issue on Recommender Systems for Technology Enhanced Learning: Research Trends & Applications, Springer Berlin (2014)

53. Kerkiri, T., Manitsaris, A., Mavridis, I.: How e-learning systems may benefit from ontologies and recommendation methods to efficiently personalise resources. IJKL 5(3/4): 347–370 (2009)

54. Khribi, M.K., Jemni, M., Nasraoui, O.: Automatic Recommendations for E-Learning Personalization Based on Web Usage Mining Techniques and Information Retrieval. Educational Technology and Society, 12(4), pp. 30–42 (2009)

55. Koutrika, G., Bercovitz, B., Kaliszan, F., Liou, H., Garcia-Molina, H.: CourseRank: A Closed-Community Social System Through the Magnifying Glass. In: Proc. of the 3rd International AAAI Conference on Weblogs and Social Media (ICWSM'09). San Jose, California (2009)

56. Leino, J.: Case study: recommending course reading materials in a small virtual learning community. IJWBC 8(3): 285–301 (2012)

57. Lemire, D., Boley, H., McGrath, S., Ball, M.: Collaborative Filtering and Inference Rules for Context-Aware Learning Object Recommendation. International Journal of Interactive Technology and Smart Education, 2(3), (2005)

58. Li, M., Ogata, H., Hou, B, Uosaki, N., Mouri, K. Context-aware and Personalization Method in Ubiquitous Learning Log System. Educational Technology & Society, 16 (3), 362–373 (2013)

59. Limongelli, C., Lombardi, M., Marani, A., Sciarrone, F. (2013) A Teaching-Style Based Social Network for Didactic Building and Sharing. AIED 2013, LNAI 7926, pp. 774–777, 2013.

60. Luo, F., Dong, J., Cao, A.: Song. A context-aware personalized resource recommendation for pervasive learning. Cluster Computing, June 2010, Volume 13, Issue 2, pp 213–239 (2010)

61. Mangina, E.E., Kilbride, J.: Evaluation of keyphrase extraction algorithm and tiling process for a document/resource recommender within e-learning environments. Computers & Education, 50(3), pp. 807–820 (2008)

62. Manouselis, N., Costopoulou, C.: Experimental Analysis of Design Choices in Multi-Attribute Utility Collaborative Filtering. International Journal of Pattern Recognition and Artificial Intelligence, Special Issue on Personalization Techniques for Recommender Systems and Intelligent User Interfaces, 21(2), pp. 311–333 (2007)

63. Manouselis, N., Vuorikari, R., Van Assche, F.: Simulated Analysis of MAUT Collaborative Filtering for Learning Object Recommendation. In: Proc. of the Workshop on Social Information Retrieval in Technology Enhanced Learning (SIRTEL 2007). Crete, Greece (2007)

64. Manouselis, N., Vuorikari, R., Van Assche, F.: Collaborative Recommendation of e-Learning Resources: An Experimental Investigation. In: Journal of Computer Assisted Learning, Special Issue on Adaptive technologies and methods in e/m-Learning and Internet-based education, Blackwell Publishing Ltd., 26(4), pp. 227–242, (2010)

65. Manouselis, N., Drachsler, H., Verbert, K., Santos, O.C. (Eds.) Proceedings of the 1st Workshop on Recommender Systems for Technology Enhanced Learning (RecSysTEL 2010). Procedia Computer Science, Volume 1, Issue 2, Pages 2773–2998 (2010)

66. Manouselis, N., Drachsler, H., Vuorikari, R., Hummel, H., and Koper, R.: Recommender systems in technology enhanced learning. In: Rokach, L., Shapira, B., Kantor, P., Ricci, F., editor, Recommender Systems Handbook: A Complete Guide for Research Scientists & Practitioners, pp. 387–409. Springer (2011)

67. Manouselis, N., Drachsler, H., Verbert, K., and Duval, E.: Recommender Systems for Learning. Berlin, Springer, 2012, 90 p.

68. Manouselis, N., Drachsler, H., Verbert, K., and Santos, O.: Proceedings of the 2nd Workshop on Recommender Systems for Technology Enhanced Learning (RecSysTEL 2012). CEUR workshop proceedings, Vol-896, 100 p. (2012)

69. Manouselis, N., Drachsler, H., Verbert, K., Santos, O.C.: Recommender Systems for Technology Enhanced Learning: Research Trends & Applications. Springer (2014)

70. Marino, O., Paquette, G.: A competency-driven advisor system for multi-actor learning environments. Procedia Computer Science, 1(2):2871–2876, doi:10.1016/j.procs.2010.08.013 (2010)

71. Martin, E., Carro, R.M.: Supporting the Development of Mobile Adaptive Learning Environments: A Case Study. TLT 2(1): 23–36 (2009)

72. Masters, K.: A brief guide to understanding MOOCs". The Internet Journal of Medical Education 1 (Num. 2) (2011)

73. Michlik, P., Bielikova, M.: Exercises recommending for limited time learning. Procedia Computer Science, (1)2:2821–2828. doi:10.1016/j.procs.2010.08.007 (2010)

74. Moedritscher, F.: Towards a recommender strategy for personal learning environments. Procedia Computer Science, (1)2:2775–2782. doi:10.1016/j.procs.2010.08.002 (2010)

75. Montaner, M., Lopez, B., de la Rosa, J.L.: A Taxonomy of Recommender Agents on the Internet. Artif. Intell. Rev., 19, pp. 285–330 (2003)

76. Nadolski, R.J., Van den Berg, B., Berlanga, A., Drachsler, H., Hummel, H., Koper, R., Sloep, P.: Simulating Light-Weight Personalised Recommender Systems in Learning Networks: A Case for Pedagogy-Oriented and Rating-Based Hybrid Recommendation Strategies. Journal of Artificial Societies and Social Simulation (JASSS), 12(14) (2009)

77. Nowakowski, S., Ognjanovic, I., Grandbastien, M., Jovanovic, J., Sendelj, R.: Two Recommending Strategies to enhance Online Presence in Personal Learning Environments. Special issue on Recommender Systems for Technology Enhanced Learning: Research Trends & Applications, Springer Berlin (2014)

78. Nussbaumer, A., Berthold, M., Dahrendorf, D., Schmitz, H..C., Kravcik, M., Albert, D.: A Mashup Recommender for Creating Personal Learning Environments. Advances in Web-Based Learning - ICWL 2012. Lecture Notes in Computer Science Volume 7558, pp. 79–88. doi: 10.1007/978-3-642-33642-3_9 (2012)

79. Okoye, I., Maull, K., Foster, J., Sumner, T.: Educational Recommendation in an Informal Intentional Learning System. In: Santos O, Boticario J (eds), Educational Recommender Systems and Technologies: Practices and Challenges, pp. 1–23. doi:10.4018/978-1-61350-489-5.ch001 (2012)

80. O'Mahony, M.P., Smyth, B.: A recommender system for on-line course enrolment: an initial study. RecSys 2007, pp. 133–136 (2007)

81. Rafaeli, S., Dan-Gur, Y., Barak, M.: Social Recommender Systems: Recommendations in Support of E-Learning. International Journal of Distance Education Technologies, 3(2), pp. 29–45 (2005)

82. Recker, M.M., Walker, A.: Supporting "Word-of-Mouth" Social Networks through Collaborative Information Filtering. Journal of Interactive Learning Research, 14(1), pp. 79–99 (2003)

83. Romero, C., Ventura, S., Zafra, A., De Bra, P.: Applying Web usage mining for personalizing hyperlinks in Web-based adaptive educational systems. Computers & Education 53(3), pp. 828–840 (2009)

84. Salehi, M.: Application of implicit and explicit attribute based collaborative filtering and BIDE for learning resource recommendation, Data & Knowledge Engineering, Volume 87, September 2013, pp. 130–145, ISSN 0169-023X, http://dx.doi.org/10.1016/j.datak.2013.07.001 (2013)

85. Santos, O.C.: A recommender system to provide adaptive and inclusive standard-based support along the eLearning life cycle. In: Proceedings of the 2008 ACM conference on Recommender systems, pp. 319–322. ACM (2008)

86. Santos, O. C., & Boticario, J. G.: Educational Recommender Systems and Technologies: Practices and Challenges (pp. 1–362). Hershey, PA: IGI Global. doi:10.4018/978-1-61350-489-5 (2012)

87. Santos, O. C., & Boticario, J. G.: Special Issue on Recommender Systems to Support the Dynamics of Virtual Learning Communities. International Journal of Web Based Communities, Vol. 8 No. 3 (2012)

88. Santos, O.C., Boticario, J.G.: User Centred Design and Educational Data Mining support during the Recommendations Elicitation Process in Social Online Learning Environments. **32**(2), 293–311, (2015). DOI: 10.1111/exsy.12041

89. Santos, O.C., Boticario, J.G., Pérez-Marin, D.: Extending web-based educational systems with personalised support through User Centred Designed recommendations along the e-learning life cycle, Science of Computer Programming, Volume 88, Pages 92–109, ISSN 0167-6423. (2014)

90. Santos, O.C., Boticario, J.G., Manjarrés-Riesco, A.: An Approach for an Affective Educational Recommendation Model. Recommender Systems for Technology Enhanced Learning: Research Trends & Applications, pp 123–143, Springer Berlin (2014)

91. Santos, O. C., Boticario, J.G.: Exploring Arduino for Building Educational Context-Aware Recommender Systems that Deliver Affective Recommendations in Social Ubiquitous Networking Environments. In Proceedings of Web-Age Information Management. Lecture Notes in Computer Science, Volume 8597, 2014, pp 272–286.

92. Santos, O. C., Saneiro, M., Boticario, J., Rodriguez-Sanchez, C. Towards Interactive Context-Aware Affective Educational Recommendations in Computer Assisted Language Learning. New Review of Hypermedia and Multimedia, pp. 1–31. http://dx.doi.org/10.1080/13614568.2015.1058428 (2015)

93. Santos, O.C., Saneiro, M., Salmeron-Majadas, S., Boticario, J.G.: A methodological approach to eliciting affective educational recommendations. In Proceedings of the 14th IEEE International Conference on Advanced Learning Technologies (ICALT14), 529–533 (2014) doi: 10.1109/ICALT.2014.234

94. Schafer, J.B., Konstan, J.A., Riedl, J.: E-Commerce Recommendation Applications. Data Mining and Knowledge Discovery, 5, pp. 115–153 (2001)

95. Schoefegger, K., Seitlinger, P., Ley, T.: Towards a user model for personalised recommendations in work-integrated learning: A report on an experimental study with a collaborative tag-

ging system. Procedia Computer Science, 1(2):2829–2838, doi:10.1016/j.procs.2010.08.008 (2010)

96. Sergis, S., Zervas, P., Sampson, D.G. (2014) Towards Learning Object Recommendations based on Teachers ICT Competence Profiles. 2014 IEEE 14th International Conference on Advanced Learning Technologies, 534–538

97. Shelton, B.E., Duffin, J., Wang, Y., Ball, J.: Linking open course wares and open education resources: creating an effective search and recommendation system. Procedia Computer Science, 1(2), pp. 2865–2870 doi:10.1016/j.procs.2010.08.012 (2010)

98. Shen, L., Shen, R.: Learning content recommendation service based-on simple sequencing specification. In: Liu W et al. (eds) Lecture notes in computer science, pp. 363–370 (2004)

99. Sicilia, M.A., Garcia-Barriocanal, E., Sanchez-Alonso, S., Cechinel, C.: Exploring user-based recommender results in large learning object repositories: the case of MERLOT. Procedia Computer Science, 1(2), pp. 2859–2864. doi:10.1016/j.procs.2010.08.011 (2010)

100. Sielis, G.A., Mettouris, C., Tzanavari, A., Papadopoulos, G.A.: Context-Aware Recommendations using Topic Maps Technology for the Enhancement of the Creativity Process. In: Santos O, Boticario J (eds) Educational Recommender Systems and Technologies: Practices and Challenges, pp. 43–66. doi:10.4018/978-1-61350-489-5.ch003 (2012)

101. Tai, D.W.S., Wu, H.J., Li, P.H.: Effective e-learning recommendation system based on self-organizing maps and association mining. The Electronic Library, 26(3), 329–344 (2008)

102. Tang, T.Y., McCalla, G.: Smart Recommendation for an Evolving E-Learning System: Architecture and Experiment. International Journal on E-Learning, 4(1), pp. 105–129 (2005)

103. Tang, TY., Winoto, P.,ăand McCalla, G.: Further Thoughts on Context-Aware Paper Recommendations for Education. Special issue on Recommender Systems for Technology Enhanced Learning: Research Trends & Applications, Springer Berlin (2014)

104. Tang, T.Y., Daniel, B.K., Romero, C.: Special Issue on Recommender systems for and in social and online learning environments. Expert Systems (2014)

105. Thai-Nghe, N., Drumond, L., Horvith, T., Krohn-Grimberghe, A., Nanopoulos, A., Schmidt-Thieme, L.: Factorization Techniques for Predicting Student Performance. In Santos O, Boticario J (eds) Educational Recommender Systems and Technologies: Practices and Challenges, pp. 129–153. doi:10.4018/978-1-61350-489-5.ch006 (2012)

106. Tsai, K.H., Chiu, T.K., Lee, M.C., Wang, T.I.: A learning objects recommendation model based on the preference and ontological approaches. In: Proc. of 6th International Conference on Advanced Learning Technologies (ICALT'06). IEEE Computer Society Press (2006)

107. Underwood, J.S.: Metis: A Content Map-Based Recommender System for Digital Learning Activities. In: Santos O, Boticario J (eds), Educational Recommender Systems and Technologies: Practices and Challenges, pp. 24–42. doi:10.4018/978-1-61350-489-5.ch002 (2012)

108. Vialardi Sacun, C., Bravo Agapito, J., Shafti, L., Ortigosa, A.: Recommendation in Higher Education Using Data Mining Techniques. EDM 2009: 191–199 (2009)

109. Verbert, K., Duval, E., Lindstaedt, S. and Gillet, D. (eds): Special issue on Context-aware Recommender Systems, Journal of Universal Computer Science, 16(16), pp. 2175–2290 (2010)

110. Verbert, K., Manouselis, N., Drachsler, H., & Duval, E. (2012). Dataset-Driven Research to Support Learning and Knowledge Analytics. Educational Technology & Society, 15 (3), 133–148."

111. Verbert, K., Manouselis, N., Xavier, O., Wolpers, M., Drachsler, H., Bosnic, I., Duval, E.: Context-aware Recommender Systems for Learning: a Survey and Future Challenges. IEEE Transactions on Learning Technologies. 5(4), pp. 318–335 (2012)

112. Vesin, B., Milicevic, A.K., Ivanovic, M., Budimac, Z.: Applying Recommender Systems and Adaptive Hypermedia for e-Learning Personalizatio. Computing and Informatics 32(3), pp. 629–659 (2013)

113. Vuorikari, R., Manouselis, N., and Duval, E. Special issue on social information retrieval for technology enhanced learning. Journal Of Digital Information, 10(2) (2009)

114. Wan, X., Okamoto, T.: Utilizing learning process to improve recommender system for group learning support. Neural Computing and Applications 20(5): 611–621 (2011)

115. Wang, Y., Sumiya, K.: Semantic ranking of lecture slides based on conceptual relationship and presentational structure. Procedia Computer Science, 1(2), pp. 2801–2810. doi:10.1016/j.procs.2010.08.005 (2010)

116. Wang, F.-H.: On extracting recommendation knowledge for personalized web-based learning based on ant colony optimization with segmented-goal and meta-control strategies. Expert Syst. Appl. 39(7), pp. 6446–6453 (2012)

117. Wang, S.L., Wu, C.Y. Application of context-aware and personalized recommendation to

implement an adaptive ubiquitous learning system. Expert Systems with Applications, 38(9), 10831–10838 (2011)

118. Wei, C.-P., Shaw, M.J., Easley, R.F.: A Survey of Recommendation Systems in Electronic Commerce. In: Rust RT, Kannan PK (eds) E-Serv.: New Dir. in Theor. and Pract., M. E. Sharpe Publisher (2002)

119. Weidenbach M., Drachsler H., Wild F., Kreutter S., Razek V., Grunst G., Ender J., Berlage T., and Janousek J.: EchoComTEE a simulator for transoesophageal echocardiography. Anaesthesia, 62, 4, pp. 347–353 (2007)

120. Weppner, J., Lukowicz, P., Hirth, M., Kuhn, J. Physics education with Google Glass gPhysics experiment app. In Proceedings of the 2014 ACM International Joint Conference on Pervasive and Ubiquitous Computing: Adjunct Publication (UbiComp '14 Adjunct), 279–282 (2014)

121. Yu, Z., Zhou, X., Shu, L.: Towards a semantic infrastructure for context-aware e-learning. Multimedia Tools Appl. 47(1): 71–86 (2010)

122. Zaiane, O.R.: Building a recommender agent for e-learning systems. Computers in Education, 2002. vol.1, 3–6, doi: 10.1109/CIE.2002.1185862 (2002)

123. Zaldivar, V.A., Burgos, D., Pardo, A.: Meta-Rule Based Recommender Systems for Educational Applications. In: Santos O, Boticario J (eds) Educational Recommender Systems and Technologies: Practices and Challenges, pp. 211–231. doi:10.4018/978-1-61350-489-5.ch009 (2012)

124. Zapata, A., Menendez, V.H., Prieto, M.E., Romero, C.: A framework for recommendation in learning object repositories: An example of application in civil engineering. Advances in Engineering Software 56: 1–14 (2013)

125. Zhou, M., Xu, Y.: Challenges to Use Recommender Systems to Enhance Meta-Cognitive Functioning in Online Learners. In: Santos, O., Boticario, J. (eds) Educational Recommender Systems and Technologies: Practices and Challenges, pp. 282–301. doi:10.4018/978-1-61350-489-5.ch012 (2012)

音乐推荐系统

Markus Schedl、Peter Knees、Brian McFee、Dmitry Bogdanov 和 Marius Kaminskas

13.1 简介

随着在线音乐商城及流媒体音乐服务的出现，数字音乐分发已经使得音乐触手可及。然而，面对突然出现的海量可收听内容，听众很容易面临信息过载的问题。因此本章的主题——音乐推荐系统，将为那些面临海量内容的用户提供一些引导。推荐包括艺术家、专辑、歌曲、曲风和无线电台等在内的音乐内容。

在本章中，我们将阐述在音乐推荐系统中有别于其他领域内容(书籍、电影)推荐的特性。为了理解其中的区别，我们首先考虑用户消费单个媒体内容所需的时间。可以明显地看出，在时间消耗方面，书籍(几天或几周)、电影(几小时内)和歌曲(通常几分钟)之间存在巨大的差距。因此，用户对音乐的主观感受的形成时间远比其他领域的内容要短，这表明音乐具有短暂或者说快速消费的本质。类似地，在音乐方面，单首歌曲可以被反复收听(或者连续多次)，而其他媒体内容通常只被消费少数几次。这可以看出，用户不仅可以容忍而且乐于接受已知内容的推荐。

从实践的层面来看，音乐另一个可区别的特性是可以直接通过不同的抽象层次来分类。举个例子，通常电影推荐系统中只有单独的影片被推荐给用户，而在音乐推荐中可以推荐包括流派，艺术家或者专辑在内的不同层次的内容。

从实践者的角度来看，我们知道协同过滤技术本身是领域无关(domain-agnostic)的，可以很容易地应用到音乐评分数据上[131,134]⊖。然而在音乐领域，显式的评分数据相对稀少，即使可以获取，相比其他领域数据也更为稀疏[44]。因此，不间断的收听行为通常被作为隐式的正面反馈。

由于可获取的用户反馈数据的稀疏性，相较于其他领域的推荐技术，音乐推荐技术更依赖于被推荐物品内容的描述。基于内容的音乐推荐技术与广义的音乐信息检索(Music Information Retrieval，MIR)有紧密的联系。音乐信息检索致力于从不同的表现层次中(比如音频信号、艺术家、歌名、专辑封面、评分表)⊖中抽取语义信息。其中的很多算法直接应用信号处理和分

⊖ 在本章中，我们将不具体解释音乐评分的协同过滤。为了理解这项技术的具体内容，我们推荐读者参考本书第 2 章。

⊖ 为了避免误解，需要注意内容(content)在 MIR 和推荐系统研究中有不同的含义。对直接利用音频信号的方法(基于内容)和直接利用来自外部信息源(例如网络文档[70])的物品描述符的方法(元数据)，MIR 做出了明显的区分。跟本章其余部分一样，在推荐系统研究中，两种方法都被称为"基于内容的"。

M. Schedl；P. Knees，Department of Computational Perception，Johannes Kepler University Linz，Linz，Austria，e-mail：markus. schedl@ jku. at；peter. knees@ jku. at.

B. McFee，Center for Data Science，New York University，New York，NY，USA，e-mail：brian. mcfee@ nye. edu

D. Bogdanov，Music Technology Group，Universitat Pompeu Fabra，Barcelona，Spain，e-mail：dmitry. bogdanov@ upf. edu

M. Kaminskas，Insight Centre for Data Analytics，University College Cork，Cork，Ireland，e-mail：marius. kaminskas@ in-sight-centre. org

翻译：温 颖 审核：李艳民

析的方法抽取音乐意义上的特征，再反过来增强搜索和浏览交互。在以上的场景中，与基于记忆的协同过滤方法(参考第2章)一样，相似度的概念是核心。对于基于内容的算法，物品相似度通常是通过物品的特征向量计算。13.2节涵盖了基于内容的音乐推荐技术的概述，包括元数据和信号分析的方法。

从用户的角度来看，情景对音乐的偏好有强烈的影响。音乐心理学的研究显示，用户的短期音乐偏好受到众多因素的影响，比如环境，当前用户情绪或者用户活动[97]。我们将在13.3节详细介绍上下文相关的推荐算法。在13.4节中，我们给出了一种结合了协同过滤、基于内容和基于上下文的混合推荐算法。

由于用户经常短时间内收听多首歌曲，比如通过流媒体电台或者个人音乐设备，一些推荐系统专门被设计用于序列推荐(serial recommendation)[59]。由于序列消费的独特限制和模型假设，系列推荐的评测标准和算法方案与在推荐系统文献中常见的技术有很大的不同。13.5节涵盖了播放列表自动化生成算法的概述及评测方法。

在13.6节中，我们讨论了音乐推荐研究中常见的评测策略，基准测试和数据集。最后，在13.7节中，我们归纳总结了当前相关研究中存在的问题和挑战。

13.2 基于内容的音乐推荐

内容信息涵盖了任何可以用于描述音乐内容的信息，包括从音频信号中抽取的信息和外部信息源(网络文档、音乐作品目录和标签)提供的元数据。在本节中，我们将概述基于内容的音乐推荐算法，并根据采用的信息源对现有的算法进行分类。

13.2.1 元数据信息

音乐元数据一般有以下几种形式：专家的人工标注(manual annotation)、来自协同标记服务的社会化标签(social tag)、应用文本检索技术从网络上自动化挖掘的标注(automatically mined from the Web)。尽管有研究显示这些元数据并不能比协同过滤技术[54]取得更好的效果，但面对冷启动场景下，这些元数据可以作为协同过滤的补充或替代[19,84]。

13.2.1.1 人工标注

人工标注包括可编辑的元数据(editorial metadata)，例如音乐曲风和子曲风、发行公司、发行的时间和地区、艺术家间关系、曲目、专辑以及任何相关的发行信息。此外，例如像节奏、情绪和乐器这样音乐属性的标注可以对音乐内容提供更详尽的描绘。

音乐专家或者成熟的爱好者社区提供了一些可编辑的元数据的在线数据库。这些数据库保证了数据的质量，但也因自身结构存在缺陷，比如坚持曲风分类(genretaxonomies)[101]。MusicBrainz ⊖和Discogs ⊖提供大量免费的由社区整理的艺术家，唱片公司和发行信息。这些信息包括音乐的文化背景但不包括除流派和音乐年代之外的详细的音乐属性标注。尽管存在这些限制，但可编辑的元数据已经被用于构建简单的基于流派的推荐系统[82]、改善基于音频内容的推荐方法(例如文献[18]，13.2.2节)及混合推荐系统(例如文献[25]，13.4节)。

Bogdanov等人[19]仅仅利用从Discogs数据库获取的元数据构建了一个艺术家推荐系统。对于每个在数据库中的艺术家，会根据所有跟该艺术家相关的发行物所属曲风、风格、唱片公司、国家和年份信息生成一个带权向量。同时考虑了艺术家间的关系(昵称、团队资格)和艺术家在发行物中的角色(例如，主唱，混音/伴奏)。艺术家间的相似度一般通过比较稀疏带权标签向量，同时带权向量可以被隐含语义分析(Latent Semantic Analysis，LSA)[37]压缩。

⊖ http://www.musicbrainz.org
⊖ http://www.discogs.com

其他不仅限于曲风和年代的人工标注的属性也可以获取，只是一般来说更加昂贵并且比较难覆盖到大规模数据上。Pandora [一] 是一个在大规模商业推荐系统中使用专家标注的例子。类似的，AllMusic [二] 是一个在一般可编辑的元数据的基础上提供情绪标注的商业数据库的例子。然而，因为所有权的问题而没有这样的公开数据集，在学术研究中罕有使用这些人工标注。因此，现有的研究中均采用独立的手工标注，例如曲风、节奏、情绪[105,139]、年份和情感。

13.2.1.2   社会化标签

与结构化分类驱动的专家标注相比，音乐项目的信息可以从社会化标签服务收集。社会化标签服务允许任一用户给任一内容提供非结构化的文本标注。尽管本身存在噪声，但社会化标签可以从更大的标注群中抽取。此外，标注噪声可以用于构建结构化的标签分类系统[135]。通过提供可公开获取的大规模音乐标签集合，Last. fm [三] 的音乐标签服务在学术研究中已经逐渐流行。这不仅包含描述流派、情绪、乐器和地点的非分类标签，也包含由音乐引发的用户联想（如最喜欢的、现场直播的[58]。单个艺术家或曲目的标签很容易被获取，通过比较对应标签带权向量[54]，可以估计内容之间的相似度。通过隐含语义分析技术增强的相似度比较可以解决稀疏向量[74]的问题。

13.2.1.3   通过网络内容挖掘的标注

作为社会化标签的替代，利用文本处理技术可以从音乐相关的网页中挖掘关键词标注。关键词可以从与音乐内容相关的网页、博客、RSS 消息或者歌词数据库抽取。Schedl 等提供了利用文本挖掘技术衡量艺术家相似度的概述[123]，并且创建了一个基于艺术家个人信息（artist term profile）索引的大规模音乐搜索系统[126]。Barrington 等人[140] 提出一个类似的方法，通过限制关键词挖掘指向特定拥有高质量音乐信息的网站，例如 AllMusic、Wikipedia [四]、Amazon [五]、BBC [六]、Billboard [七] 或 Pitch-fork [八]。在 Pazzani 和 Billsus[108] 的早期研究中，描述了一种通过从网页中抽取的艺术家关键词并利用朴素贝叶斯分类器预测用户偏好的推荐方法。Green 等人[54] 从维基百科艺术家词条和 Last. fm 的社会化标签中检索关键词。他们提出了基于艺术家之间或者艺术家与用户所喜爱的艺术家构造的关键词权重向量之间的相似度生成推荐。类似地，McFee 和 Lanckriet[88] 结合在 Last. fm 上的社会化标签和从艺术家简介中抽取的关键词预测艺术家相似度。Celma 等人[35] 从与音乐艺术家相关的 RSS 消息中抽取关键词，并通过与一系列艺术家的相似度生成艺术家推荐排名。最后，Lim 等人[77] 通过基于词袋表示的由 musiXmatch. com 提供歌词的主题模型学习歌曲层面的相似度函数。

13.2.2   音频内容

音频内容分析是由音乐信息检索（MIR）研究者提倡的元数据和协同过滤方法的替代或补充[12,29]。基于音频内容的推荐系统对流行偏差并不敏感，因此推荐系统被期望揭示音乐消费中的长尾。通过音频信号分析获取的音乐描述符让新颖的音乐集合查询和交互方法成为可能，从而增强音乐搜索。

音频内容分析可以提供丰富的信息类型并且应用到推荐系统中。这些信息广义上可以被分

[一] http://www.pandora.com
[二] http://www.allmusic.com
[三] http://www.last.fm
[四] http://www.wikipedia.org
[五] http://www.amazon.com
[六] http://www.bbc.co.uk
[七] http://www.billboard.com
[八] http://www.pitchforkmedia.com

为两类：直接从音频中计算的声学和音乐特征和通过机器学习技术从声学特征中预测的语义标注。

13.2.2.1　声学特征：音色、时间和音调

- **音色特征**，例如梅尔倒谱系数（Mel-MFCCs）[79,82,104,147]和其他与频谱形状相关的特征[17,32,76,92]。
- **时间与时域特征**，特征化响度和音色的时间演进[17,76,104,137]、韵律特性例如节拍（节奏）直方图特征[17,55,76]、声突发率[17,81]和平均响度和动态变化[17,32]。
- **音调特征**，例如调和节距（HPCP）（饱和度）[17,136,142]或类似的基于间距的特征[55,76,81]、调（key）、音阶（scale）、和弦分布和失谐度[17,32,81]。

音色、时间和音调信息代表了音乐的不同方面，可以结合起来为音乐算法提供更坚实的基础。然而，迄今为止，这些不同的方法在当前的学术研究中并没有集成在一起。

通过音轨的频谱形状得到的音色相似度应该是最基础和常见的相似度，可以用于基于音频的音乐推荐。音色信息可以通过帧（MFCC）的概率分布或者距离度量表示[8,80,141]。在这种情况下，Logan 等人[79]考虑到从在目标音乐集合中曲目到偏好曲目的平均、中位、最小的基于 MF-CCC 的距离，和总结了所有偏好曲目的 MFCC 分布的距离。然而，这些基于 MFCC 距离的方法的主观评估显示了一般或者偏低的用户满意度[17,82]，与其他有着更大特征集（包含曲风、时间、音调的组合）的方法相比较，也显示出一些不足。

一些研究使用了更多种类的声学特征包括音乐的时间和音调，这可以作为元数据的补充。通过结合包含波动模式的时间信息，特定频率上获取的波动的独特描述符（整体被当作曲风），Pampalk 等人[103,104]扩展了基于 MFCC[8]的音色相似度。Su 等人[137]提出了一个音乐推荐系统，这个系统对将音色信息的时间演进作为音色簇的时间序列进行编码。这个系统基于用户以前曲目的评分推断偏好和不喜欢的序列，并根据用户资料与推荐曲目的特征分布进行匹配。

Celma 和 Herrera[32]提出了一种基于欧式距离的方法，其中使用了音色、动态、节奏、拍子、节奏模式、声调强度、调式信息。在大规模评估实施后，与使用来自 Last.fm 收听统计数据的基于物品的协同过滤距离相比，结果显示协同过滤的方法表现优于其他方法，不但能推荐用户可能喜欢的曲目，而且会推荐用户更熟悉的内容。更重要的是，这项研究证实了基于内容的方法可以更有效地结合，而且提升推荐的新颖性同时不会对推荐质量造成很大影响。有趣的是，对于协同过滤和基于内容的方法，在五分制评分下，平均的评分仅仅是令人满意：约等于3.39 和约等于 2.87。

没有选择计算音乐内容和用户资料之间的相似度，一些作者提出使用音频特征将音乐内容归为喜欢或不喜欢两类或者进行评分预测。例如，Grimaldi 和 Cunningham[55]提出一种基于分类的方法，将被用户评过分的曲目当作好或坏样本。作者针对源于节拍直方图的特征集合和描述和声的音调特征，应用 k 近邻和特征子空间的组合分类器。他们得出了结论：除了当用户的偏好受到特定曲风影响时，选定的音频特征对于任务不够充足。Moh 等人[92]提出通过不同的音色信息，包括 MFCC、频谱的重心、滚降通量和跨零率，将音乐分为喜欢的和不喜欢两类。他们评估了一些基于不同支持向量机（SVM）的分类算法和概率高斯模型去预测用户偏好。

作为二元分类的替代，Reed 和 Lee[116]提出有序回归（ordinal regression）根据每个曲目描述 MFCC 时间演化的音频特征来预测评分。Bogdanov[16]研究了不同的音色、时间、音调和语义特征对预测音乐偏好的重要性。最后，对每个用户使用这些特征建立的回归模型以预测该用户的评分。

13.2.2.2　自动化语义标注

现今，协同过滤技术往往比纯粹基于音频的技术能取得更好的效果。基于音频的方法不能

直接利用超出纯信号之外的信息。因此，低层次的声学描述符获取的信息与用户偏好并不存在较多直接联系。所以使用利用曲风、情绪和乐器这样的高层次抽象或者语义概念是十分可取的。当人工标注者没有提供这些标注时（详见 13.2.1 节），机器学习技术可以用于从音频内容中预测标注。

众所周知，跨越语义鸿沟，或者说构建音乐方面的人类概念与基于音频信息特征的弱连接是十分困难的。为此，Barrington 等人[12]提出了用于音乐推荐的语义音乐相似度。他们通过 MFCC 的高斯混合模型（GMM）训练一些语义概念，例如曲风、情绪、乐器、噪音和韵律。之后，在帧的基础上，通过计算每个概念的概率得到高层次描述符。音轨的语义标注通过标签的分布表示，并可以通过比较计算相似度。接下来的工作表明，将自动标注方法与从 MFCC 分布中直接获取的相似度度量相比较，后者在预测音轨间协同过滤相似度中更为高效[84]。作者将这一发现归咎于使用固定的语义概念集合的影响，因为尽管这可以提供可解释的表示，但可能贸然地舍弃了决定用户相似度的有效信息。Bogdanov 等人[17]通过概率支持向量机（probabilistic SVM），利用超过 60 种可扩展的音色、时间和音调特征集合，并结合曲风、情绪、乐器和韵律的自动化语义标注，构建了一种基于相似度的推荐方法。

13.3   基于上下文的音乐推荐

近些年，上下文感知在推荐系统研究中逐渐流行[1]（详见第 6 章扩展阅读）。然而，上下文信息在计算应用中的利用可以追溯到 20 世纪 90 年代。一个早期在这个领域的研究定义上下文为"描述你在哪，与谁在一起，周围有什么资源信息"[127]。换句话说，上下文可以是任何影响用户与系统交互的信息。举个例子，在音乐推荐领域，情景可以是用户正在收听被推荐歌曲时的上下文（例如时间、情绪、当前活动和在场的其他人）。很明显，当在进行推荐时，这些信息应该被加以考虑因为这会影响到用户对音乐的评价，尤其是对用户长期偏好的习惯。

文献中已经提出了不同的上下文信息分类方法。Adomavicius 等人[1]对完全可观察、部分可观察和不可观察的上下文做出了区分，其中不可观察的上下文可以通过影响用户短期偏好变化的隐含特征建模[56]。Dey 和 Abowd[38]提出首要和次要上下文的区别。首要上下文被定义为用户的地点、身份、活动和时间。作者认为这是特征化用户场景最重要的四个因素。次要上下文是指可以从首要语境因素中推导出的信息。例如，当前的天气状况可以从用户的时间地点中推断而出。

在这一节中，我们将上下文信息归为两大类：环境相关的上下文，其中包括了所有可以被用户移动设备上传感器感知或者从外部信息服务获取的特征，例如用户地点、当前时间、天气、温度等；用户相关的上下文，表示更高层次的用户信息例如用户活动、情绪状态或者社交环境，但是这些信息很难被直接衡量。与 Dey 和 Abowd[38]定义的首要与次要上下文的关系类似，环境相关的上下文可以用于用户相关的上下文推导。

13.3.1   环境相关的上下文

用户所在的环境，例如季节、温度、当天的时间、噪声大小、天气状况等，会对用户的心情造成影响，进而直接影响到对音乐的偏好。研究表明，收听情景的特征与强化了这些特征的音乐偏好之间存在关联[96]。举个例子，在夏天和冬天时，用户倾向于选择不同类型的音乐[109]。因此，考虑环境相关的内容属性有助于音乐内容的推荐。这些用于音乐推荐研究中的属性可以被分为以下几个类别：

- **用户地点**，可以用邮编、地理坐标、景观类型（例如城市、自然）、附近遗迹、大厦、地标等。这些用户的周边环境对其感知和音乐偏好有着强烈的影响。美国的 Bluebrain 是首支录制地点位置感知专辑的乐队 ⊖。在 2011 年，乐队发行了两张此类专辑，一张录制于华盛顿国家广场公园，另一张录制于纽约中央公园。两张专辑都以 iPhone 应用的形式发行，包括在公园特定区域预先录制的音乐曲目。当收听者在不同环境间移动时，曲目通过平滑的过度变化，为步行者提供了一种背景音。尽管位置感知的音乐服务有着巨大的潜力，但迄今为止，只有少量探索音乐推荐中的位置相关上下文信息的研究。

- **时间信息**是指当天时间(一般分为早上、下午、晚上与凌晨)或者星期(一般通过具体的一天或者分为工作日和周末去表示)。这类信息是潜在有用的，因为有研究表明用户的音乐偏好会随着星期或者一天内的不同时段而变化。
- **天气信息**是指天气状况(一般分为晴天、阴天、阴雨等)、温度(例如冷、适中、热)和季节。此类信息与音乐推荐紧密相关是因为对用户的音乐偏好有强烈的影响，例如在阴雨连绵的秋天或者骄阳似火的仲夏[109]。
- **其他因素**的信息，例如交通状况、噪声大小及环境光强度，这些都可以影响用户心情进而直接影响其的音乐偏好。

Reddy 和 Mascia[115] 提出了首个利用环境相关上下文的音乐推荐系统。作者使用了用户位置(邮编表示)、当天时间(早上、下午、晚上、凌晨)、星期、噪声大小(安静、适中、嘈杂)、温度(寒、冷、适中、温、热)和天气(雨、雪、雾、多云、晴、晴朗)。这个系统可以根据被限定标签标记的音乐库推荐歌曲，其中标签直接代表了上下文属性的值。举个例子，当向特定地点推荐一首歌时，这首歌必须被合适的邮编标记。

Ankolekar 和 Sandholm[5] 展示了一款移动音频应用 Foxtrot，这款应用允许用户显式地将音频内容赋予特定地点。作者强调音乐和地点之间情绪关联的重要性。据作者描述，这个系统的首要目标是通过建立情绪氛围进而"增强环境的代入感"。Foxtrot 依赖于众包—Foxtrot 的用户可以将音频片段(音乐曲目或者音乐片段)赋予特定地点(通过用户当前位置的坐标表示)，此外可以指定音频曲目的可见范围—与曲目相关的半径范围内。这个系统可以向用户提供一连串位置感知音乐内容。

Braunhofer 等人[24] 探索了将音乐与用户当前游览的景点(POI)匹配的可能性。这个想法基于合适的音乐曲目可以提高用户的观光体验这一假设。例如，当用户游览巴洛克式大教堂时，用户可能会享受巴赫的作品，与此同时，威尼斯的狭窄街道提供了一种维瓦尔第协奏曲的氛围。受到音乐感知研究的启发，音乐和景点的匹配是通过展示拥有共同情绪标签的音乐曲目和景点实现。在相关的研究中，Fernández-Tobías 等人[47] 提出了一种利用从 DBpedia ⊖[9]中抽取的音乐和景点的显式知识，来推荐与景点相关的音乐内容的技术。在基于网络的用户研究[68]中，结合并评估了基于标签[24]和基于知识[47]的技术。

Okada 等人[89] 描述了一种移动音乐推荐系统，其将情景定义为"从移动设备上收集的感知状态的有限集合"，换句话说，作者专注于环境相关的上下文信息：环境噪声、地点(由地理坐标表示)、当天时间、星期。作者并没有提供推荐算法的具体描述(例如情景具体如何用于选择音乐)，但专注于上下文感知的移动推荐系统的架构设计和适用原则。作者阐述了一项展示了整体上对系统持积极态度的用户调研。但是，用户反馈反映了对推荐的解释和更多播放音乐的自主权的需求。由此可见一个重要的研究问题——如何结合普通音乐播放器和上下文感知推荐的不同特性。

⊖ http://bluebrainmusic.blogspot.com/

⊖ http://www.dbpedia.org

13.3.2 用户相关的上下文

在推荐音乐时,任何与用户相关的上下文信息都十分重要,因为音乐的偏好与人的活动、情绪和社会背景息息相关。Schafer 和 Sedlmeier[118]注意到不同的音乐功效满足了收听者各种需求,例如其中一些与认知、情绪、社会文化、生理功能相关。在音乐推荐系统研究中的用户相关的上下文可以被分为以下几类:

- **活动信息**,包括行为,通常用可能行为集合的一个元素表示(例如步行、跑、驾驶),或者数值属性定义用户状态(例如步行速度、心率)。这类上下文已经证明对用户的音乐偏好有一定影响。Foley[52]证明了不同职业人群偏好不同的音乐节奏。North 和 Hargreaves[97]将不同的人格特质和社会社会生活方式与音乐偏好建立了联系。
- **情绪状态信息或心情**,这对用户的音乐偏好有直接的影响。例如,当用户开心或伤心时,期望听到不同类型的音乐。研究表明音乐不但可以缓和用户的情绪状态[72,118],还可以增强收听者的情绪感知[96]。
- **社会上下文信息**,例如在场的其他人,也会影响用户的音乐偏好。举个例子,人们选择音乐的时候会将同伴的偏好考虑进去。一些研究[10,133]提出了为一组用户生成音乐播放列表的问题。Mesnage[90]利用社交网络中的用户关系用于音乐发现。
- **文化上下文**,与环境相关的上下文(位置)有着紧密的联系。不过文化上下文定义了更高层次的信息,例如用户的文化背景或种族归属。Koenigstein 等人[71]利用在 P2P 网络中美国用户的活动去预测美国歌曲排行榜中的音乐曲目的流行度。Schedl 等人[121]使用带地理标签的推特抽取基于位置音乐收听趋势,再反过来建立了一个位置感知推荐系统。

与环境相关的上下文相比较,用户相关的上下文很难直接利用移动传感器或者外部信息服务衡量。但是,用户相关的上下文可以部分从环境相关的上下文属性中推导出。举个例子,可以利用当天时间,环境噪声大小,温度,天气等构造贝叶斯分类器去预测用户的情绪状态[105]或者活动[142]。

情绪状态是一类特别流行的情景信息,可以被用于创建基于情绪的音乐推荐系统,例如 Musicovery ⊖。此外,为了使音乐与用户心情适配,情绪(这里的情绪是内心情绪)被应用于将不同类型的可以引发用户情绪反应的内容(例如文本或图片)[28,75,136]与音乐进行匹配。基于情绪的音乐推荐正在成为日益流行的研究点,很大程度上受益于自动化音乐情绪识别[146]。

13.3.3 在音乐推荐系统中结合上下文信息

前面我们阐述了主要的上下文类别在音乐推荐系统中的应用,现在我们转向设计上下文感知的推荐系统所面临的主要挑战——在推荐算法中结合上下文信息。第 6 章提供了结合上下文的推荐系统的范例的细致讨论,因此关于这个话题的深入讨论,我们推荐读者阅读上述章节。在此,我们只是简单概述在音乐推荐系统中利用上下文信息的技术。

众所周知,上下文对用户偏好和信息需求有一定影响[1]。为了在推荐音乐时利用这一信息,需要建立音乐曲目与上下文之间的关联度。这类信息可以在单个用户层次上获取,例如让用户在上下文属性定义的特定场景下评分,或者通过获取音乐曲目与上下文属性之间的相关分数,在全局范围内建立。在推荐算法中可以应用音乐曲目与特定上下文属性的相关性。

⊖ http://www.musicovery.com

我们定义了四种不同的方法来建立音乐片段与上下文信息之间的相关度，如图 13-1 所示：

（1）在上下文中对音乐评分[11,105]，可以作为传统协同过滤算法的扩展。尽管面临冷启动的问题，但在设计上下文感知的推荐系统时，这仍是效果最好的方法[1]。

（2）将低层次音乐特征映射到上下文属性，这是一种基于机器学习技术的方法。此外由于包含了音频信号分析，这一方法与音乐信息检索[30]有紧密的联系。

（3）直接根据上下文属性标记音乐[5,11]，这是最直接的方法。这种方法的主要缺点是需要较大投入去标记音乐曲目，类似于在上下文中对音乐评分。

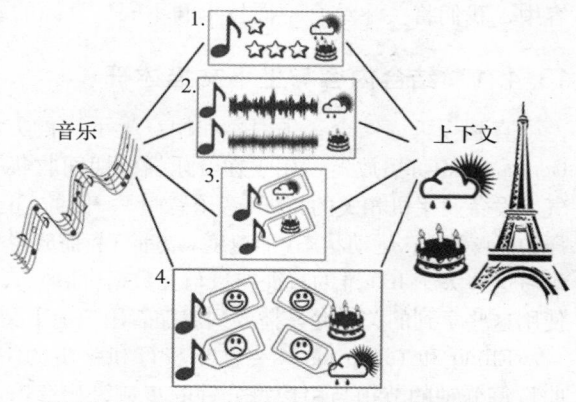

图 13-1　建立音乐与上下文相关性的不同方法

（4）预测中间上下文，例如用户活动[142]或者情绪状态[24,105]。这类方法可以结合上述技术——上下文中评分[105]，映射低层次音乐信息到上下文[68,142]或者人工给音乐标记上下文属性[24]。

总的来说，上下文代表了一种可以结合其他信息源的信息来源，例如音乐内容特征或用户评分，并进一步提供高度个性化和普遍适用的音乐服务。结合了这些多种信息源的推荐系统被称为混合系统。在下一节中，我们将提供关于混合音乐推荐的详细描述，并给出将上下文信息结合到推荐算法中的更多工作细节。

13.4　混合音乐推荐

由于音乐偏好是一个复杂并且多元的概念，因此在推荐中结合不同方面上的音乐相似度是十分合理的。在前面的章节中，我们讨论过从不同的描述音乐内容和利用音乐消费时上下文的方法。在本节中，我们将讨论混合音乐推荐系统，例如这样一个系统："组合两种或更多推荐技术以取得更好的效果，并且与任何单一方法比较有着更少的缺点。"[26] 在我们研究集成不同来源的方法之前，我们先简要回顾用于音乐推荐的单一来源的方法，以及它们固有的优缺点。

就像其他所有领域一样，建立在用户隐式和显式反馈的推荐方法都面临着一些共同的问题，包括数据的稀疏性和冷启动问题。在某种程度上，这与基于内容的方法依赖于用户描述的外部数据源是一样的。无论内容来源是可编辑的元数据、网络的文本还是社会化标签，必须有人先创建底层的数据。因此，这些方法都存在流行偏见，这意味着热门内容更有可能与用户存在联系。依赖于人工数据，元数据的方法同样容易受到干扰[34,91]。撇开潜在恶意信息的影响，基于网络的方法受到了数据中大量噪声的困扰。在另一方面，尽管人工专家标注十分精准，但面对大规模集合的成本让人望而却步[138]。上下文特征直接从终端用户获取，因此对于学术研究来说，这类信息最难获取并且普遍存在噪声。

根据集成的类型，上下文感知的推荐会额外放大数据稀疏的问题[1]。与此相反的是，直接从音频信号抽取信息的基于内容的方法并不存在这些问题。基于信号的特征提供了一个静态描述，这可以被用于无偏差和时间无关的相似度计算。但是，音频内容的方法同样存在着缺点，比如计算开销和需要获取音乐音频。此外，协同过滤和其他利用用户生成数据的方法通常比音频内容的方法有着更好的效果。

总的来说，任意两种或两种以上的方法的结合可以被当作混合。举个例子，在 13.2 节中，我们描述了结合不同类型的基于内容推荐的方法。其他方法从不同方面结合了协同过滤，例如

Auralist 框架旨在通过提供多样化和新颖的推荐内容来提高用户满意度[149]。在本节接下来的内容中，我们将关注结合不同技术和不同信息源的研究。

13.4.1　结合内容与上下文描述符

直到今天，结合音乐内容和用户上下文的方法还是相对较少。Schedl[120] 推出 MobileMusic Genius(MMG)播放器，用于在音乐播放期间收集丰富的用户上下文属性，例如时间、地点、天气、设备及手机相关的特征(音乐音量)、任务(正在设备上运行的)、网络、环境(光照、距离、压力、噪声)、运动状态(加速度、方向)和播放器相关的特征(重复、打乱、音效)。然后，MMG 学习这些大于 100 维的特征向量与元数据(曲风、艺术家和曲目)之间的关系(使用 C4.5 决策树)。使用这些学到的关系允许播放列表随着用户上下文变化而发生一定程度的变化。

Elliott 和 Tomlinson[45] 专注于步行和跑步的特定活动。作者推出一个系统，通过匹配音乐曲目每分钟的节拍与用户每分钟的步数，让音乐适应用户的步伐。此外，系统通过基于用户跳过的歌曲的次数来估计歌曲被播放的可能性，从而获得用户的隐式反馈。在类似的研究中，de Oliveira 和 Oliver[99] 将音乐节奏与用户心率及每分钟步数进行比较来缓和锻炼强度。

Park 等人[105] 利用一些上下文属性——温度、湿度、噪声、光照强度、天气、季节和当天时间，结合贝叶斯网络来推测用户的情绪状态：沮丧、满足、高兴、焦虑/紧张。在上述的系统中，通过曲风、节奏和心情等属性来表示音乐曲目。为了根据不同的情绪状态推荐音乐，用户必须使用 5 分评分制来显式地表达他们对于每个音乐属性在每个情绪状态下的偏好。举个例子，用户可能表示她对于摇滚音乐的偏好评分，在沮丧状态下 4 分，在满足状态下 3 分、在焦虑状态下 2 分。

最近，Wang 等人[142] 描述了一个移动音乐推荐系统，利用当天时间、加速度数据和环境噪声来预测用户活动——跑步、步行、睡觉、工作或购物。为了根据用户的活动上下文来推荐音乐、音乐曲目必须被打上合适的活动标签。作者使用 1200 首手工标注活动标签的歌曲数据集，通过低层次的音频特征向量表示来训练自动标注算法[13]。

13.4.2　结合协同过滤与内容描述符

协同过滤和内容描述符，尤其是那些从音频信号中抽取或表现出互补性的特征。两种方法的结合可以提高推荐质量，原因如下[26,27,31,41]：

- **避免冷启动问题**：尽管新的内容缺乏偏好数据，但可以立即对现有内容进行音频内容分析和比较。因此，一旦没有用户反馈时，一个混合系统可以通过音频相似度来推荐。
- **避免流行偏差**：偏好数据包括内容元数据，可能只专注于热门内容，然而基于音频的信息可以平等地获取。引入目标内容描述符可以消除推荐偏差。
- **提升新颖性和多样性**：流行偏差可能导致有限范围内的推荐，然而基于音频的方法对于音乐是热门还是长尾是不可知的。因此，当利用两种方法时，新内容和不流行的内容将更有可能被推荐。
- **结合使用信息和音乐知识**：在多元的音乐领域中，反映音乐感知不同方面数据源的结合将有益于音乐推荐。

一个直接的方法是结合不同推荐系统的偏好和内容信息，并使用元分类器(集成学习，ensemble learning)合并它们的输出。沿着这个方向，Tiemann 和 Pauws[139] 实现了一个基于物品的协同过滤推荐系统和基于内容的协同过滤系统，集成了音色、节奏、曲风、情绪和发行年份特征。两种推荐系统都通过最相似物品评分的权重组合来预测评分。对于最终的评分预测，将从单独的推荐系统的预测来构建的特征向量，并与从学习阶段使用欧式距离计算预测的最相似的向量的评分进行比较。多个推荐系统融合输出(fusing output)的思路同时也被 Lu 和 Tseng[81] 所采用,他们结合了三种排序,即根据从音乐评分中抽取特征的内容相似度的排序,根据使用用户调查数据集的基于用户的协同过滤的排序,和根据来自专家的人工情绪标注数据的基于情绪的排序。在组合阶段,使用了一个个性化组件。这个组件根据从最初的调查中收集的用户反馈对单独的排序重新赋予权重,其中在调查时,用户对一个曲目的样本表明偏好(喜欢/不喜欢)和其中原因(例如由于音调、节拍等)。

偏好和内容可以更早地被集成,而不是在最后阶段融合多个输出,例如生成一个新的多模态特征的集合或者合适的相似性测度。然而挑战是,需要一种避免各自缺点而不是集成各自缺点的方式来结合各种来源。例如,一个简单的特征拼接或是非监督的线性组合可以轻松地避免基于偏好的方法的数据稀疏问题[130]。

McFee 等人[84]通过从协同数据样本中学习,优化了一个基于内容的相似度度量。首先,学习 delta-MFCCs 的码本(codebook),然后用基于获取的码子的柱状图来表示歌曲。应用度量来学习排序,其特征空间被优化后用于根据隐式反馈来反映内容相似度,例如用户的收听历史。这可以发现相似的物品,甚至包括基于音频内容的新颖或不流行的内容,同时根据反馈数据保持较高的推荐准确率。

Van den Oord 等人[100]大体沿着这个方向,但利用了音频特征和隐式反馈(歌曲播放数)的隐含空间描述。首先,一个加权的矩阵分解算法[62]被用于从使用数据学习用户和歌曲的隐含因素表达。其次,从歌曲中以 3 秒窗口(3-second-windows)随机采样的 log 压缩的梅尔频谱图(log-compressed Mel-spectrograms)被用于卷积神经网络(convolutional neural network)[61],这在某种程度上可以保持在音乐中时间上的联系。在此,从带权矩阵分解阶段获取的隐含因素向量作为验证用于训练网络。结果表明音频的隐含因素模型优化了使用信息的隐含因素,优于传统的对隐含因素预测使用线性回归或多层感知机基于 MFCC 的向量量化方法,同时也优于 McFee 等用度量学习来排序的方法。

为了集成异构数据到一个单个、统一、多模态的相似度空间,McFee 和 Lanckriet[88]提出了一个多核学习技术。通过引入五个数据来源来表示一个艺术家的不同方面,换句话说,艺术家的音色(通过从这个艺术家所有的歌曲中抽取的 delta-MFCC 模型化)、自动标签、社会化标签、简介信息和协同过滤数据,他们验证了这项技术在艺术家层面进行音乐相似度任务上的可行性。与单一相似度空间(或部分组合)相比,统一相似度空间显示了多核学习技术优于独立核函数的无权组合。结果同时还表明了音色相似度贡献了较少(可能是由于这本身是针对歌曲层面而不是艺术家层面)而社会化标签贡献了最多的有价值信息。

另外一种混合音乐推荐系统通过概率框架的方式结合了用户反馈和内容信息。Li 等人[76]提出了一种概率模型,其中音乐曲目通过音频内容(音色、时间、声调特征)和用户评分进行了预分类。根据 Yoshii 等人[147]提出的一个混合概率模型,其中每个音乐曲目通过音色的权重(一种 "bag-of-timbres")向量表示,例如 MFCC 上的 GMM,Li 等人的模型对用户进行预测时,对用户的预测考虑到了给定用户评分的高斯分布下用户属于 Yoshii 等的模型中一组的概率。每个高斯分布对应单个音色。高斯组件在曲目中全局选取,在特定音乐集合中可以被预先定义。评分和 "bags-of-timbres" 通过隐含变量联系,在概念上对应着曲风和以不同曲风所占比例表示的特定收听者的偏好。一种三路因子模型(一种贝叶斯网络)被用于这种映射,通过用户根据偏好随机选择曲风,然后根据这个曲风随机地 "生成" 片段和音色。

一些方法根据基于图的解释(graph-based interpretation)的音乐关系来集成不同来源数据。在最终的模型中,点对应着歌曲,边权重对应着相似度。Saho 等人[130]在混合相似性测度的基础上建立了这样一个模型,为了更好地反应用户偏好,自动对不同的音频描述符重新赋予权重。在最终的歌曲图中，评分预测作为从已评分数据到未评分数据的迭代传播。

多维相似度可以通过超图(hypergraph)被同时表示，其中"超边"(hyperedges)可以任意链接顶点的不同子集。Bu 等人[25]在包含曲目之间基于 MFCC 的相似度的超图中，根据来自 Last.fm 的用户行为进行协同过滤得到用户相似度，以及 Last.fm 用户、群组、标签、曲目、专辑和艺术家构建的图(例如可以是从 Last.fm 上抓取的所有可能的交互)中的相似度，计算混合距离。在一个收听行为数据集上，将本方法与基于用户的协同过滤、基于内容的音色的方法和它们的混合组合相比较，音色的方法还是落后于协同过滤，同时结合所有信息的方法获得了最优结果。

McFee 和 Lanckriet[87]根据大量不同的音乐描述符建立了超图的模型，接着通过在超图上进行随机游走生成播放列表(参考 13.5 节)。超图的边被定义于反映歌曲的子集在某些方面上的相似性。不同模式的相似度从百万歌曲数据集(MSD，参考 13.6.3 节)中获取，其中包括：

- 协同过滤相似度：在低阶用户歌曲矩阵分解的基础上，使用 $k=\{16.64, 256\}$ 进行 k-means 聚类，用边连接属于同一簇的所有歌曲。
- 低层次声学相似度：根据音频特征，使用 $k=\{16.64, 256\}$ 进行 k-means 聚类，用边连接属于同一簇的所有歌曲。
- 音乐年代：连接所有相同年份和年代的歌曲。
- 熟悉度：连接属于同一主题的歌曲，其中主题通过 LDA[15]获取。
- 社会化标签：连接拥有相同 Last.fm 标签的歌曲。
- 成对特征的关联：为任意描述特征的成对交互创建分类，并连接匹配两者的歌曲。
- 均匀打乱：连接所有歌曲的一条边，防止无法转移。

超图的权重通过 AotM-2011 数据集来学习，这个数据集包含从 Art of the Mix ⊖(参考 13.6.6 节)抓取的超过 100 000 个不同的播放列表。除播放列表信息之外，这个数据集还包含每个播放列表的时间戳和类别标签，例如浪漫的或雷鬼音乐。在所有播放列表中学习到权重的全局超图和使用对应播放列表子集训练的特定类别超图上的实验显示，当对特定类别单独对待时("播放列表的方言版")效果可以得到提升。就特征而言，社会化标签再一次对整体的模型有着最重要的作用，然而音频特征与特定类别，例如嘻哈、爵士和蓝调音乐有着更多的关联，同时歌词特征在民族和叙事类别上占有更高的权重。

AotM-2011 数据集的类别标签中还存在进一步的有趣发现。尽管大多数标签涉及曲风，但一些涉及播放列表的使用场景或用户相关的上下文。我们接下来将讨论这些方面的内容。

13.4.3 结合协同过滤与上下文描述符

在本节中，我们将回顾结合用户偏好和用户相关上下文的混合推荐方法。正如上一节所讨论的，McFee 和 Lanckriet[87]提出的方法对不同的类别使用不同的推荐系统，其中包括根据用户活动(公路旅行、睡觉)、情绪状态(沮丧)或社会状况(分手)。结果显示，根据上下文因素，对不同方面的音乐内容的影响存在巨大的差距。

Baltrunas 等[11]提出的利用评分的优点，明确地赋给每个上下文情景(上下文感知协同过滤[1]，参考 13.3.2 节)，进行音乐推荐。在评分预测中结合环境(例如交通状况和天气)和用户相关(例如心情和困意)的因素，他们在模型中通过对每一对上下文情景和音乐曲风的组合引入一个额外的参数，扩展了矩阵分解的方法用于协同过滤。然后利用随机梯度下降学习模型参数。模型

⊖ http://www.artofthemix.org

显示了结合上下文因素之后降低了平均绝对值误差(MAE)。

通常情况下,用户相关的上下文不能从观察数据中显式地获取。在这种情况下,可以通过隐含因素技术对隐含上下文进行建模。Hariri 等人[56]提出了一种对在来自 Art of the Mix 的播放列表的 LDA 模型上应用序列模式挖掘的方法,其中歌曲通过来自 Last. fm 的社会化标签来表示。LDA主题可以反映出上下文因素对收听偏好的影响(例如心情、社会情况)的同时,序列模式挖掘可以捕捉上下文随时间的变化。预测收听者的当前上下文用于提供额外的信息来构建上下文感知的音乐推荐系统。Hariri 等的研究显示了基于 LDA 的上下文感知推荐系统明显优于简单的基于元数据的推荐方法。

利用类似的方法,Zheleva 等人[150]也在从 Zune Social ⊖平台上 14 周的使用日志中抽取的收听历史数据集上应用 LDA。他们比较了两种方法。第一种叫作品味模型(taste model),直接在文本集合上应用 LDA 方法并以此涵盖收听偏好的总体因素。第二种叫作会话模型(session model),结合额外的收听会话的信息,旨在一个十分相似的收听上下文中捕捉与心情相关的隐含因素。方法的评估是在曲风层面上进行的预测,而非单首歌曲或单个艺术家,一个推荐由曲风的分布组成,然后进一步地将发现的品好主题与 Zune Social 的两级曲风分类比较。评估指出上下文感知会话模型比时间无关的品好模型更加有效。Yang 等人[145]研究了"局部偏好",例如在更小更相似的时间尺度上。这些偏好反映了收听行为的变化受到了收听上下文和突发事件的强烈影响,而不是品好的缓慢变化。

时间上下文不仅仅影响着收听会话,时间信息同样有助于对收听行为和歌曲生命周期的长期模式进行建模。Dror 等人[43]展示了对于音乐评分预测,矩阵分解模型可以成功结合额外的信息,例如收听行为中的时间动态、物品历史上的时空动态和像曲风一样的多层次的分类信息。Aizenberg 等人[3]将协同过滤的方法应用到与网络电台目录 ShoutCast ⊖相关联的电台播放列表上。他们的目标包括已有电台节目的预测,同时也预测新电台的节目。为此,他们模型化了电台喜好的隐含因素和曲风影响。我们将在下一节中更加详细地讨论序列推荐。

13.5 自动生成播放列表

与其他领域内容(例如书籍或电影)相比,音乐的一个关键的独特的特点是被推荐的内容通常会在一次收听会话中被迅速地一连串消费,而不是单独地选择每一首歌曲。歌曲的序列——播放列表,可以被自动生成,用户可以像传统电台广播一样顺序消费。因此自动化列表生成已经成为个性化流媒体电台服务和便携式音乐设备的重要组成部分。

对于播放列表中的每首歌曲,因为用户不会显式地选择或提供反馈,所以建模假设和评估标准有别于传统推荐系统(见第 8 章)。在本节中,我们将综述自动化列表生成的评估方法和算法。

13.5.1 并行和序列消费

在最典型的推荐模型中,首先用户被提供一组待选内容,比如一页的推荐电影。在决定选择之前,用户可能会查看每个待选项:实际上用户可以并行得获取待选项。在挑选过程中,可以通过展示每个内容的概要协助用户,比如星级、剧情概要或简评。对于用户积极参与和独立选择每个内容的浏览场景,这个方法十分有效。

与浏览一个集合不同,播放列表消费是一个内在的串行过程:同一时间内,只有一首歌被消费,用户不会从备选集合中挑选。典型的播放列表消费接口模仿了常规电台或个人音乐设备,潜在地增加了有限的熟知操作,例如下一首、停止或暂停。因为有别于浏览的消费模式,所以用户

⊖ http://zune. net;现名为 Xbox Music。
⊖ http://www. shoutcast. com

反馈的语义和可用性也有所不同。每首歌的显式反馈语义十分直观，但由于在短时间内快速消费大量歌曲造成的用户消极消费和疲劳，此类事件十分稀少。

隐式反馈某种程度上来说存在更多问题。如果一首歌被完整播放，可能被理解成隐式的积极反馈，但这也可能是因为用户不在收听——例如减小音量或者离开，通常无法直接推断出这些行为。在另一方面，负面反馈可以从显式的用户行为中推断，比如点击停止或下一首的按钮[64,104]。但是，Bosteels 等人[23] 注意到，当从用户的意识活动中推断意图时要十分小心：用户可能真的不喜欢推荐的歌曲，但也可能仅仅因为此刻其他未知的上下文因素从而不愿收听。

13.5.2 播放列表评估

有序的播放列表消费有别于传统推荐系统和信息检索的设定，因此提出了几种播放列表生成算法评估的方法。因为评估标准的选择影响着算法设计，所以我们首先针对评估技术进行研究。在更高层面上，我们在此研究的评估技术可以被归为四类：用户调研、语义衔接、部分播放列表预测和生成似然。

13.5.2.1 用户调研

最早，评估自动化生成播放列表系统的方法依赖于用户调研。比如 Pauws 和 Eggen[106] 进行了一项研究，在研究中，用户被要求提供一个种子歌曲作为对预先选好的上下文的询问的回应，随后这被用于初始化一个播放列表生成算法。之后用户再使用十分制对得到的播放列表进行评分。随后的研究基本沿用了这个方法，通过请求用户对播放列表的一致性和与种子歌曲的相似性评分[20]。另一种方法是，Barrington 等人[12] 进行了一项问卷调查，根据用户提供的种子歌曲，由两套竞争系统分别生成播放列表，最后询问用户对两个播放列表的偏好。

尽管用户调研能提供高质量的信息，但这明显很难复现，并且这没有提供一个在实验室设定下自动化评估算法的切实可行的方法。同时用户评估也很难扩展到大型集合，因为随着集合中歌曲数的增长，播放列表的搜索空间呈指数增长。

13.5.2.2 语义聚合

一般用于替代以用户为中心的评估方法是衡量播放列表中歌曲的聚合度。一般的思路通常是应用歌曲层面的元数据，例如通过计算播放列表中属于同一艺术家的歌曲的比例[78]，或者衡量播放列表中曲风分布的熵[42,69,111]。在基于聚合的播放列表评估中，问题中的元数据对播放列表生成算法是未知的。

基于聚合的评估的主要缺点是在于它本质上是对用户不可知的，所以不能直接得出算法生成的聚合播放列表能够得到让用户满意的推荐的结论。另一方面，Slaney 和 White[133] 进行的一项研究提供的证据显示用户倾向于播放列表中存在一定多样性。

13.5.2.3 部分播放列表预测

一些作者通过预测已有播放列表中的隐藏歌曲来评估算法表现，而不是评估每个自动化生成的播放列表。Platt 等人[110] 从固定的歌曲库中收集一个用户生成的播放列表的集合。针对集合中的每个播放列表，向算法输入部分候选歌曲作为观察对象，输出歌曲库中其余歌曲的排序。算法根据播放列表中其余歌曲在排序中的位置来评估。

Maillet 等人[83] 进行了类似实验，其中的播放列表通过挖掘地面广播电台的播放日志来收集。他们的评估方法与 Platt 等人的类似，除了限制部分观察歌曲为紧接着的歌曲，而不是随机挑选的部分观察对象。

部分预测评估与广泛应用于隐式反馈协同过滤问题的基于排序的评估方法十分相似[63,117]。但是，一个主要的区别是，这是衡量播放列表与用户的关联，而不是用户和歌曲间的。因为播放列表一般远比一个用户的完整播放历史要短，与完全的协同过滤相比，关联显得十分稀疏（见

图 13-2）。正如 Platt 等人注意到的，由于观察对象的稀疏，加上强负面反馈的普遍缺失，这容易造成过分悲观的评估[110]。

13.5.2.4 生成似然

最后一个播放列表评估方法借鉴于统计自然语言处理的研究。McFee 和 Lanckriet[86] 认为因为很多实际的播放列表生成算法是随机的，所以将概率分布引入了播放列表。引入的分布可以理解为数据（播放列表样本）的模型，并且通过与自然语言模型相似的方式评估。具体地说，算法通过根据测试播放列表集合对应的分布来打分。

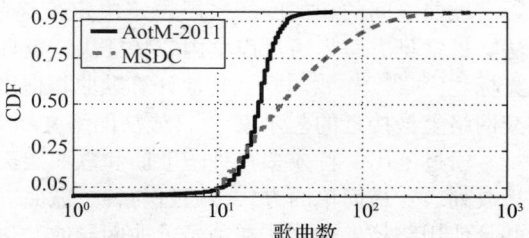

图 13-2　在用户生成的播放列表（实线）中和在用户收听历史中（虚线）歌曲数量的经验累积分布函数（CDF）。播放列表从 Art of the Mix（AotM-2011）语料中收集，其中大约包括 10^5 个唯一播放列表[87]。收听历史从 Million Song Dataset Challenge（MSDC）的训练集中收集，其中大约包括 10^6 名用户的收听历史[85]。95% 的播放列表包含 30 首以下的歌曲，这表明了观察对象的高度稀疏。注意，这两个数据集并非基于相同用户

实际上，生成似然方法需要大量播放列表样本的测试语料。测试语料可以从用户构造的播放列表[86,87]和广播或流媒体电台日志[93,94]中获取。但是，当在历史数据上而不是专门生成的播放列表上评估时，需要注意数据本身可能也是被自动化的过程生成的。

生成似然方法只能应用于可以计算样本列表似然的算法。尽管这涵盖了很多类别的算法，例如马尔可夫过程[86]，但这排除了直接比较决定算法和黑盒方法，例如现有的流媒体电台服务。但是，对于设计和优化播放列表生成算法，生成似然方法确实提供了一致性评估框架和有意义的目标函数。

13.5.3 播放列表生成算法

对于自动化列表生成已经提出了很多种算法技术。大多数技术可以被归为三类，我们将在这里进行综述。约束满足方法试图构造一个满足用户指定的搜索条件的播放列表。相似启发式方法通过寻找与查询内容或种子歌曲在某种角度相似的歌曲来构建播放列表。最后机器学习方法可以通过样本播放列表的训练集来优化模型参数。

13.5.3.1 约束满足

早期自动化播放列表生成的研究主要专注于组合的方法。播放列表生成的常见构想是要求用户将以一套约束条件的形式将查询编码，生成的播放列表必须满足这些约束[4,7,102,107]。通常，约束条件将被应用于每首歌曲关联的元数据（例如曲风或发行年份）或音乐内容分析（例如曲目时长或曲风）。Pauws 等人[107]确定了几类约束条件，包括一元条件（例如"每首歌必须是爵士风格的"）、二元条件（例如"相邻歌曲必须有类似的响度"）和全局条件（例如"全部时长必须小于 60 分钟"）。

近些年，由于一些实际缺陷，基于约束的播放列表生成研究陷入了低谷。首先，约束满足问题往往在计算上很难处理，甚至对于相对较小的个人集合也是，这使得这种方法在大规模应用中并不受欢迎[7]。其次，由于约束满足是个可行性问题而不是最优化问题，因此在两个满足条件的播放列表中没有较优选择的明确概念。因此，在用户对推荐内容满意之前[106]，可能需要进行多次交互式改进。最后，对于缺少足够经验技巧清楚地表达自己的偏好的用户，约束生成将变得十分困难。但是值得称道的是，对于广播电台和流媒体服务，约束满足是自动化播放列表生成器的一个必要组件，这也是特定法律法规文献（[48]，2.7.3 节）可能要求的必要的组件。

13.5.3.2 相似启发

为了代替以上描述的约束性查询方式，一些研究者提出了允许用户以一首或多首种子歌曲（seed

song)的形式，构建一个查询。之后，播放列表通过选择在某方面与种子歌曲类似的歌曲组成。

歌曲之间的相似度的底层设定决定最终歌曲的选择，在文献中已经提出了很多不同的方法。最常见方法是通过声学内容特征决定歌曲的相似度，例如 MFCC、韵律描述符或自动化语义标注[12,20,42,51,78,104,112]。其他计算歌曲相似度的方法包括元数据（例如曲风和心情）[110]，在社交网络上最接近的艺术家[49]，或从网络文档[69]中抽取的文本相似度。

通过给出一首或多首种子歌曲和歌曲层面的相似度函数，一些这样的方法被提出用于生成播放列表。最简单的方式，通过与种子歌曲[12,78,110]的相似度对歌曲进行排序来构造播放列表，并且使用路径发现算法在种子歌曲间导航，例如最短路径算法[51]、网络流算法[49]和旅行商问题算法[69,112]。

13.5.3.3 机器学习方法

在上述每个的基于相似度的例子中，歌曲间相似度的定义是事先固定的，不受用户活动的影响。但是，当前最新的技术以机器学习的形式从播放列表的训练集中优化模型参数。

Ragno 等人[114]提出一种通过在无向图中随机游走的算法生成播放列表，其中无向图的边权重通过在用于训练的播放列表中共同出现的歌曲决定。由于严格依赖于播放列表的共现，算法隐式地被限制于只会产生以前观察到的序列。其他作者提出了结合基于标签相似度的方法[23]、隐含话题分配序列[56]、结合艺术家层面流行度的共现[22]让算法更加通用和生成新颖的序列。

以上的方法使用统计共现频率来影响歌曲选择，但它们明确地对播放列表的预测优化。Maillet 等人[83]提出了一种方法，通过训练一个分类器从声学的特征去预测一个有序的歌曲序列对是否在已观察到的播放列表中形成了二元组。通过将第一首歌曲固定，分类器的输出可以用于产生在歌曲库中其余歌曲的排序，再从中选择下一首歌曲。通过使用加权的标签云对候选项进行重新排序，这个方法直接结合了用户反馈。因为这个方法使用了判别分类器，作者通过随机采样合成了二元组的负例。

最近，生成模型已成为一个被用于设计播放列表生成算法的多用途框架。从这个角度来看，播放列表通过一个符合一定概率分布的采样序列生成，这个概率分布的参数拟合了训练样本。这个方法十分适合生成似然评估（13.5.2.4 节），因为训练和测试标准十分相符。在文献中现有的模型十分丰富多样，包括隐含话题模型[150]、低维歌曲嵌入[93]、歌曲和用户的共同嵌入[94]、混合马尔可夫链[86]和交叉特征集成[97]。

13.6 数据集和评估

在本节中，我们将概述常见数据集及在音乐信息检索和音乐推荐中重要的评估任务。其中，专门为运行特定评估任务的数据集将被我们放到一起讨论。

表 13-1 和表 13-2 给出了一个数据集的可比较的概要。前者列出了数据集的统计数据和包括的可编辑的元数据类型，后者列出了数据集提供的具体的数据类型。要注意在表 13-1，对于独立的项目类型，统计数据只标出了可公开获取的数据集的数值。最后一列"评分/事件"是指显式（评分）或隐式（收听事件）偏好标识⊖。在表 13-2 中，"反馈类型"列是指用户 – 物品的关系类别（例如评分或收听事件），其中"物品内容"标记是否包含或缺失内容描述符（例如元数据或音频特征）。最后一列"用户上下文"显示是否提供用户或收听事件的上下文数据（例如时间或地点）⊜。要注意在所有数据集中都缺失了音频文件（见表 13-1），这使得基于内容的方法无法实现。但是，一些数据集（例如 MSD）包含了预先计算的音频特征，例如由 The Echo Nest ⊜提供的数据集。如果

⊖ 在 AotM-2011 中，这个表格使用的是播放列表长度的和，长度指播放列表所含的歌曲数。
⊜ 对于 AotM-2011，这只是部分情况，不是所有播放列表的类别都是根据上下文因素。
⊜ http://the.echonest.com

希望直接从音频文件中抽取特征，一种替代方案是从各大在线音乐商店中下载 30 秒预览片段，在此基础上计算特征。7digital [○]也通过它们的媒体推送接口（API）[○]提供此类预览。

表 13-1　用于音乐推荐研究的公开数据集的统计数据

数据集/项目	歌曲	专辑	艺术家	用户	评分/事件
Yahoo！Music[44]		共计 624 961		1 000 990	262 810 175
MSD[14]	1 000 000			1 019 318	48 373 586
Last.fm-360K[31]			186 642	359 347	
Last.fm-1K[31]			107 528	992	19 150 868
MusicMicro[121]	71 410		19 529	136 866	594 306
MMTD[57]	133 968		25 060	215 375	1086 808
AotM-2011[87]	98 359		17 332	16 204	859 449

表 13-2　用户音乐推荐系统的公开数据集的特征

数据集	反馈类型	音频文件	物品内容	用户上下文
Yahoo！Music[44]	评分	N	N	N
MSD[14]	收听事件，标签	N	Y	N
Last.fm-360K[31]	收听事件	N	Y	N
Last.fm-1K[31]	收听事件	N	Y	Y
MusicMicro[121]	收听事件	N	Y	Y
MMTD[57]	收听事件	N	Y	Y
AotM-2011[87]	播放列表	N	Y	部分

接下来，我们将简要介绍音乐推荐技术的评估。我们在下文中展示了主要的明显用于音乐推荐任务[⊜]的评估任务和数据集。为了给读者一些关于每个数据集作用的提示，表 13-3 提供了对应工作的参考文献。

表 13-3　部分使用过本章讨论的数据集的参考文献

数据集	参考文献
Yahoo！Music[44]	[53，73]
MSD[14]	[40，65，66，128]
Last.fm-1K/360K[31]	[39，144]
MusicMicro[121]	[119，124]
MMTD[57]	[46，50，95，125]
AotM-2011[87]	[21，86]

13.6.1　评估方法

在推荐系统中，一般通过衡量评分预测的误差来进行评估（例如均方根误差，RSME）。之前由于可公开获取的音乐评分数据的缺失，在很长一段时间内，音乐推荐方法的评估是通过使用曲风作为替代建模曲风预测任务来实施的。然而，使用曲风作为音乐偏好的替代，被认为具有先天的缺失，因为收听者对偏好拥有不仅限于曲风的驱动因素（例如有伴唱的欢快音乐）。这样进而忽略了推荐音乐的感受质量，它们实际上无益于收听者[129]和用户满意度[89,122]——这些方面只能通过直接询问真实用户获得。

尽管对于用户的研究有所增长[143]，在现实世界的商业音乐集合中实施此类研究还是十分耗时、昂贵和不实际的，尤其是对于学术研究者。因此，衡量用户满意度相关的研究相对较少。Celma 和 Herrera[32]的研究可以当作在更大范围内的适度主观评估实验的样例。这项研究在 288 个参与者上实施，在盲评中，每个参与者通过对三种方法推荐的 19 个曲目提供喜好（对

○　http://www.7digital.com

○　http://developer.7digital.com/resources/api-docs

⊜　现有很多面向检索或标注的音乐基准测试任务，例如 MIREX（http://www.music-ir.org/mirex/wiki）或 MusiClef（http://www.cp.jku.at/datasets/musiclef）。

推荐音乐的愉悦)和熟悉度评分。其结果中的大量已评估的曲目为统计测试提供了坚实的基础。Bogdanov[16]提出使用 4 种主观测度衡量用户不同方面的偏好和满意度以评估推荐质量：1）喜好；2）对推荐曲目的熟悉度；3）收听打算，如打算在将来再次收听当前曲目；4）"给我更多"，要求或拒绝更多类似于推荐曲目的内容。

13.6.2 Yahoo！Music 数据集和 KDD Cup 2011

在 2011 年，KDD Cup[⊖][44]推出了一项音乐推荐任务，利用由 Yahoo！[⊜]收集并提供的音乐评分数据。其对应的数据集被简称为 Yahoo！Music 数据集，这是现今最大的音乐推荐数据集。其中包括了 1999 年到 2010 年间，由 1 000 990 位用户对 624 961 首歌曲产生的 262 810 175 个评分。用户评分部分采用标准五分制，部分采用百分制。评分覆盖了不同粒度层次：曲目、专辑、艺术家和曲风。本数据集的一个特性是高度稀疏(99.96%)，甚至考虑到其他评分数据集通常稀疏的本质时(例如 Netflix 数据集 98.82%)[44]。本数据集的高度稀疏使得推荐任务变得尤为困难。

KDD Cup 2011 中有两个目标，分别解决不同的问题。第一个问题是传统的推荐任务：根据所给的显式评分数据预测未知的音乐评分。当假设采用五分制评分时，最优算法的 RMSE 值为 0.84。这能够说明 59.3% 的评分方差。第二个问题目的在于从未评分歌曲中找出喜爱的歌曲。详细来说，参赛者要求从测试集中为每个用户预测三首歌曲。在此，测试集中每个用户包含六首歌曲：其中三首用户评过高分，三首从未评分。错误率被用于衡量效果，其中错误率对应错误预测的歌曲除以喜爱的歌曲数。对于第二个问题，发布了一个更小的数据集，大约包含 250 000 个用户，300 000 首歌曲，60 000 000 个评分。最优算法的错误率达到了 2.47%[44]。

KDD Cup 2011 取得了广泛的关注，有超过 2000 个参赛者。但是，这一赛事也在 MIR 社区中引发了一些争议(详见 http://musicmachinery.com.2011/02/22/is-the-kdd-cup-really-music-recommendation)。

主要的争议是源于完全匿名和描述性元数据的缺失。无论用户还是内容都只通过不透明的数字标识符表示并且没有关联任何语义实体，例如用户名或可编辑的音乐元数据。因此这个任务经常被认为是在巨型数据集上应用协同过滤技术，而不是解决音乐推荐的独特性。这个数据集和任务完全忽略了音乐领域知识，导致无法使用基于内容的方法。尽管如此，Yahoo！Music 数据集还是代表了在音乐内容上最大的用户评分集合之一。

13.6.3 百万级别歌曲数据集(MSD)和 MSD Challenge 2012

Million Song Dataset[⊜](MSD)[14]的支持者带来了一百万当代流行音乐片段的珍贵的描述符和信息，确信人类音乐感知不仅仅被音频信号的编码方面影响的事实。截止写作之时，MSD 包含来自 The Echo Nest 的基于内容的描述符(例如调、曲风、响度)和可编辑的元数据(例如艺术家、标题、发行年份)，指向 MusicBrainz 和 7digital 的链接，来自 Last.fm 的协同标签和相似度信息，来自 musiXmatch[⊕]表示歌词的条目向量，还是来自 The Echo Nest 的用户播放次数信息(又叫"taste profile")(包括将一百万用户的近五千万<用户，音乐，播放次数>的元组)，和来自 Second Hand Songs[⊛]的封面歌曲信息。

⊖ http://www.sigkdd.org/kdd2011/kddcup.shtml
⊜ http://music.yahoo.com
⊜ http://labrosa.ee.columbia.edu/millionsong
⊕ http://www.musixmatch.com
⊛ http://www.secondhandsongs.com

尽管这一数据集被一些音乐信息检索研究者批评，主要因为①缺少真实音频材料和②内容描述符获取方式的不透明。但就大小和数据丰富性而言，MSD 肯定是公共可获取的音乐相关数据的引人注目的基石。在这种状况下，支持者促进了商用规模级别音乐集合上的音乐信息检索研究。至于批评①，尽管由于版权原因，MSD 确实不包含真实的数字歌曲文件，但可以通过指向 7digital 的链接下载 30 秒片段。批评②事实上内容描述符是由 The Echo Nest 直接提供的，其中并没有披露如何计算的细节。但是 MSD 的用户可以自由从 7digital 的片段中计算自己的基于音频的特征。

为了提供开一个可使用多种数据源的音乐推荐算法评测竞赛，在 2012 年举办了 MSD Challenge [85]。与 KDD Cup 2011 相反的是，MSD Challenge 更强调使用更多样的方法（例如，包括网络爬取、音频分析、协同过滤或使用元数据）。

通过给出一百万用户的完整收听历史和额外 11 万测试用户的一半收听历史，去预测测试用户缺失的隐含收听事件。作为主要衡量指标，Mean average precision（MAP）由每个用户的前 500 个推荐计算。获胜算法使用一种近邻算法得到了 17.91% 的 MAP[2]。MSD Challenge 的支持者进一步提供了一些简单的参考实现，这些实现只基于歌曲的流行度推荐歌曲，最后得到了在 2.1% 和 2.3% 之间的 MAP 分数。

如上所述，几个公开可获取的数据集与它们所对应的评估任务紧密相连。恰恰相反的是，但这不意味着它们只能用于对应的评测任务。但是一些基准测试指标被分别提出，在下文中将介绍如何选择基准测试指标。

13.6.4　Last.fm 数据集：360K/1K 用户

在《Music Recommendation and Discovery》[31] 一书中，作者 Celma 推出了 Last.fm 数据集——360K 用户和 Last.fm 数据集——1K 用户。前者包含了将近 360 000 名用户的收听信息，但只包含了他们最常收听的艺术家。后者提供了截至 2009 年近 1000 名用户的完整收听历史。尽管 360K 数据集包含 <用户，艺术家，播放次数> 的三元组，但 1K 数据集进一步包含了歌曲的播放时间信息，因而数据被表示为 <用户，时间戳，艺术家，歌曲> 的四元组。两个数据集都包含了用户的特定信息，包括性别、年龄、国籍和注册 Last.fm 的时间。数据可以通过 Last.fm 的接口获取。

13.6.5　MusicMicro 和百万级别音乐数据集（MMTD）

一般来说，时空信息对于上下文感知推荐系统是十分重要的，尤其是在音乐推荐中[36,124]。但是，直到 2013 年，没有可以公开获取的同时提供两种细粒度信息的音乐相关的数据集。尽管 Celma 的数据集包含收听时间的时间戳，但只给出了用户层次的位置。基于从微博中抽取的音乐收听信息，在 2013 年推出了两个数据集：MusicMicro[121] 和 Million Musical Tweets 数据集（MMTD）[57]。MusicMicro 数据集包含了由 137 000 名不同用户对 21 000 名艺术家产生的大约 600 000 次收听事件。MMTD 数据集包含了由 215 000 名推特用户对 25 000 名艺术家产生的大约 1 087 000 次收听事件。后者可以被当作前者的扩充。其中时间信息通过月份和星期提供，空间信息通过经纬度提供，同时包括对应的国家和城市。此外，MMTD 进一步包含了指向 MusicBrainz、7digital 和 Amazon 的链接标识。

㊀　http://labrosa.ee.columbia.edu/millionsong/challenge
㊁　http://www.kaggle.com/c/msdchallenge
㊂　http://ocelma.net/MusicRecommendationDataset
㊃　http://www.cp.jku.at/datasets/musicmicr 和 http://www.cp.jku.at/datasets/MMTD

13.6.6   AotM-2011

AotM-2011 ⊖数据集包含从 Art of the Mi ⊖抓取的播放列表，而 Art of the Mi 是一个可以共享任何类型的音乐播放列表的门户。播放列表的时间区间横跨 1998 年 1 月到 2011 年 6 月。数据集包括 101 343 个唯一的播放列表，其中包含了总计 859 449 个事件(例如歌曲—播放列表对)。每个播放列表包含了已与 Million Song Dataset 匹配的歌曲。与此同时，提供了播放列表上传时的时间戳。部分播放列表被标注了活动。此外，提供了每个用户的元数据(名字和加入 Art of the Mix 网站的日期)。

13.7   总结与挑战

在本章中，我们简要概述了现今音乐推荐系统的研究进展，描述了音乐推荐相较于其他领域推荐独有的特点，综述了基于内容、上下文感知、混合和序列推荐方法。此外，我们进一步回顾了常见数据集、评估策略和任务，并指出了它们各自的缺点。

从实践的角度来看，就特征或算法而言，对于音乐推荐没有单一的最佳解决方案。但是，现在有向混合推荐方法发展的趋势，尤其是在结合上下文感知方面更为明显。

音乐推荐研究中的首要挑战就是获取详尽的大型数据集，不仅仅包括用户评分，还包括上下文信息和音频内容。从研究者的角度来看，这可以进一步促进高效且可扩展的方法的需求，再应用到大规模数据集上。然而公开可获取数据集中，可获取完整音频的数据集十分稀少并且通常规模较小，因此并不适合用于推荐系统评估。在另一方面，公司拥有大量此类集合，但由于商业原因、用户隐私的顾虑或法律的限制(例如版权)，无法共享它们的数据。

除了数据获取的问题，还需要更好地理解不同类型的数据(语义描述、音频内容或上下文因素)如何联系或者说影响人类音乐感知。尽管在本章中提到的很多文献在独立或小型的数据集上进行了这些数据影响的评估，但对于音乐推荐，还是欠缺相对大规模的详尽的用户研究。只要有可能，应该在真实的用户中进行评估，而不是优化并不能揭示任何背景信息或意图的偏好轨迹[122]。此外，尽管对单一因素如何影响音乐感知有了更好的理解，但当构建混合推荐系统时，对于如何完美地集成所有可获取的数据源依旧没有清晰的思路。

除了上下文感知的音乐推荐的研究进展，我们还注意到大多数在 13.4 节和 13.5 节中提到的系统只是研究原型。现今一些特定的音乐播放器允许将特定的用户心情或活动作为一个查询，据我们所知，还没有完全自动化的上下文感知的音乐推荐系统被公开发布。音乐领域的上下文感知研究还处在早期阶段，还有很多重要的研究工作亟待提出和完成，例如理解上下文状态与音乐之间的联系[97,109]，向用户解释上下文感知推荐，决定用户掌控推荐的合适层次[98]。

如果研究团队能设法解决这些在音乐推荐中的挑战并且突破当前的限制，那么可以在未来期待更多激动人心的应用。其中可能包括可以理解任一时间点上的用户信息和娱乐需求的播放器，并提供相应的推荐，或针对特定使用场景的应用，例如群体推荐。

参考文献

1. Adomavicius, G., Mobasher, B., Ricci, F., Tuzhilin, A.: Context-aware recommender systems. AI Magazine **32**, 67–80 (2011)
2. Aiolli, F.: A preliminary study on a recommender system for the million songs dataset challenge. Preference Learning: Problems and Applications in AI p. 1 (2012)

⊖ http://bmcfee. github. iodataaotm2011. html
⊖ http://www. artofthemix. org

3. Aizenberg, N., Koren, Y., Somekh, O.: Build your own music recommender by modeling internet radio streams. In: Proceedings of the 21st International Conference on World Wide Web, pp. 1–10. ACM, New York, NY, USA (2012)

4. Alghoniemy, M., Tewfik, A.: Music Playlist Generation Based on Global and Transitional Constraints. In: IEEE Transactions on Multimedia (2003)

5. Ankolekar, A., Sandholm, T.: Foxtrot: a soundtrack for where you are. In: Proceedings of Interacting with Sound Workshop: Exploring Context-Aware, Local and Social Audio Applications, pp. 26–31 (2011)

6. Aucouturier, J.J.: Sounds like teen spirit: Computational insights into the grounding of everyday musical terms. In: J. Minett, W. Wang (eds.) Language, Evolution and the Brain, Frontiers in Linguistics, pp. 35–64. Taipei: Academia Sinica Press (2009)

7. Aucouturier, J.J., Pachet, F.: Scaling Up Music Playlist Generation. In: Proceedings of the IEEE International Conference on Multimedia and Expo (ICME 2002), pp. 105–108. Lausanne, Switzerland (2002)

8. Aucouturier, J.J., Pachet, F., Sandler, M.: "The way it sounds": timbre models for analysis and retrieval of music signals. IEEE Trans. on Multimedia 7(6), 1028–1035 (2005).

9. Auer, S., Bizer, C., Kobilarov, G., Lehmann, J., Cyganiak, R., Ives, Z.: DBpedia: A nucleus for a web of open data. In: ISWC'08, pp. 722–735 (2008)

10. Baccigalupo, C.G.: Poolcasting: an intelligent technique to customise musical programmes for their audience. Ph.D. thesis, Universitat Autònoma de Barcelona (2009)

11. Baltrunas, L., Kaminskas, M., Ludwig, B., Moling, O., Ricci, F., Lüke, K.H., Schwaiger, R.: InCarMusic: Context-Aware Music Recommendations in a Car. In: International Conference on Electronic Commerce and Web Technologies (EC-Web). Toulouse, France (2011)

12. Barrington, L., Oda, R., Lanckriet, G.: Smarter than genius? Human evaluation of music recommender systems. In: Proceedings of the 10th International Conference on Music Information Retrieval (ISMIR'09), pp. 357–362 (2009)

13. Bertin-Mahieux, T., Eck, D., Maillet, F., Lamere, P.: Autotagger: A model for predicting social tags from acoustic features on large music databases. Journal of New Music Research 37(2), 115–135 (2008).

14. Bertin-Mahieux, T., Ellis, D.P., Whitman, B., Lamere, P.: The million song dataset. In: Proceedings of the 12th International Society for Music Information Retrieval Conference, pp. 591–596. Miami, USA (2011)

15. Blei, D.M., Ng, A.Y., Jordan, M.I.: Latent Dirichlet Allocation. Machine Learning Research 3, 993–1022 (2003)

16. Bogdanov, D.: From music similarity to music recommendation: Computational approaches based in audio features and metadata. Ph.D. thesis, Universitat Pompeu Fabra, Barcelona, Spain (2013)

17. Bogdanov, D., Haro, M., Fuhrmann, F., Xambó, A., Gómez, E., Herrera, P.: Semantic audio content-based music recommendation and visualization based on user preference examples. Information Processing & Management 49(1), 13–33 (2013).

18. Bogdanov, D., Herrera, P.: How much metadata do we need in music recommendation? a subjective evaluation using preference sets. In: Int. Society for Music Information Retrieval Conf. (ISMIR'11), pp. 97–102 (2011)

19. Bogdanov, D., Herrera, P.: Taking advantage of editorial metadata to recommend music. In: Int. Symp. on Computer Music Modeling and Retrieval (CMMR'12) (2012).

20. Bogdanov, D., Serrà, J., Wack, N., Herrera, P., Serra, X.: Unifying Low-Level and High-Level Music Similarity Measures . IEEE Transactions on Multimedia 13(4), 687–701 (2011)

21. Boland, D., Murray-Smith, R.: Information-theoretic Measures of Music Listening Behaviour. In: Proceedings of the 15th International Society for Music Information Retrieval Conference (ISMIR 2014). Taipei, Taiwan (2014)

22. Bonnin, G., Jannach, D.: Evaluating the quality of playlists based on hand-crafted samples. In: 14th International Society for Music Information Retrieval Conference, ISMIR (2013)

23. Bosteels, K., Pampalk, E., Kerre, E.: Evaluating and analysing dynamic playlist generation heuristics using radio logs and fuzzy set theory. In: Proceedings of the 10th International Society for Music Information Retrieval Conference, ISMIR (2009)

24. Braunhofer, M., Kaminskas, M., Ricci, F.: Location-aware music recommendation. International Journal of Multimedia Information Retrieval 2(1), 31–44 (2013)

25. Bu, J., Tan, S., Chen, C., Wang, C., Wu, H., Zhang, L., He, X.: Music recommendation by unified hypergraph: combining social media information and music content. In: ACM Int. Conf. on Multimedia (MM'10), pp. 391–400 (2010).

26. Burke, R.: Hybrid recommender systems: Survey and experiments. User Modeling and User-Adapted Interaction 12(4), 331–370 (2002)

27. Burke, R.: Hybrid web recommender systems. In: The adaptive web, pp. 377–408 (2007)

28. Cai, R., Zhang, C., Wang, C., Zhang, L., Ma, W.Y.: Musicsense: contextual music recommendation using emotional allocation modeling. In: MULTIMEDIA '07: Proceedings of the 15th international conference on Multimedia, pp. 553–556. ACM, New York, NY, USA (2007)

29. Casey, M.A., Veltkamp, R., Goto, M., Leman, M., Rhodes, C., Slaney, M.: Content-based music information retrieval: Current directions and future challenges. Proceedings of the IEEE **96**(4), 668–696 (2008)

30. Casey, M.A., Veltkamp, R., Goto, M., Leman, M., Rhodes, C., Slaney, M.: Content-Based Music Information Retrieval: Current Directions and Future Challenges. Proceedings of the IEEE **96**, 668–696 (2008)

31. Celma, Ò.: Music Recommendation and Discovery – The Long Tail, Long Fail, and Long Play in the Digital Music Space. Springer, Berlin, Germany (2010)

32. Celma, O., Herrera, P.: A new approach to evaluating novel recommendations. In: ACM Conf. on Recommender Systems (RecSys'08), pp. 179–186 (2008)

33. Celma, O., Herrera, P., Serra, X.: Bridging the music semantic gap. In: ESWC 2006 Workshop on Mastering the Gap: From Information Extraction to Semantic Representation (2006). Available online: http://mtg.upf.edu/node/874

34. Celma, O., Lamere, P.: Music recommendation and discovery revisited. In: Proceedings of the 5th ACM Conference on Recommender Systems (RecSys 2011), pp. 7–8. ACM, New York, NY, USA (2011)

35. Celma, O., Ramírez, M., Herrera, P.: FOAFing the music: A music recommendation system based on RSS feeds and user preferences. In: Int. Conf. on Music Information Retrieval (ISMIR'05) (2005)

36. Cunningham, S., Caulder, S., Grout, V.: Saturday Night or Fever? Context-Aware Music Playlists. In: Proceedings of the 3rd International Audio Mostly Conference of Sound in Motion (2008)

37. Deerwester, S., Dumais, S.T., Furnas, G.W., Landauer, T.K., Harshman, R.: Indexing by latent semantic analysis. Journal of the American Society for Information Science **41**, 391–407 (1990)

38. Dey, A., Abowd, G.: Towards a better understanding of context and context-awareness. In: CHI 2000 workshop on the what, who, where, when, and how of context-awareness, vol. 4, pp. 1–6 (2000)

39. Diaz-Aviles, E., Georgescu, M., Nejdl, W.: Swarming to Rank for Recommender Systems. In: Proceedings of the 6th ACM Conference on Recommender Systems. Dublin, Ireland (2012)

40. Dieleman, S., Brakel, P., Schrauwen, B.: Audio-based music classification with a pretrained convolutional network. In: Proceedings of the 12th International Society for Music Information Retrieval Conference (ISMIR 2011). Miami, FL, USA (2011)

41. Donaldson, J.: A Hybrid Social-Acoustic Recommendation System for Popular Music. In: Proceedings of the ACM Recommender Systems (RecSys 2007). Minneapolis, MN, USA (2007)

42. Dopler, M., Schedl, M., Pohle, T., Knees, P.: Accessing Music Collections via Representative Cluster Prototypes in a Hierarchical Organization Scheme. In: Proceedings of the 9th International Conference on Music Information Retrieval (ISMIR'08). Philadelphia, PA, USA (2008)

43. Dror, G., Koenigstein, N., Koren, Y.: Yahoo! Music Recommendations: Modeling Music Ratings with Temporal Dynamics and Item Taxonomy. In: Proceedings of the 5th ACM Conference on Recommender Systems (RecSys 2011). Chicago, USA (2011)

44. Dror, G., Koenigstein, N., Koren, Y., Weimer, M.: The Yahoo! Music Dataset and KDD-Cup'11. Journal of Machine Learning Research: Proceedings of KDD-Cup 2011 competition **18**, 3–18 (2012)

45. Elliott, G.T., Tomlinson, B.: Personalsoundtrack: context-aware playlists that adapt to user pace. In: CHI '06: CHI '06 extended abstracts on Human factors in computing systems, pp. 736–741. ACM, New York, NY, USA (2006)

46. Farrahi, K., Schedl, M., Vall, A., Hauger, D., Tkalčič, M.: Impact of Listening Behavior on Music Recommendation. In: Proceedings of the 15th International Society for Music Information Retrieval Conference (ISMIR 2014). Taipei, Taiwan (2014)

47. Fernández-Tobías, I., Cantador, I., Kaminskas, M., Ricci, F.: Knowledge-based music retrieval for places of interest. In: Proceedings of the 2nd International Workshop on Music Information Retrieval with User-Centered and Multimodal Strategies (MIRUM), pp. 19–24 (2012)

48. Fields, B.: Contextualize your listening: the playlist as recommendation engine. Ph.D. thesis, Department of Computing Goldsmiths, University of London (2011)

49. Fields, B., Rhodes, C., Casey, M., Jacobson, K.: Social playlists and bottleneck measurements: Exploiting musician social graphs using content-based dissimilarity and pairwise maximum flow values. In: ISMIR, pp. 559–564 (2008)

50. Figueiredo, F., Almeida, J.M., Matsubara, Y., Ribeiro, B., Faloutsos, C.: Revisit behavior in social media: The phoenix-r model and discoveries. In: Proceedings of the 7th European Conference on Machine Learning and Principles and Practice of Knowledge Discovery in Databases (ECML PKDD 2014). Nancy, France (2014)

51. Flexer, A., Schnitzer, D., Gasser, M., Widmer, G.: Playlist generation using start and end songs. In: ISMIR, pp. 173–178 (2008)

52. Foley Jr, J.: The occupational conditioning of preferential auditory tempo: a contribution toward an empirical theory of aesthetics. The Journal of Social Psychology **12**(1), 121–129 (1940)

53. Goel, S., Broder, A., Gabrilovich, E., Pang, B.: Anatomy of the Long Tail: Ordinary People with Extraordinary Tastes. In: Proceedings of the 3rd ACM International Conference on Web Search and Data Mining (WSDM 2010). New York, USA (2010)

54. Green, S.J., Lamere, P., Alexander, J., Maillet, F., Kirk, S., Holt, J., Bourque, J., Mak, X.W.: Generating transparent, steerable recommendations from textual descriptions of items. In: ACM Conf. on Recommender Systems (RecSys'09), pp. 281–284 (2009)

55. Grimaldi, M., Cunningham, P.: Experimenting with music taste prediction by user profiling. In: ACM SIGMM Int. Workshop on Multimedia Information Retrieval (MIR'04), pp. 173–180 (2004)

56. Hariri, N., Mobasher, B., Burke, R.: Context-aware music recommendation based on latent-topic sequential patterns. In: Proceedings of the sixth ACM conference on Recommender systems, pp. 131–138. ACM (2012)

57. Hauger, D., Schedl, M., Košir, A., Tkalčič, M.: The Million Musical Tweets Dataset: What Can We Learn From Microblogs. In: Proceedings of the 14th International Society for Music Information Retrieval Conference (ISMIR 2013). Curitiba, Brazil (2013)

58. Haupt, J.: Last.fm: People-powered online radio. Music Reference Services Quarterly **12**(1), 23–24 (2009).

59. Herlocker, J.L., Konstan, J.A., Terveen, L.G., Riedl, J.T.: Evaluating collaborative filtering recommender systems. ACM Trans. on Information Systems **22**(1), 5–53 (2004).

60. Herrera, P., Resa, Z., Sordo, M.: Rocking around the clock eight days a week: an exploration of temporal patterns of music listening. In: ACM Conf. on Recommender Systems. Workshop on Music Recommendation and Discovery (Womrad 2010), pp. 7–10 (2010)

61. Hinton, G., Deng, L., Yu, D., Dahl, G.E., rahman Mohamed, A., Jaitly, N., Senior, A., Vanhoucke, V., Nguyen, P., Sainath, T.N.,, Kingsbury, B.: Deep neural networks for acoustic modeling in speech recognition. IEEE Signal Processing Magazine **29**(6), 82–97 (2012)

62. Hu, Y., Koren, Y., Volinsky, C.: Collaborative filtering for implicit feedback datasets. In: Proceedings of the 2008 Eighth IEEE International Conference on Data Mining, pp. 263–272. IEEE Computer Society, Washington, DC, USA (2008)

63. Hu, Y., Koren, Y., Volinsky, C.: Collaborative filtering for implicit feedback datasets. In: Eighth IEEE International Conference on Data Mining, ICDM, pp. 263–272 (2008)

64. Hu, Y., Ogihara, M.: Nextone player: A music recommendation system based on user behaviour. In: Int. Society for Music Information Retrieval Conf. (ISMIR'11) (2011)

65. Hu, Y., Ogihara, M.: Genre classification for million song dataset using confidence-based classifiers combination. In: Proceedings of the 35th Annual International ACM SIGIR Conference on Research and Development in Information Retrieval (SIGIR) (2012)

66. Humphrey, E.J., Nieto, O., Bello, J.P.: Data driven and discriminative projections for large-scale cover song identification. In: Proceedings of the 14th International Society for Music Information Retrieval Conference (ISMIR 2013). Curitiba, Brazil (2013)

67. Jones, N., Pu, P.: User technology adoption issues in recommender systems. In: Networking and Electronic Commerce Research Conf. (2007)

68. Kaminskas, M., Ricci, F., Schedl, M.: Location-aware Music Recommendation Using Auto-Tagging and Hybrid Matching. In: Proceedings of the 7th ACM Conference on Recommender Systems (RecSys 2013). Hong Kong, China (2013)

69. Knees, P., Pohle, T., Schedl, M., Widmer, G.: Combining Audio-based Similarity with Web-based Data to Accelerate Automatic Music Playlist Generation. In: Proceedings of the 8th ACM SIGMM International Workshop on Multimedia Information Retrieval (MIR'06). Santa Barbara, CA, USA (2006)

70. Knees, P., Schedl, M.: A survey of music similarity and recommendation from music context data. ACM Transactions on Multimedia Computing, Communications and Applications **10**(1), 2:1–2:21 (2013)

71. Koenigstein, N., Shavitt, Y., Zilberman, N.: Predicting billboard success using data-mining in p2p networks. In: Multimedia, 2009. ISM'09. 11th IEEE International Symposium on, pp. 465–470. IEEE (2009)

72. Konecni, V.: Social interaction and musical preference. The psychology of music pp. 497–516 (1982)

73. Koren, Y., Sill, J.: OrdRec: an Ordinal Model for Predicting Personalized Item Rating Distributions. In: Proceedings of the 5th ACM Conference on Recommender Systems (RecSys 2011). Chicago, USA (2011)

74. Levy, M., Sandler, M.: Learning latent semantic models for music from social tags. Journal of New Music Research 37(2), 137–150 (2008)

75. Li, C.T., Shan, M.K.: Emotion-based impressionism slideshow with automatic music accompaniment. In: MULTIMEDIA '07: Proceedings of the 15th international conference on Multimedia, pp. 839–842. ACM Press, New York, NY, USA (2007)

76. Li, Q., Myaeng, S.H., Kim, B.M.: A probabilistic music recommender considering user opinions and audio features. Information Processing & Management 43(2), 473–487 (2007)

77. Lim, D., Mcfee, B., Lanckriet, G.R.: Robust structural metric learning. In: S. Dasgupta, D. Mcallester (eds.) Proceedings of the 30th International Conference on Machine Learning (ICML-13), vol. 28, pp. 615–623. JMLR Workshop and Conference Proceedings (2013).

78. Logan, B.: Content-based Playlist Generation: Exploratory Experiments. In: Proceedings of the 3rd International Symposium on Music Information Retrieval (ISMIR 2002), pp. 295–296. Paris, France (2002)

79. Logan, B.: Music recommendation from song sets. In: Int. Conf. on Music Information Retrieval (ISMIR'04), pp. 425–428 (2004)

80. Logan, B., Salomon, A.: A music similarity function based on signal analysis. In: IEEE Int. Conf. on Multimedia and Expo (ICME'01), p. 190 (2001).

81. Lu, C.C., Tseng, V.S.: A novel method for personalized music recommendation. Expert Systems with Applications 36(6), 10,035–10,044 (2009)

82. Magno, T., Sable, C.: A comparison of signal-based music recommendation to genre labels, collaborative filtering, musicological analysis, human recommendation, and random baseline. In: Int. Conf. on Music Information Retrieval (ISMIR'08), pp. 161–166 (2008)

83. Maillet, F., Eck, D., Desjardins, G., Lamere, P.: Steerable playlist generation by learning song similarity from radio station playlists. In: Proceedings of the 10th International Conference on Music Information Retrieval (2009)

84. McFee, B., Barrington, L., Lanckriet, G.: Learning content similarity for music recommendation. IEEE Trans. on Audio, Speech, and Language Processing 20(8), 2207–2218 (2012).

85. McFee, B., Bertin-Mahieux, T., Ellis, D., Lanckriet, G.: The million song dataset challenge. In: Proc. of the 4th International Workshop on Advances in Music Information Research (AdMIRe) (2012)

86. McFee, B., Lanckriet, G.: The Natural Language of Playlists. In: Proceedings of the 12th International Society for Music Information Retrieval Conference (ISMIR). Miami, FL, USA (2011)

87. McFee, B., Lanckriet, G.: Hypergraph Models of Playlist Dialects. In: Proceedings of the 13th International Society for Music Information Retrieval Conference (ISMIR 2012). Porto, Portugal (2012)

88. McFee, B., Lanckriet, G.R.: Learning multi-modal similarity. Journal of Machine Learning Research 12, 491–523 (2011)

89. McNee, S., Riedl, J., Konstan, J.: Being accurate is not enough: how accuracy metrics have hurt recommender systems. In: CHI'06 extended abstracts on Human Factors in Computing Systems, p. 1101 (2006)

90. Mesnage, C.S.: Social shuffle: music discovery with tag navigation and social diffusion. Ph.D. thesis, Università della Svizzera italiana, Lugano, Switzerland (2011)

91. Mobasher, B., Burke, R., Bhaumik, R., Williams, C.: Toward trustworthy recommender systems: An analysis of attack models and algorithm robustness. ACM Transactions on Internet Technology 7(4) (2007)

92. Moh, Y., Orbanz, P., Buhmann, J.M.: Music preference learning with partial information. In: IEEE Int. Conf. on Acoustics, Speech and Signal Processing (ICASSP'08), pp. 2021–2024 (2008)

93. Moore, J.L., Chen, S., Joachims, T., Turnbull, D.: Learning to embed songs and tags for playlist prediction. In: 13th International Society for Music Information Retrieval Conference, ISMIR, pp. 349–354 (2012)

94. Moore, J.L., Chen, S., Joachims, T., Turnbull, D.: Taste over time: The temporal dynamics of user preferences. In: 14th International Society for Music Information Retrieval Conference,

ISMIR (2013)

95. Moore, J.L., Joachims, T., Turnbull, D.: Taste Space Versus the World: An Embedding Analysis of Listening Habits and Geography. In: Proceedings of the 15th International Society for Music Information Retrieval Conference (ISMIR 2014). Taipei, Taiwan (2014)

96. North, A., Hargreaves, D.: Situational influences on reported musical preference. Psychomusicology: Music, Mind and Brain **15**(1–2), 30–45 (1996)

97. North, A., Hargreaves, D.: The social and applied psychology of music. Cambridge Univ Press (2008)

98. Okada, K., Karlsson, B.F., Sardinha, L., Noleto, T.: Contextplayer: Learning contextual music preferences for situational recommendations. In: SIGGRAPH Asia 2013 Symposium on Mobile Graphics and Interactive Applications, p. 6. ACM (2013)

99. de Oliveira, R., Oliver, N.: Triplebeat: enhancing exercise performance with persuasion. In: Proceedings of the 10th international conference on Human computer interaction with mobile devices and services, pp. 255–264. ACM (2008)

100. van den Oord, A., Dieleman, S., Schrauwen, B.: Deep content-based music recommendation. In: C. Burges, L. Bottou, M. Welling, Z. Ghahramani, K. Weinberger (eds.) Advances in Neural Information Processing Systems 26, vol. 26, p. 9. Neural Information Processing Systems Foundation (NIPS), Lake Tahoe, NV, USA (2013)

101. Pachet, F.: Knowledge management and musical metadata. Idea Group (2005)

102. Pachet, F., Roy, P., Cazaly, D.: A combinatorial approach to content-based music selection. Multimedia, IEEE **7**(1), 44–51 (2000)

103. Pampalk, E., Flexer, A., Widmer, G.: Improvements of audio-based music similarity and genre classification. In: Int. Conf. on Music Information Retrieval (ISMIR'05), pp. 628–633 (2005)

104. Pampalk, E., Pohle, T., Widmer, G.: Dynamic playlist generation based on skipping behavior. In: Int. Conf. on Music Information Retrieval (ISMIR'05), pp. 634–637 (2005)

105. Park, H.S., Yoo, J.O., Cho, S.B.: A context-aware music recommendation system using fuzzy bayesian networks with utility theory. In: FSKD 2006. LNCS (LNAI), pp. 970–979. Springer (2006)

106. Pauws, S., Eggen, B.: PATS: Realization and user evaluation of an automatic playlist generator. In: Proceedings of the 2nd International Symposium on Music Information Retrieval, ISMIR (2002)

107. Pauws, S., Verhaegh, W., Vossen, M.: Fast generation of optimal music playlists using local search. In: ISMIR, pp. 138–143. Citeseer (2006)

108. Pazzani, M., Billsus, D.: Learning and revising user profiles: The identification of interesting web sites. Machine Learning **27**(3), 313–331 (1997).

109. Pettijohn, T., Williams, G., Carter, T.: Music for the seasons: Seasonal music preferences in college students. Current Psychology pp. 1–18 (2010)

110. Platt, J.C., Burges, C.J.C., Swenson, S., Weare, C., Zheng, A.: Learning a gaussian process prior for automatically generating music playlists. In: Advances in Neural Information Processing Systems. MIT Press (2002)

111. Pohle, T., Knees, P., Schedl, M., Pampalk, E., Widmer, G.: "Reinventing the Wheel": A Novel Approach to Music Player Interfaces. IEEE Transactions on Multimedia **9**, 567–575 (2007)

112. Pohle, T., Pampalk, E., Widmer, G.: Generating Similarity-based Playlists Using Traveling Salesman Algorithms. In: Proceedings of the 8th International Conference on Digital Audio Effects (DAFx-05), pp. 220–225. Madrid, Spain (2005)

113. Popescu, G., Pu, P.: Probabilistic game theoretic algorithms for group recommender systems. In: Proceedings of the 2nd Workshop on Music Recommendation and Discovery (WOMRAD) (2011)

114. Ragno, R., Burges, C.J., Herley, C.: Inferring similarity between music objects with application to playlist generation. In: Proceedings of the 7th ACM SIGMM international workshop on Multimedia information retrieval, pp. 73–80. ACM (2005)

115. Reddy, S., Mascia, J.: Lifetrak: music in tune with your life. In: Proceedings of the 1st ACM International Workshop on Human-centered Multimedia (HCM), pp. 25–34 (2006)

116. Reed, J., Lee, C.: Preference music ratings prediction using tokenization and minimum classification error training. IEEE Trans. on Audio, Speech, and Language Processing **19**(8), 2294–2303 (2011).

117. Rendle, S., Freudenthaler, C., Gantner, Z., Schmidt-Thieme, L.: Bpr: Bayesian personalized ranking from implicit feedback. In: Proceedings of the Twenty-Fifth Conference on Uncertainty in Artificial Intelligence, pp. 452–461. AUAI Press (2009)

118. Schäfer, T., Sedlmeier, P.: From the functions of music to music preference. Psychology of Music **37**(3), 279–300 (2009)

119. Schedl, M.: #nowplaying Madonna: A Large-Scale Evaluation on Estimating Similarities Between Music Artists and Between Movies from Microblogs . Information Retrieval (2012)

120. Schedl, M.: Ameliorating Music Recommendation: Integrating Music Content, Music Context, and User Context for Improved Music Retrieval and Recommendation. In: Proceedings of the 11th International Conference on Advances in Mobile Computing & Multimedia (MoMM 2013). Vienna, Austria (2013)

121. Schedl, M.: Leveraging Microblogs for Spatiotemporal Music Information Retrieval. In: Proceedings of the 35th European Conference on Information Retrieval (ECIR 2013). Moscow, Russia (2013)

122. Schedl, M., Flexer, A., Urbano, J.: The neglected user in music information retrieval research. Journal of Intelligent Information Systems **41**, 523–539 (2013).

123. Schedl, M., Pohle, T., Knees, P., Widmer, G.: Exploring the Music Similarity Space on the Web. ACM Transactions on Information Systems **29**(3), 1–24 (2011)

124. Schedl, M., Schnitzer, D.: Hybrid Retrieval Approaches to Geospatial Music Recommendation. In: Proceedings of the 36th Annual International ACM SIGIR Conference on Research and Development in Information Retrieval (SIGIR). Dublin, Ireland (2013)

125. Schedl, M., Vall, A., Farrahi, K.: User Geospatial Context for Music Recommendation in Microblogs. In: Proceedings of the 37th Annual International ACM SIGIR Conference on Research and Development in Information Retrieval (SIGIR). Gold Coast, Australia (2014)

126. Schedl, M., Widmer, G., Knees, P., Pohle, T.: A music information system automatically generated via web content mining techniques. Information Processing & Management **47**(3), 426–439 (2011).

127. Schilit, B., Adams, N., Want, R.: Context-aware computing applications. In: Proceedings of the Workshop on Mobile Computing Systems and Applications, pp. 85–90. IEEE Computer Society (1994)

128. Schindler, A., Mayer, R., Rauber, A.: Facilitating comprehensive benchmarking experiments on the million song dataset. In: Proceedings of the 13th International Society for Music Information Retrieval Conference (ISMIR 2012). Porto, Portugal (2012)

129. Shani, G., Gunawardana, A.: Evaluating recommender systems. Recommender Systems Handbook pp. 257–298 (2009).

130. Shao, B., Wang, D., Li, T., Ogihara, M.: Music recommendation based on acoustic features and user access patterns. IEEE Transactions on Audio, Speech, and Language Processing **17**(8), 1602–1611 (2009)

131. Shardanand, U., Maes, P.: Social information filtering: algorithms for automating "word of mouth". In: Proceedings of the SIGCHI conference on Human factors in computing systems, pp. 210–217 (1995)

132. Slaney, M.: Web-scale multimedia analysis: Does content matter? IEEE Multimedia **18**(2), 12–15 (2011)

133. Slaney, M., White, W.: Measuring playlist diversity for recommendation systems. In: 1st ACM workshop on Audio and music computing multimedia, AMCMM '06, pp. 77–82. ACM, New York, NY, USA (2006)

134. Slaney, M., White, W.: Similarity Based on Rating Data. In: Proceedings of the 8th International Conference on Music Information Retrieval (ISMIR 2007). Vienna, Austria (2007)

135. Sordo, M., Celma, O., Blech, M., Guaus, E.: The quest for musical genres: Do the experts and the wisdom of crowds agree? In: Int. Conf. of Music Information Retrieval (ISMIR'08), pp. 255–260 (2008)

136. Stupar, A., Michel, S.: Picasso - to sing, you must close your eyes and draw. In: 34th ACM SIGIR Conf. on Research and development in Information, pp. 715–724 (2011)

137. Su, J.H., Yeh, H.H., Tseng, V.S.: A novel music recommender by discovering preferable perceptual-patterns from music pieces. In: ACM Symp. on Applied Computing (SAC'10), pp. 1924–1928 (2010)

138. Szymanski, G.: Pandora, or, a never-ending box of musical delights. Music Reference Services Quarterly **12**(1), 21–22 (2009).

139. Tiemann, M., Pauws, S.: Towards ensemble learning for hybrid music recommendation. In: ACM Conf. on Recommender Systems (RecSys'07), pp. 177–178 (2007)

140. Turnbull, D.R., Barrington, L., Lanckriet, G., Yazdani, M.: Combining audio content and social context for semantic music discovery. In: Proceedings of the 32nd international ACM SIGIR conference on Research and development in information retrieval, pp. 387–394. ACM (2009)

141. Tzanetakis, G., Cook, P.: Musical genre classification of audio signals. IEEE Trans. on Speech and Audio Processing **10**(5), 293–302 (2002)

142. Wang, X., Rosenblum, D., Wang, Y.: Context-aware mobile music recommendation for daily activities. In: Proceedings of the 20th ACM international conference on Multimedia, pp. 99–108. ACM (2012)

143. Weigl, D., Guastavino, C.: User Studies in the Music Information Retrieval Literature. In: Proceedings of the 12th International Society for Music Information Retrieval Conference (ISMIR 2011). Miami, FL, USA (2011)

144. Weston, J., Wang, C., Weiss, R., Berenzweig, A.: Latent Collaborative Retrieval. In: Proceedings of the 29th International Conference on Machine Learning (ICML). Edinburgh, Scotland (2012)

145. Yang, D., Chen, T., Zhang, W., Lu, Q., Yu, Y.: Local implicit feedback mining for music recommendation. In: Proceedings of the 6th ACM Conference on Recommender Systems, pp. 91–98. ACM (2012)

146. Yang, Y.H., Chen, H.H.: Machine recognition of music emotion: A review. ACM Trans. Intell. Syst. Technol. **3**(3), 40:1–40:30 (2012).

147. Yoshii, K., Goto, M., Komatani, K., Ogata, T., Okuno, H.G.: An efficient hybrid music recommender system using an incrementally trainable probabilistic generative model. IEEE Trans. on Audio, Speech, and Language Processing **16**(2), 435–447 (2008).

148. Zentner, M., Grandjean, D., Scherer, K.R.: Emotions evoked by the sound of music: Characterization, classification, and measurement. Emotion **8**(4), 494–521 (2008)

149. Zhang, Y.C., Séaghdha, D.O., Quercia, D., Jambor, T.: Auralist: Introducing serendipity into music recommendation. In: Proceedings of the Fifth ACM International Conference on Web Search and Data Mining, WSDM '12, pp. 13–22. ACM, New York, NY, USA (2012)

150. Zheleva, E., Guiver, J., Mendes Rodrigues, E., Milić-Frayling, N.: Statistical models of music-listening sessions in social media. In: Proceedings of the 19th international conference on World wide web, WWW '10, pp. 1019–1028. ACM, New York, NY, USA (2010)

剖析基于位置的移动推荐系统

Neal Lathia

14.1 简介

智能手机已经将互联网和感知功能丰富的硬件装进无数用户的口袋中，它的广泛应用填补了在线世界和离线世界之间的鸿沟。在移动过程中，手机用户搜索网页、使用社交媒体的现象已经非常普遍：原来只能在桌面机上使用的服务现在可以随时随地使用。此外，网络上浩瀚的知识库资源可以提高用户对物理世界的认知。手机不再是单纯的门户网站访问设备，它已经迅速发展为用户探索、发现以及与用户的实际环境交互的设备。

在线领域中成功的关键技术之一就是使用推荐系统支持用户的浏览行为。在线推荐系统可以提供多种服务：它们不仅可以帮助用户发现电影、音乐、感兴趣的电子商品，还可以在在线社交网络中为用户推荐新朋友，提供个性化的搜索结果。推荐系统成功的关键是假设可以通过观察用户行为(例如评分、点击)获取用户偏好模型；通过对海量数据的过滤，可以提取每个用户最感兴趣的结果。而手机上现有的应用主要集中在基于位置的服务：基本思想是对用户来说附近的信息是最相关的。然而，下一代手机提供了潜力，使推荐系统在提供服务时不仅利用用户当前的位置信息，还会考虑用户丰富的历史行为和偏好信息。在这种情况下，每个领域都有丰富的参考文献，多领域的交叉研究正在形成。用户使用的移动系统吸引了计算机科学中很多领域的关注，包括移动信息检索[17]、传感器研究[22]、数据挖掘和知识发现[14]、人机交互[49]以及普适计算[26,47]。

本章旨在对基于位置的移动推荐系统的关键因素进行结构化综述，并在此基础上给出与基于位置的个性化移动推荐系统相关的研究方向。我们进行的上述工作以移动推荐系统的广义定义作为开端，并从推荐系统自身的观点出发。然后，我们概括出了推荐系统的三个特征：

(1) **数据**。记录反映用户偏好的行为信息，它是任何旨在推荐新地点、活动或朋友的机制的基础。在这方面，越来越多的研究机构投身到数据采集的研究中，它们通过参与式传感器、众包以及基于游戏的激励机制等方法采集用户自身以及他们周围的信息。另外，一些研究对如何从采集的数据中推导出用户的活动进行了调研。

(2) **算法**。协同过滤是推荐系统中的主要技术。虽然这些技术可以很容易地应用到移动系统中，但是当计算用户评分时，这些算法通常被看作一个"黑盒子"，例如它们不需要考虑两个地点之间的物理距离。因此，我们详述了移动推荐的监督学习方法以及通过考虑与空间(例如用户居住地)和偏好相关的特征来提高推荐效率的近期研究。

(3) **系统评估**。推荐系统的评估问题仍处于研究阶段[35]。通过对目前已有的推荐系统的评估方法及这些评估方法与传统方法的区别的调研，我们对评估问题的研究进行了补充。

N. Lathia, Computer Laboratory, University of Cambridge, Cambridge CB3 OFD, UK, e-mail: neal. lathia @ cl. cam. ac. uk.
翻译：史艳翠　审核：李艳民

最后，对新兴话题以及未来研究方向进行了讨论。

基于位置的移动推荐系统的定义

首先，给出本章中描述的各种系统的一个广义定义。目前，许多推荐系统和基于位置的系统被看作独立的实体进行建模和研究。概括地说，这些系统的定义如下：

- 推荐系统为每个用户检索出其感兴趣的、特定的物品集合。本书中讨论了多种推荐系统，例如：第 7 章描述了基于用户历史偏好的推荐方法，第 4 章介绍了基于物品特征的推荐方法。
- 基于位置的系统或服务根据用户当前的位置为其检索特定的信息[72]。典型的应用包括地图和导航服务、发现附近服务的应用（例如餐厅）、基于位置的社交网络（朋友之间可以通过它分享彼此的位置信息）、交通播报服务以及广告。这些应用的重点是位置信息，而不是用户偏好。

以往，推荐系统文献的重点是用户通过个人电脑使用的推荐系统，推荐的是在给出推荐后，用户可能不会立即"消费"的物品，例如电影、音乐以及电子商品目录的内容。虽然，这些推荐可能会导致现实世界的交互（例如，发送一部电影到你的住所），但是它们大多数情况下无法找出用户喜欢的内容。换句话说，在计算推荐时，没有考虑物品间的任何空间关系（例如，相对于其他餐厅来说，给定餐厅的位置在哪）：重点放在了通过一系列的机器学习方法，根据系统用户的特定反馈或偏好来判断物品之间的隐含关系。

这里，我们重点介绍的系统是基于位置的移动推荐系统，它具有上面提到的所有特征：它们通过移动设备被访问，使用位置数据（当前或者其他的，例如过去的），涉及并利用用户在一定物理空间的活动，最重要的是为用户提供满足其偏好的个性化推荐。为此，我们不考虑那些不推荐地点（或者场所；通过访问一个具体的地理位置消费"物品"）的系统，例如用户使用移动终端访问电影推荐（例如 Netflix 账户）[34,52]，或者在手机上寻求个性化的应用推荐[39]。这样看来，基于位置的移动推荐系统可以看作一种特殊的上下文感知推荐系统[2]，在这些系统中时空数据（在何时何地使用系统）被用来更精确地定位个性化结果。

鉴于上述情况，基于位置的移动推荐系统的用户正在搜索要完成的任务是什么呢？

（1）**目标导向搜索**：基于位置的推荐系统通常允许用户查询个性化的结果。可以吃晚饭的最近的餐馆在哪？附近的购物中心在哪？这些任务通常会和一个特定的预期活动（例如，吃晚饭，去酒吧）有关，而对每个用户来说，结果都是个性化的。

（2）**位置发现**：上述用例捕捉用户何时有查询意图，而基于位置的移动推荐也可以发现位置信息。在我的周围有哪些有趣的事情？在伦敦我会看到什么？我家附近有些场所或者有哪些活动在举行？所有这些问题都可以使用下面的用例解决，用户的历史画像可以使看到、参观或者参加的推荐场所具有个性化。

（3）**路线和交通**：最后，现有文献中已有很多用例用来推荐个性化的路线。然而这些用例主要集中在旅游线路，并对以下问题做出响应：我如何从这里到那里？当我和孩子一起去巴塞罗那时，我应该选择哪条路线？等等。

除了这些，还有基于位置的社交匹配应用，专门用于在特定的场所发现感兴趣的人，以及行为导向应用，例如那些与体育活动相关的应用。虽然这些应用可以在个性化推荐系统中使用，但是本章主要介绍与场地相关的应用。下列已发表的综述对移动推荐系统给出了更全面的总结：文献[29，46，82]。

14.2　移动推荐系统的数据

基于移动的推荐系统和基于网络的推荐系统的主要区别之一就是：与后者相比，前者倾向于拥有更广泛的数据集。通常，基于网络的推荐系统的数据要么是显式的（例如用户对物品的评分或者类似的值），要么是隐式的（例如购买或点击；根据用户行为推导的值）。移动系统同样可以收集这些数据，甚至更多。虽然最近的系统主要关注位置和移动数据，但是移动系统可以收集的数据如下。

（1）**显式数据**：和在网络上一样，移动用户在移动过程中可以进行评级、打标签、分享、点击"喜欢"或者给物品评分等操作。除了这些，移动服务（例如 Foursquare、Facebook Places、Google + 、Yelp）中最突出的显式行为是签到：用户找到和选择自己的所在场所，并和朋友分享他们当前的位置。接下来，我们会介绍这些数据如何和用户偏好相关联。

（2）**隐式数据**：如上所述，用户也提供类似于在网络上产生的隐式数据，例如通过点击链接、视频流、购物或者其他不限制于仅在手机上执行的操作。然而，移动设备还提供了一些不同的数据：移动设备特有的一些行为（例如，拍照、跟踪体力练习）。

（3）**感知数据**：现代智能手机的感知功能越来越丰富。典型的包括用来测量位置和移动性、协同定位以及其他用来刻画用户上下文功能的传感器[47]。

此外，很多移动系统本身可以同时收集多种类型的数据。例如，试想在基于位置的社交网络中的签到行为（例如 Foursquare）。当签到时，用户的感知数据可以识别附近的场所[74]：他们的签到行为是他们出席该场所的显式信息；同一个场所的多个签到可以看作对该场所偏好隐式的可信度度量[36]，而签到时间则隐式地揭示了他们所在场所的特征[8]。

与基于网络的推荐系统的数据相比，最明显的区别是基于移动的推荐系统中推荐的物品集是动态的；在上面的例子中，系统可能不知道用户喜欢签到的所有场所。因此，构建移动推荐系统的一个关键要素是利用现有数据对物品和用户进行学习。后面，我们介绍了一些文献中的例子，在这些例子中，来自移动设备的数据被用来构建适宜支撑推荐系统的数据库。尤其是，我们专注于发现和过滤兴趣点、对移动数据进行学习和建模、分析签到，并根据感知数据推导上下文和活动。

14.2.1   发现兴趣点和位置偏好

当在移动过程中使用移动设备时，移动设备就成了位置数据的理想来源。本节我们会介绍在推荐系统中如何使用这些数据对物品和用户，以及二者之间的关系进行学习。

基于位置的推荐系统依赖于具有从兴趣点（POI）到源推荐的数据库。最近的文献介绍了一些从用户数据中发现和推导 POI 的方法。一些系统（例如 Foursquare）通过众包维护它们的 POI 数据库；用户提供的显式签到信息可以用于揭示场所的时空模式[57]。而其他系统则从隐式数据中推导这些信息。例如，在 Flickr 上[20,51]，通过聚类用户上传到服务上的具有位置标签的图片获得 POI。使用这些数据集可以自动地提取场所和活动的特征[66]，并且已经被应用到图片搜索结果多样化上[40]。推导物品所需的其余信息可以通过收集带有任何可用内容和标签的位置数据得到[41]。

上述方法可以用来填充物品的信息，而具有地理标签的图片还可以用来推导用户行为。包括确定行程[60]、分析如何在某个城市为游客导航[31]、预测用户如何出行[18]。实际上，使用位置感知设备执行的看似无意的拍照行为可以用来发现：（a）照片的内容是用户感兴趣的物品；（b）用户会对感兴趣的目标以及经过的地方拍照。

通常，移动数据大部分来源于手机，包括手机的全球定位系统（GPS）[88]、传感器、GSM 跟踪[76]，以及设备和蜂窝网络的通信塔配合使用时产生的呼叫详细记录（CDR）[9]。对分析数据来源的文献的全面综述已经超出了本章的范畴[11,33]。然而，这些数据来源揭示了用户行为的大量特征，包括他们倾向于去多远的地方旅行、他们可能的旅游方式以及他们时常出入的市区[67]。显而易见，这些数据来源可以揭示用户的日常生活：对于推荐系统来说，在一定程度上，悬而未决的问题就是用户偏好的信号。已有研究很少阐述该问题。Froehlich 等人[25]发现移动模式和用户偏好相关：用户趋向于经常出入他们喜欢的地方；根据位置历史信息，可以计算用户之间的相似度[48]。然而，其他研究发现 50% ~ 70% 的用户移动数据是日常行为[14]。事实是大部分的用户数据包含位置信息，从理论上来说，用户非常清楚为便于发现新的地点而构建推荐系统的挑战。然而，在设计基于位置的社会活动推荐时已经使用了这类数据[62]。此外，为了推荐位置和活动[86]，通过挖掘 GPS 轨迹可以发现"感兴趣"的位置[89]；下节将对算法进行详细介绍。

在用做用户流动性或偏好的信号前，上述所有数据源都要进行预处理。然而，它们在如何便捷且准确地收集数据方面彼此互不相同。典型的，例如 GSM 和 CDR 数据源只有移动运营商可以用；GPS 以及类似的车载定位服务需要有特定的应用程序作为数据收集器。前者收集的通常是粗粒度数据，而 GPS 可以提供更精细的数据(空间和时间)，高效的实现依赖于底层应用的需求。尤其是，连续查询手机的 GPS 传感器会迅速降低手机的电量：系统设计人员需要在样本精确度和应用的能量效率之间做权衡[64]。另外，很多应用从它们的用户那里显式地收集数据，例如通过位置签到。这些类型的系统暴露了很多问题，这些问题反映了数据质量，例如用户贡献的奖励和理由。Lindqvist 等人[49]研究了一系列用户参与基于位置的服务(通常以他们的隐私为代价)的原因。这些原因包括个人追踪、游戏、与朋友的社交信号；此外，他们还发现有很多是用户主动选择不签到的位置。

14.2.2 根据智能手机传感器的行为推导

上一节主要介绍了根据移动数据(包括智能手机的传感器，如 GPS)系统能学习到哪些关于用户和物品的信息，但是越来越多的研究领域将焦点落在了从传感器数据中推导出更多的行为信息[43]。至今，这些还没有被广泛地应用到推荐系统中。因此，在这里我们做了一个简短的综述：(a)根据这些推导可以深入了解用户，并且这些推导和使用智能手机的用户建模相关；(b)强调了将推导应用到个性化系统将来可能出现的机会。

(1) **行为识别**。来自智能手机传感器(例如加速器)的数据被用于监视或发现用户当前的行为。这些行为包括用户是在行走、坐下、驾驶，还是在聊天[16]。此外，智能手机的传感器还被用来监测用户的当前情境，包括他们是否在播放音乐的环境里[50]。

(2) **交通模式**。加速器和 GPS 数据被结合起来用于推导用户如何在场地间通行，监测其使用的交通模式，例如自行车、汽车、公交车或者地铁[77]。更广泛地说，这些类型的推导可以监测用户的"绿色"行为[26]，指出来自传感器状态的推导如何被用于刻画用户行为。

(3) **社交**。智能手机的传感器也被用于监测用户的社交网络和交互行为[24]。蓝牙、加速器和手机微传感器被结合起来用于监测用户的协作和交互[65]，既能发现更善于社交的用户，还能向用户提供反馈。其他研究将类似的数据引入推荐领域，基于物理感知配置推荐在线联系人[61]。

上述问题仍然存在很多挑战，包括有效收集数据、节省设备电量、为了推导和目前用户建模工作相关的高级用户行为设计准确的推导算法。然而，这些方法希望提供高精度的用户数据：他们去哪? 他们和谁交流? 他们的活动以及日常生活，甚至更多——正如位置反映偏好，未来的移动推荐系统可能使用传感器推论来改善用户画像。

14.3 移动应用中计算推荐的方法

本节我们介绍为移动用户计算推荐的方法。尤其是，我们专注于如何将与场所(例如餐厅、商店)相关的推荐问题形式化为有较好定义的机器学习问题,以便可以通过对上节介绍的各种数据进行学习来解决。

首先,我们简单回顾一下传统的推荐系统方法。通常,推荐系统都包括物品集和用户集;任何给定的用户都可能对部分物品(或者如果系统处理的是隐式数据则执行等效的操作:我们通常使用术语"评分"表示偏好值)进行评分。系统的任务是给每个用户推荐他可能感兴趣的那些物品——可能有一些限制条件。为此,系统对用户未评分过的物品进行个性化预测。这些预测方法根据估算的偏好对物品排名;向用户呈现一个按照系统预测的用户对物品的感兴趣程度排序的物品列表。因此,概括地说,网站推荐的两类主要方法专注于评分预测和物品排序[21](见第 7 章)。在移动推荐系统中,这些原则中的部分仍然适用:下面我们综述它们中一些针对特定移动推荐场景的变体。

这些变体的出现有两个原因:1)在移动环境中用户寻求完成的任务不同于网站上用户完成的任务;2)信息过载问题是否适用,值得怀疑。此外,将机器学习应用到与移动场景相关的任务中会面临很多挑战。这些挑战包括数据本身的局限性(例如,从流动性推导偏好,从隐式数据集中区分正面和负面经历),以及我们当前对收集的数据可预测性理解的局限性[14,33]。最后,用户本身也有很多不同,他们可能是当地居民或者游客,也可能会对大小不同的地理区域感兴趣。

14.3.1 推荐形式化概述

本节我们研究如何将为移动用户推荐地点的问题定义为一个正规的预测问题。尤其是,我们考虑了四类广义问题的变体:1)推荐特定类型的场所;2)推荐用户可能想要参观的下一个地点;3)推荐用户没有参观过的新地点;4)当用户在特定地点游览时,推荐他们可能想走的路线。虽然上述每个问题都被视为以地点为重点的推荐问题,但是它们在移动推荐中捕捉的用户需求各不同。

(1)**类型推荐**。可能会类似于"传统的"单一类型的在线推荐的设定,即推荐一个特定类型的场所(例如餐厅)。文献中介绍的系统专注于商店[78,82]、餐厅[69,81]以及文化/游客行程[5,83]。很像电影推荐(见第 7 章),在设定中物品趋向于完全相同——因此,任务就是恰当地对物品排名,可能仅增加用户当前位置特定范围内的限制。在文献[69]中,物品被描述为包含每个场所更多属性(例如平均成本)的 n 维向量;这种数据表示方法允许系统使用会话方法推荐最好的餐厅。

(2)**预测下一个地点**。假想用户正在餐厅吃晚饭,她现在想要一个在她吃完饭后可以去的酒吧或俱乐部的推荐。寻求推荐下一个参观地点的例子:查询的相关输入有:(a)用户和他的偏好/位置历史;(b)用户的当前位置;(c)当前的时间。形式上,我们将用户的位置历史表示为场所的时间序列,该序列以时刻 t_n 的当前场所 V_n 结束:

$$P_u = ((V_0,t_0),(V_1,t_1),\cdots,(V_{n-1},t_{n-1}),(V_n,t_n)) \tag{14.1}$$

给定一组候选场所 L,这样预测任务就是预测出用户可能参观的场所 V_{n+1}。更广泛地说,目标就是对场所排名以使用户想要参观的下一个场所 V_{n+1} 在推荐列表中的排名尽可能高[56]。为此,利用所有用户的位置历史特征(如下所述)计算集合 $(L \setminus \{V_n\})$(例如除了用户当前的场所外的所有场所)中每个场所 v 的排名分数 $\hat{r}_{u,v}$。

$$\hat{r}_{u,v} = P(v = V_{n+1} \mid u, V_n) \tag{14.2}$$

这个问题在文献中使用 Foursquare 的签到数据[56]以及 GPS 和 WiFi 的日志数据(虽然不是从推荐角度)[53,71]已经得到解决。然而当应用到推荐场景中时,使用这些数据集成功预测下一个地点突出了该方法一个开放性的挑战:部分成功归因于从数据中捕捉到的习惯,不然就是日常的流动性[33]；实际上，从推荐系统的角度来看，预测用户从家到工作单位以及返回来似乎没有什么价值。为了解决这个缺点，研究人员缩小 L 中候选推荐场所的范围：下节将重点介绍其中的一部分。

（3）**预测新场所**。既然推荐系统通常被描述为便于发现的工具，那么移动系统中要解决的另一个问题就是预测用户以前未去过，但现在想要去的场所。Noulas 等人[55]对该问题的形式化定义如下：假设用户 u 在时间段$(t-\Delta, t)$期间参观过的场所集合为 U，目标就是预测用户在时间段$(t, t+\Delta)$内可能想要参观的那些场所$(L \setminus U)$。时间段 Δ 的选择是一个参数，它决定了该方法有助于场所再发现的程度，例如，预测用户昨天、上周、上个月或者根本就没去过的场所。

和上面的方法一样，该方法有其自身的缺点。最明显的是，该方法只能预测和推荐系统知道的（例如训练集中可用的位置）新位置，这是冷启动问题的一个特例。

（4）**推荐路线**。专注于向游客推荐的研究通常处理个性化路线，当游客探索新区域时，他们会采纳该线路[15]；旅客在旅途中拍摄的照片可以直接揭示他们的数字足迹[30,32]，这些可以用来构建个性化的旅游[1,12]。这里的想法有点类似于推荐一个曲目的播放列表[6]，尽管添加了一些地理限制：正式的任务就是计算一个参观地点的排序列表，可以通过用户偏好、在逗留点之间行走的时间以及任何上下文因素对排序列表进行优化。

实际上，设定可以看作"下一个地点"问题的一个实例，这里的任务就是在一些限制条件下推荐随后的 N 个地点。例如，为了使结果多样化，文献[73]中的系统考虑了用户参观特定类型的地点的时间。类似地，文献[13]中的系统也考虑了场所开放/关闭的时间、两个地点之间的路线以及参观特定场所的"最佳"时间。最后，文献[4]中的系统也考虑了有推荐需求的各种旅游团——例如，包括团中是否有孩子。

我们提出了一些与移动推荐相关的其他变体预测问题；上面的问题选自最近的一些参考文献，例如发现新事件[75]。

14.3.2　推荐场所的算法

本节我们总结移动推荐中使用的一些算法。这些方法中很多使用了基础的协同过滤方法[28,87]：对协同过滤的全面综述超出了本章的范畴（见第 7 章）。一般说来，当用户被表示成一个他们喜欢的场所向量，并且场所（"物品"）被表示成喜欢它们的用户向量时，可以使用所有的协同过滤方法。

基于位置的推荐系统一个独有的特征就是，为了将结果定位到特定的地理区域，推荐结果可能需要进行预过滤或后过滤[2]。更普遍的是，这些方法通常应用在基于上下文感知的推荐系统中：例如，在基于位置的领域，可能需要仅通过训练和当前目标匹配的那些评分进行预过滤或移除部分已排名的物品进行后过滤（例如"只显示在 5 公里范围内的推荐"）。

首先介绍适合和任何推荐算法作为对比的基准方法，包括：

- **受欢迎度**。虽然是非个性化的，但受欢迎度是在推荐场所时需要考虑的一个准绳。受欢迎程度可以定义为很多方面：在地理上，可以是纯游客数量、游客参观的频率或者是类别。虽然这种方法不能得到个性化的结果，但它可以得到受欢迎的场所——顾名思义——就是很多人喜欢去的地方。例如，受欢迎度的个性化变体可以基于用户的历史模式对场所排名（例如，如果用户趋向于经常去某类型的咖啡店，则该类型咖啡店的排名高）。
- **接近度**。因为场所推荐系统中的物品具有独有的地理布局，所以另一种对比的基准方法就是仅根据与用户当前位置的地理距离推荐场所[62]。该基准方法没有考虑偏好、历史流动性或者任何其他的上下文因素——但可以捕捉到用户在附近行走的倾向[54]。

最近文献[55，56]中出现的方法围绕着从数据中提取特征、创建二进制标记的数据集以及使用监督学习方法学习用户参加某个特定场所的可能性。从移动偏好数据中可以提取三类特征，包括：

- **场所特征**。除了对场所有用的任何类型/属性的数据外，移动数据还可用于推导更广泛的与参观这些地方的用户行为相关的场所特征。包括：(a)场所的整体受欢迎度；(b)一天中特定时间或一周中特定某天场所的受欢迎度；(c)特定类型或地理空间内场所的受欢迎度。受欢迎度既可以是单纯参观次数也可以是参观某个场所的用户数量。

- **用户特征**。同上，除了对用户有用的任何属性数据外，移动数据还能揭示大量关于对场所偏好的特征，包括：(a)用户曾经参观某个地方的频率或次数的比例；(b)用户参观某种特定类型的场所的先验概率；(c)某场所到用户历史移动地理中心的距离。如果社会网络是可用的，则可以为用户的朋友提取每个场所类似的特征——捕获朋友的流动性决定用户如何选择场所的重要性[23]。

- **结构化特征**。最后，关于用户和地点的移动数据实际上可以编码成大量结合用户和地点的结构化特征。包括地理特征：两地间的距离以及相邻场所间的等级距离。用户流动性的大规模数据可以支持与转移概率相关的特征：用户从场所 A 到场所 B 的可能性是多少，或者从类型 A 到类型 B 的可能性是多少？这些特征的好处是它们不仅仅是基于地理的；在不需要知道物品的空间布局时，它们可以发现与地点相关的特征。

使用上述描述的这些有用特征，用户对场所的每次参观都能被转换为一个正标记的实例，这些实例可用于训练任何有监督的学习方法(例如线性回归和决策树[56])。然而，仅使用正标记的实例做训练会导致比较差的结果，因为训练数据极不均匀。为了克服这个缺点，研究人员通过随机选取未参观过的场所作为负标记的实例来改善他们的训练数据。使用二进制数可以训练一个回归模型，该方法有效地将排序问题降低为使用二进制数据的回归问题[19]；提取特征的学习就是确定场所的哪些方面吸引用户——能计算其他推荐场所的排名分数。

最近，应用在场所推荐中的第二种方法是随机游走(通常采用重启[80])，在网站搜索中经常使用这种方法[58]。随机游走方法适用于可以表示成图的数据集；概括地说，该算法从节点 i 开始，根据特定的转移概率在图中的节点间移动：最终，达到游走的稳态，并确定任一特定节点 j 的概率，或者换一种说法，即节点 j 相对节点 i 的相关性。在场所推荐中，我们能用的图中包括用户和场所节点。用户和场所之间的连接被定义为用户对场所的偏好(例如历史参观)，连接的权重就是转移概率。如果有一个社会网络以及用户之间的连接，那么该方法不仅可以用来推荐场所[55]，还可以推荐添加到社会网络中的连接[7]。虽然该方法很强大，但是它很难解决扩展性问题，例如在文献[55]中为每个用户计算独立的随机游走。

14.4   移动推荐的评估

所有推荐系统研究中关键的一个步骤就是使用一种方法对推荐质量进行评估[35]。移动推荐系统也不例外；实际上，很多用来评估推荐质量的技术也可以类似地应用在该领域。推荐系统评估的全面综述可以参见第8章。一般说来，就像在网络中的设置一样，移动推荐评估可以使用定量和定性的方法实施。

定量方法非常类似于传统处理网络数据的方法：将数据集划分为合适的训练集和测试集，在确定训练集后，通过隐藏的测试集，测量学习算法的预测能力。然而，很多网络实验专注于预测精度，而移动数据通常是一元的(例如签到)或者是隐式的(例如来自位置轨迹)，因此排名度量通常是更合适的。例如，文献[62]中百分制的排名公式被用来评估推荐事件的质量，该公式曾经被用在隐式数据上[36]。在这种情况下，一个成功的推荐应该使用户随后参与的那些事件有更高的排名。因此，$\mathrm{gone}_{u,j}$被定义为二进制值，它表明用户u是否参与了事件j，$\mathrm{rank}_{u,j}$定义为事件j在用户u的推荐中的标准化排名。百分比排名定义如下：

$$\overline{\mathrm{rank}} = \frac{\sum\limits_{u,j} \mathrm{gone}_{u,j} \times \mathrm{rank}_{u,j}}{\sum\limits_{u,j} \mathrm{gone}_{u,j}} \qquad (14.3)$$

最近的一些研究提供了系统的定性评估方法[13]。与基于网络的定性方法非常类似，这些研究需要构建系统、招募参与者，并通过调查、访谈或者类似的方法评估推荐。虽然提供了类似的优点，例如对用户经历有细粒度的理解，但它们也趋向于面临类似的缺点。例如，它们通常要面临冷启动设置并且它们的规模相当小。例如Tintarev等人[79]通过招募参与者完成调查问卷来评估移动旅游推荐。调查问卷用于产生个性化的兴趣点，然后通过检查参观过的场所的数量、它们的受欢迎度以及新颖度来评估系统。类似地，对该领域的Magitti系统[10]进行了评估，评估时需要研究人员理解例如遗漏、到推荐地方的距离以及推荐的透明度/可解释性等概念。

上述所有研究表明对移动推荐系统的评估是从评估网络上的推荐系统开始的。然而，对这些评估方法有限的研究并不能揭示用户在成功的推荐中寻求的复杂网格值，包括适用于网络的特性（新颖性、多样性、可解释性）以及移动环境独有的特性（距离、时间、地理代表性、场所开放时间等）。

14.5 结论和未来方向

本章我们对基于位置的移动推荐系统的基本组成进行了综述：这些系统需要支持的任务、构建这些系统使用的（显式、隐式或感知）数据、如何将这些类型的推荐定义为正规的预测问题、最近文献中应用在这些系统中的算法以及如何对这些系统进行定量和定性的评估。在此过程中，出现了一些主题；在该领域，就像我们对未来研究预期的那样，仍然有一些开放性的挑战。本章的最后，我们介绍其中的一些挑战：

（1）**上下文**。可以说，移动推荐系统比基于网络的推荐系统更依赖于用户当前的上下文：用户寻求发现的那些场所更依赖于（除了他们的偏好）他们在哪、当时的时间、和谁在一起，甚至他们的感受如何。由于上下文的概念在推荐系统的文献中是新兴的[2,3]，因此将上下文恰当地引入移动推荐系统，需要重新考虑如何定义、收集上下文，以及如何将其应用到该领域。

（2）**层次化物品集**。在传统的推荐系统中，"物品"通常定义为不重叠的实体（书籍、电子商品），并且可能是"动态的"，例如，储藏室的可用性[37]。在移动推荐系统中，"物品"是动态的，因为它们可能是开放、关闭或者长期移动的场所；它们可能是具有不同时间特性（例如持续1个月的戏剧作品与只有一晚的摇滚演唱会）的事件；或者甚至它们可能有不同的地理跨度（例如场所与周围地区[85]）。实际上，移动推荐中的物品具有很强的结构性，并且在层次以及时空上彼此相关。这里出现的一个问题就是过时的移动偏好数据削弱了这些系统推荐即将出现的感兴趣事件的能力，即毫无关联的数据。未来的工作可以研究如何学习或检测这些动态，可能更重要的是，探究如何合理地构建能在距离和偏好间做折中的推荐系统：此类系统是应该推荐用户到有一定距离但有更高偏好匹配的某处，还是推荐附近但不完全匹配他们画像的某处？

（3）**隐私**。移动推荐系统揭示的所有潜力看起来和用户隐私都是矛盾的：上述我们描述的数据包括用户选择暴露的位置以及被动的位置轨迹的实例。未来的系统可能考虑包括混淆机制,该机制重新引入一定水平的隐私到收集的数据中[63];更多的工作需要理解这些如何影响用户推荐,以及如何克服任何缺点。

(4) **主动性和打断**。在日常生活中,用户会随身携带智能手机,并且对用户来说,它们通常是触手可及的[22]。移动位置推荐系统可以主动向智能手机用户发送关于周围可能感兴趣的场所的通知[27]。该功能所面临的挑战就是理解在向用户推送相关信息和使用实时的打断而不过度加重它们的负担之间做折中。最近的研究[59]分析了在移动体验取样背景下的打断;未来的工作可能专注于系统是否可以学习如何适当地打断用户以传输推荐。

(5) **不同的用户和物品**。本章专注于向用户推荐场所。未来的移动系统不需要局限于这种模式。例如,最近的研究使用移动模式推荐公交票价[44]以及个性化的服务状态更新[45]。类似地,最近的工作为出租司机推荐乘客的接客地点(反之亦然)[84]、推荐新的零售店在城市中安放的位置[38]以及推荐人群的地点[70];对用户和物品的定义有很多进一步的解释。

上述列表包含了移动推荐系统未来方向观点的简要总结。由于智能手机收集有用数据的能力在增长,因此这些设备开始吸引计算机科学领域外的研究人员的兴趣[46];该领域未来的工作有潜力获得在研究和实际应用中更深远的意义。

参考文献

1. Abowd, G., Atkeson, C., Hong, J., Long, S., Kooper, R., Pinkerton, M.: Cyberguide: a Mobile Context-Aware Tour Guide. Wireless Network **3** (2007)
2. Adomavicius, G., Tuzhilin, A.: Context-Aware Recommender Systems. In: ACM Recommender Systems, pp. 335–336. Lausanne, Switzerland (2008)
3. Adomavicius, G., Tuzhilin, A.: Context-aware recommender systems. In: Recommender systems handbook, pp. 217–253. Springer (2011)
4. Ardissono, L., Goy, A., Petrone, G., Segnan, M., Torasso, P.: Intrigue: Personalized Recommendation of Tourist Attractions for Desktop and Handset Devices. Applied Artificial Intelligence **17** (2003)
5. Ardissono, L., Kuflik, T., Petrelli, D.: Personalization in Cultural Heritage: The Road Travelled and the One Ahead. User Modelling and User-Adapted Interaction **22**(1), 73–99 (2012)
6. Baccigalupo, C., Plaza, E.: Case-Based Sequential Ordering of Songs for Playlist Recommendation. Lecture Notes in Computer Science **4106**, 286 – 300 (2006)
7. Backstrom, L., Leskovec, J.: Supervised Random Walks: Predicting and Recommending Links in Social Networks. In: ACM WSDM. Hong Kong, China (2011)
8. Bawa-Cavia, A.: Sensing the Urban: Using Location-Based Social Network Data in Urban Analysis. In: Workshop on Pervasive Urban Applications. San Francisco, USA (2011)
9. Becker, R., Caceres, R., Hanson, K., Isaacman, S., Loh, J., Martonosi, M., Rowland, J., Urbanek, S., Varshavsky, A., Volisky, C.: Human Mobility Characterization from Cellular Network Data. Communications of the ACM **56**(1), 74–82 (2013)
10. Bellotti, V., Begole, B., Chi, E., et al.: Activity-Based Serendipitous Recommendations with the Magitti Mobile Leisure Guide. In: ACM CHI. Florence, Italy (2008)
11. Blondel, V. (ed.): 3rd Conference on the Analysis of Mobile Phone Datasets. Boston, USA (2013)
12. C.H. Tai D.N. Yang, L.L., Chen, M.S.: Recommending Personalized Scenic Itinerary with Geo-Tagged Photos. In: ICME. Hannover, Germany (2008)
13. Cheverst, K., Davies, N., Mitchell, K., Friday, A., Efstratiou, C.: Developing a Context-Aware Electronic Tourist Guide: Some Issues and Experiences. In: ACM CHI. The Hague, The Netherlands (2000)
14. Cho, E., Myers, S., Leskovec, J.: Friendship and Mobility: User Movement in Location-Based Social Networks. In: ACM KDD. San Diego, USA (2011)
15. Choudhury, M., Feldman, M., Amer-Yahia, S., Golbandi, N., Lempel, R., Yu, C.: Automatic Construction of Travel Itineraries using Social Breadcrumbs. In: ACM Hypertext. Ontario, Canada (2010)

16. Choudhury, T., Borriello, G., Consolvo, S., Haehnel, D., Harrison, B., Hemingway, B., Hightower, J., Klasnja, P., Koscher, K., LaMarca, A., LeGrand, L., Lester, J., Rahimi, A., Rea, A., Wyatt, D.: The Mobile Sensing Platform: An Embedded Activity Recognition System. IEEE Pervasive Computing **7**(2), 32–41 (2008)

17. Church, K., Smyth, B.: Understanding the Intent Behind Mobile Information Needs. In: International Conference on Intelligent User Interfaces, pp. 247–256. Sanibel Island, FL, USA (2009)

18. Clements, M., Serdyukov, P., deVries, A.P., M.J.T.Reinders: Using Flickr Geotags to Predict User Travel Behaviour. In: ACM SIGIR. Geneva, Switzerland (2010)

19. Cohen, W., Schapire, R., Singer, Y.: Learning to Order Things. Journal of Artificial Intelligence Research **10**(1), 243–270 (1999)

20. Crandall, D., Backstrom, L., Huttenlocher, D., Kleinberg, J.: Mapping the World's Photos. In: WWW. Madrid, Spain (2009)

21. Deshpande, M., Karypis, G.: Item-Based Top-N Recommendation Algorithms. ACM Transactions on Information Systems **22**(1), 143–177 (2004)

22. Dey, A., Wac, K., Ferreira, D., Tassini, K., Hong, J., Ramos, J.: Getting Closer: An Empirical Investigation of the Proximity of Users to their Smartphones. In: ACM Ubicomp. Beijing, China (2011)

23. Domenico, M.D., Lima, A., Musolesi, M.: Interdependence and Predictability of Human Mobility and Social Interactions. In: Nokia Mobile Data Challenge Workshop. Newcastle, United Kingdom (2012)

24. Eagle, N., Pentland, A.: Reality Mining: Sensing Complex Social Systems. Personal and Ubiquitous Computing **10**(4), 255–268 (2006)

25. Froehlich, J., Chen, M., Smith, I., Potter, F.: Voting With Your Feet: An Investigative Study of the Relationship Between Place Visit Behavior and Preference. In: ACM Ubicomp (2006)

26. Froehlich, J., Dillahunt, T., Klasnja, P., Mankoff, J., Consolvo, S., Harrison, B., Landay, J.: UbiGreen: Investigating a Mobile Tool for Tracking and Supporting Green Transportation Habits. In: ACM CHI. Boston, USA (2009)

27. Gallego-Vico, D., Woerndl, W., Bader, R.: A Study on Proactive Delivery of Restaurant Recommendations for Android Smartphones. In: ACM RecSys Workshop on Personalization in Mobile Applications. Chicago, USA (2011)

28. Gao, H., Tang, J., Hu, X., Liu, H.: Exploring Temporal Effects for Location Recommendation on Location-Based Social Networks. In: ACM Recommender Systems. Hong Kong, China (2013)

29. Gavalas, D., Bellavista, P., Cao, J., Issarny, V.: Mobile Applications: Status and Trends. Journal of Systems and Software **84**(11), 1823–1826 (2011)

30. Girardin, F., Blat, J., Calabrese, F., Fiore, F.D., Ratti, C.: Digital Footprinting: Uncovering Tourists with User-Generated Content. IEEE Pervasive Computing **7**(4), 36–43 (2008)

31. Girardin, F., Calabrese, F., Fiore, F.D., Ratti, C., Blat, J.: Digital Footprinting: Uncovering Tourists with User-Generated Content. IEEE Pervasive Computing **7**(4), 36–43 (2008)

32. Girardin, F., Fiore, F.D., Ratti, C., Blat, J.: Leveraging Explicitly Disclosed Location Information to Understand Tourist Dynamics: A Case Study. Journal of Location-Based Services **2**(1), 41–54 (2008)

33. Gonzalez, M., Hidalgo, C., Barabasi, A.L.: Understanding Individual Human Mobility Patterns. Nature **453**(5) (2008)

34. van der Heijden, H., Kotsis, G., Kronsteiner, R.: Mobile Recommendation Systems for Decision Making on the Go. In: IEEE ICMB (2005)

35. Herlocker, J., Konstan, J., Terveen, L., Riedl, J.: Evaluating Collaborative Filtering Recommender Systems. ACM Transactions on Information Systems **22**, 5–53 (2004)

36. Hu, Y., Koren, Y., Volinsky, C.: Collaborative Filtering for Implicit Feedback Datasets. In: IEEE ICDM, pp. 263–272. Pisa, Italy (2008)

37. Jambor, T., Wang, J.: Optimizing Multiple Objectives in Collaborative Filtering. In: ACM Recommender Systems, pp. 55–62. Barcelona, Spain (2010)

38. Karamshuk, D., Noulas, A., Scellato, S., Nicosia, V., Mascolo, C.: Geo-Spotting: Mining Online Location-Based Services for Optimal Retail Store Placement. In: ACM KDD. Chicago, USA (2013)

39. Karatzoglou, A., Baltrunas, L., Church, K., Bohmer, M.: Climbing the App Wall: Mobile App Discovery through Context-Aware Recommendations. In: ACM CIKM. Maui, Hawaii (2012)

40. Kennedy, L., Naaman, M.: Generating Diverse and Representative Image Search Results for Landmarks. In: WWW. Madrid, Spain (2008)

41. Kennedy, L., Naaman, M., Ahern, S., Nair, R., Rattenbury, T.: How Flickr Helps us Make Sense of the World: Context and Content in Community-Contributed Media Collections. In: ACM

MM. Augsburg, Germany (2007)

42. Kenteris, M., Gavalas, D., Economou, D.: Electronic Mobile Guides: A Survey. Personal and Ubiquitous Computing **15**(1), 97–111 (2011)

43. Lane, N., Miluzzo, E., Lu, H., Peebles, D., Choudhury, T., Campbell, A.: A Survey of Mobile Phone Sensing. IEEE Communications Magazine (2010)

44. Lathia, N., Capra, L.: Mining Mobility Data to Minimise Travellers' Spending on Public Transport. In: ACM KDD. San Diego, California (2011)

45. Lathia, N., Froehlich, J., Capra, L.: Mining Public Transport Usage for Personalised Intelligent Transport Systems. In: IEEE ICDM. Sydney, Australia (2010)

46. Lathia, N., Pejovic, V., Rachuri, K., Musolesi, M., Rentfrow, P.: Smartphones for Large-Scale Behaviour Change Interventions. IEEE Pervasive Computing, Special Issue on Understanding and Changing Behaviour **12**(3) (2013)

47. Lathia, N., Rachuri, K., Mascolo, C., Rentfrow, P.: Contextual Dissonance: Design Bias in Sensor-Based Experience Sampling Methods. In: ACM Ubicomp. Zurich, Switzerland (2013)

48. Li, Q., Zheng, Y., Xie, X., Chen, Y., Liu, W., Ma, W.: Mining User Similarity Based on Location History. In: Intl. Conf. on Advances in Geographic Information Systems. Santa Ana, USA (2008)

49. Lindqvist, J., Cranshaw, J., Wiese, J., Hong, J., Zimmerman, J.: I'm the Mayor of My House: Examining Why People Use Foursquare - a Social-Driven Location Sharing Application. In: ACM CHI. Vancouver, Canada (2011)

50. Lu, H., Pan, W., Lane, N., Choudhury, T., Campbell, A.: SoundSense: Scalable Sound Sensing for People-Centric Applications on Mobile Phones. In: ACM MobiSys. Krakow, Poland (2009)

51. Marlow, C., Naaman, M., Boyd, D., Davis, M.: Position Paper, Tagging, Taxonomy, Flickr, Article, ToRead. In: Collaborative Web Tagging Workshop (WWW) (2006)

52. Miller, B., Konstan, J., Riedl, J.: PocketLens: Toward a Personal Recommender System. In: ACM TOIS (2005)

53. Monreale, A., Pinelli, F., Trasarti, R., Giannotti, F.: WhereNext: A Location Predictor on Trajectory Pattern Mining. In: ACM SIGKDD, pp. 637–646. Paris, France (2009)

54. Noulas, A., Scellato, S., Lambiotte, R., Pontil, M., Mascolo, C.: A Tale of Many Cities: Universal Patterns in Human Urban Mobility. PLoS ONE **7**(5) (2012)

55. Noulas, A., Scellato, S., Lathia, N., Mascolo, C.: A Random Walk Around the City: New Venue Recommendation in Location-Based Social Networks. In: IEEE International Conference on Social Computing. Amsterdam, The Netherlands (2012)

56. Noulas, A., Scellato, S., Lathia, N., Mascolo, C.: Mining User Mobility Features for Next Place Prediction in Location-based Services. In: IEEE Internationcal Conference on Data Mining. Brussels, Belgium (2012)

57. Noulas, A., Scellato, S., Mascolo, C., Pontil, M.: An Empirical Study of Geographic User Activity Patterns in Foursquare. In: AAAI ICWSM. Barcelona, Spain (2011)

58. Page, L., Brin, S., Motwani, R., Winograd, T.: The PageRank Citation Ranking: Bringin Order to the Web. In: Technical Report Stanford InfoLab. Stanford, USA (1999)

59. Pejovic, V., Musolesi, M.: InterruptMe: Designing Intelligent Prompting Mechanisms in Pervasive Applications. In: ACM Ubicomp. Seattle, USA (2014)

60. Popescu, A., Grefenstette, G.: Deducing Trip Related Information from Flickr. In: WWW. Madrid, Spain (2009)

61. Quercia, D., Capra, L.: FriendSensing: Recommending Friends Using Mobile Phones. In: ACM RecSys. New York, USA (2009)

62. Quercia, D., Lathia, N., Calabrese, F., Lorenzo, G.D., Crowcroft, J.: Recommending Social Events from Mobile Phone Location Data. In: IEEE ICDM. Sydney, Australia (2010)

63. Quercia, D., Leontiadis, I., McNamara, L., Mascolo, C., Crowcroft, J.: SpotME If You Can: Randomized Responses for Location Obfuscation on Mobile Phones. In: ICDCS. Minneapolis, USA (2011)

64. Rachuri, K., Mascolo, C., Musolesi, M.: Energy-Accuracy Trade-offs of Sensor Sampling in Smart Phone based Sensing Systems. In: Mobile Context Awareness: Capabilities, Challenges and Applications Workshop. Springer, Copenhagen, Denmark (2010)

65. Rachuri, K., Mascolo, C., Musolesi, M., Rentfrow, P.: SociableSense: Exploring the Trade-offs of Adaptive Sampling and Computation Offloading for Social Sensing. In: ACM MobiCom. Las Vegas, USA (2011)

66. Rattenbury, T., Good, N., Naaman, M.: Toward Automatic Extraction of Event and Place Semantics from Flickr Tags. In: ACM SIGIR, pp. 103–110 (2007)

67. Ratti, C., Pulselli, R., Williams, S., Frenchman, D.: Mobile Landscapes: Using Location Data from Cell Phones for Urban Analysis. Environment and Planning B **33**(5), 727–748 (2006)

68. Ricci, F.: Mobile Recommender Systems. Journal of IT & Tourism **12**(3), 205–231 (2011)
69. Ricci, F., Nguyen, Q.N.: Critique-Based Mobile Recommender Systems. OGAI Journal (2005)
70. Salamo, M., McCarthy, K., Smyth, B.: Generating Recommendations for Consensus Negotiation in Group Personalization Services. Personal and Ubiquitous Computing **16**(5), 597–610 (2012)
71. Scellato, S., Musolesi, M., Mascolo, C., Latora, V., Campbell, A.: NextPlace: A Spatio-Temporal Prediction Framework for Pervasive Systems. In: Ninth International Conference on Pervasive Computing. San Francisco, USA (2011)
72. Schiller, J., Voisard, A. (eds.): Location-Based Services. Morgan Kaufman Publishers (2004)
73. van Setten, M., Pokraev, S., Koolwaaij, J.: Context- Aware Recommendations in the Mobile Tourist Application COMPASS. In: Adaptive Hypermedia and Adaptive Web-Based Systems. Eindhoven, The Netherlands (2004)
74. Shaw, B., Shea, J., Sinha, S., Hogue, A.: Learning to Rank for Spatiotemporal Search. In: ACM WSDM. Rome, Italy (2013)
75. Sklar, M., Shaw, B., Hogue, A.: Recommending Interesting Events in Real Time with Foursquare Checkins. In: ACM Recommender Systems. Dublin, Ireland (2012)
76. Sohn, T., Varshavsky, A., LaMarca, A., Chen, M., Choudhury, T., Smith, I., Consolvo, S., Hightower, J., Grisworld, W., de Lara, E.: Mobility Detection Using Everyday GSM Traces. In: ACM Ubicomp. Orange County, USA (2006)
77. Stenneth, L., Wolfson, O., Yu, P., Xu, B.: Transportation Mode Detection using Mobile Phones and GIS Information. In: ACM SIGSPATIAL. Chicago, USA (2011)
78. Takeuchi, Y., Sugimoto, M.: CityVoyager: an Outdoor Recommendation System Based on User Location History. Ubiquitous Intelligence and Computing (2006)
79. Tintarev, N., Amatriain, X., Flores, A.: Off the Beaten Track: A Mobile Field Study Exploring the Long Tail of Tourist Recommendations. In: MobileHCI. Lisbon, Portugal (2010)
80. Tong, H., Faloutsos, C., Pan, J.: Fast Random Walk with Restart and Its Applications. In: IEEE International Conference on Data Mining. Hong Kong, China (2006)
81. Tung, H., Soo, V.: A Personalized Restaurant Recommender Agent for Mobile E-Service. In: Proceedings of IEEE International Conference on e-Technology, e-Commerce, and e-Services, pp. 259–262. Washington DC, USA (2004)
82. Yang, W., Cheng, H., Dia, J.: A Location-Aware Recommender System for Mobile Shopping Environments. Expert Systems with Applications (2008)
83. Yoon, H., Zheng, Y., Xie, X., Woo, W.: Social Itinerary Recommendation from User-Generated Digital Trails. Personal and Ubiquitous Computing **16**(5), 469–484 (2012)
84. Yuan, N., Zheng, Y., Zhang, L., Xie, X.: T-Finder: A Recommender System for Fidding Passengers and Vacant Taxis. IEEE Transactions on Knowledge and Data Engineering **25**(10) (2013)
85. Zhang, A., Noulas, A., Scellato, S., Mascolo, C.: Hoodsquare: Modeling and Recommending Neighborhoods in Location-Based Social Networks. In: SocialCom. Washington DC, USA (2013)
86. Zheng, V., Zheng, Y., Xie, X., Yang, Q.: Collaborative Location and Activity Recommendations with GPS History Data. In: WWW. Raleigh, North Carolina (2010)
87. Zheng, V.W., Cao, B., Zheng, Y., Xie, X., Yang, Q.: Collaborative filtering meets mobile recommendation: A user-centered approach. In: AAAI (2010)
88. Zheng, Y., Li, Q., Chen, Y., Xie, X., Ma, W.: Understanding Mobility Based on GPS Data. In: ACM Ubicomp. Seoul, Korea (2008)
89. Zheng, Y., Zhang, L., Xie, X., Ma, W.: Mining Interesting Locations and Travel Sequences From GPS Trajectories. In: WWW. Madrid, Spain (2008)

社会化推荐系统

Ido Guy

15.1 简介

最近十年提出的"Social Web"(社会化网络),也称为"Web 2.0"[54]。通过创建内容、添加标签、点赞和评论、加入社区以及联系朋友,用户在社交网络中扮演着核心角色。社交媒体网站的流行吸引了成千上万的用户创建内容、发布信息、与好友分享图片以及参与其他类型的活动。这样的快速增长加剧了社交过载(social overload)现象,即社交媒体用户需要面对庞大的信息量和参与数量巨大的交互。社交过载一方面使用户更难选择哪些社交网站及需要多长时间进行交互,另一方面也使社交媒体网站在吸引和留住用户方面更富挑战性。

社会化推荐系统(SRS)是定位于社交媒体领域的推荐系统,旨在采用个性化技术给用户推荐最相关且最有吸引力的数据来解决社交过载的问题。推荐系统和社交媒体的"姻连"对双方都是有利的。一方面,社交媒体引入了很多新类型的数据和元数据(meta-data),比如标签和显式的在线关系。这些都可以以一种独特的方式来增强推荐系统的有效性。另一方面,推荐系统是社交媒体网站提高用户接受和参与程度的关键,对社交媒体的成功起着重要作用。应当注意的是,传统的推荐系统如基于用户的协同过滤本质上是社交的,因为它们模拟了人们从他人那里获取建议的自然过程[59]。本章仍将专注于社交媒体领域的推荐系统,也就是社会化推荐系统[31]。

本章关注社会化推荐系统的两个关键领域,即社交媒体内容推荐和人物推荐。每节分别回顾一个领域,包括不同的子领域及其独有的特征、应用的方法、企业案例研究和开放性挑战。社会化推荐系统还包括更多的领域,例如标签和群组(社区)推荐。然而,这些领域已经超过了本章的讨论范围。本章组织如下:15.2 和 15.3 两节详细讨论内容和人物推荐,然后在 15.4 节中讨论刻画社会化推荐系统的关键方面,最后在 15.5 节阐述社会化推荐系统的新兴领域及其开放性挑战。

15.2 内容推荐

社交媒体引入了很多新的可由任何用户创建和共享的内容类型,这是过去从未有过的方式。用户成为所有的社交媒体网站的中心,并且在很多情况下是网站内容的真正创建者,例如 Wikipedia 和 WordPress 的文本内容、Flickr 和 Facebook 的图片、YouTube 的视频。用户也在为社交媒体网站提供反馈和标注现有内容上起了关键作用。例如评论允许用户添加自己的观点;投票和评分允许用户点赞喜欢的帖子;标签允许用户用他们自己的关键词标注内容。这些新类型的反馈形式允许推荐系统通过分析众人的反馈信息,隐式地推断用户偏好和内容流行度。

在社交媒体时代,铰接关系通过社交网站已经变得可行[7],并且改变了内容推荐领域。在

I. Guy, Yahoo Labs, Haifa, Israel e-mail: idoguy@acm.org.
翻译:郭贵冰　审核:李艳民

过去,这种关系只能部分由调查和面试而得到,然后从隐私敏感的电话日志或邮件中挖掘出通信模式。在社交网络中,关系的可达性允许以更简单且对隐私无害的方式接入个人的熟悉朋友圈(Facebook、LinkedIn),或是感兴趣的人物(Twitter)。在传统的协同过滤中,用朋友列表取代或伴随相似用户列表,已经在增强内容推荐上被广泛证明是富有成效的。Sinha 和 Swearingen[66]第一个把基于朋友的推荐跟传统方法作对比,并在电影和图书推荐中证明其有效性。Golbeck[26]认为朋友是电影推荐的一个可信来源。Groh 和 Ehmig[28]比较了协同过滤和基于朋友的社会过滤,并且在一个德国社交网站的俱乐部推荐中证明了后者的优点。总之,基于朋友的推荐提高了推荐的准确性,既然他熟悉相应的人物,也就允许用户更好地判断推荐,从用户中抽取出显式反馈的需求以计算相似度,并帮助解决新用户的冷启动问题。

本节的余下部分回顾社交媒体内容推荐的关键领域,比如博客、微博、新闻和多媒体。然后简要地讨论与社交媒体内容推荐相关的组推荐。紧接着详细介绍一个企业内部社交媒体推荐的研究案例。最后是对本章讨论要点的总结。

15.2.1 关键领域

博客 博客是典型的社交媒体应用,是推荐技术的天然基地。它们一般都包括社会化推荐系统需要考虑的内部层次结构。在这个层次结构之上是属于独立个体或社区的博客本身,也经常专注于一个主题或领域。博客系统包括不同的博客帖子(或博客记录),每个博客帖子包括独立作者的一篇文章。作者(或是其他用户)通常可以用合适的标签标注博文以便于推广到相关群体。博文的读者可以添加评论,投票支持或点赞博文;其他用户也可以在自己的博文内添加引用。在博客推荐的一个早期研究中,Arguello 等人[2]使用 TrecBlog06 数据集[50]探索了整个博客而不是博文的个性化推荐。给定一个代表用户话题兴趣的查询,探索了两个文档聚合排序模型:第一个模型是把所有的博文串联起来的单一大文档,而第二个模型则是基于小文档,其中每个小文档代表一篇博文。评估显示两个模型运行的效果相当,两个模型的混合可进一步提高推荐性能。

多媒体 多媒体推荐富有挑战是由于文本数据少内容量大。YouTube 是最受欢迎的社交媒体网站之一,它包括一个驱动大部分的用户流量、引导用户找到更相关视频的高级推荐系统。Davidson 等人[16]指出,YouTube 推荐的目标是最近的、新鲜的、多样的、与用户最近行为相关的,而且用户应当理解为什么一个视频会推荐给他们。因此,YouTube 的推荐系统应包含可解释性。正如文章所描述,YouTube 的推荐是根据用户在网站上的个人行为,由一种协同过滤方法在共同访问的图上扩展得到的。排序是依据很多的相关性和多样性指标而得到的。

社区问答 社交或社区问答网站,如 StackOverlow、Quora、Yahoo Answer,允许用户提出各种类型的问题并从人群中获得(或支持)答案。因此,它们也为服务提问者和回答者的不同类型的推荐系统充当沃土。这里面临着双重挑战:一方面,给提问者推荐提问过的类似问题,以避免给回答者造成过多负担并且在一些问题页里传播类似的信息;另一方面,给回答者推荐可能想要回答的问题并且增加网站的总体参与度。例如,Szpektor 等人[67]在 Yahoo Answers 网站上试验给潜在回答者做问题推荐。他们发现话题的相关性并不是推荐的一个足够充分的依据。多样性和新鲜度亦起着关键的作用:一方面,一个新颖和另类的问题更容易引起回答者的关注;另一方面,接收新鲜实时的问题对回答者来说也非常重要。

求职 LinkedIn 是最成功的社交网站之一。作为世界上最大的专业网络,它有很多独特的推荐挑战,比如来自企业和专业团体。另一个特别有趣的例子是就业机会的推荐。这样的推荐最终会导致职业的变动,因此它对人们的生活有巨大的影响。推荐需要考虑很多方面的因素,如可选的地点、应聘者的经验以及时机等。Wang 等人[70]阐述了 LinkedIn 中的职位推荐任务,特别关注推荐的时机。统计模型考虑了在两个连续决策之间的任期，以评估用户在某一特定点上做出职业过渡的可能性。评价使用真实的职业申请数据来证明模型的有效性，及考虑时间因素作为推荐过程一部分的重要性。

新闻 社会新闻门户网站，如 Digg、Google Reader、Reddit 和 Slashdot，允许用户发布和评价新闻文章并且置顶最有趣和最流行的新闻。由于对新鲜度的需求，新闻推荐特别具有挑战性。旧新闻或那些已经被曝光的新闻，即使符合用户口味和偏好，也是糟糕的推荐。新闻出现的节奏非常高，然而不同的用户有着不同的新闻消费速率，这些是个性化技术需要考虑的。Digg 曾是流行的社会新闻聚合服务，它允许用户提交新闻故事的链接，投票并且评论它们。除了（通过投票）推荐最流行的新闻故事给用户，Lerman[46]描述了 Digg 的个性化推荐系统，它基于朋友和相似用户。Liu 等人[49]描述了另一个流行的新闻网站 Google Reader 的推荐系统。他们结合"个体过滤"和 CF 技术。现场测试的评估结果显示混合方法的效果最佳，比基于流行度的基准方法提高了 38%，而单纯的 CF 技术只能在基准方法上提高 31%。混合推荐有效提高了回报率，但有趣的是，它并没有影响主页上阅读的新闻故事总量。

微博 微博，最知名的是 Twitter，允许用户传播短消息。这些消息在网络中的关注者和被关注者中传播。在 Twitter 上，每条消息被限制在 140 字以内，称为一条推文。这些消息的高速推送（每天超过五亿条推文）、实时性、简短内容，以及元数据和结构的欠缺，使得 Twitter 独特的信息流在信息过滤和个性化上极富挑战。在一份早期的研究中，Chen 等人[12]通过推文的共享 URL 链接探索了内容推荐。他们在以下几个方面比较了 12 个不同的算法：1）候选者的选择要么基于流行的推文，要么基于被关注者或被关注者的被关注者（FoF）的推文；2）话题的相关性是基于用户和 URL 之间的余弦相似度，用户是以自身或者被关注者的推文为基础来表示的；3）社会表决基于那些关注同样作者的用户的被关注者数量和作者发表推文的频率。一项有 44 人参与的现场研究结果表明，社会表决比话题相关性效果好，FoF 候选者的选择比流行度表现得更好，用自身的推文对用户建模比使用被关注者的推文更好。转发的引入使得用户可以与他们自己的关注者分享另一用户的推文，为研究人员提供了关于一个单独推文的兴趣等级的直接反馈。很多后续的研究尝试使用这个信息来预测"好"的推文。例如 Chen 等人[13]提出了一个模型，将"协同排序"（collaborative ranking）用于个性化推文推荐。该模型基于显式和隐式的特征并考虑了多方面的话题层次、社交关系和全局因素。基于转发预测的评估证明协同排序方法优于很多基准方法，如 LDA 和 SVM。这也意味所有三个因素都是要考虑的重要因素。

15.2.2 群组推荐

群组和社区在社交媒体中发挥着中心作用，并且经常形成参与的人口[60]。这使得群组推荐技术与社会化推荐系统领域高度相关。鉴于此相关性，本节将简要回顾群组推荐的广阔领域；下一节作为企业案例研究的一部分，将详细描述一个基于社区的社会化推荐系统示例。

群组推荐的目标是一个群组而不是单一个体（见第 22 章）。群组推荐的应用场景包括好友们一起策划一个"完美"假期；一家人选择适合一起观看的电影或电视节目；同事们选择一家适合夜晚外出的餐厅（或寻找一个联合就餐食谱）；或经典（且在个人音乐播放器的时代更不相关）的健身问题[51]：根据健身中心的当前学员组选择播放列表。

相对于个体推荐，群组推荐带来了新的挑战。两个突出的挑战是成员偏好的规范性和推荐的生成。Jameson 等人[40]提出协同接口以便组成员在旅行推荐系统中指定自己的偏好，协同编辑成员的偏好。这样的接口有很多好处：它允许成员去说服别人指定与自己类似的偏好，可能提供给他们之前缺乏的信息；它能够解释和证明一个成员的偏好是合理的（例如"我因为受伤不能去徒步旅行")；它允许同时考虑其他成员的态度和预期行为；而且它鼓励同化吸收以达成共识。

群组推荐中研究最多的挑战是推荐本身的生成。两个主要技术是画像聚合和推荐聚合。画像聚合通过聚合不同组成员的偏好生成一个组画像代表。推荐聚合为每个组成员产生一个推荐列表，然后聚合这些列表形成一个单独的群组推荐列表，通常使用排序聚合技术。Berkovsky等人[6]用这两种方法对食谱组推荐进行了实验，发现画像聚合法优于推荐聚合法。

有很多方法可以将成员偏好聚合成单一的社区画像，每种方法都各有千秋。其中典型的方法是：1）痛苦最少法，旨在最大限度地提高每一名组成员的最低排序。显然，该方法会导致一种无法最大化平均评分或最大利益的推荐；2）公平性，旨在使组成员有最平等的等级平衡。该方法会导致组的所有成员都得到低的等级；3）融合，聚合单项的排序（如 Borda 计数）。Baltrunas 等人[3]使用 MovieLens 数据集比较了群组推荐的几种技术。他们考察了画像聚合和排序聚合技术，发现了在给定参数集时最优的技术，参数集包括组的规模和群组成员间的相似性。

15.2.3 案例研究：企业社交媒体推荐

本节将回顾一系列探索在企业内部混合社交媒体物品的推荐研究，包括三项主要研究。第一项研究[34]专注于基于社会关系的推荐。正如之前提及的，社交媒体能够使不同类型的社会关系以一种之前从不可能的方式曝光。本次研究探索了丰富的基于社交媒体数据的社会关系的指标，比较了两种作为推荐基础的网络类型：熟悉度和相似度。熟悉度网络的建立基于显式和隐式的企业社交媒体，如企业社交网络中的铰接联系，彼此标记或者同一个 wiki 页的共同作者。相似度网络的建立基于企业社交媒体的日常活动，如同一社区的成员关系，使用相同的标签，或评论相同的博客文章。组合这两种关系类型的"总体"网络也会被考察。物品 i 对用户 u 的推荐分数可由下式决定：

$$RS(u,i) = e^{-\alpha t(i)} \sum_{v \in N^T(u)} S^T[u,v] \sum_{r \in R(v,i)} W(r[v,i]) \qquad (15.1)$$

其中 $t(i)$ 是物品 i 自创建后过去的天数；α 是衰减因子；$N^T(u)$ 是用户 u 的类型为 T 的网络中的用户集（$T \in \{熟悉度，相似度，总体\}$）；$S^T[u, v]$ 是用户 u 和 v 的类型为 T 的关系分数；$R(v, i)$ 是在用户 v 和物品 i 之间的所有有关系类型集（如作者、成员关系等）；$W(r[v, i])$ 是在用户 v 和物品 i 之间的用户–物品关系类型的相应权重。最终，一个物品的推荐分数即推荐给用户的可能性，可能会因为以下因素而增加：该用户的网络中有更多与该物品有关联的人，这些人与该用户有更强的关系，这些人与该物品有更强的关系，以及该物品的新鲜度。

图 15-1 所示的推荐插件给出了推荐及解释。它显示了那些当作"隐式推荐者"的人们以及他们与用户和推荐的物品之间有着怎样的关联。其中一个关键的研究问题是解释是否会影响用户对推荐物品的即时兴趣。这可通过比较含有解释和不含解释的推荐进行检测。

评估主要是基于一个有 290 人参与的用户调查。图 15-2 分别展示了三种网络类型：熟悉型、相似型和总体中"有趣"物品的比例。结果发现来自熟人的推荐要比来自相似用户的推荐明显更加准确。总体网络比熟悉度网络在推荐的准确性上并没有进一步改善。也就是说，

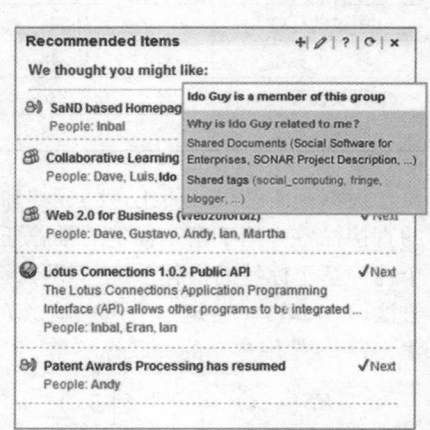

图 15-1　基于关联用户的社交媒体物品推荐插件

来自相似用户的推荐更多样化且预期更低，说明相似度网络在推荐质量其他方面的贡献要多于推荐的准确性方面[53]。

解释的效果如图 15-3 所示。从长远来看，通过提供透明性和构建用户信任[37]，解释已经被证明对推荐有积极作用。同时，含有解释的推荐也增加了它们的即时效用：当那些作为隐式推荐者的人们被显示时，推荐的感兴趣比例增长了。这对熟人尤其如此，符合直观感觉，即看到与推荐物品相关的熟人会增加用户对该物品的兴趣程度（如"如果约翰收藏了这个网页，那么一定有他感兴趣的东西在里面"）。

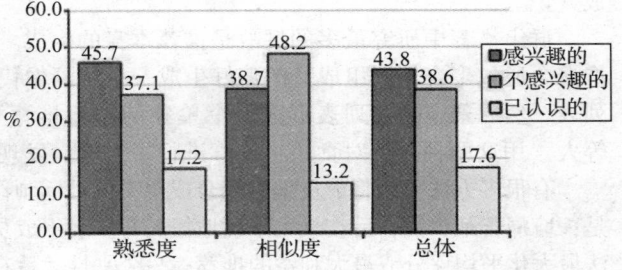

图 15-2　三种网络类型的对比结果

在理解了基于人物的推荐后，第二项研究探索的是推荐任务中标签的使用，并且比较基于标签和基于人物的推荐[35]。基于人物的推荐是基于组合了熟悉度和相似度的网络计算得到的，根据之前的研究结果，基于熟悉度网络可以取得三倍的效果提升。

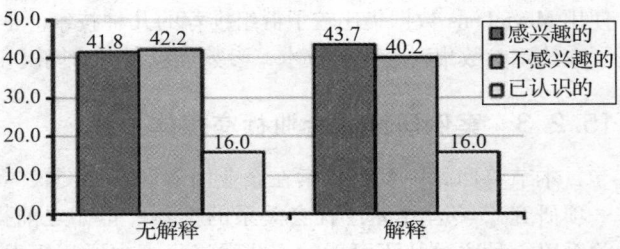

图 15-3　有无解释的对比结果

一项初步的研究评估了 4 种用于推荐的标签类型的使用：1）用过的标签：用户过去用于标注物品的标签；2）输入的标签：在人物标注应用中被其他人用来标注该用户的标签；3）直接标签：用过的标签和输入的标签的组合；4）间接标签：应用在用户标记过的物品上的标签，但不一定是他用过的标签。结果如表 15-1 所示，说明当直接标签可用时，可达到最准确的结果。有趣的是，输入的标签比用过的标签稍微准确一点，显示了在标签应用中的群体智慧，即他人应用的标签比用户自己使用的标签更能反映该用户的兴趣。间接标签被认为是有噪声的、显著缺乏准确性的。

表 15-1　以标签为兴趣话题的对比结果

%	不感兴趣的（%）	感兴趣的（%）	非常感兴趣的（%）
用过的标签	16.84	38.25	44.91
输入的标签	15.48	31.75	52.78
直接标签	7.46	22.81	69.74
间接标签	35.38	45.38	19.23

根据预研结果，将用过的标签和输入的标签以相同的权重进行组合，并将它们组合后生成的直接标签应用于基于标签的推荐任务中。实验使用一个纯粹基于人物的推荐系统（PBR），一个纯粹基于标签的推荐系统（TBR），两个混合的人物—画像推荐系统和一个基于流行度的基准方法（POPBR）。给定一个用户画像 $P(u) = (N(u), T(u))$，其中 $N(u)$ 是用户 u 的关联用户集，$T(u)$ 是用户 u 的关联标签集，一个社交媒体物品 i 对用户 u 的推荐分数计算如下：

$$RS(u,i) = e^{-\alpha t(i)} \left[\beta \sum_{v \in N(u)} w(u,v) \cdot w(v,i) + (1-\beta) \sum_{t \in T(u)} w(u,t) \cdot w(t,i) \right] \quad (15.2)$$

其中 $t(i)$ 是自 i 创建以来的天数；α 是衰减因子；β 参数控制人物和标签之间的相对权重以及设置不同类型的个性化推荐系统；$w(u, v)$ 和 $w(u, t)$ 分别表示用户 u 对用户 v 和标签 t 的关系强度，作为用户画像的一部分；$w(v, i)$ 和 $w(t, i)$ 分别表示 v 和 i、t 和 i 的关系强度。最终，一个物品的推荐分数（即推荐给用户的可能性）由于以下因素而增加：在用户画像中有更多与该物品关联的人物和标签；这些人物和标签与该用户有更强的关联；这些人和标签与该物品有更强的关联；该物品的新鲜度。

基于人物和基于标签的推荐结果比较如图 15-4 所示。总体来说，所有个性化技术都比基于流行度的推荐系统表现更加出色。在准确度方面（比率），基于标签的推荐系统明显优于基于人物的推荐系统。当然，基于人物的推荐系统仍然展示了其他方面的优势，比如在物品类型中增加了多样性（标签显然便于收藏），降低了用户已知物品的出现比率，具有更有效的解释性。关于具体的解释，结果发现，基于人物的解释增加了用户兴趣度，但是基于标签的推荐系统并没有达到相同效果。显然，看到与一个推荐的物品有关联的标签并没

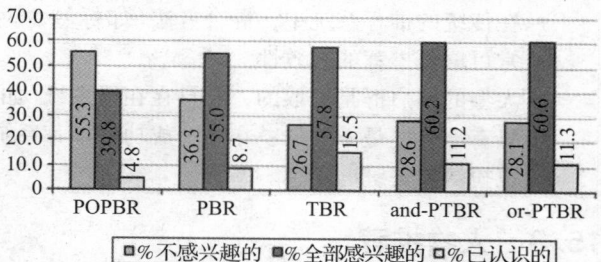

图 15-4　5 种不同推荐系统的对比结果

有像看到有关联的人物那样的效果（或额外的加分）。结合了基于人物和基于标签方法的混合推荐充分利用了两者的优点，在选取最好的 16 个物品的推荐系统中，它以约 70% 的有趣物品实现了最高的准确度。

该系列的第三项研究探索的是在线社区而不是个体的推荐系统[60]。正如之前所述，在线社区已经成为社交媒体体验的中心，而且很多社交媒体内容是在社区情景下创建的。在那项工作中，推荐是由群组推荐技术生成，但只针对社区所有者（版主）以便他们可以与其他成员适当地分享这些内容。有两种主要的技术来生成推荐。第一种技术考虑社区的成员或他们的子集，采用融合（包括高级打分）方法聚合画像以生成包含话题和人物的社区画像。这些话题和人物转而又作为推荐的基础：它们关联最密切的内容物品受到推荐。特别地，考查三个成员子集：全部成员、全部所有者、活跃成员。第二种技术是基于内容（CB）的：它考虑了社区的标题、描述和标签来生成推荐。通过组合基于成员的推荐系统的话题和人物，也考虑了混合方法，其中话题是从基于内容的推荐系统里抽取到社区画像。

使用一个企业社区所有者的大型用户调查来实施评估，结果如图 15-5 所示。混合推荐系统通常比单纯的推荐系统效果更佳。对于大型社区（100 个成员或以上），发现同时考虑了活跃成员和社区内容的混合画像要明显优于其他画像。对于大型社区来说，单纯的活跃成员的画像是第二好的。对于小型社区（少于 100 个成员），单纯的内容画像是最好的，其次是考虑到全部成员和内容的混合画像。这些结果表明，对于小型社区，内容是推荐的坚实基础，全部成员是画像聚合的好的代表群组。但对

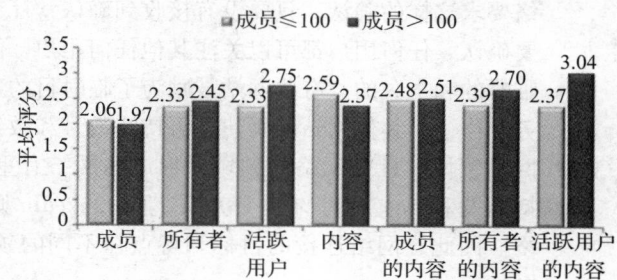

图 15-5　在 7 个社区画像中，小型与大型社区的平均评分

于大型社区来说，内容自身作用较小，全部成员群组变得迥然不同，而只有活跃成员群组是画像聚合最好的基础。

15.2.4 小结

我们回顾了社交媒体内容推荐在不同领域和企业中的混合社交媒体物品的推荐案例研究。

在推荐社交媒体内容时，我们也讨论了群组推荐系统的重要性和相关性。在进入下一小节前，再重复强调以下几个重点：

- 对于社会媒体内容，铰接式的社交网络在协同过滤中起着重要作用并且以各种方式增强传统的协同过滤。
- 基于标签的推荐系统能非常高效准确地生成推荐，通常优于基于用户的协同过滤。
- 在传统的推荐系统中，混合方法（如标签 + 网络，短 + 长期兴趣，协同 + 单独过滤）通常可增强推荐的有效性。
- 大型的用户群是可取的，并且在在线系统（如 A/B 测试）中得到鲜明的评估。
- 只有准确性是不够的：在一个成功的推荐系统中，意外性、多样性、新鲜度和其他因素也扮演着关键的角色。

15.3 人物推荐

社会化推荐系统的跨度不只是内容推荐。正如在 15.1 节中提及的，社交过载源于信息和交互过载。既然人是网络"社会化"的关键元素，人物推荐是社会化推荐系统领域的中心支柱。Terveen 和 McDonald[68] 为用于人物推荐的推荐系统提出了"社交匹配"术语。在他们的工作中，解释了为什么人物推荐是独特的不同于其他方面推荐的推荐系统，因此值得特别关注。在人物推荐中，信任、声誉、隐私和个人魅力比其他方面有更大的重要性。更多内容请参考第 16 章。

社交媒体网站，尤其是社交网络定义了用户间不同类型的显式关系。这些关系类型的主要维度是：

- 对称的与不对称的。在一些网站，如 Fackbook 和 LinkedIn，用户间的关系是对称的。在这种情况下，一个用户通常发送邀请以连接另一个用户。一旦对方接受邀请，这两个用户在网站上即是相互连接的。另外，不对称的关系，如 Twitter 或 Pinterest，允许一个用户去"订阅"或"关注"另一个用户，而对方不必反向关注该用户。因此，形成了很多不对称的关系。
- 确认的与非确认的。有些网站在连接或关注用户时需要获得对方的同意。通常，对称网络要求这样的确认，只要没有接收到确认，社交连接就不会存在。非对称网络通常不需要确认，任何用户都可以关注其他任何用户，但是这些范式也有例外。
- 临时的和永久的。有些网站鼓励为了临时目的建立连接，比如人们因事开会或为联合任务合作，而其他网站鼓励建立可持续数月和数年的长期关系。
- 网站领域。社交网络的领域对形成的网络有重要的影响。例如，Facebook 通常用于维持朋友和熟人之间的社交关系，而 LinkedIn 则是用于维持同事和伙伴关系的专业网络。因此，网络连接的目标和特点在不同的领域，如旅游、艺术、烹饪和问答等是不同的。

人物关系的不同特点在不同的网站需要不同的推荐技术。例如，Facebook 的人物推荐可能旨在推荐熟悉的人，而 Twitter 的人物推荐可能是用户感兴趣的人，即便他们是陌生的。推荐"名人"或红人的策略更适用于关注 - 被关注网络而不是朋友网络。

本节剩余部分将回顾人物推荐的三个关键类型：推荐连接的人、推荐关注的人和推荐陌生人。阐述每一个推荐类型的独特挑战和特点，指出现有的方法是如何处理它们的。在总结关键方面之前，简要讨论人物推荐的两个紧密关联的研究领域：链接预测和专家定位。

15.3.1 推荐连接的人

在社交网络中专注于人物推荐的第一个研究引入了"你认识吗?"(DYK)插件[33]。该插件在一个企业社交网络中推荐连接的人,瞄准的行为是点击"连接"按钮以便在社交网络内触发连接邀请,在获得对方确认后建立连接。推荐是基于各种熟悉度的信号生成的:组织结构图的关系(同事、经理–员工等)、论文和专利合作者、物品共同成员、博客评论、人物标签、互连、在其他社交网络上的连接、维基共同编辑和文件共享。该插件如图15-6所示,包括每个推荐的详细解释。该解释注明了每一个上述信号的数量,将鼠标悬停在证据行可以看到具体详情(例如共同编辑的维基页面)和证据片段的实际页面。

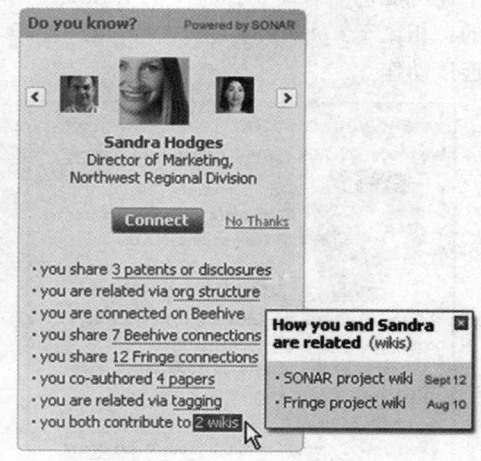

图15-6 "你认识吗?"(DYK)插件

该插件的评估是基于它在 Fringe 企业社交网络中的现场使用的研究结果。Fringe 以前有"添加好友"功能,但没有人物推荐。实际的考察效果是显著的。如图15-7和图15-8所示,发送的邀请数量和发送邀请的用户数都显著增加。一个网站的用户解释说:"我不得不承认我是一个懒惰的社交网络者,但 Fringe 是第一个激励我前进、向其他人发送连接邀请的应用。"解释增加了用户对系统的信任,并使他们感觉更舒服地发送邀请,正如一个用户所描述的:"如果看到更多直接的连接,我越可能添加他们……因为我知道他们不是无缘无故被推荐的。"总体上,每个 Fringe 用户的连接数量都大幅增加。但是,久而久之,随着特征兴奋度的下降,插件的使用出现骤降,潜在的连接也就消失了。

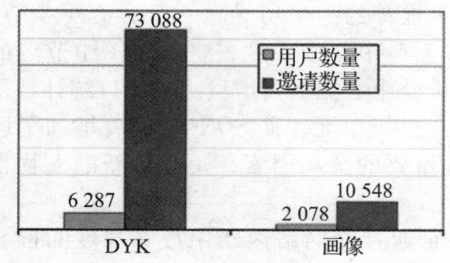
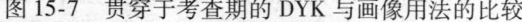

图15-7 贯穿于考查期的 DYK 与画像用法的比较

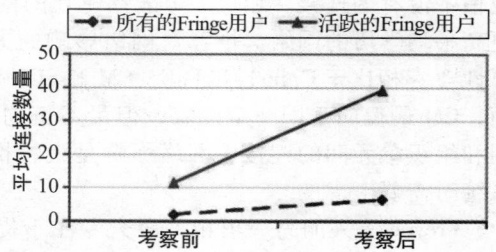

图15-8 检查期前后每个用户的平均邀请数量

在一个不同的企业社交网络、名为 Beehive 的后续研究[11]中,DYK 插件的聚合算法(称为 SONAR)与人物推荐的其他三个算法作了比较:1)内容匹配(CM)——基于两用户创建的以下内容的余弦相似性:画像条目、状态信息、图片文字、共享列表、工作名称、位置、描述和标签。通过一个简单的 TF-IDF 过程创建单词向量。由于不能给出直观的解释,隐语义分析(LSA)并不适用,也没有产生更好的结果。2)内容+链接(CplusL)——组合社交链接和内容匹配。一个社交链接被定义为一个3或4个用户的序列,其中对于用户对 u_1 和 u_2,或者是 u_1 连接到 u_2,u_2 连接到 u_1,或者是 u_1 评论了 u_2 的内容。3)朋友的朋友(FoF)——基于共同朋友的数量,正如很多流行的社交网络。FoF 算法只能够为57.2%的用户产生推荐(相对于 SONAR 的87.7%)。推荐插件如图15-9所示。

评估基于一个用户调查和一个受限领域调研。图 15-10 展示了主要调查结果。CM 和 CplusL 产生的大多是不认识的人，而 SONAR 和 FoF 产生的大多是认识的人。正如可以预期的，被推荐的人中用户熟悉的很大部分被评为好的推荐，并且导致了"连接"动作。未知的推荐个体可能仍然有助于发现新的潜在朋友。相对于内容，包含社交链接的整体算法优势是很显然的：相比于 CplusL 的 40%，FoF 的 47.7% 和 SONAR 的 59.7%，只有 30.5% 的 CM 推荐会导致连接动作。

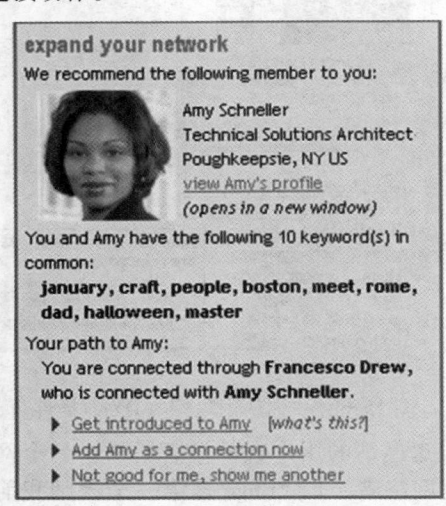

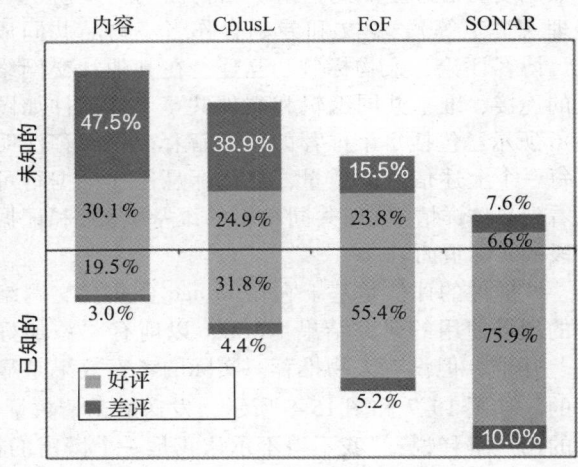

图 15-9　展示 CplusL 算法推荐的人物的人
　　　　物推荐插件

图 15-10　四种算法的调查结果

后来的研究考查了推荐对网络结构的影响[15]。由于推荐在网络构建的初期起着关键作用，它们也显著影响了生成网络的结构、特征和测量指标。例如，图 15-11 展示了每种算法的平均推荐连接度。FoF 是最偏向高度连接，而 CM 没有这样的偏向：它经常推荐用户很少或根本没有的连接。相比 CM 推荐建立的网络，FoF 推荐的高学历导致一个含有更少节点、更高平均学历的网络。推荐对网络影响的另一个方面是中介中心度，它度量图中节点的重要性[8]：相比于 CplusL 和 FoF，CM 和 SONAR 生成中介中心的最高增量。在人口统计特征方面，CM 最偏向于同一个国家，但最不偏向于同一个组织单元，而 SONAR 显著增加了国家间和组织单元间的连接。网络影响是人物推荐系统重要的全局因素，是设计新的人物推荐系统时需要考虑的。

Freyne 等人的另一项相关研究专注于提高一个企业社交网络内新用户参与度的推荐手段[22]。该研究使用社交网络外的聚合数据以便推荐人物和内容给新用户。即使是刚来的员工仍可以得到基于他们初始数据的推荐，如他们的组织结构信息（如同事）、位置或组织单元。结果表明组合推荐可有效增加用户的访问次数、浏览活跃度和对网站的实际贡献（如图 15-12 所示）。有趣的是，当致力于推荐最活跃的用户时，人物推荐是最有效的，即使他们与用户并不熟悉。正如之前讨论的，这样的推荐仍然对网络结构有长期影响并且会导致不均衡分布。

基于朋友推荐在移动设备上逐渐流行起来，其中位置信息常常起着重要作用并且使推荐变得更加即时或临时。Quercia 等人[58]讨论了"朋友感知"，即基于移动设备的蓝牙信息感知朋友。朋友推荐尝试了两种基于共同的位置信息的基本方法，分别考虑了共同位置的持续时间和频率。权重图可相应地建立，基于该图的链接分析（最短路径、网页排序、k-马尔可夫链和HIT）方法生成推荐。仿真评估显示这两个基本方法性能相近且远优于随机基准方法。

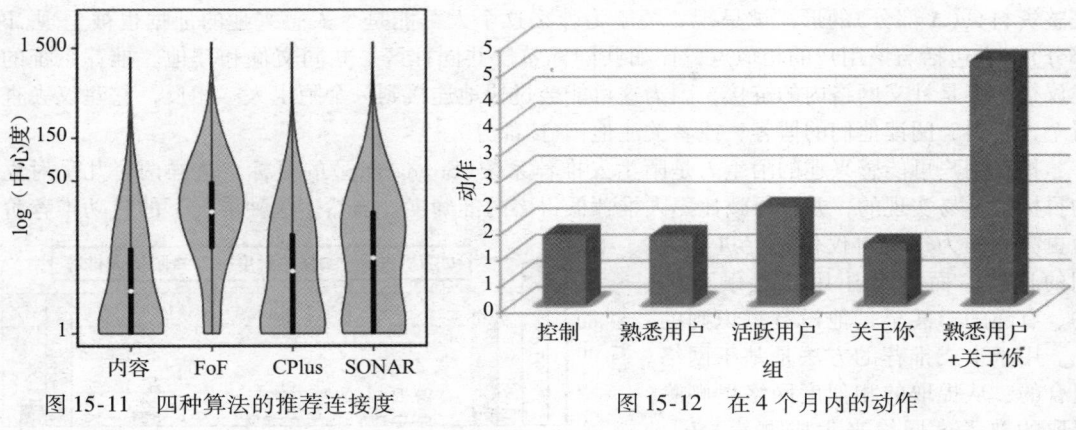

图 15-11　四种算法的推荐连接度 　　　　　　图 15-12　在 4 个月内的动作

15.3.2　推荐陌生人

目前所讨论的工作重点是推荐可以连接的熟人。正如上文所示，推荐陌生人也是有价值的。StrangerRS[31] 尝试在组织内推荐陌生但是有趣的人。这样的推荐有很多潜在用处，例如为获取帮助或建议、得到新的机会、发现职业发展的新规划、了解可利用的新资产、连接课题专家和有影响力的人、培养个人的组织社会资本、扩大组织内的知名度和影响力。如前所述，社交网络的人物推荐在网络构建阶段是最有效的。随着网络变得更加稳定且不再频繁地连接到他人，推荐也就不再高效了。这时陌生人推荐变得更加相关，与熟人推荐互补，它建议给用户陌生、有趣、想要认识的人。

陌生人推荐系统的用户界面如图 15-13 所示。既然它旨在推荐陌生人，更多的个人信息以

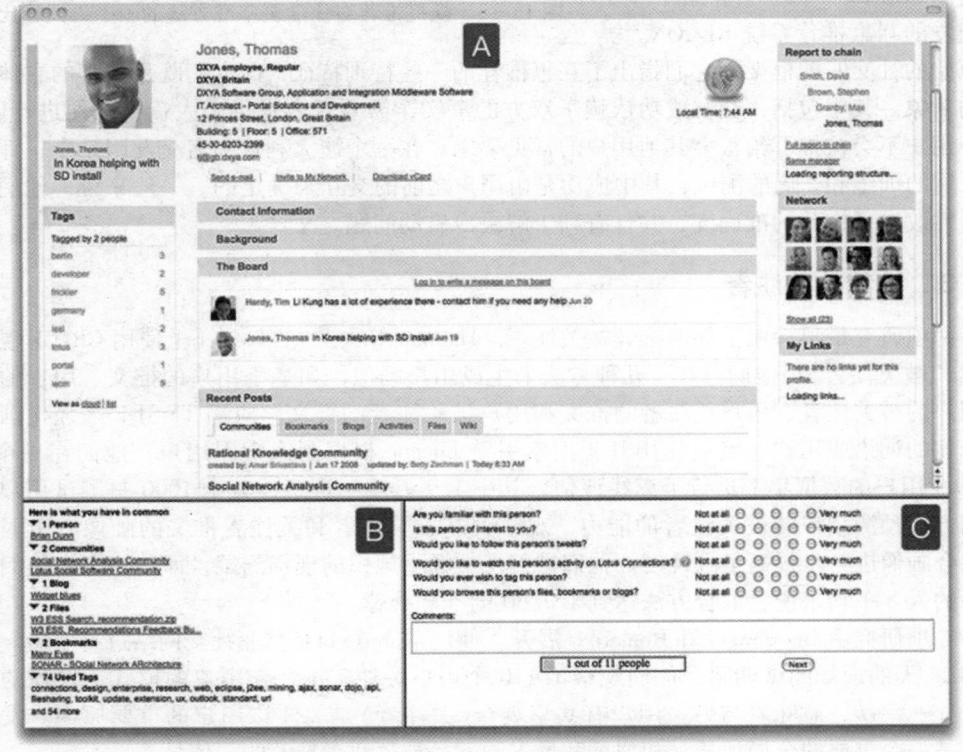

图 15-13　陌生人推荐系统的用户界面

完整资料页(A 部分)的形式被呈现。关于为什么这个人可能是令人感兴趣的证据也被呈现(B 部分)。它包括与该用户的相似点,比如共同标签、共同社区、共同文件和其他。推荐系统的建议行为不是社交网络内的链接,因为这可能会过快地连接到一个陌生人。相反,它建议去查看个人资料,阅读他们的博客,或者关注他们(C 部分)。

推荐用户可能感兴趣的陌生人是陌生人推荐系统(StrangerRS)的目标。这样两个几乎对立的目标是不易实现的,并且导致比熟人推荐低得多的准确度。当然,这种情况下的成功推荐价值更高,因为这不再仅仅是促进熟人间的连接,而且是让用户接触到新的、有趣的,甚至是他没有意识到的人。用于生成推荐的方法是基于网络组合的:从提取的相似度网络里删除提取的熟悉度网络来生成推荐。Jaccard 指数是衡量两个用户相似度的主要方法。图 15-14 和图 15-15 的结果表明三分之二的推荐用户确实是陌生人,但这些陌生人比一般的陌生人更令人感兴趣。在展示给每个用户的 9 个推荐里,67% 包含至少一个对该用户感兴趣的物品评分为 3 或以上(总分为 5)的陌生人。

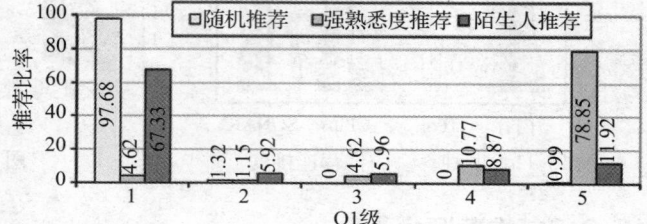

图 15-14   推荐人推荐和两个基准方法:随机和强熟悉度的陌生比率

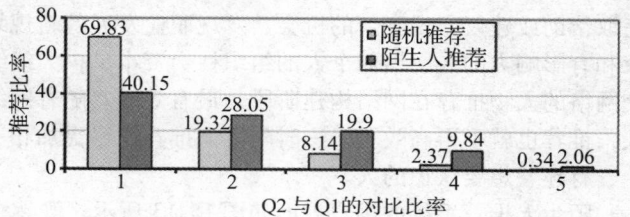

图 15-15   随机推荐对比随机基准方法的陌生人兴趣比率

陌生人推荐同样在在线交友网站广泛使用。Pizzato 等人[57]介绍了一个在线交友的互惠推荐系统 RECON。类似于原始的社交匹配框架,它们指出了互惠推荐的一些特别特征,即人们既是推荐的主体又是推荐的对象。其中包括,交友成功依赖于双方的事实,需要双方提供个人资料以便进行匹配,及一个用户不会被推荐给很多其他用户的常见要求。在一个澳大利亚知名交友网站中,评价是基于 4 周的训练和 2 周的测试,其中成功是由用户之前的交互来确定的。一般来说,他们发现互惠特性改进了推荐的准确度,并且有利于解决冷启动问题。

15.3.3   推荐被关注者

有两项研究最早探索了如何推荐被关注者。Hannon 等人[36]在 Twitter 上使用 CB-CF 混合方法推荐 "被关注者"。他们考查了几种方法来生成用户画像,如基于用户的推文、用户的关注者、用户的被关注者、用户关注者的推文和用户被关注者的推文。应用 TF-IDF 来强化画像里有区分度的词语或用户,然后使用开源搜索引擎 Lucene 根据画像索引用户。他们在一个有 2 万 Twitter 用户的数据集上进行了离线评估,其中 1.9 万用于训练,其余 1000 是测试用户。对比不同方法预测用户的被关注者的能力,观察到基于关注者和关注者推文的画像有微弱的优势。混合画像进一步提高了准确度。他们进行了一场小规模的现场测试,即用户指出他们很可能关注的人。平均来说,混合方法达到了 7/30 的准确推荐。

第二项研究由 Brzozowski 和 Romero[9]展开,使用 WaterCooler 企业社交网络进行实验。在一次为期 24 天的现场测试期间,他们观察了 110 个用户关注 774 个新用户的模式。发现的最强模式是 $A \leftarrow X \rightarrow B$,意味着与另一用户有共享观众(关注者)是关注该用户的重要原因。发现最多回复是一个重要的全局信号,相似度和最多阅读是被关注者推荐的弱信号。

在最近的一项研究中，Gupta 等人[29]透露了 Twitter 使用的被关注者推荐系统的一些细节。从体系结构角度来说，他们决定使用单台服务器在内存中处理整个 Twitter 关注者 – 被关注者结构图。他们开发了一个开源内存图片处理引擎来遍历 Twitter 图和生成推荐，使用随机行走和 SALSA[45]的组合算法比较了这两个方法：第一个方法给每个用户相同的影响而不管他们关注的或被关注的用户数量，第二个方法给每条关注者 – 被关注者边相同的影响。

15.3.4 相关研究领域

在社交网络中，链接预测是一块肥沃的研究领域，与人物推荐紧密相关且常用于进一步加强它。Liben-Nowell 和 Kleinberg[48]的开创性工作将它形式化为一项任务，即在社交网络中基于已有的交互集来预测新的交互。在论文共同作者的网络上使用无监督的学习方法实验证明，网络拓扑可以用于高效预测未来的协作。转移到社交媒体领域，Leskovec 等人[47]开发了一个模型，可以确定在社交网络中链接的符号（正或负），其中交互可以是正的或是负的（Epinions，Slashdot，Wikipedia）。Fire 等人[19]使用 5 个社交媒体网站进行实验，包括 Facebook、YouTube 和 Flickr，提出了一组用于识别缺失链接的拓扑图特征。该技术要优于共同朋友和 Jaccard 系数度量，说明它可用于推荐新连接。Scellato 等人[63]专注于基于位置的社交网络，提出有监督的学习框架以预测用户和位置之间新的连接。在移动网络的另一项研究中，Wang 等人[69]证明组合基于网络的特征和人口流动特征（如在位置间的用户移动）可以显著改善有监督学习的链接预测性能。

专家定位[43,52]在人物推荐研究领域中也值得一提，它解决了在一个给定领域或技术方面定位专家的问题。因此它属于泛搜索领域，由用户查询触发。类似于内容和人物推荐的差异，专家定位的结果是人，而不是内容搜索的文件。出于类似的本节已经讨论过的原因，相对于其他内容搜索，人物查找有一些独有的特征，因此形成了它自己的研究领域。最近的一项研究特别关注基于社交媒体数据的专家定位，它是专家挖掘的良好基础[30]。尽管其针对搜索领域，专家定位有时也跟人物推荐相混合，在很多情况下被称为"专家推荐"。应当指出的是，只有当不包含用户查询并由系统而不是用户来启动时，人物推荐系统才被认为是专家推荐。

15.3.5 小结

人物推荐是一个复杂的研究领域，它致力于给人们推荐用户，也带来了很多有趣的方面。例如，解释可服务于这样的情况：使用户更舒适地接受推荐并且发送链接邀请或开始关注（在大多情况下，尽管不要求批准，被关注的用户也将收到关注通知）。本节回顾了人物推荐的三种类型：熟人推荐，如社交网络的连接；感兴趣的人推荐，如在社交媒体网站中关注；陌生人推荐，如在一个社区或组织内约会或结识朋友。一个社交网站可能根据网站用户的阶段在这些推荐类型之间进行转换。例如，在早期阶段，推荐熟人和感兴趣的人是理想的，这样能建立他们的朋友和被关注者网络。在后期阶段，当用户的连接逐渐枯竭时，陌生人推荐可以帮助用户结交新用户及增加他们的社交资本。

15.4 讨论

本章总结社会化推荐系统相关的关键主题，贯穿于前两节的人物和内容推荐，并指出了未来研究的方向。

解释。社交媒体数据的公开性质能够为推荐提供更多的透明度，展示推荐的形成过程。在回顾的一些内容和人物推荐的企业案例中，我们发现解释在增加推荐的即时采纳率上起着关键作用[33,34]。除此之外，解释在推荐系统中对构建与用户的信任关系有长期的影响[37]。

关于解释也有一些挑战。首先，正如我们所看到的，解释并不是总能提高准确性。例如，在我们的混合内容推荐研究中，基于标签的解释没有增加推荐的命中率。其次，不是每个推荐方法都可以提供直观的解释；常常在方法的复杂度和它可以提供的解释的清晰度之间作权衡。例如，基于聚类技术的推荐通常难以解释。再次，解释会造成隐私方面的挑战。例如，You-Tube 的解释显式地展示用户先前看过的视频[16]，如果被他人看到，将直接暴露可能的敏感信息。最后，解释需要额外的用户界面，可能对移动设备带来挑战。因此，在设计推荐系统时应该仔细考虑它们的性价比。

隐私。正如在本章中多次提到的，社交媒体数据的主要优点之一是它大部分是公开的，因此可以用作分析而不涉及用户隐私，如电子邮件或文件系统数据（见第 19 章）的用户隐私。然而应当指出的是，在一些国家当链接到一个真实用户的身份时，公共社交媒体信息仍被认定为个人信息（PI）。这意味着对这些数据进行分析和推断仍需要用户同意。事实上，公众数据的汇总，即使它之前是可访问的，也可能泄露用户不愿暴露的敏感信息。此外，如刚才提到的，针对具体用户的解释可能将非常敏感的数据，如浏览或点击历史暴露给在旁边观看的人。最后，有很多社交媒体数据仍是访问受限的。推荐系统应特别注意不要侵犯数据的隐私模型，以避免曝光敏感信息[18]。

标签。根据本章作者的研究表明，标签是由社交媒体引入用来标注网页、图片或人物内容的机制，是推荐特别有效的基础。标签能够精确概括用户对大量内容片段的观点，因此对于推荐结果的生成具有很高的价值[64]。除推荐外，标签也有其他作用，如增强搜索或给用户生成能概括一组物品共同主题的“标签云”（tag clouds）[42]。然而，随着像 Delicious 这样的网站不再受欢迎以及其他网站不再突出标签，标签的使用近年在减少。本章没有讨论标签推荐技术[41,65]是因为标签是社会化推荐系统的另一种类型，应该用来促进标签的使用并停止这样的循环：标签推荐生成更多的标签，而这些标签反过来用于生成其他的推荐。

社交关系。社交媒体对推荐系统最重要的贡献之一是显式（铰接）网络的引入。社交网络站点，如 Facebook、LinkedIn 和 Twitter，允许人们明确地表达自己的连接。如前所述，有两类主要的连接，一类表达熟悉度而另一类表达兴趣度。这两类铰接网络对内容推荐都是非常有用的，能增强传统的协同过滤技术。它们也有其他的优点：1）不需要评分形式的显式反馈来确定相似度网络；2）如果网络可以在多个社交媒体网站使用，有助于应对新用户的冷启动问题；3）有助于用户判断推荐，因为它们来自他们认识或感兴趣的人（也使得解释更加有效）。另一方面，正如我们所看到的，推荐链接或关注的人对促进这样的显式关系的形成至关重要。这是推荐系统和在 15.1 节中讨论的社交媒体交互关系的典型示范：一方面，社交媒体引入了一种可增强推荐系统的新数据类型；另一方面，推荐系统对生成这种类型的数据非常关键。

信任和声誉。信任话题在推荐系统领域有重要的影响。显然，最好的推荐来自可信之人。但另一方面，信任很难衡量，因为它代表了两个用户之间非常抽象和主观的品质。声誉是关于其他人对用户感知的更一般的概念[38]。一种定义方法是所有用户对该用户的信任聚合。社交媒体和“大众智慧”能够用以前无法实现的方式估计信任和声誉。在线社交关系和内容反馈形式（评论、点赞等）引入了更多可以用来计算信任和声誉的信号。也就是说，很多研究仍然使用基于有争议假设的粗估计，例如，社交网络上的朋友是值得信赖的。信任和声誉的估计也特别具有挑战性，因为即使在现实世界中人们有时也很难确定谁是可信的或谁有不错的口碑。假设给定一个信任网络，有越来越多的研究探索如何使用它来增强协同过滤。Golbeck[27]的早期工作就建议以一种可增强用户信任的相似用户的方式调整协同过滤公式。更多高级的方法是把信任融合在矩阵分解技术中[39]。

评估。正如本章回顾的，社会化推荐系统的评估通常使用推荐系统领域的常用方法（见第

8 章)。包括离线评估、用户调查(见第 9 章)(对于社会化推荐系统尤其常用)、现场研究或 A/B 测试。评估指标包括 RMSE、NDCG、准确度和其他推荐系统领域的常用指标。展望未来,由于社交媒体具有 "大众智慧" 的特点,将会很自然地看到更多的众包技术用于评估社会化推荐系统。近年在很多领域这些已经变得很普遍,包括信息检索(如文献[1,10,44]),然而它们在推荐系统评估中还不常用。除了准确性,社会化推荐系统领域应有的评估包括意外性("惊喜")、多样性、新颖性、覆盖面和其他因素[24]。最后,随着时间推移,评估也考察推荐对用户周边的生态环境更广泛的影响,如文献[15]所示范的,是一个非常令人期待的方向。它们对环境更广泛和更长期的影响也应该被考虑,而不是专注于推荐的有效性。作为另一个这样的研究示例,Said 和 Bellogin[62] 开始探索在 Allrecipes. com 社交网络中食谱推荐对用户健康的影响。这种研究需要将新的工具和创造性思维带入到现有的评估方法中。

推荐生成内容。 我们在 15.2 节深入讨论了内容推荐。我们的示例集中于用户消费的内容:视频、新闻、问题、社交媒体物品等。如在 15.1 节中解释的,社交媒体的主要特征之一是用户不仅是消费者,也是内容的生产者。有一家研究机构尝试推荐用户他们想要创建的内容。在 15.2 节提到的 CAQ 网站中的问题推荐,它们鼓励用户以回答的形式创建内容。其他的工作尝试鼓励创建更多的画像条目[25],激励用户写博客[17],并促使他们在 Wikipedia 上编辑文章[14]。推荐内容生成是一个非常具有挑战性的任务,因为很多的社交媒体用户是潜伏者(只消费内容)导致进入障碍更高。它根植于具有说服力的技术和理论领域,比如自我决策[61]和行为模型[20]。显然,推荐内容生成在推荐系统和社交媒体的共生上起着重要作用。

15.5　新兴领域和开放性挑战

本节指出社会化推荐系统潜在的新兴领域和对本章一些开放性挑战问题的总结。

15.5.1　新兴领域

本章列举了四个领域,作为未来几年社会化推荐系统研究的天然基地。

移动和可穿戴设备。 移动设备(如 PDA)的推荐自千禧年开始就被提议。随着带有先进技术的智能手机和平板电脑,如高清摄像头、GPS 和触摸屏开始普及,推荐技术也在调整,如考虑用户的位置(见第 14 章)。移动和社交(有时称为 SoLoMo-Social,社交、移动和位置)的结合对社会化推荐系统带来了新的机会,它将社会交互和这些设备上的先进能力组合在一起。进一步展望未来,可穿戴设备(如眼镜和手表)有可能允许访问更多的个人信息。一方面这将为社会化推荐系统提供更多可用的数据;另一方面将需要更高级的推荐技术以方便这些设备可用最小的用户输入来适度地运行。

智能电视。 推荐系统多年来已经在电视领域非常流行。Netflix 大奖进一步促进了这一领域[5]的发展。但是,随着电视进化为 "智能电视",使更多的社交元素成为可能,如观众间的分享和交互,这使得新式电视本身变成一个社交媒介。这为社会化推荐系统提供了一个非常好的机会,也使得新一代电视更加智能。

汽车。 汽车领域近年也在不断进化。自动驾驶汽车可能是目前最令人兴奋的挑战,但新的汽车模型允许汽车和驾驶员之间有更多的协作。作为这样先进的设备,汽车本身扮演着一个特殊的角色,考虑到通过传感器收集的所有信息,有时它可以被类似地当作一个人对待。随着更多的协作被期待用于描绘新一代智能汽车的特征,社会化推荐系统可以帮驾驶员分担额外的工作,并给汽车提供更多必要的信息。这已在社交导航技术(如 Waze)中开始应用,但这很可能只是刚刚开始。

医疗保健。 与其他事情相比,由于牵涉到特殊的隐私问题,医疗保健领域也一直在缓慢地适应"社交"发展。另一方面,不难想象这个领域可以从分享和协作中受益多少,无论是病人还是医生。近几年,我们开始看到医疗数据更开放共享的一种趋势。随着"社会医疗保健"开始起步,社会化推荐系统行业应该考虑如何在该领域运用,包括涉及的复杂性和推荐成败的重要影响。

15.5.2 开放性挑战

最后,社会化推荐系统领域的研究人员面临着以下三大挑战。

社交流。Twitter 或 Facebook 等新闻推送社交流对一个或多个社交媒体网站的用户活动进行联合。数以百万计的用户在社交媒体中分享和创建实时数据流,对过滤和个性化提出了新型的挑战。根据包含的数据(如 Twitter 的同质、Facebook 的异质)、数据来源(单一网站或一组网站)、访问控制(公开或仅限朋友)、订阅模式(关注或"好友"),有不同类型的流。正如本章回顾的与 Twitter 相关的工作所示,流数据是不同于"传统"社交媒体内容:它代表的是一个活动,而不是一个物品或实体;它作为一个加强版实体(如一个维基页面)更加紧密,可能包括大量的活动(如编辑);它的噪声可能非常大(如多个维基编辑可能不感兴趣);它的新鲜度是关键:几天前的物品可能已经不相关了;在内容和元数据上是稀疏的(如 Twitter 消息限制在140 个字以内)。由于这些独有的特征,推荐社交流物品自身变成了社会化推荐系统领域内的挑战,并且随着社交信息的持续增长,处理这个任务变得更具挑战性和更重要[21,32,55]。另一方面,流数据也可用于用户兴趣建模。它的新鲜简洁的特点能帮助用户建立一个最新的模型,实时识别用户口味和偏好的变化,发现可能影响推荐策略的全局趋势[23,56]。

超越准确度和随着时间的评估。回顾的很多研究专注于以准确度来衡量推荐的有效性。随着社会推荐的激增,当评估推荐的价值时,整体考虑变得比以往更加重要。应该考虑准确度之外的典型度量,包括意外性、多样性(见第 26 章)、新颖性和覆盖率[24,53]。此外,推荐的有效性应该与没有推荐的场景进行比较[4]。能使用户发现以前没有注意到的物品并采取行动的推荐显然更有价值。在回顾的很多工作里,评估是基于一次性用户调查的。长期评估是必需的,因为结果可能随着时间大幅改变。基于用户行为的学习并随着时间适应的技术将是关键的。另外,检测推荐对用户周边生态系统的更广泛影响,如在[15,62]中所描述的,是社会化推荐系统评估非常可取的方向。这需要将新工具和创造型思维带入现有的评估方法中。

跨域分析。如前所述,把数据从一个社交媒体服务迁移到另一个社交媒体服务对增强推荐和解决新用户的冷启动问题大有帮助。事实上,使用其他站点的网络、标签和其他类型的信息已经被本章先前提到的各种系统实施过。社交媒体网站在很多方面仍然是不同的。一个人的旅行网络不确定是否可以作为一个食谱推荐的可靠来源。同样,在新闻网站情景中使用的标签对视频推荐不一定是有价值的。更多的研究来源于探索社交媒体系统的共性和不同点,以及信息何时可以高效地从一个应用转向另一个应用被推荐使用。推荐系统中的跨域推荐更难,因为它们要求更丰富的数据集,涉及更复杂的用例和研究问题(见第 27 章)。随着社交媒体的持续进化,探索并更好地理解这些复杂性将会更加重要。

参考文献

1. Alonso, O., Mizzaro, S.: Can we get rid of TREC assessors? Using Mechanical Turk for relevance assessment. In: Proceedings of the SIGIR 2009 Workshop on the Future of IR Evaluation, vol. 15, p. 16 (2009)
2. Arguello, J., Elsas, J.L., Callan, J., Carbonell, J.G.: Document Representation and Query Expansion Models for Blog Recommendation. Proceedings of the second AAAI conference on Weblogs and Social Media - ICWSM '08 (2008)
3. Baltrunas, L., Makcinskas, T., Ricci, F.: Group Recommendations with Rank Aggregation and

Collaborative Filtering. In: Proceedings of the Fourth ACM Conference on Recommender Systems, RecSys '10, pp. 119–126. ACM, New York, NY, USA (2010). DOI 10.1145/1864708.1864733. URL http://doi.acm.org/10.1145/1864708.1864733

4. Belluf, T., Xavier, L., Giglio, R.: Case study on the business value impact of personalized recommendations on a large online retailer. In: Proceedings of the Sixth ACM Conference on Recommender Systems, RecSys '12, pp. 277–280. ACM, New York, NY, USA (2012). DOI 10.1145/2365952.2366014. URL http://doi.acm.org/10.1145/2365952.2366014

5. Bennett, J., Lanning, S.: The Netflix Prize. In: Proceedings of KDD cup and workshop, vol. 2007, p. 35 (2007)

6. Berkovsky, S., Freyne, J.: Group-based Recipe Recommendations: Analysis of Data Aggregation Strategies. In: Proceedings of the Fourth ACM Conference on Recommender Systems, RecSys '10, pp. 111–118. ACM, New York, NY, USA (2010). DOI 10.1145/1864708.1864732. URL http://doi.acm.org/10.1145/1864708.1864732

7. Boyd, D.M., Ellison, N.B.: Social Network Sites: Definition, History, and Scholarship. Journal of Computer-Mediated Communication (2007)

8. Brandes, U.: A faster algorithm for betweenness centrality. Journal of Mathematical Sociology **25**(2), 163–177 (2001)

9. Brzozowski, M.J., Romero, D.M.: Who Should I Follow? Recommending People in Directed Social Networks. In: ICWSM (2011)

10. Buhrmester, M., Kwang, T., Gosling, S.D.: Amazon's Mechanical Turk a New Source of Inexpensive, yet High-Quality, Data? Perspectives on Psychological Science **6**(1), 3–5 (2011)

11. Chen, J., Geyer, W., Dugan, C., Muller, M., Guy, I.: Make New Friends, but Keep the Old: Recommending People on Social Networking Sites. In: Proceedings of the SIGCHI Conference on Human Factors in Computing Systems, CHI '09, pp. 201–210. ACM, New York, NY, USA (2009). DOI 10.1145/1518701.1518735. URL http://doi.acm.org/10.1145/1518701.1518735

12. Chen, J., Nairn, R., Nelson, L., Bernstein, M., Chi, E.: Short and Tweet: Experiments on Recommending Content from Information Streams. In: Proceedings of the SIGCHI Conference on Human Factors in Computing Systems, CHI '10, pp. 1185–1194. ACM, New York, NY, USA (2010). DOI 10.1145/1753326.1753503. URL http://doi.acm.org/10.1145/1753326.1753503

13. Chen, K., Chen, T., Zheng, G., Jin, O., Yao, E., Yu, Y.: Collaborative Personalized Tweet Recommendation. In: Proceedings of the 35th International ACM SIGIR Conference on Research and Development in Information Retrieval, SIGIR '12, pp. 661–670. ACM, New York, NY, USA (2012). DOI 10.1145/2348283.2348372. URL http://doi.acm.org/10.1145/2348283.2348372

14. Cosley, D., Frankowski, D., Terveen, L., Riedl, J.: SuggestBot: Using Intelligent Task Routing to Help People Find Work in Wikipedia. In: Proceedings of the 12th International Conference on Intelligent User Interfaces, IUI '07, pp. 32–41. ACM, New York, NY, USA (2007). DOI 10.1145/1216295.1216309. URL http://doi.acm.org/10.1145/1216295.1216309

15. Daly, E.M., Geyer, W., Millen, D.R.: The Network Effects of Recommending Social Connections. In: Proceedings of the Fourth ACM Conference on Recommender Systems, RecSys '10, pp. 301–304. ACM, New York, NY, USA (2010). DOI 10.1145/1864708.1864772. URL http://doi.acm.org/10.1145/1864708.1864772

16. Davidson, J., Livingston, B., Sampath, D., Liebald, B., Liu, J., Nandy, P., Van Vleet, T., Gargi, U., Gupta, S., He, Y., et al.: The YouTube Video Recommendation System. Proceedings of the fourth ACM conference on Recommender systems - RecSys '10 pp. 293–296 (2010). DOI 10.1145/1864708.1864770. URL http://dx.doi.org/10.1145/1864708.1864770

17. Dugan, C., Geyer, W., Millen, D.R.: Lessons Learned from Blog Muse: Audience-based Inspiration for Bloggers. In: Proceedings of the SIGCHI Conference on Human Factors in Computing Systems, CHI '10, pp. 1965–1974. ACM, New York, NY, USA (2010). DOI 10.1145/1753326.1753623. URL http://doi.acm.org/10.1145/1753326.1753623

18. Dwyer, C.: Privacy in the age of Google and Facebook. Technology and Society Magazine, IEEE **30**(3), 58–63 (2011)

19. Fire, M., Tenenboim, L., Lesser, O., Puzis, R., Rokach, L., Elovici, Y.: Link Prediction in Social Networks using Computationally Efficient Topological Features. In: Privacy, security, risk and trust (passat), 2011 ieee third international conference on and 2011 ieee third international conference on social computing (socialcom), pp. 73–80. IEEE (2011)

20. Fogg, B.: A Behavior Model for Persuasive Design. In: Proceedings of the 4th International Conference on Persuasive Technology, Persuasive '09, pp. 40:1–40:7. ACM, New York, NY, USA (2009). DOI 10.1145/1541948.1541999. URL http://doi.acm.org/10.1145/1541948.1541999

21. Freyne, J., Berkovsky, S., Daly, E.M., Geyer, W.: Social Networking Feeds: Recommending Items of Interest. In: Proceedings of the Fourth ACM Conference on Recommender Systems, RecSys '10, pp. 277–280. ACM, New York, NY, USA (2010). DOI 10.1145/1864708.1864766. URL http://doi.acm.org/10.1145/1864708.1864766

22. Freyne, J., Jacovi, M., Guy, I., Geyer, W.: Increasing Engagement Through Early Recommender Intervention. In: Proceedings of the Third ACM Conference on Recommender Systems, RecSys '09, pp. 85–92. ACM, New York, NY, USA (2009). DOI 10.1145/1639714.1639730. URL http://doi.acm.org/10.1145/1639714.1639730

23. Garcia Esparza, S., O'Mahony, M.P., Smyth, B.: On the Real-time Web As a Source of Recommendation Knowledge. In: Proceedings of the Fourth ACM Conference on Recommender Systems, RecSys '10, pp. 305–308. ACM, New York, NY, USA (2010). DOI 10.1145/1864708.1864773. URL http://doi.acm.org/10.1145/1864708.1864773

24. Ge, M., Delgado-Battenfeld, C., Jannach, D.: Beyond accuracy: Evaluating recommender systems by coverage and serendipity. In: Proceedings of the Fourth ACM Conference on Recommender Systems, RecSys '10, pp. 257–260. ACM, New York, NY, USA (2010). DOI 10.1145/1864708.1864761. URL http://doi.acm.org/10.1145/1864708.1864761

25. Geyer, W., Dugan, C., Millen, D.R., Muller, M., Freyne, J.: Recommending Topics for Self-descriptions in Online User Profiles. In: Proceedings of the 2008 ACM Conference on Recommender Systems, RecSys '08, pp. 59–66. ACM, New York, NY, USA (2008). DOI 10.1145/1454008.1454019. URL http://doi.acm.org/10.1145/1454008.1454019

26. Golbeck, J.: Generating predictive movie recommendations from trust in social networks. In: Proceedings of the 4th International Conference on Trust Management, iTrust'06, pp. 93–104. Springer-Verlag, Berlin, Heidelberg (2006). DOI 10.1007/11755593_8. URL http://dx.doi.org/10.1007/11755593_8

27. Golbeck, J.A.: Computing and Applying Trust in Web-based Social Networks. Ph.D. thesis, College Park, MD, USA (2005). AAI3178583

28. Groh, G., Ehmig, C.: Recommendations in Taste Related Domains. Proceedings of the 2007 international ACM conference on Conference on supporting group work - GROUP '07 pp. 127–136 (2007). DOI 10.1145/1316624.1316643. URL http://dx.doi.org/10.1145/1316624.1316643

29. Gupta, P., Goel, A., Lin, J., Sharma, A., Wang, D., Zadeh, R.: WTF: The Who to Follow Service at Twitter. In: Proceedings of the 22Nd International Conference on World Wide Web, WWW '13, pp. 505–514. International World Wide Web Conferences Steering Committee, Republic and Canton of Geneva, Switzerland (2013). URL http://dl.acm.org/citation.cfm?id=2488388.2488433

30. Guy, I., Avraham, U., Carmel, D., Ur, S., Jacovi, M., Ronen, I.: Mining Expertise and Interests from Social Media. In: Proceedings of the 22Nd International Conference on World Wide Web, WWW '13, pp. 515–526. International World Wide Web Conferences Steering Committee, Republic and Canton of Geneva, Switzerland (2013). URL http://dl.acm.org/citation.cfm?id=2488388.2488434

31. Guy, I., Carmel, D.: Social Recommender Systems. Proceedings of the 20th international conference companion on World wide web - WWW '11 pp. 283—284 (2011). DOI 10.1145/1963192.1963312. URL http://dx.doi.org/10.1145/1963192.1963312

32. Guy, I., Ronen, I., Raviv, A.: Personalized Activity Streams: Sifting Through the River of News. In: Proceedings of the Fifth ACM Conference on Recommender Systems, RecSys '11, pp. 181–188. ACM, New York, NY, USA (2011). DOI 10.1145/2043932.2043966. URL http://doi.acm.org/10.1145/2043932.2043966

33. Guy, I., Ronen, I., Wilcox, E.: Do You Know?: Recommending People to Invite into Your Social Network. In: Proceedings of the 14th International Conference on Intelligent User Interfaces, IUI '09, pp. 77–86. ACM, New York, NY, USA (2009). DOI 10.1145/1502650.1502664. URL http://doi.acm.org/10.1145/1502650.1502664

34. Guy, I., Zwerdling, N., Carmel, D., Ronen, I., Uziel, E., Yogev, S., Ofek-Koifman, S.: Personalized Recommendation of Social Software Items Based on Social Relations. In: Proceedings of the Third ACM Conference on Recommender Systems, RecSys '09, pp. 53–60. ACM, New York, NY, USA (2009). DOI 10.1145/1639714.1639725. URL http://doi.acm.org/10.1145/1639714.1639725

35. Guy, I., Zwerdling, N., Ronen, I., Carmel, D., Uziel, E.: Social Media Recommendation Based on People and Tags. In: Proceedings of the 33rd International ACM SIGIR Conference on Research and Development in Information Retrieval, SIGIR '10, pp. 194–201. ACM, New York, NY, USA (2010). DOI 10.1145/1835449.1835484. URL http://doi.acm.org/10.1145/1835449.1835484

36. Hannon, J., Bennett, M., Smyth, B.: Recommending Twitter Users to Follow Using Content and Collaborative Filtering Approaches. In: Proceedings of the Fourth ACM Conference on Recommender Systems, RecSys '10, pp. 199–206. ACM, New York, NY, USA (2010). DOI 10.1145/1864708.1864746. URL http://doi.acm.org/10.1145/1864708.1864746

37. Herlocker, J.L., Konstan, J.A., Riedl, J.: Explaining Collaborative Filtering Recommendations. In: Proceedings of the 2000 ACM Conference on Computer Supported Cooperative Work, CSCW '00, pp. 241–250. ACM, New York, NY, USA (2000). DOI 10.1145/358916.358995. URL http://doi.acm.org/10.1145/358916.358995

38. Jacovi, M., Guy, I., Kremer-Davidson, S., Porat, S., Aizenbud-Reshef, N.: The perception of others: Inferring reputation from social media in the enterprise. In: Proceedings of the 17th ACM Conference on Computer Supported Cooperative Work & Social Computing, CSCW '14, pp. 756–766. ACM, New York, NY, USA (2014). DOI 10.1145/2531602.2531667. URL http://doi.acm.org/10.1145/2531602.2531667

39. Jamali, M., Ester, M.: A matrix factorization technique with trust propagation for recommendation in social networks. In: Proceedings of the Fourth ACM Conference on Recommender Systems, RecSys '10, pp. 135–142. ACM, New York, NY, USA (2010). DOI 10.1145/1864708.1864736. URL http://doi.acm.org/10.1145/1864708.1864736

40. Jameson, A., Baldes, S., Kleinbauer, T.: Two Methods for Enhancing Mutual Awareness in a Group Recommender System. In: Proceedings of the Working Conference on Advanced Visual Interfaces, AVI '04, pp. 447–449. ACM, New York, NY, USA (2004). DOI 10.1145/989863.989948. URL http://doi.acm.org/10.1145/989863.989948

41. Jäschke, R., Marinho, L., Hotho, A., Schmidt-Thieme, L., Stumme, G.: Tag Recommendations in Folksonomies. In: Knowledge Discovery in Databases: PKDD 2007, pp. 506–514. Springer (2007)

42. Kaser, O., Lemire, D.: Tag-cloud Drawing: Algorithms for Cloud Visualization. arXiv preprint cs/0703109 (2007)

43. Kautz, H., Selman, B., Shah, M.: Referral Web: Combining Social Networks and Collaborative Filtering. Commun. ACM 40(3), 63–65 (1997). DOI 10.1145/245108.245123. URL http://doi.acm.org/10.1145/245108.245123

44. Kittur, A., Chi, E.H., Suh, B.: Crowdsourcing User Studies with Mechanical Turk. In: Proceedings of the SIGCHI Conference on Human Factors in Computing Systems, CHI '08, pp. 453–456. ACM, New York, NY, USA (2008). DOI 10.1145/1357054.1357127. URL http://doi.acm.org/10.1145/1357054.1357127

45. Lempel, R., Moran, S.: SALSA: The Stochastic Approach for Link-structure Analysis. ACM Trans. Inf. Syst. 19(2), 131–160 (2001). DOI 10.1145/382979.383041. URL http://doi.acm.org/10.1145/382979.383041

46. Lerman, K.: Social Networks and Social Information Filtering on Digg. Proceedings of the first AAAI conference on Weblogs and Social Media - ICWSM '07 (2007)

47. Leskovec, J., Huttenlocher, D., Kleinberg, J.: Predicting Positive and Negative Links in Online Social Networks. In: Proceedings of the 19th International Conference on World Wide Web, WWW '10, pp. 641–650. ACM, New York, NY, USA (2010). DOI 10.1145/1772690.1772756. URL http://doi.acm.org/10.1145/1772690.1772756

48. Liben-Nowell, D., Kleinberg, J.: The Link-Prediction Problem for Social Networks. Journal of the American society for information science and technology 58(7), 1019–1031 (2007)

49. Liu, J., Dolan, P., Pedersen, E.R.: Personalized News Recommendation based on Click Behavior. Proceedings of the 15th international conference on Intelligent user interfaces - IUI '10 pp. 31–40 (2010). DOI 10.1145/1719970.1719976. URL http://dx.doi.org/10.1145/1719970.1719976

50. Macdonald, C., Ounis, I.: The trec blogs06 collection: Creating and analysing a blog test collection. Department of Computer Science, University of Glasgow Tech Report TR-2006-224 1, 3–1 (2006)

51. McCarthy, J.F., Anagnost, T.D.: MusicFX: An Arbiter of Group Preferences for Computer Supported Collaborative Workouts. In: Proceedings of the 1998 ACM Conference on Computer Supported Cooperative Work, CSCW '98, pp. 363–372. ACM, New York, NY, USA (1998). DOI 10.1145/289444.289511. URL http://doi.acm.org/10.1145/289444.289511

52. McDonald, D.W., Ackerman, M.S.: Just Talk to Me: A Field Study of Expertise Location. In: Proceedings of the 1998 ACM Conference on Computer Supported Cooperative Work, CSCW '98, pp. 315–324. ACM, New York, NY, USA (1998). DOI 10.1145/289444.289506. URL http://doi.acm.org/10.1145/289444.289506

53. McNee, S.M., Riedl, J., Konstan, J.A.: Being Accurate is Not Enough: How Accuracy Metrics Have Hurt Recommender Systems. In: CHI '06 Extended Abstracts on Human Factors in

Computing Systems, CHI EA '06, pp. 1097–1101. ACM, New York, NY, USA (2006). DOI 10.1145/1125451.1125659. URL http://doi.acm.org/10.1145/1125451.1125659

54. o'Reilly, T.: What is Web 2.0. O'Reilly Media, Inc. (2009)

55. Paek, T., Gamon, M., Counts, S., Chickering, D.M., Dhesi, A.: Predicting the Importance of Newsfeed Posts and Social Network Friends. In: AAAI, vol. 10, pp. 1419–1424 (2010)

56. Phelan, O., McCarthy, K., Smyth, B.: Using Twitter to Recommend Real-time Topical News. In: Proceedings of the Third ACM Conference on Recommender Systems, RecSys '09, pp. 385–388. ACM, New York, NY, USA (2009). DOI 10.1145/1639714.1639794. URL http://doi.acm.org/10.1145/1639714.1639794

57. Pizzato, L., Rej, T., Chung, T., Koprinska, I., Kay, J.: RECON: A Reciprocal Recommender for Online Dating. In: Proceedings of the Fourth ACM Conference on Recommender Systems, RecSys '10, pp. 207–214. ACM, New York, NY, USA (2010). DOI 10.1145/1864708.1864747. URL http://doi.acm.org/10.1145/1864708.1864747

58. Quercia, D., Capra, L.: FriendSensing: Recommending Friends using Mobile Phones. Proceedings of the third ACM conference on Recommender systems - RecSys '09 pp. 273–276 (2009). DOI 10.1145/1639714.1639766. URL http://dx.doi.org/10.1145/1639714.1639766

59. Resnick, P., Varian, H.R.: Recommender Systems. Communications of the ACM **40**(3), 56–58 (1997). DOI 10.1145/245108.245121. URL http://dx.doi.org/10.1145/245108.245121

60. Ronen, I., Guy, I., Kravi, E., Barnea, M.: Recommending Social Media Content to Community Owners. In: Proceedings of the 37th International ACM SIGIR Conference on Research and Development in Information Retrieval, SIGIR '14, pp. 243–252. ACM, New York, NY, USA (2014). DOI 10.1145/2600428.2609596. URL http://doi.acm.org/10.1145/2600428.2609596

61. Ryan, R.M., Deci, E.L.: Self-Determination Theory and the Facilitation of Intrinsic Motivation, Social Development, and Well-being. American psychologist **55**(1), 68 (2000)

62. Said, A., Bellogín, A.: You are What You Eat! Tracking Health Through Recipe Interactions. In: 6th RecSys Workshop on Recommender Systems and the Social Web, RSWeb '14, p. 4 (2014)

63. Scellato, S., Noulas, A., Mascolo, C.: Exploiting Place Features in Link Prediction on Location-based Social Networks. In: Proceedings of the 17th ACM SIGKDD International Conference on Knowledge Discovery and Data Mining, KDD '11, pp. 1046–1054. ACM, New York, NY, USA (2011). DOI 10.1145/2020408.2020575. URL http://doi.acm.org/10.1145/2020408.2020575

64. Sen, S., Vig, J., Riedl, J.: Tagommenders: Connecting users to items through tags. In: Proceedings of the 18th International Conference on World Wide Web, WWW '09, pp. 671–680. ACM, New York, NY, USA (2009). DOI 10.1145/1526709.1526800. URL http://doi.acm.org/10.1145/1526709.1526800

65. Sigurbjörnsson, B., van Zwol, R.: Flickr Tag Recommendation Based on Collective Knowledge. In: Proceedings of the 17th International Conference on World Wide Web, WWW '08, pp. 327–336. ACM, New York, NY, USA (2008). DOI 10.1145/1367497.1367542. URL http://doi.acm.org/10.1145/1367497.1367542

66. Sinha, R.R., Swearingen, K.: Comparing Recommendations Made by Online Systems and Friends. In: DELOS workshop: personalisation and recommender systems in digital libraries, vol. 106 (2001)

67. Szpektor, I., Maarek, Y., Pelleg, D.: When Relevance is Not Enough: Promoting Diversity and Freshness in Personalized Question Recommendation. In: Proceedings of the 22Nd International Conference on World Wide Web, WWW '13, pp. 1249–1260. International World Wide Web Conferences Steering Committee, Republic and Canton of Geneva, Switzerland (2013). URL http://dl.acm.org/citation.cfm?id=2488388.2488497

68. Terveen, L., McDonald, D.W.: Social Matching: A Framework and Research Agenda. ACM Trans. Comput.-Hum. Interact. **12**(3), 401–434 (2005). DOI 10.1145/1096737.1096740. URL http://doi.acm.org/10.1145/1096737.1096740

69. Wang, D., Pedreschi, D., Song, C., Giannotti, F., Barabasi, A.L.: Human Mobility, Social Ties, and Link Prediction. In: Proceedings of the 17th ACM SIGKDD International Conference on Knowledge Discovery and Data Mining, KDD '11, pp. 1100–1108. ACM, New York, NY, USA (2011). DOI 10.1145/2020408.2020581. URL http://doi.acm.org/10.1145/2020408.2020581

70. Wang, J., Zhang, Y., Posse, C., Bhasin, A.: Is It Time for a Career Switch? In: Proceedings of the 22Nd International Conference on World Wide Web, WWW '13, pp. 1377–1388. International World Wide Web Conferences Steering Committee, Republic and Canton of Geneva, Switzerland (2013). URL http://dl.acm.org/citation.cfm?id=2488388.2488509

人与人之间的相互推荐

Irena Koprinska 和 Kalina Yacef

16.1　简介

　　人与人之间的推荐是很多社交网站的核心工作。比如向用户推荐朋友、推荐专业人士，或者推荐社交网站上可以关注的用户社区；又比如在婚恋网站上匹配情侣、匹配应聘者和雇主、以及匹配老师和学员。一些社交网站如 Facebook 和 LinkedIn 是以创建多对多人际关系为目标来连接用户，而在线婚恋网站则是以创建一对一关系为目标来对用户进行配对。

　　大部分的人—人推荐系统，尤其是一对一的推荐，往往涉及创建双向关系，也就是说，任何一方都可以表达对另一方的喜欢与厌恶，因此一个好的匹配推荐需要同时满足双方的喜好，这里称为互惠⊖。比如说，在雇用一个人的过程中，应聘者和提供工作的公司需要互相评估，雇主会决定应聘者是否符合职位要求，反过来也是一样（应聘者会决定该职位是否满足自己的期望）。对于在线婚恋来说，双向互惠是至关重要的。只有双方都对对方感兴趣，他们才能构建出成功的关系。在教育活动中为了最大化学生的学习收益，对学生进行分组时可能也需要考虑到互惠性。

　　直到最近，大家才意识到互惠性在人—人推荐系统中起着关键作用。本章将首先讨论互惠推荐系统的特性，接着再回顾一些前人工作后会给出一个在线婚恋的案例分析。

16.2　互惠推荐与传统推荐

　　互惠推荐必须满足推荐双方的喜好与需求。相反的，传统的把物品推荐给人的推荐系统是单向的，只要满足接收推荐用户的喜好。表 16-1 总结了两种推荐系统的区别，更全面的比较可以参考文献[1]。

表 16-1　互惠推荐和传统推荐的主要区别

传统推荐	互惠推荐
推荐的成功与否仅取决于接收推荐的用户	推荐的成功与否取决于双方用户，推荐的主体和目标
用户没有理由提供详细显式的用户资料	用户应该提供详细的个人资料；显式资料以及个人喜好并不一定准确
满意的用户很有可能会多次使用推荐服务；更好的推荐结果会带来更高的用户参与度	在一次成功推荐之后用户有可能会离开系统；更好的推荐结果会导致更低的用户参与度
相同的物体可以被推荐给所有用户	受欢迎的用户不应该被推荐给过多的其他用户

　　用户的行为会严重依赖于所在领域是否是互惠的。传统的书籍推荐系统只会依赖于获得推

⊖　本章的互惠推荐都是指双向推荐。——译者注

I. Koprinska · K. Yacef, School of Information Technologies, University of Sydney, Sydney, NSW 2006, Australia, e-mail: irena. koprinska@ sydney. edu. au; kalina. yacef@ sydney. edu. au.

翻译：徐斌　审核：吴金龙，阴红志（Hongzhi Yin）

荐的用户本身。而在一个互惠领域的场景下，如在线婚恋交友，获得推荐的用户知道推荐是否成功取决于双方的态度，这种意识会影响他的行为。此外，用户在互惠场景中，要么选择主动联系其他用户，或者选择被动等待其他用户的联系。

另外一个区别是，在传统的推荐系统中，用户没有理由提供自己的详细信息（用户资料）。在互惠推荐中则刚好相反，提供详细的用户资料是必要且有益的。不过这些用户资料未必完全真实（比如因为缺少检查，或者故意把资料编造得使其更具吸引力），互惠推荐系统需要考虑到这一点。

在传统推荐网站中，满意和忠实的用户很可能会反复地使用网站，这样系统就可以利用用户显式或隐式表达出的喜好来构建丰富的用户模型。相反的，在互惠推荐场景中，用户在获得一次成功的推荐之后可能就永远离开网站了。比如，一个人在婚恋网站中成功找到了终身伴侣，或者在招聘网站中找到了一个长期工作职位后，他就不再需要使用这些网站了。这就产生了矛盾，一方面服务供应者希望为他们的用户提供最好的服务以便满足用户需求。但是与此同时，如果他们提供了最佳推荐，用户也许就不会长期使用他们的服务，从而影响网站的收入。但换个角度来看，满意的用户会把此服务推荐给新用户，并且有可能在将来他们再次需要推荐服务的时候回来重新使用系统。这显然是一个多目标优化问题。但是需要强调的是，这两个目标，即（1）为用户提供成功的推荐以及（2）短期盈利目标，不应该被视为同等重要。因为优化短期盈利目标往往会损害长期服务的质量，而优化用户的满意度才能真正让整个服务受益。这个多目标优化问题的关键是在不降低用户的满意度情况下保持短期收益较高。

最后，在双向推荐场景下，要避免一个用户被推荐过多次而造成他推荐过载。例如，如果一个优质应聘者被推荐给每一个他能胜任的工作岗位，那么这个人很有可能因为遭受太多的联系而不再使用网站。类似的情况也可能发生在婚恋网站受欢迎的用户身上。这类用户是系统中最优质的资源，他们对系统的重要性不言而喻。因此，将这些用户推荐给其他用户的时候，需要确保这些用户对对方也是感兴趣的。流行度偏差对于传统推荐系统是个问题，本章认为这在双向推荐系统中是个更大的问题。

16.3　关于人与人推荐的已有工作

16.3.1　社交网络

在更广泛的社交匹配领域，向用户推荐用户[2]和双向推荐有着明显的关联关系，因为匹配的质量是由匹配双方共同决定的。但是，现有的一些做社交匹配工作只考虑了一方用户的需求[3]。只有很少一部分工作提到了互惠关系的重要性，而试图利用它的就更少了。

IBM 企业级的社交网络服务 Beehive[4]，可以让用户联系朋友、同事，发布新的信息或是评论共享信息。两种用户推荐算法被拿来做比较：基于内容的推荐以及协同过滤推荐。基于内容的推荐方法假设两个用户如果发布一些类似主题的内容，那么他们就可能希望认识对方。Beehive 系统基于文章内容的相似度和用户发表的内容，以及类似如工作描述和地点等一些额外信息。协同过滤是一种典型的"朋友的朋友"推荐方法，并且只基于社交网络中的链接关系。协同过滤基于的思想是，如果 A 用户的很多联系人和 B 关联，那么 A 很可能也喜欢和 B 有关联。结果表明，和不接受推荐的对照组相比，上述的方法都可以增加连接关系的数量。基于内容的推荐方法更有利于推荐互相间不认识的联系人，而协同过滤方法更有利于推荐互相认识的联系人。值得一提的是，在 Beehive 系统中，朋友关系并不是双向的，也就是说，任何用户都可以关注任何其他人而不需要对方的同意。然而，依然有一些重要的互惠社交因素值得考虑，比如，一个用户在增加关注以前，会考虑对方是不是会察觉到这个关注，或者对方是不是也会反过来关注，以及建立两人之间的关系是不是会被同一个社交网站上的其他人感知到。

Kim 等人[5]在一个社交网站上创建了一个用户推荐系统，在这个系统上，用户可以对其他人的信息做出正面或负面的回复。作者将推荐系统分类为单向交互系统和双向交互系统。他们提出一种针对双向交互系统的推荐方法，既考虑了消息发送者的兴趣，又考虑了消息接收者的兴趣，并且为了保持两者的重要性，他们采用了加权调和平均值来产生推荐。该方法既使用了用户的档案信息，又使用了用户之前的交互信息。给定一个用户，系统计算出每一个特征属性的最佳匹配得分，然后综合这些得分以用于推荐。他们的方法获得了 21.5% ~ 22.6% 的成功率，比起基准方法要稍好一些（基准方法是指用户通过浏览网站来搜寻联系人）。

完成上述工作的相同研究团队还开发了一种协同过滤推荐方法，并在相同的社交网站上进行评估[6]。该算法称为"SocialCollab"，会同时考虑推荐双方的喜好。算法基于用户的吸引力和品位的相似度。两个用户如果被类似的用户群组所喜爱，那么他们在吸引力上就很相似；而如果两个用户所喜欢的用户很接近，那么他们具有相似的品位。为了给用户 A 生成推荐，SocialCollab 算法会考虑所有的潜在候选人集合 R。对于 R 中的每一位候选人，算法首先找到该候选人的两个相似群组（分别从吸引力和品位角度衡量）；当两个群组中至少有一个人和 A 互相喜欢，那么该候选人会被加入到推荐列表。推荐列表中的用户根据和 A 互相喜欢的相似用户数量的多少进行排序。SocialCollab 算法被证明在效果上超越了标准的协同过滤算法，说明了在人–人推荐系统中，相互作用是非常重要的。Cai 等人[7]通过采用梯度下降方法学习在推荐排序中相似用户的相对贡献值，改进了 SocialCollab 的结果。在同一问题中，Kutty 等人[8]通过采用张量分解的方法产生推荐，进一步提升了 Cai 等人工作的结果。

Fazel-Zarandi 等人[9]研究了如何利用多种不同的社会驱动力来预测科学研究中的未来合作者。这些社会驱动力包括：专业知识等级、朋友的朋友、同质性、社会交换，以及传播。Fazel-Zarandi 等人发现这些模型可以被混合使用来更准确地预测合作者，并且相较于网络结构（包括互惠作用）而言，像同质性以及专家资质等方面在预测中具有更强的影响力。然而，很多社会驱动力含有部分互惠的特性，例如同质性、朋友的朋友以及专业知识等级，这些都可以是互惠的（比如，在科学合作中导师和学生之间互相受益的关系）。

16.3.2　师徒匹配

i-Help 系统[10]帮助学生寻找可以辅导他们大学课程的人，比如第一年的计算机科学课程。匹配系统根据双方的特点和喜好，来匹配帮助人和被帮助人。对于帮助人来说，系统记录或者推断出其特点，包括知识水平、兴趣爱好、认知风格、热切程度、帮助价值、可用性以及当前的工作负载。这些信息会从很多方面收集而来，包括自我评价以及之前帮助活动中同伴反馈。系统首先会生成一个初始的帮助人列表，然后通过考虑被帮助人的喜好进行重调，比如根据帮助价值与紧迫性的重要性排序，或者有优选和排除的帮助人。最终会有五个候选帮助者参与竞争，并且第一个回复的人会成为最终的帮助人。

PHelpS 系统[11]是 i-Help 系统的早期原型。它被用来在一个工作场所，培训工作人员如何使用一个新的数据管理系统。根据任务知识水平、可用性以及工作负载，采用约束求解对候选帮助人进行过滤，推荐结果会呈现给寻找帮助的人。PHelpS 系统和 i-Help 系统都依赖于丰富的用户模型，包含了帮助人和被帮助人的经验与喜好。

16.3.3　工作推荐

Malinowski 等人[12]研究了用户与工作的匹配问题，并声称这种匹配应该是互惠的，即同时考虑求职者与招聘者的偏好。他们构建了两个推荐系统。第一个系统将求职者（个人简历和介绍）推荐给一个特定招聘者提供的职位描述。为了产生训练数据，招聘者需要人工地对求职者简历打上标签，表示他们适合或者不适合某些工作。特征集合包括人口学、教育、工作经验、语言、技术技能以及其他一些特征。第二个系统给求职者推荐工作。为了产生训练数据，求职者被要求按照岗位与他们兴趣的契合程度对一些岗位进行排序。在两个场景中，作者都采用了期望最大化算法来构建预测模型。两个推荐系统被分别进行评估，并且都显示出了不错的预测精度。作者提出了一些将两种推荐结合的方法，但是并没有实现与评估。Burke[13]更广泛地总结了融合不同推荐系统的方法。

16.3.4   在线婚恋

已经发表的关于构建在线婚恋推荐系统方面的研究工作非常有限，并且大部分是最近几年发表的。其中文献[18]是最早的几个研究在线婚恋推荐系统的工作之一，该工作评估了两种基于协同过滤的算法（物—物推荐以及人—人推荐）。数据样本收集于一个商业的约会网站，网站中用户会基于对方的照片来对其吸引力进行打分。基于协同过滤推荐方法的预测准确率评估结果表明，两种方法的效果都超过了基于随机或者平均预测的基准方法。作者在文中提到了互惠（reciprocity）的必要性，但是并没有挖掘这一点。

文献[15]提出了一个基于内容的推荐系统，同时使用了用户特征信息以及用户的交互行为。为了给一个给定的用户做出推荐，系统会提取他/她的隐式偏好（也就是从与其他用户交互中推断出来的偏好），然后与其他用户的个人特征信息进行比对。实验结果表明互惠性有助于同时提高推荐成功率以及召回率（具体请见论文中的详细描述）。在文献[19]中，作者提出了一个在线婚恋推荐系统，结合了基于内容与协同过滤的方法，并且同时利用了用户特征数据与用户交互数据。

Alsaleh等人[20]采用聚类将男性用户基于特征分组，将女性用户基于偏好分组。然后根据用户的交互行为，将男性分组和女性分组匹配，以相容性得分为依据推荐分组中的成员。在他们接下来的文献[21]中，提出了一个张量空间模型，基于用户特征属性以及交互信息来发现用户之间的潜在关系。研究结果表明，该方法相比于SocialCollab[6,7]以及其他推荐方法的准确率更高。

Diaz等人[16]将匹配任务建模成一个信息检索问题，将其他人的用户特征相对于一个显式的用户偏好形象进行打分。基于历史数据，作者构建了一个匹配对的训练集合（一个匹配对是指两个用户，以他们的特征属性表示）并且标记了相关与不相关。当他们之间互相交换了联系信息，一个匹配对就被认为是相关的；相反，当其中一个用户查看了另外一个用户的信息但是并没有发送消息，或者一人发送了一个消息但是对方并没有回复，一个匹配对就被认为是不相关的。作者构建了一种机器学习分类器（多个提升回归树的集成）用于预测新匹配对的相关度；给定一个新用户，候选推荐人基于预测得分进行排序。该方法使用了一个在线约会网站的数据进行评估，作者将他们工作中的互惠性描述为双向相关性，并且强调了其在匹配推荐问题中的重要作用。

McFee和Lanckriet[17]提出了一种方法，用于学习各种专为不同排序评价指标优化的距离度量（metric），比如MAP（mean average precision）与AUC（area under the curve）这些排序评价指标。其中的距离度量学习任务被当作是一个信息检索问题，采用了机器学习算法（结构支持向量机）学习距离度量并给出排序。该方法使用了一个在线约会网站的数据进行评估，学习到的距离度量用于计算两个用户之间的距离。类似于文献[16]，每一个训练样本是一对用户，用他们的用户特征进行描述，并且被标记为成功或者不成功的匹配（一个匹配是成功的，当两个用户之间表达了相互兴趣，反之亦然）。结果表明，文中提出的方法效果略好于基于欧氏距离的基准方法。互惠性并没有在这篇文章中进行讨论，文章主要的焦点集中在通用的距离度量学习算法，而不是在线婚恋这个应用。

16.4　在线婚恋系统案例分析

在线婚恋网站，比如 Match. com、eHarmony、RSVP、Zoosk、OkCupid 以及 Meetic，拥有数以百万计的用户，并且越来越受到欢迎。这些网站的营收也稳步增长；据统计，在 2014 年，美国和澳大利亚的在线婚恋产业分别具有 20 亿美金和 1. 13 亿美金的收入规模。

为了寻找婚恋对象，用户提供他们自己的个人信息(用户特征)以及他们理想中的对象(用户偏好)；表 16-2 是一个预定义特征的样例。显式的用户偏好是由用户自己描述得到。而隐式的用户偏好是从一个用户与其他用户之间的交互行为中推断得到，并且有可能和显式的偏好非常不同(比如当一个用户专门联系一些身材矮小且抽烟的人，尽管其声称要寻找身材高大且不抽烟的人)。

表 16-2　用户信息与显式偏好

Bob	我的信息(我是谁?)	我理想中的对象信息(我在找谁?)
年龄	44 岁	35 ~ 46 岁
地点	悉尼	20 公里之内
身高	175cm	不超过 175cm
身材类型	健硕	修长、均匀、健硕
抽烟	戒烟	戒烟、不抽烟
婚姻情况	离婚	单身、离婚、寡妇、分居
是否有孩子	有孩子不住在家里 数量: 2 个 年龄范围: 18 ~ 23 岁	有孩子不住在家里, 有孩子住在家里, 没有孩子
性格	善于交际	善于交际, 普通
眼睛颜色	蓝色	
头发颜色	棕色	
国籍	澳大利亚	

这里研究了一个澳大利亚主流婚恋网站，其上的用户交互行为包括四步：

(1) 创建一个用户个人信息并且指定显式的用户偏好——新用户 Bob 在网站上创建了一个账号，并且提供了他的个人信息(用户特征)以及他理想中的约会对象(显式的用户偏好)，采用类似于表 16-2 中这样预先定义好的特征属性，或者有可能再增加一些描述其品位和个性需求的文字信息。

(2) 浏览其他用户的个人信息来寻找感兴趣的人——Bob 发现了 Alice，决定要联系她。

(3) 间接交流——Bob 从预定义列表中选择一条消息，比如"我想认识你，你愿意吗?"本书称这样的消息为兴趣表达(EOI)。Alice 可以用预定义的消息回复，正向(比如"我希望进一步认识你")或者负向的(比如"我认为我们不合适")，或者完全不回复。当一条兴趣表达收到正向的回复，我们称兴趣是有回应的。

这里定义用户 A 和 B 之间的交互是成功的，当 A 发送了一条兴趣表达给 B 并且 B 正向地做出回应。类似地，这里定义用户 A 和 B 之间的交互是不成功的，当 A 发送了一条兴趣表达给 B 但是 B 的反应是负向的。

(4) 直接交流——通常在一次成功的交流之后，Bob 和 Alice 购买网站币来互发消息。这是他们交换联系信息进一步发展关系的唯一方法。

虽然一旦发展到线下，Bob 和 Alice 的关系不一定会成功建立，但是走到上述第四步是非常关键与必要的,因为只有这样他们才能知道对方。这也是婚恋网站可以达到的极限。

令这些步骤进行下去的一个主要障碍是,用户必须可以很快在成千上万的人之中找到可以与他们建立起关系的人。不然用户就容易失去耐心(用户可能会想"没有一个我喜欢的"),或者感觉被拒绝,当他们联系的人都没有回应("没有人愿意与我交谈")。因此,一个有效的双向推荐系统对良好的用户体验来说是十分必要的。

16.4.1　一种基于内容—协同双向在线婚恋推荐系统

在本节中,我们主要介绍 CCR[19],一个基于内容—协同过滤的双向推荐系统。该系统基于用户的特征信息以及交互信息来推荐潜在的匹配用户。算法基于内容的部分计算用户特征之间的相似性。而协同过滤部分使用相似用户群的交互信息(比如他们喜欢谁/讨厌谁或被谁喜欢/讨厌)来生成推荐。该方法是双向的,因为它同时考虑了推荐双方的喜欢与不喜欢,并且以匹配一些配对成功率高的用户为目标。

16.4.1.1　算法

见下文的步骤 I 和 II,CCR 算法的主要假设是两个用户如果有类似的个人特征,那么他们就会喜欢相同类型的人,也就是说,如果用户 U 和 K_1 有类似的特征,而 K_1 与用户 A、B、C 都互相喜欢,那么 U 也会与 A、B、C 互相喜欢。在文献[19]中,作者验证了这个假设,采用相关性分析以及使用了一个大的数据集,有超过 7000 名用户以及 16 700 条兴趣表达。作者发现,相似的用户确实会与相似类型的其他用户互相喜欢。

图 16-1 显示了 CCR 算法的主要三个步骤,以对给定用户 U 生成推荐列表。

(1)基于用户特征生成相似的用户

该步骤产生一个包含 K 个用户的集合,他们拥有和用户 U 最相似的个人特征,也就是说,和 U 的距离最近。我们使用了一种改进版本的 k 近邻算法,基于七种特征(年龄、身高、体型、教育水平、是否抽烟、是否有孩子以及婚姻状况)与一种专门为这些特征

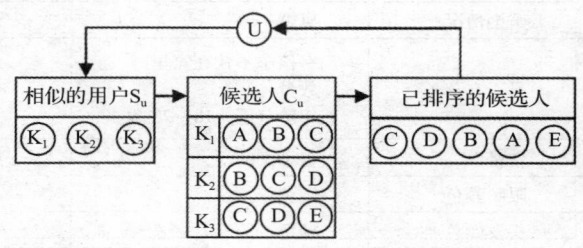

图 16-1　CCR 推荐算法

而设计的距离计算方法。比如在图 16-1 中,用户 U 的相似用户集合 S_u,包含了 K_1、K_2 和 K_3。

(2)基于用户交互信息生成推荐候选人

该步骤对 U 生成一个候选推荐人集合 C_u。对 S_u 中的每一个用户 K_i,我们把所有用户中和 K_i 互相感兴趣的人增加到集合 C_u 中。比如在图 16-1 中,K_1 和 A,B,C 都互相喜欢,K_2 和 B,C,D 互相喜欢,K_3 和 C,D,E 互相喜欢,结果生成了一个候选推荐人集合 $\{A$,B,C,D,$E\}$,频次分别是 1,2,3,2,1。

(3)候选人排序

该步骤基于候选人的意愿程度,重新排列候选人集合,并提供有价值的推荐结果给用户 U。图 16-1 所示的排序方法是基于频次的排序——用户 C 在集合 C_u 中的出现频次最高所以排在最前面。

16.4.1.2　Support 排序方法

我们构建、实现并比较了一系列的排序方法[22]。下面描述 CCR 方法的核心排序方法 Support。我们发现 Support 方法虽然简单,却是在我们的数据上最有效的方法。16.4.2.5 节评估了另外两个排序方法:显式方法与隐式方法。

Support 排序方法基于相似用户群组 S_u 和候选人群组之间交互信息。用户只有在与 S_u 中的

用户建立双向关系才会被加入到候选池中，包括给予正向回复或者收到正向回复。然而，有一些候选者可能会从 S_u 中的多个用户那里收到多份兴趣表达，他们会给其中一些人正向的回复而另外一些人负向的回复。因此，比起其他人，一部分候选者与 S_u 中用户有更多的成功交互行为。Support 排序方法计算每一个候选者在 S_u 中的支持度（Support）。分数越高，说明候选用户 X 收到 S_u 中用户更多的喜欢。

对于每一个候选者 X 来说，我们计算出 X 给予或收到 S_u 中用户的正向回复次数，见表 16-3。我们还需要计算出 X 给予或收到 S_u 中用户的负向回复次数。那么 X 的支持度得分就等于正向次数减去负向次数。X 得到的分数越高，说明收到 S_u 中用户更多的喜欢。候选者会基于支持度得分降序排列。

表 16-3 Support 排序方法

X	正向回复次数 $X{\rightarrow}S_u$	正向回复次数 $S_u{\rightarrow}X$	负向回复次数 $X{\rightarrow}S_u$	负向回复次数 $S_u{\rightarrow}X$	得分
A	10	1	4	2	5
B	4	2	4	1	1
C	5	1	1	1	4
D	2	0	6	1	−5

16.4.1.3 实验评估

数据

为了评估 CCR 方法的性能，我们使用了与作者合作的一个澳大利亚婚恋网站中的真实数据。数据包含了 2010 年 3 月所有活跃用户的用户个人信息以及交互信息，这些活跃用户指所有在 2010 年 3 月发送或者接收至少一份兴趣表达消息的用户。因为数据规模的关系，我们只考虑住在悉尼的用户以及不同性别间的交互行为。数据相关特征显示在表 16-4 中。每一轮测试过程中，数据集会被分为两个不交叉的集合，训练集和测试集，分别含有 2/3 和 1/3 的用户数。每一个训练/测试分割都有均等的男女比例分布。热门用户（发送或接收较多的兴趣表达消息）也被均等地分配到每个集合里。

表 16-4 数据特征

总用户数	216 662
男性用户数	119 102（54.97%）
女性用户数	97 560（45.03%）
兴趣表达数	167 810
成功兴趣表达数	24 079（25.59%）
发送/收到至少一次兴趣表达的用户数	7 322
发送/收到至少一次兴趣表达的男性用户数	3 965
发送/收到至少一次兴趣表达的女性用户数	3 357

兴趣表达消息的响应双方如果是分别来自训练集和测试集的，那么这些兴趣表达将会被移除，以保证数据的公平评估。然后那些在测试集或者训练集中相关兴趣表达次数不足最小次数的用户也会被剔除。在划分训练、测试集之前，这个过程会去除掉小于 1% 的总用户数。在排序候选集时，测试集中用户的交互数据不会被使用，以保证训练集与测试集的明确区分。

所选的属性与距离计算方法

原始数据集包含了 39 个用户特征属性。针对这些特征属性的分布，我们做了基本的数据分析方法以便确定每一个特征的重要性与适用性。基于这些分析以及计算相关性的试验之后，人为地选择了七种特征属性：两种数值特征（年龄与身高）以及五种类别特征：体型（苗条、均匀、超重），教育水平（中学、技校、大学），抽烟（是、否），是否有孩子（是、否）以及婚姻状况（单身、离异）。一些原始特征属性在预处理的时候被合并在一起，比如属性"超重"和"体型偏大"被合并为"超重"。

为了评估用户 A 和 B 的个人信息相似度，我们采用了一种距离计算方法，考虑了所有特征属性之间的区别，但是在年龄的区别上给予更大的权重。类目属性之间的距离通过采用反射二进制表示（格雷码）以及汉明距离来计算。数值属性之间的距离计算采用差的绝对值。具体详见文献[19]。

性能评估

针对一个用户 U，定义以下几种集合：

- successful_sent： U 发送兴趣表达，且成功收到正向回应的用户集。
- unsuccessful_sent： U 发送兴趣表达，且收到负向回应的用户集。
- successful_recv： 向 U 发送兴趣表达，且 U 给予正向回应的用户集。
- successful_recv： 向 U 发送兴趣表达，且 U 给予负向回应的用户集。
- successful = successful_sent + successful_recv：和 U 相关的所有成功集合。
- unsuccessful = unsuccessful_sent + unsuccessful_recv：和 U 相关的所有失败集合。

对于每一个测试集中的用户 U，系统生成一个长度为 N 的有序推荐列表 N_recommendations。定义推荐列表中成功/失败的兴趣表达为：

- successful@N = successful ∩ N_recommendations：推荐列表中用户 U 的成功兴趣表达数。
- unsuccessful@N = unsuccessful ∩ N_recommendations：推荐列表中用户 U 的失败兴趣表达数。
- 于是，成功率@N 定义为：

$$successRate@N[\%] = \frac{\#successful@N}{\#successful@N + \#unsuccessful@N} \tag{16.1}$$

因此，给定一个长度为 N 的有序推荐列表，推荐成功率@N 就是指正确的推荐数量比上有交互的推荐数量（正确加不正确）。

我们采用如下基准方法作为比较：修改 CCR 算法（见图 16-1）中的第 1 步，将 k 近邻的方法改为随机选取 S_u 中的 K 个用户。这 K 个用户将用于产生候选推荐人，也就是说算法的第 2 步和第 3 步没有变化。

所有实验都会跑 10 遍，给出的成功率是 10 遍的平均结果。

实验结果

本章评估了 CCR 算法的性能表现，实验基于不同推荐数量 N（从 10 到 500）以及不同的最小用户兴趣表达数量 minEOI_sen（从 1 到 20），并且与基准算法进行比较（采用随机的 K 个用户替换 k 近邻算法）。图 16-2 显示了在所有 N 下并且 minEOI_sent = 2 时的成功率。我们发现，CCR 显著优于基准算法的表现。比如，在 N = 10，minEOI_sent = 2 情况下，CCR 的成功率是 69.26%，而基准算法的成功率是 35.19%。

当推荐数量 N 从 10 增长到 500，推荐成功率下降了 10% ~ 20%。这说明，最佳的推

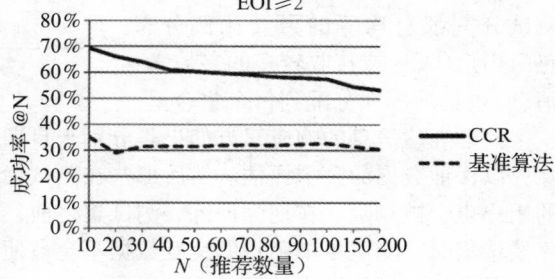

图 16-2   CCR 算法成功率，minEOI_sent = 2

荐都集中在推荐列表的前部，增加推荐数量往往会削弱成功率。因此，这里的排序标准是有效的。在实际操作中，小的推荐数量 N（比如 N = 10 ~ 30）的成功率是非常重要的，因为往往只有前 N 个结果会展示给用户。不成功的推荐，尤其是被对方拒绝的推荐往往会令人沮丧。

实验结果还表明当 minEOI_sent 从 1 增长到 20，推荐成功率非常接近。然而，对于发送较多兴趣表达的用户来说，成功率会稍稍降低一些（比如当 N = 10 的时候，minEOI_sent = 10，成

功率为60.16%；当minEOI_sent = 20，成功率为58.54%）。这可以解释为，高度活跃的用户往往选择联系对象时更草率。

在所有的实验中，本章采用$K = 100$，$C = 250$。在这样的参数下，系统大概需要100ms来为一个用户产生推荐列表，这表明本章的算法在产生相似用户和候选推荐时都很高效。

16.4.2 显式与隐式的用户偏好

在本节中，我们首先研究显式与隐式的用户偏好信息在预测两个用户交互成功率上的作用。然后我们使用这样的偏好来对CCR算法中候选者进行排序。更多细节可以参考文献[22]。

16.4.2.1 显式的用户偏好

本章定义用户U的显式偏好是由U提供的属性值所组成的向量，所有属性和它们可能的取值都是由网站预先定义好的。

在本章的研究中，我们使用了除位置以外的所有属性，也就是包含了19种属性——2种数值属性（年龄和身高），以及17种类目属性（婚姻状况、是否有孩子、教育水平、职业、职业水平、体型、眼睛颜色、发色、抽烟、喝酒、饮食习惯、民族背景、宗教、是否想要孩子、政党、性格以及是否有宠物）。

为了简化考虑，本章只采用了悉尼的用户以及来自异性之间的交互信息。

16.4.2.2 隐式的用户偏好

通过一种贝叶斯分类方法，本章从用户交互数据中学习隐式的用户偏好；关于推荐系统使用到的数据挖掘方法，在第7章中有一个综述。

用户U的隐式偏好信息由一个二分分类器的结果所表示，体现了用户U的喜好和厌恶。该分类器由U历史的成功和失败的交互数据进行训练。训练数据包含了在一段时间内，所有U交互成功的用户，表示为U_+，以及所有U交互失败的用户，表示为U_-。每一个来自U_+和U_-的用户都是一个训练样本；样本用向量表达用户的个人特征属性值，并标记为成功（与U交互成功）或者失败（与U交互失败）。这里使用前一小节中提到的19种用户特征显式偏好作为用户特征属性。给定一个新用户U_{new}，分类器预测出U_{new}和U成功交互的概率，并将其分类为概率较大的那一类。

本章使用NBTree[23]，一种由决策树和朴素贝叶斯混合而成的分类算法。类似于决策树，每一个NBTree的节点对应测试一个单一属性的值。与决策树不同的是，NBTree的叶子节点使用朴素贝叶斯分类，而不是类别标签。本章使用NBTree有两个原因。第一点，对于一个新的样本，NBtree会得到属于每一个类的概率；我们需要一个概率型的分类器，因为我们用计算出来的概率值作为推荐候选人排序的标准。第二点，NBTree比决策树或者是朴素贝叶斯都要更准确，同时又维持了两个分类算法的可解释性，也就是说，可以呈现给用户一个容易理解的结果[23]。

16.4.2.3 显式偏好可以准确预测用户的交互吗

数据

为了评估显式偏好的预测能力，本章只考虑在一个月（2010年3月）时间内曾经发送或者接收至少一个兴趣表达的用户。为了进一步简化数据，本章限制用户集合中只包含在悉尼的用户。满足这两个要求的有8012个用户（称为目标用户）以及115 868次交互，其中成功的有46 607（40%），失败的有69 621（60%）。每一个用户U，都有一个和他交互的用户集合U_{int}，包含了和U交互过的所有用户。

方法

本章用每一个目标用户U的显式偏好和U_{int}中用户特征属性作对比，计算他们的匹配和不匹配的属性个数。

一个用户在个人信息中，对一个给定的属性特征只能指定一个值，比如身高 1.7 米或者体型健硕；但是在偏好上可以指定多个值——对于一个类型属性可以指定多个类目，比如身材修长或者健硕；或者对于一个数值型的属性指定一个数值范围，比如身高在 1.55 米到 1.75 米之间。U 的偏好和 U_{int} 的个人特征信息匹配过程如下。

对于一个数值特征，如果 U_{int} 的值落在 U 的偏好范围里面，或者 U_{int} 没有指定值，那么我们就说 U_{int} 匹配 U 的偏好（具体例子见表 16-5）。对于一个类目特征，如果 U_{int} 的值包含在 U 指定的范围中或者 U_{int} 没有指定值，那么我们就说 U_{int} 匹配 U 的偏好（具体例子见表 16-6）。如果某个属性 U 没有指定，那么该属性就不予考虑。当 U_{int} 的个人信息符合 U 的所有偏好，则他们匹配，反之则不匹配。

表 16-5   匹配 U 的显式偏好于 U_{int} 的个人信息，数值属性

U 的身高偏好	155 ~ 175	155 ~ 175	155 ~ 175
U_{int} 的身高属性	160	180	未知
匹配结果	匹配	不匹配	匹配

表 16-6   匹配 U 的显式偏好于 U_{int} 的个人信息，类目属性

U 的体型偏好	苗条，均匀	苗条，均匀	苗条，均匀	苗条，均匀
U_{int} 的体型属性	苗条	均匀	肥胖	未知
匹配结果	匹配	匹配	不匹配	匹配

结果

最终结果显示在表 16-7 中。结果表明，有 59.40% 的交互发生在非匹配用户之间。进一步研究成功和失败的交互行为可以发现：

- 在 61.86% 的成功交互行为中，U 的显式偏好和 U_{int} 的个人特征信息并不匹配。
- 在 42.25% 的失败交互行为中，U 的显式偏好和 U_{int} 的个人特征信息相匹配。

表 16-7   显式偏好分析结果

	U 的偏好匹配 U_{int} 的特征	U 的偏好不匹配 U_{int} 的特征	总计
成功交互	17 775（38.14 %）	28 832（61.86 %）（假阴性）	46 607（所有成功交互）
失败交互	29 263（42.25%）（假阳性）	39 998（57.75%）	69 261（所有失败交互）
总计	47 038（40.60%）	68 830（59.40%）	115 858（所有交互）

假设我们利用用户的特征信息和偏好是否匹配作为依据来预测两个用户是否会成功交互（如果匹配则预测成功；如果不匹配则预测失败）。那么这种预测的准确率只有 49.43%（17 775 + 39 998/115 868）。该结果比始终预测较多类的基准方法（ZeroR）结果 59.78% 还要低。进一步分析错误分类结果发现，假阴性（false negatives）的比例要高于假阳性（false positives），虽然两者的绝对数值非常接近。

综上所述，显式的用户偏好不适合用于预测用户之间交互的成功率。这个观点与文献[16]是一致的。

16.4.2.4   隐式偏好可以准确预测用户的交互吗

数据

为了评估隐式偏好的预测能力，我们只考虑那些在一个月时间周期内（2010 年 2 月）有至少 3 次成功和 3 次失败交互的用户。选择这个数据，使得我们可以在之前用于研究隐式偏好的 3 月份数据上进行测试。同样，这里限制只使用在悉尼的用户。满足这两点限制条件的用户有

3881 名，称为目标用户。训练数据包含了目标用户在 2 月份的交互行为，总共有 113 170 次交互，其中 30 215 次成功，72 995 次失败。测试集包含目标用户在 3 月份的交互行为，总共有 95 777 次交互，其中 34 958 次成功，60 819 次失败。每一个目标用户 U 都有一个关联用户集 U_{int}，包含了所有和 U 有交互的用户。

方法

对每一个目标用户 U，我们通过 U 在 2 月的成功与失败交互数据构建一个分类器，见 16.3.2 节。然后在 U 的 3 月份交互数据中进行测试。这样的分割保证了不会在相同的交互数据上进行训练和测试。

结果

表 16-8 总结了 NBTree 分类器在测试集上的分类性能。该方法得到了 82.29% 的准确率，显著高于基准方法 ZeroR 的 63.50% 和基于显式偏好的分类准确率。和显式偏好相比，假阴性率从 61.86% 下降到 30.14%，隐式偏好在这个方面的用户体验有非常显著的提升，因为如果一个用户被推荐的用户拒绝会令他非常沮丧；假阳性率也从 42.25% 下降到了 9.97%。

表 16-8 NBTree 在测试集分类性能

分类结果	成功交互	失败交互	总计
成功交互	24 060（68.83%）	10 538（30.14%）（假阴性）	34 958（所有成功交互）
失败交互	6 064（9.97%）（假阳性）	54 755（90.03%）	60 819（所有失败交互）

综上所述，实验结果表明相比于显式偏好，隐式用户偏好可以更准确地预测出用户交互行为是否成功。

16.4.2.5 采用用户偏好对 CCR 算法候选人排序

显式排序方法

这是一种基于内容的排序方法。基于的思想是最小化目标用户显式偏好和候选人属性之间的不匹配数量；不匹配的数量越少，排序的名次越高。此外，除了检查目标用户的显式偏好，算法还检查候选人的偏好：看目标用户的属性是否满足候选人的偏好。也就是说，该算法最小化互相不匹配的数量。

我们比较了每一个候选人的个人信息与目标用户的显式偏好，以及目标用户的个人信息与候选人的显示偏好。我们记录了所有匹配和不匹配的数量。候选人首先基于不匹配得分（第一阶段排序）进行升序排序。然后拥有相同不匹配得分的候选人会基于他们的匹配得分（第二阶段也是最终阶段排序）降序排序。表 16-9 是一个样例。

表 16-9 显式排序方法

候选人	匹配属性数量	不匹配属性数量	阶段 1：不匹配排序	阶段 2：匹配排序
A	2	0	1	2
B	2	2	2	4
C	4	2	2	3
D	4	0	1	1

隐式排序方法

这种排序方法利用用户以往的交互信息，因此需要用户在推荐系统上之前的使用历史。

基于历史交互信息，系统用分类器为用户 U 生成推荐结果。给定一个候选人，分类器给出他分到两类的概率（和目标用户有成功或者失败的交互）。然后候选人会基于成功预测概率被降序排序。

基准方法

这种方法假设所有的候选人都有均等的配对机会,任何一个随机选择用户都会有和其他排序推荐方法一样的概率被推荐。对于候选池中的候选者来说,他们都会随机被推送给目标用户。

结果

这里使用前面用于研究隐式用户偏好的数据。前面已经说过,该数据包括所有用户的个人特征信息与用户交互信息,用户必须在 2010 年 2 月有至少 3 次成功和 3 次失败的交互并且住在悉尼。这个数据是表 16-4 中数据的一个子集,该数据包括了至少发送或者收到一次兴趣表达的用户。为了训练 NBTree,必须要有一个最小的正例和负例样本数量限制,因此限制每个用户必须要有至少 3 次成功和 3 次失败的交互。

在每一轮实验中,满足上述两点要求的用户作为测试集的一部分。测试用户的交互信息不会被用于产生以及排序候选人。这样就可以保证测试集和训练集之间清晰的划分。

图 16-3 表示在不同推荐数量下的推荐成功率,其中 minEOI_sent = 5。主要的结果有:

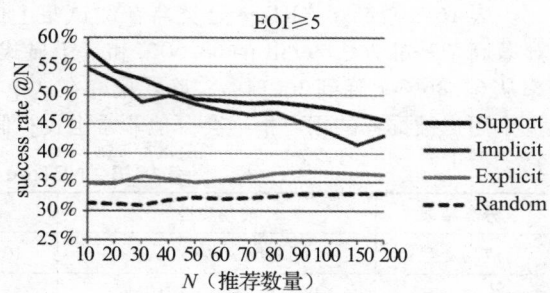

图 16-3　不同排序方法下 CCR 算法的成功率

- Support(在 16.4.1.2 节中描述)、隐式与显式排序方法在所有的 N 与所有的最小兴趣表达 EOI 数量下,都优于随机排序方法(基准方法)。

- 最佳的排序方法是 Support,之后是隐式和显式。在比较小的推荐数量下(N = 10 ~ 50),隐式方法表现的和 Support 类似。这个结果是令人鼓舞的,因为小数目推荐的成功率在实际应用中是非常重要的。随着 N 的增大,Support 和隐式方法之间的区别越来越大。

- 隐式方法在所有 N 以及最小 EOI 数量下都显著优于显式方法。比如,对比一下前十推荐的成功率(N = 10): 隐式 = 54.59%,显式 = 34.78%,EOI = 5; 隐式 = 50.45%,显式 = 36.05%,EOI = 10; 隐式 = 54.31%,显式 = 32.95%,EOI = 20,也就是说,两种方法的差距大概是 14.4% ~ 21.4%。

- 当推荐数量 N 从 10 涨到 200,Support 和隐式方法的成功率下降了 8% ~ 12%。这意味着,最好的推荐结果已经位于推荐列表的前面。因此,这些排序方法是有用和有效的。对于显式方法来说,随着 N 的增大,推荐成功率并没有显著改变甚至在某些情况下还要略好。这也确认了显式排序方法是不太有效的,尽管依然比基准方法要好。

- 当兴趣表达发送数量 EOI_sent 从 5 增长到 20,成功率的趋势是非常接近的。

16.5　总结与未来工作

人—人双向推荐系统是最近才被重视的一类推荐系统。在本章中,我们讨论了该类方法的特征(更详细的分析见文献[1])以及如何用好互惠特性。

为了说明这类推荐系统不同方面的特性,如何考虑互惠原则,以及如何构建一个有效的推荐系统,本章给出了一个在线婚恋的案例分析,使用了来自一个澳大利亚主流在线婚恋网站的大数据。

本章提出了 CCR,一种为在线婚恋而设计的双向推荐系统,它结合了基于内容与基于协同过滤的推荐方法,并同时采用了用户特征数据与用户交互数据。本章发现,具有相似画像的人会被同样有相似画像的人互相喜欢。在不同的兴趣表达 EOI 数量下,CCR 达到的成功率在

64.24% ~ 69.26%，显著优于基准方法的成功率23.44% ~ 35.19%。CCR一个重要的优点是可以解决冷启动问题，即新的用户进入到网站时可以马上基于用户的个人信息进行推荐，这一点对于吸引新用户来说是非常重要的。

本章还研究了隐式用户偏好与显式用户偏好之间的差异，发现用户自己声称的显式偏好并不能很好地预测交互是否成功，只有49.43%的准确率。相反，隐式的用户偏好从用户过往成功与失败的行为数据学习而来，使用一个概率分类器，可以很好地预测交互是否成功，取得89.29%的准确率。此外，本章研究了CCR候选者排序过程中使用显式与隐式用户偏好，结果发现使用隐式偏好的排序方法比使用显式偏好的准确率更高。

在设计双向推荐系统时仍有很多值得研究的问题，其中一些和一般的推荐系统相同，而另一些来自互惠特性。

有一些用户特性在双向推荐算法中需要谨慎处理：比如，热门用户不应该被推荐得太频繁，因为他们可能会信息过载或者消极回应。这个问题在非双向推荐，即使是非双向的人—人推荐系统中，比如Twitter，并不经常发生。

另一个问题是，在某些情况下，受欢迎的用户，可能是犯罪分子创造的诱骗信息，使人们相信他们的浪漫骗局。在线婚恋产业中的欺诈检测有很高的优先级，它要求推荐系统在处理特征时不能远离真实用户的特征而偏向具有诱骗信息的特征[21]。虽然这个问题在在线婚恋系统中特别重要，因为用户在系统中寻找关系时很容易受到伤害，但是它也可能出现在其他类型的人—人推荐系统中。

显式与隐式用户偏好的预测能力同样需要进一步的研究。不是所有的显式偏好都均等重要；如果用户可以指定显式偏好中每一个属性的重要程度，这个信息就可以用于改善对用户交互成功与否的预测。对比分析显式与隐式用户偏好具有重要价值，比如：1）发现是否有一些难以捕捉的隐藏因子；2）让用户意识到他们所声称的显式偏好和隐式偏好具有很大不同，使得他们可以相应调整其显式偏好。另外一点也很值得研究，那就是本章关于显式与隐式偏好的发现是否可以用于其他的人—人双向推荐中。

为了进一步提升双向推荐系统的有效性与相关性，很多其他的数据源也需要探索：如利用时间信息（如用户响应EOI的速度），或者利用照片以及文字信息来改进隐式用户偏好的质量。

在传统推荐系统中，推荐一些让人意外的结果已经被证明是一个很重要的特性（见第26章），但是在双向推荐系统中，新颖性和惊奇性是否必要仍不是很清楚。不同于传统推荐，在双向推荐中，用户提供更详尽的用户个人信息与显式偏好。匹配一些让人意外但是并不符合用户偏好的人，对有些用户来说可能是不可接受的，可能会降低他们对系统的信任度（见第20章）。当然，也有一些用户很欢迎给他们推荐一些与他们所想的不同的人。一种比较安全地推荐新颖与惊喜结果的方法是当推荐结果偏离他们显式偏好的时候，直接提醒用户。

在双向推荐系统中利用用户的个性特征（见第21章）也是我们未来工作中一个有价值的方向。有一些在线婚恋系统为了评估用户，让用户完成一个很长的侵扰式问卷，然后基于用户个性特征的类型匹配用户。如果可以以非侵扰式的方式获取用户个性特征将会非常有用，比如通过用户公开的评论文字信息；书籍、电影以及运动的喜好；写作风格、文本情感、标点符号和语法、用户的活跃度和交互行为等。

参考文献

1. L. Pizzato, T. Rej, J. Akehurst, I. Koprinska, K. Yacef, and J. Kay, "Recommending People to People: The Nature of Reciprocal Recommenders With a Case Study in Online Dating," *User Modeling and User-Adapted Interaction*, vol. 23, pp. 447–488, 2013.
2. L. Terveen and D. W. McDonald, "Social matching: A framework and research agenda," *ACM Transactions on Computer-Human Interaction*, vol. 12, pp. 401–434, 2005.

3. D. Richards, M. Taylor, and P. Busch, "Expertise recommendation: A two-way knowledge communication channel," presented at the International Conference on Autonomic and Autonomous Systems, 2008.

4. J. Chen, W. Geyer, C. Dugan, and M. G. I. Muller, "Make new friends, but keep the old: recommending people on social networking sites," presented at the International Conference on Computer-Human Interaction (CHI'2009), New York, 2009.

5. Y. S. Kim, A. Mahidadia, P. Compton, X. Cai, M. Bain, A. Krzywicki, and W. Wobcke, "People recommendation based on aggregated bidirectional intentions in social network site," presented at the Knowledge Management and Acquisition for Smart Systems and Services, 2010.

6. X. Cai, M. Bain, A. Krzywicki, W. Wobcke, Y. S. Kim, P. Compton, and A. Mahidadia, "Collaborative filtering for people to people recommendation in social networks," presented at the Advances in Artificial Intelligence, 2011.

7. X. Cai, M. Bain, A. Krzywicki, W. Wobcke, Y. S. Kim, P.Compton, and A. Mahidadia, "Collaborative filtering for people to people recommendation in social networks," presented at the Australian Joint Conference on Artificial Intelligence, 2010.

8. S. Kutty, L. Chen, and R. Nayak, "A people-to-people recommendation system using tensor space models," presented at the 27th Annual ACM Symposium on Applied Computing (SAC), 2012.

9. F.-Z. M., D. H.J., Y. Huang, and N. Contractor, "Expert recommendation based on social drivers, social network analysis, and semantic data representation," presented at the Second International Workshop on Information Heterogeneity and Fusion in Recommender Systems (HetRec).

10. S. Bull, J. E. Greer, G. I. McCalla, L. Kettel, and J. Bowes, "User Modelling in I-Help: What, Why, When and How," presented at the User Modeling, 2001.

11. J. Greer, G. McCalla, J. Collins, V. Kumar, P. Meagher, and J. Vassileva, "Supporting peer help and collaboration in distributed workplace environments," *International Journal on Artificial Intelligence in Education*, pp. 159–177, 1998.

12. J. Malinowski, T. Keim, O. Wendt, and T. Weitzel, "Matching People and Jobs: A Bilateral Recommendation Approach," presented at the 39th Annual Hawaii International Conference on System Sciences, 2006.

13. R. Burke, "Hybrid Recommender Systems: Survey and Experiments," *User Modeling and User-Adapted Interaction*, vol. 12, pp. 331–370, 2002.

14. IBISWorld. (2014, Dating Services in the US: Market Research Report, Apr 2014. Available: www.ibisworld.com.au/industry/dating-services.html

15. L. Pizzato, T. Rej, T. Chung, I. Koprinska, and J. Kay, "RECON: A Reciprocal Recommender for Online Dating," presented at the ACM Conference on Recommender Systems (RecSys'2010), Barcelona, Spain, 2010.

16. F. Diaz, D. Metzler, and S.Amer-Yahia., "Relevance and ranking in online dating systems," presented at SIGIR'2010, 2010.

17. B. McFee and G. R. G. Lanckriet, "Metric learning to rank," presented at the International Conference on Machine Learning (ICML), 2010.

18. L. Brozovsky and V. Petricek, "Recommender System for Online Dating Service," presented at the Procedings of Znalosti 2007 conference, Ostrava, 2007.

19. J. Akehurst, I. Koprinska, K. Yacef, L. Pizzato, J. Kay, and T. Rej, "CCR - a content-collaborative reciprocal recommender for online dating," in Peoc. 22nd *International Joint Conference on Artificial Intelligence (IJCAI)*, Barcelona, Spain, 2011.

20. S. Alsaleh, R. Nayak, Y. Xu, and L. Chen, "13th Asia-Pacific Conference on Web Technologies and Applications," 2011.

21. S. Kutty, L. Chen, and R. Nayak, "A people-to-people recommendation system using tensor space model," presented at the 27th Symposium on Applied Computing, 2012.

22. J. Akehurst, I. Koprinska, K. Yacef, L. Pizzato, J. Kay, and T. Rej, "Explicit and implicit user preferences in online dating," in *New Frontiers in Applied Data Mining*, L. Cao, J. Huang, J. Bailey, Y. Koh, and J. Luo, Eds., ed: Springer Lecture Notes in Computer Science, v. 7104, 2012, pp. 15–27.

23. R. Kohavi, "Scaling Up the Accuracy of Naive-Bayes Classifiers: a Decision-Tree Hybrid," presented at the Int. Conference on Knowledge Discovery in Databases (KDD), 1996.

社交网络搜索中的协作、信用机制和推荐系统

Barry Smyth、Maurice Coyle、Peter Briggs、Kevin McNally 和 Michael P. O'Mahony

17.1 简介

如今网络可能是最重要、最广泛使用的信息工具之一。我们中的多数人每天要多次使用搜索引擎，例如 Google 和 Bing，同时一些人还会使用更专业的搜索服务来满足精确需求。实际上主流搜索已经占据人们日常生活中很大一部分，以至于人们会认为所有主要 Web 搜索挑战已经被克服。然而现实却是迥然不同的，即使采取了一些措施，网络搜索的创新步伐一直未曾赶超过超前的服务，而这些服务仍然在继续寻找新方法来应对依然存在的挑战，以满足用户不断变化的需求和期望。

最近的一些研究表明，即便是主流搜索引擎，如果给所有搜索关键词相同的用户返回相同的相关文档结果，其准确率也非常低。例如，在一个针对超过 20 000 个搜索查询的研究[24]中，研究人员发现：平均来看，Google 搜索返回的结果中，至少包含一个可用项的结果比例仅占 48%。也就是说，有 52% 的查询，搜索者不从返回结果中选择任何项，这个成功率在任何标准下都令人失望和有点惊讶。在这个问题上，很大程度上不仅是搜索引擎的问题，也是搜索者的问题：我们的查询往往是模糊而不确定的，很少可以明确地表达我们的搜索需求[49,113,124-126]。我们大多数人已经习惯了这种低成功率，并通过不断浏览更多搜索结果，或者更改查询词来应对糟糕的结果列表直到找到我们想要的。但是在找到我们所需的同时也付出了相应的代价——浪费时间和精力——而且有时候我们会放弃之前的努力。这充其量只能说明现在的搜索引擎还远没有达到它应有的高效——甚至有研究表明信息工作者有 10% 的经费浪费在了搜索时间上[30]，最糟糕的是，很大一部分的搜索者根本无法找到他们需要的信息，即使这些信息存在于某处。

因此主流搜索仍然有很大的提升空间，特别是随着网络发展成一个更加社会化和协作化的世界，为了解和利用用户的喜好和关系创造了新机会。在这一章中，我们将通过介绍一些最有可能革新已有技术、带来颠覆性创新的研究工作，来探究网络搜索的未来。我们会发现历史总是不断重演，正如过去的 15 年间，Google 在网络搜索上的颠覆性的革新为其带来的蓬勃发展一样，接下来的 15 年，新的搜索技术也将展示出其类似的对搜索市场的重整能力。

可以将现代搜索引擎看作一种推荐系统：他们根据用户的查询，向用户返回一个推荐页面集。但是与许多常见的推荐系统不同，搜索引擎一直聚焦于文本和链接分析而不是驱动推荐系统的用户交互和相似关系。现在有一个机会使得推荐技术在网络搜索中开始扮演越来越重要的角色：从众多辅助搜索特征的解决办法之一，慢慢地成为解决核心搜索挑战的技术之一。

B. Smyth；K. McNally；M. P. O'Mahony, Insight Centre for Data Analytics, University College Dublin, Dublin, Ireland, e-mail：barry. smyth@ ucd. ie.

M. Coyle；P. Briggs, HeyStaks Technologies Ltd, NovaUCD, University College Dublin, Dublin, Ireland, e-mail：Maurice. Coyle@ heystaks. com.

翻译：王雪丽　审核：李艳民

例如，现在的搜索引擎都添加了查询推荐服务作为核心搜索功能。当用户输入他们的查询时，类似 Google 搜索词推荐(Google Suggest)的服务利用推荐技术进行识别、排序并推荐之前已经查询成功的相关查询给用户，具体参见文献[103]。在本章中，我们将专注于网络搜索中的两类潜力巨大且非常强大的新思路——个性化和协同，你可以从最近的推荐系统研究[5,37,59,105,112]中找到它们的起源。它们质疑当前主流网络搜索的基本假设，并为传统网络搜索引擎提供改进建议。

第一个基本假设主要关注当前主流网络搜索的一刀切(one-size-fits-all)特性——两个不同用户输入相同查询后，或多或少地，主流搜索引擎都忽略用户偏好返回基本一致的结果列表——并且认为网络搜索应该利用用户的隐性需求和偏好变得更个性化。我们将介绍多种不同的通过处理不同用户偏好与上下文信息来提高搜索体验来实现网络搜索个性化的方法，实例参见文献[2，15，20，22，23，31，33，35，53，54，85，109，123，131]。正如所说的那样，许多主流搜索引擎开始调整返回给用户的结果大多是基于地点、时间和日期等因素而很少基于用户偏好或需求。当说起调整或个性化结果列表时有一点值得关心：在长远看来可能会扰乱搜索用户和限制搜索用户展示可能的观点和看法的程度，具体参见文献[81]。然而，个性化并不一定要求缩小结果。关于现代推荐系统最有趣的方面之一是系统应该寻求探索什么样的问题，例如多样性、新颖性以及评估结果列表质量的相关性，实例参见文献[7，10，36，56，60，121]。在这一点上帕里泽过滤泡沫的解决办法就是提供更多样性的结果推荐和/或表达更新颖和不同观点的结果推荐。

第二个假设主要质疑网络搜索的孤立(solitary)特性。大部分的网络搜索都将搜索过程设计为单个用户与搜索引擎之间的交互。但是，最新的研究已经表明，很多情况下的信息搜索都会(应该)有更具有协同性的特征。这通常对成组的搜索者(比如朋友、同事、同学)更有意义。我们将介绍协同信息检索(collaborative information retrieval)领域的最新研究，该领域致力于发掘协同工作在各种信息发现任务中的潜能，实例参见文献[1，69，70，87-90，117]。

另外，我们将重点介绍一种结合了个性化与协同特性的新的搜索服务：所谓的社交搜索(social search)服务。其将网络进化为一个可以促使用户在搜索过程中互动和协作的社交媒介，以便搜索者可以从其他想法类似的用户的偏好与经验中受益。这种方法为搜索引擎的检索提供了新的信息来源特别是协同和信用信息。而且这些信息可以用于支持搜索中的推荐：基于词条的印证(term-overlap)与链接信息的原始搜索结果，可以通过基于搜索者偏好与活动的推荐结果得到很好的修订。基于此我们将推荐和搜索结合在一起，使得搜索引擎在"在适当的时间为合适的用户提供合理的结果"这一目标上进入全新的发展阶段，这体现了推荐系统与搜索系统的结合趋势，就像连通关系的引入带来的搜索效果提升一样，我们有理由相信这些新的互动与偏好信息可以促使搜索引擎在"在适当的时间为合适的用户提供合理的结果"这一目标上进入全新的发展阶段。

17.2　网络搜索的历史简介

在介绍那些新兴的有潜力颠覆搜索行业的搜索技术之前，回顾一下网络搜索在过去 15 年间的发展还是很有必要的，这可以让我们更好地了解现代网络搜索的演进。最初的网络是没有搜索的。如果你想要访问某个特定的网页，你可以选择在你的浏览器中直接输入 URL，或者通过 Yahoo 这样的导航网站作为入口，引导至你想浏览的页面。随着网络的不断成长、成长、再成长，简单的导航显然已经无法满足需求，因此，网络搜索开始出现，如 Lycos、Excite 和 Altavista 等都是一些早期的搜索引擎。

这些搜索引擎全都基于 20 世纪 70 年代便已经出现的称为信息检索(IR)的技术[4,96]。

图 17-1展示了一个简化的典型搜索引擎原理图。

简单来说，早期的搜索引擎通过以下方式为整个网络构建自己的索引：爬取网络上的页面并依次分析每个页面的内容，记录所包含的项目，以及它们的频率。当收到查询请求时，搜索引擎对包含查询词组的页面进行检索并排序，然后返回给用户。在网络搜索的初期，索引的大小是竞争的重点，索引了越多网页的搜索引擎相比于竞争对手则具有明显的覆盖率优势。搜索结果的排序也会得到一些关注，但大多数情况下，这些搜索引擎都将查询词组在网页中的出现频率（相对于将整个索引作为一个整体）作为相关性的决定性指标[122]，因而更倾向于选择独特查询词出现频率大的页面。这种方式对于结构良好、封闭式的信息检索系统是合理的，这种系统中信息检索专家可以通过提交具体的、

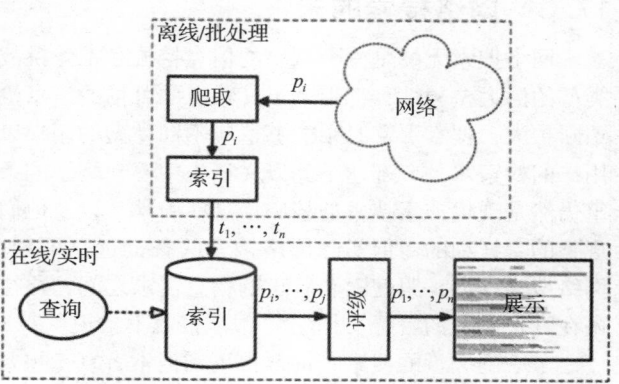

图 17-1　典型网络搜索引擎功能模块图。在离线处理过程中，一个页面 P_i，通过爬虫定位到它的位置，它的内容——一堆词组 t_1，…，t_n 被检索并构建索引。当收到一个搜索查询时，引擎通过索引检索到匹配查询词的结果页面，p_i，…，p_j，然后根据搜索引擎特定的排序方法对它们进行相关度排序，组织成为结果列表返回给搜索用户

组织良好的查询获得合理的结果，但是当面对大规模的、具有异构特性的网络内容或者模糊的搜索查询时则表现糟糕。结果就是对于大部分的搜索用户，搜索体验都很糟糕：真正相关的结果被深藏在一堆顶多看上去相似的结果列表中。

提高搜索结果的排序效果成了当时这些早期搜索引擎的首要挑战。当面对这种迫切需求时，即便是构建最大规模索引的角逐也必须做出让步。但是，人们很快认识到那些单纯依靠页面中的词条数的排序算法，不论花费多少时间用于调整这些算法，效果都是不明显的。简单地说，当采用对查询与页面的词组进行计数来计算得分时，很多的网页得分都是相当的，但是仅有少数页面真正相关并且具有权威性。尽管词条匹配信息就整个相关性而言是有用的，但是就其本身而言效果不显著。显然，在排序过程中很多重要的信息被遗漏了。

这些遗漏的信息被 20 世纪 90 年代中期的多个研究组作为研究成果发表出来。包括 John Kleinberg[43] 的工作，以及最著名的 Google 创始人 Larry Page 和 Sergey Brin[12] 的工作。这些研究者最先开始利用网页之间的链接关系，用这些信息评估网页之间的相对重要程度。Kleinberg、Page 和 Brin 将网络作为一种引文网络（citation network）（示例见文献[71]）。与一篇文章通过一个参考书目列表引用另一篇文章不同，在网络上，一个页面通过一个超链接引用另一个页面。更进一步，直观上可以感觉到一个页面的重要程度应该与那些链接到它的网页，即所谓的反向链接（back-links）成某种函数关系。因此，如果多个重要的页面链接到某个相同页面，那么这个页面也应该被认为是重要的。这便是一种全新的评价某个页面重要程度的方法的基本出发点，Kleinberg[43]、Chakrabarti 等人[18] 及 Brin 和 Page[12] 的工作分别发明了全新的、用于从即便是面对模糊的网络搜索查询，也能识别出权威的、相关的页面的算法。到 20 世纪 90 年代后期，Page 和 Brin 的被称为 PageRank 的算法在第一版的谷歌中实现，该算法结合了传统词组匹配技术与新的链接分析技术，可以提供相比于当时其他搜索引擎结果更客观优秀的搜索结果。其余的正如他们说的一样，已经成为历史。

17.3 网络搜索的未来

网络搜索无疑是一个重要的信息挖掘和推荐挑战。网络的大规模与增长的特性，以及内容类型的巨大差异性，都带来了其特有的可怕的信息检索挑战。同时，随着网络用户人口结构的不断扩大，搜索引擎必须能够适应不同类型的用户以及用户的不同搜索水平。尤其对于大多数用户的检索水平，都达不到以文档为中心，基于词条的信息检索引擎对用户的期望，而这些引擎仍然是现代搜索技术的核心。这些引擎，以及他们所依赖的技术，很大程度上都假设查询是规整的、详细的，但实际网络搜索的查询远达不到这样的要求[38,39,49,126]。事实上，大部分的网络搜索查询，跟搜索者真正的信息需求之间，往往是模糊和有歧义的，甚至查询中的某些词条在真正相关的目标文档（集）中压根就不出现。

考虑到大量的搜索查询都得不到搜索者真正想要的结果，搜索引擎在这种基础性的搜索体验上还有很大提升空间。由于网络搜索查询的本质，上述问题会继续存在，至少有一部分会如此，因为指望用户的搜索技能在短时间内得到提升基本不大可能。因此，研究者们为了提高整体的搜索体验，已经开始从两个方向进行探索研究。一个普遍的观点认为网络搜索应该变得更加个性化：用户的额外信息，比如用户的偏好以及当时的上下文信息，应该用于构造更个性化的搜索方式，对搜索结果进行选取与排序，以得到更好的符合用户偏好和上下文的搜索结果（参见文献[2, 15, 22, 31, 53, 109]）。另一种观点是网络搜索可以变得更协同：允许用户群组之间在搜索时进行（隐式或者显式的）合作（参见文献[1, 69, 70, 87-90, 117]）。

在接下来的章节中，我们会探究这些研究领域，介绍一些试图将静态的（非个性化的）、孤立的（非协作的）的主流搜索引擎改造为更加个性化（17.3.1节）或更加可协作（17.3.2节）的搜索服务的开创性工作。这些开创性工作借鉴了推荐系统、用户属性、计算机支持下的协同工作研究（参见文献[37, 44, 58, 107, 112]）。我们也将重点介绍一些力求将这两点同时结合以开创新一代个性化与可协作搜索服务的研究工作。在后面章节中，我们将这种混合搜索服务称为社交搜索（social-search），并对社交搜索的两种不同实现方式分别详细介绍了两个案例研究。

17.3.1 个性化网络搜索

许多推荐系统的设计目标就是向用户做出与他们特定环境或者个人偏好相吻合的推荐（参见本书的第13、14、22、27章）。比如，推荐系统帮助用户发现像新闻文章[8,44,82]、书籍[51]、电影[27,45,65]甚至要买的产品[21,.57,91-93,105]等和个人相关的信息。而推荐技术在网络搜索中的应用可以（使搜索系统）摆脱主流搜索引擎中传统的一刀切（one-size-fits-all）方式。当我们想要实现个性化搜索体验时，有两个关键点：首先，我们需要理解搜索者的需求（用档案记录用户画像）；然后，我们必须能够使用这些用户画像来影响搜索引擎的输出，比如根据用户画像对搜索结果重排序，或者，影响网络搜索体验的其他方面。

为了更好地理解这些研究成果，我们有必要从两个重要的维度来考虑个性化网络搜索。一方面，我们可以从获得的用户画像的性质出发：一些方法专注于从用户当前的搜索上下文中获取短期（short-term）用户画像（如文献[15, 31, 109]），而另外一些方法则适用于从一个时间段内用户的偏好来获取长期（long-term）的用户画像（如文献[2, 22, 53]）。另一方面，可以从搜索阶段对这些用户画像的处理方式考虑：我们可以有效地区分那些以单个目标用户的特定用户画像为导向的方法（如文献[16, 40, 46, 112]）和那些协同的方法，也就是说，他们以用户组的用户画像为导向（如文献[37, 44, 51, 108, 113]）。

通常来说，用户画像可以采用两种方式获得。显式个性化（explicit profiling）通过直接向用户询问不同类型的偏好信息：从类别偏好[22,53]到简单的结果评分[2]。与之相反，隐式个性化（implicit profiling）技术更倾向于通过监控用户行为来推断偏好信息，而不干扰用户的搜索过程[22,52,85]。

通过显式个性化，用户自己完成个性化过程：或通过预先设置搜索偏好，或提供诸如对返回搜索结果进行评分等个性化相关反馈。Chirita 等人[22]就使用了用户通过以下方式定义的独立用户画像：搜索者利用 ODP ⊖网络目录分类体系，根据每个结果的 ODP 分类与用户画像之间的距离对搜索结果进行重新排序。他们试验了多种不同的距离度量方法后，公布了他们在线用户评估的新发现：他们的个性化方法可以提供比标准谷歌搜索更相关的结果排序。采用这种基于 ODP 分类方法的不足之一是仅有一小部分的网络内容是采用 ODP 分类的，返回的搜索结果中还有太多的内容因为没有这种分类信息而无法进行重排序。Ma 等人[53]采用一种类似的方法，不过虽然他们的用户画像同样是显式地通过 ODP 类别信息进行表示，但是他们对搜索结果的重排基于的是结果页面内容与用户个人 ODP 目录分类信息之间的余弦相似度。通过这种方式，搜索结果本身不再需要进行 ODP 分类。

与上述方法不同，ifWeb[2]通过一种对结构化要求更低的方式构建用户画像：他们将用户为了表达他们的特定信息需求而提供的关键词、自由文本描述，以及示例页面，保存为一个加权语义概念网络（weighted semantic network of concepts）。ifWeb 同时还利用用户对结果的评分这种显式的相关性反馈来精炼和更新他们。Wifs 系统[66]也采用了类似的方法，该系统从一堆词组中选择一些词组作为用户的用户画像初始值，并通过之后用户提供的查看过的文档信息来改善这些信息。采用这些显式方法的主要问题是大部分的用户都不愿意参与提供这些反馈[17]。此外，搜索者也许会发现很难对自己的信息需求进行分类，并一开始就提供精确的个人偏好。

另一种可能更成功的方式是隐式地推断用户的偏好（隐式个性化，Implicit profiling）。在工作文献[22]中，Liu 等人[52]也使用 ODP 的层次类别表示用户画像，但是在这个工作中，这些类别信息是基于用户之前的搜索行为，比如之前提交的查询以及选择的搜索结果文档，而自动获取的。很多算法已经被设计用于将这些搜索行为映射为 ODP 类别信息，包括基于最小二乘法线性拟合（Linear Least Squares Fit，LLSF）的方法[130]，Rocchio 相关性反馈算法（Rocchio relevance feedback algorithm）[97]，以及 k 近邻算法（k-Nearest Neighbor，kNN）[28]。在另一种与之相关的方法中，使用统计语言模型[129]，从这些长期的搜索历史中挖掘上下文信息，建立基于语言模型的用户画像。同样地基于历史行为推断用户偏好[85]，但是他们采用的是利用访问过的页面的浏览器缓存，来推断用户可能感兴趣的主观领域。这些主观领域或者类别信息，被合并入一个层次化用户画像中。在这个层次化用户画像中，每一种类型都根据用户在查看这个类别相关的页面时所花费的时间长短赋予权重。

以上的例子都是使用长期用户画像（long-term user profile）来试图捕获用户在一段时间内，至少在超过一个搜索会话的时间内的用户偏好。但是我们还可以选择短期用户画像，比如一个典型的做法就是选择与当前搜索检索任务相关的上下文信息。举例来说，UCAIR 系统[109]利用最近提交的查询与选择的结果建立短期用户画像，用于个性化当前正在进行的搜索任务。在初始化一个新的搜索会话时，系统将为用户与他们当前的信息需求建立新的用户画像。类似地，Watson[15]和 IntelliZap[31]都从当前的上下文信息建立了短期用户画像。Watson 通过识别用户正在编辑的本地文档或者正在浏览的页面中信息量大的词条，利用这些词组修改用户的搜索查询来获得个性化的结果。IntelliZap 的用户首先从他们正在浏览的文档中选择一个文本查询作为搜索初始值，然后在搜索系统的引导下，从该文档中选择相近的附加词对搜索查询进行扩展。在

⊖ The Open Directory Project，http://dmoz.org.

这些例子中，引导搜索结果个性化的用户画像记录的是与用户相关的及时，甚至是临时的信息需求。

这些用户画像与（或）上下文信息的可用性是（搜索）个性化的前提，人们也已经开发了各种各样的技术来利用这些信息影响搜索体验的各个方面。这些技术不仅限于用来影响搜索结果的检索与排序，比如，事实上已经有人研究如何利用这些用户画像来影响整个网络搜索流程中的许多其他阶段，比如对原始网页的抓取与索引[29,32,34,47]，以及查询生成[3,6,67]。比如，一个常用的基于用户画像个性化搜索结果的方式就是利用这些用户画像重写、细化或者扩展原始搜索查询，使得系统可以返回能更加体现搜索兴趣与上下文的特定结果。再比如，Loutrika 和 Ioannidis[46] 发明了一种称为 QDP（Query Disambiguation and Personalization，查询词消歧及个性化）的算法，用于根据词条间的加权关系（weighted relationships between terms）所表示的用户画像来扩展用户提交的查询。这些关系表现为用户感兴趣的词组间的各种逻辑操作关系：比如连接（conjunction）、分裂（disjunction）、反义（negation）、置换（substitution）。所以实际效果就是用户画像提供了一组个性化查询重写规则，用于在将提交上来的查询提交给搜索引擎之前对查询进行重写，因此可以扩展或推敲初始查询来采集搜索用户的可能意图与兴趣。Croft 等人[26] 描述了个性化语言模型可以用于用户画像，以提供查询扩展与相关反馈。从跟个性化搜索高度相关的相关反馈的立场来看，在用短期的、基于会话的用户画像去扩展查询和消除歧义的领域，也做了大量的研究工作[104]。从这个角度来说，这些方法与其说是针对个性化搜索本身，还不如说是在于提高搜索在一次独立搜索会话中的表现，而且其中的许多方法也可以用于指引更长期个性化搜索用户画像。

但是，利用用户画像进行个性化搜索最流行的方式可能还是直接影响搜索结果的排序。例如，Jeh 和 Widom[40] 通过引入一个个性化的 PageRank[13]，设定独立于搜索的先验条件，对网页的结果使用用户画像进行干预排序。这些用户画像由一些通过用户显式选取的、具有高 PageRank 值的偏好页面集构成，这些页面被用于为任意页面计算一个特定 PageRank 值：该页面与这些高得分的偏好页面之间的相关性。Chirita 等人[23] 在这个思想基础上，通过分析搜索者的书签页面与历史网上冲浪行为自动选择这些偏好页面，利用一个 HubFinder 算法，找到适合驱动这种特定 PageRank 算法的相关高 PageRank 得分页面。这两种方法都基于从用户浏览历史中获得的长期用户画像。

Change 等人[20] 在 Kleinberg 的 HITS[42] 排序算法基础上设计了一个个性化版本。他们的方法显式或隐式地从搜索者获得短期反馈，构建一个由个性化权威列表组成的用户画像，用户画像中的权威列表可以用于影响 HITS 算法以实现对搜索结果的个性化排序。使用了计算机科学研究论文作为语料库的实验结果显示，即使只有极少的搜索者反馈，个性化的 HITS 算法也能够显著改善符合搜索者偏好的结果排序。

另一种流行的基于排序的方法是，不调用搜索引擎的内部运行，仅利用用户的偏好对一些底层的（underlying）、通用的网络搜索引擎返回的结果进行重排序。Speretta 和 Guach[123] 通过记录用户的查询以及在谷歌返回的结果中选择的结果片段来建立个人画像，同时用户选择的结果片段被参照一个概念层次结构分类为一些概念的加权组合。之后所有来自谷歌搜索的结果都根据每条结果与搜索者用户画像中的层次概念之间的相似度进行重新排序。Rohini 和 Varma[98] 也提出了一种利用协同过滤技术对来自一个底层网络搜索引擎的结果进行重排序的个性化搜索方法，该方法利用的个性化用户画像采用隐式生成。

上述所有技术都专注于利用单一的用户画像（目标搜索者的偏好）来个性化用户的搜索体验。在推荐系统研究中，常用的方法是利用几组相关的用户画像为一个目标个体生成推荐。比如，有名的协同过滤（collaborative filtering）技术就是显式地利用一组与目标用户相似的用户的偏好来为目标用户生成推荐[51,94,108]，参见文献[37，58]。类似的思想也已经开始影响网络搜索，比如利用整个群体用户偏好，具体参见文献[113，114]。Sugiyama 等人[127]提出了一种方法，所使用的长期用户画像就是通过相似用户生成的，这些相似用户则是利用改造的协同过滤算法根据用户的浏览历史而得到的。这个想法就是在过去关心了相似的查询且选择了相似结果的搜索者可以从他们共享的搜索偏好中受益。Sun 等人[128]提出了一种类似的、基于协同过滤算法分析相关用户、查询与结果点击来个性化网络搜索结果的、名叫 CubeSVD 的方法。这两种方法都通过识别与当前搜索者相似的搜索用户来为单个用户建立更加综合性的用户画像。Briggs 和 Smyth 的研究[11]提出了一种点对点的方法来个性化网络搜索，采用的同样是在结果推荐中利用相似用户的用户画像。每个搜索者都根据之前的查询以及结果选择建立用户画像（同样还是长期用户画像）。在收到一个新的目标查询后，推荐仍然由用户自身的个人用户画像驱动，但是该查询同时也通过点对点搜索网络进行传播，使得连接的用户可以基于他们自己之前的搜索行为推荐相关结果。推荐结果根据与目标查询的相关性以及目标用户与相关节点的信任关系强度进行聚合和排序，读者可以阅读文献[73-75，78-80]了解最近的基于信任的推荐技术。

17.3.2　协同信息检索

　　最近一些关于特定信息探索任务，比如军事命令与控制任务或者医疗任务的研究已经发现明显的证据表明，当信息在团队成员之间共享时，搜索类型的任务也可以协作[87-90]。此外，Morris[68]最近的研究更突出显示了更多通用网络搜索的固有协作属性。例如，在一项有超过200 名调查对象的调研中，有明确迹象表明搜索行为出现了协作。超过90%的受访者表示，他们在搜索过程层面上频繁地参与协作。比如87%的受访者表示有过"背后搜索"（back-seat searching）行为，即他们站在搜索者的背后向搜索者提供替代查询建议，同时还有30%的受访者通过即时通讯协调搜索参与过搜索协调活动。此外，96%的用户表示有过搜索产出物层面的协作，即搜索的结果。比如，86%的受访者在搜索过程中，通过电子邮件共享过自己找到的搜索结果。因此，尽管现在主流的搜索引擎没有明确的协作特征，但是有明确的证据显示用户在搜索中通过多种不同形式隐式地进行了协作，虽然根据 Morris[68]的报告，这些协作"变通"往往是令人沮丧和低效的。自然地，这促使研究人员考虑在未来版本的搜索引擎中支持不同类型的协作。

　　由此产生的协作信息检索方法可以从两个重要维度进行区分：时间——即同步（synchronous）还是异步（asynchronous）搜索——和位置——搜索者是本地的（co-located）还是远程的（remote）。本地系统为单个地点，最经典的就是一台 PC[1,110]的多个用户提供协作搜索体验，而远程系统则允许搜索者们在不同的地点使用多台设备进行搜索[69,70,117]。前者显然可以通过利用本地搜索（co-located）具有的面对面本质特点，大大地方便人员之间的直接协作，而后者则为协作搜索提供了更大的机会。另外，同步方法的特点是系统通过广播"呼叫搜索"（call to search），要求特定的参与者在一个精确设定的时间段内参与一个精确定义的搜索任务[110]。与之相比，异步方法的特点是搜索任务更松散灵活，同时提供更加灵活的协作方式，使得不同的搜索者可以在一段时间内参与演变中的搜索会话[70,114]。

　　工作给出了一个关于采用本地、同步方法实现协同网络搜索的很好的例子[1]。他们的 CoSearch 系统设计用于提高那些计算资源有限的用户的搜索体验；比如，学校里同时使用一台 PC 的一组学生。CoSearch 是专门为利用周边可用的设备（比如移动电话、闲置鼠标（extra mice）等）进行分布式控制与工作分解，同时保证团体的群体意识与沟通而设计的。例如，在一个一组用户通过仅有一台 PC，但有多个鼠标进行协作的场景中，CoSearch 支持一个主搜索者（lead searcher)或者驱动者(可以操作键盘的人),其他用户则扮演搜索观察者(observer)。前者完成基本的搜索任务,但是所有用户可以使用返回的结果,独立地选择链接,将感兴趣的页面加入一个页面队列以供进一步回顾。CoSearch 接口同时还为用户提供多种方式对页面添加笔记。感兴趣的页面可以保存下来,同时用户在协作时可以通过 URL 以及对保存页面的笔记生成搜索总结。如果观察者可以使用手机时,CoSearch 通过蓝牙连接为用户提供一系列扩展功能接口以支持丰富的独立功能。通过这种方式,观察者可以下载搜索结果到他们的手机,获取结果队列,添加页面到结果队列,以及与小组分享新页面。

　　CoSearch 的目的是演示在资源有限的环境中进行高效的网络搜索协作。其重点很大程度是把搜索劳动进行分工,但同时保持搜索者之间的交流沟通,而且在线用户调查也显示,CoSearch 在这方面是成功的[1]。文献[111]的工作在思想上与 CoSearch 相关,但侧重于使用桌面计算环境进行图像搜索的任务,这种情况非常适合本地用户共同搜索时的协作。初步的研究再次表明了这种方式在提高整体搜索的效率和协作上是有效的,至少在一些特定类型的信息获取任务上有效的,比如图片搜索。文献[110]列举了一系列不同形式的这种同步搜索活动,在这些活动中,移动设备作为主要的搜索设备可以通过远程形式进行同步协作搜索。iBingo 系统允许一组用户通过每人使用一个 ipod touch 设备作为主要的搜索与反馈设备(尽管传统的 PC 似乎同样适用)在一个图片搜索任务中进行协作。有趣的是,CoSearch 的重点在很大程度是对搜索劳动的分工和对沟通的支持,而 iBingo 则使以下情况成为可能:即通过任何独立搜索者的相关反馈为其他用户提供好处。具体来说,iBingo 协作引擎使用活动中的每个用户的信息来鼓励其他用户探索不同的信息路径以及信息空间的不同方面。通过这种方式,用户们正在进行的活动可以影响小组未来的搜索,在一定意义上,搜索过程就通过小组的搜索活动被"个性化"了。

　　远程搜索协作(异步或者同步)是 SearchTogether 的目标,它允许多组搜索者在搜索定位某个特定主题的信息时参与扩展共享搜索会话;参见文献[70]。简单地说,SearchTogether 系统允许用户参加共享搜索会话并邀请其他用户加入这些会话。每个用户可以独立地就一个特定主题搜索信息,但系统提供的功能可以允许个人用户通过推荐与评价具体的结果来与会话中的其他成员分享他们的发现。反过来说,SearchTogether 通过允许搜索者邀请其他人加入特定的搜索任务、允许合作搜索者通过多画面形式的结果接口同步查看每个搜索者的结果实现同步协作搜索。与上述的 CoSearch 一样,SearchTogether 的一个关键设计目标是支持对复杂、无限制的搜索任务进行分工。此外,该工作的另一个关键特征是其可以通过从接口级别降低搜索协作的开销实现在一个团队成员之间建立共享意识的能力。SearchTogether 通过包含一系列从消息集成、查询历史到最近查询推荐的功能,实现了上述目标。

　　总体来说,到目前为止,我们介绍过的所有协作信息检索系统都主要集中在支持劳动分工协作以及共享意识方面,并独立于底层的搜索过程。简而言之,这些系统都假定底层搜索可用,然后提供一个协作接口高效地直接引入搜索结果并允许用户分享这些结果。就像文献[83]中提到的,从被通知参与协作活动的搜索者都必须独立地检查和理解这些活动,以融合他们自己与合作搜索者的活动这个意义上来说,这些方法的一个主要局限就在于协作都仅限于系统提供的那些接口。因此,文献[83]的工作介绍了一种与底层搜索引擎资源联系更紧密的协作方法,使得协作搜索者通过不同方式参与的活动可以直接影响搜索引擎本身的操作。比如,中介技术(mediation techniques)用于优先选择至今还未出现的文档,而查询推荐技术则用于为进一步的搜索探索提供可选途径。

17.3.3　关于信誉与推荐

　　协同信息检索一直强调网络搜索任务中搜索者的重要性以及复杂搜索任务中组搜索者协同

（隐式或显式）的潜力。该观点认为用户的信誉可能在建立协作时起到重要的角色；信誉更好的用户的观点和建议更受重视就看起来很自然。

最近评估用户的信誉和跨网络搜索和电子商务应用的用户间的信任在信誉系统中变得相当重要。例如，eBay 使用的信誉系统已经被 Jøsang 等人[41] 和 Resnick 等人[95] 验证。简单地说，eBay 将买家和卖家间交互得到的反馈汇总来计算用户信誉分数。其目标是奖励网站上的良好行为，并通过利用信誉预测一个供应商是否会兑现未来交易来提高鲁棒性。

O'Donovan 和 Smyth[76] 工作中的推荐系统考虑了信誉的作用。在该案例中，在标准协同过滤算法中添加一个信用分数补充标准用户配置文件或基于项目的相似度分数，因此推荐的用户不仅限于与目标用户相似的用户，还有那些通过目标用户得到成功推荐的用户。研究提出在随着时间的推移做预测时该信任信息可以通过计算用户配置文件的精度来估计，与传统协同过滤方法相比使用此方法使得平均预测误差得到明显改善。

其他研究检验了信誉系统在社交网络平台的应用。Lazzari[50] 在专业社交网站 Naymz 上进行了实验。他提醒说，在全局层面计算信誉使得与他人交互很少的用户也能得到一个高信誉值，会使系统易受恶意使用。与 Jøsang 等人[41] 类似，Lazzari[50] 提出该隐患存在于网站本身，使得恶意用户为了自己的目的操作信誉系统。然而，全局应用信誉使得整个系统受到恶意用户的影响，并增加了安全隐患。

本章我们探讨信誉模型在社交搜索服务中的作用，以获取用户提供的搜索知识的质量以及如何利用信誉数据来整体推进质量。

17.3.4 向社交搜索前进

到目前为止，我们集中分别讨论了以解决传统网络搜索核心问题为动机的网络搜索、推荐系统与信息发现领域的互补研究分支。研究者们通过质疑主流网络搜索引擎一刀切的特性，提出了更加个性化的网络搜索技术；最近的研究通过质疑搜索主要是一个孤立的过程这一假设，突出展现了很多搜索场景的固有协作属性。

到目前为止，这些不同方向的研究根据动机和目标不同而分类。比如，在个性化搜索领域，大部分都是以产生更针对个人搜索者需求的结果列表为主导，而协作信息检索则集中于支持多组搜索者进行搜索劳动分工和提高合作搜索者之间的共享意识。但是，这两个研究团体都通过推荐系统领域这个共同点联系在一起，同时，推荐系统的视角为这两个不同分支的共同研究提供了可能。在接下来的内容中，我们将介绍两个描述使得传统网络搜索更具协作性和个性化的特定方法的互补案例研究。首先我们介绍 HeyStaks 社会搜索系统[115,120]，该系统在例如 Google 或 Bing 这样的传统搜索服务上增加一层基于社区的协作。HeyStaks 是一个远程异步形式的协作网络搜索，同时我们将总结一些最近的在线用户调查的结果，来强调他们为终端用户带来的潜在好处。第二个研究实例将引进信誉的概念作为新颖性关联信号，该信号可以通过根据其他用户过去的成功搜索对他们进行不同的加权来进一步改进 HeyStaks 的推荐质量。

17.4 案例研究 1：HeyStaks——社交搜索用例

在这里我们描述一种协同网络搜索模型，该模型在 HeyStaks 系统中实现，在方式上有两点重要的不同：首先，HeyStaks 对协同网络搜索采用了更多的用户导向方法，帮助用户更好地建立、组织和分享他们的搜索体验。为了做到这一点，HeyStaks 允许用户创建和分享搜索体验的知识库，而不是协调在搜索群体中的参与度。其次，HeyStaks 通过一个浏览器工具栏耦合至主流搜索引擎，如 Google 中。该浏览器工具栏能让协同搜索引擎具有捕获和引导搜索活动的能力。这意味着用户在享受协同搜索好处的同时又可以继续使用自己喜欢的浏览器。最后，我们将总结最近关于真实用户研究的发现，来探索 HeyStaks 用户群中出现的搜索协同本质。

17.4.1　HeyStaks 系统

　　HeyStaks 在主流搜索引擎中加入了两个基本特征。第一，它允许用户创建搜索堆（search staks）——一种在搜索时记录搜索体验的文件夹。用户可以把搜索堆与其他用户分享，让他们把他们的搜索也添加进来。第二，HeyStaks 使用用户的搜索堆来生成推荐，并将其加入到主流搜索引擎的结果中。这些推荐是之前搜索堆的成员认为对类似查询相关的结果，帮助搜索者发掘他的好友或同事觉得有意思的结果，否则这些结果很可能永远埋在 Google 的默认结果列表中。

　　如图 17-2 所示，HeyStaks 采用两种形式的基本组件：一个客户端的浏览器工具栏和一个后端服务器。工具栏允许用户创建和分享搜索堆，并提供一些诸如打标签和给网页投票之类的辅助功能。工具栏也捕获搜索点击和管理 HeyStaks 推荐和默认结果列表的整合。后端服务器管理个人堆索引（个人网页与查询/标签关键词和正面/负面投票的索引）、堆数据库（堆标题、成员、描述、状态等），HeyStaks 社交网络服务，以及推荐引擎。在余下章节中，我们将简单概述 HeyStaks 的基本操作，然后关注推荐引擎背后的细节。

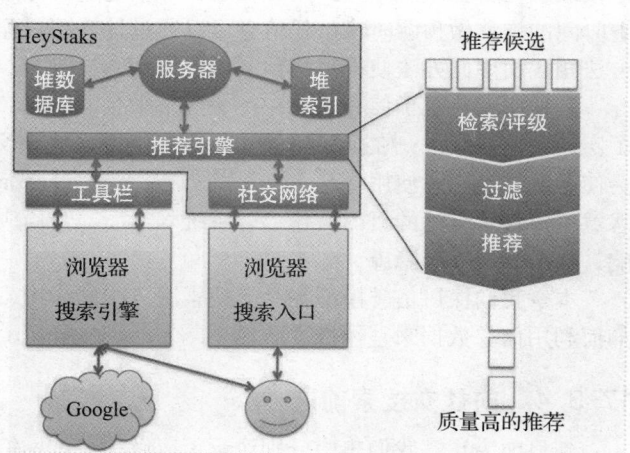

图 17-2　HeyStaks 系统架构图以及离线推荐模型

　　考虑一个生动的例子。一群朋友计划一次旅行（在此例中去加拿大），他们将使用网络搜索作为主要的信息获取源，来了解该做什么和该访问哪些景点。因此，其中一人创建一个叫作"加拿大旅行"的私有搜索堆，并把它分享给了其他人，鼓励他们在加拿大旅游相关的搜索中使用该搜索堆。

　　图 17-3 中，其中一人搜索关于"加拿大签证"的信息，在 HeyStaks 工具栏中基于他们的查询"加拿大旅行"堆自动提出作为他们的搜索情景。除了预料中的 Google 搜索结果，他们也可以看到"加拿大旅行"堆推荐的一些页面，这些结果是其他旅行者认为在他们的搜索中对相关查询有用的。

　　这些推荐在之前可能被组成员选择、标签或是在最近的搜索中分享。此外，这些结果可能存在于 Google 结果中很深的位置或者甚至不在该查询的结果集中。

17.4.2　HeyStaks 推荐引擎

　　在 HeyStaks 中，每一个搜索任务（S）作为一个该搜索堆成员搜索活动的文档。HeyStaks 结合了大量隐式或显式的文档来捕获丰富的搜索经验历史。每个任务由一个结果集（$S = \{p_1, \cdots, p_k\}$）组成，并且每个页面匿名地和大量隐式和显式的指示器关联，包括结果被选择的总次数（sel）、产生该结果的查询关键词（$q_1, \cdots, q_n$）、结果被打上标签的次数（tag）和标签关键词（$t_1, \cdots, t_m$）、接受的投票（v^+, v^-）以及分享过的人数（$share$）如式（17.1）。

$$P_i^s = \{q_1, \cdots, q_n, t_1, \cdots, t_m, v^+, v^-, sel, tag, share\} \tag{17.1}$$

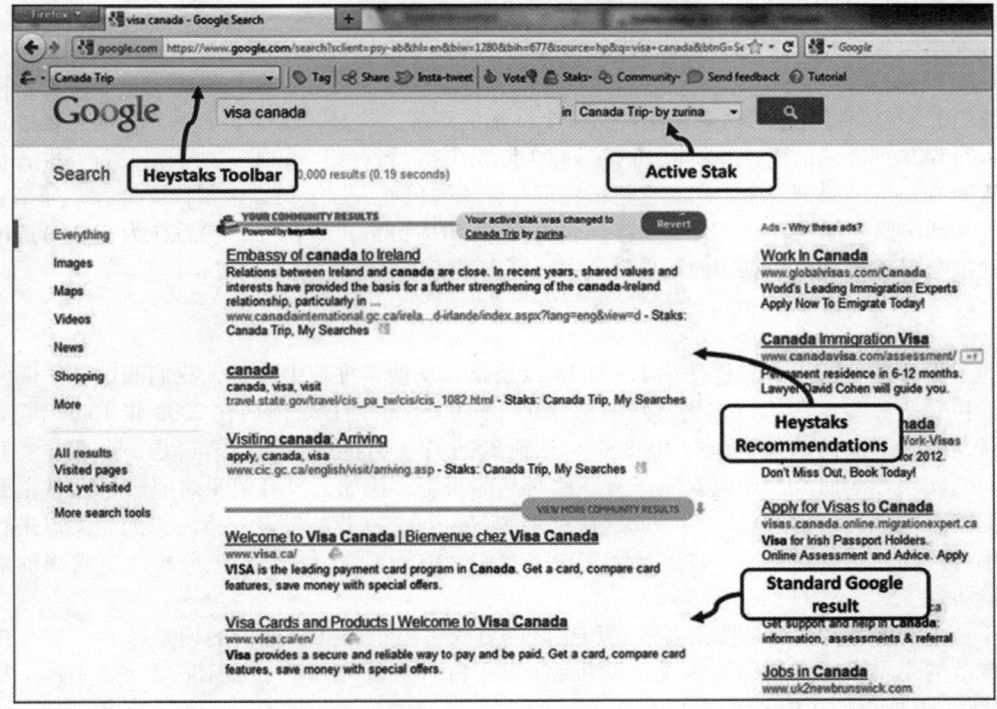

图 17-3　HeyStaks 建议下的 Google 搜索结果

通过该方式，每个页面与一个词条数据（查询词条或标签词条）和一个使用行为数据（选择、标签、分享、投票统计）的集合关联起来。词条数据以 Lucene⊖索引表表示，其中每个页面与相关联的查询和标签关键词索引起来，提供检索和排序提升候选的基础。使用行为数据提供额外的置信源，用于过滤结果并生成最终推荐列表。搜索时，推荐结果通过许多阶段生成：相关结果从 Lucene 堆索引中检索并排序；这些推荐候选通过置信模型剔除噪声推荐；剩余的结果通过一系列推荐规则添加到 Google 结果列表中。

简单地说，有两种有价值候选集：首要价值是那些从活跃搜索堆 S_t 中产生的；次要价值是从搜索者搜索堆列表中产生的。为了生成这些有价值的候选，HeyStaks 服务器使用当前查询 q_t 作为每个搜索堆索引 S_i 的探针，来识别相关搜索堆页的 $P(S_i, q_t)$ 集合。每个候选页面 p 使用 Lucene 的 TF-IDF 检索函数式（17.2）进行打分，作为初始化推荐排序的基础。

$$ret(q_t, p) = \sum_{t \in q_t} tf(t \in p) \cdot idf(t)^2 \tag{17.2}$$

搜索堆不可避免地会有噪声，因为他们常常会包含那些主题外的页面。例如，搜索者常常忘记在搜索会话开始时设置一个合适的搜索堆，虽然 HeyStaks 包含了许多自动的搜索堆选择技术来确保正确的搜索堆被激活，但这些技术仍不完美，误分类不可避免地会发生；参看文献 [19, 99-102, 119]。从而，检索和排序的阶段可能选择了和当前查询内容不严格相关的页面。为了避免产生假推荐，HeyStaks 采用了置信过滤，使用一系列阈值模型，根据特定结果的使用记录，来估算其相关性；标签使用记录被认为比投票更重要，而后者又比隐式使用记录更重要。例如，只被一个搜索堆用户选择过一次的页面，自动地不被考虑进来，其他类似的情况也同样进行剔除。该模型的详细细节超出了本章的范围，但进一步考虑，能够肯定的是，任何不

⊖　http://lucene.apache.org

满足必要使用记录阈值的结果都将被剔除。

在使用记录修剪后我们得到了改进的首要和次要推荐，最后的任务就是将这些合格推荐加入到 Google 推荐列表中。HeyStaks 使用若干不同的推荐规则来决定怎样和在哪添加这些推荐。同样的，篇幅的限制使得我们无法对该组件做一个详细的解释，但是，像前 3 个主提升项总是被加入到 Google 结果列表的前面，并使用 HeyStaks 的推荐图标进行标记。如果一个余留的首要推荐仍然在默认的 Google 结果列表中，那么它将被标记在合适的位置。如果仍有余留首要推荐，那么它们将会加入到次要推荐列表中。次要推荐列表通过 TF. IDF 分数进行排序，然后作为一个可选的可扩展的推荐列表加入到 Google 的结果列表中；更多详情请参看文献[116，118]。

17.4.3　评估

为了更深地理解用户怎样使用 HeyStaks 以及是否从搜索推荐中获益，我们测试了早期使用了工具栏和服务 beta 版本以来仍活跃的部分 95 位 HeyStaks 用户。他们在 2008 年 10 月到 12 月间进行注册，下面的结果是他们 2008 年 8 月到 2009 年 1 月的使用总结。这是一个在非实验环境下对真实用户的研究，所以对测量有一些必然的限制。比如，没有实验对照组，而且主要出于数据隐私的原因，通过对比 Google 默认结果和 HeyStaks 推荐结果来分析用户的相关点击行为也是不可行的。不过对于感兴趣的读者来说，我们之前的工作记录了对该分析的更常规的对照组实验研究[9,25,114,120]。

HeyStaks 主张的关键是搜索者需要用更好的方式来组织和共享他们的搜索体验，这与作为目前规范的主要用于专用和依赖手动的机制（电子邮件、依靠口碑、面对面合作）不同。HeyStaks 提供这些特征，但这些用户是否真的肯花时间来创建搜索堆以作为更好的搜索协作的入口？他们是否愿意与他人共享或者加入其他用户的搜索堆？

在 HeyStaks 初始部署的过程中，用户确实创造了可观的搜索堆并进行了分享。例如，根据图 17-4，平均下来，测试版用户创建超过 3.2 个新搜索堆并参加超过 1.4 个。也许这不奇

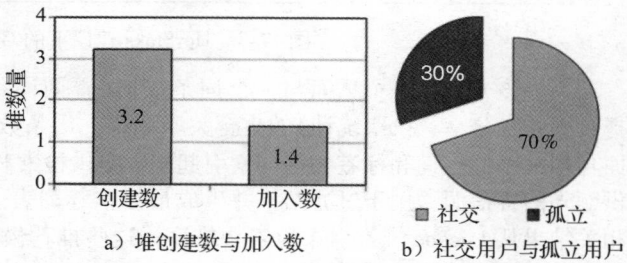

图 17-4　a）每个用户的平均搜索堆创建数和加入数；
b）社交用户与孤立用户的比率

怪：大部分用户创建和分享少量搜索堆给小圈子内的同事和朋友，至少在刚开始的时候。

总计有超过 300 个搜索堆创建在大范围的主题上，从宽泛的主题诸如旅游、研究、音乐和电影，到小兴趣包括建筑、黑白照片和山地车。有少数用户是大量搜索堆的创建者和参与者：一个用户创建了 13 个搜索堆并加入了另外 11 个搜索堆，同其他 47 个研究者（共享相同的搜索堆的用户）建立了研究网。事实上平均下来，每个用户通过共享的搜索堆仅经过 5 个其他研究者就能连接到研究网。

多数的搜索堆是公共的，虽然大部分（52%）只含一个成员，即创建者。因此，48% 的搜索堆分享给了其他至少 1 个用户，事实上这个数字平均下来是 3.6。另一种看法如图 17-4b 所示：70% 的用户分享和参加了搜索堆，只有 30% 的用户只为自己创建搜索堆并拒绝加入其他用户的搜索堆。

HeyStak 的核心思想是受这样的观点启发：网络搜索是天然的社会化或协同活动。尽管主流搜索引擎没有进行支持，研究者们也确有寻找替代的协同频道（如 email、IM 等）来分享他们的搜索体验，尽管这并不高效，参看示例[68]。HeyStak 早期一个最重要的问题是，在何种程度上他们的自然搜索活动能有助于创建协同搜索者群体。像用户搜索、标签和投票一样，他们有

效地生产和消费群体搜索知识。一个用户可能是第一个选择或打标签某个结果作为一个搜索堆，在这种情况下，他们生产了新的搜索知识。接着，如果该结果被推荐给另一个用户并重选择(打标签或投票)，那么该用户被称为消费了该搜索知识。当然，他们也生产了搜索知识，因为他们的选择、标签或投票将加入到搜索堆中。

我们发现85%的用户参与到了搜索协同中。其中大多数消费了至少一个其他用户生产的结果，平均下来，这些用户消费了7.5个其他用户的结果。作为对比，50%的用户生产了至少被一个其他用户消费的知识，本例中的生产者创建的知识平均被超过12个其他用户消费。

我们应该考虑的另外一个问题是，在何种程度上，个人用户倾向于成为搜索知识的生产者或消费者？是否一些搜索者是搜索知识的网络生产者，即他们更倾向于创建对他人有用的搜索知识？是否另一些用户是网络消费者，即他更倾向于消费他人创建的搜索知识？该数据如图17-5a所示。为了弄清楚这一点，网络生产者定义为：帮助过的人比帮助自己人更多的用户；而网络消费者定义为帮助自己的人比帮助过的人更多的用户。图表显示47%的用户是网络生产者。值得注意的是，我们在上文中提到有50%的用户生成了被其他用户消费过的搜索知识。这也意味着绝大部分的用户，事实上是94%的用户，帮助的人比帮助自己的人更多。

所以，我们发现大量用户帮助别人，同时大量用户被人帮助。也许，这种利他主义只限于小数量的搜索？也许，用户在个人搜索的大多时候靠的还是自己？换个视角看上述分析可以帮助解释该问题，即观察用户在搜索时判断足够相关而选择的优化项的根源。总的来说，测试版的用户在搜索时选择了超过11 000个优化项。一些优化项是从搜索者自己的历史记录来的，我们称之为自优化；其他的则是从分享了搜索堆的用户而来，我们称之为对等优化。直观上讲，自优化的选择对应于HeyStaks中帮助用户回顾他们之前找到的结果的例子，而对等优化则对应于发掘任务，帮助用户关注可能错过或者很难找到的新内容；具体参看文献[55，72]。因此图17-5b比较对等优化和自优化，发现三分之二的优化选择来自搜索者自己的历史搜索记录，大多时候Hey-Staks帮助用户重新获得以前发现的结果。然而，33%的时候，对等优化被选择(我们已经知道它们来自很多不同的用户)，可以帮助搜索者挖掘他人发现的新信息。

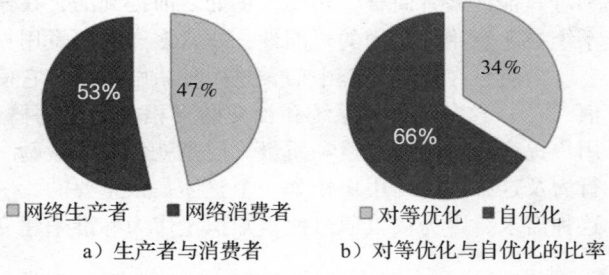

a) 生产者与消费者   b) 对等优化与自优化的比率

图17-5 a) 网络生产者与消费者的比率；b) 对等优化与自优化的比率

对自优化的偏差并不奇怪，特别是考虑到搜索者的习惯和搜索堆开发的早期阶段。大多数搜索堆早期的增长都是通过单个用户，通常是创建者，然后大部分的页面优先就生成了——作为创建者自己的搜索查询的回应。大部分的优化是自优化的某些页面，即来自领导者自己的搜索活动。很多搜索堆并没有分享，因此只能用于生成自优化。随着搜索堆的分享和更多用户的加入，搜索者的池子变得更多样。更多的结果被对等用户的动作所加入，更多的对等优先被生成和选择。在之后的工作中，一个有意思的任务是，探索搜索堆的演化来研究越来越多的用户是如何影响搜索堆内容和优化的。目前比较满意的是，即使在搜索堆演化的早期，每个搜索堆平均也能有3到4个成员，在34%的时间里，成员们是受益于对等用户动作所产生的优化。

17.5 案例研究2：社会搜索的信誉模型

正如之前所述，HeyStaks用户在一个Web网页从事的各种各样不同的活动(点击次数、标签、投票、分享)最终都被HeyStaks组合利用以在搜索时做出推荐。推荐算法中不同活动类型使用不同权重(例如标签是一个比简单的结果点击次数更具可靠性的指标),但活动的来源(用户进行的活动)却不是显示的。直观地说,我们可能会期望一些用户是比其他用户更具搜索经验,同样地,或许在推荐时他们的活动也更具可靠性。换言之,由经验丰富用户的活动得到的推荐候选集可能被视为领先于由经验较少用户的活动得到的候选集。这对于这样一种可能性是非常重要的,即恶意用户通过向堆引入可疑结果来破坏堆的质量,相关内容参见文献[78,79]。

在该研究案例中我们描述如何获得 HeyStaks 用户活动生成一个搜索信誉的可计算模型,该模型基于 HeyStaks 用户间在分享搜索经验时自然而然出现的协同事件。我们描述一个在搜索时能维持最新信誉模型的算法并进而提出一个将信誉合并进 HeyStaks 结果推荐子系统的机制。

17.5.1 从活动到信誉

很自然的,搜索者的信誉应该与他们贡献的搜索知识相链接。简单说,该搜索知识是基于搜索堆的创建与分享以及根据各种各样类型的用户活动(选择、投票、分享、标签)最终添加到堆中的页面。每一个这样的活动都会产生一个新的搜索知识。如果目标页面不在堆里,那么对它的第一次选择、分享、投票或标签会让其添加到堆里。如果由于早期活动页面已存在,页面的堆记录将被更新以反映额外的活动。

那么什么是搜索活动和搜索者信誉之间的关系?在标题下的"搜索知识越多越好"可能意味着信誉模型是一个特定搜索者从事活动量的直接函数。这将是一个错误。首先,仅仅因一个用户向很多堆添加很多页面创建很多搜索知识,并不意味着新创建的搜索知识是有用的,特别对其他搜索者而言。相反,正如之前提到的,在任何社交推荐系统都有的一个主要问题是该系统被恶意用户滥用的可能性,非常多产的恶意用户得到重视无疑会使问题加剧。

最后,在社交环境中信誉是一种激励形式。它使得 HeyStaks 可以采集与编码用户贡献的价值[84,86]。这是与推荐系统和社交网络相关的信用概念[48,77],例如,信用分数的积累可以激励用户提高其贡献的数量和质量。但是就像任何激励一样信誉可以作假,所以激励与利于系统的行为及这种行为的用户作为一个整体是很重要的。一个所有用户活动综合的信誉模型并不满足这种需求,因为仅仅通过搜索知识量作为标准来建立系统并不一定对任何人都有好处。

17.5.2 信誉作为协同

因此,我们的信誉模型必须可以识别出分享的搜索知识的质量。要做到这一点的关键思想是,共享搜索知识的质量可以通过在 heystaks 中查看搜索协作的频率来估计。如果 HeyStaks 向一个搜索者推荐一个结果,且该搜索者选择对该结果进行操作(选择、标签、投票或分享),那么我们可以将这个过程看作一个搜索协同实例(一个协同事件)。在该简单实例中,当前搜索者——选择对推荐进行操作——被称为消费者,而原始搜索者——其之前行为使得结果添加到堆中——被称为生产者。换句话说,生产者通过向堆添加页面来创建搜索知识,同时消费者通过操作推荐的页面来消费该知识。

我们的信誉模型背后的基本思想是生产者与消费者之间的隐性协同赋予生产者一个信誉单位(见图 17-6);顺便来说,协同的隐性是因为不管是生产者还是消费者都不是有意识地或积极地协作,反而协同是推荐的一个副作用,但这个副作用在生产者和消费者之间创建了联系。如果特定用户经常生产搜索知识,那么该生产者应该享有很高的信誉分数。此外,如果用户创建大量堆和许多其他用户分享这些堆,或者仅仅加入其他人已创建的堆,那么他们创造了一个产生更多协作

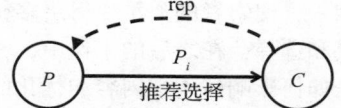

图 17-6 生产者(P)和消费者(C)的协同:C 选择页面 p_i,该页面已经基于 P 之前的活动推荐给了 C。相反,C 赋予 P 信誉

事件的机会；如果用户为分享的堆贡献好的搜索知识，那么他们的信誉分数将得益于这些频繁的协作机会的实现。这样基于协同的信誉模型就要激励用户不仅仅创建搜索知识也要与其他人分享。

现实中消费者对生产者的信誉授予要比上面描述的复杂得多。在一般情况下，当一个消费者在推荐的结果上进行操作时，可能会有很多不同的相关生产者。生产者总是第一个对结果进行操作，使其被添加到堆中，但随后的用户可能会因相似或不同的查询（重新）选择该结果，或者他们会为该结果投票或和与该结果的其他生产者无关的用户分享。这些其他的用户也是生产者，他们的操作也将在推荐时被考虑。在这种情况下，我们应该在这些多元生产者间分享信誉单位。我们建议使用一个简单的模型，即如果在时间 t 一个消费者操作一个推荐结果，那么该消费者的 k 个生产者的信誉分数各增加 $1/k$；也就是一个单位的信誉在所有生产者中直接平等的分配。值得注意的是，虽然该方法在给定协同事件中均分信誉，但是因为生产者是随着时间积累的，自然会出现的情况是，如果在一个较长时间内搜索结果在多个协同事件占有重要地位，早期生产者往往会享有更高的信誉。

17.5.3　实例

为说明我们的用户信誉模型，我们考虑一个简单的场景如图 17-7 所示。在这里，与搜索结果页面 r 相关的四个用户的活动集合 $\{u_1, \cdots, u_4\}$ 显示为四个时间点 t_i，其中 $t_4 > t_3 > t_2 > t_1$。进一步假设所有用户都是一个特殊堆 S 的成员，S 是目前每个用户的活跃堆。每个时间步长 t_i 的事件序列如下所示：

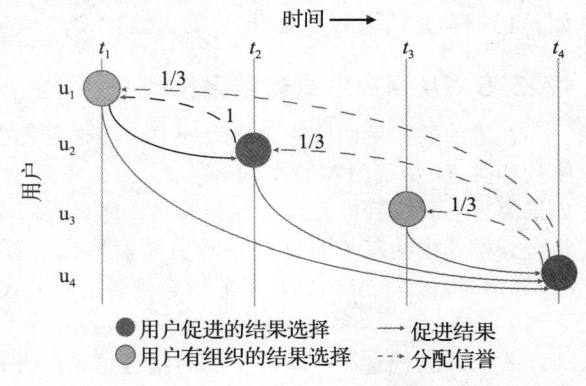

图 17-7　HeyStaks 中用户信誉计算的简单实例

t_1：用户 u_1 自己为某个搜索 q 选择了结果 r，使得结果 r 被添加到堆 S 中。

t_2：用户 u_2 为与 q 相关的搜索选择了 HeyStaks 推荐的结果 r。由于用户 u_1 是之前在 Stak 中唯一一个选择结果 r 的用户，所以我们说用户 u_1（生产者）向用户 u_2（消费者）推荐了结果 r。因此，用户 u_2 为用户 u_1 赋值一个信誉分数 1。

t_3：用户 u_3 自己为无关的搜索 q' 选择了结果 r。这次结果 r 不是 HeyStaks 推荐的，所以用户 u_3 不给任何其他用户赋值信誉分数。

t_4：用户 u_4 又为与 q 相关的搜索选择了 HeyStaks 推荐的结果 r。由于用户 u_1、u_2、u_3 在之前都选择了（自己或者通过推荐）结果 r，在这种情况下用户 u_4 为每个用户赋值信誉分数。因此，在图 17-7 中，信誉分数是在三个用户中平均分配的，每个用户得到的分数为 $1/3$。

在一段时间之后，可以计算用户总的信誉分数，例如，将每个用户得到的个人信誉分数简单的相加。举个例子，在上面的场景中，用户 u_1、u_2、u_3 和 u_4 总的信誉分数分别为 $4/3$、$1/3$、$1/3$ 和 0。

17.5.4　基于图的信誉模型

其实我们可以将用户间出现的协同看作一种类型的图，一个协同图。每个节点代表一个唯一用户，边代表一对用户间的协同事件。这些边直接映射生产者/消费者之间的关系，信誉在边之间流动最后整合到节点中。在上述的例子中，用户的信誉作为协同事件的一个简单权重和进行计算，但我们也可以考虑别的类型的整合方法。下面我们正式描述这个模型也会在 PageRank[14] 的基础上描述另外的方法。

17.5.4.1　信誉作为协同事件的权重和

正如前面所描述的，根据该整合方法，生产者信誉是通过他们所参与的协同事件的信誉和计算的。考虑消费者 c 在时间 t 的结果 r 的选择。对此结果推荐负责的生产者由式(17.3)给出，这样每个生产者 p_i 在特定堆 S_j 中代表一个特定用户 u_i。

$$producer(r,t) = \{p_1,\cdots,p_k\} \tag{17.3}$$

因此，对于每个结果 r 的生产者 p_i，我们按照式(17.4)来更新。在该方法中信誉在它的 k 个有贡献的生产者中平均分配。

$$rep(p_i,t) = rep(p_i,t-1) + 1/k \tag{17.4}$$

随着用户参与越来越多的协同事件，他们的信誉也随之增加。更多细节参考文献[61]。

17.5.4.2　信誉的 PageRank

PageRank[14] 也可以应用到 HeyStaks 用户计算信誉中，它代替了协同图中的网页。当一个协同事件出现时，就在消费者和每个生产者之间插入直接的连接。一旦达到某个点的所有协同事件在时间 t 被捕获，每个用户 p_i 在时间 t 的信誉如下：

$$PR(P_i) = \frac{1-d}{N} + d \sum_{p_j \in M(p_i)} \cdot \frac{PR(p_j)}{|L(p_j|)} \tag{17.5}$$

其中 d 是阻尼因子，N 是用户数，$M(p_i)$ 是(生产者)p_i 入链(从消费者)的集合，$L(p_j)$ 是 p_j(例如 p_j 已消费其结果的其他用户)的出链。

17.5.5　从用户信誉到结果推荐

在之前的案例研究中，典型的 HeyStaks 推荐引擎给每个推荐候选打分都是基于其与目标搜索的相关度[如式(17.2)中的 $rel(q_t, r)$，不过这里用 r 代替 p 来避免页面和生产者的混淆]。如果信誉会影响到推荐排名和相关性，那么我们需要把上述基于用户的信誉计算方法转变为能整合到推荐中的基于页面的计算方法。那么推荐候选就可以通过式(17.6)中相关性($rel(q_t, r)$)和信誉($rep(r, t)$)的权重分数来排名了，公式中 w 用来调节相关性和信誉的相对影响力。

$$score(r,q_t) = w \times rep(r,t) + (1-w) \times rel(q_t,r) \tag{17.6}$$

式(17.6)描述了一个在推荐时结合结果信誉和相关性的简单方法，现在我们考虑两种方式将用户信誉转换为页面信誉分数；正如上面所提到的，我们用 r 而不是 p 来代表一个结果页面，因为后者很容易与生产者相混。接下来我们将讲述另外两种方法来转换生产者信誉为推荐页面。

17.5.5.1　最大信誉

第一个页面信誉分数将结果页面 r(在时间 t)的信誉作为其相关生产者的最大信誉分数($p_1, \cdots, p_k$)，参见式(17.7)。以这种方式计算得分结果提供了一个好处，即一个页面的信誉不会过早的降低，例如在许多还没有信誉的新用户选择了该页面的时候。

$$rep(r,t) = \max_{\forall p_i \in \{p_1,\cdots,p_k\}} (rep(p_i,t)) \tag{17.7}$$

17.5.5.2　Hooper 的信誉

一致证词的 Hooper 规则被推荐用来计算人类证词的可信度[106]。Hooper 给一个报告的可信度为 $1-(1-c)^k$，假设 k 个报告者，每个报告者的可信度为 $c(0 \leqslant c \leqslant 1)$。在 HeyStaks 中，结果的信誉可以通过对其生产者的信誉分数进行相似的计算而得到，如式(17.8)。

$$rep(r,t) = 1 - \prod_{i=1}^{k} (1 - rep(p_i,t)) \tag{17.8}$$

17.5.6 评估

本研究案例的最关键前提是：通过允许信誉和相关性来影响推荐结果的排名，我们可以改善搜索结果的整体质量。在该章节我们使用在一个封闭的现场用户的 HeyStaks 试验中产生的数据来评估信誉模型，旨在评估 HeyStaks 方法对于协同 Web 搜索的事实发现的信息挖掘任务的效用。

17.5.6.1 数据集和方法

我们的现场用户试验包括 64 位大一学生，他们有着不同程度的搜索专长，参见文献[63]。用户被要求在一个被监督的实验室区参与一个常识测验，并尽可能在一个小时之内回答 20 个题目。每个学生得到的题目顺序都是随机显示，以避免任何排序偏差。参见文献[63]实验中使用的题目列表。

每个用户都分配了一台笔记本电脑，装有预装了 HeyStaks 工具栏的 Firefox 浏览器；题目也允许使用带有 HeyStaks 加强版的 Google，作为测验的辅助。这 64 位学生随机分为几个搜索组。每组都有一个新创建的堆作为组搜索知识的仓库。我们创建了 6 个独立的堆，每个堆只包含一个用户，又创建了 4 个堆分别包含 5、9、19、25 个用户。独立的堆作为一个参照来评估在非协同的搜索设置中单个用户的有效性，同时分享堆的不同大小为检验在不同组大小的范围内协同搜索的有效性提供机会。在 Google 上的搜索结果和 HeyStaks 推荐的结果以及实验过程中提交的查询都被记录。在这 1 小时的实验中，大约 3124 个查询和 1998 个结果活动（选择、标签、投票、突出）被记录，724 个唯一的结果被选择。

同时，在初始的现场实验中没有使用信誉模型——推荐只基于相关性排序——产生的数据却使我们重新实行该实验来创建信誉模型，并使用它们来重新对 HeyStaks 生成的推荐进行排序成为可能。那么我们可以回顾性地进行重排结果的质量检验，并与不符合基础事实的原始排名进行比较。作为后期实验分析的一部分，每个被选择的结果被专家手动分为相关的（包含问题答案的结果）、半相关（结果推断出答案，但不明显），或者不相关（结果不包含对答案有显性或隐性的引用）。

17.5.6.2 用户信誉

为明白用户是怎样通过 17.5.4 节描述的两个信誉模型来评分，我们现在来检验在实验中产生的用户信誉值。在图 17-8 中箱线图显示了每个信誉模型中的四个分享堆的信誉分数。这里我们看到 WeightedSum 模型中 5 人堆成员的中间信誉分数与更大堆成员的中间信誉分数相比有明显不同。这在 PageRank 模型中并不明显，PageRank 中信誉分数十分相似而与堆的大小无关。

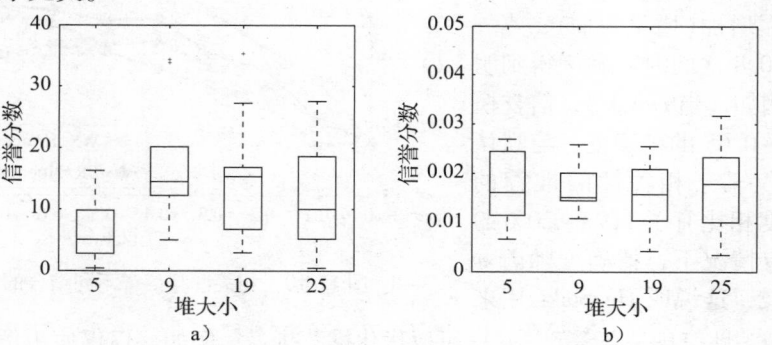

图 17-8 用户信誉分数：WeightedSum(a) 和 PageRank(b) 信誉模型

图 17-9 展示了 19 人堆成员在实验最后获得的信誉分数(每个模型以最大用户信誉分数进行归一化)。用户以他们的 WeightedSum 分数递减排序,该排序在两个图中都有保持。信誉分数的长尾分布对于其他堆中的发现具有代表性,其中一小部分用户获得高信誉分数而其他用户得到相对较低的分数。具有高信誉分数的用户可以被看作搜索领导者,是第一个找到并添加相关结果到堆中的用户,且该用户的搜索贡献被其他堆成员认为特别有用。此外,图表展示了模型 WeightedSum 和 PageRank 中信誉分数具有很强的相关性(Spearman 秩相关系数为 0.91)。

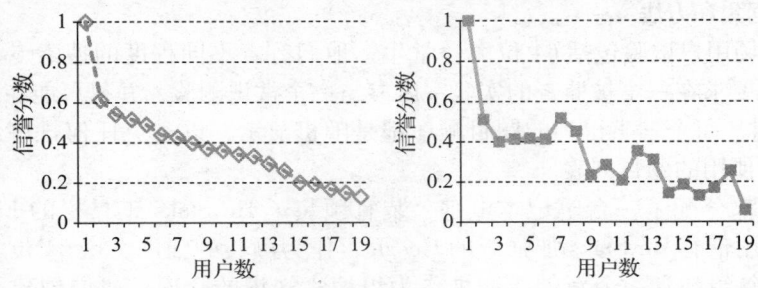

图 17-9 19 人堆的用户信誉分数:WeightedSum(a)和 PageRank(b)信誉模型

17.5.6.3 从信誉到质量

当然信誉模型的真正考验在于它们改善 HeyStaks 推荐结果质量的程度。我们已经讨论了用户信誉怎样与基于项目的相关性相结合而产生推荐,参见式(17.6)。因此,正如前面所讲,基于在适当的时间点计算出来的用户信誉分数,我们对实验过程中使用结果信誉模型产生的(基于相关性)推荐列表进行重新排序。接下来,我们考虑四个用户模型和结果信誉模型相结合对推荐列表进行重新排序:WeightedSum 或 PageRank 与 Max 或 Hooper 模型。由于我们有所有推荐(与测验问题相关的)的 ground-truth 相关信息,我们可以决定新的推荐排名的质量。

具体来说,对于每个用户和项目的信誉模型的组合,我们计算排序顶端的推荐与每个查询相关的频率然后除以查询总数来计算一个精确度矩阵。因此,精确度返回一个 0 到 1 的值,例如精确度为 0.5 意味着所有查询的顶端排序结果的 50% 与给定情景相关。

图 17-10 展示了精确度与式(17.6)中的权重(w)调整推荐过程中基于项目相关性和信誉的影响的比较。用户和结果信誉模型结合的结果显示,与只基于相关性排名的推荐相比前者精确度增加;当 $w = 0$ 时,信誉不是影响因子,在所有情况下精确度为 0.54。由于在推荐过程中信誉的影响超过相关性的影响在增加(增量为 w),当 w 范围在 0.4 ~ 0.8 之间时精确度得到明显的改善。例如,当 $w = 0.5$,信誉模型获得 0.60 ~ 0.65 的精确度,与默认的 HeyStaks 仅基于相关性的推荐的 0.54 的精确度相比有了 11% ~ 20% 的改善。在所有情况下,精确度随着 w 接近 1 而递减,这说明 HeyStaks 用来

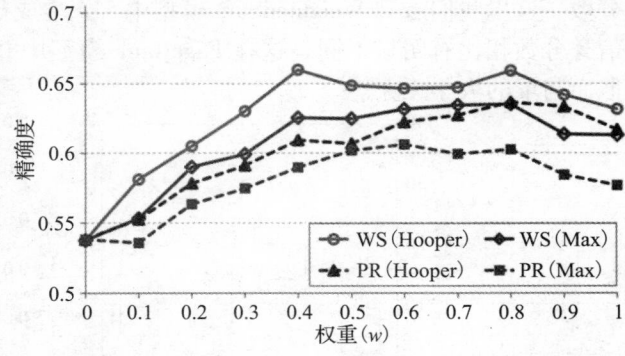

图 17-10 相关性与信誉不同结合的精确度

排序推荐的相关性信息是必需的,这样可以优化推荐排名;例如,仅仅使用信誉并不能提供最佳性能。

WeightedSum 用户信誉模型与 Hooper 结果信誉模型组合性能最好，并在 $w = 0.4$ 和 $w = 0.8$ 时达到高峰，每次获得一个大约 0.66 的精确度。Hooper 模型结合 PageRank 之后性能也不错，在 $w = 0.8$ 时精确度为 0.64。这让我们相信对于结果信誉的计算 Hooper 可能是最合适的选择。它为结果生成的分数是基于结果生产者信誉的共识。该模型提出一个观点：假设结果的生产者是有信誉的，那么一个结果可以通过生产者的信誉提升而获得高分；更多讨论和结果可参考文献[61，62，64]。

17.6 搜索未来

主流搜索引擎的发展正为用户在恰当的时间找到合适的信息提供了巨大的支持，且推荐技术在搜索引擎的演变中发挥着重要作用。研究人员正在继续探索如何使搜索引擎更灵敏地响应个人的特定需求和喜好，以及如何将协同更多的加入标准的搜索模型中。虽然这可能会带给我们一个危险预测，但我们可以肯定的是，现在的搜索信息方式与不久将来的搜索方式会有大的不同。考虑到这一点，下面考虑两个不同压力，这两个压力可能会在未来 10 年内推动搜索的发展。

17.6.1 从搜索到发现

在上一版中，我们预测主流搜索引擎将会发展为融合已经研究和提出的个性化和协同等许多要素的引擎。这个预测已经过时，至少部分过时。主流搜索引擎如 Google 和 Bing 基于搜索者及其上下文使其结果越来越个性化。在某些情况下，主流搜索引擎也开始将社会信息纳入它们的排名引擎。例如，Bing 与像 Twitter 和 Facebook 这样的社会媒体服务合作，在进行结果选择和排名时纳入这些网络的内容和信息，同时 Google 主要从它自己的社交网站(Google +)使用同样的方法纳入内容。实际上 Google 优先推送已检验的 Google + 用户的内容，以信誉的方式为其排名。

当今，网络搜索的负担依然很大部分落在个人搜索者身上，我们相信推荐技术的引进会为搜索引擎提供更加主动的机会，即预测用户的信息需求而不是响应。例如，GoogleNow服务在一定程度上意识到利用这一点，通过基于与用户需求和上下文有关的各种信号为用户提供建议。但是，这只是一个开始，当研究者面临配置文件、隐私和推荐等挑战时(见第 19 章)，搜索引擎将为下一代推荐技术提供一个独立的平台。正如早期作为推荐系统平台的电子商务网站一样，搜索引擎将会为推荐系统时代赢得更多追随者。

例如，在未来我们可能会合理预期信息需求的大部分将在当时的"搜索服务"的预测能力中，这些服务分析我们的在线行为，捕获我们的日常活动，挖掘我们的社会背景来在我们想要搜索之前预测我们对信息的需求，这样在需要时可以主动推荐合适的信息。当不仅仅是显示信息而且还显示用户在日常生活中是怎样被这些主动推荐"打扰"时，这将从根本上改变用户体验并引入新的创新。另外为了预测和满足用户的信息需求，未来的搜索和发现服务在推荐时需要仔细预测来调整他们的干预。我们对干扰的容忍程度随着一天的环境、活动甚至我们的情绪状态变化而变化。为推送合适的用户体验，不仅需要识别合适的信息还要在适当的时间使用适当的方式来推送。

17.6.2 在传感器丰富的移动世界中搜索

或许对于进一步创新将会以这种方式出现：从大一些的计算设备(台式电脑和笔记本电脑)到移动设备例如平板电脑、手机、新一代智能手表，甚至是智能眼镜(如 Google glass）的必然转变，也参见第 14 章。从台式机和笔记本电脑到手机和平板电脑的转变已经是有据可查了，在不久的将来，大部分的信息访问分享也将通过这样的设备进行。这些设备引进一套全新的搜索和发现标准，如屏幕和文本输入功能的限制。不过这些限制只能创造令人兴奋的新的创新机会。

有证据表明移动设备会使用声音输入代替原始的输入信息。例如，在写本章时，Apple、Google、Microsoft 都在移动平台上提供了成熟的基于语音识别的虚拟助手。另外，Apple 最近为其 AppleWacth 服务发布了几项用户界面创新技术，既有显示也有输入。其中包括一个流畅的可缩放的滚动界面结合触觉反馈和一个更加新的上下文敏感的称为数码冠的装置，这与十多年前单击轮使得原始 iPod 作为一种革命性的音乐播放器遥相呼应。但移动信息和计算装置只是冰山一角。我们生活在一个充满可以在现实世界捕捉活动的仪表和传感器的世界。实际上几乎我们做的所有事情，不管是买东西、在公园锻炼，甚至是小睡一会，都可以导致数据的产生和在某处保存。先不说隐私和安全的问题，这些数据改变我们接触信息的能力怎么样？至少，当涉及预测我们的需求和推荐的时机时，它将提供独特的洞察探知到我们的日常生活和上下文（见第 6 章），然后提供一个新的设置信号。

总之，可以公平地说，尽管我们对信息的需求是不可能下降，但对搜索的依赖可能会。更可能的是，随着网络的发展，搜索和推荐功能将是 Web 结构的一部分。当然，未来的搜索引擎会比今天更了解我们，更准确更频繁地为我们服务。但我们可能不会认为这些交互就是经典的搜索会话。标志性的查询框和熟悉的"10 个蓝色链接"的搜索形式将很可能消失，却仍会展示用户和信息之间更微妙的联系，在我们需要的时候，触摸一下或者看一眼，合适的信息就在那里。

致谢

该工作得到爱尔兰科学基金会的授权：CLARITY 传感器网络技术中心授权号码 07/CE/I1147；且通过数据分析中心授权号码 SFI/12/RC/2289。

参考文献

1. Amershi, S., Morris, M.R.: CoSearch: A System for Co-Located Collaborative Web Search. In: Proceedings of the Annual SIGCHI Conference on Human Factors in Computing Systems (CHI), pp. 1647–1656 (2008). Florence, Italy
2. Asnicar, F.A., Tasso, C.: IfWeb: A Prototype of User Model-Based Intelligent Agent for Document Filtering and Navigation in the World Wide Web. In: Proceedings of the Workshop on Adaptive Systems and User Modeling on the World Wide Web at the Proceedings of the Annual SIGCHI Conference on Human Factors in Computing Systems (CHI), pp. 3–11 (1997). Chia Laguna, Sardinia
3. Baeza-Yates, R.A., Hurtado, C.A., Mendoza, M.: Query Recommendation Using Query Logs in Search Engines. In: Current Trends in Database Technology - EDBT 2004 Workshops, pp. 588–596 (2004). Heraklion, Greece
4. Baeza-Yates, R.A., Ribeiro-Neto, B.A.: Modern Information Retrieval. ACM Press / Addison-Wesley (1999)
5. Balabanovic, M., Shoham, Y.: FAB: Content-Based Collaborative Recommender. Communications of the ACM 40(3), 66–72 (1997)
6. Balfe, E., Smyth, B.: Improving Web Search through Collaborative Query Recommendation. In: Proceedings of the European Conference on Artificial Intelligence (ECAI), pp. 268–272 (2004)
7. Belém, F., Martins, E.F., Almeida, J.M., Gonçalves, M.A.: Exploiting novelty and diversity in tag recommendation. In: ECIR, pp. 380–391 (2013)
8. Billsus, D., Pazzani, M.J., Chen, J.: A learning agent for wireless news access. In: Proceedings of the 5th International Conference on Intelligent User Interfaces (IUI), pp. 33–36 (2000). DOI http://doi.acm.org/10.1145/325737.325768. New Orleans, Louisiana, United States
9. Boydell, O., Smyth, B.: Enhancing case-based, collaborative web search. In: Proceedings of International Conference on Case-Based Reasoning (ICCBR), pp. 329–343 (2007)

10. Bridge, D., Kelly, J.P.: Diversity-enhanced conversational collaborative recommendations. In: N. Creaney (ed.) Procs. of the Sixteenth Irish Conference on Artificial Intelligence and Cognitive Science, pp. 29–38 (2005)
11. Briggs, P., Smyth, B.: Provenance, Trust, and Sharing in Peer-to-Peer Case-Based Web Search. In: Proceedings of European Conference on Case-Based Reasoning (ECCBR), pp. 89–103 (2008)
12. Brin, S., Page, L.: The anatomy of a large-scale hypertextual web search engine. Computer Networks 30(1–7), 107–117 (1998)
13. Brin, S., Page, L.: The anatomy of a large-scale hypertextual web search engine. Comput. Netw. ISDN Syst. 30(1–7), 107–117 (1998). DOI http://dx.doi.org/10.1016/S0169-7552(98)00110-X
14. Brin, S., Page, L.: The anatomy of a large-scale hypertextual web search engine. In: Proceedings of the 7th International Conference on World Wide Web (WWW '98), pp. 107–117. ACM, Brisbane, Australia (1998)
15. Budzik, J., Hammond, K.J.: User interactions with everyday applications as context for just-in-time information access. In: Proceedings of the 5th International Conference on Intelligent User Interfaces (IUI), pp. 44–51 (2000). New Orleans, Louisiana, United States
16. Burke, R.: The Wasabi Personal Shopper: A Case-Based Recommender System. In: Proceedings of the 17th National Conference on Artificial Intelligence (AAAI) (1999). Orlando, Florida, USA
17. Carroll, J.M., Rosson, M.B.: Paradox of the active user. In: J.M. Carroll (ed.) Interfacing Thought: Cognitive Aspects of Human-Computer Interaction, chap. 5, pp. 80–111. Bradford Books/MIT Press (1987). URL citeseer.ist.psu.edu/carroll87paradox.html
18. Chakrabarti, S., Dom, B., Kumar, R., Raghavan, P., Rajagopalan, S., Tomkins, A., Gibson, D., Kleinberg, J.M.: Mining the Web's Link Structure. IEEE Computer 32(8), 60–67 (1999)
19. Champin, P.A., Briggs, P., Coyle, M., Smyth, B.: Coping with Noisy Search Experiences. In: 29th SGAI International Conference on Artificial Intelligence (AI), pp. 5–18 (2009). Cambridge, UK
20. Chang, H., Cohn, D., McCallum, A.: Learning to Create Customized Authority Lists. In: ICML '00: Proceedings of the 17th International Conference on Machine Learning (ICML), pp. 127–134 (2000)
21. Chen, L., Pu, P.: Evaluating Critiquing-based Recommender Agents. In: Proceedings of the 21st National Conference on Artificial Intelligence (AAAI) (2006). Boston, Massachusetts
22. Chirita, P.A., Nejdl, W., Paiu, R., Kohlschütter, C.: Using ODP Metadata to Personalize Search. In: Proceedings of the 28th Annual International ACM Conference on Research and Development in Information Retrieval (SIGIR), pp. 178–185 (2005). Salvador, Brazil
23. Chirita, P.A., Olmedilla, D., Nejdl, W.: PROS: A Personalized Ranking Platform for Web Search. In: Proceedings of International Conference on Adaptive Hypermedia and Adaptive Web-Based Systems (AH), pp. 34–43 (2004). Eindhoven, The Netherlands
24. Coyle, M., Smyth, B.: Information Recovery and Discovery in Collaborative Web Search. In: Proceedings of the European Conference on Information Retrieval (ECIR), pp. 356–367. Rome, Italy
25. Coyle, M., Smyth, B.: Supporting Intelligent Web Search, volume = 7, year = 2007. ACM Trans. Internet Techn. (4)
26. Croft, W.B., Cronen-Townsend, S., Larvrenko, V.: Relevance Feedback and Personalization: A Language Modeling Perspective. In: DELOS Workshop: Personalisation and Recommender Systems in Digital Libraries (2001). URL citeseer.ist.psu.edu/article/croft01relevance.html
27. Dahlen, B., Konstan, J., Herlocker, J., Good, N., Borchers, A., Riedl, J.: Jump-Starting MovieLens: User Benefits of Starting a Collaborative Filtering System with "dead-data". In: University of Minnesota TR 98-017 (1998)
28. Dasarathy, B.V.: Nearest Neighbor (NN) Norms: NN Pattern Classification Techniques. IEEE Computer Society Press, Los Alamitos, CA (1991)
29. Dolin, R., Agrawal, D., Abbadi, A.E., Dillon, L.: Pharos: A Scalable Distributed Architecture for Locating Heterogeneous Information Sources. In: Proceedings of the International Conference on Information and Knowledge Management (CIKM), pp. 348–355 (1997). Las Vegas, Nevada, United States
30. Feldman, S., Sherman, C.: The High Cost of Not Finding Information. In: (IDC White Paper). IDC Group (2000)
31. Finkelstein, L., Gabrilovich, E., Matias, Y., Rivlin, E., Solan, Z., Wolfman, G., Ruppin, E.: Placing Search in Context: The Concept Revisited, url = citeseer.ist.psu.edu/finkelstein01placing.html, year = 2001, bdsk-url-1 = citeseer.ist.psu.edu/finkelstein01placing.

html. In: Proceedings of the 10th International Conference on the World Wide Web (WWW), pp. 406–414. Hong Kong

32. Giles, C.L., Bollacker, K.D., Lawrence, S.: CiteSeer: An Automatic Citation Indexing System. In: Proceedings of the 3rd ACM Conference on Digital Libraries (DL), pp. 89–98 (1998). Pittsburgh, Pennsylvania, United States

33. Granka, L.A., Joachims, T., Gay, G.: Eye-Tracking Analysis of User Behavior in WWW Search. In: Proceedings of the 27th Annual International ACM Conference on Research and Development in Information Retrieval (SIGIR), pp. 478–479 (2004). Sheffield, United Kingdom

34. Gravano, L., García-Molina, H., Tomasic, A.: GlOSS: Text-Source Discovery Over the Internet. ACM Trans. Database Syst. 24(2), 229–264 (1999). DOI http://doi.acm.org/10.1145/320248.320252

35. Hassan, A., White, R.W.: Personalized models of search satisfaction. In: CIKM, pp. 2009–2018 (2013)

36. Hurley, N., Zhang, M.: Novelty and diversity in top-n recommendation - analysis and evaluation. ACM Trans. Internet Techn. 10(4), 14 (2011)

37. Jameson, A., Smyth, B.: Recommendation to Groups. In: P. Brusilovsky, A. Kobsa, W. Nejdl (eds.) The Adaptive Web, pp. 596–627. Springer-Verlag (2007)

38. Jansen, B.J., Spink, A.: An Analysis of Web Searching by European AlltheWeb.com Users. Inf. Process. Manage. 41(2), 361–381 (2005). DOI http://dx.doi.org/10.1016/S0306-4573(03)00067-0

39. Jansen, B.J., Spink, A., Bateman, J., Saracevic, T.: Real life Information Retrieval: A Study of User Queries on the Web. SIGIR Forum 32(1), 5–17 (1998)

40. Jeh, G., Widom, J.: Scaling Personalized Web Search. In: Proceedings of the 12th International conference on World Wide Web (WWW), pp. 271–279. ACM (2003). Budapest, Hungary

41. Jøsang, A., Ismail, R., Boyd, C.: A survey of trust and reputation systems for online service provision. Decision Support Systems 43(2), 618–644 (2007)

42. Kleinberg, J.M.: Authoritative Sources in a Hyperlinked Environment. J. ACM 46(5), 604–632 (1999). DOI http://doi.acm.org/10.1145/324133.324140

43. Kleinberg, J.M.: Hubs, Authorities, and Communities. ACM Comput. Surv. 31(4), 5 (1999)

44. Konstan, J., Miller, B., Maltz, D., Herlocker, J., Gorgan, L., Riedl, J.: GroupLens: Applying Collaborative Filtering to Usenet News. Communications of the ACM 40(3), 77–87 (1997)

45. Koren, Y.: Tutorial on Recent Progress in Collaborative Filtering. In: Proceedings of the International Conference on Recommender Systems (RecSys), pp. 333–334 (2008)

46. Koutrika, G., Ioannidis, Y.: A Unified User-Profile Framework for Query Disambiguation and Personalization. In: Proc. of the Workshop on New Technologies for Personalized Information Access, pp. 44–53 (2005). Edinburgh, UK

47. Kruger, A., Giles, C.L., Coetzee, F.M., Glover, E., Flake, G.W., Lawrence, S., Omlin, C.: DEADLINER: Building a New Niche Search Engine. In: Proceedings of the 9th International Conference on Information and Knowledge Management (CIKM), pp. 272–281. New York, NY, USA (2000). McLean, Virginia, United States

48. Kuter, U., Golbeck, J.: SUNNY: A new algorithm for trust inference in social networks, using probabilistic confidence models. In: AAAI, pp. 1377–1382 (2007)

49. Lawrence, S., Giles, C.L.: Accessibility of Information on the Web. Nature 400(6740), 107–109 (1999)

50. Lazzari, M.: An experiment on the weakness of reputation algorithms used in professional social networks: The case of naymz. In: Proceedings of the IADIS International Conference e-Society 2010, pp. 519–522. IADIS, Freiburg, Germany (2010)

51. Linden, G., Smith, B., York, J.: Amazon.com Recommendations: Item-to-Item Collaborative Filtering. IEEE Distributed Systems Online 4(1) (2003)

52. Liu, F., Yu, C., Meng, W.: Personalized Web Search by Mapping User Queries to Categories, year = 2002, bdsk-url-1 = http://doi.acm.org/10.1145/584792.584884. In: Proceedings of the 11th International Conference on Information and Knowledge Management (CIKM), pp. 558–565. ACM Press, New York, NY, USA. DOI http://doi.acm.org/10.1145/584792.584884. McLean, Virginia, USA

53. Ma, Z., Pant, G., Sheng, O.R.L.: Interest-Based Personalized Search. ACM Trans. Inf. Syst. 25(1), 5 (2007). DOI http://doi.acm.org/10.1145/1198296.1198301

54. Makris, C., Panagis, Y., Sakkopoulos, E., Tsakalidis, A.: Category Ranking for Personalized Search. Data Knowl. Eng. 60(1), 109–125 (2007). DOI http://dx.doi.org/10.1016/j.datak.2005.11.006

55. Marchionini, G.: Exploratory search: From Finding to Understanding. Communications of the ACM **49**(4), 41–46 (2006). DOI http://doi.acm.org/10.1145/1121949.1121979
56. McCarthy, K., Reilly, J., McGinty, L., Smyth, B.: An analysis of critique diversity in case-based recommendation. In: Proceedings of the International FLAIRS Conference, pp. 123–128 (2005)
57. McCarthy, K., Reilly, J., McGinty, L., Smyth, B.: Experiments in Dynamic Critiquing. In: Proceedings of the International Conference on Intelligent User Interfaces (IUI), pp. 175–182 (2005)
58. McCarthy, K., Salamó, M., Coyle, L., McGinty, L., Smyth, B., Nixon, P.: Cats: A synchronous approach to collaborative group recommendation. In: Proceedings of the International FLAIRS Conference, pp. 86–91 (2006)
59. McGinty, L., Smyth, B.: Comparison-Based Recommendation. In: S. Craw (ed.) Proceedings of the Sixth European Conference on Case-Based Reasoning (ECCBR 2002), pp. 575–589. Springer (2002). Aberdeen, Scotland.
60. McGinty, L., Smyth, B.: On The Role of Diversity in Conversational Recommender Systems. In: K.D. Ashley, D.G. Bridge (eds.) Proceedings of the 5th International Conference on Case-Based Reasoning, pp. 276–290. Springer-Verlag (2003)
61. McNally, K., O'Mahony, M.P., Coyle, M., Briggs, P., Smyth, B.: A case study of collaboration and reputation in social web search. ACM TIST **3**(1), 4 (2011)
62. McNally, K., O'Mahony, M.P., Smyth, B.: A model of collaboration-based reputation for the social web. In: ICWSM (2013)
63. McNally, K., O'Mahony, M.P., Smyth, B., Coyle, M., Briggs, P.: Social and collaborative web search: An evaluation study. In: Proceedings of the 15th International Conference on Intelligent User Interfaces (IUI '11), pp. 387–390. ACM, Palo Alto, California USA (2011)
64. McNally, K., O'Mahony, M.P., Smyth, B., Coyle, M., Briggs, P.: Social and collaborative web search: an evaluation study. In: IUI, pp. 387–390 (2011)
65. Meuth, R.J., Robinette, P., Wunsch, D.C.: Computational Intelligence Meets the NetFlix Prize. In: Proceedings of the International Joint Conference on Neural Networks (IJCNN), pp. 686–691 (2008)
66. Micarelli, A., Sciarrone, F.: Anatomy and Empirical Evaluation of an Adaptive Web-Based Information Filtering System. User Modeling and User-Adapted Interaction **14**(2–3), 159–200 (2004). DOI http://dx.doi.org/10.1023/B:USER.0000028981.43614.94
67. Mitra, M., Singhal, A., Buckley, C.: Improving Automatic Query Expansion. In: Proceedings of ACM SIGIR, pp. 206–214. ACM Press (1998)
68. Morris, M.R.: A Survey of Collaborative Web Search Practices. In: Proceedings of the Annual SIGCHI Conference on Human Factors in Computing Systems (CHI), pp. 1657–1660 (2008)
69. Morris, M.R., Horvitz, E.: SearchTogether: An Interface for Collaborative Web Search. In: UIST, pp. 3–12 (2007)
70. Morris, M.R., Horvitz, E.: S^3: Storable, Shareable Search. In: INTERACT (1), pp. 120–123 (2007)
71. Nerur, S.P., Sikora, R., Mangalaraj, G., Balijepally, V.: Assessing the Relative Influence of Journals in a Citation Network. Commun. ACM **48**(11), 71–74 (2005)
72. O'Day, V.L., Jeffries, R.: Orienteering in an Information Landscape: How Information Seekers Get from Here to There. In: Proceedings of the SIGCHI Conference on Human Factors in Computing Systems (CHI), pp. 438–445. ACM Press, New York, NY, USA (1993). DOI http://doi.acm.org/10.1145/169059.169365. Amsterdam, The Netherlands
73. O'Donovan, J., Evrim, V., Smyth, B.: Personalizing Trust in Online Auctions. In: Proceedings of the European Starting AI Researcher Symposium (STAIRS). Trento, Italy (2006)
74. O'Donovan, J., Smyth, B.: Eliciting Trust Values from Recommendation Errors. In: Proceedings of the International FLAIRS Conference, pp. 289–294 (2005)
75. O'Donovan, J., Smyth, B.: Trust in Recommender Systems. In: Proceedings of the International Conference on Intelligent User Interfaces (IUI), pp. 167–174 (2005)
76. O'Donovan, J., Smyth, B.: Trust in recommender systems. In: Proceedings of the 10th International Conference on Intelligent User Interfaces (IUI '05), pp. 167–174. ACM, San Diego, California, USA (2005)
77. O'Donovan, J., Smyth, B.: Trust in recommender systems. In: IUI, pp. 167–174 (2005)
78. O'Donovan, J., Smyth, B.: Trust No One: Evaluating Trust-based Filtering for Recommenders. In: Proceedings of the International Joint Conference on Artificial Intelligence (IJCAI), pp. 1663–1665 (2005)
79. O'Donovan, J., Smyth, B.: Is Trust Robust?: An Analysis of Trust-Based Recommendation. In: Proceedings of the International Conference on Intelligent User Interfaces, pp. 101–108 (2006)

80. O'Donovan, J., Smyth, B.: Mining trust values from recommendation errors. International Journal on Artificial Intelligence Tools **15**(6), 945–962 (2006)

81. Pariser, E.: The Filter Bubble : What the Internet is Hiding from You, year = 2011. Penguin Press

82. Pazzani, D.B.M.: A Hybrid User Model for News Story Classification. In: Proceedings of the 7th International Conference on User Modeling (UM) (1999). Banff, Canada

83. Pickens, J., Golovchinsky, G., Shah, C., Qvarfordt, P., Back, M.: Algorithmic Mediation for Collaborative Exploratory Search. In: Proceedings of the International Conference on Information retrieval Research and Development (SIGIR), pp. 315–322 (2008)

84. Preece, J., Shneiderman, B.: The reader to leader framework: Motivating technology-mediated social participation. AIS Trans. on Human-Computer Interaction **1**(1), 13–32 (2009)

85. Pretschner, A., Gauch, S.: Ontology Based Personalized Search. In: Proceedings of the 11th IEEE International Conference on Tools with Artificial Intelligence (ICTAI), p. 391. IEEE Computer Society, Washington, DC, USA (1999)

86. Rashid, A.M., Ling, K., Tassone, R.D., Resnick, P., Kraut, R., Riedl, J.: Motivating participation by displaying the value of contribution. In: CHI, pp. 955–958 (2006)

87. Reddy, M.C., Dourish, P.: A Finger on the Pulse: Temporal Rhythms and Information Seeking in Medical Work. In: CSCW, pp. 344–353 (2002)

88. Reddy, M.C., Dourish, P., Pratt, W.: Coordinating Heterogeneous Work: Information and Representation in Medical Care. In: CSCW, pp. 239–258 (2001)

89. Reddy, M.C., Jansen, B.J.: A model for understanding collaborative information behavior in context: A study of two healthcare teams. Inf. Process. Manage. **44**(1), 256–273 (2008)

90. Reddy, M.C., Spence, P.R.: Collaborative Information Seeking: A Field Study of a Multidisciplinary Patient Care Team. Inf. Process. Manage. **44**(1), 242–255 (2008)

91. Reilly, J., McCarthy, K., McGinty, L., Smyth, B.: Dynamic Critiquing. In: P. Funk, P.A.G. Calero (eds.) Proceedings of the 7th European Conference on Case-Based Reasoning, pp. 763–777. Springer-Verlag (2004)

92. Reilly, J., McCarthy, K., McGinty, L., Smyth, B.: Incremental critiquing. Knowl.-Based Syst. **18**(4–5), 143–151 (2005)

93. Reilly, J., Smyth, B., McGinty, L., McCarthy, K.: Critiquing with confidence. In: Proceedings of International Conference on Case-Based Reasoning (ICCBR), pp. 436–450 (2005)

94. Resnick, P., Varian, H.R.: Recommender systems. Commun. ACM **40**(3), 56–58 (1997). DOI http://doi.acm.org/10.1145/245108.245121

95. Resnick, P., Zeckhauser, R.: Trust among strangers in internet transactions: Empirical analysis of ebay's reputation system. Advances in Applied Microeconomics **11**, 127–157 (2002)

96. van Rijsbergen, C.J.: Information Retrieval. Butterworth (1979)

97. Rocchio, J.: Relevance Feedback in Information Retrieval. G. Salton (editor), The SMART Retrieval System: Experiments in Automatic Document Processing. Prentice–Hall, Inc., Englewood Cliffs, NJ (1971)

98. Rohini, U., Varma, V.: A novel approach for re-ranking of search results using collaborative filtering. In: Proceedings of the International Conference on Computing: Theory and Applications, vol. 00, pp. 491–496. IEEE Computer Society, Los Alamitos, CA, USA (2007). DOI http://doi.ieeecomputersociety.org/10.1109/ICCTA.2007.15

99. Saaya, Z., Rafter, R., Schaal, M., Smyth, B.: The curated web: a recommendation challenge. In: RecSys, pp. 101–104 (2013)

100. Saaya, Z., Schaal, M., Coyle, M., Briggs, P., Smyth, B.: A comparison of machine learning techniques for recommending search experiences in social search. In: SGAI Conf., pp. 195–200 (2012)

101. Saaya, Z., Schaal, M., Coyle, M., Briggs, P., Smyth, B.: Exploiting extended search sessions for recommending search experiences in the social web. In: ICCBR, pp. 369–383 (2012)

102. Saaya, Z., Schaal, M., Rafter, R., Smyth, B.: Recommending topics for web curation. In: UMAP, pp. 242–253 (2013)

103. Sahami, M., Heilman, T.D.: A web-based kernel function for measuring the similarity of short text snippets. In: Proceedings of the International World-Wide Web Conference, pp. 377–386 (2006)

104. Salton, G., Buckley, C.: Improving retrieval performance by relevance feedback. In: Readings in information retrieval, pp. 355–364. Morgan Kaufmann Publishers Inc., San Francisco, CA, USA (1997)

105. Schafer, J.B., Konstan, J., Riedi, J.: Recommender systems in e-commerce. In: EC '99: Proceedings of the 1st ACM conference on Electronic commerce, pp. 158–166. ACM Press, New York, NY, USA (1999). DOI http://doi.acm.org/10.1145/336992.337035. Denver, Colorado, United States

106. Shafer, G.: The combination of evidence. International Journal of Intelligent Systems **1**(3), 155–179 (1986)

107. Shardanand, U., Maes, P.: Social Information Filtering: Algorithms for Automating "Word of Mouth". In: Proceedings of the Conference on Human Factors in Computing Systems (CHI '95), pp. 210–217. ACM Press (1995). New York, USA

108. Shardanand, U., Maes, P.: Social Information Filtering: Algorithms for Automating "Word of Mouth". In: Proceedings of the SIGCHI Conference on Human Factors in Computing Systems (CHI), pp. 210–217 (1995)

109. Shen, X., Tan, B., Zhai, C.: Implicit User Modeling for Personalized Search. In: Proceedings of the Fourteenth ACM Conference on Information and Knowledge Management (CIKM 05) (2005). Bremen, Germany

110. Smeaton, A.F., Foley, C., Byrne, D., Jones, G.J.F.: ibingo mobile collaborative search. In: CIVR, pp. 547–548 (2008)

111. Smeaton, A.F., Lee, H., Foley, C., McGivney, S.: Collaborative video searching on a tabletop. Multimedia Syst. **12**(4–5), 375–391 (2007)

112. Smyth, B.: Case-Based Recommendation. In: P. Brusilovsky, A. Kobsa, W. Nejdl (eds.) The Adaptive Web, pp. 342–376. Springer-Verlag (2007)

113. Smyth, B.: A community-based approach to personalizing web search. IEEE Computer **40**(8), 42–50 (2007)

114. Smyth, B., Balfe, E., Freyne, J., Briggs, P., Coyle, M., Boydell, O.: Exploiting query repetition and regularity in an adaptive community-based web search engine. User Model. User-Adapt. Interact. **14**(5), 383–423 (2004)

115. Smyth, B., Briggs, P., Coyle, M., O'Mahony, M.P.: A case-based perspective on social web search. In: ICCBR '09: Proceedings of the 8th International Conference on Case-Based Reasoning: Case-Based Reasoning Research and Development, pp. 494–508. Springer-Verlag, Seattle, Washington, USA (2009)

116. Smyth, B., Briggs, P., Coyle, M., O'Mahony, M.P.: A case-based perspective on social web search. In: Proceedings of International Conference on Case-Based Reasoning (ICCBR) (2009)

117. Smyth, B., Briggs, P., Coyle, M., O'Mahony, M.P.: Google shared. A case study in social search. In: Proceedings of the 17th International Conference on User Modeling, Adaptation, and Personalization (UMAP '09), pp. 283–294. Springer-Verlag, Trento, Italy (2009)

118. Smyth, B., Briggs, P., Coyle, M., O'Mahony, M.P.: Google. Shared! A Case-Study in Social Search. In: Proceedings of the International Conference on User Modeling, Adaptation and Personalization (UMAP), pp. 494–508. Springer-Verlag (2009)

119. Smyth, B., Champin, P.A.: The Experience Web: A Case-Based Reasoning Perspective. In: Workshop on Grand Challenges for Reasoning from Experiences at the International Joint Conference on Artificial Intelligence (IJCAI) (2009)

120. Smyth, B., Coyle, M., Briggs, P.: Heystaks: a real-world deployment of social search. In: RecSys, pp. 289–292 (2012)

121. Smyth, B., McClave, P.: Similarity v's Diversity. In: D. Aha, I. Watson (eds.) Proceedings of the 3rd International Conference on Case-Based Reasoning, pp. 347–361. Springer (2001)

122. Sparck Jones, K.: A statistical interpretation of term specificity and its application in retrieval. In: Document retrieval systems, pp. 132–142. Taylor Graham Publishing, London, UK, UK (1988)

123. Speretta, M., Gauch, S.: Personalized search based on user search histories. In: WI '05: Proceedings of the 2005 IEEE/WIC/ACM International Conference on Web Intelligence, pp. 622–628. IEEE Computer Society, Washington, DC, USA (2005). DOI http://dx.doi.org/10.1109/WI.2005.114

124. Spink, A., Bateman, J., Jansen, M.B.: Searching Heterogeneous Collections on the Web: Behaviour of Excite Users. Information Research: An Electronic Journal **4**(2) (1998)

125. Spink, A., Jansen, B.J.: A Study of Web Search Trends. Webology **1**(2), 4 (2004). URL http://www.webology.ir/2004/v1n2/a4.html

126. Spink, A., Wolfram, D., Jansen, M.B.J., Saracevic, T.: Searching the Web: the Public and their Queries. Journal of the American Society for Information Science **52**(3), 226–234 (2001)

127. Sugiyama, K., Hatano, K., Yoshikawa, M.: Adaptive web search based on user profile constructed without any effort from users. In: WWW '04: Proceedings of the 13th international conference on World Wide Web, pp. 675–684. ACM Press, New York, NY, USA (2004). DOI http://doi.acm.org/10.1145/988672.988764. New York, NY, USA

128. Sun, J.T., Zeng, H.J., Liu, H., Lu, Y., Chen, Z.: Cubesvd: a novel approach to personalized web search. In: WWW '05: Proceedings of the 14th international conference on World Wide

Web, pp. 382–390. ACM Press, New York, NY, USA (2005). DOI http://doi.acm.org/10. 1145/1060745.1060803. Chiba, Japan

129. Tan, B., Shen, X., Zhai, C.: Mining long-term search history to improve search accuracy. In: KDD '06: Proceedings of the 12th ACM SIGKDD international conference on Knowledge discovery and data mining, pp. 718–723. ACM Press, New York, NY, USA (2006). DOI http:// doi.acm.org/10.1145/1150402.1150493. Philadelphia, PA, USA

130. Yang, Y., Chute, C.G.: An example-based mapping method for text categorization and retrieval. ACM Trans. Inf. Syst. **12**(3), 252–277 (1994). DOI http://doi.acm.org/10.1145/ 183422.183424

131. Zhou, B., Hui, S.C., Fong, A.C.M.: An effective approach for periodic web personalization. In: WI '06: Proceedings of the 2006 IEEE/WIC/ACM International Conference on Web Intelligence, pp. 284–292. IEEE Computer Society, Washington, DC, USA (2006). DOI http://dx. doi.org/10.1109/WI.2006.36

|第四部分|
Recommender Systems Handbook，Second Edition

人 机 交 互

人类决策过程与推荐系统

Anthony Jameson、Martijn C. Willemsen、Alexander Felfernig、Marco de Gemmis、
Pasquale Lops、Giovanni Semeraro 和 Li Chen

18.1　简介

　　推荐系统的功能是什么呢？可能会有各种各样的回答，本章把推荐系统看作一个可以帮助人们进行更好选择的工具。它帮助人们做一些不是很大但很复杂的决策（如选择在哪里建造一个飞机场），同时帮助我们做出要买什么样的商品、选择读什么样的书、哪些人需要去联系等这样每天都要做的选择[⊖]。从这个角度出发，推荐系统的研究者和设计人员需要对人们如何做选择和如何对选择的过程进行辅助有扎实而广泛的认识。主要的原因是我们需要把选择者纳入推荐过程中，即当面临一个选择时，通常最好的方式是让选择者和推荐系统共同参与完成。把选择者排除在推荐过程之外，在一些极端的例子里面是有意义的，比如音乐推荐系统选择播放什么样的音乐是不需要收听者参与的（参见第 13 章）；或者像智能家居可以自动地设置室内温度和空气循环等参数。请注意，在这种情况下，我们会认为这不是一个"推荐系统"，而是一个能代表人去执行任务的代理。

　　推荐系统有两种基本的方法可以让选择者参与到推荐过程中：

　　（1）推荐系统只参与选择过程的一部分，把剩下的留给选择者自己决定。

　　例如，很多推荐算法工程师会使用他们的算法把非常大的候选集缩小成一个较小的推荐候选池，然后让选择者再从中选出最终结果（参见 18.6 节）。

　　（2）生成所有可能的推荐候选并全部提供给选择者，但是同时我们需要给出如何产生这些候选的相应说明，所以选择者可以决定他是否要 1）相信推荐的结果[⊖]；2）对推荐系统有怀疑，但是还是会用其中一部分；3）完全地拒绝推荐系统给出的结果。

　　相应支持这些示例的讨论将在 18.4.2 节中给出。

　　本章以 ASPECT 模型开始，简要概述了日常行为和决策的心理模式，它以广泛的心理学研究为基础，并与推荐系统具有高度的相关性和适应性。我们可以看到，当逐个考虑这些模式时，我们会对推荐系统如何支持特定方面的选择有一个新的认识，从而可以对这些策略提供进一步的概述，以帮助人们做出更好的选择（ASPECT 模型）[⊜]。本章接下来几节会依

　　⊖　在英语中"choosing"和"deciding"没有清晰明显的区别。我们将主要使用前一个术语，因为"decision mak-
ing"往往是涉及那些需要深入思考和分析的复杂问题，然而推荐系统更加常用的是相对小且不复杂的问题。
　　⊖　在使用人称代词时，为了避免使用单一古板的形式如"他或她"，我们会在例子中交替使用男性和女性的形式。
　　⊜　更多关于 ASPECT 和 ARCADE 模型的细节将在 Jameson 等人[39]的论文中讨论。
Anthony. Jameson，DFKI，German Research Center for Artifi cial Intelligence，Saarbrücken，Germany，e-mail：jameson@ dfki. de.
Martin. C. Willemsen，Eindhoven University of Technology，Eindhoven，The Netherlands，e-mail：M. C. Willemsen
@ tue. nl.
Alexander. Felfernig，University of Graz，Graz，Austria e-mail：afelfern@ ist. tugraz. at.
Marco. de Gemmis，Pasquale. Lops，Giovanni Semeraro，Department of Computer Science，University of Bari "Aldo Moro"，
Bari，Italy. e-mail：marco. degemmis@ uniba. it；pasquale. lops@ uniba. it；giovanni. semeraro@ uniba. it.
Li. Chen，Hong Kong Baptist University，Hong Kong，China e-mail：lichen@ comp. hkbu. edu. hk
翻译：赖博先　审核：谢　妍，Li Chen，吴　雯（Carrie Wu）

次讨论推荐系统研究的一些常见主题，来看看如何从选择模型和选择支持的角度去更好地理解这些主题。

　　本章假设理想情况下推荐系统的主要目的是帮助人们做出最终会满意的选择。尤其是，如果一个选择者决定拒绝推荐系统给出的结果并做出不同的选择，只要选择者最终对她做的选择满意，那么都没关系。事实上，这也是推荐系统设计者想要选择者趋向于接受推荐结果的原因（例如，推荐系统用来劝说选择者吃更加健康的食物或者买某个公司的产品）。在这种情况下，系统设计者很可能会引入一些偏差进入系统（例如，经常推荐一个特殊类型的选项，或者让推荐结果看起来比实际上更好）。由于引入偏差一般来说比较容易做到，本章把如何引入偏差作为一个练习留给感兴趣的读者，这样才能更加聚焦于那些更复杂的、由选择支持带来的核心问题。⊖

18.2　选择模式和推荐

　　即使你精通与这个主题相关的心理学、经济学或者其他领域的大量科学文献，"人们是如何做选择的？"这个问题也是相当难以回答的。尽管面临同样困难的问题"计算机程序是如何做出推荐的？"但推荐系统工程师有一个很好的视角来理解这一问题。对于这两个问题，一个高层抽象的回答是："存在很多种不同的方法，人和计算机程序可以通过各种方式将这些方法组合起来解决问题。"

　　就如何计算出推荐结果而言，各种不同的范式（如基于内容、基于知识等）和将它们组合起来的方法在很多相关研究中有深入详细的描述，例如，Burke[9,10]的一些相关研究。ASPECT模型[39,第3节]旨在做一些类似于与人选择相关的事情：它主要包含 6 种不同的人类选择模式（见表 18-1 ⊖）。这些模式有时候以单独形式使用，但通常是使用各种方法将它们组合起来（详见18.2.7 节）。

　　提炼出的这 6 种选择模式的优点是，当一个选择发生时，依靠相应的模式我们可以思考如何对该选择进行辅助。从表 18-1 可以看出，每个模式包含一系列典型的处理步骤，这些步骤在不同的模式之间是不同的。就每个模式而言，我们可能会问：推荐系统能做些什么来帮助人们更成功地执行这些选择步骤呢？通过这种方法，我们将指出一些推荐技术可能的应用，可能它们原先比较难以识别。

表 18-1　概述组成 ASPECT 模型的 6 种选择模式（C 表示选择者）

基于属性的选择	基于结果的选择
适用条件	适用条件
—这些选项可以看成是能够被一些属性和级别描述的物品 —一个（相对）可取的物品可以被各种属性的级别评估	—做出的选择都会有对应的结果
典型过程	典型过程
—（可选的）：对于这个场景 C 预先考虑，特定（相对）重要的属性或属性值的级别 —基于属性信息，C 将所有的选项缩小到一个可以**操作的候选集** —C 从一个易于管理的选项集合中选择	—C 意识到一个可能存在的选择可以（或者必须）做 —C 评估场景 —C 决定何时何地做出这样的选择 —C 识别一个或者更多个可能的行为（选项） —C 预估（一些）执行选项的结果 —C 评估（一些）预估结果 —C 选择一个就它的结果而言排名靠前的选项

⊖ 更多关于对比的说服和选择支持的目标之间的区别的讨论在[39，1.2 节]给出。

⊖ ASPECT 是 6 种选择模式英文首字母的缩写。

（续）

基于经验的选择	基于社会的选择
适用条件	适用条件
—C 做过类似的选择	—在这个或者类似的场景下，有些其他人做、期望，或者推荐的可用信息
典型过程	典型过程
—C 应用潜意识引导（recognition-primed）做决定 —或者 C 基于某个习惯行动 —或者 C 选择之前强化的响应 —或者 C 应用有影响的启发	—C 考虑其他人选择的例子或者他人的一些评估 —或者 C 考虑相关人的期望 —或者 C 考虑有关选项的明确意见
基于策略的选择	基于反复试错的选择
适用条件	适用条件
—C 遇到的选择有规律基准	—选择将被反复尝试，或者即使已经开始执行第一个选项，C 仍有机会从一个选项切换到另一个选项
典型过程	典型过程
—（早期:）C 获得处理这种类型选择的一个策略 —（现在:）C 意识到这个策略现在的选择场景，并且应用于识别优先的选项 —C 决定是否真正在执行选项时考虑策略	—C 选择尝试一个选项 O，用一个其他选择模式或（可能是隐式的）应用一个**探究策略**（exploration strategy） —C 执行选择的选项 O —C 注意到在执行 O 过程中的一些结论 —C 从结论中学习到一些东西 —（如果 C 对选项 O 不满意）C 返回到选择步骤，并且把已经学到的东西应用到新的选择过程中

　　本节将聚焦于推荐系统的核心功能：推荐一系列用户应该选择的选项，或者知道用户应该如何评估一个特定的选项[⊖]。

　　我们会使用一个具体的例子来阐述选择模式以及这些模式之间的关系，举这样一个例子：一个在法国游玩的说英语的游客想在应用商店（app store）为自己的智能手机购买一个法 - 英词典，而应用超市提供了很多相关的词典供他选择。

18.2.1 基于属性的选择

　　假如一个用户使用基于属性的模式，他会把词典看作由一系列与评估相关的属性（如词条数目、可用性、价格）描述的一个对象，在这些属性中，有些属性比其他更重要。每个对象都有各个属性的**级别**（level），如一个词典特定数目的词条，有些用户可能会优先考虑它，有些则不然。选择者可以为对象的各个属性级别设置一个**值**。简单地说，更重要属性对于选择的影响更大，也就是说，选择者会趋向于选择拥有级别高且更有吸引力属性的词典。但是除此之外，基于属性的选择还有很多其他特殊应用方法，其范围从将对象的属性全部都考虑进去到只考虑一小部分样本的属性信息，选择样本中一些方面表现好的对象。基于属性的选择参考文献有[36，66]、[67，第 2 章]以及[5]。

　　原则上，如果可以从选择者那里得到一些有用的评价标准（例如，那些相对重要的属性及其阈值），那么推荐系统有可能完成基于属性进行选择的整个过程。同时也存在让选择者参与到推荐过程中的方法。

⊖　在 ARCADE 模型的专业术语（见 18.3 节）中，这种策略叫作代表选择者的评估。正如我们将要在那节中看到的，推荐系统可以通过使用与推荐技术不太相关的其他策略来支持选择。

（1）第一种方法涉及表18-1中对这个模式列举的3个主要步骤中的第一个：在选择问题时，人们往往没有一个稳定和适当的评价标准，但是这在选择过程中可以逐渐形成（见18.7.2节），因此相当有用的一点是推荐系统告诉选择者一些类似于"那些与你有一样需求的用户，他们会倾向于购买有30 000个词的法–英词典"。这个评估标准策略有时出现在基于知识的推荐系统中（见第5章）。但总的来说，推荐评估标准比推荐物品罕见得多。

（2）基于属性选择的推荐系统能提供帮助的一个明显和常用的方法是在第二个主要步骤中：将一个非常大的候选集减少到一个更小的**易于处理的集合**。初始集合是所有可能的候选（例如，在交易网站上售卖的书籍），这个候选集通常大到选择者不能将所有物品都考虑清楚。在没有推荐系统帮助的时候，人们通常会使用非常简单粗暴的**筛选策略**来达到想要的目的（见文献[20]），如将那些没能达到某个重要属性阈值的选项全部排除。即使一个非常不完善的推荐算法通常都可以做到更好的筛选，然而它仍然会把最终的决定权留给选择者（参见18.6节进一步的讨论）。

18.2.2 基于结果的选择

当考虑一个选项时，一个不同的思路是同时考虑做出相应选择后与之带来的具体结果。与其只关注词典能够提供的词条数目，游客可能会思考如何成功地使用词典，以便让自己能够在旅途中解决诸如在餐厅订餐这样的具体问题。相对于基于属性的选择，基于结果的选择有一些不同的观点：除其他事项外，选择者需要处理一些选择某个选项之后，它们在遥远的未来可能产生的结果，而且通常会有相当多的可能结果，包括一些客观事实和情感反应。事实上，评估一个选项预期会带来的结果是相当复杂的过程。基于结果的选择的相关参考文献和相关工作包括最突出的描述性模型——**预期理论**[44,92]以及聚焦于基于结果的选择模式（见文献[28]）。

这里再次回看表18-1，我们可以看到一些推荐系统支持基于结果的选择的观点：

（1）推荐系统可以帮助选择者意识到存在一个需要处理的选择，并且决定何时何地做出选择。考虑到，如一个COMMUNTYCOMMANDS系统[49]，它为在复杂应用程序上工作的用户推荐一个在当前状态下可执行的命令。不管具体推荐的价值，该系统在努力地告诉用户，在目前的情况下有超过一个命令可以使用，并且这是一个很好的时机来考虑使用哪一个。一个推荐算法工程师原则上完全可以把重点放在这一特定形式的选择支持上，他可能会说："我建议现在考虑一下在这种情况下使用什么命令。"这种类型的推荐在下面的情况下可能是有用的：1）推荐者对于任何选项没有很好的推荐理由；2）推荐系统有能力确定一种个性化的推荐方式以决定用户何时何地应该考虑某一个选项。

（2）推荐者可以帮助用户识别一个或者多个他并不知道的可用选项，如模糊命令或者一些配置设置——即使最终对选项的评估还是完全靠用户自己决定，这也是一个非常有用的功能。

（3）推荐系统可以帮助选择者评估一个特定的结果。即使选择者自己知道一个特定的结果会发生（例如，必须下载一个100MB高质量的法语发音应用），她很难准确预料到这个后果对于她来说有多少利弊。推荐系统可以尽力去"建议"（或者警告）某个不熟悉的结果，而不是列出所有候选集（对应在18.2.1节提到的基于属性的模式中特定的推荐评价标准的方法）。

18.2.3 基于经验的选择

前面提到的两种模式对于可用选项的优点有一些相当复杂的推理。剩下的4个ASPECT模式则描述人们如何使用不同且更快速、不费力的方法来做出选择。

基于经验的选择适用于选择者具有特定情形下的经验而且能够对一些特定选项提供直接建议的情况。例如，如果选择者对某个出版商的词典有非常好的印象，即使他已经不记得以前的经历，那么当他打算购买这个出版商出版的其他词典时，他可能会对这个出版商更有好感。或者他可能已经习惯从某个特定的出版商那里购买产品，即使没有任何特别的良好体验。在表18-1 中，这个模式里的 4 种特定的变体是有区别的，在文献[39]第 7 节有相关的讨论。它们的共同本质是选择者选择在过去已经（或充分）取得好的结果的选项。

涉及基于经验的选择模式在文献[3，45，70，95，30]中都有阐述。

在一个高层级视角，基于案例[83]和基于内容[53]的推荐系统通过分析选择者以往的相关经历，可以被视为能接管（部分）基于经验的选择过程，从而确定当前适合推荐的选项。一种推荐系统可以支持基于经验的选择，且让选择者能更多地参与到选择过程，这种方式可以帮助选择者回忆并考虑过往经验中与选择相关的内容，如选择者在过去曾经采取的特定行为和当时的感觉。**回想推荐**（recomindation）这个概念（见文献[69]）是根据这个方法形成的。

18.2.4 基于社会的选择

人们做选择时，通常会受到一些案例、期望，或者别人的意见影响。如果很多其他人都已经尝试过指定词典并且给予了正面评价，那么他们的这些评价可以看成是大量相关经验的总结，选择者会潜移默化地吸收并把这些总结应用到当前的选择中。除了提供这种**社会的例子**，其他人可能有**社会期望**（例如，什么是很酷或者有政治错误的）以及明确的建议。

基于社会的选择可以参考文献[27]、[16，第 4、6 章]和[87，第 3 章]。

协同过滤可以看作一种自动"依据社会例子"的社交模式的子模式，但是通过深入了解这种模式[39,第8章]，我们发现推荐系统可以支持其他一些方式：

（1）尽管协同过滤通常（直接或间接）选用跟当前选择者在某些方面相似的人的例子，但这类相似的人并不总是最相关的那一类：有时选择者想做出的选择往往不同于她属于的那群人（例如，在某些领域有更加前沿研究或者享有较高威望的人）。一些基于信任的推荐系统[91]会把选择者和那些提供意见和选择的人的社交关系纳入进来。

（2）我们所感兴趣的往往不是人们提供的例子，而是他们的**期望值**。例如，对于一个想成为网络社区意见领袖的用户，推荐如何表现往往建立在更好地（直接或者间接）对社区领导行为的预期基础上，而不是实际一般成员的行为，一般行为很可能在很大程度上不符合他们的这些期望。

（3）基于社会模式的第三种变体，不包括依据具体的例子和期望，但是考虑了明确的建议。一个推荐系统中可以支持这种模式的方法是帮助选择者找到那些可以提供很好建议的人，类似于许多专家发现系统中所做的那样（参见文献[40，444 页]中的总结）。

（4）这个基于社会模式的子模式**采纳建议**（advice taking），在某些不同的方面上与推荐系统更加相关：当选择者意识正接受别人建议时⊖，他会很自然地想到（非常快速和直觉）一些曾经接受过他人意见的相同问题（参见文献[8，42]），以及一些关于推荐者信誉方面的问题（参见第 12 章）。事实上，让推荐系统的用户应用下面两种方法的**组合方式**往往比较合适：1）基于社会模式的采纳建议子模式提供建议的不是具体的个人，而是推荐系统；2）一个或者多个选择（子）模式（参见 18.2.7 节讨论的选择模式的组合）。我们讨论这个主题时（参见 18.4.2 节）会重新回顾这个问题。

18.2.5 基于策略的选择

有时，选择过程可以看作被时间分割的两个阶段：在第一阶段，选择者获得一个特定类型选择问题的**策略**（例如，"当需要为智能手机购买一个电子词典时，如果牛津词典可用，那么

⊖ 这种类型的意识往往是不存在的，如当推荐系统采用一个选项集合的排序提供给用户时，并没有说明对物品进行了排序。

就选择它")。以后,当面对一个具体的选择问题时,用户会使用这个策略。

基于策略的选择在很多讨论组织决策的文献中都有论述,在文献中,策略在组织决策中发挥的作用比在个人选择中发挥的作用更大(参见[59,第2章])。对于个人选择的相关研究已经与**选择曝光**(choice bracketing)[75]和**自我控制**(self-control)[73]概念联系起来。

(1)一个容易忽视的支持基于策略的选择方式是推荐一个策略给选择者,如系统推荐用户需要遵循的饮食和运动规律。这种类型的推荐往往在选择者难以评估一个可能的策略的时候起到特殊的作用,部分原因是很难预测长期运行这个应用会有什么后果。举一个比较极端的例子:Camerer等人[11]发现出租车司机选择一天需要开多少个小时的车,这遵循一个简单的策略("每天开车到已经获得一个固定目标收入时下班"),实际上这样会**最小化**,而不是最大化他们每个小时的收入。

(2)一个更常见的支持类型是一个系统帮助用户使用特定的策略(例如,关于每天需要阅读报纸上的哪些类型故事)通过1)选择者制定的策略;2)每当出现相关情况时,自动执行该策略。例如,一个个性化新闻阅读推荐系统,允许用户指定特定新闻类型的优先级,并且这可以影响到推荐给她的新闻报道。推荐系统请求用户指定他们的一般"偏好",然后将这些标准应用到候选的选择中,从而作为支持基于策略的选择。18.5.1节针对"偏好"有更加详细的讨论。

18.2.6 基于反复试错的选择

特别是当面临一个没有其他模式可以使用的选择时,选择者有时候会简单地选取(也许是随机的)一个选项,看看选择之后它的情况如何。例如,本书中选择词典的实例,选择者可以先下载免费的词典并快速地浏览里面的几个词项,然后判断是否值得花钱去购买需要付费的其他词典。

使用基于反复试错的模式被认为是非常有效的方式,甚至是在选择者不打算尝试所有选项的情况下。例如,词典的选择者可能仅仅想通过阅读词典在应用商店里的描述以及其他用户的评论就实现了对该词典的"评估"。这类选择过程以及对它恰当的辅助,事实上与选择者进行更多深入试错后得到的结果是很类似的。

基于反复试错的选择模式在心理学文献中从不同的视角进行了很多相关的研究,但是大部分都与反复试错(trial and error)这个词没有关联(参见文献[17,51,68,74,97])。

(1)推荐系统能够支持基于反复试错选择的一个重要方式是帮助选择者决定在进行反复测试过程时,每个时间点该选择什么样的选项——一种从相当多种可能候选中,经过深入检查后的抉择。一个相对新颖的方法是推荐系统直接推荐一种**探索策略**(exploration strategy):一种选择尝试下个选项的策略(例如,"在这种情况下,最好先试一下评价最高的词典,尽管它们通常也是最贵的")。一个推荐系统通常采取的方法是支持**执行**一个特定探索策略,更多这种方法的变体在18.7节中进行讨论。

(2)推荐系统还可以支持基于反复试错模式的第二个主要部分:从每一次尝试选项的经验中学习。对于其他事情,推荐系统可以建议在一次尝试中能够得到哪些方面的结果——有时这往往不是非常明显的。例如,一个词典使用者可能会关注他查找一个词需要多长时间,这个因素假定词典的日常使用比他在尝试人工的情况下更加重要。

18.2.7 混合模式的选择

这6种选择模式往往混合起来使用,就像不同的推荐技术往往结合起来创造一个混合的推荐系统一样[9,10]。直接讨论组合形式的研究是相当少见的[39,3.3.7节]。然而,很多研究会间接给出一些类似组合的形式，如日常经验。例如，大多数人可能记得选择场景，在那里我们基于经验的模式"直觉"（gut feeling）会抵触基于结果模式认真分析的结果，说明这两种模式也许在很大程度上是相互独立的，但却被一起使用了。另一种常用的组合形式是"级联"（cascade），也就是一种模式（例如，简单的基于属性的策略）用于产生一些数量可控的选项，然后使用另一种不同的模式在这些选项中进行选择。

推荐系统原则上可以推荐特定（组合）的选择模式，以适应给定的选择场景。这个想法在后面18.3.2节进行讨论。

18.2.8　什么是一个好的选择

如果我们的目标是帮助人们做出更好的选择，那么我们应该知道何时人们会感觉到已经做出了好的决策。许多学者研究过这个问题（参见文献［4，32，96］）。尽管具体的结论各不相同，但下面会讨论一些广泛接受的观点（更加详细的讨论，参见文献［39，3.6节］）。

（1）选择者希望他们做出的选择能取得良好的结果。

这点不像看起来那么简单，因为如何衡量"好的结果"（good outcome）是一个相当复杂的问题。在本章中，我们将把好的结果看成是，当选择者获得最相关的知识和经验后，回头想想曾经做的决定还会觉得满意。在推荐系统领域里强调的是最大限度提高推荐准确性，在这里看成是尝试优化选择过程中的结果。

（2）选择者不想对选择过程本身投入太多的时间和精力，特别是与收获相比不对称的付出。

需要注意的是，如果一个推荐系统能够大大地减少为了找到一个可以接受的结果所花费的时间和精力，那么即使它的收益只能勉强接受，它也是值得使用的。

（3）选择者会更加趋向于避开令人烦恼的思考。

一些决定可能会涉及令人痛苦的思考过程，例如，当一个购买汽车的人为了省钱而不购买一个可选的安全功能时，又注意到这样做将会增加家庭成员受伤的可能性。把一部分选择过程外包给推荐系统（或者是一个人类顾问）的一个好处是选择者不需要考虑这些烦人的事情。

（4）选择者往往希望能够证明他们替其他人或自己做的决定是有道理的。

决策支持的一层含义是让用户更容易判断什么决定是最适合他的。例如，提供明确的理由，这正如很多推荐系统所做的那样——给推荐结果提供一个说明（参见第10章和18.4.2节）。

总之，所有提到的4种选择的质量标准都可以被推荐系统非常直接地实现。这个事实似乎可以帮助解释为什么推荐系统相对于其他类型的一些决策支持形式（在其中一个或多个质量标准中表现不好的决策支持系统，例如，需要用户自身付出努力又容易让人受到挫败且需要不时做出取舍的决策支持系统就违背了其中的两个质量标准，见文献［96］）会更受欢迎。

18.3　支持选择策略和推荐

当讨论6个ASPECT选择模式的时候，本章聚焦于它们的应用如何才能被推荐系统最具特色的技术所支持：产生候选和代表选择者的评估技术。但也有其他支持选择的一般方法，有时这些方法可以在推荐系统中得到广泛的应用。"ARCADE"模型（在文献［39，第4节］中有介绍）是一种选择支持的高层次的合成方法，不管是否有计算机技术支持，它们已经被广泛地讨论、研究和应用了。在图18-1中给出了6个策略的高层次概述。

18.3.1　代表选择者的评估

在ARCADE模型中，典型的推荐系统策略叫作**代表选择者的评估**（Evaluate on Behalf of the chooser)。如图 18-1 的底部所示，这种策略在交互式系统中应用时，并不总是需要推荐技术。当给所有选择者提供一般性的相关推荐时，简单的交互设计往往就足够了(例如，"建议您关闭所有打开的应用程序")。

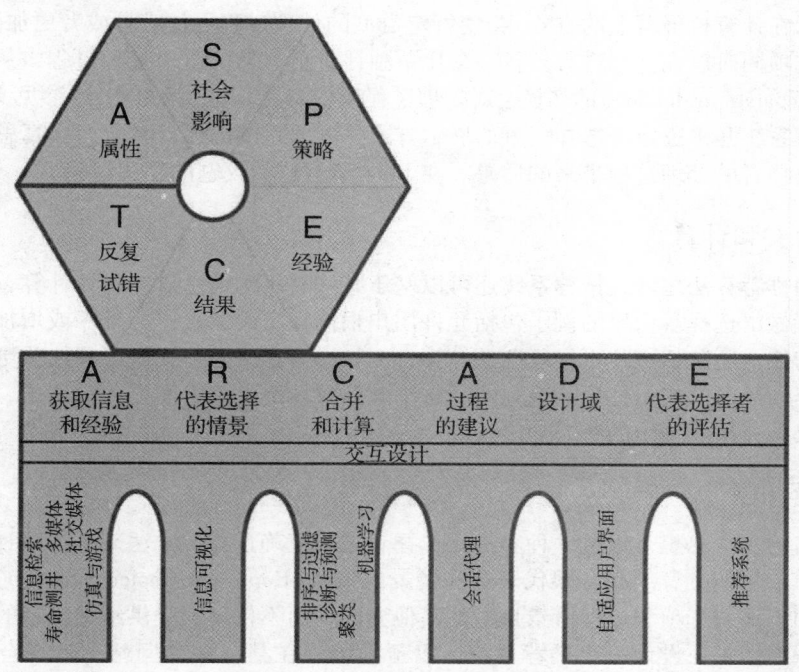

图 18-1 选择支持策略的 ARCADE 模型的高层次概述，阐述它与选择模式的 ASPECT 模型的关系 (在图中拱形支柱上显示的技术可以在问题的实现策略中应用)

18.3.2 选择过程的建议

第二个包含推荐形式的 "ARCADE" 模型的策略是**选择过程的建议**(advise about processing)。这里给出的建议所关注的不是域级别(domain level)的特定选项，而是应用特定选择模式的方法(或者混合模式)。一个推荐系统可以给出这种类型的程序性建议，然后试图告诉用户，例如，"在这种情况下，你最好考虑一下自己过去的经历，并且忽略你的朋友会做什么"。⊖在选择者可以使用两个或者多个方案，同时推荐系统有能力针对当前选择者和当前场景判断哪个方案会更适合的情况下，对于提供这种类型建议的推荐系统，以个性化的方式提供建议会更有意义。在这个时候，很难找到推荐系统推荐这种类型的例子，尽管 Knijnenburg 等人[46]给出了更早的研究结果。

18.3.3 获取信息与经验

现在我们讨论与推荐技术没有特殊关联，但广泛应用于推荐系统中的 4 个 ARCADE 策略。

帮助人们做出选择的最直接方法是当他们选择某个选项时，提供相关的信息，并清晰地提示他们曾经有过的类似经历或者可能会获得什么经历。大多数的推荐系统会使用这种策略，特别是它们需要用户来评价当前的一些决策时。回顾 "ASPECT" 选择模式可以提醒我们，信息、媒体和经验的类型是不受可用选项的属性客观信息所限制的。例如，为了支持基于结果的模式，推荐系统可以提供看完某个电影之后会有什么感受的**预告**(preview)；而支持基于社会的模式，它可以告知用户一些社交圈中的例子和期望。

⊖ 这种类型的建议通常是隐式的，系统为一个程序提供了支持，但没有其他内容(例如，提醒选择者她过去的经验，但是不提供其他人的选择信息)。

18.3.4 代表选择的情景

这种高层次的策略考虑到一个事实，即一种利用选择情景信息进行组织的特定方式（例如，一个物品展示在计算机屏幕上的方式）会使特定类型的处理过程更加容易或者更加困难。例如，如果成对的选项同时放在一起进行比较，会比单独评价更容易。对于处理过程，从**联合**（joint）到**单独评估**（separate evaluation）的切换会对处理过程带来很大影响，反之亦然（参见文献[36]）。

由于推荐系统几乎决定着选择情景的展示方式，因此系统的设计者应当认真思考不同的组织形式会给选择者的处理过程带来的后果。在 18.8 节有这类议题的相关讨论。

18.3.5 合并和计算

除了使用推荐算法之外，推荐系统还可以基于某些有用的信息进行各种计算，其结果也能够支持选择者做出选择。简单的例子包括允许用户根据特定的属性进行排序或增加属性，过滤推荐物品的功能。还包括一些更加复杂的计算，例如，为了给用户提供这些选项更加全面的简介，可以根据物品间的相似性让一系列物品自动地分成几类。像上面提到的例子，这种类型的选择支持可以补充推荐系统的核心功能。

18.3.6 设计域

这种策略的基本思想是通过一种容易让选择者做出正确选择的方法来进行设计，或者为推荐系统产生一个好的推荐结果。跟**代表选择情景**的策略（Represent Choice Situation）不同之处在于，你可以加工那些选项和选择情景自身的其他方面，而不仅仅是提供给选择者的方式。

例如，假设你正在设计一个推荐系统，以帮助用户在某个社交网站上选择合适的隐私设置。使用代表选择情景的策略，你会尝试使用一种很有用的方式（如把有关联的选项组合起来）将其展示给用户。但是如果隐私设置的本质是非常难处理的（例如，如果有大量以复杂方式相互作用的设置），即使有最好的展现方式，展示到用户面前的还都是一个有挑战性的选择问题，甚至最好的推荐算法也很难确定哪种设置组合对于选择者来说是最好的。应用**设计域**（Design the Domain）策略，你会重新选择自己的隐私设置，也可能是潜在的隐私管理原则，所以选择问题对于选择者和/或推荐系统来说都变得相当简单了。这种"为可推荐度设计"（designing for recommendability）的思想与在 20 世纪 80 年代和专家系统研究有关联的"为可解释设计"思想类似（参见第 10 章）。我们意识到没有明确的执行方式可以实现这个目标，但是这似乎值得关注。

18.3.7 支持策略的结束语

本节主要阐述了：1）通过一系列推荐技术，可以弥补其他支持技术的不足，从而使推荐系统支持用户的决策变成可能；2）推荐系统设计者设计的通常是混合系统，这种系统混合其他选择支持策略和最相关的**代表选择者的评估**策略。

18.4 论证和解释

到目前为止，我们已经对 ARCADE 策略的单独应用进行了讨论。但是一个选择支持代理通常会提供这些策略的连贯应用，它可以称为一个**论证**。论证可以作为推荐结果解释的一部分，在推荐系统中起到特殊的作用（参见 18.4.2 节）。

18.4.1 论证

在基于属性的模式中，论证从简单的字面上可以理解为"这个产品在你认为最重要的维度上是最好的(所以它值得认真考虑)"。正如这个例子所示,并不总是需要或者适合制定一个论证所隐含的明确结论。在论证的讨论和模型中(例如文献[89]),论证通常看成是纯粹的语言成分。但是在推荐系统中,它还可以包含非语言的元素,如表格和图表。

几乎所有的 ARCADE 策略都可以用于(往往是组合)构建一个论证来呈现给选择者:**获取信息和经验**(access information and experience)与**合并和计算**(combine and compute)决定展示的事实。**代表选择的情景**(represent the choice situation)决定如何展示它们。论证通常在建议适合当前问题且包含有特定处理过程的论证时,隐式地使用**选择过程的建议**(advise about processing)。代表选择者的评估用于论证包含代表选择者评估的任何时候(正如在我们例子中提到两次"……在最重要的维度上是最好的产品")。

下面两点是关于论证在推荐场景中的应用:

(1)即使一个很好的论证不能证明应该选择哪个选项时,也应该提供相比其他候选(即通过使用其他选择模式)选择这个选项的理由。

(2)选择者有时候只会接受论证的一部分。例如,如果注意到在论证中的一个步骤出现不正确的陈述,他可能会使用一个正确陈述来替换错误的,然后尝试使用修改后的论证,看看是否会导致相同或者不同的结论。

18.4.2 推荐的可解释性

论证可以当作独立于任何一种推荐技术的选择支持,但是它同时可以作为推荐结果解释的一部分。解释(explanation)这一主题在第 10 章中有详细的介绍,其中包括在选择支持和劝说中的使用。表 10-2 中提供了解释易于理解的例子,对这一点感兴趣的读者可以详细地了解。作为第 10 章的补充,我们提供使用 ASPECT 和 ARCADE 模型中的相关概念,从理论上证明解释可以看成是选择支持的一种形式。

回看第 10 章,可知**解释**可以有多种形式,有些形式不包含推荐系统如何得出推荐结果的实际解释。我们将考虑以下 3 种组合在一起代表大部分观点的类型。

18.4.2.1 类型1:直接支持推荐系统的可靠性评估

例如,Herlocker 等人[34]验证过的几种"解释",这可以表明它们能提供的唯一信息是有助于选择者评估大概的推荐精度(例如,"MovieLens 在过去给你预测的正确率为80%")。这种类型的信息可以跟一个专家提供的专业知识相媲美(例如,参考学术学位和职称)。这种类型的解释可以视为是基于社交选择模式的子模式(见 18.2.4 节)。⊖

推荐系统的目的是选择支持,提供这种类型信息的目的应该是传达对于系统可靠性的真实印象(不是最大限度地提高可靠性)。

18.4.2.2 类型2:一种加上忠诚声明的论证

很多解释包含两个部分:

(1)论证(跟上面介绍的同义)是选择者在思考选择问题时需要考虑的。例如,"这部电影里的明星有你最喜欢的女演员,并且电影属于你最喜欢的类别。"

(2)**忠诚声明**的效果是论证反映系统生成推荐结果的理由。

例如,"这就是这部电影会被推荐出来的原因"。

忠诚声明通常是隐式的:事实上,一个系统伴随一个有论证的推荐结果很可能就暗含了忠诚声明。

正如上面提到的,论证可以自己构成有用的选择支持,不管它是否作为解释的一部分。但

⊖ 第 20 章有关于人的信誉和人的建议更加深入的讨论。

是，对于解释，忠诚声明需要增加额外的一层，因为它使选择者也认为论证（进一步）可以作为推荐系统可信的证据（例如，"如果这是系统认为我应该会喜欢这部电影的唯一理由，那么我可以忽略这个推荐"）。因此，这种类型的解释支持基于社交选择模式的子模式，同时论证本身代表了选择模式（例如，基于属性的模式中给出的例子）。

因此，这种类似解释包含两种必不可少的不同条件：1）论证对于选择者来说应该非常有用，不管她是全盘接受还是批判性地选择接受；2）忠诚声明应该是准确无误的，能帮助选择者做出一个现实的可靠性评估。特别是，即使在论证和系统处理过程没有关系（在10.3节有讨论）时做出的一个忠诚声明，选择者做的任何可靠性评估都会基于一个错误的前提。从选择支持的角度来看，论证不反映系统的处理流程，不应作为系统处理过程的一个解释，而应作为系统处理过程的一个论证。

18.4.2.3　类型3：推荐系统处理过程的一个显式描述

通常，一个解释包含了对系统处理过程明确而详细的描述，如Herlocker等人提出的解释"详细的过程描述"[34]："为了计算一个预测值，Movielens测试1000个用户，并从中选择50个评级跟你很相似的用户。这些用户中，有33个人曾经评论过这部电影，那么这个预测值就是基于这33个评论的。"

这种类型的解释不同于以往，它描述的是系统处理过程而不是为选择者考虑的选项提供一个论证。事实上，推荐系统的处理过程通常是一种人类选择者不能操作的方式（例如，因为它需要数据和计算能力，这是人类选择者所不具备的）。不过，它可以为选择者提供一种类似于人类观点的建议（例如，"跟我品味相似的人，显然会喜欢这部电影"），这样他就可以利用这个建议作为思考问题的一部分。他可以尝试评估处理过程的可靠性（例如，"1000个用户的数据量是否到达可以令人信服的大规模数据"），这受限于他对处理过程如何操作缺乏充分的理解。

因此，这种类型的解释与之前的类型有相同的两面性，而且它应该用两种类似的基本思想来设计，即使它们可以不那么直接地实现：一个有用的论证应当被建议，一个真实可信的评估应该被支持。

18.5　偏好和评级

本章描述的内容是选择者**做选择**时会使用一个或者多个ASPECT选择模式，所支持的选择过程能使用一个或者多个ARCADE选择支持策略，其中这些策略会涉及推荐技术的使用。通常在推荐系统、经济和其他领域（参见文献[33]）中被提到的（大多是隐式的）完全不同的概念是选择者使用她的"偏好"来确定应该做出什么样的选择。根据这个概念，推荐系统的目标是通过获取选择者的偏好信息来搭建一个**偏好模型**，用来预测选择者会喜欢什么。要理解两个概念间的关系，我们需要了解**偏好**指的是什么。

18.5.1　什么是"偏好"

偏好这个术语在推荐系统中有各种各样的意义，它指的是选择者在评估特定事物和做出什么样的选择时首先会考虑的问题。一种方式是忽略它可能包含的意义，仅考虑一个回答表18-2中问题的选择者。

表18-2　4个不同视角阐述偏好这个术语

	相对偏好	绝对偏好
特定偏好	①在这种情况下，这些词典中你更喜欢哪个？ 柯林斯法语词典（Collins French Dictionary） 牛津法语词典（Oxford French Dictionary）	②对于当前情况，指出了你对这个词典的喜欢程度： 柯林斯法语词典（Collins French Dictionary）

（续）

	相对偏好	绝对偏好
一般偏好	③一般来说，对于双语词典你更喜欢哪个出版商？ 柯林斯（Collins） 牛津（Oxford）	④对于下面品牌的双语词典表明你一般偏好程度： 柯林斯（Collins）

问题 1 是关于**特定的、相关的**偏好，问题很直截了当：选择者会被问到在当前的情况下，如果没有其他词典可供选择，他会选择这两个词典中的哪一个。在经济学中，通常假设准确的"陈述偏好"是人们喜欢和不喜欢最好的表达，而用联合策略方法[12]可从特定的选择问题中建一个通用的偏好模型⊖。

问题 2 不同于问题 1，因为它需要选择者表达一些对于这个词典有别于其他词典的评论。需要注意的是回答问题 1 的选择者在某种意义上可能或者不可能对每个词典进行单独评论（参见 18.3.3 节）。例如，采用基于属性的模式时，选择者可能会因为一个词典相对于其他词典有最终想要的属性而简单地选择它。在这种情况下，迫使选择者回答问题 2 也会迫使他做一些在做选择时认为不需要考虑的评估。然而，很多推荐系统使用这些绝对的特定偏好陈述，即显式**评分**（ratings），作为输入构建一个模型以预测选择者的决策和评价（参见 18.5.2 节）。

正如表 18-2 中所示，**偏好**这个术语也经常用于指定（相对的或者绝对的）评估，其中评价应用的选项的类型和属性有别于其他特定选项。在推荐系统领域以及经济学和哲学等领域的模型，经常假设人们的特定偏好可以用来预测和解释一段时间内的**一般偏好**，尽管后者可以用很多种方法进行概念化。一般偏好和特定偏好之间的关系是复杂的，但接下来的几个观点跟我们当前讨论的问题相关：

- ASPECT 6 种选择模式不能简化为从一般偏好得到特定偏好的直接过程（参见表 18-1 以回顾该模式的典型步骤）。
- 即使当一个人被问一些类似于表 18-2 所示的问题时，这有可能诱导他表达一个一般偏好，也不能假定这些回应和这个人先前存在的倾向相对应（参见文献[26]）。

综上所述，如果在只涉及特定相对偏好的时候，这些观点暗示了我们可以通过使用术语**偏好**来避免困惑。当我们需要一个术语来指定人们在某个特定选择域的一般倾向时，例如，当我们需要在经验的基础上区分这些倾向是否随时间的推移而发生变化时（如 18.7 节所示），我们可以使用术语**评判标准**来避免**偏好**这个术语带来的大多数问题——只要我们记住评判标准可以根据所应用的选择模式（或者混合的选择模式）采用不同的形式即可。

与其说一个推荐系统模型构建了一个用户偏好，还不如说它创造并使用了一个**偏好模型**，通过这个模型我们可以预测用户具体的偏好。偏好模型在不同类型的推荐系统中采用不同的形式，它们完全没必要像"一般偏好"那样进行任何描述（见表 18-2）。

18.5.2　评分反映了什么

一些在推荐系统中广泛采用的方法需要抽取用户的**评分**作为偏好模型的输入，这些评分用来反映人们对于某个选项的绝对偏好（具体讨论见表 18-2）。

18.5.2.1　潜在评分过程的简述

鉴于评分在推荐系统领域的重要性，当一个人对一个物品进行评价时，知道她如何思考是非常重要的。关于这个问题，心理学相关的领域如态度研究（参见文献[23，29，81]）并没有

⊖　在推荐系统领域，通过这种相对的方式对偏好的建模和评测已经进行了一些尝试，例如，使用用户对物品集合进行排序的接口，例如 Boutilier 和同事的工作（如文献[54]）。

一个清晰的共识，但是有可能广泛接受以下几点：

当一个物品 I 提供给一个评分者 R 时，可能会唤起其各种与评价相关的记忆、信仰、经验还有情感反应（在这里简称之为短期的**关联**），而评分者 R 给出的分数是对这些关联积极性的一个总结。如表 18-3 所示，这些关联可以根据 ASPECT 选择模式定义为不同的类型。对于选择任务，R 可能无法考虑所有与这些类型相关的可能。他可能限制一个或者两个 ASPECT 模式，然后选择性地思考每个模式（例如，对于一个词典，仅仅考虑与之前相关的经验和一两个突出的社会例子）。因此，可以看成是从可能相关的关联大集合中进行**抽样**。无论提供多大的规模给他，为了表达自己的评价，他会选择从抽样总结出来最好的预定阈值。注意，对于这样的总结没有明显适合的程序，特别是不同的 ASPECT 模式被同时使用和关联是多样时，甚至是矛盾的时候（参见文献[18]）。

一种特别重要的关联类型是**存储评价**，当评分者之前曾经评估过 I 时，这种类型是有意义的。正如一个人往往会简单地重复以前的选择，当她在评估物品 I 时，她往往只会尝试重现之前对 I 的评估（见表 18-3 中基于经验的模式）。但是，即使 R 曾经评价过 I，实际上她也可能不去检索存储评价，而是推断（现在在脑海中出现的关联）已经可能有的评价。

表 18-3   可以被评价者通过物品 I 引发的关联类型，按照相应的 ASPECT 选择模式组织

选择模式	关联的相关类型
基于属性	I 上重要属性的级别
基于结果	处理 I 的结果
基于经验	I 和/或相似选项的情感反映和评价
基于社会	与 I 相关的社会例子、建议与预期
基于策略	与 I 相关规则的含义

18.5.2.2 评分抽取的实际含义

抽取用户的评分是很有意义的，因为它可以产生以下的一些应用：

（1）一般来说，把评分看作一个个体是没有很大帮助的。一些明确定义的变量（如"喜欢"或者"偏好"的程度）很容易被评价过程中产生的"噪声"所影响（例如，评分者使用的评估标准不一致）[⊖]。相反，一个评分者在不同时间对不同样本之间关联抽样的总结，可以看成是在不同条件下，对于物品不同**观点**的反应。打一个比喻，就一个建筑而言（例如，白宫）在不同角度为它拍照时，可能看起来会不同；不管如何仔细拍摄，没有单张照片可以反映或者接近建筑的"真实外貌"。

（2）评分者从哪个特定角度出发取决于各种各样的因素，具体因素如下所示：

- 具体会问什么问题（例如，"迄今为止，你是如何享用这个产品的"或者"从现在开始，你期望如何享用这个产品"）或者 R 如何解释一个不确定的问题（例如，"你如何评价这个产品"）。
- 其他一些抽取评分的方法，如之前被问到的与评价相关的问题[77]以及提供的参考观点[1,19,65]。
- 其他上下文因素会趋向于增加对特定关联的关注，如评分者当前的情绪或者最近的经历。
- 评价一件事情和体验它的两个时间点之间的时间关系。例如，Bollen 等人[6]指出随着观看一部电影和评论该电影之间的时间间隔增大，电影的评级似乎会倒退回到中间水平。

（3）虽然通常没有单一"正确"的观点，但从推荐系统的目标来看，一些观点将比其他更**相关**。例如，如果推荐系统的目标是预测哪种食物用户吃了之后可能会马上满意，那么在消费之后马上对其他食物进行的打分评级会比第二天进行评价更加相关。反之亦然，因此，一种构造评级情景结构的方法如下：

⊖ 参见[2，77，35]中对噪声评级的讨论。

- 想象用户已经选择和处理了推荐的物品 I，为了能最大程度判断你的推荐是否成功，你会考虑希望用户从什么角度对 I 进行评价。
- 尝试现在创建一个尽可能和事后评论情景相似的评论情景。

18.6 消除选择过载

正如 18.2.1 节中讨论的，推荐系统的一个常用功能是帮助选择者从一个大的选项集合中筛选出一个易于处理的候选集。推荐系统特别适合这种任务，因为它们相比于人类来说具有很强的计算能力来处理非常大的集合，因此可以缓解经常讨论的**选择过载**（choice overload）问题。为了能够更准确地思考推荐系统如何缓解选择过载问题，深入理解这个问题是很有意义的。

在心理学文献中，人们常常认为较多的分类可以为消费者提供更多益处（参见文献[15，78]），因为它们让消费者更容易找到一个非常满意的选项。不幸的是，这些益处似乎主要产生在选择者处，他们拥有相对稳定和精确的评价标准[15]，这评价标准可以使得他们能够快速地确定特别适合的选项。

选择者没有那样的评价标准——例如，消费者不熟悉的领域（the domain in question）——在一个很大的物品集合⊖中可能会遭遇选择过载：他们将投入大量的时间做出选择，遭遇挫折，然后发现很难证明任何特定选项是合理的，并最终决定不做任何选择。

一个推荐系统帮助选择者从一个大的选项集合中筛选出一个小到不会产生选择过载问题的候选集最直接的方法是，应用 ARCADE 策略**代表选择者的评估**。即使这个候选集会漏掉一些对于选择者来说价值很高的选项，那么这也可以通过避免选择过载的好处来弥补。例如，Bollen 等人[7]发现人们从 5 个推荐候选中选择和从 20 个推荐中选择的满意度是差不多的，因为大的选择集所带来的更多吸引和多样性，会被选择时带来的困难所抵消。

如果推荐系统的设计者由于一些原因不想让系统提供这样小的候选集合，那么如何能够消除选择过载呢？这种情况可能的补救措施是利用一些已经确认为导致选择过载的具体因素（例如，Scheibehenne 等人在 50 个案例元分析中所得到的因素[78]），其中包括选项集中[22]物品的相似性和密度，选项集的分类程度[63]，还有选择者的个人特征，如专业知识和需求的**最大化**（即寻找最有可能的选项）或者**满意度**（即满足于适合的选项，参见文献[80]）。对比于通常用于这些研究的非个性化选项集，推荐系统可以通过使用一个或者多个 ARCADE 策略来控制很多因素。例如，应对高密度问题，推荐系统能保证候选集具有一定的多样性（见文献[94]和第 26 章）。或者应用**代表选择情景**（Represent the Choice Situation）策略，推荐系统可以让候选集合中的选项具有清晰的分类和结构（例如，根据重要属性进行分组，这可能是个性化的方式）。根据 Schwartz[79,231页]中的例子，推荐系统可以使用策略**推荐过程的建议**（Advise About Processing），推荐选择者采用满意度的标准而非最大化标准⊖。

总之，选择过载问题构成了推荐系统存在的一个理由，但是更加有效地去应对这个问题需要更多基于很好地理解这个问题的各种策略。

18.7 支持性的反复试错法

把推荐系统看作支持基于反复试错的选择模式有时候很有用（见 18.2.6 节）。例如下面的情况：

- 在基于批判的推荐中（参见 McGinty 和 Reilly[62]的调查以及下面提到的参考文献），系统

⊖ 最广泛的叙述（经常被过度诠释）选择过载的例子是 Iyengar 和 Lepper "拥堵研究"（jam study）[38]。
⊖ 这类建议可能会选择性地提供给那些选择者，他们在一个相关的评测标准[64,80]帮助下可以确实最大化。

提供一个或者多个选项，选择者给出一些这些选项的反馈，系统在这个基础上再提供一个或者多个改善之后的选项，直到选择者找到自己满意的选项。

- 对于那些明确设计成支持探索陌生选项的系统（例如，一些音乐推荐系统，参见文献[13]），推荐最自然地看成是一种鼓励选择者尝试新事物的方式，即使选择者喜欢这些推荐的概率不是很高（参见第26章相关的评论）。

正如在18.2.6节中提到的，"尝试"一个选项可能包括简单地获得比选择者最初认识的更多的信息（作为典型的基于批判的推荐系统），但是它也涉及充分的体验选项（比较典型的是第二个例子）。

一个推荐系统如何能做到可以支持反复试错，这个问题在理论上比较棘手，因为相关的情况涉及两个维度。

（1）选择者的评判标准（这个意义上在18.5.1节有定义）是**稳定**的还是**变化**的。

- **稳定的评判标准**：基于不断尝试的结果，选择者的评判标准不可能产生显著变化。
- **变化的评判标准**：由于选择者在选择领域获得了更多的经验，所以他们的评判标准和选择会随着时间系统地变化。

例如，选择者会逐渐意识到一些之前没有意识到的重要属性和结果。他可能会从特定的选项中学习到经验，这些经验会对他未来基于经验的选择产生影响；或者他可能对于做这种类型的选择有一个新的策略。更为根本的是，他的品位和能力可能发生改变。

（2）推荐系统是否试图提升它的偏好模型（如18.5.1节中的定义）。

- **偏好模型没有提升**：推荐系统的目的不在于从选择者对尝试结果的反馈中来学习提升系统的偏好模型。
- **偏好模型有提升**：推荐系统的目的在于通过这种方式提升它的偏好模型。

18.7.1 有稳定评判标准的反复试错法

当选择者的评判标准**稳定**，又没有获得一个或者多个选项进一步的经验和信息，而且提供的选项不可能直截了当地判别是否为一个适合选项时，反复试错是有意义的。正如在18.2.6节中提到的，选择者面临的一个主要挑战是把选择当作一个（隐式或显式）探索策略，这决定了在每个点上应该下一次尝试那个选项。一个探索策略可能必须包含1）倾向于引导选择者快速和不费力地找到一个满意的解决方案；2）倾向于产生一个很满意的结果；3）在进行反复试错过程中获得积极的经验（参见18.2.8节讨论的选择过程中一般的必要条件）。因为在那些必要条件中，对于选择者是最重要的可能不是很明显，所以如何推荐或者支持探索策略的问题对于推荐系统研究者是一个挑战。

对于那些不需要提高用户偏好模型的系统，有些研究已经找到了一些帮助选择者快速找到一个满意选项的方法。应用在很多基于批判系统中的一般策略（参见文献[21，71]）是一次性提供大量例子给选择者考虑，以此提升至少有一个选项是合理的（它代表往一个好的方向上前进了一步）概率。由McCarthy等人[61]提出了一种对于独立选择者完全不可行的不同方法（由Mandl和Felfering扩展[56]）：他们基于批判的推荐系统将当前选择者的批判历史与之前选择者的记录进行比较，找出有相同历史记录的之前选择者，然后尝试推荐之前选择者最终会选择的物品。

在需要改进偏好模型的情况下，额外的目标是尝试从选择者那里产生信息反馈的选项，这是推荐系统的**主动学习**形式（参见第24章）。Linden等人[52]的自动旅行助手是明确实现这一目标的最早的推荐系统之一。有时候建议航班主要是因为这些可能引起选择者有其他的信息反馈。最近Viappiani和Boutilier[90]在对话推荐系统的上下文中提出了一种方法，其倾向于产生一组多样化建议，它可能包含适用于各种评判标准的项目。

18.7.2　有变化评判标准的反复试错法

当选择者的评判标准不断发生变化时，对于探索策略有一个额外的期望：它应该倾向于产生引起选择者评判标准往理想方向变化的信息和经验。这里会存在一个复杂的问题：从选择者的视角出发，可能存在各种类型评判标准，它们看起来是"理想的"。例如，他可能希望获得新的品味，或者他可能旨在学习一些根据现有的品味找到满意选项的可靠标准。

一种通用的方法是确保选择者反复地处理各种各样的选项，所以，在他的评判标准的演变过程中，不能设置先验的限制。这种情况给了推荐系统另一个理由去考虑推荐的多样性，并将多样性作为评价推荐列表质量的一个准则（参见第 26 章）。

McCarthy 等人在文献[60]中介绍了一个应用在基于评判系统中的更具体的策略（也可以参见 Pu 和 Chen[72，96~98 页]）。具体来说，该策略提供了一对推荐结果，每个都清晰地阐述了两个维度之间的平衡（例如，数码相机的价格和分辨率），选择者可以思考这些例子，获得他想要怎么样处理这样权衡的更好的主意。

18.8　处理在选择过程中潜在噪声造成的影响

尽管推荐系统已经将一个原始的大物品集合减小到一个更易于处理的候选集，但它通常还会将从这个候选集中选择出最终结果的决定权留给选择者。（参见 18.2.1 节）。研究一再表明，这一阶段的处理可以依赖于那些被提出的选项之间的特定关系和提出它们的确切方式——这些通常是人们没有意识到的，也不会承认具有相关性的方式。

关于人选择的基础研究，这些效应在竞争理论不可观测的选择过程中产生的标准是令人感兴趣的（如文献[76]和[5]）。对于那些从事推荐系统工作的工程师，在他们提醒系统设计者关于哪些是不明显的缺陷和提出选项的特定方法带来的益处时，这些效应具有实际的意义[57]。也就是说，一个推荐系统的设计者可以应用"ARCADE"策略：**代表选择情景**（Represent the Choice Situation）在决定如何将选项呈现时，要把这些效应考虑进去。

18.8.1　上下文效应

作为一种上下文效应类型的例子，我们首先考虑对于推荐系统来说具有特别明显实用意义的一个例子：**诱导效应**（或者非对称优势效应，如[37]）。如表 18-4 所示的选择替代品，里面展示了与一个移动互联网供应商月度订阅计划相关的重要属性。如果只有选项 A 和选项 B 可供选择，那么有些消费者会因为有更高的下载限制而选择 A，而另外一些消费者则会因为更便宜的价格而选择 B。但是假设现在引入第三个选项 D，引入这个选项是为了凸显出 A 选项的主导优势：价格和下载限制都比 A 差，然而，在没有 D 的情况下，B 可能有时会占据主导优势。因此 D 的引入是为了让 A 和 B 之间产生不对称，从而凸显出 A 的优势。本质上，因为 A 在有些方面占有优势，而 B 没有，所以 A 看起来更好。在选择者缺乏预判和精准的评价标准的情况下，这种方式将对有些消费者的选择行为有足够的影响。事实上，实践结果（参见文献[37]）显示，当 D 引入之后，A 将会更多地被选择。

表 18-4　举例说明诱导效应（这是一个移动互联网供应商的每月订阅计划的比较）

选项	A	B	D
每个月的价格	30 欧元	20 欧元	35 欧元
下载限制	10GB	6GB	9GB

营销人员可以引入诱导选项这种微妙的方式以促销特定的产品。对于那些对支持选择比直接影响特定选项更感兴趣的推荐系统设计者而言，他们把诱导选项更加自然地看成是应该避免的一种噪声，这种方式是可行的。例如，在提供一个可供考虑的候选集之前，推荐系统可能根据用户可能有的一些评判标准检查是否有选项被其他选项主导。如果有，则将它们排除到候选集外。

Teppan 等人在文献[86]中分析了金融服务推荐的诱导效应，文中认为诱导效应记录在现实世界的金融服务场景中。在一个在线旅游推荐交互的用户选择行为的研究中，Teppan 和 Felfernig[84]表明，诱导效应和选择者的决策信心呈正相关。诱导效应进一步的潜在影响是增加目标产品的选择份额和购买意愿(参见文献[41，10.2 节]和[57])。文献[85]提出了在基于属性的决策中一种最小化诱导效应的方法。Felfernig 等人[25]提出了一种使用诱导达到劝说目的的推荐系统，从而支持识别合适的诱导产品模型。

另一种具有类似于推荐系统设计的上下文效应是妥协效应(compromise effect)：到目前为止，我们的例子中考虑了一种情况：一个选项如果能够看成是另外两个可以同时使用的选项之间的一个妥协，那么它往往认为是相对有利的。例如，在表 18-5 中，如果把 D 加入到候选集中，相对于 B 选择 A 的可能性会有所提升。如果选择者希望对于其他人来说她的选择理由是正当的[82]，那么这种效应会更强。这可以理解成一个事实，一个给定的代表某种妥协的选项可以视为是一种理由(参见 18.2.8 节)。

表 18-5　举例说明妥协效应

选项	A	B	D
每个月的价格	30 欧元	20 欧元	55 欧元
下载限制	10GB	6GB	16GB

在文献[41，10.2 节]中，我们进一步讨论了上下文效应和它们对推荐系统的意义。

18.8.2　顺序效应

另一个选择场景呈现出的相关方面是选项之间的顺序——或者是展示给选择者的选项类型信息。对于各种不同理由的顺序有一种效应：

(1) 在一部分选择者中，通常一般的假设是首先把最相关和最重要的信息提供出来，特别是，推荐和搜索结果列表通常是用这种方式排序的。

(2) 作为第一个观点的部分结果，一个选择者往往按顺序处理他遇到的选项和其他信息。如果选择者执行所有可能的选项和信息，那么处理过程的顺序将不是很重要。但通常选择者会有选择地处理，并且他按照这样顺序的处理那些最容易的选项。例如，结合基于属性和基于反复试错的选择处理策略是令人满意的，选择者逐个考虑这些选项，直到找到一个能令他满意的选项。在这一点上，即使他知道付出额外的努力可能会发现一个更好的选项，他也会停下来(参见 Payne 等人在文献[66，第 2 章]中的介绍)。

(3) 当选择者需要在脑海中存储信息时(短期或者长期)，主要效应和近因效应被发现与短期和长期记忆都是相关的(参见文献[50，第 8 章])。因此，如果在一个序列的中间部分插入重要信息，那么它很有可能会被遗忘(文献[24]可以作为在推荐系统情境下对这一现象的一个检验)。

18.8.3　框架效应

在框架效应研究中已经强调了如何展示选择情景的重要性。Levin 等人在文献[48]中介绍

了3类框架效应之间的一种重要区别, 此区别用于信息展示的不同方面和联系认知过程中的不同解释:

属性框架(Attribute framing), 它与基于属性的选择模式有最直接的关联。这里涉及的一个事实是, 某个特定属性的选项级别(level)可以经常被正或负表达方式所描述; 即使传达的信息是完全相同的, 正向的描述趋向于唤起对选项某个方面的属性有更加正向的评估。举一个最著名的例子: 牛肉被描述为 "75% 瘦" 的评价比描述为 "25% 肥" 更加正向[47]。类似的效应可以在基于结果的模式中找到。例如, 一个金融服务有 95% 的可能获得收益比有 5% 的可能损失的评估更好。

一个提供最小偏差选项的推荐系统的目标在哪里, 一个简单的设计策略是对于提供的所有选项使用相同类型的框架(正向或者负向)。

类似的策略可以应用在其他两种类型的框架中, Levin 等人[48]有提到: **风险选择框架**和**目标框架**, 这些类型与基于结果的模式相关。他们通过预估特定行为表现的结果方式, 关注效应是收益还是亏损。

18.8.4　启动效应

在接触一些**刺激**情况的时候, 启动效应增加了存储在记忆中的信息的可访问性[55]。信息可访问性这种变化变成了影响一个人对刺激或任务的响应方式。在心理学的各个领域已经发现了启动效应, 与推荐系统相关的实际例子包括以下几个方面:

(1) 在一个广泛引用的研究中, Mandel 和 Johnson[55]指出在一个在线商店中不同的网页背景(如云 vs. 硬币)影响选择者关于出售商品的选择——即使选择者在该产品领域有丰富的经验。显然, 例如, 接触到硬币因素, 选择者会更加看重 "价格" 属性——即使只有 14% 的参与者在研究之后承认他们的选择可能受到了网页背景的影响。

(2) 在 Haeubl 和 Murray 的一项研究中[31], 参与者一开始被问了关于帐篷的一些属性(如耐用性、重量)的问题, 然后要求他们从给定的候选集中选择出一个帐篷。参与者会趋向于(不自觉地)给被问到的属性增加选择的权重。

这些结果给推荐系统设计者在决策支持方面带来的启发, 并没有像市场营销人员那么明显。正如在本节中考虑到的其他效应一样, 策略应该尽量避免引入引起系统失真的因素。更加积极的策略是通过一种与系统知道的选择者评估标准相一致的方式来有效地利用因素。例如, 如果系统已经通过某种方式确定了用户对于汽车的安全属性具有很高的标准, 那么推荐系统不仅推荐安全的汽车和提供这些车的安全信息, 而且还要自动利用这个因素来增加选择者对安全的关注度。事实上, 即使设计者没有意识去这样做, 系统也有可能提供这样的因素: 纯粹的事实是提供的安全信息可以作为安全属性的一个因素, 即使选择者没有太注意所提供的信息。

18.8.5　默认值

另一个具有重要影响的因素是在选择问题中是否有一个特定选项可以作为默认选项——当选择者没有做任何事情时, 这个选项会启用。一个选项能设置成默认选项的方法有很多种, 并且选择者倾向于选择默认选项的原因有多种:

(1) 选择者有时甚至不知道她有一个可以做的选择, 如给一个复杂的应用程序设置配置, 用户并不知道可以在一个屏幕上修改它。在这种情况下, 用户没有选择默认选项, 但效果上却是选择了。

(2) 在其他情况下, 选择者看到自己有一个选择, 并且一个选项已经选定为默认选项。因此，有两种可能的理由会倾向于选择默认选项：

- 选择者可能会假设这些选项在某种意义上是一种推荐。这个假设在大多数情况下会合理地认为系统设计者做出努力确保一旦选择默认选项后至少是可以接受的——这些设计者往往会做出努力，这是因为他们知道默认选项很有可能被选择。
- 它可能简单地认为用户在身体或精神上更容易选择默认选项（例如，因为不用鼠标点击或者文本输入，参见[58]）。

默认选项扮演的重要角色也给推荐系统设计者提供了一个机会：一个推荐系统的功能是能够自动确定在给定的情景下，对于用户而言哪个选项应是默认选项（参见，例如[57，88]），这种方式确定的默认选项称为**动态默认值**。

无论默认选项是否由动态方式确定的，推荐系统设计者应该考虑到这种情况，对于一个特定选择情景，哪些选项（如果有的话）将作为默认选项以及哪些因素可能会诱导用户选择这些选项。设计者可以决定这些效应是否和推荐系统的整体意图和策略一致。特别是，如果整体意图是让选择者紧密地参与到推荐过程中，并且最终的选择可以获得她明确的赞同，那么设计者可能希望尽可能少地使用默认选项；相反，默认选项可以当成一个用来减少选择者参与选择过程的有用工具。

18.9 总结

推荐系统领域在过去一段时间已经取得了令人兴奋的成果，那么未来20年推荐系统工程师又应该在哪些方面做出努力呢？在技术上改进算法可能是永无止境的，但是如果这些算法一直应用到同样的问题中，我们能够取得的收益将会是有限的。因此，我们在推荐技术的应用方面要开拓新的思路。

本章希望文中展示的这类思路来自意想不到的来源：选择与选择支持的**心理**。通过多种方式系统地观察人们的日常选择，我们识别出了一些推荐系统可以支持选择过程的新方式；富有想象力的读者也可以尝试进行更多的思考。虽然推荐本质上可以系统地看成是6种高层次的选择支持策略之一，但我们还要看到推荐技术可以跟其他选择支持策略结合起来应用的新方法。在本章的其余部分，我们展示了一些在推荐系统领域熟悉的主题和概念——推荐的解释、抽取"偏好"、防止信息过载、支持探索，还有呈现了少量的推荐选项——就像透过棱镜看待理解选择和选择支持一样，这看起来相当不同且更加有趣。

因此，我们希望本章的内容不仅能够激励那些对选择心理感兴趣的读者，也对正在寻找新的、更强的方法应用推荐技术的研究人员有所启发。

致谢

本章的筹备工作得益于2011年以来一系列与本章章名类似的倡议：VMAP 2011 ⊖ 和 ACM RecSys 2011 ⊜，2012 ⊜，2013 ⊕，2014 ⊕，交互式智能系统 ACM 交易特刊[14]；并于2014年9月在博尔扎诺大学举办研讨会⊛。

⊖ http://www.di.uniba.it/~swap/DM
⊜ http://recex.ist.tugraz.at:8080/RecSysWorkshop2011/
⊜ http://recex.ist.tugraz.at/RecSysWorkshop2012
⊕ http://recex.ist.tugraz.at/RecSysWorkshop/
⊕ http://recex.ist.tugraz.at/intrs2014
⊛ http://dmrsworkshop.inf.unibz.it

参考文献

1. Adomavicius, G., Bockstedt, J., Curley, S., Zhang, J.: Recommender systems, consumer preferences, and anchoring effects. In: Proceedings of the Workshop Decisions@RecSys, in Conjunction with the Fourth ACM Conference on Recommender Systems, pp. 35–42. Chicago (2011)

2. Amatriain, X., Pujol, J., Oliver, N.: I like it ...I like it not: Evaluating user ratings noise in recommender systems. In: G.J. Houben, G. McCalla, F. Pianesi, M. Zancanaro (eds.) Proceedings of the Seventeenth International Conference on User Modeling, Adaptation, and Personalization, pp. 247–258. Springer, Heidelberg (2009)

3. Betsch, T., Haberstroh, S. (eds.): The Routines of Decision Making. Erlbaum, Mahwah, NJ (2005)

4. Bettman, J., Luce, M.F., Payne, J.: Constructive consumer choice processes. Journal of Consumer Research **25**, 187–217 (1998)

5. Bhatia, S.: Associations and the accumulation of preference. Psychological Review **120**(3), 522–543 (2013)

6. Bollen, D., Graus, M., Willemsen, M.: Remembering the stars? Effect of time on preference retrieval from memory. In: P. Cunningham, N. Hurley, I. Guy, S.S. Anand (eds.) Proceedings of the Sixth ACM Conference on Recommender Systems, pp. 217–220. ACM, New York (2012)

7. Bollen, D., Knijnenburg, B., Willemsen, M., Graus, M.: Understanding choice overload in recommender systems. In: X. Amatriain, M. Torrens, P. Resnick, M. Zanker (eds.) Proceedings of the Fourth ACM Conference on Recommender Systems, pp. 63–70. ACM, New York (2010)

8. Bonaccio, S., Dalal, R.: Advice taking and decision-making: An integrative literature review, and implications for the organizational sciences. Organizational Behavior and Human Decision Processes **101**, 127–151 (2006)

9. Burke, R.: Hybrid recommender systems: Survey and experiments. User Modeling and User-Adapted Interaction **12**(4), 331–370 (2002)

10. Burke, R.: Hybrid web recommender systems. In: P. Brusilovsky, A. Kobsa, W. Nejdl (eds.) The Adaptive Web: Methods and Strategies of Web Personalization, pp. 377–408. Springer, Berlin (2007)

11. Camerer, C., Babcock, L., Loewenstein, G., Thaler, R.: Labor supply of New York City cab drivers: One day at a time. In: D. Kahneman, A. Tversky (eds.) Choices, Values, and Frames. Cambridge University Press, Cambridge, UK (2000)

12. Carson, R., Louviere, J.: A common nomenclature for stated preference elicitation approaches. Environmental and Resource Economics **49**(4), 539–559 (2011)

13. Celma Herrada, O.: Music Recommendation and Discovery in the Long Tail (2008). PhD Thesis, University of Barcelona

14. Chen, L., de Gemmis, M., Felfernig, A., Lops, P., Ricci, F., Semeraro, G.: Human decision making and recommender systems. ACM Transactions on Interactive Intelligent Systems **3**(3) (2013)

15. Chernev, A.: When more is less and less is more: The role of ideal point availability and assortment in consumer choice. Journal of Consumer Research **30**(2), 170–183 (2003)

16. Cialdini, R.: Influence: The Psychology of Persuasion. HarperCollins, New York (2007)

17. Cohen, J., McClure, S., Yu, A.: Should I stay or should I go? How the human brain manages the trade-off between exploitation and exploration. Philosophical Transactions of the Royal Society **362**, 933–942 (2007)

18. Conner, M., Armitage, C.: Attitudinal ambivalence. In: W. Crano, R. Prislin (eds.) Attitudes and Attitude Change. Psychology Press, New York (2008)

19. Cosley, D., Lam, S., Albert, I., Konstan, J., Riedl, J.: Is seeing believing? How recommender systems influence users' opinions. In: L. Terveen, D. Wixon, E. Comstock, A. Sasse (eds.) Human Factors in Computing Systems: CHI 2003 Conference Proceedings, pp. 585–592. ACM, New York (2003)

20. Edwards, W., Fasolo, B.: Decision technology. Annual Review of Psychology **52**, 581–606 (2001)

21. Faltings, B., Torrens, M., Pu, P.: Solution generation with qualitative models of preferences. Computational Intelligence **20**(2), 246–263 (2004)

22. Fasolo, B., Hertwig, R., Huber, M., Ludwig, M.: Size, entropy, and density: What is the difference that makes the difference between small and large real-world assortments? Psychology and Marketing **26**(3), 254–279 (2009)

23. Fazio, R.: Attitudes as object-evaluation associations of varying strength. Social Cognition **25**(5), 603–637 (2007)

24. Felfernig, A., Friedrich, G., Gula, B., Hitz, M., Kruggel, T., Melcher, R., Riepan, D., Strauss, S., Teppan, E., Vitouch, O.: Persuasive recommendation: Exploring serial position effects in knowledge-based recommender systems. In: Y. de Kort, W. IJsselsteijn, C. Midden, B. Eggen, B. Fogg (eds.) Proceedings of the Second International Conference on Persuasive Technology, pp. 283–294. Springer, Heidelberg (2007)

25. Felfernig, A., Gula, B., Leitner, G., Maier, M., Melcher, R., Schippel, S., Teppan, E.: A dominance model for the calculation of decoy products in recommendation environments. In: AISB Symposium on Persuasive Technologies, pp. 43–50 (2008)

26. Fischhoff, B.: Value elicitation: Is there anything in there? American Psychologist **46**(8), 835–847 (1991)

27. Fishbein, M., Ajzen, I.: Predicting and Changing Behavior: The Reasoned Action Approach. Taylor & Francis, New York (2010)

28. French, S., Maule, J., Papamichail, N.: Decision Behaviour, Analysis, and Support. Cambridge University Press, Cambridge, UK (2009)

29. Gawronski, B., Bodenhausen, G.: Unraveling the processes underlying evaluation: Attitudes from the perspective of the APE model. Social Cognition **25**(5), 687–717 (2007)

30. Gigerenzer, G.: Gut Feelings: The Intelligence of the Unconscious. Penguin, London (2007)

31. Haeubl, G., Murray, K.: Preference construction and persistence in digital marketplace: The role of electronic recommendation agents. Journal of Consumer Psychology **13**, 75–91 (2003)

32. Hastie, R.: Problems for judgment and decision making. Annual Review of Psychology **52**, 653–683 (2001)

33. Hausman, D.: Preference, Value, Choice, and Welfare. Cambridge University Press, Cambridge, UK (2012)

34. Herlocker, J., Konstan, J., Riedl, J.: Explaining collaborative filtering recommendations. In: P. Dourish, S. Kiesler (eds.) Proceedings of the 2000 Conference on Computer-Supported Cooperative Work. ACM, New York (2000)

35. Herlocker, J., Konstan, J., Terveen, L., Riedl, J.: Evaluating collaborative filtering recommender systems. ACM Transactions on Information Systems **22**(1), 5–53 (2004)

36. Hsee, C.: Attribute evaluability: Its implications for joint-separate evaluation reversals and beyond. In: D. Kahneman, A. Tversky (eds.) Choices, Values, and Frames. Cambridge University Press, Cambridge, UK (2000)

37. Huber, J., Payne, W., Puto, C.: Adding asymmetrically dominated alternatives: Violations of regularity and the similarity hypothesis. Journal of Consumer Research **9**, 90–98 (1982)

38. Iyengar, S., Lepper, M.: When choice is demotivating: Can one desire too much of a good thing? Journal of Personality and Social Psychology **79**, 995–1006 (2000)

39. Jameson, A., Berendt, B., Gabrielli, S., Gena, C., Cena, F., Vernero, F., Reinecke, K.: Choice architecture for human-computer interaction. Foundations and Trends in Human-Computer Interaction **7**(1–2), 1–235 (2014)

40. Jameson, A., Gajos, K.: Systems that adapt to their users. In: J. Jacko (ed.) The Human-Computer Interaction Handbook: Fundamentals, Evolving Technologies and Emerging Applications, 3rd edn. CRC Press, Boca Raton, FL (2012)

41. Jannach, D., Zanker, M., Felfernig, A., Friedrich, G.: Recommender Systems: An Introduction. Cambridge, Cambridge, UK (2011)

42. Jungermann, H., Fischer, K.: Using expertise and experience for giving and taking advice. In: T. Betsch, S. Haberstroh (eds.) The Routines of Decision Making. Erlbaum, Mahwah, NJ (2005)

43. Kahneman, D., Ritov, I., Schkade, D.: Economic preferences or attitude expressions? an analysis of dollar responses to public issues. Journal of Risk and Uncertainty **19**, 203–235 (1999)

44. Kahneman, D., Tversky, A.: Prospect theory: An analysis of decision under risk. Econometrica **47**(2), 263–295 (1979)

45. Klein, G.: Sources of Power: How People Make Decisions. MIT Press, Cambridge, MA (1998)

46. Knijnenburg, B., Reijmer, N., Willemsen, M.: Each to his own: How different users call for different interaction methods in recommender systems. In: B. Mobasher, R. Burke, D. Jannach, G. Adomavicius (eds.) Proceedings of the Fifth ACM Conference on Recommender Systems. ACM, New York (2011)

47. Levin, I., Gaeth, G.: How consumers are affected by the framing of attribute information before and after consuming the product. Journal of Consumer Research **15**, 374–379 (1988)

48. Levin, I., Schneider, S., Gaeth, G.: All frames are not created equal: A typology and critical analysis of framing effects. Organizational Behavior and Human Decision Processes **76**, 90–98 (1998)

49. Li, W., Matejka, J., Grossman, T., Konstan, J., Fitzmaurice, G.: Design and evaluation of a

command recommendation system for software applications. ACM Transactions on Computer-Human Interaction **18**(2) (2011)

50. Lieberman, D.: Human Learning and Memory. Cambridge University Press, Cambridge, UK (2012)

51. Lindblom, C.: Still muddling, not yet through. Public Administration Review **39**(6), 517–526 (1979)

52. Linden, G., Hanks, S., Lesh, N.: Interactive assessment of user preference models: The automated travel assistant. In: A. Jameson, C. Paris, C. Tasso (eds.) User Modeling: Proceedings of the Sixth International Conference, UM97, pp. 67–78. Springer Wien New York, Vienna (1997)

53. Lops, P., de Gemmis, M., Semeraro, G.: Content-based recommender systems: State of the art and trends. In: F. Ricci, L. Rokach, B. Shapira, P. Kantor (eds.) Recommender Systems Handbook, pp. 73–105. Springer, Berlin (2011)

54. Lu, T., Boutilier, C.: Learning Mallows models with pairwise preferences. In: L. Getoor, T. Scheffer (eds.) Proceedings of the 28th International Conference on Machine Learning, pp. 145–152. ACM, New York (2011)

55. Mandel, N., Johnson, E.: When web pages influence choice: Effects of visual primes on experts and novices. Journal of Consumer Research **29**, 235–245 (2002)

56. Mandl, M., Felfernig, A.: Improving the performance of unit critiquing. In: J. Masthoff, B. Mobasher, M. Desmarais, R. Nkambou (eds.) Proceedings of the Twentieth International Conference on User Modeling, Adaptation, and Personalization, pp. 176–187. Springer, Heidelberg (2012)

57. Mandl, M., Felfernig, A., Teppan, E., Schubert, M.: Consumer decision making in knowledge-based recommendation. Journal of Intelligent Information Systems **37**(1), 1–22 (2010)

58. Mandl, M., Felfernig, A., Tiihonen, J., Isak, K.: Status quo bias in configuration systems. In: Twenty-Fourth International Conference on Industrial, Engineering and Other Applications of Applied Intelligent Systems, pp. 105–114. Syracuse, New York (2011)

59. March, J.: A Primer on Decision Making: How Decisions Happen. The Free Press, New York (1994)

60. McCarthy, K., Reilly, J., McGinty, L., Smyth, B.: Experiments in dynamic critiquing. In: J. Riedl, A. Jameson, D. Billsus, T. Lau (eds.) IUI 2005: International Conference on Intelligent User Interfaces, pp. 175–182. ACM, New York (2005)

61. McCarthy, K., Salem, Y., Smyth, B.: Experience-based critiquing: Reusing critiquing experiences to improve conversational recommendation. In: I. Bichindaritz, S. Montani (eds.) Case-Based Reasoning Research and Development: Proceedings of ICCBR 2010, pp. 480–494. Springer, Berlin, Heidelberg (2010)

62. McGinty, L., Reilly, J.: On the evolution of critiquing recommenders. In: F. Ricci, L. Rokach, B. Shapira, P. Kantor (eds.) Recommender Systems Handbook, pp. 419–453. Springer, Berlin (2011)

63. Mogilner, C., Rudnick, T., Iyengar, S.: The mere categorization effect: How the presence of categories increases choosers' perceptions of assortment variety and outcome satisfaction. Journal of Consumer Research **35**(2), 202–215 (2008)

64. Nenkov, G., Morrin, M., Ward, A., Schwartz, B., Hulland, J.: A short form of the Maximization Scale: Factor structure, reliability and validity studies. Judgment and Decision Making **3**(5), 371–388 (2008)

65. Nguyen, T., Kluver, D., Wang, T.Y., Hui, P.M., Ekstrand, M., Willemsen, M., Riedl, J.: Rating support interfaces to improve user experience and recommender accuracy. In: Q. Yang, I. King, Q. Li, P. Pu, G. Karypis (eds.) Proceedings of the Seventh ACM Conference on Recommender Systems, pp. 149–156. ACM, New York (2013)

66. Payne, J., Bettman, J., Johnson, E.: The Adaptive Decision Maker. Cambridge University Press, Cambridge, UK (1993)

67. Pfeiffer, J.: Interactive Decision Aids in E-Commerce. Springer, Berlin (2012)

68. Pirolli, P.: Information Foraging Theory: Adaptive Interaction with Information. Oxford University Press, New York (2007)

69. Plate, C., Basselin, N., Kröner, A., Schneider, M., Baldes, S., Dimitrova, V., Jameson, A.: Recomindation: New functions for augmented memories. In: V. Wade, H. Ashman, B. Smyth (eds.) Adaptive Hypermedia and Adaptive Web-Based Systems: Proceedings of AH 2006, pp. 141–150. Springer, Berlin (2006)

70. Plessner, H., Betsch, C., Betsch, T. (eds.): Intuition in Judgement and Decision Making. Erlbaum, New York (2008)

71. Pu, P., Chen, L.: Integrating tradeoff support in product search tools for e-commerce sites. In: J. Riedl, M. Kearns, M. Reiter (eds.) Proceedings of the Sixth ACM Conference on Electronic Commerce, pp. 269–278. ACM, New York (2005)

72. Pu, P., Chen, L.: User-involved preference elicitation for product search and recommender systems. AI Magazine **29**(4), 93–103 (2008)

73. Rachlin, H.: The Science of Self-Control. Harvard, Cambridge, MA (2000)

74. Rakow, T., Newell, B.: Degrees of uncertainty: An overview and framework for future research on experience-based choice. Journal of Behavioral Decision Making **23**, 1–14 (2010)

75. Read, D., Loewenstein, G., Rabin, M.: Choice bracketing. Journal of Risk and Uncertainty **19**, 171–197 (1999)

76. Roe, R., Busemeyer, J., Townsend, J.: Multialternative decision field theory: A dynamic connectionist model of decision making. Psychological Review **108**(2), 370–392 (2001)

77. Said, A., Jain, B., Narr, S., Plumbaum, T.: Users and noise: The magic barrier of recommender systems. In: B. Masthoff Judith a., M.C. Desmarais, R. Nkambou (eds.) User Modeling, Adaptation, and Personalization, no. 7379 in Lecture Notes in Computer Science, pp. 237–248. Springer Berlin Heidelberg (2012)

78. Scheibehenne, B., Greifeneder, R., Todd, P.: Can there ever be too many options? A meta-analytic review of choice overload. Journal of Consumer Research **37**(3), 409–425 (2010)

79. Schwartz, B.: The Paradox of Choice: Why More Is Less. HarperCollins, New York (2004)

80. Schwartz, B., Ward, A., Monterosso, J., Lyubomirsky, S., White, K., Lehman, D.: Maximizing versus satisficing: Happiness is a matter of choice. Journal of Personality and Social Psychology **83**(5), 1178–1197 (2002)

81. Schwarz, N.: Attitude measurement. In: W. Crano, R. Prislin (eds.) Attitudes and Attitude Change, pp. 41–60. Psychology Press, New York (2008)

82. Simonson, I.: Choice based on reasons: The case of attraction and compromise effects. Journal of Consumer Research **16**(2), 158–174 (1989)

83. Smyth, B.: Case-based recommendation. In: P. Brusilovsky, A. Kobsa, W. Nejdl (eds.) The Adaptive Web: Methods and Strategies of Web Personalization, pp. 342–376. Springer, Berlin (2007)

84. Teppan, E., Felfernig, A.: The asymmetric dominance effect and its role in e-tourism recommender applications. In: Proceedings of the International Conference Wirtschaftsinformatik, pp. 791–800. Vienna (2009)

85. Teppan, E., Felfernig, A.: Minimization of product utility estimation errors in recommender result set evaluations. Web Intelligence and Agent Systems **10**(4), 385–395 (2012)

86. Teppan, E., Felfernig, A., Isak, K.: Decoy effects in financial service e-sales systems. In: Proceedings of the Workshop Decisions@RecSys, in Conjunction with the Fourth ACM Conference on Recommender Systems, pp. 1–8. Chicago (2011)

87. Thaler, R., Sunstein, C.: Nudge: Improving Decisions About Health, Wealth, and Happiness. Yale University Press, New Haven (2008)

88. Tiihonen, J., Felfernig, A.: Towards recommending configurable offerings. International Journal of Mass Customization **3**(4), 389–406 (2010)

89. Toulmin, S.: The Uses of Argument. Cambridge University Press, Cambridge, UK (1958)

90. Viappiani, P., Boutilier, C.: Regret-based optimal recommendation sets in conversational recommender systems. In: L. Bergman, A. Tuzhilin, R. Burke, A. Felfernig, L. Schmidt-Thieme (eds.) Proceedings of the Third ACM Conference on Recommender Systems, pp. 101–108. ACM, New York (2009)

91. Victor, P., Cock, M.D., Cornelis, C.: Trust and recommendations. In: F. Ricci, L. Rokach, B. Shapira, P. Kantor (eds.) Recommender Systems Handbook, pp. 645–675. Springer, Berlin (2011)

92. Wakker, P.: Prospect Theory for Risk and Ambiguity. Cambridge University Press, Cambridge, UK (2010)

93. Weber, E., Johnson, E.: Constructing preferences from memory. In: S. Lichtenstein, P. Slovic (eds.) The Construction of Preference. Cambridge University Press, Cambridge, UK (2006)

94. Willemsen, M., Knijnenburg, B., Graus, M., Velter-Bremmers, L., Fu, K.: Using latent features diversification to reduce choice difficulty in recommendation lists. In: Proceedings of the Second Workshop on User-Centric Evaluation of Recommender Systems and Their Interfaces, in Conjunction With the Fifth ACM Conference on Recommender Systems, *CEUR Workshop Proceedings*, vol. 811, pp. 14–20 (2011)

95. Wood, W., Neal, D.: A new look at habits and the habit-goal interface. Psychological Review **114**(4), 843–863 (2007)

96. Yates, J.F., Veinott, E., Patalano, A.: Hard decisions, bad decisions: On decision quality and decision aiding. In: S. Schneider, J. Shanteau (eds.) Emerging Perspectives on Judgment and Decision Research. Cambridge University Press, Cambridge, UK (2003)

97. Zwick, R., Rapoport, A., Lo, A.K., Muthukrishnan, A.: Consumer sequential search: Not enough or too much? Marketing Science **22**(4), 503–519 (2003)

推荐系统中的隐私问题

Arik Friedman、Bart P. Knijnenburg、Kris Vanhecke、Luc Martens
和 Shlomo Berkovsky

19.1 简介

随着在线商品、服务以及信息的爆炸式增长,推荐系统正逐渐成为互联网应用当中一个不可或缺的部分。其应用相当广泛:从电子商务网站到社交网络再到健康移动 APP,无论是用户还是服务提供商,都是个性化推荐系统的受益者。然而,推荐系统在给人们带来便利的同时,也存在很多潜在的风险,其中之一便是隐私泄露的问题。

导致隐私问题的主要原因是由于推荐系统需要收集并存储用户的个人信息。事实上,为了提供个性化的推荐,推荐系统必须拥有一些蕴含在用户模型当中的用户信息。这些信息是生成推荐的基础。一般说来,推荐的质量和用户模型数据的规模、丰富性,以及新旧程度都有着紧密的联系。从另一个角度来说,相同的因素对于隐私风险和由于用户模型数据被泄露给第三方所造成危害的也有较深的影响。这也称为**隐私 – 个性化权衡**[10,24,37,87,98,156],它是在进行个性化推荐时无法避免的一个问题。

由个性化需求导致的隐私风险在更为复杂的推荐系统中会变得尤为严重。例如,某个推荐系统为了增强其用户模型,可能会在用户数据当中提取新的特征并将其结合进来;也有可能将来自多个数据源的信息进行交叉链接。在这些情况下,推荐系统很有可能会将原始用户模型当中无法轻易获取的额外数据展现出来,而这一行为并未得到用户的许可。如果此类信息被暴露并被不可信的第三方得到,后果将非常严重。

本章将围绕推荐系统所面临的隐私挑战展开讨论。我们对提供隐私保护的推荐系统进行调研和分析,并将它们分成 3 个类别。第一类强调了有助于提供隐私推荐的**架构**。由于对推荐系统进行的攻击通常针对的是使用单一数据库的用户模型存储方式,这些架构需采用各种分布式的方法来摒弃这一弊端。第二类则从**算法**的角度提出了解决方案,它对原始用户模型数据进行扰动或者应用标准的加密方法对其加密。这样做可以保证在数据库被不可信的第三方获得访问权的情况下,仅仅是泄露了经过扰动或者加密的用户数据,用户的原始数据不会受到影响。最后,第三类方法基于**政策法规**,对个人用户数据的存储、传输,以及使用进行限制。显而易见,这几类方案相互之间并不互相排斥。一个推荐系统可以并且通常也会采用多个类别的方法。

然而,即便这些方法可以对客观和可衡量的隐私保护进行改进,但对于推荐系统的用户来说,仍然存在另一个重要的问题——他们可能会有自己的担忧,包括个人信息的敏感性,部分

Arik. Friedman, NICTA, Sydney, NSW, Australia,e-mail: arik. friedman@ nicta. com. au.

Bart. P. Knijnenburg,Clemson University, Clemson,SC,USA,e-mail: bartk@ clemson. edu.

Kris. Vanhecke, Luc Martens, iMinds- Ghent University, Ghent, Belgium, e-mail: kris. vanhecke @ intec. ugent. be; luc. martens@ intec. ugent. be.

Shlomo. Berkovsky,CSIRO, Sydney, NSW, Australia,e-mail: shlomo. berkivsky@ csiro. au.

翻译:王喜玮 审核:潘微科,曾子杰

信息的泄露或者保留及为了保护隐私而选择是否愿意接受相关的隐私分析方法[21]。因此，用户对于隐私的认知和理解需要得到特殊的关注。我们也将就用户的隐私态度和行为，以及当前帮助用户隐私决策的实践和近期的进展展开讨论。

本章的组织结构如下：在19.2节中，我们对隐私给出一个宽泛的定义，并讨论推荐系统中用户所面临的隐私风险。在19.3节中，我们针对这些隐私风险列出3类解决方案，即架构（见19.3.1节）、算法（见19.3.2节），以及政策法规（见19.3.2节）。我们还将介绍一些实现这些解决方案的论文，并对每个类别进行总结。在19.4节中，我们从用户的角度出发，分析用户对于隐私的认知和态度，以及如何对与隐私相关的事务做出判定。我们在19.5节对本章进行总结，列出在注重隐私保护的推荐系统研究当中所取得的成就和存在的不足。最后我们将讨论推荐技术领域的新趋势和未来的研究方向。

19.2 推荐系统中的隐私风险

很多学者认为，在当今的信息时代，人们把个人信息当作**商品**：他们愿意用该信息来换取一些好处。推荐系统就是一个很好的例子——其广泛收集用户的各种信息并以此作为基础向用户提供更好的产品和服务推荐[10,37,44,87,139]。这些收集的信息包括但不限于用户的点击和浏览行为、关联信息（如地点和心情）、社会信息（如用户的朋友、家人或者同事），以及人口统计学数据（如年龄和职业）[12]。为了保证数据收集者能对所收集的信息进行妥善处理，经济合作与发展组织（OECD[114]）定义了一系列公平信息处理条例（FIPS）：

限制收集原则：应限制收集个人资料，许多此类资料应通过法律许可及合理的方式并经数据所有者同意（如适用）才能获得。

数据质量原则：收集的数据应与使用的目的相关，并且要准确、完整和及时更新。

目的明确原则：在数据收集之前应详细说明收集个人资料的目的。

使用限制原则：个人资料不应公开使用，也不可用在与"目的明确原则"中指定的目的不一致的用途中。

安全保护原则：个人资料应该有合理的保护来防止如下风险：未经授权的访问、毁坏、使用、修改以及公开。

公开原则：用户有权了解何种数据会被收集，谁掌控数据，以及数据将会被用于何种目的。

个人参与原则：个人可以审查与本人相关的数据，也有权要求将数据删除、完善或调整。

责任原则：数据管理员应遵守使以上原则标准得以实施的责任。

一般来说，隐私会在以上任何一条原则被打破的情况下泄露。由于需要收集大量的信息并以此来预测用户的个人喜好，推荐系统很有可能会违反限制收集原则，目的明确原则、使用限制原则，以及安全保护原则。据此，我们在表19-1中将隐私风险从两个角度进行了归类：1）隐私泄露是否由对已有数据的直接访问（违反限制收集和使用限制原则）或者对新数据的推测所致（违反目的明确原则）；2）谁是试图泄露用户数据的攻击者。此处我们考虑3类攻击者：1）**推荐系统**会和用户交互，但其可能会以一种违反用户隐私合约的方式进行（违反限制收集和使用限制原则）；2）**普通用户**虽然无法从推荐系统中直接得到他人的相关信息，但其可以从推荐系统提供的推荐结果间接地猜测到他人信息（违反安全保护原则）；3）**外部人员**虽非推荐系统的用户，但他们会试图获取系统保存的信息或者在系统与用户的交互过程中进行干涉，从而获取相关的信息（另一种违反安全保护原则的行为，但针对的安全保护类型不同）。下面我们具体分析由每种攻击者所产生的隐私风险。

表 19-1 推荐系统中的隐私风险

攻击者	直接访问已有数据	推测新数据
推荐系统	未经授权的数据收集	泄露敏感信息
	与第三方共享数据	定向广告
	工作人员对未经授权的数据进行访问	各种类型的歧视
普通用户	经由共享设备或服务泄露信息	从推荐系统的输出进行推测
外部人员	合法的数据泄露	
	黑客攻击	泄露敏感信息
	匿名数据的身份识别	

19.2.1　由推荐系统导致的风险

19.2.1.1　直接数据访问

推荐系统通常依赖于一个集中式的实体，其可以访问用户的个人信息从而为他们提供个性化的服务。然而，由于该实体对数据有访问权，加之商业利益的驱使，所以这很有可能导致数据的使用即便与其提供者的隐私原则相符，但却与最终用户的隐私合约相违背[46]。总的来说，直接数据访问在多个方面会将隐私风险带给用户，包括以下几个方面：

未经授权的数据收集。随着存储设备变得日渐廉价，在线服务正越来越多地收集用户数据。这么做既有可能是这些数据在未来的某个时间会变得很有价值（例如，第 6 章当中讨论了丰富的上下文信息的价值），也有可能是因为可以直接用它们换取金钱。但是，为了提供某个服务收集非必需的数据则很有可能会破坏用户隐私合约。例如，在一次为了了解移动应用程序会收集使用何种敏感资源的调研当中[99]，某个网络收音机是用户选出来的使用了意外资源的应用之一，因为其会访问用户的联系人列表。通常来说，用户都会对这种个人信息监控非常敏感，其主要原因在于通过这些数据，用户的一些资料和不希望被人了解的信息可以被推测出来[80]。

与第三方共享数据。推荐系统在很多情况下由于商业利益的驱使会将用户的原始数据与第三方共享。例如：

- 对数据有访问权的公司希望将其与科研单位共享，正如美国在线（AOL）公布了它的匿名用户搜索记录[12]以及 Netflix 在其推荐系统大奖赛当中提供的数据[20]。
- 一些公司需要与第三方共享数据从而将其部分业务外包。如今，许多公司提供所谓的**推荐服务**。第三方会从网站上收集用户的个人资料以及交互记录，对其进行处理，生成推荐信息，并将此信息返回给该网站。虽然用户的个人资料在传输前会匿名化处理，但第三方却已存储了这些用户资料。即使用户选择删除自己的账号，他们并没有办法确认第三方也会将该账号从其服务器中删除。
- 最后，服务提供商可能会将用户的数据卖给数据中介，因为这样做可以获取经济利益[17]。数据会在公司所有权进行转让或者资产清算人对破产公司进行出售的过程中易主。

Ackerman 等人[1]、Krishnamurthy 和 Willis[92]强调，用户在考虑将其信息提供给在线服务商时主要关心的问题有两个：1）该信息是否会传递给第三方，2）用户个人信息是否会用于身份识别。即便数据拥有者为了保护用户隐私而在发布数据之前对其进行了匿名化等处理，发布的数据仍有可能遭受去匿名化攻击（de-anonymization attack）。该问题将在后续章节讨论。

工作人员对未经授权的数据进行访问。虽然推荐系统会采取相关的措施来保证用户数据在该系统的控制下保存使用，但该系统的相关工作人员由于拥有对数据的访问权，他们很有可能会滥用手中的职权来窥探他人的隐私。这些工作人员甚至还有可能会因为好奇或者为了金钱而去偷取知名人士的数据。此类风险存在于任何需要保存用户信息的系统之中，但这可以在一定程度上通过适当的访问控制以及审查机制而得到改善。

19.2.1.2　基于用户偏好数据的推测

由推荐系统收集处理的数据经过复杂的数据调整（参见第 7 章中的数据挖掘方法概述），可能会导致额外的隐私风险。而导致该风险的主要原因是基于新数据的推测，这种行为在某些情况下并不为用户所知。

泄露敏感信息。近期的研究成果[36,91,147]显示机器学习技术在揭示敏感和私人信息方面（包括个性特点）有很强的能力（参见第 21 章）。虽然这些推测本身只是基于一定的概率，但针对基于风险（如保险决策）的判断和有偏见的判断（如职场歧视），即便推测有误，后果也将非常严重。

定向广告。在定向广告中，采集的数据通常用来学习用户的兴趣爱好并以此作为依据来给他们推送相关广告。这样的广告很可能会泄露敏感或者让人尴尬的信息，一个很有名的例子是一位孩子的父母在看到给其十几岁的女儿推送关于婴儿床和童装的定向广告之后了解到女儿已经怀孕的事实[47]。

歧视。近期的研究[105,106]显示，在网上购物时，用户的个人信息会用于定价歧视。人们认为这是对他们信息的滥用，这已经超出了数据收集的初衷。

推测攻击从多个角度对用户数据进行分析，从而发现敏感和隐私信息。这些攻击通常依赖于从其他用户数据中学习得到的关联信息，并将其用在不同的方面。例如，某个攻击者可以纯粹通过系统用户所提供的信息[147]，利用不同属性之间的语义关系[36]，将数据与来自别处的信息进行交叉链接以提取更多的关联信息[91]或者挖掘社交链接的结构信息[157]。

Weinsberg 等人[147]认为人口统计信息（如年龄、性别、种族或者政治倾向）可以通过透露给推荐系统的信息推测出来。它们利用用户提供的数据对多个分类器进行训练，从而对没有提供数据的用户进行人口统计信息的预测。在 Flixter 和 Movielens 数据集上进行的实验证实了该方法的有效性。事实上，仅仅是看电影这一行为本身（无论评分高低）就传递了很多信息——用二值数据（即看过或者没看过某部电影）训练的分类器其效果仅比用全部数据训练的分类器稍差一点。

相较于 Weinsberg 等人使用结构化数据，Chaabane 等人[36]利用本体化的 Wikipedia 来鉴别非结构化用户之间的语义关系，并且说明了普通的兴趣爱好（如音乐）会在何种程度上泄露用户的敏感信息。他们将所有用户的兴趣归类到更高层次的兴趣主题上，并将单个用户的兴趣映射到这些主题当中，从而可以识别出拥有相似兴趣的用户。假设这些用户在多个方面有相似之处，那么就有可能利用相似用户的公开属性来推测某个用户的隐私属性。作者从 Facebook 上获取了一些用户的公开档案，并用用户自我宣称的、对外界公开的音乐偏好推测他们的性别、关系、年龄以及国家等属性。

Kosinski 等人[91]针对 Facebook 进行了大规模研究。该研究通过机器学习技术将用户"点赞"行为与其敏感个人信息，如性取向、种族、宗教信仰、政见以及性格特点等进行了关联。作者针对这些敏感信息设计了预测器并取得了非常好的效果。例如，该模型可以对 88% 的同性恋与异性恋，95% 的非裔美国人（黑种人）与高加索美国人（白种人），以及 85% 的民主党党员与共和党党员进行正确区分。虽然有人会对热门话题点赞，但有些挖掘出来的相关性并无实质意义。

敏感信息推测问题在线上社交网络当中变得更为严重。因为在这里，好友关系以及社交成员关系等，都会用来推测私人信息。Zheleva 和 Getoor[157]研究了社交网络中存在联系的对象被关联的概率，或者说是线上好友会拥有共同特点的概率。他们提出了多种利用网络结构预测隐私属性的推测攻击。作者采用来自 Flickr 和 Facebook、Dogster，以及 BibSonomy 的数据对这些推测攻击进行测试评估，他们得出结论认为预测的效果与数据集有关。例如，基于链接的方法表现得不尽如人意，因为被推测的属性和好友之间并无很强的关联性。另一方面，社交成员关系对于推测本身有一定帮助，一部分这样的关系有助于以很高的准确率来预测用户的属性。值得注意的是，用户可以选择将哪些属性公开。然而，在某些社交网络（如 Facebook 和 Flickr）当中，用户对于其他社交成员信息的可见程度（何种信息对其他成员可见）的控制较为有限。

19.2.2 由普通用户导致的风险

由于推荐系统需要利用从许多用户处收集来的数据，这可以让用户们相互了解对方的个人信息，即便这些信息都是保密的。当多个用户在同一台设备或者同一个服务当中共享账号的时候，这个问题就更加明显——针对该账号的推荐综合了所有使用该设备或者服务的用户行为，因此为一个用户推荐的信息也反映了其他用户的偏好。类似的问题也存在于群组推荐当中（详见第 22 章）。

一个更加严重的问题是推荐系统的输出会泄露系统当中其他无关用户的信息。该问题在协同过滤推荐系统（相对于基于内容的推荐系统）当中尤为突出——为了给某个用户提供推荐信息，系统需要利用其他用户的数据进行分析计算。Ramakrishnam 等人[124]分析了推荐结果和相关解释是如何暴露用户隐私信息的（这些用户对不同领域的产品进行了评分）。推荐信息可以使攻击者推测产品之间的联系，例如，对于一个给定的产品，攻击者通过创建假账号并添加对产品的评分，以此得到一个可以让推荐系统推荐该产品所需要的最小相关产品集。这表明，存在一个用户集，其中所有的用户都同时对这些产品和目标产品进行过评分。当产品分属不同领域时该用户集通常比较小，所以针对这些用户的隐私攻击就相对容易。例如，将得到的产品之间的联系同来自别处的信息相结合可以识别出具体的用户，并揭露出额外的私人信息。

Calandrino 等人[31]提出了一种更强大的攻击，该攻击的主要依据是基于产品间关联的协同过滤系统生成的公开输出信息。此输出通常包含产品相似度表或者跨产品的相关度信息。例如，亚马逊（Amazon）在其网站上提供"购买此商品的顾客也购买了……"列表，Hunch 提供完整的"产品－产品"协方差矩阵，Last. fm 则提供一个产品相似度列表。通过被动地观察这些输出信息随着时间的推移而发生的变化，并结合目标用户曾经的评分信息，攻击者就可以推测出该用户的私人交易。在基于产品的协同过滤推荐系统中，一个用户购买了某产品，这笔交易就增加了此产品与该用户所购的其他产品之间的相似度。因此，攻击者就能监视与目标用户相关的产品相似度列表，同时也能鉴别出列表中新出现的产品。当相同的产品出现在许多监视列表中时，攻击者就能够推测此产品加入到了目标用户的交易历史之中。论文的作者成功地将此攻击方法应用到了现实世界的多个推荐系统当中，包括 Hunch、LibraryThing、Last. fm 以及亚马逊。此攻击在推测数量和准确性之间进行了权衡（例如，在针对 LibraryThing 的实验中，从每个用户 58 个推测 50% 的准确率，变化到每个用户 6 个推测 90% 的准确率），并且在规模较小或者较新的网站上取得了最好的效果。

Calandrino 等人在文献[31]当中除了提出被动攻击之外，还描述了一种所谓的"女巫攻击"（sybil attack），其主要针对基于邻居的协同过滤推荐系统。在掌握某用户曾经评分过的产品背景信息的情况下，攻击者可以创建与目标用户相似的假账号，而这些假账号则很有可能被识别为该用户的邻居。基于邻居的推荐系统因此很有可能根据其他假用户和目标用户的信息为假用户提供推荐。这有助于分离目标用户的数据——因为任何推荐的产品如果没有出现在假账号当中，则很可能是来自目标用户的。

19.2.3　由外部人员导致的风险

由于数据共享和不正当的使用都会受到推荐系统的管制，因而这些可以通过有效的管理得到缓解，或者公开以得到用户的许可。相比较而言，有些情况则会导致非故意的数据泄露。其中，有一种风险是黑客对数据的非法访问（如缺乏足够的数据安全保护），这会导致数据被窃。另一种风险则是由法院的传唤行为和执法部门的监视所致，即使执法部门所进行的数据访问是合法的，但其多是在用户并不知情（甚至是在服务提供商也不知情）的状况下实施的。

第三方也可以通过收集推荐系统所提供的匿名化数据来获取用户个人信息。然而，即便已匿名化，这些数据依然可能被去匿名化，从而导致严重的隐私风险。Narayanan 和 Shmatikov[108]证实了、推荐系统对交易和偏好信息实现匿名化的难度。一般来说，大型多维数据集的稀疏性（sparseness）保证了单条记录不会在同一数据集中存在多条其他"相似"的记录，因而仅需要相对少的背景信息就可将其鉴别出来。攻击者在掌握目标用户属性（如该用户评分过的产品、对应的分数或者评分的时间）的一个（可能不精确）子集的情况下就可以实施攻击。而去匿名化算法的主要目标是计算匿名数据集中的记录同背景信息之间的相似度。由于交易和偏好信息的稀疏性，这些算法在背景信息不准确、不确定，以及在对数据进行中度扰动的情况下，可以依然保持稳定。文章的作者表示，防范这类去匿名化算法所需要进行的数据扰动会大大降低协同过滤的实用性。

该类攻击的有效性在 Netflix 大奖赛数据集（含 50 万用户的匿名数据）上得到了证实。作者发现通过 8 条电影评分（其中两条可能是错误的）和对应的评分日期（误差为 14 天）所组成的背景信息，可以将 99% 的记录准确地识别出来。即便不知道电影评分的具体日期，仅仅是少量电影的评分也已经足够了。例如，去掉 500 部评分次数最多的电影，攻击者如果知晓 8 部电影中 6 部的评分，他就能够准确地识别其中的 84%。对于绝大多数的用户来说，该背景信息的获取比较容易，如观察他们在社交网络或者互联网电影数据库（IMDB）上主动公布的信息。虽然匿名记录可能并不包含敏感数据，但即便在这种情况下，用户身份识别依然会导致隐私风险——任何可以追溯到具体用户的信息都可以用在后续的攻击当中，并作为攻击者对未来发布的数据进行去匿名化的依据。这种数据发布集合会导致所谓的"毁灭数据库"（database of ruin）[115]，其可以将不同来源的数字踪迹（digital trace）进行集成，从而精确地展现出人们在线上与线下的活动。

由 Netflix 数据集所产生的用户身份识别的可能性最终演变成了一场法律官司。虽然官司以庭外和解告终，但原本计划进行的第二届 Netflix 大奖赛则因此而取消[29]。到目前为止，如何安全地发布以科研为目的的去匿名化数据集依然是一个悬而未决的问题。正如文献[108]所述，在这种情况下，"**发布数据的目的在于预测数据发布时尚未被预见的信息，其相比我们所知的在隐私保护条件下进行的计算要复杂很多。**"因此，针对这些数据的推测会产生隐私问题，因为他们几乎肯定会超出用户对于其隐私的预期。

19.2.4　小结

近年来的相关研究充分显示了根据用户的兴趣数据推测得到高度敏感信息方面的能力，即使这些数据仅仅包含非敏感信息。该信息可能被收集数据的系统（如推测用户的心理特点并利用这些信息做定向广告），系统中可能接触到数据（如在默认情况下，Facebook 上的"点赞"数据是公开的）或者分析推荐系统输出的其他用户，以及有权访问用户数据的外部人员所滥用。

这些结果强调，部分用户即便很注重隐私，平时也很注意保护个人的敏感信息，但他们依然无法保证自己的隐私不被泄露，因为这些敏感信息依然可以被推荐系统根据他们提供的其他信息推测出来。除此之外，用户的隐私并非仅仅取决于用户的个人选择和隐私设置，其同时也被其他用户的可用数据所影响，无论这些数据是否与该用户相关联。因此，用户对使用系统所产生的隐私风险可能仅仅拥有有限的控制。相对来说，将隐私保护集成到推荐系统的设计当中或许是保护用户隐私更为行之有效的途径。在下一节，我们将讨论一些缓解已知隐私风险的方法。

19.3　隐私保护方法

前文讨论了由于使用推荐系统导致个人数据泄露而产生的风险，这很自然地让人们想到"防御"方面的问题，换句话说，推荐系统如何在不影响推荐质量的情况下保护用户的隐私。这里我们考虑 3 种类型的方法，用以缓解推荐系统中的隐私问题：

- 第一类是指为了最小化数据泄露威胁而设计的**架构**、**平台**及**标准**。它们包括各种协议和证书，用以向用户保证推荐服务的提供者会遵守隐私保密规定，并对用户的个人数据进行应有的保护。这样，外部人员必须在获得授权并遵守相关规定的情况下才能对数据进行访问，其访问用户数据或者推测新数据的能力因此受到了限制。我们也将分布式架构归入此类，该架构可以摆脱集中式推荐系统中常见的单点故障问题。
- 第二类主要针对数据保护提出相关的**算法**。此处我们将区分若干类型的方法，其中一部分涉及数据修改方法——针对用户身份（身份匿名化或数据抽象化）或者评分数据（替换原评分值或对其添加随机噪声）。另一部分利用差分隐私框架来实现隐私保护，或者使用加密工具来对数据进行处理。这些算法的基本思路是，在用户个人数据被泄露给攻击者或者不可信的第三方时，他们所得到的是经过修改的或被加密的信息，因而很难将原始数据恢复出来。
- 第三类是所谓的"自上而下"的**法律法规**。这些法规由推荐服务的提供者或者其所在地的政府与法律部门来强制实施，这杜绝了服务中可能出现的对数据的篡改、共享或者买卖等不合法行为。然而，即便这类方法避免了上述多种隐私风险，但因为各个国家或者地区对隐私的管制差别很大，所以这就导致了规定在具体实施的时候效果大打折扣。

以上分类基于方法的技术性与非技术性。前者由架构与算法层面的方案构成，后者仅包含政策法规相关的方案。技术类方案要么提供一种支持隐私保护的基础体系，要么采用特定的算法来对数据进行保护。而非技术类方案则通过制定规则来对用户个人数据允许或不允许进行操作做出限制。虽然 3 类方法看起来相互独立，但许多推荐系统或许会（也应该会）采用多种方法来保护其用户的隐私。因此，我们建议推荐系统的设计者在设计隐私保护机制的过程中考虑使用全部 3 种类别的方法。

例如，一个提供个性化推荐的大型电子商务网站可以采用一些面向架构的解决方案并将数据进行分布式存储。同时，它还可以利用面向算法的解决方案从而仅允许对经过加密保护的数据进行访问。此外，该网站为了提高用户对其的信任程度，可告知公众其所有用户数据的收集以及个人信息的使用都会遵守相关的隐私规定。然而现实生活中的网站一般都不会公开这类细节，尤其是面向架构和算法的方案。即便如此，我们还是建议读者参考一些网站的隐私政策（如 eBay [一]、Amazon [二]，以及 Google [三]）。

现在我们再来回顾一下表 19-1 中列出的访问与推测等风险，并在 3 类解决方案中寻找对应的策略。显而易见，面向架构和政策法规的方案更适合直接数据访问的风险，如制定隐私协

[一]　http://pages.ebay.com/help/policies/privacy-policy.html
[二]　http://www.amazon.com/gp/help/customer/display.html?nodeId=468496
[三]　http://www.google.com/intl/en/policies/privacy/

议、将推荐过程分布式化及制定数据保护规则以使访问未经授权的数据更为困难。相比之下，面向算法的方案虽无法避免这种数据访问，但却减小了数据被非法访问所造成的损失。可是，面向算法的方案由于推测攻击的输入信息并不可靠，所以其极大地降低了新数据被成功推测的风险。值得一提的是，面向政策法规的方案或许是解决数据推测风险的好办法，因为这类方案通常禁止数据收集者将所收集的数据用于规定之外的目的。

在以下的内容中，我们将详细介绍每个类别的方法以及使用这些方法的相关研究。

19.3.1　面向架构与系统设计的方案

本节我们考虑推荐系统的基础架构是如何对用户配置数据的泄露、传播以及可链接性[119]做出严格限制的。在 19.3.1.1 节中，我们将介绍一个以特定方式运行的信任模块。接下来，在 19.3.1.2 节中，我们将分析一个用于社交网站的架构，其给予用户一定的权限来管理他们的个人配置数据。最后我们在 19.3.1.3 节中讨论将推荐系统的一部分工作量转移到客户端的方法，从而减少需要公布的用户数据。

19.3.1.1　针对限制用户数据的可链接性和传播的信任软件

在 19.2 节中我们看到，推荐系统可以将来自多处的数据进行交叉链接，从而建立较为全面的用户模型。如果用户模型在推荐过程结束之后依然保留，或者泄露给不可信的第三方，那么这会对用户隐私造成极大的危害。推荐系统因此会针对数据的存储、可链接性以及泄露进行声明，以使其用户放心。例如，"在未获得许可的情况下不会公布任何的个人配置信息""个人用户会话(individual user sessions)间无可链接性""非完整用户配置数据(partial user profiles)间无可链接性"，或者"用户数据存储的时间限制"等。

但用户怎样才会相信服务提供商能真正地遵守这些规则呢？在对一些隐私保护推荐方案进行研究之后，Cissée 和 Albayrak[39]总结了 3 种建立信任的方式：

- 信誉[74]：不遵守规定会导致负面的用户反馈以及舆论，这会让其他用户也停止使用该服务。
- 认证[136]：受信第三方可执行详细的技术审查，例如，通过分析源代码并进行测试来验证一个软件是否具有其承诺的品质和特性。
- 可信计算[56]：一个应用程序，可以验证某个系统是否由特定的软硬件构成，如加密的数据仅能在特定的配置下解密。

我们将分析两个信任系统的例子，它们对用户配置数据的可链接性以及传播进行限制：一个是在文献[39]中提出的隐私保护事件计划器，另一个是提供隐私保护的忠实用户卡和手机购物助理程序。

在文献[39]中，Cissée 和 Albayrak 在一个符合 FIPA 标准[137]的多智能体系统(MAS)的基础上设计了一个隐私保护事件计划器。作者列出了 MAS 实体的各种属性，这些属性使得它们成为建立隐私保护推荐系统的理想选择。在该推荐系统中，仅可信方能够临时交叉链接来自多处的用户配置数据：实体均为自治并可在 MAS 环境中动态部署，每个实体可以执行定义明确的任务，实体间可以相互通信，它们都抗干扰。

关于用户的隐私，该系统的目的是保证所公布的用户配置数据不会被永久地存储，也不会被链接到其他特定用户中。系统需要创建一个负责生成推荐信息的临时过滤代理(TFE)，一个中继实体代表用户对 TFE 的通信能力加以控制。在此方法中，由于中继实体不会为 TFE 提供与其他实体通信的手段，所以其可以保证仅推荐信息会传输给其他实体，用户的配置数据则不会传播。控制代理通信能力并非标准 MAS 特征集的一个部分，因而文章的作者将这一点作为可信软件来设计实现。当控制建立起来之后，用户向 TFE 提供配置数据(由行为信息、个人详细信息及偏好组成），服务提供商也将推荐所需要的商品集合交给 TFE。TFE 利用所拥有的全部数据为用户生成基于内容的推荐，这些推荐信息转发给服务提供商并以可视化的形式展示出来。最后，中继实体将 TFE 关闭并删除链接的数据集。因此服务提供商可以在无须获取永久性访问用户配置数据的情况下向其提供个性化推荐。

　　MobCom 项目⊖分析了以一种可以保护用户隐私的方式来实现各种基于身份信息的智能手机应用程序的可行性，如身份识别卡、会员卡以及忠实客户卡。Put 等人[123]开发了一个购物和忠实用户卡应用程序，该应用在用户的同意下，仅公开必需的信息。智能手机作为自助扫描设备，可将用户的个人信息、购物记录、忠实点数及购物代金券等安全地存储在本地。在每次开始购物时，该应用创建一个假用户名下的临时购物车，这样，在线商店就无法跟踪用户的行为了。作为公开配置信息（如产品偏好）的交换，零售店会提供更为个性化的服务和额外的忠实点数。这样，客户可以掌控他们的数据，还可以平衡发布配置数据所获取的好处和隐私泄露之间的关系。在该架构中，手机应用和实体店服务均看作可信软件。购物开始时，手机和服务器可以验证各自都运行着可信软件且没有被干扰。手机在未经用户许可的情况下不会公开任何配置信息。购物车的内容以及任何公开的配置数据都会在购物结束之后被删除。

19.3.1.2　由用户管理的便携配置数据

　　除了在 19.2 节中讨论的由推测和用户配置数据所产生的隐私风险之外，社交网站（见第 15 章）正在变成数据孤岛（data silos）[27]，其将配置数据进行隔离或者仅仅允许专有的应用程序编程接口（API）对部分数据进行访问。如果用户能够将配置数据从一个平台导入另一平台，那么他们就能得到更好的推荐和更加个性化的信息，以减少在刚刚加入新服务时遇到的冷启动（cold start）问题。用户还可以根据具体问题允许访问特定的配置信息。然而就目前来看，这种设想并不成立，因为用户对他们的数据并无该级别的控制权。

　　我们这里着重讨论由 Heitmann 等人在文献[64]中提出的一个候选架构，其让用户通过语义网络技术和访问控制系统来负责彻底便携的配置数据。利用这种架构，配置数据可以被各种服务共享，用户也可以决定配置当中的哪些部分能公开给哪个服务提供商。在 Hollenback 等人[66]早期工作的基础上，Heitmann 等人根据 3 个标准建立了架构：1）朋友的朋友（Friend-of-a-Friend）[26]，一种适合存储广义的用户配置数据和社交朋友关系的数据格式；2）WebID[32]，一种 SSL 证书，其指向可以找到配置数据的 URI；3）网络访问控制[66]，控制资源访问权的词汇表。文章作者还总结出实体在该架构中扮演的 3 个不同角色：

- **配置仓库**用来存储用户配置并根据访问规则来提供数据访问，它们还允许用户管理这些规则。值得注意的是，用户可以通过在自己的主机上存储配置信息来实现这个功能。
- **数据消费者**作为服务提供者的第三方，希望可以访问用户的配置数据。每当从配置仓库请求数据时，数据消费者会根据唯一的 WebID 对自己进行验证。
- **用户代理人**负责根据配置仓库和数据消费者通过 WebID 来验证用户身份。

　　综上所述，用户能够将他们的配置数据从一个服务导入到另一个服务当中。通过使用语义网络技术，希望实现任何角色的实体就拥有了一种简单易用、稳定且非专有的界面。用户可以有选择地向数据消费者公开部分配置数据。通过使用 WebID，数据自然而然就具有了不可链接性：因为用户可以拥有多个身份，每个都有唯一的 WebID。数据消费者因此无法将多个 WebID 链接到同一个用户中，同时该框架假设配置仓库是可信的，其不会保存和公开用户多个身份之间的链接。更多关于语义网络的技术，请参阅第 4 章。

19.3.1.3　在客户端生成推荐

　　将推荐系统的一部分工作转移到客户端可以减少推荐系统服务所需访问和保留的信息量，

⊖　http://www.mobcom.org

这样就可以减轻将用户数据暴露给服务器所导致的隐私风险。

有研究提出将推荐过程以纯 P2P(Peer-to-Peer)系统的方式来设计实现，因而可以去除中心服务器的角色[22,94]。然而，该类系统依然可能将用户数据泄露给别的用户，它们直接与用户进行交互以生成推荐信息。Lathia 等人[94]提出了一种基于用户间**一致性**(两个用户的评分集有相同的评分比例)的相似度测算方法以避免该风险，此方法考虑到了隐私保护要求。该测算方法的一个特点是将两个评分集合同第三个进行比较，而不是二者之间相互比较。因此，用户相似度可以在无须交换配置信息的情况下进行评估。Berkovsky 等人[22]采用一个分层的拓扑结构，其中对等点(peer)分成对等点组(peer-group)，由超级对等点(super-peer)来管理。超级对等点从其管辖的对等点当中随机选出一个子集，对从它们获得的结果进行聚合，并将聚合的结果返回给查询者，后者将它们进行处理并生成推荐。

在 Shokri 等人[131]提出的一个混合模型当中，每个客户端都与一个中心服务器交互从而得到推荐信息。此外，客户端还可以与其他系统的用户交换信息用以加强隐私保护。在该模型中，每个用户保存两个配置文件：一个是存储在客户端的离线配置文件，其不断被更新；另一个是存储在服务器端的在线配置文件，其偶尔需要同步。用户可以相互交换产品评分信息，这样他们的离线以及在线配置文件就混合了每个用户的原始评分以及其他用户提供的评分。为了保证推荐的准确性，交换过程更看重由相似用户提供的评分。

在分布式架构中，一个具有挑战性的问题是很多推荐系统均采用计算密集型算法，即使如今的移动终端计算能力越来越强大，但它们仍然不适合复杂的计算任务。这种计算能力的不足要求设计者从架构上进行调整，将任务合理地分配到强劲的后台服务器和较弱的用户终端上。这类方法将生成推荐的工作放在客户端进行，相比较集中式推荐系统而言，该类方法仅需将较少的信息提供给中心服务器。通常来说，这些方法将推荐的生成过程分为两个阶段：1)建模，该部分一般需要全部数据集；2)推荐，该部分利用模型计算推荐结果。一旦模型建立完毕，推荐过程则成为轻量级的任务。

例如，在基于物品的协同过滤中，全部已有的"用户 - 物品"评分都会用来计算产品的相似度矩阵。之后，系统会将与某用户曾经评分过的产品相似的产品推荐给该用户。在 PocketLens[107]中，Miller 等人提出了一种便携式的协同过滤推荐系统，其将相似度计算从产品推荐部分独立出来。通过在安全投票机制(secure voting systems)中应用同态加密(homomorphic encryption)方法，后台服务器在无须解密用户购买记录的情况下，即可利用共现关系(co-occurrence)来计算产品相似度矩阵。移动终端可对该矩阵进行检索并在本地生成推荐。文章作者在实现和评估多个架构之后认为，他们的架构获得了最好的结果——其可以在不牺牲推荐准确度的情况下保护用户的隐私。

将建模与推荐部分分离这一思路在矩阵分解当中也可以很方便地实现。建模部分的主要任务是对数据进行分析并得出潜在因子(latent factor)，其需要访问所有的评分信息，这个过程为高强度计算。推荐信息的生成实际上是对两个潜在向量求内积，这一过程可以在客户端完成。此外，由于矩阵分解将用户潜在因子与产品潜在因子分开，所以用户数据可以存储在客户端。Vallet 等人[141]研究了这一思路在半分布式(semi-decentralized)环境中的可行性。在该环境中，服务器负责维护产品的潜在因子，而用户的潜在因子则由客户端存储更新。作者开发了一种流模型(streaming model)，其利用用户与系统的交互数据对潜在因子进行增量更新，这样服务器端则不需要保存任何用户数据。经过评估，此模型的预测准确率与需要在服务器中存储用户数据的系统处在同一水平。

Isaacman 等人[70]在包含内容生产者(content producer)(如博客作者)与消费者(consumer)的分布式系统中使用了相同的矩阵分解特性。为了保护隐私，信息仅在内容生产者与其订阅用户之间交换，例如，产品的评分仅对产品的生产商可用。系统通过处理矩阵分解问题来构建低维潜在模型，并用该模型估计内容评分，最后计算内容评分的概率分布。每个内容生产者维护一个由因子向量组成的"生产配置文件"（production profile）。此外，每位消费者针对每种可能的评分维护一个因子向量，这些因子向量构成了他的"消费配置文件"（consumption profile）。客户端可以在无须将消费者所有评分泄露给生产者的情况下，通过计算这些向量的内积来估计消费者对生产者的内容给予某个评分的概率。

总的来说，将计算任务转移到客户端的系统架构对于缓解由中心服务器保存用户数据而导致的隐私风险尤其有用。然而，在与服务器或者其他系统用户进行交互时，用户数据依然有可能会泄露。加密协议可以弥补这个不足，我们将在 19.3.2.4 节对其展开讨论。

19.3.2　面向算法的方案

在本节中，我们讨论为了解决推荐系统隐私问题的面向算法的方案。我们将其分为 4 个类别：基于假名（pseudonym）或者用户匿名化的算法，涉及用户数据修改的算法，差分隐私算法以及基于加密的算法。与之前讨论的内容相似，这些类别并非互斥，单个推荐系统可以采用来自多个不同类别的解决方案。

19.3.2.1　假名和匿名化

通过假名和匿名化来遮蔽（mask）推荐系统用户的算法在一开始并未得到广泛认可。尤其是在 2001 年，Schafer 等人[130]指出"**匿名化技术对推荐系统来说是个灾难，因为它们使得推荐系统无法轻易地识别用户，也限制了其收集数据的能力，导致推荐的准确率大幅下降。**"十多年以后，此话题依然未得到重视，该方向的研究也很少。

Arlein 等人[9]在早期提出了一个基于假名的个性化框架并描绘了所谓的"角色"概念，此框架允许用户在合适的地方有一套关于自己的抽象化实体，如娱乐、医疗以及购物，并在与不同网站和服务交互时使用这些抽象实体。每个角色与多个服务相链接，所泄露的行为活动也仅与该角色关联。这些服务一次只会访问一个用户角色并且无法将其与其他角色相链接，这样它们就无法发现更多额外的信息。用户也因此可以维护自己的多个角色并对不同服务和抽象设定访问权限。

Kobsa 和 Schreck[89]针对个性化系统提出了一个伪匿名框架，其包含一套隐私保护组件：用户匿名化、用户数据加密、基于角色的访问以及有选择的访问权限。每个组件由一个专门的服务器托管。这些服务器会根据用户的隐私设置来调节用户隐私的总体程度，同时也调节拥有非完整用户模型的服务之间的合作程度。

推荐系统的用户匿名化方法通常涉及简单的去标识（de-identification）方案。如在 Netflix 大奖赛的数据中，用户的标识都是用随机数替换的。这种匿名化方法的主要问题在于数据的高维度与稀疏性[108]，这些特性广泛存在于推荐系统的数据集中。正如我们在 19.2.3 节中讨论的那样，这种稀疏性可以用来反匿名化并重新识别记录。

19.3.2.2　模糊化

推荐系统领域之外的早期研究促成了在推荐系统中应用数据扰动（或模糊化）技术的思路[7]。简单来说，这一方法会对用户配置当中的部分数据进行修改，如对真实数据添加噪声等。其对推荐的准确率仅存在有限的影响。如果攻击者或者不可信的第三方访问了用户配置数据，他们所获取的也是经过伪装的配置信息。这就实现了所谓的"合理推诿"（plausible deniability）[61,142]：攻击者无法证明某个配置数据是否准确。

据我们所知，这个思路首先是由 Polat 和 Du[120]针对推荐系统提出的。他们采用了一种随机数据扰动技术来对存储在用户配置文件当中的评分进行屏蔽。在该方法中，随机噪声加到评分上，从而没有任何关于评分的确定信息能够推导出来。由于推荐是通过综合用户评分而生成的，所以认为数据扰动对于推荐的总体影响是很小的。文章的作者比较了使用经过屏蔽的数据生成的推荐以及使用原始数据生成的推荐，结果显示有扰动的数据依然可以提供较准确的推荐。推荐的准确度与噪声的多少呈负相关性，噪声的影响随着推荐系统拥有的用户和产品数量的增加而减小。

另一种数据扰动的变种由 Parameswaran 和 Bloug[118] 提出。他们对用户辅助数据（如人口统计信息）和产品辅助数据（如领域元数据）进行屏蔽，这些数据被协同过滤系统用来进行相似度计算。评估结果显示，屏蔽辅助数据对于推荐结果的影响很小，这种数据扰动对于用户隐私保护的贡献并未进行过详细分析。

遗憾的是，通过添加噪声来实现的数据扰动对于二值数据并不适用。而这种二值数据却广泛存在于推荐系统当中，因为系统越来越依赖于二值行为信息（浏览记录、购买数据、已听过的歌曲等）。在这种情况下，添加的噪声会改变记录并很容易识别出来。在文献[122]中，Polat 和 Du 采用了一种不同的技术来处理二值数据，叫作"随机响应"。该技术在二值配置数据当中随机挑选位并取反。作者评估了两个版本的随机响应方法，并发现正如之前一样，结果的准确率与训练集中数据量的大小相关。

随机扰动的应用已经超出了传统协同过滤的范围。Yakut 和 Polat[153] 还将数据扰动技术应用到了基于特征的协同过滤变种之中，通过主成分分析（Principal Component Analysis，PCA）来降低评分矩阵的维度。作者提出了两个用来生成噪声因子的分布以及多个增强隐私特征的协同过滤方法。此外，Kaleli 和 Polat[76] 将随机响应技术应用到了一种基于贝叶斯分类器的协同过滤实现中。该工作的重点在于调节噪声参数从而将用户的隐私维持在一个合理的程度，并同时保证推荐的准确性。

Basu 等人[14] 将数据扰动技术应用在 Slope-One[96] 推荐系统中。该系统是基于产品的协同过滤的一个高度可扩展的变种。Slope-One 认为可抗噪声干扰并能在数据用户被屏蔽的情况下提供合理准确的推荐。Polat 和 Du[121] 在一个基于奇异值分解（Singular Value Decomposition，SVD）的协同过滤推荐系统中加入了数据扰动，该系统利用 SVD 将屏蔽的评分矩阵分解成 3 个潜在因子矩阵。基于 SVD 的推荐系统通常认为对随机噪声具备鲁棒性。

最近，数据扰动被 Renckes 等人[126] 用在一种基于图的混合推荐系统中，其中，图的顶点代表用户，边代表用户之间的相似度。文章再次肯定了 Polat 和 Du[120] 的发现，即数据的可用性对隐私推荐准确率的影响，并用实践证明了隐私与准确率之间的平衡。简单来说，隐私泄露的程度随着数据扰动的增多而减小，而推荐的准确率也会降低，因此隐私和准确率是一对此消彼长的矛盾体。为了允许用户在平衡隐私与准确率方面拥有更多的主动权，Kandappu 等人[77] 提出了一种交互式的模糊机制——评分在发送给系统之前，需进行模糊化处理（输入扰动）。该机制在发送用户评分之前会使用这些评分对推荐系统进行试探，以获得预估的推荐结果。模糊化的强度需要根据预估的准确率进行调整，以保证在准确率令人满意的情况下获得最大程度的隐私保护。

Berkovsky 等人[23,24] 将研究重点放在了将数据扰动技术应用到协同配置文件的不同评分之上。他们在**中等评分**（接近平均值）和**极端评分**（正面或者负面的）上使用了 5 种数据屏蔽策略，并比较这些策略对于推荐准确率的影响。结果显示，对后者进行扰动较前者而言，对推荐结果的准确率影响更大。也就是说，极端评分较中等评分包含更多的信息，将噪声加到前者会降低推荐的准确率。但是，极端信息对用户而言属于更为敏感的信息，这也帮助人们从另一个角度思考了隐私和准确率的平衡问题——屏蔽敏感评分会降低推荐的准确率。

除了潜在降低推荐的准确率之外，数据扰动也可能会由于法律和心理原因存在问题。一个经过扰动的配置数据本质上是"错误的数据",这违背了 FIPS(详见 19.2 节)中的数据质量原则以及多数欧洲的隐私法律(它要求数据收集者保证所收集数据的正确性)。从心理学的角度来说,用户会担心错误的数据会导致错误的推测(在某些特定的情况下这是完全可能的,即使整体的推荐准确率并未由于数据扰动而受到影响)。更糟糕的是,如果用户的数据被法院审查或者被偷之后又发布了,很难证明配置中的部分数据是错误的。因此,即使模糊化的数据可能会帮助用户进行"合理推诿",但其却无法提供所谓的"可否认性"(证明该数据实际上是经过模糊化机制处理过的假数据)。事实上,由 Chen 等人[38]对模糊化技术在线上社交网络中的

应用研究表明,用户对配置信息中对所有人都可见的部分进行数据模糊化感到担忧,他们希望可以将针对此行为的偏好设置引入到模糊算法之中。

表 19-2 总结了应用数据模糊化技术的研究工作,这些研究工作分为两类:简单协同过滤算法(基于用户相似度或产品相似度)和其他协同过滤算法。

表 19-2　基于数据模糊技术的隐私保护推荐算法

基于相似度的协同过滤算法	用户相似度[24, 120]
	产品相似度[118, 122]
其他协同过滤算法	基于特征的协同过滤[153]
	朴素贝叶斯协同过滤[76]
	Slope-One[14]
	基于 SVD(奇异值分解)的协同过滤[121]
	基于图的推荐系统[126]

19.3.2.3　差分隐私

差分隐私[148]是一种基于该理论的隐私模型——某个计算的输出不应该让任何输入数据推测出来。为了达到这个目标,必须保证所有计算结果的概率分布不会因为在输入当中加入或者删除任何特别的记录而产生巨大的变化。因此,差分隐私为缓解通过推荐系统的输出来推测用户隐私数据的风险提供了手段。一个实现差分隐私常用的方法是通过拉普拉斯(Laplace)机制,对服从拉普拉斯分布的噪声数据进行仔细调整并将其加入到计算当中。这些噪声屏蔽了在某条记录中任何可能变化对计算结果所造成的影响。

McSherry 和 Mironov 是最早对差分隐私在推荐系统特别是在协同过滤中的应用进行研究的学者[103]。他们利用拉普拉斯机制对输入评分生成的带噪声进行计数与求和,并计算产品协方差矩阵具有差分隐私特性的版本。接下来,带噪声的协方差矩阵可以用来生成具有差分隐私的 k 近邻和 SVD 推荐。

Zhu 等人[158]则采用了一种不同的方法来实现具有差分隐私的基于邻居的协同过滤推荐算法。该算法主要针对的目标是 Calandrino 等人[31](详见 19.2.2 节)提出的女巫攻击(sybil attack)。作者提出了一种具备差分隐私的 k 近邻算法,其分为两步执行:邻居选择以及基于邻居的评分预测。该算法依赖于相似度函数的平滑敏感性[112],相较于拉普拉斯机制所需的噪声而言,允许引入程度更低的噪声。他们将随机化加入 k 近邻的选择过程中,同时保证选中的邻居拥有相似分数的可能性非常大。

Machanavajjhala 等人[101]基于链接用户和产品的图结构分析了隐私保护的社交推荐。如果给定一个这样的图,那么他们可以得出反映产品与用户效用的效用向量,以归纳出一种可以最大化用户效用并保证效用向量隐私的概率分布。作者对该问题提供了理论分析,并得出结论,认为好的推荐仅在较弱的隐私参数下才能够得到,或者仅有少数用户可以获得较好的推荐。他们强调,隐私与准确率之间的平衡依然存在于基于差分隐私的方法之中。

Riboni 和 Bettini[127]对差分隐私在上下文感知推荐,特别是兴趣点(Points of Interest,POI)推荐中的应用进行了调研,该推荐算法使用了空间上下文。服务的空间域分成了无重叠的区域,每个兴趣点属于一个单独的区域。此外,每个用户属于一个给定的模式化形象(stereotype),该形象是对其配置数据的语义抽象。接下来,用拉普拉斯机制为每个模式化形象获取

兴趣点的偏好分布。这样，当某个用户查询一个区域时，与用户模式化形象匹配最好的兴趣点将会被推荐。

对于差分隐私推荐系统的研究表明，在某些情况下（如社交推荐），可能无法同时保证隐私和准确率，而在另一些情况下，隐私保护推荐系统可以达到合理的准确率。然而，到目前为止的研究工作都假设计算是一次性的，因而当更多数据变得可用时则需要对推荐进行重新计算，这又会引入额外的隐私风险。因此，对多重计算或者数据发布提供隐私保护则需要提高引入噪声的程度，当然，这会降低推荐的准确率。当前也有针对高效差分隐私在连续环境下的研究[49,57]，但这些研究与推荐系统不存在直接关联。

19.3.2.4　基于加密的方案

基于加密的方案减轻了泄露用户数据所导致的隐私风险，包括故意非法使用（如与第三方共享数据或者推测敏感信息等）以及非故意的泄露（如数据偷窃）。安全多方计算协议可在保证用户输入隐私的情况下进行精确的推荐计算。与数据模糊化和差分隐私不同，安全计算可以提供与非隐私协议相同的推荐结果，但为此所付出的代价是耗费更多的计算时间，因而这类协议主要适用于离线推荐。

该领域的主要工作都依赖于加法同态加密模式，如 Paillier 公钥密码加密算法[116]。从本质上说，在该加密模式中，任意输入的线性函数都可以通过操作密文来估计。该特性可用在多个推荐算法和架构之中，见表 19-3。下面，我们将对提出的架构进行阐述，并给出一些同态加密应用的例子。

表 19-3　基于同态加密的隐私保护推荐算法

分布式	加权 Slope-One[13]
	基于邻居的[51]
	信任网络[65]
	非完整 SVD[32]
	因子分析模型[33]
跨系统协作	用户相似度[71]
	产品相似度[154]
客户端 – 服务器	云环境中的加权 Slope-One[115]
隐私服务提供者	通用框架[8]
	基于邻居的[53]
	信任网络[52]

分布式环境。如 19.3.1.3 节所述，分布式架构可以通过将数据保存在客户端来缓解隐私风险。据我们所知，由 Canny[32] 所提出的协议是第一个将安全多方计算应用到推荐系统之中的。一种对评分数据进行非完整的奇异值分解可以简化成一系列对用户输入的求和，并使用加法同态加密来执行加密输入。在此基础上，Canny 提出了一种 P2P 系统，其由两类节点组成："客户节点"——在每次迭代中为梯度计算提供经过加密的数据，以及"记账节点"（talliers）——通过调整这些输入并对其合计，从而得出经过加密的总梯度。加密密钥在不同客户端之间共享，每个客户端使用密钥中属于自己的那部分对总梯度进行解密。若足够多的客户端可以提供解密之后的数据以及它们所拥有的密钥，则记账节点就可以对新的梯度进行重构。这样，即便有恶意的第三方存在，但只要有足够比例的节点是可信并且遵守协议，那么计算结果的正确性就可以得到保证。

跨系统协作。分布式算法也可以在多个服务提供者之间执行，这可以在不将客户信息泄露给其他系统的情况下进行跨系统协作，因此缓解了与第三方共享数据所导致的隐私风险。例如，Jeckmans 等人[71] 研究了一个公司是如何在保证客户数据隐私的情况下，根据其自身的客户数据以及来自其他公司的数据来生成产品推荐的。他们主要依靠加法同态加密算法、安全比较、绝对值以及除法协议来执行的。在任何一对服务器之间执行两方协议可以根据用户相似度来预测推荐。而用来测试该协议的数据则为来自相同用户在两个站点上同时留下评分。

客户端 – 服务器模式。Basu 等人[15] 在 Slope-One 推荐系统中证实，在预测阶段的交互中可以进行用户与服务器间的加密过程，这样可以保证评分数据的安全性。在一个 Slope-One 预测器中，预测是根据产品评分的平均偏差（average deviation）来决定的。该平均偏差是所有用户评分的线性组合，适合采用加法同态加密的安全计算。在学习阶段，用户将它们（经模糊化或者匿名化处理）的输入发送给云端，云端应用则为 Slope-One 预测器生成偏差矩阵以及基数矩阵（cardinality matrix）。在预测阶段，目标用户发送一个经公共密钥加密的评分向量，云端应用根据加法同态加密对其进行调整并生成一个加密预测向量。最后，用户对向量进行解密，并提取预测结果。

隐私服务提供者。 到目前为止，有若干研究工作致力于化解在客户端与服务器的交互中所产生的隐私风险，包括利用一个第三方作为隐私服务的提供者。这些方案的主要依据是"信任分散"（division of trust）原则[8]，即系统中没有任何一个实体拥有完整的信息。Aïmeur 等人[8]提出了一个基于该原则的隐私保护推荐系统框架。其中系统中的每位商家都被指派给一个与客户进行交互的代理，代理利用其公共密钥对客户配置信息进行加密，这样代理可以访问这些配置信息，商家则没有访问权。而在另一方面，产品会通过一种仅由商家掌握的映射来匿名化，因而代理无从知晓消费者具体购买或者评分的产品。此外，代理本身也维护一份与某个用户群关联的产品列表以及一份产品相似度表，这些资源可以用来生成推荐并在无须掌握具体产品的情况下，根据用户的输入来更新推荐结果。

事实上，同态加密并非安全计算推荐的唯一方法。Nikolaenko 等人[109]提出了一种隐私保护的矩阵分解算法，其可以生成产品推荐而不必学习用户评分。在他们提出的协议当中，推荐系统由一个加密服务提供者来辅助完成，加密服务提供者利用 Yao 混淆电路（Yao garbled circuit）[155]根据加密评分输入来计算产品信息。文章的作者获得了一个较短的运行耗时，同时由于其描述的操作均可并行化，所以他们认为该算法可用于大型真实数据集的批量处理。

在基于加密的隐私保护推荐系统方案领域所进行的大量研究表明，这些方法在不同环境下以及与不同推荐算法进行配合时，均能获得较好的可行性。当然，这些方法需要很多的计算资源和时间、更多的存储空间，以及通讯耗时。这些都成为将它们应用到线上推荐系统中的阻碍。

19.3.3　基于政策的方案

正如 Kobsa 在文献[87]中指出的那样，很多国家和地区都主动对用户隐私进行了管制，许多行业甚至还制定了额外的隐私条例。文献[144]概述了个性化系统中截至 2006 年有关隐私保护的法律法规。在此之后，两个重要的提议分别是美国消费者隐私权利法案[67]和欧盟隐私条例 2012 年修改案[55]。

这些提议均着重强调透明化与管控。例如，美国消费者隐私权利法案建议"公司应该向消费者提供个人数据收集、使用和披露等行为简单明了的选择"和"公司应该就为何需要数据以及如何使用数据提供清晰的说明"[67]。在欧盟隐私条例中说明了，"个人数据应该在用户许可的范围内或其他法律的基础上进行处理"[55]。

美国隐私法案进一步要求消费者有权对公司收集的与他们有关的数据进行访问，并在必要的情况下对错误的信息进行更正。此外，该法案还要求数据的收集应是有的放矢的，其必须在用户提供数据时所认同的范围之内进行操作。欧盟条例也规定用户可以访问自己的数据并有权将该数据从一个服务提供商转移到另一个，用户还可以删除自己的数据（如果他们希望的话）。

欧盟隐私条例 2002 年的版本严格限制了非必需的 cookie 的使用，而这些 cookie 通常用来做定向广告的投放[54]。结果，在线广告无法准确定位，从而使它们在欧盟国家的表现远差于其他国家[60]。新的条例规定网站必须明确告知用户其会使用非必需的 cookie。荷兰和英国[69]甚至已经将此条例变成了全国性的"cookie 同意"（cookie consent）法律。然而，为了遵守法规而又不损失广告收入，很多站点仅仅向用户提供两个选择：离开网站或者接受 cookie 并继续。这样，越来越多向用户征求同意的弹出框让人们感到困惑——他们通常在并不明白自己到底要同意什么的时候接受了 cookie，这甚至加重了他们对隐私的担忧[140]。

一种替代方案是通过如 TRUSTe 信任认证[19]或者如 P3P 的隐私标准[43]来实现自我管控。Xu 等人[151]指出，在减少消费者关于隐私方面的担忧，TRUSTe 认证可以成为法律法规的有效替代。TRUSTe 认证认为可以降低感知风险(perceived risk)并增强信任，而遵守 P3P 虽然可以增强信任但却无法降低感知风险[150]。当然，自我管控也并非完美。研究表明，信任认证仅在一定程度上有效[50,68,128]，并且针对电子商务网站的 A/B 测试证明这些认证很可能会极大地降低转化率[30,59]。这使得人们对于"认证"带来的好处[136]产生了质疑。另一方面，P3P 则因为较差的可观测性和复杂的用户代理而被用户端采用的概率很低[16]。

总的来说，隐私法律法规在过去的几十年里变得日趋完善。即便如此，如 Compañò 和 Lusoli 指出的那样，"政策制定者需要考虑到人们并不总是能够理性地行事"[40]。我们将会在下一节详细讨论这一话题。

19.4　人的因素和对于隐私的认知

以上我们讨论的重点是针对推荐系统中隐私风险的技术解决方案，对于隐私的概念和理解实际上是人们对于数据收集、分发以及披露等行为的态度，而披露数据本身也是一种人的行为。由于推荐系统严重依赖于用户提供的关于自身的数据，所以推荐系统的开发者需要进行一些实验来了解用户信息的披露行为以及他们对于隐私和推荐系统的认知态度(参见第 9 章)。

本节讨论的研究是关于现有的用户隐私态度和行为的。隐私态度和后续行为之间的关联并不是非常清晰：虽然有部分研究发现这种关联具有重要意义[80,88,132]，但其他则认为并非如此，或者认为这种关联并不是很明显的[2,4,58]。由于这种分歧，即 Norberg 等人[113]提出的所谓的**隐私悖论**，推荐系统的开发人员被建议学习关于他们系统中的用户隐私方面的态度以及行为。隐私悖论是这样一个事实：用户的认知资源在很多情况下都不足以有效地管控他们的隐私。因此在本节的末尾我们将讨论支持用户做出更好隐私决策的重要性，以及一个很有意思的新方向，从而可以帮助推荐系统提供"隐私决策支持"。

隐私态度。在隐私态度的研究中，人们能够在将隐私态度看作个人的特质或者倾向和将其看作一种针对某个特定系统的态度之间做出区分。对于隐私的一般关注最先由 Westin 和 Harris & Associates 来衡量，他们将用户划分成 3 类：有信仰的隐私主义者、隐私实用主义者，以及不关心隐私者[63,148]。研究者因此认识到这种个人的特质是由多维构成的。例如，信息隐私关注范围由 4 个相互关联的因素组成：对于数据收集的关注、未授权的访问、对于偶然错误的害怕以及二次使用[133]。类似地，Malhotra 等人提出了一种互联网用户信息隐私关注方法，其主要测量 3 个因素：收集、控制及意识[102]。

部分研究工作强调了将衡量隐私关注作为特定系统或特定上下文的重要性[6,18,132]。在过去的研究中针对特定系统的因素考虑了"感知隐私威胁"[80,88,149]、"感知保护"[88]以及"公司内部的信任"[80,104]。这些针对特定系统的因素对用户披露行为的预测通常会比对隐私关注(作为个人特质)的预测更为准确。推荐系统的开发者因而需要衡量用户针对特定系统的隐私态度。此外，他们不应该仅仅将保护用户隐私的重点集中在前文所述的技术途径上，而是在设计系统的初始阶段就要考虑减少潜在的隐私威胁(一门所谓"通过设计解决隐私"的哲学[34])或者提升品牌的声誉。

隐私行为。Laufer 和 Wolfe 是最先主张用户需对披露数据所带来的风险和利益进行权衡的人[95]。这一行为被 Culnan 和 Bies 称为"隐私演算"(Privacy Calculus)[45]。该术语通常用于调查信息披露[62,97,149]并成为隐私研究中一个广为接受的概念。在推荐系统领域,部分研究结果显示,用户在决定公布何种信息的时候确实做出了这种权衡[10,37,58,80,85,88,90,98]。这种权衡的确切结果取决于所做决定的上下文[81,110]。尤其是,如果用户认为系统所请求的信息与其实际目的有关,那么他们会更愿意公布该数据。例如,某个向用户推荐附近餐馆信息的系统向用户终端收集街道级别的方位信息是合理的,但如果一个推荐书籍的系统要收集这样的信息则很难被用户所理解。这对于推荐系统来说是存在问题的,因为它们经常会使用来自不同应用领域的数据。

19.4.1 透明化与管控的局限性

对于人们披露数据的行为进行最低程度的控制是参与隐私演算一个必要的前提条件。此外,人们仅在获得足够信息的情况下才能做出有效的权衡。基于该理由,透明化和管控的拥护者坚信该策略能够加强用户将他们的隐私限制在合理范围内的能力[35,138,152]。这种对于透明化与管控的倡导已经成为欧盟和美国所提出的隐私条例的重要组成部分[55,67]。

管控需求认为推荐系统应该向用户提供较高级别的权限来管理他们的隐私。当然,即便很多用户**声称**他们要对自己的数据有完全的控制权,但实际上他们也都认为使用这种控制权是一件很麻烦的事情,因而未加利用[40]。即便人们有可能克服这种控制悖论[81],但诸如 Facebook 等系统中的隐私控制部分的设置也非常烦琐,通常会让用户感到困惑[42]。因而,Facebook 的用户往往对他们所选的隐私设置在理解上有着很大的误区[100]。

类似地,透明化的需求则建议推荐系统应强制开放它们利用隐私的方式,这样用户如果无法接受这种方式,那么他们可以选择立即离开(详见文献[74]中关于"信誉"的内容)。然而,Bakos 等人证实仅有 0.2% 的用户会阅读那些程式化的文档,如最终用户许可协议[11]。如前文所述,以信任认证作为凭据将这些信息传递给用户并说服他们的做法不仅不能增加系统的使用率,事实上还会产生负面影响[30,59]。

这个信任认证在隐私关注方面具有讽刺意味的效果还会波及其他与隐私相关的情况。例如,John 等人证实即便是很精妙地考虑了隐私的设计和信息,这依然会引起用户的隐私恐慌,并降低用户披露数据和使用服务的意愿[73]。他们发现看起来较为专业的网站相对于不正规或者看起来不专业的网站而言,通常会获得更多的隐私关注——因为前者会提醒用户关于隐私方面的信息。选择相信看起来不专业的网站有很大的风险,但这一观点本身具有一定的争议,因为这些站点从设计上就对隐私不够重视,同时也存在更高的信息泄露风险。

值得讨论的是,即便一个外观看起来很专业的网站会获得更多隐私保护方面的认可,任何提到隐私的文字等信息都会无意间增加用户对于隐私的恐慌。这突出了一个任何隐私保护架构或算法都存在的基本问题:向用户告知先进的隐私保护技术很可能让他们对自己的隐私更加关注和担忧[78,80]。在某些情况下,这种恐慌来源于人们对于隐私的关注,而这些关注并未得到系统开发人员很好的处理。例如,Kobsa 等人指出,即便客户端推荐算法可以阻止将个人信息泄露给第三方,用户依然会担心他们的终端会失窃[88]。他们的用户配置于是不仅可能会落入第三方手中,甚至连他们也会失去对其的访问权。用户对于某项技术的不熟悉也会加剧他们对隐私担忧。作为证明,Kobsa 等人进一步指出用户会对如文献[15]所提出的基于云计算的推荐服务持怀疑态度[88]。

提倡在信息披露决策中提高透明度和增强管控的学者认为人们都是理性的决策者,他们会最大化地利用所有可用的信息和属于他们的控制权。然而,很多的决策都没有遵循理性经济原则[75](详见第 18 章),这一点对信息披露决策也适用[4,5]。事实上,信息披露决策是人们最难做出决定的决策之一,原因在于信息披露所产生的结果往往是在披露行为发生一段时间之后才会显现出来，这增大了决策者权衡利弊的难度[2,5]。如此说来，充分的信息和管控只会加重这个问题，因为这会导致选择超载以及信息超载。因而多位学者近期对"透明化与管控"这一模式的有效性提出了质疑[111,135]。

19.4.2　隐私助推

帮助用户做出隐私决定且不要求他们是理性隐私决策者的第一步是推动这些决策朝着"正确的方向"发展[3,146]（详见下文关于什么是隐私助推中"正确的方向"的讨论）。助推是一种很精巧且有说服力的线索，这种线索促使用户更倾向于朝某个方向做出决定。谨慎设计助推使得人们可以更加容易做出正确的决定，同时不会影响他们自由选择的能力。简单来说，在隐私决策研究领域存在两类经过验证的助推：合理性分析与默认选择。

合理性分析。合理性分析可以使得决策的理性化变得更容易，也能最小化用户做出错误决定而感到后悔的程度。不同类型的合理性分析包括为请求信息而提供的理由[41]、强调数据披露的好处[90,143]，以及呼吁社会规范[6,25]。合理性分析在推荐系统中尤其有用，因为推荐系统能够从看似无关的数据中提取有价值的偏好信息。一个优秀的合理性分析可以促使用户披露这些数据，从而帮助他们构建用户模型并提高推荐的准确率。

合理性分析的效果似乎差异很大。在 Kobsa 和 Teltzrow 的研究中，用户在了解披露的好处之后选择披露信息的概率较未了解时，高了 8.3%[90]。Acquisti 等人的研究则表明，用户在得知很多人都选择披露信息的情况下做出披露相同信息决定的概率较未知该事实情况时高了27%[6]。然而 Besmer 等人发现，社会线索对于 Facebook 用户的隐私设置鲜有影响：仅有很少一部分用户愿意花时间调整隐私设置，他们会被极度负面的社会线索而影响[25]。Knijnenburg等人在基于人口统计信息和上下文信息的移动应用推荐系统中广泛测试了各种合理性分析[80,84]。他们发现合理性分析在用户向推荐系统披露信息的影响中存在"易变性"。用户认为这些合理性分析是有帮助的，但和上述发现相违背的是，这些合理性分析不仅没有增加用户的信息披露、信任，以及对于推荐系统的满意度，相反还有所减少。和 Besmer 等人[25]类似，Knijnenburg 和 Kobsa 的后续分析也证实只有很少的用户可以经得起合理性分析的检验[79]。

默认选择。另一种助推用户隐私决策的方法是通过提供敏感信息的默认值（详见第 18 章）来减轻他们做出信息披露决定时的负担。向用户提供某种默认选项可以引导他们朝着该默认方向选择。例如，John 等人[73]指出，人们更愿意通过不作为（act of omission）而不是作为（act of commission）来承认某些敏感行为。类似地，Lai 和 Hui[93]指出默认选项对于一个在线实时通信中的用户参与有着重大的影响。推荐系统可以通过谨慎地设定可选项的默认值（如将某人的偏好信息设为公开，或者社交网络集成）来调节隐私认知。

另一个可以助推隐私决策的默认选择是披露请求的顺序。Acquisti 等人证实，当信息披露是按照递增侵扰的顺序请求时，人们选择披露的信息较随机顺序请求会更少[6]。这种效果对于较多侵扰的问题更为明显：最先提出这些问题增加了它们被回答的概率。值得讨论的是，随着披露信息的积累，人们对于披露自己的个人信息正变得越来越谨慎，因此系统应该首先请求最重要的信息。类似地，Knijnenburg 和 Kobsa 对请求的顺序进行了调整，他们表示无论何种信息，最先请求的比最后请求的会得到更高的披露概率[80,84]。值得注意的是，虽然在研究中先询问敏感信息通常会增加披露的概率，但在商业应用中，这么做可能会吓跑新用户。披露请求的顺序对于会话式的推荐系统具有更大的影响，其中快速建立用户模型需要平衡自身与敏感信息请求相关的隐私担忧的关系。披露请求的顺序策略因此是未来推荐系统研究中的一个重要主题。

目前已有的隐私助推技术的主要问题在于，它们需要拥有一个隐含的立场，在这里要知道助推的目的究竟是为了增加还是减少披露。推荐系统的开发者可能会宣称并希望用户能够提供更多的数据来完善他们的用户模型，进而提高推荐的准确率。他们可能因此主张采用助推来增加披露，但这些助推可能会导致更多在乎隐私的用户感到自己是在被忽悠的情况下披露了比他们预想更多的信息[28]。另一些人（如隐私倡导者以及某些立法者）则相信隐私是一种需要不计一切代价来保卫的绝对权利。然而，如果他们采用的保护性助推使得信息披露变得更加困难，那么这将从总体上降低推荐系统给人们带来的好处，尤其是不太关注隐私的用户。

19.4.3　隐私自适应

在这些阻力面前，我们该如何朝着"正确的方向"助推用户呢？这并非一个简单的问题，因为人们的决策往往在很大程度上取决于他们所处的环境，这对于信息披露决策也同样成立[5,73,97,110]。例如，某人在某种情况下认为披露某种信息并无不妥，但这并不代表另一个人，或者在另一种情况下，或者是披露不同的信息也没有问题[82,97]。同样，对于一个特定的人在特定的情况下披露特定信息进行合理性分析可能非常具有说服力，但这很可能对不同的人、不同的信息或者不同的环境，完全没有任何道理[25,79]。因此，所谓的隐私助推"正确的方向"是由这些环境变量所决定的。这种与环境高度相关的隐私助推衍生出了一个推荐系统研究的新领域：**根据用户进行自适应隐私决策支持**[86,145]。更确切地说，推荐系统可以根据用户已知的性格及行为特征来预测他们基于环境的隐私偏好，并在其配置信息披露设置中提供自动的"智能默认值"[134]。接下来我们将简要列出近期刚刚兴起的"隐私自适应"领域的研究。

隐私自适应的第一步是对人们认知决策的过程获取更深层次的理解：什么样的利与弊是用户在进行披露决策时首要考虑的问题？二者的相对比值是多少？这样的比值是否会受到合理性分析以及默认选择的影响？如果是的话，那么又是何种环境导致了这样的结果？

Knijnenburg 等人在他们的一些研究中尝试对这些认知决定因素进行度量，并将其集成到信息披露决策的行为模型之中。例如，他们的研究结果显示：

- 在信息披露决策方面，合理性分析的效果受到用户对于**帮助**、**信任**以及**满意**等概念认知程度的影响[80]。
- 在方位共享服务中，决策环境所起到的效果取决于用户对于可用选项的**隐私**和**好处**的认知[83]（所谓的"环境效果"，详见第 18 章）。
- 可觉察的**风险**与实际应用的**相关性**可以帮助用户评估特定目标的信息披露请求[81]。

隐私自适应的第二步是确定信息披露是如何取决于接收者、产品以及用户类型的。这就要求训练一个推荐系统，使其可以根据这些环境因素来调节默认选择和合理性分析。该方向的研究表明，即便隐私偏好在不同人群中差别很大，推荐技术也可以用来对这些偏好进行准确预测。例如，Knijnenburg 等人识别出了在多个不同领域中拥有相似隐私偏好的用户组[82]。若将这些用户组与人口统计信息和其他行为相关联，则推荐系统可将用户归类到某个用户组中。Ravivhandran 等人[125]采用 k-means 算法对用户环境化的地理位置信息分享决策进行聚类，得到了很多默认的策略。他们指出，只有较少的供用户选择的默认策略能够准确地捕获大多数的位置分享决策。Sadeh 等人[129]利用一种 knN 算法和一种随机森林算法在位置分享系统中学习用户的隐私偏好。实验结果显示，他们所使用的推荐技术可以帮助用户确定更准确的披露设置。Pallapa 等人[117]提出了针对无线和移动普适环境（mobile pervasive environment）可感知上下文的隐私保护方法。其中一个方案利用了用户之间的交互历史来决定在新情况下所需的隐私等级。他们证实，在处理用户隐私担忧的问题上该方案提供了有效的支持。最后，自适应过程对合理性分析也同样有效：虽然合理性分析通常不会增加信息披露或者满意度，但 Knijnenburg 和 Kobsa 发现，针对用户量身定制的合理性分析可以降低这种负面效果[79]。

总的来说，隐私自适应在彻底不给用户隐私设置权限或者相关信息和赋予他们完全的权限和信息之间做出了平衡。其利用用户自己的偏好作为尺度，从而解决了寻找隐私助推"正确的方向"的问题。与此同时，它也向用户提供了与隐私相关的信息以及合适的隐私控制权限，这些权限对用户很有用但却不会让他们觉得过于复杂。这就让用户可以在受控的理性范围之内做出与隐私相关的决策。在很多系统中，隐私问题随着用户隐私决策复杂度的提升似乎引起了更多的关注。"隐私自适应"则为推荐系统提供了一个很好的机会来解决这个问题。

19.5 总结与思考

在本节中，我们先对本章所提到的隐私保护方案及其不足之处进行总结。其次，我们将讨论推荐系统当前的研究现状以及新兴的研究趋势，并分析与其相关的关键隐私问题。最后，我们提出一些建议性的研究方向，从而可以更好地解决当今和未来的隐私风险问题。

在19.2节中，我们讨论了多种隐私风险，它们分别来自推荐系统本身、系统中的其他用户以及第三方。这些风险多种多样，但都针对潜在的攻击者（直接访问已有用户的数据或交叉链接不同来源的用户数据从而推测新的信息）。在19.3节中提出的方案可以宽泛地划分为技术类或非技术类，然而这些方案本身甚至比它们要解决的问题和面对的挑战还要多样化。

面向架构的解决方案包含了多种协议和证书，从而保证推荐系统能够按照一种保护用户隐私的方式来运行。试图访问用户配置信息或者推测未公开的敏感数据的未受信的第三方也会面临各种为其设置的障碍。接下来，我们转到了面向算法的方案，其将隐私集成到产品推荐生成过程中。这里，我们将过去的研究分成4个大方向：对用户进行匿名化或抽象化；将噪声引入原始用户数据中，使获取真实用户偏好变得更加困难；利用差分隐私这一广泛接受的模型来提供可证实的隐私保护技术；采用基于加密的方法来生成推荐，同时保证用户输入的保密性。值得一提的是，这些方向绝不是互斥的——推荐系统可以部署来自不同类别的算法来改善用户隐私。

如19.4节中所讨论的，用户对隐私有自己的认知，这些认知不一定和以上方案所提供的隐私保护相符合。此外，部分方案甚至还会对用户的行为以及他们对于隐私的认知产生反作用。我们建议根据用户内在的隐私偏好对这些方案进行调整。这也为推荐系统提供了一个新的展示其能力的空间：提供隐私决策支持。

到目前为止，推荐系统的研究依然在快速演化之中，并且在多个相对较新的用例以及应用领域里获得了越来越高的关注度。这其中有些应用在用户的隐私问题上存在严重的风险，因此隐私保护推荐的重要性不言而喻。我们将简要地讨论一部分这样的情况并指出它们的隐私诉求。

社交网络中的推荐系统。在线社交网络在当今社会中非常流行。社交网络吸引了数十亿的用户，他们不仅会暴露大量的个人信息，还会自愿交叉链接来自多处的数据。这也发展了各种各样针对社交网络的个性化与推荐技术（见第15章），它们强调了隐私保护方案的需求，即在为用户提供量身定做的服务的同时，不对用户隐私构成危害。

跨领域推荐系统。此类系统通过合并多个信息源的用户模型数据生成推荐，这需要综合多个推荐系统和应用领域，因而具有较大的挑战性。这一方向最近获得了很多的关注（详见第27章）。这种推荐系统对隐私会造成直接威胁，原因在于特定领域的用户配置信息其天生就是相互链接的，而跨领域的推荐系统则利用19.2节中所提到的技术可以推测新的未公布的数据。因此，跨领域推荐系统在用户隐私保护问题上应值得我们给予特别的关注。

移动和知晓上下文推荐。用户正被越来越多的传感器和智能环境所包围，此类设备可直接与用户的个人终端进行交互。这极大方便了收集丰富的用户配置文件并且将知晓上下文推荐变成了可能（详见第 6 章和第 14 章）。用户对于这些普适数据的收集过程几乎没有任何控制权，他们希望可以对数据访问以及推荐系统的入侵做出限制。但由于这些推荐系统通常在后台工作，因而控制行为本身可能会打乱用户的主要工作流程。所以控制机制应该是轻量级的，用户可以直接将它们忽略。

对推荐结果的解释。 推荐通常都伴随着一段文字性的描述，用以解释为何某些产品会推荐给用户（详见第 10 章）。参考亚马逊上的"由于你购买了 Y，所以我们向你推荐 X"，或者广泛使用的"看过 X 的人也对 Y 感兴趣"。虽然这会帮助用户发现相关的产品并且有助于商家的交叉销售（cross-sell），但这些解释也对用户隐私造成了潜在的威胁——在用户浏览该网站时，这些解释会把隐私信息展示出来，若有旁人正在偷看，则该用户的隐私会泄露。

群组推荐。 被推荐的产品正越来越多地用在群组当中——将用户的个人偏好合并起来并针对整个群组进行产品推荐（详见第 22 章）。在这样的环境中，用户可以从合并的推荐结果中推测同组其他成员的偏好。群组推荐系统因此需要对推荐结果进行扰动（perturb），从而允许用户在特定偏好方面拥有一定程度的"合理推诿"（plausible deniability）能力。

本章介绍了多种技术性和非技术性方案，它们分别用来解决在当前和未来推荐系统中**特定**的隐私风险。然而，值得强调的是，在推荐系统领域，绝大多数已有的工作都只是集中于单个解决方案，仅有屈指可数的一些工作提出了较为全面的方案。因此，我们当前所面对的挑战包括：将面向架构和算法的多种（通常是相互冲突的）方案集成到一起，并开发一种在核心层注重隐私的推荐系统。该系统需要拥有友好的用户界面并从开发者的角度来看具备可维护性，而且系统应遵守已有的隐私策略。

与此同时，推荐系统的开发者不应该忘记的是，对隐私的处理已经在一定程度上超出了系统的技术范畴。推荐系统的用户对于隐私的态度（亦是隐私评估行为的评价尺度）差异很大且不断演化。所以，业内人士应与使用产品的用户进行主动对话，从而更好地理解什么才是好的隐私标准。我们为了在业界获取较为普遍的隐私标准而在行业内进行了一次简短的调研。结果让人感到沮丧，因为这些公司并不愿意讨论它们哪怕是最基本的隐私行为。无论如何，我们预计未来关于推荐系统中隐私问题会有更加谨慎的讨论。而前面所提到的关键挑战也会被研究团体和关注客户隐私的业内人士所重视并试图解决。

参考文献

1. Ackerman, M.S., Cranor, L.F., Reagle, J.: Privacy in e-commerce: Examining user scenarios and privacy preferences. In: Proceedings of the 1st ACM Conference on Electronic Commerce, EC '99, pp. 1–8. ACM, New York, NY, USA (1999). DOI 10.1145/336992.336995
2. Acquisti, A.: Privacy in electronic commerce and the economics of immediate gratification. In: Proceedings of the 5th ACM conference on Electronic commerce, EC '04, pp. 21–29. ACM, New York, NY (2004). DOI 10.1145/988772.988777
3. Acquisti, A.: Nudging privacy: The behavioral economics of personal information. IEEE Security and Privacy **7**, 82–85 (2009). DOI http://dx.doi.org/10.1109/MSP.2009.163
4. Acquisti, A., Grossklags, J.: Privacy and rationality in individual decision making. IEEE Security & Privacy **3**(1), 26–33 (2005). DOI 10.1109/MSP.2005.22
5. Acquisti, A., Grossklags, J.: What can behavioral economics teach us about privacy? In: A. Acquisti, S. De Capitani di Vimercati, S. Gritzalis, C. Lambrinoudakis (eds.) Digital Privacy: Theory, Technologies, and Practices, pp. 363–377. Auerbach Publications (2008)
6. Acquisti, A., John, L.K., Loewenstein, G.: The impact of relative standards on the propensity to disclose. Journal of Marketing Research **49**(2), 160–174 (2012). DOI 10.1509/jmr.09.0215
7. Agrawal, R., Srikant, R.: Privacy-preserving data mining. In: SIGMOD Conference, pp. 439–450 (2000)
8. Aïmeur, E., Brassard, G., Fernandez, J.M., Mani Onana, F.S.: Alambic: A privacy-preserving recommender system for electronic commerce. International Journal of Information Security **7**(5), 307–334 (2008). DOI 10.1007/s10207-007-0049-3

9. Arlein, R.M., Jai, B., Jakobsson, M., Monrose, F., Reiter, M.K.: Privacy-preserving global customization. In: Proceedings of the 2nd ACM Conference on Electronic Commerce, EC '00, pp. 176–184. ACM, New York, NY, USA (2000). DOI 10.1145/352871.352891

10. Awad, N.F., Krishnan, M.S.: The personalization privacy paradox: An empirical evaluation of information transparency and the willingness to be profiled online for personalization. MIS Quarterly **30**(1), 13–28 (2006)

11. Bakos, Y., Marotta-Wurgler, F., Trossen, D.R.: Does anyone read the fine print? testing a law and economics approach toStandard form contracts (2009). URL http://archive.nyu.edu/handle/2451/29503

12. Barbaro, M., Zeller Jr., T.: A face is exposed for AOL searcher no. 4417749. URL http://www.nytimes.com/2006/08/09/technology/09aol.html. [Online; accessed 22-January-2014]

13. Basu, A., Kikuchi, H., Vaidya, J.: Privacy-preserving weighted Slope One predictor for Item-based Collaborative Filtering. In: Proceedings of the international workshop on Trust and Privacy in Distributed Information Processing, Copenhagen, Denmark (2011)

14. Basu, A., Vaidya, J., Kikuchi, H.: Perturbation based privacy preserving slope one predictors for collaborative filtering. In: IFIPTM, pp. 17–35 (2012)

15. Basu, A., Vaidya, J., Kikuchi, H., Dimitrakos, T.: Privacy-preserving collaborative filtering on the cloud and practical implementation experiences. In: IEEE CLOUD, pp. 406–413 (2013)

16. Beatty, P., Reay, I., Dick, S., Miller, J.: P3P adoption on e-commerce web sites: A survey and analysis. IEEE Internet Computing **11**(2), 65–71 (2007). DOI 10.1109/MIC.2007.45

17. Beckett, L.: Big data brokers: They know everything about you and sell it to the highest bidder (18 March 2013).

18. Bélanger, F., Crossler, R.E.: Privacy in the digital age: A review of information privacy research in information systems. MIS Quarterly **35**(4), 1017–1042 (2011)

19. Benassi, P.: TRUSTe: an online privacy seal program. Commun. ACM **42**(2), 56–59 (1999)

20. Bennett, J., Lanning, S.: The netflix prize. In: KDD Cup (2007)

21. Berkovsky, S., Borisov, N., Eytani, Y., Kuflik, T., Ricci, F.: Examining users' attitude towards privacy preserving collaborative filtering. Proceedings of DM. UM **7** (2007)

22. Berkovsky, S., Eytani, Y., Kuflik, T., Ricci, F.: Hierarchical neighborhood topology for privacy enhanced collaborative filtering. Proceedings of PEP06, CHI 2006 Workshop on Privacy-Enhanced Personalization, Montreal, Canada pp. 6–13 (2006)

23. Berkovsky, S., Eytani, Y., Kuflik, T., Ricci, F.: Enhancing privacy and preserving accuracy of a distributed collaborative filtering. In: RecSys, pp. 9–16 (2007)

24. Berkovsky, S., Kuflik, T., Ricci, F.: The impact of data obfuscation on the accuracy of collaborative filtering. Expert Syst. Appl. **39**(5), 5033–5042 (2012)

25. Besmer, A., Watson, J., Lipford, H.R.: The impact of social navigation on privacy policy configuration. In: Proceedings of the Sixth Symposium on Usable Privacy and Security, p. Article 7. Redmond, Washington (2010). DOI 10.1145/1837110.1837120

26. Bojars, U., Passant, A., Breslin, J.G., Decker, S.: Social network and data portability using semantic web technologies. In: 2nd Workshop on Social Aspects of the Web (SAW 2008) at BIS2008, pp. 5–19 (2008)

27. Bonneau, J., Anderson, J., Danezis, G.: Prying data out of a social network. In: Social Network Analysis and Mining, 2009. ASONAM'09. International Conference on Advances in, pp. 249–254. IEEE (2009)

28. Brown, C.L., Krishna, A.: The skeptical shopper: A metacognitive account for the effects of default options on choice. Journal of Consumer Research **31**(3), 529–539 (2004). DOI 10.1086/425087

29. Buley, T.: Netflix settles privacy lawsuit, cancels prize sequel. Forbes (3 December 2010).

30. Bustos, L.: Best practice gone bad: 4 shocking A/B tests (2012). URL http://www.getelastic.com/best-practice-gone-bad-4-shocking-ab-tests/

31. Calandrino, J.A., Kilzer, A., Narayanan, A., Felten, E.W., Shmatikov, V.: "you might also like:" privacy risks of collaborative filtering. In: IEEE Symposium on Security and Privacy, pp. 231–246 (2011)

32. Canny, J.F.: Collaborative filtering with privacy. In: Proceedings of the IEEE Symposium on Security and Privacy, pp. 45–57. IEEE Computer Society, Washington, DC, USA (2002)

33. Canny, J.F.: Collaborative filtering with privacy via factor analysis. In: SIGIR, pp. 238–245 (2002)

34. Cavoukian, A.: Privacy by design: The 7 foundational principles. Tech. rep., Information and Privacy Commissioner of Ontario, Canada, Ontario, Canada (2009).

35. Cavusoglu, H., Phan, T., Cavusoglu, H.: Privacy controls and content sharing patterns of online social network users: A natural experiment. ICIS 2013 Proceedings (2013)

36. Chaabane, A., Acs, G., Kaafar, M.A.: You Are What You Like! Information Leakage Through

Users' Interests. In: 19th Annual Network & Distributed System Security Symposium (2012)

37. Chellappa, R.K., Sin, R.G.: Personalization versus privacy: An empirical examination of the online consumer's dilemma. Information Technology and Management **6**(2), 181–202 (2005). DOI 10.1007/s10799-005-5879-y

38. Chen, T., Boreli, R., Kaafar, D., Friedman, A.: On the effectiveness of obfuscation techniques in online social networks. In: The 14th Privacy Enhancing Technologies Symposium, pp. 42–62 (2014)

39. Cissée, R., Albayrak, S.: An agent-based approach for privacy-preserving recommender systems. In: Proceedings of the 6th International Joint Conference on Autonomous Agents and Multiagent Systems, AAMAS '07, pp. 182:1–182:8. ACM, New York, NY, USA (2007)

40. Compañó, R., Lusoli, W.: The policy maker's anguish: Regulating personal data behavior between paradoxes and dilemmas. In: T. Moore, D. Pym, C. Ioannidis (eds.) Economics of Information Security and Privacy, pp. 169–185. Springer US, New York, NY (2010)

41. Consolvo, S., Smith, I., Matthews, T., LaMarca, A., Tabert, J., Powledge, P.: Location disclosure to social relations: why, when, & what people want to share. In: Proceedings of the SIGCHI Conference on Human Factors in Computing Systems, pp. 81–90. Portland, OR (2005). DOI 10.1145/1054972.1054985

42. Consumer Reports: Facebook & your privacy: Who sees the data you share on the biggest social network? (2012). URL http://www.consumerreports.org/cro/magazine/2012/06/facebook-your-privacy

43. Cranor, L.F.: Web Privacy with P3P. O'Reilly & Associates, Inc., Sebastopol, CA (2002)

44. Cranor, L.F.: 'I didn't buy it for myself': privacy and ecommerce personalization. In: WPES, pp. 111–117 (2003)

45. Culnan, M.J., Bies, R.J.: Consumer privacy: Balancing economic and justice considerations. Journal of Social Issues **59**(2), 323–342 (2003). DOI 10.1111/1540-4560.00067

46. Dhar, V., Hsieh, J., Sundararajan, A.: Comments on 'Protecting consumer privacy in an era of rapid change: Aproposed framework for businesses and policymakers'. NYU Working Paper CEDER-11-04, New York University, New York, NY (2011)

47. Duhigg, C.: How companies learn your secrets. New York Times Magazine (16 February 2012). URL http://www.nytimes.com/2012/02/19/magazine/shopping-habits.html. [Online; accessed 22-January-2014]

48. Dwork, C., McSherry, F., Nissim, K., Smith, A.: Calibrating noise to sensitivity in private data analysis. In: TCC, pp. 265–284 (2006)

49. Dwork, C., Pitassi, T., Naor, M., Rothblum, G.N.: Differential privacy under continual observation. In: STOC, pp. 715–724 (2010)

50. Egelman, S., Tsai, J., Cranor, L.F., Acquisti, A.: Timing is everything?: the effects of timing and placement of online privacy indicators. In: Proceedings of the 27th international conference on Human factors in computing systems, CHI '09, pp. 319–328. ACM (2009)

51. Erkin, Z., Beye, M., Veugen, T., Lagendijk, R.L.: Privacy enhanced recommender system. Thirty-first Symposium on Information Theory in the Benelux pp. 35–42 (2010)

52. Erkin, Z., Veugen, T., Lagendijk, R.L.: Generating private recommendations in a social trust network. In: CASoN, pp. 82–87 (2011)

53. Erkin, Z., Veugen, T., Toft, T., Lagendijk, R.L.: Generating private recommendations efficiently using homomorphic encryption and data packing. IEEE Transactions on Information Forensics and Security **7**(3), 1053–1066 (2012)

54. EU: Directive 2002/58/EC of the european parliament and of the council concerning the processing of personal data and the protection of privacy in the electronic communications sector. Tech. rep., European Commission (2002)

55. EU: Proposal for a directive of the european parliament and of the council on the protection of individuals with regard to the processing of personal data by competent authorities for the purposes of prevention, investigation, detection or prosecution of criminal offences or the execution of criminal penalties, and the free movement of such data. Tech. Rep. 2012/0010 (COD), European Commission (2012)

56. Felten, E.W.: Understanding trusted computing: Will its benefits outweigh its drawbacks? IEEE Security & Privacy **1**(3), 60–62 (2003)

57. Friedman, A., Sharfman, I., Keren, D., Schuster, A.: Privacy-preserving distributed stream monitoring. In: Proceedings of the 21st Annual Network & Distributed System Security Symposium, NDSS '14. Internet Society (2014)

58. van de Garde-Perik, E., Markopoulos, P., de Ruyter, B., Eggen, B., Ijsselsteijn, W.: Investigating privacy attitudes and behavior in relation to personalization. Social Science Computer Review **26**(1), 20–43 (2008). DOI 10.1177/0894439307307682

59. Gardner, J.: 12 surprising A/B test results to stop you making assumptions (2012). URL

http://unbounce.com/a-b-testing/shocking-results/

60. Goldfarb, A., Tucker, C.E.: Privacy regulation and online advertising. Management Science **57**(1), 57–71 (2011). DOI 10.1287/mnsc.1100.1246

61. Hancock, J.T., Thom-Santelli, J., Ritchie, T.: Deception and design: the impact of communication technology on lying behavior. In: Proceedings of the SIGCHI conference on Human factors in computing systems, CHI '04, pp. 129–134. ACM, New York, NY, USA (2004)

62. Hann, I.H., Hui, K.L., Lee, S.Y., Png, I.: Overcoming online information privacy concerns: An information-processing theory approach. Journal of Management Information Systems **24**(2), 13–42 (2007). DOI 10.2753/MIS0742-1222240202

63. Harris, L., Westin, A.F., associates: Consumer privacy attitudes: A major shift since 2000 and why. Tech. Rep. 10, Harris Interactive, Inc. (2003)

64. Heitmann, B., Kim, J.G., Passant, A., Hayes, C., Kim, H.G.: An architecture for privacy-enabled user profile portability on the web of data. In: Proceedings of the 1st International Workshop on Information Heterogeneity and Fusion in Recommender Systems, HetRec '10, pp. 16–23. ACM, New York, NY, USA (2010). DOI 10.1145/1869446.1869449

65. Hoens, T.R., Blanton, M., Chawla, N.V.: A private and reliable recommendation system for social networks. In: Proceedings of the 2010 IEEE Second International Conference on Social Computing, SOCIALCOM '10, pp. 816–825. IEEE Computer Society, Washington, DC, USA (2010). DOI 10.1109/SocialCom.2010.124

66. Hollenbach, J., Presbrey, J., Berners-Lee, T.: Using rdf metadata to enable access control on the social semantic web. In: Proceedings of the Workshop on Collaborative Construction, Management and Linking of Structured Knowledge (CK2009), vol. 514 (2009)

67. House, W.: Consumer data privacy in a networked world: A framework for protecting privacy and promoting innovation in the global economy. Tech. rep., White House, Washington, D.C. (2012)

68. Hui, K.L., Teo, H.H., Lee, S.Y.T.: The value of privacy assurance: An exploratory field experiment. MIS Quarterly **31**(1), 19–33 (2007)

69. ICO: Guidance on the rules on use of cookies and similar technologies. Tech. rep., Information Commissioner's Office (2012)

70. Isaacman, S., Ioannidis, S., Chaintreau, A., Martonosi, M.: Distributed rating prediction in user generated content streams. In: RecSys, pp. 69–76 (2011)

71. Jeckmans, A., Tang, Q., Hartel, P.: Privacy-preserving collaborative filtering based on horizontally partitioned dataset. In: Collaboration Technologies and Systems (CTS), 2012 International Conference on, pp. 439–446 (2012). DOI 10.1109/CTS.2012.6261088

72. Jeckmans, A.J., Beye, M., Erkin, Z., Hartel, P., Lagendijk, R.L., Tang, Q.: Privacy in recommender systems. In: Social Media Retrieval, Computer Communications and Networks, pp. 263–281. Springer (2013)

73. John, L.K., Acquisti, A., Loewenstein, G.: Strangers on a plane: Context-dependent willingness to divulge sensitive information. Journal of consumer research **37**(5), 858–873 (2011)

74. Jøsang, A., Ismail, R., Boyd, C.: A survey of trust and reputation systems for online service provision. Decis. Support Syst. **43**(2), 618–644 (2007). DOI 10.1016/j.dss.2005.05.019

75. Kahneman, D., Tversky, A.: Prospect theory: An analysis of decision under risk. Econometrica **47**(2), 263–292 (1979). DOI 10.2307/1914185

76. Kaleli, C., Polat, H.: Providing private recommendations using naïve bayesian classifier. In: K.M. Wegrzyn-Wolska, P.S. Szczepaniak (eds.) Advances in Intelligent Web Mastering, *Advances in Soft Computing*, vol. 43, pp. 168–173. Springer Berlin Heidelberg (2007)

77. Kandappu, T., Friedman, A., Boreli, R., Sivaraman, V.: PrivacyCanary: Privacy-aware recommenders with adaptive input obfuscation. In: MASCOTS (2014)

78. Knijnenburg, B.P., Jin, H.: The persuasive effect of privacy recommendations. In: Twelfth Annual Workshop on HCI Research in MIS, p. Paper 16. Milan, Italy (2013)

79. Knijnenburg, B.P., Kobsa, A.: Helping users with information disclosure decisions: potential for adaptation. In: Proceedings of the 2013 ACM international conference on Intelligent User Interfaces, pp. 407–416. ACM Press, Santa Monica, CA (2013)

80. Knijnenburg, B.P., Kobsa, A.: Making decisions about privacy: Information disclosure in context-aware recommender systems. ACM Transactions on Interactive Intelligent Systems **3**(3), 20:1–20:23 (2013). DOI 10.1145/2499670

81. Knijnenburg, B.P., Kobsa, A., Jin, H.: Counteracting the negative effect of form auto-completion on the privacy calculus. In: ICIS 2013 Proceedings. Milan, Italy (2013)

82. Knijnenburg, B.P., Kobsa, A., Jin, H.: Dimensionality of information disclosure behavior. International Journal of Human-Computer Studies **71**(12), 1144–1162 (2013)

83. Knijnenburg, B.P., Kobsa, A., Jin, H.: Preference-based location sharing: are more privacy options really better? In: Proceedings of the SIGCHI Conference on Human Factors in Com-

puting Systems, pp. 2667–2676. ACM, Paris, France (2013). DOI 10.1145/2470654.2481369

84. Knijnenburg, B.P., Kobsa, A., Saldamli, G.: Privacy in mobile personalized systems: The effect of disclosure justifications. In: Proceedings of the SOUPS 2012 Workshop on Usable Privacy & Security for Mobile Devices, pp. 11:1–11:5. Washington, DC (2012)

85. Knijnenburg, B.P., Willemsen, M.C., Hirtbach, S.: Receiving recommendations and providing feedback: The user-experience of a recommender system. In: EC-Web, pp. 207–216 (2010)

86. Kobsa, A.: Tailoring privacy to users' needs (invited keynote). In: M. Bauer, P.J. Gmytrasiewicz, J. Vassileva (eds.) User Modeling 2001, no. 2109 in Lecture Notes in Computer Science, pp. 303–313. Springer Verlag (2001).

87. Kobsa, A.: Privacy-enhanced web personalization. In: P. Brusilovsky, A. Kobsa, W. Nejdl (eds.) The Adaptive Web, pp. 628–670. Springer-Verlag, Berlin, Heidelberg (2007)

88. Kobsa, A., Knijnenburg, B.P., Livshits, B.: Let's do it at my place instead? attitudinal and behavioral study of privacy in client-side personalization. In: ACM CHI Conference on Human Factors in Computing Systems. Toronto, Canada (2014)

89. Kobsa, A., Schreck, J.: Privacy through pseudonymity in user-adaptive systems. ACM Trans. Internet Techn. 3(2), 149–183 (2003)

90. Kobsa, A., Teltzrow, M.: Contextualized communication of privacy practices and personalization benefits: Impacts on users' data sharing and purchase behavior. In: D. Martin, A. Serjantov (eds.) Privacy Enhancing Technologies: Revised Selected Papers of the 4th International Workshop, PET 2004, Toronto, Canada, May 26–28, 2004, *LNCS*, vol. 3424, pp. 329–343. Springer Berlin Heidelberg (2005). DOI 10.1007/b136164

91. Kosinski, M., Stillwell, D., Graepel, T.: Private traits and attributes are predictable from digital records of human behavior. Proceedings of the National Academy of Sciences (2013)

92. Krishnamurthy, B., Wills, C.: Privacy diffusion on the web: A longitudinal perspective. In: Proceedings of the 18th International Conference on World Wide Web, WWW '09, pp. 541–550. ACM, New York, NY, USA (2009). DOI 10.1145/1526709.1526782

93. Lai, Y.L., Hui, K.L.: Internet opt-in and opt-out: Investigating the roles of frames, defaults and privacy concerns. In: Proceedings of the 2006 ACM SIGMIS CPR Conference on Computer Personnel Research, pp. 253–263. Claremont, CA (2006). DOI 10.1145/1125170.1125230

94. Lathia, N., Hailes, S., Capra, L.: Private distributed collaborative filtering using estimated concordance measures. In: Proceedings of the 2007 ACM Conference on Recommender Systems, RecSys '07, pp. 1–8. ACM, New York, NY, USA (2007)

95. Laufer, R.S., Proshansky, H.M., Wolfe, M.: Some analytic dimensions of privacy. In: R. Küller (ed.) Proceedings of the Lund Conference on Architectural Psychology. Dowden, Hutchinson & Ross, Lund, Sweden (1973)

96. Lemire, D., Maclachlan, A.: Slope one predictors for online rating-based collaborative filtering. In: SDM (2005)

97. Li, H., Sarathy, R., Xu, H.: Understanding situational online information disclosure as a privacy calculus. Journal of Computer Information Systems 51(1), 62–71 (2010)

98. Li, T., Unger, T.: Willing to pay for quality personalization? trade-off between quality and privacy. European Journal of Information Systems 21(6), 621–642 (2012)

99. Lin, J., Sadeh, N.M., Amini, S., Lindqvist, J., Hong, J.I., Zhang, J.: Expectation and purpose: understanding users' mental models of mobile app privacy through crowdsourcing. In: UbiComp, pp. 501–510 (2012)

100. Liu, Y., Gummadi, K.P., Krishnamurthy, B., Mislove, A.: Analyzing facebook privacy settings: user expectations vs. reality. In: Proceedings of the 2011 ACM SIGCOMM conference on Internet measurement conference, pp. 61–70. ACM, Berlin, Germany (2011)

101. Machanavajjhala, A., Korolova, A., Sarma, A.D.: Personalized social recommendations - accurate or private? PVLDB 4(7), 440–450 (2011)

102. Malhotra, N.K., Kim, S.S., Agarwal, J.: Internet users' information privacy concerns (IUIPC): the construct, the scale, and a nomological framework. Information Systems Research 15(4), 336–355 (2004). DOI 10.1287/isre.1040.0032

103. McSherry, F., Mironov, I.: Differentially private recommender systems: Building privacy into the netflix prize contenders. In: KDD, pp. 627–636 (2009)

104. Metzger, M.J.: Privacy, trust, and disclosure: Exploring barriers to electronic commerce. Journal of Computer-Mediated Communication 9(4) (2004)

105. Mikians, J., Gyarmati, L., Erramilli, V., Laoutaris, N.: Detecting price and search discrimination on the internet. In: HotNets, pp. 79–84 (2012)

106. Mikians, J., Gyarmati, L., Erramilli, V., Laoutaris, N.: Crowd-assisted search for price discrimination in e-commerce: first results. In: CoNEXT, pp. 1–6 (2013)

107. Miller, B.N., Konstan, J.A., Riedl, J.: Pocketlens: Toward a personal recommender system. ACM Transactions on Information Systems 22(3), 437–476 (2004)

108. Narayanan, A., Shmatikov, V.: Robust de-anonymization of large sparse datasets. In: IEEE Symposium on Security and Privacy, pp. 111–125 (2008)

109. Nikolaenko, V., Ioannidis, S., Weinsberg, U., Joye, M., Taft, N., Boneh, D.: Privacy-preserving matrix factorization. In: ACM Conference on Computer and Communications Security, pp. 801–812 (2013)

110. Nissenbaum, H.: Privacy as contextual integrity. Washington Law Review **79**(1), 101–139 (2004)

111. Nissenbaum, H.: A contextual approach to privacy online. Daedalus **140**(4), 32–48 (2011)

112. Nissim, K., Raskhodnikova, S., Smith, A.: Smooth sensitivity and sampling in private data analysis. In: Proceedings of the Thirty-ninth Annual ACM Symposium on Theory of Computing, STOC '07, pp. 75–84. ACM, New York, NY, USA (2007)

113. Norberg, P.A., Horne, D.R., Horne, D.A.: The privacy paradox: Personal information disclosure intentions versus behaviors. Journal of Consumer Affairs **41**(1), 100–126 (2007)

114. OECD: Recommendation of the council concerning guidelines governing the protection of privacy and transborder flows of personal data. Tech. rep., Organization for Economic Co-operation and Development (1980). Print file://Lit1/OECD-privacy-1980.htm

115. Ohm, P.: Broken promises of privacy: Responding to the surprising failure of anonymization. UCLA Law Review **57**, 1701 (2010)

116. Paillier, P.: Public-key cryptosystems based on composite degree residuosity classes. In: EUROCRYPT, pp. 223–238 (1999)

117. Pallapa, G., Das, S.K., Di Francesco, M., Aura, T.: Adaptive and context-aware privacy preservation exploiting user interactions in smart environments. Pervasive and Mobile Computing **12**, 232–243 (2014). DOI 10.1016/j.pmcj.2013.12.004. URL http://www.sciencedirect.com/science/article/pii/S1574119213001557

118. Parameswaran, R., Blough, D.M.: Privacy preserving collaborative filtering using data obfuscation. In: Proceedings of the IEEE Conference on Granular Computing, p. 380 (2007)

119. Pfitzmann, A., Hansen, M.: A terminology for talking about privacy by data minimization: Anonymity, unlinkability, undetectability, unobservability, pseudonymity, and identity management. http://dud.inf.tu-dresden.de/literatur/Anon_Terminology_v0.34.pdf (2010)

120. Polat, H., Du, W.: Privacy-preserving collaborative filtering using randomized perturbation techniques. In: ICDM, pp. 625–628 (2003)

121. Polat, H., Du, W.: Svd-based collaborative filtering with privacy. In: SAC, pp. 791–795 (2005)

122. Polat, H., Du, W.: Achieving private recommendations using randomized response techniques. In: PAKDD, pp. 637–646 (2006)

123. Put, A., Dacosta, I., Milutinovic, M., De Decker, B., Seys, S., Boukayoua, F., Naessens, V., Vanhecke, K., De Pessemier, T., Martens, L.: inshopnito: An advanced yet privacy-friendly mobile shopping application. In: Proceedings of 2014 IEEE World Congress on Services. IEEE Computer Society Press (2014). URL https://lirias.kuleuven.be/handle/123456789/454582

124. Ramakrishnan, N., Keller, B.J., Mirza, B.J., Grama, A., Karypis, G.: Privacy risks in recommender systems. IEEE Internet Computing **5**(6), 54–62 (2001)

125. Ravichandran, R., Benisch, M., Kelley, P., Sadeh, N.: Capturing social networking privacy preferences:. In: I. Goldberg, M. Atallah (eds.) Privacy Enhancing Technologies, *Lecture Notes in Computer Science*, vol. 5672, pp. 1–18. Springer Berlin / Heidelberg (2009).

126. Renckes, S., Polat, H., Oysal, Y.: A new hybrid recommendation algorithm with privacy. Expert Systems **29**(1), 39–55 (2012)

127. Riboni, D., Bettini, C.: Private context-aware recommendation of points of interest: An initial investigation. In: PerCom Workshops, pp. 584–589 (2012)

128. Rifon, N.J., LaRose, R., Choi, S.M.: Your privacy is sealed: Effects of web privacy seals on trust and personal disclosures. Journal of Consumer Affairs **39**(2), 339–360 (2005)

129. Sadeh, N., Hong, J., Cranor, L., Fette, I., Kelley, P., Prabaker, M., Rao, J.: Understanding and capturing people's privacy policies in a mobile social networking application. Personal and Ubiquitous Computing **13**(6), 401–412 (2009). DOI 10.1007/s00779-008-0214-3

130. Schafer, J.B., Konstan, J.A., Riedl, J.: E-commerce recommendation applications. Data Min. Knowl. Discov. **5**(1/2), 115–153 (2001)

131. Shokri, R., Pedarsani, P., Theodorakopoulos, G., Hubaux, J.P.: Preserving privacy in collaborative filtering through distributed aggregation of offline profiles. In: RecSys, pp. 157–164 (2009)

132. Smith, H.J., Dinev, T., Xu, H.: Information privacy research: An interdisciplinary review. MIS Quarterly **35**(4), 989–1016 (2011)

133. Smith, H.J., Milberg, S.J., Burke, S.J.: Information privacy: Measuring individuals' concerns about organizational practices. MIS Quarterly **20**(2), 167–196 (1996)

134. Smith, N.C., Goldstein, D.G., Johnson, E.J.: Choice without awareness: Ethical and policy implications of defaults. Journal of Public Policy & Marketing **32**(2), 159–172 (2013)

135. Solove, D.J.: Privacy self-management and the consent dilemma. Harvard Law Review **126**, 1880–1903 (2013)

136. Stafford, J., Wallnau, K.: Is third party certification necessary. In: Proceedings of the 4th ICSE Workshop on Component-based Software Engineering: Component Certification and System Prediction, pp. 13–17 (2001)

137. Suguri, H.: A standardization effort for agent technologies: The foundation for intelligent physical agents and its activities. In: HICSS (1999)

138. Taylor, D., Davis, D., Jillapalli, R.: Privacy concern and online personalization: The moderating effects of information control and compensation. Electronic Commerce Research **9**(3), 203–223 (2009). DOI 10.1007/s10660-009-9036-2

139. Toch, E., Wang, Y., Cranor, L.F.: Personalization and privacy: a survey of privacy risks and remedies in personalization-based systems. User Modeling and User-Adapted Interaction **22**(1–2), 203–220 (2012). DOI 10.1007/s11257-011-9110-z

140. TRUSTe: First in-depth analysis of the impact of EU cookie directive shows majority of users choosing to allow advertising cookies (2012).

141. Vallet, D., Friedman, A., Berkovsky, S.: Matrix factorization without user data retention. In: PAKDD (2014)

142. Walton, D.: Plausible deniability and evasion of burden of proof. Argumentation **10**(1), 47–58 (1996). DOI 10.1007/BF00126158

143. Wang, W., Benbasat, I.: Recommendation agents for electronic commerce: Effects of explanation facilities on trusting beliefs. Journal of Management Information Systems **23**(4), 217–246 (2007). DOI 10.2753/MIS0742-1222230410

144. Wang, Y., Kobsa, A.: Impacts of privacy laws and regulations on personalized systems. In: A. Kobsa, R. Chellappa, S. Spiekermann (eds.) Proceedings of PEP06, CHI 2006 Workshop on Privacy-Enhanced Personalization, pp. 44–46. Springer Verlag, Montréal, Canada (2006)

145. Wang, Y., Kobsa, A.: Respecting users' individual privacy constraints in web personalization. In: C. Conati, K. McCoy, G. Paliouras (eds.) User Modeling 2007, pp. 157–166. Springer Verlag (2007)

146. Wang, Y., Leon, P.G., Scott, K., Chen, X., Acquisti, A., Cranor, L.F.: Privacy nudges for social media: An exploratory facebook study. In: Second International Workshop on Privacy and Security in Online Social Media. Rio De Janeiro, Brazil (2013)

147. Weinsberg, U., Bhagat, S., Ioannidis, S., Taft, N.: Blurme: inferring and obfuscating user gender based on ratings. In: RecSys, pp. 195–202 (2012)

148. Westin, A.F., Harris, L., associates: The Dimensions of privacy : a national opinion research survey of attitudes toward privacy. Garland Publishing, New York (1981)

149. Xu, H., Luo, X.R., Carroll, J.M., Rosson, M.B.: The personalization privacy paradox: An exploratory study of decision making process for location-aware marketing. Decision Support Systems **51**(1), 42–52 (2011). DOI 10.1016/j.dss.2010.11.017

150. Xu, H., Teo, H.H., Tan, B.C.Y.: Predicting the adoption of location-based services: The role of trust and perceived privacy risk. In: Proceedings of the International Conference on Information Systems, pp. 861–874. Las Vegas, NV (2005)

151. Xu, H., Teo, H.H., Tan, B.C.Y., Agarwal, R.: Effects of individual self-protection, industry self-regulation, and government regulation on privacy concerns: A study of location-based services. Information Systems Research (2012). DOI 10.1287/isre.1120.0416

152. Xu, H., Wang, N., Grossklags, J.: Privacy-by-ReDesign: alleviating privacy concerns for third-party applications. In: ICIS 2012 Proceedings. Orlando, FL (2012)

153. Yakut, I., Polat, H.: Privacy-preserving eigentaste-based collaborative filtering. In: A. Miyaji, H. Kikuchi, K. Rannenberg (eds.) Advances in Information and Computer Security, *Lecture Notes in Computer Science*, vol. 4752, pp. 169–184. Springer Berlin Heidelberg (2007)

154. Yakut, I., Polat, H.: Arbitrarily distributed data-based recommendations with privacy. Data & Knowledge Engineering **72**(0), 239–256 (2012)

155. Yao, A.C.: Protocols for secure computations. In: Proceedings of the 23rd Annual Symposium on Foundations of Computer Science, SFCS '82, pp. 160–164. IEEE Computer Society, Washington, DC, USA (1982). DOI 10.1109/SFCS.1982.88

156. Zhang, A., Bhamidipati, S., Fawaz, N., Kveton, B.: Priview: Media consumption and recommendation meet privacy against inference attacks. In: W2SP (2014)

157. Zheleva, E., Getoor, L.: To join or not to join: the illusion of privacy in social networks with mixed public and private user profiles. In: WWW, pp. 531–540 (2009)

158. Zhu, T., Ren, Y., Zhou, W., Rong, J., Xiong, P.: An effective privacy preserving algorithm for neighborhood-based collaborative filtering. Future Generation Computer Systems (2013)

第 20 章

Recommender Systems Handbook，Second Edition

影响推荐系统可信度评估的来源因素

Kyung-HyanYoo、Ulrike Gretzel 和 Markus Zanker

20.1 简介

推荐系统能为在线用户提供个性化建议，在复杂的决策过程中起到重要作用[9,73]。然而，尽管推荐系统能够基于复杂的数据挖掘和分析技术提供推荐，但这不意味着用户会采用这些由系统提供的建议。一个建议是否可靠并在实际决策中加以考虑，不仅取决于用户对系统推荐的感知，还依赖系统作为建议给予者的说服力。传统的关于说服力的文献表明用户更倾向于接受来自可靠信源的推荐。近年来，人们认为创建一个可信的推荐系统对提高推荐结果的可接受性非常重要[32,42,69,108,162]。然而，关于如何能真正地将可信度转化为推荐系统环境下的系统特征，这个疑问仍然没有进行充分探索。

近期关于技术说服力的研究表明，利用用户真实交往情境中的社会因素技术，会更可靠和更具说服力[42,105]。这种概念强调了推荐系统作为联系社会行动者的作用，以及有说服力的建议来源，这些建议特征会影响用户的感知。传统的人际说服研究已经探究了多种具有影响力来源因素的作用。最重要的是，近期在人机交互环境下的研究发现，这些因素在人与技术交互时也是相当重要的[42,43,105,124]。就推荐系统而言，当用户对系统以及推荐结果进行评价时，一些现有的工作已研究了各种系统特征影响力（如 [28，91，108，121，122]）。虽然这些发现提供了来源因素的好例子，有助于开发更加可信的推荐系统，但是目前仍有许多可能具有影响力的来源特征尚未得到检验。因此，本章试图提供一个与可信度研究相关的大纲来引起用户对来源因素的注意，这些来源因素可能在推荐系统可信度评估中起到一定的作用。为此，本章首先会概述传统人际关系中的对寻求建议过程有影响的来源因素。随后会讨论在人 – 技术交互情境下，特别是在推荐系统领域中研究过的来源特征。最后，本章根据在推荐系统环境下对已经检验过的来源因素，确认关于来源因素的研究。还存在哪些缺口。总体而言，通过确认现有发现和识别重要的知识缺口，本章将就未来研究需要关注的方面为推荐系统研究提供相关的见解。它也旨在为增强推荐系统可信度的设计师提供实践意义。注意，本章关注的是能够决定用户可信度感知的推荐系统的来源特征。推荐系统在人类用户决策过程中起到的作用在第 18 章已经解答了。此外，关于推荐系统上下文信息的讨论可以参见第 6 章。

20.2 在线来源的可信度评估

面对网络上过量的可获得的信息，越来越多的在线用户想寻求一种有效的方式以寻找信息并评估其可信度。过去关于在线可信度的文献表明，在线信息寻求者会利用很多种方式进行在

K. H. Yoo, William Paterson University, 300 Pompton Road, Wayne, NJ, USA, e-mail: yook2@wpunj.edu.

U. Gretzel, University of Queensland, Sir Fred Schonell Drive, St. Lucia, Brisbane, QLD 4072, Austrlia, e-mail: u.gretzel@business.uq.edu.au.

M. Zanker, Alpen-Adria-Universitaet Klagenfurt, Universitaetsstrasse 65, 9020 Klagefurt, Austrlia, e-mail: markus.zanker@aau.et.

翻译：李 鑫，梁华东 审核：刘金木

线可信度评估。在线可信度研究的初期，许多研究组织（如［127，142］）确认了用户对在线信息进行可信度评估时应该使用的5种准则：准确性、权威性、客观性、实时性和覆盖率。然而，一些后续实证研究显示，互联网用户对在线信息的可信度进行判断时没有积极地应用所有的这5种准则[39,134]。相反，近期研究发现大部分互联网用户采用认知启发式和其他方式对在线信息和来源进行可信度评估[92]。这就意味着在线来源展示的简单线索（如网站设计/展示、消费者好评、第三方平台支持）成了用户在线信息可信度评估的主要因素。事实上，在线可信度研究中的一个共同发现是，在线用户进行可信度评估时经常会审视网站和来源的表面特征[40,42]。在推荐系统的情境中，这表明了需要在系统可信度评估上检验来源特征的影响。

20.3 推荐系统作为社交参与者

大部分现有的推荐系统研究将推荐系统视为一种软件工具，并且在很大程度上忽视了它们与用户交互时的社交角色。然而，越来越多的研究认为应该把计算机应用（如推荐系统）看作一种社交参与者[124]。Nass 和 Moon[105]鼓励人们使用包括计算机在内的机器构建社交关系并在与技术的交互中应用社交规则。实际上许多以往的实证研究表明个人通过技术形成社交关系，这些社交关系又奠定了人 – 技术交互的基础[44,96,103,106,115,123]。大量的推荐系统研究也支持"计算机是社交参与者"这一范式。例如，Wang 和 Benbasat[154]发现用户能够感知到推荐系统具有人类特征，如善良、诚实等，并继而将它们视为社交参与者。Zanker 和他的同事[165]认为人与推荐系统的交互不仅应从技术角度来看，而且还应从社交和情感的角度来检验。Aksoy 等人[2]的研究结果发现，人与推荐系统之间交互时也应用了相似性规则。他们发现，当推荐系统以类似于用户决策过程的方式生成推荐时，用户会更愿意使用推荐系统。Morker 等人[98]表明使用幽默感的计算机更惹人喜爱、更有能力和更具合作意识。最近，Yoo[161]研究了嵌入在系统交互界面上的虚拟代理是如何影响用户评估推荐系统的。该研究发现，用户与系统的社交和由嵌入式虚拟代理描绘的社交线索影响了系统用户代理的评估以及整体系统的质量。这些研究都支持推荐系统作为社交参与者的概念，并表明了从社交层面检验推荐系统的必要性。这就意味着推荐系统可以理解为一种通信源，并可以应用到为了人际交流而建立的通信理论中。例如，一些相关的理论解释了来源特征与说服可能性和最终效果之间的关系。

20.4 人际交互中的来源因素

已经有相当多的研究在调查各种传播者特征方面，这影响了交流者在人际交往中的说服力的结果。本节对在文献中得到检验的大部分来源因素提供了简要的回顾。图 20-1 给出了在人际交往中有影响力的源线索对可信度评估影响的概述。

20.4.1 来源可信度

过去大量的研究已经证实了一个具有可信度的信息源更容易被接受，更有说服力[4,49,58,78,90,136,137]。可信度包含多个维度[16,46,119,135]，但研究者广泛承认的关键元素有两个：专业能力（expertise）和可信度（trustworthi-

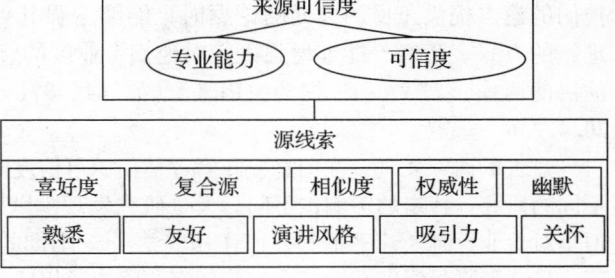

图 20-1 可信度评价中有影响力的源线索

ness）[42,43,113,126]。专业能力维度强调的是信息源的知识和技能[85,113]，而一个来源可信度指的是性格或个人诚实度等方面[113]。一个信息来源是否被认为是拥有专业知识和值得信任，这在很大程度上依赖于它的特征。

20.4.2 来源线索

20.4.2.1 来源喜好度

人们下意识地倾向于赞同那些看起来可爱的人[18]。现有研究基本上支持这种假设，即让人喜爱的传播者比那些让人讨厌的传播者对行为者有更大的影响[34,47,128]。O'Keefe[113]认为，对信息来源提高喜爱度通常伴随着对传播者更高可信度的判断。进一步说，许多研究发现相似性增加了喜爱度[21,23,64]。

20.4.2.2 复合来源

社交影响理论[67,79]说明，说服的影响力似乎取决于有影响力来源的力度、即时性和数量。该理论预测，来源于复合来源的消息比来自单信息来源的消息更加具有说服力。一些研究证实了这种预测，这些研究发现由不同来源提供的消息比单个信源提供的同样消息更加具有说服力[56,57,158]。最近在社会技术发展的背景下，这些基于社交或群组的信息化评价和可信度评估显得愈发重要。如今在线用户天生具有社交性，经常通过社交协作去评估在线资源和信息的可信度[192]。

20.4.2.3 相似度

总的来说，同质性理论[81]指出人们喜欢与自己相似的人。然而，相似性和信任维度之间的关系似乎比较复杂。Mills和Kimble[93]发现相似的人比相异的人更具有专业性。然而，Delia[31]察觉到信息来源和消息接收者之间的相似性会使得接收者更少地将信息源当作专家。相反，一些研究发现相似度在判断信息源的专业性上不起任何作用（如[7，147]）。对信息来源感知不同的相似度，也会对传播者的感知信任度起到不同的作用。O'Keefe[113]提出，感知到的态度相似度可以影响接收者对来源的喜爱，对信息来源越喜爱通常伴随着越高的传播者信任度。然而，Atkinson等人[7]发现种族相似和差异对信息来源的感知可信度没有影响，而Delia[31]观察到相似度有时会削弱对信任的感知。O'Keefe[113]指出感知的相似度对传播者可信度的判断取决于接收者是否感知到它，以及怎样与手头上的问题存在相关性。因此，不同类型的相似性在不同的环境中可能产生不同的影响。

20.4.2.4 权威的象征

说服研究文献中有证据表明，人们经常依赖人脑认知捷径，觉得应该听从那些有权威象征（比如某种头衔或语调）人的话[13,48,63,120,126]。一些研究表明，传播者的教育程度、职业、接受过的训练、经验以及服装等线索会影响信息接收者对来源可信度的感知[62,63]。

20.4.2.5 演讲的风格

一些研究表明演讲的风格能够影响对演讲者的可信度判断。先前的研究发现，当传播者为他们的论点提供正反两方面的论据时，能够增强其可信度[35,143]，而且当演讲者以复杂且难以理解的方式表达时，能够增强人们对他们专业度的感知[27]。此外，演讲的流利程度[17,36,88,133]、演讲的语速[1,53,80,83]和证据的引用来源（如[41，87，112]）似乎会影响来源可信度评估。

20.4.2.6 幽默

过去的研究发现，在消息接收者评估信源可信度时，幽默感产生一定的影响。然而，对于不同的研究，特定的影响也不同。大量研究发现幽默感对于传播者的信任度判断有积极的影响，但是对专业性判断几乎不起任何作用[24,52,149]。幽默的积极影响在于增加用户对传播者的喜爱程度，且这种喜爱程度有助于增加信任度的感知。相反，一些研究者却发现当过度或者不合时宜地使用幽默时，会减少用户对传播者的喜爱程度、信任度的感知以及信息源专业性的感知[15,100,150]。

20.4.2.7 外在吸引力

许多研究发现具有外在吸引力的传播者更具说服力[33,66,144]。Eagly等人[33]指出，人们对于好看的外表会有积极的反应，好的外在可以归纳为讨人喜欢的特征，比如天赋、善良、诚实和智慧等。外在吸引力产生的是间接的影响，尤其是接收者对传播者的喜爱程度的影响[113]。

20.4.2.8　关怀

关怀是由动机和意图组成的假想概念。善意，也就是关注消息接收者的切身利益，认为是信任最基本的组成要素[8]。Delgado- Ballester[30]总结出，良好意愿是能够确认信任度的关键因素。Perloff[118]指出，将接收者的利益放在心中且能够友好沟通的传播者通常可以评估为可信任来源。

20.4.2.9　熟悉和友好

通常，与陌生人的请求相比，人们更喜欢完成熟知的人的请求[25]。因为人们更倾向于喜欢认识的人，熟悉本身就显得很有说服力[25,82,139]。然而，友好的陌生人也会有一定的优势。赞扬以及其他积极的评估能够刺激喜爱度[22]。漂亮且友好的传播者能够将积极的情感转换成消息，并使得接收者感觉良好从而改变态度[126]。

20.4.2.10　讨论

虽然这些来源线索已确认为是人际交往中来源可信度的影响因素，但面临的挑战是如何在推荐系统上下文中翻译和实现这些线索。这个领域仍然未充分研究，但之前关于推荐系统的研究结果表明了人际交往的来源线索与推荐系统之间具有关联性。例如，大量的研究已经发现推荐系统中协同过滤的有效性（如[116，130]）。这就意味着相似性和复合来源线索是推荐系统上下文中的影响因素，但这些线索通常不能很好地呈现给用户。系统可以通过解释推荐背后的相似性算法（如亚马逊关于"查看这个项目的客户还查看了"），整合其他用户的评分（如 MovieLens）或显示对此项目感到满意的用户的数量来增加这些线索的影响。类似地，可以通过在系统界面上显示第三方认证或呈现用户对系统的评分来实现权威。Shani 和他的同事[138]最近的研究结果表明，当系统在推荐旁边提供一个关于可信度的展示时，用户产生了信任，尽管这个展示不能帮助用户确定推荐的质量和做出决策。演讲线索的风格能够转化成系统推荐的生成过程或展现风格。例如，良好的处理流程或告知用户搜索过程能够增强用户的总体满意度[94]。推荐展现的格式和布局也能够影响用户的感知[141]。此外，由于语音技术的进步，演讲线索的风格可以容易地转化到真实系统之中。

来源线索的外在吸引力可以与整体系统的接口设计和嵌入式智能体的感知吸引力相关。在系统中实施关怀和友好的提示是具有挑战性的，但提高推荐系统的透明度和交互性可以对用户表达善意和关怀。提供产生推荐的推理机制的解释可以帮助用户更好地理解系统的良好意图和工作，这有助于确定来源的可信度[154]。同样，系统可以在与用户交互时实现有关怀或友好的提示。例如，亚马逊的"改进您的推荐"链接允许用户参与推荐的生成过程，并显示系统对用户最大兴趣点的关注。系统或嵌入式智能体的会话风格也可以传递关怀和友好的提示。此外，熟悉的提示能够转化成接口设计（熟悉的接口与不熟悉的接口）或集成为社交技术（推荐用户的社交朋友们曾购买过或评分过的物品）。当将幽默融入系统之中时，可以从关于喜剧表演的研究中受益。将幽默或娱乐融入偏好度量任务之中可以改善用户与系统间的交互体验[14,51]。有趣的游戏可以设计用来支持偏好引导过程或使用幽默的智能代理。Khooshabeh 和他的同事[71]研究发现，与一个幽默的智能代理交互的用户更有可能被智能代理的建议说服。综上所述，在推荐系统中有潜在的方法可以实现人际交往的源线索。然而，许多线索尚未在推荐系统环境中实施并进行实证检验。接下来的部分讨论了人 – 技术交互中已经得到检验的来源因素，随后是推荐系统领域中与来源因素相关研究的系统概述。

20.5　人 – 技术交互中的来源因素

显然，计算机是一种工具或媒介，而不是社交生活中的行动者。然而，媒介等同理论表明个人与计算机、电视机和新媒体的交互从根本上讲都是社交性的和自然的，就像是真实生活中的互动一样[124]。因此，该理论表明技术应理解为社交参与者而不仅是工具或媒介。基于这种范式，越来越多的研究关注技术的某些特定的社交属性如何影响用户的感知和行为。当计算机用户评价计算机和其内容时，他们之间的相似性就显得非常重要[42,105]。例如，Nass和Moon[105]认为，表现出相似个性类型的计算机更具有说服力。从他们的研究中看出，比起一个从属的计算机，占主导地位的参与者更加容易被一个主动性更强的计算机吸引并激发自己的智慧。与占主导地位的计算机相比，从属参与者对从属计算机和主导计算机的反应也相似，尽管它们本质上具有相同的内容。Nass等人[104]的研究也揭示了人口统计学相似度的影响。他们研究发现，当用户面对同等配置的计算机智能代理时，用户感知到的计算机智能代理更具有吸引力、更值得信赖、更具说服力和更有智慧。

在人与技术交互中权威特征表达也认定为是有影响力的因素。Nass和Moon[105]发现，与标记为普通级的电视机相比，标记为专家级的电视机被认为能提供更好的内容。Fogg[42]也指出，承担权威角色的计算技术更具说服力。他认为展示所获奖项或第三方认可（比如批准认证）的网站可视为具有更高的可信度。

许多研究[104,107]表明，计算机智能体的人口统计学特征会影响用户的感知。Nass等人[107]说明，人们会给计算机赋予性别等刻板印象。特别是他们研究发现，人们认为配置男性声音的辅导计算机比设置女性声音的计算机更有能力，也更让人喜欢。他们也发现，即使执行相同的功能，女声发音的计算机在指导爱和关系方面要比男声发音的计算机优秀，但是计算能力要比男声发音的计算机差。进一步来讲，语言的使用，如奉承[44]、道歉[152]和礼貌[86]也会影响用户的感知和行为。此外，计算机智能体的外在吸引力也是非常重要的。Nass等人[104]指出，计算机用户更喜欢与更具吸引力的计算机智能体进行交流和互动。最后，在人机交互环境中也检验了幽默特征。Morkes等人[98]发现那些展示出幽默感的计算机更惹人喜爱。

20.6　用户与推荐系统交互的来源因素

过去许多的研究已经调查了推荐系统的特定属性是如何影响用户的系统评估和推荐评估的。现有的推荐系统研究已经检验了在传统人际关系中被认为有影响力的来源因素，并且突出了在推荐系统环境中重要的来源因素。Xiao和Benbasa[159,160]将研究中与推荐系统类型、输入、处理、输出有关联的多种来源特征进行了分类。而且，伴随着推荐系统中嵌入式智能体的兴趣和实际使用的增长，许多研究已经调查了嵌入式智能体的特征影响，其经常能够指导用户完成推荐过程的各个步骤。最近，越来越多的研究关注伴随着社交技术崛起而形成的因素。图20-2提供了当代推荐系统研究中确定为来源因素的一个概览。关于如何评估推荐系统的质量和价值的额外讨论，详见第8～10章。推荐系统在工业环境中使用的例子，详见第11章。

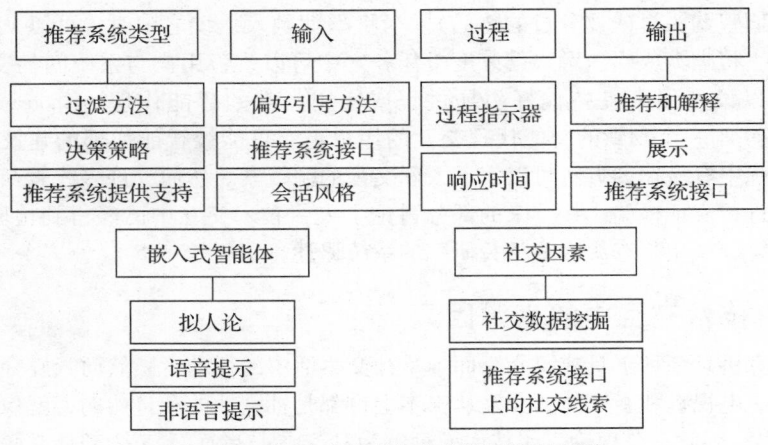

图20-2　推荐系统研究中来源因素的概览

20.6.1　推荐系统类型

推荐系统有不同的形状和形式，且可以通过过滤方法、决策策略或系统所能支持的决策数量对其进行分类[159]。之前许多的研究已经讨论了不同推荐系统类型的优缺点（如[5，19，84]）。通过比较不同的过滤方法，发现综合了协同过滤和基于内容过滤的混合型推荐系统要为比传统的只用协同过滤技术的系统更有效[131,132]。Burke[19]也证实了混合推荐系统能够对用户偏好提供更精确的预测。对于推荐系统中的不同决策策略，补充性推荐系统要比非补充性推荐系统能激发更多的信任感，更能感知到有用性和满足[159]。同时也会增加用户对其产品选择决策的信心[37]。在推荐系统支持的决策的数量方面，Xiao 和 Benbasat[159]认为基于需要的推荐系统比基于特征的推荐系统能够帮助用户更好地明确他们的需求并能精确地回答偏好诱导的问题，从而获得更好的决策质量。因此，基于需要的系统更适合新手用户[38]。

20.6.2　输入特征

推荐系统的输入特征包括许多线索，如偏好诱导方法、生成新的或额外推荐的容易度，以及当与推荐系统偏好诱导界面交互时用户的控制程度等[159]。许多之前的研究表明，与推荐系统输入设计相关的特征会对系统用户的评估产生影响。Xiao 和 Benbasat[159]特别指出，偏好诱导方法（隐性与显性）影响用户对系统的评估。他们提出隐性偏好诱导方法会对推荐系统产生更大的感知易用性和满足感，而显性诱导方式被用户认为是更透明的且能产生更好的决策质量。给予用户更多的控制权也是评价系统时的一个重要影响因素。West 等人[157]认为给予系统用户更多的控制权将会增加他们对系统的信任度和满足度。的确，由 McNee 等人[91]进行的一项研究发现，比起使用系统控制以及联合控制的推荐系统，使用用户控制界面的用户对系统有更大的满足感。此外，使用用户控制界面的用户会感觉到，推荐系统准确地表达了他们的品位，对系统有更高的忠诚度。同样地，Pereira[117]发现，当用户在与系统交互中控制力增强时，他们将对推荐系统表现出更积极的反应。Komiak 等人[76]的研究表明，让用户控制整个过程是增强用户对虚拟行动者信任度的首要因素。Wang[133]的研究也支持了用户控制的重要性，他指出，约束较多的推荐系统对用户而言具有更少的信任和帮助。

除了控制之外，偏好诱导过程的结构性特征（相关性、透明度和成本）也会影响用户对推荐系统的感知[51]。Gretzel 和 Fesenmaier[51]的专项研究发现诱导过程中的主题相关性、透明度和用户输入的操作成本显著地影响了用户对诱导过程的认知和评价。这些研究表明，通过回答问题，系统承担了一种社交角色，表达了对用户偏好的兴趣，这都是有价值的。回答的问题越多，就越能提供有价值的反馈。同时，在交互过程中显性的诱导也很重要。虽然没有专门测量过信任（trust），但善意和意图是信任重要的驱动，并且也隐含于透明度重要性之中。进一步来说，McGinty 和 Smyth[89]表明，推荐系统的对话风格在输入过程中也 是很重要的。相反 Gretzel 和 Fesenmaier[51]，认为基于对比的推荐方法，即要求用户从一系列的推荐产品中选择他们偏爱的产品，而非像深度对话方法那样直接询问用户关于产品特色等重要的问题，这能够最小化用户的成本，且同时保证推荐质量。

20.6.3　过程特征

推荐系统在计算推荐过程中显示出的特性似乎影响着用户对系统的认知[159]。该过程因素包括搜索过程和系统响应时间的信息。Mohr 和 Bitner[94]指出，系统用户使用各种线索或指标来评估通过决策辅助手段节省的工作量。告知用户关于搜索过程的指示器有助于用户意识到系统为其节省的工作量。用户对通过决策辅助手段节省的工作量有越多的认知，那么他们对决策过程就会越满意[11]。Sutcliffe 等人[146]发现了用户对未提供搜索过程指示器的信息检索系统提出了可用性或理解的问题。

　　大量研究认为系统响应时间的影响是非常重要的，它为用户输入和系统响应的间隔时间。Basartan[10]通过改变一个模拟的导购网站的响应时间，发现用户更不喜欢要等很长时间才能获得推荐结果的网站。相反，Swearingen 和 Sinha[141,148]发现用户花费在注册和接收来自系统推荐意见的时间在系统用户认知方面却没有明显的影响。McNee 等人[91]在研究中指出，较长的注册过程可提高用户对系统的满意度和认可度。Xiao 和 Benbasat[159]解释说，先前关于系统响应时间矛盾的研究成果可能取决于用户的成本收益评估。当用户把等待的效益看成是高质量的推荐时，他们认为用户不会对推荐系统形成负面的评价。Gretzel 和 Fesenmaier[51]关于诱导尝试和诱导过程的认知价值之间的关系的研究结果支持该假设。

20.6.4　输出特征

　　推荐系统输出阶段描述的特征与呈现给用户的推荐内容以及展示格式相关联。之前的研究结果表明推荐的内容和格式对用户评估推荐系统具有显著的影响（如[28，141，155，159]）。Xiao 和 Benbasat[159]指出，当用户对推荐系统进行评估时，推荐内容的 3 个重要方面：推荐选择的熟悉度、推荐产品的信息数量以及推荐结果的解释，是相关的。一些研究发现，更加熟悉的推荐结果能提高用户对推荐系统的信任度。Swearingen 和 Sinha[141]发现为用户推荐熟悉的产品有助于建立用户对推荐系统的信任。Cooke 等人[26]的一项研究也表明推荐不熟悉的产品会降低用户对推荐系统的喜好度评估。进一步说，用户对产品信息的可获得性似乎可对推荐系统的评价产生积极的影响。Sinha 和 Swearingen[141]表明，若推荐网页上有效详细的产品信息则能加强用户对推荐系统的信任度。Cooke 等人[26]也说明，如果推荐系统提供了新产品详细的信息，将会提高推荐给用户不熟悉产品的吸引力。

　　目前已有大量研究探讨了有关推荐系统用户评价解释的影响。Wang 和 Benbasat[154]发现对推荐系统推理逻辑的解释能够增强用户对推荐系统的能力和行为的信心。Herlocker 等人[60]也认为解释推荐结果对于建立系统的信任非常重要，因为当用户不明白为什么某些产品会推荐给他们时，他们是不太可能相信这些推荐的。Bonhared 和 Sasse[114]强调，为了提高用户对系统的信任度，推荐系统必须通过解释界面在用户和系统之间建立连接。同样地，Pu 和 Chen[121]、Tintarev 和 Masthoff[151]的研究表明，在有解释界面的情况下用户表现出了更多的信任感。

　　展示给用户的推荐结果的格式也会影响推荐系统的用户评价。Sinha 和 Swearingen[141]表明推荐结果展示界面的导航和布局明显影响了用户对系统的满意度。Sinha 和 Swearingen[141]进一步研究发现，界面导航和布局设计也影响了用户对系统的综合评价。无独有偶，Yoon 和 Lee[164]也表明界面设计和展示格式影响了系统用户的行为。然而，Bharti 和 Chaudhury[12]的一项研究却发现对于用户的满意度，导航效果不起任何明显作用。此外，Schafer[129]建议在一个界面内，合并偏好界面和推荐诱导界面可以使推荐系统看起来更好，因为这种新的"动态查询"界面能对个人偏好改变的影响提供及时反馈。因为它合并了输入和输出的界面，该建议涉及的提示（如透明度），已经在输入特征中讨论过了。

20.6.5　嵌入式智能代理特征

　　推荐系统通常包含虚拟角色用来指导用户完成过程。假设如果推荐系统更加人性化，那么社交反应将会更普遍。事实上，大量的研究强调了在推荐系统的上下文中，嵌入式接口智能代理的重要作用和影响。例如，已发现系统接口中人性化虚拟智能代理的存在能够提高系统可信度[99]，增加社交化[122]，增强网上购物体验[65]，以及产生信任感[156]。随着对这种接口智能代理的兴趣越来越大，许多研究已经开始研究接口智能代理的某些特征能否以及如何影响推荐系统用户的认知和评价。

智能代理的重要识别特征之一是拟人化。拟人化的定义是一种属性拥有人类外表和行为属性的程度[74,109~111页]。许多研究者发现嵌入式智能代理的拟人化可影响用户与计算机的交互（如[74，109，111]），特别是与推荐系统的交互[122]。然而，拟人化智能代理的优势和成本一直备受争议。例如，在一些研究中发现，相比于那些不太拟人化的接口智能代理，拟人化接口智能代理被认为更可信、更迷人、更具有吸引力、更令人喜爱[74,110]，然而，其他一些研究结果却得到相反的结果[101,109,111]。包含这种智能代理的社交提交的通信可能会让用户增加一些期望，但实际系统却不能满足这些期望。

人的声音是一个非常强大的社交提示，已被发现可以深刻地塑造了人－技术的交互[102]。然而，在体现的接口代理方面的发现并不广泛，目前尚无定论，发现接口智能代理的声音输出特征有助于诱导社交和引起用户的情感表达[97,122]。但是其他研究却发现当系统智能代理只用文字沟通时其社交化水平更高[145]。

接口智能代理的人口统计学特征也影响了用户的感知和行为。Qiu[122]表示，当智能代理符合用户的种族特性、性别等时，系统用户评价系统更善于交际、更有能力和更令人享受，从而支持了同质性假说。Cowell 和 Stanny[29]也观察到系统用户更喜欢与他们种族匹配且看上去有活力的接口特征进行交互。Nowak 和 Rauh[110]的研究表明人们明显倾向于匹配他们性别的特征。

除了类似的提示外，在嵌入式接口智能代理的上下文中也调查了其他来源特征。Holzwarth 等人[65]已经测试了接口智能代理的吸引力和专业性的效果。他们发现，在中度产品涉入中有吸引力的拟人化身是一个更有效的销售智能代理，而在高度产品涉入中专家智能代理则是一个更有效的说服者。而且，Cowell 和 Stanney[29]强调了接口智能代理中非语言行为线索像面部表情、眼神交会、手势、副语言交际和姿势等潜在影响。然而，目前对这一领域的研究还是非常有限的。

20.6.6　新兴社交技术的影响

社交技术与推荐系统彼此相互受益[55]。一方面，嵌入社交技术的推荐系统通过提供给社交技术用户相关的和个性化的内容来缓解信息过载[54,55,167]。另一方面，推荐系统能够整合新兴的社交媒体所产生的数据，如标签、评级和评论，从而增强推荐结果的质量。这些社交媒体产生的数据在推荐系统可信度评估时扮演重要的角色。

Metzger 和她的同事们[92]发现，越来越多的在线用户使用社交技术提供的线索进行信息评估和可信度评估。她们认为，如今，来源可信度的评估不是仅仅一个人完成的而是协作完成的。Zhou 和他的团队[167]特别调查了在推荐系统中利用社交内容或数据的好处。他们认为，挖掘和分析包含数据的社交技术能够扩充用户资料，构建用户－用户以及用户－兴趣点之间复杂的映射关系。他们的观点是推荐系统利用最新的协同过滤技术、数据挖掘技术和信任或信誉管理技术高效地整合社交数据，这能够形成高质量和可靠的推荐。事实上，Guy 和他的同事们[55]发现推荐系统用户对结合人和标签数据生成的推荐产品表现出了更大的兴趣。此外，Armetano 等人[6]发现，当系统利用基于用户社交网络的算法生成推荐时，系统用户感知到推荐是相关的。而且，Guy 和 Carmel[54]指出，对于展现给用户的特定推荐系统应该提供如何以及为什么推荐的解释，从而增加系统的信任水平。总的来说，越来越多的证据表明，社交技术产生的社交线索对可信度评估是至关重要的。关于社交推荐系统的额外讨论，可以参见第15章。

20.7　讨论

Swearingen 和 Sinha[141]表示，推荐系统的最终效果将依赖于超出算法质量的诸多因素。然而，推荐系统特性通常得以实现是因为它们可以被执行。这些特性可能会在系统总体评价或可用性研究中进行测试，但是几乎很少会根据其说服力进行评估。Häubl 和 Murray[59]表明，除了实时推荐外，推荐系统的确能够对消费者偏好和选择产生深刻影响。因此，将推荐系统不仅界定为社交角色，而且还应是说服性角色，这对理解它们潜在的影响至关重要。上述文献中的观点表明，大量的推荐系统特性可能都具有影响力。

遵循"计算机作为社交参与者"的范式[42,124]，最近推荐系统研究已经开始强调推荐系统在社交方面的作用，并强调整合社交线索以创造更可信和更有具说服力的系统[3,122,154]。对推荐系统"作为社交参与者"的这种认识对推荐系统的研究和设计有重大意义。最重要的是，将人与推荐系统之间的交互界定为一种社交交换意味着，那些在传统的寻求建议的关系中确定为有影响力的来源特征，在人与推荐系统的交互中也视为具有潜在的影响力。

20.8 影响

在评价推荐系统时，理解来源特征的影响有许多的理论价值和实践意义。从理论角度来看，经典的人际沟通理念需要扩大范围和应用来理解人与推荐系统之间的关系。通过经典理论，研究人员可以测试和分析人与推荐系统交互的多个方面。然而，当应用这些理论和开发方法来测试它们时，应该考虑人与推荐系统交互的独有特质。进一步讲，虽然在一些与推荐系统相关的研究中存在一些有关来源特征的研究，然而目前这些并不系统，甚至有些是有争议的。显然，在这一领域还需做更多的研究以便构建一个强大的理论框架。

从实际价值角度来看，将推荐系统理解为拥有影响用户感知特征的社交参与者这一角色，有助于系统开发人员和设计人员更好地理解用户与系统之间的交互。社交交互性靠用户信任度茁壮成长，同时也受到说服力的影响。在"诱导偏好的方式"和"得出推荐的方式"这些过程中，如果用户越有洞察力，那么一个推荐系统将被感知到有更高的可信度，同时也越容易被接受[51]。与一次交互的惯例相反，如果推荐系统在不同来源因素的概念和设计方面考虑得更加有抱负，那么它们更有可能触发用户心中的社交框架。

推荐系统类型和输入。混合系统、显式诱导并且让用户控制过程是非常有效的策略[19,77,91,117,131,132,157,159]。从抽象角度来看，两个基本的会话策略已经在推荐系统中被探索：询问和提议。**询问**表示对用户偏好显式的诱导以便于计算推荐[166]。**提议**的会话策略也称为批判，当一个或多个产品展现给用户时，用户能够提供一个反馈为什么一个特定的物品不能完全匹配其偏好[20]。初期系统之一的专家系统结合这两种策略，即首先询问用户的偏好，然后给出几轮有评判的提议[140]。Schafer[129]提出的其他系统包含了一个合并了偏好接口和推荐诱导接口的单个用户动态查询接口。这有助于用户感觉到自己控制了整个系统，因为这种动态查询接口能够根据用户偏好的改变即时做出响应。

过程。在与推荐系统交互过程中，响应时间需简短[10]，搜索过程的细节需告知用户[11,94,146]以便展示系统的工作，因为这将影响可信度感知。

输出。当生成推荐结果时，更常见的带有详细产品描述的推荐[26,141]和关于推荐是如何产生的底层逻辑的解释[45,60,154]能够增加用户对系统可信度的感知。使用由复杂的数据挖掘技术所挖掘的历史记录和模式能更好地理解用户系统，这将帮助系统产生更多熟悉的推荐给用户。连同推荐产品的文本描述，推荐系统设计者可以考虑提供虚拟的产品体验。Jiang 和 Benhasat[70]指出虚拟产品的体验能够提高消费者的产品认识、品牌态度、购买意愿，并降低感知风险。添加虚拟产品体验不仅能够使用户更好地了解推荐产品，而且还能够激起他们对产品更大的关注、兴趣和乐趣。

推荐系统设计人员还应注意推荐的显示格式[141,164]。当推荐呈现给用户时，导航效果和设计熟悉度以及吸引力度也应考虑到。设计面临的挑战是寻找像相似度、喜爱度和权威性等能够被操作并转换成具体设计特点的来源特征，从而适用于推荐系统的环境。例如，呈现系统信任权威的第三方认证，能提高系统整体的信誉度。

嵌入式智能代理。通过为系统接口增加一个嵌入式智能代理的方式，一些特征能够更容易实现。嵌入式智能代理作为系统的代理人，强调了系统作为意见提供者的社交角色[163]。语音接口可以成为将来源特征转化为引起信任的推荐系统设计的另一种方式，如最近一项将语音交互和一个会话式批判策略相结合的工作就是这样做的[50]。通过改变会话风格和由 Hess 等人[61]、Moon[95]建议的语音特征使得推荐系统的操作个性（如外向型或内向型）能够和用户个性相匹配。

社交因素。第一作者设想的协同推荐系统技术在心中已经有了一个清晰的社交视角，这个技术可以通过将地球村分割成不同的部落来影响其用户之中的社交结构。从那以后，伴随着社交网络应用的范式转变，信息寻求者和消费者变成了信息的贡献者。为了通过大量的信息支持用户，社交网络不仅成了一个快速发展的应用领域，而且还是使得算法更加精确的宝贵资源（[68]是关于推荐系统热点研究领域的一个定量调查）。然而，针对性地利用社交线索去开发更加可信和更具说服力的推荐系统仍然处于初期阶段。从市场营销角度来看，创造出有与实体店销售员类似角色的推荐系统，即需要与顾客互动以及根据顾客的购买情况提供建议，仍然是一个重要的目标[75,76]。

20.9 未来研究方向

尽管现有研究已经在人与推荐系统的寻求建议关系中发现并检验了很多有影响力的来源特征，但仍有通用理论提出的许多潜在特征没有得到验证，比如权威性、关怀、像面部表情和姿势这样的非语言行为，以及幽默。在未来的推荐系统研究中，这些尚未得到验证的来源特征需要成功地实现并进行实证检验。已发现和测试的来源特征还需要精确地检测。对于判断来源可信度的来源特征的作用往往是复杂的，这与之前讨论的人与人寻求建议过程中发现的影响不成线性关系[113]。由于情境因素、个人差异和产品类型等关系在决定推荐系统可信度时也扮演着重要的角色，所以从设计方面考虑，对于一个能够提供精确输入的特定推荐系统来说，必须专门对这些关系进行测试。推荐系统在移动设备上越来越多的广泛应用尤其值得注意。此外，可能会存在另外的来源特征，它们对寻求建议关系的影响可能不是很突出，但是在推荐系统领域里，它们确实是需要考虑的重要方面。例如，技术的拟人化已经确定是影响人与技术交互的重要特征[74,111]，但却不是影响人际交往的重要特征。接口智能代理的真实性也认为是一个潜在的有影响力的来源线索。有证据表明：本来用户更倾向于和拟人化的软件角色交互，但如果这个角色设计得不好的话，用户进行互动的意愿也不会强，反而不如一个设计得很好的非拟人化的软件角色，如一个狗的形象[72]。社交技术产生的线索也属于这一类。在未来研究中，这些额外的来源线索需要进行识别和测试。

目前，一些来源特征已单独测试过。为了研究它们之间相互作用的影响，应该测试不同的来源线索看是否能够同时实现它们。这将有助于理解各种来源特征之间的联系。

总的来说，本章提到的文献表明了对这一领域的研究是迫在眉睫的。它还表明，可能需要设计新方法来研究发生在潜意识层面的影响。特别是，如果要评估推荐系统的说服力，那么更加重视推荐结果接受行为的度量似乎是有道理的。

参考文献

1. Addington, D.: The effect of vocal variations on ratings of source credibility. Speech Monographs **38**, 242–247 (1971)
2. Aksoy, L., Bloom, P.N., Lurie, N.H., Cooil, B.: Should recommendation agents think like people? Journal of Service Research **8**(4), 297–315 (2006)

3. Al-Natour, S., Benbasat, I., Cenfetelli, R.T.: The role of design characteristics in shaping perceptions of similarity: The case of online shopping assistants. Journal of Association for Information Systems **7**(12), 821–861 (2006)

4. Andersen, K.E., Clevenger T., J.: A summary of experimental research in ethos. Speech Monographs **30**, 59–78 (1963)

5. Ansari, A., Essegaier, S., Kohli, R.: Internet recommendation systems. Journal of Marketing Research **37**(3), 363–375 (2000)

6. Armentano, M.G., Godoy, D., Amandi, A.: Topology-based recommendation of users in micro-blogging communities. Journal of Computer Science and Technology **27**(3), 624–634 (2012)

7. Atkinson, D.R., Winzelberg, A., Holland, A.: Ethnicity, locus of control for family planning, and pregnancy counselor credibility. Journal of Counseling Psychology **32**, 417–421 (1985)

8. Bart, Y., Shankar, V., Sultan, F., Urban, G.L.: Are the drivers and role of online trust the same for all web sites and consumers?: A large scale exploratory and empirical study. Journal of Marketing **69**(4), 133–152 (2005)

9. Barwise, P., Elberse, A., Hammond, K.: Marketing and the internet: A research review. In: B. Weitz, R. Wensley (eds.) Handbook of Marketing, pp. 3–7. Russell Sage, New York, NY (2002)

10. Basartan, Y.: Amazon versus the shopbot: An experiment about how to improve the shopbots. Tech. rep., Carnegie Mellon University, Pittsburgh, PA (2001). Ph.D. Summer Paper

11. Bechwati, N.N., Xia, L.: Do computers sweat? the impact of perceived effort of online decision aids on consumers' satisfaction with the decision process. Journal of Consumer Psychology **13**(1–2), 139–148 (2003)

12. Bharti, P., Chaudhury, A.: An empirical investigation of decision-making satisfaction in web-based decision support systems. Decision Support Systems **37**(2), 187–197 (2004)

13. Bickman, L.: The social power of a uniform. Journal of Applied Social Psychology **4**, 47–61 (1974)

14. Blythe, M.A., Overbeeke, K., Monk, A., Wright, P. (eds.): Funology: From Usability to Enjoyment, *Human-Computer Interaction Series*, vol. 3. Kluwer (2003)

15. Bryant, J., Brown, D., Silberberg, A.R., Elliott, S.M.: Effects of humorous illustrations in college textbooks. Human Communication Research **8**, 43–57 (1981)

16. Buller, D.B., Burgoon, J.K.: Interpersonal deception theory. Communication Theory **6**, 203–242 (1996)

17. Burgoon, J.K., Birk, T., Pfau, M.: Nonverbal behaviors, persuasion, and credibility. Human Communication Research **17**, 140–169 (1990)

18. Burgoon, J.K., Dunbar, N.E., Segring, C.: Nonverbal influence. In: J.P. Dillard, M. Pfau (eds.) Persuasion Handbook: Developments in Theory and Practice, pp. 445–473. Sage Publications, Thousand Oaks, CA (2002)

19. Burke, R.: Hybrid recommender systems: Survey and experiments. User Modeling and User-Adapted Interaction **12**(4), 331–370 (2002)

20. Burke, R., Hammond, K., Young, B.: The findme approach to assisted browsing. IEEE Expert **4**(12), 32–40 (1997)

21. Byrne, D.: The attraction paradigm. Academic Press, New York (1971)

22. Byrne, D., Rhamey, R.: Magnitude of positive and negative reinforcements as a determinant of attraction. Journal of Personality and Social Psychology **2**, 884–889 (1965)

23. Carli, L.L., Ganley, R., Pierce-Otay, A.: Similarity and satisfaction in roommate relationships. Personality and Social Psychology Bulletin **17**(4), 419–426 (1991)

24. Chang, K.J., Gruner, C.R.: Audience reaction to self-disparaging humor. Southern Speech Communication Journal **46**, 419–426 (1981)

25. Cialdini, R.B.: Interpersonal influence. In: S. Shavitt, T.C. Brock (eds.) Persuasion: Psychological Insights and Perspective, pp. 195–217. Allyn and Bacon, Needhan Heights, Massachusetts (1994)

26. Cooke, A.D.J., Sujan, H., Sujan, M., Weitz, B.A.: Marketing the unfamiliar: The role of context and item-specific information in electronic agent recommendations. Journal of Marketing Research **39**(4), 488–497 (2002)

27. Cooper, J., Bennett, E.A., Sukel, H.L.: Complex scientific testimony: How do jurors make decisions? Law and Human Behavior **20** (1996)

28. Cosley, D., Lam, S.K., Albert, I., Konstan, J., Riedl, J.: Is seeing believing? how recommender systems influence users' opinions. In: Proceedings of ACM CHI: Human Factors in Computing Systems, pp. 585–592 (2003)

29. Cowell, A.J., Stanney, K.M.: Manipulation of non-verbal interaction style and demographic embodiment to increase anthropomorphic computer character credibility. International Journal of Human-Computer Studies **62**, 281–306 (2005)

30. Delgado-Ballester, E.: Applicability of a brand trust scale across product categories: A multi-group invariance analysis. European Journal of Marketing **38**(5–6), 573–592 (2004)

31. Delia, J.G.: Regional dialect, message acceptance, and perceptions of the speaker. Central States Speech Journal **26**, 188–194 (1975)

32. Dijkstra, J.J., Liebrand, W.B.G., Timminga, E.: Persuasiveness of expert systems. Behaviour & Information Technology **17**(3), 155–163 (1998)

33. Eagly, A.H., Ashmore, R.D., Makhijani, M.G., Longo, L.C.: What is beautiful is good, but ...: A meta-analytic review of research on the physical attractiveness stereotype. Psychological Bulletin **110**, 109–128 (1991)

34. Eagly, A.H., Chaiken, S.: An attribution analysis of the effect of communicator characteristics on opinion change: The case of communicator attractiveness. Journal of Personality and Social Psychology **32**(1), 136–144 (1975)

35. Eagly, A.H., Wood, W., Chaiken, S.: Causal inferences about communicators and their effect on opinion change. Journal of Personality and Social Psychology **36**, 424–435 (1978)

36. Engstrom, E.: Effects of nonfluencies on speakers' credibility in newscast settings. Perceptual and Motor Skills **78**, 739–743 (1994)

37. Fasolo, B., McClelland, G.H., Lange, K.A.: The effect of site design and interattribute correlations on interactive web-based decisions. In: C.P. Haughvedt, K. Machleit, R. Yalch (eds.) Online Consumer Psychology: Understanding and Influencing Behavior in the Virtual World, pp. 325–344. Lawrence Erlbaum Associates, Mahwah, NJ (2005)

38. Felix, D., Niederberger, C., Steiger, P., Stolze, M.: Feature-oriented versus needs-oriented product access for non-expert online shoppers. In: B. Schmid, K. Stanoevska-Slabeva, V. Tschammer-Zurich (eds.) Towards the E-Society: E-Commerce, E-Business, and E-Government, pp. 399–406. Springer, New York (2001)

39. Flanagin, A. J., Metzger, M. J.:Perceptions of Internet Information credibility. Journalism & Mass Communication Quarterly, 77(3), 515–540 (2000)

40. Flanagin, A.J., Metzger, M.J.: The role of site features, user attributes, and information verification behaviors on the perceived credibility of web-based information. New Media & Society **9**, 319–342 (2007)

41. Fleshler, H., Ilardo, J., Demoretcky, J.: The influence of field dependence, speaker credibility set, and message documentation on evaluations of speaker and message credibility. Southern Speech Communication Journal **39**, 389–402 (1974)

42. Fogg, B.J.: Persuasive Technology: Using Computers to Change What We Think and Do. Morgan Kaufmann, San Francisco (2003)

43. Fogg, B.J., Lee, E., Marshall, J.: Interactive technology and persuasion: Developments in theory and practice. In: P. Dillard, M. Pfau (eds.) Persuasion handbook, pp. 765–797. Sage, London, United Kingdom (2002)

44. Fogg, B.J., Nass, C.: Silicon sycophants: Effects of computers that flatter. International Journal of Human-Computer Studies **46**(5), 551–561 (1997)

45. Friedrich, G., Zanker, M.: A taxonomy for generating explanations in recommender systems. AI Magazine **32**(3), 90–98 (2011)

46. Gatignon, H., Robertson, T.S.: Innovative Decision Processes. Prentice Hall, Englewood Cliffs, NJ (1991)

47. Giffen, K., Ehrlich, L.: Attitudinal effects of a group discussion on a proposed change in company policy. Speech Monographs **30**, 377–379 (1963)

48. Giles, H., Coupland, N.: Language: Contexts and Consequences. Brooks/Cole, Pacific Grove, CA (1991)

49. Gilly, M.C., Graham, J.L., Wolfinbarger, M.F., Yale, L.J.: A dyadic study of personal information search. Journal of the Academy of Marketing Science **26**(2), 83–100 (1998)

50. Grasch, P., Felfernig, A., Reinfrank, F.: Recomment: Towards critiquing-based recommendation with speech interaction. In: Proceedings of the 7th ACM Conference on Recommender Systems (RecSys), pp. 157–164 (2013)

51. Gretzel, U., Fesenmaier, D.R.: Persuasion in recommender systems. International Journal of Electronic Commerce **11**(2), 81–100 (2007)

52. Gruner, C.R., Lampton, W.E.: Effects of including humorous material in a persuasive sermon. Southern Speech Communication Journal **38**, 188–196 (1972)

53. Gundersen, D.F., Hopper, R.: Relationships between speech delivery and speech effectiveness. Communication Monographs **43**, 158–165 (1976)

54. Guy, I., Carmel, D.: Social recommender systems. In: Proceedings of the World-Wide-Web Conference (WWW), pp. 283–284 (2011)

55. Guy, I., Zwerdling, N., Ronen, I., Carmel, D., Uziel, E.: Social media recommendation based on people and tags. In: Proceedings of the ACM SIGIR Conference, pp. 194–201 (2010)

56. Harkins, S.G., Petty, R.E.: The multiple source effect in persuasion: The effects of distraction. Personality and Social Psychology Bulletin **4**, 627–635 (1981)

57. Harkins, S.G., Petty, R.E.: Information utility and the multiple source effect. Journal of Personality and Social Psychology **52**, 260–268 (1987)

58. Harmon, R.R., Coney, K.A.: The persuasive effects of source credibility in buy and lease situations. Journal of Marketing Research **19**(2), 255–260 (1982)

59. Häubl, G., Murray, K.: Preference construction and persistence in digital marketplaces: The role of electronic recommendation agents. Journal of Consumer Psychology **13**(1–2), 75–91 (2003)

60. Herlocker, J., Konstan, J.A., Riedl, J.: Explaining collaborative filtering recommendations. In: Proceedings of the ACM Conference on Computer Supported Cooperative Work, pp. 241–250. Philadelphia, PA (2000)

61. Hess, T., J. Fuller, M.A., Mathew, J.: Involvement and decision-making performance with a decision aid: The influence of social multimedia, gender, and playfulness. Journal of Management Information Systems **22**(3), 15–54 (2005)

62. Hewgill, M.A., Miller, G.R.: Source credibility and response to fear-arousing communications. Speech Monographs **32**, 95–101 (1965)

63. Hofling, C.K., Brotzman, E., Dalrymple, S., Graves, N., Pierce, C.M.: An experimental study of nurse-physician relationships. Journal of Nervous and Mental Disease **143**, 171–180 (1966)

64. Hogg, M.A., CooperShaw, L., Holzworth, D.W.: Group prototypicality and depersonalized attraction in small interactive groups. Personality and Social Psychology Bulletin **19**(4), 452–465 (1993)

65. Holzwarth, M., Janiszewski, C., Neumann, M.M.: The influence of avatars on online cosumer shopping behavior. Journal of Marketing **70**, 19–36 (2006)

66. Horai, J., Naccari, N., Fatoullah, E.: The effects of expertise and physical attractiveness upon opinion agreement and liking. Sociometry **37**, 601–606 (1974)

67. Jackson, J.M.: Theories of group behavior, chap. Social impact theory: A social forces model of influence, pp. 111–124. Springer, New York (1987)

68. Jannach, D., Zanker, M., Ge, M., Groening, M.: Recommender systems in computer science and information systems - a landscape of research. In: Proceedings of the 13th International Conference on Electronic Commerce and Web Technologies (EC-Web), pp. 76–87 (2012)

69. Jiang, J.J., Klein, G., Vedder, R.G.: Persuasive expert systems: The influence of confidence and discrepancy. Computers in Human Behavior **16**, 99–109 (2000)

70. Jiang, Z., Benbasat, I.: Virtual product experience: Effects of visual and functional control of products on perceived diagnosticity and flow in electronic shopping. Journal of Management Information Systems **21**(3), 111–148 (2005)

71. Khooshabeh, J., McCall, P., Gratch, C., Blascovich, J., Gandhe, S.: Does it mater if a computer jokes? In: Proceedings of ACM CHI: Human Factors in Computing Systems, pp. 77–86. Vancouver, Canada (2011)

72. Kiesler, S., Sproull, L., Waters, K.: A prisoner's dilemma experiment on cooperation with people and human-like computers. Journal of Personality and Social Psychology **70**(1), 47–65 (1996)

73. Kim, B.D., Kim, S.O.: A new recommender system to combine content-based and collaborative filtering systems. Journal of Database Marketing **8**(3), 244–252 (2001)

74. Koda, T.: Agents with faces: A study on the effects of personification of software agents. Master's thesis, Massachusetts Institute of Technology, Boston, MA, USA (1996)

75. Komiak, S.X., Benbasat, I.: Understanding customer trust in agent-mediated electronic commerce, web-mediated electronic commerce and traditional commerce. Information Technology and Management **5**(1–2), 181–207 (2004)

76. Komiak, S.Y.X., Wang, W., Benbasat, I.: Trust building in virtual salespersons versus in human salespersons: Similarities and differences. e-Service Journal **3**(3), 49–63 (2005)

77. Konstan, J.A., Riedl, J.: Designing Information Spaces: The Social Navigation Approach, chap. Collaborative Filtering: Supporting Social Navigation in Large, Crowded Infospaces, pp. 43–82. Springer, London (2003)

78. Lascu, D.N., Bearden, W.O., Rose, R.L.: Norm extremity and personal influence on consumer conformity. Journal of Business Research **32**, 201–213 (1995)

79. Latané, B.: The psychology of social impact. American Psychologist **36**, 343–356 (1981)

80. Lautman, M.R., Dean, K.J.: Time compression of television advertising. In: L. Percy, A.G. Woodside (eds.) Advertising and consumer psychology, pp. 219–236. Lexington Books, Lexington, Ma (1983)

81. Lazarsfeld, P., Merton., R.K.: Friendship as a social process: A substantive and methodologi-

cal analysis. In: M. Berger, T. Abel, C.H. Page (eds.) Freedom and Control in Modern Society, pp. 18–66. Van Nostrand, New York (1954)

82. Levine, R.V.: Whom do we trust? experts, honesty, and likability. In: R.V. Levine (ed.) The Power of Persuasion, pp. 29–63. John Wiley & Sons, Hoboken, NJ (2003)

83. MacLachlan, J.: Listener perception of time-compressed spokespersons. Journal of Advertising Research **22**(2), 47–51 (1982)

84. Maes, P., Guttman, R.H., Moukas, A.G.: Agents that buy and sell. Communications of the ACM **42**(3), 81–91 (1999)

85. Mayer, R.C., Davis, J.H., Schoorman, F.D.: An integrative model of organizational trust. Academy of Management Review **20**, 709–734 (1995)

86. Mayer, R.E., Johnson, W.L., Shaw, E., Sandhu, S.: Constructing computer-based tutors that are socially sensitive: Politeness in educational software. International Journal of Human-Computer Studies **64**(1), 36–42 (2006)

87. McCroskey, J.C.: The effects of evidence as an inhibitor of counter-persuasion. Speech Monographs **37**, 188–194 (1970)

88. McCroskey, J.C., Mehrley, R.S.: The effects of disorganization and nonfluency on attitude change and source credibility. Speech Monographs **36**, 13–21 (1969)

89. McGinty, L., B., S.: Deep dialogue vs casual conversation in recommender systems. In: F. Ricci, B. Smyth (eds.) Proceedings of the Workshop on Personalization in eCommerce at the Second International Conference on Adaptive Hypermedia and Web-Based Systems (AH), pp. 80–89. Springer, Universidad de Malaga, Malaga, Spain (2002)

90. McGuire, W.J.: The nature of attitudes and attitude change. In: G. Lindzey, E. Aronson (eds.) Handbook of Social Psychology. Addison-Wesley, Reading, MA (1968)

91. McNee, S.M., Lam, S.K., Konstan, J.A., Riedl, J.: Interfaces for eliciting new user preferences in recommender systems. In: User Modeling, LNCS 2702, pp. 178–187. Springer (2003)

92. Metzger, M.J., Flanagin, A.J., Medders, R.B.: Social and heuristic approaches to credibility evaluation online. Journal of Communication **60**, 413–439 (2010)

93. Mills, J., Kimble, C.E.: Opinion change as a function of perceived similarity of the communicator and subjectivity of the issue. Bulletin of the psychonomic society **2**, 35–36 (1973)

94. Mohr, L.A., Bitner, M.J.: The role of employee effort in satisfaction with service transactions. Journal of Business Research **32**(3), 239–252 (1995)

95. Moon, Y.: Personalization and personality: Some effects of customizing message style based on consumer personality. Journal of Consumer Psychology **12**(4), 313–326 (2002)

96. Moon, Y., Nass, C.: How "real" are computer personalities? psychological responses to personality types in human-computer interaction. Communication Research **23**(6), 651–674 (1996)

97. Moreno, R., Mayer, R.E., Spires, H.A., Lester, J.C.: The case for social agency in computer-based teaching: Do students learn more deeply when they interact with animated pedagogical agents? Cognition and Instruction **19**(2), 177–213 (2001)

98. Morkes, J., Kernal, H.K., Nass, C.: Effects of humor in task-oriented human-computer interaction and computer-mediated communication: A direct test of srct theory. Human-Computer Interaction **14**(4), 395–435 (1999)

99. Moundridou, M., Virvou, M.: Evaluation the persona effect of an interface agent in a tutoring system. Journal of Computer Assisted Learning **18**(3), 253–261 (2002)

100. Munn, W.C., Gruner, C.R.: "sick" jokes, speaker sex, and informative speech. Southern Speech Communication Journal **46**, 411–418 (1981)

101. Murano, P.: Anthropomorphic vs. non-anthropomorphic software interface feedback for online factual delivery. In: Proceedings of the Seventh International Conference on Information Visualization (2003)

102. Nass, C., Brave, S.: Wired for Speech: How Voice Activates and Advances the Human-Computer Relationship. MIT Press, Cambridge, MA (2005)

103. Nass, C., Fogg, B.J., Moon, Y.: Can computers be teammates? International Journal of Human-Computer Studies **45**(6), 669–678 (1996)

104. Nass, C., Isbister, K., Lee, E.J.: Truth is beauty: Researching embodied conversational agents. In: J. Cassell, J. Sullivan, S. Prevost, E. Churchill (eds.) Embodied conversational agents, pp. 374–402. MIT Pres, Cambridge, MA (2000)

105. Nass, C., Moon, Y.: Machines and mindlessness: Social responses to computers. Journal of Social Issues **56**(1), 81–103 (2000)

106. Nass, C., Moon, Y., Carney, P.: Are respondents polite to computers? social desirability and direct responses to computers. Journal of Applied Social Psychology **29**(5), 1093–1110 (1999)

107. Nass, C., Moon, Y., Green, N.: Are computers gender-neutral? gender stereotypic responses to computers. Journal of Applied Social Psychology **27**(10), 864–876 (1997)

108. Nguyen, H., Masthoff, J., P., E.: Persuasive effects of embodied conversational agent teams. In: Proceedings of 12th International Conference on Human-Computer Interaction, pp. 176–185. Springer-Verlag, Berlin, Beijing, China (2007)

109. Nowak, K.: The influence of anthropomorphism and agency on social judgment in virtual environments. Journal of Computer-Mediated Communication **9**(2) (2004)

110. Nowak, K., Rauh, C.: The influence of the avatar on online perceptions of anthropomorphism, androgyny, credibility, homophily, and attraction. Journal of Computer-Mediated Communication **11**(1) (2005)

111. Nowak, K.L., Biocca, F.: The effect of the agency and anthropomorphism on user's sense of telepresence, copresence, and social presence in virtual environments. Presence: Teleperators and Virtual Environments **12**(5), 481–494 (2003)

112. O'Keefe, D.J.: Justification explicitness and persuasive effect: A meta-analytic review of the effects of varying support articulation in persuasive messages. Argumentation and advocacy **35**, 61–75 (1998)

113. O'Keefe, D.J.: Persuasion: Theory & Research. Sage Publications, Thousand Oaks, CA (2002)

114. P., B., A., S.M.: I thought it was terrible and everyone else loved it - a new perspective for effective recommender system design. In: Proceedings of the 19th British HCI Group Annual Conference, pp. 251–261. Napier University, Edinburgh, UK (2005)

115. Parise, S., Kiesler, S., Sproull, L., Waters, K.: Cooperating with life-like interface agents. Computers in Human Behavior **15**, 123–142 (1999)

116. Pazzani, M.: A framework for collaborative, content-based and demographic filtering. Artificial Intelligence Review **13**, 393–408 (1999)

117. Pereira, R.E.: Optimizing human-computer interaction for the electronic commerce environment. Journal of Electronic Commerce Research **1**(1), 23–44 (2000)

118. Perloff, R.M.: The Dynamics of Persuasion, 2nd edition. Lawrence Erlbaum Associates, Mahwah, NJ (2003)

119. Petty, R.E., Cacioppo, J.T.: Attitudes and Persuasion: Classic And Contemporary Approaches. William C. Brown, Dubuque, IA (1981)

120. Pittam, J.: Voice in Social Interaction: An Interdisciplinary Approach. Sage, Thousand Oaks, CA (1994)

121. Pu, P., Chen, L.: Trust-inspiring explanation interfaces for recommender systems. Knowledge-Based Systems **20**, 542–556 (2007)

122. Qiu, L.: Designing social interaction with animated avatars and speech output for product recommendation agents in electronic commerce. Ph.D. thesis, University of British Columbia, Vancouver (2006)

123. Quintanar, L.R., Crowell, C.R., Pryor, J.B., Adamopoulos, J.: Human-computer interaction: A preliminary social psychological analysis. Behavior Research Methods & Instrumentation **14**(2), 210–220 (1982)

124. Reeves, B., Nass, C.: The Media Equation: How People Treat Computers, Television, and New Media Like Real People and Places. CSLI, New York, NY (1996)

125. Resnick, P., Iacovou, N., Suchak, M., Bergstrom, P., Riedl, J.: Grouplens: An open architecture for collaborative filtering of netnews. In: Proceedings of ACM Conference on Computer Supported Cooperative Work, pp. 175–186 (1994)

126. Rhoads, K.V., Cialdini, R.B.: The business of influence. In: J.P. Dillard, M. Pfau (eds.) Persuasion handbook: Developments in theory and practice, pp. 513–542. Sage, London, United Kingdom (2002)

127. Rosen, D.J.: Driver education for the information super-highway: How adult learners and practitioners use the internet. Literacy Leader Fellowship Program Reports **2**(2) (1998)

128. Sampson, E.E., Insko, C.A.: Cognitive consistency and performance in the autokinetic situation. Journal of Abnormal and Social Psychology **68**, 184–192 (1964)

129. Schafer, J.B.: Dynamiclens: A dynamic user-interface for a meta-recommendation system. In: Proceedings of the Workshop: Beyond Personalization at IUI'05. San Diego, CA (2005)

130. Schafer, J.B., Frankowski, D., Herlocker, J., Sen, S.: Collaborative filtering recommender systems. In: The Adaptive Web, LNCS 4321, pp. 291–324 (2007)

131. Schafer, J.B., Knostan, J.A., Riedl, J.: Meta-recommendation systems: User-controlled integration of diverse recommendations. In: Proceedings of the 11th international Conference on Information and Knowledge Management. McLean, VA (2002)

132. Schafer, J.B., Konstan, J.A., Riedl, J.: View through metalens: Usage patterns for a meta-recommendation system. IEE Proceedings-Software **151** (2004)

133. Schliesser, H.F.: Information transmission and ethos of a speaker using normal and defective speech. Central States Speech Journal **19**, 169–174 (1968)

134. Scholz-Crane, A.: Evaluating the future: A preliminary study of the process of how undergraduate students evaluate Web sources, Reference Services Review 26(3–4): 53–60, (1998)

135. Self, C.S.: Credibility. In: D.W. Stacks, M.B. Salwen (eds.) An integrated approach to communication theory and research, pp. 421–441. Lawrence Erlbaum, Mahwah, NJ (1996)

136. Sénécal, S., Nantel, J.: Online influence of relevant others: A framework. In: Proceedings of the Sixth International Conference on Electronic Commerce Research (ICECR-6). Dallas, Texas (2003)

137. Sénécal, S., Nantel, J.: The influence of online product recommendations on consumers' online choices. Journal of Retailing **80**(2), 159–169 (2004)

138. Shani, G., Rokach, L., Shapira, B., Hadash, S., Tangi, M.: Investigating confidence displays for top-n recommendations. Journal of the American Society for Information Science and Technology **64**(12), 2548–2563 (2013)

139. Shavitt, S., Brock, T.C.: Persuasion: Psychological Insights and Perspectives. Allyn and Bacon, Needham Heights, MA (1994)

140. Shimazu, H.: Expertclerk: A conversational case-based reasoning tool for salesclerk agents in e-commerce webshops. Artificial Intelligence Review **18**(3–4), 223–244 (2002)

141. Sinha, R., Swearingen, K.: Comparing recommendations made by online systems and friends. In: Proceedings of the 2nd DELOS Network of Excellence Workshop on Personalization and Recommender Systems in Digital Libraries, pp. 18–20. Dublin, Ireland (2001)

142. Smith, A.G.: Testing the surf: Criteria for evaluation internet information resources. Public-Access Computer System Review **8**(3), 5–23 (1997)

143. Smith, R.E., Hunt, S.D.: Attributional processers and effects in promotional situations. Journal of Consumer Research **5**, 149–158 (1978)

144. Snyder, M., Rothbart, M.: Communicator attractiveness and opinion change. Canadian Journal of Behavioural Science **3**, 377–387 (1971)

145. Sproull, L., Subramani, M., Kiesler, S., Walker, J.H., Waters, K.: When the interface is a face. Human-Computer Interaction **11**(1), 97–124 (1996)

146. Sutcliffe, A.G., Ennis, M., Hu, J.: Evaluating the effectiveness of visual user interfaces for information retrieval. International Journal of Human-Computer Studies **53**, 741–763 (2000)

147. Swartz, T.A.: Relationship between source expertise and source similarity in an advertising context. Journal of Advertising **13**(2), 49–55 (1984)

148. Swearingen, K., Sinha, R.: Beyond algorithms:an hci perspective on recommender systems. In: Proceedings of the ACM SIGIR Workshop on Recommender Systems. New Orleans, Louisiana (2001)

149. Tamborini, R., Zillmann, D.: College students' perceptions of lecturers using humor. Perceptual and Motor Skills **52**, 427–432 (1981)

150. Taylor, P.M.: An experimental study of humor and ethos. Southern Speech Communication Journal **39**, 359–366 (1974)

151. Tintarev, N., Masthoff, J.: Effective explanations of recommendations: User-centered design. In: Proceedings of the ACM Conference on Recommender Systems (RecSys), pp. 153–156. Minneapolis, USA (2007)

152. Tzeng, J.Y.: Toward a more civilized design: Studying the effects of computers that apologize. International Journal of Human-Computer Studies **61**(3), 319–345 (2004)

153. Wang, W.: Design of trustworthy online recommendation agents: Explanation facilities and decision strategy support. Ph.D. thesis, University of British Columbia, Vancouver (2005)

154. Wang, W., Benbasat, I.: Trust in and adoption of online recommendation agents. Journal of the Association for Information Systems **6**(3), 72–101 (2005)

155. Wang, W., Benbasat, I.: Recommendation agents for electronic commerce: Effects of explanation facilities on trusting beliefs. Journal of Management Information Systems **23**(4), 217–246 (2007)

156. Wang, Y.D., Emurian, H.H.: An overview of online trust: Concepts, elements and implications. Computers in Human Behavior **21**(1), 105–125 (2005)

157. West, P.M., Ariely, D., Bellman, S., Bradlow, E., Huber, J., Johnson, E., Kahn, B., Little, J., Schkade, D.: Agents to the rescue? Marketing Letters **10**(3), 285–300 (1999)

158. Wolf, S., Bugaj, A.M.: The social impact of courtroom witnesses. Social Behaviour **5**(1), 1–13 (1990)

159. Xiao, B., Benbasat, I.: E-commerce product recommendation agents: Use, characteristics, and impact. MIS Quarterly **31**(1), 137–209 (2007)

160. Xiao, B., Benbasat, I.: Handbook of Strategic e-Business Management, chap. Research on the Use, Characteristics, and Impact of e-Commerce Product Recommendation Agents: A Review and Update for 2007–2012, pp. 403–431. Springer, Berlin Heidelberg (2014)

161. Yoo, K.H.: Creating more credible and likable recommender systems. Ph.D. thesis, Texas A&M University, College Station, USA (2010)

162. Yoo, K.H., Gretzel, U.: The influence of perceived credibility on preferences for recommender systems as sources of advice. Information Technology & Tourism 10(2), 133–146 (2008)

163. Yoo, K.H., Gretzel, U.: The influence of virtual representatives on recommender system evaluation. In: Proceedings of the 15th Americas Conference on Information Systems. San Francisco, California (2009)

164. Yoon, S.N., Lee, Z.: The impact of the web-based product recommendation systems from previous buyers on consumers' purchasing behavior. In: 10th Americas Conference on Information Systems. New York, New York (2004)

165. Zanker, M., Bricman, M., Gordea, S., Jannach, D., Jessenitschnig, M.: Persuasive online-selling in quality and taste domains. In: E-Commerce and Web Technologies, pp. 51–60. Springer (2006)

166. Zanker, M., Jessenitschnig, M.: Case-studies on exploiting explicit customer requirements in recommender systems. User Modeling and User-Adapted Interaction 19(1–2), 133–166 (2009)

167. Zhou, X., Xu, Y., Li, Y., Josang, A., Cox, C.: The state-of-the-art in personalized recommender systems for social networking. Artificial Intelligence Review 37, 119–132 (2012)

用户性格和推荐系统

Marko Tkalcic 和 Li Chen

21.1 简介

近年来，推荐系统的研究已不再局限于一些经典的机器学习方法（如在 Netflix 推荐大赛中根据用户对电影的打分矩阵进行矩阵分解来完成打分预测[36]），人们开始尝试在推荐系统中融入更多基于用户的方法，比如研究用户的心理学特征（性格[28]和情绪[70]）。正如第 18 章所强调的，推荐系统的一个重要功能是帮助用户做更好的决定，而用户性格极大地影响了如何做决定[13]，因此用户性格在推荐系统中是一个需要考虑的重要因素。我们曾提到，打分预测准确度（常用的评价准则是均方根误差，见第 8 章）的提高不一定意味着更好的用户体验[45]。如第 9 章所讨论的，推荐质量的评估从以用户为中心的角度出发效果会更佳。因此在设计推荐系统前就必须考虑到与用户相关的很多方面，而用户性格很好地反映了用户个体差异[33]，这对以用户为中心的推荐系统的质量评估有很重要的意义。

性格所描述出的用户之间的个体差异，对于推荐系统各方面都起着重要的作用。例如，用户的音乐偏好与用户的性格特征是紧密相关的[55]。研究显示不同性格的用户接受新物品的程度不同，因此可以根据不同性格的用户给出不同程度的多样化推荐结果[74]。对于新用户的冷启动，性格特征还可以用来改进用户相似度的计算[29,69]。并且，基于性格特征的群组建模可以优化群组推荐的效果[35,54,56]。

本章我们要介绍基于用户性格的推荐系统，主要讨论设计推荐系统需要考虑的问题，尤其是 1）用户性格采集方法，2）在推荐系统中使用性格特征的策略。

从心理学的定义来看，性格特征的不同会引起我们在情绪、人际关系、体验、态度和动机方面的个体差异[33]，为了提供更多个性化的推荐，将由性格导致的这些个体差异考虑进去是一个自然而然的选择。而且性格参数是可以量化成特征向量的，这样一来性格特征很适合用在一些计算方法中。但到目前为止，不同用户的性格参数的采集只能通过大规模的问卷调查来进行，这对于频繁使用的推荐系统来说是一大障碍。比较流行的性格测试有：国际性格测试题库（International Personality Item Pool，IPIP）[23]和 NEO 性格测试问卷（NEO Personality Inventory）[43]。近年来，有一些研究人员尝试利用社交网络的数据来隐式地获得用户的性格特征[22,37,53]。通过一些社交网络（比如 Facebook[37]、博客[32]或者 Twitter[53]）或者其他用户产生的数据流（如电子邮箱[63]），这避免了使用令人厌烦的问卷调查方式，同样也获得了有价值的用户性格数据。

本章的内容安排如下：21.2 节将介绍适合多种推荐系统使用的性格模型，21.3 节将介

Marko Tkalcic, Johannes Kepler University, Altenberger Strasse 69, Linz, Austria, e-mail: marko. tkalcic@ jku. at.
Li Chen Hong Kong Baptist University, 224 Waterloo Road, Kowloon Tong, Kowloon, Hong Kong, China, e-mail: lichen@ comp. hkbu. edu. hk.
翻译：谢 妍 审核：黄山山，Li. Chen，吴 雯（Carrie Wu）

绍多种性格特征采集方法，大致可分为显式和隐式两大类，21.4 节将讨论目前在推荐系统中使用用户性格的多种策略，21.5 节将列举一些目前基于用户性格特征的推荐系统所面临的难题和挑战，最后 21.6 节给出本章总结。

21.2 什么是性格特征

根据文献[44]，性格特征的不同可以引起我们在情绪、人际关系、体验、态度和动机方面的个体差异。在推荐系统中，性格特征可以理解为用户配置文件，它跟用户行为的上下文无关，也跟推荐物品的领域无关。也就是说，性格特征不随时间、地点或者其他上下文因素而改变，同时它也不会因为推荐物品是书还是电影而改变。关于推荐系统的上下文研究和跨域物品的推荐方法，分别详见本书的第 6 章和第 27 章。

关于人类个体差异的研究最早可以追溯到古希腊时期希波克拉底（Hippocrate）提出的"四体液"学说，后来逐渐发展为今天人们熟知的性格理论中的四种气质：胆汁质、多血质、忧郁质和黏液质[34]。

现在，五因素性格模型（Five Factor Model，FFM）[44]被认为是最全面也是推荐系统中使用最广泛的性格模型[10,18,28~30,48,49,67,72,74]，它也称为大五性格模型（Big5）。

21.2.1 五因素性格模型

五因素性格模型的根源在于词汇假设，即在人们生活中最重要的事物最终成为其语言的一部分。因此，研究者们就对各个不同语言中描述人的词语（见表 21-1）进行筛选、比较和匹配，使之纳入不同的范畴，并据此建立词表。然后根据因素分析的统计手段，提取负荷量最高的几个因素，结果发现在各个不同语言体系中都显现出了表示人格特质的 5 个相对显著且稳定的因素：经验开放性、尽责性、外向性、亲和性和神经质，通常情况下会缩写为 OCEAN[44]。

经验开放性（Openness to Experience，O），也经常称为开放性（Openness），它描述了两类人的区别：一类是富有想象力和创造性的人，另一类是务实和传统的人。开放性得分高的人通常是个人主义者，很在乎自我感受，不遵循传统，抽象思维活跃。而开放性得分低的人往往兴趣单一，比起复杂、模糊和微妙的思考方式，他们更倾向于简单直接的思考。经验开放性的子因素有想象力、艺术性、情绪性、冒险性、智慧水平和自由主义。

尽责性（Conscientiousness，C）衡量了我们控制、调整和指导冲动的能力。尽责性得分高的人通常比较稳健而得分低的人通常比较冲动。这一因素的子因素有自我效能、规律性、尽职、追求成功、自律和谨慎性。

外向性（Extraversion，E）反映的是个体对外界的参与程度。这一因素的子因素有友好、合群、自信、活跃度、寻求刺激和乐观。

外向者一般是喜欢社交活动的，富有热情和积极情绪。相反，内向者是安静的、低调的、不好交际的。

亲和性（Agreeableness，A）是衡量能否与他人和睦相处、相互协作的指标。这一因素的子因素有信任、道德水平、利人主义、协作性、谦逊和同情心。

神经质（Neuroticism，N）是一种经历消极情绪状态的倾向性。神经质得分高的人情绪很容易激动，并且经常处于坏情绪中，这极大地影响了他们思考和做决定的方式（第 18 章中详细介绍了推荐系统中用户是如何做决定的）。而神经质得分低的人很镇定，情绪稳定且容易从坏心情中走出来。神经质的子因素有：焦虑、自哀、紧张、敏感、反复无常、烦恼。也译为情绪不稳定性[25]。

表 21-1 列出了五因素性格的种类以及分别对应的形容词。

表 21-1　五因素性格模型的词表示例[44]

因素	形容词
外向性（Extraversion，E）	活跃度、自信、精力充沛、热情、活泼健谈
亲和性（Agreeableness，A）	感激、宽容、慷慨、脾气好、有同情心、信任人
尽责性（Conscientiousness，C）	有效率、有条理、有计划、可靠、有责任心、考虑周到
神经质（Neuroticism，N）	焦虑、自哀、紧张、敏感、反复无常、烦恼
经验开放性（Openness，O）	有艺术性、好奇、富于想象、兴趣广泛、有洞察力、有创造力

21.2.2　其他性格模型

推荐系统中使用的其他性格模型包括职业兴趣测试 RIASEC 模型[27]和 Bartle 模型。RIASEC 模型将职业兴趣划分为 6 种类型：现实型（Realistic）、研究型（Investigative）、艺术型（Artistic）、社会型（Social）、企业型（Enterprising）和传统型（Conventional），RIASEC 模型曾用于电子商务领域[7]。而对于 Bartle 模型，它主要适用于电子游戏领域[65]。根据 Bartle 分类法，玩家可以分成 4 种类型，即杀手（Killers）、成就者（Achievers）、探索者（Explorers）和社交家（Socializers）。

托马斯 – 基尔曼（Thomas-Kilmann）冲突模式性格模型可以为群动态建模[66]，在冲突状态下，我们可以根据以下两种基本维度来描述个人行为的差异⊖：自信性和合作性。根据这两种维度，我们可以把冲突状态下的处理方式划分为以下 5 种类型：竞争（Competing）、协作（Collaborating）、妥协（Compromising）、回避（Avoiding）和迁就（Accommodating）。

个人的学习风格一般不轻易随时间而改变，所以即使它不能直接作为一种性格模型，但在在线学习领域（详见第 12 章），我们可以基于个人学习风格的差异来为学生推荐不同的学习资料[17]。比如著名的 Felder-Silverman 学习风格模型[20]，就得到了越来越多研究者的认可，它将学习风格分为 4 组因素：活跃型与沉思型、感悟型与直觉型、视觉型与言语型、序列型与综合型。

此外，针对特定内容推荐系统也会使用一些特殊的性格模型。比如针对流行图片的推荐系统，性格模型通常会根据用户在社交网络上的数据来预测它的性格类型，大致可分为潮流引导者和潮流追随者两类[62]。尤其在社交网络领域，有强烈用户影响/易感性方面的倾向性格特征（如领导者/追随者）[5]（见表 21-2）。

表 21-2　常见的几种性格模型

参考文献	模型名称	应用领域	性格类型
[44]	五因素模型	通用	开放性、尽责性、外向性、亲和性、神经质
[34]	四种气质模型	通用	胆汁质、多血质、忧郁质、黏液质
[27]	RIASEC 模型	职业倾向	现实型、研究型、艺术型、社会型、企业型、传统型
[65]	Bartle 分类法	电子游戏	杀手、成就者、探索者、社交家
[20]	Felder-Silverman 学习风格模型	学习风格	活跃型与沉思型、感悟型与直觉型、视觉型与言语型、序列型与综合型
[66]	Thomas-Kilmann 冲突模型	团队冲突	自信性、合作性

⊖ Thomas-Kilman 冲突模式模型问卷：http://cmpresolutions.co.uk/wpcontent/uploads/2011/04/Thomas-Kilman-conict-instrument-questionaire.pdf.

21.2.3　用户性格与用户偏好如何相关

许多研究都表明用户性格与用户偏好有着极大的相关性，性格迥异的两个人喜爱的事物也不相同。用户性格与用户偏好的相关性还和具体领域有关，所以为特定领域设计推荐系统时考虑这种相关性非常有必要。

在这些研究中，Rentfrow 和 Gosling[58] 使用五因素性格模型来研究用户的性格与音乐偏好的关系，他们将音乐类型划分为以下 4 种：深沉与综合型、激烈与叛逆型、乐观与常规型、活力与节奏型。其中，深沉与综合型和激烈与叛逆型这两种音乐类型都和性格模型中经验开放性因素相关。但即使激烈与叛逆型的音乐类型中包含了一些有负面情绪的音乐，它与性格模型中神经质因素和亲和性因素也是不相关的。乐观与常规型的音乐风格，和性格模型中的外向性、亲和性、尽责性因素都呈正相关。除此之外，他们还发现，活力与节奏型音乐风格和外向性、亲和性因素也相关。

Rentfrow 等人[57] 又将之前的研究从单一的音乐推荐领域拓展到更广泛的娱乐内容领域中，包括：音乐、图书、杂志、电影和电视节目。他们把内容划分成以下 5 类：审美型、理智型、群体型、暗黑型和恐怖型。其中，群体型与性格模型中的外向性、适合性和责任感呈正相关，与外向型和神经性呈负相关；审美型与亲和性、外向性正相关，而与神经质因素负相关；暗黑型与外向性因素正相关，而与尽责性、亲和性因素负相关；理智型与外向性有相关性；恐怖型目前还没有发现与性格中哪种因素有明显的相关性。

Rawlings 等人[55] 的研究表明，性格因素中只有外向性和开放性解释了用户对音乐偏好的差异性。开放性因素得分高的人，更倾向于喜欢多样的音乐风格；另一方面，外向性因素对流行音乐的偏好是强相关的。

Cantador 等人[9] 则给出了他们在电影、电视节目、音乐和图书推荐领域中对用户偏好和用户性格相关性研究的实验结果。他们的工作基于 myPersonality 数据集[37]，并且他们发现了用户偏好和性格特征之间有许多相关性，无论是针对单领域内容推荐还是跨域内容推荐。

Odic 等人基于一个上下文的电影推荐数据集（CoMoDa 数据集[50]）探索了在不同社会环境（例如，独自与非独自）中，性格因素和由电影诱发的情绪的相关性[51]。他们发现用户在不同社会环境中的情感体验有几种不同模式，与性格因素中的外向性、亲和性和神经质因素相关，与尽责性和开放性因素则没有相关性。

21.3　性格采集

性格参数的采集是设计一个基于用户性格的推荐系统首要完成的事情。一般来说，采集方法可以分为以下两类：

- 显式方法，比如根据性格模型设计的调查问卷。
- 隐式方法，比如基于社交媒体用户数据的回归和分类方法。

显式方法虽然能够准确获得用户的性格特征，但是它们通常具有侵入性又很费时。因此，这些方法只能用在实验室研究中，并可以用来作为比较后续自动化性格预测方法准确度的真实实验数据。

相反，隐式方法则可以不着痕迹地获得性格参数。然而，它的准确率并没有显式方法高，并且准确率特别依赖于用户的源数据质量（如用户在 Twitter 上的发帖频率）。

我们在本节里详细地介绍了推荐系统中一些常用的性格特征的采集方法，表 21-3 简要列举了这些方法。

表 21-3　性格采集方法

参考文献	方法	性格模型	来源
[15, 23~26, 33]	显式	FFM	问卷调查(10 题或更多题)
[53]	隐式	FFM	微博、Twitter
[4, 37, 61]	隐式	FFM	社交媒体，比如 Facebook
[21]	隐式	FFM	社交媒体，比如新浪微博
[40]	隐式	FFM	角色扮演游戏
[16]	隐式	FFM	游戏，比如公共捕鱼游戏
[11]	隐式	FFM	手机日志
[63]	隐式	FFM	电子邮件
[30]	隐式	FFM	电商中的物品打分
[14]	隐式	FFM	故事
[66]	显式	Thomas-Kilmann 冲突模型	调查问卷
[64]	显式	Felder-Silverman 学习风格模型	调查问卷

21.3.1　显式性格采集方法

国际性格测试题库是比较常用的获取性格五因素的方法[23]，IPIP 的网页上 ⊖ 根据每种性格因素的测试数量(10 或者 20)生成 50 道或者 100 道题目的问卷。这么多精心设计的问题保证了性格测试的准确性，但同时也比较费时。IPIP 已经翻译成多国语言并且在文化差异下已经验证过有效性[42]。

由 Hellriegel 和 Slocum[26]制定的关于五因素性格测试的调查问卷里，针对每种性格因素都有 5 个问题，总共有 25 个问题来衡量人的性格特征。每个性格因素的得分是用户在这 5 个问题上的平均得分，比如，为了了解用户的"经验开放性"，5 个问题涵盖了"想象力""艺术兴趣""自由主义""冒险精神"和"智力"等方面，每个问题都按照 5 分制李克特量表(Likert Scale)要求用户给出打分(如想象力中有"没有感觉"的 1 分到"梦想家"的 5 分)。John 和 Srivastava[33]还设计了一个更全面的，包含 44 个问题的性格测试问卷，叫作大五量表(Big Five Inventory，BFI)，它针对每种性格因素有 8 或 9 个小问题。同样针对"经验开放性"，BFI 的问题设计为"具有原创性，总能有新的想法"；"对很多事物保持好奇"；"反应敏捷，是深刻的思想者"；"有活跃的想象力"等，每个小问题从"非常不赞同"到"非常赞同"有 1 到 5 的分值。BFI 公认为是一种发展非常成熟的性格测试，其他常用的性格测试还有包含 100 道题的大五人格量表(Big Five Aspect Scales，BFAS)[15]和特质描述百词表(100 Trait-Descriptive Adjectives)[24]。十项人格量表(Ten Item Personality Inventory，TIPI)属于大五量模型，针对每项性格因素只有两个小问题，特别适合在短时间内完成性格采集[25]。以"经验开放性"为例，TIPI 的问题是"对新事物是包容和开放的"还是，"传统的，缺乏创意的"。由于它的问题数目比较少，所以可能无法达到心理测量学的要求。表 21-4 列出了 TIPI 调查问卷的内容。

表 21-4　由 Gosling 等人[25]提出的十项人格量表的调查问卷

五因素性格模型	表述：我觉得我自己是
E	外向的、热情的
A	爱批评的、爱争吵的
C	可靠的、自律的
N	紧张的、容易忐忑的
O	容易接受新事物的、接受复杂的
E	矜持的、安静的
A	有同情心的、温暖的
C	无组织的、毫不在乎的
N	冷静的、情绪稳定的
O	传统的、没有创新的

⊖ http://ipip.ori.org/.

NEO PI-R 试题库（240 道测试题）[12]是一种流行的商用性格测试工具，不但可以用来衡量性格的 5 种因素，还可以细化到每种因素下的 6 个方面（子因素）。例如，"外向性"就包含以下几个方面：合群性（善交际的）、自信性（强有力的）、主动性（有活力的）、追求刺激（爱冒险的）、正面情绪（热情的）和温暖性（性格外向的）。从 NEOPI-R 中挑选出 60 道题来作为一个性格测试新工具——NEO-FFI 试题库，只用来衡量五因素而不再细化到更多层面[12]。

除了使用简短的问题，问卷中我们还可以使用小故事。Dennis 等人[14]针对五因素性格模型设计了一系列经典的短故事，每种因素对应两个故事：一个对应得分高的情况，另一个则对应得分低的情况。用户可以根据每个故事对自己的适用性来打分，分值从 1 到 9，1 代表"非常不准确"，9 代表"非常准确"。

尽管很多性格测试工具被提出，但是工具的选择仍然依赖于具体应用场景，并不存在一个"完全通用"的评价准则。

21.3.2　隐式性格采集方法

Quercia 等人[53]在一项研究中根据 myPersonality 数据集中的 335 个用户的数据，发现从用户微博里抽取的特征和相应的五种性格因素有很强的相关性。他们把从微博中抽取的特征划分到以下类别：听众（listeners）、受欢迎（popular）、高阅读量（highly-read）和有影响力（influential），这些类别都和五因素模型中至少一种性格因素紧密相关。更进一步说，他们利用机器学习方法（M5 规则回归方法和 10 折交叉验证的方式）预测五因素性格特征，并将预测的均方根误差（RMSE）控制在 0.69～0.88 之间（在五因素性格模型中取值范围从 1～5）。

Kosinski 等人[37]使用 myPersonality 数据集中超过 58 000 个用户在 Facebook 中点赞行为的记录来预测他们的五因素性格模型。他们根据用户对事件的点赞记录生成点赞矩阵，然后利用奇异值分解对特征值进行降维，再加上用户的性别、年龄等基本特征，使用逻辑回归预测用户五因素性格特征。他们的模型对于开放性和外向性因素预测较准，而其他性格因素的预测准确程度则较低。

Van Lankveld 等人[40]关于电子游戏中用户行为与用户性格的研究也有一些有趣的发现。他们对第三人称角色扮演游戏《无冬之夜》的 44 个玩家提取了 275 个游戏变量，这些变量记录了玩家在游戏中的对话行为、动作行为和混杂行为，他们发现 5 个性格特征和游戏变量间都有明显的相关性。

Chittaranjan 等人[11]从手机里的通话日志（如外拨电话、来电和平均通话时间等）、短信日志和 APP 使用日志中提取特征来预测用户性格，他们发现这些特征和五因素性格模型是明显相关的。使用支持向量机分类器来预测性格比随机方法更有效，但是这种有效性并非很明显。这说明根据通话日志预测用户性格还是很有难度的。

Shen 等人[63]尝试利用用户的电子邮件数据来推断用户性格。为了保护用户隐私，他们使用的是邮件内容里高度聚合过的特征，比如基于日常常用词汇的词袋特征，元特征（如 TO/CC/BCC 计数、邮件重要性、不同标点符号计数、单词计数、正负数计数、附件计数和邮件发送月份等），单词统计（基于词性标注、情感分析和代词和否定词计数），写作风格（如不同的问候方式、结束语方式、祝福方式和笑脸符号），以及用于检测与工作相关邮件的言语行为得分。这些特征可以作为预测邮件用户性格的训练集，常用的 3 个生成式预测模型有：联合模型、顺序模型和生存模型。预测函数的表达形式是：$f: X -> Y$，其中 X 为特征向量，$Y = <y_1, \cdots, y_k>$ 是用户性格的得分向量，每一个维度代表某一种性格因素的打分数，比如"外向性"，可以有"低分""中等"和"高分"3 种分值。联合模型是将所有性格因素放在一起综合考虑来决定是否选择某种特征；顺序模型每次首先选择单个性格因素，然后用该性格因素来决定是否选择某种特征；生存模型允许所有性格因素独立选择特征，然后被所有性格因素都选择的特征保留下来。一项基于超过 100 000 封邮件的实验表明，基于性格因素独立假设的生存模型在预测准确性和计算效率上来说表现最好，而联合模型对诸如亲和性、尽责性与外向性等因素的预测效果最差。这个结果从某种程度上表明，性格因素彼此之间具有独立性。并且，他们还发现"尽责性"得分高的用户更倾向于编写字数更多的长邮件；"亲和性"得分高的用户更喜欢在邮件中使用"请"字和写更多的祝福语；而"神经质"得分高的人在邮件中会使用很多否定词。

Oberlander 等人[32,47]的一系列研究表明，博客中的用户行为也可以用来预测用户性格。在文献[32]中，他们使用的特征包括词干提取之后的二元组、常用词和一些特征的布尔值（不是它们的分值）、支持向量机分类器。基于大规模的博客语料库，五因素性格因素的预测精度在 70%（神经质的精度值）~84%（经验开放性的精度值）之间。

随着社交网络的发展，一些学者开始研究用户在网上的社交行为（如 Facebook，Twitter）与他们性格之间的相关性[4,59]。比如文献[4]在对 237 名学生的调查中发现，他们的性格与 Facebook 的使用情况紧密相关。用户的性格由 NEO PI-R 问卷的调查结果给定，用户的网络行为特征为他们在 Facebook 上的基本信息、个人资料、联系方式、工作以及教育背景等，然后用这些数据计算性格和这些特征间的相关性。研究结果表明，"外向性"对 Facebook 中的好友数量有着积极影响；"神经质"得分高的人更倾向于发布照片等私密内容；"经验开放性"得分高的人则更倾向于把 Facebook 当作一个通信工具；"尽责性"与好友数量正相关。文献[61]也进行了类似的实验，再次验证了"外向性"和用户好友数量的强相关性，而且他们还发现用户喜欢选择比自己"亲和性"得分高但"外向性""开放性"得分接近的人做朋友。

在文献[22]中，作者提出了一个使用用户在 Facebook 上的数据来预测用户性格的方法。根据 167 个用户在 Facebook 上的公开数据，在众多的特征中他们识别出一些和大五性格因素中的一个或多个因素紧密相关的特征，这些特征包括：语言学特征（如脏话、社交过程、情感过程和认知过程等），结构特征如（好友数量和网络密度），活动和偏好（比如喜欢的书籍）基本信息（如恋爱状态和姓的单词长度）。其中，配置文本的语言分析工具使用了 LIWC（Linguistic Inquiry and Word Count）程序[52]，该工具在 5 个心理学类别下的 81 个文本词汇中产生了统计值。他们提出了两种回归分析方法来进行性格预测，包括 M5 规则回归和高斯过程。实验结果表明，这两种方法的预测误差均在 11% 以内，并且 M5 规则回归比高斯过程更为有效，特别是在经验开放性、尽责性、外向性和神经质预测方面。

近期，Gao 等人[21]也提出了一种根据用户在社交媒体上发布的内容预测用户性格的方法。他们获取了 1766 名志愿者的性格参数以及志愿者在新浪微博上的行为数据以此训练预测模型，模型一共使用了从微博内容中抽取的 168 维特征，它们包括状态统计特征（如状态总数）、基于语句的特征（每句话里中文字符的数量）、基于词语的特征（情感词汇的数量）、基于字符的特征（分号和逗号等的计数）和 LIWC 特征等。然后他们利用 M5 规则回归、Pace 回归和高斯过程来进行预测，预测结果和用户真实性格参数的相关性可以达到 0.4（显著相关），尤其在尽责性、外向性和开放性因素方面。

Hu 和 Pu 研究了推荐系统中用户性格对他们打分行为的影响[30]，他们采集了 86 个用户对属于 44 种主要类别中的 871 种商品的有效打分。对于每个用户的打分行为可以从 4 个方面来分析：已打分商品的数量（number of rated items，NRI），正面评分的比例（percentage of positive ratings，PerPR），商品类别覆盖率（category coverage，CatCoverage）和兴趣多样性（interest diversity，IntDiversity）。其中，商品类别覆盖率是该用户已打分商品所属的种类数目；兴趣多样性反映了用户对各个类别的兴趣分布，由信息学理论中的香农指数（Shannon Index）来定义。他们使用皮尔逊相关系数计算了用户大五性格因素和打分行为变量之间的相关性，并验证了用户性格极大地影响着用户对商品打分的行为。比如他们发现性别因素和"尽责性"与打分数量、类别覆盖率和兴趣分布都呈负相关，也就是说，"尽责性"得分高的用户，还有女性用户，不喜欢给出商品评分，喜爱的商品类别单一。此外，"亲和性"与正面评分比例是正相关的，这表明一个具有亲和力的人更倾向于给出更高的分值。虽然这些发现已经表明性格和打分之间的联系，但是只根据用户的打分行为来预测用户性格目前仍然是开放性问题。

Dunn 等人[16]提出，除了使用一般的问卷调查方式之外，使用游戏化 UI 方式来采集推荐系统中的用户性格也是很好的方法，比如在公共捕鱼游戏(Commons Fishing Game，CFG)中，用户被告知要最大限度地从一个与其他玩家共享的资源处捕鱼，同时还要尽量避免消耗这些资源。实验表明，用这样的方式来预测"外向性"和"亲和性"是可行的。

21.3.3 推荐系统的线下实验数据集

随着大量相关研究的发表，一些线下的数据集可以用于基于性格的推荐系统实验中。这些数据集至少需要：1)用户和物品的交互数据，比如打分；2)用户的性格参数。表 21-5 总结了一些数据集的信息。

表 21-5 数据集汇总

数据集名称	参考文献	应用领域	性格模型	用户数量	其他元数据
LDOS-CoMoDa	[38]	电影	FFM	95	电影上下文元数据(地点、天气、社交状态、情感等)
LDOS-PerAff-1	[71]	图片	FFM	52	在 VAD 空间中的事物诱导情绪
myPersonality	[37]	社交媒体	FFM	38 330	Twitter 用户名
Chittaranjan	[11]	手机应用	FFM	117	通话、短信、APP 日志

LDOS-PerAff-1 是第一个被公布的包含性格参数的数据集[71]，它包含了 52 个用户对不同图片的打分，而且每个用户对每张图片都给出了打分，所以打分矩阵没有一个空元素。数据集包含了每个用户的五因素性格模型，用户性格参数是根据 50 题的 IPIP 问卷得到的[23]。所有的图片都是从 IAPS 图片集[39]中挑选的，并分别标注了 VAD(Valence-Arousal-Dominance)空间中的 3 个情绪值：作用能力、觉醒能力和主导能力。

LDOS-CoMoDa(Context Movies Dataset)数据集[38]可以用于研究基于上下文的推荐系统，整个数据集包含了 95 个用户和 961 部电影信息。它包含每个用户的五因素性格参数，这是这个数据集的唯一特征，性格参数由 50 题的 IPIP 问卷得到[23]。这个数据集还有丰富的上下文数据，如时间、天气、地点、情感和社交状态等。

MyPersonality 数据集用户规模很大，它包含了 38 330 个用户的大五性格因素[37]。该数据集由一个 Facebook 的应用程序获得，数据包括用户在 Facebook 上的点赞行为。此外它还拥有超过 300 名用户在 Twitter 上的用户名，这为获取这些用户的微博数据提供了可能性[53]。

Chittaranjan 等人在文献[11]中给出了一个用户手机日志和他们五因素性格参数的数据集。数据集包含了 177 名用户超过 17 个月对 Nokia N95 智能手机的日常使用记录，包括通话、短信和 APP 使用信息。

还有很多数据集目前尚未发布，但已经应用于本章介绍的一些研究中。

21.4 如何在推荐系统中使用用户性格

本节我们将了解在推荐系统中使用用户性格的方法。用户性格经常用于解决推荐系统中的冷启动问题和推荐结果的多样化问题。表 21-6 列举了本节要介绍的多种策略。

表 21-6 推荐系统中使用用户性格调查的方法

参考文献	推荐系统的目标	性格采集方法	使用方法
[72]	冷启动问题	IPIP 50	基于用户性格计算用户与用户之间的相似度
[29]	冷启动问题	TIPI	基于用户性格计算用户与用户之间的相似度
[8，18]	冷启动问题	TIPI	主动学习，矩阵分解
[74]	多样性	TIPI	电影推荐中基于用户性格的多样性进行调整
[67]	多样性	NEO IPIP 20	基于用户性格多样性的自适应
[9]	跨域推荐	NEO IPIP 20	计算不同领域类别属性下的用户性格相似度
[54，56]	群组推荐	Thomas-Kilmann 冲突模型调查	结合自信性和合作性的推荐聚合函数
[35]	群组推荐	Thomas-Kilmann 冲突模型和 NEO IPIP 20	基于用户性格图模型的群组满意度建模

21.4.1 解决新用户的问题

推荐系统的新用户问题发生在用户刚刚开始使用系统尚未积累足够评分行为的时候[3]，这个问题同时存在于基于内容的推荐系统和基于协同过滤算法的推荐系统中，并且基于协同过滤的推荐系统要解决新用户问题会更难。这些系统必须首先获取用户的信息，这些信息通常都是以评分形式存在的。对基于内容的推荐系统来说，评分行为的不足意味着模型无法了解用户对物品的偏好，而对基于协同过滤的推荐系统来说，尤其是使用近邻方法的时候，评分行为的不足则表明新用户很难与其他用户有行为交集，无法得到有意义的用户相似度数据。到目前为止，解决新用户问题的方法有：混合方法[3]、自适应学习方法[19]和推荐最受欢迎物品的方法[3]。

用户性格可以解决新用户问题，假设用户的性格能通过其他方式获得，那么它就可以应用在协同过滤的推荐系统中。

基于内存的协同过滤推荐系统对于图像已经成功使用了用户性格[69,72]。在线下实验中，他们取得了每个用户显式的五因素性格参数，并且按照下面的加权距离公式来定义了用户距离（与用户相似度相反）：

$$d(b_i, b_j) = \sqrt{\sum_{i=1}^{5} \omega_l (b_{il} - b_{jl})^2} \tag{21.1}$$

式中，b_i 和 b_j 是任意两个用户的 FFM 性格向量（b_{il} 和 b_{jl} 是性格向量的分量）；ω_l 是每种性格因素的权重。权重是根据所有用户的性格参数进行主成分分析，计算得到的特征值。在给定的数据集上，这种方法与标准的基于打分的用户相似度计算在统计意义上是等价的。

Hu 和 Pu 在文献[29]中使用皮尔逊相关系数来计算用户性格的相似度：

$$sim(b_i, b_j) = \frac{\sum_l (b_{il} - \bar{b}_i)(b_{jl} - \bar{b}_j)}{\sqrt{\sum_l (b_{il} - \bar{b}_i)^2} \sqrt{\sum_l (b_{jl} - \bar{b}_j)^2}} \tag{21.2}$$

然后将基于用户性格的相似度与基于打分的相似度相结合，通过权重来控制两个相似度的贡献。他们比较了这种方法和单纯的基于打分的用户相似度计算的协同过滤推荐系统，在包含 113 名用户和 646 首歌曲的数据集上，前者在平均绝对误差（Mean Absolute Error，MAE）、召回率和特定性上都有更加优秀的表现。

他们的研究结果表明，无论是基于用户性格的相似度还是混合方案，在稀疏的音乐评分数据集上都能够让基于协同过滤的推荐系统比之前仅仅采用基于打分的相似度得到更加准确的推荐。

主动学习（Active Learning）是一个常用的解决冷启动问题的方法，如第 24 章介绍的诱导打分方法[19]。Elahietal 等人在文献[18]中提出了一种结合用户性格数据的主动学习策略，他们通过一个手机应用程序让用户完成一个 10 题的 IPIP 问卷从而得到用户的性格参数，然后把用户五因素性格模型看作用户附加的隐式特征（latent factors），再利用修正后的矩阵分解方法完成打分预测：

$$\hat{r}_{ui} = b_i + b_u + q_i^T \cdot (p_u + \sum_l b_l) \tag{21.3}$$

式中，p_u 是用户 u 的隐式特征；q_i 是物品 i 的隐式特征，b_u 和 b_i 是用户和物品的偏差，b_l 是五因素性格模型。研究表明，提出的诱导打分方法在 MAE 上优于 log（流行度）×熵的算法和随机算法。

在这些例子中，用户性格是通过调查问卷单独获取的，因此，用户不仅需要提供打分信息还需要回答关于性格的调查问卷。但是，这里的用户性格是提前获取的，可以从其他领域或者通过隐式方法获取用户的性格来减轻用户压力。

21.4.2 多样性/意外收获

近期，一些研究表明用户性格影响着用户对推荐多样性的需求[10,67]。多样性指的是推荐给用户一组多样的物品，以便让他们可以更容易地发现让自己惊喜的物品[46]（见第 26 章）。目前一般使用固定的策略来调整推荐结果的多样化程度[2,31,75]，但这种方式并没有考虑到不同用户对于多样性的需求程度。于是一些学者开始研究[10]用户性格是否真的对推荐多样性需求有影响，如果有，又是怎样影响的。他们针对 181 个用户展开调查，对每个用户，学者们既获得了他（她）看电影的数据，也获得了他（她）的性格参数。然后考虑多样性的两个层面：1）电影类型、导演和主演等单一属性的多样性；2）所有属性综合考虑的整体多样性。相关性分析表明，某些性格因素对用户的多样性偏好影响很大。例如，"神经质"得分高的用户，一般更活跃，容易紧张和兴奋，他们更倾向于选择不同导演的电影来观看；"亲和性"得分低的用户，一般更多疑又具有抵抗心理，他们更容易接受不同国家的电影；"尽责性"得分高的用户，一般组织性强效率高，他们更喜欢看不同上映年份的电影；"经验开放性"得分高的用户，一般更有创造力和想象力，他们更喜欢看不同演员主演的电影。至于整体多样性，实验表明，无论各个属性的权重如何设置，"尽责性"都表现出与整体多样性的强负相关性，也就是说，"尽责性"得分低的人才更喜欢整体多样性程度高的推荐。

受以上用户调查发现的启发，文献[74]开发了一种基于用户性格的针对电影推荐的多样性调整方法。他们在基于内容的推荐系统中，把用户性格当作一种调节因子，也就是说，在给定用户的性格参数后，首先确定用户的多样性需求。例如，"经验开放性"得分高的用户更偏好电影主演的多样性，那么针对这一类用户就推荐更多由不同演员主演的电影；对于"尽责性"得分低的用户，他们会提高推荐结果的整体多样性，因为之前的调查发现"尽责性"得分低与整体多样性需求高是相关的。被提议的方法是在受控的用户研究中进行测试（有 52 名参与者），将其与以相反的方式组合人格的变体（即，向用户提供更少的不同内容，但他自然需要更高的内容赋予他人格价值的多样性水平），实验结果表明前者明显能够提高推荐质量和用户满意度，这也巩固了之前的调查结果。他们还给出了一种高效的推荐方法，它是基于性格特征产生的个性化多样性。

Tintarev 等人使用 User-as-Wizard 方法来研究人们如何在推荐结果中应用多样性[67]。他们特别强调了"经验开放性"因素对多样化程度的作用，因为它描述了用户的想象力、好奇心、审美能力、对多种事物的偏好和对内心感受的专注，因此他们认为"经验开放性"得分高的用户更乐意接受新奇的事物。他们的在线问卷调查实验是由亚马逊的 Mechanical Turk（MT）提供服务的。实验一共分析了 120 名用户，每个用户需要为一个虚拟朋友给出推荐内容，那些虚拟人物按照"经验开放性"得分分为：高分、中等和低分 3 类。实验结果没有验证"经验开放性"对整体多样性需求的影响，但是他们发现实验参与者更喜欢为"经验开放性"得分高的人推荐不同类别但是主题相近的物品。也就是说，"经验开放性"得分低的用户相比于类别多样更喜欢主题多样的推荐。这些实验结果与文献[1]中的研究结果是一致的，说明用户通常喜欢来自不同类别的推荐，但是同一类别下多样性需求程度比较低。

21.4.3　跨域推荐

正如本章简介中所提到的，用户性格和商品领域是无关的，无论我们要为用户推荐图书还是电影，我们都可以使用同一份用户性格参数，因此，用户性格参数非常适合用于跨域推荐（详见第 27 章）。Cantador 等人[9]在一项研究中发现用户性格因素和领域中的类别属性是相关的，并且计算了在不同领域的类别属性下用户性格的相似度。在众多的跨域类别组合中他们发现，**喜欢萨尔萨舞曲的人群性格与科幻图书爱好者以及喜欢看新闻电视节目的人群性格是不相似的，但和喜欢看悬疑类图书的人群性格是接近的**。

21.4.4　群组推荐

关于群组推荐将在第 22 章中详细介绍，为一组用户推荐物品和为单个用户推荐物品是不一样的[41]。除了要选择合适的策略（如不满最小化和最大满意度等，参见第 22 章相关内容）来满足所有个体用户的需求外，群组成员间的关系也是需要考虑的重要因素，而用户性格对群组关系演化有着重要意义。

Recio-Garcia 等人[56] 和 Quijano-Sanchez 等人[54] 提出了利用 Thomas-Kilmann 冲突性格模型[66]来衡量成员的**自信性**和**合作性**，以此来为群组成员之间的关系建模，然后使用以下 3 种策略完成群组推荐：不满最小化、惩罚最小化和平均满意度最优。他们通过用户实验收集了70 名学生的真实数据，它们包括组队、讨论、决定将在电影院里看什么电影。结果发现，考虑了冲突性格模型后，推荐准确性更高了。

类似地，Kompan 等人[35]同时使用 Thomas-Kilmann 模型和五因素性格模型为单个用户建模，并用基于图的方法为群组满意度建模，其中图的顶点表示用户，边则表示由用户之间关系、性格和实际场景决定的用户间的相互影响。基于平均聚合策略的推荐系统在使用了群组满意度模型后推荐质量更优。

21.5　难题和挑战

在推荐系统中使用用户性格参数还处于起步阶段，这仍然是一个非常有意思的研究课题，因为还有很多难题和挑战还没有解决。本节我们将和大家一起探讨这些开放性问题。

21.5.1　非侵入式方法获取性格信息

传统的使用问卷调查形式来采集用户性格的方法有着很大的局限性，如果我们想要得到很准确的用户性格参数，就必须要求用户付出很大的努力，比如要认真完成 100 道题的大五性格量表（BFAS）（详见 21.3.1 节），而用户由于自身情感和认知原因，也许会非常反感耗费那么多时间回答大量问题。因此，隐式和含蓄的采集方法可能是建立用户性格参数更高效和更易被用户接受的方法。在隐式采集方法中最关键的问题是如何根据用户提供的信息正确推断出用户性格。在21.3.2 节中，我们讨论了很多方法，比如可以根据用户在 Facebook 和 Twitter 等社交网络上的行为数据，以及用户的电子邮件数据进行推断。然而，这些尝试都在起步阶段，算法的准确性还有很大的改进空间。一种可能的方向是利用能够反映用户性格的其他类型信息。比如,文献[30]已经验证了用户性格和用户打分行为间的强相关性,这对设计一个基于打分的性格推断算法具有启发性,而且也许还可以考虑是否可以把打分行为扩展到用户在推荐系统中的浏览行为、点击行为和选择行为。当然,研究多种信息资源对用户性格预测的互补作用也是非常有意思的,具体来说,我们可以整合用户在不同平台下的历史数据,比如整合用户的打分行为、电子邮件和社交媒体内容。但多种类型的数据可能是异质的,如何有效地整合所有数据是一个尚未解决的难题。

21.5.2 大规模数据集

在推荐系统领域中包含用户性格参数的数据集是非常少的(见 21.3.3 节),除了 myPersonality 数据集外,大多数据集包含的用户数都很少,大概只有 50～100 个左右。与推荐系统常用的大规模数据集如 Netflix 和 Yahoo! 音乐数据集相比,基于用户性格的推荐系统缺少更大规模的数据集。

21.5.3 跨域应用

跨域应用(详见第 27 章)是推荐系统中一个尚未开发的领域,用户性格似乎非常适合这一应用,因为用户性格不依赖于特定的领域,所以用户性格模型可以作为一种通用的用户模型。过去有一些关于跨域应用的研究验证了不同领域之间的一些偏好相关性,比如 Winoto 等人[73]观察到了游戏、电视剧和电影领域的相关性,Tiroshi 等人[68]观察到了音乐、电影、电视剧和图书领域的相关性。Cantador 等人[9]是最早发现用户五因素性格和用户对不同领域中物品偏好的关系,这为将用户性格因素应用于跨域应用奠定了基础。基于此工作一个很直观的想法是将在某一领域中得到的用户性格应用到其他领域中,从而解决新领域内冷启动的问题。

跨域推荐的另外一个方面是跨应用推荐。为了能够在不同应用场景中迁移用户性格参数,应该使用一种标准的性格描述,比如**性格标记语言**(Personality Markup Language,PersonalityML)就曾用于实现不同领域中的用户性格标准化描述[6]。

21.5.4 多样性

如何给出多样化且新颖的推荐已日益成为推荐系统领域重要的研究课题,也就是说,我们不再满足于向用户推荐与用户之前偏好类似的物品,而是为用户创造更多惊喜。文献[10,67]表明用户性格极大地影响了用户对多样性需求的差异,因此我们需要考虑如何改进已有的多样性推荐算法来满足不同用户对多样性的需求。例如,文献[74]对这一问题进行了初步尝试并得到了一些有趣的结果,但还需要从算法设计和用户评估两方面去改进和巩固当前的工作。而且,除了用户性格外,还应考虑一些如年龄、性别和文化背景等人口统计学特征可能带来的影响。事实上,文献[10]的研究结果表明,某些人口统计学特征与一些多样性变量是强相关的,比如年轻的用户或者受教育程度低的用户更喜欢多样化的电影推荐内容。因此,这些人口统计学特征应该和用户性格参数结合在一起考虑,来优化推荐结果的多样性。

21.5.5 隐私问题

尽管到目前为止推荐系统对用户性格的研究都使用了敏感数据,但其实隐私问题却一直没有得到很好的解决。事实上,为了得到用户性格参数,用户都会被添加上标签,而有些标签如**神经质**是非常负面的,这也就使数据变得很敏感。Schrammel 等人[60]探索了不同性格的用户是否对隐私泄露的接受程度有所不同,实验却发现没有显著差别。关于隐私问题的更多内容,详见第 19 章。

21.6 总结

在本章，我们介绍了推荐系统中用户性格的使用方法。用户性格，从心理学角度来说，它导致了用户在偏好和行为上的差异。我们既可以通过调查问卷显式地采集性格参数，也可以通过包括社交媒体在内的其他数据来源隐式地推断用户性格参数。五因素模型(FFM)是最常用的性格模型，包含以下5种性格因素：开放性、尽责性、外向性、亲和性和神经质。FFM非常适用于推荐系统，因为它可以被量化为一个五维的向量，每个维度表示用户在某一项性格因素上的得分，并且FFM还独立于推荐领域。我们介绍了多种性格参数的采集方法，主要着重于隐式方法。我们还给出一些例子来说明使用用户性格模型可以提高推荐系统的推荐质量，尤其是在冷启动问题和多样性方面。最后，我们列出了一系列在推荐系统中使用用户性格所面临的难题和挑战。

致谢

本章中介绍的部分研究工作得到欧盟FP7计划PHENICX项目(拨款协议号：601166)、中国国家自然科学基金(编号：61272365)以及中国香港研究资助局(编号：ECS/HKBU211912)的资助。

参考文献

1. Abbassi, Z., Mirrokni, V.S., Thakur, M.: Diversity maximization under matroid constraints. In: Proceedings of the 19th ACM SIGKDD International Conference on Knowledge Discovery and Data Mining, KDD '13, pp. 32–40. ACM, New York, NY, USA (2013). DOI 10.1145/2487575.2487636
2. Adomavicius, G., Kwon, Y.: Improving aggregate recommendation diversity using ranking-based techniques. Knowledge and Data Engineering, IEEE Transactions on **24**(5), 896–911 (2012). DOI 10.1109/TKDE.2011.15
3. Adomavicius, G., Tuzhilin, a.: Toward the next generation of recommender systems: a survey of the state-of-the-art and possible extensions. IEEE Transactions on Knowledge and Data Engineering **17**(6), 734–749 (2005). DOI 10.1109/TKDE.2005.99
4. Amichai-Hamburger, Y., Vinitzky, G.: Social network use and personality. Computers in Human Behavior **26**(6), 1289–1295 (2010)
5. Aral, S., Walker, D.: Identifying influential and susceptible members of social networks. Science (New York, N.Y.) **337**(6092), 337–41 (2012). DOI 10.1126/science.1215842
6. Augusta Silveira Netto Nunes, M., Santos Bezerra, J., Adicinéia, A.: PersonalityML: A Markup Language to Standardize the User Personality in Recommender Systems. Revista Gestão, Inovação e Tecnologia **2**(3), 255–273 (2012). DOI 10.7198/S2237-0722201200030006
7. Bologna, C., Rosa, A.C.D., Vivo, A.D., Gaeta, M., Sansonetti, G., Viserta, V., A, Q.G.S.: Personality-Based Recommendation in E-Commerce. EMPIRE 2013: Emotions and Personality in Personalized Services (2013)
8. Braunhofer, M., Elahi, M., Ge, M., Ricci, F.: Context Dependent Preference Acquisition with Personality-Based Active Learning in Mobile Recommender Systems. Learning and Collaboration Technologies. Technology-Rich Environments for Learning and Collaboration pp. 105–116 (2014). DOI 10.1007/978-3-319-07485-6_11
9. Cantador, I., Fernández-tobías, I., Bellogín, A.: Relating Personality Types with User Preferences in Multiple Entertainment Domains. EMPIRE 1st Workshop on "Emotions and Personality in Personalized Services", 10. June 2013, Rome (2013)
10. Chen, L., Wu, W., He, L.: How personality influences users' needs for recommendation diversity? CHI '13 Extended Abstracts on Human Factors in Computing Systems on - CHI EA '13 p. 829 (2013). DOI 10.1145/2468356.2468505
11. Chittaranjan, G., Blom, J., Gatica-Perez, D.: Mining large-scale smartphone data for personality studies. Personal and Ubiquitous Computing **17**(3), 433–450 (2011). DOI 10.1007/s00779-011-0490-1
12. Costa, P.T., Mccrae, R.R.: NEO PI-R professional manual. Odessa, FL (1992)
13. Deniz, M.: An Investigation of Decision Making Styles and the Five-Factor Personality Traits with Respect to Attachment Styles. Educational Sciences: Theory and Practice **11**(1), 105–114 (2011)

14. Dennis, M., Masthoff, J., Mellish, C.: The quest for validated personality trait stories. In: Proceedings of the 2012 ACM international conference on Intelligent User Interfaces - IUI '12, p. 273. ACM Press, New York, New York, USA (2012). DOI 10.1145/2166966.2167016

15. DeYoung, C.G., Quilty, L.C., Peterson, J.B.: Between facets and domains: 10 aspects of the Big Five. Journal of personality and social psychology **93**(5), 880–896 (2007). DOI 10.1037/0022-3514.93.5.880

16. Dunn, G., Wiersema, J., Ham, J., Aroyo, L.: Evaluating interface variants on personality acquisition for recommender systems. User Modeling, Adaptation, and Personalization pp. 259–270 (2009). DOI 10.1007/978-3-642-02247-0_25

17. El-Bishouty, M.M., Chang, T.W., Graf, S., Chen, N.S.: Smart e-course recommender based on learning styles. Journal of Computers in Education **1**(1), 99–111 (2014). DOI 10.1007/s40692-014-0003-0

18. Elahi, M., Braunhofer, M., Ricci, F., Tkalcic, M.: Personality-based active learning for collaborative filtering recommender systems. AI*IA 2013: Advances in Artificial Intelligence pp. 360–371 (2013). DOI 10.1007/978-3-319-03524-6_31

19. Elahi, M., Repsys, V., Ricci, F.: Rating elicitation strategies for collaborative filtering. E-Commerce and Web Technologies pp. 160–171 (2011)

20. Felder, R., Silverman, L.: Learning and teaching styles in engineering education. Engineering education **78**(June), 674–681 (1988)

21. Gao, R., Hao, B., Bai, S., Li, L., Li, A., Zhu, T.: Improving user profile with personality traits predicted from social media content. In: Proceedings of the 7th ACM Conference on Recommender Systems, RecSys '13, pp. 355–358. ACM, New York, NY, USA (2013). DOI 10.1145/2507157.2507219

22. Golbeck, J., Robles, C., Turner, K.: Predicting personality with social media. Proceedings of the 2011 annual conference extended abstracts on Human factors in computing systems - CHI EA '11 p. 253 (2011). DOI 10.1145/1979742.1979614

23. Goldberg, L., Johnson, J., Eber, H., Hogan, R., Ashton, M., Cloninger, C., Gough, H.: The international personality item pool and the future of public-domain personality measures. Journal of Research in Personality **40**(1), 84–96 (2006). DOI 10.1016/j.jrp.2005.08.007

24. Goldberg, L.R.: The Development of Markers for the Big-Five Factor Structure. Psychological assessment **4**(1), 26–42 (1992)

25. Gosling, S.D., Rentfrow, P.J., Swann, W.B.: A very brief measure of the Big-Five personality domains. Journal of Research in Personality **37**(6), 504–528 (2003). DOI 10.1016/S0092-6566(03)00046-1

26. Hellriegel Don, Slocum, J.: Organizational Behavior. Cengage Learning (2010)

27. Holland, J.L.: Making vocational choices: A theory of vocational personalities and work environments. Psychological Assessment Resources (1997)

28. Hu, R., Pu, P.: A Study on User Perception of Personality-Based Recommender Systems. User Modeling, Adaptation, and Personalization **6075**, 291–302 (2010). DOI 10.1007/978-3-642-13470-8_27

29. Hu, R., Pu, P.: Using Personality Information in Collaborative Filtering for New Users. Recommender Systems and the Social Web p. 17 (2010)

30. Hu, R., Pu, P.: Exploring Relations between Personality and User Rating Behaviors. EMPIRE 1st Workshop on "Emotions and Personality in Personalized Services", 10. June 2013, Rome (2013)

31. Hurley, N., Zhang, M.: Novelty and diversity in top-n recommendation – analysis and evaluation. ACM Trans. Internet Technol. **10**(4), 14:1–14:30 (2011). DOI 10.1145/1944339.1944341

32. Iacobelli, F., Gill, A.J., Nowson, S., Oberlander, J.: Large Scale Personality Classification of Bloggers. In: S. DMello, A. Graesser, B. Schuller, J.C. Martin (eds.) Affective Computing and Intelligent Interaction, *Lecture Notes in Computer Science*, vol. 6975, pp. 568–577. Springer Berlin Heidelberg, Berlin, Heidelberg (2011). DOI 10.1007/978-3-642-24571-8

33. John, O.P., Srivastava, S.: The Big Five trait taxonomy: History, measurement, and theoretical perspectives. In: L.A. Pervin, O.P. John (eds.) Handbook of personality: Theory and research, vol. 2, second edn., pp. 102–138. Guilford Press, New York (1999)

34. Keirsey, D.: Please Understand Me 2? Prometheus Nemesis pp. 1–350 (1998)

35. Kompan, M., Bieliková, M.: Social Structure and Personality Enhanced Group Recommendation. UMAP 2014 Extended Proceedings (2014)

36. Koren, Y., Bell, R., Volinsky, C.: Matrix Factorization Techniques for Recommender Systems. Computer **42**(8), 30–37 (2009). DOI 10.1109/MC.2009.263

37. Kosinski, M., Stillwell, D., Graepel, T.: Private traits and attributes are predictable from digital records of human behavior. Proceedings of the National Academy of Sciences pp. 2–5 (2013). DOI 10.1073/pnas.1218772110

38. Košir, A., Odić, A., Kunaver, M., Tkalčič, M., Tasič, J.F.: Database for contextual personalization. Elektrotehniški vestnik **78**(5), 270–274 (2011)

39. Lang, P.J., Bradley, M.M., Cuthbert, B.N.: International affective picture system (IAPS): Affective ratings of pictures and instruction manual. Technical Report A-8. Tech. rep., University of Florida (2005)

40. van Lankveld, G., Spronck, P., van den Herik, J., Arntz, A.: Games as personality profiling tools. 2011 IEEE Conference on Computational Intelligence and Games (CIG'11) pp. 197–202 (2011). DOI 10.1109/CIG.2011.6032007

41. Masthoff, J., Gatt, A.: In pursuit of satisfaction and the prevention of embarrassment: affective state in group recommender systems. User Modeling and User-Adapted Interaction: The Journal of Personalization Research **16**(3-4), 281–319 (2006). DOI 10.1007/s11257-006-9008-3

42. McCrae, R., Allik, I.: The five-factor model of personality across cultures. Springer (2002)

43. McCrae, R.R., Costa, P.T.: A contemplated revision of the NEO Five-Factor Inventory. Personality and Individual Differences **36**(3), 587–596 (2004). DOI 10.1016/S0191-8869(03)00118-1

44. McCrae, R.R., John, O.P.: An Introduction to the Five-Factor Model and its Applications. Journal of Personality **60**(2), p175–215 (1992)

45. McNee, S.M., Riedl, J., Konstan, J.A.: Being accurate is not enough. In: CHI '06 extended abstracts on Human factors in computing systems - CHI EA '06, p. 1097. ACM Press, New York, New York, USA (2006). DOI 10.1145/1125451.1125659

46. McNee, S.M., Riedl, J., Konstan, J.A.: Being accurate is not enough: How accuracy metrics have hurt recommender systems. In: CHI '06 Extended Abstracts on Human Factors in Computing Systems, CHI EA '06, pp. 1097–1101. ACM, New York, NY, USA (2006). DOI 10.1145/1125451.1125659

47. Nowson, S., Oberlander, J.: Identifying more bloggers: Towards large scale personality classification of personal weblogs. International Conference on Weblogs and Social Media. (2007)

48. Nunes, M.A.S., Hu, R.: Personality-based recommender systems. In: Proceedings of the sixth ACM conference on Recommender systems - RecSys '12, p. 5. ACM Press, New York, New York, USA (2012). DOI 10.1145/2365952.2365957

49. Nunes, M.A.S.N.: Recommender Systems based on Personality Traits: Could human psychological aspects influence the computer decision-making process? VDM Verlag (2009)

50. Odić, A., Tkalčič, M., Tasic, J.F., Košir, A.: Predicting and Detecting the Relevant Contextual Information in a Movie-Recommender System. Interacting with Computers **25**(1), 74–90 (2013). DOI 10.1093/iwc/iws003

51. Odić, A., Tkalčič, M., Tasič, J.F., Košir, A.: Personality and Social Context : Impact on Emotion Induction from Movies. UMAP 2013 Extended Proceedings (2013)

52. Pennebaker, J.W., Francis, M.E., Booth, R.J.: Linguistic inquiry and word count: Liwc 2001. Mahway: Lawrence Erlbaum Associates p. 71 (2001)

53. Quercia, D., Kosinski, M., Stillwell, D., Crowcroft, J.: Our Twitter Profiles, Our Selves: Predicting Personality with Twitter. In: 2011 IEEE Third Int'l Conference on Privacy, Security, Risk and Trust and 2011 IEEE Third Int'l Conference on Social Computing, pp. 180–185. IEEE (2011). DOI 10.1109/PASSAT/SocialCom.2011.26

54. Quijano-Sanchez, L., Recio-Garcia, J.a., Diaz-Agudo, B.: Personality and Social Trust in Group Recommendations. 2010 22nd IEEE International Conference on Tools with Artificial Intelligence (c), 121–126 (2010). DOI 10.1109/ICTAI.2010.92

55. Rawlings, D., Ciancarelli, V.: Music Preference and the Five-Factor Model of the NEO Personality Inventory. Psychology of Music **25**(2), 120–132 (1997). DOI 10.1177/0305735697252003

56. Recio-Garcia, J.A., Jimenez-Diaz, G., Sanchez-Ruiz, A.A., Diaz-Agudo, B.: Personality aware recommendations to groups. In: Proceedings of the third ACM conference on Recommender systems - RecSys '09, p. 325. ACM Press, New York, New York, USA (2009). DOI 10.1145/1639714.1639779

57. Rentfrow, P.J., Goldberg, L.R., Zilca, R.: Listening, watching, and reading: the structure and correlates of entertainment preferences. Journal of personality **79**(2), 223–58 (2011). DOI 10.1111/j.1467-6494.2010.00662.x

58. Rentfrow, P.J., Gosling, S.D.: The do re mi's of everyday life: The structure and personality correlates of music preferences. Journal of Personality and Social Psychology **84**(6), 1236–1256 (2003). DOI 10.1037/0022-3514.84.6.1236

59. Ross, C., Orr, E.S., Sisic, M., Arseneault, J.M., Simmering, M.G., Orr, R.R.: Personality and motivations associated with facebook use. Computers in Human Behavior **25**(2), 578–586 (2009)

60. Schrammel, J., Köffel, C., Tscheligi, M.: Personality traits, usage patterns and information disclosure in online communities. Proceedings of the 23rd British HCI . . . pp. 169–174 (2009)

61. Selfhout, M., Burk, W., Branje, S., Denissen, J., van Aken, M., Meeus, W.: Emerging late adolescent friendship networks and Big Five personality traits: a social network approach. Journal of personality **78**(2), 509–38 (2010). DOI 10.1111/j.1467-6494.2010.00625.x

62. Sha, X., Quercia, D., Michiardi, P., Dell'Amico, M.: Spotting trends. In: Proceedings of the sixth ACM conference on Recommender systems - RecSys '12, p. 51. ACM Press, New York, New York, USA (2012). DOI 10.1145/2365952.2365967

63. Shen, J., Brdiczka, O., Liu, J.: Understanding Email Writers: Personality Prediction from Email Messages. User Modeling, Adaptation, and Personalization pp. 318–330 (2013). DOI 10.1007/978-3-642-38844-6_29

64. Soloman, B.A., Felder, R.M.: Index of Learning Styles Questionnaire (2014). URL http://www.engr.ncsu.edu/learningstyles/ilsweb.html

65. Stewart, B.: Personality And Play Styles: A Unified Model (2011)

66. Thomas, K.W.: Conflict and conflict management: Reflections and update. Journal of Organizational Behavior **13**(3), 265–274 (1992). DOI 10.1002/job.4030130307

67. Tintarev, N., Dennis, M., Masthoff, J.: Adapting Recommendation Diversity to Openness to Experience: A Study of Human Behaviour. User Modeling, Adaptation, and Personalization, Lecture Notes in Computer Science Volume 7899 (I), 190–202 (2013). DOI 10.1007/978-3-642-38844-6_16

68. Tiroshi, A., Kuflik, T.: Domain ranking for cross domain collaborative filtering. User Modeling, Adaptation, and Personalization pp. 328–333 (2012). DOI 10.1007/978-3-642-31454-4_30

69. Tkalcic, M., Kunaver, M., Košir, A., Tasic, J.: Addressing the new user problem with a personality based user similarity measure. Joint Proceedings of the Workshop on Decision Making and Recommendation Acceptance Issues in Recommender Systems (DEMRA 2011) and the 2nd Workshop on User Models for Motivational Systems: The affective and the rational routes to persuasion (UMMS 2011) (2011)

70. Tkalčič, M., Burnik, U., Košir, A.: Using affective parameters in a content-based recommender system for images. User Modeling and User-Adapted Interaction **20**(4), 279–311 (2010). DOI 10.1007/s11257-010-9079-z

71. Tkalčič, M., Košir, A., Tasič, J.: The LDOS-PerAff-1 corpus of facial-expression video clips with affective, personality and user-interaction metadata. Journal on Multimodal User Interfaces **7**(1-2), 143–155 (2013). DOI 10.1007/s12193-012-0107-7

72. Tkalčič, M., Kunaver, M., Tasič, J., Košir, A.: Personality Based User Similarity Measure for a Collaborative Recommender System. 5th Workshop on Emotion in Human-Computer Interaction-Real World Challenges p. 30 (2009)

73. Winoto, P., Tang, T.: If You Like the Devil Wears Prada the Book, Will You also Enjoy the Devil Wears Prada the Movie? A Study of Cross-Domain Recommendations. New Generation Computing **26**(3), 209–225 (2008). DOI 10.1007/s00354-008-0041-0

74. Wu, W., Chen, L., He, L.: Using personality to adjust diversity in recommender systems. Proceedings of the 24th ACM Conference on Hypertext and Social Media - HT '13 (May), 225–229 (2013). DOI 10.1145/2481492.2481521

75. Ziegler, C.N., McNee, S.M., Konstan, J.A., Lausen, G.: Improving recommendation lists through topic diversification. In: Proceedings of the 14th International Conference on World Wide Web, WWW '05, pp. 22–32. ACM, New York, NY, USA (2005). DOI 10.1145/1060745.1060754

第五部分

Recommender Systems Handbook, Second Edition

高 级 话 题

组推荐系统：聚合、满意度和组属性

Judith Masthoff

22.1 简介

到目前为止，多数推荐系统的工作重点是如何向单个用户推荐商品。例如，基于用户过去行为的偏好模型，它们为某个特定用户挑选一本书。推荐系统设计者通常面临的挑战是怎样为单个用户决策出最佳推荐。在这方面已经取得很大的进步，本书中其他章节（第 2、4、5、7 和 27 章）也有涉及。

本章中，我们将进行更进一步的研究。在很多情况下，向一个群组推荐的效果可能优于向单个用户推荐的效果。例如，推荐系统可以基于群组中所有成员的喜好进行建模，为群组选择要看的电视节目或收听的一系列歌曲。面向群组的推荐比面向单个用户的更加复杂，假设我们明确地知道群组中每个用户的喜好，那么问题上升为怎样整合所有用户的喜好来建立模型。在本章中我们将讨论组推荐如何工作，面临哪些困难，以及已经取得了哪些成果。更加有趣的是，本章还将给大家展示群组推荐在单个用户推荐中的一些应用。因此，即使你正在开发的推荐系统是面向单个用户的，你仍然会乐于阅读本章（先阅读 22.8 节会使你更加信服这点）。

本章的重点是如何给群组做推荐，尤其是如何整合不同个体的用户模型或推荐结果。当建立一个组推荐系统时，还有一些超出本章范围的事情需要考虑。特别是：

- **如何获得单个用户的偏好信息**。可以使用一些常用的推荐系统技术（如显式评分、基于协同过滤的方法及基于内容的方法，见本书其他章节）。这里有一个困难就是，当组用户使用这个系统时你很难推断出个体的偏好，但是在个体间一起使用联合概率模型可推断出个体偏好。另外一个困难就是单个用户的评分可能依赖于他所在的群组。例如，某个少年可能喜欢与他的弟弟妹妹一起观看某个节目，却不想和他的朋友一起观看。

- **系统如何知道当前使用对象是谁**。这里存在不同的解决办法，如用户明确的登录、利用时间预测当前对象是谁的概率机制或利用代号（Token）和标签等[28]。近些年更加复杂的方法已经被使用。例如，GAIN 系统将组划分成已知子群（用户身份确定）和未知子群（用户身份无法识别但从统计学上可以判断其存在于群组中）[11]。在一个公开展示的系统中，组推荐能够识别出当前用户的性别和表情以及用户组结构（用户是单独一个人还是与他人在一起）[25]。

- **如何呈现和解释组推荐结果**。从本书关于推荐系统解释的相关章节可以看出，仅对单个用户进行推荐和解释推荐已有诸多需要考虑的问题，所以对群组推荐的解释更加困难，关于组推荐的解释在文献[23]中和本章最后一节有进一步的讨论。

J. Masthoff, University of Aberdeen, AB24 3UE Aberdeen, UK, e-mail：j. masthoff@ abdn. ac. uk.
翻译：何爱龙　审核：李　喆

- **如何帮助用户做出最终的决定**。在一些组推荐实例中，提供给用户的是组推荐，用户基于这些推荐结果来协商接下来该做什么，而在另外一些组推荐中则不存在这个问题（见22.2.4 节）。文献[23]简要概述了用户的决策过程可如何得到来自组推荐系统的帮助。

下一节我们将重点介绍组推荐的一些应用场景，并受这些场景之间的不同所启发，给出一种组推荐系统的分类。22.3 节中讨论了整合单个用户模型用于组推荐的策略，并介绍了哪些策略已在现有系统中得以应用，以及我们从与本领域相关的实验中学到了什么。22.4 节解决了当推荐一系列物品时的排序问题。22.5 节介绍情感状态的建模，包括单个用户的情感状态是怎样被组内其他成员的情感状态所影响的。22.6 节探讨怎样通过情感状态模型来建立更加复杂的整合策略。22.7 节介绍了如何将其他群组属性（如用户的性格）应用于整合策略上。22.8 节介绍了组模型和组推荐技术如何应用于单个用户的推荐上。22.9 节对本章进行了总结并讨论未来所面临的挑战。

22.2 组推荐的应用场景和分类

在很多环境下，我们需要满足一个群组的需求而不只是个人需求。下面，我们将讨论两个工作场景（它是由我们的工作所启发的），并根据场景之间的不同对组推荐系统进行分类。

22.2.1 使用场景1：交互式电视

交互式电视使个性化的观看体验成为可能，它抛弃所有人都看同一个新闻节目的传统模式，取而代之的则是为观众提供个性化的节目。例如，对我来说，这意味着会有更多的有关荷兰（我的家乡）、中国（多次在那里度假后令我着迷的国家）和足球的报道，而去掉关于板球（一个我无法理解的运动项目）和当地犯罪的报道。类似地，对于音乐节目可以选择一些我非常喜欢的音乐剪辑呈现给我。

传统的推荐系统（即应用于个人计算机的推荐系统）和交互式电视（如上面所简述的场景）主要存在两点不同。首先，与使用个人计算机相比，观看电视的大多是一个家庭或者社会团体。所以，电视新闻必须满足当前坐在它前面的一群人，而不仅仅是特定的某位观众。第二，传统的推荐技术通常考虑的是向用户推荐某一特定物品，例如，用户可能会观看的一部电影。而在上面所述的场景中，电视需要选择一系列的节目（如新闻特辑、音乐剪辑）呈现给观众。将面向组推荐技术和推荐一系列物品两者相结合是一件非常有趣的工作，因为为了使组中所有的个体用户都获得良好的满意度，对于推荐序列中某个特定用户不喜欢的物品，它可能会允许你用序列中其他一些喜欢的物品来进行补偿。

22.2.2 使用场景2：环境智能

环境智能可设计出一个对屋内在场的人进行感知并做出反应的物理环境。例如，假设有这样一个书店，它里面的检测器可以检测到有顾客在场并通过某种设备（例如，嵌入手机的蓝牙、有射频识别功能的会员卡）可确定顾客的身份。在该场景中，各种传感器分布在书店的书架和各种零件中，这些传感器可以检测到在场的单个顾客。该书店可以将这些顾客的身份和他们的个人信息（如爱好、购买模式等）联系起来。

通过分布在书店中的这些设备，该书店可以提供给顾客一个存在互动响应的环境，通过顾客的效益最大化来增加书店销量。例如，广播在顾客群的听力范围内播放的背景音乐应该是充分分析了顾客群的偏好后播放的。类似地，分布在书店中的 LCD 显示器基于附近的顾客来展示推荐的书籍，书店展示窗口（展示新书目）的 LED 灯可以根据当时注视它的顾客的偏好和兴趣做出调整等。显然，在同一时间有多人出现的物理环境中经常需要群体推荐技术。

22.2.3 应用场景背后的相关工作

本节我们将讨论一些最广为人知的以及其他一些更加新颖的组推荐系统的应用场景：

- MusicFX[33]选择一个广播电台播放的内容作为健身中心的背景音乐，使其适合在特定时间健身的人群，这与上面提到的环境智能场景相似。
- Polyens[36]是 Movielens 系统在组推荐上的推广。Movielens 基于单个用户的偏好来推荐影片，而单个用户的偏好是通过评分系统和社会过滤推断出的。Polylens 允许用户创建组并请求组推荐。
- Intrigue[2]，通过考虑团体中成员（如孩子和残疾人等）的特点来向旅行团推荐旅游地点。
- Travel Decision Forum[22]帮助一个团体实现一个共同期望的度假计划。用户用一组特征集（如运动和室内设施）标出他们的偏好，对于这些特征，系统合并单个用户的偏好，用户与代表组内其他成员的会话代理进行交互，从而达成一个共同接受的组偏好。
- 协同咨询旅游系统（CATS）[34]帮助用户选择度假方式。用户先考虑度假计划，并根据计划的特点做出评论（如"像图中所示一样，但是缺个游泳池"）。基于这些评论，系统向他们推荐合适的度假计划。用户常常选择他们喜欢的度假产品并使组内的其他成员看到，同时也标注出这些产品与群组内每个成员偏好的匹配程度（从他们的评论中推断得到）。可用单个成员的评价生成组偏好模型，并基于这个模型给用户推荐其他的度假计划。
- YU 的电视推荐系统[49]向群组推荐相关的电视节目，该系统基于单个用户喜欢的电视节目特征（如种类、风格、演员、关键词等）进行推荐。
- 组自适应信息与新闻系统（GAIN）[11]可以自适应地为其附近的一群人展示新闻和广告信息。
- 阿尔茨海默病和其他老年痴呆症的回忆疗法所用材料的质量提升系统（REMPAD）[7]推荐一个用于回忆疗法装置中所使用的多媒体材料。它从每个参与者的出生日期、居住位置和兴趣向量来推断适合他们的材料。
- HappyMovie[39]基于每个人的个性（独断性与合作性）和他们之间的关系强度（即所谓的社会信任度）向群组推荐电影。
- IntellReq[14]为群组决策提供支持，决定哪些软件需求需要实现。用户可以看到推荐结果，并对这些已经获得用户偏好的结果进行讨论。

22.2.4 组推荐系统的分类

上述场景在诸多维度上都存在不同，这为对组推荐系统进行分类提供了一套方法：

- **个人偏好是已知的还是随时间推移逐渐获得的**。在多数场景中，组推荐是从个人偏好开始的。与此相反，CATS 系统使用一种基于评论的方法，随着时间的推移来逐渐获得群组成员的个人偏好。其他推荐系统也在用同样的评论方法（如文献[17]）。文献[35]详细讨论了基于评论的方法及其在组推荐系统中所起到的作用。而在 IntellReq 系统中，个人偏好会受到群组讨论和基于当前获得的用户偏好所生成的推荐结果的影响。
- **推荐物品能被群组感知还是仅作为选项来展示**。在交互式电视场景中，群组成员能够看到推荐的新闻。在环境智能，GAIN 和 MusicFX 场景中，人们可以直接感知到推荐的音乐和广告。相反，在一些其他场景中，推荐结果只是以一个列表的形式呈现。例如，Polylens 系统为群组提供一个可能想要观看的电影列表。

- **群组是被动的还是主动的**。在大多数场景中，用户群并不需要像聚合单个用户偏好那样进行互动。但是，在 Travel Decision Forum 和 CATS 中，用户群组通过协商来共同构建模型。在 IntellReq 系统中，群组不影响聚合过程，但有可能对评分产生影响。

- **推荐单个物品还是一个系列**。在 MusicFX、Polylens 和 YU 的电视推荐系统场景中，只推荐一个节目通常就足够了，因为人们通常每晚只看一部电影，电台可以一直不停播放，YU 的电视推荐系统也仅选择一个电视节目。类似地，Travel Decision Forum 和 CATS 的用户一次只选择一个度假产品。相反，在交互式电视场景中，会给用户推荐一系列的报道，以形成一个完整的新闻播报。同样，在 Intrigue 的应用场景中，一个旅行团在旅途中会参观多个景点，所以他们可能会对一系列的景点感兴趣。与之类似，在环境智能场景中用户可能会听多首歌曲或者在店内展示屏上查看多个条目。而 GAIN 系统也会同时展示多个物品。此外，展示内容会每 7min 更新一次，使得用户有可能看到一组物品。在 IntellReq 系统中，组推荐系统需要决定选择哪些物品以适应不同的需求。

在本章中，我们将关注包含以下特点的场景，即单个用户偏好已知，群组可以直接感知到推荐的物品，群组是被动的且推荐的是一系列物品。系列推荐引出一些关于推荐序列中的物品排序（见 22.4 节）和考虑单个用户情感状态（见 22.5 节和 22.6 节）的有趣问题。而对于被动且可直接感知到推荐结果的群组来说，良好的组推荐系统显得更加重要。

de Campos 等人对于组推荐系统的分类同样清晰地区分了被动组和主动组[10]。该种分类还使用了另外两个维度：

- **如何获得单个用户的偏好**。他们区分了基于内容和协同过滤两种情况。在上面提到的诸多系统中，Polylens 和 HappyMovie 使用的是协同过滤，其他系统则更加倾向于用基于内容的过滤［如 REMPAD 或让用户偏好明确（如 IntellReq）］。

- **是对推荐结果合并还是对用户配置合并**。对于前者，先为单个用户产生推荐列表，然后再将这些列表合并入组推荐。对于后者，根据单个用户的偏好将推荐模型合并生成组模型，然后用该组模型产生组推荐的结果。他们指出 Intrigue 和 Polylens 是对推荐结果的合并，而其他推荐系统则是对用户配置进行合并的，用户配置的合并可以通过多种途径实现。本章我们将着眼于偏好评分的合并。对内容进行合并也是可行的。如 GroupReM 通过个人标签云配置建立群组标签云配置[37]。同样，也可以联合使用个人配置聚合和推荐结果聚合。文献[6]提出一种混合切换方法，当用户数据稀疏时使用推荐结果聚合，反之则进行用户配置聚合。以上例为鉴，文献[13]也使用了这两种方法。

这两个维度与组推荐系统如何实现更加相关，而非使用场景所固有。在本章中，我们将关注用户配置的合并，但在同一系统中合并推荐结果时采用的策略都是相同的。本章中列举的资料与如何获得单个用户的偏好无关。

22.3 合并策略

群组推荐需要解决的主要问题是当基于单个用户的偏好信息时，怎样把群组视作一个整体来适应。例如，假设一个群组中包含 3 名成员：Peter、Jane 和 Mary。假设一个系统知道这 3 个人将会一起出现并知道他们对于给定的一组物品（如音乐专辑或广告）中每个物品的兴趣，表 22-1 给出了一个 10 分制评分系统的例子（1 代表非常讨厌，10 代表非常喜欢）。那么，如果在给定时间内只播放四项物品时，系统该如何给出推荐呢？

表 22-1   单个用户对 10 个物品评级的例子(A~J)

	A	B	C	D	E	F	G	H	I	J
Peter	10	4	3	6	10	9	6	8	10	8
Jane	1	9	8	9	7	9	6	9	3	8
Mary	10	5	2	7	9	8	5	6	7	6

22.3.1 合并策略概览

现有很多将单个评分合并入群体评分的策略(如在一个政党领袖选举中的应用)。例如,最小痛苦策略使用评分中的最小值来避免为群体成员带来痛苦(见表 22-2)。

表 22-2   最小痛苦策略示例

	A	B	C	D	E	F	G	H	I	J
Peter	10	4	3	6	10	9	6	8	10	8
Jane	1	9	8	9	7	9	6	9	3	8
Mary	10	5	2	7	9	8	5	6	7	6
组评分	1	4	2	6	7	8	5	6	3	6

受社交选择理论的启发,表 22-3 中列举了 11 种合并策略(具体细节见文献[28])。

在文献[42]中,聚合策略被分为:(1)基于多数的策略,这些策略使用最流行的项目(例如复数投票),(2)基于共识的策略,考虑所有组成员的偏好(例如,平均、无痛苦平均、公平),以及(3)只考虑子集的边界策略(例如,独裁、最少的痛苦、最大的乐趣)。

表 22-3   合并策略概述

策略	如何运行	实例
简单多数投票	采用"得票最多者获胜"的原则,类似地,投票最多的物品被挑选	当 A 是群组里大多数人评分最高的物品时,就选择 A,E 紧随其后(如果排除 A,E 的评分就是最高的)
平均	对单个用户的所有评分取平均值	B 的群组评分是 6,即(4+9+5)/3
乘法	对单个用户的所有评分取乘积	B 的群组评分是 180,即 4×9×5
波达计数	根据物品在单个用户偏好列表中的排名计数,排名最后的物品得 0 分,靠前一位的得 1 分,以此类推	A 的群组评分是 17,即 0(Jane 的最后一位)+9(Mary 的第一位)+8(Peter 的并列第 3 位)
科普兰规则	计算物品根据多数方法[①]胜过其他物品的次数与输给其他物品的次数之差	F 的群组评分是 5,因为 F 胜过了 7 个物品(B、C、D、G、H、I、J),输给了 2 个物品(A、E)
许可投票	计算评分超过某个阈值(比如 6)的单个用户个数	B 的群组评分是 1,F 是 3
最小痛苦	选取单个用户评分的最小值	B 的群组评分是 4,即 4、9、5 中的最小值
最大幸福	选取单个用户评分的最大值	B 的群组评分是 9,即 4、9、5 中的最大值
无痛苦平均	排除单个用户评分在某个阈值(比如 4)以下的物品之后,取余下物品评分的平均值	J 的群组评分是 7.3(8、8、6 的平均值),其中 A 被排除了,因为 Jane 讨厌它
公平	物品的排序类似于通过单个用户轮流选择所得到	物品 E 有可能被选为第一位(Peter 打分最高),随后是 F(Jane 打分最高)和 A(Mary 打分最高)
最尊者(独裁者)	使用最受尊敬用户的评分	如果 Jane 是最受尊敬的人,则 A 的群组评分是 1。如果 Mary 是最受尊敬的人,则群组评分为 10

①如果大部分群组成员对于物品 X 的评分比 Y 高,则意味着 X 打败了 Y。

22.3.2 合并策略在相关工作中的应用

大多数相关工作使用表 22-3 所列举的合并策略中的一种(通常伴随一些小的改进)，且在实际使用时它们会有所不同：

- Intrigue 使用一种加权模式的平均策略。该系统做出群体推荐时考虑了不同类型的子群组的偏好，如儿童、残疾人等。该策略取平均值时，其中各权重值基于各子群组的人数和子群组的相关性而定(儿童和残疾人被分配较高的相关性)。
- Polylens 使用最小痛苦策略，它假定一起去看电影的群组规模较小，并且群组成员倾向于与其中最不快乐的成员一样不开心。
- MusicFX 使用的是无痛苦平均策略的一个变体。用户对所有的广播站进行评分，评分范围为 +2(非常喜欢)～ −2(非常讨厌)，将这些评分转换为正数(通过加 2 得到)并对它们求平方以扩大最受欢迎和最不受欢迎站点之间的差距。无痛苦平均策略用来产生一组列表：只对评分高于某个阈值的物品求平均值。为了避免饥饿现象(列表得不到更新)和总是选取同一个广播站点，对列表中排序靠前的站点进行随机加权选择。
- YU 的电视推荐系统使用平均策略的一个变体。它的群体推荐是建立在单个用户对节目特征的评分基础上的： −1 表示不喜欢该特征， +1 表示喜欢该特征，0 表示中立。该种策略的目标是使群组的特征向量与组内单个成员的特征向量之间的距离最小化[49]，这种方法类似于对每个特征的评分取平均值。
- Travel Decision Forum 运用了多种策略，包括平均策略和中位数策略。中位数策略(不包含在表 22-1 中)使用评分的中间值。因此，对于我们所举的例子，A 的群体评分结果为 10，F 为 9。中位数策略常因其不易被人操纵而选用：使用者无法通过给出一个极端的评分(不能真实地反映他们的观点)将结果导向对自己有利的方向。相反，比如使用最小痛苦策略时，不诚实的使用者可以通过给出一个极端负面的评分来避免得到他们只是稍微不喜欢的物品。当用户提供显式评分，仅用于对群体进行推荐，并且可以知晓其他人的评分时，操纵评价结果的问题会显得非常重要，Travel Decision Forum 就是其中的一个例子。而当评分是由用户行为推断得到的，用户也无法得知其他人的评分(即使使用了合并策略)时，这一问题会显得不那么重要。
- 在 CATS 中，用户通过评论来标示一个度假物品应该包含哪些特征。对于确定的特征，用户会标示出是否需要(如滑冰的需求)。对于另外的特征，他们标示数量(如至少需要 3 个滑雪缆车)。群组模型包含所有用户的需求，那些满足大多数需求的物品将获得推荐。用户也可以完全舍弃一些度假物品，因此该策略也包含无痛苦策略的性质。
- GAIN 使用了平均策略的变体，对系统识别的用户以及从统计学角度来说尚未识别的用户会使用不同的权重。
- REMPAD 使用的是最小痛苦策略。
- HappyMovie 使用平均策略的一个变体，根据不同用户的个性(独断性与合作性)对其赋予不同权重。用户的评分权重会受到其他用户关系强度的影响。
- IntellReq 使用多数投票策略。

应该注意的是，YU 的电视推荐系统和 Travel Decision Forum 在聚合每个特征的偏好时没有采用公平的想法：在某个特征上失分不会让你在另一个特征上得到补偿。

除表 22-3 中提及的策略之外，也有更复杂的策略得到了应用[⊖]，例如：

- 基于**图的排序算法**（见文献[24]）使用了：1）图模型，将用户和物品作为节点，用户对物品的评分高于用户平均评分时二者之间的连接称为正连接，反之则称为负连接（并通过权重描述评分高于/低于平均分的多少）；2）用户邻接图，用于将用户与具有相似评分模式的其他用户相连接；3）获得相似评分的物品之间相连所构成的物品邻接图。群组推荐是基于图上的两次随机游走开展的，其想法是在随机游走中获得多次访问并处于正连接上的物品通常更容易得到群体的喜爱，而在随机游走中获得多次访问但处于负连接上的物品往往不受青睐。

- **Spearman footrule rank 聚合**策略（见文献[4]）通过使群组的聚合推荐列表与个人推荐列表距离最小来完成推荐。其中，两个列表之间的 Spearman footrule 距离是指两个列表内物品排序之差绝对值的总和。

- Carvalho 和 Macedo[9] 使用**纳什均衡**，模型将群组成员作为非合作游戏的玩家，并将玩家的行为作为物品进行推荐（从推荐列表中的前三个物品中选择）。群体满意度可以通过找到游戏中的纳什均衡来完成。

- **纯度与完整性**策略[41]。与更加简单的平均策略类似，纯度策略是一种离散统计策略，它试图满足群组中尽可能多成员的偏好（考虑偏好的偏差）。完整性策略则将群组推荐建模为群组成员之间进行协商的模式，这有利于高评分，同时对成员之间偏好差异巨大者进行惩罚。

22.3.3　哪种策略性能最佳

虽然 MusicFX、Polylens 和 CATS 三者在某些评估方面有了进展，但对于这些系统中它们的策略是多么的有效和如何根据不同的效果来选择不同的策略还没有得到研究，在下一节的实验中我们给出了一些新的解释。

与此相反，YU 的电视推荐系统已经给出了一些评估方法[49]。他们发现当组成员相对同质时，得到的聚合效果很好，但当组成员相对异质时结果却不甚理想，这样的情况符合我们的预期。如果组内成员非常相似，给出的平均策略将会使个人都满意，但如果组内成员的偏好差别很大，那么结果将变得很差。

我们进行了一系列的实验来研究表 22-3 所示的策略中哪一种是最好的（细节详见文献[28]）。在实验 1 中（见图 22-1），我们研究了人们是如何使用以用户为导向的评估方法来解决这类问题的[31]。给参与者与表 22-1 中所列的单个用户评分完全相同的样本，这些评分经过精心挑选，以便能将不同的策略区分开来。参与者被问及如果在给定的时间长度内可以观看 1，2，…，7 个节目，该群组会看哪些节目。我们比较了合并

图 22-1　实验 1：如果考虑到系统任务，人们会选择什么样的物品顺序

策略与参与者的决策和理由，发现参与者更关注公平原则，防止个体痛苦和"饥饿"（"这个物品是为 Mary 挑选的，因为到目前为止她还没有得到一件她喜欢的"）。参与者的行为反映出了几种策略（如平均策略、最小痛苦策略和无痛苦平均策略），而另外一些策略（如波达计数

法、科普兰规则）却没有用到[⊖]。

在实验2（见图22-2）中，按照表22-1所示的合并策略以及个人评分给予参与者物品顺序。他们根据自己认为该群组对于这个序列的满意程度进行评分，并对自己的评分给出了解释。通过实验我们发现乘法策略（将单个用户评分相乘）的性能最佳，在某种意义上参与者普遍认为它是唯一可以使群组中所有成员都满意的策略。波达计数、平均、无痛苦平均和最大快乐这些策略也展现

图22-2 实验2：人们喜欢什么

出了良好的性能。还有一些策略（如科普兰规则、简单多数投票、最小痛苦）似乎应该丢弃，因为这些策略会明确地对群组成员造成痛苦。

我们也将参与者的预测评价与简单满足模型函数（simple satisfaction modelling function）进行了比较。除上述方法外，我们发现使用下面的方法可以得到更加精准的预测[⊜]：

- 二次函数评分[⊜]，例如，使评分为9分和10分之间的差距比5分和6分之间的大。
- 归一化[⊜]，它考虑到了人们会通过不同的角度进行评价，如有人使用比较极端的分值进行评价，而一些人使用比较中性的分值进行评价。

在文献[30]中，我们使用基于情感状态模型的模拟用户进行了进一步研究（见下一节）。我们发现乘法策略的性能是最好的。

另外还有一些考察不同合并策略的影响的研究。表22-4概述了合并策略的评估。大多数研究会比较群组大小，并且通常还可以比较同质组（用户偏好相似）和更多异构组。研究发现，合并策略通常在更同质和更小的群组上表现更好。

表22-4 评估合并策略

用户	领域	评估方法	群组	策略	结果
[28]	电视	实验1，以用户为导向	群组大小：3 朋友 异构	表22-3的策略	使用：平均、无痛苦平均、最小痛苦。 未使用：波达、许可、简单多数、科普兰
[28]	电视	实验2，以用户为导向	群组大小：3 朋友 异构	表22-3的策略	最好：乘法。 好：波达、平均、无痛苦平均、最大幸福。 最差：科普兰、简单多数、最少痛苦
[30]	电视	模拟用户度量：功能满意度	群组大小：3 朋友 异构	表22-3的策略	最好：乘法。 最差：波达、简单多数、最大幸福

⊖ 由于需要考虑复杂度这一因素，因此未得到应用并不意味着这些策略一定不好。事实上，在实验2中波达计数是性能最好的策略之一。

⊜ 由满意度函数预测得到的相对满意度得分与实验参与者预测给出的得分相同，详见文献[28]。

⊜ 若评分r不小于评分可能值的中点（记为scale_midpoint），则将r变换为$(r-\text{scale\_midpoint})^2$，反之则变换为$-(r-\text{scale\_midpoint})^2$。

⊜ 我们将用户u给出的一个评分r变换为$r*(\text{TotalRatingAverage}/\text{TotalRatings}(u))$。其中TotalRatingAverage是指所有用户对各项物品给出评分的平均分之和，TotalRatings(u)则是用户u对所有物品的评分之和。

（续）

用户	领域	评估方法	群组	策略	结果
[42]	电视	历史电视使用，包括个人和群组数据	群组大小：2-5家庭组	简单多数投票、最小痛苦、最大幸福、最尊者、平均	最好：大多数情况下是平均，20%是最尊者。最差：最大幸福、最小痛苦
[9]	电影	MovieLens 数据。度量：平均	群组大小：3、5、7类型：同质、异构	最小痛苦、平均、简单多数投票、纳什平衡	最好：平均。在一个场景中，平衡好于最小痛苦和简单多数投票
[8]	电影/电视	用户研究。度量：个人满意度平均	群组大小：3、5、10类型：专家、高相似度、社会关系	乘法、波达、许可投票、最小痛苦、最大幸福、最尊者	最好：乘法和最尊者。最差：最大幸福。在比较大的群组中，最小痛苦好于最大幸福
[13]	电影	合成数据度量：个人满意度平均	群组大小：2、5	平均、无痛苦平均、最尊者、最小痛苦、最大幸福	最好：平均和无痛苦平均。聚合建议时最尊者精度低
[4]	电影	MovieLens 数据度量：加权平均	群组大小：2、3、4、8类型：高相似度、随机的	平均、波达、最小痛苦、随机、斯玻尔曼规则	最差：随机。其他非常相似
[6]	烹饪	用户研究	群组大小：2、3、4家庭类型：同质、异构	平均、加权平均（基于活动、角色等）	最好：基于活动的加权平均
[41]	节假日	合成组和模拟的批评度量：平均	群组大小：3、4、6、8类型：相似、混合、多样	平均、波达、最小痛苦、最大幸福、乘法、随机、完整、简单多数	最好：乘法、完整、波达

遗憾的是，大多数研究使用的是人造群组：它们有个体用户偏好的数据（如 MovieLens 数据），将这些个体用户人为地合成为群组，并使用合并策略向群组推荐，决定群体中每个人对该建议的满意程度（独立于群组），然后取平均值来计算整个群组推荐的满意度。这种方法的问题在于，它假设一个群组的满意度与群组中个体满意度的平均值相同，而存在多种合并策略的核心原因正是实际情况可能并非如此。不出所料，这些研究倾向于发现平均策略性能良好（与类似的策略一样）。

这就引发了一个问题，群组推荐是否应该模拟真实群组所发生的或应试图做得更好。

这些研究有时也涉及本章未阐述的其他方面。例如，文献[6]分别研究了将评分进行聚合与将用户偏好进行聚合的效果。

22.4　序列顺序的影响

在 22.2 节提到，我们对推荐物品的顺序很感兴趣。22.3 节主要集中讨论了在有充足时间的情况下该怎样选择一定数量的物品进行推荐。例如，对于电视的个性化新闻，推荐系统需要挑选出 7 个新闻节目以播放给某个群组。选择节目时，可以使用合并策略（比如乘法策略）来组合单个用户的偏好值，然后选出 7 个群组成员评分最高的新闻节目。

本节我们的兴趣集中在序列中物品的顺序。例如，当 7 个新闻推荐节目选好后，问题就在于以什么样的顺序来播放这些节目了。这一问题存在诸多选项：例如，可以是按组评分的降序来播放这些新闻，先播放评分最高的新闻，最后是评分最低的。或者，也可以对这些新闻进行混合并按随机顺序播放。

然而，问题实际上要远比上述情景更加复杂。首先，在这种变化非常迅速的环境中，组内成员也在不断变化。因此，以当前成员的身份决定接下来要展示的7个物品似乎不是一个合理的策略。在最坏的情况下，第7条新闻播放的时候，那些成员可能都已经离开电视了。

其次，一个序列的整体满意度更多取决于物品的顺序而非某个成员想要看什么。例如，为获得最佳的满意度，我们可能需要确保新闻节目包含以下几个方面：

- **一个好的故事流**。把与主题相关的节目一起播放可能是最好的。例如，如果我们有两则关于迈克尔·杰克逊的新闻（一条有关他的葬礼，而另一条是关于他的颂词的），那么把它们一起播放是最好的。同理，把所有的体育新闻放在一起播放也是很合适的。
- **情绪的一致性**。把情绪相似的新闻放在一起可能是最好的。例如，观众可能不希望看到在两个开心的新闻（如失业率下降和比赛胜利）中间出现一个悲伤的新闻（如一个士兵的死亡）。
- **令人印象深刻的结尾**。以一个大众喜欢的新闻结尾可能是最好的，因为观众对序列的结尾记忆最为深刻。

在其他推荐领域中也有类似的顺序问题。例如，对一个音乐节目排序歌曲时要考虑它们的节奏。推荐系统可能需要额外的信息（如歌曲包含的情绪、主题及节奏）来优化排序。讨论如何解决这些问题已经超出了本章的主题（而且这跟特定的推荐领域密切相关）。我们只是想强调，已经展示的物品可能影响到下一个最好的物品是什么。例如，假设音乐推荐系统推荐的前4首歌曲都是蓝调歌曲，那么一首排名第6的蓝调可能比排在第五位的古典歌剧更适合排在下一位。同理，群组也可能会在连续听到同一风格的一系列歌曲后更加偏好听到一首风格不同的歌曲，即使排序最高的下一首和之前几首的风格一致。

图 22-3 实验3：研究心情和主题的影响

在实验3中（见图22-3，详细信息见文献[28]），我们研究了在新闻领域，前一个物品可能会对下一个物品产生的影响。参与者对一系列新闻进行了评分，然后得到了一条新闻推荐⊖，随后他们对于自己对此新闻的兴趣和感受进行评价，然后让他们对之前给过评分的新闻再次评分，看这些评分是否会发生变化。其中，我们发现，情绪（从上一个物品产生的）和主题相关性会对后续物品的评分产生影响。

这意味着，每次决定将要播放下一条新闻时，都需要重新将个人信息聚合成为群组信息。所以，推荐过程并非首先选择7个物品然后决定其展示顺序，而是先选择一个物品推

⊖ 在被试间设计中，两种不同的主题可以用来激发出不同的情绪。

荐，然后决定哪个物品最适合在下一位进行展示，因为第一个物品可能会对后续物品的评价产生影响。

22.5　对情感状态建模

为一组人做推荐的时候，你不可能在任何时候都给每个人喜欢的东西。但是，你也不想有人对推荐结果非常不满意。例如，在一家商店中，如果有客户由于实在无法忍受背景音乐而要离开且不再光顾，那么这种情形是不太好的。许多商店目前选择播放一些没有人真正讨厌，但也不会是大多数人喜爱的音乐，这可能会避免客户流失，但也不会导致销售增长。一个理想的商店会把音乐调整到使听力所及的顾客总是能听到真正喜欢的歌曲（这有助于提升销售量和顾客再次光临的可能性）。为了做到这点，不可避免地客户有时也会听到不喜欢的歌曲，但这种情形应该发生在顾客不会感到厌恶时（例如，因为上一首歌是他们非常喜爱的，所以他还是处于很好的心情中）。因此，持续地监控组成员的满意度是很重要的。当然，如果要顾客必须对他们接触到的音乐、广告等进行评分，这无疑会给顾客带来一个不能接受的负担。类似地，通过传感器（如心率监控器或面部表情识别器）测量这种满足感也还不是一个可行的做法，因为这些做法会干扰顾客，结果也不准确，而且成本高。因此，我们建议对组成员的满意度建模，根据我们了解到的他们的好恶进行预测。

22.5.1　对个人满意度进行建模

在文献[30]中，我们研究了对个人满意度建模的4个满意度函数。我们对比了这些函数对于满意度的预测与用户（实验2中的参与者）预测的满意度。我们还完成了一项实现（见图22-4），它比较了预测与用户真实感受$^\ominus$。

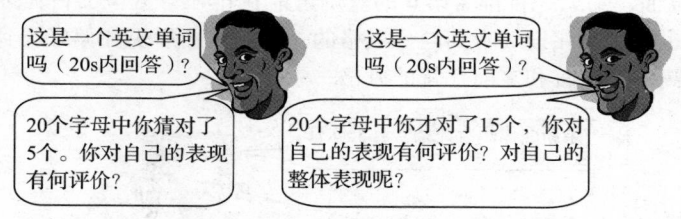

图 22-4　实验4：通过回答一系列问题得出整体满意度

满意度函数很好地定义了用户在看完一组物品-items序列后对一个新物品 i 的满意程度，如下所示：

$$\text{Sat}(\text{items} + < i >) = \frac{\delta \times \text{Sat}(\text{items}) + \text{Impact}(i, \delta \times \text{Sat}(\text{items}))}{1 + \delta} \quad (22.1)$$

式中，给定已有满意度 s 时，对新物品 i 满意度的影响定义为：

$$\text{Impact}(i, s) = \text{Impact}(i) + (s - \text{Impact}(i)) \times \varepsilon, \text{其中 } 0 \leq \varepsilon \leq 1 \text{ 和 } 0 \leq \delta \leq 1 \quad (22.2)$$

参数 δ 代表了满意度随时间的衰减（$\delta = 0$ 代表过去的物品已经没有任何影响了，而 $\delta = 1$ 说明这个物品没有任何衰减）。

参数 ε 代表了用户经历过前一个物品后，对新物品满意度的变化。这个参数是从心理学和

　　$\ominus$　对于文献[30]中所解释的原因，这里使用的是一个学习任务而非推荐任务，满意度则通过学习表现加以衡量。此任务中有容易（E）、中等（M）和困难（D）3个变量，所以我们可以通过参与者在某一任务上的表现来准确预测其满意度，并且关注序列顺序对于满意度所产生的影响。半数的参与者按照 E-D-M 的顺序完成任务，另外一半的顺序则是 D-E-M。

经济学的文献中启发得来的，说明了心情确实会影响价值判断[30]。比如，半数参与电视问卷调查的人，如果先收到一个小礼物，那么他们的心情都很好。他们发现推荐的电视节目都不错。因此，如果一个用户由于之前的物品带来了好心情，那么下次出现了一个他不太喜欢的物品时，带来的不好影响也通常较小（多少取决于 ε）。

参数 δ 和 ε 是依赖于用户的（在[30]的实验中证实了）。我们不会在本章中定义 Impact(i)，相关详细信息参考[30]，但正如与前文所述实验中所发现的那样，它涉及二次函数评分及归一化相关的内容。

22.5.2　个人满意度对群组的影响

上述满意度函数并未考虑到组内其余成员的满意度，事实上他们的满意度也会影响到个人满意度。正如在社会心理学[30]中讨论过的，这里会发生两个主要的流程。

情绪感染。 首先，其他用户的满意度可能会导致所谓的情绪感染：其他用户感到满意可能会提升某位用户的满意度（例如，如果有人向你微笑，你自然也会报以微笑，感觉会更好）。相反的情况也会发生：其他用户感到不满意可能也会降低某位用户的满意度。例如，如果你和你的朋友去看电影，当你的朋友们明显不太喜欢这部电影的时候，这种情况可能会让你对电影的满意度有一个负面的影响。

情绪感染可能取决于你的性格（有些人更容易被别人影响）以及你和其他人之间的关系。人类学家和社会心理学家已经发现了存在大量的证据证明有 4 种基本类型社交关系，见图 22-5。在实验 5 中（见图 22-6），我们为参与者描述了一个假想的正在与其一起看电视的人（运用图 22-5 中提及的 4 种关系类型）并询问他们的情绪受到了怎样的影响（程度从"严重下降"到"明显提升"不等），那个人的情绪是正面的也可能是负面的（见[30]）。结果证实，情绪感染确实取决于你所拥有的关系：比之于关系平等或形成竞争的人，你更容易被某些你爱的人（比方说你最好的朋友）或是你尊重的人感染（你的母亲或老板）。

图 22-5　人际关系的类型

图 22-6　实验 5：情绪感染对关系类型的影响

从众。 其次，其他用户的观点可能会影响你要表达的观点，这是基于所谓从众性过程。

图 22-7 显示了由 Asch[3] 开展的著名的从众实验。参与者要求完成一件很容易的事，比如判断 4 条线段中的哪一条与卡片 A 中的线段方向相同。他们认为自己被其他参与者所包围，但实际上其他人也是实验团队的一部分。别人都会在他们之前选择相同的错误答案。结果表明，大多数参与者都会选择同样错误的答案。

存在两种从众类型：1）规范化影响，即你希望成为群组的一分子，所以赞同组内其他成员的意见，即便跟你内心的信念并不一致；2）信息影响，你的观点会改变是因为你认为集体观点是对的。信息影响会改变你的满意度，而规范化影响可以通过情绪感染改变其他人的满意度，因为你描述的是一种不真实的情绪。

更多复杂的满意度函数可参见文献[30]，相关研究对情绪感染和两种从众心理类型进行了建模。这些函数也是文献[47]中工作的基础。

图 22-7　从众的实验（来自 Asch）

22.6　满意度在聚合策略中的使用

一旦建立了可以准确预测群组中每个成员在看到一组物品后个人满意度的模型，最好使用该模型去改善组聚合策略。例如，这种策略可以满足群组中满意度最低的成员。这可以通过许多不同方式来实现，而我们才刚刚开始研究该问题，例如：

- **强支持最挑剔用户策略**。该策略是挑选满意度最低的用户**最喜欢**的物品。如果存在多个这样的物品，则使用标准聚合策略，如乘法策略来进行区分。

- **弱支持最挑剔用户策略**。该策略是挑选满意度最低的用户**比较喜欢**的物品，比如，评分在 8 分或者以上的物品。此时使用标准聚合策略，比如，使用乘法策略在这些物品中进行选择。

- **加权策略**。该策略是根据用户满意度来给用户分配权重，然后使用一个带有加权形式的标准聚合策略。比如，表 22-5 显示了当使用了平均策略时，分配两倍权重给 Jane 的效果。注意，权重不能应用于某些策略，比如，最小痛苦策略。

表 22-5　为 Jane 分配相同权重和两倍权重后使用平均策略的结果

	A	B	C	D	E	F	G	H	I	J
Peter	10	4	3	6	10	9	6	8	10	8
Jane	1	9	8	9	7	9	6	9	3	8
Mary	10	5	2	7	9	8	5	6	7	6
平均值（相同权重）	7	6	4.3	7.3	8.7	8.7	5.7	7.7	6.7	7.3
平均值（两倍权重）	5.5	6.8	5.3	8.3	8.3	8.8	5.8		5.8	7.5

在文献[32]中，我们更详细地讨论了这个问题，提出一种基于代理的架构，从而将这些想法应用于环境智能场景，并描述一个实现的原型。文献[38]的初步工作也采用平衡用户满意度的策略。显然，需要进行实证研究来调查在聚合策略中使用情感状态的最佳方式。

22.7　组合属性：角色、个性、专长、关系强度、关系类型和个人影响

上面，我们讨论了一个人的满意度是如何被其他组内成员的情绪传染和归一化行为所影响的。个人的个性（如受到情绪传染的倾向）和个人之间的社会关系在此发挥了作用。这些因素都纳入到满意度模型当中[30]，然后用于聚合策略[32]。这些群组属性也可直接与聚合策略相结合，而无须通过模型满意度间接实现。

首先，属性可以用于个别组成员，通常是赋予某些组内成员更多的权重：

- **人口统计特征和角色**。如上所述，Intrigue[2] 区分不同的用户类型（儿童、有残疾和无残疾的成年人），并为更易受攻击的用户类型赋予较高的权重。文献[6]中的食谱组推荐

系统区分用户角色（点单者、合作伙伴、孩子），并根据其在系统中的预期参与度（儿童最低，点单者最高）来改变权重。对文献[42]中群组行为可视为独裁性策略进行分析表明，青年人通常在儿童群体中作为独裁者，而成年人则通常在青少年或儿童群体中作为独裁者。所以，尽管文献[42]并未给出在不出现独裁行为时群组聚合的情况，但不同的角色的确可能会对群组中发生的事情产生影响。

- **个性：独断与合作**。HappyMovie[39]使用了群组内成员的独断程度（组内成员试图满足自己想法的程度）与合作意识（人们试图满足他人想法的程度）两项指标，为较为独断的成员赋予更高的权重，而对合作意识更强的成员赋予较低的权重。
- **专长**。如文献[19]所述，根据社会心理学理论可知，专业知识可能会提供更高的个人影响力，所以在正常的群体决策过程中，专家可能对群体的决定有更大的影响⊖。Gatrell等人[15]对具有专业知识的人士赋予更高的权重。⊜他们根据活跃度，即成员观看电影的数量来推断出专业知识的多寡。文献[6]中的食谱组推荐系统也对更多参与家庭事务的成员赋予较高的权重。
- **个人影响**。⊜Liu等人[26]将**个人影响**的概念并入他们的组推荐算法，以模拟不同的成员对群体决策产生的不同影响。他们通过考量过去做出的决策来判定个人的影响。Herr等人[19]倡导使用**认知中心性**的社会心理学概念：群体成员的认知信息在组内共享的程度。他们提出，中心性程度可以用来推断一个人的重要性，更重要的成员应该赋予更高的权重。

其次，可以将群组作为一个整体属性使用，通常根据群组的类型使用不同的聚合策略：

- **关系强度**。Gatrell等人[15]主张根据不同的群组关系强度使用不同的聚合策略。他们建议对具有较强关系的群组（如夫妻和亲密的朋友群组）使用最大幸福策略，对于弱关系的群组（如初次认识的群组）使用最小痛苦策略，对于在这两个关系强度中间的群组（如熟人群组）使用平均策略。
- **关系类型**。Wang等人[47]将群组分为**地位均匀**⑳与**地位不均匀**两种类型。在地位均匀群组，诸如朋友和旅行团等群组中，成员的地位是平等的。而在家庭等群组中，成员的地位是不平等的。他们还区分了**紧密耦合**（强关系：成员关系密切，相互沟通十分重要）和**松散耦合**（弱关系：成员相对疏远，沟通不太频繁，也不太重要）两种类型。基于这两个维度，Wang等定义了4种不同的群组类型：紧密耦合且地位平等（如朋友群组），松散耦合且地位平等（如旅游群组），紧密耦合且地位不平等（例如，家庭群组）和松散耦合且地位不平等（例如，包括经理在内的工作人员群组）。

第三，可以使用群组中人物对的属性，通常可以根据同一用户对中另一个人的评分来调整某一用户的评分：

- **关系强度**。HappyMovie[39]将关系强度（他们称之为**社会信任**）应用于其聚合策略中，根据个人之间的关系强度及他人的评分来调整某一用户的评分。
- **个人影响**。文献[26]提出的个人影响这一概念也可以这样使用，Ioannidis等人[21]认为，人们受到群组中一些人的影响要大于另一些人。他们的组推荐系统使用了一个级联过

⊖ 此外，当某一用户的专业知识高于其他组内成员时，其对不喜欢的物品所表现出的不满意程度要更加强烈（该点似乎有一定道理，但仍需进一步研究）。
⊜ 这种方法在使用加法或乘法策略时可能会展现出良好的性能，但对于文献[15]中使用的最小痛苦和最大幸福策略来说不太奏效。因此，遗憾的是，文献[15]中部分嵌入专业知识的公式缺乏合理性。
⊜ 个人影响与个人在群组的角色之间并非完全独立：有些人所扮演的角色会与他们的个人影响力产生影响。然而，拥有完全相同角色的两个人仍然可能会具有不同的认知中心性。
⑳ 我们在文献[47]中所述的"均匀"和"不均匀"前面均加上了"地位"一词作为修饰，用于同之前描述群组多样性中使用的这两个词加以区分。

程，群组成员可以看到投票情况，并轮流发表评论。他们和 Ye 等人[48]认识到了在群组聚合策略中使用社会影响力的价值。

22.8 对单个用户进行组推荐

如果你打算开发一个为单个用户进行推荐的应用应该如何操作？组推荐技术会在 3 个方面产生效用：1）聚合多准则；2）解决所谓的冷启动问题；3）考虑其他人的观点。第 23 章也探讨了在为个人进行推荐时聚合的必要性，并介绍了几种具体的聚合函数[5]。

22.8.1 多准则

有时，由于问题是多维度的，所以给出推荐很难，此时多准则发挥了作用。例如，在新闻推荐系统中，用户可能有地理位置的偏好（对离家近或与他们热衷的度假地区相关的报道更感兴趣）。用户可能更喜欢最近的新闻，或者有主题偏好（比如，偏向于政治新闻而不是体育新闻）。推荐系统可能得到类似于表 22-6 所示的结果，这里不同的新闻在不同的准则下评分不同。那么该推荐哪个新闻报道呢？

表 22-6   基于不同标准对 10 个新闻报道的评分

	A	B	C	D	E	F	G	H	I	J
主题	10	4	3	6	10	9	6	8	10	8
位置	1	9	8	9	7	9	6	9	3	8
新近	10	5	2	7	9	8	5	6	7	6

表 22-6 类似于我们上面提到的组推荐（见表 22-1），但现在，我们不再有多个用户，而是有多个准则需要满足。可以将我们的组推荐技术应用于此问题。然而，适应一群人和适应一组准则之间存在重要的差别。在适应一群人的时候，平等对待每个人似乎是合理的和道德上是正确的。当然，可能有一些例外，例如，当小组包含成年人和儿童，或当某人的生日时。但一般来说，平等似乎是一个很好的选择，这可用于上面讨论的组适应策略。相比之下，当适应一组准则时，并没有特别的理由来假设所有的准则都是重要的。甚至对于某个人来说很有可能并非所有的准则都很重要。实际上，在一个实验中，我们发现用户以不同的方式对待准则，并将一些准则视为更重要（例如，新近被认为比位置更重要）[29]。那么，我们如何使用群组推荐策略解决这一问题呢？有多种方法可以做到这一点，如下所示：

- 把策略应用于最重视的准则上。不重要的评分标准可以完全忽略。例如，假定"位置"标准是不重要的，那么它的评分就可以忽略。表 22-7 显示了忽略位置时的平均策略结果。

表 22-7   剔除了不重要的位置标准后的平均策略

	A	B	C	D	E	F	G	H	I	J
主题	10	4	3	6	10	9	6	8	10	8
新近	10	5	2	7	9	8	5	6	7	6
群组	20	9	5	13	19	17	11	14	17	14

- 把策略应用于所有的准则，但使用权重。在不重要的标准上的评分可以赋予较小的权重。例如，在平均策略上，某个标准的权重乘以该标准的评分，可以产生新的评分。举例来说，假设主题和近期效应准则的重要性三倍于位置准则的重要性。表 22-8 显示了使用了这些权重后的平均策略结果。若使用乘法策略，评分与权重相乘没有任何

作用。在乘法策略中，更好的方法是将权重作为幂指数，因此把权重作为评分的幂，得到新的值取代原有评分。请注意，在上述两种策略中，零权重会导致评分被完全忽略。

表 22-8　主题和近期效应权重为 3 及位置权重为 1 时的平均策略

	A	B	C	D	E	F	G	H	I	J
主题	30	12	9	18	30	27	18	24	30	24
位置	1	9	8	9	7	9	6	9	3	8
新近	30	15	6	21	27	24	15	18	21	18
群组	61	36	23	48	64	60	39	51	54	50

- 调整策略使重要与非重要准则的表现不同：无痛苦不等均值。重要准则中的痛苦应当予以避免，而非重要准则中的痛苦则无须避免。假设位置准则再次认为是不重要的，表 22-9 显示了阈值为 6 时无痛苦不等均值策略的推荐结果。

表 22-9　阈值为 6 且位置标准不重要的无痛苦不等均值策略

	A	B	C	D	E	F	G	H	I	J
主题	10	4	3	6	10	9	6	8	10	8
位置	1	9	8	9	7	9	6	9	3	8
新近	10	5	2	7	9	8	5	6	7	6
群组	21			22	26	26		23	20	22

有证据表明，人们的行为反映了这些策略的结果[29]。然而，在该领域要知道哪些策略是最好的，还需要更多的研究。此外，如何确定一个标准是否"不重要"也需要更多的研究。多准则问题也是本书第 25 章讨论的主题。

22.8.2　冷启动问题

推荐系统的一大问题是所谓的冷启动问题：为适应用户，系统需要知道用户过去喜欢什么。这在基于内容的过滤推荐中是必要的，用来选定与用户喜欢的物品相似的物品。在社会化的过滤推荐中，决定和当前用户相似的用户在过去时间里对相同物品的喜恶是必要的（见图 22-8）。如果只是因为用户才刚刚开始使用推荐系统而导致你对其一无所知，该怎么办呢？推荐系统的设计者倾向于用以下两种方法来解决问题：要么让用户一开始就对物品进行评分，要么让他们回答一些人口统计学方面的问题（然后

图 22-8　在社会化过滤中的冷启动问题

再使用固有的模式作为起点，比如，老人喜欢古典音乐）。

这两种方法都需要用户花费精力。挑选哪些物品让用户去评分也不是件容易的事情，某些固有模式有可能是错误并具有冒犯性的（有的老人喜欢流行音乐，而且并不喜欢被归类为老年人）。

本章所提到的组推荐研究提供了另一种解决方案。对于推荐系统的新用户，为其提供现有群体中用户都满意的推荐。假设该用户与某个已存在的用户相似，尽管我们不知道是哪一个用

户，但既然推荐结果能让群体中的用户都快乐，那么新用户同样也会快乐的。⊖

我们将逐步了解该新用户的偏好，例如，通过分析他们对推荐物品的评分，或者更含蓄一点，通过分析他们是否在查看推荐结果上花费时间。我们提供使已有用户和新用户都开心的推荐结果给该新用户（或者更确切地说，假设为新用户的人）。由于对他们了解不多，刚开始赋予新用户的权重较小，然后再逐渐增加权重。我们也会在开始时给与新用户偏好明显不同的现有用户分配较小的权重。

图 22-9 展示了一个权重适应的例子：该系统包括观察到的新用户在一定程度上的品位，并开始减少一些其他用户的权重。长期使用该系统后，用户本人的意愿将彻底主宰物品的选择。

我们使用了 MovieLens 的数据集对该方法的有效性进行了小规模的研究。随机选了 5 部电影和 12 位评价过这些电影的用户：其中推荐系统已知的有 10 人，新用户为 2 人。在已

图 22-9　逐步学习这位用户及她与哪位用户最相似

知用户组使用乘法策略，得到新用户的电影排名。结果令人鼓舞：排名最高的电影正是新用户最喜欢的电影，同时根据新用户的信息可知，其他电影的排名也还可以。使用权重可进一步改进排名方法，同时权重开始反映新用户和已知用户的相似性。文献[27]给出了有关这一研究和应用群体适应来解决冷启动问题的更多细节。后续的研究[12]证实了这种方法的有效性。文献[46]中讨论了使用总体评分来解决冷启动问题的方法。

第 24 章介绍了解决冷启动问题的另一种方法。

22.8.3　虚拟组成员

最后，群组自适应策略也可以用于个人，具体做法是把虚拟的人物加入到群组中。例如，对于小孩子看电视娱乐，父母并不反对，但也希望小孩子能偶尔学到些什么。当小孩一个人的时候，父母的信息（对于孩子什么样的节目是合适的）可以作为群组虚拟成员加入到小孩的群组中，这样电视节目就会试图让父母和孩子都能满意，并在家长与孩子的意见中建立平衡。与之相似，虚拟的教师信息也可作为成员加入到学生群组中。

22.9　总结和挑战

组推荐是一个相对较新的研究领域。本章的目的是介绍该领域，尤其是在聚合个人用户信息方面。欲了解更多详情，请参见文献[22, 23, 27~30, 32]。

22.9.1　提出的主要问题

本章中提出的主要问题有：
- 适应群组在许多情况下是必要的，如交互式电视、智能环境、为旅游团进行推荐等。受

⊖　这种方法一开始提供的是非个性化推荐，但不一定是完全根据流行度进行推荐的（例如，在推荐一个物品序列时，可以使用无痛苦平均策略，并对组内其他成员应用公平原则）。

不同场景间差异的启发，可以使用多个维度对组推荐进行分类。

- 许多策略可以用于聚合个人偏好（见表22-3），其中有的策略表现比其他策略要好一些。用户似乎关心公平性和避免痛苦。
- 现有组推荐方法的差异主要来源于分类维度和聚合策略的不同。见表22-10的概述。

表 22-10 群组推荐系统

系统	使用场景	分类				使用策略
		已知偏好	直接经验	活跃群组	推荐顺序	
MusicFX[33]	基于用户的锻炼选择健身中心的无线电台	是	是	否	否	无痛苦平均
Polylens[36]	为群组推荐电影	是	否	否	否	最小痛苦
Intrigue[2]	基于子群特征的分组（如儿童及残疾人士）推荐名胜古迹	是	否	否	是	平均
Travel Decision 论坛[22]	提出一个计划的公共假期的期望属性的组模型，并帮助一组用户在这些方面达成一致	是	否	是	否	中位数
YU 的电视推荐系统[49]	基于个人对多个特性的评分，给一个小组推荐一个电视节目	是	否	否	否	平均
CATS[34]	基于个人评分，帮助用户选择公共假期度假	否	否	是	否	计量满足使用无痛苦需求的数量
Masthof S[28、30]	选择一组音乐视频片段供一个小组观看	是	是	否	是	乘法等
GAIN[11]	显示适合该小组的信息和广告	是	是	否	否	平均
REMPAD[7]	为小组回忆治疗会议提出多媒体资料	是	否	否	否	最小痛苦
HappyMovie[39]	给群组推荐电影	是	否	否	否	平均
IntellReq[14]	支持团队决定实现哪些需求	否	否	是	是	简单多数投票

- 当推荐一系列物品时，在序列的每个步骤中都要聚合个人信息，因为前面的物品可能会影响后面物品的评分。
- 构建满意度函数来预测单个用户在一个序列中任意时间的满意度是可行的。然而，组互动效应（如情绪感染和从众）会使该过程变得复杂。
- 虽然并非易事，但在实验中评估聚合策略和满意度函数的性能是可行的。
- 组聚合策略不仅可为一组人提供推荐，也可以用于个人推荐，比如在避免冷启动问题和处理多重准则时。

22.9.2 警告：组建模

术语"组建模"也可以用于与本章展示的完全不同的工作中。组成员之间的常识建模（如文献[20，44]），组间互动建模（如文献[18，40]）和基于个人模型的群组构成（如文献

[1，40]），这些方面已经开展了很多研究。

22.9.3　面临的挑战

相比个人推荐的工作来说，群组推荐仍是一个全新的领域。本章介绍的工作只是一个起点。未来的研究还有许多具有挑战性的方向，其中包括：

- **推荐物品序列给一个群体**。我们的工作和文献[38]中的初步工作似乎是目前仅有的试图通过均衡序列来解决公平问题的工作。即使序列对于 INTRIGUE 系统的使用场景是重要的，其工作还是没有研究序列的平衡，也没有研究序列的顺序。显然，在物品序列的推荐和排序方面还需要更多的研究，尤其是在已展示的物品怎样影响其他物品方面。其中一些研究必须在推荐系统的特定领域内进行。
- **情感状态的建模**。这里仍需要大量的工作去获得经过检验的满意度函数。本章和文献[38]中提出的工作只是一个起点。特别是对大规模的评估及群组规模影响力的研究是必需的。
- **将满意度并入聚合策略**。正如 22.6 节所示，有许多方法将满意度直接并入到聚合策略中。我们提出了这方面的一些初步想法，在进一步深入之前仍需大量的实证研究。
- **组推荐的解释：透明度和隐私**。有人可能认为准确预测个人的满意度能改进推荐系统的透明度：显示其他组成员的满意度能提高用户对推荐过程的理解，或许还可以使用户更容易接受他们不喜欢的物品。然而，用户的隐私需求很可能与他们的透明度需求冲突。组推荐系统的一项重要任务是避免尴尬。用户一般喜欢与组成员保持一致以避免被不喜欢（正如 22.5.2 节中我们所讨论的有关其他组成员的情感状态如何影响个人情感状态的话题）。在文献[30]中，研究了不同的组聚合策略对隐私所产生的影响。对组推荐的解释还需要更多的工作，尤其是在如何平衡透明度、隐私和可理解度方面。第 10 章提供了推荐系统中不同角色解释的详细内容[45]。
- **用户界面设计**。设计良好的用户界面会增加个人对组推荐的满意度。例如，在显示一个物品时，可以给用户显示下一个物品（如在电视节目中通过字幕告知）。这可能会告知那些对当前节目不感兴趣的用户，他们也许会喜欢下一个节目。对于设计可以支持群体决策的良好接口，则还需进行更多的研究（一些初步研究见文献[43]）。
- **冷启动问题的组聚合策略**。在 22.8.2 节中，我们简单介绍了如何利用组聚合策略去解决冷启动问题。然而，这方面的研究非常少，仍然需要大量的工作去验证和优化这种方法。
- **处理不确定性**。在本章中，假设我们获得了准确的个人偏好信息。例如，在表 22-1 中，推荐系统明确知道 Peter 对于 B 物品的评分为 4。然而在现实中，通常面对的是概率数据。例如，我们认为 Peter 的评分有 80% 的概率为 4。在采用聚合策略的时候需要考虑到这一点。de Campos 等人试图通过使用贝叶斯网络去处理这种不确定性[10]。然而，他们迄今为止更专注于平均和多数投票策略的研究，尚未解决公平性和避免痛苦的问题。
- **处理组属性**。在 22.7 节，我们讨论了将组属性纳入组推荐系统的初步工作。另外，如文献[16]所述，相较于只是作为一个个体，用户在特定群组情境中可能会展示出有不同的偏好。在这方面显然需要更多的研究。
- **实证研究**。为了推动这一领域的前进，更多的实证评估是至关重要的。在真实环境下设计一套容易控制且能大规模进行的实证评估是我们面临的挑战，特别是在处理组推荐和情感状态时。不同的聚合策略很可能对不同类型的群组和应用领域有效（参见文献[43]组推荐系统应用领域的初步工作）。到目前为止，几乎所有的实证研究（包括我自己的）都只在一个人为设定的小规模合成群组中进行（这种情况在使用平均策略进行聚合时可能会出现问题，见22.3.3节），或是缺乏控制。

致谢

Judith Masthoff 的研究部分得到 Nuffeld Foundation Grant No. NAL/00258/G 支持。

参考文献

1. Alfonseca, E., Carro, R.M., Martín, E., Ortigosa, A., Paredes, P.: The Impact of Learning Styles on Student Grouping for Collaborative Learning: A Case Study. UMUAI 16 (2006) 377–401
2. Ardissono, L., Goy,A., Petrone, G., Segnan, M., Torasso, P.: Tailoring the Recommendation of Tourist Information to Heterogeneous User Groups. In S. Reich, M. Tzagarakis, P. De Bra (eds.), Hypermedia: Openness, Structural Awareness, and Adaptivity, International Workshops OHS-7, SC-3, and AH-3. Lecture Notes in Computer Science 2266, Springer Verlag, Berlin (2002) 280–295
3. Asch,S.E.:Studies of independence and conformity: a minority of one against a unanimous majority. Pschol. Monogr. 70 (1956) 1–70
4. Baltrunas, L., Makcinskas, T., Ricci, F.: Group recommendations with rank aggregation and collaborative filtering. In: Proceedings of the fourth ACM conference on Recommender systems (2010) 119–126. ACM.
5. Beliakov, G., Calvo, T., James, S.: Aggregation functions for recommender systems. In this handbook (2015).
6. Berkovsky, S., Freyne, J.: Group-based recipe recommendations: analysis of data aggregation strategies. In: Proceedings of the fourth ACM conference on Recommender systems 111–118. ACM.
7. Bermingham, A., O'Rourke, J., Gurrin, C., Collins, R., Irving, K., Smeaton, A. F.: Automatically recommending multimedia content for use in group reminiscence therapy. In: Proceedings of the 1st ACM international workshop on Multimedia indexing and information retrieval for healthcare (2013) 49–58. ACM.
8. Bourke, S., McCarthy, K., Smyth, B: Using social ties in group recommendation. In: Proceedings of the 22nd Irish Conference on Artificial Intelligence and Cognitive Science (2011) University of Ulster-Magee. Intelligent Systems Research Centre.
9. Carvalho, L. A., Macedo, H. T.: Users' satisfaction in recommendation systems for groups: an approach based on noncooperative games. In: Proceedings of the 22nd international conference on World Wide Web Companion (2013) 951–958.
10. de Campos, L.M., Fernandez-Luna, J.M., Huete, J.F., Rueda-Morales, M.A.: Managing uncertainty in group recommending processes. UMUAI 19 (2009) 207–242
11. De Carolis, B.: Adapting news and advertisements to groups. In: Pervasive Advertising (2011). 227–246. Springer. **CITED identification of people in group; GAIN system**
12. de Mello Neto, W. L., Nowé, A.: Insights on social recommender system. In: Proceedings of the Workshop on Recommendation Utility Evaluation: Beyond RMSE, at ACM RecSyS12 (2012) 33–38.
13. De Pessemier, T., Dooms, S., Martens, L.: Comparison of group recommendation algorithms. Multimedia Tools and Applications, (2013) 1–45.
14. Felfernig, A., Zehentner, C., Ninaus, G., Grabner, H., Maalej, W., Pagano, D., Reinfrank, F.: Group decision support for requirements negotiation. In: Advances in User Modeling (2012) 105–116. Springer.
15. Gatrell, M., Xing, X., Lv, Q., Beach, A., Han, R., Mishra, S., Seada, K.: Enhancing group recommendation by incorporating social relationship interactions. In: Proceedings of the 16th ACM international conference on Supporting group work (2010) 97–106. ACM.
16. Gorla, J., Lathia, N., Robertson, S., Wang, J.: Probabilistic group recommendation via information matching. In: Proceedings of the 22nd international conference on World Wide Web (2013) 495–504.

17. Guzzi, F., Ricci, F., Burke, R. Interactive multi-party critiquing for group recommendation. In: Proceedings of the fifth ACM conference on Recommender systems (2011) 265–268. ACM.

18. Harrer, A., McLaren, B.M., Walker, E., Bollen L., Sewall, J.: Creating Cognitive Tutors for Collaborative Learning: Steps Toward Realization. UMUAI 16 (2006) 175–209

19. Herr, S., Rösch, A., Beckmann, C., Gross, T.: Informing the design of group recommender systems. In: CHI12 Extended Abstracts on Human Factors in Computing Systems (2012) 2507–2512. ACM.

20. Introne, J., Alterman,R.: Using Shared Representations to Improve Coordination and Intent Inference. UMUAI 16 (2006) 249–280

21. Ioannidis, S., Muthukrishnan, S., Yan, J. (2013): A consensus-focused group recommender system. arXiv preprint arXiv:1312.7076.

22. Jameson, A.: More than the Sum of its Members: Challenges for Group Recommender Systems. International Working Conference on Advanced Visual Interfaces, Gallipoli, Italy (2004)

23. Jameson, A., Smyth, B.: Recommendation to groups. In: Brusilovsky, P., Kobsa, A., Njedl, W. (Eds). The Adaptive Web Methods and Strategies of Web Personalization. Springer (2007) 596–627

24. Kim, H. N., Bloess, M., El Saddik, A.: Folkommender: a group recommender system based on a graph-based ranking algorithm. Multimedia Systems (2013) 1–17

25. Kurdyukova, E., Hammer, S., André, E.: Personalization of content on public displays driven by the recognition of group context. In: Ambient Intelligence (2012) 272–287. Springer.

26. Liu, X., Tian, Y., Ye, M., Lee, W. C.: Exploring personal impact for group recommendation. In: Proceedings of the 21st ACM international conference on Information and knowledge management (2012) 674–683. ACM.

27. Masthoff, J.: Modeling the multiple people that are me. In: P. Brusilovsky, A.Corbett, and F. de Rosis (eds.) Proceedings of the 2003 User Modeling Conference, Johnstown, PA. Springer Verlag, Berlin (2003) 258–262

28. Masthoff, J.: Group Modeling: Selecting a Sequence of Television Items to Suit a Group of Viewers. UMUAI 14 (2004) 37–85

29. Masthoff, J.: Selecting News to Suit a Group of Criteria: An Exploration. 4th Workshop on Personalization in Future TV - Methods, Technologies, Applications for Personalized TV, Eindhoven, the Netherlands (2004)

30. Masthoff, J., Gatt, A.: In Pursuit of Satisfaction and the Prevention of Embarrassment: Affective state in Group Recommender Systems. UMUAI 16 (2006) 281–319

31. Masthoff, J.: The user as wizard: A method for early involvement in the design and evaluation of adaptive systems. Fifth Workshop on User-Centred Design and Evaluation of Adaptive Systems (2006)

32. Masthoff, J., Vasconcelos, W.W., Aitken, C., Correa da Silva, F.S.: Agent-Based Group Modelling for Ambient Intelligence. AISB symposium on Affective Smart Environments, Newcastle, UK (2007)

33. McCarthy, J., Anagnost, T.: MusicFX: An Arbiter of Group Preferences for Computer Supported Collaborative Workouts. CSCW, Seattle, WA. (1998) 363–372

34. McCarthy, K., McGinty, L., Smyth, B., Salamo, M.: The needs of the many: A case-based group recommender system. European Conference on Case-Based Reasoning, Springer (2006) 196–210

35. McGinty, L., Reilly, J. On the evolution of critiquing recommenders. In F. Ricci, L. Rokach, B. Shapira, and P.B. Kantor: Recommender Systems Handbook, First Edition, Springer (2011) 73–105

36. O' Conner, M., Cosley, D., Konstan, J.A., Riedl, J.: PolyLens: A Recommender System for Groups of Users. ECSCW, Bonn, Germany (2001) 199–218. As accessed on http://www.cs.umn.edu/Research/GroupLens/poly-camera-final.pdf

37. Pera, M. S., Ng, Y. K.: A group recommender for movies based on content similarity and popularity. Information Processing & Management. (2012)

38. Piliponyte, A., Ricci, F., Koschwitz, J. Sequential music recommendations for groups by balancing user satisfaction. In: Proceedings of the Workshop on Group Recommender Systems: Concepts, Technology, Evaluation at UMAP13.(2013) 6–11.

39. Quijano-Sanchez, L., Recio-Garcia, J. A., Diaz-Agudo, B., Jimenez-Diaz, G.: Social factors in group recommender systems. ACM Transactions on Intelligent Systems and Technology, 4(1) 8 (2013).

40. Read, T., Barros, B., Bárcena, E., Pancorbo, J.: Coalescing Individual and Collaborative Learning to Model User Linguistic Competences. UMUAI 16 (2006) 349–376

41. Salamó, M., McCarthy, K., Smyth, B.: Generating recommendations for consensus negotiation in group personalization services. Personal and Ubiquitous Computing, 16(5) (2012) 597–610.
42. Senot, C., Kostadinov, D., Bouzid, M., Picault, J., Aghasaryan, A., Bernier, C.: Analysis of strategies for building group profiles. In: Proceedings of User Modeling, Adaptation, and Personalization (2010) 40–51. Springer.
43. Stettinger, M., Ninaus, G., Jeran, M., Reinfrank, F., Reiterer, S.: WE-DECIDE: A decision support environment for groups of users. In: Recent Trends in Applied Artificial Intelligence (2013) 382–391. Springer.
44. Suebnukarn, S., Haddawy, P.: Modeling Individual and Collaborative Problem-Solving in Medical Problem-Based Learning. UMUAI 16 (2006) 211–248
45. Tintarev, N., Masthoff, J.: Explaining recommendations: Design and evaluation. In this handbook (2015).
46. Umyarov, A., Tuzhilin, A.: Using external aggregate ratings for improving individual recommendations. ACM Transactions on the Web 5 (2011) 1–45
47. Wang, Z., Zhou, X., Yu, Z., Wang, H., Ni, H.: Quantitative evaluation of group user experience in smart spaces. Cybernetics and Systems: An International Journal 41:2 (2010) 105–122
48. Ye, M., Liu, X., Lee, W. C.: Exploring social influence for recommendation: a generative model approach. In Proceedings of the 35th international ACM SIGIR conference on Research and development in information retrieval (2012) ACM: 671–680
49. Yu, Z., Zhou, X., Hao, Y. Gu, J.: TV Program Recommendation for Multiple Viewers Based on User Profile Merging. UMUAI 16 (2006) 63–82

推荐系统中的聚合功能

Gleb Beliakov、Tomasa Calvo 和 Simon James

23.1 简介

聚合函数在推荐系统的不同阶段起到不同的作用。推荐系统(RS)从大量的电子化对象和信息中给用户推荐感兴趣的物品，其中包括电影[39]、网页[6]、新闻文章[40]、医疗方案[19,36]、旅游目的地[31]、音乐和其他商品[37,43]。因为数据量巨大，聚合函数在以下问题的处理中就显得十分必要了，比如帮助计算物品满足用户偏好的程度，用户之间或者物品之间的相似程度，甚至是在线商店的可靠性。

算术平均值函数和最大值/最小值函数一般是聚合函数的默认选择，不过理论研究表明，相对于单一方法来说更具个性化、更加灵活的聚合函数会带来更相关的推荐。本章概述了聚合函数的基本知识及其属性，介绍了一些重要的成员，其中包括泛化的手段(generalized mean)、Choquet 和 Sugeno 积分、有序加权平均(ordered weighted averaging)、三角形准则(triangular norms and conorms)以及双极聚合函数(bipolar aggregation function)。类似的方法可以为输入、连接、取消连接和混合行为之间的各种交互提供一种建模的方法。接下来，我们将介绍基于分析公式、算法或者实证数据的不同聚合函数的组合方式。讨论在保留重要属性的同时，怎样使聚合函数的参数符合观测数据。通过使用更复杂更合适的函数代替算术平均值，可以消除输入的冗余以改善自动推荐的质量，并使得推荐系统适合特定的领域。

23.2 推荐系统中的聚合类型

推荐系统区分于网络过滤器的一个关键特性是用户和物品之间的定向关系。随着现今网络应用越来越复杂以及 Web 2.0 的崛起，这种区别变得不再那么明显，当然我们依然可以根据数据收集方式和用户推荐理由构造方式的不同来区分推荐系统。基于与物品特性相关方案的推荐一般归类为基于**内容的推荐**(CB)，而利用用户相似度的推荐称为**协同过滤**(CF)推荐[1,2]。进一步将基于人口统计的过滤方法(DF)、基于效用的(UB)和基于知识的(KB)推荐方法[21]与通常使用物品间相似度的内容推荐方法区别开来是有益的。最近文献的特点是专注于结合两种或两种以上方法的混合推荐系统(HS)，更进一步说，推荐系统可以利用社交媒体带来的信息以提高推荐的精确性[17]。

协同过滤方法用物品偏好或者相似用户的评分作为推荐理由。在亚马逊网站里构建的推荐系统是这些方法的原型[37]，聚合函数(一般为简单或者加权平均)经常在协同过滤中用来聚合评分或者相似用户的偏好，然而它们还可以用来确定用户相似度，帮助定义**邻居**。

G. Beliakov · S. James, School of Information Technology, Deakin University, 221 Burwood Hwy, Burwood, VIC 3125, Australia, e-mail：gleb@ deakin. edu. au；sjames@ deakin. edu. au.

T. Calvo, Departamento de Ciencias de la Computación, Universidad de Alcalá, 28871 Alcalá de Henares, Madrid，Spain, e-mail：tomasa. calvo@ uah. es

翻译：胡 聪 审核：吴 宾、张朋飞

基于内容的过滤方法通过匹配物品属性与用户配置文件来构造方案。例如，一个新闻推荐系统可能会为每个拥有**关键词**的用户构建用户配置文件，对未知物品的兴趣可以通过来自与用户配置文件中相对应故事的关键词数量来预测。在基于内容的推荐中聚合函数的使用方法是基于每个用户特定的用户配置文件特性和物品描述的。这里我们考虑它们在物品评分计算、相似性计算和用户配置文件构建中的使用。

人口统计过滤技术根据用户配置文件为每个用户分配一个人口统计类别。每个人口统计分类都有一个相关的用户原型或者典型用户从而用来为推荐构建方案。与物品历史不同，用户相似度更可能是由用户的个人信息计算得来的，所以其维度比大多数协同过滤技术低，这使得最近邻或者其他分类聚类方法都很有效。

基于效用的推荐系统并不构建长期模型而是匹配物品与用户当前的需求，并考虑他们的普遍倾向和偏好。例如，一个用户正在寻找一本特定的书，从用户的过去行为中已知其偏爱旧精装版，即使需要花很长时间才能买到。在基于内容过滤的情况下，系统可以根据其特性，更具体说是与特性相关的效用来描述物品。由于是基于内容的过滤，即使用户配置文件和系统信息可能不同，但仍然可以作为聚合函数。

基于知识的推荐系统使用相关和类似物品的背景知识推断用户的需求以及怎样最大化地满足他们的需求。基于知识的方法并不仅仅利用典型的相似性方法，如相关性，还利用用户可能感兴趣的属性相似性。文献[21]中指出基于知识的推荐系统经常借鉴基于用例的推理方法。

混合推荐系统用来克服每个推荐方法自身的缺陷，Burke[21]将其分类为加权型、合并型、转换型、特征组合型、级联型、特征递增型、元层次型。聚合函数也可以用在混合过程中，例如，在加权型混合推荐中对不同的推荐分数进行组合或在特征组合型混合推荐中对特征进行组合。另外，其中一些混合推荐方法在不同的阶段使用聚合函数对效果的提升有很大帮助。例如，级联型方法使用其中一种过滤技术来减少数据集的大小，而特征递增型混合推荐可能使用其中个别方法来降维。协同过滤推荐使用的相似性度量方法，它可以在基于效用和基于内容的推荐框架中构建用户特定的聚合函数（如权重与参数之间的相似性）。相似的元层次型混合推荐在[21]中有描述。转换型混合推荐的转换标准在一定程度上可能会用到聚合函数，然而，合并型混合推荐就很少用到了。

特别关注社会媒体和置信度也是非常有价值的，这两项在推荐系统中发挥着越来越重要的作用。推荐系统能够从社交网络的研究里面获取很多益处，研究者着眼于用户如何和他人交互并影响他人，以及在这样的平台上物品如何被分享和推荐。聚合函数能够通过研究网络特征和结构来间接地设置信任模式、偏好以及关系。它们也能用来直接计算网络或者用户相似度以及信任或不信任程度[46]。

聚合函数的简单示例比如算术平均值、中值、最大最小值，每个都获取多个输入作为参数，合并输入并产生一个输出。在推荐系统中使用更复杂和更具表达性的方法往往是为了产生更准确的推荐。在某些情况下与其他数据处理方法相比，聚合函数是比较实用的选择。在接下来的小节中我们将着重调查聚合函数在不同类型的推荐系统中扮演的角色，这些角色可以显示它们可以用在哪里以及已经应用在哪里了。

23.2.1　协同过滤中的偏好聚合

给定一个用户 u 和相似用户的邻居 $U_k = \{u_1, u_2, \cdots, u_k\}$，用户 u 对未知物品 d_i 的偏好可以通过聚合给定的分数进行预测。我们用 $R(u, d_i)$ 来表示兴趣、评分或偏好的预测值：

$$R(u, d_i) = \sum_{j=1}^{k} \text{sim}(u, u_j) R(u_j, d_i) \tag{23.1}$$

该方程式称为加权算术平均（WAM），其中用户与其相似用户的相似度 $\text{sim}(u, u_j) = w_j$ 是权重，$R(u_j, d_i) = x_j$ 是要聚合的输入。给定 w_j，$x_j \geqslant 0$，$R(u, d_i)$ 是一个聚合函数。选择 WAM 容易解释，它可以满足许多有用的属性并且在计算成本低的同时，其他的聚合函数包括幂均值（可以是非线性的）或者 Choquet 积分（针对相关输入）可能会更精确地预测用户评分。

23.2.2　CB 与 UB 推荐中的特征聚合

配置文件可表示为偏好特征向量 $\boldsymbol{P}_u = (p_1, \cdots, p_n)$，物品的描述可以根据物品满足特征的程度来表述，如 $d_i = (x_1, \cdots, x_n)$，其中 $x_j = 1$ 表示该物品完全满足偏好 p_j。$\boldsymbol{P}_u$ 也可以是一个关键词向量，在此情况下 $x_j = 1$ 仅仅表示关键词 p_j 只出现一次。一个物品的整体得分 $R(u, d_i)$ 可由 x_j 的聚合决定：

$$R(u, d_i) = f(x_1, \cdots, x_n) \tag{23.2}$$

式（23.2）是一个聚合函数，该函数提供了满足特定边界条件的方法，且相对于 x_j 的增加是单调的。$R(u, d_i)$ 分数可以对后面要推荐的未知物品进行排序。如果推荐系统只允许展示一个物品，那么怎样评估该评分及了解其原因都变得很重要。如果用户只想购买或浏览满足他们所有偏好的物品，那么应该使用像**最小化**一样的**合取函数**。另一方面，如果其中一些偏好不能同时满足，例如，用户对戏剧和恐怖片感兴趣，那么**平均函数**或**析取函数**可能比较可靠。我们将在 23.3 节举出很多这种聚合函数广泛分类的例子。

在计算物品与物品相似度可行的情况下，基于内容的过滤也可以使用与协同过滤相对应的方法[2]。在这种情况下，用户配置可能包含所有或一部分之前评分/购买的物品 $D = \{d_1, \cdots, d_q\}$，相似性在未知物品 d_i 和 D 的物品中进行计算，如式（23.3）所示：

$$R(u, d_i) = \sum_{j=1, (j \neq i)}^{q} \mathrm{sim}(d_i, d_j) R(u, d_j) \tag{23.3}$$

在这种情况下，基于内容的方法可以受益于使用聚合函数来确定物品相似度和在 23.2.4 节中提到的物品邻居。

23.2.3　物品和用户相似度计算以及邻居集的构建方式

结合式（23.1）的推荐方法（加权向量）进行推荐的准确度在很大程度上依赖相似度（权重向量）的计算方式。用户之间的相似度可以通过之前评分或购买的物品来计算，或者利用与用户相关的已知特性进行计算，例如，年龄、位置和用户已知的兴趣。最常用计算相似度的方法，如式（23.1）中的加权，使用了余弦计算[42]和皮尔逊相关系数[40]。最近，其他相似度计算方法相继出现，像模糊距离[4]（或欧几里得距离、曼哈顿距离）和基于用户评分分布的（参见第 2 章）其他特定推荐指标[3,24]。

式（23.1）也可以考虑用在**最近邻**（kNN）方法的框架中。聚合函数已用于提高最近邻规则的精确性和效率，同时 OWA 和 Choquet 积分为框架提供模拟衰减权重和邻居交互的功能[14,50]。在最近邻设置中，相似度无异于多维近似或距离。欧几里得距离用于计算在[45]中使用评分和个人信息作为输入的推荐系统的相似度，其只是一种类型的度量，可能不能很好地捕捉到距离的概念，例如，数据维度之间在某种程度上是相关的甚至是不可比较的。在某些聚合函数的帮助下定义指标包括 OWA 算子和 Choquet 积分，已经在[18,44]中进行探讨，并可能在计算某些推荐系统的相似度时有用。

如果将式（23.1）中的 $\mathrm{sim}(u, u_j)$ 看作权重而不是相似度，那么我们可以认为各种聚合函数的权重确定问题已经被广泛研究。一个方法是通过最小二乘法拟合技术从数据子集中学习权重。例如，给定一组交互评分物品 $D = \{d_1, \cdots, d_q\}$，WAM 的权重可以由下式来拟合：

$$\mathrm{minimize} \sum_{i=1}^{q} \left(R(u, d_i) - \sum_{j=1}^{k} w_j R(u_j, d_i) \right)^2$$

其中

$$w_j \geqslant 0, \quad \forall j$$

$$\sum_{j=1}^{k} w_j = 1$$

真正被确定的是可最小化剩余误差的权重向量 $\boldsymbol{w} = (w_1, \cdots, w_k)$。那么其中每个权重就是在精确预测 $R(u, d_i)$ 时给定用户 u_j 的重要性。非线性函数，如加权几何平均，也可以用这种方法拟合。该算法计算时间效率相对较高，且可以离线计算得到或者在运行时根据推荐系统和数据集大小进行计算获得。另外，聚合函数可以用来组合不同的相似度计算方法。给定一些相似度计算方法 $\mathrm{sim}_1(u, u_1)$，$\mathrm{sim}_2(u, u_1)$，$\cdots$，$\mathrm{sim}_n(u, u_1)$ 等，可以获得一个整体的相似度计算方法。此类聚合相似度在[26]中用来推荐电影。在此例中，余弦与相关性得分通过该方法进行结合，该方法是非线性结合的聚合函数。在文献[2]中提出了针对多维度推荐系统的方法，用户可以从情节、视觉效果以及演技多个维度对电影进行评分，像评总分一样。对同一部电影总评分相同的两个人，喜欢的理由可能不相同，这说明只用总分会给相似度计算带来误导。聚合函数能够将这些相似度计算的因素进行合并(参见第25章基于多标准的推荐系统)。

23.2.4 CB 与 UB 的用户配置文件构建

更复杂的系统将为每个偏好分配一个权重。为了加强在线体验，许多推荐系统趋向于从在线行为中学习偏好(和权重)，而不是要求用户显式地表达。之前评分或购买的物品特征可以聚合成为每个偏好的整体得分。给定一个偏好 p_j，让 x_{ij} 为物品 d_i 满足 p_j 的程度，那么分数 $w(p_j)$ 可以表示为：

$$w(p_j) = f(x_{1j}, \cdots, x_{nj}) \tag{23.4}$$

一旦确定了所有的偏好，$w(p_j)$ 就可以用来确定 w_j，可以采用诸如式(23.2)所示的计算方法。

用户配置文件也能够通过上述相似度计算方法来学习，如文献[47]所说，Choquet 积分计算用来检测旅游网站的用户偏好。这个方法可以作为矩阵分解方法(主成分分析、奇异值分解以及隐因子分析)的替代方法，发掘用户偏好和物品描述信息之间的潜在关联。聚合函数的优点是可以获取具有参数可解释性的数据模型，当然也需要注意它对于稀疏数据集处理的缺点。

23.2.5 基于实例推理的连接词在推荐系统中的应用

在模糊集社区许多研究方法是基于实例推理[29]来构建推荐问题的，其中聚合函数可以作为连接词。这导致了如下的形式规则：

Ifd_{i1} *is* A_1 **AND** d_{i2} *is* A_2 **OR**$\cdots$$d_{in}$ *is* A_n **THEN**$\cdots$ (23.5)

x_1，x_2，$\cdots$，x_n 表示规则判断 d_{i1} 是 A_1 等的满足程度，而聚合函数用来代替 AND 和 OR 操作。例如，若一个用户的属性显式地表现出对喜剧与动作片的偏好，那么该用户的推荐规则可能包括"如果该电影是喜剧或者动作片那么推荐它"⊖。每种风格都可以表示为一个具有模糊链接的模糊集，用来聚合满足度。OR 和 AND 行为通常分别由析取和合取聚合函数建模。在推荐系统中，可以看出巨大的加强特性是可取的[11,49]。若有需要，这个特性允许进行**大幅有效**地调整进而生成一个**健壮**的推荐系统，或者许多**微小**的调整来构建一个较弱的推荐系统。

构建式(23.5)的方法可以用于在 CB、UB 和 KB 中物品与配置文件或队列的匹配。在某些基于人口统计的推荐系统中，在一个给定的类中，物品基本上会推荐给每个人，这使得分类过程为该推荐系统的首要任务。根据用户满足若干原型的程度将用户分类是可取的，反过来可以

⊖ 我们也注意到这些规则可以用在任何推荐系统中来决定**什么时候**推荐项目，比如"如果用户不活跃，那么推荐一些项目"。

根据用户对每个物品的兴趣来描述物品。例如，一个免息的个人贷款会非常吸引大学生，对新手妈妈也会有些吸引，但是对新婚燕尔者可能就没什么吸引力。如果系统聚合个人信息的兴趣值，用户可能会满足每个原型的一部分。这导致了类似式（23.5）的规则。"如果物品对于学生感兴趣或者对于新手妈妈感兴趣，那么用户 u 也将对其感兴趣"，或者"如果用 u 未婚而且要么是个学生要么是个妈妈，那么为其推荐该物品"。

23.2.6 加权混合系统

给定一组通过不同方法得到的推荐分数，如 $R_{CF}(u, d_i)$，$R_{CB}(u, d_i)$ 等，整体得分可以通过使用聚合函数 f 得到：

$$R(u, d_i) = f(R_{CF}(u, d_i), R_{CB}(u, d_i), \cdots) \tag{23.6}$$

P-Tango 系统[25]使用协同过滤与基于内容得分的线性组合进行推荐，而且根据推断出的用户偏好来调整权重。两个或多个方法的聚合可以通过使用多种不同属性和行为的方法来执行。信任度聚合函数、亲密度和社交关联度可以以权重的形式纳入多层次混合推荐系统中，并制定出推荐策略。

尽管这些标准计算过程可以使得推荐效果得到正常提升，但是使用不常用的或者更加复杂的方法可以优化某些推荐系统的排名过程，产生非相关性更小、精确度更高的预测。

23.3 聚合函数概述

聚合函数的目的是为了组合输入，这些输入一般表示为模糊集中的关系度、偏好度、证据强度或者假设的支持度等。在本节，我们在介绍一些广为人知的成员之前先提供一些初步的定义。

23.3.1 定义和属性

我们要考虑的是定义在单元区间的聚合函数 $f: [0, 1]^n \to [0, 1]$，其他选择也是可能的。输入为 0 表示没有关系、偏好、证据、满足等，自然 n 个 0 的聚合结果为 0。同样，值 1 表示完全关系（最强程度的偏好和证据），1 的聚合结果自然为 1。

聚合函数还需要在每个参数上单调，即输入的增加并不能降低整体分数。

定义 23.1（聚合函数） 聚合函数是 $n > 1$ 个参数从（n 维）单元立方到单元区间的映射 $f: [0, 1]^n \to [0, 1]$，并具有以下属性：

(i) $f(\underbrace{0, 0, \cdots, 0}_{n\text{-times}}) = 0$ 和 $f(\underbrace{1, 1, \cdots, 1}_{n\text{-times}}) = 1$

(ii) $x \leqslant y$ 时有 $f(x) \leqslant f(y)$ 对于所有 $x, y \in [0, 1]^n$

对于某些应用，输入可能具有各种组成部分（例如，一些值可能会缺失）。特别是在自动系统情况下，可能希望使用在 $n = 2, 3, \cdots$ 个基本属性相同的参数上定义的功能来提供一致的聚合结果。有一种方法是考虑一类**扩展聚合函数**[38]，它可以在各种 n 值下被简洁地表达。然而最近聚合函数的稳定越来越变关注[16,41]。

聚合函数分类取决于它们与输入之间关系的整体表现[23,27,28]。在某些情况下，我们需要高输入来补偿低输入，或者平均相互输入。在其他情况下，这样做是有意义的，高分数互相加强而低分数基本上被丢弃。

定义 23.2（分类） 聚合函数 $f: [0, 1]^n \to [0, 1]$ 是：

平均   如果边界为 $\min(x) \leqslant f(x) \leqslant \max(x)$；

合取   如果边界为 $f(x) \leqslant \min(x)$；

析取   如果边界为 $f(x) \geqslant \max(x)$；

混合   其他情况。

聚合函数的分类取决于推荐系统的输入是如何表示的，以及输出需要有多么灵敏或广泛性。当在 CF 中聚合推荐得分时，使用聚合函数保证了物品的兴趣预测代表分数的总体趋势。另一方面，某些混合聚合函数的语义让它们更可能被使用。例如，MYCIN[19] 是一个典型的专家系统，用来诊断和治疗稀有的血液疾病，它使用了一个混合聚合函数，因此高得分输入互相加强，而得分低于某一阈值的输入被惩罚。

聚合函数可以满足多种研究过的属性，使得它们可以在某种情况下有用处。这里我们提供那些文献中经常引用的定义。

定义 23.3（属性） 聚合函数 $f: [0, 1]^n \rightarrow [0, 1]$ 是：

幂等 如果对于每个 $t \in [0, 1]$ 其输出为 $f(t, t, \cdots, t) = t$；

对称 如果其值不依赖于参数的排列，例如对于 $f(x_1, x_2, \cdots, x_n) = f(x_{P(1)}, x_{P(2)}, \cdots, x_{P(n)})$ 每个 x 及 $(1, 2, \cdots, n)$ 的每个排列 $P = (P(1), P(2), \cdots, P(n))$；

关联 如果对于 $f: [0, 1]^2 \rightarrow [0, 1]$，在所有 x_1, x_2, x_3 上 $f(f(x_1, x_2), x_3) = f(x_1, f(x_2, x_3))$ 全部的 x_2, x_3；

LR-稳定：如果对于所有 $x \in [0, 1]^{n-1}$ 则有 $f(x_1, \cdots, x_{n-1}, f(x_1, \cdots, x_{n-1})) = f(f(x_1, \cdots, x_{n-1}), x_1, \cdots, x_{n-1}) = f(x_1, \cdots, x_{n-1})$；

平移不变 如果对于所有 $\lambda \in [-1, 1]$ 和 $x = (x_1, \cdots, x_n)$，只要 $(x_1 + \lambda), \cdots, (x_n + \lambda) \in [0, 1]^n$ 并且 $f(x) + \lambda \in [0, 1]$，则公式 $f(x_1 + \lambda, \cdots, x_n + \lambda) = f(x) + \lambda$ 成立；

齐次 如果对于所有 $\lambda \in [0, 1]$ 和 $x = (x_1, \cdots, x_n)$，公式 $f(\lambda x_1, \cdots, \lambda x_n) = \lambda f(x)$ 成立；

严格单调 如果 $x \leq y$ 但 $x \neq y$，则 $f(x) < f(y)$；

Lipschitz 连续 如果存在整数 M，对于任意两个输入 $x, y \in [0, 1]^n$，公式 $|f(x) - f(y)| \leq Md(x, y)$ 成立，其中 $d(x, y)$ 是 x、y 之间的距离。M 的最小值叫作 f 的 Lipschitz 常数；

具有中立元素：如果存在一个 $e \in [0, 1]$ 使得对于任何位置的 $t \in [0, 1]$ 有 $f(e, \cdots, e, t, e, \cdots, e) = t$；

具有吸收元素：如果存在一个 $a \in [0, 1]$ 使得对于任意 x 且 $x_j = a$ 有 $f(x_1, \cdots, x_{j-1}, a, x_{j+1}, \cdots, x_n) = a$；

RS 中的使用注意事项

阐述许多重要并且被广泛研究的聚合函数的正式定义之前，我们先通过一些例子来讨论一下其中每个属性的某些影响。

幂等 所有平均聚合函数包括 23.3.2 节所定义的均值、OWA 和 Choquet 积分都是幂等的⊖。通常该属性的解释趋向于解释为输入之间的一致性。然而在某些 RS 应用中，例如，在 CF 聚合评分时，物品相对排名比输入/输出解释的通约性更重要。

对称性 对称性聚合函数会强调输入的同等重要性和可靠性。如果需要考虑某些特殊的输入会对输出产生更多影响的话，非对称权重会和准算术平均计算联用。尽管有序加权平均函数（OWA）定义成一个权重向量，但依然可以考虑使用对称性函数，因为输入元素的顺序改变不会改变输出。比如，输入被排序成降序的形式其实没有关系。

例 23.1 协同 RS 认为两个物品由 3 个相似的用户 $d_1 = (0.2, 0.7, 0.6)$，$d_2 = (0.6, 0.2, 0.7)$ 进行评分。我们使用加权算数平均（WAM）以及对称性权重可以得到计算结果 $R(u, d_1) = R(u, d_2) = (0.2 + 0.7 + 0.6)/3 = 0.5$。如果使用 OWA 以及权重 $w = (0.5, 0.4, 0.1)$ 则两个物品的评分值是 $R(u, d_1) = R(u, d_2) = 0.5(0.7) + 0.4(0.6) + 0.1(0.2) = 0.61$。尽管 u_1 比 u_2 或者 u_3 与用户更相近，我们可以使用一个加权平均，其中权重是 $w = (0.6, 0.2, 0.2)$，

⊖ 根据单调性需求幂等性和平均性质对于聚合函数来说是同等重要的，这种性质有时候认为是一致的，因为输入全体一致时，输出和每个输入相同。

这样 u_1 的评分值更有影响力。d_2 的结果也有更高的预测适配性，其中 $R(u, d_1) = 0.6(0.2) + 0.2(0.7) + 0.2(0.6) = 0.38$，$R(u, d_2) = 0.6(0.6) + 0.2(0.2) + 0.2(0.6) = 0.52$。◀

关联性　关联性对于自动计算有所帮助，因为它允许函数在任何维度递归地定义。这对协同 RS 的稀疏性问题可能有用。同样的函数可能用来评估一个由 10 个相似用户评分的物品以及被 1000 个相似用户评分的另一个物品。三角模型和三角余模型、统一模型和零模型都是关联的，但是准算术平均值方法不是关联的。

例 23.2　一个协同过滤 RS 使用个人信息来确定两个用户之间的相似性（例如，不需要在每次评估一个新物品时重新估计值）。系统并没有为每个用户存储一个物品与用户的矩阵，而是使用一个统一模型 $U(x, y)$ 来聚合相似用户的评分，存储一个聚合的物品评分 $d = (U(d_1), \cdots, U(d_n))$ 的单一向量。当添加了一个新物品评分 x_{ij}，系统聚合 $U(U(d_i), x_{ij})$ 并代替 $U(d_i)$ 进行保存。好处便在于更新预测评分时，不需要知道之前的得分及物品被评分的次数。◀

LR-稳定性　LR-稳定性[41] 和任意位置稳定性[16] 的概念用来确保函数支持任意个数的输入。这个思路是当我们将输出加入到输入中时，新的输出不会变化。满足 LR-稳定性的函数对物品 – 用户稀疏矩阵有用。

平移不变性和齐次性　平移不变性和齐次性方法的主要好处是转化或扩大研究领域并不会影响聚合输入的相对顺序。加权算术平均值、OWA 和 Choquet 积分都是平移不变的，因此只要输入是可比较的，不管输入是在文献[0, 100] 还是文献[1, 7] 上都没有影响。

严格单调性　严格单调性用在显示给用户的物品的有限应用中。当 $w_j > 0$，$\forall j$ 时，加权算术平均和 OWA 函数是严格单调的，而算术平均和调和平均方法在 $x \in [0, 1]^n$ 上是严格的。不严格的聚合函数，如**最大化**方法不能区分物品 $d_1 = (0.3, 0.8)$ 和物品 $d_2 = (0.8, 0.8)$。

例 23.3　一个度假推荐网站使用基于效用的 RS，其中 Łukasiewicz 三角余模型 $S_L(x, y) = \min(x + y, 1)$ 用来聚合物品特性。通过邮件通知用户每个 $S_L(d_i) = 1$ 的物品，这是可以的。$d_1 = (0.3, 0.8)$ 还是 $d_2 = (0.8, 0.8)$ 是没关系的，因为二者的预测完全满足用户的需求。◀

Lipschitz 连续　一般而言，连续性保证了输入的小误差不会导致输出的急剧变化。该特性在输入不管是物品描述还是用户评分不精确的推荐系统中尤其重要。一些函数只违反这个属性领域的一小部分。只要在考虑推荐得分时考虑到该特性，该函数可能依然适用。

中立性和吸附性元素　吸附性元素在 RS 中可保证某些物品经常或永不被推荐。例如，一个 UB 推荐系统可以移除每一个特性得分为 0 的物品，或者明确地推荐完全符合用户某个偏好的物品。三角模型或三角余模型都具有吸附性元素。将具有中立性元素的函数组合到聚合用户评分的推荐系统中（CF 或者 CB 架构中）这会允许指定不会影响推荐分数的值。例如，许多人都喜欢的一部电影其得到称赞的整体评分会因一个不怎么喜欢但依然被要求评分的用户的评分而降低。如果存在一个中立值，该评分就不会影响聚合分数。◀

23.3.2　聚合成员

23.3.2.1　准算术平均值

加权准算术平均方法成员包括幂平均值，它反过来包括其他典型的均值方法，如算术和几何平均的特殊用例（可以参照[20] 中的方法概述）。

定义 23.4（加权准算术平均）　给定一个严格单调且在 $g: [0, 1] \to [-\infty, +\infty]$ 上连续被称为生成函数或生成器的函数以及一个权重向量 $w = (w_1, \cdots, w_n)$，加权准算术平均值为下面的公式：

$$M_{w,g}(x) = g^{-1}\left(\sum_{i=1}^{n} w_j g(x_j)\right) \tag{23.7}$$

其中 $\sum w_j = 1$ 且对于任给的 j 有 $w_j \geqslant 0$。

特殊用例包括：

算术平均　$WAM_w = \sum\limits_{j=1}^{n} w_j x_j$，$\quad g(t) = t$；

几何平均　$G_w = \prod\limits_{j=1}^{n} x_j^{w_j}$，$\quad g(t) = \log(t)$；

调和平均　$H_w = \left(\sum\limits_{j=1}^{n} \dfrac{w_j}{x_j} \right)^{-1}$，$\quad g(t) = \dfrac{1}{t}$；

幂均值　$M_{w_t[r]} = \left(\sum\limits_{j=1}^{n} w_j x_j^r \right)^{\frac{1}{r}}$，$\quad g(t) = t^r$

术语**平均值**通常用来表示平均行为。准算术平均值依据一个对所有 $w_j = 1/n$ 要么对称要么不对称的权重向量来定义。通常给一个特定的输入分配一个权重以表示这个特定输入的重要性。所有幂平均方法（包括 WAM_w，G_w 和 H_w）在闭区间 $[0, 1]^n$ 是幂等的、齐次的、严格单调的，但是只有加权算术平均是平移不变的。几何平均是非 Lipschitz 连续的⊖。

23.3.2.2　OWA 函数

有序加权平均函数（OWA）也是平均聚合函数，它并没有将权重与一个特定的输入结合，而是跟与其他输入的相对值或顺序相结合。Yager[48] 对此有介绍而且在模糊集社区非常流行。

定义 23.5（OWA）　给定一个权重向量 w，OWA 函数如下：

$$OWA_w(x) = \sum_{j=1}^{n} w_j x_{(j)}$$

其中 $(.)$ 符号代表组成部分 x 以非递增顺序 $x_{(1)} \geqslant x_{(2)} \geqslant \cdots \geqslant x_{(n)}$ 排列。

依据权重向量 w，OWA 操作的特殊分类包括：

算术平均　所有的权重相等，例如 $w_j = 1/n$；

最大化函数　其中 $w = (1, 0, \cdots, 0)$；

最小化函数　其中 $w = (0, \cdots, 0, 1)$；

中位数函数　其中 $w_j = 0$，所有 $j \neq m$，如果 $n = 2m+1$ 是奇数，则 $w_m = 1$，其中 $w_j = 0$；如果所有 $j \neq m$，$m+1$ 如果 $n = 2m$ 是偶数，则 $w_m = w_{m+1} = 0.5$；

OWA 函数是一个分段线性幂等聚合函数。如果对于任意 j 有 $w_j > 0$，则 OWA 是对称的、齐次的、平移不变的、Lipschitz 连续和严格单调的。

23.3.2.3　Choquet 与 Sugeno 积分

Choquet 和 Sugeno 积分被称为模糊积分，其依据是用一个模糊度量定义的平均聚合函数。其在构建输入值 x_j 间的交互中有用。

定义 23.6（模糊度量）　给定 $\mathcal{N}\{1, 2, \cdots, n\}$。一个离散的模糊度量是在 $v: 2^{\mathcal{N}} \to [0, 1]$ 上单调（当 $A \subseteq B$ 时，$v(A) \leqslant v(B)$）而且满足 $v(\phi) = 0$ 和 $v(\mathcal{N}) = 1$ 的集合方法⊖。给定任意两个集合 $A, B \subseteq \mathcal{N}$，模糊度量可以是：

加法　对于 $v(A \cap B) = \phi$，有 $v(A \cup B) = v(A) + v(B)$；

对称　其中 $|A| = |B| \to v(A) = v(B)$；

次模　如果 $v(A \cup B) - v(A \cap B) \leqslant v(A) + v(B)$；

超模　如果 $v(A \cup B) - v(A \cap B) \geqslant v(A) + v(B)$；

⊖　Lipschitz 连续特性在准算术平均和其他聚合函数中的作用在文献[13]中进行了讨论。

⊖　一个集合函数是一种邻域包含所有子集 $\mathcal{N}$ 的函数，比如 $n = 3$，其集合函数值为 $2^3 = 8$，包括 $v(\{\varnothing\})$、$v(\{1\})$、$v(\{2\})$、$v(\{3\})$、$v(\{1, 2\})$、$v(\{1, 3\})$、$v(\{2, 3\})$、$v(\{1, 2, 3\})$。

次加性　如果 $A \cap B = \phi$ 时，有 $v(A \cup B) \leqslant v(A) + v(B)$；

超加　如果 $A \cap B = \phi$ 时，有 $v(A \cup B) \geqslant v(A) + v(B)$；

可分解　给定函数 $f: [0,1]^2 \to [0,1]$，如果 $A \cap B = \phi$ 时有 $v(A \cup B) = f(v(A), v(B))$；

Sugeno(λ-模糊度量)　如果 v 可分解，对于 $\lambda \in [-1, \infty]$，有 $f = v(A) + v(B) + \lambda v(A)v(B)$。

Sugeno 与 Choquet 积分的表现取决于关联模糊度量的值和属性。用于定义 Choquet 积分的模糊度量可以解释为权重分配，不是仅仅分配给单个输入而是分配给输入子集。输入之间可能有冗余或者某些输入之间是相辅相成的。

定义 23.7（Choquet 积分）　给定一个模糊度量 v，离散的 Choquet 积分由下式给出：

$$C_v(\boldsymbol{x}) = \sum_{j=1}^{n} x_{(j)} [v(\{k \mid x_k \geqslant x_{(j)}\}) - v(\{k \mid x_k \geqslant x_{(j+1)}\})] \qquad (23.8)$$

其中 $(.)$ 符号代表组成部分 $\boldsymbol{x}$ 以非递减顺序 $(x_{(1)} \leqslant x_{(2)} \leqslant \cdots \leqslant x_{(n)})$ 排列（注意这与 OWA 相反）。

Choquet 积分的特殊分类包括加权算术平均和模糊度量分别为加法或对称的 OWA 函数。次模（submodular）模糊度量导致凹的 Choquet 积分，结果是增加低输入对函数的影响大于增加高输入对函数的影响。相反地，超模（supermodular）模糊度量导致凸的函数。当 $A \subsetneqq B \to v(A) < v(B)$ 时，Choquet 积分是幂等的、齐次的、平移不变的、严格单调的。如果模糊度量是对称的，函数将明显满足对称属性。

Choquet 积分曾在数值输入中占主要优势，接下来要定义的 Sugeno 积分对计数输入很有用，而它的定义也用到了模糊度量。

定义 23.8（Sugeno 积分）　给定一个模糊度量 v，Sugeno 积分可表示为下式：

$$S_v(\boldsymbol{x}) = \max_{j=1,\cdots,n} \min\{x_{(j)}, v(H_j)\} \qquad (23.9)$$

其中 $(.)$ 表示一个非递减输入排列，如 $(x_{(1)} \leqslant x_{(2)} \leqslant \cdots \leqslant x_{(n)}$ 与 Choquet 积分相同）和 $H_j = \{(j), \cdots, (n)\}$。

为更好地理解 Choquet 和 Sugeno 的表现，引进了一些指标。特别是 Shapley 值给出了一个给定输入整体重要性指标，同时两个输入间的交互指标显示了它们冗余和相辅相成的程度。

定义 23.9（Shapley 值）　给定 v 为模糊度量。对于每个 $i \in \mathbb{N}$ 的 Shapley 指标为：

$$\phi(i) = \sum_{A \subseteq \mathbb{N} \setminus \{i\}} \frac{(n - |A| - 1)! \, |A|!}{n!} [v(A \cup \{i\}) - v(A)]$$

Shapley 值为向量 $\phi(v) = (\phi(1), \cdots, \phi(n))$。

定义 23.10（交互指标）　给定 v 为模糊度量。对于每对 $i, j \in \mathbb{N}$ 交互指标如下所示：

$$I_{ij} = \sum_{A \subseteq \mathbb{N} \setminus \{i,j\}} \frac{(n - |A| - 2)! \, |A|!}{(n-1)!} [v(A \cup \{i,j\}) - v(A \cup \{i\}) - v(A \cup \{j\}) + v(A)]$$

若交互指标为负，则两个输入之间有冗余。当值为正时，输入会以某种程度互相加强，而且它们现在的权重值超过它们各自权重结合起来的值。

23.3.2.4　三角模型与三角余模型

合取和析取聚合函数的典型例子分别是所谓的三角模型与三角余模型（t-norms and t-conorms）[34]。给定任何三角模型 $T: [0,1]^2 \to [0,1]$，三角余模 S 可以用一个二元函数表示：

$$S(x,y) = 1 - T(1-x, 1-y)$$

反之亦然。因此，三角模型与三角余模型经常并行研究，因为许多 S 相关的属性可以由 T 来确定。中立元素 $e = 1$ 时，三角模型是关联的、对称的，而中立元素 $e = 0$ 时三角余模型是关联的、对称的。下面是 4 个基本的三角模型与三角余模型的定义。

定义 23.11（4 个基本的三角模型）　4 个基本的三角模型的二元用例：

最小化　$T_{\min}(x, y) = \min(x, y)$；

结果　$T_P(x, y) = xy$；

Łukasiewicz 三角模型　$T_L(x, y) = \max(x + y - 1, 0)$;

激烈积　$T_D(x, y) = \begin{cases} 0, & \text{如果}(x, y) \in [0, 1]^2 \\ \min(x, y) & \text{其他} \end{cases}$。

定义 23.12(4个基本的三角余模型)　4个基本的三角余模型的二元用例:

最大化　$S_{\max}(x, y) = \max(x, y)$;

概率和　$S_P(x, y) = x + y - xy$;

Łukasiewicz 三角模型　$S_L(x, y) = \min(x + y, 1)$;

激烈积　$S_D(x, y) = \begin{cases} 1, & \text{如果}(x, y) \in [0, 1]^2 \\ \max(x, y) & \text{其他} \end{cases}$;

有参数的三角模型与三角余模型的成员包括上面特殊和有限制的用例。这些成员基于生成函数来定义,称为阿基米德三角模型。

定义 23.13(阿基米德三角模型)　如果对于每个$(a, b) \in [0, 1]^2$都有$n = \{1, 2, \cdots\}$使得$T(\overbrace{a, \cdots, a}^{n次}) < b$,那么三角模型为阿基米德三角模型。

对于三角余模型不等式是相反的,而三角余模型$S > b$。连续的阿基米德三角模型可以使用它们的生成器来表示:

$$T(x_1, \cdots, x_n) = g^{(-1)}(g(x_1) + \cdots + g(x_n))$$

其中$g(1) = 0$则$g: [0, 1] \rightarrow [0, \infty]$是连续的、严格递减的函数,$g^{(-1)}$是$g$的反函数,如

$$g^{(-1)}(x) = g^{-1}(\min(g(1), \max(g(0), x)))$$

阿基米德成员包括 Schweizer-Sklar、Hamacher、Frank、Yager、Dombi、Aczel-Alsina、Mayor-Torrens 和 Weber-Sugeno 三角模型和三角余模型。

23.3.2.5　零模型和统一模型

在某些情况下,也许需要高输入值互相加强,而低输入值拉低整体输出。换句话说,聚合函数对于较高值是析取的,对于较低值是合取的,如果一些值比较高一些值比较低,还有可能取平均值。这是较高值解释为"正"信息,低值解释为"负"信息的典型用例。

在其他情况下,有可能要聚合高低值使得输出趋向于一个中间值。因此此类聚合函数需要在不同的阶段分别为合取的、析取的或平均的。

而统一模型和零模型就是这种聚合函数的典型例子,但也有许多其他的模型。本章提供以下定义。

定义 23.14(零模型)　零模型是一个二元聚合函数$V: [0, 1]^2 \rightarrow [0, 1]$,它是关联的、对称的,因此存在一个元素$a$属于开区间$[0, 1]$使得:

$$\forall t \in [0, a], V(t, 0) = t$$
$$\forall t \in [a, 1], V(t, 1) = t$$

定义 23.15(统一模型)　统一模型是一个二元聚合函数$U: [0, 1]^2 \rightarrow [0, 1]$,它是关联的、对称的并且拥有一个中立元素$e$属于开区间$[0, 1]$。

一些统一模型可以像准算术平均和阿基米德三角模型一样,使用生成函数来构建。这些为可解释的统一模型。

定义 23.16(可解释的统一模型)　给定$u: [0, 1] \rightarrow [-\infty, +\infty]$是一个严格递增的双射验证$g(0) = -\infty$、$g(1) = +\infty$,所以对于某些$e \in [0, 1]$,有$g(e) = 0$。

$$U(x, y) = \begin{cases} g^{-1}(g(x) + g(y)), & \text{若}(x, y) \in [0, 1]^2 \setminus \{(0, 1), (1, 0)\} \\ 0, & \text{其他} \end{cases}$$

是一个具有中立元素e的合取统一模型,它称为可解释的合取统一模型。

$$U(x,y) = \begin{cases} g^{-1}(g(x) + g(y)), & \text{若} (x,y) \in [0,1]^2 \setminus \{(0,1),(1,0)\} \\ 1, & \text{其他} \end{cases}$$

是一个具有中立元素 e 的析取统一模型，叫作可解释的析取统一模型。

3-Π 函数是一个可解释统一模型的实例[51]。它使用了生成函数 $g(x) = \ln\left(\dfrac{x}{1-x}\right)$ 并用在了专家系统 PROSPECTOR[30] 中来组合不确定的因素。

$$f(x) = \frac{\prod_{i=1}^{n} x_i}{\prod_{i=1}^{n} x_i + \prod_{i=1}^{n}(1-x_i)}$$

其中约定 $0/0 = 0$。该函数在 $\left[0, \dfrac{1}{2}\right]^n$ 上是合取的，在 $\left[\dfrac{1}{2}, 1\right]^n$ 上是析取的，其他情况是平均的。该函数是关联的，具有中立元素 $e = 1/2$，且在 $[0, 1]^n$ 边界上是非连续的。

23.4 聚合函数的构建

有很多聚合函数。问题是如何选择一个最适合某一特定应用的聚合函数。有时候一个函数就可以满足应用的所有组成，在其他时候一个不同类型的聚合可能应用在各个阶段。下面的探讨对你可能会有所帮助。

23.4.1 数据收集和处理

数据类型以及数据收集的方式影响着方案的聚合。如果用户能够体贴地为连续范围内的每个物品提供精确的分数或者他们自己偏好的一定程度的确定性的数值描述，那么 RS 将会非常容易地做出相关的推荐。当然，审美偏好通常局限在从用户那里得到的明确信息，因此需要加强交互体验。我们将简单地探讨一下系统能够获得的不同类型的数据，以及这些会对某些聚合函数的适应度产生怎样的影响。

有序数据   要求具体评分信息的 CF 推荐系统通常会制作一个有限的有序量表。如 $\{1 = $ 不喜欢!，$\cdots$，$5 = $ 非常喜欢!$\}$。另一方面，将用户行为转换为用户配置文件的有序部分是可行的，如 $\{$定期观看，有时候观看等$\}$。有序值可以近似表示在数值尺度上，然而在表达 "一般" 和 "好" 之间的步长和 "好" 和 "非常好" 之间的步长是否相同时会出现问题。尺度粒度也可以使加权算术平均和几何平均间的差别忽略不计。Sugeno 积分也是可以用来处理有序信息的函数，因为它可以执行最大最小操作。IOWA 可以根据一个有序变量而非数值变量来处理程序。

数值数据   如果一个系统可以将用户输入和行为表示为数值数据，那么考虑这些值是否精确是有用的，不管它们是同样的还是独立的。如几何平均函数当输入值低比输入值高时变化率会更高。然而几何平均函数对待高低值的方式相同。在 CF 中，两个用户可能具有相同的偏好，可是其中一个可能连续地高估物品。在这种情况下，在聚合之前可能需要标准化评分，这样用户之间的值就是可比的。使用 WAM 表示输入之间的独立性，然而其他平均函数特别是 Choquet 积分，可以表示某些输入或相关分数之间的交互或关系（见 23.4.3 节）。

间隔数据或者多集数据   去收集一些不确定性信息其实也很自然方便。例如，用户会给一个电影评 "6 到 8 分"。在其他情况下，正向和负向的评价都是模糊集中的判断结果[5]。尽管一个标准的模糊集通常分配一个资格程度值给一个给定的对象，**直观**的模糊集（AIFS）会同时分配资格程度值和非资格程度值。比如，商品的适合程度和不适合程度值为 <0.5，0.2>，其中 0.5 是满足用户偏好的程度，0.2 是不满足的程度。两个值差 0.3 认为是不确定程度。有一些聚合函数被扩展后来处理间隔值和 AIFS 输入，见文献[10，15]。针对间隔值，大部分的方法是单独聚合端点处的值。

分类数据　有时候使用分类数据可能让聚合函数变得不可用。如果分类之间没有顺序，那么使用**平均**或**最大化**和其他对建立用户间相似度有帮助的技术是无意义的。转换分类数据是可行的，比如，据其对 DF 中某个原型的贡献。

变长数据　d_i 的一些组成部分可能会丢失，如 CF 算法中的评分或者输入 $d_i = (x_1, \cdots, x_n)$ 的维度在构造的时候是变化的。在要保证一定一致性的时候，LR-稳定性和生成式函数都是用来处理此类问题的。

23.4.2　期望属性、语义、解释

一旦知道了数据结构，选择聚合函数的是第一步通常要决定平均、合取、析取或混合需要哪一类。正如在 23.3.1.1 节中讨论的一样，有时拥有一个可以将物品分类为偏好次序要比简单地提供可解释的输出重要得多。本节讨论 4 种聚合函数，它们的语义可以用来决定需要哪类函数。

最小化(合取的)　最小化函数使用最小化输入作为输出。这意味着如果所有的输入都高，那么该函数只能返回高输出。这种聚合对于使用式(23.5)中的 UB 和 KB 系统或者是需要所有输入都满足的 CB 系统是有用的。函数像结果(T_P)对任何不完美输出有累积效应，所以当维度较高时使用最小化函数会更有用。

最大化(析取的)　最小化函数像聚合函数一样模拟 AND 操作而析取函数模拟 OR 操作。这种类型聚合产生的结果与最高输入相等，或者比最高输入还要高。这在 KB、UB 和 CB 中也有用，如果有多种偏好、标准或一个好分数对于推荐方案是足够的。探讨见例 23.4。

例 23.4　一个 CB 新闻推荐系统的用户与其配置文件相关的关键词有｛Haruki Murakami，X-Men，bushfires，mathematics，Jupiter orbit｝，任何一个新闻故事与所有甚至几个关键词具有很高相关性是不太可能的，所以 RS 使用析取聚合作为推荐的基础。　◀

算术平均(平均)　当在 CF 中聚合用户评分和在 CB 中聚合物品特性时，假设虽然评分不相同但如果有足够多的输入，那么输出将会是可靠的。我们不希望一个对所有购买物品都不满意的孤立用户，或者 20 个左右特征中某一个完全满意的特征就能严重影响推荐结果。

统一模型(混合的)　在不同领域阶段需要不同行为的情况下，这就需要一个混合聚合函数。这可以直截了当地决定，只有所有输入的值包括所有的高取值才算是高，要不然边界行为会影响函数的精确度。例如，统一模型，它允许较高值提高分数也允许较低值拉低分数。一贯高分的物品更可能是那种大多数分数较高，但有一两个低分的物品。

聚合函数的某些属性可能使它们具有吸引力。表 23-1 列出了我们展示过的主要聚合函数以及它们是否经常或者在某些情况下满足在定义 23.3 中详解的属性。

表 23-1　聚合函数及其属性

属性	WAM_W	G_W	H_W	$M_{W,[r]}$	C_v	S_v	OWA_W	max	min	T_P	T_L	U	V
幂等性	◆	◆	◆	◆	◆	◆	◆	◆	◆				
对称性	◇	◇	◇	◇	◇	◇	◆	◆	◆	◆	◆	◆	◆
不对称性	◇	◇	◇	◇	◇	◇							
关联性								◆	◆	◆	◆	◆	◆
LR-stable	◇	◇	◇	◇	◇	◇	◇	◆	◆				
严格单调	◇			◇	◇								
平移不变性	◆			◆	◆	◆	◆	◆	◆				
齐次性	◆	◆	◆	◆	◆	◆	◆	◆	◆				

（续）

属性	WAM_w	G_W	H_W	$M_{w,t[r]}$	C_v	S_v	OWA_W	max	min	T_P	T_L	U	V
Lipschitz 连续	◆		◆	◇	◆	◆	◆	◆	◆	◆	◆		△
中立性							◇	◆	◆	◆	◆	◆	
吸附性元素		◆					◇	◆	◆	◆	◆		

注：◆ = 经常　◇ = 依赖权重　△ = 依赖使用的 T, S

WAM_W 表示加权算术平均，G_W 表示加权几何平均，H_W 表示加权调和平均数，$M_{w,t[r]}$ 表示加权功率，C_v 表示 Choquet 积分，S_v 表示 Sugeno 积分，OWA_W 表示有序加权平均算子，max 表示最大化，min 表示最小化，T_P 表示产品 T-norm，T_L 表示 Łukasiewicz T-norm，U 表示 uninorm，V 表示 nullnorm

23.4.3 函数表现的复杂度及其理解

在某些情况下，简单的函数像 WAM 就可以满足推荐的目标，但在别的方向有潜在的 RS 改进方法。根据其特性，WAM 是一个很健壮且通用的函数。它不偏向高或低的分数，也不会累积误差的影响，计算成本低，由于被广泛采用所以更容易理解和解释。我们将幂平均和 Choquet 积分作为例子，它们的属性让它们更适合这种情况。

幂平均　幂平均是参数化函数，能够表示从最小化到最大化渐进过程的函数，包括 WAM。在拟合技术可供我们使用时该函数会很有用，因为我们要使用一个过程来确定任何数量的函数作为最佳候选。下面讨论一下调和平均数 $M_{w,[-1]}$ 和均方值 $M_{w,[2]}$。如果有一个输入为 0，那么调和平均数的输出就不能比 0 大。这为只允许考虑至少满足部分指标的物品提供了一个很好的解释，然而该函数不是合取的，所以仍然要给出一个介于最高分和最低分之间的一个分数。调和平均数也是凹的，且其输出对于任意 d_i 都要小于或等于 WAM 的输出。可以减少低输入的补偿，所以为了评分更高，物品必须满足更多的指标。另一方面，均方值更趋向于高分数，它有利于那些只有几个高分并且要为低分数特性和评分补偿更多的物品。

Choquet 积分　由于幂均值，Choquet 积分可以表示最小化和最大化函数之间的函数。使用 Choquet 积分最有趣的是在不对称的情况下，这些情况往往具有某些相关性。例如，在 KB 推荐系统中有时偏好会互相矛盾，而在其他时候又可能互相包含。在例子 Entree[21] 中，可以看到用户可能对一个价格便宜又不错的餐馆评分。因为通常会涉及一些权衡，所以满足这些指标的餐厅在推荐时应该格外奖励。在 CB 电影推荐系统中，一个用户可能喜欢 Johnny Depp 和 Tim Burton。如果有许多电影是 Tim Burton 导演并由 Johnny Depp 主演的，那么重复计算这些特性可能并没有意义。Choquet 积分可以解释这些情况的组合，因为每个指标子集都附有一个权重。"由 Depp 主演 Burton 导演"的子集权重比各部分的权重总和小，而在 KB 中便宜又不错的餐馆的权重比较大。

当然，有时数据结构可能很难理解和解释一个特殊函数的使用。在这种情况下，有必要检查一下子数据集上一些函数的精确性。进行最小化、最大化、算术平均和调和平均的比较可能会显示哪些函数是有用的。

23.4.4 基于惩罚的构造方法

选择最合适的聚合函数的问题也可以选择基于惩罚的方法[22]。例如，计算一个输入集合的加权平均值 y，用来最小化，如下式所示：

$$P(\boldsymbol{x}, y) = \sum_{j=1}^{n} w_j (x_j - y)^2$$

在这种情况下，我们用平方距离作为每个变量的独立惩罚计算方法。如果用绝对值 $p(x_i, y) = |x_j - y|$ 来替换平方距离，我们就得到了加权平均值，如果我们用变换生成式 $p(x_i, y) = (g(x_j) - g(y))$，我们就得到了准算术平均值。为了最小化以上结果来得到聚合函数 $P(\boldsymbol{x}, y)$，

应该满足以下定义。

定义 23.17 惩罚函数 $P: [0, 1]^{n+1} \to [0, \infty)$ 满足以下条件：

1) $P(x, y) \geqslant 0$ 针对所有 x, y;

2) $P(x, y) = 0$ 当且仅当 $x_i = y \forall i$;

3) 针对固定的 x, $P(x, y)$ 的最小值集合是一个独立单元或者间隔区间。

基于惩罚的函数定义为：

$$f(x) = \arg \min_y P(x, y)$$

其中 y 是唯一极小值，并且 $y = \dfrac{a+b}{2}$，极小值集合是区间 (a, b)（开集或者闭集）。

基于惩罚的框架也允许我们从一个有限结果集合中选择输出。所以在推荐系统中，我们能从离散评分区间如 e.g. $\mathcal{R} = \{1, 2, \cdots, 7\}$ 获取预测分值 $R(u, d_i)$。在协同过滤方法中，我们可以进行如下表示：

$$\arg \min_{R(u, d_i) \in \mathcal{R}} \sum_{j=1}^{k} sim(u, u_j) p(R(u_j, d_i), R(u, d_i))$$

基于我们对于打分形式的理解，针对不同的用户或者物品使用不同惩罚项 p。

23.4.5 权重和参数的确定

CF 中确定聚合评分权重的方法通常是通过用户之间的相似性和邻居形式来推断的。CB 和 UB 中的权重是每个特性对用户的重要性的度量指标，而加权 HS 中的权重表示的是推荐组成部分的可信度。权重可以通过预定措施，如余弦来选择，或者提前由 RS 设计者决定，如我们决定使用权重向量 $w = (0.4, 0.3, 0.2, 0.1)$ 为相似用户加权。一些系统通过与系统质量相关的隐式或显式反馈来递增地调整权重，如 P-Tango[25] 中的混合 RS。在 23.5 节中我们将讨论确定可用数据集权重的方法。

23.5 推荐系统中的复杂聚合过程：为特定应用定制

这里我们考虑协同过滤推荐系统中的拟合问题，然而在基于内容和基于用户的推荐系统中拟合权重也是可行的，权重拟合使得系统可以访问输入输出值，因此拟合的强度可以确定权重或参数的适合度。拟合可以用在插值或近似值中。在插值情况下，其目标是精确地拟合特定的输出（在聚合函数中，值对 $((0, 0, \cdots, 0), 0)$ 和 $((1, 1, \cdots, 1), 1)$ 应该一直是插值的）。在 RS 中数据经常会包含一些错误或近似度，因此插入不准确的数值是不合适的。在这种情况下我们的目标是尽量接近期望输出而不是完全匹配。这便是近似问题。

聚合函数的选择可以由以下描述来表达：

给定一组数值属性 P_1, P_2, $\cdots$ 和数据集 $D = \{(x_k, y_k)\}_{k=1}^{K}$。选择在 P_1, P_2, $\cdots$ 上连续且满足 $f(x_k) \approx y_k$, $k=1, \cdots, K$ 的聚合函数 f。

我们也可以通过调整一个拟合区间来改变问题，如要求 $f(x_k) \in [\underline{y_k}, \overline{y_k}]$。这些值怎样指定取决于具体应用。在某些情况下，函数可能会精确地拟合且不会与所需的属性冲突，然而大多数情况下我们需要最小化近似误差。精确地说，近似满足度的等式 $f(x_k) \approx y_k$ 可以解释为下面的最小化问题：

$$\text{minimize} \|r\|$$

$$\text{subject to } f \text{ satisfies } \mathcal{P}_1, \mathcal{P}_2, \cdots, \tag{23.10}$$

其中 $\|r\|$ 是残差的范数，例如，$r \in R^K$ 是预测值与观察值 $r_k = f(x_k) - y_k$ 之间的差异向量。有许多方法来选择范数，最流行的是最小二乘范数和最小绝对偏差标准。

表 23-2 示例数据集在 CF 中的相互评价项目

用户评分 R(u; d_i)	物品 i=1…10 由用户和邻居评分										未评分	
	6	4	6	8	10	5	7	7	5	5	?	?
邻居评分 R(u_1, d_i)	4	4	4	8	10	3	7	5	3	3	4	7
R(u_2, d_i)	6	0	6	4	6	1	3	3	1	5	8	7
R(u_3, d_i)	3	1	8	5	7	2	4	4	2	2	7	5
R(u_4, d_i)	6	5	6	8	8	6	5	5	3	5	3	8
R(u_5, d_i)	6	4	6	7	8	1	5	8	5	8	5	9

$$\|\boldsymbol{r}\|_2 = \left(\sum_{k=1}^{K} r_k^2\right)^{1/2}, \quad \|\boldsymbol{r}\|_1 = \sum_{k=1}^{K} |r_k|$$

如果 y_k 不可靠，可以是它们的加权类似。

参照例 23.5 ⊖。

例 23.5 在 CF 推荐应用中我们想用 5 个相似用户为给定用户预测新物品的评分。现在我们有一个许多被用户评过分的物品数据集以及 5 个相似用户或者邻居$\{(d_i, R(u, d_i))\}_{i=1}^{10}$，其中 $d_i = (R(u_1, d_i), \cdots, R(u_5, d_i))$ 表示每个邻居 $u_1, \cdots, u_5$ 在过去物品 d_i 上的评分，$R(u, d_i)$ 表示用户真实的评分。例如，前面的 $d_i = \boldsymbol{x}_k$，$R(u, d_i) = y_k$。表 23-2 给出了一个拥有两个由邻居已评分的物品的示例数据集，其中这两个物品用户还没有评分所以可能会被推荐。我们想要通过为每个用户分配权重 w_i 的最小二乘法来定义一个加权算术平均方法，所以我们有如下公式：

$$\text{minimize} \sum_{i=1}^{10} \left(\sum_{j=1}^{5} w_j R(u_j, d_i) - R(u, d_i)\right)^2$$

$$\text{满足} \quad \sum_{j=1}^{5} w_j = 1,$$

$$w_1, \cdots, w_5 \geqslant 0$$

这是一个二次规划问题，可以用一系列的标准方法求解。在当前的例子中所得的模型权重为 $\boldsymbol{w} = <0.27, 0.07, 0.06, 0.19, 0.41>$，未评分物品的推荐分数为 4.7 和 7.9。观察与预测评分的最大差值为 2.45，平均值 0.98。如果我们使用余弦计算来确定权重，则权重向量为 $\boldsymbol{w} = <0.19, 0.24, 0.23, 0.18, 0.17>$，推荐分数为 5.6 和 7.1。此方法的精确度与前者类似，最大误差为 2.48 和平均误差为 1.6。有趣的是，使用此方法时用户 u_5 是最不相似的用户，但在为用户 u 进行精确预测时它却是最重要的。 ◄

如上所述，如果可供推荐的物品是有限的，那么排名会显得格外重要（可参照[33]），而不是预测精确度。在有意义的情况下，结果的排名可以用 $f(R(u_1, d_k), \cdots, R(u_n, d_k)) \leqslant f(R(u_1, d_l), \cdots, R(u_n, d_l))$ 如果对所有 k 来存储，其中 l 是额外的约束，$R(u, d_k) \leqslant R(u, d_l)$。在 CF 中，对于这种情况，如果相似用户的排名能更好地反映该用户的排名，那么赋予该相似用户的权重就越高。这可能会使一些用户高估或者低估物品，但对他们所偏好的物品保有一致性的情况有帮助。

到目前为止，所讨论的近似问题证明是一个基本的非线性优化问题，或者一个特殊分类问题。一些优化问题使用凸目标函数或是该函数的变体，在这种情况下难的不是找到解决方案而是限制条件的定义。例如，拟合 Choquet 积分就需要定义限制条件的指数。许多问题都可以指

⊖ 本节中的所有例子用到了软件包 aotool 和 fmtools[9]，版本用 R 语言来编程，一个可用的参考为 http://aggregationfunctions. wordpress. com/r-code 和 http://www. tulip. org. au/resources/rfmtool。

定为线性或二次规划问题，这些问题已被广泛研究并且已有许多可用的解决方案。例 23.6 中 Choquet 积分作为期望函数使用相同的数据集(见表 23-2)。实际上，对于 Choquet 积分可以有一个更大的数据集。(例如，样本的数量要更好地覆盖 2^n 个点，用来减少过拟合)。

例 23.6（23.5 续）　系统设计者们认为应该使用 Choquet 积分来预测未知评分。为使拟合过程不易受离群点的影响，他们决定使用最小绝对偏差标准，并将优化过程表示为下式：

$$\text{minimize} \sum_{i=1}^{5} \left| C_v(d_i) - R(u, d_i) \right|$$

$$\text{满足}\quad v(A) - v(B) \geqslant 0, \quad \text{所有 } B \subseteq A$$

$$v(A) \geqslant 0, \quad \forall A \subset \mathcal{N}, \quad v(\phi) = 0, \quad v(\mathcal{N}) = 1$$

这使得 Choquet 积分可由一个有如下值的模糊度量来定义：

$$v(\{1\}) = 1, v(\{2\}) = 0.33, v(\{3\}) = 0, v(\{4\}) = v(\{5\}) = 0.67,$$

$$v(\{2,3\}) = 0.33, v(\{2,4\}) = v(\{3,4\}) = v(\{3,5\}) = v(\{2,3,4\}) = 0.67$$

所有其他子集有 $v(A) = 1$。

Shapley 值很好地表示了每个邻居的影响力，由下式表示：

$$\phi_1 = 0.39, \phi_2 = 0.11, \phi_3 = 0, \phi_4 = 0.22, \phi_5 = 0.28$$

对于加权算术平均，这些值显示邻居 1，4，5 可能与给定的用户更相似。我们还发现值对间的交互指数为：

$$I_{12} = I_{24} = I_{45} = -0.17, I_{14} = -0.33, \quad I_{15} = -0.5$$

$$I_{ij} = 0 \text{ 对于其他对}$$

这明了一些邻居之间有冗余。特别是邻居 1 和 5 非常相似。该例的最大误差为 1.6，平均误差为 0.6，推荐分数为 6.0 和 8.7。由于代理变量，所以该函数表现与最大化函数相似。后面的物品得分高，主要是因为邻居 4 和 5 给出了高评分。◀

23.3.2 节定义的聚合函数成员用来理解和解释结果是很方便的。权重和参数有一个具体的意义，而拟合这些函数主要涉及找到每个参数的最佳值来最大化 RS 的可靠性。

然而在其他情况下，对某些事情的解释可能没有那么重要：我们只是希望能够可靠并自动预测未知评分。有许多非参数化方法来构建聚合函数，虽然没有系统解释的优势，但它们可以自动构建并能很好地拟合数据。一个"黑盒"方法可以用来构建分段数据上的基本聚合操作。我们可通过平滑数据以及确保每个分段都保持其特性来保证单调性和边界条件的指定。这里我们考虑基于样条聚合函数的构建[12]。

单调的张量积样条函数定义如下：

$$f_B(x_1, \cdots, x_n) = \sum_{j_1=1}^{J_1} \sum_{j_2=1}^{J_2} \cdots \sum_{j_n=1}^{J_n} c_{j_1 j_2 \cdots j_n} B_{j_1}(x_1) B_{j_2}(x_2) \cdots B_{j_n}(x_n)$$

如果希望构建的函数属于某个特殊的类或者具有某些特性，在拟合时可以添加额外的限制条件。特别是我们可以通过系数 $c_{j_1 j_2 \cdots j_n}$ 的线性条件来保持单调性。此函数的拟合涉及稀疏矩阵，矩阵的大小会随着基函数的变量个数的变化而指数级增加。这里给出一个此拟合过程的例子例 23.7。

例 23.7（延续例 23.5～23.6）　在我们的应用中不一定要知道相似用户的权重。我们仅仅想要自动构建可以预测未知物品的评分函数。我们决定仍然需要单调性和幂等性来保证输出的可靠性，并构建一个表示为张量积样条曲线的基本聚合函数。可以使用下面的二次规划：

$$\text{minimize} \quad \sum_{i=1}^{5} \left(f_B(d_i) - R(u, d_i) \right)^2$$

$$\text{满足} \quad \sum_{j_1=1}^{J_1} \sum_{j_2=1}^{J_2} \cdots \sum_{j_n=1}^{J_n} c_{j_1 j_2 \cdots j_n} \geq 0$$

$$f_B(0, \cdots, 0) = 0, \quad f_B(1, \cdots, 1) = 1$$

幂等性通过使用多样插值条件可以得到保证,例如,$f_B(t_i, \cdots, t_i) = t_i$。这些条件必须以某种方式选择(可参见[7,8])。拟合的非参数化函数给出未知物品的推荐结果分数为 4.2 和 8.1,所以看起来后者应该推荐给用户。

很明显,使用非参数化还是参数化方法以及使用多么复杂的聚合函数是系统设计者的选择。推荐系统通常需要实时决定并处理大数据集,所以需要寻找表达性和简单性之间的平衡。 ◀

23.6   总结

本章目的是展示前端的聚合函数并介绍对推荐有益的函数构建。这包括了由许多权重定义的平均值,Choquet 积分是由模糊度量定义的,通过生成器构建的三角模型/三角余模型及可解释的统一模型。目前推荐系统使用的许多方法都涉及了构建加权算术平均值,其中权重通过不同的相似度计算方法来决定,然而,在许多情况下,仅仅提高一点复杂度函数的精确度和可扩展性就可以得到改善。我们提供了详细的例子以展现聚合函数用在推荐系统过程中的不同方法,包括评分聚合、特性组合、相似性、邻居的形成以及加权混合系统中的组件组合。我们还在尝试找到能最好地模拟数据集的权重、相似性或者参数时,引进了一些软件工具使得函数符合数据集要求(可参考[32,35])。

参考文献

1. Adomavicius, G., Sankaranarayanan, R., Sen, S., and Tuzhilin, A.: Incorporating contextual information in recommender systems using a multi-dimensional approach, ACM Transactions on information systems, **23**(1), 103–145 (2005)
2. Adomavicius, G. and Kwon, Y.: New Recommendation Techniques for Multicriteria Rating Systems. IEEE Intelligent Systems, **22**(3), 48–55 (2007)
3. Ahn, H.J.: A new similarity measure for collaborative filtering to alleviate the new user cold-starting problem. Information Sciences, **178**, 37–51 (2008)
4. Al-Shamri, M.Y.H. and Bharadwaj, K.K.: Fuzzy-genetic approach to recommender systems based on a novel hybrid user model. Expert Systems with Applications, **35**, 1386–1399 (2008)
5. Atanassov, K.: Intuitionistic fuzzy sets. Fuzzy Sets and Systems, **20**, 87–96 (1986)
6. Balabanovic, M. and Shoham, Y.: Fab: Content-Based, Collaborative Recommendation. Comm. ACM, **40**(3), 66–72 (1997)
7. Beliakov, G.: Monotone approximation of aggregation operators using least squares splines. Int. J. of Uncertainty, Fuzziness and Knowledge-Based Systems, **10**, 659–676 (2002)
8. Beliakov, G.: How to build aggregation operators from data? Int. J. Intelligent Systems, **18**, 903–923 (2003)
9. Beliakov, G.: FMTools package, version 1.0, http://www.deakin.edu.au/~gleb/aotool.html, (2007)
10. Beliakov, G., Bustince, H., Goswami, D.P., Mukherjee, U.K. and Pal, N.R.: On averaging operators for Atanassov's intuitionistic fuzzy sets. Information Sciences, **181**, 1116–1124 (2011)
11. Beliakov, G. and Calvo, T.: Construction of Aggregation Operators With Noble Reinforcement. IEEE Transactions on Fuzzy Systems, **15**(6), 1209–1218 (2007)
12. Beliakov, G., Pradera, A. and Calvo, T.: Aggregation Functions: A guide for practitioners. Springer, Heidelberg, Berlin, New York (2007)
13. Beliakov, G., Calvo, T. and James, S: On Lipschitz properties of generated aggregation functions. Fuzzy Sets and Systems, **161**, 1437–1447 (2009)

14. Beliakov, G. and James, S: Using Choquet Integrals for kNN Approximation and Classification. In Gary G. Feng (ed.), 2008 IEEE International Conference on Fuzzy Systems (FUZZ-IEEE 2008), 1311–1317 (2008)

15. Beliakov, G. and James, S: On extending generalized Bonferroni means to Atanassov orthopairs in decision making contexts, Fuzzy Sets and Systems, **211**, 84–98 (2013)

16. Beliakov, G. and James, S: Stability of weighted penalty-based aggregation functions, Fuzzy Sets and Systems, **226**, 1–18 (2013)

17. Bobadilla, J., Ortega, F., Hernando, A. and Gutiérrez, A.: Recommender systems survey, Knowledge-Based Systems, **46**, 109–132 (2013)

18. Bolton, J., Gader, P. and Wilson, J.N.: Discrete Choquet Integral as a Distance Metric. IEEE Trans. on Fuzzy Systems, **16**(4), 1107–1110 (2008)

19. Buchanan, B. and Shortliffe, E.: Rule-based Expert Systems: The MYCIN Experiments of the Stanford Heuristic Programming Project. Addison-Wesley, Reading, MA (1984)

20. Bullen, P.S.: Handbook of Means and Their Inequalities. Kluwer, Dordrecht (2003)

21. Burke, R.: Hybrid Recommender Systems: Survey and Experiments, User Modeling and User-adapted interaction, **12**(4), 331–370 (2002)

22. Calvo, T. and Beliakov, G.: Aggregation functions based on penalties, Fuzzy Sets and Systems, **161**, 1420–1436 (2010)

23. Calvo, T., Kolesárová, A., Komorníková, M. and Mesiar, R.: Aggregation operators: properties, classes and construction methods. In : Calvo, T., Mayor, G. and Mesiar, R. (eds.) Aggregation Operators. New Trends and Applications, pp. 3–104. Physica-Verlag, Heidelberg, New York (2002)

24. Chen, Y.-L. and Cheng, L.-C.: A novel collaborative filtering approach for recommending ranked items. Expert Systems with Applications, **34**, 2396–2405 (2008)

25. Claypool, M., Gokhale, A., Miranda, T., Murnikov, P., Netes, D. and Sartin, M.: Combining Content-Based and Collaborative Filters in an Online Newspaper. In Proceedings of SIGIR 99 Workshop on Recommender Systems: Algorithms and Evaluation, Berkeley, CA (1999)

26. Campos, L.M.d., Fernández-Luna, J.M. and Huete, J.F.: A collaborative recommender system based on probabilistic inference from fuzzy observations. Fuzzy Sets and Systems, **159**, 1554–1576 (2008)

27. Dubois, D. and Prade, H.: Fuzzy Sets and Systems: Theory and Applications. Academic Press, New York (1980)

28. Dubois, D. and Prade, H.: Fundamentals of Fuzzy Sets. Kluwer, Boston (2000)

29. Dubois, D., Hllermeier, E., and Prade, H.: Fuzzy methods for case-based recommendation and decision support. J. Intell. Inform. Systems, **27**(2), 95–115 (2006)

30. Duda, R. Hart, P. and Nilsson, N.: Subjective Bayesian methods for rule-based inference systems. In Proc. Nat. Comput. Conf. (AFIPS), volume 45, 1075–1082 (1976)

31. Garcia, I., Sebastia, L. and Onaindia, E.: On the design of individual and group recommender systems for tourism, Expert Systems with Applications, **38**, 7683–7692 (2011)

32. Grabisch, M., Kojadinovic, I., and Meyer, P.: A review of methods for capacity identification in Choquet integral based multi-attribute utility theory: Applications of the Kappalab R package. European Journal of Operational Research. **186**, 766–785 (2008)

33. Kaymak, U. and van Nauta Lemke, H.R.: Selecting an aggregation operator for fuzzy decision making. In 3rd IEEE Intl. Conf. on Fuzzy Systems, volume 2, 1418–1422 (1994)

34. Klement, E.P., Mesiar, R. and Pap, E.: Triangular Norms. Kluwer, Dordrecht, (2000)

35. Kojadinovic, I. and Grabisch, M.: Non additive measure and integral manipulation functions, *R* package version 0.2, http://www.polytech.univ-nantes.fr/kappalab, (2005)

36. Krawczyk, H., Knopa, R., Lipczynska, K., and Lipczynski, M.: Web-based Endoscopy Recommender System - ERS. In International Conference on Parallel Computing in Electrical Engineering (PARELEC'00), Quebec, Canada, 257–261 (2000)

37. Linden, G., Smith, B., and York, J.: Amazon.com recommendations: Item-to-item collaborative filtering. IEEE Internet Computing, **7**(1), 76–80 (2003)

38. Mayor, G., and Calvo, T.: Extended aggregation functions. In IFSA'97, volume 1, Prague, 281–285 (1997)

39. Miller, B.N., Albert, I., Lam, S.K., Konstan, J.A., and Riedl, J.: MovieLens unplugged: experiences with an occasionally connected recommender system. In Proceedings of the 8th international ACM conference on Intelligent user interfaces, Miami, USA, 263–266 (2003)

40. Resnick, P., Iakovou, N., Sushak, M., Bergstrom, P., and Riedl, J.: GroupLens: An open architecture for collaborative filtering of Netnews. In Proceedings of ACM conference on computer supported cooperative work, Chapel Hill, NC, 175–186 (1994)

41. Rojas, K., Gómez, D., Montero, J., and Rodríguez, J. T.: Strictly stable families of aggregation operators, Fuzzy Sets and Systems, **228**, 44–63 (2013)

42. Salton, G. and McGill, M.: Introduction to Modern Information retrieval. McGraw Hill, New York (1983)

43. Schafer, J.B., Konstan, J.A., and Riedl, J.: E-commerce recommendation applications, Data Mining and Knowledge Discover, **5**, 115–153 (2001)

44. Santini, S. and Jain, R.: Similarity Measures. IEEE Transactions on Pattern Analysis and Machine Intelligence, **21**(9), 871–883 (1999)

45. Ujjin, S., and Bentley, P.: Using evolutionary to learn user preferences. In: Tan, K., Lim, M., Yao, X. and Wang, L. (eds.). Recent advances in simulated evolution and learning, pp. 20–40. World Scientific Publishing (2004)

46. Victor, P., Cornelis, C., De Cock, M. and Herrera-Viedma, E.: Practical aggregation operators for gradual trust and distrust, Fuzzy Sets and Systems, **184**, 126–147 (2011)

47. Vu, H. Q., Beliakov, G., and Li, G.: A Choquet integral toolbox and its application in customers preference analysis, in Data Mining Applications with *R*, Elsevier (2013)

48. Yager, R.: On ordered weighted averaging aggregation operators in multicriteria decision making. IEEE Trans. on Systems, Man and Cybernetics. **18**, 183–190 (1988)

49. Yager, R.: Noble Reinforcement in Disjunctive Aggregation Operators. IEEE Transactions on Fuzzy Systems, **11(6)** 754–767 (2003)

50. Yager, R. R. and Filev, D. P.: Induced ordered weighted averaging operators. IEEE Transactions on Systems, Man, and Cybernetics – Part B: Cybernetics, **20**(2), 141–150 (1999)

51. Yager, R. and Rybalov. A.: Uninorm aggregation operators. Fuzzy Sets and Systems, **80**, 111–120 (1996)

推荐系统中的主动学习

Neil Rubens、Mehdi Elahi、Masashi Sugiyama 和 Dain Kaplan

24.1 简介

通常，推荐系统向用户展示物品的主要原因是要向用户**推荐**可能感兴趣的物品。可是为用户展示物品还有另一个原因：为了更多地了解用户的喜好，这就是主动学习（Active Learning，AL）。基于主动学习的增强推荐系统能够帮助用户更好地意识到自己喜欢/不喜欢什么，同时还可以为系统提供新信息以便分析后续的推荐。所以，在推荐系统中引入主动学习是有意义的，它让推荐有针对性地实现个性化。这种效果可以通过以下途径实现：影响推荐系统展示哪些物品给用户（例如，用户在注册或正常使用情况下的物品展示），让用户能够自由地发掘他们的兴趣爱好。

不幸的是，系统获取信息的机会非常少，只有通过用户评分/评论物品，或是通过浏览历史获取。由于这些机会很少，所以我们希望收集到的数据尽可能告诉我们一些关于用户喜好的**重要信息**。毕竟，用户数据是一个公司最有价值的资产之一。

例如，当一个新用户开始使用推荐系统时，系统对其偏好所知甚少[2,47,55]。获取用户偏好的一个通用方法是要求用户对一组物品评分（称为训练集合）。于是评估用户偏好的模型便可由此建立。由于用户评论的物品数量不能覆盖全部类别（有可能使得主动学习任务与**推荐系统**做无用功），所以供用户评论的物品集合一定是有数量限制的。因此学习模型的准确性在很大程度上依赖于选择良好的训练集合。系统可能会要求用户为《星球大战 I，II，III》进行评分。通过用户对三部曲的评分，我们将很好地了解用户对《星球大战》的喜好，也许还可以推而广之，了解用户对其他科幻电影的喜好，当然总的来说收集到的知识是有限的。所以选择该三部曲并不能提供丰富的信息⊖。选择类似《星球大战》等流行物品的另外一个问题，就是默认情况下大部分用户会喜欢它们（否则就不流行）。那么选择流行物品只能获得很少的用户信息（除非用户的品位特殊），这不足为奇。

有这样一个观点认为，主动学习是一个令人讨厌且具有侵扰性的过程，但它并不必如此[50,66]。如果展示的物品用户感兴趣，那么这有可能是一个发现与探索的过程。有的推荐系统提供一个"给我惊喜！"的按钮来激励用户进入探索过程，而且确实有许多原本没有购买意图的用户想看看系统有什么建议。探索是使用户更好地意识到自己的喜好（是否改变），同时将喜好告知系统的关键所在。请记住，在某种意义上用户偏好不仅可以通过他们对物品的评分，也可以通过他们所消费的物品进行定义，所以促使用户为不同的物品评分才有可能进一步

⊖ 除非我们的目标是学习一种微观偏好，在这里我们可以定义为一个人的倾向，更加"挑剔"地在他们喜欢的类型中选择接近彼此。

N. Rubens，University of Electro-Communications, Tokyo, Japan, e-mail：rubens@ hrstc. org.

M. Elahi，Free University of Bozen-Bolzano, Bolzano, Italy, e-mail：mehdi. elahi@ unibz. it.

M. Sugiyama · D. Kaplan，Tokyo Institute of Technology, Tokyo, Japan e- mail：sugi @ cs. titech. ac. jp；dain @ cl. cs. titech. ac. jp.

翻译：蔡凯伟、李艳民　审核：吴　宾

区分彼此的喜好，并使得系统能够提供更好的个性化服务和更好地满足他们的需求。

本章只对推荐系统中主动学习进行一个浅析[⊖]，然而我们希望本章能够提供必要的基础知识。

如想进一步阅读，文献[57]对机器学习（侧重于自然语言处理和生物信息学）情景下的主动学习做了一个很好的整体介绍。关于主动学习的理论研究（主要专注于实验设计领域）可以参照[4，7，28]，还有计算机科学领域中最近的研究成果[5,17,62]。

24.1.1 推荐系统中主动学习的目标

不同的推荐系统有不同的学习目标（见第8章），这样它们的主动学习部分也需要不同的目标。因此，一个主动学习方法可能比其他方法更能满足某个给定的任务[46]。例如，正在构建的推荐系统中有哪些方面是重要的（见第9章）？注册的难度（用户负担）？用户对服务是否满意（用户满意度）？系统预测用户喜好的功能怎样（准确度）？系统是否能很好地表达用户的喜好（用户效用）？系统怎样将从一个用户中学习到的信息应用在其他用户上（系统效用）？系统的功能设计也非常重要，例如，当一个用户在查询感兴趣的物品评分时，如果系统没有足够的数据来预测，那么这时系统会如何响应。在这种情况下，是否会给用户一个模糊的答案，从而允许用户在有兴趣和有时间时对系统进行进一步的训练？还是要求他们在系统提供预测之前对其他物品进行评分？或许用户之前体验过该物品（例如，看过这部电影或者预告片）并认为他们的评分与预测评分相差很大[11]。系统在这些场景下如何响应是值得思考的。

通常主动学习不考虑探索（学习用户偏好）与开发（利用用户偏好）的平衡，也就是说它并不根据系统目标动态分配探索/开发的权重。但这种权衡是很重要的，因为对于一无所知或知之甚少的新用户来说，通过为用户提供可能感兴趣的预测（开发）来验证系统的价值是有益的，同时老用户希望能够通过探索来扩展自己的兴趣[50,52]。

虽然一个推荐系统的目标可能是为用户提供准确的预测，但系统也需要推荐高新奇/新颖度的物品（见第26章），提高覆盖率，使利润最大化或者决定用户是否能够评估给定的物品，举几个例子[27,43,55]。多重目标可能需要同时考虑（见第25章），例如，最小化净购置成本的训练数据同时也需要最大化净利润，或者找到为用户提供物品的代价，期望输出的效用和无用的替代效用之间的最佳搭配[50]。训练的实用性也可能是很重要的，如为用户提供他们负担不起的进口车的预测评分可能是毫无用处的，所以应该避免这种情况。可以看出系统目标常常要比单纯地预测准确度复杂得多，并且可能包含多个目标的结合。

而推荐系统往往有一个不明确或开放式的目标，即预测用户可能感兴趣的物品，正如其名，基于对话的主动学习[9,42,49]将与用户对话作为一种结果导向方法。它通过问题的迭代引出用户响应来让用户快速找出他们想要的内容（见24.7节）。

新用户问题 当用户刚开始使用推荐系统时，他们希望通过少量训练就可以看到有趣的结果。尽管系统对用户偏好所知甚少，但选择能够最大化理解新用户需求的训练集合进行评分非常重要[46]。

新物品问题 随着新物品不断加入系统，通过引导用户对其评分来快速提高这些物品的预测准确性非常重要[30]。

获取输出值的成本 获取输出值的方法不同，成本也不同。诸如将用户点击一个推荐物品作为正输出，不点击作为负输出，这样代价就很小。相反，要求用户明确地为物品评分成本比较高，即使这样仍然取决于任务类型。类似《星球大战》的电影观看后再来评分也许会得到不

⊖ 有关主动学习的补充材料可以在这里找到：http://ActiveIntelligence.org。

错的结果，但是需要大量的用户成本[25]，而对笑话进行评分就不至于。这通常与探索/开发的耦合性不谋而合，且从不同输入获取输出的权衡也应该考虑在内（诸如确定性/不确定性，易于评估性等）。

适应不同的主动学习方法 虽然我们一直专注于减少预测错误的传统目标，同样构建一个方法来最大化其他目标也是合理的，比如利润。在这种情况下，模型将更侧重于考虑提升利润而不是评分的准确度。

24.1.2 例证

让我们看看推荐系统中主动学习的一个具体例子。这里只阐述了一些概念，所以有些过于简单。请记住相似性度量方式会随着使用的方法不同而不同。这里假设电影属于相同的类型，因此它们彼此相似。图24-1显示两个图表，最左边的是起始状态，其中右上方用户组已对一部电影评分，该电影属于科幻类。右边的图表显示了4个下一步可供选择的训练集合(a)、(b)、(c)或(d)。如果我们选择了训练集合(a)，它是一个模糊类型电影(如《金鱼猎人》)，并不会影响预测结果，因为邻域内没有其他电影(集合)。如果选择训练集合(b)，我们就可以为相同区域的集合进行预测，但是这些预测可能已经从相同区域内的训练集合中获得了(根据左边的图表)。如果选择了训练集合(c)，我们可以进行新的预测，但只可以对该区域内的其他三部电影进行预测，它们恰好都是僵尸题材电影。选择训练集(d)，我们可以对该区域的大量测试集合进行预测，预测结果为喜剧电影。因此(d)是最理想的选择，因为这允许我们对预测结果做出最大改进(因其具有最多的训练集)⊖。

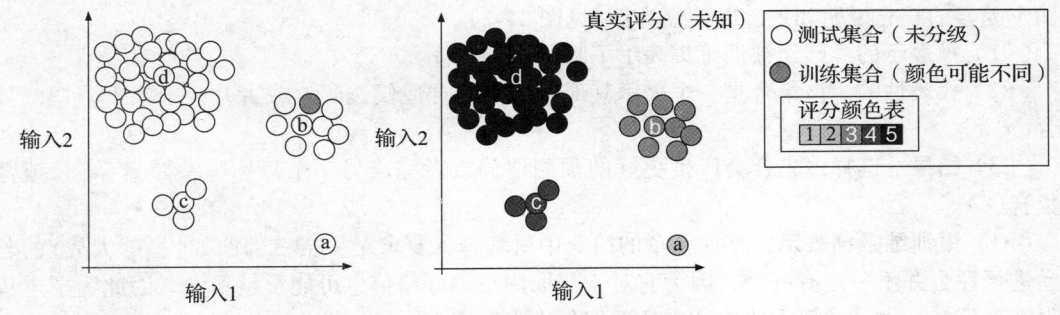

图24-1 主动学习：例证(见24.1.2节)

24.1.3 主动学习的类型

本章中提出的主动学习方法已经根据我们对其主要动机/目标的解释进行了分类。需要注意的是给定的主动学习方法可能有很多分类方法，例如，接近于某个决策边界的取样可能会归类为基于不确定输出的方法，因其输出未知；基于参数的方法，因其会改变模型；或者基于决策边界的方法，因其边界线会随着结果偏移。然而，由于取样的执行与决策边界有关，我们将考虑方法的首要动机，并据此对方法分类。

除了通过主要动机进行分类外(见24.1节)，为了便于理解，我们进一步将一个方法的算法细分为两种常见的分类类型：基于实例和基于模型。

基于实例的方法 该类型的方法根据它们的属性选择集合，试图在没有显性知识的基础模型中通过找到系统中与其他用户最匹配的用户来预测评分。此类型的通用名称包括基于记忆

⊖ 这可能取决于推荐系统中采用的特定预测方法。

的、惰性学习、基于实例的和非参数化方法[2]。

基于模型的方法　该类型的方法选择集合来尝试构建一个最好的模型，该模型可以解释用户提供的用来预测用户评分的数据[2]。这些集合也用来最大化地减少模型的预测错误。基于模型的主动学习方法往往比基于实例的方法表现更佳，因为它们不仅利用属性集合（基于实例的方法也这么用），而且还能够在底层预测模型上优化获得的标签集合。然而性能的改进需要代价，为一个预测模型所获得的标记数据也许对其他模型没有价值；预测模型在整个推荐周期中都需要频繁变化。此外，一个基于主动学习方法的模型通常和其他模型不兼容，因为基于主动学习（AL）的方法依赖于访问一个预测模型的特定参数以及该模型的预测结果（如不是所有的模型都能提供评分分布的预测，同时模型的参数各有差异）。这可能需要在每次预测模型改变时使用不同的主动学习方法。

主动学习模式：批处理和顺序处理　因为用户通常希望系统可以立即输出一些有趣的东西，所以一个常用的方法是在用户为一个物品评分后以顺序的方式计算该用户的预测评分。同时也可以在调整模型之前允许用户对多个物品或一个物品的多个特性进行评分。另一方面，顺序地选择训练集有一个好处，即允许系统响应用户提供的数据并立即做出必要的调整。该方法需要付出的代价是每一步都需要与用户交互。由此，在批处理主动学习与顺序主动学习之间会有一个权衡：数据利用率与用户交互的次数。

24.2　数据集的属性

在考虑任何主动学习方法时，为了最大化给定集合的效用，以下3个因素应该考虑在内。前两个因素的补充说明如下。以例证为例（见图24-1）。

（R1）**被表示的**　已经被训练集表示了吗？如集合（b）。

（R2）**代表性的**　该集合是一个表示其他数据集的合适候选吗？或者是一个离群点吗？如集合（a）。

（R3）**结果**　选择该集合会产生更好的预测评分或者完成另一个目标吗？如集合（d）或甚至集合（c）。

（R1）**由训练数据表示**　正如本章的简介中所解释，要求对一个三部曲如《星球大战》的若干卷进行评分并不一定有好处，因为它对于获取用户偏好新信息可能贡献不大。因此为了避免获得冗余信息，主动学习方法应该支持训练集中未被完全表示的数据[23]。

（R2）**测试数据的代表**　有一点很重要，就是任何通过主动学习算法选择进行评分的物品要尽可能地代表测试物品集（这里我们认为所有物品都可能属于测试集），因为算法的准确度将基于这些物品进行评估。如果被选电影来自一个小的类别，像例证（见图24-1）中的僵尸电影，那么获取该电影的评分对其他主流类别的用户偏好贡献不大。另外用户通常倾向于对自己感兴趣的电影类型进行评分，这就意味着任何在训练集中（其有可能由用户喜好的物品组成）占优势的类别可能只代表了所有物品中的一小部分[50]。为了增加信息获取量，选择能够提供其他未评分物品信息的具有代表性的物品是至关重要的[23,58,64]。

（R3）**结果评估**　主动学习方法通常基于它们帮助推荐系统实现其目标的程度来评估（例如，准确性、覆盖范围、精准度等（见第8章））。一个推荐系统常用目标是高预测精度，因此主动学习方法也有着相同的衡量标准。同时主动学习也有一些核心衡量标准。常用衡量标准是获得的评分数量。根据衡量评分数量引出的评分种类也非常重要（如评分高/低、种类等）[20]。在许多领域这些目标已经被采纳，尤其在信息检索领域：精度、积累的增加⊖（基于其在列表

⊖　为了比较各种长度的推荐，经常使用归一化的折扣积累增益（NDCG）。

中的相关性和位置对物品的质量进行排名的度量(例如,高评分的物品应该排在推荐列表的前面))(见第8章)。最后,重要的是逼真地模拟获得结果的实际设置(见24.8节)。

其他考虑因素

除了24.2节列出的3个条件之外,数据集的其他标准也应该被考虑,如下面的标准。

代价。正如本章简介所说,从用户选择中获取隐式反馈要比要求用户显式地对物品评分的代价小[24]。这可看作一个可变成本问题。处理该问题的一个方法是考虑为物品打标签的成本以及将来评估加入训练集物品被错误分类的代价[35]。然而成本有可能是事先未知的[59]。

可估价性。用户可能不会经常给物品评分,也不可能为一部没看过的电影正确评分!因此也要考虑到用户能够评估一个物品的概率(见24.8.4节)。

显著性。以决策为中心的主动学习强调评分更能够影响决策的物品,并且需要与决策相关的实例,这样一个相对较小的评估变化能够改变预测评分顶部的物品顺序[54]。例如,无用的标记物品会导致用户首页推荐的前十部电影(突出物品)的排名发生移动或重新排列,它可能被认为没多大用处。这也可能出现在只考虑获取系统强烈推荐的物品评分的情况下[6]。

流行性。建议将物品的流行性也考虑在内[46],例如,有多少人对该物品进行了评分。该操作基于这样一个理念,因为流行物品有许多人评分,所以它有可能信息相当丰富。相反地,也应该考虑到一个物品的评分不确定性,因大多数用户趋向于为积极物品打高分(这就是这个物品流行的原因),这表明该物品并不能提供太多的辨别力,因而不值得包括在训练集中。通过在类似用户中选择[36]流行物品(以个性化的方式)来部分地解决这种限制。

最佳/最差。极端(最佳/最差)的评分对于用户和物品的偏好通常非常有用[39]。获取这种数据的一个方法是要求用户对商品进行最高[20,65]和最低评分[18,20]。注意,最高预测是推荐系统获取评分的默认策略。然而,集中在只获得高评分的物品可能引入系统范围的偏差[21],并可能导致预测性能的降级[20]。最高—最低策略更有可能呈现出用户能够评价的物品(可能已经历了最高预测物品,可能容易地表达对最低预测物品的负面意见)。该方法的主要缺点是当它的预测是错误时系统倾向于获得新的信息(我们不希望那么频繁)。我们假设这个问题可以通过要求用户提供他喜欢/不喜欢的物品来缓解。但是,这会将任务类型从主动学习(为物品提供标签)变成**活动类选择**[40](提供具有某个标签(喜欢/不喜欢)的物品)。

24.3 主动学习在推荐系统中的应用

在传统的主动学习中用户要求对预选的物品评分。这往往是在用户刚加入的时候,虽然预选的列表在以后也会展示给已存在的用户。有人可能认为既然这些物品是由专家挑选的,那么它们应该已经捕获了用来决定用户偏好的重要属性。从概念上讲这可能听起来比较合理,但是实际中这会导致选择的物品只能最好地预测用户**平均**的偏好。由于推荐系统的思想是提供个性化推荐,因此通过个性化方法选择评分物品应该更有意义。下面的矩阵(见表24-1)提供了本章概述方法的摘要。

表24-1 方法总结矩阵

方法的主要动机	描述/目标	可能的限制条件
降低不确定性(见24.4节)	减少以下内容的不确定性: ● 评分评估(见24.4.1节) ● 决策边界(见24.4.2节) ● 模型参数(见24.4.3节)	降低不确定性可能并不总能提高准确率;该模型可能只对错误的事情进行了肯定(如用错了预测方法)

（续）

方法的主要动机	描述/目标	可能的限制条件
减少错误（见24.5节）	通过错误与以下内容的关系来减少预测错误： ● 输出评估中的变化（见24.5.1.1节） ● 测试集错误（见24.5.1.2） ● 参数评估中的变化（见24.5.2.1节） ● 参数估计值的方差（见24.5.2.2节）	可靠地评估错误的减少是困难的并且计算是昂贵的
基于聚类（见24.6节）	基于以下内容之间的共识找出有用的训练集： ● 聚类中的模型（见24.6.1节） ● 多重候选模型（见24.6.1）	由于它的执行与多重模型/候选有关，所以其效果取决于模型/候选的质量且可能是计算昂贵的

主动学习公式

被动学习（Passive Learning）（见图24-2）是指预先提供训练数据或系统无须努力获取新数据（仅仅通过用户行为随着时间不断积累）。另一方面**主动学习**主动地选择训练集（用户输入）以便观察信息最丰富的输出（用户评分、行为等）。

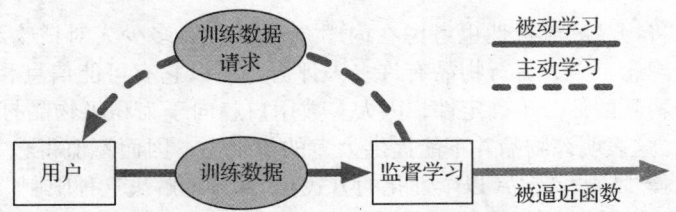

图24-2 主动学习应用一个交互/迭代的过程来获得训练数据，不像被动学习，数据是给定的

让我们用一个更正式的方式来定义主动学习问题（见表24-2）。一个物品看作是一个多维输入变量并用一个向量 x 描述（也称为一个数据点）$^{\ominus}$。将整个物品集表示为 $\mathcal{X}$。用户 u 的偏好表示为函数 f_u（也称为**目标函数**）；为了简洁起见，用 f 指代目标用户。物品 x 的评分当作一个输出值（或者**标签**）用 $y = f(x)$ 来表示。每个物品 x 都可以在一个有限的范围 $\mathcal{Y} = \{1, 2, \cdots, 5\}$ 上进行评分。

表24-2 符号总结

x	单个输入（单个物品）
$\mathcal{X}$	多个输入（多个物品）
y	输出（物品的评分）
$\mathcal{Y} = \{1, 2, \cdots, 5\}$	可能的输出（评分）例 $y \in \mathcal{Y}$
f	用户的偏好函数（系统未知）
$\mathcal{X}^{(\mathrm{Train})}$	训练集输入（已被评分的物品）
$\mathcal{T} = \{(x_i, y_i)\}_{x_i \in \mathcal{X}^{(\mathrm{Train})}}$	训练集（物品及其评分）
$\hat{f}$	用户偏好的近似函数（来自训练集）
G	泛化误差（预测准度），见式（24.1）
x_a	用来评分的物品
$\hat{G}(x_a)$	主动学习标准（评估物品 x_a 评分的效用）

$\ominus$ 物品被表示的方式取决于推荐系统和底层预测方法。在基于协作过滤的方法中，物品可以通过用户的评分来表示，或者在基于内容的推荐系统中，物品可以通过它们的描述来表示。

在监督学习中，物品和相应的用户评分通常分为互补的两部分——训练集和测试集（也称为验证集）。监督学习的任务就变成了，在给定一个训练集（通常由所有用户的评分提供）上学习一个准确预测用户偏好的函数$\hat{f}$。训练集的物品表示为$\mathcal{X}^{(\text{Train})}$，这些物品以及它们相对应的评分构成一个训练集，例如$\mathcal{T} = \{(\boldsymbol{x}_i, y_i)\}_{\boldsymbol{x}_i \in \mathcal{X}^{(\text{Train})}}$。我们通过泛化误差来衡量学习函数预测用户真实偏好的准确度：

$$G(\hat{f}) = \sum_{\boldsymbol{x} \in \mathcal{X}} \mathcal{L}(f(\boldsymbol{x}), \hat{f}(\boldsymbol{x})) P(\boldsymbol{x}) \tag{24.1}$$

然而在实际中，并不是所有$\boldsymbol{x} \in \mathcal{X}$都有$f(\boldsymbol{x})$，因此常用测试误差来近似泛化误差：

$$\hat{G}(\hat{f}) = \sum_{\boldsymbol{x} \in \mathcal{X}^{(\text{Test})}} \mathcal{L}(f(\boldsymbol{x}), \hat{f}(\boldsymbol{x})) P(\boldsymbol{x}) \tag{24.2}$$

式中，$\mathcal{X}^{(\text{Test})}$是指**测试集**物品，预测误差通过一个损失函数$\mathcal{L}$来衡量，如绝对平均值（MAE）：

$$\mathcal{L}_{\text{MAE}}(f(\boldsymbol{x}), \hat{f}(\boldsymbol{x})) = |f(\boldsymbol{x}) - \hat{f}(\boldsymbol{x})| \tag{24.3}$$

或者均方误差（MSE）：

$$\mathcal{L}_{\text{MSE}}(f(\boldsymbol{x}), \hat{f}(\boldsymbol{x})) = (f(\boldsymbol{x}) - \hat{f}(\boldsymbol{x}))^2 \tag{24.4}$$

主动学习标准被定义用来评估获取物品$\boldsymbol{x}$的评分效用，并将其添加到训练集$\mathcal{X}^{(\text{Train})}$以获取某一特定目标（见24.1.1节）。为简单起见，让我们将此目标设为学习函数在训练集上的最小化泛化误差。我们将主动学习准则表示为：

$$\hat{G}(\mathcal{X}^{(\text{Train})} \cup \{\boldsymbol{x}\}) \tag{24.5}$$

或简单表示为：

$$\hat{G}(\boldsymbol{x}) \tag{24.6}$$

主动学习的目标为选择一个能够最小化泛化误差$\hat{G}(\boldsymbol{x})$的物品$\boldsymbol{x}$：

$$\arg\min_{\boldsymbol{x}} \hat{G}(\boldsymbol{x}) \tag{24.7}$$

如果要求用户对$\boldsymbol{x}_j$或物品$\boldsymbol{x}_k$进行打分，那么可以通过一个主动学习标准来评估它们的效用，如$\hat{G}(\boldsymbol{x}_j)$和$\hat{G}(\boldsymbol{x}_k)$，选一个可以使得泛化误差更小的物品。注意我们需要在未知一个物品的真实评分时评估一个物品的效用。为区别候选评分物品与其他物品，我们将其表示为$\boldsymbol{x}_a$。只要提供所需信息，主动学习可以应用到任何预测方法中，如评分评估[53]及其分布[29,31]、近似决策边界[16,67]、方法参数[60]等。

回归和分类。预测用户评分问题可以看作一个回归或分类问题。因为评分是离散的数值，所以是一个回归问题，例如，如果考虑它们的顺序属性，意味着评分可以排序（如评分4比评分3高）。另外可以忽略评分的数值属性，通过将评分看作类/标签把该问题当作一个分类问题$^\ominus$。例如，可以使用最近邻（NN）方法来分类，如从邻居中提取频率最高的标签，或者用NN来进行回归，如计算邻居评分的平均值。在本章使用分类和回归的例子，选择其中最合适的帮助解释。

24.4 基于不确定性的主动学习

基于不确定性的主动学习尝试获取训练点来减少某些方面的不确定性，例如，与输出值相关的不确定性[37]、与模型参数相关的不确定性[29]和决策边界不确定性[56]等。该方法的一个潜在缺点是降低不确定性并不总是有效的。如果一个系统能够确定用户评分，这并不意味着一定是准确的，因为有可能只是确定了那些错误的内容（例如，如果算法错了，减少再多不确定性也毫无帮助）。举个例子，如果用户到目前为止评分一直比较正面，那么系统会误以为该用户喜欢所有的物品，这可能很不正确。

$\ominus$ 如果考虑标签的顺序属性，则成为有序分类。

24.4.1 输出不确定性

基于输出不确定性的方法通过标记选择的物品(训练集)来减少训练物品的预测评分不确定性。在图 24-1 中,假设推荐系统在物品归属类的基础上预测物品的评分(例如,相同类别的电影得分相同),如果已经得到了某用户对一部科幻类(右上方)电影的评分,那么推荐系统很有可能更加确定其他科幻类电影的评分,同时还有利于获取用户对还未抽样的某个类别(聚类)中电影的评分,也就是说,还未确定的聚类。

基于实例和基于模型的输出不确定性主动学习方法之间的主要不同之处在于,对于任一项 x,评分分布函数 $P(Y_x)$ 是怎样获得的,其中评分分布是指某个物品赋值为某个评分的概率。基于模型的方法可以通过模型获取评分分布。由于概率模型直接提供评分分布,所以特别适合这种情况[29,31]。对于基于实例的方法,通过收集数据来获取评分分布。例如,使用最近邻技术的方法在邻居投票的基础上获取评分分布,其中,这里的"邻居"是指具有相似偏好的用户[⊖],公式如下:

$$P(Y_x = y) = \frac{\sum_{nn \in NN_{x,y}} w_{nn}}{\sum_{nn \in NN_x} w_{nn}} \tag{24.8}$$

式中, NN_x 是为物品 x 打过分的邻居; $NN_{x,y}$ 是给物品 x 评分为 y 的邻居; w_{nn} 为邻居的权重(比如相似度)。

24.4.1.1　主动学习方法

一些主动学习方法[37]通过**局部**(贪心)方法计算输出值的不确定性,并评估一个潜在训练集的效用:

$$\hat{G}_{\text{Uncertainty}_{\text{local}}}(x_a) = -\text{Uncertainty}(Y_a) \tag{24.9}$$

由于我们的目标是最小化 $\hat{G}$,那么物品评分具有**较高**不确定性是有利的,这将消除被选物品评分的不确定性。但标记评分不确定的物品并不能达到减少其他物品评分不确定性的目的(例如,标记离群点只会减少其他类似物品的不确定性,如表 24-1 所示,选择僵尸类型的物品(c)一样,或者甚至在(d)中什么也没选)。

因此我们可能要考虑使用能够降低**其他**未评分物品不确定性的**全局**方式来降低不确定性。这样做的一种方法[51]是,通过在整个测试集 $\mathcal{X}^{(\text{Test})}$ 上相对于潜在训练物品 x_a 计算评分的不确定性来定义规则:

$$\hat{G}_{\text{Uncertainty}}(x_a) = \frac{1}{|\mathcal{X}^{(\text{Test})}|} \sum_{x \in \mathcal{X}^{(\text{Test})}} \mathbb{E}_{\mathcal{T}^{(a)}}(\text{Uncertainty}(Y_x)) \tag{24.10}$$

式中, $\frac{1}{|\mathcal{X}^{(\text{Test})}|}$ 为归一化因子; $\mathbb{E}_{\mathcal{T}^{(a)}}(\text{Uncertainty}(Y_x))$ 表示不确定性的期望值,其中将候选物品 x_a 的评估评分 y_a 加入训练集 $\mathcal{T}$,如 $\mathcal{T}^{(a)} = \mathcal{T} \cup (x_a, y_a)$。

非局部化方法有一个潜在的缺点,即对于局部化方法只需要评估单个输出值 y_a 的不确定性,而对于非局部化方法则需要对潜在训练集 (x_a, y_a) 评估所有训练集输出值的不确定性。这有可能难以正确地评估并且计算代价高。

24.4.1.2　不确定性度量

物品评分(输出值)的不确定性通常通过其方差、熵[37]或者置信区间[50]来计算。当评分最大程度偏离平均值时方差最大,当所有评分差不多时熵最大。

输出值的不确定性可以用下式中的方差定义来计算:

⊖　根据该方法,将邻居定义为类似项也是可行的。

$$\text{Uncertainty}(Y_a) = \text{VAR}(Y_a) = \sum_{y \in \mathcal{Y}} (y - \overline{Y_a})^2 P(Y_a = y) \tag{24.11}$$

式中，$\overline{Y_a}$ 表示物品 $\boldsymbol{x}_a$ 上所有用户的平均评分；$P(Y_a = y)$ 是物品评分 Y_a 与 y 相等的概率，二者要么是在基于实例的最近邻方法中计算的，要么是从基于模型方法的模型中获取的。

不确定性也可以由下式的熵进行计算：

$$\text{Uncertainty}(Y_a) = \text{ENT}(Y_a) = -\sum_{y \in \mathcal{Y}} P(Y_a = y) \log P(Y_a = y) \tag{24.12}$$

文献[58]中提出一个基于最相似评分概率计算评分不确定性的方法：

$$\text{Uncertainty}(Y_a) = -P(Y_a = y^*) \tag{24.13}$$

式中，$y^* = \text{argmax}_y P(Y_a = y)$ 是最相似评分。

在文献[50]中置信区间在选择训练输入集时计算不确定性：

$$c = P(b_l(Y_a) < y_a < b_u(Y_a)) \tag{24.14}$$

式中，c 是实际评分 y_a 位于下界 $b_l(Y_a)$ 和上界 $b_u(Y_a)$ 之间的置信度。例如，系统可以确定物品有 $c = 90\%$ 的概率被评分为 3～5 分。许多方法偏爱上界较高的物品，这表明该物品可能评分比较高(对开发有益)，而且如果置信区间也比较大的话，那么也有可能利于探索。在某些时候，理想的情况是增加预测评分比较高的物品数量，那么在置信区间的下界使用"期望改变值"可能会有利于物品选择[50]，"期望改变值"越高则情况越理想。

24.4.2 决策边界不确定性

基于决策边界的方法通过选择训练集来改善决策边界。通常现有的决策边界认为有几分正确，所以采样接近决策边界的点要进一步修正(见图 24-3)。从某种程度上说这也可以认为是基于输出不确定性的，因为接近决策边界的集合的不确定性可能比较高。该方法在这样的假设上进行：基础学习方法(如支持向量机)的决策边界很容易得到。该方法的一个明显优势是给定一个决策边界，通过近似决策边界来选择训练样本的计算开销会很小。

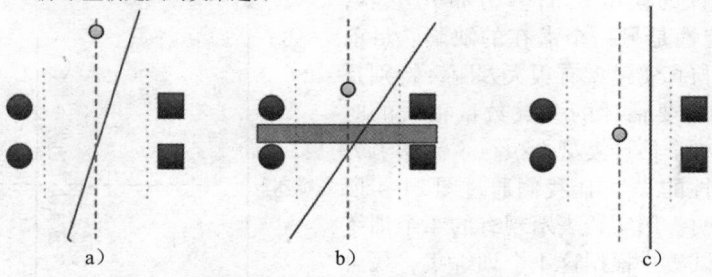

图 24-3 决策边界不确定性

正如文献[56]中所讨论的一样，通过选择训练集可以获取更准确的分割超平面(见图 24-3b)，如果超平面的方向已经确定，那么可能要选择输入集来降低边缘的大小(见图 24-3c)。虽然在靠近决策边界处抽取训练集比较好是显而易见的[16,67]，但是也有其他方法选择远离边界的物品[16]，这些物品在涉及多个候选分类的情况下有潜在的优势，这将在 24.6 节进行讨论。这是因为一个分类器应该对任何远离决策边界的物品都非常确定，但是如果新获取的训练数据显示分类不准确，那么该分类器可能不适合该用户偏好，所以应该从候选分类池中删掉该分类。

24.4.3 模型不确定性

基于模型不确定性的方法通过选择训练集来降低模型内的不确定性，更具体地说是为了降低模型参数的不确定性。这里假设如果提高了模型参数的准确性，则输出值的准确性也会随之提高。如果我们基于不同兴趣组的成员预测一个用户的偏好[29]，例如，如果有一些具有相似兴趣的用户，那么选择的训练集可以用来决定该用户属于哪一个小组（见 24.4.3.1 节）。

概率模型

下面的例子能够很好地解释概率模型。主题模型[29]是一个概率潜在语义模型，其中用户看作多重兴趣（称为主题）的混合，该模型是一个不错的例子。对于每个用户 $u \in U$ 在不同兴趣组 $z \in Z$ 上有一个概率分布。相同兴趣组的用户认为有相同的评分形式（如同一兴趣组的两个用户会对给定电影评分相同），所以对于给定隐类别变量 z，用户和物品 $x \in \mathcal{X}$ 是相互独立的。用户 u 为物品 x 评分为 y 的概率可以通过下式来计算：

$$P(y \mid x, u) = \sum_{z \in Z} p(y \mid x, z) p(z \mid u) \tag{24.15}$$

式中，$p(y \mid x, z)$ 是分类 z 中的用户为物品 x 评分 y 的概率（由高斯分布近似[29]），该项不依赖目标用户，代表了特定组的模型；第二项 $p(z \mid u)$ 是目标用户 u 属于类别 z 的概率，称为用户个性化参数（在[29]中由多项分布近似）；用户模型 $\boldsymbol{\theta}_u$ 由一个或多个用户个性化参数组成，如 $\boldsymbol{\theta}_u = \{\theta_{u_z} = p(z \mid u)\}_{z \in Z}$。

一个传统的主动学习方法根据能够使用户模型参数 θ_u 减少了多少不确定性来衡量候选训练输入点 x_a 是否有用（例如，用户 u 属于兴趣组 z 的不确定性）：

$$\hat{G}_{\theta \text{Uncertainty}}(x_a) = \text{Uncertainty}(\boldsymbol{\theta}_u) \tag{24.16}$$

$$\text{Uncertainty}(\boldsymbol{\theta}_u) = -\left(\sum_{z \in Z} \theta_{u_z} \mid x_a, y \log \theta_{u_z} \mid x_a, y \right)_{p(y \mid x_a, \theta_u)} \tag{24.17}$$

式中，θ_u 表示目前用户 u 的估计参数；$\theta_{u_z} \mid x, y$ 是通过额外的训练点 (x_a, y) 估计的参数。由于上述标准的目的是为了降低目标用户属于哪个兴趣组的不确定性，所以将用户分配到**单个**兴趣分类中有益于训练集。这个方法可能并不是对所有模型都有效，比如主题模型中将用户分配给**多个**兴趣组更有利于用户偏好的建模[29,31]。

根据当前估计的模型 θ_u 计算分布 $p(y \mid x, \theta_u)$ 的期望不确定性是另一个潜在的缺陷。目前估计的模型可能与真实模型有很大差距，特别是训练集数量小而需要估计的参数数量很大的时候。因此，仅在单个估计模型上执行主动学习方法可能是有误导性的[31]。让我们通过图 24-4 所示的例子进行说明。用实线表示现有的 4 个训练集，虚线表示测试集。根据这 4 个训练集，最可能的决策边界是水平线（虚线），即使真实的决策边界是垂直线（实线）。如果只通过该估计的模型选择训练集，接下来获取的训练集就可能是沿着评估边界的，而根据正确的决策边界（垂直线），这些训练集对于调整评估决策边界（水平线）是无效的。该例子说明未考虑模型不确定性

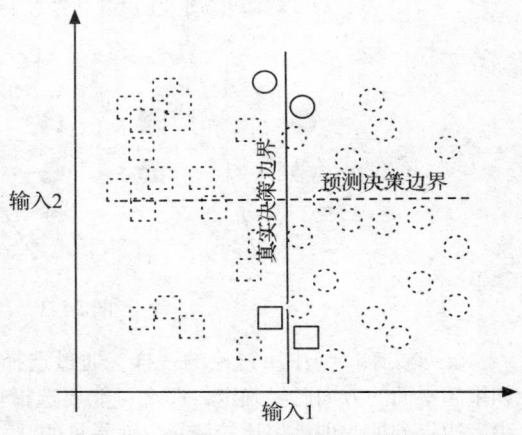

图 24-4　当评估模型与实际模型差距很大时的学习情境。训练集用实线框表示

就在当前估计的模型上执行主动学习是有误导性的，特别是估计的模型与实际模型相差很大时。一个更好的策略是利用模型分布引入模型的不确定性来选择训练输入集[31]。由于在选择训练输入集时不仅估计决策边界（如水平线），同时其他决策边界也要考虑在内，所以可以更有效地调整该决策边界。该方法已经应用在文献[31]的概率模型中。候选训练集的效用根据

其相对于最优模型参数 θ_u^* 所允许模型参数 θ_u 调整的程度进行评估：

$$\hat{G}_{\theta\text{Uncertainty}}(\boldsymbol{x}_a) = \left(\sum_{z \in Z} \theta_{u_z}^* \log \frac{\theta_{u_z} \mid x_a, y}{\theta_{u_z}^*} \right)_{p(y \mid x_a, \theta_u^*)} \qquad (24.18)$$

式（23.18）相当于 Kullback-Leiber 散度，当估计的模型参数等于最优参数时，Kullback-Leiber 散度取最小值。实际模型 θ_u^* 未知，但可以通过用户模型如 $p(\theta_u \mid u)$ 的后验分布上的期望值来估计。

24.5 基于误差的主动学习

基于误差的主动学习方法旨在减少预测误差，这通常也是最终目的。其中，基于实例的方法试图找到训练输入集与预测误差之间的关系并加以利用；基于模型的方法趋向于减少模型误差（如模型参数的误差），并期望能够因此改善预测误差。

24.5.1 基于实例的方法

正如在 24.2 节中所列的一样，基于实例的方法旨在基于输入集的属性降低误差。

24.5.1.1 输出估值变更（Y 变更）

文献[53]中的方法在这样一个准则下执行，即如果评分估计不变那么方法就没有改善。因此如果输出值的估计确实改变了，那么这些输出值的正确率要么提高了要么降低了。然而，可以预计到该方法至少可以从新训练集中学到一些东西，那么可见在许多情况下预测实际上是越来越准确的。假设大部分预测是朝着有利的方向变化的，引起许多估计发生变化的物品将使得这些估计中的大部分结果得到改善，从而认为是有用的。

举个例子（见图24-5），如果一个用户对一个具有代表性的大类别进行评分，如科幻电影《星球大战》，那么该评分（不管值为多少）有可能会影响到其他相关物品（即该类别中的物品）的评分估计，换句话说，为这样一个具有代表性的物品评分对于用户偏好是非常具有信息量的。另一方面，用户对没有许多相似性的物品进行评分，如电影《金鱼猎人》，对评分估计不会带来很大的影响，同时提供的信息也很少。

为找到由候选物品引起的评分估计的期望变化，所有可能的物品评分都应纳入考虑（即使候选物品的真正评分未知）。每个物品的每个可能的评分估计之间的差异在物品添加到训练集之前和之后进行计算（参照算法 1 的虚拟程序代码）。

以上标准可以更正式地描述为下式：

$$\hat{G}_{\text{Ychange}}(\boldsymbol{x}_a) = - \sum_{\boldsymbol{x} \in \mathcal{X}(\text{Test})} \mathbb{E}_{y \in \mathcal{Y}} \mathcal{L}(\hat{f}_{\mathcal{T}}(\boldsymbol{x}), \hat{f}_{\mathcal{T} \cup (\boldsymbol{x}_a, y)}(\boldsymbol{x})) \qquad (24.19)$$

式中，$\hat{f}_{\mathcal{T}}(\boldsymbol{x})$ 表示在给定当前训练集 $\mathcal{T}$ 时物品 $\boldsymbol{x}$ 的评分估计；$\hat{f}_{\mathcal{T} \cup (\boldsymbol{x}_a, y)}(\boldsymbol{x})$ 是指将物品 $\boldsymbol{x}_a$ 的假设评分加入训练集 $\mathcal{T}$ 后的评分估计；$\mathcal{L}$ 是计算评分估计 $\hat{f}_{\mathcal{T}}(\boldsymbol{x})$ 和 $\hat{f}_{\mathcal{T} \cup (\boldsymbol{x}_a, y)}(\boldsymbol{x})$ 差异的损失函数。假设一个候选物品的评分有同等机会并使用平均平方损失函数，上述标准可以写为下式：

$$\hat{G}_{\text{Ychange}}(\boldsymbol{x}_a) = - \sum_{\boldsymbol{x} \in \mathcal{X}(\text{Test})} \frac{1}{|\mathcal{Y}|} \sum_{y \in \mathcal{Y}} (\hat{f}_{\mathcal{T}}(\boldsymbol{x}) - \hat{f}_{\mathcal{T} \cup (\boldsymbol{x}_a, y)}(\boldsymbol{x}))^2 \qquad (24.20)$$

式中，$\frac{1}{\mathcal{Y}}$ 是一个归一化常量，因为我们假设所有物品 $\boldsymbol{x}_a$ 的评分 $y \in \mathcal{Y}$。

该标准的优势是它只依赖于评分估计，它可以从任何学习方法中获取。还有一个区别于其他方法只考虑一小部分物品（被用户评过分的物品）的优势，即利用所有未评分物品。该标准还配合其他任何学习方法，使得它有适应不同任务的潜力。

24.5.1.2 基于交叉验证的方法

在该方法中训练输入点的选择是基于训练输入点能否很好地近似已知评分的，如文

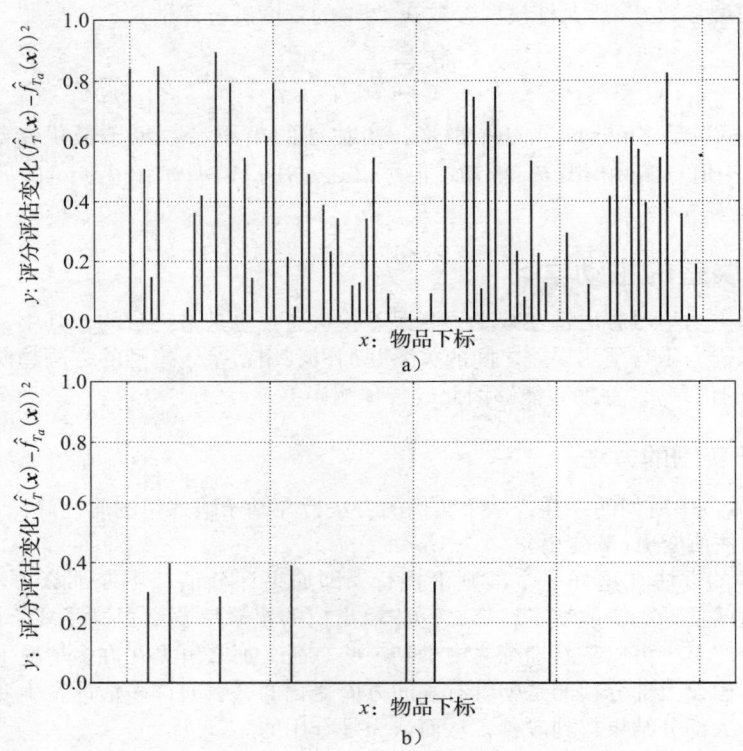

图 24-5 基于输出估计的主动学习方法(见 24.5.1.1 节)。x 轴对应物品下标，y 轴对应一个
候选训练点的评分评估变化。评分评估中变化很多的训练集被认为更有用

献[16]训练集中的物品。也就是，将$\hat{f}$一个具有评分概率为$y \in \mathcal{Y}$的候选训练集x_a加入训练集$\mathcal{T}$，然后在训练集$\mathcal{X}^{(\text{Train})}$上获取用户偏好$\hat{f}$并计算其准确率(如交叉验证)。我们假设当候选训练物品包含其真正的评分时，交叉验证的准确率将得到最大改进。候选训练集的效用通过交叉验证的准确率改进进行度量，如下式所示：

$$\hat{G}_{CV_{\mathcal{T}}}(x_a) = -\max_{y \in \mathcal{Y}} \sum_{x \in \mathcal{X}(\text{train})} \mathcal{L}(\hat{f}_{\mathcal{T} \cup (x_a, y)}(x), f(x)) \qquad (24.21)$$

算法 1 基于输出估计的主动学习(见 24.5.1.1 节)

```
# Ĝ估计为物品 x_a 评分时可能会得到的预测误差
function Ĝ(x_a)
  #在当前训练集 T 的基础上学习一个偏好近似函数 f̂
  f̂_T = learn(T)
    #对于物品 x_a 的每个可能的评分，如{1, 2, ..., 5}
    for y_a ∈ Y
      #添加一个假想训练集(x_a, y_a)
      T^(a) = T ∪ (x_a, y_a)
      #在新的训练集 T^(a) 上学习一个新的偏好预测函数 f̂
      f̂_T(a) = learn(T^(a))
      #对于每个未评分的物品
      for x ∈ X^(Test)
        #在为训练集 T 添加假设训练集(x_a, y_a)之前或之后，记录评分估计间的差异
        Ĝ = Ĝ + (-(f̂_T(x) - f̂_T(a)(x))²)
return Ĝ
```

式中，$\mathcal{L}$ 是损失函数，如 MAE 或 MSE（见 24.3.1 节）；$f(x)$ 是物品 x 的真实评分；$\hat{f}_{\mathcal{T}\cup(x_a,y)}(x)$ 是评分的近似估计（其中 $\hat{f}$ 是从训练集 $\mathcal{T}\cup(x_a,y)$ 学习而来的）。

一个潜在的缺点是该主动学习方法选择的训练点对训练集可能过拟合。

24.5.2 基于模型的方法

在基于模型的方法中，通过获取训练集来降低模型误差，比如模型参数的误差。这种方法的一个潜在的缺点是降低模型误差不一定会降低预测误差，即主动学习的目标。

24.5.2.1 基于参数变化的方法

基于参数变化的主动学习方法[60]喜欢最有可能影响模型的物品。假设这些模型参数的变化是有利的，如在最优参数方法中，选择对模型参数影响最大的物品是有益的：

$$\hat{G}_{\theta change}(x_a) = -\sum_{\theta} \mathbb{E}_{y\in\mathcal{Y}} \mathcal{L}(\theta_{\mathcal{T}}, \theta_{\mathcal{T}\cup(x_a,y)}) \tag{24.22}$$

式中，$\theta_{\mathcal{T}}$ 是从现有训练集 $\mathcal{T}$ 中估计的模型参数；$\theta_{\mathcal{T}\cup(x_a,y)}$ 是在物品 x_a 的假设评分 y 加入训练集 $\mathcal{T}$ 后评估的模型参数；$\mathcal{L}$ 是计算参数之间差异的损失函数。

24.5.2.2 基于方差的方法

在该方法中，误差被分解为三部分：模型误差 C（在给定当前模型上最优函数近似值 g 和实际函数 f 之间的差异），偏差 B（当前近似值 $\hat{f}$ 与最优值 g 的差值）和方差 V（近似函数 $\hat{f}$ 的变化大小）。换句话说有（见图 24-6）：

$$G = C + B + V \tag{24.23}$$

有一个解决方法[14]是通过假设偏差部分可以忽略（如果该假设不成立那么该方法无效）来最小化误差的方差部分。有很多方法提议选择输入训练集来降低模型参数方差的计算。A-最优设计[12]力图选择训练输入集来最小化参数估计的平均方差，D-最优设计[33]则力图最大化参数估计的香农信息差，推导式实验（Transductive Experimental）设计[68]致力于寻

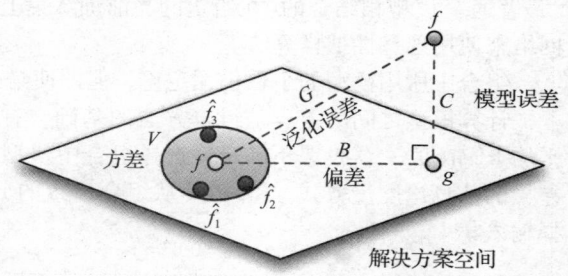

图 24-6 将泛化误差 G 分解为模型误差 C、偏差 B 和方差 V，其中 g 表示最优方法，$\hat{f}$ 是学习方法，$\hat{f}_i$ 是训练集有少量变化的学习方法

找能够保留测试集大部分信息且具有代表性的训练集。文献[62]中的主动学习方法，除了方差部分，还将模型误差的存在性也考虑在内。

24.5.2.3 基于图像恢复的方法

也可以将预测用户偏好的问题看作图像恢复问题[44]，也就是根据有限的用户偏好信息（部分图片）尝试恢复完整的用户喜好图片。主动学习任务选择能够使我们恢复最好的用户偏好"图片"的训练集。值得注意的地方是该方法满足 24.2 节中概述的属性。举个例子，如果一个区域内已经存在一个点，那么不需要邻居集的采样就可以恢复该区域的图片。靠近图片组成部分的边缘（决策边界）取样对该方法有利。

24.6 基于组合的主动学习

有时候使用模型组合而不是单一的模型可能对预测用户偏好更有益（见第 22 章）。在只使用单个模型的情况下，该模型是从多个候选模型中精心挑选的。这种方法的主要优势是具有这样的前提，即不同的模型更适用于不同的用户或问题。例如，一个用户的偏好使用原型模型建模可能会更好，而另一个用户的偏好使用最近邻模型建模会更好。这些主动学习方法的训练集

必须根据多个模型(见24.6.1节)或者多个候选模型(见24.6.2节)进行选择。

24.6.1 基于模型的方法

在基于模型的方法中，许多模型组成一个由模型形成的"组合"，在某种意义上共同选择训练集[61]。这些方法往往在以下方面不同：1)怎样构建一个模型组合；2)怎样在组合成员的基础上选择训练集[57]。正如文献[57]中的详细说明(请参考更详细的内容)，组合查询方法(QBC)涉及维护模型组合，这些模型是在同样的训练数据上进行训练的。本质上，它们表示了数据(由模型表示)可能看上去相互矛盾的假设。于是该组合的成员投票决定怎样标记潜在的输入集("QBC"中的"查询")。为此最不一致的输入集认为信息最丰富。QBC的基础前提是最小化版本空间或者所有假设的子集与收集的训练数据相一致，然后尽可能地限制该空间的大小，同时最小化训练输入集的数量。换句话说，QBC在争议区域进行查询来改善版本空间。

构建模型组合有很多方法，文献[57]中提供了许多实例，如可以通过简单的抽样进行构建[61]。对于生成模型类，可以通过随机抽样来自某个后验分布的任意数量的模型来构建，如朴素贝叶斯模型参数上的狄利克雷分布[41]，或使用正态分布抽样隐马尔可夫模型(HMM)[15]。也可为其他模型分类构建该组合(比如奇异或非概率模型)，如boosting查询和bagging查询[1]，利用boosting[22]和bagging[8]组合学习方法来构建组合。还有一些研究[13]为利用"最特别"与"最普通"模型相结合的(在给定的当前训练集上选择位于当前版本空间边界之间的模型)神经网络来使用选择性抽样算法。

组合中所用模型的个数仍无定论，但即使是少量模型也可以得到好的结果[41,58,61]。

计算模型之间的差异是组合方法的基础，有两种方法可以计算差异：投票不确定性[15]和平均KL散度[41]。投票不确定性选择组合中模型差异最大的点。KL散度是两个概率分布之间差异的信息论度量方式。KL散度从组合一致的分布与差别最大的模型间的最大平均差异中选择输入集。

24.6.2 基于候选的方法

不同的模型适用于不同的用户或不同的问题(见第7章)。所以训练集的选择(主动学习)和模型的选择，称为模型选择(MS)，都会影响学习函数的预测准确率。实际上主动学习和MS间有很强的依赖性，这意味着对某个模型有用的集合对其他模型不一定有用(见图24-9)。本节讨论怎样在具有多个模型候选以及执行过程中可能出现问题的情况下执行主动学习。

模型概念具有几个不同的含义。我们可能将一个模型看作一个具有共同属性的函数集，如函数的复杂度和函数或学习方法的类型(如SVM、朴素贝叶斯、最近邻或线性回归)。函数的不同属性一般称为参数。因此给定一个模型和训练数据，MS的任务是找到能使目标函数精确估计的参数。所有模型属性都影响预测准确率，但是为简单起见我们只着重于模型的复杂度。

如图24-7所示，如果模型与目标函数相比太过简单使其欠拟合(见图24-7a)，那么该学习函数可能不能用来近似目标函数。另一方面，如果模型太过复杂，它可能会尝试近似不相关的信息(如可能包含输出值中的噪声)，这将导致学习函数过度拟合目标函数(见图24-7b)。一个可行的解决方法是它包含许多候选模型。因此模型选择(MS)的目的是决定组合中模型的权重或者在只使用一个模型的情况下选择一个合适的(见图24-7c)：

$$\min_{\mathcal{M}} G(\mathcal{M}) \tag{24.24}$$

主动学习的任务同样是最小化预测误差，但它只就训练集的选择而言：

$$\min_{\chi^{(\text{Train})}} G(\chi^{(\text{Train})}) \tag{24.25}$$

鉴于主动学习和MS有着共同的目标即最小化预测误差，把二者结合起来会更有利：

$$\min_{\mathcal{X}^{(\text{Train})}, \mathcal{M}} G(\mathcal{X}^{(\text{Train})}, \mathcal{M}) \tag{24.26}$$

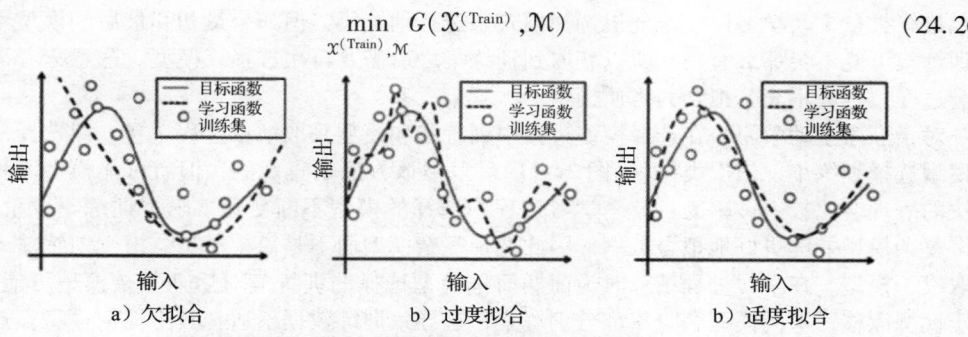

a）欠拟合　　　　　　　b）过度拟合　　　　　　　b）适度拟合

图 24-7　模型复杂度和准确率间的依赖

　　理想情况下我们会通过模型选择(MS)方法选择复杂度合适的模型以及使用主动学习方法选择最有用的训练数据。然而由于如下的悖论,只是批量地结合主动学习(AL)和模型选择(MS)方法并不可行,比如一次性选择所要训练集(见图 24-8):

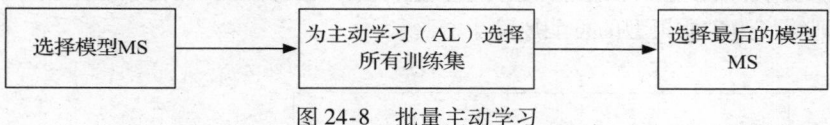

图 24-8　批量主动学习

- 为标准主动学习方法选择训练输入集时,模型必须固定。换句话说,模型选择(MS)方法已经执行过(见图 24-9)。

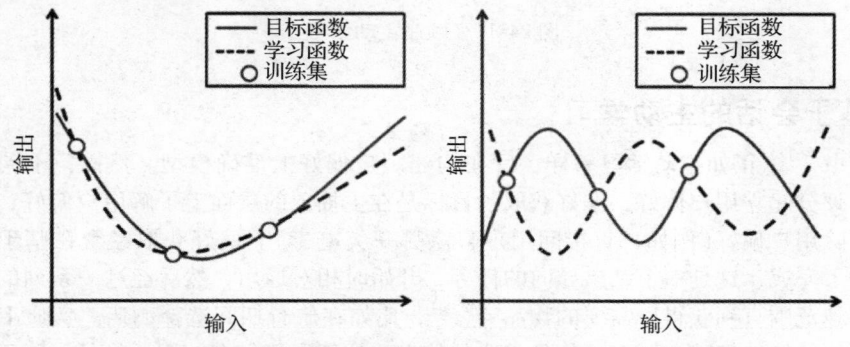

图 24-9　对一个模型有利的训练输入集不一定对其他模型有利

- 为标准模型选择(MS)方法选择模型时,训练输入集必须固定且对应的训练输出值必须合并。换句话说,主动学习方法(AL)必须已经执行过(见图 24-10)。

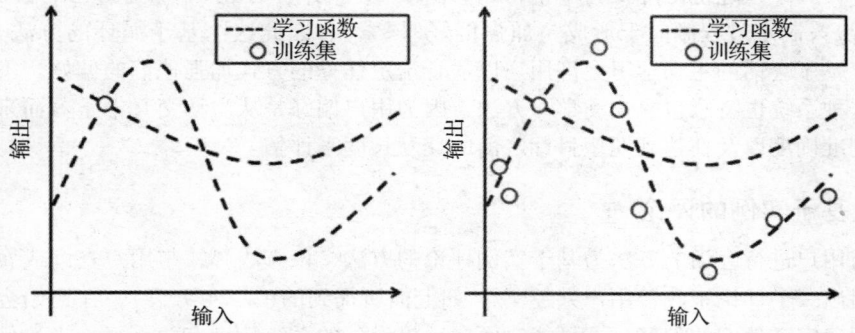

图 24-10　主动学习中的模型选择的依赖性。除非获取到训练集(主动学习),否则不能决定哪个模型更加适合(模型选择)

最终批量主动学习以一个随机选择模式来选择训练集，但如果最初和最后的模型不同，那么训练集可能不会那么有用，所以获取到训练集之后需要再次选择该模型。这意味着训练集可能会过度拟合或不充分拟合为劣质模型。

对于顺序主动学习，在选择模型过程中训练集和模型采取增量过程选择，即选择模型然后为模型选择训练集，依次类推（见图24-11）。虽然该方法是直观的，但有可能模型漂移使得该方法的表现会比较差，因为在整个学习过程中选择的模型不断变化。随着训练集数量的增加，更多复杂模型能够更好地拟合数据，因此选择复杂模型而不是简单模型。由于训练输入集的选择取决于模型，在学习过程结束时为前期简单模型选择的训练集对后期复杂模型可能没有用。由于模型漂移，不同模型会收集部分训练集，这导致训练数据不适合其中任何模型。然而因为一开始最终模型的选择并不确定，所以有一种可能性是通过为所有模型优化训练数据从而在多个模型[63]上选择训练输入集：

$$\min_{\mathcal{X}^{(\text{Train})}} \sum_{\mathcal{M}} \hat{G}(\mathcal{X}^{(\text{Train})}, \mathcal{M}) w(\mathcal{M}) \tag{24.27}$$

式中，$w(\mathcal{M})$ 为组合或候选中模型的权重，这允许每个模型都可以优化训练数据，因此可以避免过度拟合训练集为劣质模型的可能风险。

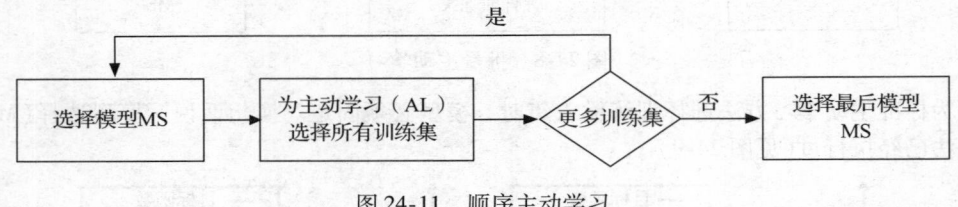

图 24-11   顺序主动学习

24.7   基于会话的主动学习

偏好获取[45]，正如主动学习一样，旨在构建用户偏好的准确模型。然而，不同于主动学习引诱用户评分建立用户偏好，偏好获取的目标是在更抽象的层面上了解用户偏好，如通过直接获取或剔除用户偏好（例如，直接问用户喜欢哪一类电影）。偏好获取经常在基于会话的主动学习帮助下完成，这是一个结果导向的任务，开始时相对通用，然后经过一系列的交互周期缩小用户兴趣范围直到获得所需要的物品[9,42,49]，比如在旅行期间选择酒店。实质上该目标是为用户提供能够使他们减少可能的物品集合的信息，从而寻找最有效用的物品。因而该系统是以为物品提供正确预测为目标的，这些物品在潜在的小组物品中效用是最高的，如在指定的地区查询餐馆。一个常用的方法是迭代地为用户展示可变的推荐集合，并通过反馈来指导用户迈向最终目标，其中兴趣范围降低为单个物品。由于一开始用户几乎不知道自己的偏好（变得有主见），但决策制定过程倾向于形成与加强偏好（探索），因此这个基于循环的方法是有用的。换句话说，基于会话的主动学习允许用户以适合给定任务的方式加强他们的偏好。不像一般推荐系统，这种系统也特意包含主动学习方法，因为用户偏好是从主动交互中学习而来的。它们通常由预测准确度以及在达到期望目标之前的交互长度来评估。

24.7.1   基于实例的评论

一个与用户进行会话的方法为基于实例评论的方法，该方法寻找与用户查询或属性相似的实例然后引出一个评论来改善用户兴趣[49]。如上面所提到的（见24.7节），在初始会话时用户并不需要明确定义他们的偏好，这可能对面向手机设备的系统特别有益。每一步迭代显示系统推荐的排名列表并允许用户评论，这将促使系统重新评估它的推荐并产生一个新的排名列表。

当用户不满意推荐物品的特征时，通过引出一个用户评论来获取最终目标要比通过单纯的结合推荐建议的基于相似性查询修改更有效。举一个用户评论的例子，他/她可能会添加评论"我想要一个较便宜的客房"或"我喜欢提供葡萄酒的旅馆"。

24.7.2　基于多样性的方法

虽然向用户推荐与用户查询类似的物品很重要(见24.7.1节)，但同时推荐物品集合的多样性也值得考虑[42]。这是因为被推荐的物品太过相似，它们可能不是目前搜索空间中具有代表性的物品。实际上，被推荐的物品应尽可能地具有代表性和多样性，而且不会明显地影响用户查询的相似性。在用户偏好形成的初始阶段为其提供多样的选择尤其重要。一旦用户知道他们想要什么，提供尽可能匹配的物品是合适的，并且使用的主动学习技术应该尝试进行这种区分。例如，如果推荐空间被适当集中，则减少多样性，如果不正确，则增加多样性。

24.7.3　基于查询编辑的方法

另一种方法是允许用户重复地编辑和提交搜索，直到他们发现期望的物品[9]。它是一个迭代的过程，其目标是在用户找到效用最高的物品之前最小化所需查询数量。查询效用在用户提交的特定查询的满意度的基础上来评估，通过观察用户行为和评估与物品效用有关的用户偏好上的约束及更新用户模型来完成。例如，一个用户可能会查询带有空调和高尔夫课程的旅馆。推荐系统能够确定这个条件是可以满足的，并进一步推断该用户可能会加一个旅馆在市中心的条件，但没有旅馆符合要求，所以系统先发制人地告诉该用户该条件无法满足以防浪费用户精力。推荐系统也可能推断有些旅馆自带泳池、SPA和餐馆，只需稍微增加一点价格。知道用户对泳池的偏好(对其他选项没有)，系统只提供添加泳池选项，因为这可能会增加用户的满意度，而且系统不提供其他选项因为那样可能会让用户感觉冗余从而降低整体满意度。

24.8　评估的设置

对于衡量系统如何满足给定目标，以及审查是否存在不达期望的副作用主动学习的适当评估是很重要的。在实验研究中，评估的设置应尽可能反映系统设计的真实设置，在24.3.1节简单介绍了基于机器学习的设置，在该设置下主动学习算法通常被评估。如果目标是一个更现实的评价，其他领域的具体方面也必须考虑(其中一些将在下面提及)。

24.8.1　范围

通常来说，主动学习的评估是以用户为中心的。也就是说，引导出的评分价值取决于对用户预测误差的改进。如图24-12a所示。在这种情况下，系统应该具有来自多个用户的大量评分，并且集中于新用户中(图24-12a中的第一个)，其首先从该新用户上引出在X中的评分，然后系统在测试集T上评估该用户的预测。因此，这些传统评估集中于新用户问题并且测量从新用户得到的评分如何帮助系统为该特定用户生成良好的建议。Elahi等人[20]注意到，引导用户评分不仅可以改进该用户的评分预测，而且还可以改进其他用户的预测，如图24-12b所示。为了说明这一点，让我们考虑一个极端的例子，其中一个新的物品添加到系统中。当试图识别一个目标用户应该评分的物品时，以用户为中心的传统主动学习策略，可能会忽略获取该目标用户在新添加物品上的评分。事实上，该物品没有被其他用户评分，因此其评分不能帮助改善目标用户的评分预测。然而，目标用户对新物品的评分将允许对系统中的其余用户引导预测⊖，并且

⊖　最近，还有人提出通过迁移学习来利用来自相关任务的预先存在的标记数据，以提高主动学习算法的性能[34,69]。

从系统的角度来看，所引出的评分确实是非常有益的。相反，它显示了一些以用户为中心的策略，这虽然对目标用户有利，但可能会增加系统错误。例如，请求对具有最高预测评分的物品评分(一种实际推荐系统中常用的主动学习方法)可能生成系统范围的偏差，并且，通过向训练数据集中增加比低分项多的高分项会无意地增加系统误差(尤其是在早期阶段)，进而使得分数预测偏向于高评分。引导出的评分在系统中具有影响，因此一个忽略其他用户评分预测改变的以用户为中心的评价也会忽略这些累积效应，进而可能对整个系统的性能产生影响。

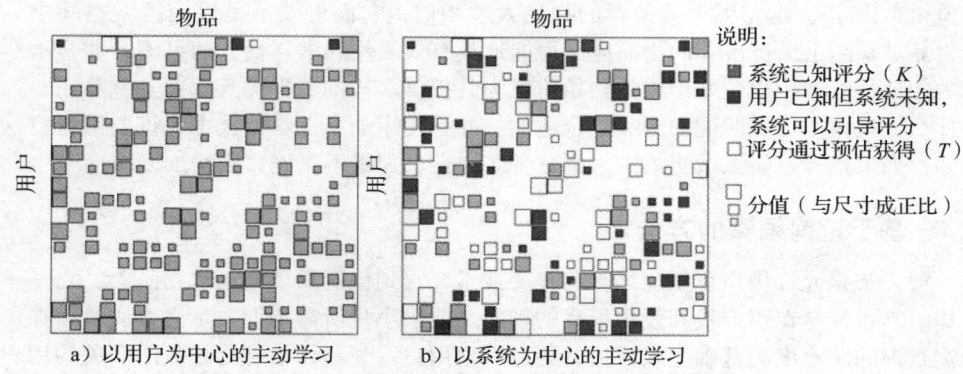

图 24-12　比较主动学习策略的评分数据配置的范围

24.8.2　获取自然评分

在推荐系统中有两种主要获取评分的办法：1)通过主动学习方法引导用户评价一个物品。2)在没有提示的情况下用户主动评价(获取自然评分)，如正在浏览一个物品时。以前的研究重点认为主动学习评分引导策略是用户评分的唯一选择。最近[20]已经提出更现实的评估设置，其中除了通过引导策略获取评分之外，评分也可由用户输入(没有被提示)，类似于在实际设置中发生的。自然获得评分的混合大大影响了一些主动学习方法的性能(见 24.8.5 节)。例如，不混合自然评分，最高预测主动学习显示要求获得更多新的评分。但是当自然评分混入时，最高预测主动学习只要获取很少评分，因为多数评分已经通过自然方法获取了(用户将主动评价这些物品)。

24.8.3　时间的演化

评分数据随着时间不断变化：更多的评分加入，新用户新物品的不断出现，潜在推荐和主动学习算法的改进，还有用户交互形式的改变。虽然在数据库的快照上评估主动学习方法是很方便的；不过还是建议结合推荐系统的时间等方面信息以便获得算法性能的更完整视图。考虑到时间因素，有人提出了一种仿真循环，对评分引出和评分数据库逐日增长(从空数据库开始)的过程进行建模，其中用户反复回到系统以接收推荐，而系统可能引出其他用户的评分。为了实现现实的设置，用户在下一周(根据时间戳)实际体验的物品才能添加到每个时间段的数据库中。Elahi 等人[20]表明不同的策略在评分数据库增长的不同阶段改善的推荐质量不同。此外，主动学习的性能在每周之间有着明显变化，这是由于每周系统对来自前几周的数据进行训练，并且根据下周的评分进行评估。因此，训练数据的质量和测试集的预测困难也因此可以从周到周变化，并且因此影响主动学习策略的性能。Zhao 等人[70]提出了主动学习方法，其明确地考虑时间变化，集中于用户偏好随时间的变化。

推荐系统在预测方面的时间依赖演化也受到了一些关注。在[10]中，作者分析了标准的基于用户的协同过滤[26]和影响限制器[48]的时间属性，协同过滤算法开发用于考虑用户评价物品的时间。这些作品评估预测算法的准确性，而用户评分物品和数据库不断增长。这与我们前面提到的典型评估有着根本的不同，其中评分数据集分解为训练集和测试集，而不用考虑评分的时间戳。在[10]中，有人认为，考虑系统添加评分的时间，可以更好地了解在系统与推荐准确度的交互过程中真实的用户体验。最终发现存在两个时间段：启动期，直到第70天，MAE逐渐下降；剩余期间，MAE下降得更慢。

24.8.4 可比性

用户不能总是提供对物品的评分，如你不可能给一个还没有看过的电影评分[25,38]。另一方面，系统通常仅包含用户已经经历过的一部分物品的评分。这是任何推荐系统离线评估的常见问题，其中推荐算法的性能在与推荐集合从不重合的测试集合上进行估计。推荐集由具有最大预测评分的物品组成，但是如果这样的物品不存在于测试集合中，离线评估也不能检查该预测是否正确[19]。从用户或者系统的角度出发，只有少数评价模拟了有关用户评分的有限知识[20,25]。假设系统不知道模拟用户已经经历了什么物品，并且可以要求用户提供不能评分的物品。这更好地模拟了不是所有评分请求都可以由用户满足的现实情况。重要的是，主动学习策略的模拟应用能够添加比在真实设置中可能引起更少的评分。事实上，假设用户在模拟过程中已知的评分数量受到数据集中存在的评分数量的限制。在文献[19]中已经估计过，用户真正已知的物品数量比模拟中通常观察到的物品数量多4倍。因此，很多我们的引出请求将是未完成的，即使用户实际上能够对该物品进行评分。为了调整实际和模拟用户知识之间的差异，建议将主动学习请求的数量增加4倍[19]。

24.8.5 小结

在[20]中，已经对上面提到的许多常见的主动学习方法的性能进行了评估，以更真实地模拟实际推荐系统的设置。评估（如表24-3所示的总结）表明，评分引导策略（见24.8.1节）的全系统有效性取决于评分引导过程的阶段（见24.8.3节），以及评价指标（见24.2节和24.1.1节）。令人惊讶的是，一些常见以用户为中心的策略（见24.8.1节）实际上可能会降低系统的整体性能。最后，在与自然获取的评分数据放在一起评估时，许多常见的主动学习策略的效果会发生显著变化（见24.8.2节）。

表24-3 性能评估摘要(性能: √——好、×——坏)

策略	MAE				NDCG			引导			通知		精度		
	早期	末期	随机	全系统/自然	早期	末期	随机	早期	末期	全系统/自然	早期	末期	早期	末期	随机
方差	×	√	√	√	×	×	√	√	√	×	×	×	×	×	×
流行度	×	√	×	√	×	×	×	√	√	×	×	×	×	×	√
最低预测	√	√	√	×	×	√	√	√	√	×	×	√	√	√	√
标准预测	√	√	√	×	×	√	√	√	√	×	√	√	√	√	√
最高预测	√	√	√	×	×	√	√	√	√	×	×	×	√	√	√
二元预测	√	√	√	×	×	√	√	√	√	×	√	√	√	√	√
投票	√	√	√	×	√	√	√	√	√	×	√	√	√	√	√
log(pop)*ent	√	√	√	×	√	√	√	√	√	×	√	√	√	√	√
随机	√	×	NA	×	√	√	NA	√	√	×	√	√	√	√	NA
自然的	√	√	√	NA	×	×	√	√	√	NA	√	√	√	√	√

24.9　计算因素的考虑

考虑主动学习算法的计算代价也是很重要的。Roy 和 Mccallum[51] 提出很多降低计算需求的方法，总结(并做一些补充)如下：

- 许多主动学习方法基于对学习函数的期望效果选择物品。这可能需要重新训练每个候选训练物品，所以有效地增量训练是至关重要的。通常相比较于从一个大的集合开始，这种循序渐进的方法成本更低。
- 对每个候选物品可能都需要重新获取评分估计。同样也使用增量方法，因为只有变化的估计才需要重新获取。
- 只对受训练集影响的物品以增量方式更新估计错误是可行的，实际上这些只是离训练集近的物品或者没有相似特征的物品。一个常用的方法是为快速查询使用倒排索引对具有相似特征的物品进行分组。
- 候选训练物品的期望效用可以使用所有物品的子集进行评估。
- 训练集中的劣质候选可以通过一个预过滤步骤进行删减，该步骤根据某些标准移除劣质候选物品，如过滤掉使用用户无法识别的语言书写的书籍。对于该任务次优主动学习方法可能是一个不错的选择。

24.10　总结

虽然本章所展示的主动学习方法都很简单，但希望已经阐述明白对许多系统，即推荐系统，来说主动学习不仅是有利的也是理想的方法。可以看出，由于业务约束、首选系统行为、用户经验或以上条件的组合(也有可能是其他的条件)，在许多情况下由于个体特征，主动学习方法的选择在很大程度上取决于必须满足的具体目标(见24.1.1 节)。除了主动学习的目标，在评估任何方法的使用和权衡计算代价(见24.9 节)时也需要谨慎。尽管许多讨论过的方法都已成功实现，但还需要简单说一下存在的问题，或为其他看似无关但可能有相似解决办法的问题寻找解决方法(如24.5.2.3 节中的相关方法)。本章还涉及基于会话的系统(见24.7 节)，该系统与传统推荐系统不同，但从设计上包含了主动学习的概念。根据现有任务，如面向具体目标的辅助系统，该系统可能是推荐系统的不错选择。

一些与主动学习相关的问题在统计学中已经得到充分的研究。而计算机科学领域情况不同，还需要进行研究。推荐系统变化非常快而且越来越复杂。赢得 NetFlix 推荐竞赛是一个关于推荐系统的例子，其中多种预测方法通过组合方式集合起来(见第 3 章)。鉴于推荐系统中预测方法的高变化率以及与主动学习的复杂交互，越来越需要新的方法。

提高准确率通常是研究的着重之处。而仅仅有准确率并不能增加系统的用户黏性(见第 8 章)。因为系统在完成主动学习方法时还需要推荐具有高新颖度/惊喜度的物品、提高覆盖率或最大化利润等[27,32,43,55]。经常被主动学习研究者忽略的另一个方面是可以使用用户与主动学习的交互来改进性能的方法。简单地展示物品让用户评分至少可以说是缺乏创造性的，那么一定有更好的方法吗？有这样一个例子，文献[3]中表明使用恰当的用户界面甚至像标记图片这样的小事可以是有趣并令人兴奋的。仅仅是使用恰当的界面，主动学习系统的效用就有可能急剧增加。

为保证主动学习在推荐系统中的长期使用，许多遗留问题必须要解决。通过点滴的创新和艰苦的工作，我们希望看到主动学习从一个"繁重的过程"变为一个愉快的自我发现和探索的过程，并同时满足系统目标和用户要求。

参考文献

1. Abe, N., Mamitsuka, H.: Query learning strategies using boosting and bagging. In: Proceedings of the Fifteenth International Conference on Machine Learning, vol. 388. Morgan Kaufmann Publishers Inc. (1998)

2. Adomavicius, G., Tuzhilin, A.: Toward the next generation of recommender systems: A survey of the state-of-the-art and possible extensions. IEEE Transactions on Knowledge and Data Engineering 17(6), 734–749 (2005)

3. Ahn, L.V.: Games with a purpose. Computer 39(6), 92–94 (2006). DOI 10.1109/MC.2006.196

4. Bailey, R.A.: Design of Comparative Experiments. Cambridge University Press (2008)

5. Balcan, M.F., Beygelzimer, A., Langford, J.: Agnostic active learning. In: ICML '06: Proceedings of the 23rd international conference on Machine learning, pp. 65–72. ACM, New York, NY, USA (2006). DOI http://doi.acm.org/10.1145/1143844.1143853

6. Boutilier, C., Zemel, R., Marlin, B.: Active collaborative filtering. In: Proceedings of the Nineteenth Annual Conference on Uncertainty in Artificial Intelligence, pp. 98–106 (2003). URL citeseer.ist.psu.edu/boutilier03active.html

7. Box, G., Hunter, S.J., Hunter, W.G.: Statistics for Experimenters: Design, Innovation, and Discovery. Wiley-Interscience (2005)

8. Breiman, L., Breiman, L.: Bagging predictors. In: Machine Learning, pp. 123–140 (1996)

9. Bridge, D., Ricci, F.: Supporting product selection with query editing recommendations. In: RecSys '07: Proceedings of the 2007 ACM conference on Recommender systems, pp. 65–72. ACM, New York, NY, USA (2007). DOI http://doi.acm.org/10.1145/1297231.1297243

10. Burke, R.: Evaluating the dynamic properties of recommendation algorithms. In: Proceedings of the fourth ACM conference on Recommender systems, RecSys '10, pp. 225–228. ACM, New York, NY, USA (2010). DOI http://doi.acm.org/10.1145/1864708.1864753. URL http://doi.acm.org/10.1145/1864708.1864753

11. Carenini, G., Smith, J., Poole, D.: Towards more conversational and collaborative recommender systems. In: IUI '03: Proceedings of the 8th international conference on Intelligent user interfaces, pp. 12–18. ACM, New York, NY, USA (2003). DOI http://doi.acm.org/10.1145/604045.604052

12. Chan, N.: A-optimality for regression designs. Tech. rep., Stanford University, Department of Statistics (1981)

13. Cohn, D.A.: Neural network exploration using optimal experiment design 6, 679–686 (1994). URL citeseer.ist.psu.edu/article/cohn94neural.html

14. Cohn, D.A., Ghahramani, Z., Jordan, M.I.: Active learning with statistical models. Journal of Artificial Intelligence Research 4, 129–145 (1996)

15. Dagan, I., Engelson, S.: Committee-based sampling for training probabilistic classifiers. In: Proceedings of the International Conference on Machine Learning (ICML), pp. 150–157. Citeseer (1995)

16. Danziger, S., Zeng, J., Wang, Y., Brachmann, R., Lathrop, R.: Choosing where to look next in a mutation sequence space: Active learning of informative p53 cancer rescue mutants. Bioinformatics 23(13), 104–114 (2007)

17. Dasgupta, S., Lee, W., Long, P.: A theoretical analysis of query selection for collaborative filtering. Machine Learning 51, 283–298 (2003). URL citeseer.ist.psu.edu/dasgupta02theoretical.html

18. Diaz-Aviles, E., Drumond, L., Schmidt-Thieme, L., Nejdl, W.: Real-time top-n recommendation in social streams. In: Proceedings of the Sixth ACM Conference on Recommender Systems, RecSys '12, pp. 59–66. ACM, New York, NY, USA (2012). DOI 10.1145/2365952.2365968. URL http://doi.acm.org/10.1145/2365952.2365968

19. Elahi, M.: Adaptive active learning in recommender systems. In: User Modeling, Adaption and Personalization—19th International Conference, UMAP 2011, Girona, Spain, July 11–15, 2011. Proceedings, pp. 414–417 (2011)

20. Elahi, M., Ricci, F., Rubens, N.: Active learning strategies for rating elicitation in collaborative filtering: a system-wide perspective. ACM Transactions on Intelligent Systems and Technology 5(11) (2013)

21. Ertekin, S., Huang, J., Bottou, L., Giles, L.: Learning on the border: active learning in imbalanced data classification. In: Proceedings of the sixteenth ACM conference on Conference on information and knowledge management, pp. 127–136. ACM (2007)

22. Freund, Y., Schapire, R.: A decision-theoretic generalization of on-line learning and an application to boosting. Journal of computer and system sciences 55(1), 119–139 (1997)

23. Fujii, A., Tokunaga, T., Inui, K., Tanaka, H.: Selective sampling for example-based word sense disambiguation. Computational Linguistics **24**, 24–4 (1998)

24. Greiner, R., Grove, A., Roth, D.: Learning cost-sensitive active classifiers. Artificial Intelligence **139**, 137–174 (2002)

25. Harpale, A.S., Yang, Y.: Personalized active learning for collaborative filtering. In: SIGIR '08: Proceedings of the 31st annual international ACM SIGIR conference on Research and development in information retrieval, pp. 91–98. ACM, New York, NY, USA (2008). DOI http://doi.acm.org/10.1145/1390334.1390352

26. Herlocker, J.L., Konstan, J.A., Borchers, A., Riedl, J.: An algorithmic framework for performing collaborative filtering. In: Proceedings of the 22nd annual international ACM SIGIR conference on Research and development in information retrieval, SIGIR '99, pp. 230–237. ACM, New York, NY, USA (1999). DOI http://doi.acm.org/10.1145/312624.312682. URL http://doi.acm.org/10.1145/312624.312682

27. Herlocker, J.L., Konstan, J.A., Terveen, L.G., Riedl, J.T.: Evaluating collaborative filtering recommender systems. ACM Trans. Inf. Syst. **22**(1), 5–53 (2004). DOI http://doi.acm.org/10.1145/963770.963772

28. Hinkelmann, K., Kempthorne, O.: Design and Analysis of Experiments, Advanced Experimental Design. Wiley Series in Probability and Statistics (2005)

29. Hofmann, T.: Collaborative filtering via gaussian probabilistic latent semantic analysis. In: SIGIR '03: Proceedings of the 26th annual international ACM SIGIR conference on Research and development in informaion retrieval, pp. 259–266. ACM, New York, NY, USA (2003). DOI http://doi.acm.org/10.1145/860435.860483

30. Huang, Z.: Selectively acquiring ratings for product recommendation. In: ICEC '07: Proceedings of the ninth international conference on Electronic commerce, pp. 379–388. ACM, New York, NY, USA (2007). DOI http://doi.acm.org/10.1145/1282100.1282171

31. Jin, R., Si, L.: A bayesian approach toward active learning for collaborative filtering. In: AUAI '04: Proceedings of the 20th conference on Uncertainty in artificial intelligence, pp. 278–285. AUAI Press, Arlington, Virginia, United States (2004)

32. Johar, M., Mookerjee, V., Sarkar, S.: Selling vs. profiling: Optimizing the offer set in web-based personalization. Information Systems Research **25**(2), 285–306 (2014).

33. John, R.C.S., Draper, N.R.: D-optimality for regression designs: A review. Technometrics **17**(1), 15–23 (1975)

34. Kale, D., Liu, Y.: Accelerating active learning with transfer learning. In: Data Mining (ICDM), 2013 IEEE 13th International Conference on, pp. 1085–1090 (2013). DOI 10.1109/ICDM.2013.160

35. Kapoor, A., Horvitz, E., Basu, S.: Selective supervision: Guiding supervised learning with decision-theoretic active learning. In: Proceedings of International Joint Conference on Artificial Intelligence (IJCAI), pp. 877–882 (2007)

36. Karimi, R., Freudenthaler, C., Nanopoulos, A., Schmidt-Thieme, L.: Exploiting the characteristics of matrix factorization for active learning in recommender systems. In: Proceedings of the Sixth ACM Conference on Recommender Systems, RecSys '12, pp. 317–320. ACM, New York, NY, USA (2012). DOI 10.1145/2365952.2366031. URL http://doi.acm.org/10.1145/2365952.2366031

37. Kohrs, A., Merialdo, B.: Improving collaborative filtering for new users by smart object selection. In: Proceedings of International Conference on Media Features (ICMF) (2001)

38. Le, Q.T., Tu, M.P.: Active learning for co-clustering based collaborative filtering. In: Computing and Communication Technologies, Research, Innovation, and Vision for the Future (RIVF), 2010 IEEE RIVF International Conference on, pp. 1–4 (2010). DOI 10.1109/RIVF.2010.5633245

39. Leino, J., Räihä, K.J.: Case amazon: ratings and reviews as part of recommendations. In: RecSys '07: Proceedings of the 2007 ACM conference on Recommender systems, pp. 137–140. ACM, New York, NY, USA (2007). DOI http://doi.acm.org/10.1145/1297231.1297255

40. Lomasky, R., Brodley, C., Aernecke, M., Walt, D., Friedl, M.: Active class selection. In: In Proceedings of the European Conference on Machine Learning (ECML). Springer (2007)

41. McCallum, A., Nigam, K.: Employing em and pool-based active learning for text classification. In: ICML '98: Proceedings of the Fifteenth International Conference on Machine Learning, pp. 350–358. San Francisco, CA, USA (1998)

42. Mcginty, L., Smyth, B.: On the Role of Diversity in Conversational Recommender Systems. Case-Based Reasoning Research and Development pp. 276–290 (2003)

43. McNee, S.M., Riedl, J., Konstan, J.A.: Being accurate is not enough: how accuracy metrics have hurt recommender systems. In: CHI '06: CHI '06 extended abstracts on Human factors in computing systems, pp. 1097–1101. ACM Press, New York, NY, USA (2006). DOI http://doi.acm.org/10.1145/1125451.1125659

44. Nakamura, A., Abe, N.: Collaborative filtering using weighted majority prediction algorithms. In: ICML '98: Proceedings of the Fifteenth International Conference on Machine Learning, pp. 395–403. Morgan Kaufmann Publishers Inc., San Francisco, CA, USA (1998)

45. Pu, P., Chen, L.: User-Involved Preference Elicitation for Product Search and Recommender Systems. AI magazine pp. 93–103 (2009). URL http://www.aaai.org/ojs/index.php/aimagazine/article/viewArticle/2200

46. Rashid, A.M., Albert, I., Cosley, D., Lam, S.K., McNee, S.M., Konstan, J.A., Riedl, J.: Getting to know you: learning new user preferences in recommender systems. In: IUI '02: Proceedings of the 7th international conference on Intelligent user interfaces, pp. 127–134. ACM Press, New York, NY, USA (2002). DOI http://doi.acm.org/10.1145/502716.502737

47. Rashid, A.M., Karypis, G., Riedl, J.: Influence in ratings-based recommender systems: An algorithm-independent approach. In: SIAM International Conference on Data Mining, pp. 556–560 (2005)

48. Resnick, P., Sami, R.: The influence limiter: provably manipulation-resistant recommender systems. In: Proceedings of the 2007 ACM conference on Recommender systems, RecSys '07, pp. 25–32. ACM, New York, NY, USA (2007). DOI http://doi.acm.org/10.1145/1297231.1297236. URL http://doi.acm.org/10.1145/1297231.1297236

49. Ricci, F., Nguyen, Q.N.: Acquiring and revising preferences in a critique-based mobile recommender system. IEEE Intelligent Systems 22(3), 22–29 (2007). DOI http://dx.doi.org/10.1109/MIS.2007.43

50. Rokach, L., Naamani, L., Shmilovici, A.: Pessimistic cost-sensitive active learning of decision trees for profit maximizing targeting campaigns. Data Mining and Knowledge Discovery 17(2), 283–316 (2008). DOI http://dx.doi.org/10.1007/s10618-008-0105-2

51. Roy, N., Mccallum, A.: Toward optimal active learning through sampling estimation of error reduction. In: In Proc. 18th International Conf. on Machine Learning, pp. 441–448. Morgan Kaufmann (2001)

52. Rubens, N., Sugiyama, M.: Influence-based collaborative active learning. In: Proceedings of the 2007 ACM conference on Recommender systems (RecSys 2007). ACM (2007). DOI http://doi.acm.org/10.1145/1297231.1297257

53. Rubens, N., Tomioka, R., Sugiyama, M.: Output divergence criterion for active learning in collaborative settings. IPSJ Transactions on Mathematical Modeling and Its Applications 2(3), 87–96 (2009)

54. Saar-Tsechansky, M., Provost, F.: Decision-centric active learning of binary-outcome models. Information Systems Research 18(1), 4–22 (2007). DOI http://dx.doi.org/10.1287/isre.1070.0111

55. Schein, A.I., Popescul, A., Ungar, L.H., Pennock, D.M.: Methods and metrics for cold-start recommendations. In: SIGIR '02: Proceedings of the 25th annual international ACM SIGIR conference on Research and development in information retrieval, pp. 253–260. ACM, New York, NY, USA (2002). DOI http://doi.acm.org/10.1145/564376.564421

56. Schohn, G., Cohn, D.: Less is more: Active learning with support vector machines. In: Proc. 17th International Conf. on Machine Learning, pp. 839–846. Morgan Kaufmann, San Francisco, CA (2000). URL citeseer.ist.psu.edu/schohn00less.html

57. Settles, B.: Active learning literature survey. Computer Sciences Technical Report 1648, University of Wisconsin–Madison (2009)

58. Settles, B., Craven, M.: An analysis of active learning strategies for sequence labeling tasks. In: Proceedings of the Conference on Empirical Methods in Natural Language Processing (EMNLP), pp. 1069–1078. ACL Press (2008)

59. Settles, B., Craven, M., Friedland, L.: Active learning with real annotation costs. In: Proceedings of the NIPS Workshop on Cost-Sensitive Learning, pp. 1–10 (2008)

60. Settles, B., Craven, M., Ray, S.: Multiple-instance active learning. In: Advances in Neural Information Processing Systems (NIPS), vol. 20, pp. 1289–1296. MIT Press (2008)

61. Seung, H.S., Opper, M., Sompolinsky, H.: Query by committee. In: Computational Learning Theory, pp. 287–294 (1992). URL citeseer.ist.psu.edu/seung92query.html

62. Sugiyama, M.: Active learning in approximately linear regression based on conditional expectation of generalization error. Journal of Machine Learning Research 7, 141–166 (2006)

63. Sugiyama, M., Rubens, N.: A batch ensemble approach to active learning with model selection. Neural Netw. 21(9), 1278–1286 (2008). DOI http://dx.doi.org/10.1016/j.neunet.2008.06.004

64. Sugiyama, M., Rubens, N., Müller, K.R.: Dataset Shift in Machine Learning, chap. A conditional expectation approach to model selection and active learning under covariate shift. MIT Press, Cambridge (2008)

65. Sutherland, D.J., Póczos, B., Schneider, J.: Active learning and search on low-rank matrices. In: Proceedings of the 19th ACM SIGKDD International Conference on Knowledge Discovery and Data Mining, KDD '13, pp. 212–220. ACM, New York, NY, USA (2013). DOI 10.1145/2487575.2487627. URL http://doi.acm.org/10.1145/2487575.2487627

66. Swearingen, K., Sinha, R.: Beyond algorithms: An hci perspective on recommender systems. ACM SIGIR 2001 Workshop on Recommender Systems (2001). URL http://citeseer.ist.psu.edu/cache/papers/cs/31330/http:zSzzSzweb.engr.oregonstate. eduzSz~herlockzSzrsw2001zSzfinalzSzfull_length_paperszSz4_swearingenzPz.pdf/ swearingen01beyond.pdf

67. Tong, S., Koller, D.: Support vector machine active learning with applications to text classification. In: P. Langley (ed.) Proceedings of ICML-00, 17th International Conference on Machine Learning, pp. 999–1006. Morgan Kaufmann Publishers, San Francisco, US, Stanford, US (2000). URL citeseer.ist.psu.edu/article/tong01support.html

68. Yu, K., Bi, J., Tresp, V.: Active learning via transductive experimental design. In: Proceedings of the 23rd Int. Conference on Machine Learning ICML '06, pp. 1081–1088. ACM, New York, NY, USA (2006). DOI http://doi.acm.org/10.1145/1143844.1143980

69. Zhao, L., Pan, S.J., Xiang, E.W., Zhong, E., Lu, Z., Yang, Q.: Active transfer learning for cross-system recommendation. In: AAAI (2013)

70. Zhao, X., Zhang, W., Wang, J.: Interactive collaborative filtering. In: Proceedings of the 22nd ACM international conference on Conference on information & knowledge management, CIKM '13, pp. 1411–1420. ACM, New York, NY, USA (2013). DOI 10.1145/2505515.2505690. URL http://doi.acm.org/10.1145/2505515.2505690

多准则推荐系统

Gediminas Adomavicius 和 YoungOk Kwon

25.1 简介

推荐系统的研究是为了解决信息过载或者说选择过多的问题,进而帮助用户找到最相关或者最满足他们需求的物品[4,7,12,38,39,73,74]。通常,假设系统的用户集为 Users,可推荐的候选物品集为 Items,效用函数用于度量推荐物品 $i(i \in \text{Items})$ 与用户 $u(u \in \text{Users})$ 之间的相关性,定义为 R: Users × Itmes $\rightarrow R_0$,R_0 一般来说代表了用户对物品潜在的偏好程度(非负整数或一定范围内的实数)。推荐系统的目标是对每一个用户 $u(u \in \text{Users})$ 和每一个物品 $i(i \in \text{Items})$,准确估计效用函数 $R(u, i)$,进而选出一个或者一组 $R(u, i)$ 最大值的物品,同时满足其他限定条件(例如,新颖性或者多样性[31,88])。

在绝大多数的推荐系统中,效用函数通常认为是一个**单准则**的值,如一个用户对一个物品的整体性评估或评分值。最近的研究表明,这一假设存在一定的局限性[2,4,51],因为对于一个特定的用户而言,推荐物品的合适度不仅依赖于某个单一的准则,尤其是在基于其他用户观点的推荐系统中,多重准则的引入可以影响用户自身的观点,从而产生更准确的推荐。

因此,**多准则评分**(multi-criteria rating)提供的额外信息可以改善推荐质量,这是由于它能够反映每个用户更复杂的偏好信息。下面是关于多准则评分的案例说明,在传统的单准则评分电影推荐系统中,用户 u 对看过的电影给出了一个评分,记作 $R(u, i)$。具体地,假设推荐系统依据那些具有相似偏好信息的用户对这部电影的评分来预测用户对没有观看过的电影的评分,通常将这些具有相似偏好信息的用户称为"邻居"[12,73,74]。因此为了获得准确的预测或推荐,准确找到与目标用户最相似的用户群的能力至关重要。例如,两个用户 u 和 u' 观看了 3 部相同的电影,两人对每一部电影的综合满意度评分都为 6 分(满分 10 分),于是这两个用户就可以认为是邻居用户,用户 u 对未观看电影的评分可以依据用户 u' 的评分来预测。

相比之下,在多准则评分环境中,用户可以对一个物品的多个属性进行评分。例如,在一个双准则电影推荐系统中,用户可以对电影的两个属性(例如,故事情节和视觉效果)给出自己的偏好。某一个用户可能喜欢一部电影的故事情节,而不喜欢它的视觉效果,例如,$R(u, i) = (9, 3)$。如果我们简单地使用两个相同权值的评分来进行推荐,那么在单准则评分系统中综合满意度为 6 分(满分 10 分)的情况,在双准则系统中可能会对应多种情况:(9, 3)、(6, 6)、(4, 8)等。因此,尽管整体满意度都是 6,但是两个用户可能采用完全不同的评分模式,如对于同样的 3 部电影,用户 u 的评分是(9, 3)、(9, 3)、(9, 3),而用户 u' 的评分是

G. Adomavicius, Department of Information and Decision Sciences, University of Minnesota, 321 19th Avenue South, Minneapolis, MN 55455,USA, e-mail: gedas@ umn. edu.

Y. Kwon, Sookmyung Women's University, Cheongpa- ro 47- gil 100, Yongsan- gu, Seoul 140-742, Korea, e-mail: yokwon@ sm. ac. kr.

翻译:蔡凯伟,李艳民 审核:蔡婉铃,潘微科

（3，9）、（3，9）、（3，9）。用户偏好中的额外信息将有助于更准确地对用户的偏好进行建模，因此需要开发新的推荐技术来利用这些额外信息。多准则推荐系统具有重要的研究价值，并已经在推荐系统的相关文献中凸显出来，进而成为一个独立的研究分支[2,4,51]。在后续章节中，我们会讲到，最近也有一些推荐系统采用了多准则评分来替代传统的单准则评分。所以，本章主要目的是提供一个**多准则推荐系统**（multi-criteria recommender system）的综述，特别是在多准则评分（multi-criteria rating）方面。

多准则推荐系统已经应用在多种应用场景中。如前面章节所述，对于体验性的产品（如电影、书籍、音乐），用户对于产品的多个属性都有自己的偏好。多维度的信息更丰富，有助于改进推荐系统的质量[2,42,43,68]。其他热门领域（如旅游业）也可以应用多准则推荐系统。用户在不同的方面，如友好度、房间大小、服务质量、整洁度等形成一个总体看法[34]。银行移动端业务也可采用多准则推荐系统来追踪用户行为，而不是简单地获取显式评价[93]。饭店[44,83]也可以采纳服务质量、地理位置、价钱等信息形成总体评价。类似地，研究性论文[58,99]可以采用标题、作者、出版年份、引用文献等多准则信息来进行推荐。多准则推荐算法还可以提供基于证据（如疾病信息）和病人偏好信息的临床决策支持[22]。

通常来说，推荐技术可以分为：基于内容的推荐、协同过滤推荐、基于知识的推荐，以及混合方法推荐等[4,7]。基于内容的推荐技术根据用户过去喜欢的物品来推荐[48,69]。协同过滤技术根据有相似偏好的其他用户来推荐[12,41,73,74]。基于知识的方法根据知识来挖掘能够满足用户需求的物品[14,17]。基于知识的瓶颈是该方法需要提前获取知识，但是基于知识的方法可以避免冷启动或者数据稀疏等问题，而基于内容的和协同过滤推荐在遇到此类问题时仅能靠用户评分来解决。混合方法通过多种方式来组合基于内容的方法、协同过滤和基于知识的方法等[15,16]。

多准则推荐系统可以采用任意一种推荐算法。有必要指出，"多准则"是一个很通用的词，我们也观察到在一些文献中，多准则推荐系统主要有以下3种思路：

- 多属性内容搜索、过滤、偏好建模
- 多目标推荐策略
- 基于多准则评分的偏好获取

多属性内容搜索、过滤、偏好建模。这些方法允许用户通过物品内容属性，搜索或者过滤（如搜索喜剧电影）当前偏好，或者预定义内容属性（指出喜欢的演员或者指出相比动作电影更喜欢喜剧电影），接着推荐系统推荐满足预定义属性的内容来满足用户的偏好。这类方法的代表性技术包括基于内容的方法、混合方法、基于对话的方法、基于实例归因的方法，还有一些基于知识的方法和基于信息检索的方法。比如，几个基于实例的旅游推荐系统[76,77]会基于多个属性（如位置、服务质量和活动）过滤没有偏好的物品，再通过相似用户过去的旅行计划排序和推荐。另外，一个基于实例的推荐系统[14,72]允许用户"评论"推荐结果，并通过多种交互式搜索和过滤，逐步迭代细化推荐结果。比如，当用户搜索桌面PC时，用户可以表达一些特征偏好（如更便宜、价格范围），或者多个特征偏好（如更快的处理器、RAM或者硬盘容量）来"评论"当前的推荐结果。基于对话的推荐系统正在致力研究这些方法[8,9,13,37,95~97]。其他推荐方法请参考第5章。

多目标推荐策略。一般来说，推荐系统的研究集中于提高推荐**准确率**的算法，准确率一般用MAE、RMSE、精密度、召回率、F-measure、NDCG等指标进行测评，指标的选择取决于推荐系统的具体任务需求。但由于推荐系统的准确率不一定等价于其可用性，所以研究人员提出了其他的度量方法，比如覆盖率、多样性、新颖性、惊喜度等。因此，在决定推荐给用户最终的推荐集时现代推荐系统的实现使用了多种**准则**来评价系统，如Netflix电影推荐系统用准确率、多样性、新颖性[6]。总的来说，多准则是为了优化推荐系统的多个目标，而不是更多的用户过滤选项。一些经典的工作[31,75,88]研究了推荐系统的衡量指标和衡量方法。

基于多准则评分的偏好获取。这类推荐系统扩展传统的协同过滤方法，采用多准则评分来代表用户对单个物品各个**部分**的主观偏好。例如，这样的系统不仅允许用户评价特定电影的总体满意度，也允许用户评价电影中各种其他因素的满意度，如视觉效果、故事情节或演出水平。换句话说，这些方法允许用户以更精确和细微的方式通过在多个标准上对每个物品评分来指定她的个人偏好（例如，将电影《阿凡达》的故事评分为 3，将其视觉效果评分为 5），然后在物品推荐中利用这种更复杂的偏好信息。这些方法与多属性内容方法的不同之处在于，用户一般不指出他们对电影视觉效果的偏好程度或权重，但他们指出**有多喜欢**这部电影的视觉效果。在这一领域早期研究的一个例子是智能旅行推荐系统[76]，其中用户可以对"旅行袋"中的多个方面（例如，位置、住宿等）或者整个旅行袋进行评分。然后，根据这些用户评分对候选旅行计划进行排名，并且系统找到推荐的旅行计划与用户的当前需求之间的最佳匹配。这些和相似的基于多准则的评分系统是本章的重点，并且在后面的部分中提供了更多的示例性系统和技术。

总的来说，如前文所述，采用传统的基于内容的、基于知识的、协同过滤和混合技术的多种推荐方法可以看作某种方式或另一种方式的多准则推荐系统。其中，有些方法基于用户过去偏好物品的多个属性来对用户偏好进行建模，有些方法允许用户将与他们当前内容相关的偏好指定为搜索或过滤条件，还有些方法尝试通过平衡若干指标来进行推荐。然而，如前所述，多准则推荐的最近趋势是研究协作推荐的创新方法，尝试通过参与多准则评分以更全面、更细致的方式捕获和建模用户偏好。我们相信这些关于用户偏好的附加信息为新颖的推荐提供了许多机会，也对研究人员提出了一个尚未广泛研究的独特的多准则评分问题。因此，在下面的章节中，我们调查了这种特定类型系统的最前沿技术，这些系统使用多个准则的评分，我们将其称为**多准则评分推荐系统**。

本章的其余部分组织如下。在 25.2 节，我们概述了使用多准则评分的多准则推荐系统的特定类型，称为**多准则评分推荐系统**。在 25.3 节和 25.4 节，概述了在这种类型的推荐系统中使用的最先进的算法，从而预测评分和产生推荐结果。最后，在 25.5 节讨论了多准则推荐系统的挑战和未来的研究方向，25.6 节是一个简单的总结。

25.2　多准则评分推荐

本节中，我们通过与之相对应的单准则评分形式化的扩展来定义多准则评分推荐问题，并进一步探讨额外准则在推荐系统中的优势。

25.2.1　传统的单准则评分推荐问题

传统的推荐系统运行在用户和物品的二维空间中。物品对用户的效用表示为有序集 R_0，评分可以是一元的（如购买与否），二元的（例如，喜欢与不喜欢、高与低、好与坏），有序离散值集合（例如，1 星、2 星、…、5 星），或在一定范围内的数字（例如，（10，10））[4]。在大多数推荐应用中，函数 R 仅仅知道 Users × Items 空间的一些子集，如用户先前消费并且已经提供偏好评分的物品，但对大多数 Users × Items 空间是未知的。推荐系统的目标是预测用户对物品的效用函数。如前所述，效用函数 R 可以如下形式来表示：

$$R: \text{Users} \times \text{Items} \rightarrow R_0 \qquad (25.1)$$

效用函数由用户的输入决定，比如用户对物品的显式数值评分或隐式用户偏好的事务数据（例如，购买历史）。大多数的传统推荐系统使用单准则评分来表示一个用户对特定物品的整体喜欢程度。(如一个用户对物品的整体效用函数)。在如图 25-1 所示的电影推荐系统中，用户 Alice 对电影《Wanted》的评分是 5(总分是 10)，可以表示为 $R($ Alice，Wanted $)=5$。为了便于呈现，我们假定采用基于邻居的协同过滤推荐技术进行评分预测[73]。基于邻居的协同过滤推荐技术是非常流行的基于启发式的推荐技术中的一种。这一技术是基于具有相似偏好的用户(邻居)评分来预测用户对给定物品的评分。特别在此例中，推荐系统试图基于观测到的评分来预测 Alice 对电影《Fargo》的评分。由于 Alice 和 John 在以前看过并且评分过的 4 部电影上有着相似的评分模式(见图 25-1)，为简单起见，这个例子中我们使用 John 对电影《Fargo》的评分(如 9 分)作为用户 Alice 对电影《Fargo》的预测评分。尽管在实际的推荐系统中，我们会注意到用户通常有不止一个邻居。

		Wanted	WALL-E	Star Wars	Seven	Fargo	
目标用户	Alice	5	7	7	7	?	← 需要预测的评分
与目标用户最相似的用户	John	5	7	5	7	9	← 用于预测的评分
	Mason	6	6	6	6	5	

图 25-1 单准则评分电影推荐系统

25.2.2 引入多准则评分来扩展传统推荐系统

随着现实世界中应用数量的增加，在扩展推荐系统时引入多准则评分被认为是下一代推荐系统的一个重要问题[4]。多准则评分系统的例子，包括对餐馆评分(如食物、装修、服务)的 Zagat's Guide，提供用户对电子产品的多准则推荐(如屏幕大小、性能、电池寿命和成本)的 Buy. com，以及 Yahoo! 电影采用了 4 个准则(故事、动作、编导和视觉)以表示用户的评分。由多准则评分(而不是单准则整体评分)提供的额外的用户偏好信息可以有效地改善推荐系统的性能。

一些多准则推荐系统在某个用户对一个指定物品的效用建模时，既采用整体评分 R_0，也采用用户对每个准则 $c(c=1，\cdots，k)$ 的评分 $R_1，\cdots，R_k$。然而有些系统不使用整体评分，仅仅关注于每个准则的评分。因此，多准则推荐问题的效用公式可以表示为包含整体评分或不包含整体评分，如下所示：

$$R: \text{Users} \times \text{Items} \rightarrow R_0 \times R_1 \times \cdots \times R_k \qquad (25.2)$$

或

$$R: \text{Users} \times \text{Items} \rightarrow R_1 \times \cdots \times R_k \qquad (25.3)$$

考虑到每个物品中多准则评分的可用性(除了传统的单准则整体评分)，图 25-1 和图 25-2 说明了这些信息对于推荐系统的潜在益处。Alice 和 John 在单评分设置中具有相似的偏好(见图 25-1)，在多准则评分设置中，我们可以看到他们在电影的几个方面观点完全不同(见图 25-2)。进一步检查多准则评分信息，可以发现 Alice 和 Mason 具有相似的评分模式(比 Alice 和 John 更相似)。使用前面的协同过滤方法，考虑多准则评分，基于 Mason 对电影《Fargo》的整体评分为 5，预测 Alice 对电影的整体评分为 5。

		Wanted	WALL-E	Star Wars	Seven	Fargo	
目标用户	Alice	$5_{2,2,8,8}$	$7_{5,5,9,9}$	$5_{2,2,8,8}$	$7_{5,5,9,9}$	$?_{2,2,2,2}$	← 需要预测的评分
与目标用户最相似的用户	John	$5_{8,8,2,2}$	$7_{9,9,5,5}$	$5_{8,8,2,2}$	$7_{9,9,5,5}$	$9_{8,8,10,10}$	
	Mason	$6_{3,3,9,9}$	$6_{4,4,8,8}$	$6_{3,3,9,9}$	$6_{4,4,8,8}$	$3_{2,2,8,8}$	← 用于预测的评分

图 25-2 多准则电影推荐系统(每个物品的评分包括总体、故事、动作、导演和视觉效果)

这个例子暗示了单准则整体评分可能隐藏了用户对于指定物品不同侧面偏好的潜在异构性，并且多准则评分可以有助于更好地理解用户的偏好，因此可以为用户产生更准确的推荐结果。同时也说明了多准则评分是如何产生更有效和更有针对性的推荐结果的，如在用户认为故事情节很重要的时候，可以推荐在故事情节上具有更高得分的电影。

因此，推荐系统需要采用多准则评分的新算法与技术。由于推荐系统通常使用以下两阶段过程，即评分预测阶段和推荐产生阶段，所以多准则评分可以以不同的方式在这些阶段中使用。一些方法已经应用在预测和推荐中，并且已经存在实现这样算法的几个系统，我们在接下来的两节中将进行分析。

- **预测** 计算用户偏好的预测阶段。一般来说，这个阶段推荐系统基于已知评分和可能的其他信息（例如用户配置文件和/或物品内容）为全部或部分 Users × Items 估计效用函数 R。换句话说，它计算未知物品的评分预测。
- **推荐** 计算的预测通过一些推荐流程支持用户的决策，例如，推荐用户获得一组最大化他的效用的前 N 项的物品（如推荐 N 个有高预测评分并且还满足一些附加期望的要求，比如多样性或新颖性）。

我们首先将多准则评分推荐现有的技术分为两组：在评分预测阶段使用的技术和在产生推荐阶段使用的技术，并且在接下来的两节中更详细地描述这些技术。这些技术的概述在表 25-1 中给出。

表 25-1 多准则评分推荐技术

推荐过程的阶段	推荐技术	
	基于启发式的方法	基于模型的方法
评分预测	使用多准则评分来改善基于邻域的协同过滤中的用户–用户或物品–物品之间相似性计算： ● 计算每个准则的相似性值，将单个独立的相似性聚合为一个相似性（可能使用每个准则的重要性权重） ● 使用多维距离度量直接在多准则评分矢量上计算相似性值使用模糊建模的启发式评分预测： ● 模糊语义建模 ● 模糊多准则偏好聚合	给出多准则评分数据，建立预测模型来估计未知评分： ● 典型的方法：建立模型，将单个准则评分合并为一个总评分 基于模型方法： ● 简单聚合函数：简单平均、线性回归 ● 概率建模：灵活混合模型、概率潜在语义分析 ● 多线性奇异值分解（MSVD） ● 复杂聚合函数：支持向量回归（SVR）
物品推荐（如决定最佳物品）	总体评分可用时（在多准则评分中） ● 典型方法：按预测的总体评分对物品排名 总体评分不可用时： ● 为推荐物品设计整体序列，如 UTA 方法 ● 查找 Pareto 最佳推荐物品，如数据包络分析、轮廓查询 ● 使用单独的评分准则作为推荐过滤器	

25.3 预测中使用多准则评分

本节对使用多准则评分来预测整体评分或单个准则评分（或两者）的技术进行了综述。通常，推荐技术可以依据效用函数的形成分为两类：基于启发式的，有时也称为基于记忆的和基于模型的[4,12]。基于启发式的技术依据用户观测到的值或依据一定的启发假设，为用户的每个物品在线计算效用。例如，基于邻域的技术假设两个用户在已观察的物品上有相似的偏好，那么他们在未观测物品上也具有相似的偏好。相对来讲，基于模型的技术一般采用统计或机器学习方法来学习一个预测模型，这可以更好地解释已观测的数据，然后使用学习到的模型来估计未知物品的效用并产生推荐结果。依据这种分类方式，我们将多准则评分推荐算法也划分为基于启发式的方法和基于模型的方法。

25.3.1　启发式方法

已经有一些方法被提出用于扩展传统的基于启发式协同技术的**相似度**计算，从而反映多准则评分信息[2,52,92]。在这些方法中，用户之间的相似度计算是通过聚合每个准则上的相似度或使用多维距离度量来进行的。注意，该方法仅改变传统推荐算法的相似度计算，一旦估计了相似性，则总体评分计算过程保持相同。

特别地，基于邻居的协同推荐方法是利用具有相似偏好或品味的其他用户（如邻居）的评分来预测指定用户的未知评分。因此，预测的第一步就是选择一种相似度计算方法以便为每个用户找到他们的邻域集合。在单准则评分推荐系统中有多种方法用来计算相似度。最流行的方法是基于相关性和基于余弦距离的方法。假设 $R(u,i)$ 表示用户 u 对物品 i 的评分，$R(u)$ 表示用户 u 的平均评分，$I(u,u')$ 表示用户 u 和用户 u' 共同评分的物品。这两种流行的相似度计算方法可以形式化地写为：

- 基于皮尔逊相关系数：

$$\text{sim}(u,u') = \frac{\sum_{i \in I(u,u')} (R(u,i) - \overline{R(u)})(R(u',i) - \overline{R(u')})}{\sqrt{\sum_{i \in I(u,u')} (R(u,i) - \overline{R(u)})^2} \sqrt{\sum_{i \in I(u,u')} (R(u',i) - \overline{R(u')})^2}} \tag{25.4}$$

- 基于余弦：

$$\text{sim}(u,u') = \frac{\sum_{i \in I(u,u')} R(u,i) R(u',i)}{\sqrt{\sum_{i \in I(u,u')} R(u,i)^2} \sqrt{\sum_{i \in I(u,u')} R(u',i)^2}} \tag{25.5}$$

多准则评分推荐系统不能直接使用上面的公式，因为在多准则评分推荐系统中 $R(u,i)$ 包含整体评分 r_0 和 k 维多准则评分 $r_1 \cdots, r_k$，即 $R(u,i) = (r_0, r_1, \cdots, r_k)$。⊖因此，每一对 (u,i) 都有 $k+1$ 个评分值，而不是一个单一的评分。有两种不同的方法可以使用 $k+1$ 个评分值来计算相似度。第一种方法是聚合传统的基于单个评分的相似度。这种方法首先采用传统的相似度计算，如相关性或余弦值，分别计算用户在每个准则上的相似度，然后通过聚合 $k+1$ 个相似度的值作为用户最后的相似度。Adomavicius 和 Kwon[2] 提出两种聚合方法，平均相似度和最坏相似度（如最小值），如式(25.6)和式(25.7)所示。作为一种通用方法，Tang 和 McCalla[92] 在论文推荐系统中采用加权和方式计算每篇论文的单个相似度。例如，整体评分、附加值、同行推荐程度、学习者的兴趣和背景知识。如式(25.8)所示，在他们的方法中，w_c 表示每个准则 c 的权值，用来反映该准则在推荐结果中的重要性和有用性。

- 平均相似度：

$$\text{sim}_{\text{avg}}(u,u') = \frac{1}{k+1} \sum_{c=0}^{k} \text{sim}_c(u,u') \tag{25.6}$$

- 最坏（最小值）相似度：

$$\text{sim}_{\text{min}}(u,u') = \min_{c=0,\cdots,k} \text{sim}_c(u,u') \tag{25.7}$$

- 聚合相似度：

$$\text{sim}_{\text{aggregate}}(u,u') = \sum_{c=0}^{k} w_c \text{sim}_c(u,u') \tag{25.8}$$

第二种计算相似度的方法是**多维距离度量**，如 Manhattan、Euclidean 和 Chebyshev 距离度

⊖　在一些推荐系统中，$R(u,i)$ 除 k 个标准等级外可能不包含整个评分 r_0，即 $R(u,i) = (r_1, \cdots, r_k)$。在这种情况下，本节中的所有公式都仍然适用于指数 $c \in \{1, \cdots, k\}$，而不是 $c \in \{0, 1, \cdots, k\}$。

量[2]。两个用户 u 和 u' 在物品 i 上的距离 $d(R(u,i),R(u',i))$ 可以通过下面公式计算：

- Manhattan 距离：

$$\sum_{c=0}^{k} \mid r_c(u,i) - r_c(u',i) \mid \tag{25.9}$$

- Euclidean 距离：

$$\sqrt{\sum_{c=0}^{k} \mid r_c(u,i) - r_c(u',i) \mid^2} \tag{25.10}$$

- Chebyshev(或最大值)距离：

$$\max_{c=0,\cdots,k} \mid r_c(u,i) - r_c(u',i) \mid \tag{25.11}$$

两个用户之间的总体距离可以简单地通过计算两个用户共同评分物品的平均距离得到，可以形式化地写为：

$$\mathrm{dist}(u,u') = \frac{1}{\mid I(u,u') \mid} \sum_{i \in I(u,u')} d(R(u,i),R(u',i)) \tag{25.12}$$

两个用户越相似(相似度的值越大)，它们之间的距离越小。由于它们之间呈反比关系，所以需要对两个度量进行简单的转换，如下所示：

$$\mathrm{sim}(u,u') = \frac{1}{1 + \mathrm{dist}(u,u')} \tag{25.13}$$

Manouselis 和 Xostopoulou[52]也提出了 3 种不同的方法用来计算多准则设置中用户之间的**相似度**：按优先级相似度(Similarity-per-priority)、按评价相似度(Similarity-per-evaluation)和按部分效用相似度(Similarity-per-partial-utility)。按优先级相似度算法基于用户 u 对每个准则 c 的重要性权值 $w_c(u)$(而不是评分 $R(u,i)$)来计算用户之间的相似度。在这种方式中，创建一个与目标用户具有相同偏好的邻居集合，然后基于用户的近邻整体效用来预测用户对物品的整体效用。此外，按评价相似度算法和按部分效用相似度算法为目标用户在每个准则上分别创建邻居用户，然后预测每个用户的评分。按评价相似度算法是基于用户对每个准则的非加权评分来计算相似度的，而按部分效用相似度算法则是基于用户对每个准则的加权评分来计算相似度的。

在这些系统中，用户之间的相似度采用多准则评分获取，剩余的推荐流程和单准则推荐系统的推荐流程是一样的。下一步就是为指定用户找到一个最相似的邻居集，然后基于邻居的评分来预测用户对未知物品的评分。因此，基于相似度的方法仅仅适用于需要计算用户间(或物品)相似度的基于邻居的协同过滤推荐技术。

总之，多准则评分可以通过以下两种方式来计算两个用户之间的相似度[2]：1)聚合每个准则的单准则相似度的值；2)计算多准则评分在多维空间中的距离。在小规模的 Yahoo! 电影数据集的实验结果显示，这两种启发式方法都优于传统的单准则评分协同过滤技术(即只用单准则整体评分)，在 top-N 的推荐精度方面提升了 3.8%，这代表了系统为每个用户预测的 N 个最相关物品中整体评分真正高的百分比[2]。精度的提升依赖于协同过滤技术中的多个参数，如邻居规模、top-N 推荐的数量。此外，Manouselis 和 Costopoulou[52]建议这些方法可以进一步扩展，不仅可以通过已知评分信息来计算相似度，还可以利用每个准则的权重来计算相似度。第二种方法用于电子市场推荐在线应用，购买者和销售者可以基于用户对多个电子市场的多准则评估，获得和交换价格以及待售商品的信息。与算术平均值(arithmetic mean)和随机(random)这些非个性化的算法相比，使用 Euclidian 距离来度量相似度的按优先级相似度算法的性能最好，平均绝对误差(MAE)在 1 ~ 7 的范围内达到 0.235，覆盖率(可以推荐给用户的产品范围)达到 93%，算术平均和随机的 MAE 分别为 0.718 和 2.063，覆盖率则都达到 100%[52]。

Maneeroj 等人[50]在多准则推荐中对寻找最合适的近邻问题做了进一步研究。特别是不同准则对于不同用户可能具有变化的重要性的观察，他们提出了将每个准则的个性化程度结合到

用户 - 用户相似性计算过程的方法中。该方法可以选择出更合适的邻居，从而获得更好的推荐结果。

如前所述，一旦计算了用户或物品之间的相似度，则标准的基于邻居的协同过滤推荐技术通常通过计算所有已知评分 $R(u', i)$ 的加权平均值来估计用户 u 将给予物品 i 的评分。其中用户 u' 与 u "相似"。计算此加权平均值的两种流行方式如下[12]：

- 加权方法：

$$R(u,i) = \frac{\sum_{u' \in N(u,i)} \mathrm{sim}(u,u') R(u',i)}{\sum_{u' \in N(u,i)} |\mathrm{sim}(u,u')|} \tag{25.14}$$

- 调整后的加权方法：

$$R(u,i) = \overline{R(u)} + \frac{\sum_{u' \in N(u,i)} \mathrm{sim}(u,u') (R(u',i) - \overline{R(u')})}{\sum_{u' \in N(u,i)} |\mathrm{sim}(u,u')|} \tag{25.15}$$

$R(u', i)$ 值的权重跟 u' 和 u 的相似度有关。两个用户越相似，$R(u', i)$ 在计算 $R(u, i)$ 中的权重就越大。$N(u, i)$ 表示跟用户 u 相似的用户集合并且他们都消费了物品 i，其值范围从 1 到整个用户集合。将邻域大小限制为某个特定数目（如 3）将确定在计算 $R(u, i)$ 过程中使用几个相似用户。

在基于相似度的方法[2]中，上述两个公式通常仅用于预测**总体**评分，因为推荐系统通常基于用户对物品的整体偏好做出系统预测。换句话说，$R(u, i)$ 这里是指 r_0 而不是整个多维评分向量 $R(u, i) = (r_0, r_1, \cdots, r_k)$。然而，如果需要，相同的公式可以用于预测每个单独的标准等级 r_i。另外，上述基于启发式相似的解释方法代表了基于用户的方法，它使用邻近的用户来计算推荐内容。由于使用单准则评分的基于用户的方法可以直接转换为使用相似物品来计算推荐的基于物品的方法[85]，因此可以直接修改多准则评分中基于用户方法的公式用在基于物品的方法中。

此外，必须针对每个物品的多个准则提交精确的数值评分，这可能会增加用户的负担。因此，在收集此类信息时需要考虑用户评分的主观性、不精确性和模糊性。几个研究提出可使用模糊语言学方法来表示和收集用户评分，并采用模糊多准则决策技术来为每个用户的相关物品排名[10,66]。更具体地，可以以定性形式（在语言术语中）收集每个用户的相关性反馈。例如，在 Boulkrinat 等人[10]的工作中，每个用户评估了酒店的 6 个标准（清洁、舒适、位置、设施、员工和物有所值），用户的偏好通过语言术语可描述为 7 个级别，非常高、高、中高、中、中低、低和非常低。然后，对每个标准的偏好不是使用单个数值（即单个级别）而是使用"模糊数"（基本上，在一定级别范围内）建模。每个准则的权重可以由个体用户提供，表示他或她在 6 个准则中个人相对重要性。

在 Nilashi 等人[61]的工作中引入了基于模糊算法的多准则协同过滤系统，包括分别使用基于模糊的平均相似性和基于模糊的 Eudidean 距离的加权模糊 MC-CF 和模糊 Eudidean MC-CF，以及使用基于模糊的用户和物品预测的模糊加权平均 MC-CF。Palanivel 和 Sivakumar[68]还提出了一种基于模糊聚合的方法，其使用最大运算符，从诸如听一首音乐所花费的时间、对一首音乐的访问次数和音乐下载状态等隐式反馈发现偏好准则。使用这样的隐式反馈可以进一步减轻用户为每个消费物品提供多个评分的负担。

25.3.2　基于模型的方法

基于模型的方法是通过对已观测到的数据进行学习，构建一个预测模型来估计未知评分的。现有的几种多准则推荐系统可以划入此类，包括聚合函数、概率模型、多维线性矩阵分解（MSVD）以及支持向量回归（SVR）。

聚合函数方法在基于相似度的启发式方法中，整体评分 r_0 通常简单地作为一个单独的准则评分，然而在聚合函数方法中，会将整体评分作为多准则评分的一种聚合[2]。根据这一假设，这一方法需要找到一个聚合函数 f 来表示整体评分与多准则评分之间的关系，即：

$$r_0 = f(r_1, \cdots, r_k) \tag{25.16}$$

例如，在一个电影推荐应用中，故事情节准则的评分有非常高的优先权。也就是说，故事情节评分高的电影会受到某些用户的喜爱，不管其他准则评分如何。因此，如果某部电影的故事情节评分预测值高，为了更精确推荐，那么该电影的整体评分也应该高。

聚合函数方法由 3 步组成，如图 25-3 所示，首先，这一方法可以采用任意的推荐技术来估计 k 个单独评分，也就是 k 维多准则评分问题被分解为 k 个单准则评分推荐问题。其次，通过领域专家、统计技术或机器学习技术来选择聚合函数 f。例如，领域专家可基于以前的经验和知识建议对每个物品的多准则评分进行简单的平均；也可以通过统计技术来获取聚合函数，如线性和非线性回归技术；还可以使用复杂的机器学习技术，如人工神经网络。最后，未评分物品的整体评分是基于 k 个单独评分和所选定的聚合函数 f 来计算的。

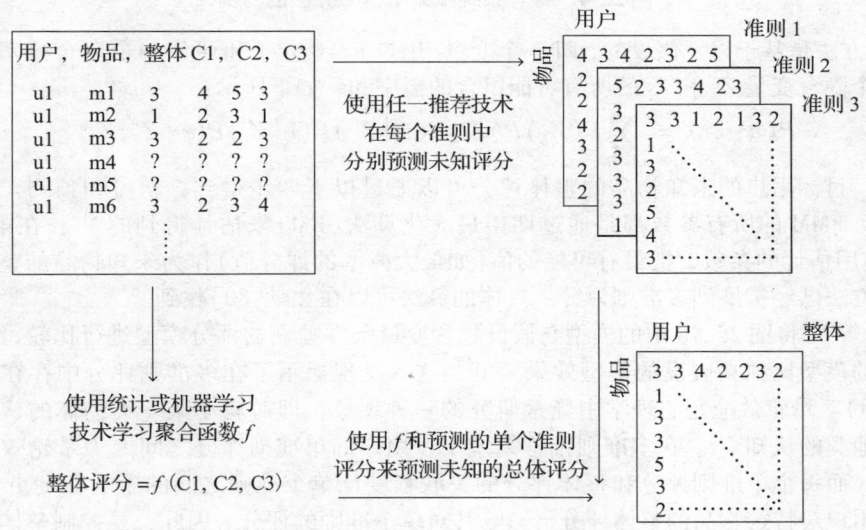

图 25-3 聚合函数方法（一个具有 3 个评分准则的系统）

尽管前面所述的基于相似度的启发式方法仅仅应用于基于邻居的协同过滤技术，我们可以通过聚合函数将任意一种传统的推荐技术进行融合，因为在预测的第一步中使用的是单准则评分。作为可能的聚合函数例子，Adomavicius 和 Kwon[2] 基于已知评分使用线性回归和估值系数（如每个准则的权重）。

Adomavicius 和 Kwon[2] 还指出，聚合函数有不同的范围，基于整体的（如基于整个数据集学习的单聚合函数）、基于用户的或基于物品的（如根据每一个用户或物品学习一个单独的聚合函数）。

Yahoo! 电影数据的实验分析显示，利用聚合函数方法（使用多准则评分信息）表现优于传统的单准则评分协同过滤技术（只使用单一的整体评分），在 top-N（$N=3$，5，7）时候准确度提升 $0.3\% \sim 6.3\%$[2]。

概率模型方法。一些多准则推荐方法采用了数据挖掘和机器学习中越来越流行的概率建模方法。其中一个例子就是 Sahoo 等人[80] 的工作，它扩展了 Si 和 Jin[89] 的 FMM（Flexible Mixture Model，灵活混合模型）。如图 25-4a 所示，FMM 假定有两个隐含变量 Z_u 和 Z_i（分别为用户和物品），它们用于确定用户 u 对物品 i 单值评分 r。如图 25-4b 所示，Sahoo 等人[80] 利用 Chow-Liu 树结构发现了整体评分 r_0 与多准则评分（r_1，r_2，r_3，r_4）之间的依赖结构，并将这种依赖结构融入 FMM 中。

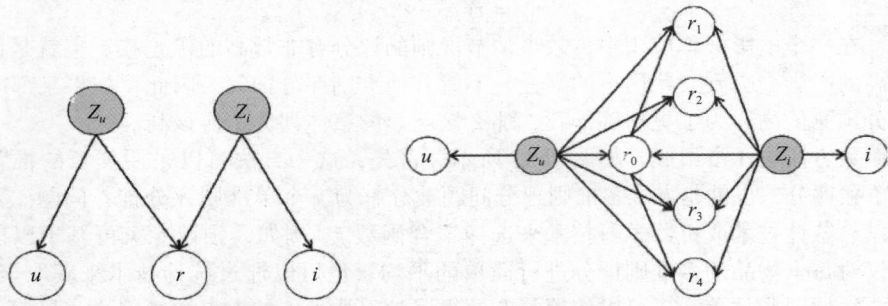

a）单准则评分推荐系统的FMM   b）有着多准则评分依赖结构的FMM

图 25-4   推荐系统中概率模型方法的实例

FMM 方法是基于以下假设的，即 3 个变量（用户 u，物品 i 和评分 r）的联合概率分布可以表示为两个隐含变量 Z_u 和 Z_i 的所有可能组合的概率和，如下所示：

$$P(u,i,r) = \sum_{z_u,z_i} P(Z_u)P(Z_i)P(u\mid Z_u)P(i\mid Z_i)P(r\mid Z_u,Z_i) \qquad (25.17)$$

总之，目标用户的未知物品的整体评分可以通过以下两步得到：学习和预测。在第一步（学习）中，FMM 的所有参数都是通过期望最大化算法（EM）来估计得到的[21]；在第二步（预测）中，使用估计的参数，把最有可能的值（如最大概率的评分值）作为未知物品的整体预测评分，这种方法已经扩展到多准则评分，具体的算法可以在文献[80]找到。

Sahoo 等[80] 将图 25-4b 中的模型与假设隐含变量条件独立的评分模型进行比较，并发现有依赖结构的模型比独立假设的模型效果要好。这一发现揭示了在多准则评分中存在晕轮效应（halo effect）。晕轮效应是心理学中经常研究的一种现象，即对属于某一类物体的认知偏见会影响对其他类的认知[94]。在多准则推荐系统中，用户的单准则评分之间因为晕轮效应会产生相互关联，而每个单准则评分和整体评分的关联程度比单个准则之间的影响程度更大[80]。换句话说，用户对特定物品的整体评分会影响其对单个准则的评分。因此，要控制整体评分并减小它的晕轮效应，并且使每个评分能够互相独立，如图 25-4b 所示的 chow-Liu 树形依赖结构。

使用 Yahoo! 电影数据集，Sahoo 等人[80] 认为，多准则评分信息在可用的训练数据非常少时，（如用于训练的数据不到整个数据集的 15%）是具有优势的。另一个方面，当有大量的训练数据可用时，额外的评分信息没有带来更多提升。在这一分析中，他们采用 MAE 来度量推荐结果的准确性。然而，当他们在检索 top-N 物品中使用准确率和召回率来验证概率模型方法，他们的模型在所有例子中都有较好的表现（包括大数据集和小数据集），最大提升了 10%。随着更多的训练数据，多准则评分和单准则评分在准确率和召回率方面的差异在逐渐缩小。

Zhang 等人[100] 提出了另一种概率建模方法，他们将用于单准则推荐系统[32] 的概率潜在语义分析（PLSA）方法扩展到多准则评分设置中。特别地，[100] 基于每个用户的多准则评分分布的模型来研究两个多准则 PLSA 算法：1）使用完全多变量高斯分布；2）使用线性高斯回归模型。这两种方法相比若干单准则和多准则推荐系统在精确度上有一定的提升。两种方法的图形模型如图 25-5a、b 所示，其中 r 表示用户 u 对物品 i 的评分，Z 是潜在变量。全高斯模型使用多变量节点 r_0，r_1，…，r_k 而不是单变量节点 r，并且应用与在单评分 PLSA 中相同的 EM 算法。线性高斯回归模型计算整体偏好(r_0)作为个人标准(r_1, …, r_k)偏好的线性组合。此外,虽然 Sahoo 等人[80]的工作没有对用户的评分进行任何的归一化(例如,将个体的中立投票调整为零并将所有用户的标度标准化为相同的值),[100]则讲述了用户归一化显著地影响了多准则 PLSA 方法的效果。

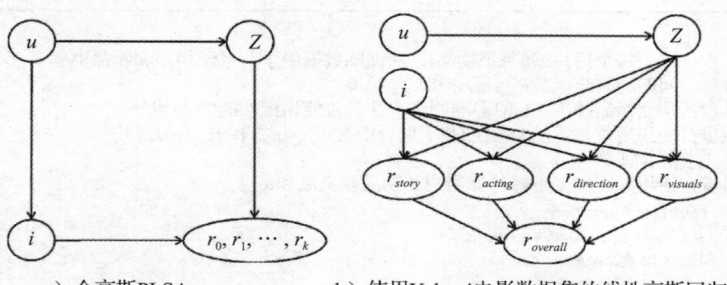

a)全高斯PLSA   b)使用Yahoo!电影数据集的线性高斯回归PLSA

图 25-5   多准则 PLSA 算法的图模型表示

多维线性矩阵分解方法(MSVD)。Li 等人[46]提出了一种利用 MSVD 技术来改善传统协同过滤的算法。奇异值分解(SVD, Singular value decomposition)技术在线性代数中得到广泛研究,由于它可以有效地提升推荐结果的准确度,使得它在推荐系统中的使用也越来越广泛[28,40,84]。在单准则评分推荐系统中,这类技术发现了物品的低维度特征空间。特别是使用 K 个隐含特征(如 Rank- K SVD),用户 u 与用户因子向量 p_u(用户对特征 k 的偏好),物品 i 与物品因子向量 q_i(物品在特征 K 上的权重)相关联。在用户和物品因子向量中的所有值都被估计后,用户 u 对物品 i 的偏好程度可以表示为 $R^*(u, i)$,这可以通过两个向量的内积得到,即:

$$R^*(u,i) = p_u^{\mathrm{T}} q_i \tag{25.18}$$

第 7 章讲解了关于 SVD 更多的细节。SVD 技术经常用于二维数据的分解(如单准则评分),而 MSVD 技术[20]可以用于多维数据的分解,如多准则评分。

例如,Li 等人[46]在推荐过程中融合情境信息和多准则评分。基于情境信息,推荐问题可定义为在特定情境下用户对物品基于某个准则的 3 层顺序张量,张量的近似值由截断版的 MSVD 技术得到。这一近似值最终用于发掘后续在基于邻居的协同过滤方法中所用的邻居,即使用这些数据来发掘每个用户的邻居以及计算 top-N 推荐。

更具体地,Li 等人[46]使用 MSVD 降低多准则评分数据的维度,并在餐馆推荐系统的情境下评估了它们的方法,在餐馆推荐系统中用户利用 10 个准则(如菜品、环境、服务等)对一个餐馆进行评分。结果表明,与传统的单准则评分模型相比,他们的方法在推荐结果的准确度上(由 top-N 准确度进行度量)提升了 5%。

支持向量回归(SVR)方法。其他几个研究也遵循一般聚合函数方法,然而,他们建议使用支持向量回归(SVR)[23]来学习基于回归的评分聚合函数[25,34,35,81],而不是使用传统的线性最小二乘回归法。虽然所有特征都可以在回归中考虑,但[34,35]提出了几种方法来选择最相关的特征:相对于每个准则的总体评分使用卡方统计,应用遗传特征选择算法,或者获取领域专家的建议。这些都强调选择足够的物品维度子集的重要性,因为它影响推荐的效果。

除了报告中较高的预测准确度之外,SVR 技术的另一个优点是其可以在数据点相对较少但含许多特征(如许多评分维度)的情况下使用。特别地,Jannach 等人[35]使用基于用户和基于物品的 SVR 方法,即为每个用户单独地估计回归模型 R^*_{user},并且为每个物品单独地估计回归模型 R^*_{item}。然后,可以使用物品和用户权重来组合这两个预测。如图 25-6 所示,基于用户和物品的 SV 回归从训练数据中学习,并且可以使用任何 CF 技术来预测准则评分。然后,使用准则预测和 SV 回归函数来估计总体评分。最终预测为从基于用户和基于物品的 SV 回归函数获得的两个总体预测的加权组合。图 25-6 所示的步骤 4 描述了如何以个性化方式为每个用户 u 和物品 i 估计(优化)权重 w_u 和 w_i。用快速启发式梯度下降最小化预测和实际评分的预测误差来估计每个用户和物品的参数。γ 参数确定校正步骤的大小,入并用作正则化以避免过拟合。

第一步:对于每个用户u和每个物品i,从训练数据中学习基于用户和物品SV
　　　　回归的聚合函数$R^*_{user}(u, i)$和$R^*_{itme}(u, i)$
第二步:预测物品i和用户u的多准则个人评分(使用标准的CF技术)
第三步:使用用户和物品SV回归基于聚合函数$R^*_{user}(u, i)$和$R^*_{itme}(u, i)$预测
　　　　总体评分
第四步:使用标准梯度下降计算用户和物品权重w_u和w_i
　　require: *#iterations, γ, λ*
　　// Gradient descent iterations:
　　for 1 to *#iterations* **do**
　　　for each user u **do**
　　　　for each rated item i of user u **do**
　　　　　// compute prediction with current weights
　　　　　$R^*(u,i) \to w_u \times R^*_{user}(u,i) + w_i \times R^*_{item}(u,i)$
　　　　　// compare with real rating $R(u,i)$ and determine the error $e(u,i)$
　　　　　$e(u,i) \leftarrow R(u,i) - R^*(u,i)$
　　　　　// Adjust w_u in gradient step
　　　　　$w_u \leftarrow w_u + \gamma \cdot (e(u,i) - \lambda \cdot w_u)$
　　　　　// Adjust w_i in gradient step
　　　　　$w_i \leftarrow w_i + \gamma \cdot (e(u,i) - \lambda \cdot w_i)$
　　return w_u for each user u, and w_i for each item i
第五步:组合用户和物品的权重进行预测
　　$R^*(u,i) = w_u \times R^*_{user}(u,i) + w_i \times R^*_{item}(u,i)$

图 25-6　加权支持向量回归(SVR)方法的梯度下降算法

　　结果表明,在酒店和电影评分数据集上使用单个用户和物品的支持向量回归方法,在多个评估度量(RMSE、F-measure、precision-in-top-N)上比现有的一系列方法效果都好。此外,[35]还评估了可用于多准则评分推荐系统的特征选择策略,并表明使用相对简单的特征选择方式(如卡方统计)可以进一步提升推荐准确度。

　　总之,上面的方法采用一些复杂的学习技术为处理多准则推荐做了一些尝试。我们希望在将来能看到更多类似的技术。下一节探讨向用户推荐物品的不同方法,我们假设未知的多准则评分已经被上文所述的任意一种方法估算出来了。

25.4　推荐中使用多准则评分

　　如前文所述,多准则推荐系统可能选择建模一个用户对一个物品的效能,可以同时包括整体评分和单个物品的评分,也可以只包括单个准则评分。如果整体评分作为模型的一部分,那么推荐流程就非常直接:推荐系统使用整体评分来向用户推荐最高预测值的物品。换句话说,推荐流程与传统的单准则推荐系统基本上相同。

　　然而,没有整体评分时,推荐流程就会更复杂,因为如何建立物品的整体序列并不那么明显。例如,假定有个双准则电影推荐系统,用户依据电影的故事情节和影视效果来进行判断。在以下两个电影中选择一个来推荐:1)电影 X,预测的故事情节为 8,影视效果为 2;2)电影 Y,预测的故事情节为 5,影视效果为 5。由于没有整体评分来对电影排序,所以很难判断哪部电影更好,除非采用其他的建模方法,用非数值方式(如基于规则的)来表示用户偏好。在推荐系统文献中,提出了几种方法来应对这个问题:有些试图为每个用户设计一个物品序列和一个单值全局优化方案,另一些则采用部分物品序列找到多个解(帕累托最优)。下面我们简单

介绍与多准则优化相关的工作，描述一些已经用于推荐系统文献的方法，以及探讨在多准则评分的推荐阶段中其他潜在的应用方法。

25.4.1　相关工作：多准则优化

多准则优化问题原本在运筹学中得到了广泛研究[24]，而不是在推荐系统的背景下。多准则优化问题帮助决策者在多个准则冲突或互相竞争的情况下选择最佳选项。例如，从多个视角，如金融、人力资源相关以及环境方面都可以纳入到组织决策中。如文献[4]讨论，以下方法主要用于处理多准则优化问题，也可以应用到推荐系统中：

- 找到帕累托最优解；
- 通过多准则线性融合，将多准则优化问题简化为单准则推荐优化问题；
- 优化最重要的准则，把其他准则作为约束；
- 连续每次优化一个准则，转换为最优解来约束，或在其他准则上重复这一流程。

在多准则评分推荐系统中，可以根据不同的准则对物品进行不同的评估。因此，找到最合适的物品不是一个容易的任务。下面我们描述了推荐系统文献中使用的几种推荐方法，所有这些方法都具有多准则优化技术，包括：将多准则优化问题转换为单准则排序问题（见 25.4.2节），找到帕累托最优推荐（见 25.4.3 节），并使用多个准则作为约束（见 25.4.4 节）。

25.4.2　设计物品推荐整体序列

在推荐系统文献中，部分采用决策科学中多属性效用理论，它可以作为一种多准则的线性组合并找到最优解[43]，基本可以把多准则优化问题转换为简单的单准则排序问题。例如，Lakiotaki 等人[43]提出的方法采用了文献[90]提出 UTA 方法对物品进行排序。他们的算法目标是通过加入每个准则 $c(c = 1, \cdots, k)$ 的边界效用来为每个用户估计特定物品的整体效用 u。

$$U = \sum_{c=1}^{k} u_c(R_c) \tag{25.19}$$

上述式子需要满足以下的约束：$u_c(R_c^{\text{worst}}) = 0$，$\forall c = 1, 2, \cdots, k$ 并且 $\sum_{c=1}^{k} u_c(R_c^{\text{best}}) = u_1(R_1^{\text{best}}) + u_2(R_2^{\text{best}}) + \cdots + u_k(R_k^{\text{best}}) = 1$。其中，$R_c$ 是对准则 c 的评分，$u_c(R_c)$ 是特定用户的非减实数函数（边界效用函数）。假定 $[R^{\text{worst}}, R^{\text{best}}]$ 是准则的评估区间，R_i^{worst}，R_i^{best} 分别是第 i 准则下最差和最好的水平。决策者需要提供全局的评估以便于形成物品之间的全局预排序：$i_1 \succ i_2 \succ \cdots i_m$。假定已开发的效用模型与决策者的判定规则是一致的，因此可得出 $U(i_1) > U(i_2) \cdots > U(i_m)$。在满足上述需求的正开发的全局效用模型中，有两种错误可能发生：1）欠估计错误，相比于给定的特定预排序，已开发的模型提供了一个更低（更好）的排序（即模型对决策者欠估计）；2）过估计错误，相比于给定的特定预排序，已开发的模型提供了一个更高（更差）的排序（即模型对决策者过估计）。最终的模型可通过最小化上述两个错误之和来获得。给定在多准则上的估计评分，运用线性规划技术可以很好地获得最终的模型。

由于这一模型使用有序回归模型技术进行排序，Kendall's tau 被用于度量两个定序水平变量的相关性，从而来比较实际顺序和预测顺序。使用 Yahoo! 电影数据集的实验结果显示，20.4% 的用户得到的 Kendall's tau 为 1，即推荐系统的预测序列与用户声明的序列一致。所有用户的 Kandall's tau 平均值为 0.74。这一模型也使用了接受者操作曲线（Receiver Operating Curve，ROC）进行评估，ROC 用于描述真正（ture positive）与假正（false positive）之间的相对权衡。得到的曲线下区域（Area Under Curve，AUC）是 0.81，其中 1 表示完美分类器，0.5 表示随机分类器的性能，结果表明多准则推荐系统在用户偏好方面有显著的改进。

类似地，Manourselis 和 Costopoulou[52]提出一种方法，整体效用 U 要么是将 K 个预测部分

效用 U_c 求和，要么是根据用户对每个准则 c 的权值 w_c 对预测评分进行加权求和。这两种情况中，候选物品的整体效用可用以下聚合函数来计算：

$$U = \sum_{c=1}^{k} u_c = \sum_{c=1}^{k} w_c R_c \qquad (25.20)$$

这里使用对多准则的单独评分来对候选物品进行排序，而不是直接预测总体评分。最后，利用上述的任意技术建立起候选物品的整体序列，每个用户都得到最大效用的推荐物品。

Akhtarzada 等人[5]还使用每个用户对多个准则下的物品评分来将物品排序为推荐列表。首先，以用户过去评分的平均值作为多个准则评分的理想值，并且通过计算所有用户的理想值与指定用户的理想值之间的距离来预测该用户对新物品的评分。当用户看到一个物品时，可以基于物品的相似性为用户推荐最相似的物品。

25.4.3　发现帕累托最优的物品推荐

当不同的物品关联着多个相互冲突的准则且这些物品的整体排序不是可以直接获取时，可以从大量的备选物品中找到几个好的物品(而不是通过解决全局最优方法获取唯一一个答案)。**数据包络分析**(data envelopment analysis，DEA)，通常也称为边界分析(frontier analysis)，在操作研究中广泛用于度量决策单元(decision making unit，DMU)的产出效果[18]。DEA 用来计算发现哪些物品是"最佳"的效用边界。DEA 不需要为每个准则定制**先验**权值，它利用线性规划为每个 DMU 得到最佳权值集合。尤其在多准则推荐系统中，假定所有的备选物品都可以推荐给用户(包括所有准则的预测评分信息)，DEA 能够决定在所有准则上有最好评分的候选物品并作为缩减后的物品集，这些物品可以推荐给用户。

尽管 DEA 没有直接应用到多准则评分推荐中，但是非常相似的是，缺少整体评价的多准则推荐问题也可以表述成一个在数据库领域的数据查询问题[44]。Lee 和 Teng[44]使用 Skyline 查询，利用多准则(如食物、装饰、服务和成本)来寻找最好的餐馆。如图 25-7 所示，Skyline 查询标识了一些 Skyline 点(即帕累托最优点)，这些点并不受制于二维数据空间(食物和装饰)中的其他备选餐馆。因此，对于一个给定用户，如果存在另外一个备选物品在所有准则上的评分都优于或等于它，那么这个候选物品就认为是受制的。

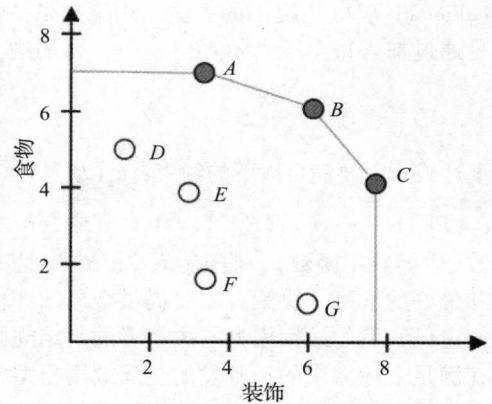

图 25-7　二维空间中的 Skyline 点(最佳候选餐厅)的示例

Zagat Suvery 在[44]使用多准则评分的实验结果显示，使用 Skyline 查询的推荐系统可以减少选择的数量。例如，当一个用户搜索位于纽约的自助餐餐馆且价格低于 30 美元时，基于 4 个准则，系统在 12 个备选餐厅中推荐了 2 个。然而，这一基础工作需要在多个方向进一步扩展，随着准则个数的增加，Skyline 查询不能很好地扩展，因为在存在大量的 Skyline 点时会导致很高的计算代价。

25.4.4　使用多准则评分作为推荐过滤器

与在推荐系统中使用内容属性来对推荐结果进行过滤[45,86]类似，多准则评分也可用于对推荐结果进行过滤。例如，一个用户在某一特定时间指定只有故事情节很好的电影才能推荐给她，而不管其他准则，那么在推荐时只有故事情节上预测评分很高(≥9，满分 10 分)的电影才推荐给该用户。换句话说，多准则优化问题可以通过把一些准则转化为约束条件(过滤器)来降低维度。这一方法和基于内容的推荐[45,86]，以及情境感知[3]推荐方法对推荐内容的过滤方式相似。然而，又与它们有一些细微不同，因为它的过滤方式不是依据客观的内容属性（如电影时间＜120min）或额外情境信息维度的（如 TimeofWeek = Weekend），而是基于主观的评分准则（如故事情节≥9）来过滤的，其预测结果主要依赖于用户的口味和偏好。

25.5 讨论及未来工作

推荐系统是一个充满生机与不断变化的研究领域。在最近一些重要的研究中，推荐系统开始采用了用户提供的多准则评分。本章我们研究了多准则推荐系统的算法和技术。这些新系统还没有被广泛研究，本节我们会对这类推荐系统的一系列挑战和研究方向进行阐述。

25.5.1 研究多准则评分的新技术

建模多准则评分。传统意义上，推荐系统（包括多准则推荐系统）使用简单的数值评分来表示用户偏好。最近的工作已经开始探索用于表示和收集用户评分的替代方法（例如，使用模糊技术[10,66]）以及以更细微的方式对评分进行建模（例如，考虑评分具有的语义区间尺度特征[57]）。对用户偏好建模的全面探索，特别是在更复杂的多准则设置中，代表了未来工作的一个有趣的方向。

智能数据预处理和分割。众所周知，许多推荐设置会遭受数据"稀疏性"问题。减轻这个问题的一种可能的方法是执行智能数据分段或聚类，其中丢弃非有用维度（准则）或者合并相似用户（或者相似物品）的数据，然后利用这种聚合计算推荐结果。在数据挖掘文献中，已经有一些关于什么是最优客户分割的工作[36]。此外，在多准则推荐系统中，有几种方法已经使用各种各样的用户聚类方法作为所提出的推荐算法的一部分（如[42，47，49，61，62]）。一些研究人员还探索了不同的特征选择技术，用于确定在多准则设置中使用的最佳标准[35]。然而，需要进一步以更系统的方式检查多准则推荐系统中的各种数据预处理和分割方法。

预测相对偏好。另外一种定义多准则推荐问题的方法可以是将问题定义成预测用户的**相对**偏好，而不是预测**绝对**评分值。一些研究采用基于顺序的技术来构建物品的相对顺序。例如，Freund 等人[26]在知名的 AdaBoost 方法基础上开发了多准则环境下的 RankBoost 算法，这类算法可以对某一用户不同评分准则下获取的相对顺序进行聚合。特别在 DIVA 系统中也采用了这一方法[59,60]。

构建物品评价准则。我们需要更多的研究以选择和构建一个最佳的准则集来评价一个物品。例如，目前大多数的多准则推荐系统需要用户对一个物品的多个属性进行评分。这些单一层次的评价标准可以进一步细化为子准则，划分的层次取决于给定的问题。如在一个电影推荐系统中，电影的特效可以分为声音特效和图像特效。多准则的信息可以帮助更好地理解用户偏好，并且有多种方法，例如层次化分析过程（AHP）可以用于考虑准则的层次[79]，Schmitt 等人[87]在他们的系统中采用了这个方法。我们在考虑物品的多准则时需要仔细审视准则之间的相关性，因为准则的选择对推荐质量的影响很大。此外，如前面所述，拥有**一致**的准则簇对一个特定的推荐系统是非常重要的，因为这样准则才能保持单调、完整和不冗余。总之构建推荐问题的准则集是一个非常有趣和重要的研究主题。

结合特定领域信息。许多多准则推荐系统的设计没有利用特定的领域知识。例如，不仅理解多个酒店的特征（如清洁、位置、服务等），而且理解喜欢旅行的不同人群（如商务旅行者、高级旅行者、蜜月/浪漫旅行者、春假旅行者等）可以在设计更好的推荐算法方面提供实质性优点。一些研究已经开始探索可以将特定领域信息结合到多准则推荐系统中的模型[11,27]，但是在这个研究方向上还有很多进步的机会。类似地，许多应用领域都有丰富的内容信息可用，并且利用该信息(例如,利用标签信息进行电影推荐[29,30]或利用寻求人才推荐的求职意图[78]),可以进一步改进多准则推荐系统。

25.5.2 扩展多准则的现有技术

单准则评分推荐技术的复用。在过去15~20年中,针对单准则评分推荐系统开发了大量的推荐技术,其中一些已经扩展到多准则评分系统,如本章所讨论的。例如,基于邻域的协同过滤技术可以使用 Manouselis 和 Costopoulou[53]建议的大量设计选项(如25.3.1节中所讨论的)来考虑多准则评分。还提出了基于 SVD 和基于 PLSA 的多准则推荐方法(如25.3.2节所讨论的),它们来源于其单一标准对应物。然而,在这些可选方法中,已经有近年来开发的一些复杂的混合推荐方法[16],其中一些可能采纳为多准则评分推荐。最后,如基于数据包络分析(DEA)或多准则优化的更复杂的技术可以被采用和扩展以在多准则评分中选择最佳物品。

多准则环境下的群组推荐。一些面向群组推荐的技术,如第22章所讨论的,也可用于多准则评分环境中。根据[33],可以通过聚合几个用户的不同偏好来构建组偏好模型。类似地,用户对多准则评分中的物品偏好可以通过基于不同评分标准的聚集偏好来预测。更具体地,可以有用于聚集个人偏好的许多不同目标[55,64],如用户平均满意度最大化,不满意度的最小化或提供一定程度的公平性。多准则评分推荐系统可以采用这些方法来聚合来自多个准则的偏好。

25.5.3 多准则评分的管理

管理侵扰性。由多准则评分带来的额外信息可能引起"侵扰性"(intrusiveness)这个重要问题,即系统要求用户提供这种额外信息。具体地,为了使推荐系统实现良好的推荐性能,用户通常需要向系统提供一定数量的关于其偏好的反馈(例如,以物品评分的形式)。这一问题在单准则评分推荐系统中同样存在[39,56,63]。在获取用户偏好时一些降低侵扰性的技术已经被探索运用在多准则推荐系统中[54,65,67,71]。多准则评分系统可能需要用户更多地参与,因为每个用户需要利用多个准则评价物品。因此,度量多准则评分的成本和收益,并找到满足用户和系统设计人员需求的最佳解决方案是重要的事情。偏好分解方法可以支持基于一系列先前决定的偏好模型的隐式格式。典型例子是 UTA(即 UTilités 加法)方法,它可以用于从用户提供的已知物品的排序中提取效用函数[43]。另一个例子是能够从用户的书面评论中隐式地获得每个用户对物品一些属性的偏好,从而最小化侵扰性[1,54,70]。还有一些经验方法具有较少的计算复杂性[82]。最后,在多准则推荐系统中可以进一步研究用户提交多个评分对用户满意度的影响。

处理多准则评分缺失。多准则推荐系统通常要求用户向系统提供比单准则评分更多的数据,从而增加了获得丢失或不完整数据的可能性。处理丢失数据的一种流行技术是期望最大化(EM)算法[21],它可以找到不完全数据的最大似然估计。特别地,Sahoo 等人[80]提出的多准则评分预测的概率建模方法使用了 EM 算法在多准则评分设置中预测缺失的评分值。类似地,贝叶斯模型被提出来以处理不完整的缺失评分数据,例如,在有其他准则评分的情况下缺失某一个准则的评分[91]。应探讨其他现有技术在此背景中的适用性,并且可以通过考虑多准则信息的细节(例如,不同准则之间的可能关系)来开发新颖的技术。

收集大规模多准则评分数据。可用于算法测试和参数化的多准则评分数据集很少。为了使这一新的推荐系统能够成功,给学术界提供一些标准现实世界的多准则评分数据集是非常重要的。一种面向标准化表示、复用和互操作的多准则评分数据集在电子学习领域中已经有了初步的尝试。

在本节中,我们讨论了多准则推荐系统的几个潜在的研究方向,推荐系统学术界应该是感兴趣的。此列表并不意味着详尽无遗,我们认为该领域的研究仅处于初步阶段,还有一些可能的额外议题可用于推进多准则推荐系统。

25.6 总结

在本章中，我们旨在提供多准则推荐系统的综述。更具体地，我们聚焦于多准则评分推荐技术，这一技术通过建模用户对每个物品的效用，从而作为一个评分向量与其他属性一起产生推荐。我们回顾了目前使用多准则评分来计算评分预测和产生推荐的技术，并讨论了这类推荐系统的开放性问题和未来挑战。

本章提供了多准则推荐系统的系统视图、相关工作的路线图，以及讨论了一些有前景的研究方向。然而，我们认为推荐系统的子领域仍处于早期发展阶段，要探索多准则推荐系统的潜力还有很多问题可以进一步研究。

参考文献

1. Aciar, S., Zhang, D., Simoff, S., Debenham, J.: Informed recommender: Basing recommendations on consumer product reviews. IEEE Intelligent systems **22**(3), 39–47 (2007)
2. Adomavicius, G., Kwon, Y.: New recommendation techniques for multicriteria rating systems. IEEE Intelligent Systems **22**(3), 48–55 (2007)
3. Adomavicius, G., Sankaranarayanan, R., Sen, S., Tuzhilin, A.: Incorporating contextual information in recommender systems using a multidimensional approach. ACM Transactions on Information Systems (TOIS) **23**(1), 103–145 (2005)
4. Adomavicius, G., Tuzhilin, A.: Toward the next generation of recommender systems: A survey of the state-of-the-art and possible extensions. IEEE Transactions on Knowledge and Data Engineering **17**(6), 734–749 (2005)
5. Akhtarzada, A., Calude, C., Hosking, J.: A multi-criteria metric algorithm for recommender systems. Fundamenta Informaticae **110**(1), 1–11 (2011)
6. Amatriain, X., Basilico, J.: Netflix recommendations: Beyond the 5 stars. http://techblog.netflix.com/2012/04/netflix-recommendations-beyond-5-stars.html (2012). Accessed: 2014-06-28
7. Balabanovic, M., Shoham, Y.: Fab: content-based, collaborative recommendation. Communications of the ACM **40**(3), 66–72 (1997)
8. Blanco, H., Ricci, F.: Acquiring user profiles from implicit feedback in a conversational recommender system. In: Q. Yang, I. King, Q. Li, P. Pu, G. Karypis (eds.) RecSys, pp. 307–310. ACM (2013)
9. Blanco, H., Ricci, F., Bridge, D.: Conversational query revision with a finite user profiles model. In: G. Amati, C. Carpineto, G. Semeraro (eds.) IIR, *CEUR Workshop Proceedings*, vol. 835, pp. 77–88. CEUR-WS.org (2012)
10. Boulkrinat, S., Hadjali, A., Mokhtari, A.: Towards recommender systems based on a fuzzy preference aggregation. In: 8th conference of the European Society for Fuzzy Logic and Technology (EUSFLAT-13). Atlantis Press (2013)
11. Brandt, D.: How service marketers can identify value-enhancing service elements. Journal of Services Marketing **2**(3), 35–41 (1988)
12. Breese, J., Heckerman, D., Kadie, C.: Empirical analysis of predictive algorithms for collaborative filtering. In: Proc. of the 14th Conference on Uncertainty in Artificial Intelligence, vol. 461, pp. 43–52. San Francisco, CA (1998)
13. Bridge, D.: Towards conversational recommender systems: A dialogue grammar approach. In: ECCBR Workshops, pp. 9–22 (2002)
14. Burke, R.: Knowledge-based recommender systems. Encyclopedia of Library and Information Systems **69**(Supplement 32), 175–186 (2000)
15. Burke, R.: Hybrid recommender systems: Survey and experiments. User Modeling and User-Adapted Interaction **12**(4), 331–370 (2002)
16. Burke, R.: Hybrid web recommender systems. Lecture Notes in Computer Science **4321**, 377–408 (2007)
17. Burke, R., Ramezani, M.: Matching recommendation technologies and domains. In: Recommender Systems Handbook, pp. 367–386. Springer (2011)
18. Charnes, A., Cooper, W., Rhodes, E.: Measuring the efficiency of decision making units. European Journal of Operational Research **2**(6), 429–444 (1978)

19. Chow, C., Liu, C.: Approximating discrete probability distributions with dependence trees. IEEE Transactions on Information Theory **14**(3), 462–467 (1968)

20. De Lathauwer, L., De Moor, B., Vandewalle, J.: A multilinear singular value decomposition. SIAM Journal on Matrix Analysis and Applications **21**(4), 1253–1278 (2000)

21. Dempster, A., Laird, N., Rubin, D.: Maximum likelihood from incomplete data via the EM algorithm. Journal of the Royal Statistical Society.Series B (Methodological) **39**(1), 1–38 (1977)

22. Dolan, J.: Multi-criteria clinical decision support. The Patient: Patient-Centered Outcomes Research **3**(4), 229–248 (2010). DOI 10.2165/11539470-000000000-00000. URL http://dx.doi.org/10.2165/11539470-000000000-00000

23. Drucker, H., Burges, C., Kaufman, L., Smola, A., Vapnik, V.: Support vector regression machines. In: M. Mozer, M. Jordan, T. Petsche (eds.) NIPS, pp. 155–161. MIT Press (1996)

24. Ehrgott, M.: Multicriteria optimization. Springer Verlag (2005)

25. Fan, J., Xu, L.: A robust multi-criteria recommendation approach with preference-based similarity and support vector machine. In: Advances in Neural Networks–ISNN 2013, pp. 385–394. Springer (2013)

26. Freund, Y., Iyer, R., Schapire, R., Singer, Y.: An efficient boosting algorithm for combining preferences. The Journal of Machine Learning Research **4**, 933–969 (2003)

27. Fuchs, M., Zanker, M.: Multi-criteria ratings for recommender systems: An empirical analysis in the tourism domain. In: E-Commerce and Web Technologies, pp. 100–111. Springer (2012)

28. Funk, S.: Netflix update: Try this at home. http://sifter.org/ simon/journal/20061211.html (2006)

29. Gedikli, F., Jannach, D.: Rating items by rating tags. In: Proceedings of the 2010 Workshop on Recommender Systems and the Social Web at ACM RecSys, pp. 25–32 (2010)

30. Gedikli, F., Jannach, D.: Improving recommendation accuracy based on item-specific tag preferences. ACM Transactions on Intelligent Systems and Technology (TIST) **4**(1), 11 (2013)

31. Herlocker, J., Konstan, J., Terveen, L., Riedl, J.: Evaluating collaborative filtering recommender systems. ACM Transactions on Information Systems (TOIS) **22**(1), 5–53 (2004)

32. Hofmann, T.: Latent semantic models for collaborative filtering. ACM Trans. Inf. Syst. **22**(1), 89–115 (2004). DOI 10.1145/963770.963774. URL http://doi.acm.org/10.1145/963770.963774

33. Jameson, A., Smyth, B.: Recommendation to groups. Lecture Notes in Computer Science **4321**, 596–627 (2007)

34. Jannach, D., Gedikli, F., Karakaya, Z., Juwig, O.: Recommending hotels based on multi-dimensional customer ratings. In: Information and Communication Technologies in Tourism 2012, pp. 320–331. Springer (2012)

35. Jannach, D., Karakaya, Z., Gedikli, F.: Accuracy improvements for multi-criteria recommender systems. In: Proceedings of the 13th ACM Conference on Electronic Commerce, pp. 674–689. ACM (2012)

36. Jiang, T., Tuzhilin, A.: Segmenting customers from population to individuals: Does 1-to-1 keep your customers forever? IEEE Trans. on Knowl. and Data Eng. **18**(10), 1297–1311 (2006). DOI 10.1109/TKDE.2006.164. URL http://dx.doi.org/10.1109/TKDE.2006.164

37. Kelly, J., Bridge, D.: Enhancing the diversity of conversational collaborative recommendations: a comparison. Artif. Intell. Rev. **25**(1-2), 79–95 (2006)

38. Konstan, J.: Introduction to recommender systems: Algorithms and evaluation. ACM Transactions on Information Systems (TOIS) **22**(1), 1–4 (2004)

39. Konstan, J., Miller, B., Maltz, D., Herlocker, J., Gordon, L., Riedl, J.: Grouplens: applying collaborative filtering to usenet news. Communications of the ACM **40**(3), 77–87 (1997)

40. Koren, Y.: Collaborative filtering with temporal dynamics. In: Proc. of the 15th ACM SIGKDD international conference on Knowledge discovery and data mining, pp. 447–456. ACM New York, NY, USA (2009)

41. Koren, Y., Bell, R.: Advances in collaborative filtering. In: Recommender Systems Handbook, pp. 145–186. Springer (2011)

42. Lakiotaki, K., Matsatsinis, N., Tsoukias, A.: Multicriteria user modeling in recommender systems. IEEE Intelligent Systems **26**(2), 64–76 (2011). DOI http://doi.ieeecomputersociety.org/10.1109/MIS.2011.33

43. Lakiotaki, K., Tsafarakis, S., Matsatsinis, N.: UTA-Rec: a recommender system based on multiple criteria analysis. In: Proc. of the 2008 ACM conference on Recommender systems, pp. 219–226. ACM New York, NY, USA (2008)

44. Lee, H., Teng, W.: Incorporating multi-criteria ratings in recommendation systems. In: IEEE International Conference on Information Reuse and Integration, pp. 273–278 (2007)

45. Lee, W., Liu, C., Lu, C.: Intelligent agent-based systems for personalized recommendations in internet commerce. Expert Systems with Applications 22(4), 275–284 (2002)

46. Li, Q., Wang, C., Geng, G.: Improving personalized services in mobile commerce by a novel multicriteria rating approach. In: Proc. of the 17th International World Wide Web Conference. Beijing, China (2008)

47. Liu, L., Mehandjiev, N., Xu, D.L.: Multi-criteria service recommendation based on user criteria preferences. In: Proceedings of the fifth ACM conference on Recommender systems, pp. 77–84. ACM (2011)

48. Lops, P., De Gemmis, M., Semeraro, G.: Content-based recommender systems: State of the art and trends. In: Recommender systems handbook, pp. 73–105. Springer (2011)

49. Lousame, F., Sánchez, E.: Multicriteria predictors using aggregation functions based on item views. In: Intelligent Systems Design and Applications (ISDA), 2010 10th International Conference on, pp. 947–952. IEEE (2010)

50. Maneeroj, S., Samatthiyadikun, P., Chalermpornpong, W., Panthuwadeethorn, S., Takasu, A.: Ranked criteria profile for multi-criteria rating recommender. In: Information Systems, Technology and Management, pp. 40–51. Springer (2012)

51. Manouselis, N., Costopoulou, C.: Analysis and classification of multi-criteria recommender systems. World Wide Web: Internet and Web Information Systems 10(4), 415–441 (2007)

52. Manouselis, N., Costopoulou, C.: Experimental analysis of design choices in multiattribute utility collaborative filtering. International Journal of Pattern Recognition and Artificial Intelligence 21(2), 311–332 (2007)

53. Manouselis, N., Costopoulou, C.: Overview of design options for neighborhood-based collaborative filtering systems. Personalized Information Retrieval and Access: Concepts, Methods and Practices pp. 30–54 (2008)

54. McAuley, J., Leskovec, J., Jurafsky, D.: Learning attitudes and attributes from multi-aspect reviews. In: Data Mining (ICDM), 2012 IEEE 12th International Conference on, pp. 1020–1025. IEEE (2012)

55. McCarthy, J.: Pocket restaurantfinder: A situated recommender system for groups. In: Proc. of the Workshop on Mobile Ad-Hoc Communication at the 2002 ACM Conference on Human Factors in Computer Systems. Minneapolis, MN (2002)

56. Middleton, S., Shadbolt, N., De Roure, D.: Ontological user profiling in recommender systems. ACM Transactions on Information Systems (TOIS) 22(1), 54–88 (2004)

57. Mikeli, A., Apostolou, D., Despotis, D.: A multi-criteria recommendation method for interval scaled ratings. In: Web Intelligence (WI) and Intelligent Agent Technologies (IAT), 2013 IEEE/WIC/ACM International Joint Conferences on, vol. 3, pp. 9–12. IEEE (2013)

58. Naak, A., Hage, H., Aimeur, E.: A multi-criteria collaborative filtering approach for research paper recommendation in papyres. In: E-Technologies: Innovation in an Open World, pp. 25–39. Springer (2009)

59. Nguyen, H., Haddawy, P.: DIVA: applying decision theory to collaborative filtering. In: Proc. of the AAAI Workshop on Recommender Systems. Madison, WI (1998)

60. Nguyen, H., Haddawy, P.: The decision-theoretic video advisor. In: Proc. of the 15th Conference on Uncertainty in Artificial Intelligence (UAI'99), pp. 494–501. Stockholm, Sweden (1999)

61. Nilashi, M., Ibrahim, O., Ithnin, N.: Hybrid recommendation approaches for multi-criteria collaborative filtering. Expert Systems with Applications 41(8), 3879–3900 (2014)

62. Nilashi, M., Ibrahim, O., Ithnin, N.: Multi-criteria collaborative filtering with high accuracy using higher order singular value decomposition and neuro-fuzzy system. Knowledge-Based Systems (2014)

63. Oard, D., Kim, J.: Modeling information content using observable behavior. In: Proc. of the Annual Meeting-American Society for Information Science, vol. 38, pp. 481–488. Washington DC. (2001)

64. O'Connor, M., Cosley, D., Konstan, J., Riedl, J.: PolyLens: A recommender system for groups of users. In: Proc. of the seventh conference on European Conference on Computer Supported Cooperative Work, pp. 199–218. Kluwer Academic Publishers (2001)

65. Oh, J., Jeong, O., Lee, E.: A personalized recommendation system based on product attribute-specific weights and improved user behavior analysis. In: Proceedings of the 4th International Conference on Ubiquitous Information Management and Communication, p. 57. ACM (2010)

66. Palanivel, K., Siavkumar, R.: Fuzzy multicriteria decision-making approach for collaborative recommender systems. International Journal of Computer Theory and Engineering **2**(1), 57–63 (2010)
67. Palanivel, K., Sivakumar, R.: A study on implicit feedback in multicriteria e-commerce recommender system. Journal of Electronic Commerce Research **11**(2) (2010)
68. Palanivel, K., Sivakumar, R.: A study on collaborative recommender system using fuzzy-multicriteria approaches. International Journal of Business Information Systems **7**(4), 419–439 (2011)
69. Pazzani, M., Billsus, D.: Learning and revising user profiles: The identification of interesting web sites. Machine Learning **27**(3), 313–331 (1997)
70. Plantie, M., Montmain, J., Dray, G.: Movies recommenders systems: automation of the information and evaluation phases in a multi-criteria decision-making process. Lecture Notes in Computer Science **3588**, 633–644 (2005)
71. Premchaiswadi, W., Poompuang, P.: Hybrid profiling for hybrid multicriteria recommendation based on implicit multicriteria information. Applied Artificial Intelligence **27**(3), 213–234 (2013)
72. Reilly, J., McCarthy, K., McGinty, L., Smyth, B.: Incremental critiquing. Knowledge-Based Systems **18**(4-5), 143–151 (2005)
73. Resnick, P., Iacovou, N., Suchak, M., Bergstrom, P., Riedl, J.: GroupLens: An open architecture for collaborative filtering of netnews. In: Proc. of the 1994 ACM conference on Computer supported cooperative work, pp. 175–186 (1994)
74. Resnick, P., Varian, H.: Recommender systems. Communications of the ACM **40**(3), 56–58 (1997)
75. Ribeiro, M., Lacerda, A., de Moura, E., Veloso, A., Ziviani, N.: Multi-objective pareto-efficient approaches for recommender systems. ACM Transactions on Intelligent Systems and Technology **9**(1), 1–20 (2013)
76. Ricci, F., Arslan, B., Mirzadeh, N., Venturini, A.: ITR: a case-based travel advisory system. Lecture Notes in Computer Science pp. 613–627 (2002)
77. Ricci, F., Venturini, A., Cavada, D., Mirzadeh, N., Blaas, D., Nones, M.: Product recommendation with interactive query management and twofold similarity. Lecture Notes in Computer Science pp. 479–493 (2003)
78. Rodriguez, M., Posse, C., Zhang, E.: Multiple objective optimization in recommender systems. In: Proceedings of the Sixth ACM Conference on Recommender Systems, RecSys '12, pp. 11–18. ACM, New York, NY, USA (2012). DOI 10.1145/2365952.2365961. URL http://doi.acm.org/10.1145/2365952.2365961
79. Saaty, T.: Optimization in integers and related extremal problems. McGraw-Hill (1970)
80. Sahoo, N., Krishnan, R., Duncan, G., Callan, J.: Research note-the halo effect in multicomponent ratings and its implications for recommender systems: The case of yahoo! movies. Information Systems Research **23**(1), 231–246 (2012)
81. Samatthiyadikun, P., Takasu, A., Maneeroj, S.: Bayesian model for a multicriteria recommender system with support vector regression. In: Information Reuse and Integration (IRI), 2013 IEEE 14th International Conference on, pp. 38–45. IEEE (2013)
82. Sampaio, I., Ramalho, G., Corruble, V., Prudencio, R.: Acquiring the preferences of new users in recommender systems: the role of item controversy. In: Proc. of the 17th European Conference on Artificial Intelligence (ECAI) Workshop on Recommender Systems, pp. 107–110. Riva del Garda, Italy (2006)
83. Sanchez-Vilas, F., Ismoilov, J., Lousame, F.P., Sanchez, E., Lama, M.: Applying multicriteria algorithms to restaurant recommendation. In: Proceedings of the 2011 IEEE/WIC/ACM International Conferences on Web Intelligence and Intelligent Agent Technology-Volume 01, pp. 87–91. IEEE Computer Society (2011)
84. Sarwar, B., Karypis, G., Konstan, J., Riedl, J.: Application of dimensionality reduction in recommender system - a case study. In: Proc. of the Workshop on Knowledge Discovery in the Web (WebKDD) (2000)
85. Sarwar, B., Karypis, G., Konstan, J., Riedl, J.: Item-based collaborative filtering recommendation algorithms. In: Proc. of the 10th International Conference on World Wide Web, pp. 285–295. ACM, New York, NY, USA (2001)
86. Schafer, J.: Dynamiclens: A dynamic user-interface for a meta-recommendation system. In: Proc. of the Workshop on the next stage of recommender systems research at the ACM Intelligent User Interfaces Conf. (2005)

87. Schmitt, C., Dengler, D., Bauer, M.: Multivariate preference models and decision making with the maut machine. In: Proc. of the 9th International Conference on User Modeling (UM 2003), pp. 297–302 (2003)

88. Shani, G., Gunawardana, A.: Evaluating recommendation systems. In: Recommender systems handbook, pp. 257–297. Springer (2011)

89. Si, L., Jin, R.: Flexible mixture model for collaborative filtering. In: Proc. of the 20th International Conference on Machine Learning, vol. 20, pp. 704–711. AAAI Press (2003)

90. Siskos, Y., Grigoroudis, E., Matsatsinis, N.: UTA methods. Springer (2005)

91. Takasu, A.: A multicriteria recommendation method for data with missing rating scores. In: Data and Knowledge Engineering (ICDKE), 2011 International Conference on, pp. 60–67. IEEE (2011)

92. Tang, T., McCalla, G.: The pedagogical value of papers: a collaborative-filtering based paper recommender. Journal of Digital Information **10**(2) (2009)

93. Tangphoklang, P., Tanchotsrinon, C., Maneeroj, S., Sophatsathit, P.: A design of multi-criteria recommender system architecture for mobile banking business in thailand. In: Proceedings of the Second International Conference on Knowledge and Smart Technologies, vol. 2010 (2010)

94. Thorndike, E.: A constant error in psychological ratings. Journal of applied psychology **4**(1), 25–9 (1920)

95. Trabelsi, W., Wilson, N., Bridge, D.: Comparative preferences induction methods for conversational recommenders. In: P. Perny, M. Pirlot, A. Tsoukiàs (eds.) ADT, *Lecture Notes in Computer Science*, vol. 8176, pp. 363–374. Springer (2013)

96. Viappiani, P., Craig, B.: Regret-based optimal recommendation sets in conversational recommender systems. In: D. Lawrence, A. Tuzhilin, R. Burke, A. Felfernig, L. Schmidt-Thieme (eds.) RecSys, pp. 101–108. ACM (2009)

97. Viappiani, P., Pu, P., Faltings, B.: Conversational recommenders with adaptive suggestions. In: J. Konstan, J. Riedl, B. Smyth (eds.) RecSys, pp. 89–96. ACM (2007)

98. Vuorikari, R., Manouselis, N., Duval, E.: Using metadata for storing, sharing, and reusing evaluations in social recommendation: the case of learning resources. Social Information Retrieval Systems: Emerging Technologies and Applications for Searching the Web Effectively pp. 87–107 (2008)

99. Zarrinkalam, F., Kahani, M.: A multi-criteria hybrid citation recommendation system based on linked data. In: Computer and Knowledge Engineering (ICCKE), 2012 2nd International eConference on, pp. 283–288. IEEE (2012)

100. Zhang, Y., Zhuang, Y., Wu, J., Zhang, L.: Applying probabilistic latent semantic analysis to multi-criteria recommender system. Ai Communications **22**(2), 97–107 (2009)

推荐系统中的新颖性和多样性

Pablo Castells、Neil J. Hurley 和 Saul Vargas

26.1　简介

　　大体上，在推荐领域的第一个十年以及半数的研究进展，都是以精确地预测用户的兴趣作为主要的方向或内在的动力。对于推荐的效用，一个更为广泛的观点是，包括但不仅仅是预测的精确性，这在 21 世纪初开始在一部分研究中出现[36,70]；在推荐的其他附加价值中，人们开始认识到新颖性和多样性的重要性[53,90]。在过去的十年里，这种认识逐步地成长发展，并达到空前的高涨[1,3,20,39,75]。今天，我们可以说，新颖性和多样性正在成为实践评估中日益重要的一部分。它们被越来越多地作为有效性指标之一，纳入到新的推荐策略报告评估当中，并一次又一次地作为算法创新的目标。如果不考虑这些维度并进一步加深对其的理解，我们很难想象推荐系统领域的进步。尽管新颖性和多样性的处理应对仍然是研究发展的活跃领域，但这些年它在增强技术、评估指标、方法和理论方面已经取得了长足的进步，因此我们认为该领域已经足够成熟，并在本章进行全面的介绍。

　　在本章中，我们根据新颖性和多样性的理解及定义，分析了不同的动机、概念和观点（见26.2 节）。我们复习了在这个领域已有的评估过程和指标（见 26.3 节），以及相应的增强新颖性和多样性的算法与解决方案（见 26.4 节）。我们分析了近期众多流派在信息检索领域的多样性工作，以及与推荐系统的汇合关联；同时，讨论设计一个统一的框架，旨在提供一个共同的基础以尽可能地全面解释和关联不同的新颖性与多样性观点（见 26.5 节）。我们展示了一些实验结果，用以说明一些指标和算法的行为（见 26.6 节），同时用这个领域的进展情况和观点以及未来研究方向的总结和讨论结束本章（见 26.7 节）。

26.2　推荐系统中的新颖性和多样性

　　新颖性通常可以理解为现在和过去经历之间的差异性，而多样性涉及的是一次经历中各部分的内在差异。这两个概念之间的区别是微妙的，并且事实上可以建立紧密的关联，这取决于个人的观点，正如我们后续讨论的那样。通常新颖性和多样性的概念可以采用不同的方式进行详述。例如，如果一个音乐流媒体服务给大家推荐一首我们从来没有听过的歌曲，我们会说这个推荐带来了一些新颖性。然而，如果这首歌，比如说是通过一些非常著名的歌手演绎的一个非常规范的音乐类型，那么其所涉及的新颖性就大大低于那些原创的音乐。我们也可以认为，这首歌甚至更加新颖，如果我们的朋友几乎没有人听过的话。另一方面，如果它包含不同风格的歌曲，而不是相似风格的歌曲，那么我们认为一个音乐推荐是多样性的，无论那些歌曲是否原创。因此，新颖性和多样性在一定程度上是互补的，尽管在本章我们应该寻求和讨论它们之

P. Castells · S. Vargas, Universidad Autonoma de Madrid, Madrid, Spain, e-mail：pablo. castells @ uam. es；saul. vargas @ uam. es.

N. J. Hurley, University College Dublin, Dublin, Ireland, e-mail：neil. hurley@ ucd. ie.
译者：朱亚东　审核：李艳民

间的关系。

由于人们在寻求这些特质时可能采取不同角度，所以增强推荐新颖性和多样性的动机是多方面的。在信息系统以外的其他领域，新颖性和多样性也是经常讨论的话题，同时相当大的努力一直致力于铸造明确的定义、等价和区别。因此，我们通过简要提及其他学科的相关观点，并回顾推荐系统中新颖性和多样性的一些原因及可能的含义来开始本章的说明。

26.2.1 推荐系统为什么需要新颖性和多样性

将新颖性和多样性作为期望结果的目标属性并发挥作用，意味着应采用更广泛的角度去关注最终的实际推荐效用，而不仅仅是某个单一的维度（如精确性[53]）。新颖性和多样性不是精确性之外推荐效用的唯一维度（可以参考第8章进行广泛的调研），但它们是基础性的。增强推荐新颖性和多样性的动机本身就是多样化的，并可以从系统、用户和商业的多个角度发现这些。

从系统的角度来看，用户行为作为用户需求的隐式证据，在判断真实的用户喜好上具有很大程度的不确定性。用户的点击和购买确实是由兴趣驱动的，但识别出一个物品中真正吸引用户的地方，并推广到其他物品，却涉及大量的歧义性。最重要的是，系统观测到的是一个非常有限的用户活动样本，在此之上的推荐算法都是基于显著不完整知识的。此外，用户的兴趣都是复杂的、高度变化的、上下文依赖的、各种各样甚至矛盾的。因此，预测用户的需求本身是一个艰巨的任务，不可避免地具有不可忽略的误差率。多样性可以成为应对这种不确定性的良好策略，并至少优化一些物品以便取悦用户，这是通过扩大推荐的可能物品类型和特点，而不是去赌一个过于狭窄和风险的用户行为来达到目标的。例如，一个给电影《Rango》打了最高分的用户，也许是因为一些具体的缘由，比如，这是一部卡通片、西部电影，或者喜剧。这3个特点中哪一个可以解释用户的偏好其实是不确定的，因此，每种题材都推荐一部通常要比推荐三部卡通片更为有效。三次同题材的推荐并不一定能带来三倍的概率，例如，用户也许仅仅只能租借一部推荐的电影，而零命中的损失要比只命中一个更糟糕。从这点上来讲，我们也许可以说多样性跟精确性并不是必然对立的，同时它还是一种优化精确性收益的策略，以匹配在某个不确定环境中用户的真实需求。

另一方面，从用户的角度来看，新颖性和多样性作为用户满意度的直接来源，总体上是可取的。消费者行为学家已经长期研究了人类行为中自然的多样化以寻求驱动[51]。这种驱动的解释通常划为直接和衍生两种动机。前者是指从"新颖性、不可预测性、变化和复杂性"获取的固有满意度[50]和真正的"陌生和熟悉的交替，以及信息的渴望"[64]，这跟依附个体激发理想阶段的存在是相关联的。满足感及满意度的下降是由产品或产品特性的重复消费带来的，并具有递减的边际价值模式[25]。如同对已发现产品喜好的发展，消费者行为正收敛到交替选择和曾经喜爱产品之间的一个平衡[16]。衍生的动机包含人们多种需求、多种情景的存在，或者人们品味的变化[51]。一些作者也将寻求多样性作为人们实际消费这些选择时的一个策略，以应对人们自己对未来喜好的不确定性[44]，例如，当我们为某次旅行选择书籍和音乐的时候。此外，新颖性和多样性的推荐也增强了随时间推移的用户体验，并帮助用户扩展了视野。事实上，我们经常带着发现新东西、开发新兴趣和学习的明确意图走近一个推荐系统。由过多个性化带来的多样性缺乏的潜在问题，伴随着著名的名为"过滤器泡沫"的辩论，近期已经被推到聚光灯下[60]。这个公开的辩论也加强了利用一定健康度的多样性调和个性化的动机。

多样性和新颖性也在推荐技术部署的基础业务中找到了动机。用户的满意度以增加行为、收入和顾客忠诚度的方式，间接地使业务受益。除了这些，产品的多样化也是一个减轻风险和拓展业务的著名策略[49]。此外，长尾销售是一个从利基市场吸引利率的策略，它销售更少且能在更便宜的商品上获得更高的利润率[9]。

所有上述一般性考虑当然可以被推荐的特定领域、情形和目标的具体特点所取代，对其中的一些，新颖性和多样性确实并不总是需要的。例如，获取一列跟我们当前正在查看的物品相似的商品（比如照相机），也许能帮助我们在一大组非常相似的选项中改善选择。在这种情形下，推荐以一种导航助手的形式提供服务。在其他领域，相同或类似物品的重复性消费是合理的，比如食品采购、服饰等行业。尽管推荐的附加价值在这些场景中可能会更加受限，而其他类型的工具可以解决我们的需求（目录浏览器、购物清单助手、搜索引擎等），甚至在这些情况下，我们也许会欣赏一定程度的混合变体。

26.2.2   新颖性和多样性的定义

新颖性和多样性虽然关联但属于不同的概念，关于这些观念，人们可以在推荐系统文献中找到丰富多样的视角和观点，如同其他领域如社会学、经济学或生态学等。正如本章开始指出的，新颖性一般是指广义上现在和过去的差异；而多样性涉及的是一次经历中各部分的内在差异。多样性通常适用于一组物品或"片段"，并需要考虑物品或片段之间是有多么的不同。通过考虑不同片段和物品集合的不同，多样性有不同的定义版本。在基本情况下，多样性是在每个用户被推荐的物品集合中单独评估的（然后在所有用户上求平均）[90]。但是多个物品集合之间的全局多样性也要考虑，比如发送给所有用户的推荐[3,4,89]，针对同一个用户的不同系统推荐[11]，或同一个系统在不同时间给用户的推荐[46]。

物品集合的新颖性可以大体定义为，它是所包含物品新颖性之上的一个集合函数（平均、最小、最大）。所以，我们可以认为新颖性主要是独立物品的某个特性。一条信息的新颖性一般指的是，它跟"过去所看见的"或经历的有多么不同。当一个集合是多样的时，每个物品对集合的其他部分都是"新颖的"。此外，一个推崇新颖结果的系统，在用户体验上倾向于形成时间上的全局多样性，并且从系统的视角也增强了全局的"多样性销售"。新颖性的多个版本来源于一个事实，即新颖性是跟用户体验的上下文相关的，正如我们后面将要讨论的。

多样性的概念考虑了不同的细节。在参考的上下文当中（先前的经验），新颖性的一个简单定义可以包含一个物品的（二值）缺失。对于基于身份的新颖性概念[75]，我们可以使用形容词如"未知"或"未见"。这个概念的详尽阐述是新颖性的长尾概念，因为它们是通过明确知道这个物品的用户数目定义的[20,61,89]。但通常这并不是必要的，在一个等级规模上，我们可能考虑一个未见物品对于已知物品是有多不同或相似。形容词比如"意外的""不可思议的"和"陌生的"都用于指向这种新颖性。通过显而易见地将相似性定义为等式，陌生新颖性和身份新颖性可以被关联，也就是当且仅当它们是同一个物品时，两个物品是相似的。最后，惊喜性的概念则意味着新颖性加上一个积极的情绪响应，换句话讲，如果一个物品是新颖的、未知或陌生的，以及相关的，那么它是惊喜的[57,88]。

当前章节关心的是推荐系统中涉及的新颖性和多样性，但人们也可能研究终端用户人群的多样性（品味、行为、人口特征等）、产品库存、销售者，或推荐作用的大环境等。而该领域的一些工作已经解决了用户行为的多样性[31,72]，我们将主要关注推荐系统直接紧抓的方面，即它自己输出的一些属性。

26.2.3   其他领域的多样性

多样性是若干领域反复出现的主题，比如社会学、心理学、经济学、生态学、遗传学或通信。我们可以建立联系或类比到一些推荐系统领域，并在某些指标上建立等价关联，我们后面会讨论到。

多样性是社会学中的常见关键字，涉及文化、人口或民族等方面的多样性[47]。类比到推荐系统设置，将适用于用户人口，这对于推荐系统属于已经给定的，所以这不在我们的主要关注之中。在经济领域，多样性在不同关联事项上被广泛研究，比如市场的玩家(多样性与垄断)、一个公司操纵的不同行业个数、公司商业化产品的种类，或作为减轻投资价值波动风险手段的投资多样性[49]。所有这些概念、产品和投资组合多样性跟推荐关联最为紧密，如同在26.2.1 节提到的，它作为一个普遍的风险规避原则和商业成长策略。

行为主义心理学对新颖性和多样性的人为驱动也给出了广泛的关注[51]。这些研究，尤其是那些关注消费者行为的，对用户可能会更喜欢具有一定程度变化和惊奇的推荐，提供了正规的研究支撑，如同 26.2.21 节讨论的。

如同致力于生态多样性的广泛研究，研究者们在问题的形式化上已经做了相当深入的研究，并定义和比较了一系列广泛的多样性指标，比如种类的数目(丰富度)、基尼 - 辛普森关联指数或信息熵等[62]。这些研究关联聚集了将推荐集合作为一个整体的多样性观点，后续我们会在 26.2.3 节和 26.5.3.3 节中进行讨论。

最后，在信息检索领域，多样性问题也吸引了大量的注意力。在这个领域的过去十年内，发展提出了一套扎实的理论、指标、评估方法和算法[6,17,21,22,24,67,84]，包括从 2009 年开始连续4 年的 TREC 评测中专门的检索多样性任务[23]。检索和推荐是不同的问题，但却有很多共同的地方：两个任务都是关于物品集合排序的，以最大化用户需求(可能明确表达，也可能没有)的满意度。事实上，信息检索和推荐系统里的多样性理论与方法是可以相互关联的[77,78]，我们在 26.5.4 节会讨论到。基于这些关联，信息检索领域多样性问题的一些重要研究进展在这里也会进行一个概述，这些会在 26.3 节(指标)和 26.4 节(算法)进行说明。

26.3　新颖性和多样性的评估

前面讨论的一些定义只能获得一个全面、准确和实际的含义，当一个人被给定指标和方法的明确定义时，新颖性和多样性便可以度量和评估了。下面我们会回顾已经提出的评估新颖性和多样性的方法及指标，然后进一步转向这个领域已经提出的方法和算法。

26.3.1　标记

如同文献中常见的那样，我们将使用符号 i 和 j 表示物品，u 和 v 表示用户，$\mathcal{I}$ 和 $\mathcal{U}$ 分别表示物品和用户的集合。$\mathcal{I}_u$ 和 $\mathcal{U}_i$ 分别表示用户 u 已经交互的物品集合，以及跟物品 i 发生过交互的用户集合。通常情况下，我们将应对的情况是，一次交互包含打分的分配(每次最多一个用户项目对)，除非一次和多次交互会造成相关性的不同(也就是 26.5.2.1 节所述内容)。我们将用户对物品的打分记为 $r(u, i)$，并使用 $r(u, i) = \phi$ 表示分值的缺失，如文献[5]。我们使用 R 表示对某个用户的推荐，R_u 则明确表示针对目标用户 u 的推荐 R，换句话讲，R 可以认为是 R_u 的简写。一个指标的定义默认是建立在针对某个特定目标用户的某次单独推荐的基础之上的。考虑标记的简洁性，我们默认指标度量是所有用户上的均值。但某些特定的全局指标(比如聚合多样性，在 26.3.5 节中定义)除外：它们的定义直接采用针对所有用户的推荐，所以它们不需要进行平均。在一些情况下，一个指标表示在它所包含的物品上的某个命名函数的平均(例如，IUF 表示反向用户频率，SI 表示自信息)，我们通过在前面加上一个"M"表示"平均"(如 MIUF、MSI)的方式来构建指标的名字，这也是为了区分那些物品粒度的命名函数。

26.3.2　平均列表内距离

平均列表内距离或列表内多样性(ILD)[70,85,90]，也许是考虑最为频繁的多样性指标，也是领域内第一个被提出的多样性指标。一个推荐物品集合的列表内多样性定义为集合中物品对的平均距离：

$$ILD = \frac{1}{|R|(|R|-1)} \sum_{i \in R} \sum_{j \in R} d(i,j) \qquad (26.1)$$

ILD 的计算需要定义一个距离指标 $d(i, j)$，这是指标里面可配置的元素。在推荐系统领域内关于相似度函数的研究工作非常之多，所以将距离定义为充分了解相似度指标的补充是常见、方便并合乎情理的，并且这也并不妨碍其他特殊选项的考虑。物品间的距离通常是物品特征的一个函数[90]，以用户交互模式的距离定义方式有时也会纳入考虑[79]。

在推荐情景中，据我们所知，ILD 体系是 Smyth 和 McClave[70] 最先提出的，并用于大量的后续工作中[75,79,85,90]。一些作者也定义了它的等价补充维度：列表内相似度 ILS[90]，它跟 ILD 的关系与距离函数和相似度函数的关系一致，即：如果 $d = 1 - \mathrm{sim}$，则 $ILD = 1 - ILS$。

26.3.3　全局长尾新颖性

基于全局视角的物品新颖性可以定义为流行度的对立面：如果几乎没有人感知一个物品的存在，那么它就是新颖的，也就是说，这个物品远在流行度分布的长尾[20,61]，Zhou 等人[89] 将流行度建模为一个随机用户可能知道这个物品的概率。为了获得流行度的衰减函数，负对数提供了一个很好的类比，它是向量空间检索模型中的逆文档频率（IDF）；采用用户代替文档，物品替代单词，然后就可以得到逆用户频率（IUF）[15]。基于观测到的用户物品交互，这个数值可以估计为：$IUF = -\log_2 |\mathcal{U}_i| / |\mathcal{U}|$，其中，通过 $\mathcal{U}_i \overset{\text{def}}{=\!=} \{u \in \mathcal{U} \mid r(u, i) \neq \varnothing\}$，我们定义与物品 i 已经发生过交互的用户集合。因此一个推荐的新颖性可通过推荐物品平均的 IUF 进行评估：

$$MIUF = -\frac{1}{|R|} \sum_{i \in R} \log_2 \frac{|\mathcal{U}_i|}{|\mathcal{U}|} \qquad (26.2)$$

IUF 公式也让人回想起信息理论的自信息度量，只是在通常的情况下，物品集合上的概率应累加到 1，但此公式不属于这种情况。我们会在 26.5.2.1 节讨论概率的问题。

26.3.4　用户特定的不可预测性

长尾新颖性转化为非个性化的指标，其中物品的新颖性看作是与目标用户相独立的。然而当评估一个推荐物品具有的新颖性时，考虑一个用户的特定体验是合理的，因为对一个物品的熟悉程度完全是因人而异的。

当比较一个物品跟用户之前的体验时，可以考虑两个观点：物品的同一性（这个特殊的物品以前是否见过）、物品的特性（这些物品的属性以前是否体验过）。前者的观点中，新颖性是一个物品整体上是否发生的布尔属性；而后者允许不同程度的新颖性，即使这个物品以前从来没有见过。

在一个独立用户的基础上定义基于身份的新颖性并不是很直观的。在通常的场景中，如果系统观测到用户与一个物品进行交互，那么它将避免给用户再次推荐同一个物品⊖。这是一个相当微不足道的特征，同时并不需要评估，如果有的话，也仅仅是调试（例如，类似重复检测）。因此，除非是在用户反复消费的特殊场景下，否则我们可以理所当然地认为，在另一个层面上，推荐系统可能会在更有限的范围内带来增益。尽管从概率的角度去评估一个物品的布尔新颖性是有意义的，但考虑系统外用户的行为，从细节上来讲是不现实的。长尾新颖性可以

⊖　当然，交互的含义以及在何种程度上抑制影响将来的推荐依赖于具体的应用，例如，一个在线书店可能给一个用户推荐查看过但没有购买的物品。

看作是这个概念的一个替换说法：之前看过这个物品先验概率的用户无关估计。进一步说，用户特定的概率估计方法可以探索，但据我们目前所知，还没有相关的方法在文献中提出。

对于用户特定的新颖性定义，一个基于属性的视角是一个更加容易计算的选择。取用户已经观察到的物品，物品的新颖性可以依据它与之前遇到的物品有多不同进行定义，通过一些物品属性上的距离函数进行评估。这个概念反映了一个物品有多陌生、意外以及令人惊讶，这是基于用户已被观测到的经历的。物品的集合距离定义可以通过物品对的距离聚集获得，聚集的方式有平均、最小或其他合适的函数。以平均为例：

$$\text{Unexp} = \frac{1}{|R|\,|\mathcal{T}_u|}\sum_{i \in R}\sum_{j \in \mathcal{T}_u}d(i,j)$$

式中，$\mathcal{T}_u \overset{\text{def}}{=\!=} \{i \in \mathcal{T}\,|\,r(u,\,i) \neq \varnothing\}$ 定义了用户 u 已经交互过的物品集合。

一些作者已经概括了意外的概念为推荐跟期望的物品集合之间的差异性，并不一定是目标用户配置中的那些，从而拓宽了什么是"预期"的观点[1,32,57]。例如，Murakami 等人[57]定义了期待集合为由一个"原型"系统推荐的物品，这个系统假定会产生意料之中的推荐。与预期集合间的差异性可以通过多种方式定义，比如意外推荐物品的比例：

$$\text{Unexp} = |R - EX|\,/\,|R| \tag{26.3}$$

EX 是预期物品集合，推荐集合和预期集合之间的其他度量方式包括 Jaccard 距离、质心距离、与理想距离的差别等[1]。

26.3.5 推荐内多样性指标

Adomavicius 和 Kwon[3,4]近期提出度量一个推荐系统的聚合多样性的观点。这个观点跟上面描述的所有指标不同，主要在于它并不作用于一个单独的推荐物品集合，而是作用在用户集合的所有推荐输出上。事实上它是一个非常简单的指标，这个指标只统计了系统推荐的总物品数目。

$$\text{Aggdiv} = \left|\bigcup_{u \in \mathcal{U}} R_u\right| \tag{26.4}$$

定义每个用户 u 推荐的前 k 个物品为 R_u，便可以给出指标的 Aggdiv@k 版本定义。既然它作用在所有推荐的集合上，那么聚合多样性就不用在用户上求均值了，这个跟绝大多数提到的其他指标不同。

聚合多样性是一个评估物品清单曝光给用户程度的相关指标。这个指标或其近似的变换在其他的一些文献中也称为物品覆盖度[11,32,35,36]（也可以参考第 8 章）。这个概念也可以跟传统的多样性指标相关，比如基尼系数、基尼－辛普森指数，或信息熵[62]，这些指标通常用于衡量若干领域内的统计离散度，比如生态（生态系统中的生物多样性）、经济（财富分配的不平等）或社会学（人群教育程度）。映射到推荐多样性，这些指标不仅考虑物品是否推荐给某人，同时还要考虑推荐给多少人，以及是否均匀分布等。在这个程度上，它们跟聚合多样性有着类似的目的，都作为一些或多个物品的集中推荐的度量。例如，Fleder 和 Hosanagar[31]通过基尼系数衡量集中销售，其中基尼系数被 Shani 和 Gunawardana 形式化为（参考第 8 章）：

$$\text{Gini} = \frac{1}{|\mathcal{T}|-1}\sum_{k=1}^{|\mathcal{T}|}(2k - N - 1)p(i_k\,|\,s)$$

其中 $p(i_k\,|\,s)$ 是系统 s 生成的推荐列表中第 k 个推荐物品的概率：

$$p(i\,|\,s) = \frac{|\{u \in \mathcal{U}\,|\,i \in R_u\}|}{\sum_{j \in \mathcal{T}}|\{u \in \mathcal{U}\,|\,j \in R_u\}|}$$

基尼系数和聚合多样性被用在后续的著作中（如[42,76]）。其他作者（比如[72]或第 8 章）基于类似目的使用香农熵：

$$H = - \sum_{i \in \mathcal{I}} p(i \mid s) \log_2 p(i \mid s)$$

与此相关的，Zhou 等人[89] 研究了跨用户的推荐多样性。他们将用户内多样性(IUD)定义为不同用户推荐之间的平均 Jaccard 距离。在这个指标的等价阐述中，我们可以将一个物品的新颖性定义为其未被推荐的用户占比⊖：

$$\text{IUD} = \frac{1}{|R|} \sum_{i \in R} \frac{|\{v \in \mathcal{U} \mid i \notin R_v\}|}{|\mathcal{U}| - 1} = \frac{1}{|\mathcal{U}| - 1} \sum_{v \in \mathcal{U}} |R - R_v| / |R| \tag{26.5}$$

因为 $|R - R_v| / |R| = 1 - |R \cap R_v| / |R \cup R_v|$，所以这个定义和基于 Jaccard 的公式化之间的差异主要在于，后者在分母中采用 $|R|$ 代替了 $|R \cup R_v|$。但上面的形式化是有意义的，因为它关联了基尼－辛普森指数，我们在后面的 26.5.3.3 节中会提到。

采用类似的指标结构，Bellogin 等人[11] 衡量了系统间多样性(ISD)，即一个系统的输出跟其他系统有多么不同，在这些系统设置中有若干推荐算法正在操作。它可以定义为系统不推荐每一个物品的比例：

$$\text{ISD} = \frac{1}{|R|} \sum_{i \in R} \frac{|\{s \in \mathcal{S} \mid i \notin R^s\}|}{|\mathcal{S}| - 1} = \frac{1}{|\mathcal{S}| - 1} \sum_{s \in \mathcal{S}} |R - R^s| / |R| \tag{26.6}$$

式中，$\mathcal{S}$ 是考察的推荐引擎集合；R^s 表示通过系统 $s \in \mathcal{S}$ 给目标用户的推荐。这个指标评估了一个推荐系统的输出跟可选择的算法之间有多大的不同。这个观点是有用的，例如，当一个应用希望自己从竞争中脱颖而出，或选择一个算法去融合的时候。

在一个不同的角度，Lathia 等人[46] 考虑了新颖性和多样性中的时间维度。特别地，他们研究了一个系统给一个用户的后续推荐之间的多样性，并定义为之前没有推荐的物品占比：

$$\text{TD} = |R - R'| / |R| \tag{26.7}$$

作者辨别了连续推荐之间的不同，以及最后一次推荐和之前所有推荐之间的不同。在前面的情况中(他们称之为"时间多样性")，R' 是紧接着 R 的推荐，在后者中("时间新颖性")R' 是在 R 之前目标用户的所有推荐的合并。在这两种情况下，指标提供了一个推荐系统随着操作环境变化演变能力的视角，而不是给用户一次又一次地展现相同的物品集合。

注意 IUD、ISD 和 TD 在式(26.3)描述的泛化不可预测机制下[1]，扮演着特殊的角色，其中期待物品的集合 EX 将成为同一个系统给其他用户的推荐物品($EX = R_v$)，对其他系统的相同用户推荐($EX = R^s$)，或者过去同一个系统给同一个用户的推荐($EX = R'$)。一个区别是 IUD 和 ISD 给每个目标用户(每个用户 v 和每个系统 s 分别有一个)采纳了多个 EX 集合，由此这些指标还涉及了这些集合上的一个额外平均。

26.3.6 具体方法

作为专用指标定义的一个选择，一些作者在一个多样性导向的实验设计中，通过精确性指标评估了推荐的新颖性和多样性。例如，Hurley 和 Zhang[39] 通过产生"艰难"物品的精确推荐的能力，评估一个系统的多样性。"艰难"意味着，用户不寻常或较少发生的特有的保留习惯。具体地，在各个用户打分项顶部的最"不同"的物品中，通过选择一定比例的测试分数，创建一个数据分列过程。"不同"被衡量为，当前物品跟用户配置中所有其他物品的平均距

⊖ 注意我们通过 $|\mathcal{U}| - 1$ 对 IUD 进行了标准化，因为 R 中的所有物品至少被推荐给一个用户(R 的目标)，所以如果我们使用 $|\mathcal{U}|$ 进行标准化，那么最优推荐的指标估值将会是($|\mathcal{U}| - 1) / |\mathcal{U}| < 1$。换种方式讲，分子中的 $v \in \mathcal{U}$ 可以同时写为 $v \in \mathcal{U} - \{u\}$，这将要求通过 $|\mathcal{U} - \{u\}| = |\mathcal{U}| - 1$ 进行标准化。在实际中这种差别几乎可以忽略，并且我们相信两种形式的标准化都是可以接受的。相同的缘由也用到了式(26.6)中。

离。在这样的设置中，推荐的精确性反映了系统产生由新颖物品构成的好的推荐能力。一个类似的思想是，在冷门、非流行的长尾物品中选择测试分数。例如，Zhou 等人[89]在小于给定评分的物品集合上评估精确性。Shani 和 Gunawardana 在第 8 章中也讨论了这个思想。

26.3.7 多样性、新颖性和惊喜性

即使新颖性和多样性的区别并不总是完全清晰的，我们也会对迄今所描述的各个指标提出一个分类。ILD 可以认为是多样性的真正指标。我们也会将推荐间的指标归为多样性类型（见 26.3.5 节），因为它们评估了各个推荐之间的差异性。这些指标作用在一个独立推荐的粒度上，（直接或间接地）比较推荐物品的集合，而不是作用在物品对的粒度上。

另一方面，我们可以认为长尾和不可预测性适用于新颖性的一般定义：不可预测性显式地度量了每一个推荐物品跟预期的不同，而预期通常是跟过往经历相关的。同时，长尾非流行定义了一个物品跟一个随机用户之前看到的不同的概率。之前讨论的方法在新颖性范畴内依然适用，因为它们评估了恰当推荐新颖物品的能力。

需要注意，一些作者瞄准了惊喜性的特定概念，并把它看为新颖性和相关性的结合[32,39,57,87,89]。就评估指标而言，它转为在 26.3.3 节和 26.3.4 节描述的指标计算中增加相关性的条件。换句话讲，它采用了跟用户 u 相关的 $i \in R \wedge i$ 取代单纯的 $i \in R$，从而将朴素的新颖性指标变为相应的惊喜性指标。

26.3.8 信息检索多样性

与推荐系统领域不同（至少表面上），信息检索领域的多样性跟用户查询的不确定性相关。考虑到绝大多数查询都包含一定程度的歧义性或用户需求表达的不完整性，多样性被设想为应对不确定性的策略，它在搜索结果的排序中尽早回答查询的多个解释。相应的目标重定义为返回尽可能多的相关结果，以最大化所有用户（所有的查询解释）都至少找到一个相关结果的可能性。这个原则来自重新考虑文档相关性的独立性假设，给不同的查询解释返回相关文档要好于相同解释的额外相关文档的递减收益。例如，一个多义查询"table"可以解释为家具或者一个数据库的概念。如果搜索引擎只返回其中一种含义，那么只会满足想要这种解释的用户，而丢掉了其他的用户。两种意图的均衡搭配组合，可能满足的用户比例远不止 50%，同时在一个典型的搜索中，少数相关结果对满足用户需求是足够的。

信息检索多样性指标的定义是基于可能查询意图（也称为查询方面或子话题）的显式空间表达假设的。总体上，评估的主题应该由人来提供，如同 TREC 多样性任务中那样，提供了每个查询的子话题集合，以及子话题粒度的相关性判断[23]。

子话题召回率可能是最早提出的评估指标[84]，它由检索结果覆盖的查询子话题占比构成：

$$\text{S-recall} = \frac{|\{z \in \mathcal{Z} \mid d \in R \wedge d \text{ covers } z\}|}{|\{z \in \mathcal{Z} \mid z \text{ is a subtopic of } q\}|}$$

式中，$\mathcal{Z}$ 是子话题的集合。之后在 TREC 评测中又提出了多个流行的指标如 ERR-IA[21] 和 α-nD-CG[24]，以及一系列其他指标。例如，基于 ERR 的原始定义[21]，相应的意图感知版本 ERR-IA 定义为：

$$\text{ERR-IA} = \sum_z p(z \mid q) \sum_{d_k \in R} p(\text{rel} \mid d_k, z) \prod_{j=1}^{k-1} (1 - p(\text{rel} \mid d_j, z))$$

式中，$p(z \mid q)$ 考虑了对一个查询而言，并不是所有的主题方面都需要同样的概率，进而权衡了它们对于指标的相应贡献。$p(\text{rel} \mid d, z)$ 是文档 d 跟主题方面 z 相关的概率，它可以基于相关性判断进行估计。例如，对于分等级的相关性，Chapelle[21] 提出了 $p(\text{rel} \mid d, z) = 2^{g(d,z)-1}/$

$2^{g_{\max}}$，其中 $g(d, z) \in [0, g_{\max}]$，是文档 d 对于查询方面 z 的相关性等级。也可以考虑更加简单的映射，比如一个线性映射 $g(d, z)/g_{\max}$，这主要取决于相关性等级是如何定义的[75]。

新颖性，如同在推荐系统中理解的那样，在信息检索领域也已解决，即使也许没有达到多样性的程度。例如，它被认为是检索结果中之前没有看到过的文档占比[10]。它在文档句子中的粒度被研究过，主要是根据一个句子相对于文档的其余部分提供的非冗余信息[7]。尽管从本质上来说概念是相同的，但在一定程度上，在句子新颖性手段和方法，以及推荐中物品的新颖性之间建立联系并不明显，但也许值得将来研究。

26.4 新颖性和多样性增强方法

本节会对增强新颖性和多样性的方法进行回顾。值得注意的是，这个领域的研究在近些年已经加速。这些工作可以归类为如下几种：重排一个初始列表以增强顶部物品的新颖性和多样性；基于聚类的方法；混合或融合的方法；在排序学习目标优化的上下文中考虑多样性。

26.4.1 结果的多样化或重排

增强推荐多样性的一个常见手段就是，对一个初始推荐返回的结果进行多样化或重排。在这种方法中，一组候选推荐在相关性的基础上被选择，然后重排，目的是改善推荐的多样性或新颖性，或者由系统提供的所有推荐的聚合多样性。总的来讲，采用这种方式[26,28,30,85,90]的工作都尝试优化集合多样性，类似 26.3.2 节定义的 ILD 指标。

在推荐的上下文中，针对一个给定的目标用户 u 产生个性化的推荐，其中任意特定物品的相关性取决于 u。然而，考虑标记的简洁性，我们将物品 i 的相关性记为 $f_{\mathrm{rel}}(i)$，丢掉对 u 的依赖。给定候选集合 C，问题会陈述为，找到一个集合 $R \subseteq C$，其大小为 $k = |R|$，然后最大化 $\mathrm{div}(R)$，也就是：

$$R_{\mathrm{opt}} = \underset{R \subseteq C, \, |R|=k}{\mathrm{arg\text{-}max}} \mathrm{div}(R) \tag{26.8}$$

更为普遍的，联合优化相关性和多样性的目标可以表达为：

$$R_{\mathrm{opt}}(\lambda) = \underset{R \subseteq C, \, |R|=k}{\mathrm{arg\text{-}max}} g(R, \lambda) \tag{26.9}$$

其中，

$$g(R, \lambda) = (1 - \lambda) \frac{1}{|R|} \sum_{i \in R} f_{\mathrm{rel}}(i) + \lambda \, \mathrm{div}(R)$$

其中 $\lambda \in [0, 1]$ 表达了集合中物品的平均相关性和集合多样性的权衡。在信息检索中，为了解式(26.9)，一个贪心的构造策略被称作最大边界相关性(MMR)方法，在文献[17]中提出，其中对于一个给定查询，这种相关性被度量。在贪心策略中，推荐集合 R 以一种如下迭代的形式构建。假设 R^j 是在循环 $j \in \{1, 2, \cdots, k\}$ 时的集合，集合的第一个物品是最大化 $f_{\mathrm{rel}}(i)$ 的那个，同时第 j 个物品被选择，以最大化 $g(R^{j-1} \cup \{i\}, \lambda)$。算法 2 对这个方法进行了总结。

算法 2 从一个初始集合 C 中贪心选择生成一个重排列表 R

$R \leftarrow \emptyset$
while $|R| < k$ **do**
    $i* \leftarrow \underset{i \in C-R}{\arg\max} \, g(R \cup \{i\}, \lambda)$
    $R \leftarrow R \cup \{i*\}$
end while
return R

在基于案例推理的背景下，针对式(26.9)的一个贪心解决方案在文献[52, 70]中被提出，作为选择一组案例的一个手段来解决给定的目标问题。使用基于用户和物品协同过滤的最近邻

方法,生成初始的候选集合,Ziegler 等人[90]也提出了针对式(26.9)的贪心方案,作为重排物品集合的手段,他们把这个方法称作话题多样化,因为其中利用了一个基于分类的距离指标。在发布-订阅系统的语境中,Drosou 和 Pitoura[28]使用式(26.9)中的形式化作为一种手段,从聚集在一个特定时间窗口上的物品集合中,选择相关物品的一个多样性集合推荐给用户。[26]在图像检索的语境中提出了一个方法,同时文献[85]中研究了一个可选择的方法以优化式(26.9),再次使用一个基于物品的 kNN 方法去生成候选集合。为了解决多样性最大化的问题(见式(26.8)),在文献[27]的工作中,一些不同的启发式方法被评估,然而在所有的情况下并没有完全胜出的方法,其中一些能在合理的时间内成功找到非常高质量的解答。这个工作在文献[8]中继续跟进,其中一个多通随机贪心算法较单通贪心算法展现了更好的性能。

与其最大化相关性和多样性之间的权衡,文献[54]中采用了一个更加保守的策略,从一个具有相同相关性的物品候选集合中选择最多样化的子集,从而在维持总体相关性的约束下最大化多样性。类似地,文献[83]中避免在多样性和相关性之间使用显式的加权权衡,而改为提出两个算法,更改一个初始的相关性物品排序以增加多样性。

尽管直接比较各个不同的方法很困难,因为相关性和成对距离指标不一致,研究者已经普遍发现增加检索集合的多样性和降低相关性的预期权衡,因为 λ 是朝 0 逐步降低的值。McGinty 和 Smyth[52,70]评估了使推荐集合多样化的效果,即通过统计一个会话推荐系统到达一个给定的目标物品所花费的步数。多样化策略较那些只使用相似度选择物品的算法总是表现得更好。一个自适应的方法,即在每一步都决定是否进行多样化,甚至能产生更好的性能。在 Book-Crossing 数据集上的评估,Ziegler 等人[90]发现他们系统的准确性随着多样化的增加而降低,其中准确性是通过精确性和召回率进行衡量的。Zhang 和 Hurley[85]在 Movielens 数据集上进行评估,他们分割每一个用户的配置文件投入到一个测试物品集合,形成一个增加难度的测试集合,同时改变测试集合物品到训练集合物品的平均相似度,然后发现多样化算法在更为复杂的测试集合中获得了更好的精确度。

MMR 的备选方案。其他一些用于指导重排的打分函数在相关文献中被提出,它们取得了相关性和多样性或新颖性之间的折中。例如,文献[82]中计算了一个加权求和,它包含 R 中一个候选物品的全局概率和一个依赖于已经在 R 中的物品集合的局部概率。在一个分类系统中,基于概念距离的新颖性和多样性的定义在文献[65]中被提出,同时通过在高度新颖/多样的文章中置换,一个替代的启发式方法用于增加初始排序的新颖性和多样性。为了考虑物品之间的相互影响,文献[12]中采用一个物品对同时被喜欢的概率估计,替换效用函数中物品对的多样性。最后,多样性问题的另类形式化——r-DisC 多样性在文献[29]中提出,并采用一个贪心算法来解决。在这个形式化中,集合 R 中的物品用于覆盖候选,使得 R 中有一个物品跟 C 中的每一个物品在一定的相似度阈值内,同时要求 R 中的所有物品也具有一定程度的最小物品对非相似性。

聚合多样性。针对聚合多样性(见 26.3.5 节中的式(26.4)),文献[2]中采用一个相关性和基于逆向流行度或物品可爱度的分数加权组合,进行物品重排。Adomavicius 和 Kwon 发现他们的重排策略只需要一个很小的精确性代价就可以在增加聚合多样性上取得成功。文献[3]中对这个工作进行了跟进,并表明聚合多样性问题跟图上的最大流问题等价,其中图中的节点由推荐问题中的用户和物品构成。其他的工作[45]调研了邻居过滤策略和多准则评分是如何影响最近邻协同过滤算法中的聚合多样性的。Vargas 和 Castells[76]发现聚合多样性通过置换 kNN CF 推荐方法有相当大的改进,即交换用户和物品的角色。作者显示基于剔除流行度成分的任意用户-物品打分函数的一个概率变换,这个方法可以扩展到任意推荐算法中。

26.4.2 使用聚类的多样化

文献[86]中提出了一个方法,为了对相似的物品进行分组,它聚类一个活跃用户配置文件中的物品。然后，每个聚类被单独对待，同时跟每一个聚类物品最相似的一组物品被检索，而不是推荐跟整个用户概况相似的一组物品。

文献[14]中介绍了一种不同的方法，其中候选集合再次聚类。现在的目标是识别并推荐一组有代表性的物品，每一个聚类一个，这样每一个物品跟类似物的平均距离会最小化。

一个最近邻算法在文献[48]中被提出，在一个属性空间内，它使用多维聚类的方式对物品聚类，同时选择物品的簇作为候选推荐给活跃用户。这个方法能改善聚合多样性。

一个基于图的推荐方法在文献[69]中被描述，其中推荐问题形式化为图上的代价流问题，并且图的节点是由推荐的用户和物品构成的。图上的权重采用非负矩阵分解的一个双聚类进行计算。这个方法可以调节以增加结果集的多样性，或增加推荐长尾物品的概率。

26.4.3　基于融合的方法

自从推荐系统的早期，研究者们就意识到没有一个单独的推荐算法能在所有的情景中胜出。混合系统被研究，以利用一个算法的优势去抵消另外一个的弱点（参考文献[68]中的示例）。具有不同选择机制的多个推荐算法的混合输出，相对于某个单独的算法能呈现更大的多样性。例如在文献[66，79]中，推荐看作一个多目标优化的问题。多个推荐算法的输出采用进化的算法进行融合，这些输出在精确性、多样性和新颖性的等级上都不同。作为另一个例子，在一个称为 Auralist 的音乐推荐系统[88]中，一个基本的基于物品的推荐系统跟另外两个额外的算法进行结合，目的是提升惊喜性（参见后面章节）。

26.4.4　多样性排序学习

在最近几年，针对推荐系统的排序学习算法得到了越来越多的关注。这些算法直接优化一个跟排序相关的目标，而不是在一组预测分数中采用后处理的方式构建排序。到目前为止，绝大多数这种方法没有考虑排序中物品之间的依赖性。然而，文献中出现一小部分工作，他们优化排序的精确性和集合的多样性组合目标。在文献[71]中，多样性的概念集成到矩阵分解模型中，以直接推荐相关和多样的物品集合。一个矩阵分解模型在文献[40]中再次使用，目的是优化一个为了排序多样性而明确修改的排序目标。

26.4.5　惊喜性：使令人惊讶的推荐成为可能

为了推荐一些惊喜的物品，在文献中提出了一些算法。例如，在一个基于内容的推荐系统中，如同文献[41]中描述的，一个二值分类器用于区分相关和不相关的内容。那些在正负类别分数中差异最小的物品被判定为用户最不确定的，因此，这些物品也很有可能产生惊喜性的推荐。

Oku 和 Hattori[59] 提出一个方法用于生成惊喜性的推荐，即给定一个物品对，使用这个物品对去生成一个惊喜性物品的推荐集合。生成这个集合的若干方法被讨论，同时物品排序的若干方式和相应的 top-k 选择也被评估。

文献[1]利用了效用理论，其中一个推荐效用表达为依据质量和意外性效用的组合。文中提出了几个效用函数，以及在电影和书籍推荐系统上讨论并评估了计算这些函数的方式。

其他最近的工作[13,73]调研了基于图技术的使用，以在移动应用软件和音乐推荐方面产生惊喜性的推荐。

26.4.6　其他方法

一个称作基于使用上下文协同过滤（UCBCF）的最近邻算法在文献[58]中提出，它在物品相似度计算上跟标准的基于物品的 CF 不同。物品的配置文件表达为在用户配置文件中显著共现的 k

个其他物品的向量,而不是标准的用户打分向量的物品表达。较标准的 kNN 和矩阵分解算法,UCBCF 可以获得更大的聚合多样性。文献[8]中描述了一个系统将物品映射到一个效用空间,同时将用户的喜好映射到一个偏好效用向量上。为了产生一个多样性的推荐,效用空间在偏好效用的递增距离中分割为 m 层,同时从每一层中选择非主导物品以最大化效用向量的一个维度。

到目前为止,讨论的工作已经考虑了单独推荐集合中物品非相似性方面的多样性,或者就聚合多样性而言,在一批推荐中物品的覆盖。另一种方法考虑了在随时间推移的系统行为上下文中的多样性。时间多样性 Lathia 等人[46]研究了一些标准 CF 算法中的时间多样性(见式(26.7))。同时通过重排或混合融合增加多样性的方法也被探讨了。类似地,Mourao 等人[56]探究了"遗忘问题",即一个动态系统中的概率,物品可以随时间遗忘,采用这种方式,当它们被发现的时候能恢复某种程度上的原始新颖性值。

26.4.7 用户研究

设计算法以多样化前 k 个列表是一件事,但是这些算法在用户满意度方面的影响如何呢?一些用户研究已经探究了多样化对用户的影响。话题多样化在文献[90]中被评估,通过执行用户调研从而评估对多样化推荐的用户满意度。在基于物品的算法中,他们发现在式(26.9)中决定相关性/多样性的 $\lambda = 0.6$ 附近,用户满意度达到最大值,这表明在推荐列表中用户喜欢一定程度的多样化。

然而多样化前 k 个列表的许多工作并没有考虑推荐列表中物品的顺序,只考虑了一个总体的相关性。Ge 等人[32,33]审视了这个顺序如何影响用户的多样性感知。在一个用户研究中,他们尝试放置多样化的物品(即与列表中其他物品之间具有较低相似度的物品)在一块或分散在整个列表中,他们发现在列表中阻塞物品可以减少感知的多样性。

Hu 和 Pu[37]的工作处理了增强多样性用户感知的用户界面问题。在一个用户研究中,他们跟踪了眼睛的移动,并发现在支撑多样性认知上,物品按类别分组的组织界面要好于一个列表界面。在文献[19]中,调查了 250 名用户并展示了 5 种具有不同程度多样性的推荐方法。他们发现用户察觉到了多样性,同时多样性提升了他们的满意度。但是,多样化的推荐要求对用户有额外的解释,因为用户并不能把这些跟他们的偏好关联起来。

26.4.8 信息检索中多样化的方法

信息检索领域提出的绝大多数多样化算法也遵从相同的贪心重排机制,类似之前在 26.4.1 节中针对推荐系统的描述。这些算法在贪心目标函数和背后的理论上进行彼此的区分。可以根据算法是否采用查询机制(之前在 26.3.8 节中介绍过)的显式表达分为两种类型。显式方法利用各种来源近似模拟查询机制,比如通过一个搜索引擎推荐的查询变换[67]、维基百科消歧条目[81]、文档的分类[6]、结果的聚类[34]。基于这个,贪心重排算法的目标函数寻求覆盖主题数目的最大化,同时在之前的排序位置最小化已经被主题覆盖的重复。例如 xQuAD[67],TREC 评测中最有效的算法,定义它的目标函数为:

$$f(d_k \mid S, q) = (1 - \lambda)p(q \mid d_k) + \lambda \sum_z p(z \mid q)p(d_k \mid q, z)\prod_{j=1}^{k-1}(1 - p(d_j \mid q, z))$$

式中,$p(q \mid d_k)$ 代表初始的检索系统分值;z 代表查询主题;$p(z \mid q)$ 依据它跟查询的关系,权衡每一方面主题的权重,$p(d_k \mid q, z)$ 衡量文档 d_k 对主题 z 的覆盖情况,之后的乘积惩罚了排序中前面文档带来的主题覆盖上的冗余性;$\lambda \in [0, 1]$ 设置多样性强度里的均衡。

非显式处理查询主题方面的多样化算法通常根据文档的内容评估多样性。例如,Goldstein 和 Carbonell[17]贪心地最大化一个相似度查询(基准的检索分数)和非相似性已排序文档的(最小或平均距离)线性组合目标。其他非主题方法更加正规的概率方式制定了一个类似的原则[22]、依据风险和相关性的平衡、类似于现代投资组合理论[80]，即在金融投资中对于一个给定量的风险，预期收益的优化。Vargas 等人[77,78] 显示信息检索多样性原则和方法在推荐系统领域也是有意义并适用的，如同我们在 26.5.4 节所讨论的那样。

26.5   统一框架

纵览本章，人们从不同的角度和形式，针对相同的概念，提出了各种指标和观点。很自然地，我们想知道能否将它们通过共同点或者理论联系起来，建立等价关系，并识别出它们之间的本质区别。接下来，我们总结出一个基础公式，用于定义、解释、关联和归纳代表最新技术水平的各类指标，并以此定义新的指标。我们还会研究信息检索领域的多样性和推荐系统中多样性之间的联系。

26.5.1   通用的新颖性/多样性度量方案

如文献［75］中所述，构建一个正式方案来统一描述和解释文献中提出的绝大多数指标确实是可能的。该方案假定一个通用的推荐指标 m 为物品集合包含的期望新颖性：

$$m = \frac{1}{|R|} \sum_{i \in R} \text{nov}(i \mid \theta)$$

物品的新颖性模型 $\text{nov}(i \mid \theta)$ 是方案的核心，它决定了对应指标的特性。进一步地，这个方案显式地引入了上下文变量 θ，以强调新颖性的关联特性。新颖性跟用户体验的上下文是相关的，即（我们了解什么）某人某时某地经历过了什么，其中"某人"可以是目标用户、某一组用户或者所有用户等；"某时"可以指过去的某一特定时间段、一个正在进行的会话或者"曾经"等；"某地"可以是一个用户的交互历史、正在浏览的推荐、曾经的推荐、其他系统的推荐或者"任何地方"等；"我们了解什么"可以指观察到的上下文，即系统可利用的观察信息。我们接下来会详细阐述这些模型该怎样定义、计算并包装成不同的指标。

26.5.2   物品新颖性模型

如 26.3.4 节所述，物品的新颖性建立在物品本身或它的属性之前是否被体验过。对于第一种情况，我们可称之为简单的物品发现问题，它需要一个概率的形式化；而基于特征的新颖性，可以更容易地依据距离模型进行定义，我们称之为物品熟悉度问题。

26.5.2.1   物品发现

在简单发现方法中，$\text{nov}(i \mid \theta)$ 可表达为用户和物品的交互概率[75]。这个概率可以从两个稍微不同的角度进行定义：可以像 IUF（见式（26.2））一样定义为一个随机用户跟这个物品交互的概率（我们称之为强制发现），或者这个物品卷入一次随机交互（自由发现）的概率。两者都可以基于系统中观测到的交互数量进行估算，作为物品在真实世界中接收到的所有交互的一个采样。我们用 $p(\text{known} \mid i, \theta)$ 表示强制发现，即给定一个上下文 θ，物品 i 被任意用户知道的概率；$p(i \mid \text{known}, \theta)$ 表示自由发现概率。需要注意到，它们是不同的概率分布，例如，对于所有物品其自由发现概率加和为 1，而对于强制发现其概率与 $p(\neg \text{known} \mid i, \theta)$ 加和为 1。强制发现反映的是，当一个随机选取的用户被问及特定物品时，该用户知道该物品的概率；而自由发现反映的是，用户发现的"下一个物品"正好是给定物品的概率。[75] 表明上述模型对应的指标在实践中十分相似，两者的概率分布近似成正比（当用户 – 物品对的频率是均匀分布时，概率分布成正比，比如只有一次打分的情况）。26.7 节中我们将展示一些实验结果，可证实两者在实践中的近似性。

依据我们对上下文 θ 不同的实例化方式，可从不同的角度对新颖性建模。例如，若将 θ 作

为用户 – 物品交互可利用的观测集合(更严格的描述是,将 θ 作为未知用户 – 物品交互的分布,被观测的交互可视为一个样本),上述分布产生的最大似然估计为:

$$p(\text{known} \mid i,\theta) \sim \mid\{u \in \mathcal{U} \mid \exists t(u,i,t) \in \mathcal{O}\}\mid / \mid \mathcal{U} \mid = \mid \mathcal{U}_i \mid / \mid \mathcal{U} \mid$$

$$p(i \mid \text{known},\theta) \sim \mid\{(u,i,t) \in \mathcal{O}\}\mid / \mid \mathcal{O} \mid \qquad (26.10)$$

式中, $\mathcal{U}_i$ 表示与 i 交互的所有用户集合; $\mathcal{O} \subset \mathcal{U} \times \mathcal{I} \times \mathcal{T}$ 表示观测到的与 i 相关的物品 – 用户交互集合(每个都打上不同的时间戳 $t \in \mathcal{T}$)。若观测包含用户的打分,且用户 – 物品对仅出现一次,则有:

$$p(\text{known} \mid i,\theta) \sim \mid \mathcal{U}_i \mid / \mid \mathcal{U} \mid = \mid\{u \in \mathcal{U} \mid r(u,i) \neq \varnothing\}\mid / \mid \mathcal{U} \mid$$

$$p(i \mid \text{known},\theta) \sim \mid\{u \in \mathcal{U} \mid r(u,i) \neq \varnothing\}\mid / \mid \mathcal{O} \mid = \mid \mathcal{U}_i \mid / \mid \mathcal{O} \mid \qquad (26.11)$$

$p(i \mid \text{known}, \theta)$ 和 $p(\text{known} \mid i, \theta)$ 作为即将来临的上下文中物品流行度的度量是合理的。要在此基础上建立一个推荐新颖性指标,我们应该取 $\text{nov}(i \mid \theta)$ 为这些概率的单独递减函数。对数函数($-\log_2 p$)控制的逆概率在文献[75,89]中频繁出现,但是 $1 - p$ 也称为"流行度补集"[75,79]。后者应用到强制发现时可直观地解释为:一个物品不被一个随机用户知道的概率。前者也具有有趣的关联:当应用到强制发现时,它就相当于逆向用户频率 IUF(见 26.3.3 节)。当应用到自由发现时,它就变为自信息(也称为惊奇性),即一个信息论指标,用于量化某个观测事件所传达的信息量。

26.5.2.2 物品熟悉度

上述章节定义的新颖性模型方案,依据严格的布尔唯一性考虑了一个物品跟过往经历有多么不同:如果一个物品未出现在过往的经历中,那么该物品是新的(known = 0),否则为旧物品(known = 1)。然而,基于以下原因,我们考虑采用布尔观点的宽松版本:系统所了解到的用户历史具有局部性,所以,即使在系统中未观测到物品和用户的交互,用户也可能熟知该物品。此外,甚至当某个用户第一次看到某个物品时,由此产生的信息增益——有效的新颖性——在实际生活中属于一个渐变区间而非二进制区间(如在发现电影《洛奇》时涉及的新颖性)。

作为基于流行度观点的替代方案,我们考虑一个基于相似度的模型,其中物品的新颖性定义为物品与用户体验上下文间的距离函数[75]。若上下文可以表示为一个物品集合,为此我们特意重用 θ,那么新颖性便表示为物品和集合的距离,它可定义为集合中所有物品距离的聚合值,例如,期望值为:

$$\text{nov}(i \mid \theta) = \sum_{j \in \theta} p(j \mid \theta) d(i,j)$$

式中, $p(j \mid \theta)$ 概率允许进一步的模型细化,或者可简单定义为均匀分布,从而定义一个普通的距离平均值。

在基于距离的新颖性的情景中, θ 的参考集合有两种有效的实例化方式:1)一个用户交互的物品集合,如用户画像中的物品;2)推荐物品本身构成的集合 R。通过第一种方法,我们得到一个与用户相关的新颖性模型;通过第二种方法,我们将得到列表内多样性的泛化基础。预期集合的概念在文献[1]中所起的作用,与上下文 θ 类似。对于 θ,我们也可以探索其他的可能性,如一组用户画像、在一次交互会话中浏览的物品、历史推荐物品或替代系统推荐的物品等,这些都可能促进未来的研究工作。

26.5.3 指标生成

如本节开头所述,定义了一个物品的新颖性模型后,推荐系统的新颖性或多样性可以定义为其所包含的所有物品新颖性的平均值[75]。每一个新颖性模型,加上相应的上下文实例化方法对应一个新的指标。接下来,我们展示一些实例,它们引出了文献以及 26.3 节所述的(统一和归纳)指标。

26.5.3.1   基于发现

在 26.6 节中描述了一个物品发现模型的实例,其中新颖性上下文 θ 定义为系统观测到的用户–物品交互集合。新颖性模型的不同变体对应以下实际指标的组合(平均 IUF、平均自信息、平均流行度补集):

$$\mathrm{MIUF} = -\frac{1}{|R|} \sum_{i \in R} \log_2 p(\mathrm{known} \mid i, \theta)$$

$$\mathrm{MSI} = -\frac{1}{|R|} \sum_{i \in R} \log_2 p(i \mid \mathrm{known}, \theta)$$

$$\mathrm{MPC} = \frac{1}{|R|} \sum_{i \in R} (1 - p(\mathrm{known} \mid i, \theta))$$

其中,式(26.10)和式(26.11)估算的概率取决于数据的特性。MPC 的优点是简单、清晰的解释(未知推荐物品的比值),值域范围是[0,1]。MIUF 归纳了 Zhou 等人[89] 提出的指标[见26.3.3 节的式(26.2)],而 MSI 则很好地将信息理论的概念与之联系起来。MPC 有一个潜在的缺点,就是它的值可能聚集在 1 附近的一个小区间内,而 MIUF 和 MSI 的值则很少聚集分布。我们可能考虑自由发现的期待流行度补集,但关于其他指标,它就不具有特别有意义的解释或者特性。实际上,考虑到自由发现和强制发现的近似等价性,以上 3 个指标彼此也相当类似,在 26.6 节中,我们将举例说明 MSI 和 MPC 的特性。

26.5.3.2   基于熟悉度

基于距离的物品新颖性模型引出了列表内多样性和意外性指标。如 26.5.2.2 节所述,这些指标分别以推荐的物品和目标用户的画像作为 θ 新颖性上下文。物品间任何相似度函数的补集都可能适合定义距离指标。例如,对于基于特征的相似度,我们可以为数值物品特征定义 $d(i, j) = 1 - \cos(i, j)$,对于布尔特征(或二值型)使用 $d(i, j) = 1 - \mathrm{Jaccard}(i, j)$,等等。尽管协同相似度和基于内容的相似度的区别值得关注,但如何在二者之间做出有意义的选择更需要多加注意。基于内容的相似度通过物品的内在属性进行比较,这些属性通过可用的物品特征进行描述。尽管一个协同相似度指标(通过物品的公共用户交互模式进行比较)在一些特殊的场景下可能有意义,但我们主张,基于内容的相似度总体上更为有意义,因为它以一种用户可察觉的方式评估多样性。

26.5.3.3   进一步统一

由于将新颖性明确地建模为一个相关的概念,所以我们提出的框架有潜力进一步统一新颖性和多样性的概念。以 26.3.5 节中讨论的时间多样性为例[46],在本框架中该指标可以依据一个发现模型进行描述,其中发现源为系统曾经的推荐,即 $\theta \equiv R'$,同时在给定的上下文中,新颖性定义为强制发现的补集:

$$\frac{1}{|R|} \sum i \in R(1 - p(\mathrm{known} \mid i, R')) = \frac{1}{|R|} \sum_{i \in R} (1 - [i \in R']) = \frac{1}{|R|} |R - R'| = \mathrm{TD}$$

类似地,对于用户间的多样性(见 26.3.5 节中的式(26.5)),我们将系统中针对所有用户的推荐集合作为上下文,即 $\theta \equiv \{R_v \mid v \in \mathcal{U}\}$。在所有用户上进行边缘化操作,并假定一个均匀的用户先验 $p(v) = 1/|\mathcal{U}|$,则有:

$$\frac{1}{|R|} \sum_{i \in R} (1 - p(\mathrm{known} \mid i, \{R_v \mid v \in \mathcal{U}\})) = \frac{1}{|R|} \sum_{i \in R} \sum_{v \in \mathcal{U}} (1 - p(\mathrm{known} \mid i, R_v)) p(v)$$

$$= \frac{1}{|R| |\mathcal{U}|} \sum_{v \in \mathcal{U}} \sum_{i \in R} (1 - p(\mathrm{known} \mid i, R_v))$$

$$= \frac{1}{|R| |\mathcal{U}|} \sum_{v \in \mathcal{U}} |R - R_v| = \mathrm{IUD}$$

系统间的新颖性也可以通过类似的方法获得。同理可以归纳出意外性指标，使用集合差异形式［见26.3.5节的式(26.6)］，利用期望集合作为上下文 θ，替代上述的 R'、R_v 或者 R_s。

生态学中的生物多样性指标也可以与我们讨论的一些推荐指标直接联系起来。物品等价于物种，某次推荐中一个物品的出现等价于某物种的个体存在。以此类推，聚合多样性直接等价于丰富度(richness)，即一个生态系统中存在不同物种的数量[62]。另一方面，基尼－辛普森指数(GSI)[62]和用户间多样性完全等价。GSI定义为从推荐集合(生态系统)中任意挑选两个物品(个体)，这两个物品是不同物品(物种)的概率，它可以表达为所有物品的总和，或者是推荐物品对的平均：

$$GSI = 1 - \sum_{i\in\mathcal{I}} \frac{|\{u\in\mathcal{U}\,|\,i\in R_u\}|^2}{|\mathcal{U}|(|\mathcal{U}|-1)k^2} = 1 - \frac{1}{|\mathcal{U}|(|\mathcal{U}|-1)}\sum_{u\in\mathcal{U}}\sum_{v\in\mathcal{U}}\frac{|R_u\cap R_v|}{|R_u||R_v|}$$

其中 $k=|R_u|$，即假定它们的大小是一样的，或等价的，考虑我们正在计算 GSI@k，同时假定物品对不是从同一个推荐中取样所得。另一方面，所有用户的 IUD 平均值为：

$$IUD = \frac{1}{|\mathcal{U}|(|\mathcal{U}|-1)}\sum_{u\in\mathcal{U}}\sum_{v\in\mathcal{U}}\frac{|R_u-R_v|}{|R_u|} = 1 - \frac{1}{|\mathcal{U}|(|\mathcal{U}|-1)}\sum_{u\in\mathcal{U}}\sum_{v\in\mathcal{U}}\frac{|R_u\cap R_v|}{|R_u|}$$

$$= 1 - k(1-GSI) \propto GSI$$

表26-1总结了在不同的 θ 实例化方法和物品新颖性模型中，在统一框架下可以获得的一些指标。

表 26-1 一些物品新颖性模型和上下文模型实例化，以及对应的指标

指标	用于	物品新颖性模型	上下文
ILD	[70, 75, 79, 85, 90]	$\sum_{j\in\theta}p(j\,|\,\theta)d(i,j)$	$\theta\equiv R$
Unexp	[1, 32, 57, 75]		$\theta\equiv$ 用户配置文件中的物品
MIUF	[89]	$-\log_2 p(\text{known}\,|\,i,\theta)$	$\theta\equiv$ 观测到的所有用户－物品间的交互数据
MSI	[75]	$-\log_2 p(i\,|\,\text{known},\theta)$	
MPC	[66, 75, 79]		
TD	[46]	$1-p(\text{known}\,|\,i,\theta)$	$\theta\equiv$ 曾经推荐过的物品
IUD/GSI	[89]		$\theta\equiv\{R_u\,|\,u\in\mathcal{U}\}$
ISD	[11]		$\theta\equiv\{R^s\,|\,s\in\mathcal{S}\}$

26.5.3.4 新颖性模型的直接优化

上一节描述的指标方案定义了新颖性或多样性增强的重排序方法，通过结合原始的排序得分和新颖性模型值对目标函数进行贪心优化：

$$g(i,\lambda) = (1-\lambda)f_{\text{rel}}(i) + \lambda\text{nov}(i\,|\,\theta)$$

采用特定的新颖性模型 $\text{nov}(i\,|\,\theta)$，人们可以优化以此为核心的相应指标。这是一种通过定义进行多样性增强的方法，从目标指标的角度看，其他重排手段很难克服这些困难。

26.5.4 连接推荐多样性和检索多样性

推荐可形式化为一个没有显式用户查询的信息检索任务。在这个层面上，并综合本章的主题，我们会自然地考虑，能否为推荐和搜索这两个领域中的多样性建立联系。对于这个问题，文献[75, 77, 78]都给出了肯定的回答。总结而言，在此方向上我们主要考虑以下几点：1)推荐新颖性和多样性可以扩展，使其对相关性和排序敏感；2)信息搜索多样性的原理、指标和算法都适用于推荐系统；3)个性化搜索多样性可形式化为搜索多样性和推荐多样性的结合。

26.5.4.1 排序和相关性

目前，我们讨论的新颖性和多样性指标普遍缺乏两方面的考虑：在评价推荐物品对新颖值

的贡献时，既没有考虑相关性，也没有考虑物品的排序。这与信息检索指标恰恰相反，如 ERR-IA 和 α-nDCG，它们将查询到的相关物品的新颖性贡献值相加，并假定排序靠后的推荐物品被用户访问的可能性更小，而实施一个衰减排序。推荐系统领域的一些作者已经考虑了相关性[32,39,57,87,89]，但这并不普遍，而且排序位置基本上尚未被有记录的指标纳入考虑。

Vargas 和 Castells[75]通过把相关性作为一个固有特征引入前面章节描述的统一指标方案，表明了将相关性和新颖性或多样性联系起来是可能的。在方案的最上层，只需要将"平均"物品新颖性替换为"期望"物品新颖性即可，其中一个推荐物品的新颖性仅仅在该物品确实被用户浏览和消费（选择、接受）时才能有价值。然后依据选择的概率去计算期望新颖性。为简化问题，我们假设：1）用户只有在发现并喜欢某个物品时，才选择该物品；2）发现和相关性彼此独立，此时对应的方案如下：

$$m = C \sum_{i \in R} p(\text{seen} \mid i, R) p(\text{rel} \mid i) \text{nov}(i \mid \theta)$$

式中，$p(\text{rel} \mid i)$ 估算了 i 和用户相关的概率，保证只计算了相关的新颖物品；$p(\text{seen} \mid i, R)$ 用于估算用户浏览 R 时，看到物品 i 的概率。

相关性的概率可基于相关性判断（测试评分）来定义，如 $p(\text{rel} \mid i) \sim r(u, i)/(r_{max})$，其中 r_{max} 表示最大可能的评分值。将相关性和多样性一起评估有一些优势。这为两个系统的比较提供了统一的标准，避开了相关性和新颖性指标的分歧。此外，将相关性和新颖性一起评估可提升区分度，例如，表 26-2 中的 A 和 B 两个推荐，B 推荐了一个有用的物品（相关且新颖），因此 B 认为更好（相关性感知 MPC = 0.5），而 A 推荐的物品则缺乏相关性和新颖性（相关性感知 MPC = 0）。我们可以注意到，单独的新颖性和相关性指标的聚合无法捕捉到这个区别，如对于 A 和 B，其 MPC 与精确度的调和平均数都是 0.5。

表 26-2　A、B、C 3 个系统分别推荐两个玩具的例子

	排序	A	B	C
	1	√ ×	√√	× ×
	2	× √	× ×	√√
指标	$p(seen \mid i_k, R)$	$p(rel \mid i)$	A	B	C
简易 MPC	1	1	1	0.5	0.5
相关性感知 MPC	1	$r(u, i)/r_{max}$	0	0.5	0.5
Zipfian MPC	$1/k$	1	0.25	0.5	0.25
精确度	1	$r(u, i)/r_{max}$	1	0.5	0.5
H（简易 MPC，精度）	—	—	1	0.5	0.5

注：对于一个物品，钩叉对表示该物品是否与用户相关（左边）以及对用户是否新颖（右边）（如 A 系统中，物品 1 是相关的但不新颖）。下面的表格中，展示了几种排序折扣和相关性感知不同结合的 MPC 值：没有考虑相关性和排序折扣的简易 MPC，相关性加权 MPC（未考虑排序折扣），以及采用 Zipfian 排序折扣的 MPC（未考虑相关性）。每个变种指标都展示了折扣函数 $p(\text{seen} \mid i_k, R)$ 的特定表达和相关性权重 $p(\text{rel} \mid i)$。最后两行展示了每个推荐的精确度，以及精确度和简易 MPC 的调和平均值。

另一方面，$p(\text{seen} \mid i, R)$ 分布引入了一个用户跟已排序推荐交互的浏览模型，这可与信息检索中效用性指标的形式化关联起来[18,21,55]。浏览模型导致了排序折扣，它反映了用户沿着排序结果顺序浏览时，看到一个物品的衰减概率。不同的浏览模型对应不同的折扣函数，如 nD-CG 中的对数函数 $p(\text{seen} \mid i_k, R) = 1/\log_2 k$，RBP[55]中的指数函数 p^{k-1} 以及 ERR[21]中的 Zipfian $1/k$ 等（文献[18]中对此有较好的总结归纳）。排序折扣使得表 26-2 中的 B 和 C 推荐得以区别：B 的推荐更好（Zipfian MPC = 0.5），因为相对于 C（Zipfian MPC = 0.25），它能将相关新颖的物品排得更加靠前，从而具有高的概率以被用户看到。

26.5.4.2　推荐中的信息检索多样性

Vargas 等人[77,78]指出信息检索领域的多样性原理、指标和算法可以直接应用到推荐领域中。从理论层面看，相对于搜索系统的显式查询，推荐系统中暗含在用户行为中的用户需求总体上更为模糊和残缺，使检索结果多样化以增加一些相关结果机会的基本原理在这里依然适用。从实践层面来看，考虑一个用户偏好的不同方面（一个人的兴趣可分为不同的方面），跟考虑一个显式表达的查询一样，都是行得通的。一个用户兴趣表达可以在一些合适有意义的空间物品特征中提取，做法与处理文档分类[6]类似。从这个角度看，信息检索多样性指标（如 ERRIA[21]或者子话题召回（subtopic recall）[84]）均可应用，同时基于方面的算法（如 xQuAD[67]或者 IA-Select[6]）也可应用，只需要将用户等价于查询，物品等价于文档。

基于非方面的多样化方法可以更直接地用于推荐，例如，已证明跟 MMR[17]等价的推荐系统领域的方法[70,90]（见 26.4.1 节），或者将来自信息检索的现代投资组合理论[80]应用于推荐系统[69]。

26.5.4.3　个性化多样性

从用户需求依据的可获得性来看，推荐系统和搜索系统处于两个极端：推荐系统获取不到任何显式的查询，依赖于观测到的用户选择——用户偏好的隐式证据——作为输入；而基本的搜索系统仅仅使用一个显式查询。个性化搜索处于两者之间，它既使用显式的用户查询，也利用用户的隐式反馈和观测到的用户行为。

在查询和用户配置文件同时存在的情况下，考虑多样性的可能性也有相关研究[63,74]。其立足点蕴含有趣的哲学暗示，因为个性化也可以看作处理用户查询中不确定性的一种策略。在一个多样化策略中，系统接收了一个不确定的情形并适应性地调整其行为，而个性化通过增强用户需求的系统知识，尝试减少不确定性。

事实上，多样性和个性化并不彼此排斥，并可以结合到个性化多样性中[74]。通过将用户作为一个随机变量引入到多样性算法的概率形式化中[74]，Vallet 和 Castells 开发和测试了一套完整的框架，可以将信息检索的多样化方法（包括 xQuAD[67]和 IA-Select[6]）推广为一个个性化多样性方案。除了将两种理论桥接起来，这个方案还单独实验比较了个性化和多样性。

26.6　实验指标比较

我们将举例说明本章描述的指标和一些算法，具体来讲，是在 MovieLens 1M 数据集上对一些算法进行实验指标评估。测试中，ERR-IA 和子话题召回使用电影作为用户方面的特征；ILD 和意外性使用流派的 Jaccard 相似度作为距离指标；同时聚合多样性表达为全部物品的一个比值，以便更好地鉴别差异性。

表 26-3 展示了一些有代表性的推荐算法指标：基于文献[38]中的矩阵分解（MF）推荐算法；使用 Jaccard 相似度的基于用户的 kNN 算法，并在物品预测函数中去掉相似性总和的标准化；使用电影标签的基于内容的推荐系统；最流行者排序；随机推荐。我们注意到在聚合多样性和 ERR-IA 指标上矩阵分解的有效性最为突出。后者可归功于该指标考虑了相关性，在这个准则下 MF 得到了最好的结果（参见 nDCG）。

表 26-3　MovieLens 1M 数据集上一些有代表性的推荐算法的新颖性和多样性指标（在第 10 位截断）

	nDCG	ILD	Unexp	MSI	MPC	Aggdiv	IUD	Entropy	ERR-IA	S-recall
MF	**0.316 1**	0.662 8	0.752 1	9.590 8	0.803 8	**0.281 7**	**0.958 4**	**8.590 6**	**0.203 3**	0.528 8
u-kNN	0.285 6	0.673 4	0.778 5	9.071 6	0.736 1	0.158 9	0.880 3	7.129 8	0.180 0	**0.542 2**
CB	0.137 1	**0.682 5**	0.788 0	**9.726 9**	**0.810 1**	0.165 0	0.776 2	6.294 1	0.100 1	0.537 8
PopRec	0.141 5	0.662 4	**0.845 1**	8.579 3	0.651 4	0.018 3	0.494 3	4.583 4	0.077 3	0.525 3
随机	0.004 3	**0.737 2**	0.830 4	**13.106 7**	**0.964 8**	0.964 7	0.997 1	11.719 7	0.003 4	0.505 5

注：黑体标识每个指标的最大值。表格中的元素以灰色阴影标识，灰色越深代表值越大（在剩下的颜色和黑体中，随机推荐的值可以忽略不计——虽然不是反之亦然——为了允许差异性的鉴别，可以排除掉随机推荐）。

基于内容的推荐获得了最好的长尾新颖性指标度量，这也印证了一个周知的事实[20]。它在意外性方面并没有我们预料的那么糟糕，事实上这归结于电影流派（意外距离的基础）和电影标签（CB 相似度的基础）似乎没有那么强的联系。ILD 的结果很好，也归结于这个算法具有次优精度，这使得这个独立的推荐系统增添了一些随机推荐的成分，尽管程度很小。我们还确认（在这些结果之外）如果指标使用与 CB 算法相同的特征（如电影标签），那么 CB 获得的 ILD 数值在所有推荐系统中是最低的。

流行度在绝大部分新颖性和多样性指标上表现都是最差的，但在意外性方面（用户配置文件的距离）是个例外，这是合理的，因为该算法忽略目标用户的所有数据，并因此将一些与个人资料联系较弱的物品进行了发布。随机推荐策略在绝大多数多样性指标上自然是最优的，除了将相关性考虑在内的指标（它的子话题召回率低，这是因为 MovieLens 数据中的一个偏差，即依据电影流派的基数对应的子话题覆盖，与流行度是负相关的）。kNN 在各种指标上的表现看起来比较均衡。我们还注意到，不出所料，聚合多样性、IUD 和熵等指标表现非常一致。

为了弄清楚这些指标的关联和区别，表 26-4 展示了对于 MF 推荐方法，在一个用户基础上，这些指标对的皮尔逊相关系数。我们观察到 ILD、意外性和子话题召回的表现一致，尽管在与之前看到的表 26-3 所示的推荐算法比较中，它们取得了不同的属性（如流行度方法的意外性很好，但 ILD 很差）。MSI 和 MPC 确实相当类似，同时 IUD（等价于基尼－辛普森）跟这些长尾指标表现非常一致。我们还注意到，聚合多样性和熵没有面向单个用户的定义，因此它们没有包含在这个表中。但是，如前所述，这些测量值与表 26-3 所示的 IUD 有很强的系统级的对应关系，因此考虑到传递性，这些测量值预期也与长尾指标关联。ERR-IA 和 nDCG 之间的关联反映了这样一个事实：ERR-IA 除了考虑方面多样性外，还考虑了 nDCG 衡量的相关性。

表 26-4　MovieLens 1M 上应用矩阵分解算法的不同指标的皮尔逊相关性（在一个用户基础上）

nDCG							
0.64	ERR-IA						
0.03	−0.02	S-recall					
0.03	−0.09	0.71	ILD				
0.07	−0.06	0.62	0.85	Unexp			
0.02	0.09	−0.21	−0.21	−0.20	MSI		
0.02	0.09	−0.19	−0.21	−0.19	0.97	MPC	
0.06	0.14	−0.20	−0.27	−0.23	0.87	0.93	IUD

注：带灰度的数字突出了值的大小。

最后，表 26-5 展示了不同的新颖性/多样性增强方法的效果，同时它们使用在 nDCG 指标中表现最好的矩阵分解方法作为基准参照系。这些标为 MMR、Unexp、MSI 和 MPC 的多样化方法都对应指标的物品新颖性模型的贪心优化。xQuAD 是根据文献[67]描述实现的算法，使用电影流派作为主题方面，它隐式地针对 ERR-IA 进行优化。我们将所有算法中的 λ 设为 0.5，这里没有任何特定的动机，仅仅是为了说明。我们可以发现每个算法都在其期望的指标上取得了最好的效果。MSI 看起来比 MPC 自身对 MPC 的优化效果更好，其原因是：1）这两个指标几乎等价；2）λ=0.5 对于优化而言并不是最优值，由此产生的微小差别似乎倾向于 MSI 纯属偶然。另外请注意，以上比较的目的并非寻找近似最优解或者评价不同方法的优劣，而是想举例说明在一个简单的实验中，不同的模型、指标和算法如何起作用并彼此关联。

表 26-5　MovieLens 1M 数据集上在矩阵分解算法上应用一些新颖性和多样性增强算法的新颖性与多样性指标评估(在第 10 位截断)

	nDCG	ILD	Unexp	MSI	MPC	Aggdiv	ERR-IA	S-recall
MF	**0.3161**	0.6628	0.7521	9.5908	0.8038	0.2817	0.2033	0.5288
+ MMR	0.2817	**0.7900**	0.8089	9.6138	0.8054	0.2744	0.1897	**0.6814**
+ Unexp	0.2505	0.7588	**0.8467**	9.6011	0.8029	0.2483	0.1431	0.6439
+ MSI	0.2309	0.6130	0.7384	**10.6995**	**0.8961**	**0.4700**	0.1583	0.4483
+ MPC	0.2403	0.6233	0.7389	10.3406	0.8818	0.3683	0.1622	0.4696
+ xQuAD	0.2726	0.6647	0.7596	9.5784	0.8034	0.2292	**0.2063**	0.6370
+ Random	0.0870	0.6987	0.7698	10.2517	0.8670	**0.4836**	0.0623	0.5561

注：这些多样化方法要么通过它们的常用名字标记，要么通过它们目标函数中针对的指标名字进行标记(物品新颖性模型)。

26.7　总结

作为推荐的基本品质，新颖性和多样性的重要性在推荐社区内有着清晰的共识，如果不考虑这些维度，似乎在这个领域就很难取得进步。目前，这方面的工作已经取得了重要的进展，包括来自若干视角的新颖性和多样性定义，设计方法和指标去评估它们，同时设计不同的方法去增强它们。本章的目标是为迄今为止的工作提供一个广泛的概述，以及提供一个统一的视角把它们联系起来，作为一些基本常见的本质原理的进一步发展。

从目前来看，这个领域的工作远没有结束，并依然存在进一步理解新颖性和多样性角色的空间，以及关于它们理论的、方法的和算法的发展。例如，为了统一发现模型和熟悉度模型，采用概率的方式建模基于特征的新颖性，未来将会成为一个有意义的方向。其他方面比如时间维度，随着时间的推移物品可能恢复它们的新颖性价值[43,56]；或者，关于用户间寻求新颖性趋势程度的变化性，都是需要进一步研究的。最后但并非不重要，用户研究将带来重要的启示，如已描述的指标是不是匹配了真实的用户感知，以及与精确性相比用户领会新颖性和多样性的准确程度和条件，以及其他推荐有效性的潜在维度。

参考文献

1. Adamopoulos, P., Tuzhilin, A.: On unexpectedness in recommender systems: Or how to better expect the unexpected. ACM Transactions on Intelligent Systems and Technology 4(5), Special Section on Novelty and Diversity in Recommender Systems, **54**:1–54-32 (2015)
2. Adomavicius, G., Kwon, Y.: Maximizing aggregate recommendation diversity: A graph-theoretic approach. In: Proceedings of the 1st ACM RecSys Workshop on Novelty and Diversity in Recommender Systems, DiveRS 2011, pp. 3–10 (2011)
3. Adomavicius, G., Kwon, Y.: Improving aggregate recommendation diversity using ranking-based techniques. IEEE Transactions on Knowledge and Data Engineering **24**(5), 896–911 (2012)
4. Adomavicius, G., Kwon, Y.: Optimization-based approaches for maximizing aggregate recommendation diversity. INFORMS Journal on Computing **26**(2), 351–369 (2014)
5. Adomavicius, G., Tuzhilin, A.: Toward the next generation of recommender systems: A survey of the state-of-the-art and possible extensions. IEEE Transactions on Knowledge and Data Engineering **17**(6), 734–749 (2005)
6. Agrawal, R., Gollapudi, S., Halverson, A., Ieong, S.: Diversifying search results. In: Proceedings of the 2nd ACM Conference on Web Search and Data Mining, WSDM 2009, pp. 5–14. ACM, New York, NY, USA (2009)
7. Allan, J., Wade, C., Bolivar, A.: Retrieval and novelty detection at the sentence level. In: Proceedings of the 26th ACM SIGIR Conference on Research and Development in Information Retrieval, SIGIR 2003, pp. 314–321. ACM, New York, NY, USA (2003)

8. Alodhaibi, K., Brodsky, A., Mihaila, G.A.: COD: Iterative utility elicitation for diversified composite recommendations. In: Proceedings of the 43rd Hawaii International Conference on System Sciences, HICSS 2010, pp. 1–10. IEEE Computer Society, Washington, DC, USA (2010)

9. Anderson, C.: The Long Tail: Why the Future of Business Is Selling Less of More. Hyperion (2006)

10. Baeza-Yates, R., Ribeiro-Neto, B.: Modern Information Retrieval, 2nd edn. Addison-Wesley Publishing Company, USA (2008)

11. Bellogín, A., Cantador, I., Castells, P.: A comparative study of heterogeneous item recommendations in social systems. Information Sciences **221**, 142–169 (2013)

12. Bessa, A., Veloso, A., Ziviani, N.: Using mutual influence to improve recommendations. In: O. Kurland, M. Lewenstein, E. Porat (eds.) String Processing and Information Retrieval, *Lecture Notes in Computer Science*, vol. 8214, pp. 17–28. Springer International Publishing (2013)

13. Bhandari, U., Sugiyama, K., Datta, A., Jindal, R.: Serendipitous recommendation for mobile apps using item-item similarity graph. In: R.E. Banchs, F. Silvestri, T.Y. Liu, M. Zhang, S. Gao, J. Lang (eds.) Information Retrieval Technology, *Lecture Notes in Computer Science*, vol. 8281, pp. 440–451. Springer Berlin Heidelberg (2013)

14. Boim, R., Milo, T., Novgorodov, S.: Diversification and refinement in collaborative filtering recommender. In: Proceedings of the 20th ACM Conference on Information and Knowledge Management, CIKM 2011, pp. 739–744. ACM, New York, NY, USA (2011)

15. Breese, J.S., Heckerman, D., Kadie, C.: Empirical analysis of predictive algorithms for collaborative filtering. In: Proceedings of the 14th Conference on Uncertainty in Artificial Intelligence, UAI 1998, pp. 43–52. Morgan Kaufmann Publishers Inc., San Francisco, CA, USA (1998)

16. Brickman, P., D'Amato, B.: Exposure effects in a free-choice situation. Journal of Personality and Social Psychology **32**(3), 415–420 (1975)

17. Carbonell, J., Goldstein, J.: The use of MMR, diversity-based reranking for reordering documents and producing summaries. In: Proceedings of the 21st Annual International ACM SIGIR Conference on Research and Development in Information Retrieval, SIGIR 1998, pp. 335–336. ACM, New York, NY, USA (1998)

18. Carterette, B.: System effectiveness, user models, and user utility: A conceptual framework for investigation. In: Proceedings of the 34th Annual International ACM SIGIR Conference on Research and Development in Information Retrieval, SIGIR 2011, pp. 903–912. ACM, New York, NY, USA (2011)

19. Castagnos, S., Brun, A., Boyer, A.: When diversity is needed... but not expected! In: Proceedings of the 3rd International Conference on Advances in Information Mining and Management, IMMM 2013, pp. 44–50. IARIA, Lisbon, Portugal (2013)

20. Celma, O., Herrera, P.: A new approach to evaluating novel recommendations. In: Proceedings of the 2nd ACM Conference on Recommender Systems, RecSys 2008, pp. 179–186. ACM, New York, NY, USA (2008)

21. Chapelle, O., Ji, S., Liao, C., Velipasaoglu, E., Lai, L., Wu, S.L.: Intent-based diversification of web search results: Metrics and algorithms. Information Retrieval **14**(6), 572–592 (2011)

22. Chen, H., Karger, D.R.: Less is more: Probabilistic models for retrieving fewer relevant documents. In: Proceedings of the 2nd Annual International ACM SIGIR Conference on Research and Development in Information Retrieval, SIGIR 2006, pp. 429–436. ACM, New York, NY, USA (2006)

23. Clarke, C.L., Craswell, N., Soboroff, I., Cor: Overview of the TREC 2010 web track. In: Proceedings of the 19th Text REtrieval Conference, TREC 2010. National Institute of Standards and Technology (NIST) (2010)

24. Clarke, C.L., Kolla, M., Cormack, G.V., Vechtomova, O., Ashkan, A., Büttcher, S., MacKinnon, I.: Novelty and diversity in information retrieval evaluation. In: Proceedings of the 31st Annual International ACM SIGIR Conference on Research and Development in Information Retrieval, SIGIR 2008, pp. 659–666. ACM, New York, NY, USA (2008)

25. Coombs, C., Avrunin, G.S.: Single peaked preference functions and theory of preference. Psychological Review **84**(2), 216–230 (1977)

26. Deselaers, T., Gass, T., Dreuw, P., Ney, H.: Jointly optimising relevance and diversity in image retrieval. In: Proceedings of the ACM International Conference on Image and Video Retrieval, CIVR 2009, pp. 39:1–39:8. ACM, New York, NY, USA (2009)

27. Drosou, M., Pitoura, E.: Comparing diversity heuristics. Tech. rep., Technical Report 2009–05. Computer Science Department, University of Ioannina (2009)

28. Drosou, M., Pitoura, E.: Diversity over continuous data. IEEE Data Engineering Bulleting **32**(4), 49–56 (2009)

29. Drosou, M., Pitoura, E.: Disc diversity: Result diversification based on dissimilarity and coverage. Proceedings of the VLDB Endowment **6**(1), 13–24 (2012)

30. Drosou, M., Stefanidis, K., Pitoura, E.: Preference-aware publish/subscribe delivery with diversity. In: Proceedings of the 3rd ACM Conference on Distributed Event-Based Systems, DEBS 2009, pp. 6:1–6:12. ACM, New York, NY, USA (2009)

31. Fleder, D.M., Hosanagar, K.: Blockbuster culture's next rise or fall: The impact of recommender systems on sales diversity. Management Science **55**(5), 697–712 (2009)

32. Ge, M., Delgado-Battenfeld, C., Jannach, D.: Beyond accuracy: evaluating recommender systems by coverage and serendipity. In: Proceedings of the 4th ACM Conference on Recommender systems, RecSys 2010, pp. 257–260. ACM, New York, NY, USA (2010)

33. Ge, M., Jannach, D., Gedikli, F., Hepp, M.: Effects of the placement of diverse items in recommendation lists. In: Proceedings of the 14th International Conference on Enterprise Information Systems, ICEIS 2012, pp. 201–208. SciTePress (2012)

34. He, J., Meij, E., de Rijke, M.: Result diversification based on query-specific cluster ranking. Journal of the Association for Information Science and Technology **62**(3), 550–571 (2011)

35. Herlocker, J.L., Konstan, J.A., Borchers, A., Riedl, J.: An algorithmic framework for performing collaborative filtering. In: Proceedings of the 22nd Annual International ACM SIGIR Conference on Research and Development in Information Retrieval, SIGIR 1999, pp. 230–237. ACM, New York, NY, USA (1999)

36. Herlocker, J.L., Konstan, J.A., Terveen, L.G., Riedl, J.T.: Evaluating collaborative filtering recommender systems. ACM Transactions on Information Systems **22**(1), 5–53 (2004)

37. Hu, R., Pu, P.: Enhancing recommendation diversity with organization interfaces. In: Proceedings of the 16th International Conference on Intelligent User Interfaces, IUI 2011, pp. 347–350. ACM, New York, NY, USA (2011)

38. Hu, Y., Koren, Y., Volinsky, C.: Collaborative filtering for implicit feedback datasets. In: Proceedings of the 8th IEEE International Conference on Data Mining, ICDM 2008, pp. 263–272. IEEE Computer Society, Washington, DC, USA (2008)

39. Hurley, N., Zhang, M.: Novelty and diversity in top-N recommendation – analysis and evaluation. ACM Transactions on Internet Technology **10**(4), 14:1–14:30 (2011)

40. Hurley, N.J.: Personalised ranking with diversity. In: Proceedings of the 7th ACM Conference on Recommender Systems, RecSys 2013, pp. 379–382. ACM, New York, NY, USA (2013)

41. Iaquinta, L., de Gemmis, M., Lops, P., Semeraro, G., Filannino, M., Molino, P.: Introducing serendipity in a content-based recommender system. In: Proceedings of the 8th Conference on Hybrid Intelligent Systems, HIS 2008, pp. 168–173. IEEE (2008)

42. Jannach, D., Lerche, L., Gedikli, G., Bonnin, G.: What recommenders recommend - an analysis of accuracy, popularity, and sales diversity effects. In: Proceedings of the 21st International Conference on User Modeling, Adaptation and Personalization, pp. 25–37. Springer (2013)

43. Jeuland, A.P.: Brand preference over time: A partially deterministic operationalization of the notion of variety seeking. In: Proceedings of the Educators' Conference, 43, pp. 33–37. American Marketing Association (1978)

44. Kahn, B.E.: Consumer variety-seeking among goods and services: An integrative review. Journal of Intelligent Information Systems **2**(3), 139–148 (1995)

45. Kwon, Y.: Improving neighborhood-based CF systems: Towards more accurate and diverse recommendations. Journal of Intelligent Information Systems **18**(3), 119–135 (2012)

46. Lathia, N., Hailes, S., Capra, L., Amatriain, X.: Temporal diversity in recommender systems. In: Proceedings of the 33rd Annual International ACM SIGIR Conference on Research and Development in Information Retrieval, SIGIR 2010, pp. 210–217. ACM, New York, NY, USA (2010)

47. Levinson, D.: Ethnic Groups Worldwide: A ready Reference Handbook. Oryx Press (1998)

48. Li, X., Murata, T.: Multidimensional clustering based collaborative filtering approach for diversified recommendation. In: Proceedings of the 7th International Conference on Computer Science & Education, ICCSE 2012, pp. 905–910. IEEE (2012)

49. Lubatkin, M., Chatterjee, S.: Extending modern portfolio theory into the domain of corporate diversification: Does it apply? The Academy of Management Journal **37**(1), 109–136 (1994)

50. Maddi, S.R.: The pursuit of consistency and variety. In: R.P. Abelson, E. Aronson, W.J. McGuire, T.M. Newcomb, M.J. Rosenberg, P.H. Tannenbaum (eds.) Theories of Cognitive Consistency: A Sourcebook. Rand McNally (1968)

51. McAlister, L., Pessemier, E.A.: Variety seeking behaviour: and interdisciplinary review. Journal of Consumer Research **9**(3), 311–322 (1982)

52. McGinty, L., Smyth, B.: On the role of diversity in conversational recommender systems. In: Proceedings of the 5th International Conference on Case-based Reasoning, ICCBR 2003, pp. 276–290. Springer-Verlag, Berlin, Heidelberg (2003)

53. McNee, S.M., Riedl, J., Konstan, J.A.: Being accurate is not enough: How accuracy metrics have hurt recommender systems. In: CHI 2006 Extended Abstracts on Human Factors in Computing Systems, CHI EA 2006, pp. 1097–1101. ACM, New York, NY, USA (2006)

54. McSherry, D.: Diversity-conscious retrieval. In: S. Craw, A. Preece (eds.) Advances in Case-Based Reasoning, *Lecture Notes in Computer Science*, vol. 2416, pp. 219–233. Springer Berlin Heidelberg (2002)

55. Moffat, A., Zobel, J.: Rank-biased precision for measurement of retrieval effectiveness. ACM Transactions on Information Systems **27**(1), 2:1–2:27 (2008)

56. Mourão, F., Fonseca, C., Araújo, C., Meira, W.: The oblivion problem: Exploiting forgotten items to improve recommendation diversity. In: Proceedings of the 1st ACM RecSys Workshop on Novelty and Diversity in Recommender System, DiveRS 2011 (2011)

57. Murakami, T., Mori, K., Orihara, R.: Metrics for evaluating the serendipity of recommendation lists. In: K. Satoh, A. Inokuchi, K. Nagao, T. Kawamura (eds.) New Frontiers in Artificial Intelligence, *Lecture Notes in Computer Science*, vol. 4914, pp. 40–46. Springer Berlin Heidelberg (2008)

58. Niemann, K., Wolpers, M.: A new collaborative filtering approach for increasing the aggregate diversity of recommender systems. In: Proceedings of the 19th ACM SIGKDD Conference on Knowledge Discovery and Data Mining, KDD 2013, pp. 955–963. ACM, New York, NY, USA (2013)

59. Oku, K., Hattori, F.: Fusion-based recommender system for improving serendipity. In: Proceedings of the 1st ACM RecSys Workshop on Novelty and Diversity in Recommender Systems, DiveRS 2011 (2011)

60. Pariser, E.: The Filter Bubble: How the New Personalized Web Is Changing What We Read and How We Think. Penguin Books (2012)

61. Park, Y.J., Tuzhilin, A.: The long tail of recommender systems and how to leverage it. In: Proceedings of the 2th ACM Conference on Recommender Systems, RecSys 2008, pp. 11–18. ACM, New York, NY, USA (2008)

62. Patil, G.P., Taillie, C.: Diversity as a concept and its measurement. Journal of the American Statistical Association **77**(379), 548–561 (1982)

63. Radlinski, F., Dumais, S.: Improving personalized web search using result diversification. In: Proceedings of the 29th Annual International ACM SIGIR Conference on Research and Development in Information Retrieval, SIGIR 2006, pp. 691–692. ACM, New York, NY, USA (2006)

64. Raju, P.S.: Optimum stimulation level: Its relationship to personality, demographics and exploratory behavior. Journal of Consumer Research **7**(3), 272–282 (1980)

65. Rao, J., Jia, A., Feng, Y., Zhao, D.: Taxonomy based personalized news recommendation: Novelty and diversity. In: X. Lin, Y. Manolopoulos, D. Srivastava, G. Huang (eds.) Web Information Systems Engineering – WISE 2013, *Lecture Notes in Computer Science*, vol. 8180, pp. 209–218. Springer Berlin Heidelberg (2013)

66. Ribeiro, M.T., Lacerda, A., Veloso, A., Ziviani, N.: Pareto-efficient hybridization for multi-objective recommender systems. In: Proceedings of the 6th ACM Conference on Recommender Systems, RecSys 2012, pp. 19–26. ACM, New York, NY, USA (2012)

67. Santos, R.L., Macdonald, C., Ounis, I.: Exploiting query reformulations for web search result diversification. In: Proceedings of the 19th International Conference on World Wide Web, WWW 2010, pp. 881–890. ACM, New York, NY, USA (2010)

68. Schafer, J.B., Konstan, J.A., Riedl, J.: Meta-recommendation systems: User-controlled integration of diverse recommendations. In: Proceedings of the 11th ACM Conference on Information and Knowledge Management, CIKM 2002, pp. 43–51. ACM, New York, NY, USA (2002)

69. Shi, L.: Trading-off among accuracy, similarity, diversity, and long-tail: a graph-based recommendation approach. In: Proceedings of the 7th ACM Conference on Recommender Systems, RecSys 2013, pp. 57–64. ACM, New York, NY, USA (2013)

70. Smyth, B., McClave, P.: Similarity vs. diversity. In: Proceedings of the 4th International Conference on Case-Based Reasoning, ICCBR 2001, pp. 347–361. Springer-Verlag, London, UK, UK (2001)

71. Su, R., Yin, L., Chen, K., Yu, Y.: Set-oriented personalized ranking for diversified top-N recommendation. In: Proceedings of the 7th ACM Conference on Recommender Systems, RecSys 2013, pp. 415–418. ACM, New York, NY, USA (2013)

72. Szlávik, Z., Kowalczyk, W., Schut, M.: Diversity measurement of recommender systems under different user choice models. In: Proceedings of the 5th AAAI Conference on Weblogs and Social Media, ICWSM 2011. The AAAI Press (2011)

73. Taramigkou, M., Bothos, E., Christidis, K., Apostolou, D., Mentzas, G.: Escape the bubble: Guided exploration of music preferences for serendipity and novelty. In: Proceedings of the 7th ACM Conference on Recommender Systems, RecSys 2013, pp. 335–338. ACM, New York, NY, USA (2013)

74. Vallet, D., Castells, P.: Personalized diversification of search results. In: Proceedings of the 35th Annual International ACM SIGIR Conference on Research and Development in Information Retrieval, SIGIR 2012, pp. 841–850. ACM, New York, NY, USA (2012)

75. Vargas, S., Castells, P.: Rank and relevance in novelty and diversity metrics for recommender systems. In: Proceedings of the 5th ACM Conference on Recommender Systems, RecSys 2011, pp. 109–116. ACM, New York, NY, USA (2011)

76. Vargas, S., Castells, P.: Improving sales diversity by recommending users to items. In: Proceedings of the 8th ACM Conference on Recommender Systems, RecSys 2014, pp. 145–152. ACM, New York, NY, USA (2014)

77. Vargas, S., Castells, P., Vallet, D.: Intent-oriented diversity in recommender systems. In: Proceedings of the 34th Annual International ACM SIGIR Conference on Research and Development in Information Retrieval, SIGIR 2011, pp. 1211–1212. ACM, New York, NY, USA (2011)

78. Vargas, S., Castells, P., Vallet, D.: Explicit relevance models in intent-oriented information retrieval diversification. In: Proceedings of the 35th Annual International ACM SIGIR Conference on Research and Development in Information Retrieval, SIGIR 2012, pp. 75–84. ACM, New York, NY, USA (2012)

79. Ribeiro, M.T., Ziviani, N., Silva De Moura, E., Hata, I., Lacerda, A., Veloso, A.: Multiobjective pareto-efficient approaches for recommender systems. ACM Transactions on Intelligent Systems and Technology 4(5), Special Section on Novelty and Diversity in Recommender Systems, 53:1–53-20 (2015)

80. Wang, J.: Mean-variance analysis: A new document ranking theory in information retrieval. In: Proceedings of the 31th European Conference on Information Retrieval, ECIR 2009, pp. 4–16. Springer-Verlag, Berlin, Heidelberg (2009)

81. Welch, M.J., Cho, J., Olston, C.: Search result diversity for informational queries. In: Proceedings of the 20th International Conference on World Wide Web, WWW 2011, pp. 237–246. ACM, New York, NY, USA (2011)

82. Wu, Q., Tang, F., Li, L., Barolli, L., You, I., Luo, Y., Li, H.: Recommendation of more interests based on collaborative filtering. In: Proceedings of the 26 IEEE Conference on Advanced Information Networking and Applications, AINA 2012, pp. 191–198. IEEE (2012)

83. Yu, C., Lakshmanan, L., Amer-Yahia, S.: It takes variety to make a world: Diversification in recommender systems. In: Proceedings of the 12th International Conference on Extending Database Technology, EDBT 2009, pp. 368–378. ACM, New York, NY, USA (2009)

84. Zhai, C.X., Cohen, W.W., Lafferty, J.: Beyond independent relevance: Methods and evaluation metrics for subtopic retrieval. In: Proceedings of the 26th Annual International ACM SIGIR Conference on Research and Development in Information Retrieval, SIGIR 2003, pp. 10–17. ACM, New York, NY, USA (2003)

85. Zhang, M., Hurley, N.: Avoiding monotony: Improving the diversity of recommendation lists. In: Proceedings of the 2nd ACM Conference on Recommender Systems, RecSys 2008, pp. 123–130. ACM, New York, NY, USA (2008)

86. Zhang, M., Hurley, N.: Novel item recommendation by user profile partitioning. In: Proceedings of the IEEE/WIC/ACM International Joint Conference on Web Intelligence and Intelligent Agent Technology, WI-IAT 2009, pp. 508–515. IEEE Computer Society, Washington, DC, USA (2009)

87. Zhang, Y., Callan, J., Minka, T.: Novelty and redundancy detection in adaptive filtering. In: Proceedings of the 25th Annual International ACM SIGIR Conference on Research and Development in Information Retrieval, SIGIR 2002, pp. 81–88. ACM, New York, NY, USA (2002)

88. Zhang, Y.C., Séaghdha, D.O., Quercia, D., Jambor, T.: Auralist: Introducing serendipity into music recommendation. In: Proceedings of the 5th ACM Conference on Web Search and Data Mining, WSDM 2012, pp. 13–22. ACM, New York, NY, USA (2012)

89. Zhou, T., Kuscsik, Z., Liu, J.G., Medo, M., Wakeling, J.R., Zhang, Y.C.: Solving the apparent diversity-accuracy dilemma of recommender systems. Proceedings of the National Academy of Sciences 107(10), 4511–4515 (2010)

90. Ziegler, C.N., McNee, S.M., Konstan, J.A., Lausen, G.: Improving recommendation lists through topic diversification. In: Proceedings of the 14th International Conference on World Wide Web, WWW 2005, pp. 22–32. ACM, New York, NY, USA (2005)

第 27 章

Recommender Systems Handbook, Second Edition

跨领域推荐系统

Iván Cantador、Ignacio Fernández-Tobías、Shlomo Berkovsky 和 Paolo Cremonesi

27.1 简介

现今，绝大部分推荐系统为用户提供面向单一领域物品的推送服务。例如，Netflix 推荐电影和电视节目，Barnes&Noble 推荐书籍，Last. fm 推荐歌曲和音乐专辑。这些面向特定领域的系统已经成功地部署到了大量的网站上，同时，面向单一领域的推荐功能并不认为是一种局限，而是对某一市场的专注。

然而，Amazon、eBay 等电子商务巨头往往保存了用户对不同领域物品的反馈，而且，用户也经常在社交媒体上表达他们对各种话题的兴趣。因此，利用存在于不同系统和领域中的用户数据，可能会得到更全面的用户模型和更好的推荐结果。在本章，我们并非独立地对待某个领域（如电影、书籍或音乐），而是把从**源**领域中获得的知识迁移到目标领域中并加以利用。知识迁移方面的研究问题和挑战，以及跨领域推送服务的商业潜力，已经引起了人们对跨领域推荐的浓厚兴趣。

我们先来看跨领域推荐方面的两个例子。第一个例子是著名的冷启动问题（cold- start problem），即系统因缺乏足够的用户信息或物品信息而无法生成好的推荐结果。在跨领域的场景中，推荐系统可以利用从其他领域获取的信息来缓解这一问题，例如，我们可以根据用户喜欢的书籍类型来推测该用户喜欢的电影类型。第二个例子是面向多领域物品的个性化交叉销售或组合推荐，例如，我们可以给一部电影搭配一张和该电影配乐相近的音乐专辑。这样的推荐可以从用户对电影的偏好中获得，但不能从"电影－音乐"的联合评分矩阵中所包含评分的相互关系中得到。

以上两个例子的合理性通常基于一个直觉假设，即源领域和目标领域中的用户配置文件和物品信息是有对应关系的。这一假设已经在一些营销学、行为学和数据挖掘的研究中得到了验证，这些研究都说明了不同领域之间往往存在着很强的依赖关系[58,66]。跨领域推荐系统会利用这样的依赖关系，如用户（或物品）之间的重叠部分、用户偏好之间的相互关系和物品属性的相似度等。然后，人们利用不同的技术去丰富目标领域中的知识，进而提高目标领域中推荐结果的质量。

跨领域推荐非常具有挑战性，同时也是一个尚未充分研究的问题。尽管人们已经从多个角度对此进行了研究，然而，对于什么是跨领域推荐，至今还没有一个公认的定义，也没有人对现有的跨领域推荐方法进行分析和分类。在本章，我们将综述跨领域推荐系统中最前沿的技术，对建立和利用不同领域之间连接的方法加以分类，对比先前工作的研究成果，并指出未来

I. Cantador · I. Fernández-Tobías, Universidad Autónoma de Madrid, Madrid, Spain, e-mail: ivan. cantador@ uam. es; ignacio. fernandezt@ uam. es.

S. Berkovsky, CSIRO, Sydney, NSW, Australia, e-mail: shlomo. berkovsky@ csiro. au.

P. Cremonesi, Politecnico di Milano, Milan, Italy, e-mail: paolo. cremonesi@ polimi. it.

翻译：潘微科、曾子杰　审核：李　斌

的研究方向。

　　本章的组织结构如下所示。在 27.2 节，我们对跨领域推荐问题进行形式化的描述，并重点介绍它的主要任务和目标。在 27.3 节，我们给出了跨领域推荐技术的大体分类。在 27.4 节和 27.5 节，我们介绍了跨领域推荐的几种方法，并对知识聚合和知识连接/迁移进行了区分。在 27.6 节，我们概述了跨领域推荐的评估（evaluation）。在 27.7 节，我们讨论了有关跨领域推荐系统的一些现实考量。最后，在 27.8 节，我们讨论了跨领域推荐中一些开放的研究问题。

27.2　跨领域推荐问题的表示

　　人们已经在不同的研究领域从多个角度研究了跨领域推荐问题。在用户建模领域[2,8,58]，它是一个实现跨系统个性化功能的用户偏好聚合和整合策略；在推荐系统领域[16,59,64]，它是一个有望缓解冷启动和数据稀疏问题的解决方案；在机器学习领域[26,40,51]，它是一个有关知识迁移的实际应用。

　　为了统一各个观点，我们提出了跨领域推荐问题的一般形式。其中，我们将重点关注现有的领域表述（见 27.2.1 节），以及跨领域推荐的任务（见 27.2.2 节）和目标（见 27.2.3 节），并讨论领域之间出现数据重叠的场景（见 27.2.4 节）。

27.2.1　领域的定义

　　在文献中，研究人员讨论过领域的不同表述。例如，有人认为电影和书籍属于不同的领域，也有人认为动作电影和喜剧电影属于不同的领域。据我们所知，在推荐系统的研究中，还没有人尝试去定义领域这一概念。在此，我们根据推荐物品的属性和类型，对几个关于领域的表述加以区分。具体来说，我们认为**领域**可以从以下 4 个层面进行定义（请看图 27-1 中的示例）：

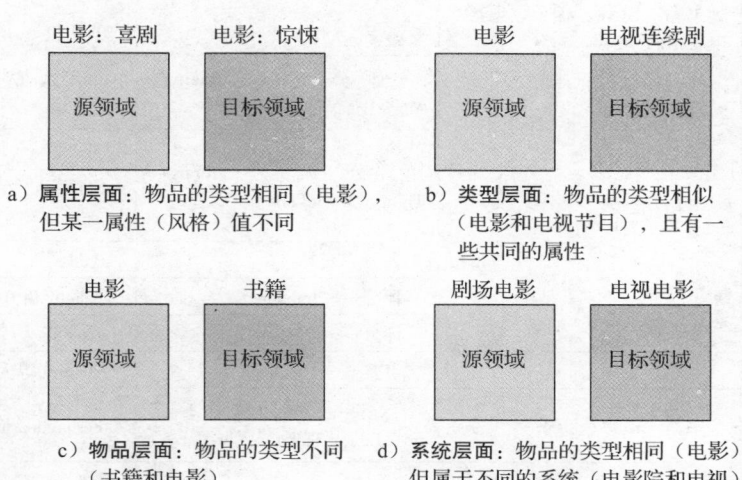

图 27-1　基于推荐物品的属性和类型的领域表述

- **（物品的）属性层面**：推荐物品属于同一个类型且具有相同的属性。如果两个物品在某一项属性上值不同，那么则认为它们属于不同的领域。例如，当两部电影的类别属性值不一样时（如动作电影和喜剧电影），它们就属于不同的领域。这样定义领域是相当模糊的，它主要用来作为一种增加推荐结果多样性的手段（如给观看喜剧电影的用户推荐一些惊悚电影）。

- **(物品的)类型层面**：推荐物品的类型相似且有部分相同的属性。如果两个物品包含一些不同的属性，我们则认为它们属于不同的领域。例如，电影和电视节目属于不同的领域，虽然它们之间有一些相同的属性(如标题、类别)，但它们在一些其他属性上是不同的(如电视节目的实况直播属性)。
- **物品层面**：推荐物品不属于同一类型且几乎所有属性都不相同。例如，电影和书籍属于不同的领域，虽然它们有一些相同的属性(如标题、发布/出版年份)。
- **系统层面**：如果推荐物品属于不同的系统，我们则认为它们属于不同的领域。例如，MovieLens 上评分的电影和 Netflix 流媒体视频服务中观看的电影。

在表 27-1 中，我们研究了跨领域用户建模和推荐的已有工作，并总结了有关领域的表述、所研究的领域和所用到的数据集或系统。我们发现，绝大多数论文从物品层面(约 55%)和系统层面(24%)来考虑领域。研究得最多的领域是电影(75%)、书籍(57%)、音乐(39%)和电视节目(18%)。同时，我们注意到，约 10% 的论文利用多领域系统(如 Amazon 和 Facebook)中的用户偏好数据来开展多领域方面的研究。通过分析那些常一起研究的成对领域，我们发现人们经常把电影与书籍(33%)、音乐(19%)和电视节目(7%)等领域放在一起研究，而书籍则常与音乐(14%)和电视节目(10%)等领域放在一起研究。

表 27-1 关于跨领域用户建模和推荐方面的文献中所使用的领域表述、领域，以及用户偏好数据集/系统

领域表述	领域	用户偏好数据集/系统	文献
物品属性	书籍类型	评分——BookCrossing	Cao 等人[13]
	电影类型	评分——EachMovie	Berkovsky 等人[7]
		评分——MovieLens	Lee 等人[38] Cao 等人[13]
物品类型	书籍、电影、音乐	评分——Amazon	Hu 等人[31] Loni 等人[44]
	书籍、游戏、音乐、电影、电视节目	评分	Winoto 和 Tang[66]
物品	书籍、电影	评分——BookCrossing、MovieLens/EachMovie	Li 等人[40,41] Gao 等人[26]
		评分、标签——LibraryThing、MovieLens	Zhang 等人[67] Shi 等人[59] Enrich 等人[20]
		评分、交易	Azak[3]
		评分——Imhonet	Sahebi 和 Brusilovsky[55]
		评分——Douban	Zhao 等人[69]
	电影、音乐	点赞——Facebook	Shapira 等人[58]
	书籍、电影、音乐	标签——MovieLens、Last.fm、LibraryThing	Fernández-Tobías 等人[23]
	书籍、电影、音乐、电视节目	点赞——Facebook	Tiroshi 和 Kuflik[65] Cantador 等人[10] Tiroshi 等人[64]
	音乐、旅游	语义概念	Fernández-Tobías 等人[21] Kaminskas 等人[35]
	餐饮、旅游	评分、交易	Chung 等人[14]
	多个领域	标签——Delicious、Flickr	Szomszor 等人[61,62]

（续）

领域表述	领域	用户偏好数据集/系统	文献
系统	电影	评分——Netflix	Cremonesi 等人[16] Zhao 等人[69]
		评分——Douban、Netflix	Zhao 等人[69]
		评分——MovieLens、Movie-pilot、Netflix	Pan 等人[52] Pan 等人[53]
	音乐	标签——Delicious、Last. fm	Loizou[43]
		标签——Blogger、Last. fm	Stewart 等人[60]
	多个领域	标签——Delicious、Flickr、StumbleUpon、Twitter	Abel 等人[1] Abel 等人[2]
		点击数据——Yahoo! services	Low 等人[45]

该表同时展示了所使用的用户偏好数据：评分（61%）、标签（29%）、点赞（14%）、交易历史（7%）和点击数据（4%）。虽然，只有少数论文使用了语义概念（semantic concepts）来作为用户偏好，但是，也有一些论文把社交标签通过 WordNet 或 Wikipedia 转换为语义概念。总体来说，大约有 14% 的论文使用了语义概念来作为用户偏好。

27.2.2 跨领域推荐的任务

跨领域推荐通常旨在研究源领域 $\mathcal{D}_s$ 中的知识，并将其用于目标领域 $\mathcal{D}_r$ 进行推荐或提高推荐质量。经过文献分析，我们发现，跨领域推荐要解决的任务通常是不一样的，而对于跨领域推荐问题，至今还没有一个公认的定义。因此，有些研究人员提出了能够对来自多个领域的不同物品进行推荐的模型，而其他研究人员则利用源领域的信息来设计可以缓和目标领域中冷启动和稀疏问题的方法。

为了对跨领域推荐问题给出一个统一的形式化表示，我们首先把一个跨领域的推送服务定义为一个任务。不失一般性，我们只考虑 $\mathcal{D}_s$ 和 $\mathcal{D}_r$ 两个领域（可扩展到多个源领域）。我们用 $\mathcal{U}_s$ 和 $\mathcal{U}_r$ 来表示用户集合，用 $\mathcal{T}_s$ 和 $\mathcal{T}_r$ 表示物品集合。一个领域中的用户是指那些对该领域中的物品表达过偏好的用户（如评分、评论、标签和消费记录）。一个领域中的物品不一定有来自该领域的用户偏好，但它们在某些内容方面的属性使之成为该领域中的一员。

按照复杂度递增的顺序，我们对以下 3 种推荐任务进行了区分（见图 27-2）：

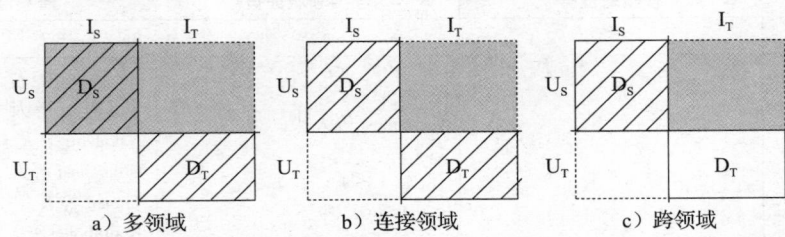

图 27-2 跨领域推荐任务。**灰色**填充区域表示目标用户和推荐的物品，**阴影线**区域表示可用来生成推荐结果的数据

- **多领域推荐**（multi-domain recommendation）：推荐物品来自源领域和目标领域，例如，推荐 $\mathcal{T}_s \cup \mathcal{T}_r$ 中的物品给 $\mathcal{U}_s$ 中的用户（或 $\mathcal{U}_r$、$\mathcal{U}_s \cup \mathcal{U}_r$ 中的用户）。
- **连接领域推荐**（linked-domain recommendation）：利用源领域和目标领域中的知识对目标领域中的物品进行推荐，例如，通过利用 $\mathcal{U}_s \cup \mathcal{U}_r$ 和/或 $\mathcal{T}_s \cup \mathcal{T}_r$ 中的知识，把 $\mathcal{T}_r$ 中的物品推荐给 $\mathcal{U}_s$ 中的用户。

- **跨领域推荐**(cross-domain recommendation)：利用源领域中的知识对目标领域中的物品进行推荐，例如，通过利用$\mathcal{U}_s$和/或$\mathcal{T}_s$中的知识把$\mathcal{T}_r$中的物品推荐给$\mathcal{U}_s$中的用户。

通过对(来自不同系统的物品上的)用户偏好的联合建模，多领域方法主要集中在跨系统的推送服务方面。为了实现这样的推送服务，来自不同领域的用户偏好需要有显著的重叠。在现实中，满足这一要求已逐渐成为可能，因为一个用户通常会在多个社交媒体上注册个人信息，并且在跨系统互操作性[12]和跨系统用户识别[11]方面存在着一些互连的机制。除了社交媒体，多领域的推送服务对电子商务网站也非常有帮助，因为个性化的交叉销售[19,36]能够提高用户的满意度，随之而来的是客户忠诚度的提升和商业利润的增加。为了达到这一目的，通常的做法是，聚合源领域和目标领域的知识。

连接领域的方法主要用来提高目标领域中推送服务的质量，尤其是在用户偏好较少的时候，这包括用户层面(冷启动问题)或群体层面(数据稀疏性问题)。面对这样的情况，通常的做法是，利用源领域中的知识来丰富或优化目标领域中可用的知识。因此，为了实现这种类型的推送服务，一些数据之间的关系或领域之间的重叠是必需的，此外，还需要在领域之间建立显式的或隐式的基于知识的连接。

最后，当目标领域中没有任何用户的信息时，人们也提出了跨领域的方法。在这种情况下，我们不能假设领域之间的数据关系和/或重叠程度，而需要在领域之间建立基于知识的连接，或者将源领域的知识迁移到目标领域中去。

为了简单起见，我们将3种推荐任务一起考虑，进而得到跨领域推荐问题的统一表示形式；在27.4节和27.5节，我们会讨论每个任务的具体方法。

27.2.3　跨领域推荐的目标

从研究或实用的角度来看，使推荐算法和要解决的任务相匹配是非常重要的。为此，我们首先给出跨领域推荐目标的分类。该分类方式与具体的推荐算法无关：每个问题的定义仅仅是基于它的目标——即不讨论它们是如何解决的(有关推荐算法的讨论请看27.3节)。

在第一层分类中，我们考虑27.2.2节中给出的3个推荐任务，即**多领域**、**连接领域**和**跨领域**(见表27-2中的相关列)。在第二层分类中，我们区分跨领域推荐的具体目标(见表27-2中的相关行)。我们总结了如下的目标：

表27-2　根据推荐的目标和任务，对跨领域推荐方法进行总结

目标	多领域任务	连接领域任务	跨领域任务
冷启动			Shapira 等人[58]
新用户		Winoto 等人[66] Cremonesi 等人[16] Low 等人[45] Hu 等人[31] Sahebi 等人[55]	Berkovsky 等人[6,7] Berkovsky 等人[8] Nakatsuji 等人[47] Cremonesi 等人[16] Tiroshi 等人[65] Braunhofer 等人[9]
新物品			Kaminskas 等人[35]
准确率	Cao 等人[13] Zhang 等人[67] Li 等人[42] Tang 等人[63] Zhang 等人[68]	Li 等人[40,41] Moreno 等人[46] Shi 等人[59] Pan 等人[52] Gao 等人[26] Pan 等人[53] Zhao 等人[69]	Pan 等人[48] Stewart 等人[60] Pan 等人[51] Tiroshi 等人[64] Loni 等人[44]

（续）

目标	多领域任务	连接领域任务	跨领域任务
多样性		Winoto 等人[66]	
用户模型		Szomszor 等人[61] Abel 等人[1] Abel 等人[2] Fernández-Tobías[23] Goga 等人[28] Jain 等人[32]	

- **解决系统的冷启动（系统的 bootstrapping）问题**：这是指推荐系统由于初始时缺乏用户偏好数据而无法进行推荐的情况。一个可能的解决方案是利用目标领域之外的其他源领域中的用户偏好数据来提升系统推荐的性能。
- **解决新用户问题**：当一个用户首次使用推荐系统时，系统由于不知道用户的兴趣而无法提供个性化推荐。通过从不同的源领域收集该用户的偏好数据可以解决这一问题。
- **解决新物品问题（产品的交叉销售）**：当一个新物品添加到目录中时，由于它没有相应的评分记录，所以，协同过滤系统不会推荐该物品。这个问题在交叉销售不同领域的新产品时显得尤为突出。
- **提高准确率（降低稀疏度）**：在很多领域，与每个用户和每个物品相关的平均评分个数是很少的，这可能会对推荐质量产生负面影响。从目标领域之外收集的数据能够提高评分数据的密度，进而提升推荐质量。
- **提高多样性**：推荐列表中存在的相似或冗余的物品可能不会对提升用户满意度带来任何贡献（见第 26 章）。推荐结果的多样性可以通过考虑多个领域的数据来得到改善，因为这能更好地覆盖用户偏好的范围。
- **优化用户模型**：跨领域用户建模应用的主要目标是优化用户模型。如果实现这一目标，则可能带来众多个性化方面的好处，例如，1）发现用户在目标领域中新的偏好[60,62]；2）优化用户和物品之间的相似性度量[1,8]；3）测量社交网络中易受攻击的程度（vulnerability）[28,32]。

在表 27-2 中，我们总结了上述推荐任务和目标之间的对应关系。跨领域任务主要通过提高数据的密度来解决冷启动问题，而连接领域任务则用于提高准确率和多样性。

27.2.4 跨领域推荐的场景

正如 Fernández-Tobías 等人[22]所讨论的，在一个跨领域推荐任务中，通过基于内容或协同过滤的方式（如利用评分、社交标签、语义关系和潜在因子等与用户或物品有关的特性），不同的领域可显式或隐式地连接起来。

我们用 $\mathcal{X}^u = \{x_1^u, \cdots, x_m^u\}$ 和 $\mathcal{X}^T = \{x_1^T, \cdots, x_m^T\}$ 来各自表示用户和物品的特性。当 $\mathcal{X}_S^u \cap \mathcal{X}_T^u \neq \varnothing$ 或 $\mathcal{X}_S^T \cap \mathcal{X}_T^T \neq \varnothing$ 时，$\mathcal{D}_S$ 和 $\mathcal{D}_T$ 两个领域就被连接起来了，例如，当它们共享用户或物品特性时。在实际情况中，由于领域中数据表示的异构性，所以人们可能需要一些函数以便在领域之间建立映射关系，例如 $f: \mathcal{X}_S^u \to \mathcal{X}_T^u$ 和 $g: \mathcal{X}_S^T \cap \mathcal{X}_T^T$。举例来说，为了连接电影和书籍，一个映射函数能够识别在两个系统中都注册过的用户，即 $f(u_{i,\text{movie system}}) = u_{j,\text{book system}}$，或者能够连接物品的类型，即 $g(\text{comedy}_{\text{movie system}}) = \text{humor}_{\text{book system}}$。

接下来，我们将描述用户和物品特性方面的典型例子，以及域间关系和数据重叠的场景。

- **领域间基于内容的关系**：在基于内容的系统中，一组内容或元数据特性 $\mathcal{F} = \{F_1, \cdots, F_n\}$（例如，关键词、属性和类别）同时描述了用户偏好和物品属性（如 $\mathcal{X}^u \subseteq \mathcal{F}$，$\mathcal{X}^T \subseteq \mathcal{F}$）。

通常，一个用户配置文件由一个向量构成，其中每个分量反映了该用户对某一特征的喜欢程度或感兴趣程度；类似地，一个物品描述也由一个向量构成，其中每个分量反映了对应特征与物品的相关性程度。当 $\mathcal{X}_S^u \cap \mathcal{X}_T^u \neq \varnothing$ 且 $\mathcal{F}_S \cap \mathcal{F}_T \neq \varnothing$ 时，领域 $\mathcal{D}_S$ 和 $\mathcal{D}_T$ 有重叠。

- **领域间基于协同过滤的关系**：在协同过滤系统中，用户偏好通常用一个矩阵 $R \in R^{|\mathcal{U}| \times |\mathcal{T}|}$ 来表示，其中元素 $r_{u,i}$ 表示用户 u 对物品 i 的评分。从而，$\mathcal{X}^u = \mathcal{T}$（$\mathcal{T}$ 是评分过的物品集合），当 $\mathcal{X}_S^u \cap \mathcal{X}_T^u \neq \varnothing$ 时，领域 $\mathcal{D}_S$ 和 $\mathcal{D}_T$ 有重叠（即 $\mathcal{T}_S \cap \mathcal{T}_T \neq \varnothing$）。等价地，我们可以从物品的角度进行类似推理，即当 $\mathcal{X}_S^T \cap \mathcal{X}_T^T \neq \varnothing$（即 $\mathcal{U}_S \cap \mathcal{U}_T \neq \varnothing$）时，我们得到 $\mathcal{X}^T = \mathcal{U}$（$\mathcal{U}$ 表示评过分的用户集合），进而知道领域 $\mathcal{D}_S$ 和 $\mathcal{D}_T$ 有重叠。

此外，正如后面的章节会解释的那样，有研究人员提出在低维空间中表示用户和物品，该方法称为**潜在因子**方法，此时，上面提到的向量表示法也是有效的。在这种情况下，如果我们用 U 和 I 表示用户和物品的潜在因子，那么就有 $\mathcal{X}^u = U$ 和 $\mathcal{X}^T = I$。

如图 27-3 所示，对于上面提到的关系类型，我们在 Cremonesi 等人[16]提到的跨领域协同过滤的基础上进行了一些推广，可以发现，$\mathcal{D}_S$ 和 $\mathcal{D}_T$ 两个领域之间存在 4 种数据重叠的场景：

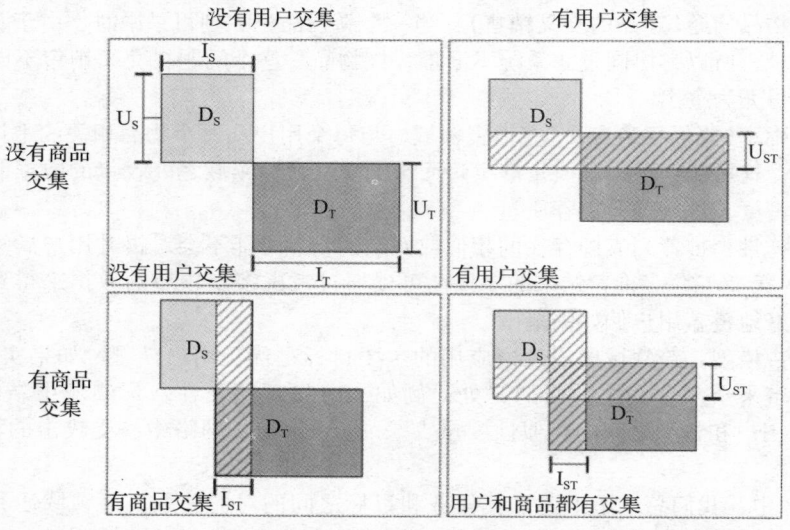

图 27-3　在 $\mathcal{D}_S$ 和 $\mathcal{D}_T$ 两个领域中，用户和物品之间数据重叠的各种情形，包括无交集、有用户交集、有物品交集，以及用户和物品都有交集

- **没有交集**：领域间没有用户交集和物品交集，即 $\mathcal{U}_{ST} = \mathcal{U}_S \cap \mathcal{U}_T = \varnothing$ 且 $\mathcal{T}_{ST} = \mathcal{T}_S \cap \mathcal{T}_T = \varnothing$。
- **有用户交集**：一部分用户对两个领域中的物品都有偏好，即 $\mathcal{U}_{ST} \neq \varnothing$，但每个物品只属于一个领域。例如，一些用户对电影和书籍都有评分。
- **有物品交集**：一部分物品被来自两个领域的用户评分过，即 $\mathcal{T}_{ST} \neq \varnothing$。例如，两家 IPTV 提供商有部分相同的电视节目，而这些节目在各自的系统上都被打过分。
- **用户和物品都有交集**：两个领域中的用户和物品都有交集，即 $\mathcal{U}_{ST} \neq \varnothing$ 且 $\mathcal{T}_{ST} \neq \varnothing$。

27.3　跨领域推荐技术的分类

正如我们在 27.2 节中所讨论的，人们已经从不同研究领域的多个角度对跨领域推荐进行了研究。不同角度的研究促进了各种推荐方法的发展，然而，在很多情况下，我们很难对这些方法进行较为深入的对比，因为它们所使用的用户偏好、针对的跨领域场景和基于的一些算法和数据集都尽不相同。此外，已经发表的文献综述和对现有方法的分类[16,22,33,39]都还没有完全反映出这个问题的复杂程度。在本节,我们尝试对已有的跨领域推荐技术进行分类,并提出一个统一的框架(schema)。

Chung 等人[14]在一个具有开创性的研究中提出了框架,该框架能够对不同类型、甚至不同领域的物品进行集成推荐。该框架包含 3 个层面上的集成推荐:**单一类型物品的推荐**,即物品属于同一类型;**跨物品类型的推荐**,即物品属于同一领域的不同类型;**跨领域推荐**,即物品属于不同的领域。作者宣称集成推荐可以通过(至少)3 种方式来生成:

- 一般过滤:为可能属于不同领域、不同类型的物品构建一个推荐模型。
- 群体过滤:它利用几个群体或系统共享的评分记录,其中,这些记录可能涉及不同的物品类型和不同的领域。
- 购物篮分析:应用数据挖掘技术来推测不同类型/领域物品之间的隐含关系,并(在此基础上)构建一个模型来对物品进行过滤。

在[43]中,Loizou 指出了跨领域推荐研究的 3 个主要趋势。第一,编制(compile)适用于跨领域推荐的统一的用户配置文件[29]。这被认为是对与领域相关的用户模型进行整合,进而得到一个统一的多领域的用户模型,并以此来生成推荐结果。第二,通过观测用户在各个领域中的交互行为来得到用户偏好[34],这可以通过代理(agent)来学习单个领域中的用户偏好,并从多个领域进行汇总,进而生成推荐结果。第三,综合或整合来自多个单一领域的推荐系统的信息[6]。人们研究了多个用以整合面向单一领域的协同过滤系统策略,包括交换评分、交换用户邻居、交换用户相似度和交换推荐结果等。

基于这些趋势,Cremonesi 等人[16]对跨领域协同过滤系统进行了综述和分类。他们通过更加具体的分类方式来改进 Loizou 所提出的分类方案:

- 从源领域的评分行为数据中提取关联规则,并用这些规则生成目标领域中的物品推荐,例如,Lee 等人[38]提出的方法。
- 学习领域间基于评分数据的相似度和相关矩阵,例如,Cao 等人[13]和 Zhang 等人[67]提出的方法。
- 综合源领域中评分数据的概率分布估算值,并据此在目标领域中生成推荐结果,例如,Zhuang 等人[70]提出的方法。
- 在领域间迁移知识,进而解决目标领域中评分稀疏问题,例如,Li 等人[40,41]和 Pan 等人[50,51]提出的方法。

在最后一组中,Li[39]发表了一篇关于跨领域协同过滤中迁移学习技术的综述。在该论文中,Li 提出了一个基于领域类型的分类方案。具体来说,作者区分了以下 3 个领域:1)**系统领域**:系统领域涉及不同的推荐系统,其中,目标推荐系统中的数据非常稀疏,而与之相关的其他推荐系统中的数据却非常丰富;2)**数据领域**:数据领域涉及多种异构的数据,其中,用户数据在源领域(如二值评分数据)中相较于在目标领域(如五分制评分数据)中更容易被获取;3)**时间领域**:时间领域涉及不同的数据时段,其中,用户偏好的动态特性能够被刻画。在这些类别中,Li 考虑了 3 种推荐策略,它们的区别在于域间迁移的知识有所不同:

- 评分模式共享:旨在利用用户/物品的群组信息来分解单个领域的评分矩阵,并对群组层面上的评分模式进行编码,进而在域间通过编码的评分模式实现知识的迁移[40~42]。
- 评分潜在特征共享:旨在通过潜在特征来分解单个领域的评分矩阵,并在域间共享潜在特征空间,进而在域间通过潜在特征矩阵实现知识的迁移[50~53]。
- 领域关联:旨在通过潜在特征来分解单个领域的评分矩阵,并对单个领域中潜在特征之间的相互关系进行刻画，进而在域间通过这些相互关系实现知识的迁移[13,59,67]。

Pan 和 Yang[49]在一篇面向机器学习应用的迁移学习技术综述中，指出了迁移学习面临的 3 个基本问题：1）迁移什么——哪些知识可以在领域之间迁移；2）如何迁移——应用哪些机器学习算法可以迁移发现的知识；3）何时迁移——在哪些情形下知识迁移是有帮助的。着眼于"迁移什么"和"如何迁移"这两个基本问题，针对基于迁移学习的跨领域协同过滤方法，Pan 等人[50,51]提出了一种二维分类法。第一维是关于所迁移知识的类型，例如，潜在评分特征、编码评分模式、基于评分的相互关系和协方差。第二维是关于算法的，并对自主方式和共同方式加以区分，并假设前者的评分数据只存在于源领域中，而后者的评分数据同时存在于源领域和目标领域。

在最近一篇综述论文中，Fernández-Tobías 等人[22]在已有的协同过滤推荐方法的基础上，进一步考虑了建立领域间关系的方法（包括不基于评分的方法）。他们指出了解决跨领域推荐问题的 3 个方向。第一，将不同单一领域中的用户偏好整合为一个统一的跨领域用户模型，这意味着要从多个领域中聚合用户配置文件（"编制统一配置文件"[43]）并整合不同领域中的用户模型（"通过观测描述"[43]）。第二，从源领域迁移知识到目标领域，包括在目标领域中利用源领域中的推荐结果（"整合信息"[43]），以及基于迁移学习的方法[39]。第三，在域间建立显式的关系，这可以是基于物品间的内容关系，也可以是基于评分的用户/物品之间的关系。随后，关于跨领域推荐方法，作者提出了一个二维分类法：1）根据域间关系的类型提出了，**基于内容的关系**（物品属性、标签、语义内容和特征的相互关系）和**基于评分的关系**（评分模式、评分潜在因子和评分的相互关系）；2）根据推荐任务的目标提出了，**自主模型**，即在目标领域中利用源领域的知识来生成推荐结果，另一个是**共同模型**，即利用多个领域中的数据来改善目标领域中的推荐结果。

正如之前所讨论的，关于跨领域推荐技术，现有的分类方式是多种多样的。我们的目标是根据这些分类方式的核心思想对不同的分类方式加以整合。为此，我们重点关注跨领域推荐中知识利用的具体方式，并得到如下的二层分类法：

- **聚合知识**将来自不同源领域的知识进行聚合，并在目标领域中用于推荐的生成过程（如图 27-4a 所示）。在 27.4 节，我们将分析 3 个实际的例子。

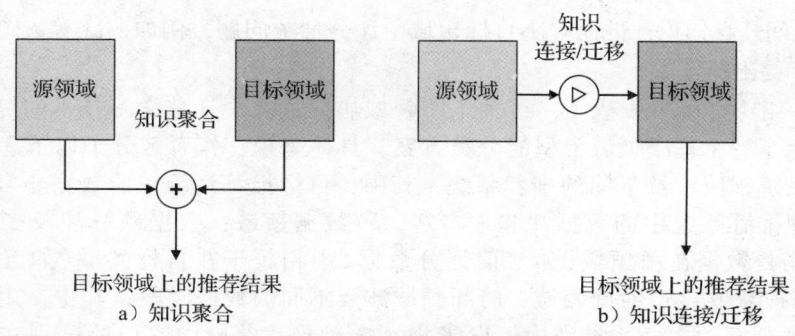

图 27-4　跨领域推荐中的知识利用

a）**合并用户偏好**——聚合的知识由用户偏好组成，例如，评分、标签、交易记录和点击数据。

b）**整合用户模型数据**——聚合的知识来自各个领域推荐系统中使用的用户模型数据，例如，用户相似度和用户邻居。

c）**综合推荐结果**——聚合的知识由多个面向单一领域的推荐结果组成，例如，预测的评分和评分概率分布。

- **连接和迁移知识**建立域间的知识连接和迁移，进而帮助推荐(见图27-4b)。在27.5节，我们将分析3种不同的方式。
  - a) **连接不同领域**——通过共用的知识来连接不同的领域，例如，物品属性、关联规则、语义网和域间的相互关系。
  - b) **共享潜在特征**——源领域和目标领域通过隐式的潜在特征进行联系。
  - c) **迁移评分模式**——将源领域中的显式或隐式的评分模式用于目标领域中。

27.4 基于知识聚合的跨领域推荐

在本节，我们会综述一些跨领域推荐的方法，这些方法能够聚合源领域的知识，并在目标领域中用来实施推荐或改善推荐结果。这些聚合的知识可以在推荐过程中的任何一个阶段得到。具体来说，这些知识可以从用户建模阶段中获得的用户偏好中得到(见27.4.1节)，可以从物品相互关系估计阶段中使用的用户模型数据中得到(见27.4.2节)，也可以从生成推荐结果阶段中用到的物品相关性估计中得到(见27.4.3节)。

27.4.1 合并单个领域的用户偏好

在跨系统个性化中，合并来自不同源领域的用户偏好，是最广为采用的策略之一，也是解决跨领域推荐问题的最直接方法(见图27-5)。

研究表明，当我们把用户在多个领域中的偏好进行合并时，能够得到更为丰富的用户配置文件，以及在单一领域中难以揭示的用户品味和兴趣[2,61]。也有研究表明，引入其他领域的用户偏好数据，可以丰富某一领域中较为稀疏的用户偏好数据，进而显著提高冷启动和稀疏条件下的推荐效果[55,58]。然而，这要求在多个领域中存在着大量的用户偏好数据，同时，我们可以访问和合并不同系统中的评分数据(不同系统中的用户偏好类型或表示方式可能有所不同)。

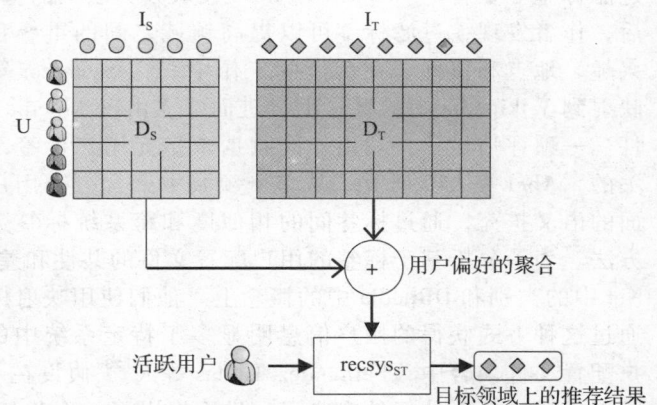

图 27-5 合并用户偏好(merging user preferences)。合并来自不同源领域的数据，传统的面向单个领域的推荐系统可用于来自不同领域的合并后的数据

对基于合并的方法，最容易的场景是不同系统中的用户偏好类型和表示方式是一样的。针对这样的跨领域协同过滤场景，Berkovsky等人[6,7]提出了一个相应的整合策略。作者考虑了一种领域分布的情形，其中，全局评分矩阵 R 分割为多个较小的矩阵，因此，单一领域的推荐系统可以各自存放一个结构相同的本地评分矩阵 R_d。在这种情形下，目标领域的推荐系统可以从多个源领域引入评分矩阵 R_d，并将本地的评分矩阵和外来的评分数据整合为一个统一的评分矩阵 R，进而在 R 上应用协同过滤方法。这个方法可以视为面向分散在不同领域中评分数据的中心化协同过滤方法。在这个方法中，较小的评分矩阵可以被本地系统更高效地维护，同时，数据也只会在有需要的时候与目标系统共享。

Berkovsky等人[6,7]的研究显示，当合并多个领域的评分数据时，目标领域上的推荐准确率确实会有所提高。Winoto 和 Tang[66]也有同样的发现。作者收集了来自不同领域的物品评分数据，开展的研究表明，在领域间有明显重叠和相互关系的场景中，如果我们只利用这些领域中的评分数据，那么目标领域中的推荐准确率也会有所提高。尽管有了这样的发现，Winoto 和 Tang 还是认为跨领域推荐可能带来其他方面的好处，特别是惊喜度和多样性。

除了惊喜度和多样性，人们还发现了跨领域推荐的其他优点。Sahebi 和 Brusilovsky[55] 考察了源领域和目标领域中用户评分数据的多少与协同过滤效果的关系，并发现在冷启动情况下，聚合多个领域的评分数据能够提高目标领域中的推荐准确率。类似地，Shapira 等人[58]的研究表明，在用户偏好数据比较稀疏的情况下，基于聚合的方法能够显著提高推荐准确率。在论文中，作者使用的用户偏好数据集是由单值的 Facebook Like 数据组成的。

除了数值评分数据和单值/二值评分数据，其他类型的用户偏好数据也可以被聚合，并用于跨领域推荐中。具体来说，一些工作重点研究了社交标签和语义概念的用户配置文件的聚合。在这样的场景中，领域间用户或物品的重叠不是必需的，因为标签和概念作为一个共用的表示方式，可以合并来自多个领域的用户偏好。

Szomszor 等人率先将多个领域的基于标签的用户配置文件关联起来。在[62]中，他们展示了一个架构，该架构可以将原始的标签转换为在不同领域中大众分类法之间对齐的过滤标签。在将 Delicious 和 Flickr 大众分类法上的基于社交标签的用户配置文件进行关联后，作者发现，过滤标签可以提高领域之间的重叠程度，并有助于发现较为明显的用户兴趣、地点和事件。在后续的工作中[61]，Szomszor 等人扩展了他们的框架，将社交标签映射到 Wikipedia 中的概念上，进而建立由 Wikipedia 中的类别所构成的跨领域用户配置文件。一项评估显示，利用外部数据来扩充用户标签云可以学习到用户新的兴趣。与之相关的，Abel 等人[1]研究了从多个领域中聚合一个用户的标签云。面向领域间标签重叠方面的语义扩充，通过标签间的相似度和跨系统标签数据中的关联规则，他们评估了多个方法。为了分析基于标签的用户配置文件的共性和差异，Abel 等人[2]将标签映射到 WordNet 中的类别和 DBpedia 中的概念上。他们使用映射标签来建立基于类别的用户配置文件，通过这种方式获得的用户信息明显多于特定系统中的用户信息。同样，在基于标签的用户配置文件聚合中，Fernández-Tobías 等人[23]假设在一个娱乐领域中，与物品相关的情感可以通过物品上的标签来表示，进而提出了一个将标签映射到情感类别上的方法。因此，物品上的情感信息可以成为将跨领域用户配置文件合并的一座桥梁。

关于使用语义概念作为用户偏好，Loizou[43]提出了一个基于图的方法，以用户喜欢的物品在 Wikipedia 中所对应的概念为节点，并通过集成用户评分数据和 Wikipedia 中的超链接来获得描述概念之间语义关系的边。在这个图上，以用户配置文件中的节点为初始点，评估达到某一特定物品/节点的概率，并基于马尔可夫链模型来生成推荐结果。Fernández-Tobías 等人[21]和 Kaminskas 等人[35]也对相关的方法进行了研究。作者提出了一个基于知识的框架，该框架包括一个连接不同领域概念的语义网。这些网络是加权图，其中，没有入边（incoming edge）的节点表示源领域中的概念，而没有出边（outgoing edge）的节点表示目标领域中的概念。该框架提供了一种传播节点权重的算法，以便识别与源领域中的概念最相关的目标领域概念。这个框架的实现是基于 DBpedia 的，并通过给旅游景点推荐音乐来评估其有效性，其中，音乐和旅游景点是通过几个领域中的概念、地点、时间等上下文信息关联起来的。

除了直接合并用户偏好之外，有些工作重点研究了可将多个领域中的用户偏好连接起来的有向加权图。在[47]中，Nakatsuji 等人提出了一个构建特定领域用户图的方法，其中，节点表示用户，边表示基于评分的用户间相似度。领域图可以通过某些用户联系起来，这些用户给几个领域的物品打过分或者有共享的社会关系，进而构建一个跨领域用户图。在这个图上，通过随机游走算法，可以得到用户最喜欢的物品，这些用户是与提及的节点有关的。Cremonesi 等人[16]构建了一个物品图，其中，节点表示物品，边表示基于评分的物品间相似度。在这种情况下，领域间的关系是指来自不同领域的物品对之间的边。进一步，作者还提出了基于传递闭包的策略，用来发现新的边和增强已有的边，进而优化领域间的边。利用构建好的多领域图，作者对多个基于邻域和潜在因子的协同过滤技术进行了评估。在[64]中，Tiroshi 等人收集了一个从社交网络中提取的包含多个领域用户偏好的数据集。这些数据被合并进一个"用户－物品"二部图，从图中我们可以提取用户和物品的各种统计特征和基于图的特征。这些特征可以被机器学习算法利用，并把推荐问题当作一个二值分类问题来解决。

最后一种基于用户偏好合并的跨领域推荐包含两个步骤：第一，将多领域的用户偏好映射为与领域无关的特征；第二，在映射后的特征上建立机器学习模型，进而预测用户在目标领域中的偏好。González 等人[29]指出，通过几个代理的互操作和相互协调，可以将单个领域中的用户模型统一起来，但可惜的是他们没有进行实验评估。除了用户的品位和兴趣，这个统一的模型还包括用户的社会人口特征和情感特征。Cantador 等人[10]重点关注用户的个性特征，并研究了电影、电视、音乐和书籍等多个娱乐领域中个性类型和用户偏好之间存在的关系。他们分析了 Facebook 上大量的用户资料，包括大五性格特质(Big Five personality trait)的分数[15]，以及对上述每个领域中 16 种类型的显式偏好。据此，作者推断出不同领域中基于个性的用户类型之间的相似度。最后，Loni 等人[44]将多个领域的评分矩阵编码成实值的特征向量。通过这些向量，一个基于因子分解机[54]的算法可以找到源领域和目标领域中特征之间的模式，进而得到与输入向量相关的偏好估计。

在表 27-3 中，我们总结了上述讨论的基于聚合的方法。从几个协同过滤系统中聚合评分数据是最简单的方法，但需要用户数据的访问权限和领域间评分数据的高度重叠，而这在真实情况下往往难以得到满足。因此，大部分基于聚合的方法将多个领域的用户偏好转换为一种共用的、与领域无关的表示形式，并可在领域间建立数据之间的联系。为了这个目的，社交标签和语义概念通常作为主要的用户偏好类型。最近一些工作，则更多关注把多个领域的用户偏好数据聚合到一个单一的图中。由于社交媒体的兴起，所以我们估计会出现一些新的方法，这些方法既能统一用户偏好，又能把它们聚合到一个多领域图中。

表 27-3　基于合并后的用户偏好的跨领域用户建模和推荐方法。其中，*N* 表示无交集，*U* 表示有用户交集，*I* 表示有物品交集，*UI* 表示同时有用户和物品交集

跨领域方法	域间关系	文献
把用户评分数据聚合到一个多领域评分矩阵上	评分的相互关系	Berkovsky 等人[7] *UI*
		Sahebi 和 Brusilovsky[55] *U*
		Shapira 等人[58] *U*
	评分的相互关系和领域类型之间的关系	Winoto 和 Tang[66] *U*
将多个领域的用户偏好通过一个共用的形式来表示	社交标签的重叠	Szomszor 等人[62] *N*
		Szomszor 等人[61] *N*
		Abel 等人[1] *N*
		Abel 等人[2] *N*
		Fernández-Tobías 等人[23] *N*
	领域概念之间的语义关系	Loizou[43] *N*
		Fernández-Tobías 等人[21] *N*
		Kaminskas 等人[35] *N*

（续）

跨领域方法	域间关系	文献
通过一个多领域的图来连接用户偏好	基于评分的用户/物品的相似度	Nakatsuji 等人[47] U Cremonesi 等人[16] U
	基于"用户－物品"二分图的特征模式	Tiroshi 等人[64] U
将用户偏好映射为与领域无关的特征	社会人口和情感特征	González 等人[29] N
	个性特征	Cantador 等人[10] N
	"用户－物品"交互特征	Loni 等人[44] U

27.4.2　整合单个领域的用户模型数据

除了较为直接的用户偏好，其他与推荐相关的用户、物品和领域方面的信息同样也可以聚合或整合（见图 27-6）。早期，Berkovsky 等人[8] 提出了一个基于整合的跨领域推荐方法。用户模型整合的核心思想是，引入源领域中推荐系统的用户模型数据可能对目标领域的推荐系统有所帮助[4]，即能丰富目标领域中推荐系统的用户模型，进而生成更加准确的推荐结果。那么，在源领域和目标领域之间，我们能够整合什么样的数据呢？在 27.4.1 节中提到了引入用户偏好数据的情形是最简单的场景，而整合具体的推荐数据是更为复杂的场景。

例如，在一个协同过滤系统中，跨领域整合是引入一个用户的最近邻列表。这种做法需要基于两个假设：1）两

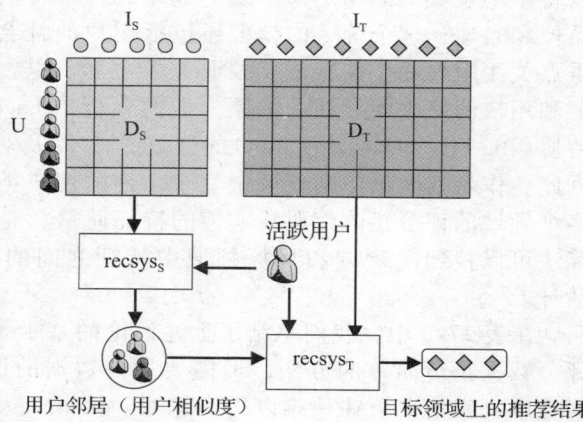

图 27-6　整合用户模型数据。从源领域中学习一个模型（如用户的邻居），并将之应用于目标领域

个领域中的用户有交集；2）用户之间的相似度可以横跨不同的领域，即两个在源领域中相似的用户在目标领域中也是相似的。Berkovsky 等人[7] 将这一思想应用于一个启发式的跨领域整合方法中。他们发现，引入一个用户的最近邻用户，并只用目标领域中的数据来计算用户之间的相似度，能生成比单一领域推荐方法更准确的结果。Shapira 等人[58] 提出的 k 近邻源聚合方法也基于类似的思想。他们使用 Facebook 中多个领域的数据来得到候选的最近邻用户，然后计算它们在源领域中的本地相似度。这样，可以解决新用户问题和目标领域中评分数据的稀疏性问题。Tiroshi 和 Kuflik[65] 也曾尝试使用 Facebook 中多个领域的数据，他们通过随机游走算法来得到源领域中的用户近邻，并将其用于目标领域的推荐。

聚合最近邻列表的过程仅仅依赖于目标领域中的数据，而目标领域可能由于数据的稀疏性而生成不准确的推荐结果。因此，我们可以同时引入、聚合源邻域中的相似度。这样的方法也称为跨领域整合[7]。[5] 评估了一个基于内容的域间距离指标和一个基于统计的域间距离指标，都得到了类似的结果，且优于单一领域的推荐结果。Shapira 等人[58] 提出了一个改进的加权 kNN 聚合方法。作者比较了多种加权方法，其性能在多个指标和推荐任务中的表现较为一致。以上跨领域整合的场景都假设不同领域中的用户之间

有交集。一个类似的场景是源领域和目标领域的物品之间有交集，这为进一步整合带来了可能。Stewart 等人[60]研究了音乐领域的两个系统（标签和博客）。作者将 Last. fm 中相似用户给出的标签应用于博客中标签的推荐过程。

从协同过滤到基于潜在因子的方法，我们发现有两个工作与用户模型数据整合的方式较为一致。第一，Low 等人[45]设计了一个分层的概率模型，该模型包含了不同领域的用户信息，并可以为那些没有用户交互行为的领域提供个性化服务。这个模型由一个基于潜在向量的全局用户配置文件和一组与领域相关的潜在因子构成，因此，领域之间不需要存在相同的物品或特征。第二，Pan 等人[52]尝试通过用户和物品的潜在特征来迁移不确定性评分，即从用户行为日志得到的分值范围或分布。这些不确定性评分从源领域迁移到目标领域，并作为矩阵分解模型中的一个约束条件。

在表 27-4 中，我们总结了基于整合的方法。可以看到，它们都要求源领域与目标领域之间的用户或物品存在交集。这对于识别横跨不同领域的高层用户偏好是必需的。这通常要求多个系统之间共享用户数据，但由于商业竞争、与隐私条款冲突等原因而难以实现。然而，一个用户使用多个系统的情况是很常见的（更为常见的是一个用户拥有多个社交网络账户），因此，通过整合来进行跨领域推荐是一个真实的场景。除了最后两个基于潜在表示的方法（应用概率或迁移学习模型），其他大部分方法都采用了较为简单的整合方法。这些方法都没有考虑显式域间距离或相似度（我们会在 27.5.1 节详细描述）。因此，我们估计未来会有更多的工作通过整合更加丰富的用户模型数据来解决跨领域推荐问题。

表 27-4　基于整合单一领域用户模型数据的跨领域推荐方法。其中，*N* 表示无交集，*U* 表示有用户交集，*I* 表示有物品交集，*UI* 表示同时有用户和物品交集

跨领域方法	域间关系	文献
通过整合邻居来生成推荐	基于评分的用户相似度	Berkovsky 等人[7]*U* Tiroshi 和 Kuflik[65]*UI* Shapira 等人[58]*U*
通过整合用户间的相似度来生成推荐	基于内容和评分的用户相似度	Berkovsky 等人[7]*U* Shapira 等人[58]*U*
利用用户的邻居来提高目标领域的用户模型	重叠的用户	Stewart 等人[60]*I*
整合基于概率的用户模型	与领域相关的潜在特征和全局用户偏好	Low 等人[45]*U*
整合异构的用户偏好	在矩阵分解时引入的与领域相关的约束条件	Pan 等人[52]*UI*

27.4.3　综合单个领域的推荐结果

当领域之间的用户和物品都有交集时，我们可以把单个领域中生成的推荐结果进行聚合（见图 27-7）。与基于整合的跨领域推荐场景不同，来自源领域的预测推荐结果本身就可以用来帮助目标领域中的推荐系统。因此，在综合单个领域的推荐结果时，一个核心问题是如何对来自不同源领域的推荐结果赋予权重，权重的大小必须反映它们对目标领域的重要程度。这些权重可以通过各种因素计算得到，例如，推荐系统的可靠性、领域间的距离等。

综合单个领域推荐结果的思想称为远程平均整合[6,7]。在论文中，作者根据电影的类型把评分数据划分成不同的领域。因为电影包含了多种类型元素，而用户也会观看不同

类型的电影，所以，用户和物品之间都有交集。这使得人们能够在源领域中计算独立的
推荐结果，并将它们聚合供目标领域
使用。Givon 和 Lavrenko[27] 也研究了单
个领域推荐结果的加权聚合方法。作者
重点研究了书籍的推荐任务，并采用了
两个方法来完成。在由标准的协同过滤
方法生成的推荐结果的基础上，由基于
相互关系模型（即书籍和用户模型之间
的相似度）生成的推荐结果进行补充，
其中，两者都考虑了书籍的内容和给书
籍打的标签。两种推荐结果以一种加权
的方式进行综合，这样，由基于协同过
滤方法生成的推荐结果的重要性会随着
评分数量的增加而提高。

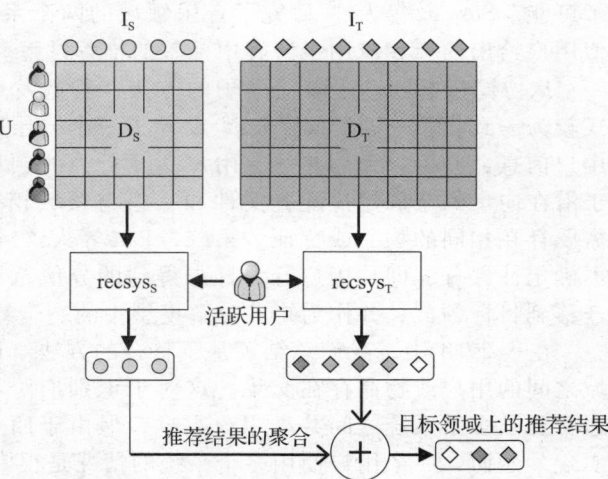

图 27-7　综合单个领域的推荐结果。将每个领域独立生成
的推荐结果合并为最终的推荐结果

　　Zhuang 等人[70] 提出了一个跨领
域的一致性正则化方法，但这个方法
是用于分类问题的而不是推荐系统
的。这项工作的主要贡献是提出了一个能够从多个领域学习的框架，并利用目标领域中
的数据来协调各个分类器之间的差异。这个框架的优点是多个领域的用户或物品之间不
需要有交集。

　　在表 27-5 中，我们总结了综合单个领域推荐结果的方法。显然，这一组跨领域推荐系统
的关键点是综合源领域中独立推荐结果的方式。有关这方面的内容，[70] 有所提及，并且推荐系
统之外的很多研究工作也有所涉及。需要强调的是，单个领域的推荐可以使用各种不同的技
术，而综合它们生成的推荐结果又是一个独立的模块，与用户模型、上下文和呈现方式等无
关，这使得这一类跨领域聚合方法对实际的推荐系统具有很大的吸引力。

表 27-5　基于综合单个领域的用户偏好推荐结果的跨领域推荐方法。其中，N 表示无交集，U 表示
有用户交集，I 表示有物品交集，UI 表示同时有用户和物品交集

跨领域方法	域间关系	文献
聚合用户评分的预测	基于评分的用户相似度	Berkovsky 等人[7] UI Givon 和 Lavrenko[27] UI
综合评分分布的估计	评分分布的相似度	Zhuang 等人[70] N

27.5　基于知识连接和迁移的跨领域推荐

　　在本节，我们会综述一些在领域间连接或迁移知识的跨领域推荐方法，这些方法丰富了目
标领域中可用于推荐的信息。知识连接和迁移可以通过显式的方式来实现（如通过共同的物品
属性、语义网、关联规则和领域间用户偏好的相似度，见 27.5.1 节），也可以通过隐式的方式
共享领域间的潜在特征来实现（见 27.5.2 节），或者通过在领域间迁移评分模式的方式来实现
（见 27.5.3 节）。

27.5.1　连接领域

　　为了解决多领域的异构性问题，一个自然的想法是识别各个领域中实体之间的对应

关系。例如，我们可以连接一部特定的电影和一本书，因为它们所属的类型在语义上是
相关的（如喜剧电影和幽默类的书籍）。通常，这样的域间对应关系可以通过领域之间的共同知识直接建立，例如，物品属性、语义网、关联规则和域间基于用户偏好的相似度或相关性（见图 27-8）。

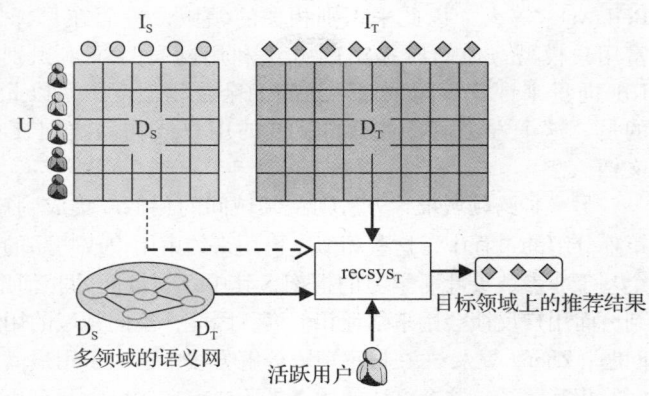

图 27-8　连接领域。一个外部知识源用于连接不同领域的物品，其中，源领域中的用户偏好可用于调整物品间的连接

　　这些连接对于跨领域问题而言是非常有价值的。在源领域中，根据用户曾经喜欢的物品来选择相关的其他物品，进而在目标领域中，推荐系统有望识别出具有潜在相关性的物品。此外，根据域间相似度和相互关系，我们可以更好地利用从不同领域迁移过来的知识。Chung 等人[14]早期进行过领域连接方面的研究。为了支持推荐中的决策过程，他们提出了一个旨在设计个性化过滤策略的框架。在这个框架中，根据源领域中用户感兴趣的物品属性，我们可以选取出目标领域中相关的物品。这就是说，领域间的连接是通过不同领域的物品属性之间的交集建立的，这并不要求不同领域的用户或物品之间存在交集。

　　与 Chung 等人[14]使用的例子不同，在实际情况中，物品之间是高度异构的，而领域之间通常不存在共同的物品属性。为了应对这种情况，我们需要在不同领域的物品之间建立更加复杂的（往往是间接的）关系。因此，当存在合适的知识库时，多个受关注的领域中的概念可以通过由语义属性构建的语义网显式地联系起来。根据这样的研究思路，Loizou[43]提出使用 Wikipedia 作为一个通用的词汇表，以此来表示和联系多个领域中的用户偏好。接着，作者提出了一个构建图的方法，其中，节点表示用户所喜欢的物品概念（Wikipedia 中的页面），边表示概念之间的语义关系（通过集成用户评分数据和 Wikipedia 中的超链接得到）。在这样的图上，应用马尔可夫链模型，以用户配置文件中的节点为起始点，评估其在图中游走到达推荐物品的概率，进而生成推荐。

　　上述方法存在的一个主要问题是众所周知的**知识获取**问题，即知识库的建立。为了解决这个问题，需要抽取信息，并以结构化的形式加以存储，以便于推荐系统使用。Fernández-Tobías 等人[21]和 Kaminskas 等人[35]认为连接数据是该问题一个较为有效的解决方案。具体来说，他们提出了一个可以从 DBpedia 本体中提取一个面向多领域的语义网框架，该语义网可用来连接源领域和目标领域中的物品和概念。基于这个提取的语义网，通过一个带约束的扩散算法，我们可以计算语义相似度，进而对目标领域中的物品进行排序和过滤。

　　领域间的关联规则也用来作为一种联系不同类型物品的方法。在这个方向上，Azak[3]提出了一个跨领域推荐的框架，其中，由领域专家定义的基于知识的规则可用来实现不同领域的物品属性之间的映射，例如，"喜欢浪漫剧情电影的人也会喜欢戏剧诗方面的书籍"。当这些规则中的条件满足时，我们可以据此来调整预测的评分，进而优化基于内容和基于协同过滤的推荐结果。在[10]中，Cantador 等通过自动生成的关联规则将用户性格类型与领域相关的偏好联系了起来。作者还为某些领域类型提取了相应的个性类型。基于这些个性类型，我们可以计算领域类型之间的相似度，并将此用于领域间的知识迁移。

　　除了以属性映射的方式来连接不同的领域，还有另一种方式可以实现知识的迁移，即通

过对用户偏好或物品内容的分析来计算领域间的相似度或相互关系。在早期的一项工作中，Berkovsky 等人[5]以此来识别相关的领域，进而在目标领域中引入与之相关的用户数据来丰富用户模型。他们所提出的方法利用网页目录来识别所关注领域的网站。然后，通过 TF-IDF 向量来计算不同领域网站间的余弦相似度，并以此作为领域间的相似度。需要特别说明的是，这个方法不要求不同领域的用户或物品之间存在交集，但需要有不同领域的代表性文档。

另一种跨领域推荐方法则将领域间的相似度集成到矩阵分解方法中[56]。具体来说，在联合矩阵分解的过程中，这些相似度可用来约束用户或物品的潜在因子。例如，Cao 等人[13]提出了一个基于非参数贝叶斯学习的框架，其中，领域间的相似度可以通过模型参数从数据中隐式学习到。而用户反馈会用来估计相似度，因此，不同领域的用户之间需要存在交集。为了解决稀疏性问题，Zhang 等人[67]在概率矩阵分解方法中引入了用户潜在因子的概率分布，并以此来刻画领域间的相互关系。这个方法的优点是不要求在领域间共享用户的潜在因子，从而在刻画不同领域的异构性时显得更加灵活。与自动学习领域间隐含的相互关系不同，Shi 等人[59]认为显式的共同信息会更加有效，并通过共享的社交标签来计算跨领域的"用户–用户"之间和"物品—物品"之间的相似度。与上述方法类似，源领域和目标领域中的评分矩阵也被联合分解；但同时，每个领域的用户潜在因子和物品潜在因子会被约束，以保证它们的乘积和基于标签的相似度是一致的。

在表 27-6 中，我们总结了在领域间建立连接和计算相似度的方法。我们发现大部分方法并不要求不同领域的用户或物品之间存在交集。连接的方法通过内容信息建立领域间的联系。类似地，在[5，59]中，相似度是通过共同的文本信息和社交标签来计算的。关于这些方法，需要注意的是，没有一个方法是明显优于其他方法的，因为大部分方法是为某一特定的跨领域场景而设计的，而且，据我们所知，人们尚未对它们进行过对比实验。

表 27-6   基于连接领域的跨领域的用户建模和推荐方法。其中，*N* 表示无交集，*U* 表示有用户交集，*I* 表示有物品交集，*UI* 表示同时有用户和物品交集

跨领域方法	域间关系	文献
通过共同属性来关联、过滤物品	物品的属性有交集	Chung 等人[14] *N*
构建语义网来连接领域中的概念	领域概念之间的语义关系	Loizou[43] *N*
		Fernández-Tobías 等人[21] *N*
		Kaminskas 等人[35] *N*
通过基于知识的规则来关联物品的类型	域间基于知识的规则	Azak 等人[3] *N*
		Cantador 等人[10] *N*
计算域间的相似度	文本信息有交集	Berkovsky 等人[5] *N*
用域间的相似度来约束矩阵分解	评分数据有交集	Cao 等人[13] *U*
		Zhang 等人[67] *N*
	社交标签有交集	Shi 等人[59] *N*

27.5.2 领域间的潜在特征共享

潜在因子模型是一种最流行的协同过滤技术[37]。在这些模型中，用户偏好和物品属性等稀疏数据会被一组潜在因子所刻画，进而得到较为稠密的表示。潜在因子模型的基本假设是，通过新的表示，潜在的用户偏好和物品属性能够更好地刻画和匹配。

与迁移学习中一个基本问题（"迁移什么"）有关[49]，在领域间共享潜在因子可以支持跨领域推荐（见图 27-9）。另外，如 27.3 节所述，对于迁移学习中的另一个基本问题（"如何迁

移"），人们已经研究了两类方法，即**自主模型**和**共同模型**。前者把从源领域中学习到的潜在因子集成到目标领域的一个推荐模型中，而后者通过同时优化涉及两个领域的目标函数来学习潜在因子。

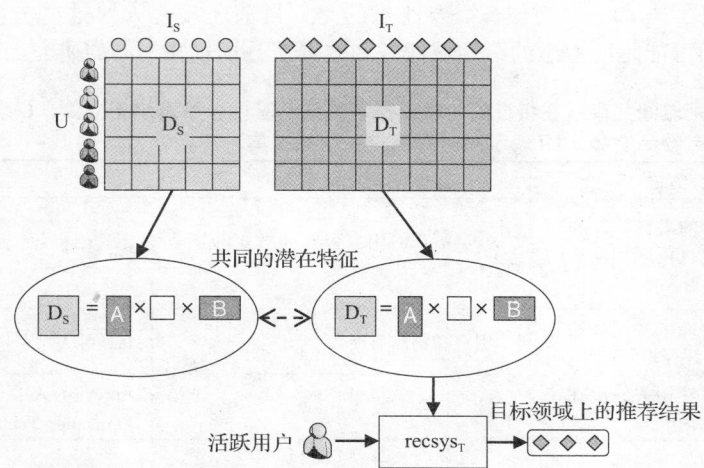

图27-9 共享潜在特征。在源领域和目标领域中同时学习潜在特征模型，并约束用户和/或物品的潜在特征，使之在两个领域中是一样的

在文献[51]中，面向包含不同形式用户反馈的辅助领域，Pan等人通过一个自主模型来利用辅助领域中的用户和物品信息，进而解决目标领域中的稀疏性问题。具体来说，研究问题中包含源领域中的二值偏好（喜欢/不喜欢）和目标领域中的数值评分（1～5）。他们通过奇异值分解（SVD）得到辅助领域中用户的潜在因子和物品的潜在因子，并将它们与目标领域共享。具体来说，迁移因子以正则化方式集成到目标领域的评分矩阵分解过程中，并以此来刻画目标领域的特征。

潜在因子同样也能够以一种共同的方式来共享[50]。在该论文中，作者提出在所有领域中同时学习潜在特征，而不是把源领域中学习到的潜在特征迁移至目标领域。假设我们可以根据用户和物品的潜在因子来得到每个领域中观测到的评分，那么，我们就可以共享每个评分矩阵中概率分解模型的随机变量。此外，通过引入一组与领域相关的潜在因子，这个分解方法可以进一步扩展，进而得到一个基于三因式分解的方法。然而，这个三因式分解方法的一个局限是要求源领域和目标领域中的用户和物品必须相同。

Enrich等人[20]，以及Fernández-Tobías和Cantador[24]没有从共享潜在因子的角度，而是从社交标签的角度研究了跨领域推荐中的知识迁移，以及社交标签对评分预测的影响。为了在评分预测中引入社交标签，作者提出了一系列基于SVD++算法[37]的模型。其基本假设是，如果两个领域之间存在共同的标签，那么，源领域中的物品标注信息就有望改善目标领域中的评分预测。在他们提出的模型中，首先，将标签因子添加到潜在的物品向量中，接着，再结合用户的潜在特征就可以预测评分了。这些模型之间的区别在于评分预测时所考虑的标签集合有所不同。在所有这些模型中，知识迁移都是以共同的方式来共享标签因子的，因为它们是在源领域和目标领域中同时计算的。

在文献[31]中，Hu等人提出了一个考虑了领域因子的更为复杂的方法。在该论文中，作者认为"用户－物品"这样的二元数据并不能充分刻画物品的异构性，而对与领域相关的信息进行建模是做出准确预测的重要因素，因为用户通常只在一个领域中表达他们的偏好。他们把这个问题称为**陌生的世界**，并提出一个面向"用户－物品—领域"三元数据的张量分解算法。在这个方法中，来自多个领域的评分矩阵被同时分解为共享用户、物品和领域的潜在因子，同时，领域的最优权重可以由一个遗传算法自动估计。

　　在表 27-7 中，我们总结了上述领域间共享潜在因子的方法。与 27.5.1 节中讨论的方法不同，为了提取共享的潜在因子，这些方法要求不同领域的用户或物品之间存在交集，或者有共享的内容信息[20,24]。与前一节类似，需要注意的是，目前还没有人对这些方法进行过对比研究。同样，其原因可能是所考虑的跨领域任务和数据重叠场景在不同的研究工作中是不同的。

表 27-7　基于领域间共享潜在特征的跨领域推荐方法。其中，N 表示无交集，U 表示有用户交集，I 表示有物品交集，UI 表示同时有用户和物品交集

跨领域推荐方法	域间关系	文献
利用源领域中用户的潜在特征和物品的潜在特征，并通过正则化项来约束目标领域中对应的潜在特征	共享潜在的用户偏好和潜在的物品属性	Pan 等人[51] UI
通过相同的潜在特征来共同分解源领域和目标领域中的评分矩阵	用户和物品有交集	Pan 等人[50] UI
通过一个与社交标签相关的潜在特征向量来扩展矩阵分解方法	社交标签有交集	Enrich 等人[20] N Fernández-Tobías 和 Cantador[24] N
通过在"用户－物品—领域"三元数据上的张量分解来实现共享潜在特征	评分数据有交集	Hu 等人[31] U

27.5.3　领域间的评分模式迁移

　　有一些方法不是以共享用户或物品的潜在因子来实现知识迁移的，而是从群体层面来分析评分数据结构的。这些方法基于这样一个假设：虽然不同领域之间的用户和物品会有所不同，但是，相近领域的用户偏好很可能是来自同一个群体的。因此，关于某一群组的用户对某一群组的物品偏好，在不同领域之间可能存在潜在的相互关系，这就是所谓的**评分模式**。据此，评分模式可以作为联系不同领域的桥梁（见图 27-10），进而以自主或共同的方式实现知识迁移。在自主方式中，评分模式是从数据密集的源领域中提取的。在共同方式中，尽管不同领域的用户或物品之间没有交集，但各个领域的评分数据还是可以放在一起加以利用。

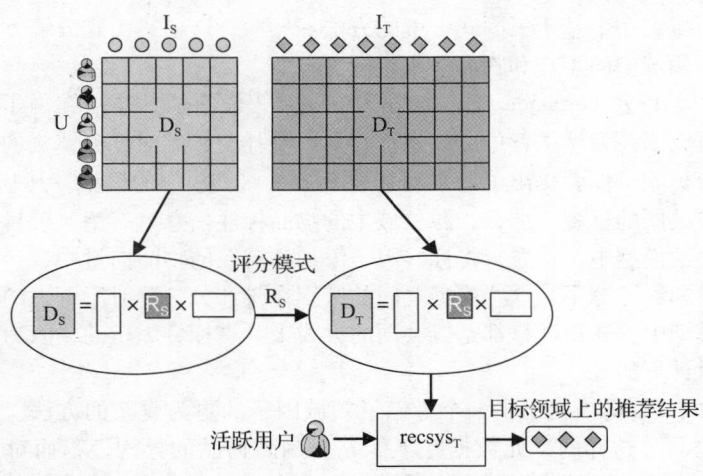

图 27-10　迁移评分模式。在源领域中通过联合聚类模型来获得评分模式，并将之应用于目标领域中用户和物品的聚类过程

　　Lee 等人[38]率先提出了通过评分模式来实现跨领域推荐，与 Berkovsky 等人[6]提出的跨领域整合方法类似，对各个领域的相似度进行相加，就可以识别出全局的最近邻。接着，那些经常被一组近邻评分的物品模式就可以通过关联规则发现。最后，在推荐阶段，在标准的基于用户的协同过滤算法基础上，可以通过包含目标物品的用户关联规则进一步优化推荐算法，进而得到预测评分。

　　Li 等人[40]提出了一个自主方法，在源领域中，该方法通过用户和物品的联合聚类来提取评分模式。聚类的结果是通过对源领域的评分矩阵应用三分解[18]方法得到的。然后，我们将源领域中"用户–物品"群组层面的平均评分矩阵作为一个**码本**，并以这样一个较为紧凑的群组层面的矩阵来实现知识迁移。在目标领域中，可以利用码本来预测缺失的评分值。Moreno 等人[46]把码本的思想推广到从多个源领域迁移知识至一个目标领域的场景中。这个方法基于多个码本的线性组合，而每个码本上的权重是通过最小化目标领域中的预测误差来得到的。

　　在另一个相关的工作中[41]，Li 等人通过一个概率框架将码本的思想推广至一个共同方法中。其中，码本的构建不再是依靠某个评分数据较为稠密的源领域，而是将所有评分矩阵放在一起来提取共享的评分模式。此外，通过引入概率分布，能够允许用户和物品以不同的隶属度属于多个群组，而不再要求每个用户或物品只能属于一个群组。同样，每个"用户–物品"群组中的平均评分可以通过一个有关隶属度的条件概率分布得到。这样，就得到了一个生成式的评分模型，而每个领域中的评分值也可以通过共享群组层面上的评分模式以及有关用户群组和物品群组的条件隶属度来预测。

　　以上两个方法的优点是不同领域的用户或物品之间不需要存在交集。然而，Cremonesi 和 Quadrana[17]提出了部分不同的观点：当源领域和目标领域没有交集时，**码本**不会迁移知识。关于码本所带来的准确率方面的提升，他们给出了另外一种解释，而这种解释并不涉及领域间的知识迁移。

　　最后，Gao 等人[26]采用了对评分矩阵应用联合聚类以提取评分模式的思路，进而解决了上述方法中的两个局限。首先，他们认为有些领域与目标领域的联系较其他领域更为紧密，而使用相同的评分模式无法刻画出这种情况。其次，他们假设，在领域差异性较大且不存在可以共享的共同评分模式时，推荐性能可能会有所下降。为了应对这两个局限，作者提出了一个可以控制从各个领域中迁移知识数量的模型。具体来说，他们使用了 Li 等人[40]采用的联合聚类算法，但是，却将提取出来的评分模式分为可共享部分和与领域相关部分。与文献[40]不同，他们采用共同的优化方式，因为评分模式中可共享的部分是从所有领域中一起学习得到的。

　　在表 27-8 中，我们总结了上述基于域间评分模式迁移的跨领域方法。我们发现，近来基于聚类的方法并不依赖领域间的交集。然而，正如文献[26]所讨论的，不要从无关领域中迁移含有噪声的模式，以免降低性能。因此，我们认为关于迁移学习中的另一个基本问题（**"何时迁移"**）[49]，将会有深入的研究，以便识别源领域中的有用信息。

表 27-8　基于域间评分模式迁移的跨领域推荐方法。其中，*N* 表示无交集，*U* 表示有用户交集，*I* 表示有物品交集，*UI* 表示同时有用户和物品交集

跨领域方法	域间关系	文献
从用户评分行为中抽取关联规则	评分数据有交集	Lee 等人[38] U
在领域之间迁移潜在的群组层面上的评分模式	评分模式	Li 等人[40] N Li 等人[41] N Moreno 等人[46] N Cremonesi 和 Quadrana[17] N
	评分模式中与领域无关的部分	Gao 等人[26] N

27.6   跨领域推荐系统的评估

在本节，我们将讨论用于评估跨领域推荐系统的方法。需要注意的是，我们不能脱离实际问题来评估一个系统，同时，也不能离开设计该系统的目标来判断一个跨领域推荐系统是否是一个合适的解决方案。此外，评估要素必须与推荐目标相关联。因此，我们把文献中针对跨领域推荐的不同目标(见 27.2.3 节)进行的评估方法进行了比较。

有 3 种评估方式可以用来比较跨领域推荐系统[25,57]。**离线实验**通过分析以往的用户偏好来对一个系统进行评估。这通常是最容易进行的评估方式，因为不要求与真实用户有互动。而对于**在线实验**，一些用户会被要求在一个受限的环境中使用系统，并报告用户体验。最后，**现场测试**会根据真实用户的反馈来评估系统。由于大部分跨领域推荐工作使用了离线实验(有少量进行了在线研究，没有现场测试，见表 27-9)，我们会重点关注离线实验。读者可参考第 8 章，查阅有关推荐系统评估方法和评估指标的详细讨论。

表 27-9   面向数据集(训练集和测试集)不同划分方式的跨领域推荐方法

数据划分	文献	
在线实验	Braunhofer 等人[9] Fernandez-Tobias 等人[23] Shapira 等人[58]	Szomszor 等人[61] Winoto 等人[66]
Leave-all-users-out	Cremonesi 等人[16] Goga 等人[28] Hu 等人[31] Jain 等人[32]	Kaminskas 等人[35] Loni 等人[44] Shapira 等人[58] Tiroshi 等人[65]
Leave-some-users-out	Abel 等人[1] Abel 等人[2]	Li 等人[40,41] Stewart 等人[60]
Hold-out	Li 等人[42] Nakatsuji 等人[47] Pan 等人[48] Pan 等人[51] Pan 等人[52] Pan 等人[53]	Sahebi 等人[55] Shi 等人[59] Tang 等人[63] Zhang 等人[67] Zhang 等人[68] Zhao 等人[69]

评估方法的选择通常是非常重要的，因为这涉及具体的任务或目标。离线评估方法有很多种形式，它们的区别在于**数据划分**、**评估指标**和**灵敏度分析**等方面，我们会在余下的各个小节中讨论。

27.6.1   数据划分

为了对算法进行离线评估，有必要模拟系统做出推荐、用户做出评价的过程。这需要预先记录好"用户 – 物品"间的交互数据。在跨领域应用中，至少有两个潜在重叠的数据集：源领域数据集 $\mathcal{D}_s$ 和目标领域数据集 $\mathcal{D}_r$。

我们假设 $\mathcal{D}_s$ 和 $\mathcal{D}_r$ 是根据需要解决的推荐任务和目标来选择的。例如，假设我们评估一个交叉销售的推荐系统，如 27.2.1 节所述，$\mathcal{D}_s$ 和 $\mathcal{D}_r$ 是**物品层面**上的数据集，它们包含不同种类的物品(如电影和书籍)和重叠的用户。相反，假如我们在评估一个以提高推荐结果多样性为目的的跨领域推荐系统，$\mathcal{D}_s$ 和 $\mathcal{D}_r$ 就是**物品属性层面**上的数据集，其中物品类型是一样的，而某些属性值是不同的(如喜剧电影和剧情片电影)。

在离线评估中，$\mathcal{D}_r$ 的一部分被隔离开来，以便对已有的知识进行预测，进而评估推荐结果的质量。有多种方法可用来隔离评分数据。最常用的方法是从原始数据集中生成 3 个子集：
1) $\mathcal{D}_{\text{training\_profiles}}$，包含用户 $\mathcal{U}_{\text{training\_profiles}}$ 对物品 $\mathcal{T}_{\text{training\_profiles}}$ 的评分，这些数据用于训练待评估的算法；
2) $\mathcal{D}_{\text{test\_profiles}}$，包含用户 $\mathcal{U}_{\text{test\_profiles}}$ 对物品 $\mathcal{T}_{\text{test\_profiles}}$ 的评分，这些数据用来作为已经训练好的推荐系统的输入；3) $\mathcal{D}_{\text{test\_ratings}}$，包含用户 $\mathcal{U}_{\text{test\_profiles}}$ 对物品 $\mathcal{T}_{\text{test\_profiles}}$ 的评分（这些评分对算法是不可见的），这些数据是作为真实值（ground truth）来评估推荐结果的。

根据 $\mathcal{D}_{\text{training\_profiles}}$、$\mathcal{D}_{\text{test\_profiles}}$ 和 $\mathcal{D}_{\text{test\_ratings}}$ 的不同选择，我们可以设计不同的数据划分方式。

- **Hold-out**（见图 27-11 左）：当 $\mathcal{D}_{\text{test\_profiles}} \subseteq \mathcal{D}_{\text{training\_profiles}}$ 时，我们不分割用户，而是从原始数据中采样一部分作为测试数据并将其隔离。这样的划分方式适合于以准确率为目标的面向连接领域和多领域的推荐系统，也适合于基于内存的推荐系统，但它不能为新用户提供推荐。
- **Leave-some-users-out**（见图 27-11 中）：当 $\mathcal{U}_{\text{training\_profiles}} \cap \mathcal{U}_{\text{test\_profiles}} = \varnothing$ 时，我们把用户分割成两个没有重叠的子集（一个用作训练，一个用作测试）。这样的划分方式适合于评估面向新用户的跨领域推荐系统。
- **Leave-all-users-out**（见图 27-11 右）：当 $\mathcal{D}_{\text{training\_profiles}} \cap \mathcal{D}_T = \varnothing$ 时，我们把目标领域中的数据全部用作测试。这种划分方式适合于评估面向冷启动和新物品的跨领域推荐系统。

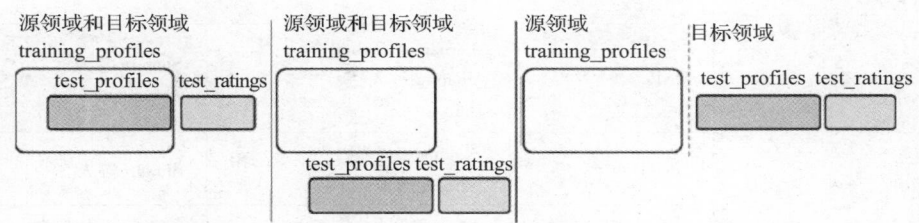

图 27-11　数据集 $\mathcal{D}$ 的划分：（左）hold-out——在不划分用户的情况下，采样一些测试评分数据并将其隔离；（中）leave-some-users-out——用户被分成没有交集的训练部分和测试部分；（右）leave-all-users-out——目标领域中的数据全部用作测试

27.6.2　评估指标

推荐结果的相关性及其评估指标，在许多推荐系统的研究工作中都有所讨论。一般而言，有三大类评估指标：**预测指标**、**排序指标**和**分类指标**[30]。

理论上的讨论通常围绕评分数据中缺失值的分布问题而展开。由于数据的稀疏性，离线实验只能对物品中的一小部分进行评估。每一种评估指标都对缺失值的分值和分布进行了一些隐含的假设，这会影响对评估结果的解读。例如，MAE 和 RMSE 这样的预测指标会假设缺失值是随机的，**精确度**这个分类指标会假设所有缺失值对用户而言都是不相关的，而**召回率**、fall-out 和 ROC 则假设不相关的评分比相关的评分具有更大的缺失概率。现实考量方面的讨论也涉及了推荐目标。当目标是为了降低目标领域上的稀疏度时，我们更倾向于选择预测指标；当测试用户模型的有效性时，特别是在冷启动的情况下，我们则会采用排序指标；而分类指标对于面向 top-N 的推荐任务最为合适。

在表 27-10 中，我们总结了跨领域推荐系统中所使用的离线评估指标。大部分工作采用了预测指标。这是因为研究的目标是为了降低稀疏度和提高准确率，而为此设计的算法通常是基于误差最小化技术的，为此，使用预测指标进行评估是非常自然的。

表 27-10 用于评估跨领域推荐系统的一些指标

类别	指标	文献	
预测指标	MAE	Berkovsky 等人[6,7] Berkovsky 等人[8] Cao 等人[13] Hu 等人[31] Li 等人[40,41] Moreno 等人[46] Loni 等人[44] Nakatsuji 等人[47]	Pan 等人[48] Pan 等人[51] Pan 等人[52] Pan 等人[53] Shapira 等人[58] Shi 等人[59] Winoto 等人[66]
	RMSE	Li 等人[42] Loni 等人[44] Pan 等人[51] Pan 等人[52]	Pan 等人[53] Sahebi 等人[55] Zhang 等人[67] Zhao 等人[69]
排序指标	ROC	Goga 等人[28]	
	MRR	Abel 等人[1]	Abel 等人[2]
	nDCG	Zhang 等人[68]	
	AUC	Fernandez-Tobias 等人[23] Hu 等人[31]	Tiroshi 等人[65]
	MAP	Fernández-Tobías 等人[23] Shapira 等人[58] Jain 等人[32]	Shapira 等人[58] Zhang 等人[68]
分类指标	Precision	Kaminskas 等人[35] Tiroshi 等人[64]	Stewart 等人[60]
	Recall	Stewart 等人[60]	Nakatsuji 等人[47]
	F-measure	Cremonesi 等人[16]	Gao 等人[26]

27.6.3 敏感性分析

有 3 个参数会影响跨领域推荐系统的性能：源领域和目标领域的重叠程度、目标领域中数据的密度，以及目标领域中用户评分数据的多少。因此，对于跨领域推荐结果的评估，主要考虑相应的算法在这 3 个参数上的灵敏度。

首先，大部分工作假设源领域和目标领域之间有用户交集。除了以下两项工作之外，其他工作都进行了重叠程度为 100% 的评估实验。Cremonesi 等人[16]在 0% ~ 50% 的范围内改变了用户的重叠程度，并分析了各种不同的跨领域推荐方法的性能；Zhao 等人[69]在 0% ~ 100% 的范围内改变了用户的重叠程度，也进行了类似的评估实验。仅有少数工作[8,16,53,69]研究了物品重叠的情况，同时，他们都假设不同领域的物品目录是相同的。此外，一些工作[2,9,23,35,60,61]研究了特征重叠的情况，特别是社交标签。例如，Shi 等人[59]在 5 ~ 50 的范围内改变标签重叠的数量，进而研究了跨领域推荐方法的灵敏度。

其次，一些工作[8,40,41,55,59]通过一个包含多少个用户评分数据的函数来研究推荐结果的灵敏度。这对于面向冷启动和新用户目标的推荐系统来说显得尤为重要。Pan 等人[51]和 Abel 等人[2]都设计了基于标签的推荐系统，他们分别在 10 ~ 40 和 0 ~ 150 的范围内改变标签的数量，进而分析效果。其他的工作对基于评分的推荐系统进行了类似的分析，例如，Shi 等人[59]在 20 ~ 100 的范围内改变评分数据的多少，Berkovsky 等人[8]从评分个数总量的 3% ~ 33% 的范围内改变评分数据的多少，而 Li 等人[40,41]和 Sahebi 等人[55]分别在 5 ~ 15 个和 1 ~ 20 个评分范围内进行分析。

最后，一些工作[13,16,51,58]通过一个包含数据密度的函数来研究推荐结果的质量。这对于面向冷启动和以准确率目标的推荐系统来说是非常重要的。Cao 等人[13]在 0.2% ~ 1% 的范围内改变多领域数据集的密度(源领域数据集和目标领域数据集的并集)。Shapira 等人[58]在 1% ~ 40% 的范围内改变数据集的密度，但仅限于对面向单个领域的推荐算法的评估，而评估跨领域推荐算法时密度固定为 1%。Cremonesi 等人[16]在 0.1% ~ 0.9% 的范围内改变目标领域中数据的密度。关于以上工作进行的灵敏度分析，请看表 27-11 中。

表 27-11　跨领域推荐系统中有关灵敏度分析的参数

参数	文献	
领域之间的重叠程度	Abel 等人[2] Cremonesi 等人[16]	Shi 等人[59] Zhao 等人[69]
目标领域的密度	Cao 等人[13] Cremonesi 等人[16] Pan 等人[48]	Pan 等人[51] Shapira 等人[58]
用户评分数据的多少	Berkovsky 等人[6,7] Berkovsky 等人[8] Li 等人[40,41]	Sahebi 等人[55] Shi 等人[59]

27.7　跨领域推荐中的现实考量

目前为止，我们已经讨论了一系列跨领域推荐的模型和技术。为了实现一个跨领域推荐系统，面对如此多的选择，推荐系统的从业者可能会感到无从下手。为此，我们列出了推荐中的几个现实考量，以帮助选择合适的解决方案。

第一组考量是关于迁移学习中的几个基本问题，即"**迁移什么**""**何时迁移**"和"**如何迁移**"，这些问题在 27.3 节中已有所提及。在接下来的讨论中，"迁移"一词是指知识聚合(见 27.4 节)和知识迁移(见 27.5 节)等方法。

- **迁移什么**？单一领域的推荐系统可能会收集到不同类型的用户数据：显式评分、单值的购买列表、浏览日志和其他很多数据。它们也可能会保留领域的元数据，以及与推荐方法相关的数据，例如，协同过滤中的相似用户和矩阵分解中的潜在因子向量。因为不能预先知道源领域推荐系统中的什么知识可以帮助目标领域中的推荐系统，所以需要进行某种形式的信息增益分析。这可能是一个复杂的过程，其中，目标领域中的推荐方法和推荐任务也需要考虑。

- **何时迁移**？什么信息可以迁移和在什么条件下才能有效迁移是两个密切相关的问题。显然，在目标领域中部署推荐系统的初始阶段，迁移知识可以帮助推荐系统。另一方面，当目标领域中的推荐系统已经拥有完整且最新的信息时，迁移是不需要的。然而，对介于两者之间的情况呢？这不仅取决于目标领域中数据的稀疏程度，也取决于领域之间评分数据的重叠程度和源领域中数据的时效性。

- **如何迁移**？这个问题的答案涉及知识迁移的具体实现。有两个较高层面的选择：在源领域推荐系统和目标领域推荐系统之间实现直接的一对一映射，或者，通过一个共用的表示来帮助知识迁移。前者的弊端在于可能的组合数量是平方级的，且会随着新的推荐系统的加入而增加。后者只需要一个基于共用表示的迁移机制，而在实际中，公认一致的表示方式是很难找到的。对于已经迁移的数据，我们也需要考虑解决冲突的一些规则。

　　还有一个需要回答的问题是"从哪里迁移？"这一问题在迁移学习中似乎并不是那么重要，因为任何能够得到的信息都认为是相关的，但在跨领域推荐系统中却不是这样。在这里，主要衡量指标是领域之间的距离。一些成对的领域（如电影和电视）之间的关系天然地比其他成对的领域（如游戏和旅游业）之间的关系更为密切。关系密切的领域有较大的潜力能够帮助目标领域中的推荐系统，因此，很自然地它们成为首选的源领域。上下文因素（地点、时间紧密度），以及不同领域中用户和物品之间的重叠程度，对于回答这个问题也是非常重要的。我们相信，实际的跨领域推荐系统需要仔细检查迁移的知识来源。

　　在领域之间迁移知识常常需要一些**辅助信息**。在此，我们强调两种有助于迁移的信息。它们是诸如 WordNet 和 DBpedia 这样的语义网，以及像 Wikipedia 和 Open Directory 这样的开放或众包知识库。辅助信息对于知识迁移来说是至关重要的，因为它可以连接领域并有助于回答"如何迁移"的问题。因此，一个实际的跨领域推荐系统需要重点考虑辅助信息的可用性和可靠性。第 4 章和第 15 章分别讨论了语义感知推荐系统和社交推荐系统中存在的类似问题。

　　此外，需要考虑目标领域中的**推荐任务**。这里有很多选择：最佳物品与 top-K，一次性与连续互动，单个产品与产品组合，给单个用户推荐与给一群用户推荐。每个不同的推荐场景都意味着一个不同的推荐算法，以及可以从源领域中迁移的不同类型的知识。与此相关，推荐成功的**指标**也应当被考虑。推荐系统需要发现所有相关的物品，还是尽可能多地匹配用户各方面的兴趣，抑或是提供令人感到意外的推荐呢？同样，**技术性限制**也可能是一个重要因素。例如，推荐结果是离线计算，还是实时推送给用户？它是一个资源消耗很大的服务器端的推荐，还是一个轻量级的客户端的推荐？我们不能无视这些因素，因为对以上问题的回答可能会影响我们对知识迁移方式和跨领域推荐方法的选择。

　　最后，我们应特别注意跨领域推荐系统中的**伦理和隐私**方面的问题（见第 19 章）。在多个面向单一领域的推荐系统之间迁移数据和知识可能会触犯推荐系统的隐私条款和现有的隐私法规。此外，这可能使得恶意攻击者不仅能访问大量的用户数据，还能对综合后的知识进行数据发掘并发现（可能是敏感的）其他信息。在这方面，知识迁移的方法通常比基于聚合的方法更鲁棒，尽管它们也不能够完全消除因数据挖掘而带来的风险。跨领域推荐系统的开发者在选择知识迁移的方法时，应当谨记隐私方面的问题。

27.8　开放的研究问题

　　在本节，我们会讨论有关跨领域推荐系统方面新的要求和应用。关于未来工作，上下文感知推荐和跨领域推荐的结合是一个非常值得关注且十分有趣的问题：不同的上下文（如地点、时间和心情）可以当作不同的领域（有关上下文感知推荐的详细信息，请见第 6 章）。这为推荐提供了一些有趣的研究场景，例如，上下文感知技术可应用于跨领域推荐，反之亦然。此外，上下文也可以作为连接不同领域的桥梁，而且，在这个方向上已经有了一些开创性的工作[9,23]。

　　另一个重要的问题涉及推荐结果的评估指标。在跨领域推荐系统中，常见的做法是通过预测准确率方面的指标（如 MAE 和 RMSE）来评估推荐结果的相关性，这些指标刻画了真实评分和预测评分之间的差距。然而，很多商业系统只会展示少量最优的推荐结果，而不会显示预测的具体评分。也就是说，系统只会展示少量很可能会强烈吸引用户的物品。因此，为了直接评估 top-N 的推荐结果，必须利用其他指标，例如，第 8 章中所解释的基于分类的指标（如召回率和 fallout）或基于排序的指标（如平均命中排序倒数和平均相对位置）。

　　其实，我们可以在这个想法的基础上更进一步，并认为高的准确率不足以提供有用的推荐。为了增加评估的维度，有人提出了其他指标，例如，多样性、新颖性和惊喜度（见第26章）。可以预见，跨领域推荐的结果在准确率方面可能会比不过在目标领域中拥有等量用户数据的系统。然而，跨领域推荐的优势没有必要局限于准确率方面，它也可以在新颖性和多样性方面带来提升，因为这可以给用户带来更高的满意度和更好的实用性。因此，最近提出的新颖性和多样性等评估指标也可以考虑进来[57]。

此外，可以把跨领域推荐系统用于降低用户模型诱导所需的开销。偏好诱导过程对推荐系统而言是非常重要的（见第24章），但这可能会导致两个互相冲突的要求。一方面，为了学习用户偏好并提高推荐结果的准确率，系统必须收集"足够多的"评分。另一方面，收集评分的过程增加了用户的负担，这可能会影响他们的用户体验。跨领域推荐系统作为一个诱导工具，它可以在不收集显式的用户偏好的情况下建立较为丰富的用户配置文件。

最后，我们需要强调真实数据集的重要性（见第11章）。真实数据集是评估新的跨领域方法所必需的，但实际中却是很少又很难获得的。大规模的跨领域数据集通常由工业巨头收集（如Amazon、eBay和Yelp），然而这些数据集不太可能被工业界之外的更为广泛的研究团体所使用。我们鼓励工业界与学术界的研究人员开展合作，并共享数据。这既可以推动跨领域推荐的研究，也可以推动跨领域推荐系统的实际部署。

参考文献

1. Abel, F., Araújo, S., Gao, Q., Houben, G.-J.: Analyzing Cross-system User Modeling on the Social Web. *11th International Conference on Web Engineering*, pp. 28–43 (2011)
2. Abel, F., Helder, E., Houben, G.-J., Henze, N., Krause, D.: Cross-system User Modeling and Personalization on the Social Web. *User Modeling and User-Adapted Interaction* 23(2-3), pp. 169–209 (2013)
3. Azak, M.: Crossing: A Framework to Develop Knowledge-based Recommenders in Cross Domains. *MSc thesis, Middle East Technical University* (2010)
4. Berkovsky, S., Kuflik, T., Ricci, F.: Entertainment Personalization Mechanism through Cross-domain User Modeling. *1st International Conference on Intelligent Technologies for Interactive Entertainment*, pp. 215–219 (2005)
5. Berkovsky, S., Goldwasser, D., Kuflik, T., Ricci, F.: Identifying Inter-domain Similarities through Content-based Analysis of Hierarchical Web-Directories. *17th European Conference on Artificial Intelligence*, pp. 789–790 (2006)
6. Berkovsky, S., Kuflik, T., Ricci, F.: Cross-Domain Mediation in Collaborative Filtering. *11th International Conference on User Modeling*, pp. 355–359 (2007)
7. Berkovsky, S., Kuflik, T., Ricci, F.: Distributed Collaborative Filtering with Domain Specialization. *1st ACM Conference on Recommender Systems*, pp. 33–40 (2007)
8. Berkovsky, S., Kuflik, T., Ricci, F.: Mediation of User Models for Enhanced Personalization in Recommender Systems. *User Modeling and User-Adapted Interaction* 18(3), pp. 245–286 (2008)
9. Braunhofer, M., Kaminskas, M., Ricci, F.: Location-aware Music Recommendation. *International Journal of Multimedia Information Retrieval* 2(1), pp. 31–44 (2013)
10. Cantador, I., Fernández-Tobías, I., Bellogín, A., Kosinski, M., Stillwell, D.: Relating Personality Types with User Preferences in Multiple Entertainment Domains. *1st Workshop on Emotions and Personality in Personalized Services*, CEUR workshop Proceedings, vol. 997 (2013)
11. Carmagnola, F., Cena, F.: User Identification for Cross-system Personalisation. *Information Sciences* 179(1–2), pp. 16–32 (2009)
12. Carmagnola, F., Cena, F., Gena, C.: User Model Interoperability: A Survey. *User Modeling and User-Adapted Interaction* 21(3), pp. 285–331(2011)
13. Cao, B., Liu, N. N., Yang, Q.: Transfer Learning for Collective Link Prediction in Multiple Heterogeneous Domains. *27th International Conference on Machine Learning*, pp. 159–166 (2010)
14. Chung, R., Sundaram, D., Srinivasan, A.: 2007. Integrated Personal Recommender Systems. *9th International Conference on Electronic Commerce*, pp. 65–74 (2007)

15. Costa, P. T., McCrae, R. R.: Revised NEO Personality Inventory (NEO-PI-R) and NEO Five-Factor Inventory (NEO-FFI) Manual. *Psychological Assessment Resources* (1992)

16. Cremonesi, P., Tripodi, A., Turrin, R.: Cross-domain Recommender Systems. *11th IEEE International Conference on Data Mining Workshops*, pp. 496–503 (2011)

17. Cremonesi, P., Quadrana, M.: Cross-domain recommendations without overlapping data: myth or reality? *8th ACM Conference on Recommender Systems* (2014)

18. Ding, C., Li, T., Peng, W., Park, H.: Orthogonal Nonnegative Matrix Tri-factorizations for Clustering. *12th ACM SIGKDD Conference on Knowledge Discovery and Data Mining)*, pp. 126–135 (2006)

19. Driskill, R., Riedl, J.: Recommender Systems for E-Commerce: Challenges and Opportunities. *AAAI'99 Workshop on Artificial Intelligence for Electronic Commerce*, pp. 73–76 (1999)

20. Enrich, M., Braunhofer, M., Ricci, F.: Cold-Start Management with Cross-Domain Collaborative Filtering and Tags. *14th International Conference on E-Commerce and Web Technologies*, pp. 101–112 (2013)

21. Fernández-Tobías, I., Cantador, I., Kaminskas, M., Ricci, F.: 2011. A Generic Semantic-based Framework for Cross-domain Recommendation. *2nd International Workshop on Information Heterogeneity and Fusion in Recommender Systems*, pp. 25–32 (2011)

22. Fernández-Tobías, I., Cantador, I., Kaminskas, M., Ricci, F.: Cross-domain Recommender Systems: A Survey of the State of the Art. *2nd Spanish Conference on Information Retrieval*, pp. 187–198 (2012)

23. Fernández-Tobías, I., Cantador, I., Plaza, L.: An Emotion Dimensional Model Based on Social Tags: Crossing Folksonomies and Enhancing Recommendations. *14th International Conference on E-Commerce and Web Technologies*, pp. 88–100 (2013)

24. Fernández-Tobías, I., Cantador, I.: Exploiting Social Tags in Matrix Factorization Models for Cross-domain Collaborative Filtering. *1st International Workshop on New Trends in Content-based Recommender Systems* (2013)

25. Freyne, J., Berkovsky, S., Smith, G.: Evaluating Recommender Systems for Supportive Technologies. *User Modeling and Adaptation for Daily Routines*, pp. 195–217 (2013)

26. Gao, S., Luo, H., Chen, D., Li, S., Gallinari, P., Guo, J.: Cross-Domain Recommendation via Cluster-Level Latent Factor Model. *17th and 24th European Conference on Machine Learning and Knowledge Discovery in Databases*, pp. 161–176 (2013)

27. Givon, S., Lavrenko, V.: Predicting Social-tags for Cold Start Book Recommendations. *3rd ACM Conference on Recommender Systems*, pp. 333–336 (2009)

28. Goga, O., Lei, H., Parthasarathi, S. H. K., Friedland, G., Sommer, R., Teixeira, R.: Exploiting Innocuous Activity for Correlating Users across Sites. *22nd International Conference on World Wide Web*, pp. 447–458 (2013)

29. González, G., López, B., de la Rosa, J. LL.: A Multi-agent Smart User Model for Cross-domain Recommender Systems. In: *Beyond Personalization 2005 - The Next Stage of Recommender Systems Research*, pp. 93–94 (2005)

30. Helocker, J.L., Konstan, J.A., Terveen, L.G., Riedl, J.: Evaluating Collaborative Filtering Recommender Systems. *ACM Transations on Information Systems* 22(1), pp. 5–53 (2004)

31. Hu, L., Cao, J., Xu, G., Cao, L., Gu, Z., Zhu, C.: Personalized Recommendation via Cross-domain Triadic Factorization. *22nd International Conference on World Wide Web*, pp. 595–606 (2013)

32. Jain, P., Kumaraguru, P., Joshi, A.: @i seek 'fb.me': Identifying Users across Multiple Online Social Networks.*22nd International Conference on WWW Companion*, pp. 1259–1268 (2013)

33. Jialin Pan, S., Yang, Q.: A Survey on Transfer Learning. *IEEE Transactions on Knowledge and Data Engineering* 22(10), pp. 1345–1359 (2010)

34. Joon Kook, H.: Profiling Multiple Domains of User Interests and Using them for Personalized Web Support. *1st International Conference on Intelligent Computing)*, pp. 512–520 (2005)

35. Kaminskas, M., Fernández-Tobías, I., Ricci, F., Cantador, I.: Ontology-based Identification of Music for Places. *13th International Conference on Information and Communication Technologies in Tourism*, pp. 436–447 (2013)

36. Kitts, B., Freed, D., Vrieze, M.: Cross-sell: A Fast Promotion-tunable Customer-item Recommendation Method based on Conditionally Independent Probabilities. *6th ACM SIGKDD Conference on Knowledge Discovery and Data Mining*, pp. 437–446 (2000)

37. Koren, Y.: Factorization Meets the Neighborhood: A Multifaceted Collaborative Filtering Model. *14th ACM SIGKDD Conference on Knowledge Discovery and Data Mining*, pp. 426–434 (2008) Ë

38. Lee, C. H., Kim, Y. H., Rhee, P. K.: Web Personalization Expert with Combining Collaborative Filtering and Association Rule Mining Technique. *Expert Systems with Applications* 21(3), pp. 131–137 (2001)

39. Li, B.: Cross-Domain Collaborative Filtering: A Brief Survey. *23rd IEEE International Conference on Tools with Artificial Intelligence*, pp. 1085–1086 (2011)

40. Li, B., Yang, Q., Xue, X.: Can Movies and Books Collaborate? Cross-domain Collaborative Filtering for Sparsity Reduction. *21st International Joint Conference on Artificial Intelligence*, pp. 2052–2057 (2009)

41. Li, B., Yang, Q., Xue, X.: Transfer Learning for Collaborative Filtering via a Rating-matrix Generative Model. *26th International Conference on Machine Learning*, pp. 617–624 (2009)

42. Li, B., Zhu, X., Li, R., Zhang, C., Xue, X., Wu, X.: Cross-domain Collaborative Filtering over Time. *22nd International Joint Conference on Artificial Intelligence*, pp. 2293–2298 (2011)

43. Loizou, A.: How to Recommend Music to Film Buffs: Enabling the Provision of Recommendations from Multiple Domains. *PhD thesis, University of Southampton* (2009)

44. Loni, B, Shi, Y, Larson, M. A., Hanjalic, A.: Cross-Domain Collaborative Filtering with Factorization Machines. *36th European Conference on Information Retrieval* (2014)

45. Low, Y., Agarwal, D., Smola, A. J.: Multiple Domain User Personalization. *17th ACM SIGKDD Conference on Knowledge Discovery and Data Mining*, pp. 123–131 (2011)

46. Moreno, O. Shapira, B. Rokach, L. Shani, G.: TALMUD: transfer learning for multiple domains. *21st ACM Conference on Information and Knowledge Management*, pp. 425–434 (2012)

47. Nakatsuji, M., Fujiwara, Y., Tanaka, A., Uchiyama, T., Ishida, T.: Recommendations Over Domain Specific User Graphs. *19th European Conference on Artificial Intelligence*, pp. 607–612 (2010)

48. Pan, S. J., Kwok, J. T., Yang, Q.: Transfer Learning via Dimensionality Reduction. *23rd AAAI Conference on Artificial Intelligence*, pp. 677–682 (2008)

49. Pan, S. J., Yang, Q.: A Survey on Transfer Learning. *IEEE Transactions on Knowledge and Data Engineering* 22(10), pp. 1345–1359 (2010)

50. Pan, W., Liu, N. N., Xiang, E. W., Yang, Q.: Transfer Learning to Predict Missing Ratings via Heterogeneous User Feedbacks. *22nd International Joint Conference on Artificial Intelligence*, pp. 2318–2323 (2011)

51. Pan, W., Xiang, E. W., Liu, N. N., Yang, Q.: Transfer Learning in Collaborative Filtering for Sparsity Reduction. *24th AAAI Conference on Artificial Intelligence*, pp. 210–235 (2010)

52. Pan, W., Xiang, E. W., Yang, Q.: Transfer Learning in Collaborative Filtering with Uncertain Ratings. *26th AAAI Conference on Artificial Intelligence*, pp. 662–668 (2012)

53. Pan, W., Yang, Q.: Transfer Learning in Heterogeneous Collaborative Filtering Domains. *Artificial Intelligence* 197, pp. 39–55 (2013)

54. Rendle, S.: Factorization Machines with libFM. *ACM Transactions on Intelligent Systems and Technology* 3(3), pp. 1–22 (2012)

55. Sahebi, S., Brusilovsky, P.: Cross-Domain Collaborative Recommendation in a Cold-Start Context: The Impact of User Profile Size on the Quality of Recommendation. *21st International Conference on User Modeling, Adaptation, and Personalization*, pp. 289–295 (2013)

56. Salakhutdinov, R., Mnih, A.: Probabilistic Matrix Factorization. *Advances in Neural Information Processing Systems* 20, pp. 1257–1264 (2008)

57. Shani, G., Gunawardana, A.: Evaluating Recommendation Systems. *Recommender Systems Handbook*, pp. 257–297 (2011)

58. Shapira, B., Rokach, L., Freilikhman, S.: Facebook Single and Cross Domain Data for Recommendation Systems. *User Modeling and User-Adapted Interaction* 23(2–3), pp. 211–247 (2013)

59. Shi, Y., Larson, M., Hanjalic, A.: Tags as Bridges between Domains: Improving Recommendation with Tag-induced Cross-domain Collaborative Filtering. *19th International Conference on User Modeling, Adaption, and Personalization*, pp. 305–316 (2011)

60. Stewart, A., Diaz-Aviles, E., Nejdl, W., Marinho, L. B., Nanopoulos, A., Schmidt-Thieme, L.: Cross-tagging for Personalized Open Social Networking. *20th ACM Conference on Hypertext and Hypermedia*, pp. 271–278 (2009)

61. Szomszor, M. N., Alani, H., Cantador, I., O'Hara, K., Shadbolt, N.: Semantic Modelling of User Interests Based on Cross-Folksonomy Analysis. *7th International Semantic Web Conference*, pp. 632–648 (2008)

62. Szomszor, M. N., Cantador, I., Alani, H.: Correlating User Profiles from Multiple Folksonomies. *19th ACM Conference on Hypertext and Hypermedia*, pp. 33–42 (2008)

63. Tang, J., Yan, J., Ji, L., Zhang, M., Guo, S., Liu, N., Wang, X., Chen, Z.: Collaborative Users' Brand Preference Mining across Multiple Domains from Implicit Feedbacks. *25th AAAI Conference on Artificial Intelligence*, pp. 477–482 (2011)

64. Tiroshi, A., Berkovsky, S., Kaafar, M. A., Chen, T., Kuflik, T.: Cross Social Networks Interests Predictions Based on Graph Features. *7th ACM Conference on Recommender Systems*, pp. 319–322 (2013)

65. Tiroshi, A., Kuflik, T.: Domain Ranking for Cross Domain Collaborative Filtering. *20th International Conference on User Modeling, Adaptation, and Personalization*, pp. 328–333 (2012)

66. Winoto, P., Tang, T.: If You Like the Devil Wears Prada the Book, Will You also Enjoy the Devil Wears Prada the Movie? A Study of Cross-Domain Recommendations. *New Generation Computing* 26, pp. 209–225 (2008)

67. Zhang, Y., Cao, B., Yeung, D.-Y.: Multi-Domain Collaborative Filtering. *26th Conference on Uncertainty in Artificial Intelligence*, pp. 725–732 (2010)

68. Zhang, X., Cheng, J., Yuan, T., Niu, B., Lu, H.: TopRec: Domain-specific Recommendation through Community Topic Mining in Social Network. *22nd International Conference on World Wide Web*, pp. 1501–1510 (2013)

69. Zhao, L., Pan, S. J., Xiang, E. W., Zhong, E., Lu, X., Yang, Q.: Active Transfer Learning for Cross-System Recommendation. *27th AAAI Conference on Artificial Intelligence*, pp. 1205–1211 (2013)

70. Zhuang, F., Luo, P., Xiong, H., Xiong, Y., He, Q., Shi, Z.: Cross-domain Learning from Multiple Sources: A Consensus Regularization Perspective. *IEEE Transactions on Knowledge and Data Engineering* 22(12), pp. 1664–1678 (2010)

具有鲁棒性的协同推荐

Robin Burke、Michael P. O'Mahony 和 Neil J. Hurley

28.1 简介

协同推荐系统依赖于用户的正常行为。通过"协同"这个术语我们可以看到某种潜在的意义，即在一定程度上，用户是站在一边的，至少都是希望推荐系统能提供好的推荐服务，同时也推荐有用的信息给和他们相关的人。Herlocker 等人[14]用"茶话会"做类比，以此来描述同事之间进行善意交流的场景是与推荐场景相似的。

然而，现今的状况显示，网络并不仅仅包含善意且较配合的用户。在和推荐系统交互的时候，用户拥有各种各样的意图，有些时候某些意图会和系统拥有者或者大部分的系统用户相悖。这里引用一个例子，Google 搜索引擎发现自己已经卷入了一场持久战争中，对方一直寻求跟检索算法博弈的方法，以提高自己所拥有的网站的检索排名。

在搜索引擎领域中，攻击者的目的就是使某些网页"看起来"像是 Google 在考虑所有因素之后对检索请求所给出的最佳答案。在推荐系统领域也有相同的情况。攻击者的目的就是要把某件商品或者物品伪装成一件"合适"的推荐物，进而推荐给相应的用户。攻击者也可能通过攻击手段阻止某件合适的物品被推荐出来。如果推荐系统仅仅依赖用户信息去推荐，那么攻击者就一定会通过注入伪造用户信息的方式去促进推荐系统的结果朝着自己所需要的方向进行。单个的用户信息不足以改变推荐结果，推荐系统倾向于不受单个数据的影响。攻击者为了左右系统的推荐结果，必须伪造大量的用户。站长试着使这种伪造数据的行为代价高昂，当然也需要权衡一下，在监管系统输入的同时也不能打击用户提供合法数据的积极性。通过设计用户评分数据来操控协同过滤推荐结果的方法在文献[31]中第一次被提及。从那以后，研究者开始聚焦于攻击策略、攻击检测策略以及设计鲁棒的推荐算法。

图 28-1 展示了研究框架。研究表明**有效**的攻击能花费较少的代价对系统产生足够大的影响。这样，我们就可以理解图中有效攻击相应的影响力曲线了。在检测攻击的研究中，主要任务是识别出伪造的用

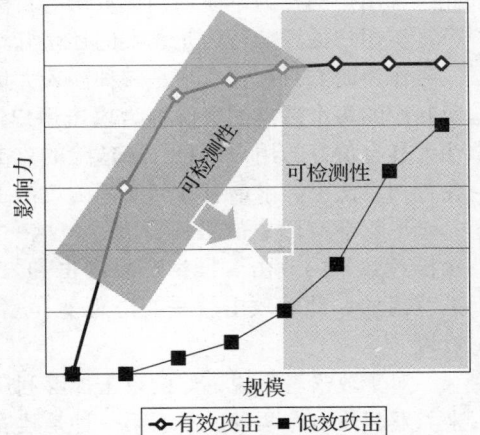

图 28-1　图中曲线对比了有效攻击和低效攻击的影响力。阴影区域表示容易检测出来的攻击范围

图例：有效攻击　低效攻击

R. Burke，Center for Web Intelligence，School of Computer Science，Telecommunication，and Information Systems，DePaul U-
niversity，Chicago，IL，USA，e-mail：rburke@ cs. depaul. edu.

M. P. O'Mahony・N. J. Hurley，Insight Centre for Data Analytics，University College Dublin，Dublin，Ireland，e-mail：mi-
chael. omahony@ ucd. ie；neil. hurley@ ucd. ie.

翻译：李 聪，胡 聪　审核：潘微科

户组，并且从系统数据库中删除它们。低效的攻击很难检测出来，因为它们攻击效果不好。所以，需要大量的伪造用户才能产生效果。针对某种物品的大量用户评分数据流入到系统中是容易被系统监控工具检测出来的，因此，对检测算法的研究主要聚焦于如何检测有效攻击及其变体，从而使得图中的可检测区域扩大，进一步限制攻击的范围。同时，研究者已经设计了一些算法能够使其对攻击更加鲁棒，这些攻击的影响力曲线相比有效攻击要低。通过综合上述研究结果，研究者也发现，并不需要彻底去除攻击效果，但要控制攻击的效果达到一个临界点，使得攻击不划算即可。

本章将对要点逐一介绍。在 28.3 节，主要关注一些针对协同过滤推荐系统实际有效的攻击方法，并建立相应的影响力曲线。在 28.5 节，主要介绍攻击的检测方法，尤其是图 28-1 所示的左侧阴影区域所代表的有效攻击的检测方法。最后在 28.7 节，将介绍如何通过鲁棒性的算法来降低攻击的影响。

28.2 问题定义

协同推荐系统会根据用户新增的数据去调整推荐结果，然而让自适应系统具备鲁棒性或稳定性，这多少有些违反直觉。攻击者会通过注入大量用户信息来控制推荐结果，具有鲁棒性的推荐系统的目的就是要阻止这种攻击行为，即**用户信息注入**攻击。

我们假设任何的用户信息都是可用的，也就是说，我们并不需要用户的评分信息符合以前的评分，也不需要符合客观感受。用户有权利表达其独特见解，随着新用户的加入，今天看似独特的用户可能明天就会显得普通了。所以单独的用户信息不构成攻击。另外，一些类似攻击行为的网络现象并不是攻击。例如，在 2008 年秋天，大量的视频游戏粉丝聚集在亚马逊的 Spore 游戏主页上，大家只是在这个页面上抱怨游戏的软件版权问题。可以假定这些是大量的真实用户行为，并且他们的投票毫无疑问在一段时间内左右了 Spore 这款游戏的推荐效果。因此这些用户的行为不应该当成攻击。目前，还不清楚是否存在某种自动化技术，它能够识别一个真实用户的评分行为是真实的还是开玩笑的，或是一次不诚实的行为。[⊖]

作为研究目标，攻击是一种注入大量伪造的用户信息，进而影响推荐结果的行为。攻击者所利用的每个独立的身份称为**攻击用户信息**（attack profile）。这些攻击用户一旦被创建就用来注入具有偏好的用户信息。最危险的攻击是对系统有重大影响的攻击，大量的研究一直致力于在各种算法上寻求最有效和实用的攻击手段。

尽管会有随意的破坏行为，但这一领域的研究一直在关注设计一种专门为了达到某种特殊推荐效果的攻击。**推举产品攻击**和**打压产品攻击**分别是为了提高和降低某些推荐物品的推荐值的。此种攻击就是要降低竞争者的推荐效果，进而使得自己的物品能得到好的推荐效果。

对于攻击者来说，好的攻击能够利用较少的努力而得到最大的影响力，同时无法被检测出来。发起攻击有两种成本。第一种是建立用户信息的成本，这里一个关键要素是构建攻击所需的信息量，即**充分信息攻击**（high-knowledge attack）必须在攻击前知道推荐系统的详细评分分布。例如，一些攻击需要知道每个物品评分的均值和标准差。**非充分信息攻击**（low-knowledge attack）则是独立于具体系统的信息知识，像在公共信息源中获取的知识。

我们通常假设攻击者能获取到推荐系统的算法类型。攻击者如果得到了更多精确的推荐算法信息，则能设计出所谓的**知情攻击**，这种攻击会利用推荐算法的某种数学特性去提高攻击效果。

⊖ 也许有人会讨论是否存在这种方法，因为运用这种识别方法却不能给协同推荐系统带来什么好处。

第二种攻击成本是需要多少用户信息才会达到攻击效果。评分信息不太重要就是因为评分很容易被自动化的攻击手段注入。许多网站会采用需要人工干预的在线注册方法,通过这种方法,站长就能要求每注册一个新用户都必须付出一定代价。这就是为什么攻击者更倾向于采用那些需要注入更少用户信息的攻击手段。

一个攻击示例

我们利用图 28-2 所示的简单推荐系统数据来演示基于用户信息注入的攻击原理。这个例子中,攻击的目标是降低 7 号物品的推荐值(例如,产品打压攻击),为此有几个用户信息被注入(用户 i 到用户 m)。

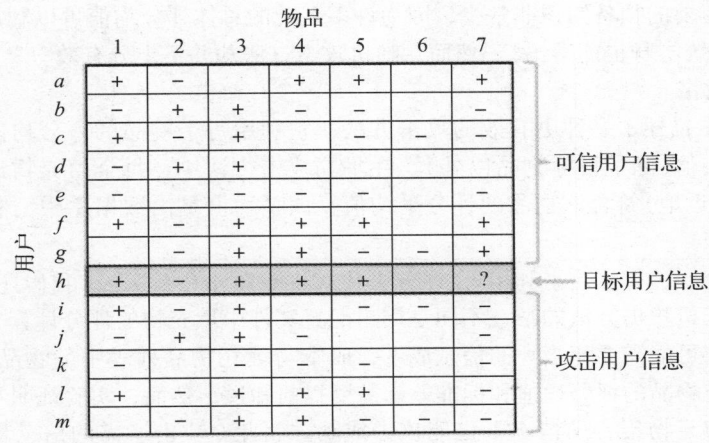

图 28-2 简单的系统数据展现了可信的用户信息以及一些被注入的攻击信息。在这个例子中,
将预测用户 h 对 7 号物品的取舍,即产品打压攻击的目标

我们只需要考虑用户 h 是否喜欢 7 号物品。在第一个示例中,我们忽略被注入的用户信息,只考虑可信的用户信息(用户 a 到用户 g)。不考虑使用的推荐算法,假定算法认为用户 a 和用户 f 的喜好与现有的活跃用户类似,并且这些用户都喜欢 7 号物品,最终会使得推荐系统对 7 号物品做正向判断。

如果攻击信息也考虑进去,那么毫无疑问结果就会改变。这些攻击信息的偏好也和用户 h 相似,同时都不喜欢 7 号物品,这样推荐系统就倾向于给 7 号物品一个负面的评价。最终,攻击目标达到了。下一节将讨论如何创建能在真实系统中实际有效的攻击信息。

28.3 攻击分类

基于注入用户信息的攻击需要把许多用户信息单元注入推荐系统中。每个用户信息由一组(物品、评分)单元组成。也可以看成,每个用户信息是所有物品的向量,每个物品有一个评分值,并且给予没有评分的物品空值。定义目标物品 i_t 作为攻击者的目标,攻击者可能提高也可能降低该物品的推荐值。一般还会有随机挑选出一组可用的**填充物品**,定义为物品集合 I_F。某些攻击模型也会利用从数据库中挑选出的一个物品集合。这组挑选出的物品都和目标物品(或目标用户)有一定的相关性。对某些攻击来说,这个集合是空的,可以定义为 I_S。最后,定义集合 I_ϕ 为包含了那些没有被评分的物品。因为预选出的物品集合较小,所以每个用户信息的大小(评分总数)是由填充物品集 I_F 的大小决定的。一些实验结果显示,填充集的大小随着 I(即所有物品的集合)的大小而定。

28.3.1　基础攻击

在文献[18]中最先描述了两种基础的攻击模型，随机攻击模型和平均攻击模型。这些攻击方法中都会包含伪造用户的构造方法，在攻击方法中利用随机评分的方法给填充物品评分。

28.3.1.1　随机攻击

在随机攻击方法所利用的用户单元中，对于填充物品的评分采取随机的评分值，评分应符合以所有物品评分均值为中心的数据分布，同时赋予目标物品一个预先给定的评分。在攻击模型中，选出的物品集是空的。目标物品的评分值在推举攻击方法中设置为最高评分值 r_{max}，在打压攻击方法中设置成最低评分值 r_{min}。

发起攻击所需要的预备知识非常少，因为许多系统的总体评分均值可以利用外部经验进行评估（通过推荐系统本身也能得出）。然而，随机攻击方法却并不十分有效[7,18]。

28.3.1.2　平均攻击

在文献[18]中描述了一种更有效的攻击方法，它利用每个物品的评分均值去代替随机攻击方法中的全局均值（除了目标物品以外）。在平均攻击方法中，每个填充物评分值的数据分布会（准确或者相近地）符合该物品的评分平均值，该平均值是由数据库中已有的用户评分计算得出的。

与随机攻击相同，打压攻击利用 r_{min} 评分去代替推举攻击中的 r_{max}。我们还应该注意的是，平均攻击方法和随机攻击方法的唯一不同是用户配置文件中填充物的评分计算方法。

平均攻击方法可能需要相当大的信息成本，成本与填充物品列表中的物品个数 $|I_F|$ 正相关。因为这些填充物品的评分均值和标准差都需要提前知道。然而，实验证明平均攻击方法即使在使用小规模填充物集合的情况下也能攻击成功。因此，攻击所需的信息量也会大幅地缩减，但是需要付出一些代价，因为伪造的用户都包含相同的物品列表，所以这样会使得这些伪造的用户引人注意[5]。

28.3.2　非充分信息攻击

平均攻击方法需要攻击者了解目标推荐系统相当多的相关信息。一个合理有效的防卫方法就是尽量使攻击者难以获取系统的评分分布数据。下一个要描述的算法类型所需要的信息量则非常少。

28.3.2.1　流行攻击

流行攻击的目的是把被攻击的物品和少量评分频率较高的物品关联起来。这个攻击利用了消费者市场的流行度分布模型（齐普夫分布）。例如，畅销书这种物品在书籍整体中占比并不高，但是受到了绝大部分用户的关注和评分。攻击者用这个模型和关注率较高的物品去伪造用户信息。这种用户信息更可能会贴近大部分用户，因为高度关注的物品都被大部分用户评分过。这个方法并不需要有与推荐系统相关的信息，因为很容易判定在任意领域内哪个物品是最热门的。

流行攻击使用了大部分用户所评过分的物品。这些物品和目标物品 i_t 都同时被赋予了最高分。填充物品的评分随机选定，就像随机攻击方法一样。流行攻击因此也可以看作随机攻击方法的一个拓展方法。

就像在 28.4 节中所展示的那样，对于基于用户的协同过滤算法⊖，流行攻击像平均攻击一样有效，但是又不用受"预先需要了解目标系统"的限制。因此，这种攻击方法更容易发起。

⊖　参考第 4 章可以了解到基于用户的协同过滤算法和基于物品的协同过滤算法的细节。

然而，像平均攻击一样，攻击基于物品的协同过滤算法还不够有效[18]。

28.3.2.2 分段攻击

Mobasher 等人在文献[26]中介绍了分段攻击方法，并证明了这种方法在攻击基于物品的协同过滤算法中的有效性。分段攻击的基本算法原理是把某个物品推荐给一个目标用户群组，这个目标群组的偏好已知或容易预测出来。例如，恐怖电影的制片人可能会希望自己的电影能推荐给那些喜欢其他恐怖电影的观众。事实上，制片人其实并不想把他的电影推荐给不喜欢恐怖片的观众，因为这会引起用户投诉，从而攻击行为也就被暴露了。

在发起此种攻击的时候，攻击者要准备好一些目标用户群体所喜欢的物品集合。就像流行攻击一样，很容易知道某个用户群体所共同喜欢的物品。这些挑选出的物品和目标物品都被赋予最高评分值。为了最大化基于物品的推荐算法的影响力，还可以对其他填充物品评最低分，进而最大化物品相似度的方差。

28.3.3 打压攻击模型

以上提到的所有攻击模型都可以用到打压攻击中。例如，就像之前提到的随机和平均攻击模型，把攻击目标的评分值与最小评分值 r_{min} 联系起来从而可以完成它。然而，28.4 节中的结果显示，相同的攻击算法对提升目标推荐效果有用，但不一定在压低目标推荐值方面起到好的作用。因此，研究者额外又专门为打压攻击设计了一些方法。

28.3.3.1 好恶攻击

好恶是一种简单的攻击方法。这种攻击并不需要了解目标系统。在用来攻击的用户信息单元中，目标物品设置成最小评分值 r_{min}，相反其他填充物品的评分值则设成最大评分值 r_{max}。这种攻击模型也可以认为是热门攻击的非充分信息版本。令人吃惊的是，对于基于用户的推荐算法这是最有效策略之一。

28.3.3.2 逆流行攻击

逆流行（Reverse Bandwagon）攻击是流行攻击的一个变种。攻击中会选择出一些不怎么被用户评分的物品。这些物品和目标物品一起设置成低分。因此，目标物品就和不被用户喜欢的物品关联起来了。进而推荐系统会给目标物品较低的评价。这个攻击只需要事先了解较少的信息，如用户不喜欢的物品有哪些。在电影领域，这可能会使在首映式前大力宣传的电影招致票房惨败。

28.4 节中的结果显示，针对压低目标推荐效果方面，尽管该方法在攻击基于用户的推荐算法时不如平均攻击有效，但是它却对基于物品的推荐算法十分有效。

28.3.4 知情攻击模型

非充分信息攻击有些近似于平均攻击，会更多地关注热门的物品。攻击者最容易想到的攻击方法就是平均攻击，用户的比较是基于相似度的，进而伪造的用户会和处于平均范围的用户相近。当然，对用户评分的分布知道得越详细，就越能设计出精巧的攻击策略。而且，对推荐算法的掌握也同样能发起更有效的攻击。在接下来的章节中，将讨论基于推荐算法知识构建的知情攻击。

28.3.4.1 热门攻击

假设推荐系统使用的算法是被广泛研究的基于用户的协同过滤算法[35]。用户间的相似度通过皮尔逊相似度计算⊖。像流行攻击一样，攻击用的用户信息单元会选出一组评分频率较高的物品。

⊖ 在文献[32]中讨论了知情攻击，其中提及了多种相似性度量，并表示提到的相似性度量方法没有一种对攻击有抵御能力。

伪造的用户信息和真实用户评分的物品如果相同也并不能保证相似性就高。流行攻击使用随机的填充物品评分来造成评分扰动，同时，使得一部分用户信息能和某类固定用户相关。热门攻击利用了物品的平均分，根据填充物品的评分是否高于平均来判断给予 $r_{min}+1$ 还是 r_{min}。将评分与物品的平均得分关联起来，容易使伪造用户和真实用户呈现正相关，进而最大化评分预测偏移（参见28.4节）。在文献[32]中，详细描述了该算法。⊖

上面提及的用于推举攻击的评分策略可以稍加改动应用于打压攻击。保持为正相关，同时评分预测偏移值为负，那么可以将策略改为，目标物品评为最低分 r_{min}，依据选择物品的评分是否高于平均分，判断选定物品的分值是 r_{max} 还是 $r_{max}-1$。

这个方法对于预备知识的需求量介于流行攻击和平均攻击之间。就像流行攻击一样，关注度高的物品很容易从系统中找到。因为没有填充物品，所以热门攻击将需要更多的热门物品。攻击者需要猜测物品间相对的平均偏好程度，并作为评分的依据。这些评分信息可能从系统本身获取，如果不行，也可以从系统外部获取，如利用正向和负向的评论数量来作为某种物品的喜好倾向。

28.3.4.2 探测攻击策略

一个更为隐蔽的方法是利用原系统的推荐结果来获取合适的填充物品，此方法是探测（Probe）攻击。攻击者只需要创建一个种子用户，并获取这个用户在推荐系统中产生的推荐结果。这些推荐结果是通过种子用户的相邻用户产生的，所以至少能保证这些用户评分过这些推荐物品，并且预测的分数也能和这些用户相关。可以想象攻击者在分段攻击中通过反复深入发掘可以影响到一小组用户，或者扩大发掘范围则可以构建平均攻击。在某种意义上，探测攻击提供了一种针对推荐系统的增量学习的攻击方法。

相对于热门攻击，这种方法还有另外一个优点，即不需要太多推荐系统的预备信息。攻击者只需要选择少部分的种子物品，然后用推荐系统确定额外的物品和评分。如28.4节所示，种子物品被选出来后并以类似于热门攻击的方法来评分。

28.3.4.3 高级用户攻击

众所周知，系统中某些用户的行为会影响系统对其他用户做出推荐[13,34]。因此，文献[43]提出了高级用户攻击。高级用户是指那些在邻域中出现次数最多或者拥有最多评分数目的用户。从一组真实的高级用户中选取一些作为攻击者已经被验证是非常有效的。这些用户对受攻击的物品评分为最大值还是最小值取决于是推举攻击还是打压攻击，否则这些用户信息保持不变。如何综合构建高级用户攻击信息以及此攻击需要何种程度的知识，仍是未来研究的挑战。

28.3.5 混淆攻击

上述有效的攻击策略都是在特定知识约束下提出的，较少关注攻击的隐蔽性。如果一个协同过滤系统采取应对措施过滤出攻击，那么攻击者必须付出更大的努力来隐藏攻击。混淆攻击试图用与真实信息相近的攻击信息来操纵评分。在文献[17]中，一种称为 AoP（Average over Popular）的改进的平均攻击被提出，它通常选取最热门的物品作为填充对象。该方法规避了基于平均攻击中系统选择物品与真实用户选择物品进行评分不同的检测策略。在文献[8]中，提出了另外一种混淆攻击，其中，攻击用户的配置文件是高度多样性的，因此规避了基于聚类的检测策略（详见28.5.3节）。进一步讲，攻击者可以利用检测策略的知识。例如，文献[30]表

⊖ 在文献[25]中也提到了一个最优推举攻击策略。这个示例的结论是最大化伪造用户与真实用户的相关性是最根本的目标，如果这个结论是对的，选择能最大化评分预测偏移值的伪造用户评分将很重要。所以在此讨论了热门攻击。

明如果攻击者意识到用于决定一个攻击者的配置文件是否存在用户邻域的标准中，那么攻击者可以构造一些相对于标准攻击并不是十分有效但可以规避检测的配置文件。文献[42]详细评估了各类混淆攻击的有效性。

28.4 评估系统鲁棒性

协同推荐算法可以分为两个类别，即基于内存的算法和基于模型的算法[3]。基于内存的算法利用系统中的所有可用数据来计算并预测哪些物品可以推荐出来。相反，基于模型的算法利用系统数据去计算一个模型，此后这个模型可以用在推荐流程中。

研究文献中提出了大量的协同推荐算法，关于这些推荐算法的鲁棒性研究并不是本章的主题。本章只针对两种主要的推荐算法进行分析。它们是**基于用户**的推荐算法和**基于物品**的推荐算法[35,39]。读者可以查阅文献[27，28，38]来获取其他协同推荐算法的鲁棒性分析。

28.4.1 评估指标

因为推举攻击和打压攻击的目标是提高或者压低目标物品的推荐值，所以我们需要评估它们的攻击效果。鲁棒性评估指标需要捕获目标物品的评分预测值和推荐状态（例如，目标物品是否包含在 top-N 推荐列表）在攻击前和攻击后的区别。

许多研究者利用平均预测偏移值来评估评分预测值的变化量。U_T 和 I_T 是测试集中的用户集合和物品集合。对于每个用户–物品对 (u, i)，评分预测值的偏移量定义为 $\Delta_{u,i}$，它可以利用公式 $\Delta_{u,i} = p'_{u,i} - p_{u,i}$ 来计算，其中 p 和 p' 分别是攻击前和攻击后的评分预测值。如果偏移量是正值，则说明推举攻击成功地提高了物品评分。物品 i 的平均预测偏移值可以用下式计算：$\Delta_i = \sum_{u \in U_T} \Delta_{u,i} / |U_T|$。所有物品的平均偏移值可以用下式计算：$\overline{\Delta} = \sum_{i \in I_T} \Delta_i / |I_T|$。

预测偏移是一个衡量攻击是否使推举物品变得更抢手的合适指标。然而，有可能强推的物品评分预测值已经有了较大的偏差，但是还不足以使得这个物品进入推荐列表。当该物品的初始评分值很低时，这种情况就会发生，即使攻击使得评分值得到很大的提高也没用。为了计算攻击对推荐列表的影响程度，下面定义了另一个评估指标：命中率。定义 R_u 为用户 u 的前 top-N 推荐列表。如果目标物品出现在 R_u 中，则对于用户 u 来说 H_{ui} 为1，否则为0。物品 i 的命中率用以下公式计算 $\mathrm{HitRatio}_i = \sum_{u \in U_T} H_{ui} / |U_T|$。平均命中率利用所有物品中被攻击的物品 i 的命中率总和除以物品数量得到：$\overline{\mathrm{HitRatio}} = \sum_{i \in I_T} \mathrm{HitRation}_i / |I_T|$。

许多实验者利用公开的数据源 MovieLens 的 100K 大小的数据集。○这个数据集包含 943 名用户对 1682 部电影的 100 000 个评分。评分值范围是从 1~5，分值越高代表越喜欢。以后的试验结果都与这个数据集有关，除非有特殊说明。

28.4.2 推举攻击

为了了解推举攻击的影响情况，我们可以查阅文献[27]中的描述。在这些图中，基于用户的推荐算法受到了各种程度的攻击，这种攻击程度可以定义为注入的用户数在真实用户集中的占比。因此，如果是1%的攻击程度，则对于 MovieLens 数据集来说需要注入 10 个用户。在图 28-3 的左图中显示平均攻击使用了 3% 的填充物品，流行攻击用了一个评分次数最高的物品和 3% 的填充物品，随机攻击用了 6% 的填充物品。这些参数是该攻击的最优参数。毫无疑问，

○ http://www.cs.umn.edu/research/GroupLens/data/

在预测偏差方面，预备知识量最密集的平均攻击的效果最佳。这种攻击非常有效。它能够把一个只有平均分的电影（均值是 3.6）推荐到前五的位置。流行攻击尽管拥有最少的预备知识量需求，但是攻击效果却最接近平均攻击。此外，流行攻击显然优于随机攻击，这显示出包含可能被很多用户评分的已选择物品的重要作用。

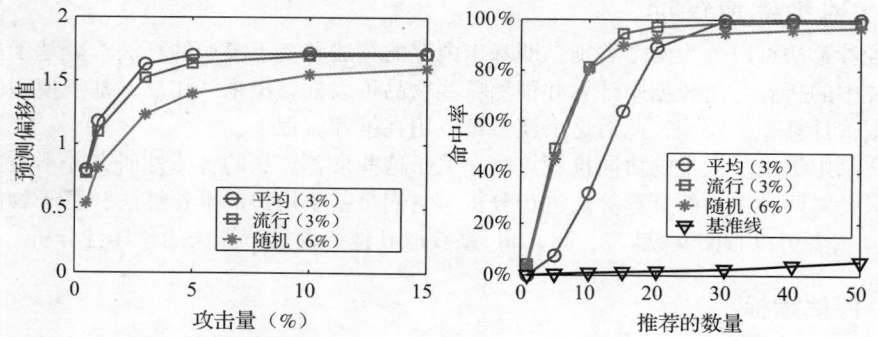

图 28-3　左图展现的是预测偏移值，右图是命中率。图中执行的是推举攻击，攻击
目标是基于用户的协同推荐算法。命中率是在攻击量为 10% 时的

有趣的是，图 28-3 中的右图显示了流行攻击拥有最大的攻击命中率。这意味着评分预测偏移值对于 top-N 推荐的评估来说并不一定是必要的。这个结果会促进攻击者利用流行攻击，因为它的预备知识量需求很少。需要注意的是所有攻击之后的命中率都明显好于攻击前的命中率（图中定义的基准线）。

文献[18]中显示了基于物品的推荐算法对于平均攻击所具有的鲁棒性。文献[26]中描述，分段攻击是专门针对基于物品的推荐算法的一种低预备知识需求的攻击。它主要提升目标物品和用户所喜欢物品的相似度。如果目标物品和用户喜欢的物品相似，则目标物品在系统中的评分预测值也会高——这是推举攻击的目标。所以，攻击者的目标就是把自己的产品和流行的物品关联起来，让人觉得它们是相似的。喜欢这些相似物品的用户属于一个目标群体。发起分段攻击的攻击者就是要选择出与目标物品相近的物品作为伪造用户集 I_s。在电影领域里，我们将会选择看流派相似的电影或者包含相同演员的电影。

在文献[26]中，利用热门演员和电影流派来构建用户群组。如图 28-4 所示，选择的群组由以下用户组成：用户给《Alien》《Psycho》《The Shining》《Jaws》《The Birds》五部恐怖电影中至少三部评过大于平均分（4 分或 5 分）的分值。在这五部电影中，研究者列出所有三部电影的组合情况，其中每个组合至少有 50 个支持者，并且在从这些支持者中随机选择出 50 个用户并计算平均分。

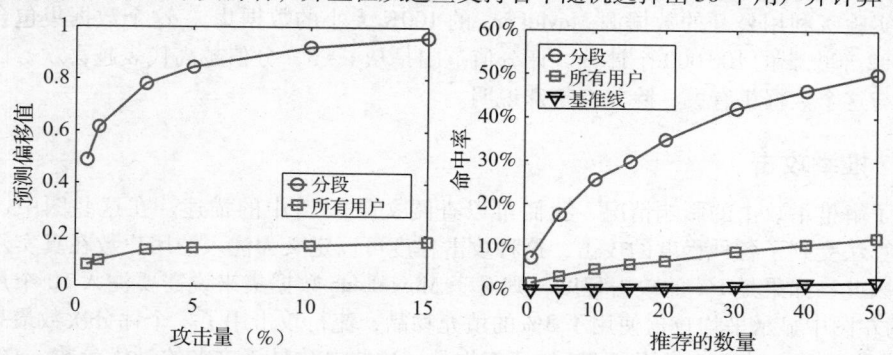

图 28-4　左图是评分预测偏移值，右图是命中率。实验是针对基于物品的协同过滤算
法进行推举攻击的。右图是在攻击量为 10% 的时候的命中率分布

在图 28-4 中通过对比恐怖片粉丝群体和全部用户群体的情况，展示了分段攻击的效果。很明显分段攻击成功地把目标物品推荐到了目标群体中。在基于物品推荐算法的上下文中，攻击效果可以和平均攻击比肩。例如，平均攻击在针对所有用户的前 10 推荐中能达到 30% 的命中率，此时攻击量为 10%。而分段攻击能获得相近的命中率，但是攻击量只需要 1%。

需要注意的是，尽管分段攻击是为基于物品的推荐算法而设计的，但是它对于基于用户的推荐算法也很好用。鉴于本章篇幅有限，我们不会在此展示实验结果，有兴趣的读者可以在文献[27]中获得详细信息。

28.4.3　打压攻击

可以假设打压攻击与推举攻击相对应。它们唯一不同的是给目标物品的评分以及预测分值的影响方向。然而我们的实验发现一些有趣的现象，同样在一些攻击模型下推荐目标物品或压制目标物品，会在攻击效果上有差别。评分数据的分布情况应该作为考虑的因素，如在 MovieLens 数据集中低分数据很少，所以低分数据在目标物品的评分预测上占有较大影响。在 top-N 推荐中，推荐出来的评分基线值（普通电影能进推荐列表的评分值）非常低，在大小为 50 的列表中基线值不到 0.1。要把一个物品从推荐列表中压下去其实并不需要花费太多力气。

在好恶攻击中，随机选择的 3% 填充物品被赋予了最高分，目标物品被赋予最低分。对逆流行攻击（基于物品的算法而设计的攻击）来说，满足最小评分阈值且具有最低平均评分值的物品作为选定物品。在 28.3 节，有详细的讨论。实验中的被选物品集合 $|I_S| = 25$，其中每部电影至少有 10 个用户评分。

在图 28-5 中，展示了所有攻击模型的实验结果。尽管在好恶攻击中所需要的系统预备知识很少，但是，在基于用户的推荐算法中展示了最佳的攻击效果。在其他打压攻击中，流行攻击超过了平均攻击，这都与上文提到的推举攻击的结果不同。

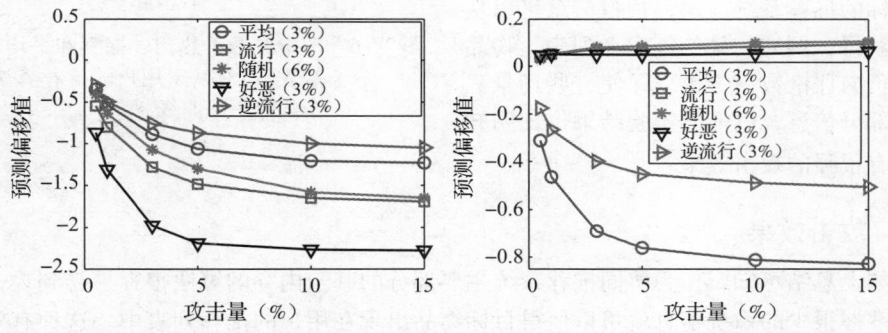

图 28-5　左图展示的是打压攻击对基于用户的推荐算法的评分预测偏移值，右图是针对基于物品的推荐算法的

这些实验结果和推举攻击数据的不相称之处令人惊讶。例如，好恶攻击在针对基于用户的算法推举攻击中使用 10% 的攻击量，能够得到正向的评分预测偏移值且只略高于 1.0，这个攻击效果相对于随机攻击低了不少。然而，当其用于打压基于用户算法的物品的时候，这个模型却是我们试过的最有效的模型。攻击的评分预测偏移值达到了平均攻击的两倍。在推举攻击中，平均攻击是最成功的，但在打压攻击方面却是攻击效果最低的攻击之一。在推举物品方面，流行攻击和平均攻击有相近的攻击效果，在打压攻击中也有较为优秀的攻击效果，尽管它只需要较少的系统预备知识。

总体来说，基于物品的推荐算法具有更高的鲁棒性。平均攻击是打压攻击中最有效的攻击，逆流行略低。推举攻击和打压攻击的不对称性在基于物品的算法攻击中得到了验证。随机攻击和好恶攻击作为推举攻击表现不佳，但作为打压攻击，它们也几乎不起作用。在针对基于物品的推荐算法的打压攻击中，逆流行证明是一种有效的，同时是低预备知识需求的攻击。

28.4.4　知情攻击

最后我们来评估一下基于用户推荐算法的知情攻击策略。特别地，我们会拿知情热门攻击与探测推举攻击去和前面提到的平均攻击比较。

攻击实现如下所述。热门攻击的伪造用户信息包含 100 个物品（包括目标物品），并且依照28.3 节的规则进行评分。在探测攻击中，种子物品的选择方法如下，从推荐系统中选出 100 个最常评分的物品，并随机从中选择 10 个出来。此后，系统不断获取种子物品推荐出的物品和评分，进而补充伪造用户的物品列表。最终探测攻击需要 100 个物品。作为基准线的平均攻击也同样选择 100 个物品，这将占到填充物品集的 1.7%。为了比较，平均攻击的伪造用户将使用 100 个最常评分的物品（并不是像之前那样随机选择物品）。

图 28-6 展现了这三种攻击的命中率。图中显示知情攻击相对于平均攻击更加有效。例如，当攻击量为 2% 且取 top-10 时，热门、探测和平均 3 个攻击的命中率分别为 65%、34% 和 3%。因此，考虑推荐算法的一些特殊属性来构建攻击证明是很有效的。

知情攻击的主要缺点是需要获取大量被攻击系统的信息才能选择出合适的物品和评分，进而构造出合适的伪造用户。像 28.3 节中所讨论的，这种攻击者用的预备信息直接来自作为攻击目标的推荐系统。这种预备信息可以从很多渠道获得，例如，最佳售卖者列表、物品的正向和负向评论数，等等。即使有些场景只能获取到部分信息，以前的实验结果也证明知情攻击也有很强的攻击效果[33]。

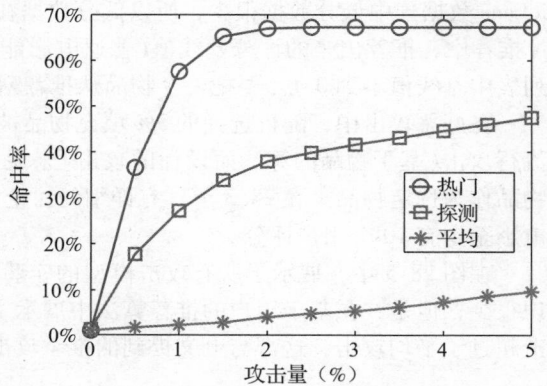

图 28-6　图中展示了热门、探测和平均攻击（推举攻击）对基于用户的推荐算法进行攻击的命中率曲线

28.4.5　攻击效果

通过如上总结可知，作为协同推荐系统主要部分的基于内存的算法很容易受到攻击。攻击者只需要掌握很少的系统信息就可以使得目标物品出现在用户的推荐列表中。这种有效攻击是构建高稳定性和可用性推荐系统的障碍。因此我们有需要关注图 28-1 曲线中的低规模/高影响力的那一部分攻击。

为了解决这个问题，有两个对应的解决方案。首先，研究图 28-1 中的阴影检测区域，检测出伪造用户并删除。其次，设计出对经典算法奏效且攻击影响少的推荐算法。

28.5　攻击检测

图 28-7 总结了攻击检测系统的组成部分。这是一个二元分类问题，对于每个用户的信息有两种可能的输出：1）真实，意思是分类器把输入用户信息判定为真实的系统用户；2）攻击，意思是分类器把这种输入用户信息判定为攻击者制造出来的信息。如文献[1，11]中所述，一种检测攻击的方法是独立判定每个用户信息是否是一个攻击用户，见图 28-7 所示的单个用户信息输入部分。这个输入是一个评分向量 r_u，其中，u 为数据集中的用户。在进入分类器之

前，会先通过**特征提取**步骤提取出一个特征集合，r_u 的特征集合是 $f_u = (f_1, \cdots, f_k)$。f_u 作为分类器的输入，输出是**真实用户**或**攻击用户**。如果分类器是有**监督**分类器，那么它的训练集就是包含带标注的用户信息集合，例如，带有真实用户标签和攻击用户标签的用户集合。利用训练集可以学习出分类器的参数。

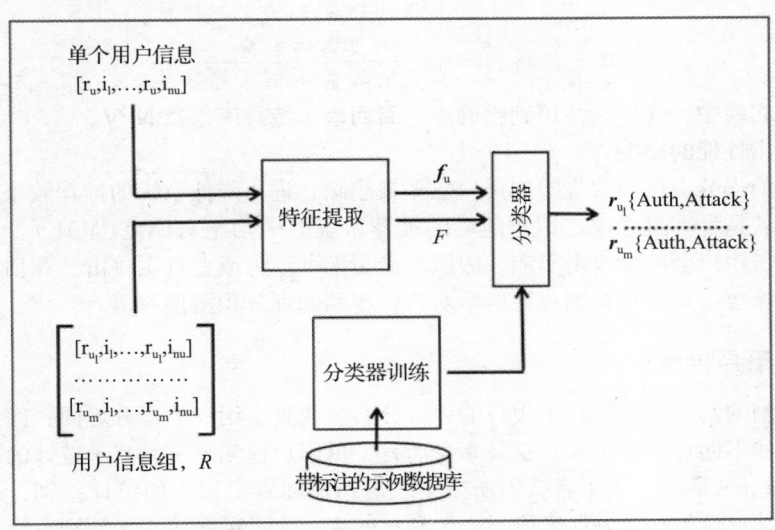

图 28-7　检测过程

在许多攻击场景中，会通过许多组的攻击用户来达到推举或打压目标物品的目的。如文献［23，30］所述，考虑攻击用户群组对构建有效的分类器很有帮助。在图中定义为"用户信息组"输入，分类器会把整个用户组当成一个输入。经过特征提取，并给用户组中的每个用户标上标签。我们需要知道，在任意一个场景中并不是每个步骤都需要执行的。例如，当 $f = r$ 时，就可能没有特征抽取的步骤；采用**无监督**分类器时，就没有必要经过训练阶段。

28.5.1　评估指标

为了评估不同的检测系统，我们主要关心如何评估分类器的效果。"正向"分类表明一条用户信息被判定为攻击，分类数据的混淆矩阵中包含 4 个集合，其中两个——真正和真负——分别包含了正确判定为攻击用户和真实用户的信息。相反另外两个是假正和假负，分别代表被错误分类为攻击用户和真实用户。基于这 4 个集合，文献中基于这些集合的相对大小使用了不同的指标来评估分类性能。遗憾的是，不同的研究者用了不同的评测方法，因此直接比较不同分类算法的效果往往很难。

精确度和**召回率**常用在信息检索领域。在这种场景下，它们通过识别攻击来评估分类器的性能。每个评估量计算被正确分类的攻击用户的个数。召回率也称为**灵敏度**（sensitivity），它代表被正确分类的攻击用户占所有真正的攻击用户的比例。精确度也可以命名为**正向预测值**（positive predictive value，PPV），代表被正确分类的攻击用户在所有分类为攻击用户的集合中所占的比例。

$$召回率 = 灵敏度 = \frac{真正的数量}{真正的数量 + 假负的数量}$$

$$精确度 = 正向预测值 = \frac{真正的数量}{真正的数量 + 假正的数量} \tag{28.1}$$

同样，评测方法也可以利用真实用户的识别率来计算。我们定义**特异度**（specificity）为被正确分类的真实用户集合在所有真正的真实用户集合中所占的比例。同样也有**负向预测值**(negative predictive value，NPV)，它代表被正确分类的真实用户在所有被分类为真实用户的集合中所占的比例。

$$特异度 = \frac{真负的数量}{真负的数量 + 假正的数量}$$

$$负向预测值 = \frac{真负的数量}{真负的数量 + 假负的数量} \tag{28.2}$$

在下面的实验中，我们会使用到**精确度**、**召回率**、**特异度**以及 NPV。

对于推荐和攻击性能的影响

真实用户的误分类会导致真实的用户数据被删除，进而降低系统的推荐效果。一种评估这种影响的方法就是计算过滤攻击用户前后的推荐系统的平均绝对误差(MAE)。当然从好的方面看，删除攻击用户会减少攻击影响。假设攻击是推举攻击或者打压攻击，评估攻击被影响程度的方法是计算攻击用户在检测过滤前后对目标物品的评分预测偏移值。

28.5.2　单用户检测

单用户检测的基础规则是攻击用户的评分分布会和真实用户的评分不同，因此每个攻击用户可以通过这些不同点识别出来。就其本身而言，单用户检测是一种基于**统计的检测问题**(statistical detection problem)。攻击者会不断减小攻击用户和真实用户的统计差别，进而减小被检测出来的可能性。从另一个方面来说，一个划算的攻击会尽可能地包含特别有影响力的用户信息，如一个需要推荐的物品应该评为高分，而其他填充物品则需要设置成能够推出目标物品的分值。结果，明显的攻击特征就体现出来了，以下是一些攻击特征：1)和系统的平均分差距太大，2)一条用户信息里面有不寻常的评分个数[1]。

28.5.2.1　无监督检测

在文献[11]中描述了一种无监督的单用户检测方法。该检测方法基于攻击用户的一些常见属性。例如，在用户信息里存在高于平常值的评分偏差，这种用户会和相近的用户有超乎寻常的相似度。人们会衡量这些属性，并用它们计算用户信息是攻击用户信息的概率。在文献[41]中，该方法改进为可以考虑评分的时间信息。

28.5.2.2　有监督检测

基于监督的检测方法强调选择攻击用户所使用的特性，并把这些特性提取成特征向量输入分类器。通常利用观察一般属性的方式，会提取一些不同攻击方法都共有的特性，也会从一些特殊的攻击算法中提取一些特殊属性。

在文献[6]中，基于文献[11]提出的用户属性，同其他类似属性一起包含在一个特征向量里，并输入到有监督分类器中。此外，另外一些在用户信息中基于填充物和目标物品统计出来的特征属性(而不是整条用户信息)也被提出来了。例如，**填充物平均方差**定义为用户信息中被填充部分的评分变化量，这个特征常用来识别平均攻击。**填充物平均目标差**定义为目标物品的平均得分和填充物品的平均得分之间的差异，常用来检测流行攻击。

作者使用了 3 种有监督的分类器：kNN、C4.5 和 SVM。kNN 分类器在训练集中利用用户信息的检测属性来发现 $k = 9$ 的最近邻居，其中，使用的相似度是皮尔逊相关系数。C4.5 和 SVM 算法以同样的方法构造，只基于检测属性分类用户信息。在图 28-8 中，展现了针对 1% 攻击量的平均攻击的检测结果，横轴是填充物品的数量。SVM 和 C4.5 在识别攻击用户方面具有完美的性能。但是它们相较于 kNN 算法错误分类了许多真实用户。在针对 1% 攻击量的情况中，在填充物品数量的整个范围内，SVM 的召回率和特异度组合是最佳的。

对真实用户的误分类所造成的影响程度可以通过计算过滤前后的 MAE 值来评估。通过观

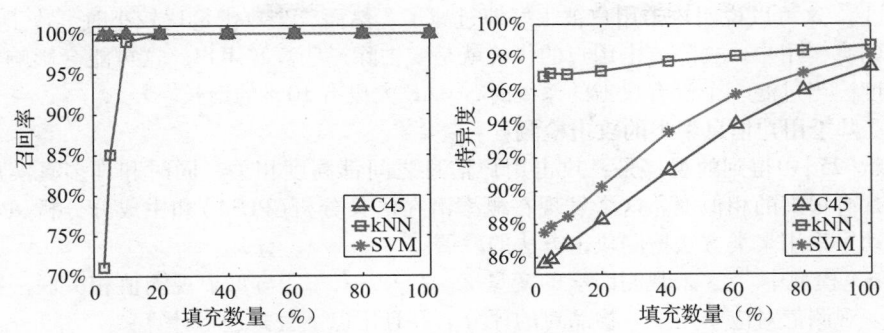

图 28-8　3 种分类算法对 1% 攻击量的平均攻击检测效果对比图

察，当评分值为 1 ~ 5 的时候，MAE 值的增长会少于 0.05。在过滤攻击用户之后，攻击有效性会大大降低，攻击的有效性是利用目标物品的评分预测偏移值来评估的。3 种分类算法都很好地降低了攻击效果，特别是在低攻击量的时候。SVM 算法在攻击量小于 10% 的时候，在整个范围内能使评分不产生偏移。

Hurley 等人在文献[17]中通过构建攻击用户和真实用户的统计模型(模型的参数通过训练集学习)来达到攻击检测的目的。该策略在识别平均攻击、随机攻击、分段攻击时认为是非常成功的。

28.5.3　用户信息组检测

在文献[25，30，40]中，提出了一些无监督的伪造用户组识别方法。通常这些算法利用聚类策略来区分攻击用户组和真实用户组。

28.5.3.1　近邻过滤

文献[30]中提出了一个无监督检测和过滤方法。这个方法并不是在预处理阶段过滤用户信息，而是在给某个物品预测评分值的时候对**活跃用户的近邻用户信息**进行过滤。这个方法对于热门物品的攻击用户有优势。这个策略是基于文献[12]中提出的算法，其背景是信用评级系统，这个系统给在线市场中的买家和卖家进行评级，这个系统是鲁棒的，因为恶意机构会通过欺骗行为恶意提高他们的信用评级。这个算法把近邻的用户组分为两个群。对类别中的数据进行统计分析，如果发现攻击用户并找出了包含攻击用户的组，那么，在这个组中**所有**的用户信息将被删除。

聚类方法使用了 Macnaughton- Smith 等人[20]提出的分裂聚类方法。然后，比较每个组内的热门物品的评分数据分布。因为攻击者的目标是把目标物品的评分值改成一个特殊值，所以，有理由相信攻击用户组中的目标物品的评分值会和真实用户组中的评分均值有较大差异。当两个聚集类别的评分均值差异较大时，则可以判定发生过攻击。具有较小均方误差的可以判定为攻击用户组。

图 28-9 中展示了在 Movielens 数据集中，进行知情打压攻击时这个算法的检测评估结果(包括精确度和 NPV)。在所有攻击下，真实用户被正确分类为真实用户的比例基本上

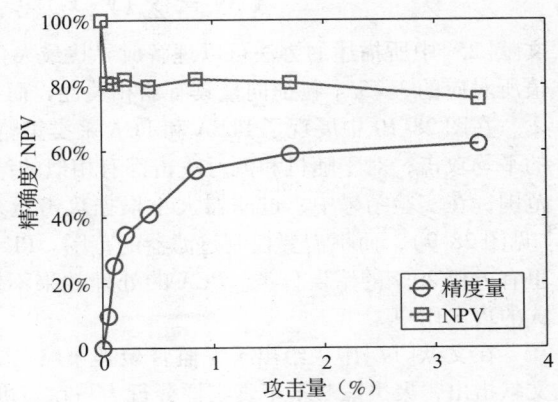

图 28-9　近邻过滤方法中的统计曲线

在75%以上。这可以说明攻击用户被很好地过滤了。然而，当攻击量比较小时，攻击用户组中存在大量的真实用户。去除攻击用户的代价就是要去除一些真实用户，这可能会影响到评分预测的准确度。当过滤一个没有攻击的系统时，MAE 大概有10%的增长。

28.5.3.2 基于用户信息聚类的攻击检测

在文献[25]中得到的观察是：攻击用户信息之间都高度相关，同时和许多真实用户很相似，它们都有很高的相似度。这个发现在概率潜在语义分析（PLSA）和主成分分析（PCA）的帮助下，推动了采用聚类方法检测攻击方法的发展。

在 PLSA 模型中[15]，未观测因素的变量 $Z = \{z_1, \cdots, z_k\}$ 与每个观测值相关联。在协同过滤领域内，观测值对应于用户 - 物品对的评分。并且用以下公式进行计算：

$$Pr(u, i) = \sum_{i=1}^{k} Pr(z_i) Pr(u|z_i) Pr(i|z_i)$$

利用期望最大值算法估计这个表达式的参数，进而来最大化观测数据的似然概率。像文献[28]中所讨论的那样，参数 $Pr(u|z_i)$ 用来划分用户类，如果 $Pr(u|z_i)$ 超过了阈值 μ，将用户 u 定为类别 C_i，或者当 $Pr(u|z_i)$ 没有超过阈值 μ 的时候，只需要最大化 $Pr(u|z_i)$ 也能定义为该类。

在文献[25]中提到，大部分的攻击用户都倾向于归入单独的一个用户组，这为识别包含攻击用户的用户组提供了一种有效的过滤方法。我们可以直觉地认为包含伪造用户的组内用户信息之间会更相似。每个组内的用户信息之间计算平均马氏距离，最后通过最小距离来过滤。实验证明利用 PLSA 来进行攻击检测，在强攻击中效果很好，但是在弱攻击中容易把攻击用户分散在不同的组中，这样会导致检测效果差。

第二种方法是发掘攻击用户之间的高相似性。在文献[25]中描述了一种基于用户信息的协方差矩阵进行主成分分析的检测方法。本质上，这种方法试图找出用户信息的成对协方差之和最大的类。PCA 广泛用于高维数据的降维处理中。这种方法通过维度来识别用户类别，像文献[25]中描述的那样，通过 PCA 可以去除那些高度相关的维度。对于聚类 C，我们可以定义一个指示向量 y，其中，当 $u_i \in C$ 时，$y(i) = 1$，否则 $y(i) = 0$。定义 S 为协方差矩阵，C 中所有用户信息的协方差的和可以写成如下二项式形式：

$$y^T S y = \sum_{i \in C, j \in C} S(i,j)$$

S 的特征向量为 x_i，相关的特征值为 λ_i，其中 $\lambda_1 \leq \cdots \leq \lambda_m$，二项式可以表示成：

$$y^T S y = \sum_{i=1}^{m} (y \cdot x_i)^2 (x_i^T S x_i) = \sum_{i=1}^{m} (y \cdot x_i)^2 \lambda_i$$

文献[25]中所描述的方法可以理解成寻找最大化以上二项式的二元向量 y，其中比较小的特征值所对应的 3~5 个特征向量具有弱相关性，而大的特征值所对应的特征向量具有强相关性。

在图 28-10 中展现了 PLSA 和 PCA 聚类策略的精确度和召回率，实验使用了攻击量为10%的平均攻击，对于随机和流行攻击都有相似的结果。PLSA 和 PCA 聚类策略算法需要指定过滤范围，在实验结果中，过滤器大小根据攻击量来设定。所以，需要参考近邻过滤策略的结果（见图28-9），而不需要控制过滤器的范围。PLSA 可以获得最高为80%的召回率，这是因为这里有大概20%的错误分类。PCA 的处理效果不错，即使使用了随机、平均以及流行的混合形式的攻击用户。

在文献[17]中，给出了无监督聚类策略与基于统计模型的攻击检测方法的详细对比。该文献指出，聚类策略基于真实评分行为与在随机攻击和平均攻击中选择哪个物品进行评分及选择哪个评分值的不同进行分析，因此它更胜一筹。基于上述的分析导致了 AoP 攻击的产生，转而它又可以通过无监督和有监督的混合高斯模型来检测。由此表明，攻击促进检测策略的出现，检测策略同时也促进了更复杂的攻击，检测策略与攻击出现对抗，这是对攻击/检测游戏很好的阐述。文献[19]中的工作与上述过程非常相似，即一个潜在的统计模型被提出并用于评分行为的分析，其中，潜在变量表示不同的评分行为。其中一种评分类型（它能最大化物品选择分布的熵）确定为攻击类型。这又利用了攻击用户和真实用户在物品选择策略上的区别。

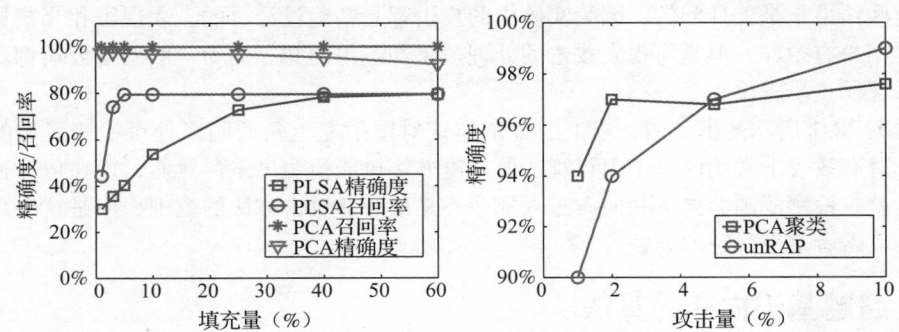

图 28-10　左图展现了 PLSA 和 PCA 的精确度和召回率，其中，x 轴为过滤范围。它针对的是 10% 攻击量的平均攻击。右图是 PCA 聚类方法和 UnRAP 的精确度，x 轴是攻击量，攻击方法是平均攻击，过滤范围为 10%

　　UnRAP 算法[4]用了聚类方法来区分攻击用户。这个算法用了一种测量值 H_v，这种方法在识别高度相关的基因表达数据中非常有效。在攻击检测领域，为每个用户计算 H_v，这是用户评分与用户均值、物品均值与总体均值的偏差平方和：

$$H_v(u) = \frac{\sum_{i \in I} (r_{u,i} - \bar{r}_i - \bar{r}_u + \bar{r})^2}{\sum_{i \in I} (r_{u,i} - \bar{r}_u)^2}$$

式中，$\bar{r}_i$ 是所有用户对物品 i 的评分均值；$\bar{r}_u$ 是用户 u 对所有物品的评分均值；$\bar{r}$ 是所有用户对所有物品的评分均值。

　　数据库中的所有用户都计算了 H_v，并根据这个值排序用户。前 10 个最高分值的用户被识别为潜在的攻击用户，并从中检测出目标物品。目标物品是偏离用户评分均值最大的物品。接着，在每轮迭代时将滑动窗口沿着用户有序列表向下滑动一个用户的位置。在窗口中计算目标物品的评分偏差和，当这个值达到零的时候停止。在这个迭代过程中一直存在的用户则成为候选的攻击用户。之后会在这个候选列表中过滤掉没有给目标物品评分或者和攻击用户相悖的用户。在图 28-10 中，列出了这种方法在过滤平均攻击情境中的精确度结果，并且和 PCA 聚类策略进行了比较。作者提到这种方法在攻击量中等的情况下效果好于其他方法，其他方法在这种情况下效果会有所下降。

　　一个基于图的检测策略在文献[48]中被提出，该文献基的问题是在配置文件相似的矩阵中寻找一个最大化的子矩阵。该问题转化为一个图，并且节点合并的启发式方法用于该问题中。在 Movielens 100K 数据集上的实验表明，文献所提出的检测策略要优于 UnRAP，包括在混合 AoP 攻击下依然能够表现出好的性能。

28.5.3.3　混合的攻击检测

　　结合两个或者两个以上的检测方法在文献中称为**混合**攻击检测方法。基于这点，一种结合 PCA 和 UnRAP 措施的混合方法在文献[50]被提出。另一种结合了 UnRAP 值与文献[11]中另两个值的方法在文献[16]中有详细叙述。同时，混合攻击检测也指能同时检测不同类型的攻击方法。特别地，在文献[44]中提出了，一种用于检测平均和随机攻击的半监督方法。该系统的核心特征是能够采用一小部分打标签的种子集合，这样就扩展了朴素贝叶斯方法并且能够同时处理标签和未标签的数据。

28.5.4　检测发现

无论是有监督还是无监督的检测方法，在处理 28.3 节中的所有攻击方面都达到了理想的效果。这些结果是毫无疑问的，因为实验中的攻击都是精确设计过的，表现得相当规则，因此会和现实用户有差异。但是对现实攻击的处理效果却不得而知，因为一般网络公司都不愿意把自己的系统弱点暴露出来。

回看图 28-1 所示的框架图，以上的方法应该对图中左上角的阴影处可检测区域的处理效果很好。对有效攻击常用的基于内存算法的攻击方法也能检测出来。然而，现在依然遗留了一个问题，就是检测范围会向下和向右进入那些不是最好的攻击方法的范围，但是这些攻击方法也可以为攻击者带来一定的利益。

28.6　超越基于内存的算法

早期对鲁棒性的大部分研究都关注于对基于内存算法的攻击，抛开这种算法，我们会问基于模型的算法是否有内在的鲁棒性以及是否能构建对算法的有效攻击。

28.6.1　基于模型的推荐

文献[28]显示，基于模型的算法在面临能显著影响基于内存的算法攻击时，表现出了很强的鲁棒性，而且这些算法并没有牺牲很多的推荐准确率来提高鲁棒性。之后，在文献[22，24]中，对基于模型的攻击防御算法进行了综述，并提出了一种鲁棒的矩阵分解策略。

在文献[28]中，提出了基于用户信息聚类的基于模型的推荐算法。在这个算法中，相同的用户信息聚类为一组，之后，再计算目标用户和用户组的相似性。对聚类后的每个组，计算每个物品的评分均值，并得到一个组级用户信息，之后，利用组级用户信息来预测用户对其他物品的评分值。如果用户 u 和一个用户组非常相似，那么，可以利用这个组级用户信息对物品 i 的评分值来预测 u 对 i 评分。一般会选择 k 个最相似的组级用户单元的评分值来预测 i 的评分值，而不是用 k 个近邻。在 28.5.3.2 节中，描述了 k-means 聚类方法和基于 PLSA 聚类方法，并对这两种方法进行了评估。对比 kNN 算法，图 28-11 左图中展现了在平均攻击后评分预测偏移值的变化曲线。根据文献[28]中的描述，基于模型的算法认为是相当鲁棒的算法，并且不会很明显地损失精确度。该文献针对 PLSA 和 k-means 聚类方法，用了 30 个组级用户信息，计算的 MAE 值分别为 0.75 和 0.76，kNN 算法的 MAE 值是 0.74。另一方面，文献[8]中的高多样性攻击直接调整了攻击集的构造，进而使得聚类方法变得低效。在 MovieLens 数据集上的评

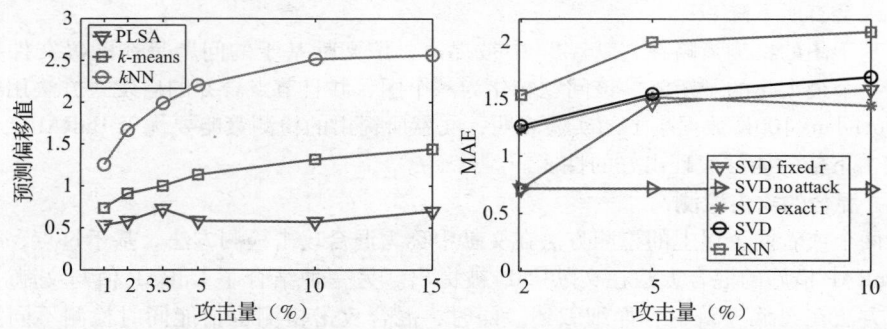

图 28-11　相对 5% 攻击量的分段攻击，平均攻击的攻击规模和预测偏移的对比(左图)采用 RMF，10% 攻击量下的攻击物品 MAE 和攻击规模的对比(右图)

估发现，利用用户集为5%的攻击量，与无攻击系统对比，高多样性攻击能够将预测评分为4的数量至少提高40%，相比之下，仅用平均攻击只能提高10%。

28.6.2　隐私保护算法

文献[2]中利用6个标准攻击模型评估了4个隐私保护算法。一般地，基于模型的隐私保护算法非常鲁棒，另一方面，文献[9]分析了一种特定隐私保护算法的鲁棒性，显示出由分布式推荐系统提供的公开信息有助于构建针对这种算法的攻击。

28.6.3　影响力限制器和基于信誉的推荐

在文献[36,37]中，提出了一种推荐算法，其中它的鲁棒性边界可以计算出来。算法引入了两种额外的特性，一种是**影响力限制器**，一种是信誉系统。算法的思想是为每个用户设定一个权重，即一种基于全局的信誉值。如果一个用户为一个近邻用户提供了正确的评分，那么这个用户的信誉值将会提升，否则下降。在这个推荐模型中，作者提供了一些真实结果，对于任何涉及 n 个攻击用户的攻击策略，攻击者所带来的负面影响都被一定程度地限制了。某个用户如果想最大化影响力那么都会受限于信誉系统。这个算法的其他属性，如精确度还在研究中。

影响力限制器是一种利用**信誉度**的推荐算法。近些年，将信任模型加入推荐的研究不断受到关注[21,29,47,49]。在文献[21]中，信誉值在保持现有精确度的前提下增加推荐系统的覆盖率。在文献[29]中，作者描述：推荐系统算法中应该考虑带来过精确推荐的用户信息。在文献[47]中，提出了另外一个算法，即利用信誉值来过滤用户信息，但只能用信誉值高的前 k 个用户信息来预测评分。信誉值是基于用户对一个物品的评分是否正确来计算的。这个算法的鲁棒性取决于攻击者获取信誉值的困难程度。最终，文献[49]表明，平均攻击用户与真实的用户相比，在它们的模型中获得的信任值较低。而且，对于基于信誉的系统，为了研究攻击，在文献[8,46]中，再一次探索了基于信誉系统的缺陷。

28.7　鲁棒的算法

检测策略的一种替代（或补充）的方法是开发对攻击具有内在鲁棒性的算法。

28.7.1　鲁棒的矩阵分解算法

有一种基于模型的推荐算法被证明非常有效，这就是一种矩阵分解算法，它利用了奇异值分解方法（SVD）以及其变体。Cheng 和 Hurley 在文献[10]中表明标准的矩阵分解使用截尾最小二乘法求解可以具有更高的鲁棒性，这是因为模型在拟合期间去除了异常值。在文献[22]中，提出了一种与聚类方法联合使用的矩阵分解方法，聚类方法在 28.5.3.2 节中提到了，并用在了分解的训练阶段。例如，PLSA 聚类方法和 PLSA 推荐方法可以联用。在文献[15]中提到，在过滤掉攻击用户组之后，留下来的用户组的 $\Pr(z_i \mid u)$ 分布数据应该重新归一化，最后几个训练步骤应该重新计算，进而保留 PLSA 算法的评分预测精确度，并能显著减少评分预测偏移值。

在文献[25]中提到了另外一个方法，利用推广的**赫布型学习算法**（Generalized Hebbian Learning）来计算 rank-1 SVD 矩阵分解：

$$R \approx GH$$

式中，R 是评分矩阵；G 和 H 是 rank-1 矩阵。这个算法改进后，使得可疑用户对于评分预测模型的贡献值为 0。在图 28-11 所示的右图中，展现了实验结果。图中展示了攻击算法的

MAE 值。其中，可疑用户的数量和注入的攻击用户数量设置成一样，大概为所有用户的 7%。其中，对比了 kNN 算法和标准 SVD 算法的 MAE 值，还对比了是否存在攻击用户的情况。

有一些支持基于模型的算法具有鲁棒性的理论结论。在文献[45]中，提出了一种具有攻击防御性的协同过滤算法，并证明了这种方法的鲁棒性。在该方法中随着终端用户评分数的增多，攻击对终端用户的影响逐渐减弱。此处的算法效果是根据攻击后的评分失真程度来评估的。以上的算法属于基于线性概率的协同过滤方法。本质上，系统模型的输出是评分分布的概率质量函数（PMF）。在线性算法中，被攻击的推荐系统的 PMF 值以下两种情况进行加权求和，一种是单纯考虑真实用户，另一种是单纯考虑攻击用户。当更多真实用户提供了评分数据，基于真实用户的 PMF 值就在整体的 PMF 值中占主要作用，鲁棒性就得到了保证。文中作者描述到，尽管在这种情况下最近邻算法不是线性的，但一些知名的基于模型的算法是渐进线性的，如朴素贝叶斯算法。

28.7.2　其他具有鲁棒性的推荐算法

攻击用户如果没在真实用户的近邻中，那么就不能起到攻击效果。避免利用近邻选择规则去计算相似性，那些和真实用户很相似的攻击用户就不能起到攻击效果，推荐算法的鲁棒性就能得到保证。文献[30]中描述了近邻选择是选择相近的并且最**有用**的用户信息来预测评分的。相似性只是可用性中的一种评估方法，这种近邻规则可以利用其他评估方法来扩充。其中，一种选择规则是**反流行度**。利用这种规则，推荐系统的推荐效果（利用 MAE 评估）能够得到保证。同时也能有效地压制那些基于热门物品的攻击用户所产生的攻击影响。

文献[38]中提出了一种具有鲁棒性的推荐算法，它基于关联规则挖掘算法。算法把每个用户信息都当成一个事务，并利用关联规则把相近的物品关联起来。定义物品集 $X \subset I$，用户信息集合中的一部分包含了这个物品集。关联规则定义为 $X \Rightarrow Y(\sigma_r, \sigma_r)$，其中 σ_r 是 $X \cup Y$ 的支持度，α_r 是规则的**置信度**，即 $\sigma(X \cup Y)/\sigma(X)$。给用户 u 推荐一个物品时会搜索具有最高置信度的关联规则。其中，$X \subseteq P_u$ 是用户信息子集，Y 包含一些没有被 u 评分的物品 i。如果对于特定的物品没有足够的支持，那么物品就不会出现在评分频繁的物品集中，并且不会被推荐出来。这种算法对于平均攻击有效。在攻击量是 15% 的时候，只有 0.1% 的用户被推荐过攻击物品。以上效果是基于关联规则算法的。但是 kNN 算法却有 80% ~ 100% 的用户被推荐了攻击物品。但是，关联规则算法的覆盖率低于 kNN 算法，并且这个算法对于分段攻击并不是鲁棒的。

28.8　应对推荐系统攻击的实际措施

上述的讨论假定恶意用户可以自由访问推荐系统，例如，创建多个用户信息以及通过仔细选择物品评分来调整它们。尽管这代表了一种算法设计者可以评估系统鲁棒性的最坏情形，但潜在攻击者仍面临许多现实挑战。通过一些系统设计选项，如严格控制用户与系统的交互、使用户难以匿名访问等，使这些挑战更为困难。例如，移动认证和信用卡认证能让所有用户信息与一个物理实体绑定，这增加了暴露的风险。新用户与评分的增加是可控的，比如用验证码来加大自动用户生成与评分提交的难度。的确，评分需要花费一定的成本，比如，只有购买物品之后才能反馈信息，这是一个有效的约束。最后，系统可以变得更为开放，允许所有用户浏览评分信息。这样的话，用户自己就能识别恶意行为，尽管这种开放会带来使用公开信息构建攻击的风险。

28.9　总结

协同推荐系统是自适应的，因为当用户将他们的行为数据加入到系统中时，系统给出的推荐结果也会相应改变。在面对异常情况和错误情况时，这个领域内的鲁棒性有别于一般经典计算机科学。我们的目标是要保持系统的可调节性，而不是成为攻击者的目标。攻击者希望能够左右具有鲁棒性的系统输出，那么他需要使得他的攻击足够精巧，不能让攻击检测系统检测出来，设计的用户信息不会在新注册的用户群体中显得异常，并且需要和现有真实用户的分布模型相匹配，以至于降维方法不会将它们分离出来。如果以上这些都难以达到，那么攻击的收益就被限制了，攻击者也就找不到与他的努力相对应的攻击效果。这是在对抗性领域内所期望达到的效果。

很难说现在我们离这个期望目标有多近。攻击者如果发现实施了某种检测策略，那么也会改进攻击算法来避免被检测出来。一般的研究发现，模糊的攻击用户信息相对于最优的攻击用户所带来的攻击效果并不差，并且更难被检测出来，这个方向需要更多的研究。

在对抗攻击的系统算法中提出了几个相近的方法。基于模型的算法比基于内存的算法有更高的鲁棒性，因此，会有针对基于模型的新的攻击方法出现。文献[31]显示出基于关联规则的推荐算法易遭受分段攻击。

我们可以从另外的角度来看这个问题，如推荐系统的设计者和攻击者处在一个博弈的过程中。设计者设计了推荐系统，攻击者设计出最佳的攻击算法，然后设计者再给出回应来修正系统，循环往复。我们想看到的结果是攻击者的收益越来越低，每一次迭代都使攻击需要更多的代价并且效果更差。即使在最差的情况下（即没有攻击被检测出来），带有检测策略的系统至少会比原始系统难以攻击。至今，还没有发现更好的鲁棒性推荐算法，如 RMF 具有明显的弱点，以及它是否比替代的算法更易遭受攻击。

致谢

作者感谢匿名审稿人提出的一些有用的建议。O'Mahony 和 Hurley 由科学基金会爱尔兰资助，资金编号 SFI/12/RC/2289。

参考文献

1. A.Williams, C., Mobasher, B., Burke, R.: Defending recommender systems: detection of profile injection attacks. Service Oriented Computing and Applications pp. 157–170 (2007)
2. Bilge, A., Gunes, I., Polat, H.: Robustness analysis of privacy-preserving model-based recommendation schemes. Expert Systems with Applications **41**(8), 3671–3681 (2014). DOI http://dx.doi.org/10.1016/j.eswa.2013.11.039. URL http://www.sciencedirect.com/science/article/pii/S0957417413009597
3. Breese, J.S., Heckerman, D., Kadie, C.: Empirical analysis of predictive algorithms for collaborative filtering. In Proceedings of the Fourteenth Annual Conference on Uncertainty in Artificial Intelligence pp. 43–52 (1998)
4. Bryan, K., O'Mahony, M., Cunningham, P.: Unsupervised retrieval of attack profiles in collaborative recommender systems. In: RecSys '08: Proceedings of the 2008 ACM conference on Recommender systems, pp. 155–162. ACM, New York, NY, USA (2008). DOI http://doi.acm.org/10.1145/1454008.1454034
5. Burke, R., Mobasher, B., Bhaumik, R.: Limited knowledge shilling attacks in collaborative filtering systems. In Proceedings of Workshop on Intelligent Techniques for Web Personalization (ITWP'05) (2005)
6. Burke, R., Mobasher, B., Williams, C.: Classification features for attack detection in collaborative recommender systems. In: Proceedings of the 12th International Conference on Knowledge Discovery and Data Mining, pp. 17–20 (2006)

7. Burke, R., Mobasher, B., Zabicki, R., Bhaumik, R.: Identifying attack models for secure recommendation. In: Beyond Personalization: A Workshop on the Next Generation of Recommender Systems (2005)

8. Cheng, Z., Hurley, N.: Effective diverse and obfuscated attacks on model-based recommender systems. In: Proceedings of the Third ACM Conference on Recommender Systems, RecSys '09, pp. 141–148. ACM, New York, NY, USA (2009). DOI 10.1145/1639714.1639739. URL http://doi.acm.org/10.1145/1639714.1639739

9. Cheng, Z., Hurley, N.: Trading robustness for privacy in decentralized recommender systems. In: IAAI, Proceedings of the Twenty-First Conference on Innovative Applications of Artificial Intelligence. AAAI (2009)

10. Cheng, Z., Hurley, N.: Robust collaborative recommendation by least trimmed squares matrix factorization. In: Proceedings of the 2010 22Nd IEEE International Conference on Tools with Artificial Intelligence - Volume 02, ICTAI '10, pp. 105–112. IEEE Computer Society, Washington, DC, USA (2010). DOI 10.1109/ICTAI.2010.90. URL http://dx.doi.org/10.1109/ICTAI.2010.90

11. Chirita, P.A., Nejdl, W., Zamfir, C.: Preventing shilling attacks in online recommender systems. In Proceedings of the ACM Workshop on Web Information and Data Management (WIDM'2005) pp. 67–74 (2005)

12. Dellarocas, C.: Immunizing on–line reputation reporting systems against unfair ratings and discriminatory behavior. In Proceedings of the 2nd ACM Conference on Electronic Commerce (EC'00) pp. 150–157 (2000)

13. Domingos, P., Richardson, M.: Mining the network value of customers. In: Proceedings of the Seventh ACM SIGKDD International Conference on Knowledge Discovery and Data Mining, KDD '01, pp. 57–66. ACM, New York, NY, USA (2001). DOI 10.1145/502512.502525. URL http://doi.acm.org/10.1145/502512.502525

14. Herlocker, J., Konstan, J., Borchers, A., Riedl, J.: An algorithmic framework for performing collaborative filtering. In Proceedings of the 22nd International ACM SIGIR Conference on Research and Development in Information Retrieval pp. 230–237 (1999)

15. Hofmann, T.: Collaborative filtering via gaussian probabilistic latent semantic analysis. In: SIGIR '03: Proceedings of the 26th annual international ACM SIGIR conference on Research and development in informaion retrieval, pp. 259–266. ACM, New York, NY, USA (2003). DOI http://doi.acm.org/10.1145/860435.860483

16. Huang, S., Shang, M., Cai, S.: A hybrid decision approach to detect profile injection attacks in collaborative recommender systems. In: L. Chen, A. Felfernig, J. Liu, Z. Raś (eds.) Foundations of Intelligent Systems, *Lecture Notes in Computer Science*, vol. 7661, pp. 377–386. Springer Berlin Heidelberg (2012). DOI 10.1007/978-3-642-34624-8_43. URL http://dx.doi.org/10.1007/978-3-642-34624-8_43

17. Hurley, N., Cheng, Z., Zhang, M.: Statistical attack detection. In: Proceedings of the Third ACM Conference on Recommender Systems, RecSys '09, pp. 149–156. ACM, New York, NY, USA (2009). DOI 10.1145/1639714.1639740. URL http://doi.acm.org/10.1145/1639714.1639740

18. Lam, S.K., Riedl, J.: Shilling recommender systems for fun and profit. In Proceedings of the 13th International World Wide Web Conference pp. 393–402 (2004)

19. Li, C., Luo, Z.: Detection of shilling attacks in collaborative filtering recommender systems. In: A. Abraham, H. Liu, F. Sun, C. Guo, S.F. McLoone, E. Corchado (eds.) SoCPaR, pp. 190–193. IEEE (2011). URL http://dblp.uni-trier.de/db/conf/socpar/socpar2011.html#LiL11

20. Macnaughton-Smith, P., Williams, W.T., Dale, M., Mockett, L.: Dissimilarity analysis – a new technique of hierarchical sub–division. Nature **202**, 1034–1035 (1964)

21. Massa, P., Avesani, P.: Trust-aware recommender systems. In: RecSys '07: Proceedings of the 2007 ACM conference on Recommender systems, pp. 17–24. ACM, New York, NY, USA (2007). DOI http://doi.acm.org/10.1145/1297231.1297235

22. Mehta, B., Hofmann, T.: A survey of attack-resistant collaborative filtering algorithms. Bulletin of the Technical Committee on Data Engineering **31**(2), 14–22 (2008). URL http://sites.computer.org/debull/A08June/mehta.pdf

23. Mehta, B., Hofmann, T., Fankhauser, P.: Lies and propaganda: Detecting spam users in collaborative filtering. In: Proceedings of the 12th international conference on Intelligent user interfaces, pp. 14–21 (2007)

24. Mehta, B., Hofmann, T., Nejdl, W.: Robust collaborative filtering. In: RecSys '07: Proceedings of the 2007 ACM conference on Recommender systems, pp. 49–56. ACM, New York, NY, USA (2007). DOI http://doi.acm.org/10.1145/1297231.1297240

25. Mehta, B., Nejdl, W.: Unsupervised strategies for shilling detection and robust collaborative filtering. User Modeling and User-Adapted Interaction **19**(1–2), 65–97 (2009). DOI http://dx. doi.org/10.1007/s11257-008-9050-4

26. Mobasher, B., Burke, R., Bhaumik, R., Williams, C.: Effective attack models for shilling item-based collaborative filtering system. In Proceedings of the 2005 WebKDD Workshop (KDD'2005) (2005)

27. Mobasher, B., Burke, R., Bhaumik, R., Williams, C.: Toward trustworthy recommender systems: An analysis of attack models and algorithm robustness. ACM Transactions on Internet Technology **7**(4) (2007)

28. Mobasher, B., Burke, R.D., Sandvig, J.J.: Model-based collaborative filtering as a defense against profile injection attacks. In: AAAI. AAAI Press (2006)

29. O'Donovan, J., Smyth, B.: Is trust robust?: an analysis of trust-based recommendation. In: IUI '06: Proceedings of the 11th international conference on Intelligent user interfaces, pp. 101–108. ACM, New York, NY, USA (2006). DOI http://doi.acm.org/10.1145/1111449. 1111476

30. O'Mahony, M.P., Hurley, N.J., Silvestre, C.C.M.: An evaluation of neighbourhood formation on the performance of collaborative filtering. Artificial Intelligence Review **21**(1), 215–228 (2004)

31. O'Mahony, M.P., Hurley, N.J., Silvestre, G.C.M.: Promoting recommendations: An attack on collaborative filtering. In: A. Hameurlain, R. Cicchetti, R. Traunmüller (eds.) DEXA, *Lecture Notes in Computer Science*, vol. 2453, pp. 494–503. Springer (2002)

32. O'Mahony, M.P., Hurley, N.J., Silvestre, G.C.M.: An evaluation of the performance of collaborative filtering. In Proceedings of the 14th Irish International Conference on Artificial Intelligence and Cognitive Science (AICS'03) pp. 164–168 (2003)

33. O'Mahony, M.P., Hurley, N.J., Silvestre, G.C.M.: Recommender systems: Attack types and strategies. In Proceedings of the 20th National Conference on Artificial Intelligence (AAAI-05) pp. 334–339 (2005)

34. Rashid, A.M., Karypis, G., Riedl, J.: Influence in ratings-based recommender systems: An algorithm-independent approach. In: Proceedings of the 2005 SIAM International Conference on Data Mining, SDM 2005, pp. 556–560. SIAM (2005)

35. Resnick, P., Iacovou, N., Suchak, M., Bergstrom, P., J.Riedl: Grouplens: An open architecture for collaborative filtering of netnews. In Proceedings of the ACM Conference on Computer Supported Cooperative Work (CSCW'94) pp. 175–186 (1994)

36. Resnick, P., Sami, R.: The influence limiter: provably manipulation-resistant recommender systems. In: RecSys '07: Proceedings of the 2007 ACM conference on Recommender systems, pp. 25–32. ACM, New York, NY, USA (2007). DOI http://doi.acm.org/10.1145/1297231. 1297236

37. Resnick, P., Sami, R.: The information cost of manipulation-resistance in recommender systems. In: RecSys '08: Proceedings of the 2008 ACM conference on Recommender systems, pp. 147–154. ACM, New York, NY, USA (2008). DOI http://doi.acm.org/10.1145/1454008. 1454033

38. Sandvig, J.J., Mobasher, B., Burke, R.: Robustness of collaborative recommendation based on association rule mining. In: RecSys '07: Proceedings of the 2007 ACM conference on Recommender systems, pp. 105–112. ACM, New York, NY, USA (2007). DOI http://doi.acm. org/10.1145/1297231.1297249

39. Sarwar, B., Karypis, G., Konstan, J., Riedl, J.: Item–based collaborative filtering recommendation algorithms. In Proceedings of the Tenth International World Wide Web Conference pp. 285–295 (2001)

40. Su, X.F., Zeng, H.J., Chen, Z.: Finding group shilling in recommendation system. In: WWW '05: Special interest tracks and posters of the 14th international conference on World Wide Web, pp. 960–961. ACM, New York, NY, USA (2005). DOI http://doi.acm.org/10.1145/ 1062745.1062818

41. Tang, T., Tang, Y.: An effective recommender attack detection method based on time sfm factors. In: Communication Software and Networks (ICCSN), 2011 IEEE 3rd International Conference on, pp. 78–81 (2011). DOI 10.1109/ICCSN.2011.6013780

42. Williams, C., Mobasher, B., Burke, R., Bhaumik, R., Sandvig, J.: Detection of obfuscated attacks in collaborative recommender systems. In Proceedings of the 17th European Conference on Artificial Intelligence (ECAI'06) (2006)

43. Wilson, D.C., Seminario, C.E.: When power users attack: Assessing impacts in collaborative recommender systems. In: Proceedings of the 7th ACM Conference on Recommender Systems, RecSys '13, pp. 427–430. ACM, New York, NY, USA (2013). DOI 10.1145/2507157. 2507220. URL http://doi.acm.org/10.1145/2507157.2507220

44. Wu, Z., Wu, J., Cao, J., Tao, D.: Hysad: a semi-supervised hybrid shilling attack detector for trustworthy product recommendation. In: Proceedings of the 18th ACM SIGKDD international conference on Knowledge discovery and data mining, pp. 985–993. ACM (2012)

45. Yan, X., Roy, B.V.: Manipulation-resistnat collaborative filtering systems. In: RecSys '09: Proceedings of the 2009 ACM conference on Recommender systems. ACM, New York, NY, USA (2009)

46. Zhang, F.G.: Preventing recommendation attack in trust-based recommender systems. J. Comput. Sci. Technol. **26**(5), 823–828 (2011). DOI 10.1007/s11390-011-0181-4. URL http://dx.doi.org/10.1007/s11390-011-0181-4

47. Zhang, F.G., Sheng-hua, X.: Analysis of trust-based e-commerce recommender systems under recommendation attacks. In: ISDPE '07: Proceedings of the The First International Symposium on Data, Privacy, and E-Commerce, pp. 385–390. IEEE Computer Society, Washington, DC, USA (2007). DOI http://dx.doi.org/10.1109/ISDPE.2007.55

48. Zhang, Z., Kulkarni, S.R.: Graph-based detection of shilling attacks in recommender systems. In: Machine Learning for Signal Processing (MLSP), 2013 IEEE International Workshop on, pp. 1–6. IEEE (2013)

49. Zheng, S., Jiang, T., Baras, J.S.: A robust collaborative filtering algorithm using ordered logistic regression. In: Proceedings of IEEE International Conference on Communications, ICC 2011, Kyoto, Japan, 5–9 June, 2011, pp. 1–6. IEEE (2011)

50. Zhou, Q., Zhang, F.: A hybrid unsupervised approach for detecting profile injection attacks in collaborative recommender systems. Journal of Information & Computational Science **9**(3), 687–694 (2012)